生生한 자동차정비 산업기사 필기

임춘무 저

일진사

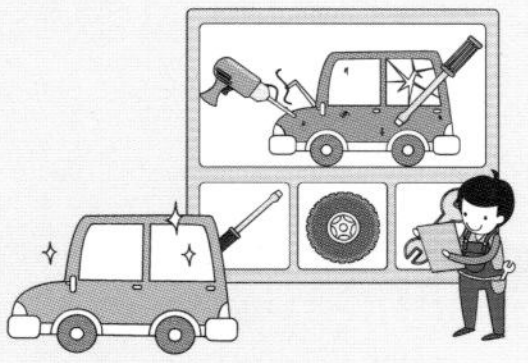

책머리에 ...

자동차는 25,000여 개 이상의 부품으로 이루어져 있는 종합 기계산업의 결정체로써 국가 기술력의 상징이라고 할 수 있습니다. 이런 자동차를 배우고자 입문한 여러분께 심심한 격려와 함께 응원의 박수를 보냅니다.

자동차 산업은 명실공히 우리나라의 중심 산업으로 자리매김한지 이미 오래되었습니다. 그 결과 자동차 선진국들과 어깨를 나란히 할 수 있는 경지에까지 발전하게 된 것에 무한한 자부심을 느낍니다.

이 책은 자동차 작동원리와 복합적인 첨단장치를 배우고자 하는 분과 자동차정비산업기사 자격증을 취득하고자 하는 분들을 위하여 문제의 구성과 풀이를 누구나 쉽게 이해할 수 있도록 다음과 같은 특징으로 구성하였습니다.

첫째, 요점정리와 필기문제에 컬러 사진과 그림을 최대한 첨가하여 이론과 문제를 수검자 입장에서 쉽게 이해할 수 있도록 편성했습니다.

둘째, 한국산업인력공단 출제기준에 맞춰 핵심요점을 정리 요약했습니다. 더불어 문제의 적응력을 높여 완성도를 높이고자 관련 과목 문제도 함께 배치했으며 기출문제를 중심으로 출제 가능한 문제를 수록했습니다.

셋째, 최신 기출문제를 실어 요즘 시험의 경향을 쉽게 이해할 수 있도록 하였으며, 실전 국가기술자격검정시험에 자신감 있게 합격할 수 있도록 심도 있는 설명도 덧붙였습니다.

무엇보다 이 책은 명쾌한 합격의 길을 안내하기 위해 탄생했습니다.

때문에 이론과 함께 저자의 경험도 반영했습니다. 그동안의 교육경험에서 나온 시행착오가 반영된 만큼 여러분에게 미력하게나마 실질적인 도움이 되고자 집중하였습니다. 자동차 전문가의 길로 들어서는 여러분들에게 안내자의 역할로 다가가고자 노력하였습니다. 그럼에도 본의 아니게 오류가 있을 수 있는 부분이 있을 것으로 생각됩니다. 필요한 지적이 있을 시 즉시 수정하고 보완할 것을 약속드립니다.

끝으로 집필에 집중할 수 있도록 물심양면으로 관심과 배려를 아끼지 않으시고 열정적으로 지원하여 주신 **일진사** 이정일 사장님과 편집부 직원들께도 감사의 마음을 전합니다.

저자 씀

자격검정시험정보 – information

1 직종

◆ 자동차정비 산업기사(1차 필기)

- 주　　관 : 한국산업인력공단
- 출제문제 : 80문제 객관식
  (일반기계공학, 엔진, 전기, 섀시 각 20문제)
- 합격기준 : 출제문제 80문제 중 48개 이상 합격(과목과락 20문제 중 8개 이상)
- 시험시간 : 2시간(과목별 시간제한 없음)
- 필기접수 및 합격자발표 : 한국산업인력공단(홈페이지 http://www.q-net.or.kr)

◆ 자동차정비 산업기사(2차 실기)

- 응시자격 : 1차 필기이론 합격자로 다음과 같은 자격이 주어질 때

1. 기능사(타 직종 산업기사 및 기능사 취득자 포함) 취득 후 현장실무경력 1년 이상
2. 동일분야 자격 산업기사 이상 취득자
3. 대학 4(5)년제 해당 관련학과 전 과정의 1/2 이상 수료자
4. 현장실무경력 2년 이상자

☞ 산업기사에 응시가 가능한 유사 직무분야의 경력은 다양하여 군 경력 중 주특기가 자동차정비병은 자동차정비산업기사에 응시 가능함.

2 진로 및 전망

자동차는 종합산업의 결정체로써 국가산업경제 분야에 한 축을 담당하며 발전하여 왔다. 자동차 분야로 진출하려는 진로의 계획을 세부적으로 세워 진출한다면 독자 여러분들이 목표하는 취업과 사업을 이룰 것이라고 기대한다. 또한 자동차 관련 분야는 본인의 노력과 관심도에 따라 다양하게 진출할 수 있으며, 자동차정비 산업기사 자격증을 취득하게 된다면 더욱더 자부심과 성취감을 느끼며 전문가로서 발전할 수 있는 길이 더욱 넓다고 본다. 기술적인 면에서는 자동차 전기 및 전자 관련 기술 수요가 증가할 것이다.

3 자동차 취업 직종 및 업체

자동차완성차량생산업체 및 자동차부품생산회사, 자동차딜러업체, 자동차부품설계분야, 자동차A/S정비 및 검사업무, 수입업체정비어드바이저, 자동차보험회사 대인대물업무, 자동차손해사정, 자동차관리업무 및 중고자동차매매사업, 정부산하 차량관리업무, 렌트카차량 관리업무, 자동차운수회사, 지원입대 및 산업체 지원, 교육학원강사 등 다양한 업체에 취업이 가능하다.

자동차정비산업기사 출제기준(필기)

필기검정방법	객관식	문제수	80	시험시간	2시간

필기과목명	주요항목	세부항목
일반기계공학 (20문제)	1. 기계재료	(1) 철과 강
		(2) 비철금속 및 합금
		(3) 비금속 재료
		(4) 표면처리 및 열처리
	2. 기계요소	(1) 결합용 기계요소
		(2) 축 관계 기계요소
		(3) 전동용 기계요소
		(4) 제어용 기계요소
	3. 기계공작법	(1) 주조
		(2) 측정 및 손 다듬질
		(3) 소성가공법
		(4) 공작기계의 종류 및 특성
		(5) 용접
	4. 유공압기계	(1) 유공압기계 기초이론
		(2) 유공압기기
		(3) 유공압회로
	5. 재료역학	(1) 응력과 변형 및 안전율
		(2) 보의 응력과 처짐
		(3) 비틀림
자동차 엔진 (20문제)	1. 엔진 성능	(1) 엔진의 성능 및 효율
	2. 엔진 정비	(1) 엔진 본체
		(2) 윤활 및 냉각장치
		(3) 연료장치
		(4) 흡배기장치
		(5) 전자제어장치
	3. 진단, 검사	(1) 고장분석
		(2) 시험장비 및 검사기기
자동차 섀시 (20문제)	1. 섀시 성능	(1) 주행 및 제동
	2. 섀시 정비	(1) 동력전달장치
		(2) 현가 및 조향장치
		(3) 제동장치
		(4) 주행 및 구동장치
	3. 진단, 검사	(1) 고장분석
		(2) 시험장비 및 검사기기
자동차 전기 (20문제)	1. 전기전자 정비	(1) 전기전자
		(2) 시동, 점화 및 충전장치
		(3) 고전원 전기장치
		(4) 계기 및 보안장치
		(5) 안전 및 편의장치
	2. 진단, 검사	(1) 고장분석
		(2) 시험장비 및 검사기기

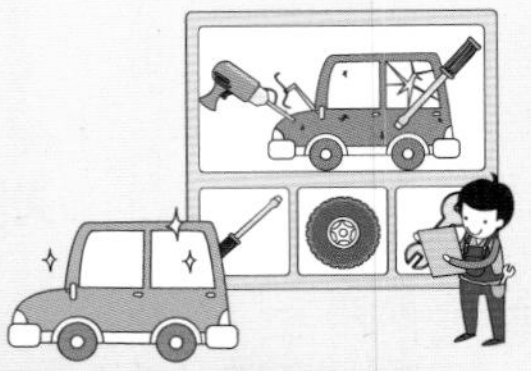

차 례

제 1 과목 자동차 엔진

제 2 과목 자동차 섀시

제 4 과목 일반기계공학

부록 과년도 출제문제

Industrial Engineer Motor Vehicles Maintenance

제 1 과목

자동차 엔진

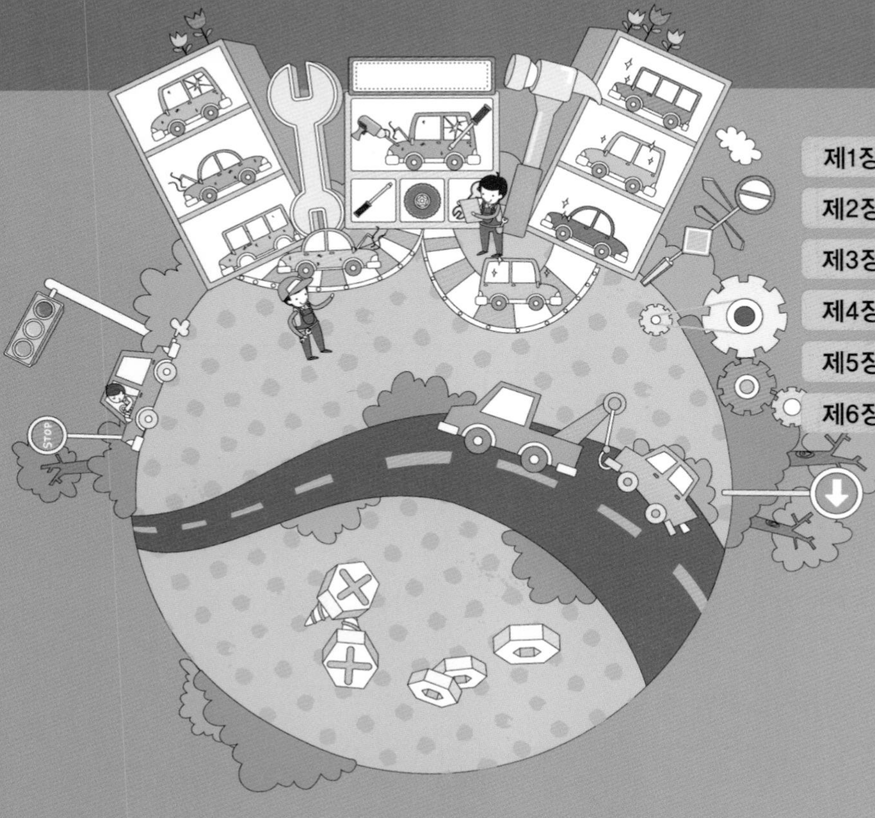

1 Chapter 엔진 성능

1-1 엔진의 성능 및 효율

1 엔진의 정의 및 분류

(1) 4행정 사이클 엔진의 개요

4행정 사이클 엔진은 크랭크축이 2회전 720°에 4행정을 완성하여 1사이클(1cycle)을 완성하며 사용 연료에 따라 가솔린 엔진, LPG 엔진, 디젤 엔진, CNG 엔진, 수소 엔진 등이 있다. 또한 연소 방식에 따라 불꽃점화 방식과 압축착화 방식이 적용되고 있다.

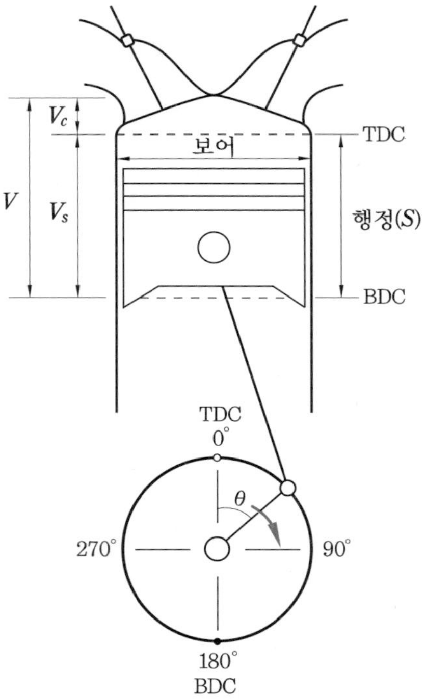

실린더 용적과 크랭크축 회전

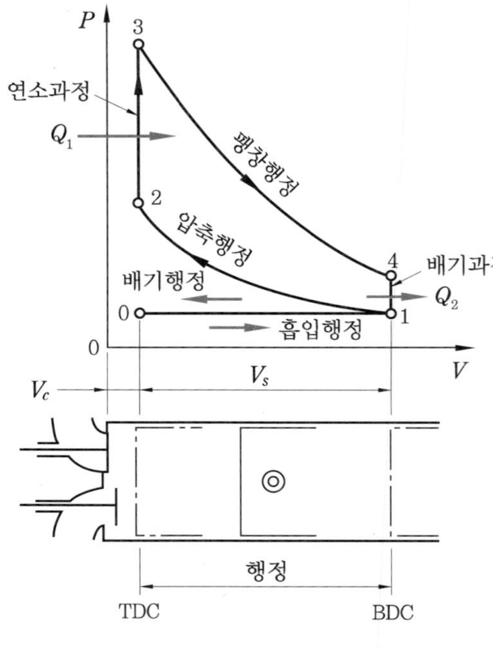

4사이클 엔진의 작동

(2) 4사이클 엔진과 2사이클 엔진의 비교

4사이클 엔진과 2사이클 엔진의 장단점을 비교하면 다음과 같다.

구 분	장 점	단 점
4사이클	• 연료 소비율이 낮고, 열효율이 높다. • 시동이 용이하다. • 체적 효율이 높다. • 저속과 고속에서 회전력이 원활하다. • 소음이 적다(정숙 운전).	• 회전력이 불균일하다. • 플라이 휠이 크다. • 구조가 복잡하다. • 마력당 중량이 무겁다.
2사이클	• 출력이 2배이다(실제 1.7~1.8배). • 밸브가 없어 구조가 간단하다. • 역회전이 가능하다. • 회전력이 균일하다. • 마력당 중량이 가볍다.	• 체적 효율이 낮다. • 소기 펌프가 필요하다. • 유효일량이 적다. • 윤활유 소비량이 증가한다. • 피스톤 링의 마모가 촉진된다. • 저속과 고속에서 역화가 발생한다.

(3) 가솔린 엔진의 3요소

① 좋은 혼합비 : 연료 계통
② 좋은 불꽃 : 점화 계통
③ 규정의 압축 압력 : 기계적인 요인

(4) 엔진 작동 시 출력을 증대시키기 위한 방법

① 축회전 저항을 줄인다.
㈎ 윤활을 한다.
㈏ 접촉면이 큰 베어링을 사용하여 압력을 분산시킨다.
㈐ 볼, 롤러 베어링을 사용(미끄럼 접촉, 구름 접촉)한다.
㈑ 마찰 계수가 작은 금속을 사용한다.
㈒ 섭동면의 가공 정도를 높인다.
② 엔진 작동 사이클 중의 유해한 힘을 줄인다.
㈎ 연소 속도를 높여 점화 전진을 줄인다.
㈏ 피스톤의 측압을 줄인다.(편심, 커넥팅 로드의 길이를 길게 한다.)
㈐ 섭동 부분의 중량을 감소시킨다.
㈑ 실린더 수를 증가한다.
③ 회전 관성을 줄인다.
④ 엔진의 평형을 좋게 한다.
⑤ 보조기구의 구동에 요하는 출력을 줄인다.
⑥ 배기가스의 배출을 방해하는 저항을 적게 한다.

(5) 엔진의 지압선도

① 지압선도의 사용 목적

(가) 엔진 운전 상태를 확인할 수 있다.

(나) 엔진의 출력을 계산할 수 있다.

② 지압선도로 확인할 수 있는 사항

(가) 연료 분사 밸브의 개폐 시기

(나) 압축 압력 및 최고 압력의 크기와 연소 상태

(다) 흡배기 밸브의 개폐 시기

(라) 평균유효압력 및 도시마력의 산출

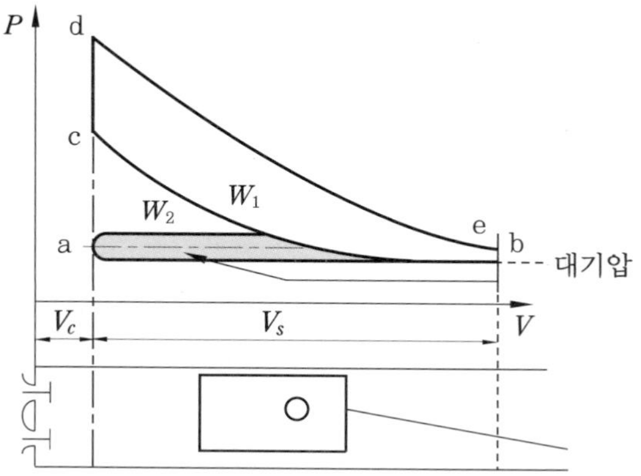

지압선도(PV 선도)

도시일(W_i) = $W_1 - W_2$: 지압선도의 면적

(6) 엔진의 성능곡선도

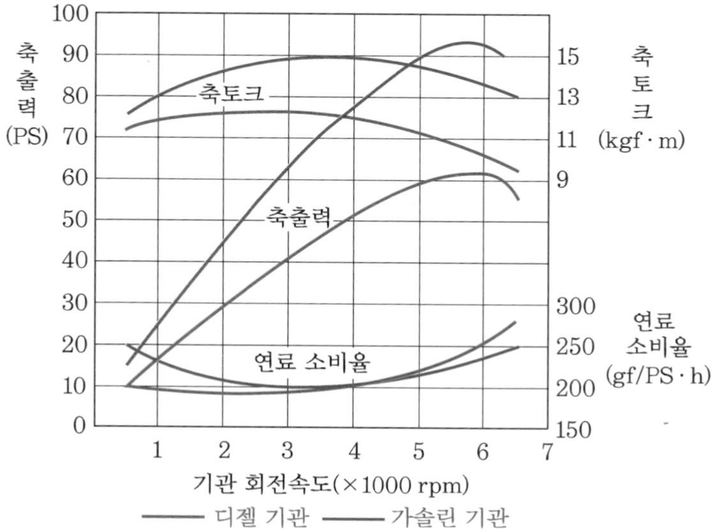

엔진의 성능곡선도

① 최대 토크(maximum torque) : 토크는 회전력으로 kgf · m/rpm으로 나타낸다. 자동차 엔진은 주행에 필요한 동력뿐만 아니라 발전기, 에어컨 압축기 등을 구동시키기 위한 동력을 발생시킨다. 따라서 위와 같은 조건의 차이에서 보듯이 동일한 엔진에도 출력의 차이가 발생된다.

② 최고 출력(maximum power) : 엔진 성능의 포인트는 최고 출력이며 마력으로 표시된다. 이것은 엔진 회전수가 몇 회전일 때에 최고 몇 마력이 되는가를 나타내는 것으로 1 PS는 1초에 75 kg의 물체를 1 m 끌어 올리는 힘이다. 출력은 토크(torque)와 엔진 회전수를 같이 사용하며 회전수에 관계되지만 피스톤의 왕복 속도에 한계가 있어 어느 회전수를 넘으면 출력은 떨어지게 된다.

③ 엔진 회전수(RPM : Revolution Per Minute) : 크랭크축 1분간 회전수이며, 엔진 회전수가 높으면 그만큼 고성능이라는 것이 되는 것으로 여기에 영향을 줄 수 있는 것은 엔진의 동력 제어를 단속하는 밸브 개폐 기구이다.

④ 연료 소비율 : SFC(Specific Fuel Consumption) : 엔진의 경제성을 나타내는 척도로서, 단위 시간에 단위 출력당 어느 정도 연료를 소비하는가로 표시된다. 실용 단위로는 엔진이 어느 회전수에서 1마력당 1시간에 어느 정도의 연료를 연소하는가를 gf/PS · h로 나타내며, SI 단위에서는 출력에 kW를 사용하여 gf/kW · h로 표시된다.

예제 다음 엔진의 성능곡선에 나타난 축출력과 축토크를 보고 물음에 답하시오.

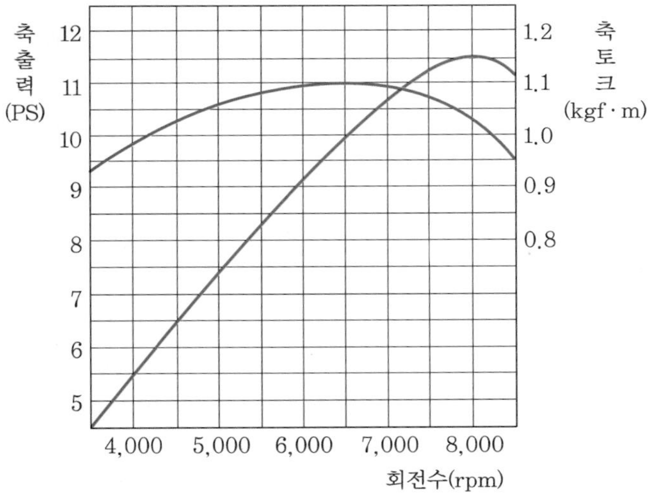

1. 최고 축출력(PS)은 얼마인가?

㉮ 9.5　　㉯ 10.5
㉰ 11.5　　㉱ 12.5

정답 ㉰

2. 최대 축토크(kgf · m)는 얼마인가?

가 1.1	나 2.1
다 3.1	라 4.1

정답 가

3. 최대 축토크(kgf · m)에서 축출력(PS)은 얼마인가?

가 7 PS	나 8 PS
다 13 PS	라 10 PS

정답 라

4. 최대 축토크(kgf · m)에서 회전수(rpm)는 얼마인가?

가 3,240 rpm	나 4,530 rpm
다 6,500 rpm	라 7,460 rpm

정답 다

5. 최고 축출력(PS)에서 회전수(rpm)는 얼마인가?

가 5,000 rpm	나 6,000 rpm
다 7,000 rpm	라 8,000 rpm

정답 라

(7) 내연엔진의 기본 사이클

① 정적 사이클(Otto cycle) : 가솔린 엔진의 기본 사이클이며 열의 공급이 정적하에서 이루어지며, 2개의 정적변화와 2개의 단열변화로 이루어진다.

⑤ → ① : 흡입행정
① → ② : 압축행정
② → ③ : 정적연소
③ → ④ : 동력행정
④ → ① : 배기 밸브 열림
① → ⑤ : 배기행정

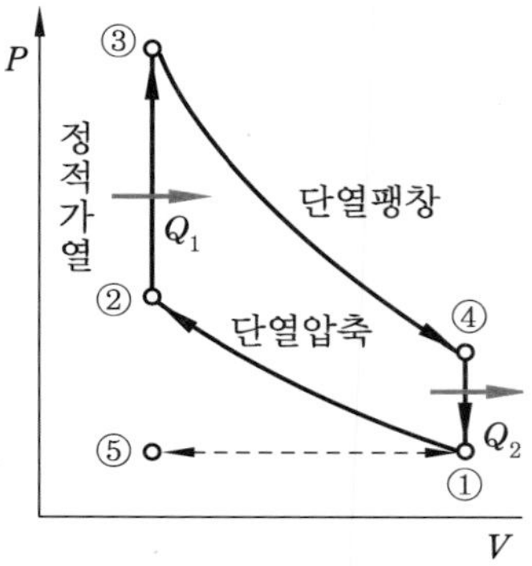

정적(오토) 사이클

■ 정적 사이클(Otto cycle) 열효율

$$\eta_o = 1 - \left(\frac{1}{\epsilon}\right)^{k-1}$$

여기서, η_o : 오토 사이클의 이론 열효율

ϵ : 압축비

k : 비열비$\left(\frac{\text{정압 비열}}{\text{정적 비열}}\right)$

② 정압 사이클(Diesel cycle) : 정압 사이클은 저속 디젤 엔진의 본 사이클이며, 열의 공급이 정압하에서 이루어진다.

⑤ → ① : 흡입행정
① → ② : 압축행정
② → ③ : 정압연소
③ → ④ : 동력행정
④ → ① : 배기 밸브 열림
① → ⑤ : 배기행정

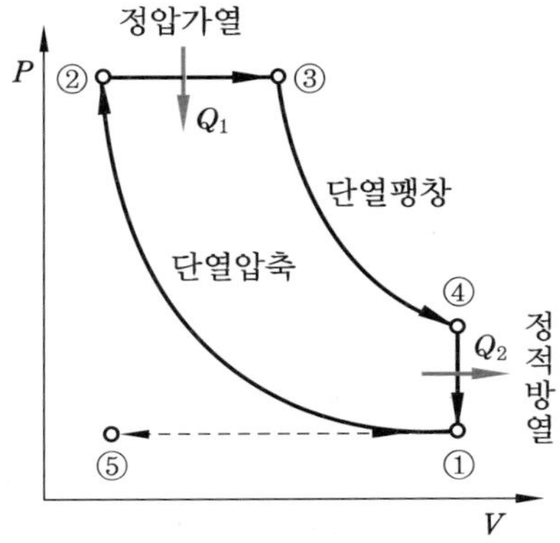

정압 사이클

■ 정압 사이클(Diesel cycle) 열효율

$$\eta_d = 1 - \left[\left(\frac{1}{\epsilon} \right)^{k-1} \cdot \frac{\sigma^k - 1}{k(\sigma - 1)} \right]$$

여기서, σ : 단절비(정압 팽창비)

③ 복합 사이클(Sabathe cycle) : 복합 사이클은 고속 디젤 엔진의 기본 사이클이며 열량 공급이 정적과 정압 하에서 이루어진다.

⑤ → ① : 흡입행정
① → ② : 압축행정
② → ③′ : 정적연소
③′ → ③ : 정압연소
③ → ④ : 동력행정
④ → ① : 배기 밸브 열림
① → ⑤ : 배기행정

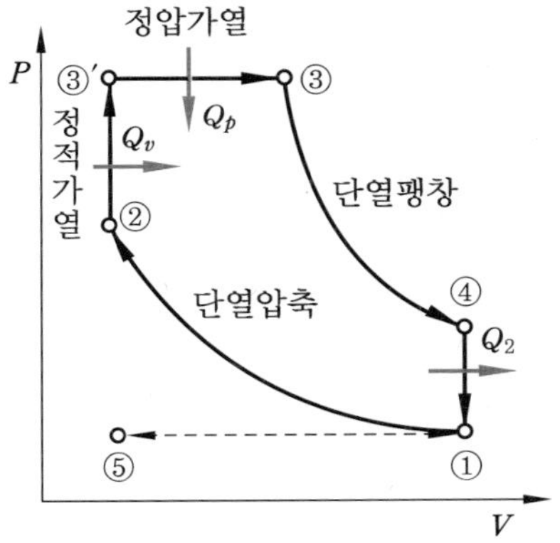

복합 사이클

■ 복합 사이클(Sabathe cycle) 열효율

$$\eta_s = 1 - \left[\left(\frac{1}{\epsilon} \right)^{k-1} \cdot \frac{p \cdot \sigma^k - 1}{(p-1) + k \cdot p(\sigma - 1)} \right]$$

여기서, p : 폭발비(압력비)

2 엔진의 성능

(1) 압축비

피스톤이 하사점에 있을 때, 실린더 총 체적과 피스톤이 상사점에 도달하였을 때 연소실 체적과의 비율이며 다음과 같이 나타낸다.

$$\epsilon = \frac{V_c + V_s}{V_c} \text{ 또는 } 1 + \frac{V_s}{V_c}$$

$$V_c = \frac{V_s}{\epsilon - 1},\ V_s = V_c(\epsilon - 1)$$

여기서, ϵ : 압축비
V_c : 연소실 체적
V_s : 행정 체적(배기량)

(2) 도시마력(IHP ; 지시마력)

연소실 내 공급된 혼합기가 연소되면서 발생되는 압력변화와 피스톤 작동으로 실린더 체적이 변화되는 것을 지압계로 측정하여 압력과 체적변화를 나타낸 동력으로 제동마력과 마찰마력을 더한 것이다.

$$\text{IHP} = \frac{P \times A \times L \times R \times N}{75 \times 60}$$

여기서, IHP : 도시마력(지시마력)
P : 평균유효압력(kgf/cm^2)
A : 단면적(cm^2)
L : 행정(m)
R : 회전수(4행정 $= R/2$, 2행정 $= R$)
N : 실린더 수

(3) 축마력(BHP ; 제동마력)

연소실 내 발생된 열에너지에서 엔진 작동에 필요한 부가장치(물펌프, 발전기, 엔진 내부 마찰손실 등)에 의한 유실된 마력을 뺀 순수 크랭크축을 작동하기 위한 회전동력을 말한다.

$$\text{BHP} = \frac{2\pi \times T \times R}{75 \times 60} = \frac{T \times R}{716}$$

여기서, BHP : 제동마력(축마력)
T : 회전력(m-kg)
R : 엔진회전수(rpm)

(4) 마찰마력(FHP)

엔진의 내부 마찰과 발전기, 물 펌프 및 에어컨 압축기 작동으로 인한 손실되는 엔진 부속장치 작동에 의한 소요된 동력을 말한다.

$$\text{FHP} = \frac{f \times Z \times N \times V_s}{75} = \frac{P \times V_s}{75}$$

여기서, f : 피스톤링 1개의 마찰력(kg)
Z : 실린더당 링 수
N : 실린더 수
P : 총마찰력
V_s : 피스톤링 평균속도(m/s)

(5) SAE 마력

자동차 등록 및 과세기준으로 자동차공업학회가 정한 엔진의 제원을 근거로 사용되는 마력으로 공칭마력이라고도 한다.

① 실린더 안지름의 단위가 inch일 때 $\frac{D^2 \cdot N}{2.5}$

② 실린더 안지름의 단위가 mm일 때 $\frac{D^2 \cdot N}{1613}$ (D : 실린더 지름, N : 실린더 수)

(6) 연료마력(PHP)

엔진의 성능을 시험할 때 사용하여 소비되는 연료의 연소 열에너지를 마력으로 환산한 것이다.

$$\mathrm{PHP} = \frac{60W}{632.3t} = \frac{C \cdot W}{10.5t}$$

여기서, C : 연료의 저위발열량(kcal/kg)
W : 연료의 중량(kg)(l × 비중 = kg)
t : 측정시간(hour)

3 엔진의 효율

(1) 기계효율

엔진 내(실린더)에서 발생된 지시마력 중 마찰을 비롯한 기타 손실을 제외하고 제동마력으로 발생된 동력으로 몇 %가 실제 일로 이용되는지를 알려주는 값이 기계효율이다.

$$\text{기계효율}(\eta_m) = \frac{\mathrm{BHP}}{\mathrm{IHP}} \times 100(\%)$$

여기서, BHP : 제동마력(정미마력)
IHP : 도시마력(지시마력)

(2) 열효율(thermal efficiency)

열효율이란 일로 변환된 열에너지와 실제 엔진에 공급된 열에너지의 비를 말한다. 공기 사이클이나 연료공기 사이클에서 이론적으로 계산한 일을 이론일 실제 사이클에 의한 일로써 실린더 내에서 작동유체가 실제로 하는 도시일, 크랭크축 제동일 등이 있다.

$$\text{제동열효율}(\eta_b) = \frac{\text{제동출력}}{\text{공급열량}}$$

$$= \frac{W_b}{Q_1} = \frac{N_b \times 632.3}{H_L \times B}\left(\frac{\text{제동마력}}{\text{연료마력}}\right)$$

① 제동마력의 단위가 PS일 경우 $= \frac{632.3}{H_L(\text{저위발열량}) \times fb(\text{제동연료소비율})}$

② 제동마력의 단위가 kW일 경우 $= \dfrac{N_b(\text{제동마력}) \times 860}{H_L(\text{저위발열량}) \times B(\text{시간당 공급연료량})}$

$$= \frac{860}{H_L \times fb}$$

(3) 체적효율(volumetric efficiency)

체적효율이란 피스톤의 행정체적과 흡입 생성 시 상온에서 실제로 흡인된 공기 체적의 중량비를 말한다.

$$\text{체적효율}(\eta) = \frac{\text{실제 흡입공기량}}{\text{이론 실린더 용적이 차지하는 공기량}} \times 100$$

참고 도시평균유효압력

피스톤 엔진에 있어서 피스톤에 가해지는 압력은 피스톤의 위치에 따라 다른 것으로, 팽창의 전 행정에 걸쳐 평균한 값을 고려하여 그중 유효하게 작용하는 압력이다. 보통 도시평균유효압력을 사용한다. 도시평균유효압력은 인디케이터 선도에 있어서 면적 A②③④⑤A로부터 펌프일의 면적 A⑥①A를 뺀 면적을 한 변이 행정에 대응하는 길이의 사각형 면적에 도시했을 때의 높이이다.

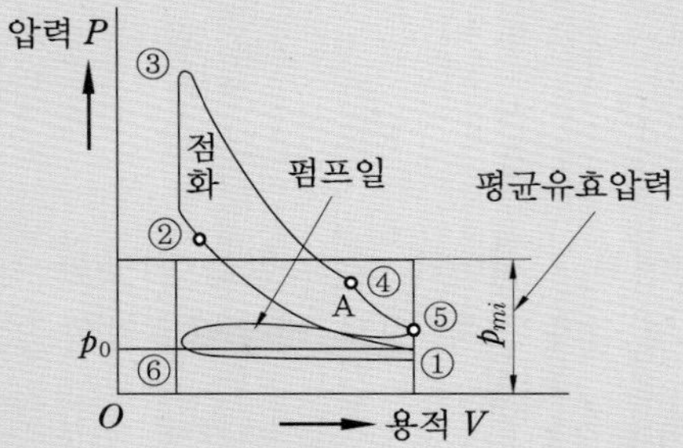

2 Chapter 엔진 본체

2-1 실린더 헤드, 실린더 블록, 밸브 및 캠축 구동장치

1 실린더 헤드(cylinder head)

실린더 헤드는 엔진 상단부에 설치되며 연소실을 중심으로 밸브 및 밸브 개폐 기구 점화 플러그가 설치되어 있으며, 재질로는 특수 주철과 알루미늄 합금을 사용한다.

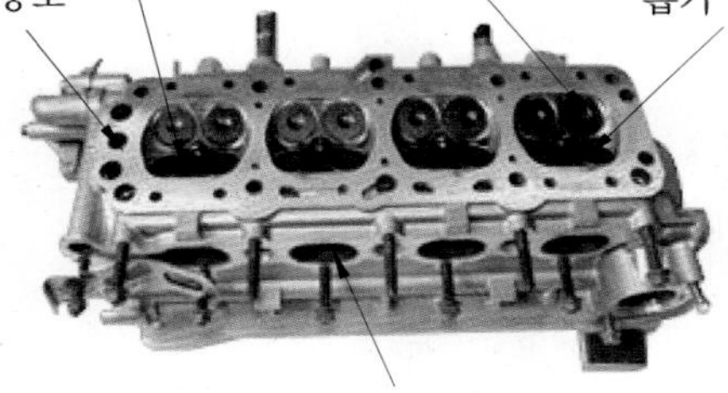

실린더 헤드

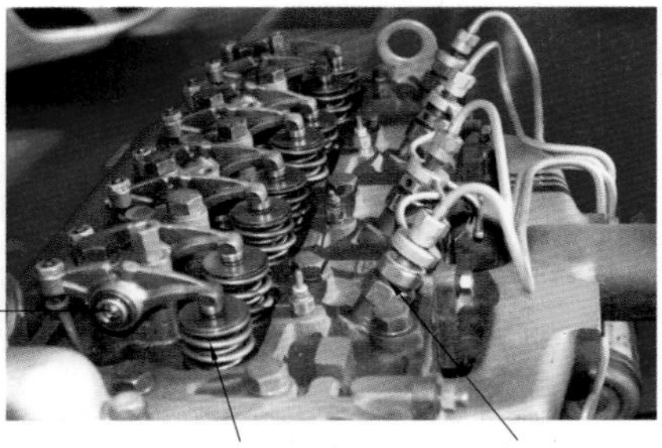

밸브 개폐 기구

(1) 실린더 점검 및 정비

① 헤드의 균열
원인 : 과격한 열적 변화, 냉각수 동결, 외부로부터의 충격, 과열 시 급격한 냉각수 보충으로 인한 온도 변화

② 점검 방법 : 육안검사, 자기탐상법, 염색탐상법

③ 헤드 고착 시 떼어내는 방법 : 헤드의 재질에 손상이 가지 않는 범위에서 플라스틱 해머 및 압축 압력 또는 호이스트를 이용하여 탈착한다.

참고

실린더 헤드 개스킷은 혼합기(연료), 배기가스, 엔진오일, 냉각수 등과 지속적으로 접촉하고 있으며, 가열되거나 냉각되고, 고압이나 진공이 되는 등 그 상태의 변화가 심하다. 개스킷은 보통 얇은 구리판이나 강철판으로 석면을 싸서 만들어져 있다. 두께는 0.8~1.5 mm 정도이다.

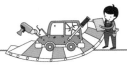

참고 실린더 헤드 분해 조립 방법

① **분해 방법** : 힌지 핸들을 이용하여 대각선 방향으로(바깥쪽에서 안쪽) 중앙으로 분해한다.
② **조립 방법** : 실린더 블록에 접착제를 바른 후 헤드 개스킷을 설치하고, 개스킷 윗면에 접착제를 바른 후 실린더 헤드에 부착한다.
③ 헤드 볼트는 중앙에서부터 대각선으로 바깥쪽(분해와 반대)을 향하여 조인다.
④ 헤드 볼트는 토크렌치를 사용하여 2~3회 나누어 조립한다.

2 실린더 블록(cylinder block)

위쪽에는 실린더 헤드가 설치되며, 아래 중앙부에는 평면 베어링을 사이에 두고 크랭크축이 설치된다. 내부에는 피스톤 운동이 될 수 있는 실린더(cylinder)가 설치되어 있으며, 연소 및 마찰열 냉각을 위한 물 재킷이 실린더를 둘러싸고 있다. 실린더 블록 재질은 특수 주철이나 알루미늄 합금을 사용한다.

실린더 블록

(1) 실린더(cylinder)

① 일체식 : 일체식 실린더는 실린더 블록과 같은 재질로 실린더를 일체로 제작한 형식이다.
② 라이너식(liner type) : 실린더를 별도로 제작한 후 실린더 블록에 끼우는 형식이다.

(2) 실린더 상사점 부근의 마멸 원인 : 실린더 윗부분(TDC)

① 엔진의 어떤 회전속도에서도 피스톤이 상사점에서 일단 정지하고, 이때 피스톤 링의 호흡 작용으로 인한 유막이 끊김
② 피스톤 상사점에서 폭발압력으로 피스톤 링이 실린더에 밀착되기 때문

실린더 및 실린더 블록

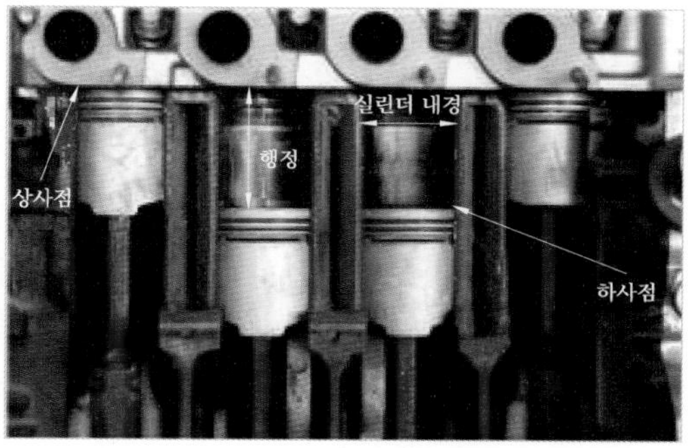

실린더별 피스톤 작동

(3) 실린더 보링

① 실린더 보링 작업 : 보링 작업이란 실린더 벽이 마모되었을 때 마모량을 측정하여 오버 사이즈 값을 구하고, 해당되는 피스톤을 선정하여 실린더를 절삭하는 작업이다(보링 후 다듬질 작업 호닝 실시).

② 실린더 보링값

㈎ 보링 오버 사이즈 규정

실린더 안지름	수정 한계값	오버 사이즈 한계	차수 절삭	진원 절삭값
70 mm 이상	0.2 mm	1.50 mm(6차)	0.25 mm	0.2 mm
70 mm 이하	0.15 mm	1.25 mm(5차)		

㈏ 측정 : 실린더 내 상중하 6군데 측정(실린더 보어 게이지, 텔레스코핑 게이지, 안지름 마이크로미터)

→ 신차 규정값 : 75.00 mm 측정 최댓값 : 75.26 mm 진원 절삭값 : 0.2 mm

※ 실린더 최대 마모량은 실린더 상사점(톱링 1번링이 머무는 지점)에서 측정된다.

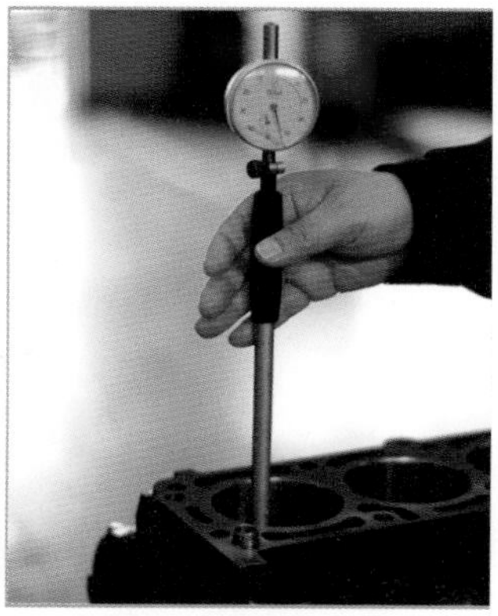

실린더 보어 게이지

실린더 측정

참고 보링값 구하기

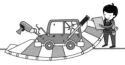

앞의 오버 사이즈 규정에서 보면 75.46 mm 오버 사이즈 피스톤이 없으므로 이보다 근접한 윗단계 STD 75.50 mm에 맞춰 실린더를 보링하고 피스톤은 표준보다 0.50 mm 큰 피스톤을 체결한다.

최대 측정값 75.26 mm + 진원 절삭값 0.2 mm = 75.46 mm

③ 실린더벽의 두께 : 실린더 내 연소 압력은 엔진의 특성과 압축비에 따라 차이가 있으나 보통 25kg/cm²이며, 실린더는 이 압력에 견딜 수 있도록 설계되어야 한다.

$$t = \frac{PD}{2\sigma_a}$$

여기서, t : 실린더벽의 두께 (mm)
P : 폭발압력 (kg/cm²)
D : 실린더 안지름 (mm)
σ_a : 실린더벽의 허용응력 (kg/cm²)

3 피스톤 (piston)

(1) 피스톤의 구비 조건

① 연소열로 인한 팽창이 적을 것
② 열전도율이 우수할 것
③ 피스톤 상호간의 무게 차이가 적을 것
④ 블로바이(blow by)가 없을 것
⑤ 중량이 가벼울 것
⑥ 고온고압에 충분히 견딜 수 있을 것

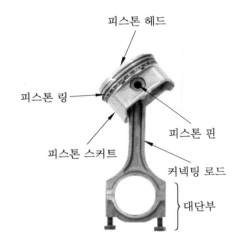

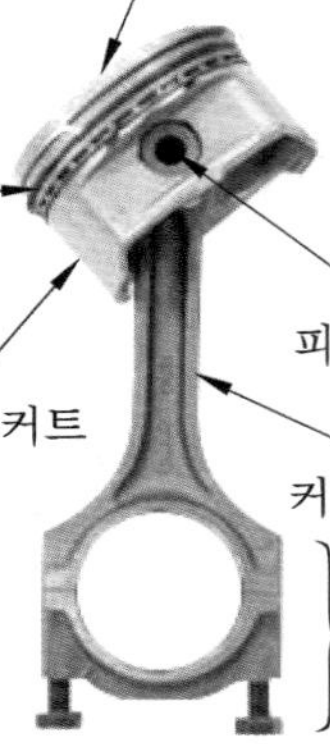

피스톤 어셈블리

(2) 피스톤 간극

실린더 안지름과 피스톤 최대 바깥지름(스커트 부분 지름)과의 차이를 말한다.

① 작을 때 : 열팽창으로 인해 실린더와 피스톤에 고착(소결, 융착)이 발생한다.
② 클 때 : 피스톤 압축 시 압축 압력이 저하되어 엔진출력이 저하되고 엔진오일이 연소되며, 블로바이 가스가 발생되어 윤활유가 연소된다.

■ 피스톤 평균 속도

$$S = \frac{2NL}{60}\ [\text{m/s}]$$

여기서, S : 피스톤 평균 속도(m/s)
N : 크랭크축 회전수(rpm)
L : 피스톤 행정(m)

4 피스톤 링(piston ring)

(1) **피스톤 링** : 피스톤 링은 기밀유지 작용(밀봉작용), 오일제어 작용(오일 긁어내리기 작용), 냉각 작용(열전도 작용) 등 3가지 작용을 한다.

(2) **피스톤 링 정비**

① 링 앤드 갭(절개구 간극) : 링 이음부 간극(0.2~0.4mm)은 엔진 작동 중 열팽창을 고려하여 두며, 피스톤 바깥지름에 관계된다.

② 링 앤드 갭 조립 : 피스톤 링 조립 시 위치는 피스톤 핀 설치 방향을 피해 피스톤 링 앤드 갭 방향이 120~180° 방향이 되도록 설치한다.

피스톤 링

피스톤 링 앤드 갭 측정

5 크랭크축(crank shaft)

각 실린더에서 발생된 동력을 커넥팅 로드를 통하여 회전운동으로 바꾸어주며 기통수에 맞게 규칙적인 동력을 발생하고 전달할 수 있도록 평형을 유지한다.

크랭크축

크랭크축 메인 저널 측정

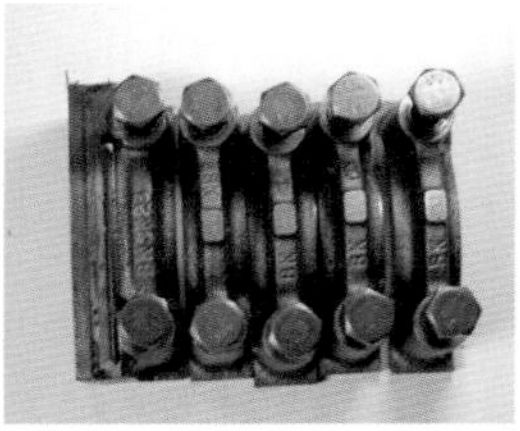

메인 저널 캡

(1) 구비 조건 및 재질

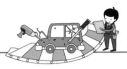

크랭크축은 정적 및 동적 평형이 잡혀 있어야 하며 강도와 강성 내마모성이 요구된다. 재질로는 고탄소강, 크롬-몰리브덴강, 니켈-크롬강 등으로 단조하여 제작한다.

(2) 설계 시 크랭크축 점화순서

1. 인접한 실린더에 연이어서 폭발이 발생하지 않도록 한다.
2. 동력이 같은 간격으로 발생하도록 한다.
3. 혼합가스가 각 실린더에 동일하게 분배되게 한다.
4. 크랭크축에 비틀림 진동이 발생하지 않도록 한다.

(3) 크랭크축 저널 수정방법

① 크랭크축 저널 수정 : 실린더 폭발행정 및 주행에 따른 다양한 충격과 열적부하에 크랭크축 저널이 마모된다. 따라서 바깥지름 마이크로미터를 통해 축방향 및 저널 방향으로 4군데를 측정(최소측정값 : 최대마모량)하여 규정에 따라 절삭하고 표준 베어링보다 두꺼운 언더 사이즈 베어링으로 교환한다.

② 크랭크축 규정 및 마멸 한계값

메인 저널 축의 지름	수정 한계값	언더 사이즈 한계	차수 절삭	진원 절삭값
50 mm 이상	0.20 mm	1.50 mm(6차)	0.25 mm	0.2 mm
50 mm 이하	0.15 mm	1.00 mm(4차)		

③ 크랭크축 마멸 한계값

참고

(1) **측정** : 메인 저널 4군데 측정(최솟값 :최대마모량)
→ 신차 규정값 : 57 mm, 측정 최솟값 : 56.79 mm, 진원 절삭값 : 0.2 mm

(2) **크랭크축 메인 저널 수정값**
최대축 마모 측정 56.79 mm - 진원 절삭값 0.2 mm = 56.59 mm
축을 절삭해야 할 지름이 56.59 mm이 되나 여기에 절삭할 수 있는 기준 베어링이고, 규정보다 두꺼운 언더 사이즈 베어링이 준비되어 있으므로 크랭크축 메인 베어링 수정은 56.50 mm로 수정하고, 규정보다 0.50 mm(2차) 두꺼운 베어링을 기준으로 절삭 수정한다.

6 엔진 베어링

(1) 엔진 베어링의 재료

① 배빗 메탈(Babbitt metal) : 취급이 용이하고 매입성, 길들임성, 내부식성 등은 크나 고온 강도와 열전도성이 좋지 못하다. 구성 재료는 주석(Sn) 80~90 %, 안티몬(Sb) 3~12 %, 구리(Cu) 3~7 %으로 조성된다.

② 켈밋 합금(Kelmet Alloy) : 열전도성이 양호하고, 융착되지 않아 고속, 고온 및 고하중에 잘 견디나 경도가 커 매입성, 길들임성, 내부식성 좋지 못하다. 구성 재료는 구리(Cu) 60~70 %, 납(Pb) 30~40 %가 표준 조성된다.

(2) 엔진 베어링의 구조

① 베어링 크러시(bearing crush) : 크러시는 베어링의 바깥둘레와 하우징 안둘레와의 차이

② 베어링 스프레드(bearing spread) : 스프레드는 베어링 하우징의 지름과 베어링을 끼우지 않았을 때 베어링 바깥쪽 지름과의 차이

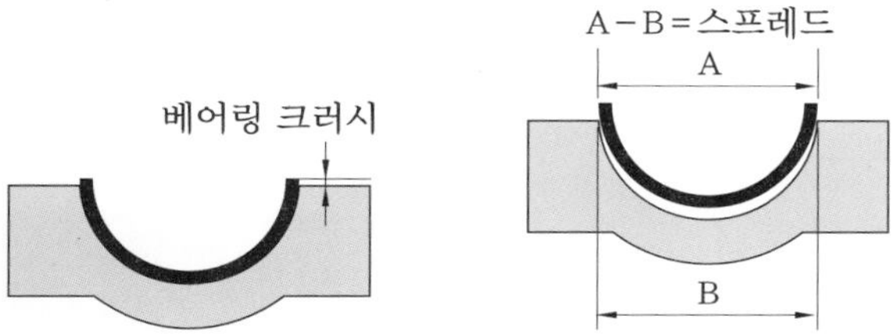

베어링 크러시　　베어링 스프레드

메인 저널 베어링

(3) 베어링의 구비 조건

① 고온 강도가 크고, 길들임성이 좋을 것.
② 내부식성 및 내마모성이 클 것.
③ 내피로성이 클 것.
④ 매입성이 좋을 것.
⑤ 폭발 압력에 견딜 수 있을 것.
⑥ 마찰로 인한 저항이 적을 것.
⑦ 추종 유동성이 좋을 것.

2-2 밸브 장치(valve system)

1 밸브 개폐 기구

① L 헤드 밸브 기구(L-head valve train) : 캠축, 밸브 리프트(태핏)와 밸브로 구성된다. 밸브 작동은 캠축 ⇨ 밸브 리프터 ⇨ 밸브
② O.H.V 기구(over head valve train) : 캠축이 실린더 블록에 설치되어 다음과 같이 밸브 작동. 캠축 ⇨ 밸브 리프터 ⇨ 푸시로드 ⇨ 로커 암 어셈블리 ⇨ 밸브
③ O.H.C 밸브 기구(over head camshaft valve train) : 캠축이 실린더 헤드에 설치되어 있어 밸브 개폐는 캠축 ⇨ 로커암 ⇨ 밸브로 작동된다.

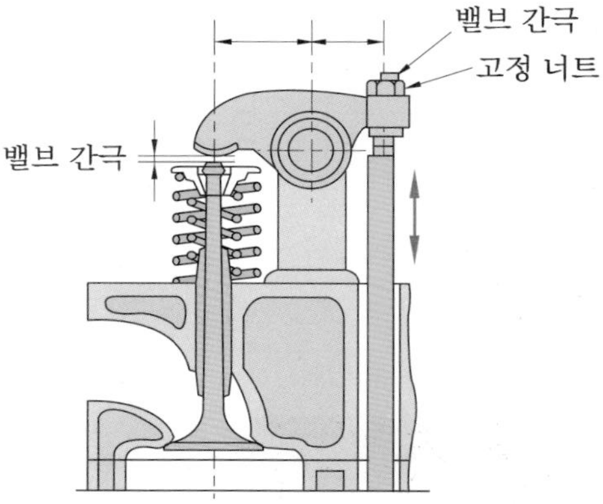

밸브 작동 기구

O.H.V형 밸브 개폐 기구

(1) 캠축(camshaft)

엔진의 행정 작동 중 밸브를 단속하기 위해 엔진 밸브 수와 같은 수의 캠이 배열되어 있는 축으로서 재질은 특수 주철 및 크롬강, 저탄소강으로 제작되며 캠 표면을 경화시켜 제작한다.

① SOHC(single over head camshaft) : 1개의 캠축으로 모든 밸브를 작동
② DOHC(double over head camshaft) : 2개의 캠축으로 각각 흡기와 배기 밸브를 작동
㈎ 흡입 효율 향상
㈏ 허용 최고회전수 향상
㈐ 높은 연소효율
㈑ 구조가 복잡하고, 생산 단가 고가

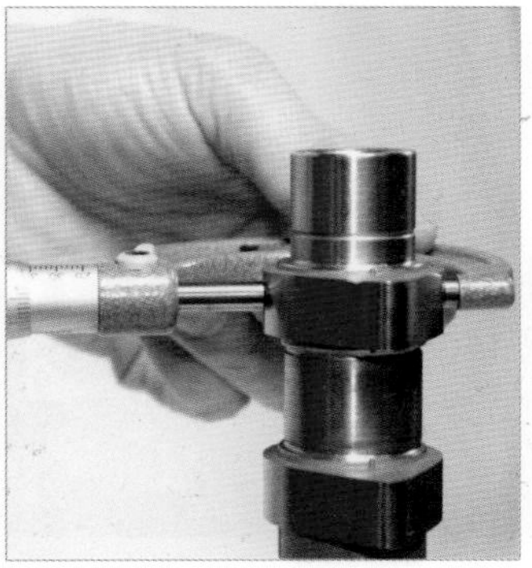

캠 측정

캠축 기어 흡배기 캠 타이밍 마크

(2) 캠의 구성

① 기초원(base circle) : 기초가 되는 원
② 노즈(nose) : 밸브가 완전히 열리는 점
③ 양정(lift) : 기초원과 노즈와의 거리
④ 플랭크(flank) : 밸브 리프터가 접촉, 구동되는 옆면
⑤ 로브(lobe) : 밸브가 열려서 닫힐 때까지의 거리
※ 양정(lift) = 캠 높이 − 기초원

(3) 밸브 리프터(valve lifter or tappet)

① 캠의 회전운동을 상하운동으로 바꾸어 밸브 또는 푸시로드에 전달
② L 헤드 기구에서는 직접 밸브 개폐
③ 실린더 블록이나 헤드에 있는 리프터 가이드에 의해 지지

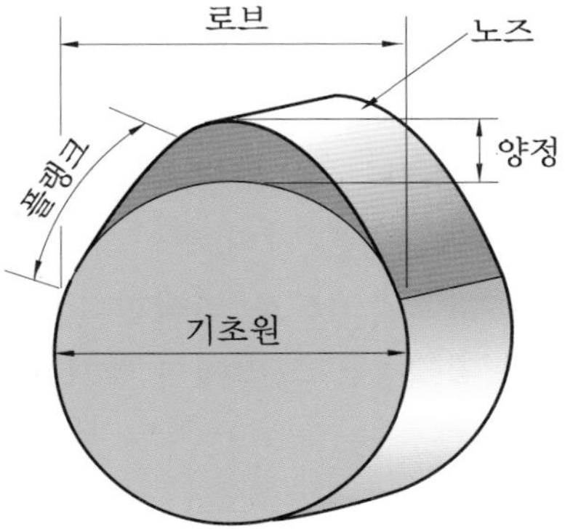

캠의 구성

(4) 밸브(valve)

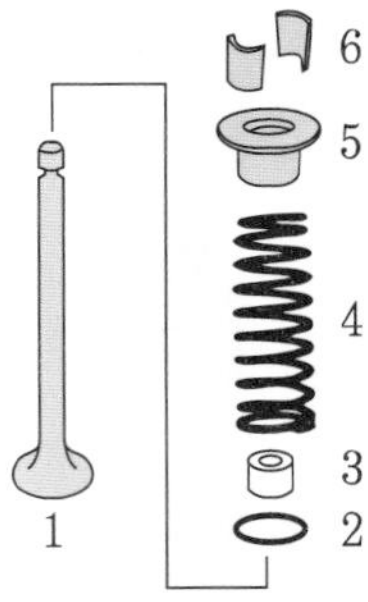

1. 밸브
2. 밸브 스프링 로어 리테이너
3. 밸브 스템 실
4. 밸브 스프링(원추)
5. 밸브 스프링 어퍼 리테이너
6. 밸브 코터

밸브 및 밸브 스프링

밸브 스프링 탈착

① 구비 조건

㈎ 고온 고압에서 충분히 견딜 수 있는 강도와 강성이 있을 것.

㈏ 열전도가 잘 되는 단면일 것.

㈐ 충격과 부하에 견딜 것.

㈑ 부식되지 않으며 경량일 것.

㈒ 내구력이 클 것.

※ 작동 온도 : 흡입 밸브는 450～500℃, 배기 밸브는 700～800℃

② 재질

㈎ 페라이트(ferrate) 내열강 : 밸브 스템

㈏ 오스테나이트(austenite) 내열강 : 밸브 헤드

㈐ 스텔라이트(stellite) 내열강 : 밸브 스템 엔드

③ 밸브 주요부

㈎ 밸브 헤드(valve head) : 연소실을 형성하며 고온(760～580℃)에 노출

㈏ 마진(margin) : 마진 0.8 mm 이상(밸브 재사용 여부 결정)

㈐ 밸브 면(valve Face) : 밸브 시트에 밀착되어 기밀유지 및 방열작용을 하며 밸브 시트와 접촉 폭 1.5～2 mm

④ 밸브 시트 (valve seat) : 페이스와 접촉 기밀유지하고 밸브 시트 각도는 30°, 45°, 60° 사용한다. 밸브 시트의 연삭법은 커터로 연삭하고 리머로 고르게 래핑 작업한다. 작업 순서는 15°, 75°, 마지막 45°로 연삭한다.

㈎ 밸브의 간섭각 : 밸브의 열팽창을 고려해서 밸브 시트와 페이스 사이에 1/4～1° 정도 차이를 둔다.

㈏ 밸브 시트 폭은 일반적으로 1.4～2.0 mm, 밸브 시트의 침하량 1 mm 경우는 와셔로 조정하고, 2 mm 경우는 교환한다.

⑤ 밸브 간극(valve clearance) : 작동 온도(75～85℃)에 달했을 때 열팽창 및 윤활 간극을 고려해서 냉각시에 미리 간극을 둔다(일반적으로 흡입 밸브는 0.2～0.35 mm, 배기 밸브는 0.3～0.40 mm).

밸브 간극이 적을 경우	밸브 간극이 클 경우
• 밀봉 불량(blow-by) • 소결(stick)	• 흡배기효율 불량 • 소음 발생

⑥ 밸브 오버랩(valve overlap) : 피스톤 상사점 부근에서 흡기와 배기 밸브가 동시에 열려 있는 것을 밸브의 오버랩이라고 한다. 밸브의 오버랩을 두는 이유는 흡배기의 효율을 좋게 하기 위함이며, 가스의 흐름을 유효하게 이용하기 위해 흡기행정 초 배기행정 끝에서 적용시킨다.

참고 나트륨 냉각식 밸브

내부를 중공 중 40~60% 금속 나트륨(metallic sodium)으로 봉입되어 있으며 엔진 작동 시 액화되어 헤드의 열을(나트륨 융점 : 97.5℃, 비점 : 882.9℃) 100℃ 정도 낮출 수 있으며, 주로 자동차용 고급 엔진과 항공기용에 사용한다.

㈎ 밸브의 지름(d)

$$d = D\sqrt{\frac{S}{V}}$$

여기서, D : 실린더 지름(mm)
S : 피스톤 평균속도(m/s)
V : 밸브공을 통과하는 가스의 속도(m/s)

㈏ 밸브의 양정(h)

$$h = \frac{d}{4}$$

여기서, d : 밸브의 지름

(5) 밸브 스프링(valve spring)

밸브가 닫혀있는 동안 기밀 유지 규정의 장력이 유지되어야 하며, 장력이 크면 밀봉 및 냉각이 양호하나 시트가 침하할 수 있다. 반대로 장력이 적으면 밸브의 기밀 및 냉각이 불량하게 된다.

참고 서징(surging) 현상

캠에 의한 작동과 상관 없이 발생하는 스프링의 고유 진동으로 스프링이 절손될 수 있다. 밸브 스프링이 절손되면 밸브의 기밀이 불량해지고 심하면 밸브가 연소실로 떨어져 큰 손상이 발생될 수 있다.
→ 방지책 : 부등피치 스프링, 2중 스프링, 원뿔(원추) 스프링을 사용한다.

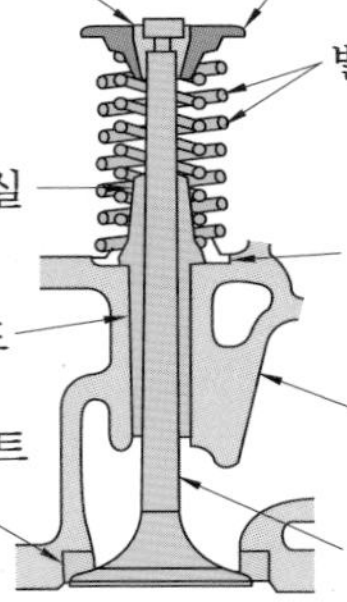

밸브 개폐 장치

밸브 스프링 장력 테스터

① 밸브 스프링의 종류

㈎ 등피치형

㈏ 부등피치형

㈐ 원뿔형(원추형)

② 스프링 점검(스프링 장력 시험기 및 정반과 직각자)

㈎ 자유고 : 표준의 3 % 이내 (규정값의 3 % 이내)

㈏ 직각도 : 3 % 이내 (규정자유높이 100 mm에 대한 3 mm 이내)

㈐ 장력 : 15 % 이내 (규정장력의 15 % 이내)

참고

1. 밸브 간극 조정의 무조정화 및 작동 시 소음 감소를 위해 오토 래시 어저스터(auto lash adjuster)를 설치한 방식으로, 이것은 엔진의 온도 변화, 각부의 마찰 등에 대한 밸브 간극 변화를 자동적으로 조정해서, 밸브 간극이 항상 '0'이 되도록 하는 기능을 가진다. 엔진이 시동되면 엔진 오일의 일부가 오일펌프로부터 유압회로를 거쳐 유압 태핏까지 공급된다. 윤활유는 유압 태핏 본체 외부 홀을 따라 유압 태핏 내부(태핏-피스톤 윤활)로 공급되며, 이어서 유압 태핏-피스톤 내부로, 유압 태핏-피스톤 내부에서는 볼밸브를 거쳐 압력실로 공급된다.

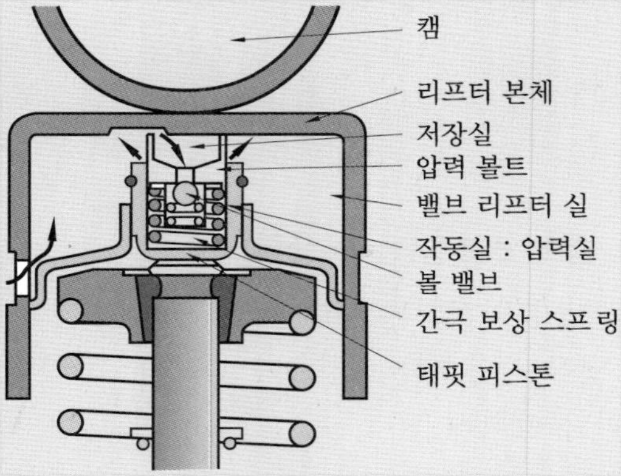

유압 태핏

2. 밸브 시트의 각도는 밸브 페이스의 각도와 거의 같으며, 일반적으로 45°의 원추형으로 하나 30°로 한 경우도 있다. 또한 밸브 시트와 페이스 사이에 열팽창을 고려하여 간섭각을 $\frac{1}{4}$~1°의 차이를 둔다.

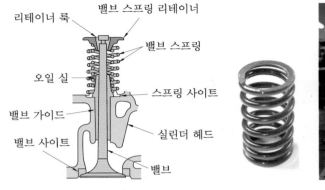

3 Chapter 연료장치

3-1 가솔린 엔진

(1) 가솔린 엔진의 연료

가솔린은 석유계열의 원유에서 정제한 탄소(C)와 수소(H)의 유기화합물의 혼합체이며, 가솔린의 구비조건은 다음과 같다.

① 체적 및 무게가 적고 발열량이 클 것.
② 연소 후 유해 화합물을 남기지 말 것.
③ 옥탄가가 높을 것.
④ 온도에 관계 없이 유동성이 좋을 것.
⑤ 연소 속도가 빠를 것.

(2) 가솔린 엔진의 연소

혼합비(이론공연비), 필요한 공기량 : 공기와 연료(가솔린)의 중량비로서

$\dfrac{\text{공기 중량(g)}}{\text{자동차 연료 중량(g)}}$ 을 말한다.

$$\text{이론공연비} = \frac{G_A}{G_F}$$

여기서, G_A : 공기의 중량
G_F : 연료의 중량

이론공연비란 휘발유(C_nH_m)와 산소(O_2)가 산화 반응을 일으켜서 완전연소를 하기 위한 중량 비율을 화학식에 의해 이론적으로 구한 값. 이론적 공연 비율은 15 : 1로 나타낸다.

※ 공기의 조성 비율 ⇒ O_2 : 21 %, N_2 : 79 %

(3) 공기과잉률 공연비

공기과잉률(λ) : 연소에 필요한 이론적 공기량과 실제로 흡입된 공기 중량의 비

$$공기과잉률(\lambda)=\frac{실제로\ 흡입된\ 공기의\ 중량}{완전연소에\ 필요한\ 이론공기중량}\times 100\ \%$$

(4) 노킹(knocking)

실린더 내의 연소에서 화염 면이 미연소가스에 점화되어 연소가 진행되는 사이에 미연소의 말단가스가 고온과 고압으로 되어 자연 발화하는 현상이다.

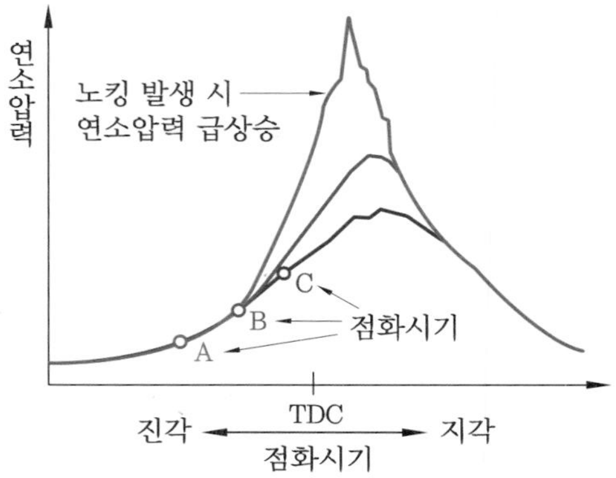

점화시기에 따른 연소 압력

① 노킹 발생의 원인

(가) 점화 시기가 너무 빠를 때
(나) 혼합비가 희박할 때
(다) 저옥탄가의 연료를 사용하였을 때
(라) 엔진이 과열되었을 때
(마) 엔진에 과부하가 걸렸을 때

② 노킹 방지법

(가) 고옥탄가의 연료(내폭성이 큰 연료)를 사용한다.
(나) 화염전파 속도를 빠르게 하거나 화염전파 거리를 단축시킨다.
(다) 압축비, 혼합가스 및 냉각수 온도를 낮춘다.
(라) 혼합비를 농후하게 한다.
(마) 혼합가스에 와류를 증대시킨다.
(바) 자연발화 온도가 높은 연료를 사용한다.
(사) 연소실에 퇴적된 카본을 제거한다.
(아) 점화시기를 엔진현상에 따라 적절하게 조정한다.

③ 옥탄가(octan number) : 옥탄가란 가솔린의 앤티노크성(내폭성 : antiknocking property)을 표시하는 수치이다. 즉, 옥탄가 80의 가솔린이란 이소옥탄 80 %, 노멀헵탄 20 %로 이루어진 앤티노크성(내폭성)을 지닌 가솔린이란 뜻이다. 또 가솔린의 옥탄가는 CFR 엔진으로 측정한다.

$$옥탄가=\frac{이소옥탄}{이소옥탄+노멀헵탄}\times 100$$

참고 CFR 엔진

연료의 옥탄가를 측정하기 위해 임의로 압축비를 변화시킬 수 있는 엔진. 실제로 사용되는 연료를 이용하여 엔진을 운전하면서 압축비를 점차 증가시켜 노킹이 발생되는 시점에서 엔진을 정지시킨다.

3-2 디젤 엔진

(1) 디젤 엔진의 연료

① 경유의 착화점은 350~450℃ 정도이다.

② 세탄가는 α-메틸나프탈린(착화성 불량)과 세탄(착화성 양호)의 혼합물 중 세탄의 비율로 나타낸다.

③ 디젤 엔진 노크에 가장 크게 영향을 미치는 요소는 흡입되는 공기 온도, 연료의 종류, 압축비, 압축 온도, 연소실의 모양 등이다.

(2) 세탄가(cetane number)

세탄가는 디젤 엔진 연료의 착화성을 표시하는 수치이다. 세탄가는 착화성이 우수한 세탄과 착화성이 불량한 α-메틸나프탈린의 혼합액이며 세탄의 함량 비율로 표시한다.

$$\text{세탄가} = \frac{\text{세탄}}{\text{세탄} + (\alpha\text{-메틸나프탈린})} \times 100$$

참고 디젤 엔진의 연소 과정

디젤 엔진의 연소 과정은 착화지연 기간 → 화염전파 기간 → 직접연소 기간 → 후 연소 기간의 4단계로 연소한다.

(3) 디젤 엔진 노크 방지법

① 엔진의 온도와 회전속도를 높인다.

② 압축비, 압축 압력 및 압축온도를 높인다.

③ 착화성이 좋은(세탄가가 높은) 경유를 사용한다.

④ 분사개시 때 분사량을 감소시켜 착화지연을 짧게 한다.

⑤ 흡입공기에 와류가 일어나도록 한다.

⑥ 분사시기를 알맞게 조정한다.

(4) 분사량 불균율

불균율 허용 범위는 전부하 운전에서는 ±3 %, 무부하 운전에서는 10~15 %이다. 분사량 불균율은 다음의 공식으로 산출한다.

$$(+)\text{불균율} = \frac{\text{최대 분사량} - \text{평균 분사량}}{\text{평균 분사량}} \times 100$$

$$(-)\text{불균율} = \frac{\text{평균 분사량} - \text{최소 분사량}}{\text{평균 분사량}} \times 100$$

(5) 디젤 연료장치

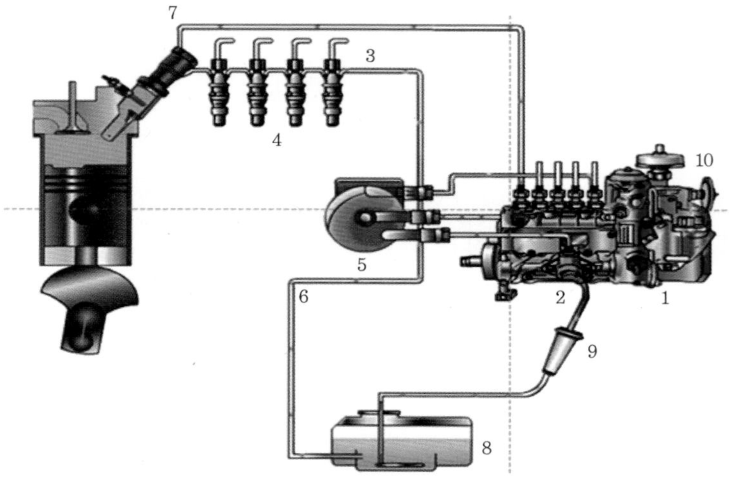

1. 분사 펌프
2. 연료 공급 펌프
3. 오버플로 밸브
4. 분사 노즐
5. 연료 프리필터
6. 연료 리턴 호스
7. 분사 파이프
8. 연료 탱크
9. 연료 필터
10. 초크 오리피스

디젤 연료장치

① 분사 펌프(injection pump) : 독립식, 분배식이 많이 사용되고 있으며, 분사 펌프는 연료의 압력을 상승시켜 적절한 시기에 연료를 분사시키고 제어하는 역할을 한다.

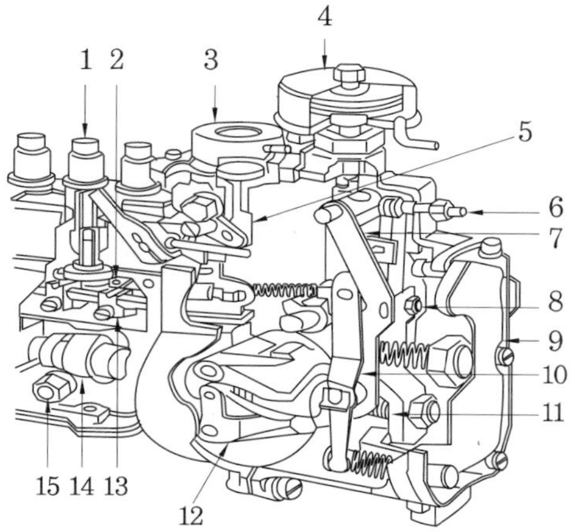

1. 딜리버리 밸브 홀더
2. 제어 슬리브 레버
3. 진공 스톱 유닛
4. ALDL
5. 스톱 레버
6. PLA
7. 가이드 레버
8. 아이들 보조 스크루
9. 거버너
10. 힌지 레버
11. 앵글라이닝장치
12. 플라이웨이트
13. 클램핑 피스
14. 플랜지 구동캠
15. 연료라인 커넥터

㈎ 캠축과 태핏

㉮ 캠축(cam shaft) : 분사 펌프 캠축은 크랭크축 기어로 구동되며, 4행정 사이클 엔진은 크랭크축의 1/2로 회전한다(2행정은 크랭크축 회전수). 캠축에는 태핏을 통해 플런저를 작용시키는 캠과 공급 펌프 구동용 편심륜에 작동시킨다.

㉯ 태핏(tappet) : 캠에 상하 운동을 하여 플런저를 작동시킨다.

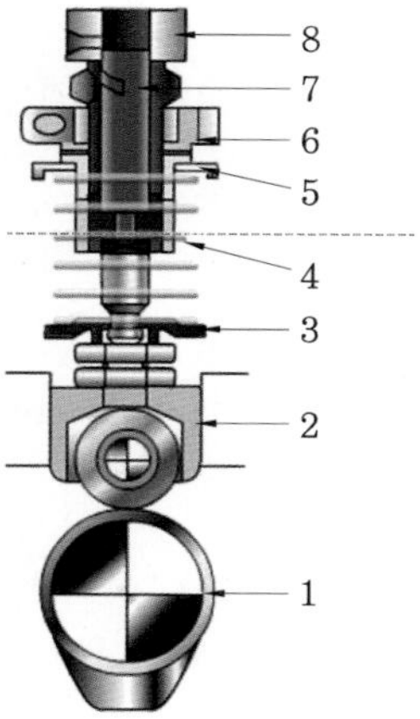

1. 캠
2. 롤러 태핏
3. 하부 스프링 시트
4. 플런저 리턴 스프링
5. 상부 스프링 시트
6. 제어 슬리브
7. 펌프 플런저
8. 펌프 배럴

캠축과 태핏

(나) 플런저 작동 : 플런저는 배럴 속을 상하 왕복 운동을 하여 고압의 연료를 형성한다.

㉮ 정 리드형(normal lead type) : 분사 개시 때의 분사 시기가 일정하고, 분사 말기가 변화하는 리드

㉯ 역 리드형(revers lead type) : 분사 초기(시작)에 플런저 배럴 및 플런저 분사 시기가 변화하고 분사 말기가 일정한 리드

㉰ 양 리드형(combination lead type) : 분사 초와 말의 분사 시기 변화를 주게 된다.

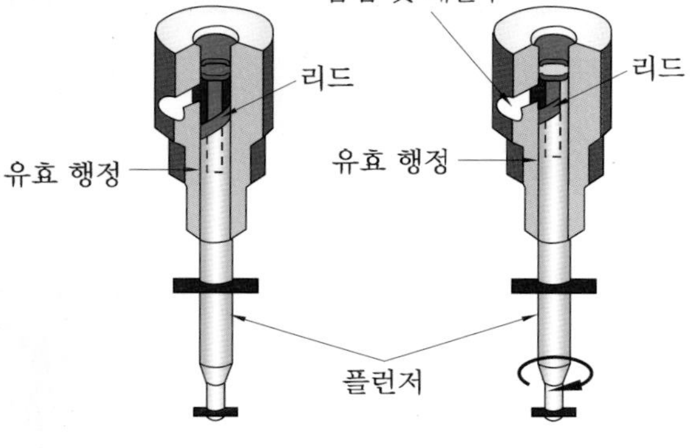

플런저 작동

참고

플런저 유효 행정(plunger available stroke) : 플런저가 연료를 압송하는 기간이며, 연료의 분사량(토출량)은 플런저의 유효 행정으로 결정된다(유효 행정을 크게 하면 분사량이 증가).

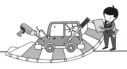

㈐ 딜리버리 밸브(delivery valve, 송출 밸브) : 딜리버리 밸브는 연료의 역류를 방지, 분사 노즐의 후적을 방지하여 파이프 내에 잔압을 유지한다.

㈑ 조속기(governor)

㉮ 조속기의 기능 : 조속기는 엔진의 회전속도나 부하의 변동에 따라서 자동적으로 제어 래크를 움직여 분사량을 가감하는 장치이다.

㉯ 앵글라이히 장치(angleichen device) : 엔진의 모든 속도 범위에서 공기와 연료의 비율이 알맞게 유지되도록 하는 기구가 앵글라이히 장치이다.

㈒ 타이머(timer) : 엔진 회전속도 및 부하에 따라 분사 시기를 변화시켜야 하는데, 이 작용을 하는 장치가 타이머이다.

㈓ 분사 펌프 시험기

- 연료의 분사 시기 측정과 조정
- 연료 분사량 측정과 분사량 불균일 조정
- 조속기의 작동 시험과 조정

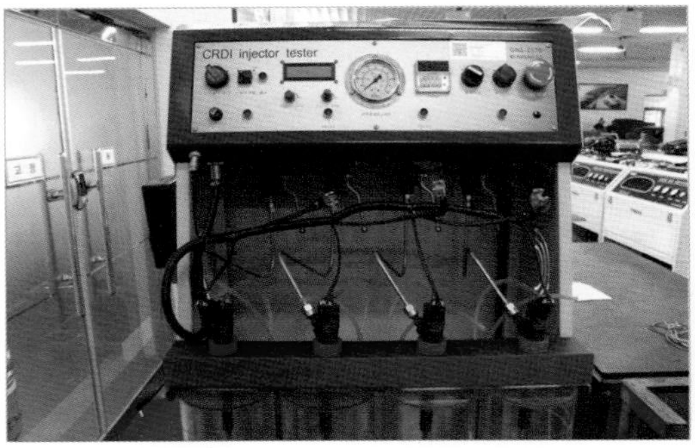

분사량 테스터기

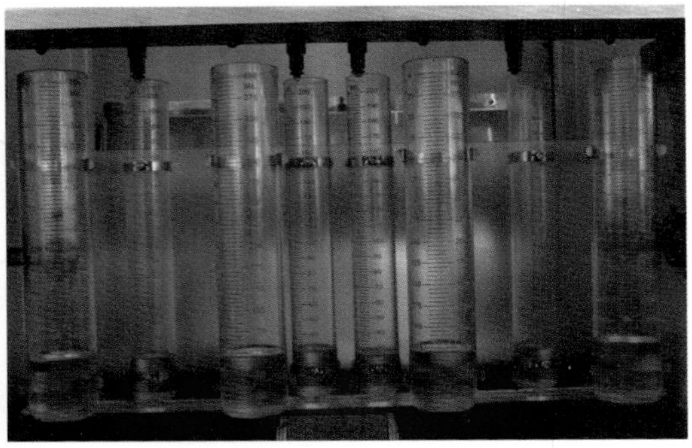

실린더별 분사량

㈔ 분사 노즐(injection nozzle)

㉮ 분사 노즐의 구비 조건

- 연료를 미세한 안개 모양으로 하여 쉽게 착화하게 할 것.
- 분무를 연소실 구석구석까지 뿌려지게 할 것.
- 연료의 분사 끝에서 완전히 차단하여 후적이 일어나지 않게 할 것.
- 고온 · 고압의 가혹한 조건에서 장시간 사용할 수 있을 것.

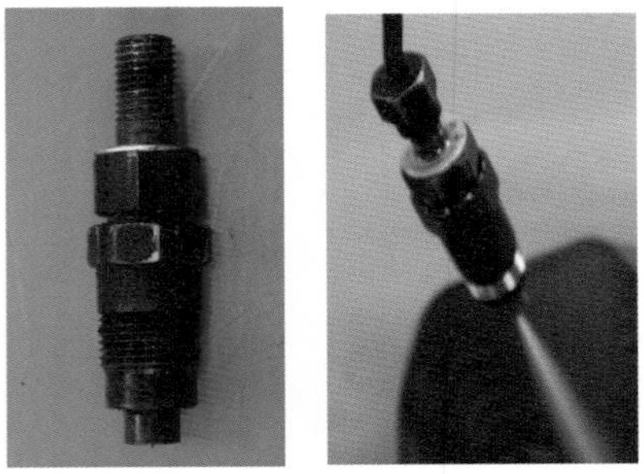

분사 노즐 및 분사 상태

㉯ 연료 분무의 3대 요건
- 안개화(무화)가 좋아야 한다.
- 관통력이 커야 한다.
- 분포(분산)가 골고루 이루어져야 한다.

② 디젤 엔진 연소실의 종류 : 디젤 엔진은 공기만을 흡입하여 압축된 상태로 연료를 분사시켜 연소하므로 공기와 연료의 혼합이 양호해야 되며, 연소 특성상 연소실의 구조가 중요하다.

직접 분사실식의 장점	직접 분사실식의 단점
① 연소실 체적에 대한 표면적이 작기 때문에 냉각손실이 적다. ② 시동성이 좋아 예열플러그가 불필요하다. ③ 연소실이 간단하고 열효율이 높다. ④ 실린더 헤드의 구조가 간단하므로 열 변형이 적다. ⑤ 연료 소비율이 작다.	① 연료의 분사 압력을 높게 해야 한다. ② 디젤 노크 발생이 쉽다. ③ 엔진의 회전속도 및 부하에 민감하다. ④ 높은 압력으로 분사 펌프와 노즐의 수명이 짧다. ⑤ 다공형 노즐을 사용하므로 값이 비싸다. ⑥ 사용 연료 변화에 매우 민감하다.

㈎ 직접분사식 : 실린더 헤드와 피스톤 헤드에 형성된 연소실에 직접 연료를 분사하는 방식이다.

㈏ 간접분사식 : 엔진 연소실을 주연소실식과 부연소실식으로 만들어 공기의 유동성을 활성화하여 연소를 촉진한다.

㉮ 예연소실식 : 주연소실 위에 예연소실을 두어 여기에 연료를 분사하여 일부가 연소하여 주연소실로 분출된다.

예연소실식의 장점	예연소실식의 단점
① 연료의 분사 개시 압력이 낮으므로 연료부품의 수명이 오래 간다. ② 사용 연료 변화에 민감하지 않아 선택 범위가 넓다(노크 발생이 적다). ③ 다른 형식의 연소실에 비해 유연성이 있으며 공기와 연료의 혼합이 잘 된다. ④ 엔진 작동 시 소음이 적다.	① 기동 시 압축비를 높게 하므로 높은 출력의 기동 전동기가 필요하다. ② 실린더 헤드의 구조가 복잡하다. ③ 엔진 기동 보조 장치인 예열 플러그가 필요하다. ④ 연료 소비율이 비교적 크다. ⑤ 냉각 손실이 크다.

㈐ 와류실식 : 실린더 헤드에 와류실을 두고 압축행정 중에 한 와류가 발생하도록 한 형식이며, 예연소실식이 부분적 연소를 한다면 와류식은 연소실 안에서 완전 연소한다.

㈑ 공기실식 : 압축행정 말에서 연료 분사가 개시되며 분사된 연료와 공기는 혼합된 상태로 공기실로 들어가 자기착화하며 주연소실로 밀려들어가 와류를 일으켜 정숙한 연소를 하게 된다.

3-3 LPG 엔진

(1) LPG엔진의 연료

① LPG엔진의 연료 : LP가스는 프로판과 부탄으로 구성되어 있다. 프로판과 부탄은 탄소 원자(C)와 수소 원자(H)로 구성되어 있는 화합물이다. 이러한 화합물을 탄화수소라 한다. 프로판(C_3H_8)은 탄소 원자 3개와 수소 원자 8개로 구성되어 있고, 부탄(C_4H_{10})은 탄소 원자 4개와 수소 원자 10개로 구성되어 있다.

② LP가스의 취급 요령 : LPG를 용기에 충전할 때 액체 상태의 LPG가 용기 내용적의 85 % 내에 충전한다. 그 이유는 액체 상태에 있는 LPG의 온도를 상승시키면 부피가 늘어난다. LPG의 부피팽창률은 물의 15~20배, 금속의 100배가 된다.

참고

용기의 온도를 40℃ 이하로 유지하여 관리하여야 하며, 그 이유는 온도 상승으로 인한 부피 팽창으로 압력이 상승되기 때문이다. 프로판과 부탄을 압축하여 액화 가스로 만드는 이유는 가스의 부피가 250분의 1 정도로 줄어들기 때문이다.

(2) LPG 엔진의 특성

LPG 엔진의 장점	LPG 엔진의 단점
① 기체 연료이므로 열에 의한 베이퍼 로크나 퍼컬레이션 등이 발생하지 않는다. ② 엔진 오일의 소모가 적으므로 오일 교환 기간이 길어진다. ③ 옥탄가가 높아(90~120) 노킹 현상이 일어나지 않는다. ④ 가솔린에 비해 쉽게 기화하므로 연소가 균일하여 엔진 소음이 적다. ⑤ 가솔린보다 가격이 저렴하여 경제적이다. ⑥ 연소실에 카본 부착이 없어 점화 플러그의 수명이 길어진다. ⑦ 배기 상태에서 냄새가 없으며 CO 함유량이 적고 매연이 없어 위생적이다. ⑧ 황(S) 성분이 매우 적어 연소 후 배기가스에 의한 금속의 부식 및 배기 다기관, 소음기 등의 손상이 적다.	① 증발 잠열로 인하여 겨울철 엔진 시동이 어렵다. ② 연료의 취급과 절차가 복잡하고 보안상 다소 문제점이 있을 수 있다. ③ 베이퍼라이저 내의 타르나 고무와 같은 물질을 수시로 배출하여야 한다.

참고 연료장치의 안전기준

① 자동차의 연료 탱크 · 주입구 및 가스 배출구는 다음 각 호의 기준에 적합하여야 한다.

1. 연료장치는 자동차의 움직임에 의하여 연료가 새지 아니하는 구조일 것.
2. 배기관의 끝으로부터 30 cm 이상 떨어져 있을 것(연료 탱크를 제외한다).
3. 노출된 전기단자 및 전기개폐기로부터 20 cm 이상 떨어져 있을 것(연료 탱크를 제외한다).
4. 차실 안에 설치하지 아니하여야 하며, 연료 탱크는 차실과 벽 또는 보호판 등으로 격리되는 구조일 것.

② 액화석유가스와 천연가스 등의 기체 연료를 연료로 사용하는 자동차의 연료장치는 다음 각 호의 기준에 적합하여야 한다.

1. 제1항 각 호의 기준에 적합할 것.
2. 가스 용기는 고압가스 안전관리법 규정에 의한 검사에 합격한 것일 것.
3. 가스 용기는 자동차의 움직임에 의하여 이완되지 아니하도록 차체에 견고하게 고정시킬 것.
4. 가스 용기는 누출된 가스 등이 차실 내로 유입되지 아니하도록 차실과 벽 또는 보호판으로 격리되거나 가스가 누출되지 아니하도록 밸브 주변이 견고한 재질로 밀폐되어 있고 충격 등으로부터 용기를 보호할 수 있는 구조이어야 하며, 차체 밖으로부터 공기가 통하는 곳에 설치할 것.
5. 가스 용기 및 도관에는 필요한 곳에 보호 장치를 할 것.
6. 가스 용기 및 도관에는 배기관 및 소음 방지장치의 발열에 의하여 직접 영향을 받지 아니하도록 필요한 방열장치를 할 것.
7. 도관은 강관, 동관 또는 내유성의 고무관으로 할 것.
8. 양 끝이 고정된 도관(내유성 고무관을 제외한다)은 완곡된 형태로 최소한 1m마다 차체에 고정시킬 것.
9. 고압 부분의 도관은 가스 용기 충전 압력의 1.5배의 압력에 견딜 수 있을 것.
10. 가스 충전 밸브는 충전구 가까운 곳에 설치하고, 중간 차단 밸브는 운전자가 운전 중에도 조작할 수 있는 곳에 설치할 것.
11. 가스 용기 및 용기 밸브 등은 차체의 최후단으로부터 300 mm 이상, 차체의 최외측면으로부터 200 mm 이상의 간격을 두고 설치할 것. 다만, 강도가 강재의 표준규격41(SS41) 이상이고 두께가 3.2 mm 이상인 강판 또는 형강으로 가스용기 및 용기밸브 등을 보호한 경우에는 차체의 최후단으로부터 200 mm 이상, 차체의 최외측면으로부터 100 mm 이상의 간격을 두고 설치할 수 있다.

(3) LPG 연료장치

① 개요 : 액화석유가스는 가열이나 감압에 의해서 쉽게 기화되며 냉각이나 가압에 의해서 액화되는 특성을 가지고 있다. 자동차의 연료로 사용하는 LPG는 부탄과 프로판의 성분으로 충전 시 액체 가스를 충전하며, 액체를 기화시켜 공기와 적절하게 믹서기에서 혼합되어 엔진 부하에 따른 가스의 양을 제어하게 된다. 구성 비율은 프로판 47~50 %, 부탄 36~42 %, 올레핀 8 % 정도이다.

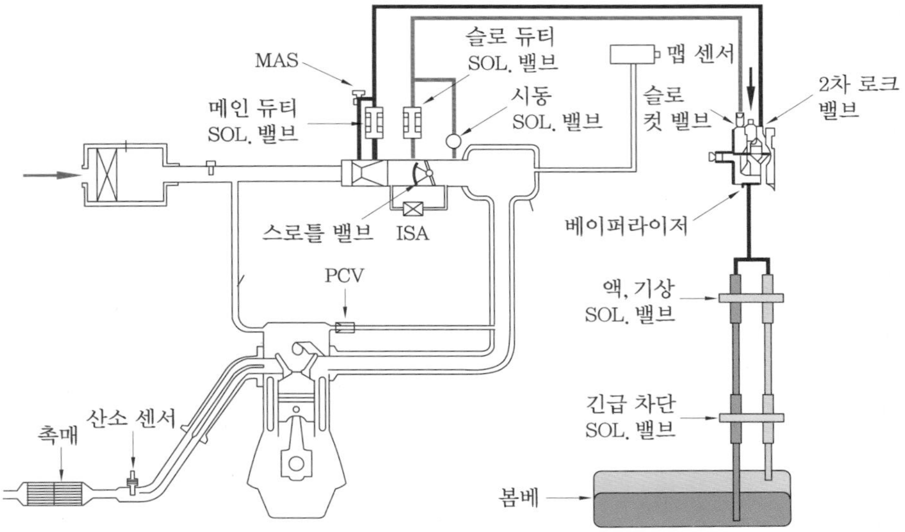

LPG 연료장치

② LPG 시스템의 구성

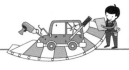

㈎ LPG 봄베(bombe ; 가스 탱크) : 봄베는 LPG를 충전하기 위한 고압 용기이며 기상 밸브, 액상 밸브, 충전 밸브 등 3가지 기본 밸브와 체적표시계, 액면표시계, 용적표시계 등의 지시장치가 부착되어 있다.

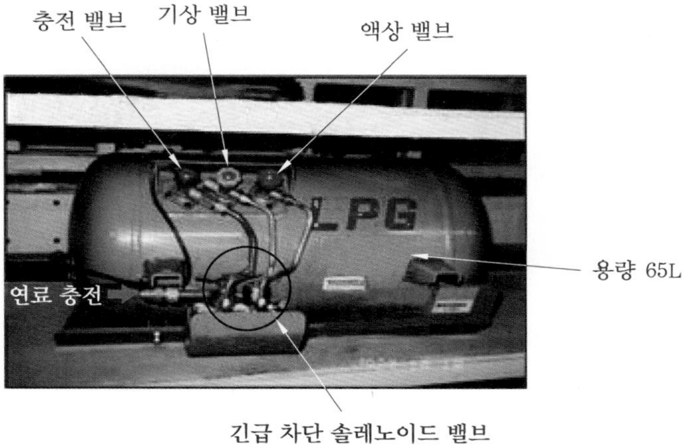

LPG 봄베

㈏ 액 기상 솔레노이드 밸브(solenoid valve ; 전자밸브) : 엔진 시동시에 상태에 따른 LPG를 엔진 상태에 따라 공급하는 제어 밸브이며, 엔진을 시동걸 때는 엔진 온도가 저온이기 때문에 기체 LPG를 공급하고 시동 후에는 엔진 부하에 따른 원활한 주행을 위해 액체 LPG를 공급하게 된다.

(다) 베이퍼라이저(vaporizer ; 감압기화장치, 증발기) : LPG 봄베에서 액 기상 솔레노이드 밸브를 거쳐온 1차 2차 감압을 통하여 완전한 기체 가스로 변화시켜 믹서기로 공급한다.

LPG 액 기상 솔레노이드 밸브

베이퍼라이저

(라) 가스 믹서(LPG mixer) : 베이퍼라이저에서 기화된 가스를 공기와 혼합하여 연소에 가장 적합한 혼합비를 연소실에 공급하며 차량 운행 조건에 맞는 공연비를 형성 제어한다.

- MAS(main adjust screw) : 연료의 유량을 결정하도록 조절
- AAS(air adjust screw) : 엔진공회전 조정

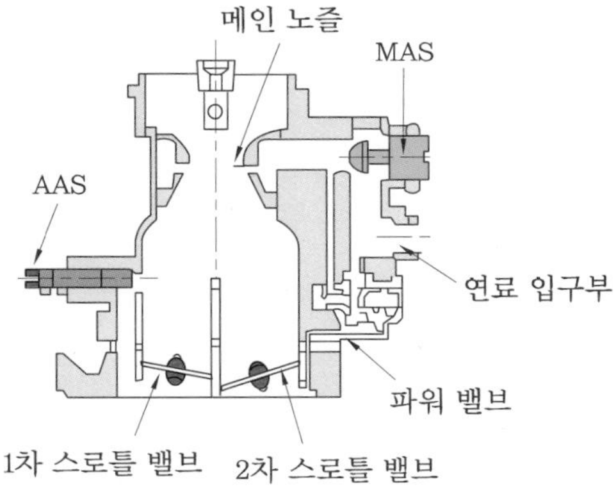

가스 믹서

참고 LPG 연료장치 공급

① LPG 봄베 → ② 긴급차단 솔레노이드 → ③ 액·기상 솔레노이드 → ④ 베이퍼라이저 → ⑤ 믹서 → ⑥ 엔진

4 Chapter 윤활 및 냉각장치

4-1 윤활장치

마찰 작동부에 오일을 공급해 마찰 손실을 최소로 하여 마멸 감소 및 기계효율을 향상시킨다.

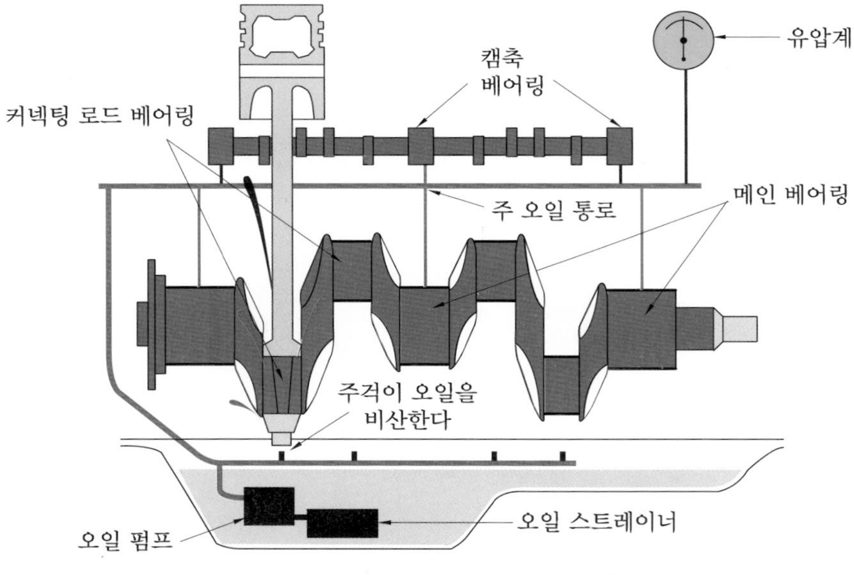

윤활장치

(1) 윤활장치의 작용

감마작용, 밀봉작용, 냉각작용, 세척작용, 응력분산작용, 방청작용, 소음완화작용을 하게 되며 윤활유가 응력을 집중시키게 되면 부품의 마찰이 더욱 커지게 된다.

참고 ● 마찰

섭동하는 두 물체 간에 작용하는 저항. 두 물체 간의 마찰은 마찰면의 윤활상태에 따라 고체마찰, 경계마찰 그리고 유체마찰로 분류할 수 있다.

① 고체마찰(dry friction) : 상대운동을 하는 고체 사이의 마찰저항
② 경계마찰(greasy friction) : 얇은 유막으로 씌워진 두 물체 간의 마찰저항
③ 유체마찰(fluid friction) : 상대운동하는 고체 사이에 충분한 오일 양이 존재할 때 점성에 기인하는 저항

(2) 윤활유의 구비조건

① 강인한 유막을 형성하고 응고점이 낮을 것.
② 카본 생성의 저항력이 크고 기포 발생이 적을 것.
③ 점도지수가 커 온도와 점도와의 관계가 적당할 것.
④ 인화점 및 자연 발화점이 높을 것.
⑤ 비중과 점도가 적당할 것.
⑥ 응고점이 낮을 것.

(3) 윤활유 여과방식

① 분류식 : 펌프로부터 나오는 일부 오일을 직접 윤활부로, 나머지는 여과기로 가는 방식이다.
② 전류식 : 윤활유가 모두 여과기를 통과하는 방식이다.
③ 복합식(샨트식) : 오일 펌프로부터 출력된 오일이 일부 오일을 여과하는 방식

(4) 윤활장치의 정비

① 엔진 오일 교환
(가) 엔진 오일 교환 시기는 엔진의 주변 환경 조건에 따라 차이가 있을 수 있으나 엔진의 효율적인 관리를 위해 주기적으로 5,000~10,000 km에서 교환하도록 한다.
(나) 엔진 오일이 소모되는 주원인은 연소와 누설이다.
(다) 엔진 오일 교환 시 드레인 볼트를 규정토크로 조인다.
(라) 엔진은 운행조건 및 엔진 종류에 맞는 오일로 교환한다.
(마) 재생 오일은 사용하지 않도록 한다.
(바) 점도가 서로 다른 오일을 혼합하여 사용하지 않는다.
(사) 오일 보충 및 교환 시 적정량을 확인하고 주입한다(유면표시기의 "F"선까지 넣는다).
(아) 주입할 때 불순물이 유입되지 않도록 주의한다.
② 기어 형식 오일 펌프의 점검 개소
(가) 팁 간극(구동 및 피동 기어의 이 끝과 펌프 몸체와의 간극)
(나) 사이드 간극(기어 측면과 커버와의 간극)
(다) 보디 간극(기어 구동축과 부시와의 간극)

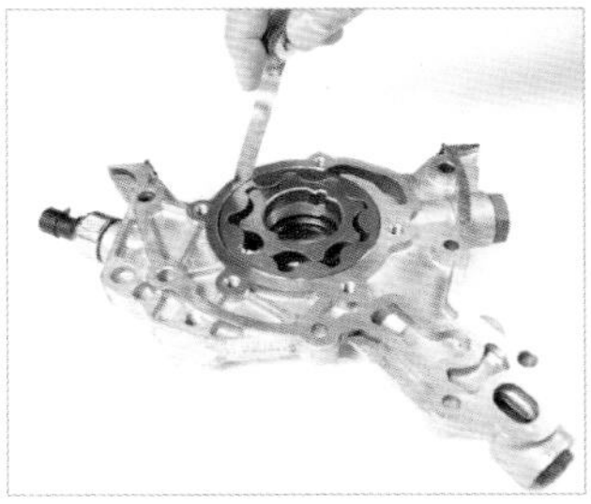
보디 간극

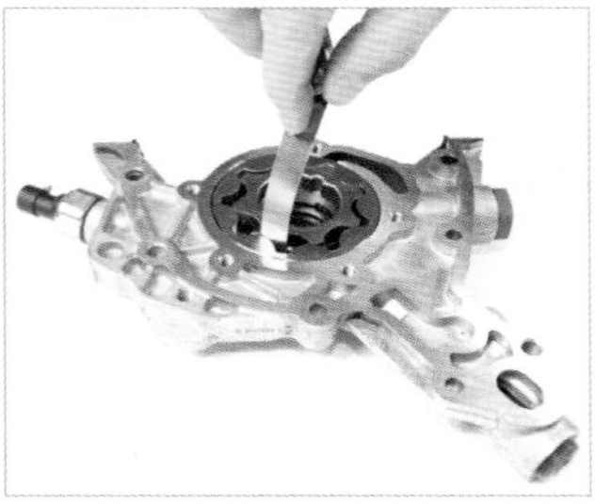
팁 간극

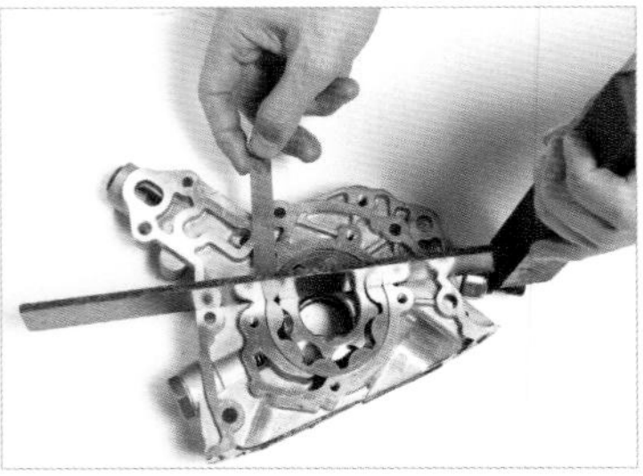
사이드 간극

③ 엔진 오일이 줄어드는(소비되는) 원인

㈎ 엔진 작동 시 동력행정에서 연소와 연소 시 발생되는 높은 온도에 의해 증발된다.

㈏ 오일 리테이너 누설 및 실린더 헤드 개스킷, 오일팬 개스킷에서 누설된다.

④ 유압조절 밸브(oil pressure relief valve) : 유압회로 내 과도하게 상승하는 것을 방지하여 오일 압력이 일정하게 유지되도록 하는 제어를 한다.

유압이 높아지는 이유	유압이 낮아지는 이유
① 윤활 회로의 일부가 막혔다(유압 상승) ② 유압 조절 밸브 스프링의 장력이 과다하다. ③ 엔진의 온도가 낮아 오일의 점도가 높다.	① 오일 펌프 마모나 윤활계통 오일이 누출된다. ② 유압 조절 밸브 스프링 장력이 약해 졌을 때 ③ 크랭크축 베어링의 과다 마멸로 오일 간극이 커졌다. ④ 오일 양이 규정보다 현저하게 부족하다.

4-2 냉각장치

엔진 작동에 의해 발생되는 온도(1300~1500℃)와 내부마찰열 등 엔진을 냉각시키고 정상 온도(80~90℃)로 유지하기 위한 일련의 장치이다.

(1) 냉각 방식

① 공랭식(air cooling type)

㈎ 자연통풍식(natural air cooling type)

㈏ 강제통풍식(forced air cooling type)

② 수랭식(water cooling type)

㈎ 자연순환식(natural water circulation system) : 냉각수의 대류 이용

㈏ 강제순환식(forced water circulation system) : 물 펌프를 이용하여 방열기와 실린더 사이에 냉각수를 강제순환시켜 냉각

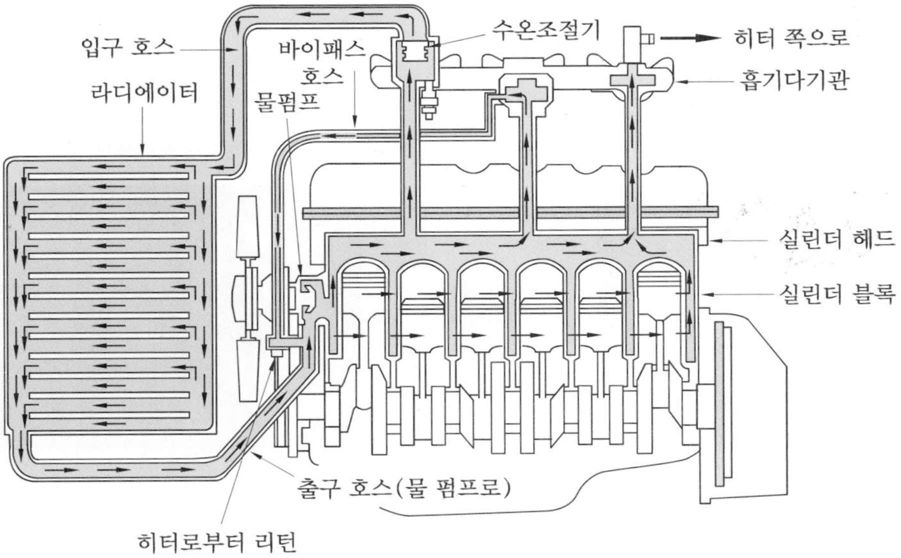

수랭식 냉각장치

③ 압력 순환식(Pressure water circulation system) : 압력 캡을 사용하여 비등에 의한 손실을 적게 한 형식

㈎ 방열기(radiator)를 적게 할 수 있다.

㈏ 엔진 열효율 증대

㈐ 냉각수 보충 횟수를 줄인다.

④ 밀봉 압력식 : 캡을 밀봉하고 냉각수 팽창을 고려하여 저장탱크를 별도로 설치한 형식. 과열(over heat) 시 엔진에 영향

㈎ 각 부품의 변형

㈏ 윤활유 유막의 파괴로 인한 소결

㈐ 윤활 공급 불량

㈑ 엔진의 출력 저하

참고 엔진 냉각장치 과랭과 과열 발생 원인

1. 과랭(over cooling) 시 엔진의 영향
   ① 엔진의 출력 저하
   ② 연료의 소비 증대
   ③ 오일 희석 및 베어링부 마멸 촉진
   ④ 블로바이 발생
   ⑤ 윤활유 점도가 높아 엔진 기동 시 회전 저항 증가

2. 엔진 과열의 원인
   ① 라디에이터 막힘
   ② 팬 벨트의 느슨함(헐거움)
   ③ 수온조절기 고장
   ④ 냉각팬(전동팬) 작동 불량
   ⑤ 냉각수 부족

(2) 냉각장치의 구성품

① 물 통로(water jacket) : 실린더 블록과 헤드에 설치된 냉각수 통로이며 실린더 벽, 밸브 시트, 밸브 가이드, 연소실 등과 접촉

실린더 블록 물 통로

물 펌프

실린더 헤드 개스킷 물 재킷

② 물 펌프(water pump)

㈎ 원심력 펌프의 원리를 이용하며 부품은 펌프 하우징, 임펠러, 펌프축 및 베어링, 임펠러, 실, 풀리로 구성되어 있다.

㈏ 펌프의 효율 : 냉각수 온도에 반비례하고 냉각수 압력에 비례한다. 엔진 회전수의 1.2～1.6배로 회전

③ 구동 벨트(belt)

㈎ 크랭크축, 발전기, 물 펌프의 풀리와 연결되어 있으며 구동 장력은 10 kg의 힘을 가해서 13～20 mm의 눌림 양으로 조정되어야 한다.

장력이 클 때	장력이 작을 때
• 벨트 조기 마모 • 베어링 손상 • 소음 발생	• 벨트 조기 마모 • 충전 불충분 • 엔진 과열(손상)

참고 장력 조정

보통 발전기 설치 위치를 이동시켜 조정한다.

㈏ 벨트 크기의 표시법

형 식	M	A	B	C	D	E
폭(mm)	10	13	17	23	32	38
두께(mm)	6	9	11	15	20	24

④ 냉각 팬(cooling fan) : 라디에이터의 냉각 효과를 증대하며 배기 다기관의 과열도 방지한다. 보통 4～6개의 날개로 구성되어 있고, 팬의 비틀림 각도 20～30° 팬의 지름은 30 cm 정도이다.

냉각 팬(전동 팬)

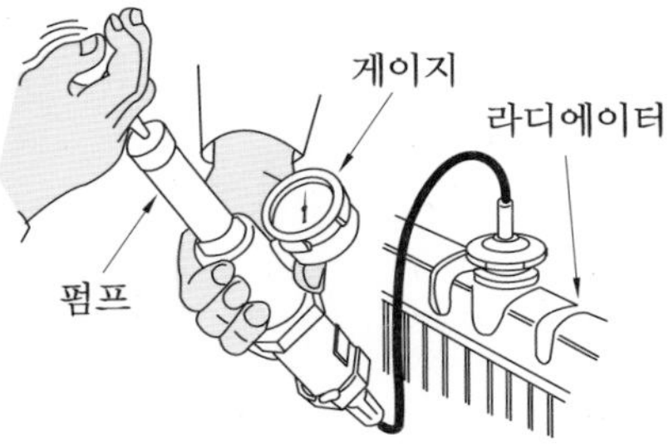

라디에이터 점검

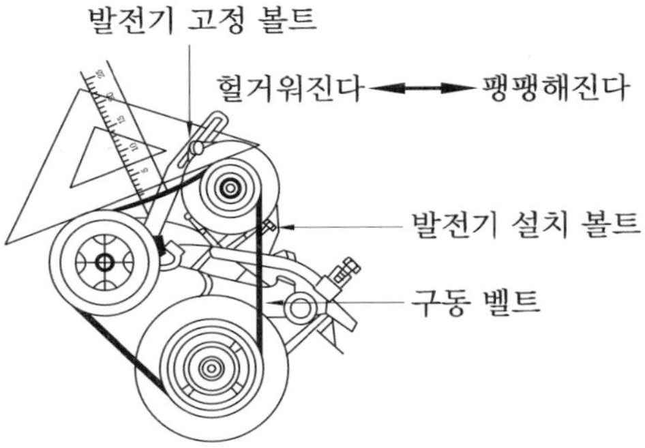

라디에이터 압력 캡

참고 유체 커플링식(fluid coupling type fan)

- 물 펌프와 팬 사이에 설치되어 유체 커플링을 설치하여 유체 저항을 이용하여 동력 전달한다. 2,000 rpm 이상 시 커플링의 로터에 미끄럼이 생겨 회전 제한
- **특징** : 고속 주행 시 팬의 소음 감소, 소비 마력 감소, 팬 벨트 내구성 향상
- 유체 커플링 봉입 실리콘 오일은 점도 변화가 적은 오일 사용

⑤ 시라우드(shroud) : 라디에이터와 팬을 감싸고 있는 판이며 코어의 공기 흐름을 도와 냉각효과 증대한다.

⑥ 방열기(radiator) : 엔진에서 열을 흡수한 냉각수를 주행저항 및 냉각 팬을 이용하여 냉각시킨다.

㈎ 라디에이터 코어 막힘률(%) $= \dfrac{\text{신품 주수량} - \text{구품 주수량}}{\text{신품 주수량}} \times 100\,\%$

㉮ 라디에이터 코어 막힘 20 % 이상일 때 교환

㉯ 라디에이터 압축 공기시험 : 0.5～2 kg/cm^2(이상 시 파손)
2분 정도 그 상태 유지하면서 방열기, 호스, 연결부에서의 누출 점검

㉰ 라디에이터 세척은 하부에서 상부로, 압축 공기로 청소 시엔 엔진 쪽 안에서 밖으로 불어낸다.

(나) 구비조건

㉮ 단위면적당 방열이 잘 될 것.

㉯ 공기 저항이 적을 것.

㉰ 냉각수 흐름 저항이 적을 것.

㉱ 가볍고 적으며 강도가 클 것.

⑦ 라디에이터 캡(cap) : 압력식 냉각수의 비점(112℃)을 높이기 위해 사용한다. 냉각장치내 압력을 0.3～0.7 kg/cm^2로 올린다.

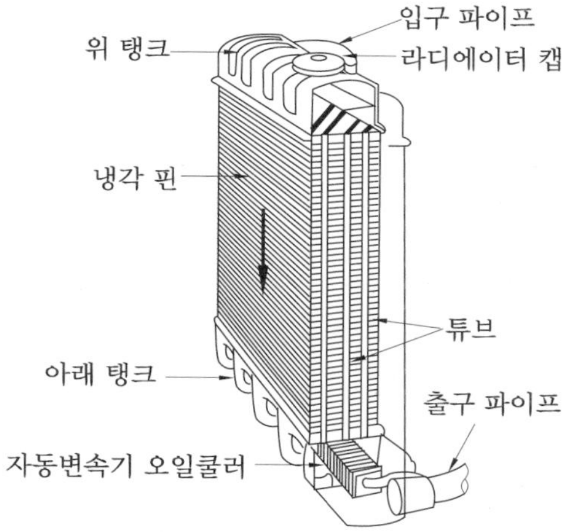

라디에이터

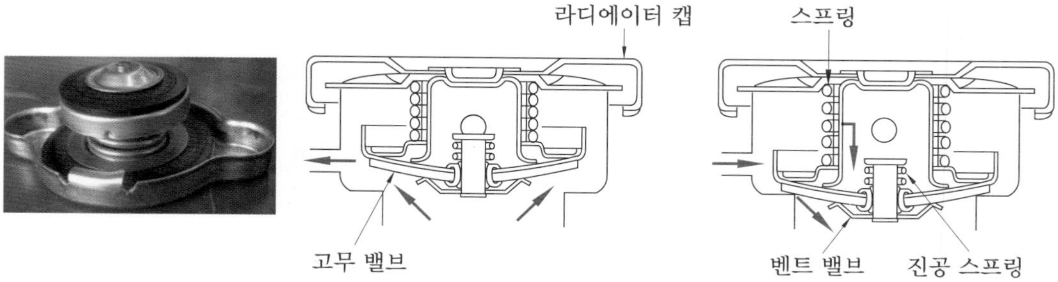

압력이 규정치에 도달했을 때
(0.83～1.1 kg/cm^2)

라디에이터 캡 작동

⑧ 수온조절기(thermostat) : 냉각수 통로를 개폐하여 냉각수 온도를 알맞게 조절한다. 65℃에서 열리기 시작하여 85℃에서 완전 열린다. 종류에는 벨로스형과 펠릿형이 있으며, 벨로스형은 에테르나 알코올이 벨로스 내에 봉입되어 휘발성이 크고 팽창력이 작다. 또한, 펠릿형은 왁스와 합성고무(스프링과 같이 작용하며, 왁스가 팽창하면 합성고무를 수축시킨다. 이때 실린더가 스프링을 누르고 밸브가 열린다.)를 사용하며 내구성이 우수하고 압력에 의한 영향이 적다.

수온조절기

⑨ 수온계 : 냉각수 온도 표시 엔진 유닛과 계기부에 설치된다. 사용되는 종류는 전기식이 주로 사용되며, 밸런싱 코일식, 서모스탯 바이메탈식, 바이메탈 저항식이 있다.

(3) 부동액(anti – freezer)

냉각수 동결 방지를 위해 냉각수에 혼입되는 냉각액(응고점을 낮추어 동파 방지).

- 영구 부동액 : 주성분–에틸렌 글리콜, 보충 시 물만 보충
- 반영구 부동액 : 주성분 메탄올, 보충 시 혼합액 보충

① 부동액의 종류

㈎ 에틸렌 글리콜 : 영구 부동액이며, 응고점이 -50℃이다.

㈏ 글리세린 : 산이 포함되면 금속을 부식시킨다.

㈐ 메탄올 : 비등점이 82℃로 낮은 온도에 견딜 수 있다.

② 부동액의 구비조건

㈎ 비점이 높고 응고점이 낮을 것.

㈏ 내식성이 클 것, 팽창계수가 적을 것.

㈐ 휘발성이 없고 유동성일 것.

5 Chapter 흡·배기장치

5-1 흡기 및 배기장치

(1) 흡기 다기관

흡기 다기관은 각 실린더에 공기가 균일하게 분배되도록 하여야 하고, 공기 충돌을 방지하여 흡입 효율이 떨어지지 않도록 굴곡이 있어서는 안 되며, 연소가 촉진되도록 공기에 와류를 일으키도록 해야 한다.

(2) 배기 다기관

고온고압가스가 끊임없이 통과하므로 내열성이 큰 주철 등을 사용하며, 실린더 내에서 배출되는 배기가스를 모아서 소음기로 보낸다.

(3) 소음기

배기가스는 고온(600~900℃)이며, 흐름 속도가 거의 음속에 달하므로 이것을 그대로 대기 중에 방출하게 되면 급격히 팽창하여 격렬한 폭음을 낸다. 이 폭음을 막아주는 장치가 소음기이다.

5-2 과급장치

과급기는 엔진의 흡입 효율(체적효율)을 높이기 위하여 흡입공기에 압력을 가해주는 일종의 공기 펌프이며, 디젤 엔진에 주로 사용한다.

엔진의 축으로부터 동력을 얻는 기계식 구동과 엔진의 배기를 이용하는 배기 터보의 2가지 방식이 있다. 배기 터보 과급기는 실린더로부터 방출되는 배기를 터빈으로 끌어들이고, 그 회전력에 의해 압축기를 구동한다.

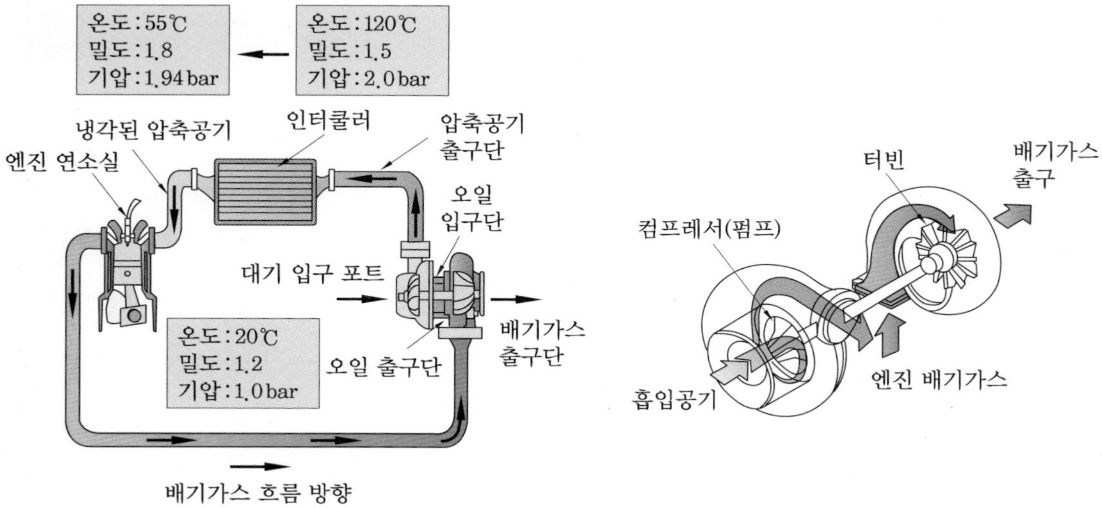

과급장치의 작동

(1) 과급기 설치 시 장점

① 엔진의 출력이 과급기를 설치하면 엔진의 무게가 10~15% 정도 증가되며, 엔진의 출력은 35~45 % 정도 증가한다.

② 체적효율이 증가하므로 평균유효압력과 회전력이 상승하며 연료소비율이 감소한다.

③ 고지대에 운행 시 엔진의 출력이 저하되지 않는다.

④ 압축온도의 상승으로 착화지연 기간이 짧다.

⑤ 연료소비율이 향상되고 냉각손실이 적다.

(2) 인터쿨러

가압된 공기는 단열 압축되기 때문에 고온이 되어 팽창하여 공기 밀도가 낮아지고 흡입효율이 감소하게 된다. 가압 후 고온이 된 공기를 냉각시켜 온도를 낮추고 공기 밀도를 높여 실린더의 흡입 효율을 더욱 높이고 출력 향상을 도모하는 장치이다.

참고

가변용량형 터보 과급장치에서 고저속 작동원리는 연속방정식의 원리이며, 과급기 내부에 설치되어 공기의 속도에너지를 압력에너지로 바꾸어 주는 것은 디퓨저이다.

5-3 유해 배출 가스

(1) 배기가스(exhaust gas)

주성분은 수증기(H_2O)와 이산화탄소(CO_2)이며, 이외에 일산화탄소(CO), 탄화수소(HC), 질소산화물(NOx), 납산화물, 탄소 입자 등이 있다. 배기가스의 3가지 주요 유해 가스는 탄화수소(HC), 일산화탄소(CO), 질소화물(NOx)이다.

① 배기가스 정화방식

㈎ **전처리 방식(EGR 밸브)** : 배기가스 중의 일부를 연소실로 재순환시켜 엔진의 연소온도를 낮추어 질소산화물(NOx)의 발생을 저감한다.

$$\text{EGR율} = \frac{\text{EGR 가스량}}{\text{EGR 가스량} + \text{흡입공기량}} \times 100$$

㈏ **후처리 방식(촉매 컨버터)** : 산화, 환원 과정을 통해 이산화탄소(CO_2), 수증기(H_2O), 질소(N_2), 산소(O_2) 등으로 변환시킨다.

EGR 밸브

② 블로바이 가스(blow-by gas) : 실린더와 피스톤 간극에서 크랭크 케이스(crank case)로 빠져 나오는 가스이다. 이 가스가 크랭크 케이스 내에 체류하면 엔진의 부식, 오일 슬러지(oil sludge) 발생 등을 촉진한다. 경부하 및 중부하일 경우에는 블로바이 가스는 PCV 밸브(positive crank case ventilation valve)의 열림 정도에 따라서 유량이 조절되어 흡기 다기관을 통해 연소실로 유입된다.

③ 증발가스 : 연료 계통에서 연료가 증발하여 대기 중으로 방출되는 가스이며, 주성분은 탄화수소(HC)이다. 연료 계통에서 발생한 증발가스(탄화수소)를 캐니스터에 포집한 후 PCSV(purge control solenoid valve)의 조절에 의하여 흡기 다기관을 통하여 연소실로 보내어 연소된다.

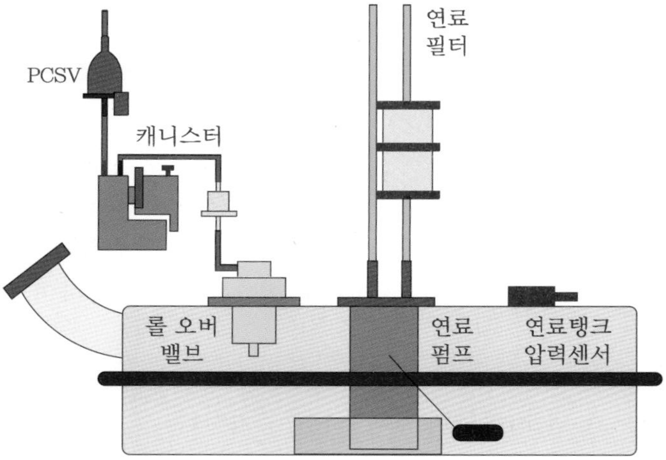

증발가스 처리장치

④ 블로바이 가스 제어장치 : 경부하 및 중부하일 경우에는 블로바이 가스는 PCV 밸브(positive crank case ventilation valve)의 열림 정도에 따라서 유량이 조절되어 흡기 다기관으로 들어간다.

PCV 밸브

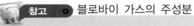

참고 블로바이 가스의 주성분

탄화수소(HC) 70~95 %이고 나머지는 연소가스 및 부분 산화된 혼합기이다(블로바이 가스가 차지하는 비율은 전체 배출가스의 약 25 %이다).

(2) 배기가스 제어장치

① 배기가스의 배출 특성

㈎ 이론혼합비(14.7 : 1)보다 농후한 혼합비를 공급하면 질소산화물은 감소하고, 일산화탄소와 탄화수소는 증가한다.

㈏ 이론혼합비보다 약간 희박한 혼합비를 공급하면 질소산화물은 증가하고, 일산화탄소와 탄화수소는 감소한다.

㈐ 이론혼합비보다 매우 희박한 혼합비를 공급하면 질소산화물과 일산화탄소는 감소하고, 탄화수소는 증가한다.

② 피드백(feed back) 제어

㈎ 피드백 제어에 필요한 주요 부품은 산소(O_2) 센서, ECU, 인젝터로 이루어진다.

㈏ O_2 센서의 기전력이 커지면 공연비가 농후하다고 판정하여 인젝터 분사 시간이 짧아지고, 기전력이 작아지면 공연비가 희박하다고 판정하여 인젝터 분사 시간이 길어진다.

㈐ O_2 센서의 기전력은 배기가스 중의 산소 농도가 증가(공연비 희박)하면 감소하고, 산소 농도가 감소(공연비 농후)하면 증가한다.

㈑ 피드백 제어는 이론공연비(14.7 : 1)가 되도록 인젝터 분사 시간을 제어하여 분사량을 조절한다.

③ 산소 센서

㈎ 지르코니아 타입 : 지르코니아 소자(ZrO_2)양면에 백금 전극이 있고, 센서의 안쪽에는 산소 농도가 높은 대기가, 바깥쪽에는 산소 농도가 낮은 배기가스가 접촉한다.

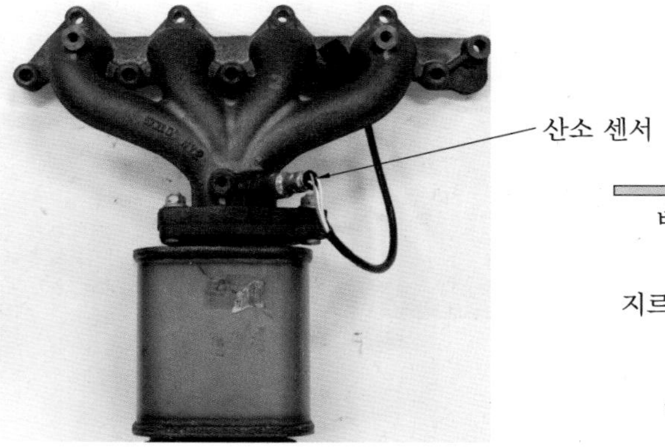

산소 센서 위치

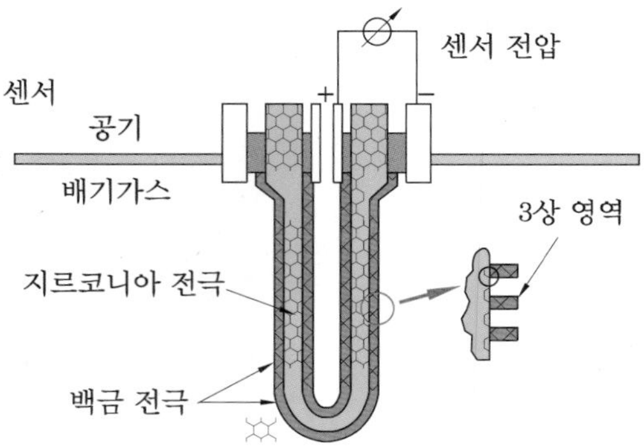

산소 센서 작동

참고 지르코니아 소자의 산소(O_2) 센서

- 연료혼합비(A/F)가 희박할 때는 약 0.1 V, 농후할 때는 약 0.9 V에 가까운 전압이 출력된다.
- 이론공연비(A/F 14.7 : 1)일 때 0.4 ~ 0.5 V(약 0.45 V)의 전압이 출력된다.
- 산소의 농도 차이에 따라 출력 전압이 변화한다.

㈏ 티타니아 타입 : 세라믹 절연체의 끝에 티타니아 소자가 설치되어 있고, 전자 전도체인 티타니아가 주위의 산소 분압에 대응하여 산화 또는 환원되어 그 결과 전기저항이 변화하는 성질을 이용한 것이다.

참고 산소 센서 취급 방법

- 내부 저항을 측정해서는 안 된다.
- 출력 전압을 단락(쇼트)시켜서는 안 된다.
- 반드시 무연 휘발유를 사용하여야 한다.
- 산소 센서 출력 전압을 측정할 때에는 디지털 멀티 테스터를 사용한다(아날로그 테스터기 사용 금지).
- 산소 센서의 온도가 정상 작동 온도가 된 후 측정하여야 한다.

④ 촉매 컨버터 : 촉매 컨버터의 구조는 벌집 모양의 단면을 가진 원통형 담체(honeycomv suvstrate)의 표면에 백금(Pt), 팔라듐(Pd), 로듐(Rh)의 혼합물을 균일한 두께로 설치한다.

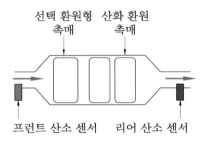

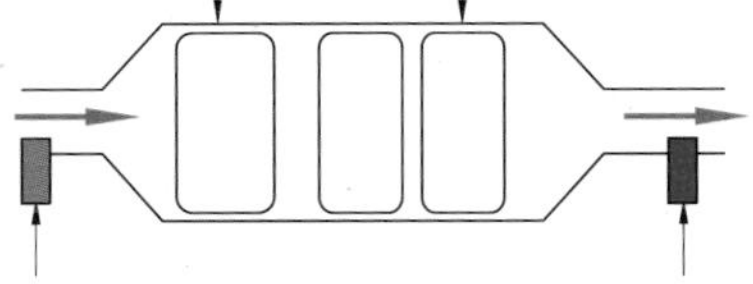

삼원 촉매 장치

참고 촉매 컨버터가 부착된 차량의 주의사항

- 반드시 무연 가솔린을 사용할 것.
- 엔진의 파워 밸런스(power balance) 시험은 실린더당 10초 이내로 할 것.
- 자동차를 밀거나 끌어서 기동하지 말 것.
- 잔디, 낙엽, 카펫 등 가연 물질 위에 주차시키지 말 것.

(3) 자동차의 배출가스

① 배출가스 발생 원인 : 자동차에서 배출되는 가스는 크게 3곳에서 배출되는 데, 엔진 연소 시 발생되는 배기가스, 엔진 내 크랭크 케이스로부터의 발생되는 블로바이 가스(blow-by gas), 연료 탱크 및 연료 계통으로부터의 증발 가스가 있다.

② 운행 차량 배출허용기준(CO, HC)

차종		제작 일자	일산화탄소	탄화수소	공기과잉률
경자동차		1997년 12월 31일 이전	4.5% 이하	1,200 ppm 이하	1±0.1 이내. 다만, 기화기식 연료 공급장치 부착 자동차는 1±0.15 이내. 촉매 미부착 자동차는 1±0.20 이내
		1998년 1월 1일부터 2000년 12월 31일까지	2.5% 이하	400 ppm 이하	
		2001년 1월 1일부터 2003년 12월 31일까지	1.2% 이하	220 ppm 이하	
		2004년 1월 1일 이후	1.0% 이하	150 ppm 이하	
승용자동차		1987년 12월 31일 이전	4.5% 이하	1,200 ppm 이하	
		1988년 1월 1일부터 2000년 12월 31일까지	1.2% 이하	220 ppm 이하(휘발유·알코올 자동차) 400 ppm 이하(가스 자동차)	
		2001년 1월 1일부터 2005년 12월 31일까지	1.2% 이하	220 ppm 이하	
		2006년 1월 1일 이후	1.0% 이하	120 ppm 이하	
승합·화물·특수 자동차	소형	1989년 12월 31일 이전	4.5% 이하	1,200 ppm 이하	
		1990년 1월 1일부터 2003년 12월 31일까지	2.5% 이하	400 ppm 이하	
		2004년 1월 1일 이후	1.2% 이하	220 ppm 이하	
	중형·대형	2003년 12월 31일 이전	4.5% 이하	1,200 ppm 이하	
		2004년 1월 1일 이후	2.5% 이하	400 ppm 이하	

참고

(1) 배기가스의 배출 특성
① 이론공연비보다 농후할 때 : NOx 감소, HC 증가
② 이론공연비보다 약간 희박할 때 : CO, HC 감소, NOx 증가
③ 이론공연비보다 아주 희박할 때 : NOx, CO 감소, HC 증가

(2) 엔진온도와 배기가스
① 엔진이 저온일 때는 농후한 혼합비에 의해 일산화탄소와 탄화수소(HC)는 증가하나, 연소온도가 낮아져 질소산화물(NOx)은 감소한다.
② 엔진이 고온일 때는 질소산화물(NOx)은 증가한다.

6 Chapter 전자제어장치

6-1 가솔린 전자제어 연료 분사장치

전자제어 연료 분사장치는 엔진의 출력 증대, 유해가스 감소, 연료소비율 저감 및 신속한 응답성을 만족시키기 위해 각종 센서로부터 정보를 받아 엔진의 운전 상태에 따라 연료 분사량을 ECU(electronic control unit)로 제어하여 인젝터를 통하여 연료를 분사시키는 방식이다.

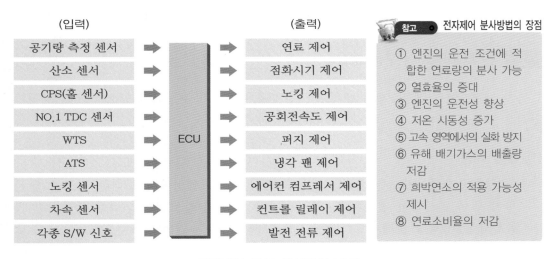

(입력)				(출력)
공기량 측정 센서	➡	ECU	➡	연료 제어
산소 센서	➡		➡	점화시기 제어
CPS(홀 센서)	➡		➡	노킹 제어
NO.1 TDC 센서	➡		➡	공회전속도 제어
WTS	➡		➡	퍼지 제어
ATS	➡		➡	냉각 팬 제어
노킹 센서	➡		➡	에어컨 컴프레서 제어
차속 센서	➡		➡	컨트롤 릴레이 제어
각종 S/W 신호	➡		➡	발전 전류 제어

전자제어 연료 분사장치 제어

참고 전자제어 분사방법의 장점

① 엔진의 운전 조건에 적합한 연료량의 분사 가능
② 열효율의 증대
③ 엔진의 운전성 향상
④ 저온 시동성 증가
⑤ 고속 영역에서의 실화 방지
⑥ 유해 배기가스의 배출량 저감
⑦ 희박연소의 적용 가능성 제시
⑧ 연료소비율의 저감

1 흡입 공기 계측 방식에 따른 분류

(1) 직접계측 방식(mass flow type)

L-제트로닉에서 사용하며 흡입 공기의 질량유량이나 체적유량으로 계측하는 방식으로 그 종류는 다음과 같다.

① 체적유량 검출 방식 : 흡입 공기를 체적유량으로 검출하는 방식에는 칼만 와류 방식이 있다.

② 질량유량 검출 방식 : 흡입 공기를 질량유량으로 검출하는 방식에는 열선(열막) 방식과 베인 방식이 있다.

(2) 간접계측 방식(speed density type)

D-제트로닉에서 사용하며 엔진의 회전속도와 흡기관의 압력으로 추정하고 이 공기량을 기본으로 하여 연료의 분사량을 연산하는 방식으로 맵 센서를 사용하는 방식이다.

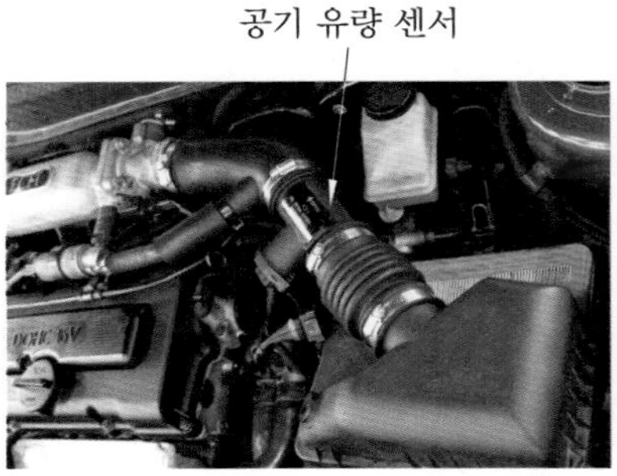

직접계측 방식(에어플로 센서)

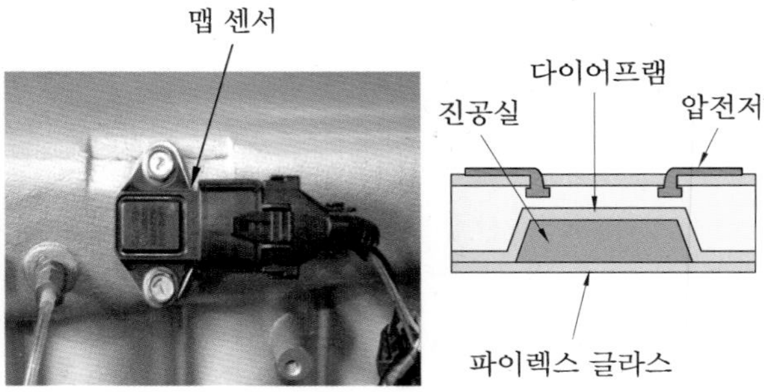

간접계측 방식(맵 센서)

2 전제제어장치의 구성 요소

흡기 계통, 연료 계통, 제어 계통으로 전자제어 장치가 구성되어 있으며 흡기 계통의 구성은 다음과 같다.

(1) 흡입 계통

① 공기흐름 센서(airflow sensor) : 컴퓨터는 공기흐름 센서에서 보내준 신호를 연산하여 연료 분사량을 결정하고, 분사 신호를 인젝터에 보내어 연료를 분사시킨다. 종류에는 미저링 플레이트식(베인식), 칼만 와류식, 열선식(또는 열막식)이 주로 사용되고 있다.

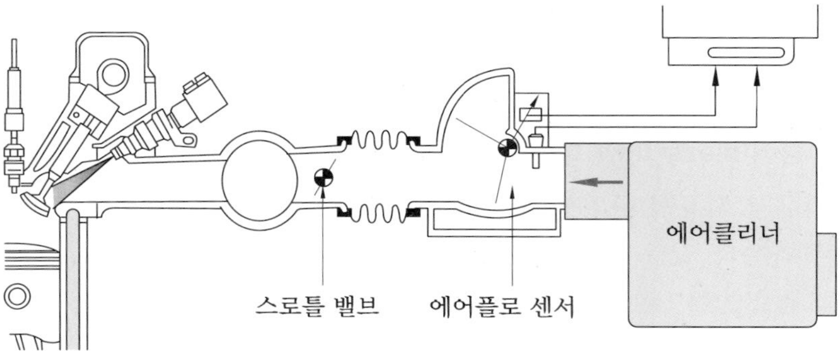

흡기 계통

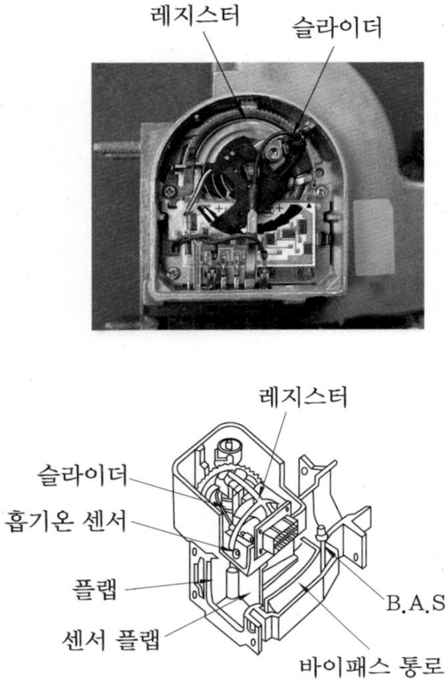
레지스터
슬라이더
레지스터
슬라이더
흡기온 센서
플랩
센서 플랩
B.A.S
바이패스 통로

베인식

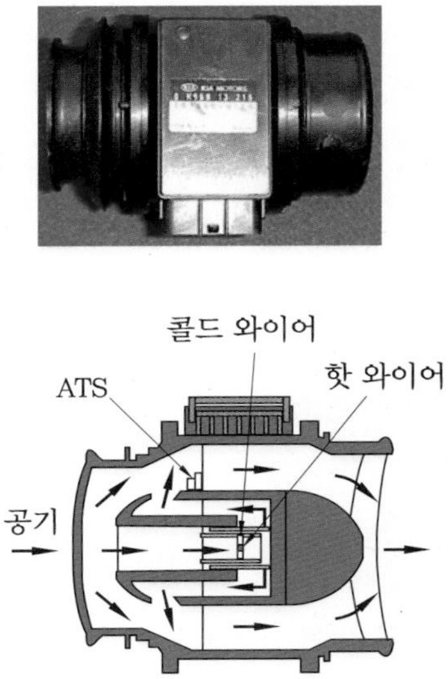
콜드 와이어
ATS
핫 와이어
공기

열선식

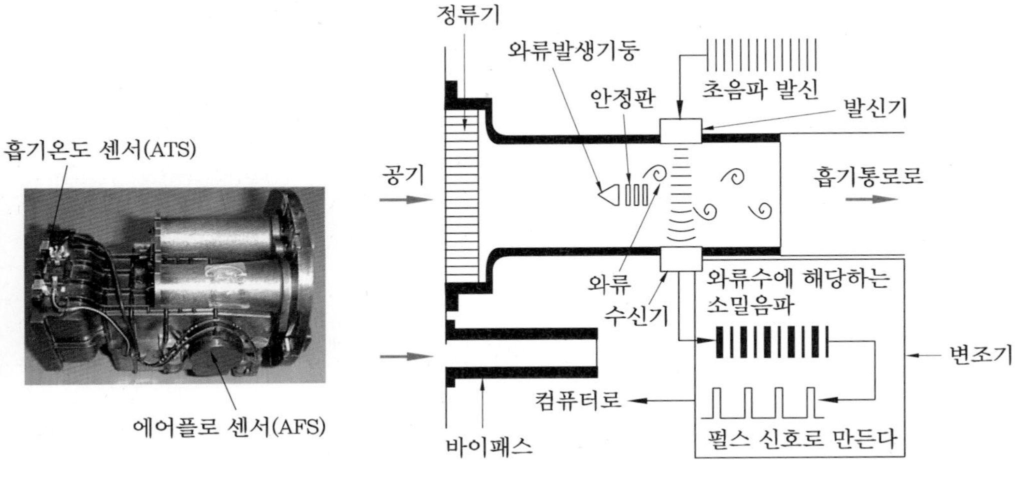
흡기온도 센서(ATS)
에어플로 센서(AFS)
정류기
와류발생기둥
안정판
초음파 발신
발신기
공기
흡기통로로
와류
수신기
와류수에 해당하는
소밀음파
변조기
컴퓨터로
펄스 신호로 만든다
바이패스

칼만 와류식

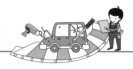

② 스로틀 보디(throttle body) : 스로틀 보디는 스로틀 밸브, 스로틀 포지션 센서, 공전 속도 조절기 등으로 구성되어 있으며, 공전 시 흡입되는 공기를 바이패스 통로로 공급하며 엔진의 공회전 상태를 스탭 모터 및 공전 조절 모터에 의해 제어한다.

설치 위치는 AFS와 서지 탱크 사이에 설치되어 흡입공기 통로의 일부를 형성하며, 구조는 스로틀 밸브는 가속페달의 작동에 연동하여 흡입공기 통로의 단면적을 변화시켜 주는 스로틀 밸브와 스로틀 밸브의 열림을 검출하여 ECU로 입력시키는 TPS가 있다.

스로틀 보디 및 TPS

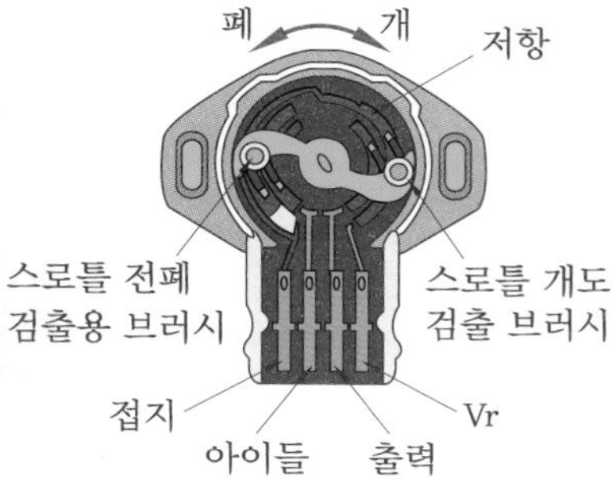

스로틀 센서 구조

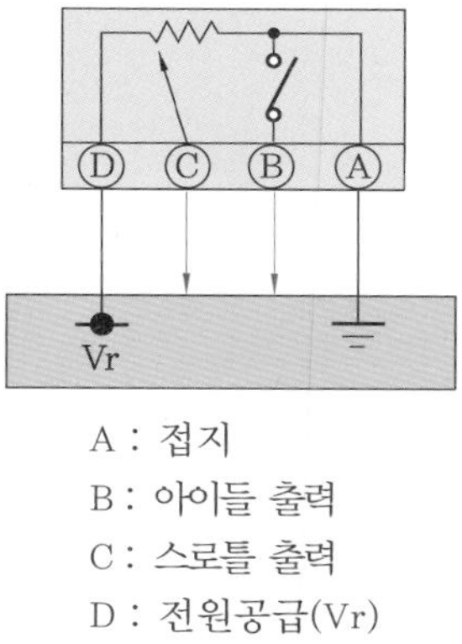

스로틀 센서(가변저항식) 회로

(2) 연료 계통의 구조와 작용

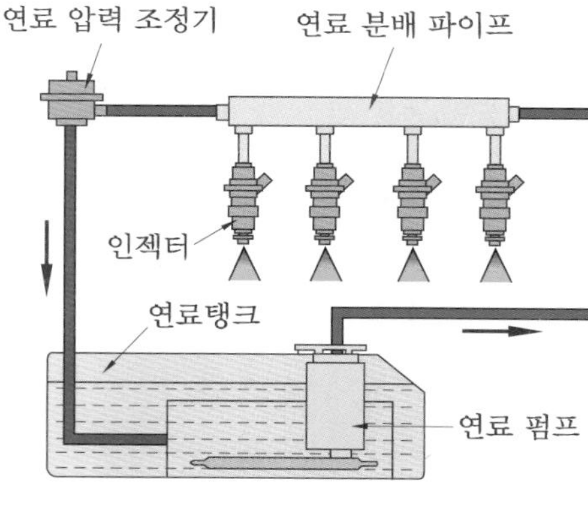

연료 계통의 구조와 작용

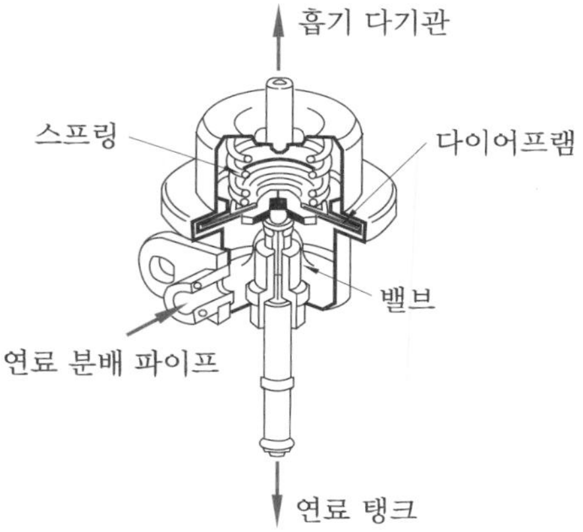

연료 압력 조절기

① 연료 압력 조절기(fuel pressure regulator) : 흡기 다기관의 압력 변화에 연료 압력을 조절하기 위하여 흡기 다기관의 진공도(부압) 가속 페달을 밟는 양에 따라 연료 압력이 2.2~2.6 kg/cm^2의 압력이 유지되도록 조절해주는 장치이다. 분배 파이프 앞끝에 설치되어 있으며, 다이어프램 조절의 오버플로(over flow) 형식으로 연료 계

통 내의 압력을 2~3 kg/cm^{2}으로 유지한다. 공전 시나 저속 운행 시에 흡기 다기관 진공이 높으면 다이어프램을 당기는 힘(부압)이 강해져 연료 리턴량을 증대시키며, 가속 시에는 인젝터의 분사량이 증가되도록 스프링이 리턴량을 막게 되어 연료 라인은 압력을 높여 조절된다.

② 연료 펌프(fuel pump) : **직류(DC) 모터**로써, 연료 탱크 내에 설치되어 있다. 연료 펌프 내의 압력은 4~5 kg/cm^{2}의 압력이 발생된다. 릴리프 밸브(relief valve)는 연료 라인의 압력이 높을 때 작동하여 연료 펌프에서 송출되는 연료 압력을 일정하게 유지하며 압력 상승에 따른 연료의 누출 및 파손을 방지해준다. 또한 체크 밸브(check valve)는 연료 펌프 OFF 시에 닫혀 연료 라인 내의 잔압을 유지, 고온에서 베이퍼 로크(vapor lock)을 방지하고, 다음 시동 시에 시동성을 높이게 된다.

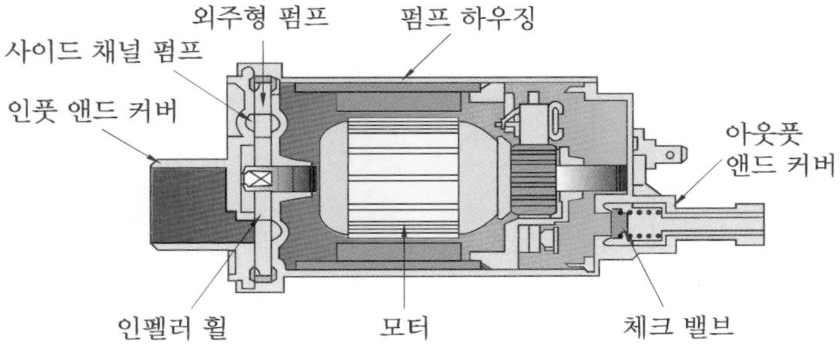

연료 펌프

③ 연료 **인젝터**(injector) : 컨트롤 릴레이에 의해 배터리 전원이 공급되며, **기통수에 맞는 인젝터가 흡기 다기관 흡기 밸브 앞에** 설치되고, ECU 제어에 의해 연산된 최종분사량이 결정되어 각 실린더에 연료를 분사하게 된다.

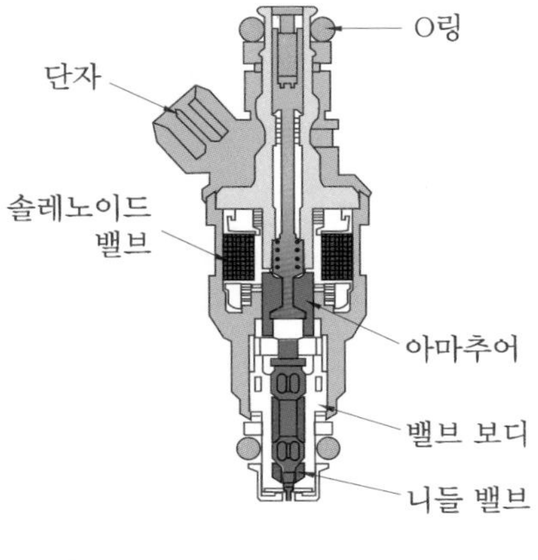

연료 인젝터

(가) 인젝터의 작동

㉮ ECU의 제어 신호에 의해 연료를 최종 분사한다.

㉯ 연료의 분사량은 니들 밸브의 개방시간(ECU 접지)에 비례한다.

㉰ 인젝터의 분사량은 기본 분사량+각종 보조증량으로 결정되며 AFS, 크랭크각 센서, 기본 분사량으로, 산소 센서는 피드백제어로, 기타 노크 센서 및 냉각수온 센서 등의 정보에 의해 인젝터 최종 분사가 이루어진다.

(나) 연료 분사 방식 : 동기 분사(독립 분사, 순차 분사), 그룹 분사, 동시 분사(비동기 분사) 방식 등이 있다.

④ 컨트롤 릴레이(control relay) : 전자제어 엔진 작동에 필요한 공급 전원을 작동되는 상황에 맞게 ECU, 연료 펌프, 인젝터, AFS 등 전자제어장치에 전원을 공급 제어한다.

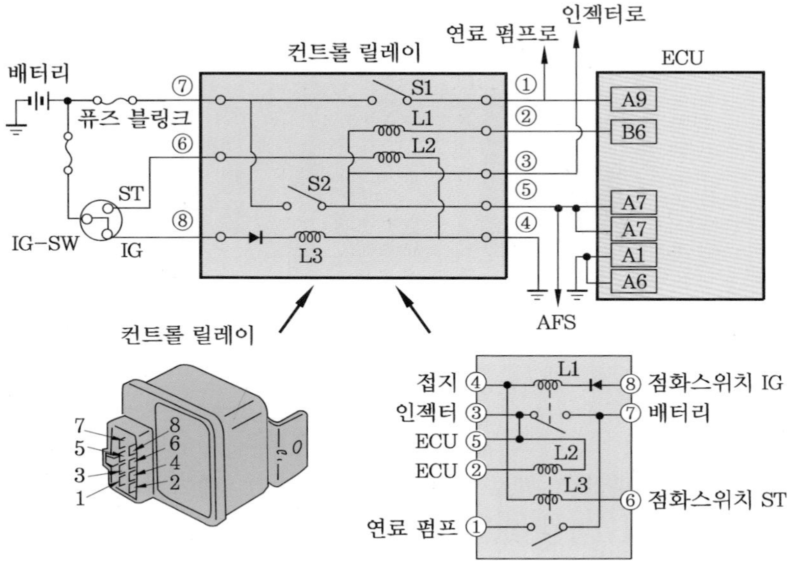

컨트롤 릴레이 회로

전자제어 연료 회로 전원 공급

1. 시동 전 IG 전원 공급 : 연료 펌프 및 ECU, AFS, 인젝터에 전원 공급 안 됨
2. 시동 시(ST) 3단 : 연료 펌프 구동, 인젝터 작동 → 크랭크각 신호에 의해 작동됨(엔진 시동)
3. 시동 후 IG 전원 공급 : 엔진 시동으로 크랭크각 센서 입력신호로 ECU, AFS, 인젝터에 지속적인 전원 공급(시동 유지)

(3) ECU 제어

① 분사시기 제어 : 동기 분사(독립 분사 또는 순차 분사)는 1번 실린더 TDC 센서 신호를 기준으로 하여 크랭크각 센서의 신호와 동기하여, 각 실린더의 흡입행정 초 배기행정 말에서 연료를 분사하는 형식이다.

② 분사량 제어 : 기본 분사량 제어는 연료 인젝터는 크랭크각 센서의 출력 신호(회전수)와 공기흐름 센서(AFS)의 출력 T신호로 엔진 ECU에 의해 인젝터가 구동되며, 분사는 크랭크각 센서의 신호 및 흡입공기량에 비례하여 설정된다.

$$\text{기본 분사량} = \frac{\text{흡입되는 공기량(AFS)}}{\text{엔진회전수(CAS)}}$$

③ 피드백 제어(feed back control) : 산소 센서를 통해 배기가스의 산소를 검출하여 엔진 ECU로 피드백시켜 인젝터의 연료 분사량을 증감한다. 이론공연비 14.7 : 1을 목표로 제어되도록 분사량을 제어하며, 이론공연비 제어가 되었을 삼원 촉매 장치 정화효율이 최대가 되며 피드백 보정은 다음과 같은 경우에는 제어를 정지한다(전자제어 개회로 작동).

㈎ 엔진 냉각수 온도가 낮을 때
㈏ 엔진 시동 후 분사량을 증량 시
㈐ 엔진 시동 시
㈑ 엔진 가속이나 등판에 따른 출력이 요구될 때
㈒ 연료 공급 차단 시(희박 또는 농후 신호가 길게 지속될 때)

④ 점화시기 제어 : 점화시기 제어는 파워 트랜지스터로 컴퓨터에서 공급되는 신호에 의해 점화 코일 1차 전류를 ON-OFF시켜 점화시기를 제어한다.

⑤ 연료 펌프 릴레이(종합 릴레이) : 컨트롤 릴레이는 컴퓨터를 비롯하여 연료 펌프, 인젝터, 공기흐름 센서 등에 축전지 전원을 공급하는 전자제어 연료 분사 엔진의 주 전원 공급장치이다.

⑥ 연료 펌프 제어 : **엔진 시동 시**(점화스위치가 St)에 컨트롤 릴레이를 통하여 연료 펌프로 흐르게 된다. 엔진 작동 중에는 ECU가 연료 펌프 제어 코일이 자화되어 ON 되고, 컨트롤 릴레이 접점이 닫혀 전원이 연료 펌프로 공급되어 연료 펌프가 작동된다.

(4) 주요 센서

① 냉각수온 센서 : 엔진의 냉각수 통로부에 설치하여 온도의 변화를 저항치의 변화로 검출하여 그 신호를 ECU 내로 입력시키면 ECU는 이 신호에 의해서 분사량 제어를 한다(엔진온도 상승 – 저항 저하 – 전압 상승 – 엔진온도 하락 – 저항 상승 – 전압 하락).

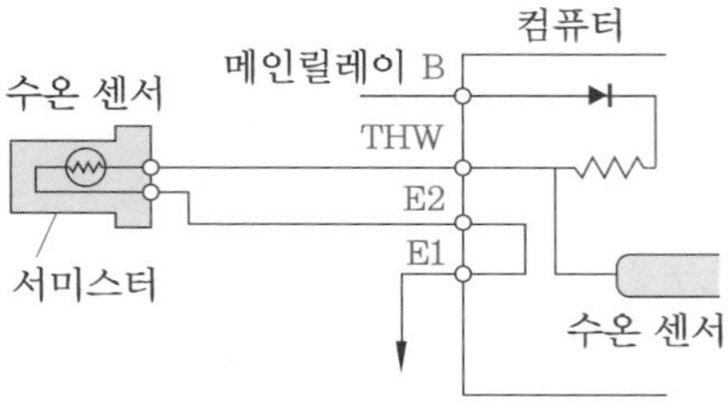

냉각수온 센서

② 크랭크각 센서 : 홀 소자에 일정한 전류가 인가되고 출력 단자가 전류에 수직으로 걸려 있을 때 자장이 존재하고 출력 단자간에 전위차가 없다. 수직 방향으로 자장이 존재하면 전류의 흐름이 왜곡되어 출력 단자간에 전위차가 발생한다. 이런 현상을 홀 효과라 한다.

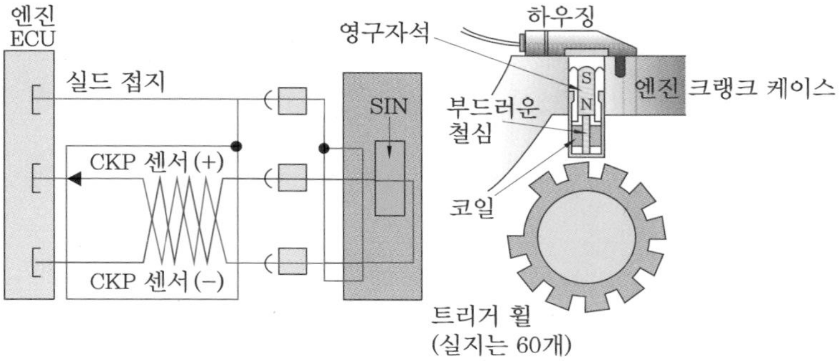

크랭크각 센서

③ 산소 센서 : 배기가스를 저감시키기 위해 삼원촉매 장치를 사용하며, 삼원촉매 장치의 정화효율을 높이기 위해서 혼합기의 농도를 이론공연비 부근에서 제어되도록 하기 위해 산소 센서를 배기 매니폴드에 설치하여 공연비의 농후, 희박 상태를 검출한다(작동 전압은 0.1~1 V이며 정상 작동 전압 0.4~0.6 V, 1 V 이상이면 농후).

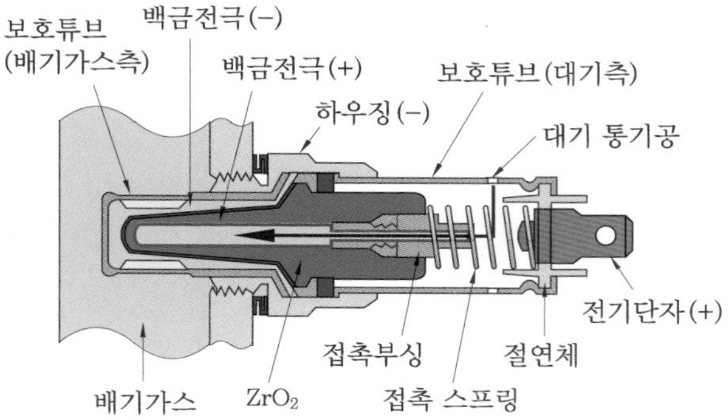

산소 센서

6-2 커먼레일 디젤 엔진(CRDI)

커먼레일식은 연료의 압력 발생이 커먼레일 분사 시스템에서 분리되어 있으며, 연료의 분사 압력은 엔진의 회전속도와 분사되는 연료량에 독립적으로 생성된다. 연료의 분사량과 분사 시기는 엔진 ECU에 의해 제어 유닛을 통하여 인젝터 솔레노이드 밸브를 통하여 각 실린더에 분사된다.

(1) 기계식 디젤 엔진과 전자제어 디젤 엔진의 차이

분 류	기계식 디젤 엔진	커먼레일 디젤 엔진
분사 형식	인젝션 펌프, 노즐	고압 펌프, 커먼레일 인젝터
연료 제어	거버너 제어	ECU 제어
액셀러레이터 케이블	유	무 (APS)
배기가스	법적 대응 한계	전세계 규제 만족

(2) 커먼레일 엔진의 특성

① 고압 직접 분사 엔진
② 출력과 연비 향상
③ 강화된 배기가스 규제 만족
④ 저소음 저공해 엔진
⑤ ECU에 의한 정확한 연료 제어

(3) 디젤 커먼레일 엔진의 연료 분사 특성

① 파일럿(예비) 분사(pilot injection) : 주 분사가 이루어지기 전 연료를 분사하여 연소가 잘 이루어지게 하기 위한 분사이며, 예비 분사 실시 여부에 따라 엔진의 소음과 진동을 줄이기 위한 목적을 두고 있다.

참고 예비 분사 제약 조건

① 예비 분사가 주 분사를 너무 앞지르는 경우
② 엔진 회전수가 너무 작은 경우
③ 연료 분사량이 너무 작은 경우
④ 주 분사 연료량이 충분하지 않은 경우
⑤ 엔진에 오류가 발생한 경우
⑥ 연료 압력이 최소압(100 bar 이하) 이하인 경우

이러한 효과는 연소 소음과 연료소비율 및 배기가스를 현저히 감소시킨다.

② 메인(주) 분사(main injection) : 엔진 출력에 대한 에너지는 주 분사로부터 나온다. 커먼레일 연료 분사 시스템에서 분사 압력은 분사 과정 전체를 통해 실제적으로 일정하게 유지된다.

참고 메인(주) 분사로 인한 연소 효율의 향상

① 압축 압력은 예비 반응과 부분 연소 때문에 조금 증가한다.
② 주 분사 점화지연이 감소된다.
③ 연소-압력의 상승이 감소되며, 연소 압력이 부드럽게 형성된다.

이러한 효과는 연소(엔진) 소음과 연료소비율 및 배기가스를 현저히 감소시킨다.

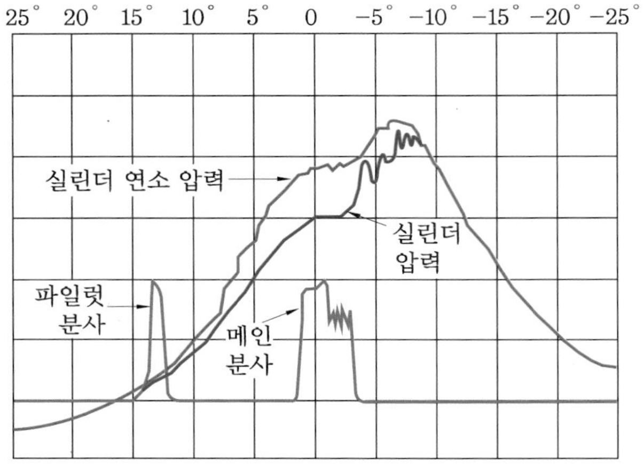

커먼레일 엔진의 분사

(4) 고압 시스템 개요도

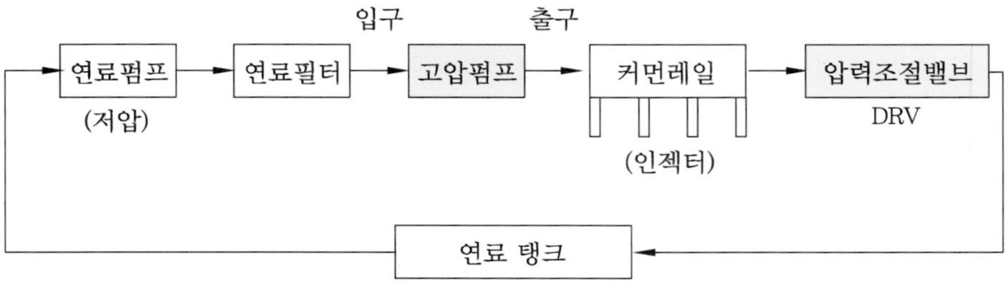

커먼레일 연료 제어 시스템 1

참고 레일압력 조절밸브

고압의 연료를 ECU의 목표 압력으로 분사하기 위해 커먼레일에 축압된 연료를 일정하게 유지하고 제어하는 역할을 한다.

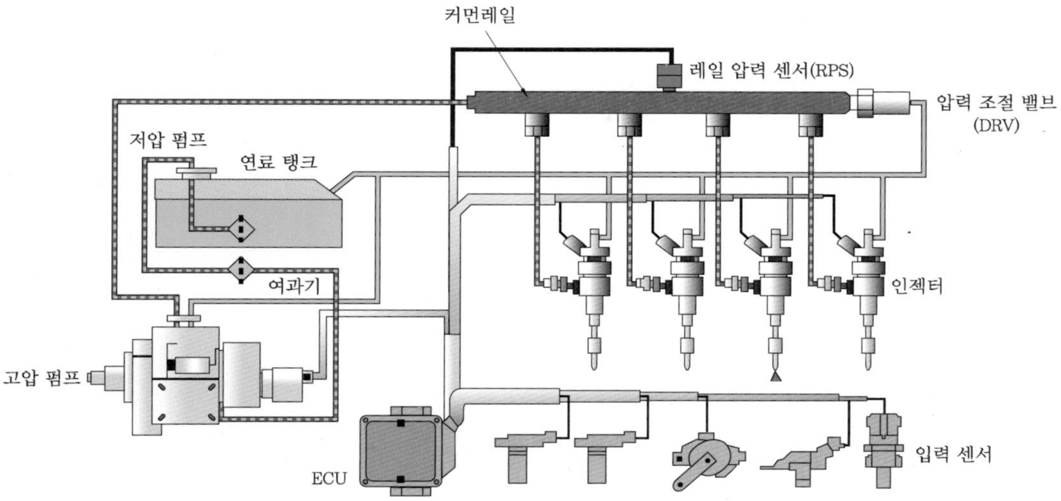

커먼레일 연료 제어 시스템 2

① 저압 연료 펌프

㈎ 저압 펌프는 1차 압력을 형성하는 것으로써 고압 펌프에 연료를 이송한다.

㈏ 전기식 모터와 베인 펌프로 되어 있다.

㈐ 최초 발생 토출 압력은 4~5 bar로 발생된다.

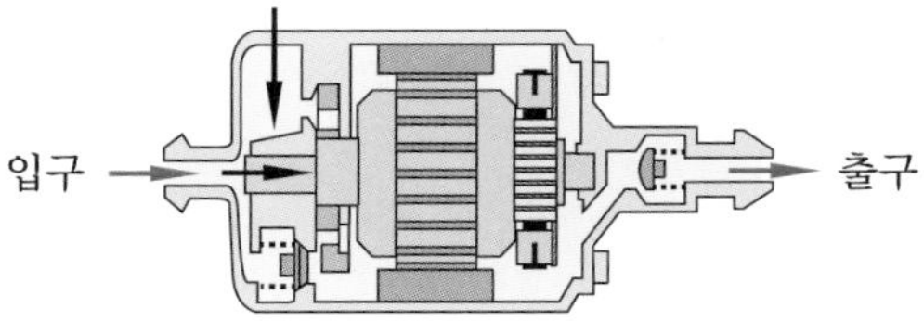

저압 펌프

② 고압 펌프 : 타이밍 체인과 연동, 캠축에 의해 구동되며 저압 펌프에서 공급된 연료를 고압으로 형성하여 커먼레일에 송출한다(1,350 bar).

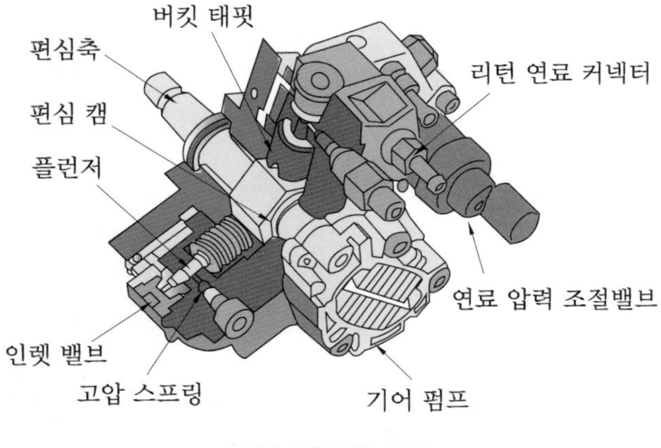

고압 펌프의 구조

③ 커먼레일 : 고압 펌프로부터 이송된 연료가 저장되고 축압되는 파이프이다. 연료가 분사될 때의 압력 변화는 레일 체적과 내부 압력으로 유지되며, 레일 압력은 ECU에 의해 제어하는 압력과 고압 펌프의 속도에 따라 정해진다.

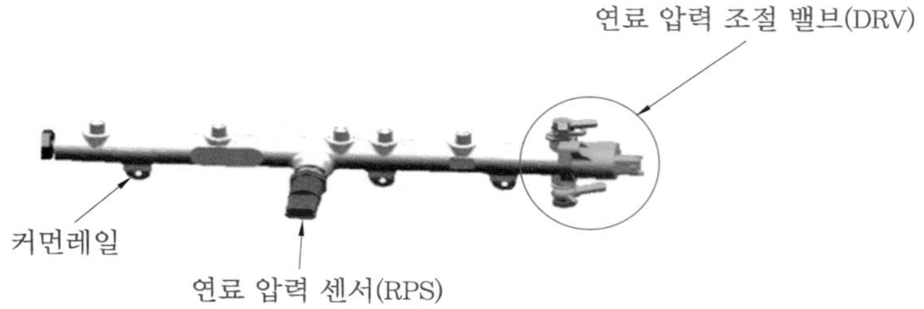

커먼레일

④ 인젝터 : 고압의 연료를 연소실로 분사한다.

㈎ 실린더 헤드 중앙 직립 형태로 장착

㈏ 엔진 ECU에 의해 제어된다.

㈐ 초기 작동 전압과 전류는 80 V, 20 A이다.

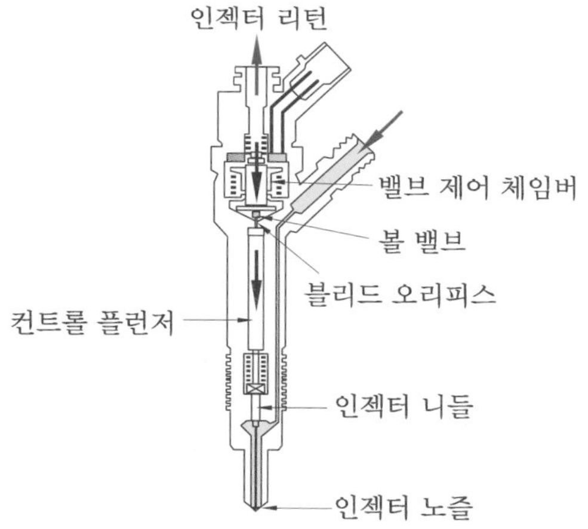

커먼레일 인젝터

(5) ECU 입력 요소

① 에어플로 센서(AFS) & 흡기온도 센서(ATS)

㈎ 흡입공기량 검출 – EGR 피드백 제어용으로 사용한다.

㈏ 급가속 및 감속 시 연료량 보정

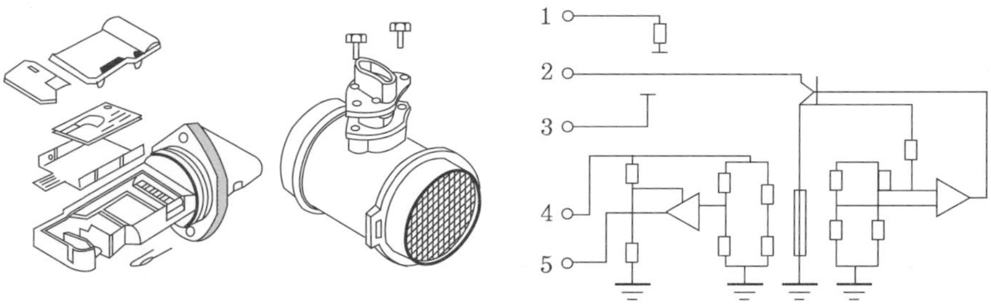

1. 흡기온도 센서 출력　2. 전원 공급　3. 접지
4. 5V 기준 전압　5. 센서 출력

에어플로 센서

② 액셀러레이터 페달 위치 센서(APS) : 액셀러레이터 페달 위치를 검출하여 연료 분사량과 분사 시기를 결정한다.

(가) APS 1 : 주 센서이며, 분사량 및 분사 시기 결정

(나) APS 2 : APS 1을 감시하는 센서(안전 보상)

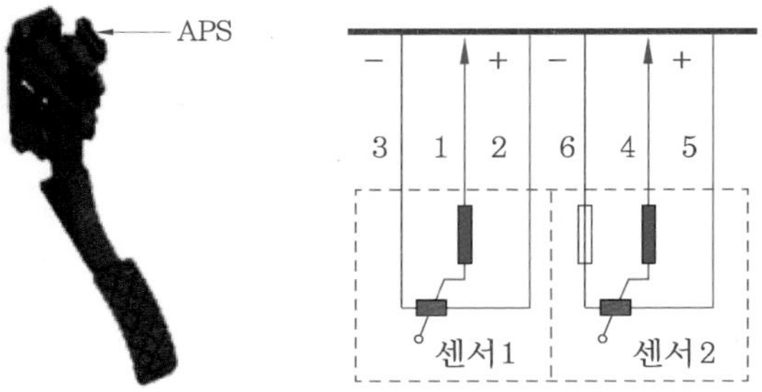

액셀러레이터 포지션 센서

③ 레일 압력 센서(RPS) : 레일 연료 압력을 측정하며 연료 분사량 보정 및 분사 시기 조정을 결정한다.

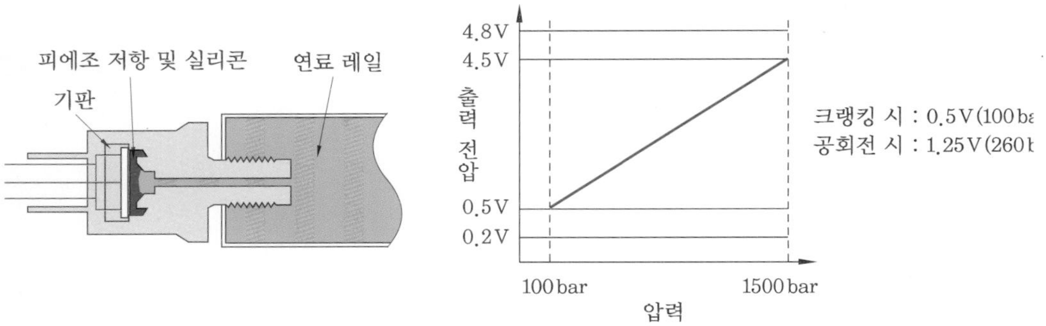

레일 압력 센서

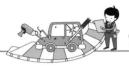

④ **크랭크 포지션 센서(CPS)** : CPS는 마그네틱 인덕티브 방식이며, 엔진회전수를 검출하여 피스톤의 위치 및 연료 분사 시기를 결정한다.

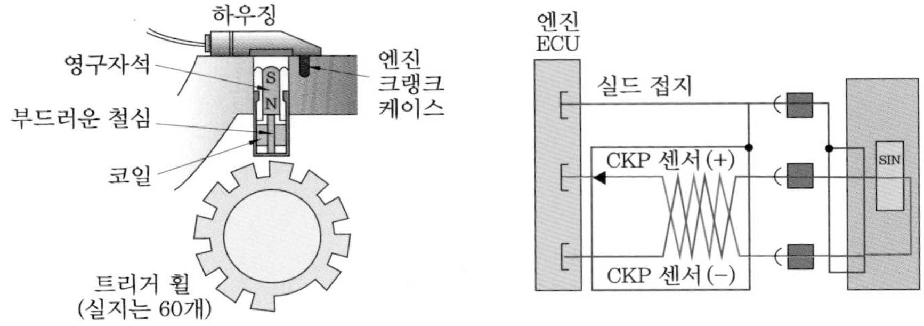

크랭크 포지션 센서

⑤ 기타(입력) 센서

(가) **수온 센서** : 냉각수온 센서는 NTC(부특성 저항)로 구성되어 있으며, 온도 변화에 따라 내부적 전기 저항값이 변동된다.

(나) **캠포지션 센서** : 홀 센서 방식으로 캠축의 독기가 감응부에 오게 되면 감응부에 자력이 형성되어 TR을 구동 TR 컬렉터에서 이미터로 흐르는 신호를 감지한다.

(다) **클러치 스위치** : 접점식 스위치로 정속 해제 시와 스모그 컨트롤 시에 필요한 기어 단수의 인식에 사용되며, 충격 감소 보정용으로 사용된다.

(라) **노크 센서** : 엔진의 이상 연소를 파악하고 엔진 연소 시 진동 상태를 감지하여 안정적인 공회전 제어에 기여하며 센서 이상 시 경고등을 점등시키고 점화시기를 보정한다.

(마) **차속 센서** : 트랙션 컨트롤 제어와 차속 초과 시 연료 컷 작동신호 공회전 보정, 냉각 팬 제어 등 태코미터 차속용으로 표시된다.

(바) **연료 온도 센서(FTS)** : 냉각 수온 센서와 동일한 부특성 서미스터 센서이며, 연료 온도에 따른 연료량 보정 신호로 사용된다.

(사) **캠 위치 센서(CPS)** : 홀 센서 방식으로 캠축에 설치되어 캠축 1회전(크랭크축 2회전)당 1개의 펄스 신호를 발생시켜 ECU로 입력시킨다. ECU는 이 신호를 근거로 1번 실린더 압축 상사점을 검출하게 되며 연료분사의 순서를 결정한다.

6-3 LPI 시스템의 구성

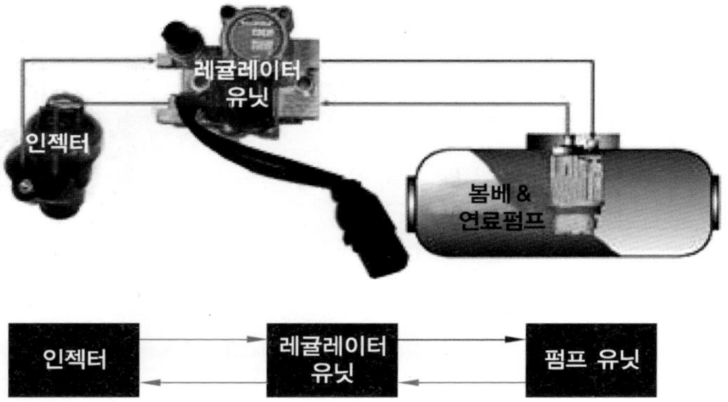

LPI 시스템

(1) 고압 액상 분사 방식

봄베 내에 연료 펌프를 설치하여 액상의 LPG를 엔진으로 분사하는 방식이다. 기체를 가압하면 액화되는 원리를 이용한 것이다(주요 기술은 기체를 가압하면 액화되는 원리).

(2) LPI 시스템 연료 압력(액상 유지)

- 고압 액상의 가스를 봄베에 저장
- 연료 펌프를 이용해 연료 공급(압력 상승)
- 인젝터에서 연료 분사
- 연료 리턴을 위해 레귤레이터에서 압력을 낮춘다.
- 엔진 최대 작동 온도에서도 기체가 발생하지 않도록 압력 유지

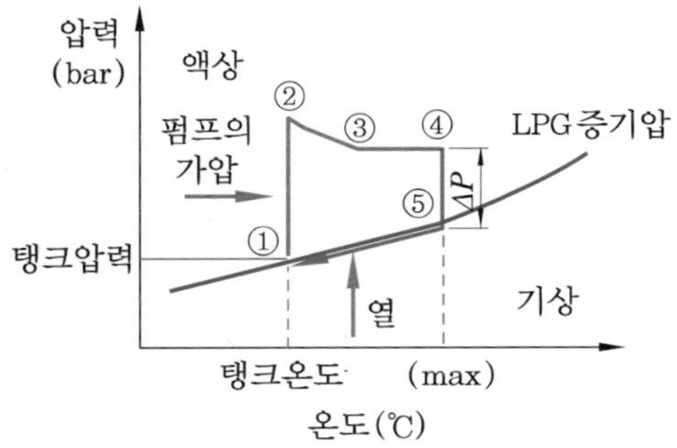

LPI 연료 압력(액상 유지)

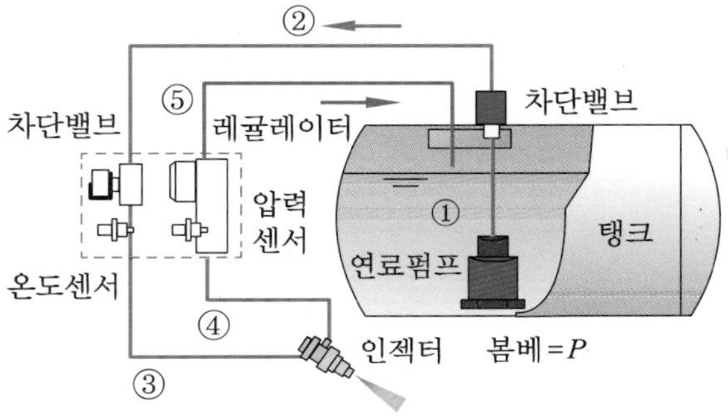

고압 액상 분사 방식

① 봄베 : 구성품은 연료 펌프, 구동 드라이버, 멀티 밸브 어셈블리(연료 송출 밸브, 수동 밸브, 연료 차단 밸브, 과류 방지 밸브, 릴리프 밸브), 충진 밸브(연료 충진 밸브), 유량계(연료량 표시)

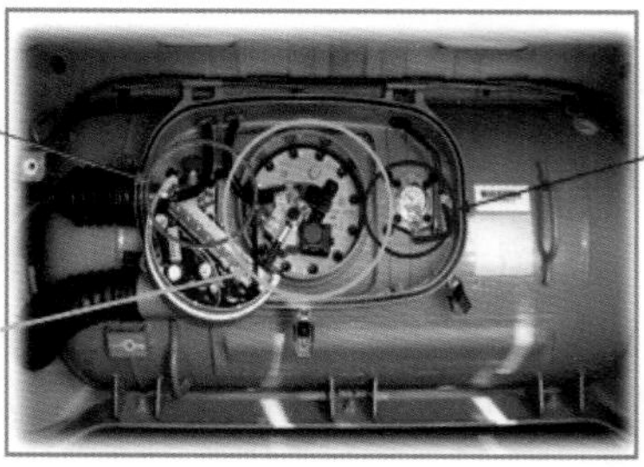

봄베

② 멀티 밸브 어셈블리 : 연료 공급 밸브와 연료 차단 밸브로 구성
(가) 수동 밸브 : 장시간 운행하지 않을 경우 수동으로 연료 라인을 차단
(나) 연료차단 밸브 : 시동키 ON 시 열림

③ 과류 방지 밸브 : 배관 파손 시 용기 내 연료가 급격히 방출되는 것을 방지한다.
(가) 폐지 용량 : 2~6 L/min 이상
(나) 폐지 차압 : 0.5 kgf/cm^2 이상

④ 리턴 밸브 : 인젝터에서 연료 탱크 리턴 라인 설치(리턴 개방 압력 : 0.1~0.5 kgf/cm^2에서 열려 탱크 내로 리턴)

⑤ 릴리프 밸브 : 연료 공급 라인의 압력을 액상으로 유지시켜 열간 시 재 시동성 개선(잔압 유지) 압력이 18~22 bar에 도달하면 연료 리턴

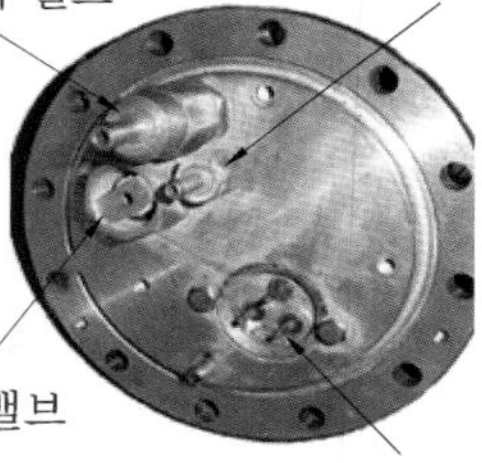

멀티 밸브 어셈블리

참고 BLCM 모터(Brushless DC 모터)

브러시와 정류자가 없는 모터로써, 디스크 타입과 실린더 타입의 두 종류가 있다. 이는 모두 슬릿이 없는 형태로 필름 코일인 스테이터는 움직이지 않고 로터인 영구자석이 순환하는 구조이며, 내부의 센서와 컨트롤러가 정류자 역할을 하고 있다.

⑥ 펌프 드라이브 모듈 : 연료 펌프 내의 BLDC 모터를 구동 rpm을 결정하여 펌프 드라이브 모듈로 PWM 신호를 보내면 펌프 드라이브 엔진의 운전 조건에 따라 5단계로 속도 제어한다.

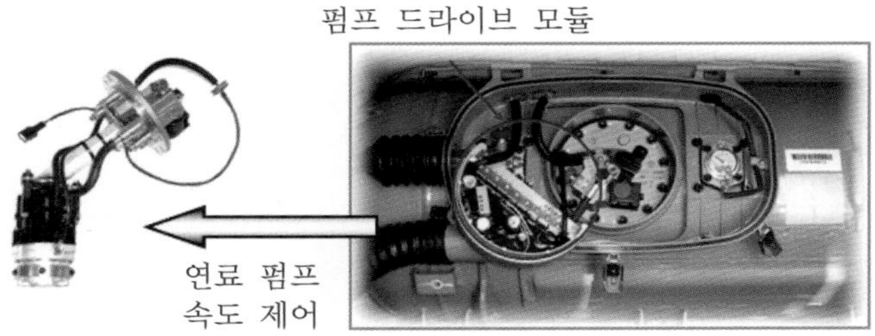

펌프 드라이브 모듈

⑦ 레귤레이터 유닛 : 연료 봄베 내에서 송출된 고압의 LPG 연료를 다이어프램과 스프링 장력의 균형을 이용하여 연료 탱크에서 송출된 고압의 연료와 리턴되는 연료의 압력차를 항상 5 bar로 유지하는 역할을 한다.

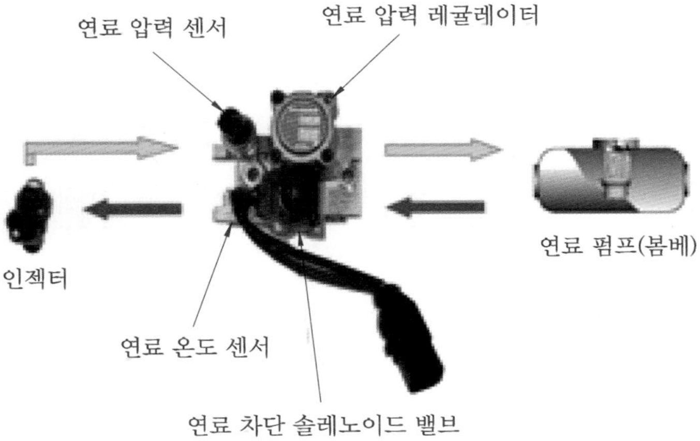

레귤레이터 유닛

⑧ LPI 인젝터 : 고압 연료 라인을 통해 연료를 분배 및 액상 상태로 연료를 분사한다. 각 실린더마다 1개의 인젝터가 장착이 되어 있으며, 엔진 ECU의 신호를 받아 인젝터 작동된다(연료 분사는 배관의 압력에 의해 분사됨).

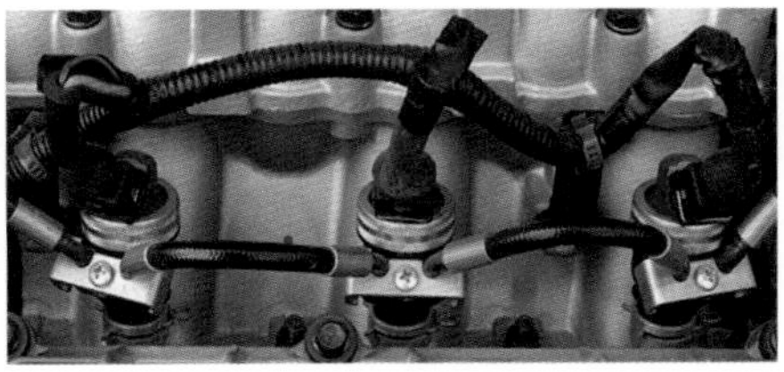

LPI 인젝터

6-4 CNG (압축 천연가스 ; compressed natural gas)

(1) CNG 시스템의 개요

CNG는 기체 가스로써 천연가스인 메탄(CH_4)이 주성분인 가스이다.

(2) 고압가스의 종류 및 범위

① 고압가스 : 상용의 온도에서 압력이 1.0 MPa(10 bar) 이상이 되는 압축가스로 35℃에서 압력이 1.0 MPa(10 bar) 이상이 되는 압축가스를 말한다(지하에서 자연적으로 생성되는 가스이며, 가연성 가스로 메탄이 주성분인 가스이다).

② 액화 가스 : 상용의 온도에서 압력이 0.2 MPa(2 bar)되는 경우 35℃ 이하인 액화 가스이다(프로판이나 부탄을 주성분으로 한 가스를 액화 또는 기화된 것을 말한다).

(3) 천연가스 자동차의 특징

구 분	CNG(압축 천연가스) 차량	LNG(액화 천연가스) 차량
연료 특성	천연가스를 고압(200 bar)으로 압축	천연가스를 초저온(−162℃)으로 액화
탱크 구조	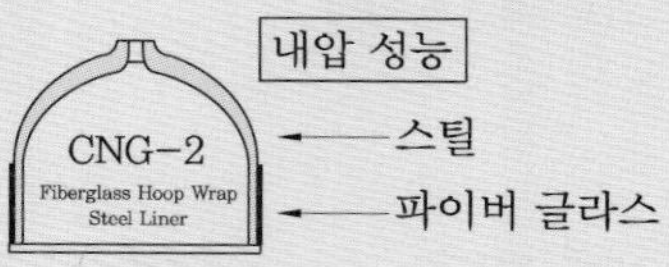 내압 성능 CNG-2 Fiberglass Hoop Wrap Steel Liner 스틸 파이버 글라스	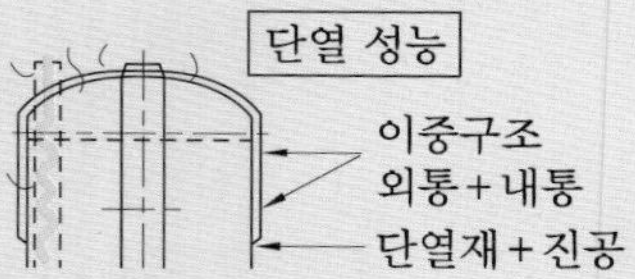 단열 성능 이중구조 외통+내통 단열재+진공
특 징	• 단거리 차량에 적합(시내버스, 청소차 등) • 1회 충전 주행거리 : 300~400 km(시내 주행) • 연료 탱크 소요 공간이 크다.	• 중장거리 차량에 적합(고속버스, 화물트럭 등) • 1회 충전 주행거리가 우수하다 : CNG 차량의 2 ~ 2.5배 • 연료 탱크 소요 공간이 CNG 차량의 1/3 수준

참고

연료가 기체 상태인 관계로 가스 탱크 주변의 온도에 따라 연료 압력이 변화될 수 있다. CNG 용기 안전성을 위해 최대 사용압력 내에서 충전을 실시한다.

(4) CNG 충전소

도시가스 배관으로부터 가스를 공급받아 압축기로 압축한 후 압축가스 저장설비에 저장하여 자동차에 충전한다.

(5) CNG의 구성도

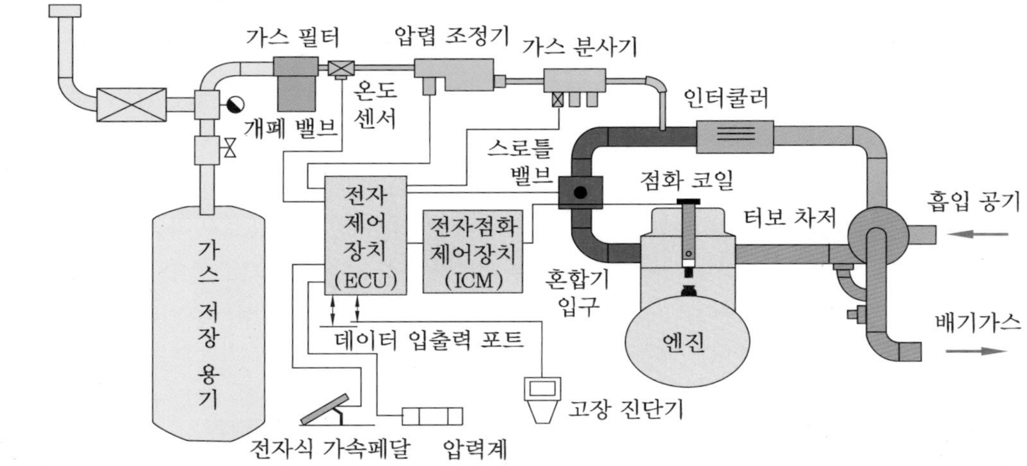

(6) CNG 구성 부품 및 기능

① 가스 충전 밸브 : 가스 주입구로써 충전 시에만 캡을 열고 충전 후에는 캡을 막아 이물질에 의한 밸브 손상을 방지한다(캡 이탈 시 충전 밸브 및 용기 밸브 가스 누출 원인이 됨). 충전 밸브 후단에는 체크 밸브가 연결된다(고압가스 충진 시 역류를 방지).

② 가스 압력계 : 탱크 잔류 압력 10 bar에서는 엔진 출력이 부족하다. 30 bar 이하 시에는 재충전을 실시한다. CNG 용기 최대허용충전압력은 207 bar(3,000 psi = 210 kgf/cm^2 = 20.7 MPa)이다.

③ 용기 밸브 : CNG 용기에서 엔진으로 공급되는 가스를 공급, 차단하는 밸브로 각각의 용기에 설치되고, 수동으로 밸브를 열고 닫는다(PRD(pressure relief device) 밸브 포함).

가스 충전 밸브

용기 밸브(PRD 포함)

참고 PRD 밸브

CNG 용기 주변부에 화재로 인해 용기의 파열이 발생할 우려가 있는 경우 PRD 밸브의 가용전이 녹으면서 가스를 방출하여 용기의 파열을 예방한다.

④ 수동 차단 밸브 : 고압 연료 라인 구간에서 필요 시 연료를 차단하는 기능이며, 가스 필터 및 엔진 정비 시 배관에 남아 있는 가스를 제거할 때 사용한다. 수동 밸브를 잠그고 엔진 시동을 걸어 엔진측 배관 내의 잔류 가스가 제거되면 엔진은 자동으로 정지한다.

⑤ 가스 필터 : 고압 용기에 충진된 가스 내의 불순물을 여과하여 불순물이 엔진에 공급되는 것을 방지하며, 필터 점검은 3,000 km, 교환주기는 9,000 km로 교환한다.

⑥ 고압 차단 밸브 : CNG 용기에서 엔진에 공급되는 압축 천연가스 누기 발생 시 차량과 엔진을 보호하기 위하여 고압가스 라인을 차단하는 안전밸브이다. 시동키에 의해 작동되며 밸브가 열리면 가스 탱크로부터 고압의 가스가 연료 압력 조절기로 공급된다. 연료의 공급 압력은 30~207 bar로 매우 높은 압력이며, 주기적인 점검이 필요하다.

수동 차단 밸브

가스 필터

고압 차단 밸브

⑦ 가스 압력 조정기 : 고압 차단 밸브로부터 공급되는 고압의 가스를 6.2 bar로 감압시키며, 감압 시 압력 팽창에 의한 온도 저하 및 동파 방지를 위해서 엔진의 냉각수가 유입된다. 또한 가스 압력 조정기 보디에 가스 탱크 압력 센서가 장착되어 가스 탱크의 가스 압력을 검출하여 계기판의 연료 게이지에 표시된다.

⑧ 가스 열교환기 : CNG 용기에 압축된 가스는 가스 압력 조정기를 통과하면서 압력이 급감하여 가스 온도 저하 및 동파 방지를 위하여 상대적으로 엔진 냉각수를 공급하여 가스의 온도를 상승시키는 역할로 냉각수와의 열전도에 의한 열교환이 되도록 설계되었다(가스와 냉각수의 흐름 방향은 반드시 서로 반대방향으로 조립한다).

가스 압력 조정기

가스 열교환기

⑨ 가스 온도 조절기 : 열교환기에서 나온 가스는 플렉시블 호스를 통해 온도 조절기로 공급되며, 엔진 냉각수의 유입을 자동적으로 조절하여 가스의 과열 방지와 최적의 작동 온도로 유지하기 위해 일정 온도에서 흐름을 제어한다. 개방 온도는 10~16℃(시동 시 완전 개방)이며, 닫힘 온도는 40~49℃로 작동된다.

⑩ 연료 미터링 밸브 : 가스 온도 조절기를 거친 가스는 플렉시블 호스를 통해 엔진의 연료 미터링 밸브로 공급되며, 이것은 디젤 엔진의 인젝션 펌프와 유사하게 작동된다. 8개의 인젝터가 개별적으로 유로를 개폐해 연료량을 조정 엔진에 필요한 연료 가스를 공급한다. 가속 페달의 밟힘량 및 엔진 회전수 신호 등을 ECM에서 펄스 신호로 제어하여 인젝터를 개방한다.

가스 온도 조절기

연료 미터링 밸브

참고 압축천연가스의 장·단점

[장점]

① 연소 시 매연이나 미립자(PM : particulate matters)를 거의 생성하지 않는다.
② CO 배출량이 아주 적다(평균적으로 40~50 % 정도).
③ 질소산화물이 적게 생성된다.
④ 천연가스로부터 직접 얻는다.
⑤ 디젤엔진에서보다는 소음이 적다.
⑥ 옥탄가가 높다(RON 135).
⑦ 매장량이 풍부하다. 전 세계적으로 약 170년 정도 사용할 수 있을 것으로 예측하고 있다.
⑧ 공기보다 가벼워 누설 시 대기 중으로 쉽게 확산되므로 안전성이 높다.

[단점]

① 출력이 낮다. 혼합기 발열량이 휘발유나 경유에 비해 크게 낮다.
② 1회 충전에 의한 주행거리가 짧다.
③ 가스탱크의 내압(약 400~500 bar)이 높고, 또 큰 설치공간을 필요로 한다.
④ 현재로서는 충전소 인프라(infra structure)가 부실하다.

출제 예상 문제

제1장 엔진 성능

01 2,000 rpm에서 10 kgf · m의 토크를 내는 엔진 A와 800 rpm에서 25 kgf · m의 토크를 내는 엔진 B가 있다. 이 두 상태에서 A와 B의 출력을 비교하면? 2013.6.2

㉮ A>B이다. ㉯ A<B이다.
㉰ A=B이다. ㉱ 비교할 수 없다.

02 토크는 1,500 rpm에서 20.06 kgf · m이다. 2단 변속비는 1.5 : 1이고, 종감속 장치의 피니언 잇수는 10개, 링기어의 잇수는 35개이다. 이때 구동 차축에 전달되는 토크(kgf · m)는 어느 것인가? 2003.7

㉮ 30.09 ㉯ 70.21
㉰ 58.66 ㉱ 105.32

03 엔진에서 도시평균 유효압력은? 2010.3.7

㉮ 이론 PV선도로부터 구한 평균유효압력
㉯ 엔진의 기계적 손실로부터 구한 평균유효압력
㉰ 엔진의 크랭크축 출력으로부터 계산한 평균유효압력
㉱ 엔진의 실제 지압선도로부터 구한 평균유효압력

04 어떤 오토사이클 엔진의 실린더 간극 체적이 행정 체적의 15 %일 때, 이 엔진의 이론 열효율은 약 몇 %인가? 2009.8.30

㉮ 39.23 % ㉯ 46.23 %
㉰ 51.73 % ㉱ 55.73 %

answers & explanations

01 축마력 $Nb[\text{kW}] = T \times \dfrac{2N\pi}{102 \times 60}$

A의 출력 $= 10 \times \dfrac{2 \times 2{,}000 \times \pi}{102 \times 60} = 20.53$

B의 출력 $= 25 \times \dfrac{2 \times 800 \times \pi}{102 \times 60} = 20.53$

$\therefore A = B$이다.

02 종감속비 $= \dfrac{\text{링기어 잇수}}{\text{피니언 잇수}} = \dfrac{35}{10} = 3.5$

총감속비 = 변속비 × 종감속비
$= 1.5 \times 3.5 = 5.25$

∴ 구동차축 토크 = 엔진 토크 × 총감속비
$= 20.06\ \text{kgf} \cdot \text{m} \times 5.25$
$= 105.315\ \text{kgf} \cdot \text{m}$

03

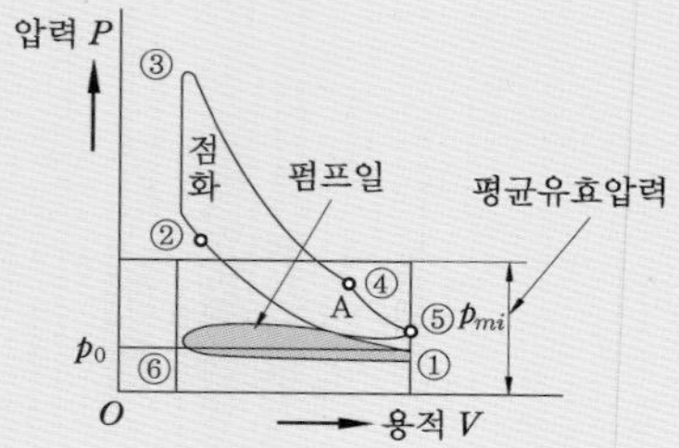

04 압축비$(\epsilon) = 1 + \dfrac{V_s}{V_c} = 1 + \dfrac{100}{15} = 7.67$

이론 열효율$(\eta_o) = 1 - \dfrac{1}{\epsilon^{k-1}} = 1 - \left(\dfrac{1}{\epsilon}\right)^{k-1}$

※ k(비열비)=1.4

$\therefore \eta_o = 1 - \left(\dfrac{1}{7.67}\right)^{1.4-1} = 0.5573$

즉, 55.73 %

정답 01. ㉰ 02. ㉱ 03. ㉱ 04. ㉱

05 1.2 kJ을 W·s 단위로 환산한 값은? 2009.5.10

㉮ 120 W·s
㉯ 1,200 W·s
㉰ 4,320 W·s
㉱ 72 W·s

06 이상기체의 정의에 속하지 않는 것은 다음 중 어느 것인가? 2008.3.2

㉮ 이상기체 상태 방정식을 만족한다.
㉯ 보일 샤를의 법칙을 만족한다.
㉰ 완전가스라고도 한다.
㉱ 분자 간 충돌 시 에너지가 변화한다.

07 엔진의 출력시험에서 크랭크축에 밴드 브레이크를 감고 3 m의 거리에서 끝의 힘을 측정하였더니 4.5 kgf, 엔진 속도계가 2,800 rpm을 지시하였다면 이 엔진의 제동마력은? 2008.5.11

㉮ 약 84.1 PS
㉯ 약 65.3 PS
㉰ 약 52.8 PS
㉱ 약 48.2 PS

08 압축 상사점에서 연소실 체적 $V_c = 0.1$ L, 이때의 압력은 $P_c = 30$ bar이다. 체적이 1.1 L로 커지면 압력은 몇 bar가 되는가? (단, 동작유체는 이상기체이며, 등온 과정으로 가정한다.) 2012.3.4

㉮ 약 2.73 bar ㉯ 약 3.3 bar
㉰ 약 27.3 bar ㉱ 약 33 bar

09 출력 50 kW의 엔진을 1분간 운전했을 때의 제동출력이 전부 열로 바뀐다면 몇 kJ인가? 2012.5.20

㉮ 2,500 kJ
㉯ 3,000 kJ
㉰ 3,500 kJ
㉱ 4,000 kJ

10 다음 중 단위 표시가 잘못된 것은 어느 것인가? 2011.6.12

㉮ 회전수 : rpm, 압축압력 : kgf/cm^2
㉯ 전류 : A, 축전지용량 : Ah
㉰ 연료 소비율 : km/h, 토크 : kgf−h
㉱ 전압 : V, 체적 : cc

answers & explanations

05 1N·m=1W·s=1J
∴ 1.2kJ=1,200J=1,200 W·s

06 보일 샤를의 법칙(Boyle−Charles law)에 따라 분자의 부피가 0이고 분자간 상호 작용이 없는 가상적인 기체를 말하며 실제 기체들은 충분히 낮은 압력과 높은 온도에서 이상 기체와 거의 유사한 성질을 나타낸다. 압력을 P, 부피를 V, 몰수를 n, 기체 상수를 R, 절대온도를 T라 할 때 PV=nRT의 관계식이 성립한다.

07 제동마력(BHP) $= \dfrac{2\pi \cdot T \cdot n}{75 \times 60} = \dfrac{T \cdot n}{716}$

T: 회전력, n: 회전수

T=4.5 kgf×3 m=13.5 kgf·m

$\therefore \text{BHP} = \dfrac{T \cdot n}{716} = \dfrac{13.5\,\text{kgf} \cdot \text{m} \times 2{,}800}{716}$

$= 52.8$ PS

08 $P_1V_1 = P_2V_2$에서 $P_2 = \dfrac{P_1V_1}{V_2}$

$\therefore \dfrac{0.1 \times 30}{1.1} = 2.73$

09 1 J=1 W×s, 1 kJ=1 kW·s
∴ 50 kW×60 s=3,000 kW·s
=3,000 kJ

정답 05. ㉯ 06. ㉱ 07. ㉰ 08. ㉮ 09. ㉯ 10. ㉰

11 연료의 저위발열량을 H_l[kcal/kgf], 연료소비량을 F[kgf/h], 도시출력을 P_i[PS], 연료소비시간을 t[s]라 할 때 도시 열효율 η_i을 구하는 식은? 2009.3.1

㉮ $\eta_i = \dfrac{632 \times P_i}{F \times H_l}$

㉯ $\eta_i = \dfrac{632 \times H_i}{F \times t}$

㉰ $\eta_i = \dfrac{632 \times t \times H_l}{F \times P_i}$

㉱ $\eta_i = \dfrac{632 \times t \times P_i}{F \times H_l}$

12 대형 화물자동차에서 엔진의 회전속도가 2,500 min^{-1}일 때, 엔진의 회전토크는 808 N·m 이었다. 이때 엔진의 제동출력은? 2009.8.30

㉮ 약 561.1 kW ㉯ 약 269.3 kW
㉰ 약 7.48 kW ㉱ 약 211.5 kW

13 내연엔진의 연소가 정적 및 정압 상태에서 이루어지기 때문에 2중 연소 사이클이라고 하는 것은? 2012.5.20

㉮ 오토 사이클
㉯ 디젤 사이클
㉰ 사바테 사이클
㉱ 카르노 사이클

14 열역학 제2법칙을 설명한 것으로 맞는 것은 어느 것인가? 2009.3.1

㉮ 일은 쉽게 모두 열로 변화하나, 열을 일로 바꾸는 것은 용이하지 않다.
㉯ 열은 쉽게 모두 일로 변화하나, 일을 열로 바꾸는 것은 용이하지 않다.
㉰ 일은 쉽게 모두 열로 변화하며, 열도 쉽게 모두 일로 변화한다.
㉱ 일은 열로 바꾸는 것이 용이하지 않으며, 열도 일로 바꾸는 것이 용이하지 않다.

answers & explanations

11 도시 마력을 기초로 한 열효율. 이것에 기계효율을 곱하면 정미 열효율이 구해진다.

$\eta_i = \dfrac{632 \times P_i}{F \times H_l}$

12 제동마력(BHP) $= \dfrac{2\pi \cdot T \cdot n}{75 \times 60} = \dfrac{T \cdot n}{716}$

1 N=9.8 kgf·m/s

$\therefore \text{BHP} = \dfrac{808 \times 2{,}500}{716 \times 9.8} = 287.88\,\text{PS}$

1 kW = 1.36 PS 이므로

$287.88\,\text{PS} \times \dfrac{1\,\text{kW}}{1.36\,\text{PS}} = 211.67\,\text{kW}$

13 복합 사이클은 고속 디젤 엔진의 기본 사이클이며 열량 공급이 정적과 정압 사이에서 이루어진다.

14 열역학의 기본 법칙

① 열역학 제0법칙 : 2개의 물체가 각각 제3의 물체와 열평형 상태에 있으면 그들 2개의 물체도 열평형 상태에 있다.
② 열역학 제1법칙 : 일은 쉽게 모두 열로 변화하며, 열도 쉽게 모두 일로 변화한다.
③ 열역학 제2법칙 : 일은 쉽게 모두 열로 변화하나, 열을 일로 바꾸는 것은 용이하지 않다.
④ 열역학 제3법칙 : 절대 영도에서의 엔트로피에 관한 법칙으로, 네른스트의 열정리라고도 한다. 엔트로피의 변화 ΔS는 절대온도가 0으로 접근할 때 일정한 값을 갖고, 그계는 가장 낮은 상태의 에너지를 갖게 된다는 법칙이다.

정답 11. ㉮ 12. ㉱ 13. ㉰ 14. ㉮

15 배기량 400 cc, 연소실 체적 50 cc인 가솔린 엔진에서 rpm이 3,000 rpm이고, 토크가 8.95 kgf·m일 때 축마력은? 2013.8.18

㉮ 약 15.5 PS　　㉯ 약 35.1 PS
㉰ 약 37.5 PS　　㉱ 약 38.1 PS

16 이론 사이클에서 이론 지압선도를 작성하기 위한 여러 가정 중에 포함되지 않는 것은 어느 것인가? 2010.9.5

㉮ 밸브 개폐는 정확히 사점에서 이루어진다.
㉯ 급열 과정은 정확히 사점에서 시작된다.
㉰ 압축과 팽창은 단열 과정이다.
㉱ 엔진 각 부에는 마찰 손실이 존재한다.

17 고온 327℃, 저온 27℃의 온도 범위에서 작동되는 카르노 사이클의 열효율은? 2009.5.10

㉮ 30 %　　㉯ 40 %
㉰ 50 %　　㉱ 60 %

18 내연엔진에서 기계효율을 구하는 공식으로 맞는 것은? 2011.10.2

㉮ $\dfrac{\text{마찰마력}}{\text{제동마력}}\times 100\ \%$

㉯ $\dfrac{\text{도시마력}}{\text{이론마력}}\times 100\ \%$

㉰ $\dfrac{\text{제동마력}}{\text{도시마력}}\times 100\ \%$

㉱ $\dfrac{\text{마찰마력}}{\text{도시마력}}\times 100\ \%$

19 가솔린 엔진에서 압축비 $\varepsilon=7$, 비열비 k=1.4일 경우 이론열효율은 약 얼마인가? 2013.8.18

㉮ 45.4 %
㉯ 59.3 %
㉰ 45.5 %
㉱ 54.1 %

answers & explanations

15 축마력(BHP)

$$=\frac{T(\text{회전력})\times N(\text{회전수})}{716}$$

$$=\frac{3000\times 8.95\text{kgf}\cdot\text{m}}{716}=37.5$$

16 엔진 각 부에 손실은 없는 것으로 가정한다.

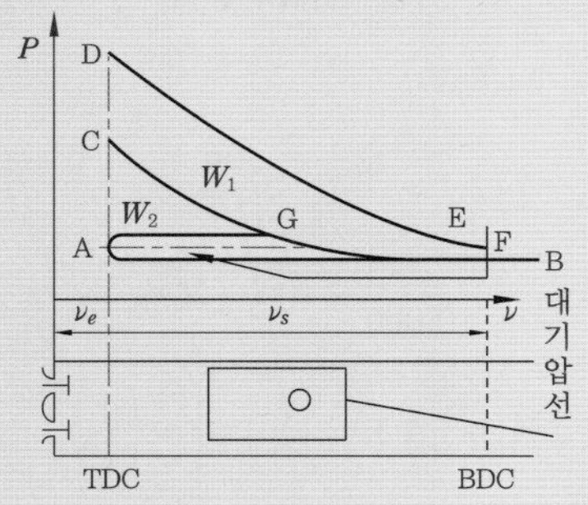

- 실린더에는 잔류가스가 없을 것
- 지압선도를 통해 엔진 출력과 점화 및 연소 상태를 알 수 있다.

17 $\eta_c=1-\dfrac{Q_2}{Q_1}=1-\dfrac{T_2}{T_1}$

$$\therefore \eta_c=1-\frac{T_2}{T_1}=1-\frac{273+27}{273+327}\times 100$$

$=50\ \%$

※ 절대온도(K)= ℃ +273

18 기계효율 $=\dfrac{\text{제동마력}}{\text{도시마력}}\times 100\ \%$

$\eta_m=\text{BHP}\div\text{IHP}$

$$=\frac{\text{제동열효율}}{\text{도시열효율}}=\frac{\text{제동평균유효압력}}{\text{도시평균유효압력}}$$

BHP : 제동(축)마력, IHP : 지시(도시)마력

19 이론열효율$(\eta_o)=1-\left(\dfrac{1}{\varepsilon}\right)^{k-1}$

$$\therefore \eta_o=1-\left(\frac{1}{7}\right)^{1.4-1}=0.541$$

정답 15. ㉰　16. ㉱　17. ㉰　18. ㉰　19. ㉱

20 이상적인 열기관인 카르노 사이클 엔진에 대한 설명으로 틀린 것은? 2010.3.7

㉮ 다른 엔진에 비해 열효율이 높기 때문에 상태 비교에 많이 이용된다.
㉯ 동작가스와 실린더 벽 사이에 열교환이 있다.
㉰ 실린더 내에는 잔류가스가 전혀 없고, 새로운 가스로만 충진된다.
㉱ 이상 사이클로서 실제로는 외부에 일을 할 수 있는 엔진으로 제작할 수 없다.

21 내연엔진에서 연소에 영향을 주는 요소 중 공연비와 연소실에 대해 옳은 것은? 2013.6.2

㉮ 가솔린 엔진에서 이론공연비보다 약간 농후한 15.7~16.5 영역에서 최대출력공연비가 된다.
㉯ 일반적으로 엔진 연소기간이 길수록 열효율이 향상된다.
㉰ 연소실의 형상은 연소에 영향을 미치지 않는다.
㉱ 일반적으로 가솔린 엔진에서 연료를 완전 연소시키기 위하여 기솔린 1에 대한 공기의 중량비는 14.7이다.

22 간극 체적이 60 cc, 압축비가 10인 실린더의 배기량(cc)은? 2015.8.16

㉮ 540 ㉯ 560
㉰ 580 ㉱ 600

23 엔진의 제동마력이 380 PS, 시간당 연료소비량 80 kg, 연료 1 kg당 저위발열량이 10,000 kcal일 때 제동열효율은 얼마인가? 2008.9.7

㉮ 13.3 %
㉯ 30 %
㉰ 35 %
㉱ 60 %

24 가솔린 엔진에서 압축비가 9이고, 비열비는 1.3이다. 이 엔진의 이론열효율은? 2013.3.10

㉮ 38.3 %
㉯ 48.3 %
㉰ 58.5 %
㉱ 68.5 %

answers & explanations

20 이상적인 가역 열기관의 모델 사이클. 작동 기체가 고온의 일정 온도에서 가역적으로 열을 받아들이고, 저온의 일정 온도에서 가역적으로 열을 방출하는 사이의 온도 변화를 가역 단열 변화로 실현하는 사이클이다. 모든 열기관 중에서 가장 높은 효율을 갖는다.

21 가솔린 엔진에서 연료를 완전연소시키기 위한 이론공연비는 기솔린 1에 대한 공기의 중량비는 14.7이다. 전자제어 엔진에서 배기가스의 배출을 효율적으로 하기 위해 O_2 센서를 이용 피드백을 시행한다.

22 $\epsilon = \dfrac{V_c + V_s}{V_c}$

ϵ : 압축비, V_c : 간극 체적, V_s : 행정 체적

$10 = \dfrac{60 + V_s}{60}$, $600 = 60 + V_s$

$\therefore\ V_s = 540\text{ cc}$

23 제동열효율$(\eta_b) = \dfrac{632.3 \times \text{PS}}{B \times H}$

$\therefore\ \eta_b = \dfrac{632.3 \times 380}{80 \times 10{,}000} \times 100 = 30\,\%$

24 이론열효율$(\eta_o) = 1 - \dfrac{1}{\epsilon^{k-1}} = 1 - \left(\dfrac{1}{\epsilon}\right)^{k-1}$

$\therefore\ \eta_o = 1 - \left(\dfrac{1}{9}\right)^{1.3-1} = 0.4827$, 즉 48.3 %

정답 20. ㉯ 21. ㉱ 22. ㉮ 23. ㉯ 24. ㉯

25 공기과잉률(λ)에 대한 설명으로 옳지 않은 것은? 2015.8.16

㉮ 연소에 필요한 이론적 공기량에 대한 공급된 공기량과의 비를 말한다.
㉯ 엔진에 흡입된 공기의 중량을 알면 연료의 양을 결정할 수 있다.
㉰ 공기과잉률이 1에 가까울수록 출력은 감소하며 검은 연기를 배출하게 된다.
㉱ 자동차 엔진에서는 전부하(최대분사량) 일 때 공기과잉률이 0.8~0.9 정도이다.

26 소형 승용차가 6,000 rpm에서 70 PS를 발생하는 경우 축 토크는 몇 kgf · m인가? 2010.5.9

㉮ 8.35　㉯ 9.98
㉰ 11.32　㉱ 14.38

27 간극 체적 60 cc, 압축비 10인 실린더의 배기량은? 2011.3.20

㉮ 540 cc　㉯ 560 cc
㉰ 580 cc　㉱ 600 cc

28 다음 중 제동열효율을 설명한 것으로 옳지 못한 것은? 2011.6.12

㉮ 제동일로 변환된 열량과 총 공급된 열량의 비다.
㉯ 작동가스가 피스톤에 한 일로서 열효율을 나타낸다.
㉰ 정미열효율이라고도 한다.
㉱ 도시열효율에서 엔진 마찰부분의 마력을 뺀 열효율을 말한다.

29 내연엔진에서 기계효율을 구하는 공식으로 맞는 것은? 2009.8.30

㉮ $\dfrac{\text{마찰마력}}{\text{제동마력}}\times 100\ \%$

㉯ $\dfrac{\text{도시마력}}{\text{이론마력}}\times 100\ \%$

㉰ $\dfrac{\text{제동마력}}{\text{도시마력}}\times 100\ \%$

㉱ $\dfrac{\text{마찰마력}}{\text{도시마력}}\times 100\ \%$

answers & explanations

25 $\text{공기과잉률}(\lambda)=\dfrac{\text{실제 공기량(실제 공연비)}}{\text{이론 공기량(이론 공연비)}}$

이론적으로 필요한 최적의 공기량(kgf), 즉 이론공연비(14.7 : 1)를 기준으로 실제로 들어간 공기량(kgf)과의 비(ratio)를 말한다. 공기가 이론(기준)보다 많이 들어갈수록 공기과잉률(λ)은 커지고, 1에 가까울수록 이론적인 공기량과 같게 되므로 배기가스도 덜 나오고 엔진 출력도 좋다(공회전 시 공기과잉률(λ)의 규정값은 1.0±0.1이다.)

26 $\text{제동마력(BHP)}=\dfrac{2\pi TN}{75\times 60}=\dfrac{TN}{716}$

$\therefore T=\dfrac{716\times \text{PS}}{N}=\dfrac{716\times 70}{6{,}000}$
$=8.35\ \text{kgf}\cdot\text{m}$

27 $\text{압축비}(\epsilon)=\dfrac{\text{실린더 체적}}{\text{연소실 체적}}$
$=1+\dfrac{\text{행정 체적}(V_s)}{\text{연소실 체적}(V_c)}$

∴ 행정 체적(배기량)
=(압축비−1)×연소실(간극) 체적
$=(10-1)\times 60=540\ \text{cc}$

28 엔진 축출력에서 계산된 열효율로, 엔진의 제동열효율을 말한다. 출력축에서 얻어지는 일(정미일)은 도시 일에서 엔진 운동 부분의 마찰에 의해 잃어버리는 일과 보조 기계류를 구동하는 데 필요한 일(마찰 일)을 뺀 것을 말한다. 정미 열효율은 크랭크축이 한 일, 즉 제동마력으로 변화된 열량과 총 공급된 열량과의 비를 말하며 제동열효율이라고도 한다.

정답 25. ㉰　26. ㉮　27. ㉮　28. ㉯　29. ㉰

30 4행정 사이클 엔진의 실린더 내경과 행정이 100 mm×100 mm이고, 회전수가 1,800 rpm일 때 축출력은?(단, 기계효율은 80 %이며, 도시평균 유효압력은 9.5 kgf/cm²이고, 4기통엔진이다.) 2010.5.9 / 2013.6.2

㉮ 35.2 PS ㉯ 39.6 PS
㉰ 43.2 PS ㉱ 47.8 PS

31 열역학 제2법칙의 표현으로 적당하지 못한 것은? 2013.8.18

㉮ 열은 저온의 물체로부터 고온의 물체로 이동하지 않는다.
㉯ 제2종의 영구 운동 기관은 존재한다.
㉰ 열기관에서 동작 유체에 일을 시키려면 이것보다 더 저온인 물체가 필요하다.
㉱ 마찰에 의하여 열을 발생하는 변화를 완전한 가역 변화로 할 수 있는 방법은 없다.

32 가솔린 엔진의 열손실을 측정한 결과 냉각수에 의한 손실이 25 %, 배기 및 복사에 의한 손실이 35 %였다. 기계효율이 90 %라면 정미효율은 몇 %인가? 2008.3.2

㉮ 54 % ㉯ 36 %
㉰ 32 % ㉱ 20 %

33 지압선도를 설명한 것은? 2013.3.10

㉮ 실린더 내의 가스 상태 변화를 압력과 체적의 상태로 표시한 도면이다.
㉯ 실린더 내의 압축 상태를 평균유효압력과 마력의 상태로 표시한 도면이다.
㉰ 실린더 내의 온도 변화를 압력과 체적의 상태로 표시한 도면이다.
㉱ 엔진의 도시마력을 그림으로 나타낸 것이다.

answers & explanations

30 지시마력(IHP) $= \dfrac{PALNR}{75\times60} = \dfrac{PVNR}{75\times60\times100}$

여기서, P : 지시평균 유효압력(kgf/cm²)
A : 실린더 단면적(cm²)
L : 행정(m), V : 배기량(cm³)
N : 실린더 수
R : 엔진 회전수(rpm)
(2행정엔진 : R, 4행정엔진 : $R/2$)

총 배기량(V)$= \dfrac{\pi}{4}D^2L$
$= \dfrac{3.14}{4}\times(10\,\text{cm})^2\times10\,\text{cm}$
$= 785\,\text{cm}^3 (= 785\,\text{cc})$

∴ 지시마력(IHP) $= \dfrac{9.5\times785\times4\times900}{75\times60\times100} = 59.66\,\text{PS}$

∴ 축출력(BHP) = 지시마력× 기계효율
$= 59.66\text{PS}\times0.8$
$= 47.7\text{PS}$

31 ① 열은 고온의 물체에서 저온의 물체 쪽으로 흘러가고 스스로 저온에서 고온으로 흐르지 않는다(클라우지우스의 표현).
② 일정한 온도의 물체로부터 열을 빼앗아 이것을 모두 일로 바꾸는 순환 과정(장치)은 존재하지 않는다(켈빈-플랑크의 표현).
③ 제2종 영구 엔진은 존재하지 않는다.
④ 고립된 계의 비가역 변화는 엔트로피가 증가하는 방향으로 진행한다.

32 열정산(열효율)
$= \{100\% - (\text{냉각손실} + \text{배기손실})\}\times$ 기계효율
∴ 정미효율 $= \{100-(25+35)\}\times0.9 = 36\%$

33 4사이클 엔진의 실린더 내에서의 체적과 압력의 변화 관계를 나타내는 것으로, 세로는 압력의 변화를, 가로는 체적의 변화를 나타낸다.

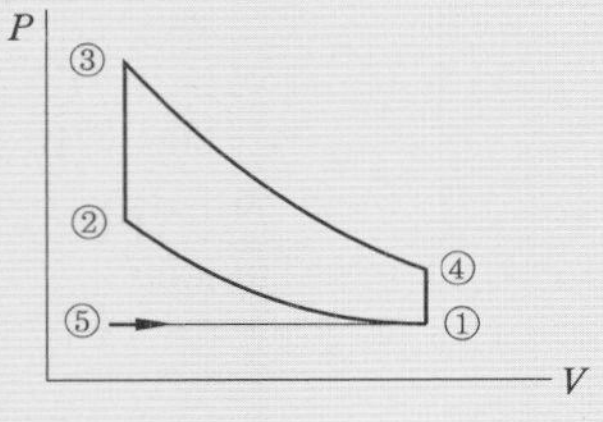

정답 30. ㉱ 31. ㉯ 32. ㉯ 33. ㉮

34 자동차 엔진의 유효압력에 대한 설명으로 틀린 것은? 2013.8.18

㉮ 도시평균 유효압력=이론평균 유효압력×선도계수
㉯ 평균 유효압력=1사이클의 일÷실린더 용적
㉰ 제동평균 유효압력=도시평균 유효압력×기계효율
㉱ 마찰손실 평균 유효압력=도시평균 유효압력−제동평균 유효압력

35 제동마력 : BPS, 도시마력 : IPS, 기계효율 : η_m이라고 할 때 상호 관계식을 올바르게 표현한 것은? 2010.5.9

㉮ $\eta_m = IPS \div BPS$
㉯ $BPS = \eta_m \div IPS$
㉰ $\eta_m = BPS \div IPS$
㉱ $IPS = \eta_m \div BPS$

36 다음 그림과 같은 디젤 사이클의 $P-V$ 선도를 설명한 것으로 틀린 것은? 2008.5.11

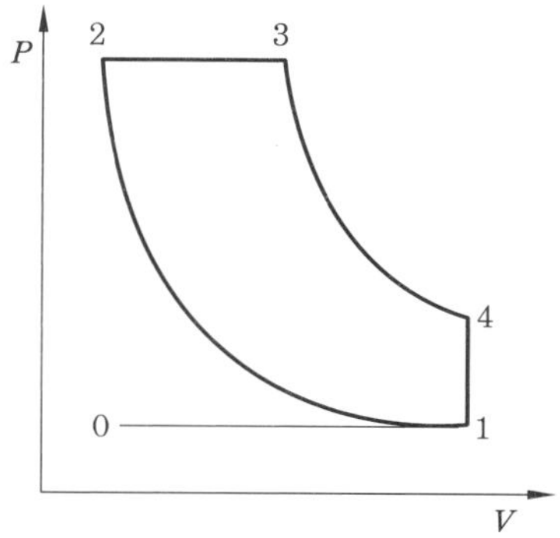

㉮ 1 → 2 : 단열 압축과정
㉯ 2 → 3 : 정적 팽창과정
㉰ 3 → 4 : 단열 팽창과정
㉱ 4 → 1 : 정적 방열과정

37 무게 2 t의 자동차가 1,000 m를 이동하는데 1분 40초가 걸렸을 때 동력은? 2009.3.1

㉮ 70 kgf·m/s ㉯ 200 kgf·m/s
㉰ 2,670 kgf·m/s ㉱ 20,000 kgf·m/s

마력과 회전력의 관계
제동마력은 크랭크축의 회전력에 의해 단위시간에 한 일이므로 제동력과 회전력 사이에는 다음 관계식이 성립한다.

$$BPS = \frac{2\pi NT}{75 \times 60} = \frac{TN}{716}$$

N : 크랭크축 회전속도(rpm)
T : 크랭크축의 회전력(kgf·m)

answers & explanations

34 피스톤 엔진에 있어서 피스톤에 가해지는 압력은 피스톤의 위치에 따라 다른 것으로, 팽창의 전 행정에 걸쳐 평균한 값을 고려하여 그 중 유효하게 작용하는 압력 보통 도시 평균 유효 압력을 사용한다.

35 $기계효율(\eta_m) = \frac{BPS(제동마력)}{IPS(도시마력)}$

36 2→3 : 정적 팽창과정이 아니고 정압 팽창과정이다.

37 $동력 = \frac{힘 \times 거리}{시간}$

※ 1 t=1,000 kg, 1분 40초=100초

$\therefore 동력 = \frac{2{,}000\,kgf \times 1{,}000\,m}{100\,s} = 20{,}000\,kgf \cdot m/s$

정답 34. ㉯ 35. ㉰ 36. ㉯ 37. ㉱

제2장 엔진 본체

01 피스톤 핀을 피스톤 중심으로부터 오프셋(offest)하여 위치하게 하는 이유는 다음 중 어느 것인가? 2013.8.18

㉮ 피스톤을 가볍게 하기 위하여
㉯ 옥탄가를 높이기 위하여
㉰ 피스톤 슬랩을 감소시키기 위하여
㉱ 피스톤 핀의 직경을 크게 하기 위하여

02 실린더 내경이 73 mm, 행정이 74 mm인 4행정 사이클 4실린더 엔진이 6,300 rpm으로 회전하고 있을 때, 밸브 구멍을 통과하는 가스의 속도는? (단, 밸브면의 평균지름은 30 mm이고, 밸브 스템의 굵기는 무시한다.) 2013.3.10 / 2009.3.1

㉮ 62.01 m/s
㉯ 72.01 m/s
㉰ 82.01 m/s
㉱ 92.01 m/s

03 가솔린 엔진에서 블로바이 가스의 발생 원인으로 맞는 것은? 2012.8.26

㉮ 엔진 부조에 의해 발생된다.
㉯ 실린더 헤드 개스킷의 조립 불량에 의해 발생된다.
㉰ 흡기밸브의 밸브 시트 면의 접촉 불량에 의해 발생된다.
㉱ 엔진의 실린더와 피스톤 링의 마멸에 의해 발생된다.

04 다음 중 플라이휠과 관계 없는 것은 어느 것인가? 2009.8.30 / 2011.10.2

㉮ 회전력을 균일하게 한다.
㉯ 링기어를 설치하여 엔진의 시동을 걸 수 있게 한다.
㉰ 동력을 전달한다.
㉱ 무부하 상태로 만든다

answers & explanations

01 오브셋 피스톤 : 피스톤 슬랩을 피하기 위해 피스톤 핀을 중심으로 1.5 m 정도 오프셋시킨 것이다.

02 연속방정식 $A_1 \cdot v_1 = A_2 \cdot v_2$에서

$$d^2 \cdot v_1 = D^2 \cdot v_2$$

$$\therefore v_1 = \frac{D^2}{d^2} \times v_2$$

$$v_2 = \frac{L \cdot n}{30} = \frac{0.074 \times 6{,}300}{30} = 15.54\,\mathrm{m/s}$$

$$\therefore v_1 = \frac{73^2}{30^2} \times 15.54 = 92.01\,\mathrm{m/s}$$

03 엔진에서 발생되는 블로바이 가스란 실린더 벽과 피스톤 사이로 누출된 가스가 있고 밸브면과 시트의 접촉 불량으로 누출되는 미연소 가스가 있다. 이 블로바이 가스는 미연소된 혼합가스로서 PCV를 통하여 흡기관을 거쳐 재연소된다.

04 엔진을 무부하 상태로 유지하는 것은 클러치와 변속기의 역할이다.

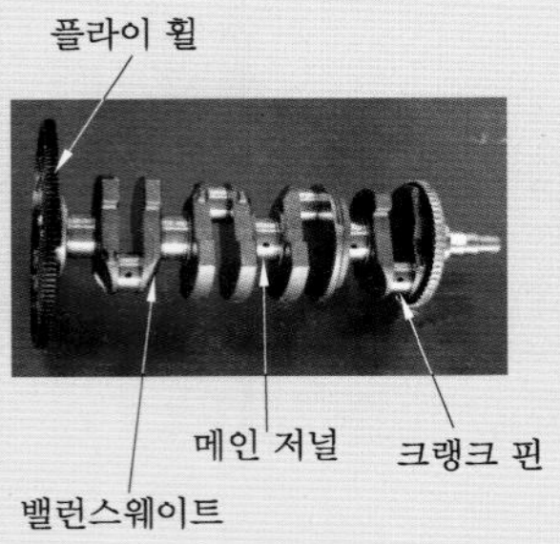

플라이 휠 : 맥동적인 출력을 원활히 하기 위해 크랭크축 끝에 설치되며 운전 중 관성이 크고 자체 무게는 적어야 하므로, 중앙은 얇고 주위는 두껍게 한 원판으로 설치된다. 또한, 뒷면은 클러치 마찰판으로 사용되며 바깥둘레는 링 기어가 설치되어 기동 시 활용된다.

정답 01. ㉰ 02. ㉱ 03. ㉱ 04. ㉱

05 **연속 가변 밸브 타이밍(continuously variable valve timing) 시스템의 장점이 아닌 것은?** 2015.8.16

㉮ 유해 배기가스 저감
㉯ 연비 향상
㉰ 공회전 안정화
㉱ 밸브 강도 향상

06 **왕복 피스톤 엔진의 피스톤 속도에 대한 설명으로 가장 옳은 것은?** 2012.3.4

㉮ 피스톤 이동속도는 상사점에서 가장 빠르다.
㉯ 피스톤 이동속도는 하사점에서 가장 빠르다.
㉰ 피스톤 이동속도는 BTDC 90° 부근에서 가장 빠르다.
㉱ 피스톤 이동속도는 ATDC 10° 부근에서 가장 빠르다.

07 **디젤 엔진에서 감압장치의 설명 중 틀린 것은?** 2013.3.10

㉮ 흡입 효율을 높여 압축 압력을 크게 한다.
㉯ 겨울철 엔진 오일의 점도가 높을 때 시동 시 이용한다.
㉰ 엔진 점검, 조정에 이용한다.
㉱ 흡입 또는 배기밸브에 작용하여 감압한다.

08 **피스톤 평균속도를 증가시키지 않고 엔진의 회전속도를 높이려고 할 때의 설명으로 옳은 것은?** 2008.5.11

㉮ 실린더 내경을 작게, 행정을 크게 한다.
㉯ 실린더 내경을 크게, 행정을 작게 한다.
㉰ 실린더 내경과 행정을 동일하게 한다.
㉱ 실린더 내경과 행정을 모두 작게 한다.

answers & explanations

05 연속 가변 밸브 타이밍 장치(CVVT, VVT) : 엔진의 회전수(RPM)와 엔진의 부하(TPS) 등에 따라 ECU가 흡기밸브 또는 배기밸브의 개폐 시기를 빠르게 진척(advance) 또는 지연(retard)시키는 장치이다. 즉, 차량의 운전 상태에 따라 엔진의 밸브 타이밍을 최적화 하는 장치이다. 이것은 캠축과 스프로킷의 위상변화를 통하여 흡입행정 시 흡기밸브와 배기밸브가 동시에 열리는 오버랩(over lap) 구간을 조절한다.

- CVVT를 사용하여 얻는 효과
  ① 유해 배기가스 저감(NOx 저감, HC 재연소)
  ② 연비 향상
  ③ 펌핑 손실 감소
  ④ 출력 향상
  ⑤ 토크 증대
  ⑥ 안정적인 공회전

06 왕복 피스톤 엔진은 실린더와 피스톤으로 이루어져 실린더 내에 여러 방법으로 압력을 발생시켜 피스톤을 왕복 운동으로 동력을 얻는 엔진으로서 피스톤의 이동속도는 상사점과 하사점에서 정지하므로 가장 느리며, 실린더 중앙이 가장 빠르게 나타난다.

07 디젤 엔진 감압장치의 설치 목적
① 겨울철 오일의 점도가 높을 때 시동을 용이하게 하기 위해서이다.
② 엔진의 점검, 조정 및 고장 발견 시에 활용하기도 한다.
③ 디젤 엔진의 작동을 정지시킬 수도 있다.
④ 흡입밸브나 배기밸브를 강제로 열어 감압한다.

08 평균속도 V가 일정하므로 엔진의 회전속도 n을 높이려면 행정 L을 짧게 하고 내경을 크게 해야 한다.

정답 05. ㉱ 06. ㉰ 07. ㉮ 08. ㉯

09 **밸브 스프링에서 공진 현상을 방지하는 방법이 아닌 것은?** 2008.5.11

㉮ 원뿔형 스프링을 사용한다.
㉯ 부등피치 스프링을 사용한다.
㉰ 스프링의 고유진동을 같게 하거나 정수비로 한다.
㉱ 2중 스프링을 사용한다.

10 **연소실의 벽면 온도가 일정하고, 혼합가스가 이상기체라고 가정하면, 이 엔진이 압축행정일 때 연소실 내의 열과 내부에너지의 변화는?** 2009.8.30

㉮ 열=방열, 내부에너지=증가
㉯ 열=흡열, 내부에너지=불변
㉰ 열=흡열, 내부에너지=증가
㉱ 열=방열, 내부에너지=불변

11 **디젤 엔진의 회전속도가 1,800 rpm일 때 20°의 착화지연시간은 얼마인가?** 2013.6.2

㉮ 2.77 ms ㉯ 0.10 ms
㉰ 66.66 ms ㉱ 1.85 ms

12 **자동차 엔진에서 피스톤 구비 조건이 아닌 것은?** 2009.8.30

㉮ 무게가 가벼워야 한다.
㉯ 내마모성이 좋아야 한다.
㉰ 열의 보온성이 좋아야 한다.
㉱ 고온에서 강도가 높아야 한다.

13 **캠축에서 캠의 각부 명칭이 아닌 것은?** 2012.5.20

㉮ 양정
㉯ 로브
㉰ 플랭크
㉱ 오버랩

14 **가솔린 엔진에서 와류를 일으켜 흡입 공기의 효율을 향상시키는 밸브에 해당되는 것은 어느 것인가?** 2009.3.1

㉮ 어큐뮬레이터
㉯ 과충전 밸브
㉰ EGR 밸브
㉱ 매니폴드 스로틀 밸브(MTV)

answers & explanations

09 밸브 스프링 서징(공진)현상 방지법
① 2중 스프링, 부등피치 스프링, 원뿔형 스프링을 사용한다.
② 스프링 정수를 크게 한다.
③ 스프링의 고유진동수를 높게 한다.

11 디젤엔진 착화지연 시 회전각$(\theta)=6\times N\times t$
여기서, N : 회전수, t : 착화지연시간(초)

$$\therefore t=\frac{\theta}{6\times N}=\frac{20}{6\times 1{,}800}=0.00185\text{s}=1.85\text{ms}$$

$$※\ 1\text{ms}=\frac{1}{1{,}000}\text{s}$$

12 피스톤 구비조건 : ㉮, ㉯, ㉱ 외
열팽창률이 적고, 열전도율이 좋을 것, 피스톤 상호간의 무게 차이가 적을 것.

13

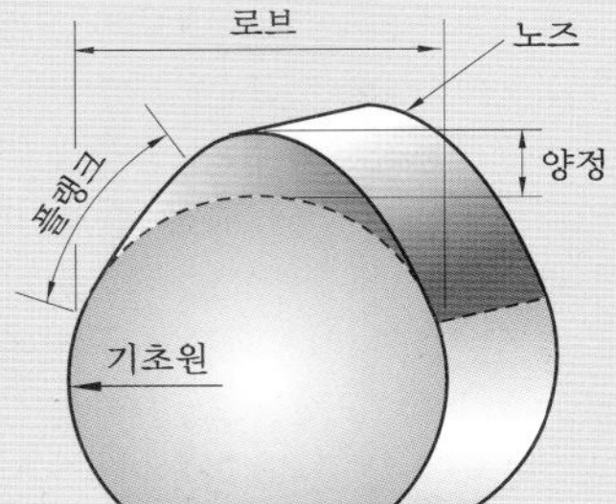

14 흡기 매니폴드 스로틀 밸브(MTV) : 흡기 통로 중 한 곳에 개폐가 가능한 매니폴드 스로틀 밸브를 설치하고 운전 중 ECU가 이 밸브(MTV)를 닫으면 나머지 한 쪽으로 공기가 들어가게 되어 유속이 빨라지고 강한 와류를 일으켜 희박한 공연비에서도 연소가 가능하게 된다.

정답 09. ㉰ 10. ㉱ 11. ㉱ 12. ㉰ 13. ㉱ 14. ㉱

15 디젤 엔진의 구성품에 속하지 않는 것은? 2011.6.12

㉮ 유닛 인젝터
㉯ 점화장치
㉰ 연료분사장치
㉱ 냉시동 보조장치

16 가솔린 엔진에 비하여 디젤 엔진의 장점으로 맞는 것은? 2010.9.5

㉮ 압축비를 크게 할 수 있다.
㉯ 매연 발생이 적다.
㉰ 엔진의 최고속도가 높다.
㉱ 마력당 엔진의 중량이 가볍다.

17 다음 중 융착에 의한 마모현상으로 거리가 먼 것은? 2012.8.26

㉮ 스커핑
㉯ 스코링
㉰ 고착
㉱ 스크래칭

18 실린더 헤드의 재료로 경합금을 사용할 경우 주철에 비해 갖는 특징이 아닌 것은? 2009.8.30

㉮ 경량화할 수 있다.
㉯ 연소실 온도를 낮추어 열점(hot spot)을 방지할 수 있다.
㉰ 열전도 특성이 좋다.
㉱ 변형이 전혀 생기지 않는다.

19 다음 사항에서 엔진의 분해정비 시기를 모두 고른 것은? 2009.5.10

보기
A. 압축압력 70 % 이하일 때
B. 압축압력 80 % 이하일 때
C. 연료소비율 60 % 이상일 때
D. 연료소비율 50 % 이상일 때
E. 오일소비량 50 % 이상일 때
F. 오일소비량 50 % 이하일 때

㉮ A, C, F　　㉯ A, C, E
㉰ B, C, F　　㉱ B, D, F

answers & explanations

15 디젤 엔진은 압축착화 방식이며 엔진 특성상 점화장치가 아닌 예열장치가 필요로 한다.

16 디젤 엔진의 장점
① 인화점이 높아 화재의 위험이 적고, 취급이 용이하다.
② 전기 점화장치가 없어 고장이 적다.
③ 열효율이 높고, 연료소비율이 적다.
④ 압축비를 크게 할 수 있다.
⑤ 연료의 가격이 저렴하고 안전하다.
⑥ 배기가스가 가솔린 엔진에 비해 유독하지 않다.

17 ① 스크래칭(scratchig) : 스크래칭이란 긁힌 것
② 융착 : 가열하여 녹아 붙는 것
③ 스커핑(scuffing) : 오일로 윤활하고 있는 금속 표면의 국부적인 융착에 의해 발생되는 상처
④ 스코링(scoring) : 스커핑이 많이 진행되어 뜯겨나간 상태

18 경합금제 실린더 헤드의 특징 : 내열 · 내압성이 요구되기 때문에 최근에는 알루미늄 합금제가 많이 쓰이고 있다.
① 가볍고 열전달이 좋다.
② 연소실 온도를 낮추어 열점을 방지할 수 있다.
③ 주철에 비해 열팽창계수가 크다.
④ 내구성, 내식성이 작다.

19 엔진의 해제 분해정비 시기 : 엔진 내부의 마모(실린더, 피스톤링, 밸브 접촉 불량)가 발생되면 엔진을 해체 분해하여 관련된 부품을 점검하고 교환 정비한다.
① 윤활유의 소비량이 50% 이상일 때
② 연료소비율이 60% 이상일 때
③ 규정압축압력이 70% 이하일 때

정답 15. ㉯　16. ㉮　17. ㉱　18. ㉱　19. ㉯

20 DOHC 엔진의 장점이 아닌 것은? 2009.8.30

㉮ 구조가 간단하다.
㉯ 연소효율이 좋다.
㉰ 최고회전속도를 높일 수 있다.
㉱ 흡입 효율의 향상으로 응답성이 좋다.

21 엔진 정비 시 실린더 헤드 개스킷에 대한 설명으로 적합하지 않은 것은? 2008.9.7

㉮ 실린더 헤드를 탈거하였을 때는 새 헤드 개스킷으로 교환해야 한다.
㉯ 압축압력 게이지를 이용하여 헤드 개스킷이 파손된 것을 알 수 있다.
㉰ 기밀유지를 위해 고르게 연마하고 헤드 개스킷의 접촉면에 강력한 접착제를 바른다.
㉱ 라디에이터 캡을 열고 점검하였을 때 기포가 발생되거나 오일 방울이 보이면 헤드 개스킷이 파손되었을 가능성이 있다.

22 가솔린 엔진에서 밸브 개폐시기의 불량 원인으로 거리가 먼 것은? 2010.9.5

㉮ 타이밍 벨트의 장력 감소
㉯ 타이밍 벨트 텐셔너의 불량
㉰ 크랭크축과 캠축 타이밍 마크 불량
㉱ 밸브면의 불량

23 디젤 엔진의 직접분사식 연소실 장점이 아닌 것은? 2008.5.11

㉮ 연소실 표면적이 작기 때문에 열손실이 적고 교축 손실과 와류 손실이 적다.
㉯ 연소가 완만히 진행되므로 엔진의 작동 상태가 부드럽다.
㉰ 실린더 헤드의 구조가 간단하므로 열 변형이 적다.
㉱ 연소실의 냉각손실이 적기 때문에 한랭지를 제외하고는 냉 시동에도 별도의 보조장치를 필요로 하지 않는다.

answers & explanations

20 ㉮ : 구조가 복잡하고, SOHC에 비해 비싸다.

21 실린더 헤드 개스킷의 기능은 기밀(압축압력), 수밀(냉각수 누유), 유밀(윤활유 누유)를 유지하기 위해 설치된다.

헤드 개스킷의 접촉면에는 밀봉을 좋게 하기 위하여 액상 개스킷 열경화성 실런트를 바른다.

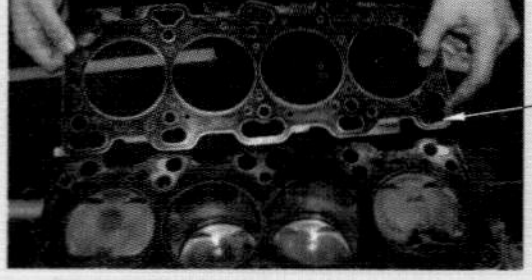

22 밸브 개폐시기 불량이란 개폐시기가 맞지 않는다는 의미이므로 밸브면 불량과는 관련이 없다.

23 직접분사식 연소실의 장 · 단점

① 실린더 헤드의 구조가 간단하여 열 변형이 적고 열효율이 높다.
② 엔진의 시동이 쉽고, 연료소비율이 적다.
③ 연소실 표면적이 작기 때문에 열손실이 적다.
④ 연소실의 냉각손실이 적기 때문에 한랭지를 제외하고는 냉 시동에도 별도의 보조장치를 필요로 하지 않는다.
⑤ 사용 연료에 매우 민감하여 노크 발생이 쉽다.
⑥ 분사압력이 높아 분사펌프와 노즐의 수명이 짧다.

정답 20. ㉮ 21. ㉰ 22. ㉱ 23. ㉯

24 피스톤 클리어런스(piston clearance)가 클 때 나타나는 현상으로 거리가 가장 먼 것은? 2015.8.16

㉮ 블로바이(blow by) 현상
㉯ 다이루션(dilution) 현상
㉰ 압축압력 비정상 상승
㉱ 피스톤 슬랩 발생

25 가솔린 엔진의 폭발압력이 40 kgf/cm²이고, 실린더 벽 두께가 4mm일 때 실린더 직경은? (단, 실린더 벽의 허용응력 : 360 kgf/cm²) 2011.10.2

㉮ 62 mm ㉯ 72 mm
㉰ 82 mm ㉱ 92 mm

26 점화순서를 정하는데 있어 고려할 사항으로 틀린 것은? 2012.8.26

㉮ 연소가 일정한 간격으로 일어나게 한다.
㉯ 크랭크축에 비틀림 진동이 일어나지 않게 한다.
㉰ 혼합기가 각 실린더에 균일하게 분배되게 한다.
㉱ 인접한 실린더가 연이어 점화되게 한다.

27 엔진의 점화 진각에 대한 설명 중 가장 거리가 먼 것은? 2011.10.2

㉮ 엔진의 회전속도가 빠를수록 진각시킨다.
㉯ 공회전 시 연소를 원활히 하기 위하여 진각시킨다.
㉰ 흡기다엔진의 부압이 높을수록 진각시킨다.
㉱ 노킹이 발생되면 지각시킨다.

28 실린더 내의 가스유동에 관한 설명 중 틀린 것은? 2012.3.4

㉮ 스월(swirl)은 연료와 공기의 혼합을 개선할 수 있다.
㉯ 스쿼시(squash)는 압축행정 초기에 혼합기가 중앙으로 밀리는 현상을 말한다.
㉰ 텀블(tumble)은 실린더의 수직 맴돌이 흐름을 말한다.
㉱ 난류는 혼합기가 가지고 있는 운동에너지가 모양을 바꾸어 작은 맴돌이로 된 것이다.

answers & explanations

24 피스톤 간극(piston clearance) : 피스톤의 최대 직경(스커트 부분)과 실린더 내경과의 차이를 말한다.
블로바이(blow-by) : 연소 가스 또는 미연소 가스가 피스톤 간극을 통해 크랭크케이스 쪽으로 누설되는 현상으로, 이렇게 흘러들어간 블로바이 가스는 엔진 오일을 변질시킨다.

25 실린더 벽 두께$(t) = \dfrac{P \times d}{2 \times \sigma_a}$

여기서, P : 폭발압력(kgf/cm²)
d : 실린더 지름(mm)
σ_a : 허용응력(kgf/cm²)
t : 실린더벽 두께(mm)

$$\therefore\ d = \frac{2 \times \sigma_a \times t}{P} = \frac{2 \times 360 \times 4}{40} = 72\text{ mm}$$

26 인접한 실린더가 연이어 점화되지 않도록 한다.

27 엔진 작동에 따른 점화시기 제어에는 엔진 회전속도, 엔진의 부압에 따라 진각 및 지각으르 제어한다.

28 스쿼시(squash)는 압축행정 후기에 피스톤 헤드 면과 연소실의 구석 부분과의 사이에 압축된 새로운 공기가 중앙으로 밀리는 현상이다.

정답 24. ㉰ 25. ㉯ 26. ㉱ 27. ㉯ 28. ㉯

29 내연엔진에서 장행정 엔진과 비교할 경우 단행정 엔진의 장점으로 틀린 것은 다음 중 어느 것인가? 2012.8.26

㉮ 흡·배기 밸브의 지름을 크게 할 수 있어 흡·배기 효율을 높일 수 있다.
㉯ 피스톤의 평균속도를 높이지 않고 엔진의 회전속도를 빠르게 할 수 있다.
㉰ 직렬형 엔진인 경우 엔진의 높이를 낮게 할 수 있다.
㉱ 직렬형 엔진인 경우 엔진의 길이가 짧아진다.

30 Al 합금으로 저팽창, 내식성, 내마모성, 경량, 내압성, 내열성이 우수하여 고속용 가솔린 엔진에 많이 사용되는 피스톤 재료는? 2010.9.5

㉮ 주철(cast iron)
㉯ 니켈-구리 합금
㉰ 로엑스(lo-ex)
㉱ 켈밋합금(kelmet alloy)

31 실린더의 지름×행정이 100 mm×100 mm일 때 압축비가 17 : 1이라면 연소실 체적은? 2010.9.5

㉮ 29 cc ㉯ 49 cc
㉰ 79 cc ㉱ 109 cc

32 내경 87mm, 행정 70mm인 6기통 엔진의 출력은 회전속도 5,500rpm에서 90kW이다. 이 엔진의 비체적 출력, 즉 리터 출력(kW/L)은? 2013.3.10

㉮ 6 kW/L ㉯ 9 kW/L
㉰ 15 kW/L ㉱ 36 kW/L

33 크랭크축의 재질로 사용되지 않는 것은? 2008.9.7

㉮ 니켈-크롬강
㉯ 구리-마그네슘 합금
㉰ 크롬-몰리브덴강
㉱ 고 탄소강

34 엔진의 크랭크축 휨을 측정할 때 사용되는 기기 중 없어도 되는 것은? 2010.3.7

㉮ 블록게이지 ㉯ 정반
㉰ V블록 ㉱ 다이얼 게이지

answers & explanations

29 ㉱ : 직렬형인 경우 엔진의 길이가 길어진다.

30 로엑스(lo-ex) : Al+Cu+Si+Ni의 합금으로, 내열성이 크고 열팽창계수가 적어 피스톤 재료로 많이 사용된다.

31 $$압축비(\epsilon) = \frac{실린더\ 체적}{연소실\ 체적} = 1 + \frac{행정체적(V_s)}{연소실\ 체적(V_c)}$$

$$\therefore\ 연소실\ 체적(V_c) = \frac{V_s}{\epsilon - 1} = \frac{\frac{\pi}{4} \times (10\,\text{cm})^2 \times 10\,\text{cm}}{17-1} = 49\,\text{cm}^3 = 49\,\text{cc}$$

32 $$총배기량 = \frac{\pi}{4} D^2 \cdot L \cdot N$$

$$\therefore\ \frac{\pi}{4} \times 8.7^2 \times 7 \times 6 = 2{,}495\,\text{cc} = 2.495\,\text{L}$$

$$\therefore\ 리터\ 출력 = \frac{90}{2.495} = 36\,\text{kW/L}$$

정답 29. ㉱ 30. ㉰ 31. ㉯ 32. ㉱ 33. ㉯ 34. ㉮

35 엔진의 가변흡입장치(variable intake control system)의 작동원리에 대한 내용으로 틀린 것은? 2014.8.17

㉮ 엔진의 저속과 고속에서 엔진 출력을 향상시킨다.
㉯ 엔진이 저속일 때 흡기다기관의 길이를 짧게 한다.
㉰ 엔진이 고속일 때 흡입공기 흐름의 회로를 짧게 한다.
㉱ 엔진 회전속도에 따라 흡입공기 흐름의 회로를 자동적으로 조정하는 것이다.

36 크랭크축 메인 베어링 저널의 오일 간극 측정에 가장 적합한 것은? 2012.3.4

㉮ 필러 게이지를 이용하는 방법
㉯ 플라스틱 게이지를 이용하는 방법
㉰ 심을 이용하는 방법
㉱ 직각자를 이용하는 방법

37 가솔린 엔진에서 밸브 개폐시기의 불량 원인으로 거리가 먼 것은? 2012.5.20

㉮ 타이밍벨트의 장력 감소
㉯ 타이밍벨트 텐셔너의 불량
㉰ 크랭크축과 캠축 타이밍 정렬 틀림
㉱ 밸브 면의 불량

38 엔진의 크랭크축 휨을 측정할 때 반드시 필요한 기기가 아닌 것은? 2015.5.31

㉮ 블록 게이지
㉯ 정반
㉰ V 블록
㉱ 다이얼 게이지

39 다이얼 게이지로 측정 할 수 없는 것은 다음 중 어느 것인가? 2009.8.30

㉮ 축의 휨
㉯ 축의 엔드플레이
㉰ 기어의 백래시
㉱ 피스톤 직경

answers & explanations

35 가변흡입장치(VIS) : 다양한 운전자의 요구에 맞게 저속에서 고속까지 높은 출력을 낼 수 있는 엔진 부속장치이다. 저속·저부하일 때는 밸브를 닫아 자연흡기 방식의 일반 엔진보다 흡입구를 길게 하고, 고속·고부하일 때는 반대로 밸브를 열어 일반 엔진보다 흡입구를 짧게 함으로써 엔진 출력을 높여 주는 방식으로 작동한다.

36 크랭크축 메인 저널의 유막 간극 점검방법에는 규정간극에 맞춰 측정할 수 있는 플라스틱 게이지가 사용되며 플라스틱 게이지는 1회용 측정 게이지로 사용한다.

37 밸브 면의 불량은 밸브 페이스와 시트의 접속 불량이므로 압축가스의 단속 불량으로 엔진 부조 및 실화가 발생되고 엔진 출력 부족현상이 발생된다.

38 길이 측정의 표준이 되는 게이지로 공장용 게이지로써는 가장 정확하다. 특수강을 정밀 가공한 것으로 길이의 기준으로 사용한다.

39 피스톤의 직경은 피스톤 간극(실린더 간극) 측정 시 외경 마이크로미터로 측정한다.

정답 35. ㉯ 36. ㉯ 37. ㉱ 38. ㉮ 39. ㉱

40 피스톤 링에 대한 설명으로 틀린 것은 다음 중 어느 것인가? 2013.3.10

㉮ 오일을 제어하고, 피스톤의 냉각에 기여한다.
㉯ 내열성 및 내마모성이 좋아야 한다.
㉰ 높은 온도에서 탄성을 유지해야 한다.
㉱ 실린더 블록의 재질보다 경도가 높아야 한다.

41 피스톤 링 이음 간극으로 인하여 엔진에 미치는 영향과 관계 없는 것은? 2008.3.2

㉮ 소결의 원인
㉯ 압축가스의 누출 원인
㉰ 연소실에 오일 유입의 원인
㉱ 실린더와 피스톤과의 충격음 발생원인

42 고속 회전을 목적으로 하는 가솔린 엔진에서 흡기밸브와 배기밸브의 크기를 비교한 설명으로 옳은 것은? 2009.5.10

㉮ 양 밸브 크기는 동일하다.
㉯ 흡기밸브가 더 크다.
㉰ 배기밸브가 더 크다.
㉱ 1, 4번 배기밸브만 더 크다.

43 자동차 엔진에서 베어링 재료로 사용되고 있는 켈밋합금(kelmet alloy)에 대한 설명으로 옳은 것은? 2009.5.10

㉮ 주석, 안티몬, 구리를 주성분으로 하는 합금이다.
㉯ 구리와 납을 주성분으로 하는 합금이다.
㉰ 알루미늄과 주석을 주성분으로 하는 합금이다.
㉱ 구리, 아연, 주석을 주성분으로 하는 합금이다.

answers & explanations

40 ㉱ : 피스톤 링의 경도는 실린더 블록의 재질보다 작아야 한다.

41 피스톤 링 이음 간극은 열팽창을 고려해 두는 간극으로 링 이음 간극이 크면 압축가스가 누출되거나 오일이 연소실로 유입되어 오일이 연소되고 연료소비량도 증가되며 피스톤 링 이음 간극이 적으면 피스톤 링이 소결되어 실린더 마모의 원인이 된다.

42 흡입효율을 좋게 하기 위하여 배기밸브보다 흡기밸브를 더 크게 한다. 배기밸브는 크기는 흡기밸브보다 작으나 두께(마진)는 배기밸브가 두껍다. 이는 고온에 상시 노출된 배기밸브의 열전달을 좋게 하기 위해서이다.

43 엔진 베어링의 종류

① 배빗메탈 : 주석(Sn) 80~90 %, 안티몬(Sb) 3~12 %, 구리(Cu) 3~7 %가 주성분이다.
② 켈밋메탈 : 구리+납(켈구납) 베어링으로 사용되는 구리와 납의 합금으로 구리(Cu) 60~ 70 %, 납(Pb) 30~40 %가 표준 성분이다.

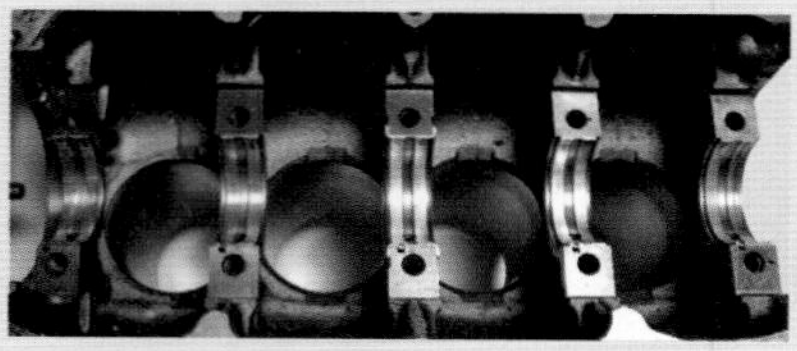

정답 40. ㉱ 41. ㉱ 42. ㉯ 43. ㉯

44 엔진에서 밸브 가이드 실이 손상되었을 때 발생할 수 있는 현상으로 가장 타당한 것은? 2013.3.10

㉮ 압축 압력 저하
㉯ 냉각수 오염
㉰ 밸브 간극 증대
㉱ 백색 배기가스 배출

45 엔진의 압축압력 점검 결과 압력이 인접한 실린더에서 동일하게 낮은 경우 원인으로 가장 옳은 것은? 2010.9.5

㉮ 흡기 다기관의 누설
㉯ 점화시기 불균일
㉰ 실린더 헤드 개스킷의 소손
㉱ 실린더 벽이나 피스톤 링의 마멸

46 내연엔진에 적용되는 공기표준 사이클은 여러 가지 가정 하에서 작성된 이론 사이클이다. 가정에 대한 설명으로서 틀린 것은 어느 것인가? 2009.8.30

㉮ 동작유체는 일정한 질량의 공기로서 이상기체 법칙을 만족하며, 비열은 온도에 관계없이 일정하다.
㉯ 급열은 실린더 내부에서 연소에 의해 행해지는 것이 아니라 외부의 고온 열원으로부터의 열전달에 의해 이루어진다.
㉰ 압축과정은 단열과정이며, 이때 단열지수는 압축압력이 증가함에 따라 증가한다.
㉱ 사이클의 각 과정은 마찰이 없는 이상적인 과정이며, 운동에너지와 위치에너지는 무시된다.

answers & explanations

44 윤활유가 연소되는 경우
① 밸브 가이드 실이 손상되면 오일이 연소실로 유입되어 연소하므로 백색(청백색)의 배기가스가 배출된다.
② 실린더 마모 및 피스톤 링의 마모로 인한 블로바이 가스 발생과 함께 엔진 오일도 연소 된다.

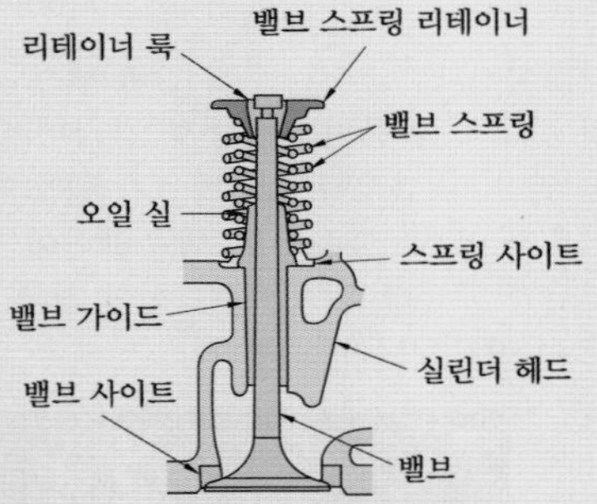

45 실린더 헤드 개스킷이 소손되게 되면 인접한 실린더에서 압력이 알맞게 측정되고 오일 양이 증가(회색)하며, 배출가스 중 수분 배출 및 라디에이터에서 기포가 발생된다.

실린더 압축압력 시험 결과
① 정상 : 규정 압축압력의 90 % 이상, 110 % 이하
② 1차 : 건식시험에서 불량 시 습식시험 실시
③ 2차 : 습식시험 실시 결과 건식시험보다 높다(실린더 및 피스톤 링의 마모).
④ 압축압력별 차이가 없다 : 밸브면 및 시트 불량

46 공기표준 사이클
① 비열은 온도에 따라 변화하지 않는 것으로 보며, 압축행정과 팽창행정의 단열지수는 같다.
② 동작유체는 이상기체이고, 그 물성치는 표준상태의 공기의 값과 같다.
③ 압축 및 팽창과정은 단열 과정이다.
④ 사이클 과정을 하는 동작물질의 양은 일정하다.
⑤ 연소에 의한 발열 및 연소가스의 배출에 의한 방열은 작동유체의 가열 및 냉각으로 치환된다.

정답 44. ㉱ 45. ㉰ 46. ㉰

47 밸브의 양정이 15 mm일 때 일반적으로 밸브의 지름은? 2012.5.20

㉮ 60 mm ㉯ 50 mm
㉰ 40 mm ㉱ 20 mm

48 엔진에서 진공이 누설될 경우 나타나는 현상과 거리가 먼 것은? 2011.6.12

㉮ 엔진부족
㉯ 엔진출력 부족
㉰ 유해가스 과다
㉱ 연료 증발가스 발생

49 피스톤 슬랩(piston slap)에 관한 설명으로 관계가 먼 것은? 2013.6.2

㉮ 피스톤 간극이 너무 크면 발생한다.
㉯ 오프셋 피스톤에서 잘 일어난다.
㉰ 저온 시 잘 일어난다.
㉱ 피스톤 운동 방향이 바뀔 때 실린더 벽으로의 충격이다.

50 표준 내경이 78 mm인 실린더에서 사용중인 실린더의 내경을 측정한 결과 0.32 mm가 마모되었을 때 보링한 후 치수로 가장 적당한 것은? 2011.3.20

㉮ 78.25 mm ㉯ 78.50 mm
㉰ 78.75 mm ㉱ 79.00 mm

51 기계식 밸브 기구가 장착된 엔진에서 밸브 간극이 없을 때 일어나는 현상은? 2012.3.4

㉮ 밸브에서 소음이 발생한다.
㉯ 밸브가 닫힐 때 밸브 면과 밸브 시트가 서로 밀착되지 않는다.
㉰ 밸브 열림 각도가 작아 흡입효율이 떨어진다.
㉱ 실린더 헤드에 열이 발생한다.

answers & explanations

47 밸브의 양정 $(L) = \frac{d}{4}$

$\therefore$ 밸브의 지름 $(d) = L \times 4 = 15 \times 4 = 60\text{ mm}$

48 연료 증발가스는 연료탱크에서 발생되며 캐니스터와 PCSV에 의해 제어되며 주성분은 HC이다.

49 피스톤 슬랩(piston slap) : 피스톤 사이드 노크 슬랩은 실린더 벽과 피스톤의 스커트는 커넥팅 로드의 경사에 의한 측압을 받으며 피스톤의 상하 직선 운동을 바르게 유지하지만, 피스톤 간극이 너무 커서 피스톤이 운동방향을 바꿀 때 실린더 벽을 때리는 현상을 말한다.

50 보링값=최대 마모량+수정 절삭량(0.2 mm)
$= 78.32 + 0.2 = 78.52\text{ mm}$
$\therefore$ 오버 사이즈 피스톤이 0.25 mm 범위로 있으므로 실린더 수정값은 78.75 mm이다.

51 기계식 밸브 간극은 로커 암과 밸브 스템 엔드의 간극을 말하며, 이 밸브 간극이 없으면 엔진 열간 시 열팽창으로 밸브가 밸브 면과 밸브 시트가 밀착 불량으로 압축압력이 저하되고 실화가 발생할 수 있으며, 심한 경우 엔진시동이 걸리지 않을 수 있다.

정답 47. ㉮ 48. ㉱ 49. ㉯ 50. ㉰ 51. ㉯

제3장 연료장치

01 디젤 엔진에서 연료 분사량이 부족한 원인이 아닌 것은? 2013.8.18

㉮ 딜리버리 밸브의 접촉이 불량하다.
㉯ 분사펌프 플런저가 마멸되어 있다.
㉰ 딜리버리 밸브 시트가 손상되어 있다.
㉱ 엔진의 회전속도가 낮다.

02 액상 LPG의 압력을 낮추어 기체 상태로 변환시켜 연료를 공급하는 장치는? 2009.5.10

㉮ 베이퍼라이저(vaporizer)
㉯ 믹서(mixer)
㉰ 대시 포트(dash pot)
㉱ 봄베(bombe)

03 LPG 연료장치에서 LPG를 감압, 기화시켜 일정 압력으로 기화량을 조절하는 것은? 2010.3.7

㉮ LPG 연료탱크
㉯ LPG 필터
㉰ 솔레노이드 밸브
㉱ 베이퍼라이저

04 가솔린 엔진의 연료 옥탄가에 대한 설명으로 옳은 것은? 2012.8.26

㉮ 옥탄가의 수치가 높은 연료일수록 노크를 일으키기 쉽다.
㉯ 옥탄가 90 이하의 가솔린은 4에틸납을 혼합한다.
㉰ 노크를 일으키지 않는 기준 연료를 이소옥탄으로 하고 그 옥탄가를 0으로 한다.
㉱ 탄화수소의 종류에 따라 옥탄가가 변화한다.

05 연료탱크 증발가스 누설시험에 대한 설명으로 맞는 것은? 2013.3.10

㉮ ECM은 시스템 누설 관련 진단 시 캐니스터 클로즈 밸브를 열어 공기를 유입시킨다.
㉯ 연료탱크 캡에 누설이 있으면 엔진 경고등을 점등시키면 진단 시 리크(leak)로 표기된다.
㉰ 캐니스터 클로즈 밸브는 항상 닫혀 있다가 누설시험 시 서서히 밸브를 연다.
㉱ 누설시험 시 퍼지 컨트롤 밸브는 작동하지 않는다.

answers & explanations

02 베이퍼라이저(vaporizer) : 1차 감압실과 2차 감압실로 작동되며 봄베로부터 여과기와 솔레노이드 밸브를 거쳐 공급된 액체 LPG를 기화시켜줌과 동시에 적당한 압력으로 낮추어 준다. 베이퍼라이저는 액체를 기체로 변화시켜 주는 장치로 감압, 기화 및 압력 조절 작용을 한다.

04 옥탄가는 연료의 내폭성(노크방지 성능)을 나타내는 수치로써 $\frac{\text{이소옥탄}}{\text{이소옥탄}+\text{노멀헵탄}}\times 100$으로 표시한다.
노크를 일으키지 않는 기준 연료를 이소옥탄으로 하고 그 옥탄가를 100으로 한다. 또 옥탄가의 수치가 높은 연료일수록 노크를 일으키기 어렵다(무연휘발유 옥탄가 : 약 95~98, LPG 옥탄가 : 약 105~115).

05 연료탱크 캡에 누설이 있으면 진단 시 리크로 표시된다. ECM은 엔진이 정상 온도에 도달하면 PCSV를 열어 캐니스터에 저장되었던 연료 증발가스를 서지탱크로 보낸다.

정답 01. ㉱ 02. ㉮ 03. ㉱ 04. ㉱ 05. ㉯

06 디젤 노크의 방지책으로 맞는 것은? 2011.3.20

가 회전수를 높인다.
나 압축비를 낮춘다.
다 착화지연기간 중 분사량을 많게 한다.
라 흡기압력을 높인다.

07 엔진에서 발생되는 유해가스 중 블로바이 가스의 성분은 주로 무엇인가? 2010.5.9

가 CO 나 HC
다 NOx 라 SO

08 LPG 자동차의 연료장치에서 증기압력에 대한 설명으로 가장 적합한 것은? 2013.3.10

가 프로판과 부탄의 혼합비율에 따라 압력이 변화한다.
나 온도가 상승하면 압력이 저하된다.
다 부탄의 성분이 많으면 압력이 상승한다.
라 액체 상태의 양이 많으면 압력이 저하된다.

09 커먼레일 연료분사장치에서 파일럿 분사가 중단될 수 있는 경우가 아닌 것은 다음 중 어느 것인가? 2012.8.26

가 파일럿 분사가 주 분사를 너무 앞지르는 경우
나 연료압력이 최솟값 이상인 경우
다 주 분사 연료량이 불충분한 경우
라 엔진 가동 중단에 오류가 발생한 경우

10 전자제어 압축천연가스(CNG) 자동차의 엔진에서 사용하지 않는 것은? 2013.8.18

가 연료온도센서
나 연료펌프
다 연료압력조절기
라 습도센서

answers & explanations

06 디젤 노킹 방지법
① 세탄가가 높은 연료를 사용한다.
② 착화지연시간을 짧게 한다.
③ 착화지연기간 중 연료분사량을 적게 분사한다.
④ 엔진의 온도를 높인다.
⑤ 흡기온도를 높인다.
⑥ 압축비, 압축압력, 흡기압력을 높인다.

07 블로바이 가스는 피스톤 압축 시 미연소 가스가 새어나온 혼합 가스이므로 연료의 성분인 탄화수소(HC)이다.

08 ① LPG 연료장치에서 증기압력은 계절에 따라 프로판과 부탄의 혼합비율 조정으로 압력이 변화한다.
② 프로판의 성분이 많으면 압력이 올라가고, 부탄의 성분이 많으면 압력이 내려간다.
③ 온도가 상승하면 압력이 올라가고 액체 상태의 양에 관계 없이 증기압력은 일정하다.

09 파일럿 분사가 중단될 수 있는 조건
① 연료압이 최솟값(100bar) 이하인 경우
② 파일럿 분사가 주분사를 너무 앞지르는 경우
③ 주 분사 연료량이 불충분한 경우
④ 엔진회전수 3,200rpm 이상인 경우
⑤ 분사량이 너무 작은 경우
⑥ 엔진 가동 중단에 오류가 발생한 경우

10 전자제어 압축천연가스(CNG) 자동차는 가스 실린더, 연료 필터, 로크 off밸브(고압용, 저압용), 레귤레이터, 연료량 조절밸브, 연료온도센서, 습도센서, 믹서로 구성된다.

정답 06. 라 07. 나 08. 가 09. 나 10. 나

11 급가속 시에 혼합기가 농후해지는 이유로 올바른 것은? 2009.8.30

㉮ 연비 증가를 위해
㉯ 배기가스 중의 유해가스를 감소하기 위해
㉰ 최저의 연료 경제성을 얻기 위해
㉱ 최대 토크를 얻기 위해

12 디젤 연료의 세탄가와 관계 없는 것은 어느 것인가? 2011.10.2

㉮ 세탄가는 엔진 성능에 크게 영향을 준다.
㉯ 세탄가란 세탄과 알파 메틸나프탈렌의 혼합액으로 세탄의 함량에 따라서 다르다.
㉰ 세탄가가 높으면 착화지연시간을 단축시킨다.
㉱ 세탄가는 점도지수로 나타낸다.

13 디젤노크를 일으키는 원인과 관련이 없는 것은? 2012.5.20

㉮ 엔진의 부하
㉯ 엔진의 회전속도
㉰ 점화플러그의 온도
㉱ 압축비

14 가솔린 엔진에서 전기식 연료펌프에 대한 설명 중 틀린 것은? 2013.3.10

㉮ 설치방식에 따라 연료탱크 내장형과 외장형이 있다.
㉯ DC 모터를 사용한다.
㉰ 체크 밸브는 잔압을 유지시킨다.
㉱ 릴리프 밸브는 재시동 시 압력 상승을 용이하게 한다.

15 디젤 연료분사 중 파일럿 분사에 대한 설명으로 옳은 것은? 2008.5.11

㉮ 출력은 향상되나 디젤 노크가 생기기 쉽다.
㉯ 주 분사 직후에 소량의 연료를 분사하는 것이다.
㉰ 주 분사의 연소를 확실하게 이루어지게 한다.
㉱ 배기초기에 급격히 실린더 압력을 상승하도록 한다.

answers & explanations

11 급가속 시 엔진 부하에 대응하는 최대 토크를 얻기 위하여 연료혼합비는 혼합기를 농후하게 분사되게 한다.

12 세탄가란 디젤 연료의 착화성을 나타내는 수치로, 수치가 클수록 디젤노크를 일으키기 어렵다.

13 디젤엔진에는 연소방식이 압축착화식으로 점화플러그가 없다.

14 전자제어 엔진의 연료펌프는 연료탱크 내에 설치되며 ECU 제어에 의해 작동되는 DC 모터이다. 연료펌프의 체크 밸브는 연료의 잔압을 유지하고 베이퍼로크를 방지하며 재시동성을 향상시킨다.

15 디젤 커먼레일 연료분사는 3단계로 분사가 실시되며 파일럿 분사는 예비분사로서 주 분사 전에 분사되며 예비분사(파일럿 분사)는 엔진 소음과 진동을 줄이기 위함이다.

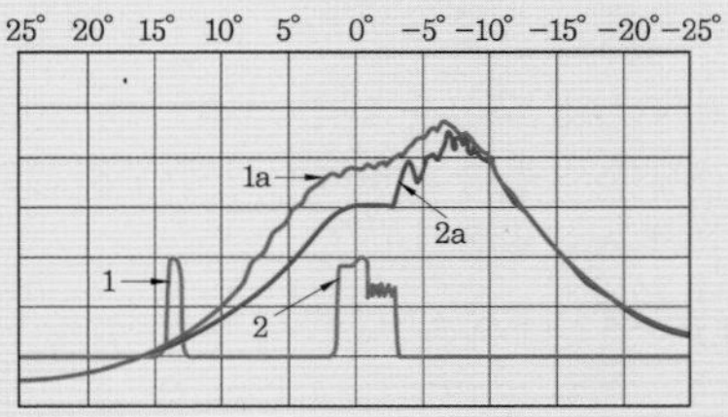

1 = 점화 분사
1a = 점화 분사를 실시하는 연소실 압력 그래프
2 = 주분사
2a = 점화 분사가 없는 연소실 압력 그래프

정답 11. ㉱ 12. ㉱ 13. ㉰ 14. ㉱ 15. ㉱

16 압축천연가스(CNG) 자동차에 대한 설명으로 틀린 것은? 2012.5.20

㉮ 연료라인 점검 시 항상 압력을 낮춘다.
㉯ 연료 누출 시 공기보다 가벼워 가스는 위로 올라간다.
㉰ 시스템 점검 전 반드시 연료 실린더 밸브를 닫는다.
㉱ 연료 압력조절기는 탱크의 압력보다 약 5bar가 더 높게 조절한다.

17 디젤엔진의 조속기에서 헌팅(hunting) 상태가 되면 어떠한 현상이 일어나는가? 2008.3.2

㉮ 공전운전 불안정
㉯ 공전속도 정상
㉰ 중속 불안정
㉱ 고속 불안정

18 LPI 엔진에서 연료압력과 연료온도를 측정하는 이유는? 2012.8.26

㉮ 최적의 점화시기를 결정하기 위함이다.
㉯ 최대 흡입공기량을 결정하기 위함이다.
㉰ 최대로 노킹 영역을 피하기 위함이다.
㉱ 연료분사량을 결정하기 위함이다.

19 가솔린 엔진에서 연료 증발가스의 배출을 감소시키기 위한 장치는? 2011.3.20

㉮ 배기가스 재순환장치
㉯ 촉매 변환기
㉰ 캐니스터
㉱ 산소 센서

20 가솔린을 완전연소시켰을 때 발생하는 것은 어느 것인가? 2010.5.9

㉮ 이산화탄소, 물
㉯ 아황산가스, 질소
㉰ 수소, 일산화탄소
㉱ 이산화탄소, 납

21 다음 중 디젤 인젝션 펌프의 시험 항목이 아닌 것은? 2008.3.2

㉮ 누설 시험
㉯ 송출압력 시험
㉰ 공급압력 시험
㉱ 충전량 시험

answers & explanations

16 천연가스 자동차(NGV)는 압축천연가스(CNG)를 연료로 사용하며, 연료압력조절기는 고압차단 밸브와 열교환기구 사이에 설치된다. CNG 탱크 내의 200 bar의 높은 압력의 천연가스를 엔진에 필요한 8 bar로 감압 조절한다.

17 헌팅(hunting)은 엔진 공회전에 맞는 rpm을 유지하지 못하고 불규칙하게 부조현상의 공전 회전수를 말한다.

18 LPI 엔진에서 연료 압력과 연료 온도를 측정하는 이유는 IFB(Interface Box)로 보내면 연료 압력과 온도에 따라 연료를 증량 보정하여 연료 분사량을 결정하기 위한 정보로 활용하기 위함이다.

19 배출가스 제어장치의 종류
① 연료증발가스 제어장치 : PCSV, 차콜 캐니스터
② 블로바이가스 제어장치 : PCV 밸브, 브리더 호스
③ 배기가스 제어장치 : O_2센서, EGR 밸브, 삼원촉매

20 가솔린은 탄소(C)와 수소(H)로 이루어진 고분자 화합물이다. 가솔린을 완전연소시켰을 때 발생하는 반응식은 $C, H + O_2 = CO_2 + H_2O$이므로 이산화탄소(CO_2)와 물(H_2O)이 발생된다.

정답 16. ㉱ 17. ㉮ 18. ㉱ 19. ㉰ 20. ㉮ 21. ㉱

22 핀틀(pintle)형 노즐의 직경이 1 mm이고, 니들 압력 스프링 장력이 0.8 kgf이면 노즐의 압력은? 2009.8.30

㉮ 약 72 kgf/cm²
㉯ 약 82 kgf/cm²
㉰ 약 92 kgf/cm²
㉱ 약 102 kgf/cm²

23 4행정 디젤엔진에서 각 실린더의 분사량을 측정하였더니 최대분사량은 80 cc, 최소분사량은 60 cc일 때 평균분사량이 70 cc이면 분사량의 (+)불균율은? 2012.8.26

㉮ 약 9 %
㉯ 약 14 %
㉰ 약 18 %
㉱ 약 20 %

24 LP가스를 사용하는 엔진의 설명으로 틀린 것은? (단, LPI 시스템 제외) 2008.5.11

㉮ 옥탄가가 높아 노킹 발생이 적다.
㉯ 연소실에 카본 퇴적이 적다.
㉰ 연료 펌프의 수명이 길다.
㉱ 겨울철 시동성이 나쁘다.

25 가솔린 엔진의 노크에 대한 설명으로 틀린 것은? 2012.8.26

㉮ 실린더 벽을 해머로 두들기는 것과 같은 음이 발생한다.
㉯ 엔진의 출력을 저하시킨다.
㉰ 화염전파 속도를 늦추면 노크가 줄어든다.
㉱ 억제하는 연료를 사용하면 노크가 줄어든다.

answers & explanations

22 $압력(P) = \frac{W}{A}$, $A = \frac{\pi}{4} \cdot D^2 = \frac{\pi}{4} \times (0.1\text{cm})^2$

$= 0.00785\,\text{cm}^2$

$\therefore P = \frac{0.8\,\text{kgf}}{0.00785\,\text{cm}^2} = 101.9\,\text{kgf/cm}^2$

$\fallingdotseq 102\,\text{kgf/cm}^2$

23 $(+)불균율 = \frac{최대분사량 - 평균분사량}{평균분사량} \times 100\%$

$\therefore \frac{80-70}{70} \times 100 = 14.28\%$

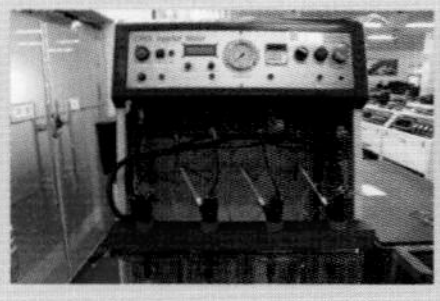

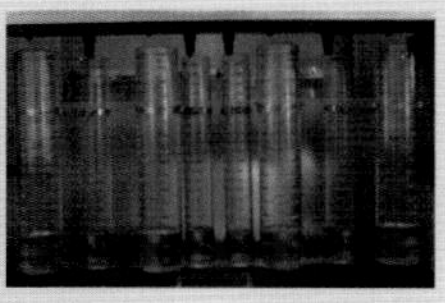

$(-)불균율 = \frac{평균분사량 - 최소분사량}{평균분사량} \times 100$

24 LPG 연료 차량은 고압의 가스를 감압, 기화시켜 연료로 공급하므로 연료펌프가 없다(단, LPI 시스템 제외).
LPI 시스템 : 연료를 고압 액상으로 유지하면서 ECU에 의해 제어되는 인젝터를 통해 각각의 실린더에 독립적으로 공급되어 연료를 분사한다(연료펌프 사용으로 LP가스 액상 분사).

25 가솔린 엔진의 노크 발생 시 나타나는 현상
① 억제하는 연료를 사용하거나 화염전파 속도를 빠르게 하면 노크가 줄어든다.
② 실린더 벽을 해머로 두들기는 것과 같은 음이 발생한다.
③ 순간 폭발 압력은 증가하나 평균유효압력은 낮아진다.
④ 엔진의 출력을 저하시킨다.
⑤ 이상 열전달로 엔진이 과열한다.
⑥ 엔진 베어링이 마모되어 엔진이 정지한다.
⑦ 흡기온도, 연소실 온도를 낮추거나 압축비를 낮춘다.

정답 22. ㉱ 23. ㉯ 24. ㉰ 25. ㉰

26 가솔린 엔진의 유해 배출물 저감에 사용되는 차콜 캐니스터(charcoal canister)의 주 기능은? 2012.5.20

㉮ 연료 증발가스의 흡착과 저장
㉯ 질소산화물의 정화
㉰ 일산화탄소의 정화
㉱ PM(입자상 물질)의 정화

27 LPG 엔진의 베이퍼라이저 1차실 압력 측정에 대한 설명으로 틀린 것은? 2008.9.7

㉮ 베이퍼라이저 1차실의 압력은 약 0.3 kgf/cm^2 정도이다.
㉯ 압력게이지를 설치하여 압력이 규정치가 되는지 측정한다.
㉰ 압력 측정 시에는 반드시 시동을 끈다.
㉱ 1차실의 압력 조정은 압력조절 스크루를 돌려 조정한다.

28 4행정 사이클 디젤 엔진의 분사펌프 제어 래크를 전부하 상태로 하고, 최대회전수를 2,000 rpm으로 하여 분사량을 시험하였더니 1실린더 107 cc, 2실린더 115 cc, 3실린더 105 cc, 4실린더 93 cc일 때 수정할 실린더의 수정치 범위는 얼마인가? (단, 전부하 시 불균율 4 %로 계산한다.) 2011.3.20 / 2013.6.2

㉮ 100.8~109.2 cc
㉯ 100.1~100.5 cc
㉰ 96.3~103.6 cc
㉱ 89.7~95.8 cc

29 다음 중 디젤 엔진에서 분사노즐의 조건이 아닌 것은? 2008.3.2

㉮ 폭발력 ㉯ 관통도
㉰ 혼합기 조절 ㉱ 분산도

answers & explanations

26 연료탱크 내에서 발생되는 증발가스를 차콜 캐니스터는 연료 증발가스를 흡착, 저장하였다가 ECU의 제어신호(PCSV)에 의해 흡기관을 통하여 연소시킨다.

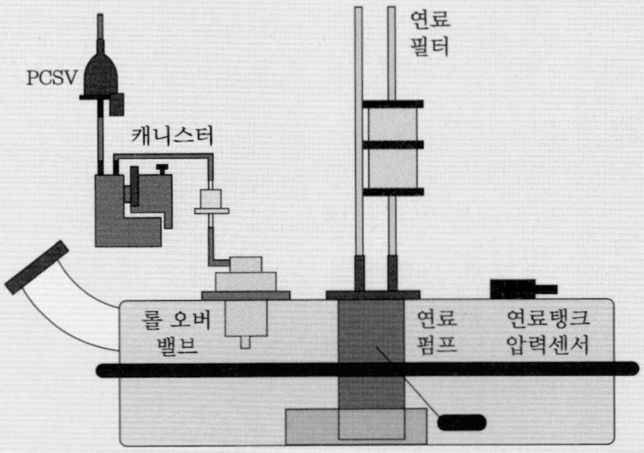

27 압력 측정을 하기 위해서는 시동을 걸어야 한다.

28 평균분사량 $= \dfrac{107+115+105+93}{4} = 105$ cc

불균율이 4 %이므로 105cc × 0.04 = 4.2 cc
(−)불균율이 105 cc − 4.2 = 100.8 cc
(+)불균율이 105 cc + 4.2 = 109.2 cc
∴ 100.8~109.2 cc이다.

29 기계식 분사노즐은 단공형과 다공형으로 분류되며, 분무의 3대 조건은 무화(혼합기 조절), 분포(분산도), 관통력(관통도)이다.

정답 26. ㉮ 27. ㉰ 28. ㉮ 29. ㉮

30 **디젤 엔진에서 엔진의 회전속도나 부하의 변동에 따라 자동으로 분사량을 조절해 주는 장치는?** 2008.9.7

㉮ 조속기 ㉯ 딜리버리 밸브
㉰ 타이머 ㉱ 체크 밸브

31 **가솔린 엔진에 사용되는 연료의 발열량에 대한 설명 중 증발열이 포함되지 않은 경우의 발열량으로 가장 적합한 것은?** 2013.6.2

㉮ 연료와 산소가 혼합하여 완전연소할 때 발생하는 저위 발열량을 말한다.
㉯ 연료와 산소가 혼합하여 예연소할 때 발생하는 고위 발열량을 말한다.
㉰ 연료와 수소가 혼합하여 완전연소할 때 발생하는 저위 발열량을 말한다.
㉱ 연료와 질소가 혼합하여 완전연소할 때 발생하는 열량을 말한다.

32 **LPG 자동차에서 연료탱크의 최고충전량은 85 %만 채우도록 되어 있는데 그 이유로 가장 타당한 것은?** 2008.9.7

㉮ 충돌 시 봄베 출구 밸브의 안전을 고려하여
㉯ 봄베 출구에서의 LPG 압력을 조정하기 위하여
㉰ 온도 상승에 따른 팽창을 고려하여
㉱ 베이퍼라이저에 과다한 압력이 걸리지 않도록 하기 위하여

33 **어떤 엔진에서 연료 10.4 kg을 연소시키는 데 152 kg의 공기를 소비하였다. 공기와 연료의 비는? (단, 공기의 밀도는 1.29 kg/m^3 이다.)** 2011.10.2

㉮ $\frac{14.6\ kg\ 공기}{1\ kg\ 연료}$ ㉯ $\frac{14.6\ m^3\ 공기}{1\ m^3\ 연료}$

㉰ $\frac{12.6\ kg\ 공기}{1\ kg\ 연료}$ ㉱ $\frac{12.6\ m^3\ 공기}{1\ m^3\ 연료}$

answers & explanations

30 조속기(governor, 거버너) : 엔진의 회전속도나 부하 변동에 따라 자동으로 연료 분사량을 조절하여 엔진회전수를 안정되게 한다. 분사펌프 캠축에 설치된 원심추에 의해 작동되는 기계식과 회전 속도와 부하에 의해 변동되는 흡기 부압을 이용한 공기식, 부압과 원심력을 병용한 복합형이 있다.

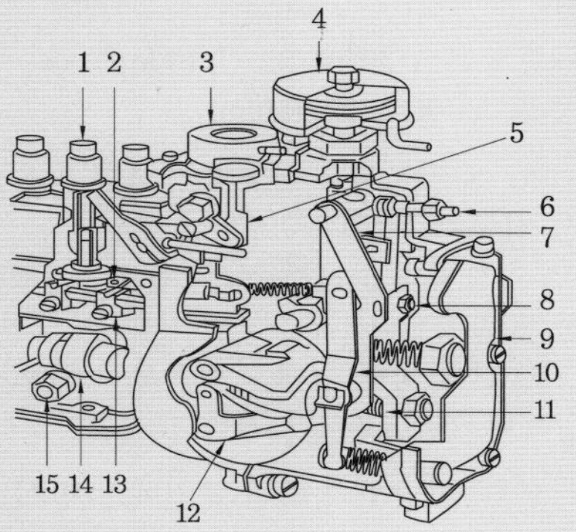

1. 딜리버리 밸브 홀더
2. 제어 슬리브 레버
3. 진공 스톱 유닛
4. ALDL
5. 스톱 레버
6. PLA
7. 가이드 레버
8. 아이들 보조 스크루
9. 거버너
10. 힌지 레버
11. 앵글라이닝장치
12. 플라이웨이트
13. 클램핑 피스
14. 플랜지 구동캠
15. 연료라인 커넥터

31 가솔린의 성질과 구비 조건
① 무게와 부피가 적고, 발열량이 커야(고위 발열량) 한다.
② 연소 후 유해한 화합물을 남겨서는 안 된다.
③ 옥탄가가 높아야 한다.
④ 온도에 관계없이 유동성이 좋아야 한다.
⑤ 연소속도가 빨라야 한다.

33 이론공연비 $= \frac{공기\ 중량}{연료\ 중량}$

$= \frac{152}{10.4} = 14.615$

정답 30. ㉮ 31. ㉮ 32. ㉰ 33. ㉮

34 **가솔린 엔진의 노크 발생을 억제하기 위하여 엔진을 제작할 때 고려해야 할 사항에 속하지 않는 것은?** 2012.8.26

㉮ 압축비를 낮춘다.
㉯ 연소실 형상, 점화장치의 최적화에 의하여 화염전파 거리를 단축시킨다.
㉰ 급기 온도와 급기 압력을 높게 한다.
㉱ 와류를 이용하여 화염전파속도를 높이고 연소기간을 단축시킨다.

35 **전자제어 가솔린 엔진의 연료장치에 해당되지 않는 부품은?** 2009.3.1

㉮ 오리피스
㉯ 연료압력 조정기
㉰ 맥동 댐퍼
㉱ 분사기

36 **디젤 엔진의 독립형 연료분사 장치에서 연료분사 개시 압력을 조정하는 것은?**

㉮ 공급 펌프 2011.6.12
㉯ 분사펌프의 딜리버리 밸브 스프링
㉰ 연료필터의 오버플로 밸브 스프링
㉱ 분사노즐의 스프링

37 **LPG 엔진의 장점이 아닌 것은?** 2010.3.7

㉮ 공기와 혼합이 잘되고 완전연소가 가능하다.
㉯ 배기색이 깨끗하고 유해 배기가스가 비교적 적다.
㉰ 베이퍼라이저가 장착된 LPG 엔진은 연료펌프가 필요 없다.
㉱ 베이퍼라이저가 장착된 LPG 엔진은 가스를 연료로 사용하므로 저온 시동성이 좋다.

38 **다공 노즐을 사용하는 직접분사식 디젤 엔진에서 분사노즐의 구비조건이 아닌 것은 어느 것인가?** 2013.3.10

㉮ 연료를 미세한 안개 모양으로 하여 쉽게 착화되게 할 것
㉯ 저온, 저압의 가혹한 조건에서 단기간 사용할 수 있을 것
㉰ 분무가 연소실의 구석구석까지 뿌려지게 할 것
㉱ 후적이 일어나지 않을 것

answers & explanations

34 가솔린 엔진의 노크 발생을 억제하기 위하여 흡입공기 온도, 연소실 온도 및 급기 압력을 낮게 한다.

35 전자제어 가솔린 엔진의 연료장치 : 연료펌프, 연료필터, 연료파이프, 연료압력 조정기, 딜리버리 파이프, 인젝터
오리피스(orifice) : 자동 변속기 밸브 보디 유압회로에 유로압력을 조정하는 것과 쇼크 업소버 댐핑력 제어, 에어컨 오리피스 튜브 등에 사용되는 용어로 작은 유압제어 통로를 의미한다.

36 분사노즐 압력
핀틀형과 스로틀형 : 120~140 kgf/cm^2
구멍형 : 200~400 kgf/cm^2

37 ① LPG 엔진은 증발 잠열로 인하여 겨울철 엔진 시동이 어렵다.
② 엔진 오일의 소모가 적으므로 오일 교환 기간이 길어진다.
③ 가솔린에 비해 쉽게 기화하므로 연소가 균일하여 엔진 소음이 적다.

38 ㉯ : 고온, 고압의 가혹한 조건에서 장시간 사용할 수 있을 것

정답 34. ㉰ 35. ㉮ 36. ㉱ 37. ㉱ 38. ㉯

39 디젤 엔진의 노킹 발생 원인이 아닌 것은 어느 것인가? 2013.3.10

㉮ 흡입공기 온도가 너무 높을 때
㉯ 순차분사 엔진 회전속도가 너무 빠를 때
㉰ 압축비가 너무 낮을 때
㉱ 착화온도가 너무 높을 때

40 디젤 엔진이 가솔린 엔진에 비하여 좋은 점은 어느 것인가? 2013.6.2

㉮ 시동이 쉽다.
㉯ 제동 열효율이 높다.
㉰ 마력당 엔진의 무게가 가볍다.
㉱ 소음진동이 적다.

41 자동차용 LPG의 장점이 아닌 것은? 2012.3.4

㉮ 대기오염이 적고 위생적이다.
㉯ 엔진 소음이 정숙하다.
㉰ 증기폐쇄(vapor lock)가 잘 일어난다.
㉱ 이론공연비에 가까운 값에서 완전연소한다.

42 공기과잉률(λ)에 대한 설명이 바르지 못한 것은? 2012.3.4

㉮ 연소에 필요한 이론적 공기량에 대한 공급된 공기량과의 비를 말한다.
㉯ 엔진에 흡입된 공기의 중량을 알면 연료의 양을 결정할 수 있다.
㉰ 공기과잉률이 1에 가까울수록 출력은 감소하며 검은 연기를 배출하게 된다.
㉱ 자동차 엔진에서는 전부하(최대분사량) 일 때 1.2~1.4 정도가 된다.

43 연료의 과다한 분사로 점화플러그가 젖어 불꽃이 튀지 못하는 현상은? 2011.3.20

㉮ 노킹 현상
㉯ 서징 현상
㉰ 플러딩 현상
㉱ 훅 현상

answers & explanations

40 ① 제동 열효율이 높고, 연료 소비율이 적다.
② 인화점이 높은 경유를 연료로 사용하므로 그 취급이나 저장이 용이하다.
③ 대형 엔진 제작이 가능하다.
④ 배기가스가 가솔린 엔진보다 덜 유독하다.
⑤ 점화장치가 없어 이에 따른 고장이 적다.
⑥ 2행정 사이클 엔진이 비교적 유리하다.

41 LPG의 특징
① 가스 상태이므로 증기폐쇄가 일어나지 않는다.
② 연소효율이 좋고, 엔진이 정숙하다.
③ 오일의 오염이 적어 엔진 수명이 길다.
④ 대기오염이 적고, 위생적이다.
⑤ 옥탄가가 높고 노킹이 적어 점화시기를 앞당길 수 있다.
⑥ 연소실에 카본 부착이 없어 점화플러그 수명이 길어진다.
⑦ 이론공연비에 가까운 값에서 완전연소한다.

42 엔진에 공급되는 공기와 연료의 질량비를 공연비라고 하며, 실제 운전에서 흡입된 공기량을 이론상 완전연소에 필요한 공기량으로 나눈 값을 공기과잉률이라 한다.

$$\text{공기과잉률}(\lambda) = \frac{\text{실제 흡입된 공기량}}{\text{이론공연비}}$$

공기과잉률(λ)이 1에 가깝거나 크게 되면 CO, HC가 증가되고 1보다 작게 되면 공연비가 농후한 상태로 NOx가 증가된다.

정답 39. ㉮ 40. ㉯ 41. ㉰ 42. ㉰ 43. ㉰

44 LPG 엔진의 특징을 옳게 설명한 것은 어느 것인가? 2010.3.7

㉮ 기화하기 쉬워 연소가 균일하다.
㉯ 겨울철 이동이 쉽다.
㉰ 베이퍼로크나 퍼컬레이션이 일어나기 쉽다.
㉱ 배기가스에 의한 배기관, 소음기 부식이 쉽다.

45 디젤 엔진의 노킹 발생을 줄일 수 있는 방법은 어느 것인가? 2009.5.10

㉮ 압축 압력을 낮춘다.
㉯ 엔진의 온도를 낮춘다.
㉰ 흡기 압력을 낮춘다.
㉱ 착화지연을 짧게 한다.

46 착화지연기간에 대한 설명으로 맞는 것은 어느 것인가? 2008.9.7

㉮ 연료가 연소실에 분사되기 전부터 자기 착화되기까지 일정한 시간이 소요되는 것을 말한다.
㉯ 연료가 연소실 내로 분사된 후부터 자기 착화되기까지 일정한 시간이 소요되는 것을 말한다.
㉰ 연료가 연소실에 분사되기 전부터 후연소 기간까지 일정한 시간이 소요되는 것을 말한다.
㉱ 연료가 연소실 내로 분사된 후부터 후기 연소기간까지 일정한 시간이 소요되는 것을 말한다.

47 디젤 엔진의 회전속도가 1,800 rpm일 때 20°의 착화지연시간은 얼마인가? 2008.9.7

㉮ 2.77 ms ㉯ 0.10 ms
㉰ 66.66 ms ㉱ 1.85 ms

answers & explanations

44 LPG 엔진의 특징
① 기화하기 쉬워 연소가 균일하다.
② 가스 상태이므로 증기폐쇄가 일어나지 않는다.
③ 대기오염이 적고 위생적이다.
④ 연소효율이 좋고 엔진이 정숙하다.
⑤ 오일의 오염이 적어 엔진 수명이 길다.
⑥ 옥탄가가 높고 노킹이 적어 점화시기를 앞당길 수 있다.
⑦ 연소실에 카본 부착이 없어 점화플러그 수명이 길어진다.

45 디젤 엔진의 노킹을 줄일 수 있는 방법
① 착화지연을 짧게 한다.
② 세탄가가 높은 연료를 사용한다.
③ 엔진의 온도를 높인다.
④ 흡기온도를 높인다.
⑤ 압축압력, 흡기압력을 높인다.
⑥ 흡입공기에 와류가 발생되도록 한다.

46 착화지연기간(A~B) : 연료가 안개 모양으로 분사되어 실린더 내의 압축공기에 의해 가열되어 착화온도에 가까워지는 기간이다.

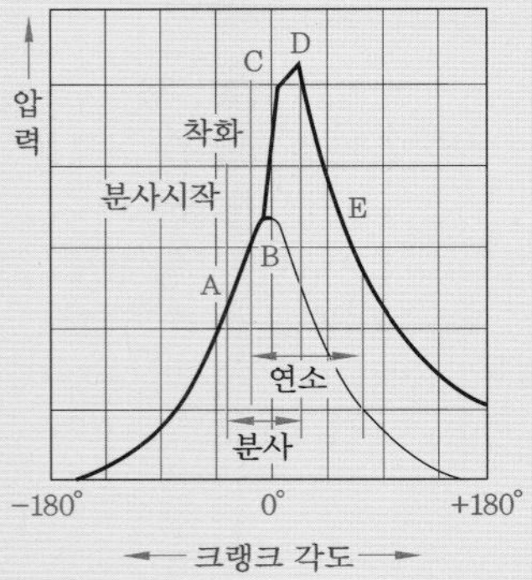

47 크랭크축 회전각도$(\alpha) = 6 \cdot N \cdot t$

$$\therefore\ t = \frac{\alpha}{6 \cdot N} = \frac{20}{6 \times 1{,}800} = 1.85 \times 10^{-3} = 1.85\,\text{ms}$$

정답 44. ㉮ 45. ㉱ 46. ㉯ 47. ㉱

48 자동차로 15 km의 거리를 왕복하는데 40분이 걸렸다. 이때 연료소비는 1,830 cc이었다. 왕복 시 평균속도와 연료소비율은 약 얼마인가? 2008.9.7

㉮ 23 km/h, 12 km/L
㉯ 45 km/h, 16 km/L
㉰ 50 km/h, 20 km/L
㉱ 60 km/h, 25 km/L

49 인젝터 클리너를 사용하여 인젝터를 청소하는 경우, 인젝터 팁(tip) 부분이 강한 약품에 의하여 손상되었을 때, 발생할 수 있는 문제점으로 가장 옳은 것은? 2011.3.20

㉮ 연료소비량 및 유해 배출가스가 증가한다.
㉯ NOx가 더 많이 배출된다.
㉰ 시동성이 나빠진다.
㉱ 엔진의 회전력이 감소된다.

50 LPG 엔진에서 액상·기상 솔레노이드 밸브에 대한 설명으로 틀린 것은? 2012.8.26

㉮ 엔진의 온도에 따라 액상과 기상을 전환한다.
㉯ 냉간 시에는 액상 연료를 공급하여 시동성을 향상시킨다.
㉰ 기상의 솔레노이드가 작동하면 봄베 상단부에 형성된 기상의 연료가 공급된다.
㉱ 수온 스위치의 신호에 따라 액상·기상이 전환된다.

51 LPI 시스템에서 부탄과 프로판의 조성 비율을 판단하기 위한 센서 2가지는? 2015.8.16

㉮ 연료량 감지 센서, 온도 센서
㉯ 유온 센서, 압력 센서
㉰ 수온 센서, 유온 센서
㉱ 압력 센서, 온도 센서

answers & explanations

48 $속도(V) = \dfrac{거리(s)}{시간(t)}$

$연료소비율(F) = \dfrac{거리}{연료소비량}$

$V = \dfrac{15\,\text{km} \times 2}{40\,\text{min}} = 0.75\,\text{km/min}$

$\therefore V = \dfrac{0.75\,\text{km}}{\text{min}} \times \dfrac{60\,\text{min}}{1\text{h}} = 45\,\text{km/h}$

※ $1\,\text{h} = 60\,\text{min}$

$\therefore F = \dfrac{15\,\text{km} \times 2}{1.83\,\text{L}} = 16.39\,\text{km/L}$

※ $1\,\text{L} = 1{,}000\,\text{cc}$

49 연료 인젝터를 인젝터 클리너를 사용하여 인젝터를 청소하는 경우 팁 부분이 손상될 수 있으며 이로 인하여 연료 소비량이 증가하고 유해 배출가스가 증가한다. 인젝터 공급 전원은 연료펌프 릴레이에서 공급되며, ECU제어에 의해 실린더별 인젝터가 작동하게 된다.

50 LPG 엔진에서 액상·기상 솔레노이드 밸브의 작동 ECU는 냉각수 온도가 15℃ 이하의 경우에는 기체 솔레노이드 밸브를, 냉각수 온도가 15℃ 이상일 경우에는 액체 솔레노이드를 작동시킨다.

51 레귤레이터 유닛(regulator unit) : LPG의 프로판과 부탄의 조성은 온도에 따라 압력이 변화하고, 프로판과 부탄의 비점은 각각 −45℃, −0.5℃이므로 LPI 시스템에서 LPG를 액체 상태로 연료를 분사하기 어렵다. 이러한 이유로 보다 정확한 연료 분사량을 결정하기 위해 레귤레이터 유닛에 연료 압력 조절기(fuel pressure regulator)를 두어 연료 공급 계통의 압력을 고압력(5~15 bar)으로 유지하고, 가스 압력 센서(GPS)으로 유지하고, 가스 압력 센서(GPS)와 가스 온도 센서(GTS)를 부착하여 연료의 특성(조성 비율 등)을 파악하여 분사량과 분사시기를 계산하는데 사용한다.

정답 48. ㉯ 49. ㉮ 50. ㉯ 51. ㉱

52 **전자제어 가솔린 연료분사장치 차량에서 연료펌프 구동과 관련이 없는 것은?** 2010.9.5

㉮ 크랭크각 센서
㉯ 수온 센서
㉰ 연료펌프 릴레이
㉱ 엔진 컴퓨터(ECU)

53 **가솔린 엔진에서 공기와 연료의 혼합비(λ)에 대한 설명으로 틀린 것은 다음 중 어느 것인가?** 2011.10.2

㉮ λ 값이 1일 때를 이론혼합비라 하고 CO의 양은 적다.
㉯ λ 값이 1보다 크면 공기 과잉 상태이다.
㉰ λ 값이 1보다 작으면 농후해지고 CO양은 많아진다.
㉱ λ 값이 1부근일 때 질소산화물의 양은 최소이다.

54 **가솔린 연료의 기화성에 대한 설명으로 틀린 것은?** 2012.8.26

㉮ 연료라인이 과열하면 베이퍼로크(vapor lock) 현상이 발생한다.
㉯ 냉간 상태에서 시동 시에는 기화성이 좋아야 한다.
㉰ 더운 날 기화기 내의 연료가 비등할 수 있다.
㉱ 연료펌프가 불량하면 퍼컬레이션(percolation) 현상이 발생한다.

55 **전자제어 연료분사식 가솔린 엔진에서 분배 파이프 또는 연료펌프와 연료필터 사이에 설치되는 연료 댐퍼의 기능으로 맞는 것은?** 2011.10.2

㉮ 감속 시 연료 차단
㉯ 분배 파이프 내 압력 유지
㉰ 연료압력 맥동 저감
㉱ 연료 라인의 릴리프 기능

answers & explanations

52 전자제어 엔진에서 연료펌프 구동은 크랭크각 센서의 rpm 신호가 ECU로 입력되면 ECU는 연료펌프 릴레이를 ON시켜 연료펌프가 구동되도록 하며 인젝터를 제어함으로써 엔진시동이 걸린다.

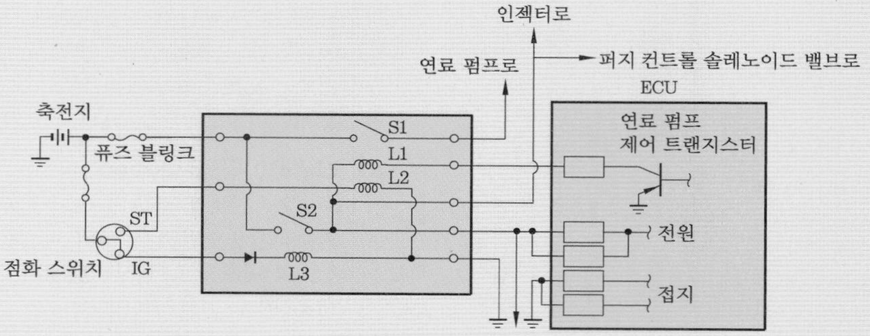

53 (λ) 값이 1 부근일 때 연소실 내부의 온도가 상승하므로 질소산화물(NOx)의 발생량은 최대가 된다.

54 퍼컬레이션(percolation) : 연료가 비등하여 끓어 넘치는 현상으로 날씨가 더울 때 나타나는 현상이므로 연료 펌프 고장과는 관련이 없다.

55 연료 댐퍼(damper) : 연료 라인 내 펌프 발생 압력 및 라인 내 발생되는 맥동(완충)을 흡수하여 연료압을 안정화시키는 역할을 한다.

정답 52. ㉯ 53. ㉱ 54. ㉱ 55. ㉰

56 LPG 엔진에 사용하는 베이퍼라이저의 설명으로 틀린 것은? 2012.5.20

㉮ 베이퍼라이저의 1차실은 연료를 저압으로 감압시키는 역할을 한다.
㉯ 베이퍼라이저의 1차실 압력 측정은 압력계를 설치한 후 엔진의 시동을 끄고 측정한다.
㉰ 베이퍼라이저의 1차실 압력 측정은 엔진이 웜업된 상태에서 측정함이 바람직하다.
㉱ 베이퍼라이저에는 냉각수의 통로가 설치되어 있어야 한다.

57 다음 중 디젤 노크에 대한 설명으로 가장 적합한 것은? 2008.9.7

㉮ 연료가 실린더 내 고온 고압의 공기 중에 분사하여 착화할 때 착화지연기간이 길어지면 실린더 내에 분사하여 누적된 연료량이 일시에 급격히 착화 연소 팽창하게 되어 고열과 함께 심한 충격이 가해지게 된다.
㉯ 연료가 실린더 내 고온 고압의 공기 중에 분사하여 점화될 때 점화지연기간이 길어지면 실린더 내에 분사하여 누적된 연료량이 일시에 급격히 착화 연소 팽창하게 되어 고열과 함께 심한 충격이 가해지게 된다.
㉰ 연료가 실린더 내 저온 저압의 공기 중에 분사하여 착화될 때 착화지연기간이 짧아지면 실린더 내에 분사하여 누적된 연료량이 서서히 증가하고 착화 연소 팽창하게 되어 고열과 함께 심한 충격이 가해지게 된다.
㉱ 연료가 실린더 내 저온 저압의 공기 중에 분사하여 점화될 때 점화지연기간이 짧아지면 실린더 내에 분사하여 누적된 연료량이 서서히 증가하고 점화 연소 팽창하게 되어 고열과 함께 심한 충격이 가해지게 된다.

58 LPI 엔진의 연료장치에서 장시간 차량 정지 시 수동으로 조작하여 연료토출 통로를 차단하는 밸브는? 2011.6.12

㉮ 과류방지 밸브 ㉯ 매뉴얼 밸브
㉰ 리턴 밸브 ㉱ 릴리프 밸브

59 디젤 엔진의 연료공급 장치에서 연료공급 펌프로부터 연료가 공급되나 분사펌프로부터 연료가 송출되지 않거나 불량한 원인으로 틀린 것은? 2010.9.5

㉮ 연료여과기의 여과망 막힘
㉯ 플런저와 플런저 배럴의 간극 과다
㉰ 조속기 스프링의 장력 약화
㉱ 연료 여과기 및 분사펌프에 공기 혼입

answers & explanations

56 베이퍼라이저의 기능 : 1차실 압력 측정은 엔진의 시동을 끄고 압력계를 설치한 후 엔진의 시동을 걸고 측정한다.

57 디젤 노크 : 연료가 분사된 다음 연소를 시작할 때까지 고온의 공기 속에 체류하는 시간이 길기 때문에 이때 분사된 연료 입자의 대부분이 기화되며 혼합기가 대량으로 형성된다. 이 상태에서 착화가 일어나면 그 연소는 매우 급격하고 압력도 급상승하게 된다. 따라서 디젤 노크를 억제하기 위해서는 착화지연시간을 짧게 하고 연료의 착화성, 연소실 형상, 분사장치의 개선도 필요하다.
"착화지연기간이 길다"라는 것은 연료가 분사된 다음에 연소를 개시할 때까지의 고온의 공기 중에 체류하고 있는 시간이 긴 것을 의미한다.

59 조속기는 디젤 엔진 rpm을 일정한 속도로 유지하기 위한 장치로 조속기 스프링 장력의 변화는 엔진의 속도 조절이 안 되는 증상으로 나타난다.

정답 56. ㉯ 57. ㉮ 58. ㉯ 59. ㉰

60 LPG 자동차에 대한 설명으로 틀린 것은 어느 것인가? 2013.3.10

㉮ 배기량이 같을 경우 가솔린 엔진에 비해 출력이 낮다.
㉯ 일반적으로 NOx는 가솔린 엔진에 비해 많이 배출된다.
㉰ LP가스는 영하의 온도에서는 기화되지 않는다.
㉱ 탱크는 밀폐식으로 되어 있다.

61 자동차용 연료인 LPG에 대한 설명으로 틀린 것은? 2011.6.12

㉮ 기체 가스는 공기보다 무겁다.
㉯ 연료의 저장은 가스 상태로 한다.
㉰ 연료는 탱크 용량의 약 85 % 정도 충진한다.
㉱ 탱크 내 온도 상승에 의해 압력 상승이 일어난다.

62 가솔린 300 cc를 연소시키기 위하여 약 몇 kgf의 공기가 필요한가? (단, 혼합비는 15, 가솔린의 비중은 0.75이다.) 2015.8.16

㉮ 1.19 ㉯ 2.42
㉰ 3.37 ㉱ 49.2

answers & explanations

60 LPG 엔진은 겨울철 차량 운행 시 엔진 냉각수에 의해 증발잠열로 인한 빙결을 방지하고 베이퍼라이저를 통하여 기체가스를 형성한다. 봄베 내에 기체의 연료가 부족하여 시동성은 저하된다.

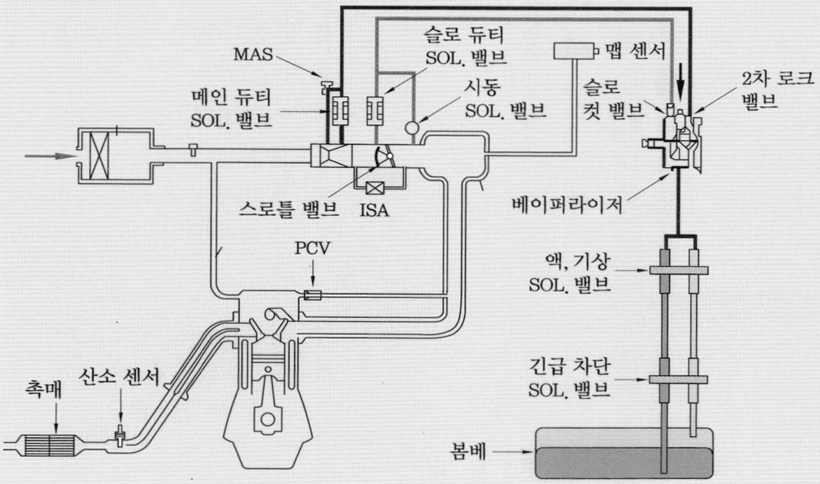

61 LPG(liquefied petroleum gas)는 액화석유가스로 연료는 액체 상태로 가압에 의해 충진한다.

62 300 cc=300 ml=300 g=0.3 kgf이고 가솔린의 비중이 0.75이므로 0.3 kgf×0.75=0.225 kgf이다. 이론공연비가 15이므로 연료중량(kgf)은 15 : 1이고 공기중량(kgf) : 0.225 kgf=15 : 1이다.
∴ 공기중량(kgf)=15×0.225 kgf=3.37 kgf

정답 60. ㉰ 61. ㉯ 62. ㉰

63 가솔린 엔진과 비교한 LPG 엔진에 대한 설명으로 옳은 것은? 2014.8.17

㉮ 저속에서 노킹이 자주 발생한다.
㉯ 프로판과 부탄을 사용한다.
㉰ 액화가스는 압축행정말 부근에서 완전 기체상태가 된다.
㉱ 타르의 생성이 없다.

64 연료 증발가스를 활성탄에 흡착 저장 후 엔진 웜업 시 흡기 매니폴드로 보내는 부품은? 2011.10.2

㉮ 차콜 캐니스터
㉯ 플로트 체임버
㉰ PCV장치
㉱ 삼원촉매장치

65 자동차용 디젤 엔진의 분사 펌프에서 분사 초기에는 분사시기를 변경시키고 분사 말기는 일정하게 하는 리드 형식은? 2009.3.1

㉮ 역 리드 ㉯ 양 리드
㉰ 정 리드 ㉱ 각 리드

66 연료탱크 내의 연료펌프에 설치된 릴리프 밸브가 하는 역할이 아닌 것은? 2008.3.2

㉮ 연료압력의 과다 상승을 방지한다.
㉯ 모터의 과부하를 방지한다.
㉰ 과압의 연료를 연료탱크로 보내준다.
㉱ 체크 밸브의 기능을 보조해준다.

67 인젝터 클리너를 사용하여 가솔린 자동차의 인젝터를 청소 후, 인젝터 팁(tip) 부분이 강한 약품에 의하여 손상된 경우 발생할 수 있는 문제점은? 2014.5.25

㉮ 유해 배기가스가 증가한다.
㉯ 매연이 감소한다.
㉰ 연료 소비량이 감소한다.
㉱ 엔진의 회전력이 감소한다.

answers & explanations

63 LPG 엔진의 특징
① 프로판과 부탄을 사용한다.
② 엔진의 작동이 정숙하다.
③ 엔진 오일의 수명이 길다.
④ 가솔린 엔진에 비해 질소산화물의 배출이 많다.
⑤ 겨울철 시동성이 좋지 않다.

64 차콜 캐니스터(charcoal canister) : 연료 계통에서 발생한 증발가스(탄화수소)를 캐니스터(canister)에 포집한 후 PCSV(purge control solenoid valve)의 조절에 의하여 흡기다기관을 통하여 연소실로 보내어 연소시킨다.

65 디젤 엔진 분사펌프 플런저의 리드 방식
① 정 리드 : 분사 초기가 일정하고 분사 말기가 변화
② 역 리드 : 분사 초기가 변화하고 분사 말기가 일정
③ 양 리드 : 분사 초기와 분사 말기가 모두 변화

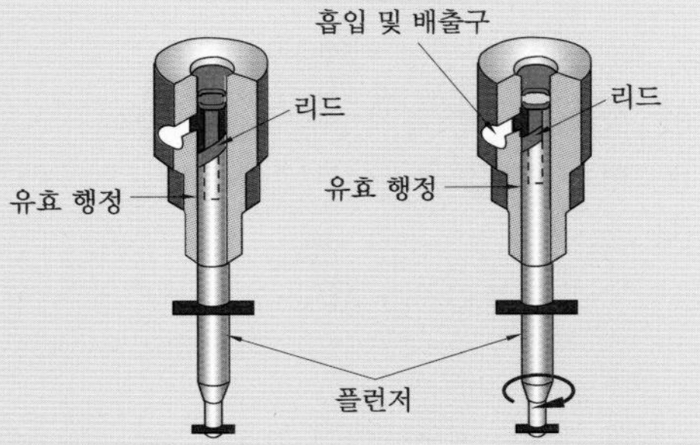

67 인젝터 팁 부분이 손상되면 연료분사 구멍의 크기 변형으로 연료분사량이 불량하여 배기가스 증가와 엔진의 성능 저하 현상이 발생할 수 있다.

정답 63. ㉯ 64. ㉮ 65. ㉮ 66. ㉱ 67. ㉮

제4장 윤활 및 냉각장치

01 엔진의 윤활방식 중 윤활유가 모두 여과기를 통과하는 방식은? 2012.5.20

㉮ 전류식 ㉯ 분류식
㉰ 중력식 ㉱ 션트식

02 엔진 오일 상태와 오일 양 점검 방법으로 틀린 것은? 2011.3.20

㉮ 오일의 변색과 수분의 유입 여부를 점검한다.
㉯ 엔진 오일의 질이 불량한 경우 보충한다.
㉰ 엔진 웜업 후 정지 상태에서 오일 양을 점검한다.
㉱ 오일 양 게이지 F와 L 사이에 위치하는지 확인한다.

03 주행 중 엔진이 과열되는 원인이 아닌 것은 어느 것인가? 2012.5.20

㉮ 워터 펌프가 불량하다.
㉯ 서모스탯이 열려 있다.
㉰ 라디에이터 캡이 불량하다.
㉱ 냉각수가 부족하다.

04 내접 기어식 오일펌프의 점검 개소가 아닌 것은? 2013.3.10

㉮ 아우터 기어와 케이스 간극
㉯ 기어의 이끝과 크레센트 간극
㉰ 베인과 스프링의 장력 및 간극
㉱ 기어 측면과 커버의 사이드 간극

answers & explanations

01 윤활방식의 분류
① 전류식 : 윤활유 전부를 여과시켜 공급하는 방식, 막히면 바이패스 밸브로 통과시킨다.
② 분류식 : 윤활유의 일부는 여과시키고, 여과하지 않은 오일은 공급하는 방식이다.
③ 션트(shunt)식 : 오일의 일부는 여과시켜서 공급, 일부는 바로 공급되는 방식이다.

02 엔진 오일의 질이 불량하면 보충해서는 안 되며, 무조건 교환해야 한다.

03 엔진이 과열되는 원인
① 수온조절기가 열린 상태로 고장이 났다.
② 팬벨트가 마모 또는 이완되었다(벨트 장력 저하).
③ 수온조절기(서모스탯)의 작동이 불량하다.
④ 라디에이터 코어가 20% 이상 막혔다.
⑤ 냉각수가 부족하다.
⑥ 냉각장치 내부에 물때가 쌓였다.

04

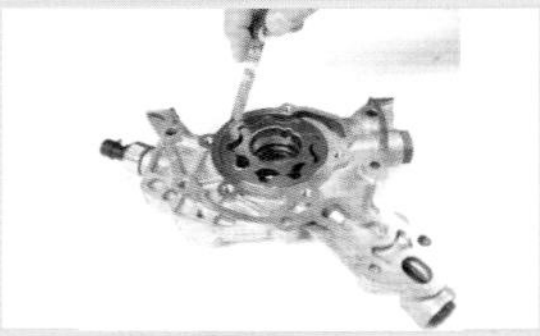
보디 간극

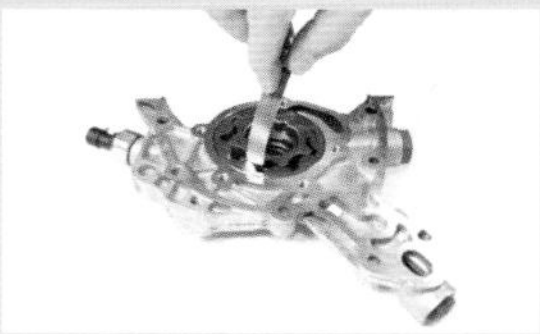
팁 간극

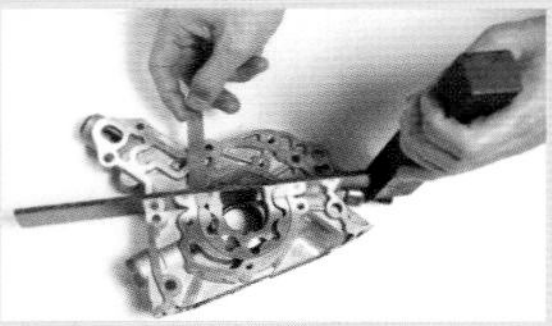
사이드 간극

정답 01. ㉮ 02. ㉯ 03. ㉯ 04. ㉰

05 냉각장치에 사용되고 있는 전동 팬(fan)의 특성에 대한 설명으로 적합한 것은? 2011.6.12

㉮ 번잡한 시가지 주행에 부적당하다.
㉯ 방열기의 설치가 용이하지 못하다.
㉰ 일정한 풍량을 확보할 수 있어 냉각 효율이 좋다.
㉱ 릴레이 형식에 따라 압송형과 토출형의 2종류가 있다.

06 2행정 엔진에서 주로 사용되는 윤활방식은? 2013.6.2

㉮ 비산 압력식 ㉯ 압력식
㉰ 분리 윤활식 ㉱ 비산식

07 주행 중 엔진이 과열되는 원인과 대책으로 틀린 것은? 2012.5.20

㉮ 냉각수가 부족하므로 보충한다.
㉯ 팬벨트 이완이므로 규정값으로 조정한다.
㉰ 수온센서 값이 실제 온도보다 높으므로 교환한다.
㉱ 방열기 캡 결함이므로 신품으로 교환한다.

08 휴대용 진공펌프 시험기로 점검할 수 있는 것으로 부적합한 것은? 2010.3.7

㉮ E.G.R 밸브 점검
㉯ 서머밸브 점검
㉰ 브레이크 하이드로 백 점검
㉱ 라디에이터 캡 점검

09 엔진의 냉각장치 회로에 공기가 차 있을 경우 나타날 수 있는 현상과 관련 없는 것은? 2008.5.11

㉮ 냉각수 순환 불량
㉯ 엔진 과랭
㉰ 히터 성능 불량
㉱ 구성품의 손상

10 윤활유의 구비조건으로 틀린 것은 다음 중 어느 것인가? 2009.8.30

㉮ 응고점이 높고 유동성 있는 유막을 형성할 것
㉯ 적당한 점도를 가질 것
㉰ 카본 형성에 대한 저항력이 있을 것
㉱ 인화점이 높을 것

answers & explanations

05 ① 일정한 풍량을 확보할 수 있어 냉각 효율이 좋고, 히터의 난방이 빠르다.
② 복잡한 시가지 주행에 적당하며, 라디에이터(radiator)의 설치가 용이하다.
③ 가격이 비싸고 소비 전력이 크며, 소음이 크다.

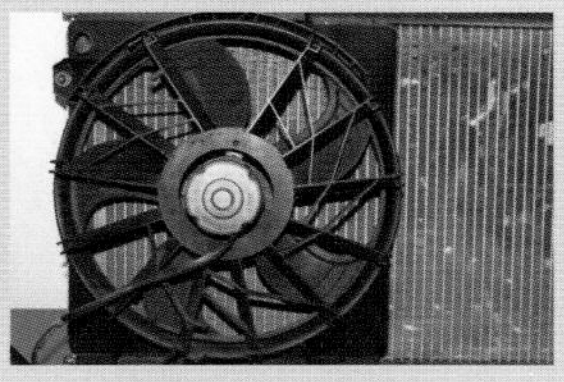

06 분리 윤활식 : 주요 윤활 부분에 오일 펌프로 오일을 압송하는 형식. 4사이클 엔진의 압송식과 같다.

07 수온 센서는 부특성이므로 온도가 낮으면 저항이 커지고 온도가 높으면 저항이 낮다(온도와 저항은 반비례 관계이다).

08 라디에이터 캡은 크므로 용량이나 호스가 크기 때문에 라디에이터 캡 전용 시험기로 점검한다.

09 엔진의 냉각장치는 물펌프에 의한 강제순환식이므로 냉각장치 내에 공기가 차 있을 경우는 압력 저하로 인해 냉각수 순환이 불량하여 엔진이 과열된다.

10 윤활유의 구비조건
① 인화점과 발화점이 높을 것
② 열과 산에 대하여 안정될 것
③ 비중과 점도가 적당할 것
④ 응고점이 낮을 것
⑤ 카본 생성에 대해 저항력이 클 것

정답 05. ㉰ 06. ㉰ 07. ㉰ 08. ㉱ 09. ㉯ 10. ㉮

11 엔진 오일에 캐비테이션이 발생할 때 나타나는 현상이 아닌 것은? 2012.8.26

㉮ 진동, 소음 증가
㉯ 펌프 토출압력의 불규칙한 변화
㉰ 윤활유의 윤활 불안정
㉱ 점도지수 증가

12 엔진 오일 압력시험을 하고자 할 때 오일 압력 시험기의 설치 위치로 적합한 곳은? 2009.3.1

㉮ 엔진 오일 레벨게이지
㉯ 엔진 오일 드레인 플러그
㉰ 엔진 오일 압력 스위치
㉱ 엔진 오일 필터

13 LP가스를 사용하는 자동차의 봄베에 부착되지 않는 것은? 2008.9.7

㉮ 충전밸브
㉯ 송출밸브
㉰ 안전밸브
㉱ 메인 듀티 솔레노이드 밸브

14 LPG 자동차에서 액상 분사 시스템(LPI)에 대한 설명 중 틀린 것은? 2012.3.4

㉮ 빙결 방지용 인젝터를 사용한다.
㉯ 연료펌프를 설치한다.
㉰ 가솔린 분사용 인젝터와 공용으로 사용할 수 없다.
㉱ 액·기상 전환밸브의 작동에 따라 분사량이 제어되기도 한다.

answers & explanations

11 캐비테이션(cavitation) : 공동(空洞) 현상으로 오일이 회전에 의해 뒷부분에 오일이 비어있는 현상을 말한다. 공동 현상이 발생되면 점도지수가 낮아진다.

12 엔진 오일 압력시험은 엔진 오일 압력 스위치를 탈거하고 압력계를 설치하여 시험한다(가솔린 : 2~3 kgf/cm^2, 디젤 : 3~4 kgf/cm^2).

13 봄베(bombe) : LPG 엔진의 연료 탱크이며, 충전밸브, 송출밸브(액상 밸브, 가상 밸브), 안전밸브, 액면 표시 장치가 설치되어 있다.

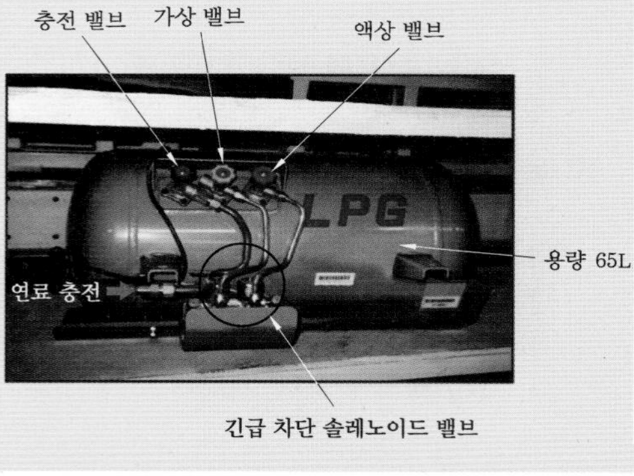

14 액·기상밸브는 LPI 장치 액상 분사 시스템에 해당 사항 없으며, LPG 시스템에서도 냉간 시와 온간 시에 따라 LPG를 기상가스 및 액상가스를 단속 공급할 뿐 분사량을 제어하지는 않는다.

※ 액화석유가스 엔진의 분류
액화석유가스 엔진은 연료 공급방식과 제어방식에 따라 믹서식, 피드백 믹서식, LPI 방식, LPDI 방식으로 분류된다.
믹서식 액화석유가스 엔진(LPG)은 초기방식으로 흡입공기가 믹서의 벤투리를 통과할 때 발생하는 압력의 변화를 이용하여 연료를 공급하는 방식이다(1세대 방식).

정답 11. ㉱ 12. ㉰ 13. ㉱ 14. ㉱

15 라디에이터 캡 시험기로 점검할 수 없는 것은? 2008.9.7

㉮ 라디에이터 코어 막힘 여부
㉯ 라디에이터 코어 손상으로 인한 누수 여부
㉰ 냉각수 호스 및 파이프와 연결부에서의 누수 여부
㉱ 라디에이터 캡의 불량 여부

16 겨울철 엔진의 냉각수 순환이 정상으로 작동되고 있는데 히터를 작동시켜도 온도가 올라가지 않을 때 주 원인이 되는 것은? 2012.3.4

㉮ 워터 펌프의 고장이다.
㉯ 서모스탯이 열린 채로 고장이다.
㉰ 온도 미터의 고장이다.
㉱ 라디에이터 코어가 막혔다.

17 윤활유 첨가제와 거리가 먼 것은? 2013.6.2

㉮ 부식 방지제 ㉯ 유동점 강하제
㉰ 극압 윤활제 ㉱ 인화점 강하제

18 엔진의 윤활장치 설명 중 틀린 것은 다음 중 어느 것인가? 2011.10.2

㉮ 엔진 오일의 압력은 약 2~4 kgf/cm^2 이다.
㉯ 범용 오일 10 W-30이란 숫자는 오일의 점도지수이다.
㉰ 겨울철에는 점도지수가 낮은 오일이 효과적이다.
㉱ 엔진온도가 낮아지면 오일의 점도는 낮아진다.

19 가솔린 엔진에서 온도 게이지가 "HOT" 위치에 있을 경우 점검해야 하는 사항으로 가장 거리가 먼 것은? 2013.8.18

㉮ 냉각 전동 팬 작동 상태
㉯ 라디에이터의 막힘 상태
㉰ 수온 센서 혹은 수온 스위치의 작동 상태
㉱ 부동액의 농도 상태

answers & explanations

15 라디에이터 캡 시험기는 기밀 여부를 점검하여 누수를 점검하는 시험기이다.
(0.83~1.1 kgf/cm^{2}를 10~15초간 기밀 유지)

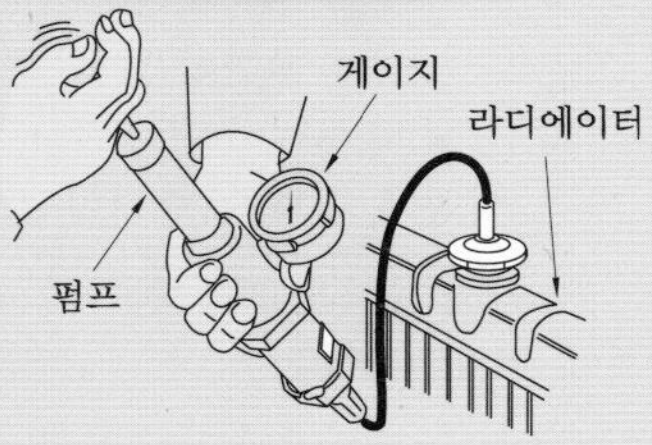

16 서모스탯(thermostat)의 작동은 65~85℃에서 작동되어야 하지만, 열린 채로 고장나면 냉각수가 라디에이터로 넘어가 냉각 순환되므로 엔진의 온도가 올라가지 않는다. 히터는 엔진 냉각수를 이용한 차량 난방이므로 엔진온도 저하로 히터는 찬바람이 나온다.

18 ㉱ : 엔진의 온도가 낮아지면 오일의 점도는 높아진다.

19 부동액의 농도는 비중계로 점검한다.

정답 15. ㉮ 16. ㉯ 17. ㉱ 18. ㉱ 19. ㉱

20 냉각팬의 점검과 직접 관계가 없는 것은 어느 것인가? 2013.6.2

가 물 펌프 축과 부시 사이의 틈새
나 원활한 회전과 소음 발생 여부
다 팬의 균형
라 팬의 손상과 휨

21 자동차 엔진 작동 중 과열의 원인이 아닌 것은? 2009.8.30

가 전동 팬이 고장일 때
나 수온조절기가 닫힌 상태로 고장일 때
다 냉각수가 부족할 때
라 구동벨트의 장력이 팽팽할 때

22 윤활유가 갖추어야 할 주요 기능으로 틀린 것은? 2009.3.1

가 냉각작용
나 응력 집중작용
다 방청작용
라 밀봉작용

23 압력식 캡을 밀봉하고 냉각수의 팽창과 동일한 크기의 보조 물탱크를 설치하여 냉각수를 순환시키는 방식은? 2010.5.9

가 밀봉 압력방식
나 압력 순환방식
다 자연 순환방식
라 강제 순환방식

24 다음 중 윤활유가 갖추어야 할 조건으로 틀린 것은? 2009.8.30

가 카본 생성이 적을 것
나 비중이 적당할 것
다 열과 산에 대하여 안정성이 있을 것
라 인화점이 낮을 것

25 수랭식과 비교한 공랭식 엔진의 장점이 아닌 것은? 2011.3.20

가 구조가 간단하다.
나 마력당 중량이 가볍다.
다 정상온도에 도달하는 시간이 짧다.
라 엔진을 균일하게 냉각시킬 수 있다.

answers & explanations

21 구동벨트의 장력이 헐거울 때 과열의 원인이 되며, 구동벨트의 장력이 크게 되면 물 펌프 베어링이 마모되는 원인이 된다.

22 윤활유의 작용
① 감마작용 ② 기밀작용 ③ 냉각작용
④ 세척작용 ⑤ 방청작용 ⑥ 응력 분산작용

23 냉각수 순환방식
① 밀봉 압력식 : 압력 순환 방식에 보조 물탱크를 두어 냉각수가 외부로 배출되지 않고 순환시켜 냉각
② 자연 순환식 : 냉각수의 대류에 의해 순환시켜 냉각
③ 강제 순환식 : 물 펌프를 이용하여 강제로 순환시켜 냉각
④ 압력 순환식 : 냉각계통을 밀폐시키고 캡에 압력을 가해 비등점을 높여서 냉각

24 윤활유의 구비 조건
① 인화점과 발화점이 높을 것
② 응고점이 낮을 것
③ 비중과 점도가 적당할 것
④ 열과 산에 대하여 안정될 것
⑤ 카본 생성에 대해 저항력이 클 것

25 공기에 의해 냉각하므로 냉각의 효율성이 수냉식에 비해 나쁘다.

정답 20. 가 21. 라 22. 나 23. 가 24. 라 25. 라

26 4행정 사이클 엔진의 윤활방식에 속하지 않는 것은? 2012.3.4

㉮ 압송식 ㉯ 복합식
㉰ 비산식 ㉱ 비산 압송식

27 냉각장치의 냉각팬을 작동하기 위한 입력 신호가 아닌 것은? 2009.8.30

㉮ 냉각수온 센서
㉯ 에어컨 스위치
㉰ 수온 스위치
㉱ 엔진 회전수 신호

28 겨울철 엔진의 냉각수 순환이 정상으로 작동되고 있는데, 히터를 작동시켜도 온도가 올라가지 않을 때 주원인이 되는 것은? 2009.8.30

㉮ 워터 펌프의 고장이다.
㉯ 서모스탯의 고장이다.
㉰ 온도 미터의 고장이다.
㉱ 라디에이터 코어가 막혔다.

29 엔진에서 유압이 높을 때의 원인과 관계없는 것은? 2009.5.10

㉮ 윤활유의 점도가 높을 때
㉯ 유압 조정 밸브 스프링의 장력이 강할 때
㉰ 오일 파이프의 일부가 막혔을 때
㉱ 베어링과 축의 간격이 클 때

30 내연엔진 윤활유 분류에 적용되는 검사항목이 아닌 것은? 2014.5.25

㉮ 저온유동성
㉯ 증발성
㉰ 산화안정성
㉱ 압축성

answers & explanations

26 엔진 윤활방식의 종류
① 압송식 : 크랭크축이나 캠축으로 구동되는 오일펌프를 이용하여 오일 팬 내의 오일을 흡입 가압하여 윤활 부분으로 공급하는 방식
② 비산식 : 커넥팅 로드 대단부에 주걱을 설치하고 오일 팬 내의 오일을 윤활 부분으로 뿌리는 방식
③ 비산 압송식 : 크랭크축, 캠축, 밸브 기구 등의 윤활은 오일펌프에서 공급되는 오일로 윤활하고, 실린더 벽, 피스톤 링 및 피스톤 핀 등의 윤활은 커넥팅 로드 대단부 위쪽에 설치한 오일 구멍에서 분사되는 오일이나 비산에 의해 윤활하는 방식

27 엔진회전수(rpm) 신호는 크랭크각 센서에 의해 검출되며, 이 정보를 통해 엔진 ECU 연료 분사 및 점화시기 제어로 활용된다.

28 서모스탯이 열린 채로 고장 나면 냉각수가 너무 냉각되어 히터를 작동시켜도 온도가 올라가지 않는다.

29 엔진에서 유압이 높아지는 원인
① 윤활회로의 일부가 막혔을 때
② 오일 간극이 작을 때
③ 유압 조정 밸브 스프링 장력이 클 때
④ 오일의 점도가 높을 때
※ 베어링과 축의 간극이 크면 유압이 저하된다.

정답 26. ㉯ 27. ㉱ 28. ㉯ 29. ㉱ 30. ㉱

제5장 흡·배기 장치

01 터보 차저(turbo charger) 구성 부품 중 속도 에너지를 압력 에너지로 바꾸어 주는 것은 어느 것인가? 2013.6.2

㉮ 임펠러
㉯ 플로팅 베어링
㉰ 디퓨저와 스페이스 하우징
㉱ 터빈 하우징

02 엔진에서 블로 다운(blow down) 현상의 설명으로 옳은 것은? 2008.5.11

㉮ 밸브와 밸브 시트 사이에서의 가스의 누출 현상
㉯ 배기행정 초기에 배기밸브가 열려 배기가스 자체의 압력에 의하여 가스가 배출되는 현상
㉰ 압축행정 시 피스톤과 실린더 사이에서 공기가 누출되는 현상
㉱ 피스톤이 상사점 근방에서 흡배기 밸브가 동시에 열려 배기류의 잔류가스를 배출시키는 현상

03 가솔린 엔진의 배출가스 중 CO의 배출량이 규정보다 많은 경우 가장 적합한 조치방법은 어느 것인가? 2009.3.1 / 2013.6.2

㉮ 이론공연비와 근접하게 맞춘다.
㉯ 공연비를 농후하게 한다.
㉰ 이론공연비(λ) 값을 1 이하로 한다.
㉱ 배기관을 청소한다.

04 전자제어 가솔린 엔진에서 EGR 장치에 대한 설명으로 맞는 것은? 2012.5.20

㉮ 배출가스 중에 주로 CO와 HC를 저감하기 위하여 사용한다.
㉯ EGR량을 많게 하면 시동성이 향상된다.
㉰ 엔진 공회전 시, 급가속 시에는 EGR장치를 차단하여 출력을 향상시키도록 한다.
㉱ 초기 시동 시 불완전 연소를 억제하기 위하여 EGR량을 90 % 이상 공급하도록 한다.

answers & explanations

01 터보 차저의 압축기는 임펠러, 디퓨저, 하우징으로 구성되어 있다. 임펠러의 회전 속도에 의해서 높은 속도(동압 증가)로 가속된 이후에 디퓨저에 의해 속도가 감소되면서 압력이 증가(정압 증가)한다. 이후에 압력이 증가한 공기가 하우징의 매니폴드로 배출되게 된다.

02 블로 다운 : 배기행정 초기에 배기밸브가 열려 배기가스 자체의 압력에 의하여 연소가스가 급격하게 배출되는 현상을 말한다.

03 전자제어 엔진이 정상적으로 작동되면 이상없이 산소센서로부터 피드백 작동된다. 연료 분사량이 농후한 의미이므로 이론공연비(14.7 : 1)로 맞추어 가면 CO의 배출량이 줄어든다.

04 배기가스 전처리 방식 : EGR 장치는 배출가스 중의 NOx를 저감하기 위해 주로 사용하며, EGR량(용량)이 많게 되면 시동성이 나빠지고 출력이 떨어진다. 따라서 시동 시나 공전 시에는 EGR이 작용하지 않도록 한다.

※ EGR 밸브 차단 영역
① 엔진의 냉각수가 일정 온도 이하 또는 이상일 때 차단한다.
② 시동 성능을 향상시키기 위해 시동 시 차단한다.
③ 공회전할 때 안정성 향상과 공회전 부조 방지를 위해 차단한다.
④ 가속 성능의 향상을 위해 급가속 시 차단한다.
⑤ 연료분사 계통, 흡입공기량 센서, EGR 밸브 고장 시 차단한다.

정답 01. ㉰ 02. ㉯ 03. ㉮ 04. ㉰

05 배출가스 전문 정비업자로부터 정비를 받아야 하는 자동차는? 2012.3.4

㉮ 운행차 배출가스 정밀검사 결과 배출허용기준을 초과하여 2회 이상 부적합 판정을 받은 자동차
㉯ 운행차 배출가스 정밀검사 결과 배출허용기준을 초과하여 3회 이상 부적합 판정을 받은 자동차
㉰ 운행차 배출가스 정밀검사 결과 배출허용기준을 초과하여 4회 이상 부적합 판정을 받은 자동차
㉱ 운행차 배출가스 정밀검사 결과 배출허용기준을 초과하여 5회 이상 부적합 판정을 받은 자동차

06 4행정 사이클 엔진에서 블로 다운(blow-down) 현상이 일어나는 행정은? 2012.8.26

㉮ 배기행정 말 ~ 흡입행정 초
㉯ 흡입행정 말 ~ 압축행정 초
㉰ 폭발행정 말 ~ 배기행정 초
㉱ 압축행정 말 ~ 폭발행정 초

07 디젤 엔진에 과급기를 설치했을 때 얻는 장점 중 잘못 설명한 것은? 2008.9.7

㉮ 동일 배기량에서 출력이 증가한다.
㉯ 연료소비율이 향상된다.
㉰ 잔류 배출가스를 완전히 배출시킬 수 있다.
㉱ 연소상태가 좋아지므로 착화지연이 길어진다.

08 자동차 배출가스 중 유해가스 저감을 위해 사용되는 부품이 아닌 것은? 2009.3.1

㉮ EGR장치
㉯ 차콜 캐니스터
㉰ 삼원촉매장치
㉱ 토크 컨버터

09 자동차 배출가스 저감장치로 삼원촉매장치는 어떤 물질로 주로 구성되어 있는가? 2010.5.9

㉮ Pt, Rh
㉯ Fe, Sn
㉰ As, Sn
㉱ Al, Sn

answers & explanations

06 블로 다운 : 배기행정 초기에 배기밸브가 열려 배압(배기가스 자체의 압력)에 의하여 가스가 급격하게 배출되는 현상이며, 폭발행정 말에서 배기행정 초의 엔진 사이클 작동에 의해 발생된다.

07 과급기는 엔진의 흡입 효율(체적 효율)을 높이기 위하여 흡입 공기의 압력을 가해주는 일종의 공기 펌프이다.
① 엔진 출력을 높일 수 있다(30~40 %).
② 체적 효율이 증가하므로 평균유효압력과 회전력이 상승하며 연료소비율이 감소한다.
※ 연소 상태가 좋아지므로 착화지연이 짧아진다. 착화지연이 길어지면 노크가 발생하게 된다.

08 자동차 배출가스 제어장치의 종류
① 배기가스 제어장치 : O_2 센서, EGR 밸브, 삼원촉매장치
② 블로바이가스 제어장치 : PCV 밸브, 브리더 호스
③ 연료증발가스 제어장치 : PCSV, 차콜 캐니스터
※ 토크 컨버터는 자동변속기에서 유체 클러치와 토크 업 기능을 한다.

09 삼원촉매장치는 후처리 배출가스 저감장치로 배출가스 중 CO, HC, NOx를 정화한다. 구성 물질로는 백금(Pt), 팔라듐(Pd), 로듐(Rh)이다.

정답 05. ㉮ 06. ㉰ 07. ㉱ 08. ㉱ 09. ㉮

10 자동차의 흡배기 장치에서 건식 공기 청정기에 대한 설명으로 틀린 것은? 2013.3.10

㉮ 작은 입자의 먼지나 오물을 여과할 수 있다.
㉯ 습식 공기청정기보다 구조가 복잡하다.
㉰ 설치 및 분해조립이 간단하다.
㉱ 청소 및 필터 교환이 용이하다.

11 다음 배출가스 중 삼원촉매장치에서 저감되는 요소가 아닌 것은? 2008.3.2

㉮ 질소(N_2)
㉯ 일산화탄소(CO)
㉰ 탄화수소(HC)
㉱ 질소산화물(NOx)

12 배기가스 재순환(EGR) 밸브가 열려 있을 경우 발생하는 현상으로 맞는 것은 다음 중 어느 것인가? 2009.8.30

㉮ 질소산화물(NOx)의 배출량이 증가한다.
㉯ 엔진의 출력이 감소한다.
㉰ 연소실의 온도가 상승한다.
㉱ 신기의 흡입량이 증가한다.

13 배출가스 정밀검사에서 휘발유 사용 자동차의 부하검사 항목은? 2012.5.20

㉮ 일산화탄소, 탄화수소, 엔진 정격회전수
㉯ 일산화탄소, 이산화탄소, 공기과잉률
㉰ 일산화탄소, 탄화수소, 이산화탄소
㉱ 일산화탄소, 탄화수소, 질소산화물

14 배기가스와 관련되어 피드백 제어에 필요한 주 센서는? 2011.6.12

㉮ 수온 센서
㉯ 흡기온도 센서
㉰ 대기압 센서
㉱ 산소 센서

15 다음 중 전자제어 가솔린 엔진에서 EGR 제어영역으로 가장 타당한 것은? 2013.6.2

㉮ 공회전 시
㉯ 냉각수온 약 65℃ 미만, 중속, 중부하 영역
㉰ 냉각수온 약 65℃ 이상, 저속, 중부하 영역
㉱ 냉각수온 약 65℃ 이상, 고속, 고부하 영역

answers & explanations

11 삼원촉매장치 : 촉매인 백금(Pt), 팔라듐(Pd), 로듐(Rh)을 이용하여 CO, HC, NOx를 저감시킨다. 촉매장치의 정화 효율을 높이기 위해 산소 센서를 통한 피드백 제어되며, 엔진 ECU는 이 신호를 근거로 이론공연비(14.7 : 1)가 될 수 있도록 연료량을 제어한다.

12 EGR 밸브가 열려 있으면 배기가스 순환량이 증가되어 혼합기가 적게 들어오므로 엔진의 출력이 감소한다. 배기가스 재순환(EGR) 장치는 배기가스 정화효율을 높이기 위한 전처리방식이다.

14 피드백 제어 : 배기가스 중의 유해가스 정화효율을 높이기 위해 산소 센서를 이용 피드백 제어가 되도록 정보를 ECU에 제공하며 산소 센서는 배기관에 장착되어 배기가스 중의 산소 농도 차에 따라 전압이 발생하며 이론공연비로 제어하기 위한 센서이다.

15 EGR 밸브는 엔진에서 배출되는 NO_x의 양을 저감하기 위한 기능이며, 최적의 연소조건이 형성되어 연소온도가 높은 조건이 형성될 때 작동된다.
비작동 조건 : 높은 출력을 필요로 할 때 냉간 시, 공회전 시, 시동 시

정답 10. ㉯ 11. ㉮ 12. ㉯ 13. ㉱ 14. ㉱ 15. ㉰

16 가솔린 배기가스 분석기로 점검할 수 없는 것은? 2009.5.10

㉮ CO 가스
㉯ HC 가스
㉰ NOx 가스
㉱ PM(입자상 물질)

17 배기가스 중에 산소량이 많이 함유되어 있을 때 산소 센서의 상태는 어떻게 나타나는가? 2013.6.2

㉮ 희박하다.
㉯ 농후하다.
㉰ 농후하기도 하고 희박하기도 하다.
㉱ 아무런 변화도 일어나지 않는다.

18 배출가스 저감 및 정화를 위한 장치에 속하지 않는 것은? 2008.9.7

㉮ EGR 밸브
㉯ 캐니스터
㉰ 삼원촉매
㉱ 대기압 센서

19 가솔린 자동차로부터 배출되는 유해물질 또는 발생 부분과 규제 배출가스를 짝지은 것으로 틀린 것은? 2012.5.20

㉮ 블로바이가스 – HC
㉯ 로커암 커버 – NOx
㉰ 배기가스 – CO, HC, NOx
㉱ 연료탱크 – HC

20 운행차 정기검사에서 배기소음 측정 시 정지 가동 상태에서 원동기 최고 출력 시의 몇 %의 회전속도로 측정하는가? 2012.8.26

㉮ 65 % ㉯ 70 %
㉰ 75 % ㉱ 80 %

21 가솔린 엔진에서 배출가스와 배출가스 저감장치의 상호 연결이 틀린 것은? 2012.3.4

㉮ 증발가스 제어장치 - HC 저감
㉯ EGR 장치 - NOx 저감
㉰ 삼원촉매장치 - CO, HC, NOx 저감
㉱ PCV 장치 - NOx 저감

answers & explanations

16 PM은 입자상 물질로 디젤 엔진 연소 시 배출된다. CPF(catalyzed particulated filter)는 촉매 필터 방식으로 매연(PM) 제거 방식을 사용하고 있다.

17 배기가스에 산소량이 많으면 산소 센서는 희박하게 나타나며 이것은 낮은 전압으로 발생되어 엔진 ECU에 출력된다.

18 배출가스 제어장치의 종류
① 블로바이가스 제어장치 : PCV 밸브, 브리더 호스
② 연료증발가스 제어장치 : PCSV, 차콜 캐니스터
③ 삼원촉매 : 배기가스 제어(CO, HC, NOx) 후처리
④ EGR 밸브 : 배기가스 NOx 재연소 방식(전처리 방식)

19 자동차에서 배출되는 유해 배기가스 : 블로바이가스, 실린더 간극(피스톤 간극)이 클 때 연료탱크 증발가스, 로커암 커버에 포집된 가스 등은 미연 탄화수소(HC)이다.

20 운행차 정기검사에서 배기소음 측정 시 기어를 중립 위치로 하고 정지 가동 상태에서 원동기 최고 출력 시의 75 %의 회전속도로 4초 동안 측정한다.

21 가솔린 엔진의 배출가스 저감장치 : PVC 장치는 실린더 헤드가 발생된 블로바이가스(주성분 HC)를 흡기다기관으로 보내어 재연소되도록 하는 장치이다.

정답 16. ㉱ 17. ㉮ 18. ㉱ 19. ㉯ 20. ㉰ 21. ㉱

22 **디젤 엔진에서 매연이 과다하게 발생할 때 기본적으로 가장 먼저 점검해야 할 내용은?** 2010.3.7

㉮ 에어필터 점검
㉯ 연료필터 점검
㉰ 노즐의 분사압력
㉱ 다이얼 게이지

23 **경유자동차의 매연 측정방법에 대한 설명으로 틀린 것은?** 2013.3.10

㉮ 무부하 상태에서 서서히 가속하여 최대 rpm일 때 매연을 채취한다.
㉯ 매연 농도는 3회를 연속 측정 후 산술 평균하여 측정값으로 한다.
㉰ 시료 채취관을 배기관에 20 cm 정도 넣고 확실하게 고정한다.
㉱ 측정 전 채취관 내에 남아있는 오염물질을 완전히 배출한다.

24 **터보 차저의 구성부품 중 과급기 케이스 내부에 설치되며, 공기의 속도에너지를 유체의 압력에너지로 변하게 하는 것은 다음 중 어느 것인가?** 2014.5.25

㉮ 디퓨저 ㉯ 루트 과급기
㉰ 날개바퀴 ㉱ 터빈

25 **자동차 배기소음 측정에 대한 내용으로 옳은 것은?** 2014.5.25

㉮ 배기관이 2개 이상인 경우 인도 측과 먼 쪽의 배기관에서 측정한다.
㉯ 회전속도계를 사용하지 않은 경우 정지 가동상태에서 원동기 최고 회전속도로 배기소음을 측정한다.
㉰ 원동기의 최고 출력 시의 75 % 회전속도로 4초 동안 운전하여 평균 소음도를 측정한다.
㉱ 배기관 중심선에 45°±10°의 각을 이루는 연장선 방향에서 배기관 중심높이보다 0.5m 높은 곳에서 측정한다.

26 **엔진 최대출력의 정격회전수가 4000 rpm인 경우 경유 사용 자동차 배출가스 정밀검사 방법 중 부하검사의 lug-down 3모드에서 3모드에 해당하는 엔진회전수는?** 2014.8.17

㉮ 2800 rpm
㉯ 3000 rpm
㉰ 3200 rpm
㉱ 4000 rpm

answers & explanations

22 디젤 엔진에서 매연이 과다하게 발생한다는 것은 연료 분사가 농후하거나 공기가 유입되지 않는 걸로 판단되므로 먼저 점검하기 쉬운 에어필터부터 점검한다.

23 매연 측정은 무부하 상태에서 급가속하여 최대 rpm일 때 매연을 채취한다.

24 유체의 속도에너지를 압력에너지로 변환하는 장치를 디퓨저라 하고, 압력에너지를 속도에너지로 변환하는 장치를 노즐이라고 한다.

25 자동차 배기소음 측정 : 변속기 중립 정지 가동상태에서 원동기의 최고 출력 시의 75% 회전속도로 4초 동안 운전하여 최대 소음도를 측정한다.

26 lug-down 3모드 : 2모드 상태에서 차대동력계의 부하를 증가시켜 엔진회전속도를 정격회전속도의 80 %±5 % 이내로 안정되게 한 다음, 5초 후부터 10초간 구동력, 엔진회전속도, 최대구동출력, 주행속도(차대동력계 속도), 매연농도 등을 측정하여 이들 각각의 평균값을 지시한다. 정격회전속도의 80 %이므로 4000×0.8=3200 rpm이다.

정답 22. ㉮ 23. ㉮ 24. ㉮ 25. ㉰ 26. ㉰

27 **광투과식 매연측정기의 매연 측정 방법에 대한 내용으로 옳은 것은?** 2014.8.17

㉮ 3회 연속 측정한 매연 농도를 산술 평균하여 소수점 첫째자리 수까지 최종 측정치로 한다.
㉯ 3회 측정 후 최대치와 최소치가 10 %를 초과한 경우 재측정한다.
㉰ 시료채취관을 5 cm 정도의 깊이로 삽입한다.
㉱ 매연 측정 시 엔진은 공회전 상태가 되어야 한다.

28 **어떤 오토 엔진의 배기가스 온도를 측정한 결과 전부하 운전 시에는 850℃, 공전 시에는 350℃일 때 각각 절대온도(K)로 환산한 것으로 옳은 것은? (단, 소수점 이하는 제외한다.)** 2014.8.17

㉮ 1850, 1350
㉯ 850, 350
㉰ 1123, 623
㉱ 577, 77

29 **배출가스 정밀검사의 ASM2525모드 검사 방법에 관한 설명으로 옳은 것은?** 2014.3.2

㉮ 25 %의 도로부하로 25 km/h의 속도로 일정하게 주행하면서 배출가스를 측정한다.
㉯ 25 %의 도로부하로 40 km/h의 속도로 일정하게 주행하면서 배출가스를 측정한다.
㉰ 25 km/h의 속도로 일정하게 주행하면서 25초 동안 배출가스를 측정한다.
㉱ 25 km/h의 속도로 일정하게 주행하면서 40초 동안 배출가스를 측정한다.

answers & explanations

27 대기환경보전법 시행규칙(별표 22)
① 측정대상자동차의 원동기를 중립인 상태(정지가동상태)에서 급가속하여 최고 회전속도 도달 후 2초간 공회전시키고 정지가동(idle) 상태로 5~6초간 둔다. 이와 같은 과정을 3회 반복 실시한다.
② 측정기의 시료채취관을 배기관의 벽면으로부터 5 mm 이상 떨어지도록 설치하고 5 cm 정도의 깊이로 삽입한다.
③ 3회 연속 측정한 매연농도를 산술 평균하여 소수점 이하는 버린 값을 최종측정치로 한다. 다만, 3회 연속 측정한 매연농도의 최대치와 최소치의 차가 5 %를 초과하거나 최종측정치가 배출허용기준에 맞지 아니한 경우에는 순차적으로 1회씩 더 측정하여 최대 5회까지 측정하면서 매회 측정시마다 마지막 3회의 측정치를 산출하여 마지막 3회의 최대치와 최소치의 차가 5 % 이내이고 측정치의 산술평균값도 배출허용기준 이내이면 측정을 마치고 이를 최종측정치로 한다.

28 절대온도(K) : 0 K(Kelvin)은 온도의 국제단위이다 (0℃=273.15 K).
850℃+273=1123 K
350℃+273=623 K

29 ① ASM2525 모드 : 자동차 중량에 의해 자동으로 설정된 관성 중량에 따라 25 %의 도로부하 상태에서 40 km/h의 정속도로 주행하면서 배출가스를 측정한다. 즉, 차대동력계 위에서 2단 또는 3단기어(자동변속기의 경우 D)로 주행하여 차대동력계의 속도가 40 km/h가 되도록 운전한다.
② 모드의 구성 : 충분히 예열된 자동차가 차대동력계 상에서 40±2 km/h의 속도를 5초간 유지하면 모드가 시작된다. 이어서 10~25초 경과 후 10초 동안 배출가스를 측정하며, 그 산술평균값을 측정값으로 한다.

정답 27. ㉰ 28. ㉰ 29. ㉯

제6장 전자제어장치

01 가솔린 엔진에서 노크 센서를 사용하는 가장 큰 이유는? 2013.8.18

㉮ 최대 흡입공기량을 좋게 하여 체적효율을 향상시키기 위함이다.
㉯ 노킹 영역을 검출하여 점화시기를 제어하기 위함이다.
㉰ 엔진의 최대 출력을 얻기 위함이다.
㉱ 엔진의 노킹 영역을 결정하여 이론공연비로 연소시키기 위함이다.

02 인젝터에 직렬로 저항체를 넣어서 전압을 낮추어 제어하는 방식의 인젝터는? 2012.5.20

㉮ 전압 제어식 인젝터
㉯ 전류 제어식 인젝터
㉰ 저저항식 인젝터
㉱ 고저항식 인젝터

03 전자제어 엔진에서 연료분사시기와 점화시기를 결정하기 위한 센서는? 2012.3.4

㉮ TPS(throttle position sensor)
㉯ CAS(crank angle sensor)
㉰ WTS(water temperature sensor)
㉱ ATS(air temperature sensor)

04 가솔린 연료분사장치에 사용되는 연료압력 조절기에서 인젝터의 연료분사압력을 항상 일정하게 유지하도록 조절하는 것과 직접적인 관계가 있는 것은? 2012.3.4

㉮ 흡기다기관 진공도
㉯ 엔진의 회전속도
㉰ 배기가스 중의 산소농도
㉱ 실린더 내의 압축압력

answers & explanations

01 ① 가솔린 엔진 노크 센서는 실린더 블록에 장착되어 있으며 압전 소자(피에조 저항형)를 이용하며 노킹 영역을 검출하여 점화시기를 제어하기 위함이다
② 특정 주파수의 진동을 감지한다.
③ ECU는 노크 센서의 신호에 따라 점화시기를 제어한다.
④ 노크 센서는 엔진의 진동을 검출하여 전기적인 신호로 변환시킨다.

02 인젝터의 종류
① 전압 제어식 인젝터 : 인젝터에 직렬로 저항을 넣어서 전압을 낮추어 제어한다.
② 전류 제어식 인젝터 : 저항을 사용하지 않고 인젝터에 직접 배터리 전압을 가해 인젝터의 응답성을 향상시킨다.

03 크랭크각 센서(CAS)는 단위시간당 엔진 회전속도를 검출하여 ECU로 입력시키면 ECU는 파워트랜지스터를 제어하고 점화시기 제어 및 연료 인젝터 제어를 통한 연료분사량을 제어한다.

04 연료압력 조절기는 운전 조건(공전, 중속, 가속)에서 변화하는 흡기다기관의 진공도에 따라 인젝터 연료압력을 일정하게 유지하도록 조절한다.

정답 01. ㉯ 02. ㉮ 03. ㉯ 04. ㉮

05 전자제어 엔진의 인젝터 회로와 인젝터 코일 저항의 양 · 부 상태를 동시에 확인할 수 있는 방법으로 가장 적합한 것은? 2012.3.4

㉮ 인젝터 전류 파형의 측정
㉯ 분사시간의 측정
㉰ 인젝터 저항의 측정
㉱ 인젝터 분사량 측정

06 가솔린 전자제어 엔진의 공기유량센서에서 핫 와이어(hot wire) 방식의 설명이 아닌 것은? 2013.3.10

㉮ 응답성이 빠르다.
㉯ 맥동 오차가 없다.
㉰ 공기량을 체적 유량으로 검출한다.
㉱ 고도 변화에 따른 오차가 없다.

07 디젤 엔진의 연료공급 장치에서 연료공급 펌프로부터 연료가 공급되나 분사펌프로부터 연료가 송출되지 않거나 불량한 원인으로 틀린 것은? 2012.8.26

㉮ 연료여과기의 여과망 막힘
㉯ 플런저와 플런저 배럴의 간극 과다
㉰ 조속기 스프링의 장력 약화
㉱ 연료여과기 및 분사펌프에 공기 흡입

08 전자제어 가솔린 분사장치의 기본 분사시간을 결정하는데 필요한 변수는? 2010.9.5

㉮ 냉각수 온도와 흡입공기 온도
㉯ 흡입공기량과 엔진 회전속도
㉰ 크랭크 각과 스로틀 밸브의 열린 각
㉱ 흡입공기의 온도와 대기압

09 전자제어 연료분사장치 엔진의 냉각수 온도 센서로 가장 많이 사용되는 것은? 2011.10.2

㉮ 정특성 다이오드
㉯ 트랜지스터
㉰ 다이오드
㉱ 부특성 서미스터

10 대기압 센서의 출력 파형은 압력과 전압에 대해 어떤 관계가 있는가? 2008.3.2

㉮ 지수 감소 관계
㉯ 정비례 관계
㉰ 스텝 응답 관계
㉱ 임펄스 응답 관계

answers & explanations

05 인젝터 전류 파형을 측정하면 인젝터 회로 및 인젝터 코일 저항의 양 · 부를 동시에 확인할 수 있다.

06 공기량을 질량 유량으로 검출한다. 오염물질이 부착되면 오차가 발생되므로 엔진 정지 시마다 클린 버닝(clean burning)을 실시한다.

07 조속기 스프링의 장력 약화는 분사량을 조정하는 것이므로 관련이 없다.

08 기본 분사량은 흡입공기량과 엔진회전수로 결정한다.

$$\text{기본 분사량} = \frac{\text{흡입되는 공기량(AFS)}}{\text{엔진회전수(CPS)}}$$

09 부특성 서미스터(NTCT)란 온도와 저항과의 관계에서 온도가 상승하면 저항값은 낮아지고 온도가 낮아지면 저항값이 커지는 특성으로 온도에 관련된 센서에 적용된다.
수온센서가 고장일 경우 나타나는 현상
① 공전속도가 불안정하다.
② 워밍업을 할 때 검은 연기가 배출된다.
③ CO 및 HC가 증가한다.

10 대기압 센서는 에어플로미터 내에 설치되며 피에조 저항형 센서로, 대기 압력이 높아지면 전압이 높아지는 정비례 관계이다.

정답 05. ㉮ 06. ㉰ 07. ㉰ 08. ㉯ 09. ㉱ 10. ㉯

11 **산소 센서 출력 전압에 영향을 주는 요소로 틀린 것은?** 2008.9.7 / 2012.5.20

㉮ 연료 온도
㉯ 혼합비
㉰ 산소 센서의 온도
㉱ 배출가스 중의 산소농도

12 **혼합비에 따른 촉매장치의 정화효율을 나타낸 그래프에서 질소산화물의 특성을 나타낸 것은?** 2010.9.5

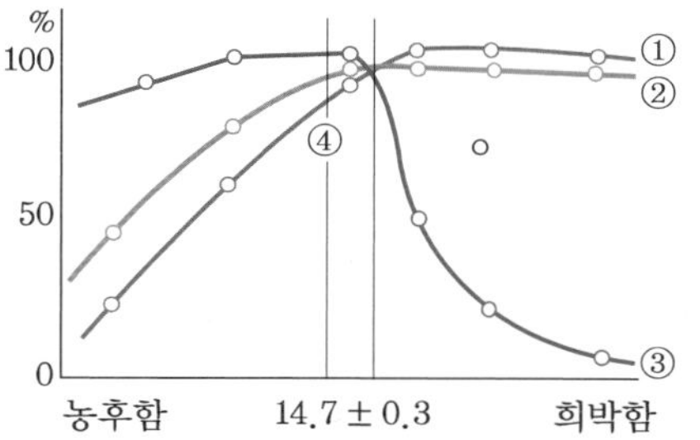

혼합비에 따른 정화효율

㉮ ①　　㉯ ②
㉰ ③　　㉱ ④

13 **열선식(hot wire type) 흡입공기량 센서의 장점으로 맞는 것은?** 2008.3.2

㉮ 기계적 충격에 강하다.
㉯ 먼지나 이물질에 의한 고장 염려가 적다.
㉰ 출력 신호 처리가 복잡하다.
㉱ 질량 유량의 검출이 가능하다.

14 **전자제어 가솔린 엔진에서 연료펌프 내부에 있는 체크(check) 밸브가 하는 역할은 어느 것인가?** 2009.3.1

㉮ 차량의 전복 시 화재 발생을 막기 위해 휘발유 유출을 방지한다.
㉯ 연료 라인의 과도한 연료압 상승을 방지한다.
㉰ 엔진 정지 시 연료 라인 내의 연료압을 일정하게 유지시켜 베이퍼로크(vapor lock) 현상을 방지한다.
㉱ 연료 라인에 적정압력이 상승될 때까지 시간을 지연시킨다.

answers & explanations

11 연료의 혼합비에 따라 배출가스 중의 산소농도가 변화하여 산소 센서의 출력값이 변화하고, 산소 센서의 온도가 300℃ 이상 되어야 제 기능을 발휘한다.

12 ① : CO, ② : HC, ③ : NOx, ④ : 윈도 영역
혼합기가 농후할 때 → CO, HC가 증가한다.
혼합기가 희박할 때 → 질소산화물이 증가한다.
그림에서 CO, HC, NOx의 정화효율이 가장 높게 나타날 때는 이론공연비(14.7 : 1) 부근에서 정화효율이 가장 높게 나타난다.

13 열선식 흡입공기량 센서의 특징
① 질량 유량의 검출이 가능하다.
② 응답성이 빠르다.
③ 대기압력에 따른 오차가 없다.
④ 맥동 오차가 없다.
⑤ 오염물질이 부착되면 오차가 발생되므로 엔진 정지 시마다 클린 버닝(clean burning)을 실시한다.

14 전자제어 엔진의 연료펌프 체크 밸브 : 연료펌프의 체크 밸브는 연료 펌프 출구에 설치되고 엔진 시동이 OFF되면 연료펌프가 작동을 멈출 때 연료 출구를 막아 연료의 역류를 방지하며, 잔압을 유지하고 고온에 의한 베이퍼로크를 방지하여 재시동성을 향상시킨다. 체크 밸브가 고장나면 시동 시 크랭킹 시간이 길어 엔진 시동성이 늦어진다.

정답 11. ㉮　12. ㉰　13. ㉱　14. ㉰

15 삼원촉매의 정화율은 약 몇 ℃ 이상의 온도부터 정상적으로 나타나기 시작하는가? 2009.8.30

㉮ 20℃ ㉯ 95℃
㉰ 320℃ ㉱ 900℃

16 자동차에서 배기가스가 검게 나오며, 연비가 떨어지고 엔진 부조 현상과 함께 시동성이 떨어진다면 예상되는 고장 부위의 부품은? 2008.5.11

㉮ 공기량 센서 ㉯ 인히비터 스위치
㉰ 에어컨 압력센서 ㉱ 점화 스위치

17 전자제어 연료분사장치 중 인젝터 설명으로 틀린 것은? 2013.3.10

㉮ 인젝터의 연료분사시간이 ECU 트랜지스터의 작동시간과 일치하지 않는 것을 무효분사시간이라 한다.
㉯ 인젝터에 저항을 붙여 응답성 향상과 코일의 발열을 방지하는 방식을 전압 제어식 인젝터라 한다.
㉰ 저온 시동성을 양호하게 하는 방식을 콜드 스타트 인젝터(cold start injector)라 한다.
㉱ 인젝터를 제어하는 ECU의 트랜지스터는 일반적으로 ⊕ 제어방식을 쓰고 있다.

18 온도에 따라 전기 저항이 변하는 반도체 소자로 온도 센서, 연료 잔량 경고등 회로에 쓰이는 것은? 2011.6.12

㉮ 피에조 압전 소자 ㉯ 다이오드
㉰ 트랜지스터 ㉱ 서미스터

19 자연계에서 엔트로피의 현상을 바르게 나타낸 것은? 2008.3.2

㉮ $\oint \frac{\delta Q}{T} \le 0$ ㉯ $\oint \frac{\delta Q}{T} < 0$
㉰ $\oint \frac{\delta Q}{T} > 0$ ㉱ $\oint \frac{\delta Q}{T} \ge 0$

20 다음 그림은 스로틀 포지션 센서(TPS)의 내부 회로도이다. 스로틀 밸브가 그림에서 B와 같이 닫혀 있는 현재 상태의 출력전압은 약 몇 V인가?(단, 공회전 상태이다.) 2013.8.18

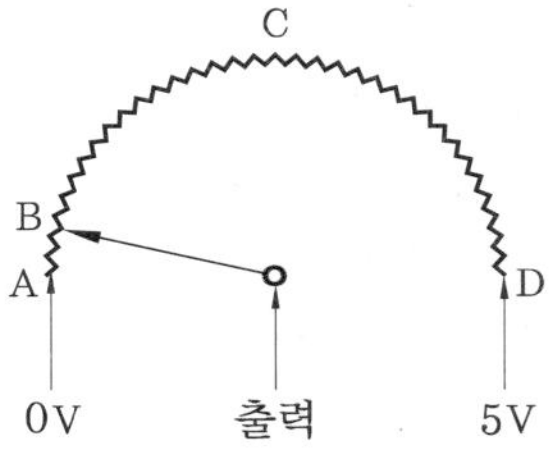

㉮ 0V ㉯ 약 0.5V
㉰ 약 2.5V ㉱ 약 5V

answers & explanations

15 삼원촉매장치의 정화율 : 촉매 컨버터는 배기가스 온도 약 300℃ 이상일 때 높은 정화율을 나타낸다. 또 공연비 제어에 있어 정화율이 가장 높게 발생되는 것은 이론공연비(14.7 : 1)일 때 가장 높게 발생된다.

16 자동차에서 배기가스가 검게 배출되면 혼합비에 영향을 주는 공기량 센서의 비중이 높기 때문에 공기량 센서를 점검할 필요가 있다(기본분사량 : 흡입되는 공기량).

17 인젝터를 제어하는 ECU의 트랜지스터는 일반적으로 ⊖ 제어방식을 쓰고 있다.

18 서미스터(thermistor)는 부특성 적용으로 온도와 저항과의 관계가 반비례관계이다.

19 가역 사이클 : $\oint \frac{\delta Q}{T} \ge 0$

비가역 사이클 : $\oint \frac{\delta Q}{T} < 0$

20 공전 시 약 0.5V, 가속 시엔 4.5~5V가 출력된다.

정답 15. ㉰ 16. ㉮ 17. ㉱ 18. ㉱ 19. ㉱ 20. ㉯

21 OBD-2 시스템에서 진단하는 항목으로 가장 거리가 먼 것은? 2010.3.7

㉮ 인젝터 불량 감지
㉯ O_2 센서 불량 감지
㉰ 오일 압력 불량 감지
㉱ 에어플로 센서 불량 감지

22 전자제어 가솔린 분사장치에서 이론공연비 제어를 목적으로 클로즈드 루프 제어(closed-loop control)를 하는 보정분사 제어는? 2012.5.20

㉮ 아이들 스피드 제어
㉯ 피드백 제어
㉰ 연료 순차분사 제어
㉱ 점화시기 제어

23 전자제어 가솔린 엔진에서 급가속 시 연료를 분사할 때 어떻게 하는가? 2012.8.26

㉮ 동기분사 ㉯ 순차분사
㉰ 비동기분사 ㉱ 간헐분사

24 산소 센서의 튜브에 카본이 많이 끼었을 때의 현상으로 맞는 것은? 2012.3.4

㉮ 출력전압이 낮아진다.
㉯ 피드백 제어로 공연비를 정확하게 제한다.
㉰ 출력신호를 듀티 제어하므로 엔진에 미치는 악영향은 없다.
㉱ 공회전 시 엔진 부조 현상이 일어날 수 있다.

25 전자제어 가솔린 엔진의 연료압력 조정기에 대한 설명 중 맞는 것은? 2009.5.10

㉮ 엔진의 진공을 이용한 부스터로 연료의 압력을 높이는 구조이다.
㉯ 스프링의 장력과 흡기 매니폴드의 진공압으로 연료압력을 조절하는 구조이다.
㉰ 공기압에 의하여 압력을 조절하는 구조이다.
㉱ 유압밸브로 연료압을 조절하는 구조이다.

answers & explanations

21 OBD-2 시스템에서의 진단 항목
① 산소 센서 오작동 감지
② 블로바이가스 오작동 감지
③ 실화 감지
④ 배기가스 재순환 장치 오작동 감지
⑤ 증발가스 누설 감지
⑥ 에어컨 계통 냉매 누설 감지
⑦ 서모스탯 오작동 감지
⑧ 연료 계통 오작동 감지
⑨ 기타 부품 비정상 작동 감지
⑩ 촉매 열화 감지

22 클로즈드 루프 제어(closed-loop control) : 산소 센서의 전압을 피드백 받아 이론공연비를 보정하고 활성화되어 엔진 ECU가 연료량을 보정하는 제어를 말한다(산소 센서 작동온도 300℃가 되었을 때 피드백 제어).
피드백(feed back) 제어
① 주요부품 : 산소(O_2) 센서, ECU, 인젝터로 이루어진다.
② O_2 센서의 기전력이 커지면 공연비가 농후하다고 판정하여 인젝터 분사시간이 짧아지고, 기전력이 작아지면 공연비가 희박하다고 판정하여 인젝터 분사시간이 길어진다.
③ 피드백 제어는 산소 센서의 출력 전압에 따라 이론공연비(14.7 : 1)가 되도록 인젝터 분사시간을 제어하여 분사량을 조절한다.

23 비동기분사(동시분사)는 전체 실린더에 동시에 1사이클(크랭크축 1회전에 1회 분사)당 2회 분사한다.

24 산소 센서가 막히면 산소 농도 차이가 커져 출력전압이 높게 출력된다. 또한, 공회전 시 피드백 제어 기능이 불량해진다.

25 전자제어 가솔린 엔진의 연료라인 압력은 연료펌프에서 일정하게 발생되는 연료압력(5 kg/cm^2)이며 연료라인의 압력은 2~3 kg/cm^2으로 조정된다.

정답 21. ㉰ 22. ㉯ 23. ㉰ 24. ㉱ 25. ㉯

26 전자제어 연료분사장치에서 연료분사량 제어에 대한 설명 중 틀린 것은? 2011.10.2

㉮ 비동기분사는 급가속 시 엔진의 회전수에 관계없이 순차모드에 추가로 분사하여 가속 응답성을 향상시킨다.

㉯ 순차분사 모드의 분사 타이밍은 각 기통별 크랭크 각 BTDC 75°를 기준으로 한다.

㉰ 기본 분사량은 흡입공기량과 엔진회전수에 의해 결정되며 기본 분사시간은 흡입공기량과 엔진회전수를 곱한 값이다.

㉱ 스로틀 밸브의 개도 변화율이 크면 클수록 비동기 분사시간은 길어진다.

27 전자제어 분사 차량의 분사량 제어에 대한 설명으로 틀린 것은? 2008.3.2 / 2012.3.4

㉮ 엔진 냉각 시 공전 시보다 많은 연료를 분사한다.

㉯ 급감속 시 연료를 일시적으로 차단한다.

㉰ 축전지 전압이 낮으면 무효분사시간을 길게 한다.

㉱ 산소 센서의 출력값이 높으면 연료분사량은 증가한다.

28 전자제어 가솔린 엔진에서 연료의 분사량은 어떻게 조정되는가? 2008.9.7

㉮ 인젝터 내의 분사압력으로

㉯ 연료 펌프의 공급압력으로

㉰ 인젝터의 통전시간에 의해

㉱ 압력 조정기의 조정으로

29 센서의 고장진단에 대한 설명으로 가장 옳은 것은? 2013.6.2

㉮ 센서는 측정하고자 하는 대상의 물리량(온도, 압력, 질량 등)에 비례하는 디지털 형태의 값을 출력한다.

㉯ 센서의 고장 시 그 센서의 출력값을 무시하고 대신에 미리 입력된 수치로 대체하여 제어할 수 있다.

㉰ 센서의 고장 시 백업(back-up) 기능이 없다.

㉱ 센서 출력값이 정상적인 범위에 들면, 운전 상태를 종합적으로 분석해 볼 때 타당한 범위를 벗어나더라도 고장으로 인식하지 않는다.

30 전자제어 가솔린 분사장치의 점화시기 제어에 대한 설명 중 틀린 것은? 2013.8.18

㉮ 통전시간 제어란 파워TR가 "on"되는 시간이며 드웰각 제어 또는 폐각도 제어라고 한다.

㉯ 기본점화시기 제어란 기본분사 신호와 엔진회전수 및 ECU의 ROM 내에 매핑된 점화시기이다.

㉰ 크랭크각 1°의 시간이란 크랭크각 1주기의 시간을 180°로 나눈 시간이다.

㉱ 한 실린더당 2개 이상의 점화코일을 사용하는 것은 파워TR가 ON되는 시간을 짧게 할 수 있어 그만큼 통전시간을 길게 하는 장점이 있다.

answers & explanations

26 기본 분사량은 흡입 공기의 질량을 계측하여 엔진 rpm으로 나눈 값이다.

$$\text{기본 분사량} = \frac{\text{흡입되는 공기량(AFS)}}{\text{엔진의 회전수(CAS)}}$$

27 전자제어 엔진은 피드백 제어가 이루어지며 배기가스 중의 산소의 농도를 전압으로 출력하여 ECU에 피드백한다. 산소 센서 출력값이 높으면 0.6 V 이상 농후하다는 의미이므로 인젝터의 통전시간을 줄여 연료분사량을 감소시킨다.

28 전자제어 연료분사장치는 연료분사량은 인젝터(니들 밸브)의 통전시간(개방시간)으로 결정된다.
인젝터 분사시간 : 1~1.5 ms(ms=1/1,000 s)

정답 26. ㉰ 27. ㉱ 28. ㉰ 29. ㉯ 30. ㉱

31 전자제어 가솔린 분사장치의 연료펌프에서 연료 라인인데 고압이 작용하는 경우 연료 누출 혹은 호스의 파손을 방지하는 밸브는 무엇인가? 2008.5.11

㉮ 릴리프 밸브 ㉯ 체크 밸브
㉰ 분사 밸브 ㉱ 팽창 밸브

32 전자제어 엔진에서 혼합비의 농후가 주 원인일 때 지르코니아 센서 방식의 O_2 센서 파형으로 가장 적절한 것은? 2009.3.1

㉮ 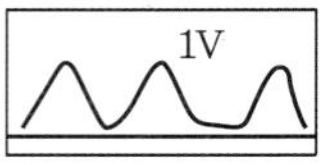

㉯ 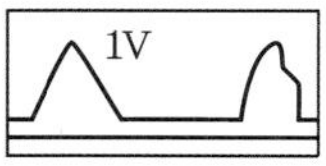

㉰ 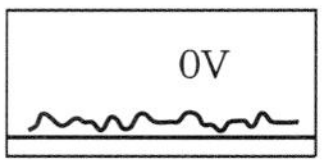

㉱ 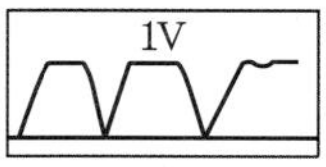

33 전자제어 가솔린 엔진의 인젝터에 관한 설명 중 틀린 것은? 2013.8.18

㉮ 인젝터의 분사신호는 ECU 제어에 따라 이루어진다.
㉯ 인젝터는 구동방식에 따라 전압제어식과 전류제어식으로 구분한다.
㉰ 인젝터는 연료펌프의 압력이 일정 이상 걸릴 때 연료가 분사되는 구조로 되어 있다.
㉱ 저 저항 방식의 인젝터는 레지스터를 사용하고 전압제어식이라고도 부른다.

34 전자제어 연료분사 엔진에서 수온 센서 계통의 이상으로 인해 ECU로 정상적인 냉각수온 값이 입력되지 않으면 연료 분사는 어떻게 되는가? 2008.9.7

㉮ 엔진 오일 온도를 기준으로 분사
㉯ 흡기 온도를 기준으로 분사
㉰ 연료 분사를 중단
㉱ ECU에 의한 페일 세이프 값을 근거로 분사

35 LPG 엔진에서 공전회전수의 안정성을 확보하기 위해 혼합된 연료를 믹서의 스로틀 바이패스 통로를 통하여 추가로 보상하는 것은? 2011.6.12

㉮ 아이들업 솔레노이드 밸브
㉯ 대시포트
㉰ 공전속도 조절 밸브
㉱ 스로틀 위치 센서

36 지르코니아 O_2 센서의 출력전압이 1V에 가깝게 나타나면 공연비가 어떤 상태인가? 2009.8.30

㉮ 희박하다.
㉯ 농후하다.
㉰ 14.7 : 1 (공기 : 연료)을 나타낸다.
㉱ 농후하다가 희박한 상태로 되는 경우이다.

answers & explanations

32 산소 센서의 피드백 제어 : 전자제어 엔진은 산소 센서를 이용한 피드백 제어가 되며, 산소 센서 정상 작동 시 정상 파형은 0.1~1 V 사이의 전압의 변화로 혼합비가 농후하면 1 V 부근이 길어지고, 희박하면 0 V 부근이 길어진다.

34 페일 세이프(fail safe) : 전자제어 센서의 고장에 의해 시스템이 작동하지 않더라도 항상 정상 상태를 유지할 수 있는 안전 기능이며, 냉각 수온 센서가 고장 시 ECU는 페일 세이프 값을 근거로 연료를 분사한다.

35 공전속도 조절(idle speed control) 밸브 : 공회전상태에서 엔진 부하(전조등, 에어컨 작동, 파워스티어링 작동 등)에 따른 공회전 rpm을 제어하기 위한 액추에이터이다.

정답 31. ㉮ 32. ㉱ 33. ㉰ 34. ㉱ 35. ㉰ 36. ㉯

37 전자제어 가솔린 엔진에서 크랭킹은 가능하나 시동이 되지 않는 현상과 거리가 먼 것은? 2011.3.20

㉮ 엔진 컴퓨터에 이상이 있다.
㉯ 연료펌프 릴레이에 이상이 있다.
㉰ 크랭크각 및 1번 상사점 센서의 불량이다.
㉱ TPS 불량이다.

38 연료분사 밸브는 엔진회전수 신호 및 각종 센서의 정보 신호에 의해 제어된다. 분사량과 직접적으로 관련이 되지 않는 것은? 2008.5.11

㉮ 밸브 분사공의 직경
㉯ 분사 밸브의 연료 레일
㉰ 연료 라인의 압력
㉱ 분사 밸브의 통전 시간

39 전자제어 연료분사장치 연료펌프 내에 설치된 체크 밸브 역할 중 옳은 것은 다음 중 어느 것인가? 2013.3.10

㉮ 연료의 회전을 원활하게 한다.
㉯ 연료압력이 높아지는 것을 방지한다.
㉰ 베이퍼로크 방지 및 연료압력을 유지하는 역할을 한다.
㉱ 과도한 연료압력을 방지한다.

40 전자제어 엔진에서 크랭킹은 가능하나 시동이 되지 않을 경우 점검방법으로 틀린 것은 다음 중 어느 것인가? 2010.3.7

㉮ 연료펌프 강제구동 시험을 한다.
㉯ 인히비터 스위치를 점검한다.
㉰ 계기판의 엔진 고장 경고등의 점등 유무를 확인한다.
㉱ 점화 불꽃 발생 여부를 확인한다.

41 MPI 전자제어 엔진에서 연료분사방식에 의한 분류에 속하지 않는 것은? 2013.6.2

㉮ 독립분사방식 ㉯ 동시분사방식
㉰ 그룹분사방식 ㉱ 혼성분사방식

42 전자제어 가솔린장치에서 (−)duty 제어 타입 액추에이터(actuator)의 작동 사이클 중 (−)duty가 40 %인 경우의 설명으로 옳은 것은? 2013.8.18

㉮ 한 사이클 중 작동하는 시간의 비율이 60 %이다.
㉯ 한 사이클 중 분사시간의 비율이 60 %이다.
㉰ 전류 통전시간 비율이 40 %이다.
㉱ 전류 비통전시간 비율이 40 %이다.

answers & explanations

37 TPS 불량은 엔진 시동에는 큰 영향을 미치지 않는다.

38 연료 분사량은 노즐의 크기, 분사시간, 분사 횟수, 연료 압력에 비례한다.
연료분사량 = α 노즐의 크기 × 분사시간 × 분사 횟수 × 연료 압력

39 연료펌프 내세 설치된 체크 밸브는 엔진 시동 시 연료펌프의 구동으로 연료라인 내 잔압을 유지하여 베이퍼로크 발생을 억제하며 다음 시동 시 신속한 분사가 이루어지도록 재시동성을 향상시킨다.

40 자동 변속기 차량에서 변속 시프트 레인지를 P, N 위치에 놓았을 때 크랭킹이 된다는 것은 인히비터 스위치는 이상이 없다고 할 수 있다.

41 전자제어 엔진의 연료분사방식
① 독립분사방식 : 실린더별 독립적으로 분사하는 방식
② 동시분사방식 : 모든 실린더에 동시에 분사하는 방식
③ 그룹분사방식 : 1,3번, 2,4번 그룹으로 연료를 분사하는 방식

42 듀티비(duty ratio) = $\frac{A}{A+B} \times 100$로 액추에이터 통전시간을 A, 비통전시간을 B로 나타낼 때 전류 통전시간 비율이 40 %이다.

정답 37. ㉱ 38. ㉯ 39. ㉰ 40. ㉯ 41. ㉱ 42. ㉰

43 스로틀 위치센서(TPS) 고장 시 나타나는 현상과 가장 거리가 먼 것은? 2013.6.2

㉮ 주행 시 가속력이 떨어진다.
㉯ 공회전 시 엔진 부조 및 간헐적 시동 꺼짐 현상이 발생한다.
㉰ 출발 또는 주행 중 변속 시 충격이 발생할 수 있다.
㉱ 일산화탄소(CO), 탄화수소(HC) 배출량이 감소하거나 연료 소모가 증대될 수 있다.

44 전자제어 가솔린 엔진에서 연료분사량을 결정하기 위해 고려해야 할 사항과 가장 거리가 먼 것은? 2013.8.18

㉮ 점화전압 ㉯ 흡입공기 질량
㉰ 목표 공연비 ㉱ 대기압력

45 전자제어 에어컨장치에서 컨트롤 유닛에 입력되는 요소가 아닌 것은? 2011.10.2

㉮ 외기온도 센서 ㉯ 일사량 센서
㉰ 습도 센서 ㉱ 블로어 센서

46 전자제어 가솔린 엔진에서 엔진 부조가 심하고 지르코니아 산소(ZrO_2) 센서에서 0.12 V 이하로 출력되며, 출력값이 변화하지 않는 원인이 아닌 것은? 2012.3.4

㉮ 인젝터의 막힘
㉯ 계량되지 않는 흡입공기의 유입
㉰ 연료 공급량 부족
㉱ 연료 압력의 과대

47 전자제어식 엔진에서 크랭크각 센서의 역할은 어느 것인가? 2009.3.1

㉮ 단위시간당 엔진 회전속도 검출
㉯ 단위시간당 엔진 점화시기 검출
㉰ 매 사이클당 흡입공기량 계산
㉱ 매 사이클당 폭발횟수 검출

48 수온 센서의 역할이 아닌 것은? 2008.3.2

㉮ 냉각수 온도 계측
㉯ 점화시기 보정에 이용
㉰ 연료 분사량 보정에 이용
㉱ 기본 연료 분사량 결정

answers & explanations

45 전자제어 자동 에어컨 장치 입출력 구성도

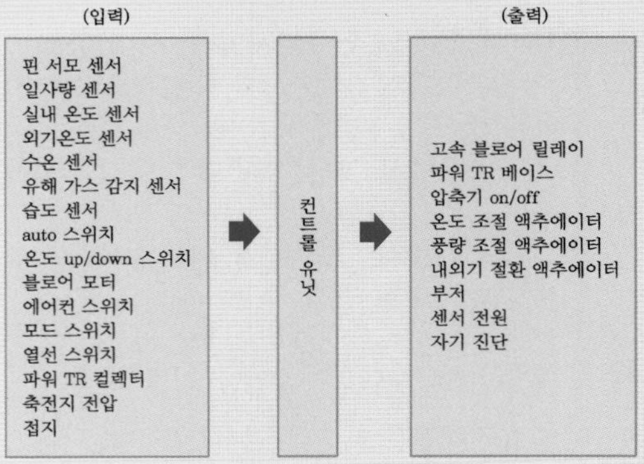

46 산소 센서 정상 피드백 작동 전압은 0.4~0.6 V이며 이 전압보다 낮으면 연료분사가 희박하고, 이 값보다 높으면 농후한 상태의 연료가 분사된다. 산소 센서의 출력 전압이 0.12 V인 경우는 인젝터의 막힘 등으로 분사량이 적거나, 공기량이 과잉 공급된 상태이다.

47 크랭크각 센서의 기능 : 크랭크각 센서는 압축상사점에 대한 크랭크축의 위치를 측정하여 단위시간당 엔진회전수를 검출하고, 연료분사시기 및 점화시기를 결정하는 데 사용한다.

48 $기본연료분사량 = \dfrac{흡입\ 공기량(AFS)}{엔진\ 회전수(CAS)}$

정답 43. ㉱ 44. ㉮ 45. ㉱ 46. ㉱ 47. ㉮ 48. ㉱

49 전자제어 가솔린 엔진에 대한 설명으로 틀린 것은? 2011.6.12

㉮ 흡기 온도센서는 공기밀도 보정 시 사용된다.
㉯ 공회전 속도 제어는 스텝 모터를 사용하기도 한다.
㉰ 산소 센서 신호는 이론공연비 제어 신호로 사용된다.
㉱ 점화 시기는 점화 2차 코일의 전류를 크랭크각 센서가 제어한다.

50 전자제어 연료분사장치에서 연료가 완전연소하기 위한 이론공연비와 가장 밀접한 관계가 있는 것은? 2009.8.30 / 2012.3.14

㉮ 공기와 연료의 산소비
㉯ 공기와 연료의 중량비
㉰ 공기와 연료의 부피비
㉱ 공기와 연료의 원소비

51 노크 센서(knock sensor)에 이용되는 기본적인 원리는? 2008.5.11

㉮ 홀 효과
㉯ 피에조 효과
㉰ 자계 실드 효과
㉱ 펠티에 효과

52 인젝터에서 통전시간을 A, 비통전시간을 B로 나타낼 때 듀티비(duty ratio)를 계산하는 식으로 옳은 것은? 2009.3.1

㉮ 듀티비 $= \dfrac{A}{A+B} \times 100$
㉯ 듀티비 $= \dfrac{A+B}{A} \times 100$
㉰ 듀티비 $= \dfrac{A+B}{B} \times 100$
㉱ 듀티비 $= \dfrac{A-B}{A+B} \times 100$

answers & explanations

49 크랭크각 센서는 점화 1차 전류를 제어하여 점화시기를 제어한다.

50 이론 공연비 14.7 : 1은 공기와 연료의 중량비이다.

51 ① 피에조 효과(Piezo electric effect) : 금속 또는 반도체 결정에 압력을 가하면 전압이 발생하는 현상. 압전 효과라고도 하며, 노크 센서에 이용
② 자계 실드(Magnetic shield) 효과 : 자계 차폐라고도 하며, 노이즈를 방지하기 위하여 전자파를 차단하는 것
③ 펠티에 효과(Peltier effect) : 2종류 금속을 접합하여 전기를 보내면 한쪽은 열이, 한쪽은 차가워지는 현상. 제베크 효과와 반대
④ 홀 효과(Hall effect) : 자계 내에 홀 효과를 발생하는 반도체를 설치하고 전류를 흘리면 플레밍의 왼손법칙에 의해 홀 전압이 발생되는 현상

52 펄스 파형의 듀티 사이클이란 1cycle(ON, OFF)에서 ON되는 시간을 백분율로 나타낸 것으로 주파수로 표현한다.
듀티비는 1펄스($A+B$) 중 ON 시간(A)의 비율이다.

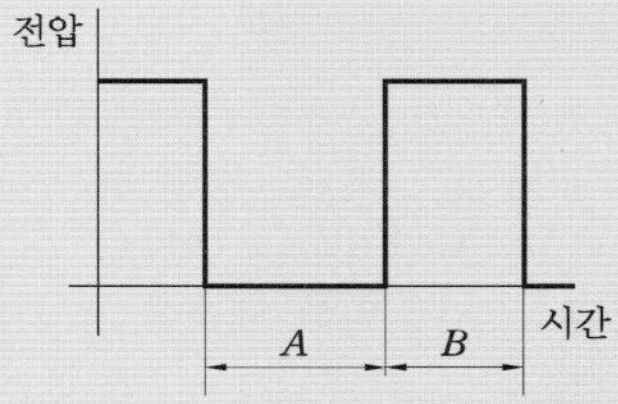

※ 듀티비(%) $= \dfrac{A}{A+B} \times 100$

정답 49. ㉱ 50. ㉯ 51. ㉯ 52. ㉮

53 전자제어 MAP 센서 방식에서 분사밸브의 분사(지속)시간 계산식으로 옳은 것은 다음 중 어느 것인가? 2012.8.26

㉮ 기본 분사시간×보정계수＋무효 분사시간

㉯ $\frac{1}{2}$×기본 분사시간＋무효 분사시간

㉰ (무효 분사시간－기본 분사시간)×보정계수

㉱ $\frac{1}{4}$×기본 분사시간×보정계수

54 수온 센서 고장 시 엔진에서 예상되는 증상으로 잘못 표현한 것은? 2010.9.5

㉮ 연료 소모가 많고 CO 및 HC의 발생이 감소한다.

㉯ 냉간 시동성이 저하될 수 있다.

㉰ 공회전 시 엔진의 부조 현상이 발생할 수 있다.

㉱ 공회전 및 주행 중 시동이 커질 수 있다.

55 스로틀 포지션 센서의 기본 구조 및 출력 특성과 가장 유사한 것은? 2011.6.12

㉮ 차속 센서

㉯ 인히비터 스위치

㉰ 노킹 센서

㉱ 액셀러레이터 포지션 센서

56 전자제어 가솔린 엔진에서 엔진의 점화시기가 지각되는 이유는? 2011.3.20

㉮ 노크 센서의 시그널이 입력되었다.

㉯ 크랭크각 센서의 간극이 너무 크다.

㉰ 점화코일에 과전압이 걸려 있다.

㉱ 인젝터의 분사시기가 늦어졌다.

57 전자제어 가솔린 엔진에서 티타니아 산소 센서의 경우 전원은 어디에서 공급되는가? 2013.3.10

㉮ ECU

㉯ 파워TR

㉰ 컨트롤 릴레이

㉱ 축전지

answers & explanations

53 기본 분사시간은 흡입공기량과 엔진회전수로부터 구해지는 목표 공연비를 실현하는 분사시간이고, 보정계수는 엔진의 각 센서로부터 입력된 신호에 의해 계측된다.

54 수온 센서 고장 시 연료가 과잉 분사될 수 있으므로 연료 소모가 많고, 불완전연소로 인한 CO 및 HC의 발생이 증가한다.

55 스로틀 포지션 센서는 가속 페달의 작동에 따라 움직이며 가변저항이기 때문에 운전상황에 따라 변화되는 저항값으로 출력 전압도 변하게 된다. 이것은 액셀러레이터 포지션 센서와 작동 출력 및 특성이 유사하다.

56 노크 센서의 시그널이 ECU로 입력되면 ECU는 노크가 발생한 경우이므로 점화시기를 늦추어 지각시킨다.

57 티타니아 산소 센서는 산소 농도에 따라 저항값이 변화하며, 그 값이 ECU에서 전압으로 바뀌어서 ECU는 배기가스 중의 산소 농도를 감지한다.

정답 53. ㉮ 54. ㉮ 55. ㉱ 56. ㉮ 57. ㉮

58 전자제어 가솔린 엔진의 인젝터 분사시간에 대한 설명 중 틀린 것은? 2013.8.18

㉮ 엔진을 급가속할 때에는 순간적으로 분사시간이 길어진다.
㉯ 축전지 전압이 낮으면 무효 분사기간이 짧아진다.
㉰ 엔진을 급감속할 때에는 순간적으로 분사가 정지되기도 한다.
㉱ 지르코니아 산소 센서의 전압이 높으면 분사시간이 짧아진다.

59 전자제어 분사장치에서 공전 스텝 모터의 기능으로 적합하지 않은 것은? 2009.5.10

㉮ 냉간 시 rpm 보상
㉯ 결함코드 확인 시 rpm 보상
㉰ 에어컨 작동 시 rpm 보상
㉱ 전기 부하 시 rpm 보상

60 가솔린 연료분사장치 엔진에서 연료압력 조절기가 고장 났을 경우, 가장 현저하게 나타날 수 있는 현상은? 2009.5.10

㉮ 유해 배기가스가 많이 배출된다.
㉯ 가속이 어렵고 공회전이 불안정해진다.
㉰ 엔진의 회전이 빨라진다.
㉱ 엔진이 과열된다.

61 전자제어 가솔린 엔진에서 전부하 및 공전의 운전 특성값과 가장 관련성 있는 것은? 2009.3.1

㉮ 배전기
㉯ 시동 스위치
㉰ 스로틀 밸브 스위치
㉱ 공기비 센서

answers & explanations

58 인젝터 파형

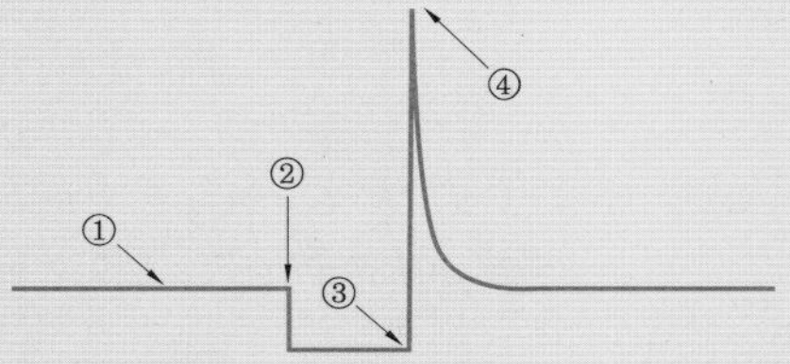

① 전원 전압 : 발전기에서 발생되는 전압
② 접지하는 순간 : ECU 내부에 있는 파워 TR가 작동하여 접지시키는 상태
③ 접지 전압 : 인젝터에서 연료가 분사되고 있는 구간(0.8 V 이하)으로서 접지 전압이 상승
④ 피크(서지) 전압 : 서지 전압 발생 구간

59 전자제어 연료분사장치에서 엔진의 공회전 조절장치의 공전 스텝 모터는 엔진의 냉간 시, 에어컨 작동 시, 전기 부하 시 등 엔진 공회전 상황에서 엔진부하에 따른 rpm을 보상해 주는 모터이다.

60 가솔린 엔진 연료장치의 연료압력 조절기가 고장나면 흡기관의 압력 변화에 연료압력 조절을 할 수 없으므로 공연비가 맞지 않게 되어 농후한 연료분사가 이루어져 유해 배기가스를 배출하게 된다.

61 스로틀 밸브와 같은 축에 연결되어 있으며, 움직이는 레버와 가변저항으로 구성되어 있다. TPS는 스로틀 밸브의 개도를 감지해 이 신호를 ECU로 보내며 ECU는 이 신호값으로 운전자가 액셀러레이터 페달을 얼마나 밟는지를 감지한다.

정답 58. ㉯ 59. ㉯ 60. ㉮ 61. ㉰

62 전자제어 가솔린 엔진에서 사용되는 센서 중 흡기온도 센서에 대한 내용으로 틀린 것은 다음 중 어느 것인가? 2012.8.26

㉮ 온도에 따라 저항값이 보통 1 kΩ~15 kΩ 정도 변화되는 NTC형 서미스터를 주로 사용한다.
㉯ 엔진 시동과 직접 관련되며 흡입공기량과 함께 기본 분사량을 결정하게 해주는 센서이다.
㉰ 온도에 따라 달라지는 흡입 공기밀도 차이를 보정하여 최적의 공연비가 되도록 한다.
㉱ 흡기온도가 낮을수록 공연비는 증가된다.

63 전자제어 엔진에서 각종 센서들이 엔진의 작동 상태를 감지하여 컴퓨터가 분사량을 보정함으로써 최적의 상태로 연료를 공급한다. 여기에서 컴퓨터(ECU)가 분사량을 보정하지 못하는 인자는? 2009.3.1

㉮ 시동 증량
㉯ 연료압력 보정
㉰ 냉각수온 보정
㉱ 흡기온 보정

64 전자제어 엔진에서 입력신호에 해당되지 않는 것은? 2008.9.7

㉮ 냉각수온 센서 신호
㉯ 흡기온도 센서 신호
㉰ 에어플로 센서 신호
㉱ 인젝터 신호

65 칼만 와류식 공기유량 센서에서 주파수를 f, 상수값을 C, 검출부 유로 면적을 A라 했을 때 흡입공기유량 Q를 구하는 공식으로 옳은 것은? 2010.3.7

㉮ $Q = C \cdot A \cdot f$
㉯ $Q = \frac{C \cdot f}{A}$
㉰ $Q = \frac{C \cdot A}{f}$
㉱ $Q = \frac{A \cdot f}{C}$

66 피에조 저항을 이용하여 절대압력을 전압값으로 변화시키는 센서는? 2011.3.20

㉮ 흡기온도 센서
㉯ 스로틀 포지션 센서
㉰ 에어플로 센서(열선식)
㉱ 대기압 센서

answers & explanations

62 엔진 시동과 직접 관련되며 흡입공기량과 함께 기본 분사량을 결정하게 해주는 센서는 에어플로 센서(공기유량센서)이다.

63 전자제어 엔진의 연료량 보정은 흡기다기관 압력의 변화(스로틀 밸브의 열림 상태)를 연료 압력 조정기에서 압력이 조정된다(연료압력 $2 \sim 3\ kg/cm^2$).

64 ① 전자제어 엔진 입력 센서 : 공기유량 센서, 흡기온도 센서, 냉각수온 센서, 크랭크각 센서, 1번 실린더 TDC 센서, 노크 센서 등
② ECU 제어 : 인젝터, 연료펌프 릴레이, 점화시기, 공전속도 제어, 에어컨 릴레이 등

65 흡입공기유량 공식 $Q = C \times A \times f$
Q : 흡입공기유량, f : 주파수, C : 상수값, A : 검출부 유로 면적

66 피에조 저항을 이용하여 절대압력을 전압값으로 변화시키는 센서에는 대기압 센서와 맵 센서가 있다.
① 에어플로 센서(열선식) : 휘트스톤 브리지 원리
② 스로틀 포지션 센서 : 가변저항 사용
③ 흡기온도 센서 : 부특성 서미스터 사용
④ 대기압 센서 : 피에조 저항 이용

정답 62. ㉯ 63. ㉯ 64. ㉱ 65. ㉮ 66. ㉱

67 전자제어 연료분사장치에서 AFS(air flow sensor)의 공기량 계측 방식이 아닌 것은?

2011.6.12

㉮ 베인(vane) 방식
㉯ 칼만(karman) 방식
㉰ 핫 와이어(hot wire) 방식
㉱ 베르누이 방식

68 자동차 전자제어 유닛(ECU)의 구성에 있어서 각종 제어장치에 관한 고정 데이터나 자동차 정비제원 등을 정기적으로 저장하는 데 이용되는 것은?

2010.9.5

㉮ RAM ㉯ ROM ㉰ CPU ㉱ TPS

69 전자제어 디젤 연료분사 방식 중 다단분사에 대한 설명으로 가장 적합한 것은?

2015.5.31

㉮ 후분사는 소음 감소를 목적으로 한다.
㉯ 다단분사는 연료를 분할하여 분사함으로써 연소효율이 좋아지며 PM과 NOx를 동시에 저감시킬 수 있다.
㉰ 분사시기를 늦추면 촉매환원성분인 HC가 감소된다.
㉱ 후분사시기를 빠르게 하면 배기가스 온도가 하강한다.

70 전자제어 가솔린 엔진에서 연료압력 및 잔압을 점검하여 판정하는 내용으로 틀린 것은 어느 것인가?

2011.3.20

㉮ 연료 라인 압력이 규정값 이상 상승 시 릴리프 밸브가 고장이다.
㉯ 엔진 가동을 정지시킨 후 연료압력이 0 kgf/cm^2로 바로 떨어지면 세이프티 밸브 불량이다.
㉰ 연료압력 조정기의 진공호스 분리 시 압력 상승이 없으면 연료압력 조정기가 고장이다.
㉱ 연료압력이 규정보다 낮으면 연료펌프의 최대 압력, 연료필터의 막힘 등을 점검해야 한다.

71 전자제어 가솔린 엔진에서 크랭크축은 회전하나 엔진이 시동되지 않는 원인으로 틀린 것은?

2011.6.12

㉮ No.1 TDC와 크랭크각 센서의 불량
㉯ 냉각수의 부족
㉰ 점화장치 불량
㉱ 연료펌프의 작동 불량

answers & explanations

67 베르누이 방식(원리)은 기화기식에 해당한다.
흡입공기량 계측 방식
(1) 직접 계측 방식(mass flow type)
① 체적 검출 방식 : 베인식, 칼만 와류식
② 질량 검출 방식 : 열선(hot wire)식, 열막(hot film)식
(2) 간접 계측 방식(speed density type) : 흡기다기관 절대압력(MAP 센서) 방식

68 ① ROM(read only memory) : 영구 기억장치라 하며 레코드판이나 CD와 같이 재생만 가능하며 배터리 전원을 꺼도 기억이 지워지지 않는 영역
② CPU(central process unit) : RAM과 ROM에 의해 저장되어진 데이터를 연산하는 중앙처리장치이다.
③ TPS(throttle position sensor) : 스로틀 밸브의 개폐를 검출하기 위한 위치 센서
④ RAM(random access memory) : 일시 기억장치로 녹음과 재생이 가능한 것으로 배터리 전원을 끄면 기억이 지워질 수 있는 메모리(휘발성 메모리)

69 다단분사는 연료를 분할하여 분사함으로써 연소 효율이 좋아지며 PM과 NOx를 동시에 저감시킬 수 있다.

70 연료펌프의 체크(check) 밸브는 연료펌프 정지 시 연료의 역류를 방지하며, 잔압을 유지하여 고온에 의한 베이퍼 로크를 방지하고, 재시동성을 향상시킨다.

정답 67. ㉱ 68. ㉯ 69. ㉯ 70. ㉯ 71. ㉯

72 전자제어 가솔린 연료분사 방식에서 공기 흡입량 감지 방식이 아닌 것은? 2011.3.20

㉮ 베인식 ㉯ 스로틀 센서식
㉰ 열막식 ㉱ 칼만 볼텍스식

73 전자제어 엔진의 공기유량 센서 중에서 MAP 센서의 특징에 속하지 않는 것은?

㉮ 흡입 계통의 손실이 없다. 2013.6.2
㉯ 흡입공기 통로의 설계가 자유롭다.
㉰ 공기밀도 등에 대한 고려가 필요 없는 장점이 있다.
㉱ 고장이 발생하면 엔진 부조 또는 가동이 정지된다.

74 냉각수온 센서 고장 판단 시 나타나는 현상으로 가장 거리가 먼 것은? 2009.8.30

㉮ 엔진이 정지
㉯ 공전속도가 불안정
㉰ 웜업 후 검은 연기 배출
㉱ CO 및 HC 증가

75 MAP 센서에서 ECU(electronic control unit)로 입력되는 전압이 가장 높은 때는?

㉮ 가속 시 2009.5.10
㉯ 엔진 공전 시
㉰ 저속 저부하 시
㉱ 고속 주행 시

76 오실로스코프에서 듀티 시간을 점검한 결과 아래와 같은 파형이 나왔다면 주파수는? 2012.3.4

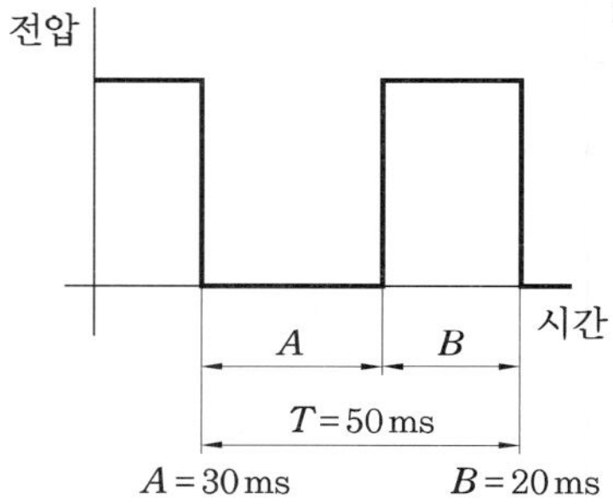

㉮ 20 Hz ㉯ 25 Hz
㉰ 30 Hz ㉱ 35 Hz

answers & explanations

72 흡입공기량 계측 방식
(1) 직접 계측 방식(mass flow type)
① 체적 검출 방식 : 베인식, 칼만 와류(볼텍스)식
② 질량 검출 방식 : 열선(hot wire)식, 열막(hot film)식
(2) 간접 계측 방식(speed density type) : 흡기다기관 절대압력(MAP 센서) 방식

73 MAP 센서의 특징
① 흡입공기량 계측이 간접 계측이다.
② 흡입 계통의 손실이 없다.
③ 흡입공기 통로의 설계가 자유롭다.
④ 고장이 발생하면 엔진 부조 또는 가동이 정지된다.
⑤ 압력 계측이 용이한 피에조 저항을 사용한다.

74 엔진 공회전 상태가 불안정하게 제어되며 연비 제어의 영향으로 배기가스(CO 및 HC)가 증가한다.

75 맵 센서는 흡입공기량을 간접 계측하는 유량 센서로써 출력 전압은 흡기다기관의 절대압력에 비례한다. 즉, 공전 시 출력 전압이 낮고 (1~1.5 V) 가속 시 전압이 높게(4~5 V) 출력된다.

76 주파수$(f) = \frac{1}{T}$

여기서, f : 주파수(Hz), T : 주기

$\therefore f = \frac{1}{T} = \frac{1 \times 1{,}000}{50\,\text{ms}} = 20\,\text{Hz}$

※ $1\,\text{s} = \frac{1}{1{,}000}\,\text{ms}$

정답 72. ㉯ 73. ㉰ 74. ㉮ 75. ㉱ 76. ㉮

제 2 과목

자동차 섀시

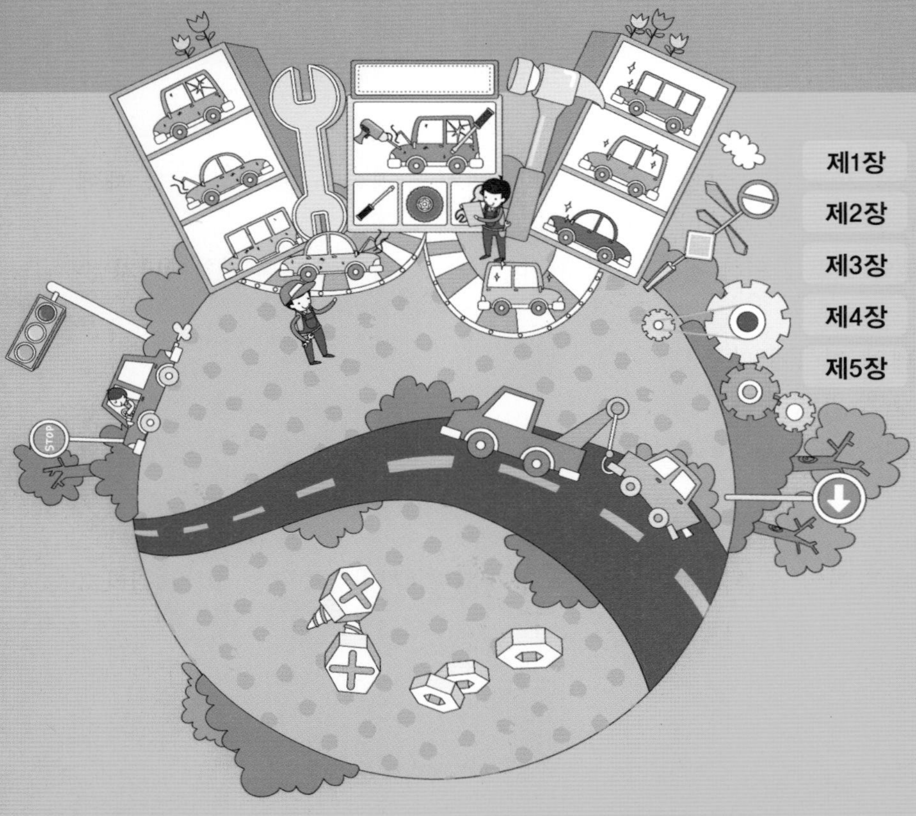

1
Chapter

주행 및 제동

1-1 주행 성능

자동차가 노면 위를 주행할 때 구동 바퀴와 같이 회전하는 동력 전달 장치의 회전 저항, 즉 엔진의 출력이 구동 바퀴에 이르는 동안에 발생되는 저항으로서 각 기어의 전달 손실, 윤활 저항, 베어링 및 조인트의 마찰이나 전달 손실 등이 내부 저항이며, 이러한 사항들은 동력 전달 효율로 표시되므로 보통 이를 제외한 외부 저항만을 자동차의 주행 저항으로 한다.

참고

1. 주행 저항=구름 저항+공기 저항+가속 저항+등판 저항
2. 주행 저항과 구동력
   ① 주행 저항=구동력 ⇒ 일정 속도 주행
   ② 주행 저항 > 구동력 ⇒ 감속
   ③ 주행 저항 < 구동력 ⇒ 증속

(1) 구름 저항

구름 저항은 자동차의 바퀴가 차량 중량을 지지하면서 수평한 노면 위를 구를 때에 받는 저항으로써 다음과 같은 것들이 있다.

① 타이어 접지부의 변형에 의한 것(내부 마찰에너지 손실, 타이어 노면 마찰에너지 손실 포함)
② 도로면의 형태와 변형에 따른 것
③ 바퀴와 노면 모두의 변형에 의한 것
④ 차량 기계적 마찰에 의한 저항(바퀴 베어링, 쇼크 업쇼버 등 각부 마찰에 의한 저항)

구름 저항은 앞뒤 바퀴의 구름 저항의 합으로 표시되며, 차량총중량을 W [kgf]라고 하면

$$R_r = \mu_r W$$ 여기서, μ_r : 구름 저항 계수로
W : 차량총중량

노면 조건과 구름 저항 계수의 값

노면의 조건	구름 저항 계수	노면의 조건	구름 저항 계수
비포장 도로	약 0.04	점토질 도로	약 0.2 ~ 0.3
콘크리트 포장도로	약 0.015	자갈길	약 0.12
아스팔트 포장도로	약 0.010	돌이 많은 도로	약 0.08

(2) 공기 저항

공기 저항은 자동차가 주행할 때 공기에 의하여 받는 저항을 말한다. 공기 저항은 차체의 앞부분에서의 압력과 뒷부분에서 생기는 부압과의 압력차로 발생되는 압력 저항과 자동차 표면에 흐르는 공기와의 마찰과 엔진 냉각, 차체 내부의 환기 등 차체에 대한 공기의 출입에 따르는 환기 저항, 그리고 자동차가 고속주행할 때 양력의 차로 발생되는 유도 저항 등이 있다.

공기 저항은 중량과 관계가 없으며, 단면적과 속도의 제곱에 비례한다.

$$Ra = \mu a \times A \times V^2 \text{ 또는 } Ra = C \cdot \frac{p}{2g} A V^2$$

여기서, Ra : 공기저항(kgf)
μa : 공기저항 계수
A : 자동차 전면 투영 면적(m^2)
V : 자동차의 공기에 대한 상대 속도(km/h)
C : 차체의 형상 계수
p : 공기 밀도

공기 저항

(3) 가속 저항(관성 저항)

가속 저항은 자동차가 속도를 증가시킬 때 관성에 의해 저항을 받게 되는데 이때 그 물의 관성을 이길 힘이 필요하며, 그 힘을 가속력이라 한다.

참고

1. **가속 저항 :** 자동차를 가속할 경우에 생기는 관성 저항
   가속 저항=직진 관성 저항+회전 관성 저항
2. **타행 성능 :** 임의의 속도로 주행중인 자동차의 변속기를 중립으로 하였을 경우에 관성에의 의해 자동차가 주행한 거리

$$Ri = \frac{W \times \triangle W}{g} \times a$$

여기서, Ri : 가속 저항
a : 가속도(m/s²)
W : 차량총중량(kgf)
g : 중력 가속도(9.8m/s²)
$\triangle W$: 회전부분상당중량

(4) 구배(등판) 저항

구배 저항은 자동차가 언덕길과 같은 기울어진 노면을 올라갈 때 기울기에 대한 평행한 방향의 분력이 저항과 같은 효과를 내므로 이것을 구배 저항이라고 하며 다음 공식으로 표시된다.

$$Rg = W \times \sin\theta \quad \text{또는} \quad Rg = \frac{WG}{100}$$

여기서, Rg : 구배 저항(kgf)
W : 차량총중량(kgf)
$\sin\theta$: 노면 경사 각도
G : 구배(%)

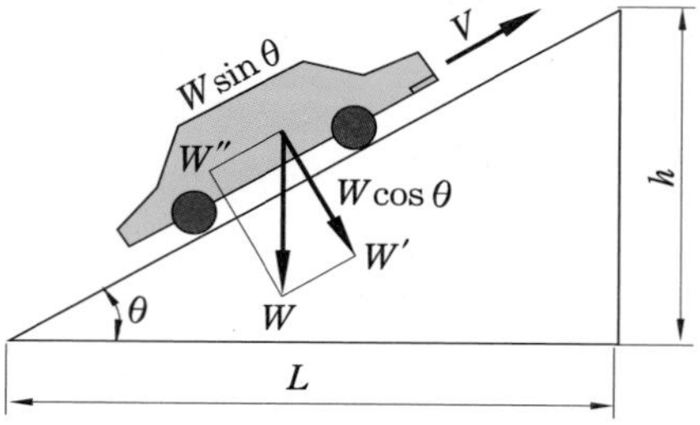

구배 저항

참고

전 주행 저항=구름 저항, 공기 저항, 가속 저항, 구배 저항을 포함한 차량 주행 상태
① 정속 중인 경우=가속 저항(0)
② 주행 도로에 구배가 없는 경우=구배 저항(0)

1-2 제동 성능

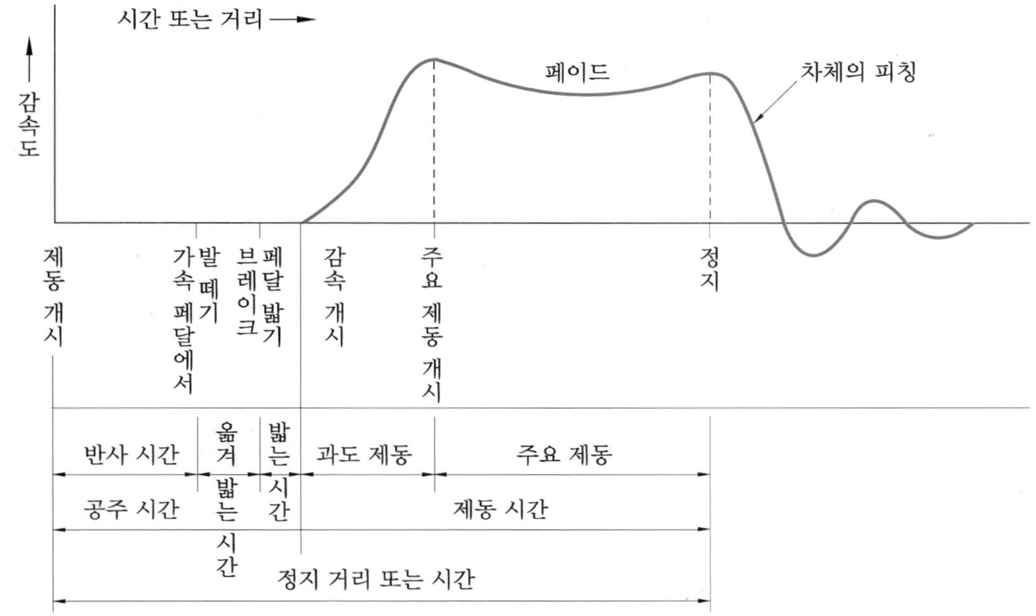

※ 반사 시간 0.4~0.5, 페달 이동 0.2~0.3, 밟는 시간(유압 이동) 0.1~0.2

브레이크 작동 시간 및 거리

(1) 제동거리

제동거리란, 브레이크가 작용한 후부터 정지될 때까지의 자동차가 이동한 거리를 말한다. 주행하는 자동차에 제동을 걸면 그때 차의 운동 에너지와 마찰 제동 에너지는 같아야 한다.

제동거리 $S_1 = \dfrac{v^2}{2\mu g}$ (단위 : m)

여기서, v : 차량속도(m/s)
μ : 노면의 마찰계수
g : 중력가속도(9.8 m/s^2)

참고

제동거리는 속도의 제곱에 비례하며, 제동력 계수에 반비례하여 길어진다. 차의 중량에는 무관하나 제동계수가 달라질 수 있다.

① 이론적 제동거리

$$S_1 = \frac{v^2}{2\times 9.8\times 3.6^2}\times\frac{W}{F} = \frac{v^2}{254}\times\frac{W}{F}$$

② 마찰계수(μ)=0일 때 제동거리

$$S_1 = \frac{v^2}{254} \times \frac{W + W'}{F}$$

여기서, v : 차량속도(m/s)
W : 차량중량
F : 제동력(kgf)

참고 ● 제동장치의 구비 조건

① 브레이크가 작동되지 않을 때 바퀴회전에 방해되지 않을 것.
② 자동차의 최고속도와 차량의 중량에 대해 제동작용이 확실할 것.
③ 제동 조작이 간단하고 운전자의 피로가 적을 것.
④ 점검 및 조정이 용이할 것.
⑤ 신뢰성과 내구성이 우수할 것.

(2) 공주거리

실제의 자동차 운전에서 운전자가 장애물을 발견하고 위험을 인지하여 제동을 걸기 위하여 오른쪽 발로 브레이크 페달을 밟아 브레이크 슈가 드럼에 접착하면서 브레이크의 작용이 시작할 때까지 걸리는 시간을 공주시간이라 하며, 이 사이에 주행하는 거리를 공주거리라 한다. 공주시간을 t라고 하면, 공주거리(S_o)는 다음과 같이 표현할 수 있다.

$$\text{공주거리 } S_o = \frac{v}{3.6} \times t(\text{단위 : m})$$

여기서, t는 초(s)

※ 주행속도(v)가 km/h이므로 단위 환산을 하면 $1\,\text{km/h} = \frac{1000\,\text{m}}{3600\,\text{s}} = \frac{1}{3.6}\,\text{m/s}$ 이다. S_o가 m(미터)로 계산되도록 분모에 3.6을 나눈다.

(3) 정지거리

정지거리는 공주거리와 제동거리의 합으로 나타낸다. 식으로 표현하면 다음과 같다. 공주시간(t)은 단위가 초(s)이고, 주행 속도는 km/h이다.

$$S = S_0 + S_1 = \frac{v}{3.6} \times t + \frac{v^2}{254} \times \frac{W + W'}{F}$$

1-3 주행 특성

(1) 휠의 특성

① 스탠딩 웨이브(standing wave) 현상 : 자동차가 고속으로 주행할 때 트레드가 받는 원심력과 공기 압력에 의해 트레드가 노면에서 떨어진 직후 발생하는 웨이브(찌그

러짐) 현상이다. 스탠딩 웨이브의 방지법은 타이어 공기 압력을 표준보다 10~15 % 높이고 강성이 큰 타이어나 접지폭이 큰 타이어를 사용한다.

② 하이드로 플래닝(hydro planing ; 수막 현상) : 물이 고인 도로를 고속으로 주행할 때 타이어의 트레드가 노면의 물을 완전히 밀어내지 못하고 타이어는 얇은 수막에 의해 노면으로부터 떨어져 제동력 및 조향력을 상실하는 현상으로 방지법은 다음과 같다.

(가) 타이어 공기 압력을 높이고(10~20 %), 주행속도를 낮춘다.
(나) 타이어 트레드 홈 깊이가 깊은 리브 패턴의 타이어를 사용한다.
(다) 타이어 트레드 마모가 적은 타이어를 사용한다.
(라) 스레드 패턴을 카프형으로 세이빙 가공한 것을 사용한다.

③ 휠의 평형 : 휠의 밸런스가 맞게 되면 승용차는 60~90 km/h, 대형버스나 트럭은 100~130 km/h에서 진스프링 아래 부분의 고유진동수와 공진하여 조향 휠이 떨리고 시미 현상이 발생된다(휠의 동적 불량 및 정적 불량).

자동차 섀시 2 과목

참고

1. **휠의 정적 불량 :** 바퀴의 윗부분이 아래보다 무게가 더 무거워 주행 중 바퀴가 상하로 튀는 현상
2. **휠의 동적 불량 :** 바퀴의 좌우 밸런스가 맞지 않아 주행 중 바퀴가 좌우로 떨리는 현상

1-4 차량 주행 중 발생할 수 있는 진동 현상

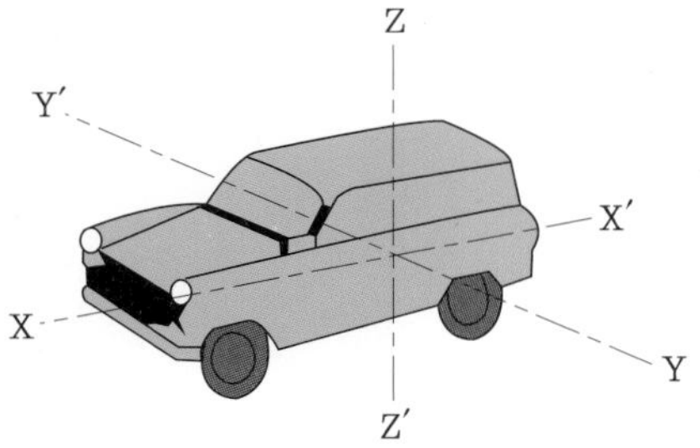

스프링 위 질량의 진동

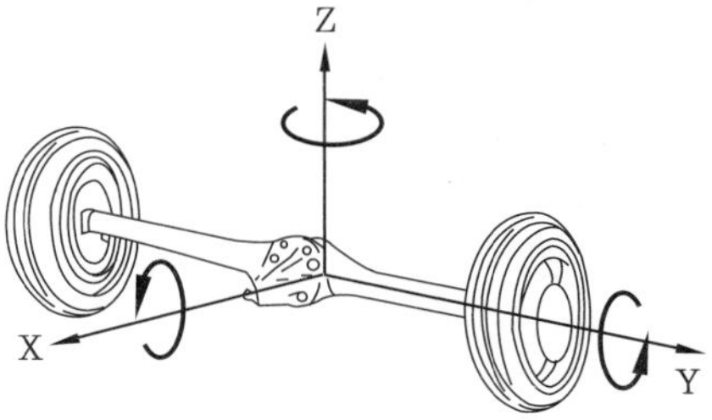

스프링 아래 질량의 진동

(1) 스프링 위 질량의 진동

① 바운싱(bouncing ; 상하 진동) : 차체가 Z축 방향과 평행운동을 하는 고유 진동
② 피칭(pitching ; 전후 진동) : 차체가 Y축을 중심으로 하여 회전운동을 하는 고유 진동
③ 롤링(rolling ; 좌우 진동) : 차체가 X축을 중심으로 하여 회전운동을 하는 고유 진동

④ 요잉(yawing ; 차체 후부 진동) : 차체가 Z축을 중심으로 하여 회전운동을 하는 고유 진동

(2) 스프링 아래 진동

① 휠 홉(wheel hop) : 차축(axle shaft)이 Z 방향의 상하 평행 운동을 하는 진동
② 휠 트램프(wheel tramp) : 차축이 X축을 중심으로 하여 회전 운동을 하는 진동
③ 와인드 업(wind up) : 차체가 Y축을 중심으로 하여 회전 운동을 하는 진동

(3) 자동차 주행에 영향을 주는 차체 변형 각

① 세트-백(set-back) : 차체를 기준으로 앞뒤 차축의 평행됨을 나타내는 것을 세트-백이라 하며, 앞뒤 차축이 완전하게 평행되어 있으면 세트-백 0이라 한다. 세트-백은 뒤 차축을 기준으로 나타내는 것이 일반적이지만, 앞 차축의 좌우 위치가 달라지면 휠베이스가 변화되어 자동차가 한쪽으로 쏠리는 원인이 된다.
② 스러스트 각 (thrust angle) : 자동차의 기하학적인 중심선과 자동차의 진행선(중심선)이 이루는 각도를 스러스트 각이라 하며, 일반적으로 뒷바퀴가 독립현가식인 경우에는 뒷바퀴의 토우에 따라 스러스트 각이 결정된다.

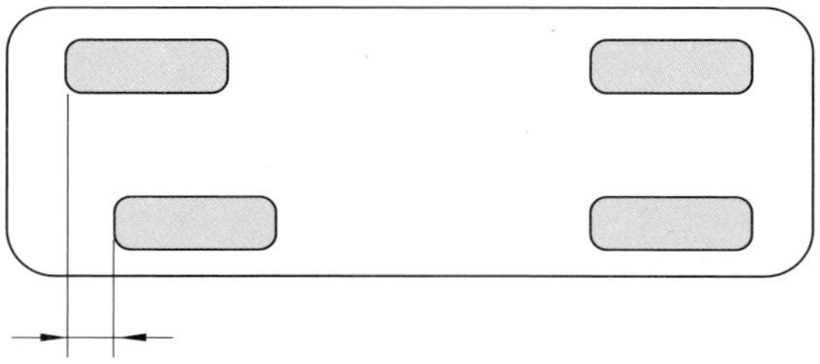
세트-백

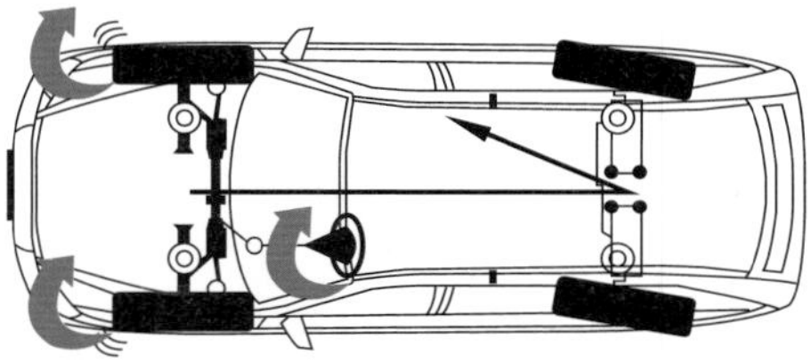
스러스트 각

참고 – 스러스트 각의 영향

1. 타이어 편마모의 원인이 된다.
2. 스러스트 각이 심하면 주차를 똑바로 하기가 어렵다.
3. 주행 중 조향 핸들의 방향이 틀어진다.
4. 좌우로 조향 핸들을 돌릴 때 감각이 다를 수 있다.
5. 선회 시 스티어 특성이 변화되어 오버 스티어와 언더 스티어가 좌우 각각 다르게 나타난다.

동력 전달 장치

2-1 클러치

(1) 클러치의 필요성

① 주행 중 변속 시 엔진의 동력을 차단하기 위함이다.
② 주행 관성으로 탄력적인 운전을 위해 필요하다.
③ 주행 상태에 따라 엔진을 시동걸 때나 공회전 시 엔진을 무부하 상태로 유지시킨다.

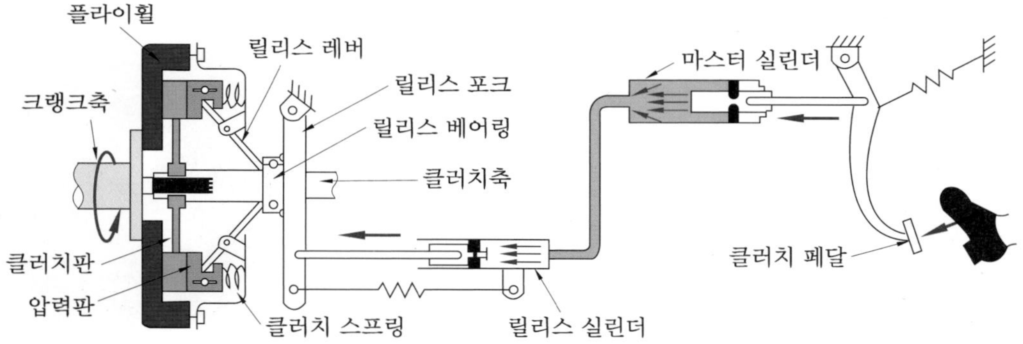

클러치의 구성 부품

(2) 클러치 구비 조건

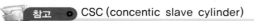

① 동력 차단 시에는 신속하고 확실할 것.
② 동력 전달 시에는 미끄러지면서 서서히 전달될 것.
③ 일단 접속되면 미끄럼없이 동력을 확실히 전달할 것.
④ 회전 부분의 밸런스가 좋고 회전 관성이 적을 것.
⑤ 방열이 잘 되고 과열되지 않을 것.
⑥ 구조가 간단하고 취급이 용이하며, 고장이 적을 것.

참고 CSC (concentic slave cylinder)

클러치 릴리스 컨트롤 부분(릴리스 실린더, 릴리스 포크, 릴리스 베어링)을 단일 부품으로 모듈화한 것으로 클러치 작동 시 클러치 마스터 실린더 유압이 직접 CSC 릴리스에 가해지는 방식으로 클러치 부품수와 중량을 저감한 장치이다.

(3) 클러치의 종류

① 마찰 클러치
- 건식 클러치(단판식, 복식, 다판식)
- 습식 클러치
- 원추 클러치

② 자동 클러치
- 유체 클러치
- 토크 컨버터
- 전자식 클러치

참고 클러치 작동

클러치 페달 → 마스터 실린더 → 브레이크 파이프 → 릴리스 실린더 → 릴리스 포크 → 릴리스 베어링 → 릴리스 레버 → 압력판(뒤쪽으로 움직임) → 클러치판은 플라이휠과 압력판 사이에서 압착이 해제되어 플라이휠과 압력판은 크랭크축과 같이 회전하고 클러치 판은 회전이 차단됨

(4) 클러치의 구조

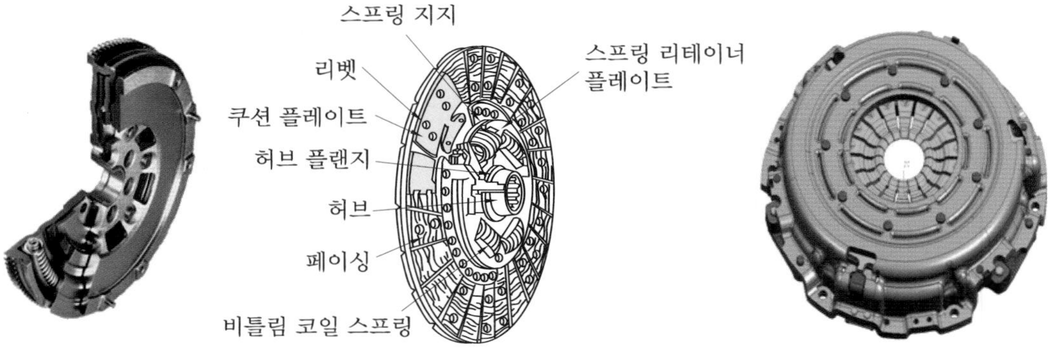

(a) 플라이휠 (b) 클러치 디스크 (c) 클러치 커버

클러치 디스크 및 클러치 커버

① 클러치 디스크(clutch plate or clutch disc) : 엔진의 동력을 전달하거나 차단하는 클러치 핵심 부품이며 플라이휠과 압력판 사이에 설치되어 엔진의 동력을 변속기 입력축을 통하여 변속기로 전달한다.

참고 클러치 디스크 라이닝의 구비 조건

1. 마찰계수가 알맞을 것.
2. 내마멸성, 내열성이 클 것.
3. 온도 변화에 따른 마찰계수 변화가 없을 것.

② 압력판(pressure plate) : 클러치 커버에 설치되어 있으며 클러치 페달을 놓으면 클러치 스프링(다이어프램 스프링)의 장력으로 클러치판을 플라이휠에 밀착시킨다.

참고 다이어프램 스프링 형식(막 스프링 형식)의 특징

- 구조가 간단하고 압력판에 작용하는 힘이 일정하다.
- 엔진회전수가 고속 시에도 원심력으로 인한 장력의 변화가 적고 평형이 좋다.
- 클러치 페달 조작력이 작아도 된다.
- 릴리스 베어링 접촉면이 고르게 되어 클러치 페이싱이 마멸되어도 가해지는 압력 변화가 적다.

③ 클러치 스프링(clutch spring) : 클러치 스프링은 클러치 커버와 압력판 사이에 설치되어 있으며, 클러치 작동 시 압력판에 장력이 유지되어 클러치 디스크가 미끄러지지 않도록 압력을 가한다.

④ 릴리스 레버(release lever) : 릴리스 레버는 코일 스프링 형식에서 릴리스 베어링의 힘을 받아 압력판을 움직이는 작용을 한다.

⑤ 릴리스 베어링 : 주행 중 클러치 페달을 밟게 되면 릴리스 포크에 의해 클러치 커버의 릴리스 레버를 축 방향으로 접촉하여 힘을 전달한다(릴리스 베어링의 종류 : 앵귤러 접촉형, 볼 베어링형, 카본형).

⑥ 클러치 용량

(가) 일반적으로 사용 엔진 회전력의 1.5~2.5배 정도이다.

(나) 클러치 용량이란 클러치가 전달할 수 있는 회전력의 크기이다.

(다) 클러치 용량이 크면 클러치 작동 시 클러치 디스크가 플라이휠에 접속될 때 엔진 시동이 꺼질 수 있다.

(라) 클러치 용량이 작으면 클러치 작동 시 클러치 디스크가 미끄러져 엔진의 동력손실로 인한 연비 불량과 페이싱 마멸이 촉진된다.

(5) 클러치 관련 계산식

① 클러치 전달 토크(미끄러지지 않는 조건)

$$T \propto f \times \mu \times r$$

여기서, T : 전달 토크(m-kgf)
μ : 마찰계수
f : 클러치 스프링의 장력(kgf)
r : 클러치판의 유효반지름(m)

② 클러치 전달 효율

$$\eta = \frac{\text{클러치에서 나온 동력}}{\text{클러치로 들어간 동력}} \times 100\,\%$$

$$\eta = \frac{T_2 \times N_2}{T_1 \times N_1} \times 100\,\%$$

여기서, T_1 : 엔진 회전력
N_1 : 엔진 회전수
T_2 : 클러치 출력 회전력
N_2 : 클러치 출력 회전수

2과목 자동차 섀시

(6) 클러치 정비 및 점검사항

① 클러치 높이 및 유격(자유 간극)

㈎ 클러치 페달 높이 : 클러치를 자유된 상태에서 바닥에서 클러치 페달까지의 높이를 점검한다.

㈏ 클러치 유격(자유 간극) : 클러치 페달을 밟기 시작하면 릴리스 베어링이 다이어프램 스프링(또는 릴리스 레버)에 닿을 때까지 페달이 이동한 거리를 말한다.

㉮ 유격이 적으면 : 클러치가 미끄러지며, 이 미끄럼으로 인하여 클러치 디스크가 과열되어 손상된다.

㉯ 유격이 크면 : 클러치 차단이 불량하여 변속기의 기어를 변속할 때 소음이 발생하고 기어가 손상된다.

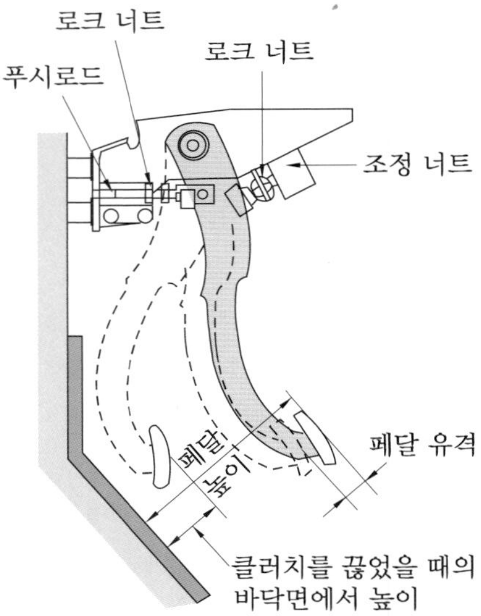

클러치 페달 작동

참고 ● 유격 조정 방법

마스터 실린더 및 릴리스 실린더 푸시로드로 조정한다(20~30 mm).

② 클러치 차단이 원활하게 되지 않는 원인

㈎ 클러치 페달의 유격(자유 간극)이 클 경우

㈏ 클러치 작동 유압 라인에 공기의 유입으로 인한 유압 작동 불량

㈐ 릴리스 베어링 마모로 인한 접촉 불량

㈑ 클러치 디스크 런아웃이 심한 경우

㈒ 클러치 관련 부품의 손상 등

③ 클러치가 미끄러지는 원인

㈎ 클러치 페달의 자유 간극(유격)이 작다.

㈏ 클러치 디스크의 마모가 심해 전달 효율이 저하된 상태

㈐ 클러치 디스크에 엔진 오일 및 변속기 오일 접촉으로 인한 미끄러짐

㈑ 플라이휠 및 압력판이 손상 또는 변형된 경우

㈒ 클러치 스프링의 장력이 약하거나, 자유 높이가 감소되었다.

④ 클러치가 미끄러질 때의 영향

㈎ 차량 주행의 효율성 저하로 엔진이 과열한다.

㈏ 구동력이 감소하여 출발이 어렵고, 증속이 잘 되지 않는다.

㈐ 연료 소비량이 증가한다.

㈑ 등판 능력이 감소한다.

2-2 수동 변속기(manual transmission)

(1) 변속기의 필요성

① 엔진 회전수를 증대시키거나 감속시켜 회전력을 감소 또는 증대시킨다.
② 엔진의 동력을 무부하 상태로 공전 운전할 수 있도록 하기 위해 (변속 레버 중립 위치)
③ 회전 방향을 역회전으로 하여 후진시키기 위하여

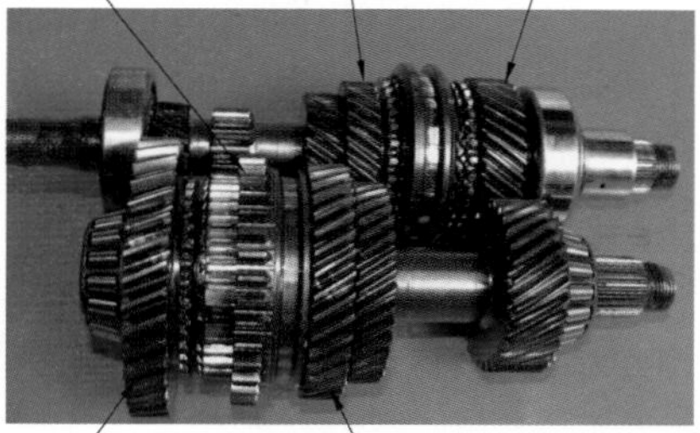

수동 변속기의 구성

(2) 수동 변속기의 구비 조건

① 소형 경량이고, 고장이 없으며 다루기 쉬울 것.
② 조작이 쉽고, 신속, 확실, 정숙하게 작동할 것.
③ 동력 전달 효율이 좋고 경제적, 능률적이며 연속적으로 변속이 이루어 질 것.
④ 전달 효율이 좋을 것.

(3) 동기 물림(싱크로메시 기구)의 구조 및 작동

동기 물림식은 각 단의 기어가 항상 서로 물려 있으며, 동력 전달은 싱크로메시 기구를 이용하여 변속이 이루어진다. 싱크로메시 기구는 기어 변속 시 싱크로나이저 링의 안쪽 부분에서 마찰력이 작용하여 주축과 부축의 속도를 동기화시켜 변속이 부드럽고 원활하게 이루어지도록 한다. 싱크로메시 기구는 싱크로나이저 허브, 싱크로나이저 슬리브, 싱크로나이저 링, 싱크로나이저 키로 구성된다.

(4) 싱크로메시 기구의 특징

① 변속 조작할 때 변속 소리가 나지 않는다.
② 원활한 기어 물림이 가능하고 변속 조작이 신속하고 용이하다.
③ 가속 성능을 향상시킬 수 있다.
④ 기어가 동기화되어 물리므로 기어 내구성이 좋다.
⑤ 변속단 기어는 헬리컬 기어를 사용하여 하중 부담 능력을 높일 수 있다.

수동 변속기 주축기어

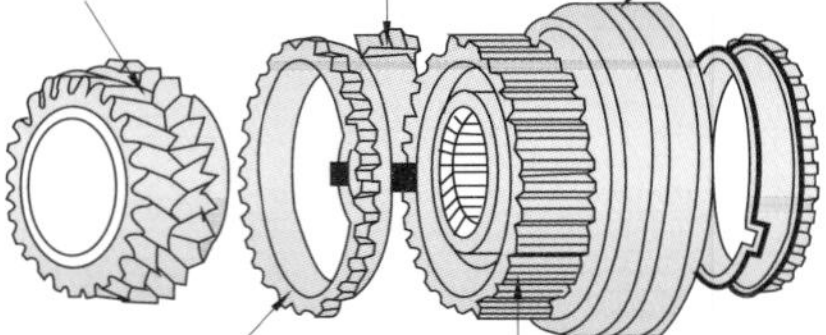

수동 변속기 싱크로메시 기구

참고 싱크로메시 기구의 동기 물림 작용

1. 동기 물림 작용 힘의 전달 과정
   운전자 기어 변속 → 변속단 시프트 포크 → 슬리브 → 싱크로나이저 키 → 싱크로나이저 링 → 기어 콘의 조작력 전달 과정을 거쳐 변속기 축 허브와 기어의 콘이 싱크로나이저 링을 통하여 동기화되어 슬리브에 의해 기어가 들어간다.
2. 변속비가 1보다 크면 엔진의 회전수가 빠르므로, 출력되는 회전수는 엔진보다 느리고, 변속비가 1보다 작으면 엔진의 회전수보다 출력되는 회전수가 빠르므로 오버 드라이브라 한다. 또한 회전수와 축의 잇수(지름)는 반비례함을 알 수 있다.

(5) 변속비

$$\text{변속비} = \frac{\text{엔진 회전 속도}}{\text{변속기 주축 회전속도}} \quad \text{또는} = \frac{\text{부축기어의 잇수}}{\text{주축기어의 잇수}} \times \frac{\text{주축기어의 잇수}}{\text{부축기어의 잇수}}$$

(6) 수동 변속기 고장 진단 정비

① 변속 시 변속기에서 소음이 발생할 때
- (가) 기어나 부싱의 마모
- (나) 기어 오일이 부족하거나 교환 시기가 지나 변질이 심할 때
- (다) 주축의 스플라인이나 베어링이 마모된 경우

수동 변속기 기어 세트

싱크로나이저 링 세트

② 변속할 때 기어가 잘 물리지 않을 경우
㈎ 컨트롤 레버 및 링크의 불량
㈏ 싱크로나이저 링의 마모(키, 불량)
㈐ 변속기 조작 기구(시프트 케이블) 유격 불량
㈑ 클러치 차단 불량

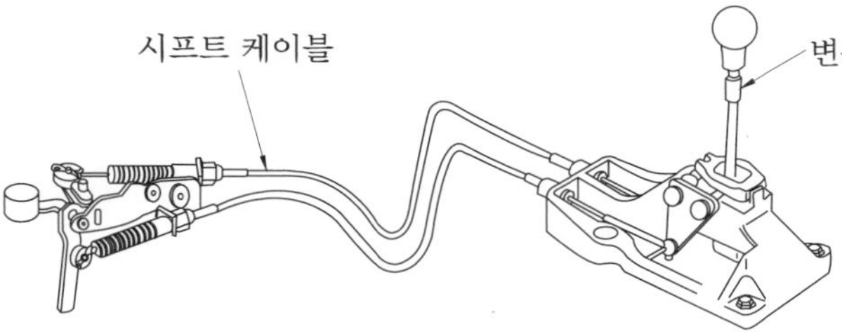

변속기 컨트롤 케이블

③ 기어가 잘 빠지는 경우
㈎ 오작동 방지 기구(로킹 볼 인터로크) 마모
㈏ 싱크로나이저 링 마모

2-3 자동 변속기 유압 및 제어장치

자동 변속기는 유성 기어를 이용하여 상호간 물린 기어의 상태에서 고정 구동 피동의 형태로 물림을 통하여 정숙한 변속으로 차속, 엔진 부하(TPS 열림), 운전자의 의지(시프트 패턴)를 통하여 자동으로 변속되는 변속을 말한다.

1 자동 변속기의 구성

① 토크 컨버터
② 작동 기구(클러치, 브레이크)
③ 유성 기어 장치
④ 유압 제어 기구
⑤ 전자 제어 기구

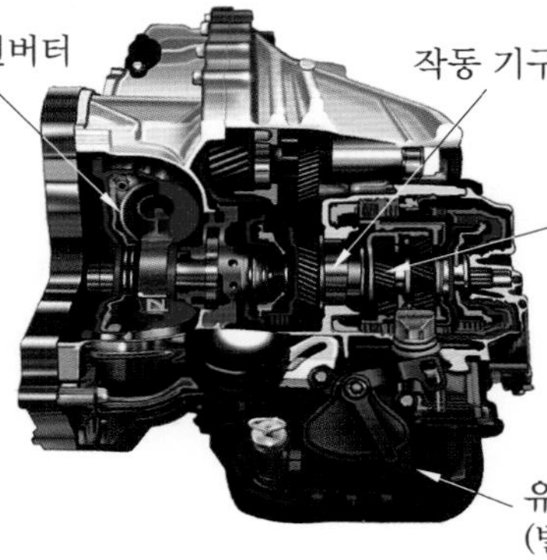

자동 변속기 구조

(1) 토크 컨버터

① 토크 컨버터의 구성

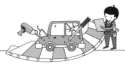

(가) 임펠러(impeller) : 엔진 크랭크축에 구동

(나) 터빈(turbine) : 변속기 입력축 동력 전달

(다) 리액터(reactor) or 스테이터 : 오일 흐름을 바꾸고 토크 업시킨다.

② 토크 컨버터의 기능

(가) 엔진의 토크를 변속기에 전달한다.

(나) 토크를 변환시키는 기능을 한다.

(다) 토크 전달 시 발생되는 충격은 크랭크축의 비틀림 진동을 완화

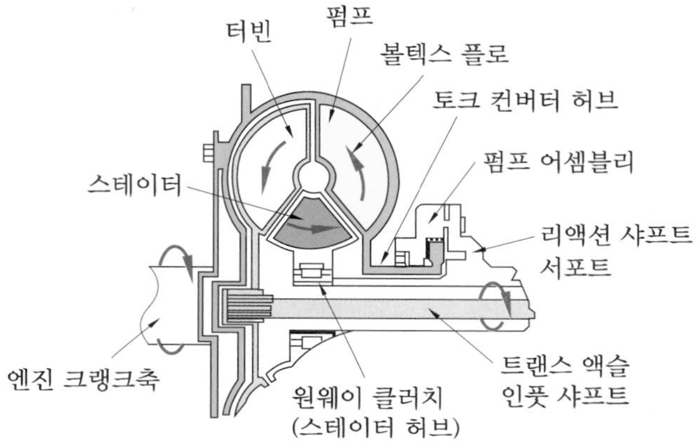

③ 토크 컨버터의 전달 효율 및 속도비

(가) $\text{속도비} = \dfrac{\text{터빈축의 회전속도}}{\text{펌프축의 회전속도}}$

(나) $\text{토크비} = \dfrac{\text{터빈축 토크}}{\text{펌프축 토크}}$

(다) $\text{전달 효율} = \dfrac{\text{출력 마력}}{\text{입력 마력}} \times 100\,\%$

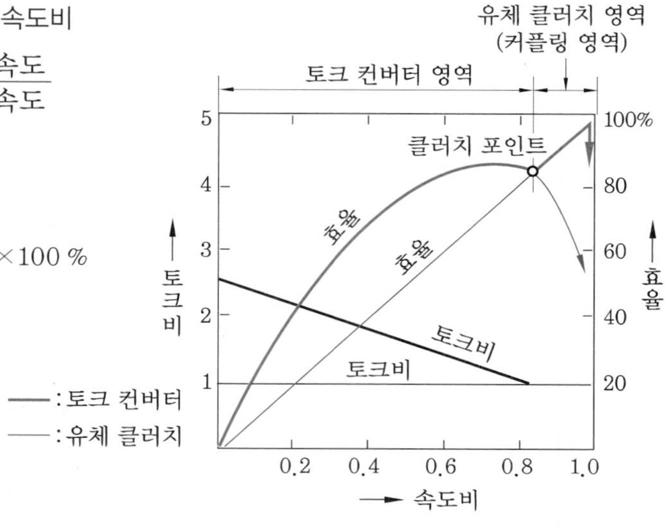

토크 컨버터 전달 효율 및 속도비

참고

터빈이 정지한 경우에는 변속비가 0일 때이고, 이때를 실속점이라고 한다. 즉, 실속점에서는 토크비는 최대가 된다. 터빈이 회전하기 시작하여 속도비가 증가하면 토크비는 저하되어 어느 속도에 달하면 거의 1에 이른다. 이 점이 클러치점이 되며 이것은 임펠러와 터빈의 회전속도가 비슷해지는 시점이라 할 수 있다.

④ 댐퍼 클러치 : 자동 변속기의 토크 컨버터 내 터빈과 토크 컨버터 하우징의 플라이 휠과 직결하여 유압에 의한 동력 손실을 방지하는 장치이다.

댐퍼 클러치

참고 **댐퍼 클러치가 작동되지 않는 조건**

1. 1속 및 후진할 때
2. 엔진 브레이크가 작동될 때
3. 자동 변속기 오일 온도가 65℃ 이하일 때
4. 냉각수 온도가 50℃ 이하일 때
5. 3속에서 2속으로 다운 시프트될 때
6. 엔진이 2,000 rpm 이하에서 스로틀 밸브의 열림이 클 때
7. 엔진 회전수가 800 rpm 이하일 때
8. 주행 중 변속할 때
9. 스로틀 개도가 급격하게 감소할 때
10. 파워 OFF 영역일 때

(2) 유성 기어 장치

유성 기어 장치는 선 기어, 유성 기어, 링 기어, 캐리어로 구성되어 있으며, 작동원리는 엔진의 회전력을 유성 기어 장치의 링 기어, 선 기어 그리고 캐리어 중 어느 하나의 축을 고정하고, 남아있는 두 개의 축을 구동하면 감속, 증속 및 역전의 변속작용이 이루어진다. 기어 상호 간 구동과 피동이 고정됨으로써 변속 출력이 이루어져 전달 효율과 변속 시 소음이 발생되지 않으며, 회전하는 두 개의 축에서 하나는 입력축이고, 다른 하나는 출력축이 된다.

① 단순 유성 기어

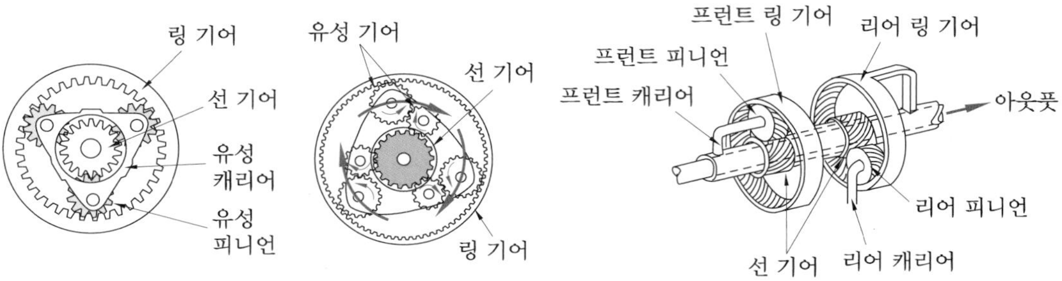

(a) 단순 유성 기어　(b) 더블피니언(라비뇨, 전륜)　(c) 심프슨 타입(후륜)

변속기 유성 기어

② 복합 유성 기어 장치의 종류

㈎ 라비뇨 형식(Ravigneaux type) : 서로 다른 2개의 선 기어를 1개의 유성 기어 장치에 조합한 형식이며, 링 기어와 유성 기어 캐리어를 각각 1개씩만 사용한다.

㈏ 심프슨 형식(Simpson type)

㉮ 싱글 피니언(single pinion) 유성 기어만으로 구성되어 있으며, 선 기어를 공용으로 사용한다.

㉯ 프런트 유성 기어 캐리어에는 출력축 기어, 공전 기어, 링 기어가 조립되어 이 3개의 기어가 일체로 회전한다.

③ 유성 기어의 입력과 출력에 따른 회전수 변화

고정부	회전부	출력	변속비	비 고
선 기어	유성 기어 캐리어	링 기어(↑)	$\frac{A}{A+D}$	선 기어, 유성 기어 캐리어, 링 기어의 3요소 중 2개 요소를 고정하면 엔진의 회전수와 같다. A : 선 기어 잇수 B : 유성 기어 캐리어 잇수 D : 링 기어 잇수
	링 기어	유성 기어 캐리어(↓)	$\frac{A+D}{D}$	
유성 기어 캐리어	선 기어	링 기어 역전(↓)	$-\frac{D}{A}$	
	링 기어	유성 기어 캐리어 역전(↑)	$-\frac{A}{D}$	
링 기어	선 기어	유성 기어 캐리어(↓)	$\frac{A+D}{A}$	
	유성 기어 캐리어	선 기어(↑)	$\frac{A}{A+D}$	

(3) 작동 기구 클러치 및 브레이크

자동 변속기 작동 기구 및 유성 기어 (1)

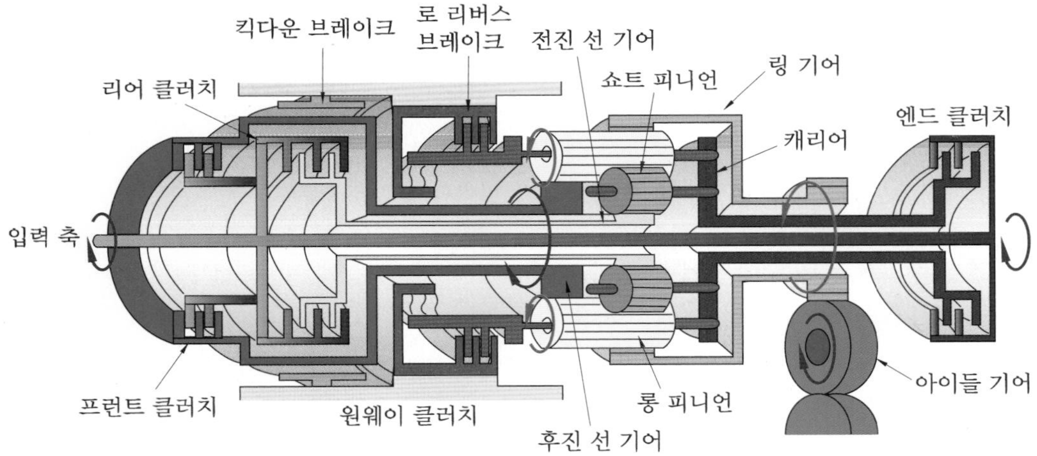

자동 변속기 작동 기구 및 유성 기어 (2)

참고 **클러치와 브레이크의 작동**

① **클러치 작동 :** 리어 클러치 → 전진 선 기어 구동, 전진 클러치 → 후진 선 기어 구동, 엔드 클러치 → 캐리어 구동

② **브레이크 작동 :** 킥다운 브레이크 → 후진 선 기어 고정, 로 리버스 브레이크 → 캐리어 고정

(4) 유압 제어 장치

① 오일 펌프(oil pump) : 오일 펌프는 엔진 시동과 함께 토크 컨버터에 의해 구동되며 유압 조절 장치의 자동 변속기 유압 회로에 작동부 압력을 제어할 수 있는 유압을 공급한다.

② 밸브 보디(valve body) : 밸브 보디는 오일 펌프에서 공급된 유압을 작동부(클러치

및 브레이크) 유압 회로에 변속에 필요한 유압을 제어한다. 유압 제어 밸브에는 매뉴얼 밸브, 스로틀 밸브, 압력 조정 밸브, 시프트 밸브, 거버너 밸브 등으로 구성되어 있다.

③ 어큐뮬레이터 : 어큐뮬레이터는 브레이크나 클러치가 작동할 때 변속 충격을 흡수한다.

(5) 전자제어 자동 변속기

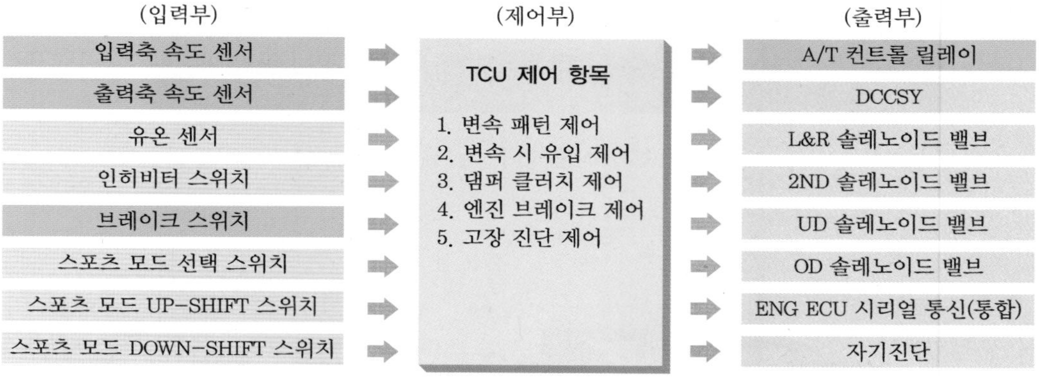

전자제어 자동 변속기 입력과 출력 제어부

① **스로틀 위치 센서(TPS)** : 엔진 부하의 신호로써 주행 상태 및 공전 rpm 제어와 가속 상태를 TCU에 입력 정보 센서이며 자동 변속의 주요 변속 조건의 주요 센서이다.

② 입력축 속도 센서(펄스 제너레이터 A & B(pulse generator A & B))

- 입력축 속도 센서(펄스 제너레이터 A) : 자기 유도형 발전기로 변속할 때 유압 제어의 목적으로 입력축 회전수를 검출한다.
- 출력축 속도 센서(펄스 제너레이터 B) : 자동차 주행 속도에 따른 드라이브 기어의 출력축 회전수를 검출하여 TCU에 입력한다.

③ 인히비터 스위치 : 인히비터 스위치는 변속 레버를 P(주차) 또는 N(중립)레인지 위치에서만 엔진 시동이 되도록 제어하며, 주행 상태에 따른 운전자의 주행 정보를 TCU 입력 정보로 활용하며 R(후진) 레인지 작동 시 후진등(back up lamp) 점등 전원을 공급한다.

④ 수온 센서(WTS) : 댐퍼 클러치 작동 정보로 엔진 냉각수 온도가 50℃ 이상 시 신호를 TCU로 입력시킨다.

⑤ 가속 스위치(accelerator S/W) : 가속 페달 작동 상태 정보를 확인하기 위함이며 페달을 밟으면 OFF, 놓으면 ON으로 되어 주행 속도 7 km/h 이하에서 스로틀 밸브가 완전히 닫혔을 때 크리프량이 적은 제2단으로 이어 주기 위한 스위치이다.

⑥ TCU(transmission control unit) : TCU는 입력부 센서에서 정보를 받고 AT 릴레이를

제어하며 밸브 보디 내 각종 솔레노이드 밸브를 제어(댐퍼 클러치 조절 솔레노이드 밸브, 시프트 조절 솔레노이드 밸브, 압력 조절 솔레노이드 밸브) 등을 구동하여 댐퍼 클러치의 작동과 차량 주행에 따른 변속 패턴을 적절하게 조절한다.

⑦ 차속 센서 : 자동차 주행 상태를 TCU에 정보를 주기 위한 센서이며 계기 속도계에 설치되어 있으며 변속기 구동 기어의 회전(주행 속도)을 펄스 신호로 검출한다(또한 펄스 제너레이터 B에 이상이 있을 때 페일 세이프 기능을 갖는다).

참고 히스테리시스와 킥다운

1. **히스테리시스(hysteresis)** : 스로틀 밸브의 열림 정도가 같아도 업 시프트(up-shift)와 다운 시프트 사이의 변속점에서는 7~15 km/h 정도의 차이가 나는 현상이며, 이것은 주행 중 변속점 부근에서 빈번히 변속되어 주행이 불안전하게 되는 것을 피하며 연비의 효율을 높이기 위해 두게 된다.
2. **킥다운(kick down)** : 차량 주행 시 1속 또는 2속 기어로 주행을 하다가 급가속 상황이 발생되어 급가속을 하게 되면 스로틀 밸브가 급격하게 열리면서 변속점을 지나서 다운 시프트된다. 이것은 차량 주행 시 가속력을 얻기 위해 강제적으로 다운 시프트되는 현상을 말한다.

2 자동 변속기 고장 진단

(1) 스톨 테스트

① 스톨 테스트의 목적 : 스톨 테스트는 D위치와 R위치에서 스톨 상태에서 엔진의 최대 rpm을 측정하여 자동 변속기와 엔진의 종합적인 성능을 점검(엔진의 구동력 시험, 토크 컨버터의 동력 전달 기능, 클러치 및 브레이크의 미끄러짐 등)하는 데 그 목적이 있다.

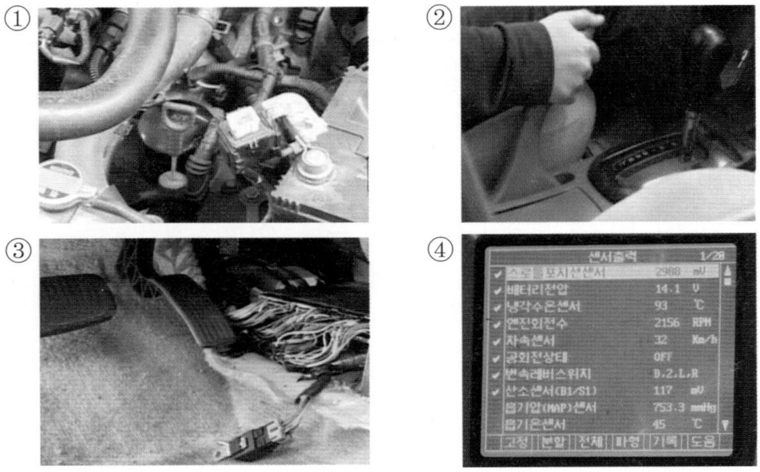

스톨 테스트

② 스톨 테스트 실시 : 엔진을 충분히 난기하여 ATF 온도를 60~70℃ 정도로 유지한다. 점검하기 전에 냉각수 엔진 오일, ATF량을 확인하고 부족 시에는 보충한다(예비 점검을 철저히 한다).

㈎ 차량을 평탄한 곳에 주차 후 주차 브레이크를 당긴다.

㈏ 앞 또는 뒷바퀴에 고임목을 고인다.

㈐ 스캔 툴을 자기진단 커넥터에 연결하고 엔진 공회전 850~950 rpm을 점검한다.

㈑ 브레이크를 끝까지 밟고 실렉터 레버를 D위치로 변환한다.

㈒ 가속 페달을 최대로 밟고 엔진 RPM을 읽는다(5초 이내).

㈓ R위치에서도 D와 같은 방법으로 실시한다.

㈔ 스톨 규정 rpm : 2,000~2,400 rpm

③ 결과(규정 스톨 rpm : 2,200~2,500 rpm)

조 건		예상 원인	
규정 회전수 이상인 경우	모든 범위	부족한 라인 압력	오일 펌프 손상
			ATM 케이스 오일 누유
			압력 조절 밸브 고착
	D 레인지	전진 클러치, 원웨이 클러치 슬립	
	R 레인지	로&리버스 브레이크 슬립 후진 클러치 슬립	
규정 회전수인 경우		자동 변속기는 정상적으로 작동하고 있다.	
규정 회전수 이하인 경우		엔진 출력 저하	
		토크 컨버터 내의 원웨이 클러치 슬립	
※ 주의 : 정상 작동 온도에서 실시한다. 여러 번 또는 5초 이상 계속해서 테스트를 실시하지 않는다.			

(2) 전자제어 자동 변속기 점검

① 오토(ATM) 릴레이 점검 : 오토 릴레이는 TCM에 의해 제어되며, 자동 변속기 밸브 보디 솔레노이드에 전원을 공급한다.

㈎ 진단 방법 : 자기 진단 확인 → 서비스 출력 테이터 확인 → ATM 릴레이 출력 전압 확인

※ TCU에서 AT 컨트롤 릴레이 고장 출력 조건 : ATM 릴레이로부터 ON 0.6초 경과 후 7V 이하로 0.1초 이상 지속된 경우

㈏ AT컨트롤 릴레이 0V 출력 조건

㉮ 시스템 고장일 때(fail) : 동기 어긋남, 각 센서 계통 단선, 단락 솔레노이드 밸브 계통 단선, 단락 등

㉯ AT 컨트롤 릴레이 계통 불량일 때 : 관련 퓨즈, 관련 배선, AT 컨트롤 릴레이 단품 불량 등

② 인히비터 스위치 점검

(가) 현상

㉮ 간헐적 N-D 변속 시 "텅"하는 강한 쇼크 발생

㉯ 간헐적 N-D 변속 후 액셀 페달을 밟아도 rpm만 상승하고 차량 전진 불가

㉰ 냉간 시 현상 발생 빈도 높음

㉱ 현상 발생 시 계기판에 P, R, N, D 표시등 점등 안 됨

(나) 점검 내용

㉮ 엔진 및 자동 변속기 자기 진단

㉯ 인히비터 스위치 단품 점검

㉰ 회로도 분석 시 실내 정션 박스 퓨즈 관련 회로 이상 추정

인히비터 스위치

2-4 무단 변속기

(1) 개요

CVT(무단 변속기)란 continously variable transmission의 약어로서 주행 중 연속적인 변속비를 얻을 수 있고 가변할 수 있는 변속기를 말하며, 변속 충격방지 및 연료 소비율과 성능이 우수한 변속기이다.

(2) 무단 변속기의 특징

① 소형화가 가능하여 중량, 부피를 줄일 수 있다(생산 단가 절감).

② 배기가스를 줄이고 연비를 향상시킨다.

③ 가속 성능 향상으로 기어 변속에 따른 추진력 변동이 없는 운전의 쾌적성

④ 자동 변속에 의한 운전 조작이 편하다.

(3) 무단 변속기와 일반 변속기의 차이점

일반 변속기에서 사용되는 5단 수동 변속기나 4단 자동 변속기처럼 일정한 변속비를 가지며, 수동 또는 자동으로 필요에 따라 변속비를 조정해 사용하는 변속기를 말하며, 무단 변속기는 일정한 범위 내에서 연속적으로 변속비를 변화시켜 사용되는 변속장치이다.

일반 변속기에서 가속 성능 향상을 위해 기어 단수간 변속비를 크게 하게 되면, 급한 엔진 속도의 변화와 가속도 변화 등으로 변속 충격이 발생된다.

무단 변속기는 변속비의 변화가 단속적이지 않고 연속적이기 때문에 변속비가 확장되어도 변속 때 겪게 되는 충격이 발생되지 않는다.

(4) 무단 변속기의 종류

벨트와 가변 풀리를 이용하는 방식(belt-pully drive type)은 현재 양산 차종에 적용되고 있는 방식이다. 구조가 매우 간단하나 작동 원리상 큰 동력 전달이 어려우며, 발진 등을 위해 추가적인 장치가 필요하다. 고무 V벨트 방식, 금속 V벨트 방식, 금속 체인 벨트 방식이 있다.

2-5 드라이브 라인 및 동력 배분 장치

드라이브 라인은 후륜(뒷바퀴) 구동 형식에서 변속기의 출력을 구동축에 전달하는 기능을 하며 관련 부품은 추진축, 자재 이음, 슬립 조인트 등으로 구성되어 있다. 동력 배분 장치는 종감속 기어 및 차동 기어로 차량의 좌우 바퀴 회전 저항에 따른 바퀴의 회전차를 두어 원활한 차량 주행이 가능하게 된다.

(1) 추진축

추진축은 동력 전달 중 강한 비틀림을 받으며 고속 회전을 하게 된다. 따라서 이에 견딜 수 있는 재질을 사용해야 하며, 재료는 Cr-Mo강이나 Ni-Cr강을 사용한다.

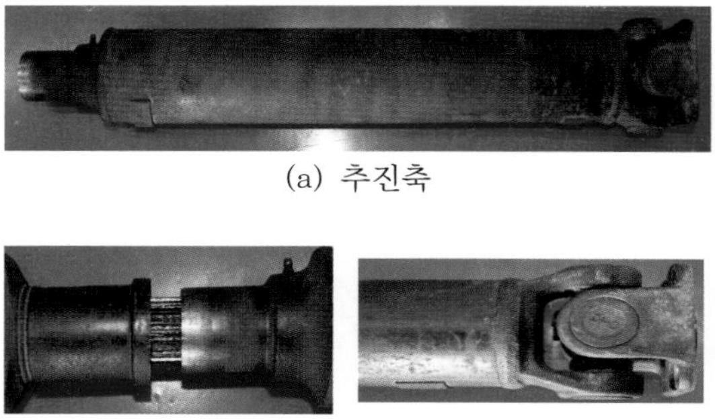

(a) 추진축

(b) 슬립 조인트 (c) 유니버설 조인트

추진축 및 슬립 조인트, 유니버설 조인트

유니버설 조인트 체결

① 휠링(굽음 진동) : 추진축에서 기하학적 중심과 질량적 중심이 일치되지 않을 때 굽음, 진동을 일으키는 것을 말한다.

② 추진축의 소음 진동의 원인

㈎ 추진축의 휨

㈏ 요크, 플랜지, 슬립 조인트의 마모
㈐ 센터 베어링의 마모 및 십자축 베어링의 마모

(2) 슬립 이음(slip joint)

차량 주행 중 노면의 불규칙한 도로 환경으로 추진축이 휘거나 마모되는 것을 방지하기 위해 축 방향으로 추진축의 길이 변화를 가능하게 한다.

(3) 자재 이음(universal joint)

구동 각도 변화를 주는 장치이며, 종류에는 십자형 자재이음, 플렉시블 이음, 볼 앤드 트러니언 자재이음, 등속도 자재이음 등이 있다.

(4) 종감속 기어와 차동 기어 장치

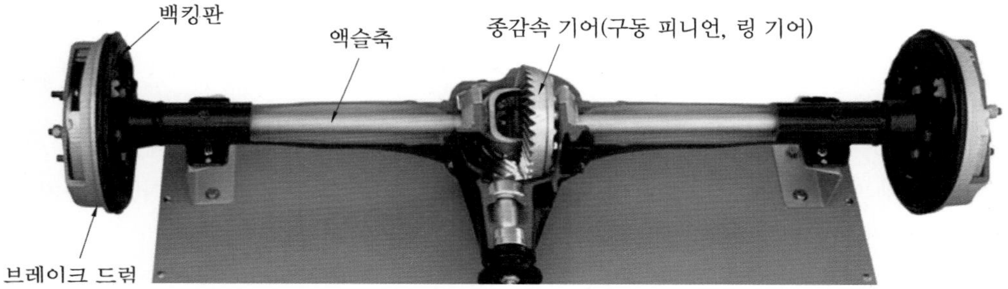

종감속 기어 및 액슬축

① 종감속 기어(final reduction gear) : 종감속 기어는 구동 피니언과 링 기어로 되어 있으며, 추진축의 회전력을 직각으로 전달하며 엔진의 회전력을 최종적으로 감속시켜 구동력을 증가시킨다. 종감속 기어의 종류에는 웜과 웜 기어, 베벨 기어, 하이포이드 기어가 있으며 현재는 주로 하이포이드 기어를 사용한다.

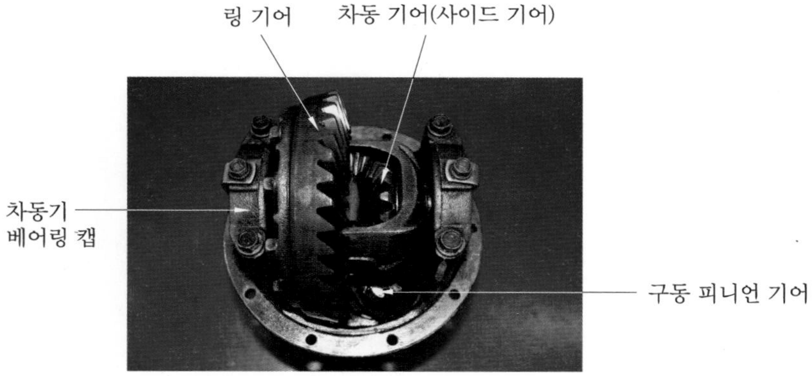

차동 장치

참고 하이포이드 기어의 특징

1. 하이포이드 기어의 장점
   - 기어의 편심(10~20 %)으로 인해 추진축 높이를 낮출 수 있어 자동차의 중심이 낮아진다.
   - 자동차 차체의 중심이 낮아지므로 안전성과 거주성이 좋아진다.
   - 기어 물림률이 커 강도를 높일 수 있으며 회전이 정숙하다.
2. 하이포이드 기어의 단점
   - 기어가 폭 방향으로 슬립 접촉을 하므로 압력이 커 극압 윤활유를 사용하여야 한다.
   - 가공 시 제작이 어렵다.

② 종감속비(r_f) : 종감속비는 링 기어의 잇수와 구동 피니언 기어의 잇수비로 나타내며, 기어 물림을 원활하게 하기 위해 떨어지지 않는 수로 설정한다. 종감속비는 엔진의 출력, 중량, 가속 성능, 등판 능력에 따라 정해지며 승용차는 4~6 : 1, 대형차는 5~8 : 1을 두게 된다.

$$\text{종감속비}(r_f) = \frac{\text{구동 피니언 회전수}(N_t)}{\text{링기어의 회전수}(N_w)} = \frac{\text{링 기어의 잇수}}{\text{구동 피니언 잇수}}$$

③ 차동 기어 장치(differential gear system) : 자동차가 선회 시 좌우 바퀴의 회전차가 발생하게 되며, 도로 노면의 여러 가지 상황에 맞는 회전이 필요하다. 자동차가 좌 또는 우 선회 시 바깥쪽 바퀴가 안쪽 바퀴보다 더 많이 회전하여야 한다. 차동 기어 장치는 노면의 저항을 적게 받는 구동 바퀴 쪽으로 동력이 더 많이 전달될 수 있도록 되어 있다(래크와 피니언의 원리를 이용).

(5) 차동 제한 차동 기어 장치(LSD : limited slipdifferential gear system)

차동 장치는 좌우 바퀴의 회전 저항이 작은 쪽으로 동력이 인출되어 바퀴의 회전차가 이루어질 수 있도록 작동된다. 그래서 한쪽이 미끄러운 노면을 주행하거나 한쪽 바퀴가 진흙탕에 빠지는 경우 한쪽 바퀴로 동력이 전달되는 단점이 발생된다. 이와 같은 단점을 보완해서 차동 장치 내부에 마찰 저항이 발생될 수 있도록 장치를 두어 차량의 구동력을 증대시켜 도로 노면의 상태를 극복할 수 있도록 좌 · 우 바퀴에 구동력이 전달되도록 한 장치이다.

① 차동 제한 차동 장치의 특징
- (가) 구동력이 증대되어 눈길 등 미끄러운 노면에서 출발이 쉽다.
- (나) 경사진 도로에서 주 · 정차가 쉽다.
- (다) 코너링 주행 시 횡풍에 대한 주행 안전성을 유지할 수 있다.
- (라) 미끄럼이 방지되어 타이어 수명을 연장할 수 있다.
- (마) 급가속 급발진 시에도 차량 안전성이 유지된다.
- (바) 진흙이나 웅덩이에 바퀴가 빠졌을 때 탈출이 용이하다.

② 차동 제한 장치(LSD) 종류

㈎ 토크 감응식 : 피니언 축의 캠 기구에 의한 축방향 힘으로 마찰 클러치를 밀어 압착하거나, 웜 기어가 물릴 때 잇면 마찰력을 이용한다.

㈏ 마찰 클러치식 : 클러치 마찰 특성은 마찰 클러치의 압력판 사이에는 선회 시나 전 후륜의 슬립 등에 의해 상대 슬립이 생기기 때문에 마찰 특성이 불안정하면, 고착 슬립이나 이음 발생의 원인이 된다. 따라서 마찰 특성은 변화가 적은 안정된 특성이 얻어지도록 캠 홈을 정밀도를 향상시키며 마찰판 표면에 잘 적용되도록 표면처리 및 윤활유의 특성을 최적화할 필요가 있다.

㈐ 회전 속도차 감응식 : 좌우 또는 전후륜 사이에 회전차가 생기면 차동 제한 토크가 회전차에 따라서 증감되는 형식으로, 비스커스 커플링이나 유압식 커플링이 사용된다.

㈑ 웜 기어식 : 토션 디퍼런셜은 구성 기어의 맞물림 잇면과 각 회전 접동부에 발생하는 마찰력을 이용하여 차동 제한 토크를 발생시키는 것이며, 기어 제원인 비틀림각, 압력각 등이나 접동부의 구성 부재를 선정하는 것으로 차동 제한 토크가 결정된다.

(6) 구동륜 차축(axle shaft)

① 종감속 기어 장치를 거친 동력을 바퀴로 전달하며 액슬축이 바퀴에 연결되어 있어 동력을 바퀴에 전달하면서 차축을 지지하는 방식에는 반부동식, 3/4부동식, 전부동식 등 3가지가 있다.

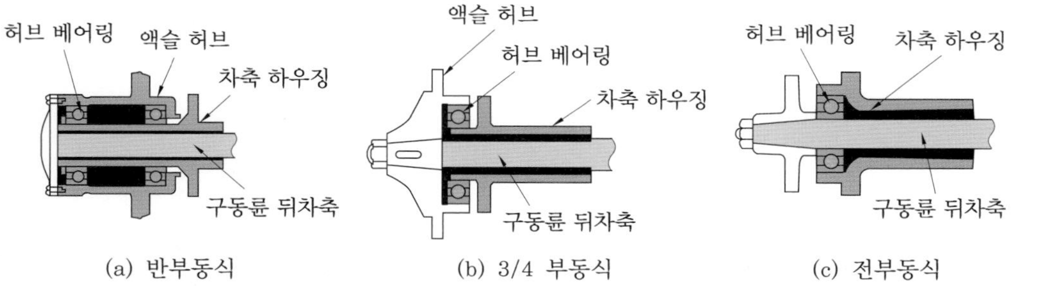

구동륜 차축의 종류

② 바퀴의 회전수(링 기어의 회전수) : 링 기어의 회전수는 일반적인 차동 장치 때문에 좌·우 바퀴의 회전수와 언제나 같지는 않으며, 링 기어의 회전수 계산은 다음과 같다.

$$\text{링 기어의 회전수} = \frac{\text{왼바퀴 회전수} + \text{오른바퀴 회전수}}{2}$$

3 Chapter 현가 및 조향 장치

3-1 일반 현가장치

1 독립 현가장치

독립 현가식은 차축 현가식처럼 차축과 현가장치가 구분되지 않으며, 주로 승용차에서 많이 사용된다.

(1) 독립 현가 방식의 특징

① 스프링 아래 질량이 가벼워 승차감이 좋다.
② 조향 바퀴의 시미 현상이 일어나지 않으며, 타이어와 노면의 로드 홀딩(road holding)이 우수하다.
③ 차의 높이를 낮출 수 있어 안정성이 향상된다.
④ 조인트 연결이 많아 구조가 복잡하게 되고 유격이 발생되어 얼라인먼트 정렬이 틀려지기 쉽다.
⑤ 주행 시에 바퀴의 상하 운동에 따라 윤거(tread)나 타이어 마멸이 크다.
⑥ 스프링 정수가 작은 것을 사용할 수 있다.

(2) 독립 현가 방식의 종류

① 위시본 형식(Wishbone type) : 위시본 형식은 코일 스프링과 쇼크 업소버를 조합하거나 토션 바와 쇼크 업소버를 조합시킨 형식이다. SLA 형식은 컨트롤 암이 볼 이음으로 조향 너클과 연결되어 있으며 아래 컨트롤 암의 길이에 따라 SLA 형식과 평행사변형이 있다.

위시본 형식

② 맥퍼슨 형식(Macpherson type)
㈎ 구조가 위시본식과 비교해 간단하다.
㈏ 장치의 부품이 적어 마멸되거나 손상되는 부분이 적고 수리가 쉽다.

㈐ 스프링 밑 질량이 작아 접지성(로드 홀딩)이 우수하다.
㈑ 엔진 룸의 유효 체적을 넓게 잡을 수 있다.

③ 트레일링 암식 : 차축의 뒤에 1~2개의 암으로 바퀴를 지탱하는 형태이며, 축은 차량의 진행 방향에 직각으로 되어 있다.

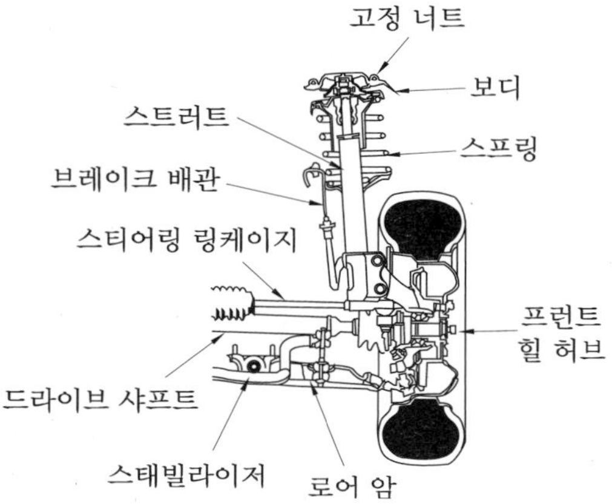

맥퍼슨 형식

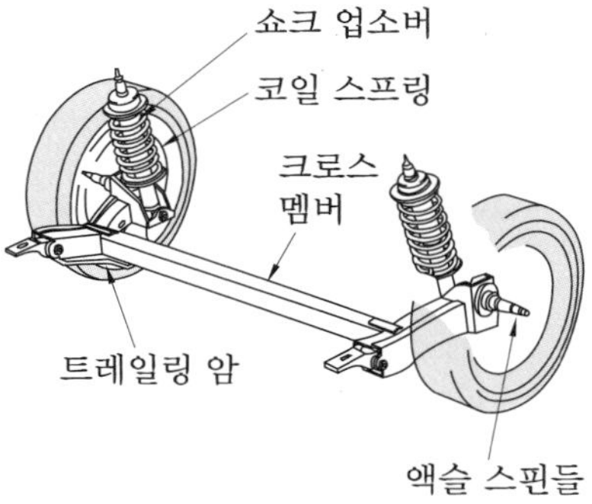

세미 트레일링 암식

(3) 현가장치 스프링(spring)

① 쇼크 업소버(shock absorber) : 쇼크 업소버는 노면에서 발생한 스프링의 진동을 흡수하여 승차감을 향상시키며 단동식과 복동식이 있다.

② 스태빌라이저 : 스태빌라이저는 좌우 차체의 기울기를 감소시키는 역할을 한다.

③ 토션 바 스프링(torsion bar spring)의 특징 : 토션 바는 바를 비틀었을 때 탄성에 의해 본래의 위치로 복원하려는 특성을 이용한 스프링강이다.

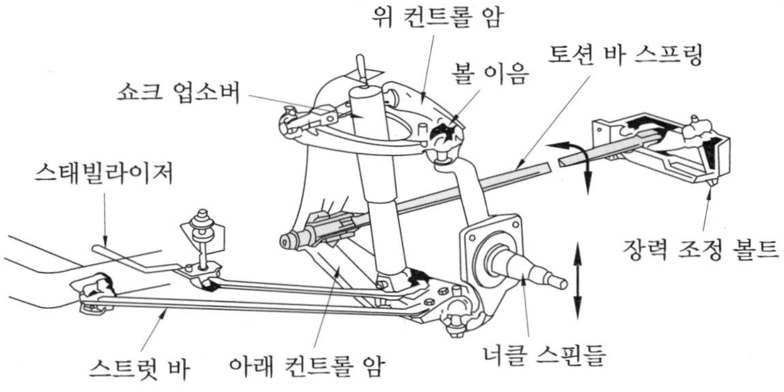

스태빌라이저 및 토션 바

쇼크 업소버 구조

2 일체 차축 현가장치

차축 현가식은 양 바퀴가 하나의 액슬축으로 연결되며, 액슬은 스프링을 연결체로 하여 프레임에 장착되어 있다. 강도가 높고 구조가 간단하며 버스나 트럭에 많이 사용한다.

(1) 장점

① 구조가 간단하고 강도가 높다.
② 차륜의 상하 운동에 의한 얼라인먼트의 변화가 적고 타이어의 마모도 적다.
③ 부품 단가가 저렴하며 정비가 용이하다.
④ 선회 시 차체의 기울기가 적다.

(2) 단점

① 승차감, 조종 안정성이 나쁘다.
② 전륜에 시미(shimmy) 현상이 일어나기 쉽다.
③ 스프링 상수가 적은 것은 사용할 수 없다.

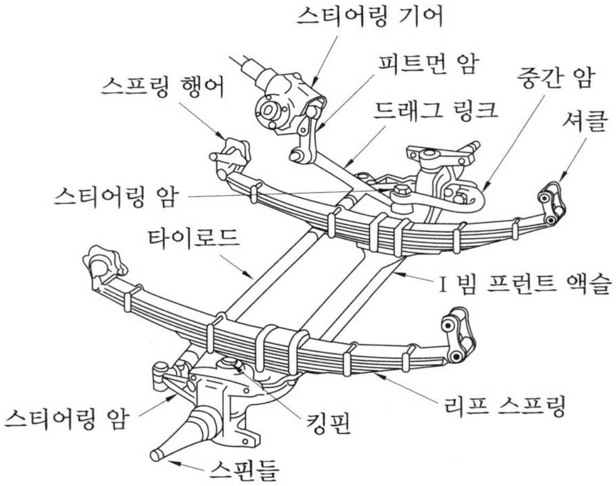

일체 차축 현가장치

3 공기 현가장치(air suspension system)

공기 현가장치는 공기 스프링, 레벨링 밸브(leveling valve), 공기 저장 탱크, 공기 압축기 등으로 구성되어 있다. 레벨링 밸브는 주행 중 진동 시에는 작동하지 않지만, 하중이 변화하면 공기 스프링 내의 압축 공기를 자동적으로 배출하거나 공기 탱크로부터 압축 공기를 공기 스프링으로 공급하는 제어장치이다. 밸브 본체는 보디측에 취부되어 있으며 액슬부에 취부되어 있는 레버와 링크 기구에 의해 제어된다.

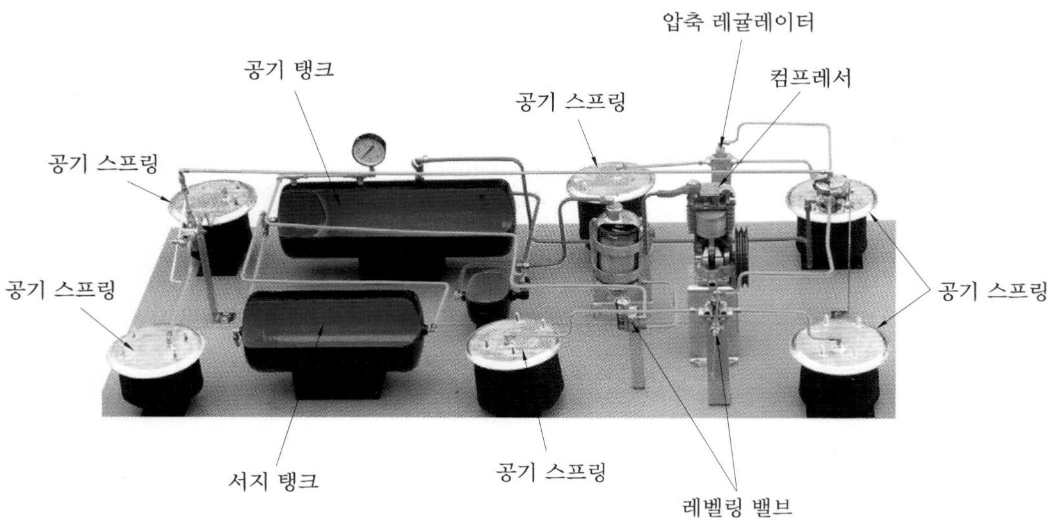

공기 현가장치 구성 및 레벨링 밸브 작동

참고 ○ 진동수와 승차감

사람의 보행 시 머리의 상하 진동은 60~70 cycle/min이고, 뛰어갈 때에는 120~160 cycle/min이다. 일반적으로 60~120 cycle/min의 상하 진동을 할 때 가장 좋은 승차감을 느낀다. 진동수가 120 cycle/min을 넘으면 딱딱해지고, 45 cycle/min 이하에서는 멀미를 느끼게 된다.

4 뒤차축의 구동 방식

차체(또는 프레임)는 구동 바퀴로부터 추진력을 받아 전진이나 후진을 하며, 구동 바퀴의 구동력을 차체(또는 프레임)에 전달한다.

① 호치키스 구동 방식
② 토크 튜브 구동 방식
③ 레디어스 암 구동 방식

3-2 전자제어 현가장치(ECS : electronic control suspension system)

전자제어 현가장치는 제작사나 차종에 따라 그 기능에 다소의 차이가 있으나 일반적으로 스프링 상수, 댐핑력(감쇠력), 차고 조정을 제어하는 3가지 기능이 있다.

(1) ECS의 제어 기능

① 현가 특성(스프링 상수와 댐핑력) 제어 기능

(가) hard : 안정된 조향성

(나) soft : 좋은 승차감

(다) auto : 주행 조건에 따라 자동으로 hard-soft 선택

② 스티어링 휠 감도 제어 기능

(가) auto 모드에서 ECS 패널의 스위치 선택에 의해 조향 휠의 감도를 선택

(나) high : 조향 휠의 감도가 높다.

(다) low : 조향 휠의 감도가 낮다.

(라) normal : high와 low의 중간

③ 컴프레서(공기) 제어 기능 : 공기 저장 탱크 내의 압력이 기준값 이하로 내려 가면 컴프레서를 작동시켜 저장 탱크 내 공기 압력을 기준값으로 유지시킨다.

④ ECS 패널 지시등 제어 기능 : 운전자가 ECS 패널의 스위치를 조작하면 그 내용이 컨트롤 모듈에 전달되어 현가 특성 및 차고 상태가 램프나 부저에 의해 표시된다.

⑤ 차고 조정 기능 : auto 모드에서 노면과 주행 조건에 따라 normal, low, high로 조정된다(단, 차속 70 km/h 이하일 때 ECS 패널의 high 스위치 조작에 의해 high로 조정 가능).

⑥ 자기 진단 기능 : ECS 장치의 입·출력 신호 이상 시 경고등이 점등되며 진단 코드 출력 한다.

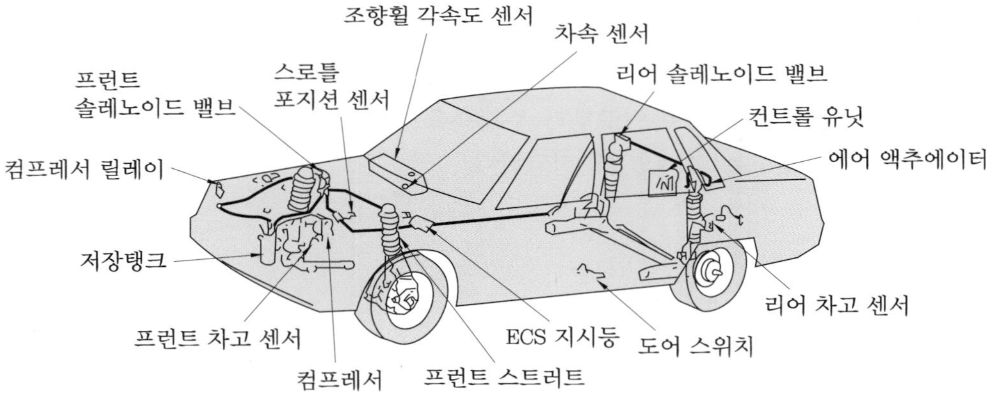

〈ECS의 구성 부품〉

① 차속 센서	② 차고 센서	③ 조향 핸들 각속도 센서
④ TPS(스로틀 위치 센서)	⑤ G센서-중력 센서	⑥ ECS ECU

ECS의 구성 요소

(2) ECS의 자세 제어 기능

ECS ECU는 입력 센서(차속 센서, 차고 센서, 조향 핸들 각도 센서, 스로틀 포지션 센서, 중력(G) 센서, 전조등 릴레이, 발전기 L 단자, 브레이크 압력 스위치, 도어 스위치) 등의 신호를 정보 신호를 근거로 차고와 현가 특성을 조절한다.

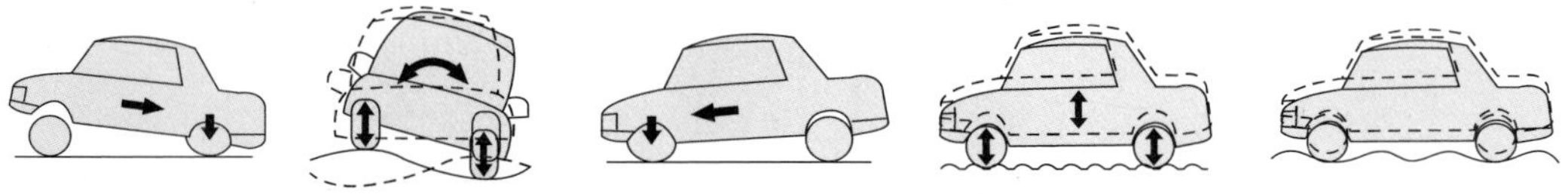

(a) 스쿼트	(b) 롤링	(c) 다이브	(d) 바운싱	(e) 브터밍
발진, 가속 시 후륜측이 내려간다.(노스업 현상)	횡가속도를 G센서로 감지하여 좌우 제어	제동 시 전륜측이 내려간다.	노면의 요철에 의해 약간의 상하 진동함	노면의 요철에 의해 크게 상하 진동함

자동차 주행 중 자세 제어의 변화

3-3 일반 조향 장치(steering system)

1 조향 이론

(1) 에커먼 장토식 조향 기구 원리

에커먼 장토식 조향 기구 킹 핀의 중심과 타이로드 양 끝을 잇는 연장선이 뒷차축의 중심에 만나도록 링크 기구를 배치한 것이다. 회전중심선에서 좌우 바퀴의 회전각이 외측 바퀴보다 내측 바퀴가 크므로 외측 바퀴는 노면과 미끄럼 없이 부드럽게 회전할 수 있어 옆 방향 미끄럼과 타이어의 마모도 발생하지 않게 된다.

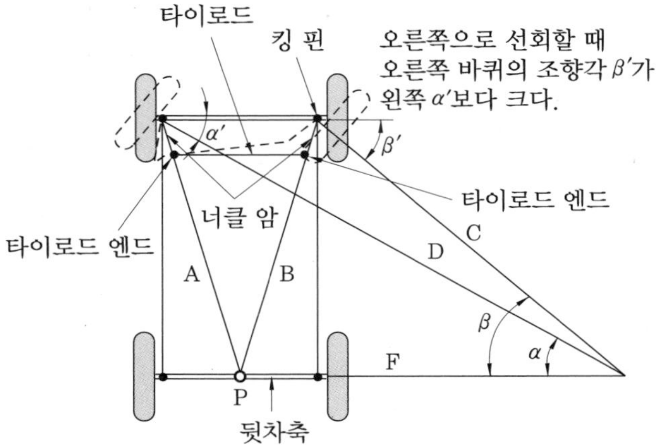

애커먼 장토식 조향 장치

① 자동차가 선회할 때 구심력은 타이어가 사이드 슬립되는 것에 의해 발생한다.
② 조향 장치와 현가장치는 각각 독립성을 가지고 있어야 한다.
③ 앞바퀴에 발생되는 코너링 포스가 크면 오버 스티어링 현상이 일어난다.
④ 뒷바퀴에 발생되는 코너링 포스가 크면 언더 스티어링 현상이 일어난다.

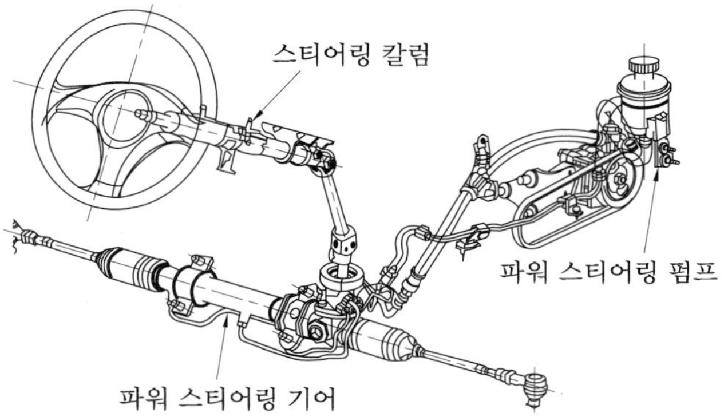

조향 장치

참고 코너링 포스(cornering force)

차량이 선회 시 타이어 밑 부분은 변형하면서 회전하기 때문에 이 결과 타이어와 노면 사이에는 마찰력으로 인해 노면으로부터 타이어에 대해 안쪽으로 발생되는 작용력 코너링 포스는 타이어의 옆방향 미끄럼각(타이어의 회전면과 진행 방향과의 각도)에 거의 비례하여 커진다.

(2) 조향 장치의 구비 조건

① 조향 시 핸들의 회전과 바퀴 선회하는 차가 크지 않을 것.
② 진행 방향을 바꿀 때 차체 각 부에 무리한 힘이 작용되지 않을 것.
③ 선회 시 회전반지름이 작아 좁은 곳에서도 방향 전환이 가능 할 것.
④ 조향 조작이 주행 중의 충격으로부터 영향을 받지 않을 것.
⑤ 고속 주행 시에도 조향 핸들이 흔들리지 않고 안정된 운행이 될 것.
⑥ 조작이 쉽고, 방향 변환이 원활하게 행해질 것.
⑦ 수명이 길고 다루기나 정비하기가 쉬울 것.

참고 차속과 조향 휠의 조작력

차속 증가에 따라 타이어와 노면 사이의 접지력이 작아지기 때문에 고속 주행 시에는 조향 안정성이 불안하게 된다. 따라서 조향 휠의 조작력은 속도가 증가할수록 무겁게 하고, 낮을수록 가볍게 할 필요가 있다.

(3) 최소회전반지름

최소회전반지름이란 조향 핸들을 왼쪽(혹은 오른쪽)으로 최대한 꺾었을 경우, 외측 바퀴가 선회하여 그리는 원의 반지름을 말한다.

$$R=\frac{L}{\sin\alpha}+r$$

여기서, R : 최소회전반지름
L : 축간 거리(축거 ; wheel base)
$\sin\alpha$: 가장 바깥쪽 앞바퀴의 조향각
r : 바퀴 접지면 중심과 킹 핀과의 거리

2 조향 장치의 구조

(1) 일체 차축식 조향 장치

일체 차축식은 좌우 차축이 일체로 되어 있으며, 조향 기구는 조향 핸들, 조향 축, 조향 기어 박스, 피트먼 암, 드래그 링크, 타이로드, 너클 암으로 구성되어 있다.

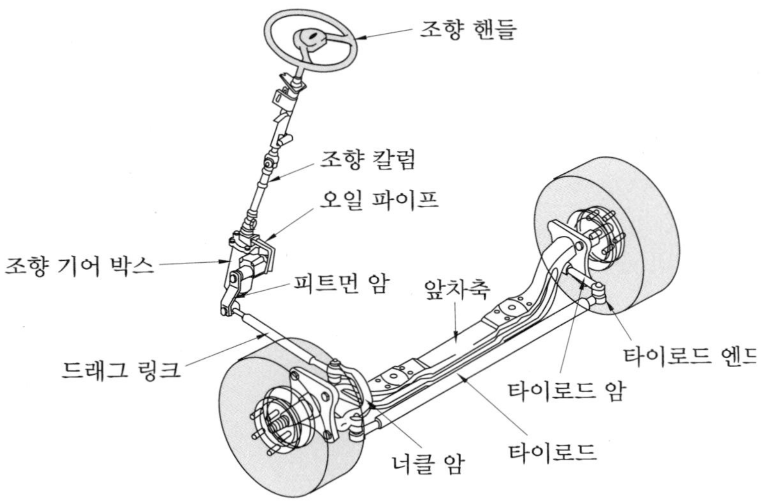

일체 차축식 링키지

(2) 독립 차축식 조향 장치

독립 차축식은 타이로드의 좌우 바퀴가 독립적으로 설치되어 있다. 조향 핸들, 조향 축, 조향 기어 박스, 피트먼 암, 센터 링크, 타이로드, 너클 암으로 구성되어 있다. 승용차에서 래크와 피니언 형식을 사용한다.

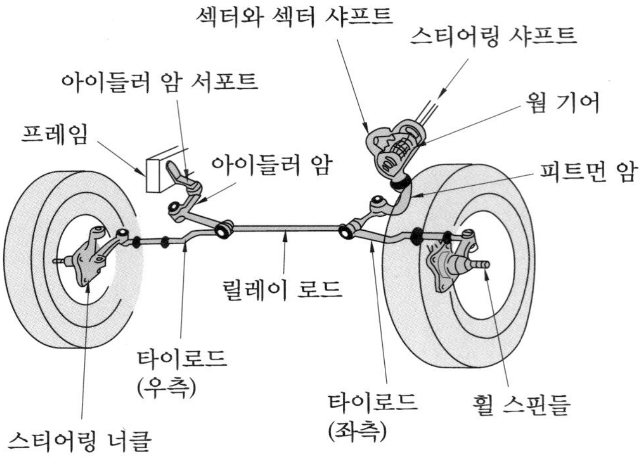

독립 현가식 링크 기구

(3) 조향 기어비

피트먼 암이 움직인 각(바퀴의 회전각)에 대한 조향 핸들의 움직인 각의 비를 말한다.

$$조향\ 기어비 = \frac{조향\ 핸들의\ 회전각}{피트먼\ 암의\ 회전각}$$

3 동력 조향 장치(power steering system)

(1) 동력 조향 장치의 구조

동력 조향 장치는 작동부, 제어부, 동력부의 3 주요부와 유량 조절 밸브 및 유압 제어 밸브와 안전 체크 밸브 등으로 구성되어 있다.

(2) 동력 조향 장치의 특징

① 동력 조향 장치의 장점

(가) 조향 조작력이 작아도 된다.
(나) 조향 조작력에 관계없이 조향 기어비를 선정할 수 있다.
(다) 노면으로부터의 충격 및 진동을 흡수한다.
(라) 앞바퀴의 시미 현상을 방지할 수 있다.
(마) 조향 조작이 경쾌하고 신속하다.

② 동력 조향 장치의 단점

(가) 구조가 복잡하고 값이 비싸다.
(나) 고장이 발생하면 정비가 어렵다.
(다) 오일 펌프 구동에 엔진의 출력이 일부 소비된다.

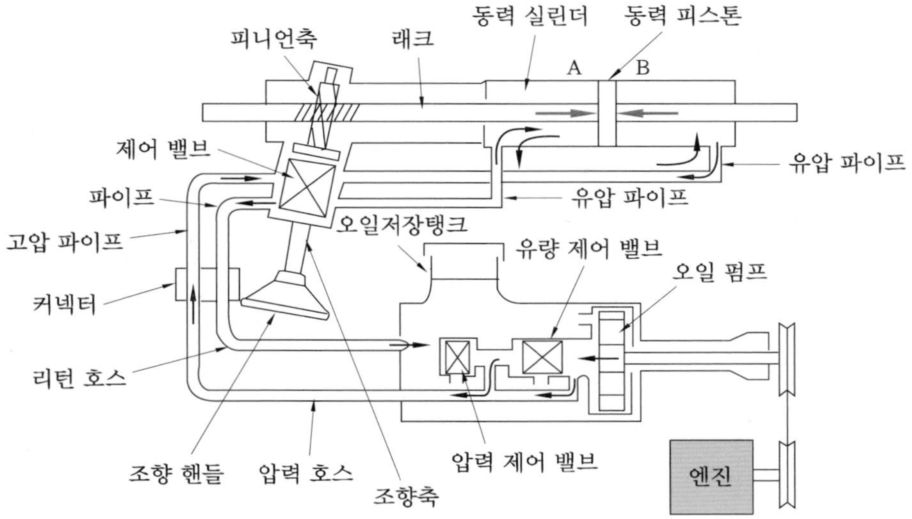

동력 조향 장치

4 조향 장치의 고장 현상

(1) 조향 핸들 작동 시 평소보다 무겁게 느껴지는 원인

① 파워 스티어링 오일이 부족할 때
② 휠 얼라인먼트의 변형
③ 타이어 공기압이 규정보다 작을 때
④ 파워 스티어링 기어 박스의 불량
⑤ 규격이 맞지 않는 타이어를 장착했을 때
⑥ 오일 펌프 구동 밸브가 파손되었을 때

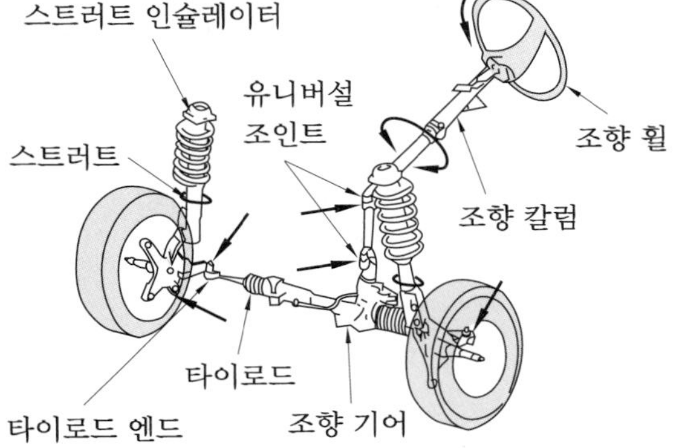

조향 장치 고장 발생 각 부 위치

(2) 조향 핸들이 한쪽으로 쏠리는 원인

① 타이어 공기 압력이 불균일할 때
② 앞바퀴 정렬 상태가 불량할 때
③ 좌우 한쪽 쇼크 업소버의 작동이 불량일 때
④ 앞차축 한쪽 현가장치가 파손되었을 때
⑤ 브레이크 라이닝 간극이 맞지 않을 때
⑥ 허브 베어링의 마멸이 과다할 때

3-4 전자제어 동력 조향 장치(electronic control power steering)

전자제어 동력 조향 장치(EPS system)는 차량의 주행 속도에 따라 핸들의 조타력을 전자제어로 적절히 변화시켜, 정지 또는 저속 시에는 조타력을 가볍게 해주고, 고속 시에는 조타력을 무겁게 하여 고속 주행 안정을 도모한 시스템이다.

① 저속 시 조향 휠의 조작력을 적게 한다.
② 노면, 요철로부터 조향 휠의 킥백(바닥 충격)을 방지할 수 있다.
③ 급 코너 조향할 때 추종성 향상
④ 앞바퀴의 시미 현상을 감소하는 효과가 있다.

3-5 휠 얼라인먼트(wheel alignment)

바퀴의 기하학적인 각도 관계를 말하며 캠버, 캐스터, 토인, 킹핀 경사각 등이 있다.

(1) 앞바퀴 정렬의 역할

① 조향 핸들의 조작을 확실하게 하고 안전성을 준다(캐스터의 작용).
② 조향 핸들에 복원성을 부여한다(캐스터와 킹핀 경사각의 작용).
③ 조향 핸들의 조작력을 가볍게 한다(캠버와 킹핀 경사각의 작용).
④ 사이드 슬립을 방지하여 타이어 마멸을 최소화한다(토인의 작용).

(2) 바퀴 정렬의 요소

① 토인(toe-in) : 자동차 앞바퀴를 위에서 내려다보면 바퀴 중심선 사이의 거리가 앞쪽이 뒤쪽보다 좁아진 차이로 설치된 것을 토인이라 한다.

㈎ 앞바퀴를 평행하게 회전시킨다.
㈏ 앞바퀴의 사이드 슬립(side slip)과 타이어 마멸을 방지한다.
㈐ 조향 링키지 마멸에 따라 토 아웃(toe-out)이 되는 것을 방지한다.

㈑ 토인 조정은 타이로드의 길이로 조정한다.

② 캠버(camber) : 자동차를 앞에서 보면 그 앞바퀴가 수직선에 대해 어떤 각도를 두고 설치되어 있는 데 이를 캠버라 한다.

㈎ 수직 방향 하중에 의한 앞 차축의 휨을 방지한다.

㈏ 조향 핸들의 조작을 가볍게 한다.

㈐ 하중을 받았을 때 앞바퀴의 아래쪽(부의 캠버)이 벌어지는 것을 방지한다.

㈑ 볼록 노면에서 앞바퀴를 수직으로 할 수 있다.

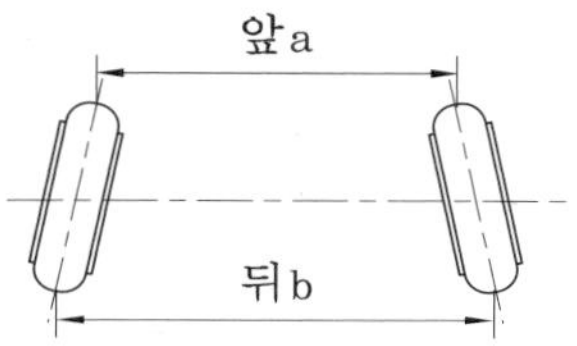

토인

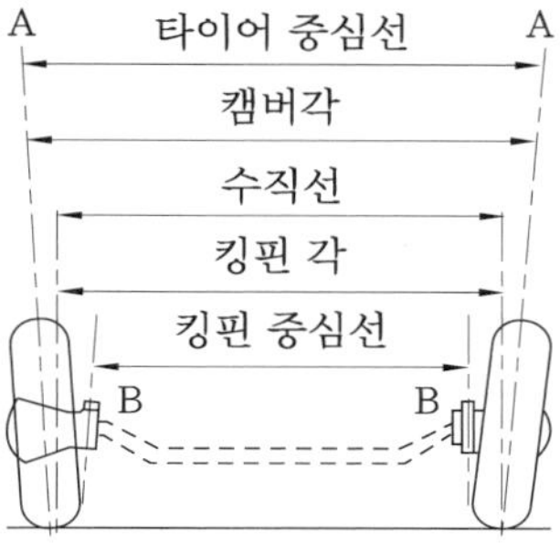

캠버, 킹핀 각

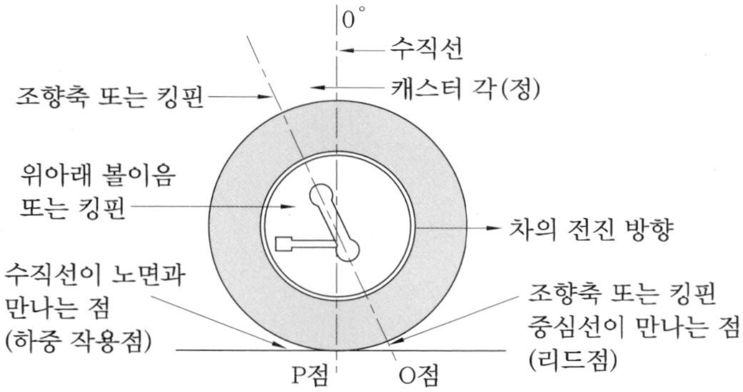

캐스터 각

③ 캐스터(caster) : 자동차의 앞바퀴를 옆에서 보면 조향 너클과 앞 차축을 고정하는 킹핀(독립 차축식에는 볼 이음 축)이 수직선과 이루고 있는 각을 캐스터라 한다.

㈎ 주행 중 조향 바퀴에 방향성을 부여한다.

㈏ 조향하였을 때 직진 방향으로의 복원력을 준다.

④ 킹핀 경사각 : 자동차를 앞에서 보면 독립 차축식에서의 위 · 아래 볼 이음(또는 일체 차축식의 킹핀)의 중심선이 수직에 대해 각 두고 설치되는 데 킹핀 경사각이라 한다.

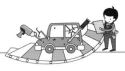

㈎ 캠버와 함께 조향 핸들의 조작력을 가볍게 한다.
㈏ 캐스터와 함께 앞바퀴에 복원성을 부여한다.
㈐ 앞바퀴가 시미(shimmy) 현상을 일으키지 않도록 한다.

(3) 앞바퀴 얼라인먼트를 측정하기 전에 점검해야 할 사항

① 전후 및 좌우 바퀴의 흔들림을 점검한다.
② 타이어의 마모 및 공기압력을 점검한다.
③ 조향 링키지 설치 상태와 마멸을 점검한다.
④ 자동차를 공차 상태로 한다.
⑤ 바닥면은 수평인 장소를 선택한다.
⑥ 섀시 스프링은 안정 상태로 한다.

(4) 언더 스티어링과 오버 스티어링

그림에서 주행 속도가 증가함에 따라서 필요한 조향 각도가 증가되는 것을 언더 스티어링(under steering)이라 하며, 조향 각도가 감소되는 것을 오버 스티어링(over steering)이라고 한다. 또한 언더 스티어링과 오버 스티어링의 중간 정도의 조향 각도, 즉 속도의 증가에 따라 처음에는 조향 각도가 증가하고 어느 속도에 도달하면 감소되는 리버스 스티어링(reverse steering)이 있다.

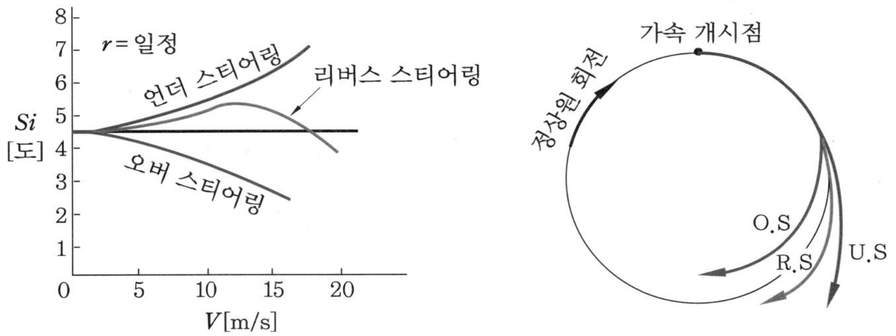

언더 스티어링과 오버 스티어링

참고 코너링 포스

코너링 포스는 자동차에 선회 원심력이 작용할 때 이에 대항하기 위해 타이어와 노면 사이에 생기는 구심력을 말한다.

4 Chapter 제동 장치

4-1 유압식 제동 장치

(1) 제동 장치의 개요

제동 장치(brake system)는 주행하는 자동차를 감속 또는 정지시킴과 동시에 주차 상태를 유지하기 위해 사용하는 중요한 장치이며, 또한 제동장치는 주행할 때 주로 사용하는 주 브레이크(foot brake)와 자동차를 주차할 때 사용하는 주차 브레이크(parking brake)가 있다.

(2) 제동 장치의 구비 조건

① 작동이 확실하고 제동 효과가 클 것.
② 신뢰성과 내구성이 있을 것.
③ 점검 및 정비가 쉬울 것.

(3) 유압 브레이크의 구성 부품

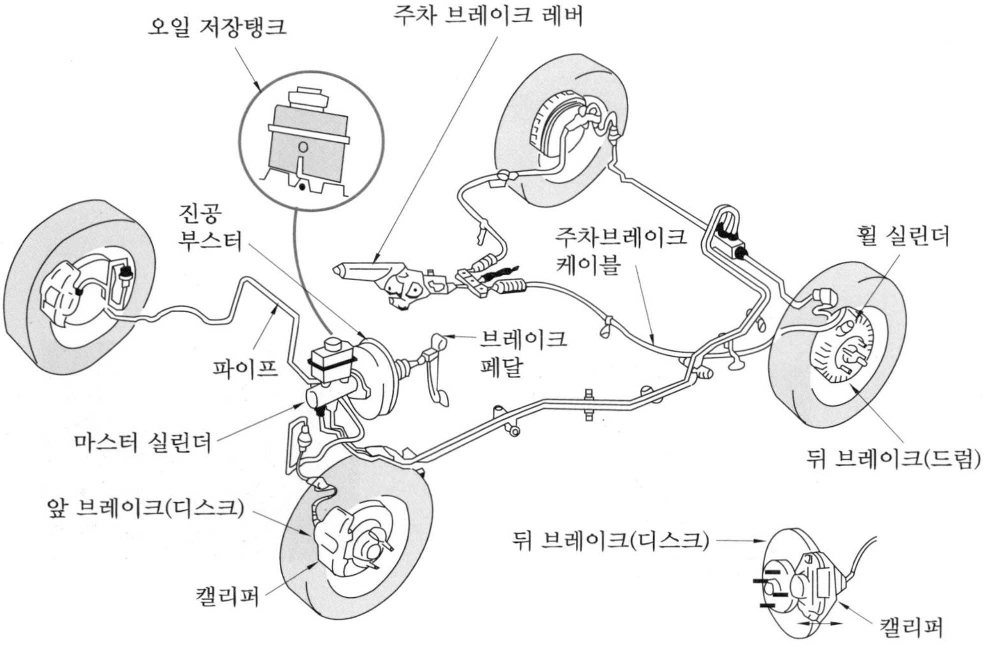

유압식 브레이크

① 브레이크 페달 ② 마스터 실린더 ③ 휠 실린더
④ 브레이크 슈(라이닝) ⑤ 브레이크 드럼 ⑥ 브레이크 본체
⑦ 브레이크 파이핑

① 브레이크 페달 : 브레이크 페달은 페달 높이, 밑판 간극, 페달의 유격으로 구분되며 유격은 제동 작동을 확실하게 하기 위해 약 20 mm를 두게 된다. 브레이크 페달과 마스터실린더는 플로어식과 펜던트식이 있으며 펜던트식이 차량에 많이 사용된다.

② 마스터 실린더(master cylinder) : 브레이크 페달을 밟는 것에 의하여 유압을 발생시키는 부품으로 오일 탱크와 실린더 보디, 피스톤과 컵, 체크 밸브, 리턴 스프링 등으로 되어 있다.

㈎ 1차 2차 피스톤 1차실 : 보상 구멍을 지나는 순간부터 유압 발생
㈏ 1차 2차 피스톤 2차실 : 윤활 작용 및 오일 누설 방지
㈐ 보상 구멍 : 피스톤 실이 보상 구멍을 지나는 순간부터 유압 발생 및 리턴 구멍

브레이크 페달 점검

마스터 실린더

③ 휠 실린더(wheel cylinder) : 마스터 실린더를 통해 발생된 유압은 브레이크 파이프를 통하여 휠 실린더 내 피스톤을 통하여 브레이크 슈를 드럼에 밀착하여 바퀴를 정지시킨다.

④ 브레이크 슈(라이닝) : 드럼에 밀착되어 회전하는 바퀴에 제동을 가한다.

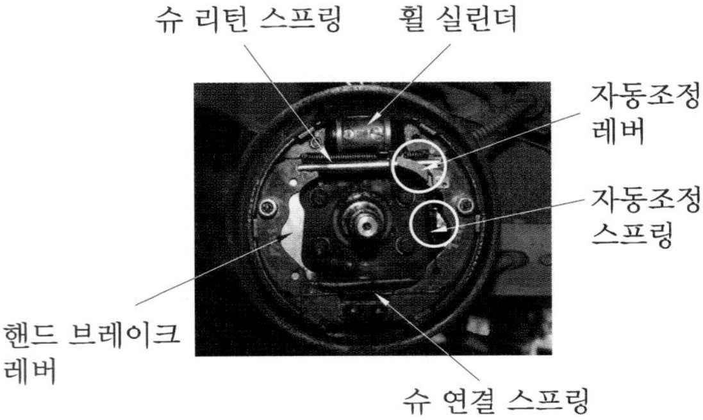

휠 실린더 설치

휠 실린더 부품

⑤ 브레이크 드럼 및 본체 : 브레이크 드럼은 휠과 같이 회전하고 슈와의 마찰에 의해 제동력을 발생시킨다. 재질은 주철과 강판으로 주철제를 많이 사용한다.
  ㈎ 가볍고 강도와 강성이 좋을 것.
  ㈏ 정적 · 동적 평형이 잡혀 있을 것.
  ㈐ 냉각이 잘되어 과열하지 않을 것.
  ㈑ 내마멸성이 클 것.

⑥ 브레이크 오일
  ㈎ 화학적인 안정성이 클 것.
  ㈏ 침전물 발생이 없을 것.
  ㈐ 빙점이 낮고, 비등점이 높을 것.
  ㈑ 윤활성이 있을 것.
  ㈒ 고무나 금속 제품을 부식시키거나 팽창시키지 않을 것.
  ㈓ 점도가 적당하고 점도 지수가 클 것.

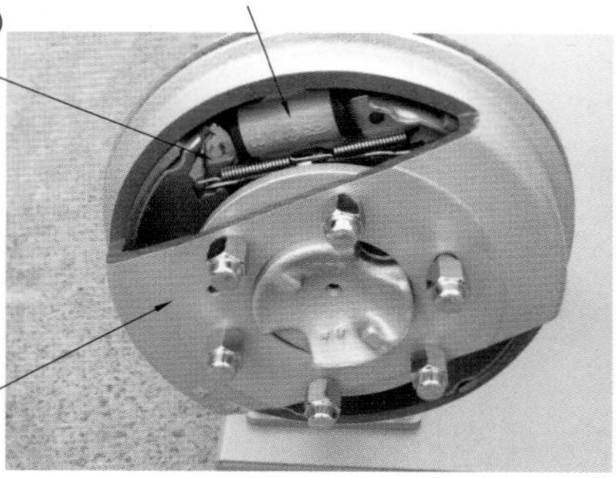

브레이크 드럼 및 본체

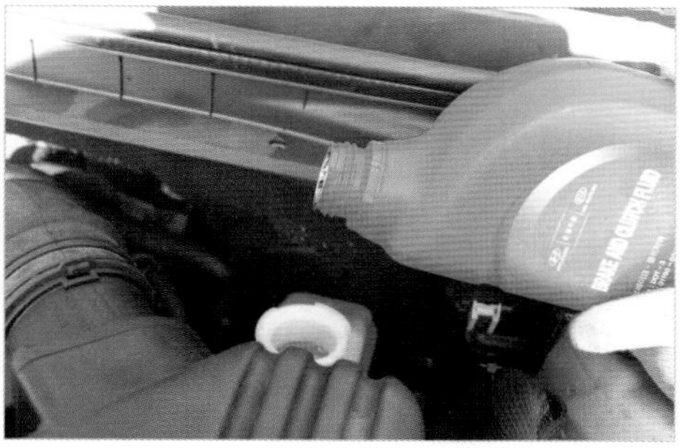
브레이크 오일

(4) 유압 브레이크 작동 중 발생될 수 있는 현상

① 잔압 유지 : 마스터 실린더 내 피스톤 스프링의 장력과 회로 내의 유압이 평형이 되면 체크 밸브가 시트에 밀착되어 압력이 남게 되며, 그 압력은 $0.6 \sim 0.8\ kg/cm^2$ 정도이다(마스터 실린더와 휠 실린더의 높이 차 영향).

참고 ● 잔압을 두는 목적

1. 브레이크의 신속한 작동을 위해
2. 브레이크 장치에 공기 발생 방지
3. 베이퍼 로크를 방지한다.
4. 캘리퍼 또는 휠 실린더에서 오일이 새는 것을 확인할 수 있다.

② 베이퍼 로크(vapor lock) : 브레이크 장치 내 오일이 비등하고 기화되어 압력 발생이 저하되는 현상이다.

㈎ 내리막길에서 잦은 브레이크를 사용할 때

㈏ 브레이크 오일 변질에 의한 비점의 저하

㈐ 마스터 실린더나, 라이닝 리턴 스프링 장력 감소로 인한 잔압 형성이 불량할 때

㈑ 드럼과 라이닝 간극이 작거나 끌림에 의한 가열

③ 페이드 현상 : 주행 중 차량의 잦은 브레이크 작동으로 드럼과 라이닝, 디스크의 온도가 상승되어 마찰계수 저하로 제동 효과가 떨어지는 현상

④ 브레이크 제동 시 편제동(한 방향) 발생 원인

㈎ 휠 얼라인먼트 불량으로 제동 시 차량 쏠림

㈏ 한쪽의 브레이크 패드에 오일이 묻었다.

㈐ 브레이크 드럼과 라이닝 간극 불량

㈑ 좌우 타이어의 공기 압력이 균일하지 않다.

㈒ 캘리퍼 또는 휠 실린더 한쪽이 고착되었다.

(5) 배력식 브레이크(servo brake)

유압 브레이크에서 제동력을 증대시키기 위해 엔진 흡입행정에서 발생하는 진공(부압)과 대기 압력 차이를 이용하는 진공 배력식(하이드로 백), 압축 공기의 압력과 대기압 차이를 이용하는 공기 배력식(하이드로 에어 백)이 있다.

① 배력 장치의 기본 작동 원리

㈎ 동력 피스톤 좌·우의 압력 차이가 커지면 제동력은 커진다.

㈏ 동일한 압력 조건일 때 동력 피스톤의 단면적이 커지면 제동력은 커진다.

㈐ 일정한 단면적을 가진 진공식 배력 장치에서 흡기 다기관의 압력이 높아질수록 제동력은 작아진다.

㈑ 일정한 동력 피스톤 단면적을 가진 공기식 배력 장치에서 압축 공기의 압력이 변하면 제동력이 변화된다.

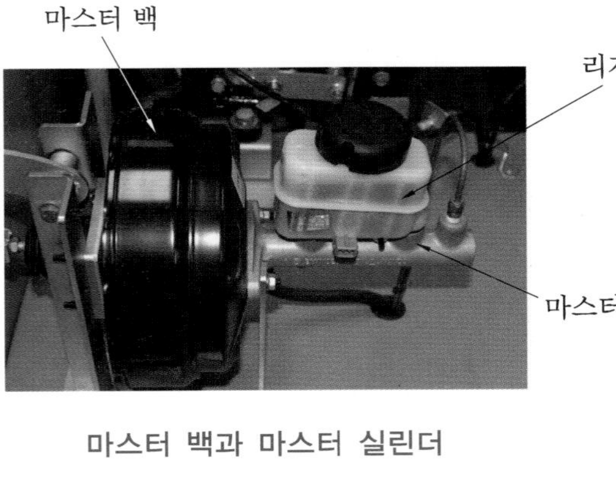

마스터 백과 마스터 실린더

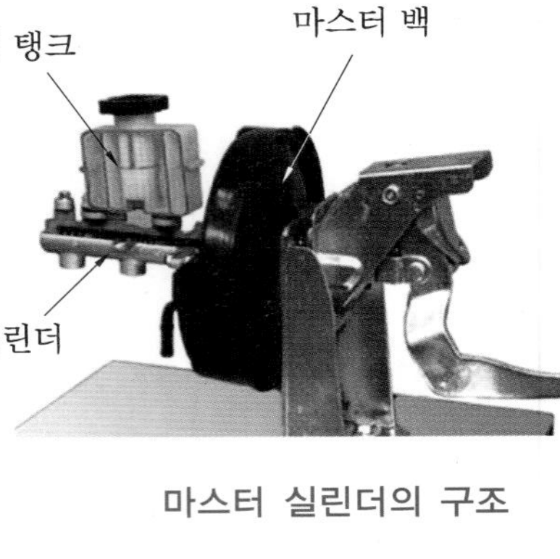

마스터 실린더의 구조

4-2 기계식 및 공기식 제동 장치(air brake)

(1) 공기 브레이크의 특징

① 차량 중량이 아무리 커도 사용할 수 있다.
② 일부 공기가 누출되어도 제동 성능이 크게 저하되지 않는다.
③ 유압 브레이크에서 발생되는 베이퍼 로크 현상이 발생되지 않는다.
④ 유압 브레이크 제동력은 페달 밟는 힘에 비례하나 공기 브레이크는 페달 밟는 양에 따라 제동력이 조절된다.
⑤ 트레일러를 견인하는 경우 연결이 간편하고 원격 조종할 수 있다.
⑥ 압축 공기의 압력을 높이면 더 큰 제동력을 얻을 수 있다.
⑦ 구조가 복잡하고 값이 비싸다.

(2) 공기 브레이크 구조 및 원리

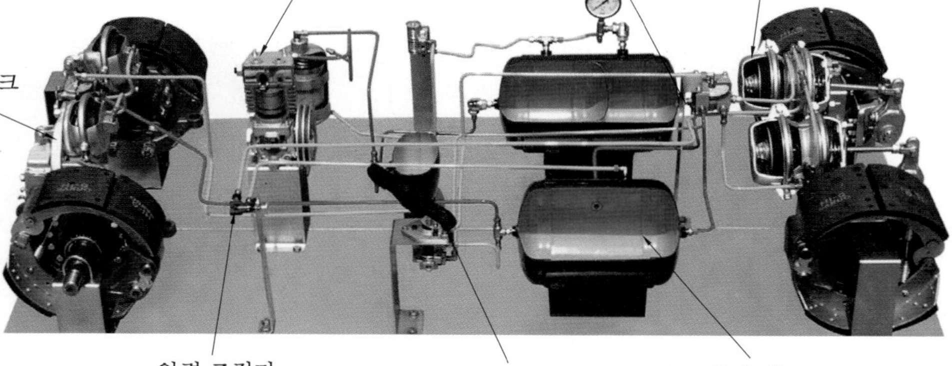

공기 브레이크의 구성 부품

① 압축 공기 계통

㈎ 공기 압축기(air compressor) : 공기의 입구쪽(실린더 헤드부)에는 언로더 밸브가 압력 조정기(pressure regulator)와 함께 공기 압축기가 과다하게 작동되는 것을 방지하고 공기 탱크 내의 공기압을 일정하게 해준다.

㈏ 압력 조정기와 언로더 밸브 : 압력 조정기는 공기 탱크 내의 압력이 5~7 kg/cm^2 이상되면 공기 탱크에서 공기 입구로 들어온 압축 공기가 스프링 장력을 이기고 밸브를 밀어 올린다. 이에 따라 압축 공기는 공기 압축기의 언로더 밸브 위쪽에

작동하여 언로더 밸브를 내려 밀어 열기 때문에 흡입 밸브가 열려 공기 압축기 작동이 정지된다.

㈐ 공기 탱크 : 공기 압축기에서 전달된 압축 공기를 저장하며 탱크 내의 공기압력이 규정값 이상이 되면 안전밸브를 통하여 공기를 배출시키며 공기 압축기로 공기가 역류하는 것을 방지하는 체크 밸브 및 탱크 내의 수분 등을 제거하기 위한 드레인 콕이 있다.

② 제동 계통

㈎ 브레이크 밸브(brake valve) : 페달을 밟으면 위쪽에 있는 플런저가 메인 스프링을 누르고 배출 밸브를 닫은 후 공급 밸브를 연다. 이에 따라 공기 탱크의 압축 공기가 앞 브레이크의 퀵 릴리스 밸브 및 뒤 브레이크의 릴레이 밸브, 그리고 각 브레이크 체임버로 보내져 제동 작용을 한다.

㈏ 퀵 릴리스 밸브(quick release valve) : 페달을 밟으면 브레이크 밸브로부터 압축공기가 공기 입구를 통하여 작동되며, 밸브가 열려 앞 브레이크 체임버로 통하는 양쪽 구멍을 연다. 페달을 놓으면 브레이크 밸브로부터의 공기가 배출되어 공기 입구의 압력이 낮아진다. 이에 따라 밸브는 스프링의 장력에 의해 원위치로 복귀되어 배출 구멍을 열고 앞 브레이크 체임버 내의 공기를 신속하게 배출시켜 제동을 해제시킨다.

㈐ 릴레이 밸브(relay valve) : 페달을 밟아 브레이크 밸브로부터 공기 압력이 작동하면 다이어프램이 아래쪽으로 내려가 배출 밸브를 닫고 공급 밸브를 열어 공기 탱크 내의 공기를 직접 뒤 브레이크 체임버로 보내어 제동시킨다. 또 페달을 놓으면 공기를 배출시켜 신속하게 제동을 푼다.

㈑ 브레이크 체임버(brake chamber) : 페달을 밟아 브레이크 밸브에서 조절된 압축공기가 체임버 내로 유입되면 다이어프램은 스프링을 누르고 이동한다. 이에 따라 푸시로드가 슬래그 조정기를 거쳐 캠을 회전시켜 브레이크 슈가 확장하여 드럼에 압착되어 제동을 한다. 페달을 놓으면 다이어프램이 스프링 장력으로 제자리로 복귀하여 제동이 해제된다.

4-3 전자제어 제동 장치

(1) ABS(anti lock brake system ; 미끄럼 제한 브레이크)

일반적인 제동 장치를 장착한 자동차의 경우에는 주행 중 급제동이나 눈길같이 미끄러운 노면에서 제동할 때 각 바퀴가 고정(lock)되어 스키드(skid : 제동 시 바퀴가 고정된 상태에서 차체의 주행관성으로 미끄러지는 현상)가 쉽게 발생된다. 이로 인하여 제동력이 급격히 저하되어 제동거리가 길어지며 자동차가 가로 방향으로 미끄러져 스핀

(spin)을 발생하거나 조향 휠의 조작이 불가능해져 위험을 유발시킨다.

ABS는 앞바퀴를 각각 독립적으로 제어하고, 뒷바퀴는 실렉터 로(selector low ; 먼저 미끄럼을 일으키는 바퀴를 기준으로 하여 유압을 조절하는 방식)로 조절하는 4센서 3채널 시스템을 주로 사용한다. ABS 제어 계통은 컴퓨터(ECU)를 중심으로 휠 스피드 센서 등으로 되어 있다.

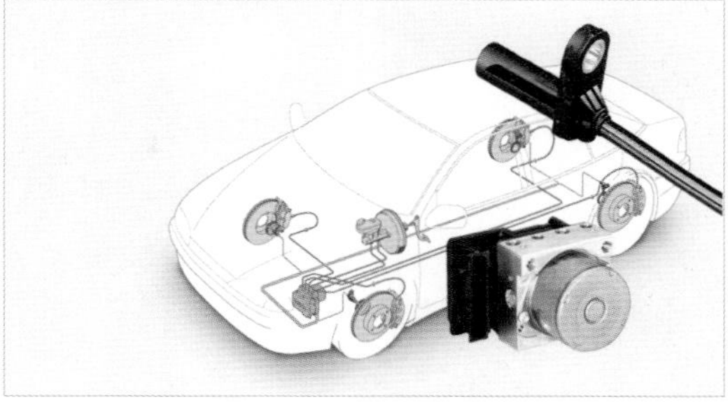
ABS의 구성

① 각 바퀴의 회전 속도를 측정하는 wheel speed sensor
② 마이크로 프로세서가 내장된 ABS ECU
③ 제동 조절 유압 장치

(2) ABS 제어 장치의 구성

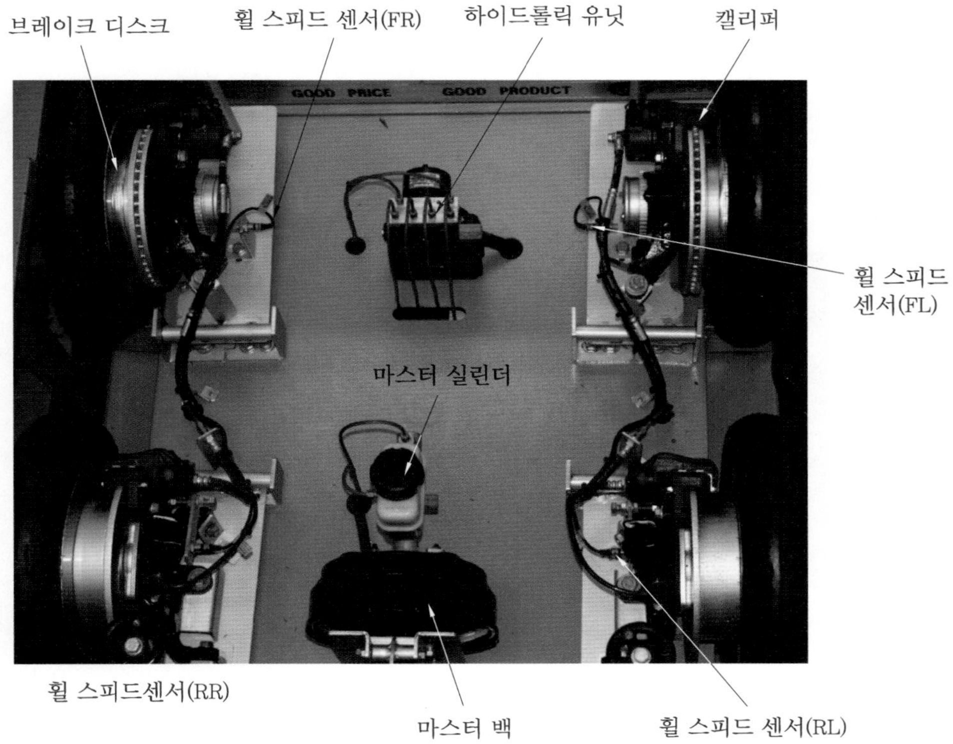

ABS의 작동

① 휠 스피드 센서 : ABS 차량에서 휠 스피드 센서는 각 바퀴마다 설치되어 있으며, 역할은 바퀴의 회전속도를 톤 휠과 센서의 자력선 변화로 감지하여 컴퓨터로 입력시킨다.

휠 스피드 센서

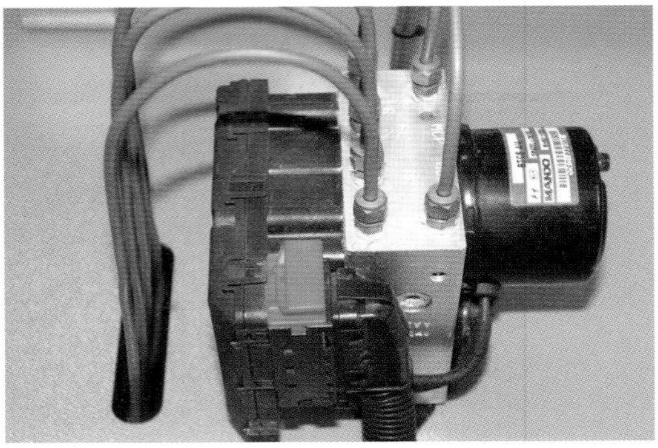

하이드롤릭 유닛(HCU)

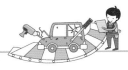

② 하이드롤릭 유닛 : 유압장치는 ECU의 제어신호에 의해서 바퀴의 각 실린더로 가는 유압을 조절하여 바퀴의 회전 상태를 제동할 수 있도록 제어하며, 하이드롤릭 유닛 내 솔레노이드 밸브는 컨트롤 유닛에 의하여 제어되며 컨트롤 피스톤을 작동시킨다.

③ ABS ECU : 각 바퀴의 회전 상태를 휠 스피드 센서로부터 신호를 받아 그 정보를 연산하여 유압 계통 하이드롤릭 유닛 내 솔레노이드를 제어하여 각 바퀴의 상태에 맞는 유압을 제어한다. 또한 ABS 시스템 내 고장 진단을 통하여 페일 세이프 기능 및 ABS 경고등을 점등한다.

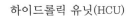

※ ABS ECU와 하이드롤릭 유닛은 일체로 체결되어 있으며, 모듈의 파이프는 각 바퀴로 공급되어 유압을 조정한다.

ABS ECU

(3) ABS 특징

① 제동 시 바퀴의 미끄러짐(슬립)이 없는 제동 효과를 볼 수 있다.

② 제동 시 조종 성능을 확보하고 제동거리를 단축시킨다.

③ 제동 시 방향 안정성을 유지시킨다.

④ 앞바퀴 고착으로 인한 조종 능력 상실을 방지한다.

⑤ 제동 시 옆 방향 미끄러짐을 방지한다.
⑥ 타이어 미끄럼률이 마찰계수 최곳값을 초과하지 않도록 한다.
⑦ 노면의 상태 변화에 따른 최대 제동 효과를 확보한다.

(4) 슬립률(slip ratio)

$$\text{슬립률}(S) = \frac{\text{차체 속도} - \text{바퀴 회전 속도}}{\text{차체 속도}} \times 100\,\%$$

4-4 제동 장치 안전기준 및 검사

(1) 제동 장치 안전기준

① 주 제동 장치의 급 제동 능력은 건조하고 평탄한 포장 도로에서 주행 중인 자동차를 급제동 시 제동 기준

구 분	최고 속도 80 km/h 이상의 자동차	최고 속도가 35 km/h 이상 80 km/h 미만의 자동차	최고 속도가 35 km/h 미만의 자동차
제동 초속도(km/h)	50 km/h	35 km/h	당해 자동차의 최고 속도
급제동 정지거리(m)	22 m 이하	14 m 이하	5 m 이하
측정 시 조작력(kgf)	발 조작식의 경우 : 90 kgf 이하		
측정 자동차의 상태	공차상태의 자동차에 운전자 1인이 승차한 상태		

② 주 제동 장치의 제동 능력과 조작력

구 분	안 전 기 준
측정 자동차의 상태	공차상태의 자동차에 운전자 1인이 승차한 상태
제동 능력	① 최고 속도가 80 km/h 이상이고 차량총중량이 차량중량의 1.2배 이하인 자동차의 각 축의 제동력의 합 : 차량총중량의 50 % 이상 ② 최고 속도가 80 km/h 미만이고 차량총중량이 차량중량의 1.5배 이하인 자동차의 각 축의 제동력의 합 : 차량총중량의 40 % 이상 ③ 기타의 자동차 (가) 각 축의 제동력의 합 : 차량중량의 50 % 이상 (나) 각 축중의 제동력 : 각 축중의 50 % 이상 (다만, 뒤축의 경우에는 당해 축중의 20 % 이상)
좌 · 우 바퀴제동력 차	당해 축중의 8 % 이하
제동력의 복원	브레이크 페달을 놓을 때에 제동력이 3초 이내에 당해 축중의 20 % 이하가 될 것

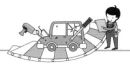

③ 주차 제동 장치의 제동 능력과 조작력

구 분		안 전 기 준
측정 자동차의 상태		공차상태의 자동차에 운전자 1인이 승차한 상태
측정 시 조작력	승용자동차	발 조작식의 경우 : 60 kgf 이하
		손 조작식의 경우 : 40 kgf 이하
	기타 자동차	발 조작식의 경우 : 70 kgf 이하
		손 조작식의 경우 : 50 kgf 이하
제동능력		경사각 11° 30′ 이상의 경사면에서 정지 상태를 유지할 수 있거나 제동능력이 차량 중량의 20 % 이상일 것.

(2) 자동차 제동력 측정(시험)

① 주 제동 능력 측정 조건

(가) 자동차는 공차 상태의 자동차에 운전자 1인이 승차한 상태로 한다.

(나) 자동차는 바퀴의 흙, 먼지, 물 등의 이물질을 제거한 상태로 한다.

(다) 자동차는 적절히 예비 운전이 되어 있는 상태로 한다.

(라) 타이어의 공기 압력은 표준 공기 압력으로 한다.

② 주 제동 능력 측정 방법

(가) 자동차를 제동 시험기에 정면으로 대칭되도록 한다.

(나) 측정 자동차의 차축을 제동 시험기에 얹혀 축중을 측정하고 롤러를 회전시켜 당해 차축의 제동 능력, 좌우 바퀴의 제동력의 차이, 제동력의 복원 상태를 측정한다.

(다) (나)의 측정 방법에 따라 다음 차축에 대하여 반복 측정한다.

4-5 제동 장치 계산 문제

(1) 파스칼의 원리와 휠 실린더

① 파스칼의 원리 : 밀폐된 용기 속에 있는 유체의 일부분에 압력을 가하면, 그 압력이 유체 내의 모든 곳에 같은 크기로 전달된다(액체의 특성 : 비압축성이다).

② 다음 그림과 같이 굵기가 브레이크 파이프에 액체를 넣고, 피스톤을 밀면 마스터 실린더에서 발생되는 압력(P)과 휠 실린더의 피스톤에 작용하는 압력은 같다.

$$\frac{F_1}{A_1} = P = \frac{F_2}{A_2}$$

여기서, F_1 : 마스터 실린더 내의 피스톤을 미는 힘
F_2 : 브레이크 슈를 미는 휠 실린더 피스톤의 힘
A_1 : 마스터 실린더의 지름
A_2 : 휠 실린더의 지름

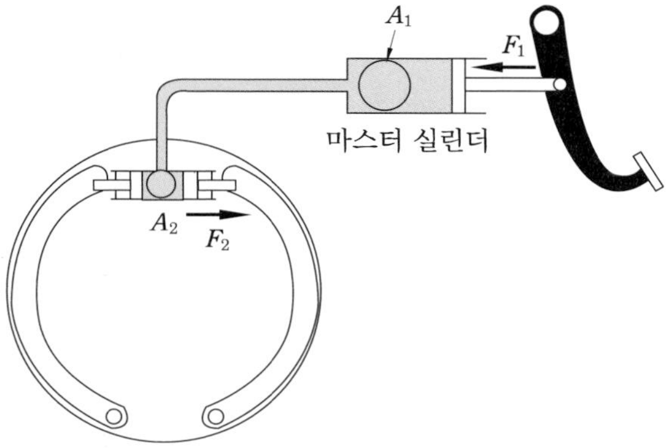

브레이크의 작동(파스칼의 원리)

(2) 작동력과 마스터 실린더 압력

마스터 실린더의 압력(P)은 푸시로드 작동력(F)을 마스터 실린더 단면적(A)으로 나눈 값을 말한다.

$$\boldsymbol{P} = \frac{\boldsymbol{F}}{\boldsymbol{A}} = \frac{\boldsymbol{F}}{\frac{\pi \times \boldsymbol{d}^2}{4}}$$

여기서, d : 마스터 실린더의 지름
F : 면적에 수직방향의 힘

(3) ABS 슬립률

자동차의 슬립률은 ABS에서 사용한다. 슬립률이 20 % 이상이 되면 브레이크 lock를 해제한다.

$$\text{슬립률}(S_\rho) = \frac{\text{주행(차체) 속도}(V_B) - \text{차바퀴 원주속도}(V_W)}{\text{주행(차체) 속도}(V_B)} \times 100\ \%$$

(4) 제동력 테스터

① 제동력 총합은 차량 중량의 50 % 이상이어야 한다.

$$\frac{\text{앞뒤좌우 제동력 합}}{\text{차량 중량}} \times 100 \geq 50\ \%$$

② 앞바퀴 제동력의 총합은 50 % 이상이어야 한다.

$$\frac{\text{전축좌우 제동력 합}}{\text{전축량}} \times 100 \geq 50\ \%$$

③ 뒷바퀴 제동력의 총합은 20% 이상이어야 한다.

$$\frac{\text{후축좌우 제동력 합}}{\text{후축 중}} \times 100 \geq 20\ \%$$

④ 각 축의 제동력 편차는 당해 축중의 8% 이하이어야 한다.

$$\frac{\text{해당 축(전축 or 후축)의 좌우 제동력 차}}{\text{해당 축(전축 or 후축)의 축중}} \times 100 \leq 8\ \%$$

⑤ 주차 브레이크의 좌우 제동력 합은 차량 중량의 20% 이상이어야 한다.

$$\frac{\text{후축좌우 제동력 합}}{\text{차량 중량}} \times 100 \geq 20\ \%$$

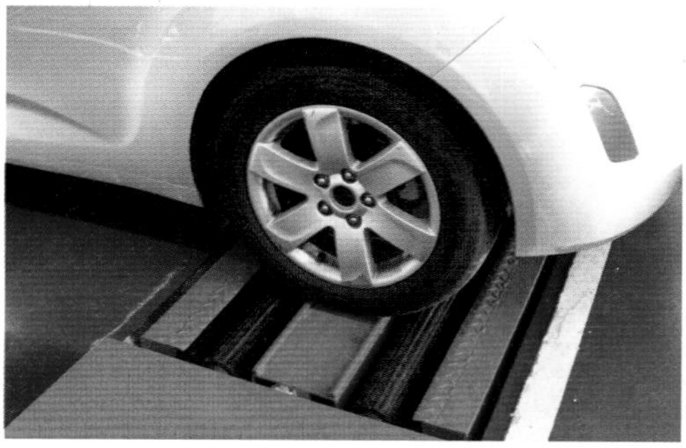

제동력 측정(롤러)

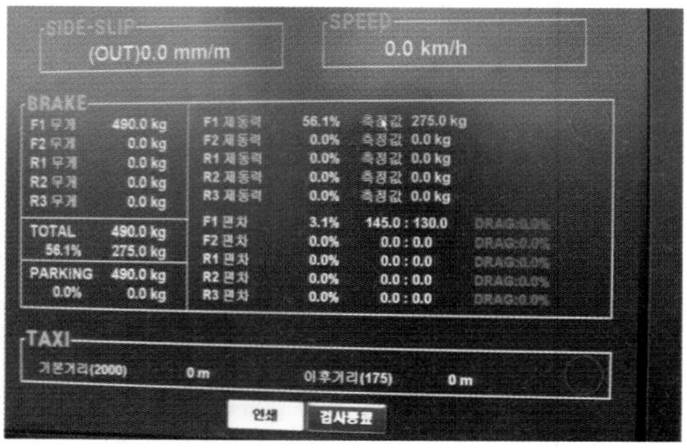

제동력 측정(계측)

참고 ─ 제동장치 현상에 따른 고장 정비

① **브레이크가 제동이 안 될 때 :** 브레이크액 부족, 브레이크액 누유, 유압라인 공기 유입
② **브레이크가 밀릴 때 :** 브레이크액 부족, 디스크 패드 및 라이닝 마모, 공기 유입
③ **제동 시 페달이나 차체의 떨림 현상 :** 디스크 편마모(런아웃 불량), 허브 베어링 프리로드(저항) 불량, 드럼 편마모, 휠 실린더 고착, 바퀴 얼라인먼트 불량
④ **제동 시 소음 발생(삐익 소리) :** 라이닝, 패드 편마모, 라이닝 및 브레이크 패드 재질 불량
⑤ **제동 시 차체가 한쪽으로 쏠린다 :** 바퀴 중 편제동, 타이어 공기압 불량, 마스터 실린더 피스톤 유압 발생 불량, 프로포셔닝 밸브 불량, 바퀴 휠 밸런스 불량
⑥ **주차 브레이크가 평소보다 많이 올라간다 :** 브레이크 라이닝 마모, 주차 케이블(와이어) 늘어남(조정 필요)
⑦ **브레이크 부스터 작동시험**
㈎ 엔진 시동 후 브레이크 페달을 수차례 밟는다. 처음에는 완전히 들어가고 점진적으로 페달이 올라오면 부스터는 정상이고 페달의 높이가 변하지 않으면 부스터가 손상된 것
㈏ 브레이크 페달을 밟은 후 엔진 시동을 걸었을 때 페달이 내려가면 부스터 양호
㈐ 엔진 시동 후 페달을 힘껏 밟고 엔진 시동을 껐을 때 페달 높이가 30초 동안 변화되지 않으면 부스터 양호

5 Chapter 주행 및 구동 장치

5-1 휠 및 타이어

(1) 타이어의 구조

① 트레드(tread) : 노면과 접촉하는 부분으로 차량의 제동, 구동력을 지면에 전달한다. 내마모성 및 노면으로부터의 내충격성이 양호한 저발열 고무를 사용한다.

② 보디 플라이(body ply) : 타이어 내부의 코드층으로 하중을 지지하고 충격에 견디며 주행 중 굴신운동에 대한 내피로성이 강해야 한다.

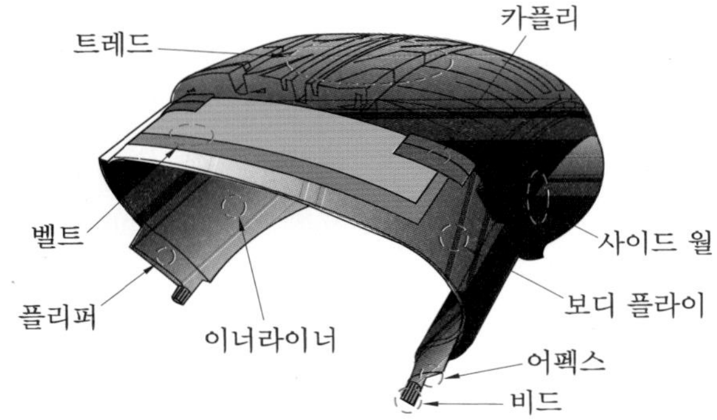

타이어 구조

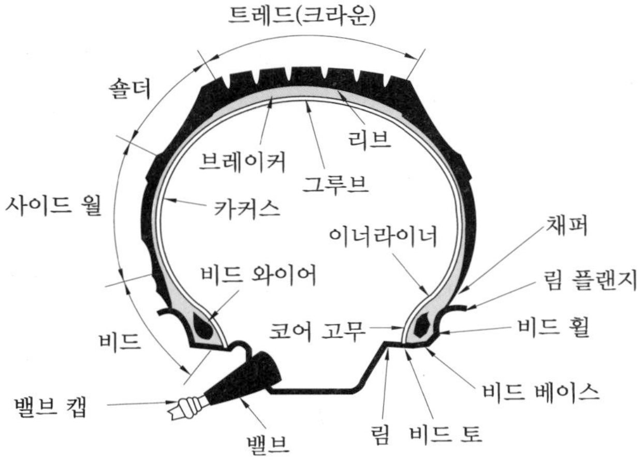

타이어 단면도

③ 벨트(belt) : 트레드와 카커스 사이에 위치하고 있으며, 스틸 와이어로 구성되며 외부의 충격을 완화시키는 것은 물론 트레드 접지면을 넓게 유지하여 주행 안정성을 좋게 한다.

④ 사이드 월(side wall) : shoulder 아래부분부터 bead 사이의 고무층을 말하며, 내부의 카커스를 보호하는 역할을 한다.

⑤ 비드(bead) : 스틸 와이어에 고무를 피복한 사각 또는 육각형 형태의 피아노선이 비드 부분의 늘어남을 방지하고 타이어가 림에서 빠지지 않도록 한다.

⑥ 카커스(carcass) : 타이어의 골격으로 코드 양면에 고무를 피복한 것을 맞대어 성형한 부분으로 충격에 따라 변형되어 충격 완화 작용을 한다.

(2) 레이디얼 타이어 호칭 표시법

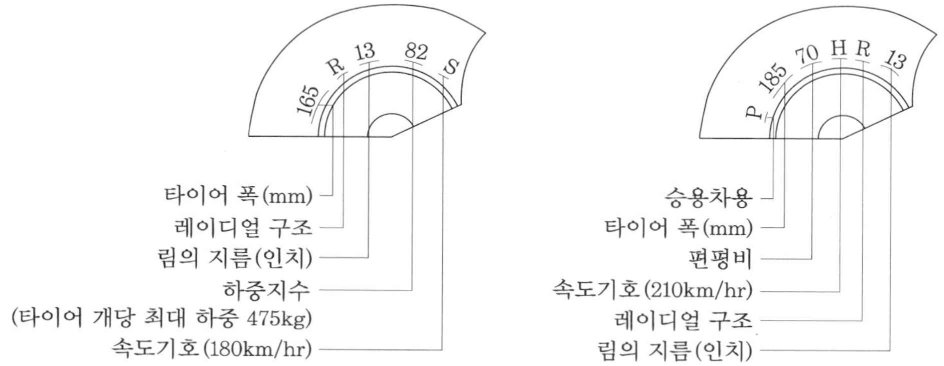

레이디얼 타이어 호칭 표시법

(3) 타이어 안전기준 및 점검내용

① 금이 가고 갈라지거나 코드 층이 노출될 정도의 손상이 없어야 하며, 요철형 무늬의 깊이를 1.6 mm 이상 유지할 것.

② 접지 부분은 소음의 발생이 적고 도로를 파손할 위험이 없는 구조일 것.

③ 무한궤도를 장착한 자동차의 접지 압력은 무한궤도 1 cm^2당 3 kgf을 초과하지 아니할 것.

④ 타이어 접지 부분이 임의의 한 점에서 120° 각도가 되는 지점마다 접지 부분의 1/4 또는 3/4 지점 주위의 트레드 홈 깊이를 측정한다.

⑤ 트레드 마모 표시(1.6 mm로 표시된 경우에 한함)가 되어 있는 경우에는 마모 표시를 확인한다.

⑥ 타이어의 손상·변형 및 돌출 여부를 확인한다.

⑦ 타이어의 요철형 무늬 깊이 및 공기압을 계측기로 확인한다.

참고 타이어 트레드 한쪽면만 편마모 발생 원인

1. 휠이 런 아웃되었을 때
2. 허브의 너클이 런 아웃되었을 때
3. 베어링이 마멸되었거나 킹핀의 유격이 큰 경우

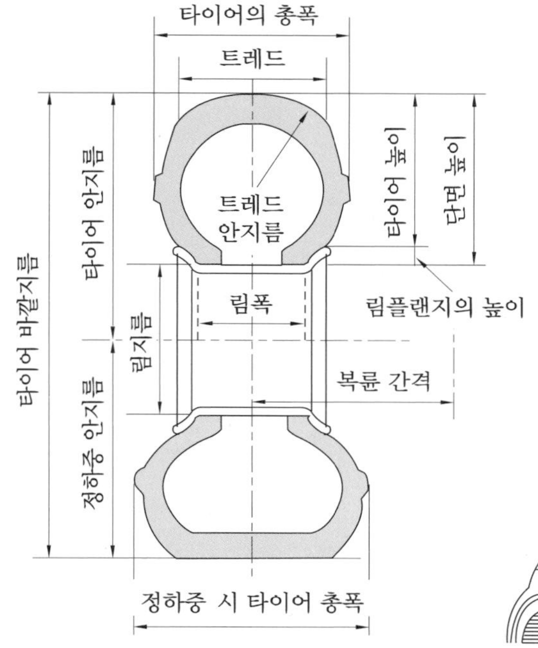

타이어 편평률

• 편평률 $= \frac{\text{타이어 단면높이}}{\text{타이어 단면폭}} \times 100$

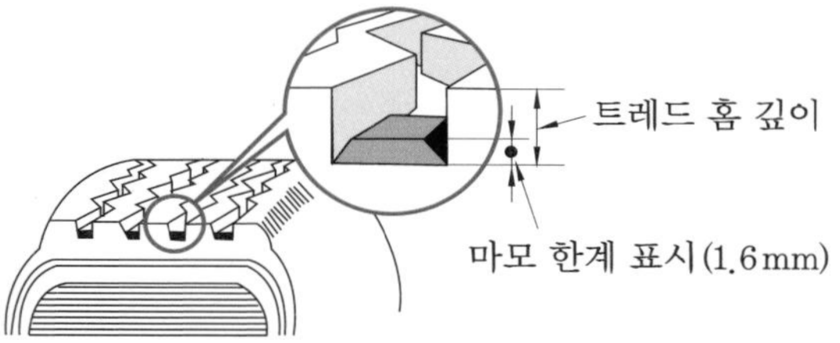

타이어 스레드 마모 측정

5-2 구동력 제어장치

(1) 제어 기능

VDC(vehicle dynamic control) : ABS에 의한 제동 안정성과 TCS의 구동 안정성에 선회 시에 겸비한 차체 자세 제어장치를 적용하여 운전자의 의지와 실제 차량 거동을 비교 판단하여 차체 미끄러짐과 선회각도 등을 제어한다. EPS(VDC)는 요 모멘트 제어, 자동 감속제어, ABS 제어, TPS 제어 등에 의해 언더 스티어 제어, 오버 스티어 제어, 굴곡로 주행 시 요잉 발생 방지, 제동 시 조종 안정성 향상, 가속 시 조종 안정성 향상 등의 효과가 있다.

참고 **요 모멘트 제어(yaw-moment control)**

요 모멘트 제어는 선회 시 및 주행 중 차체의 옆방향 미끌림에 대하여 내륜 또는 외륜에 제동을 가해 차체의 자세를 제어한다.

① 오버 스티어(over steer) 제어 : 앞 외륜에 제동 압력을 가해 외륜을 향한 요 모멘트를 발생시켜 내륜의 모멘트를 상쇄시킨다.

② 언더 스티어(under steer) 제어 : 뒤 내륜에 제동 압력을 가해 내륜을 향한 요 모멘트로 외륜의 모멘트를 상쇄시킨다.

(2) VDC 입·출력

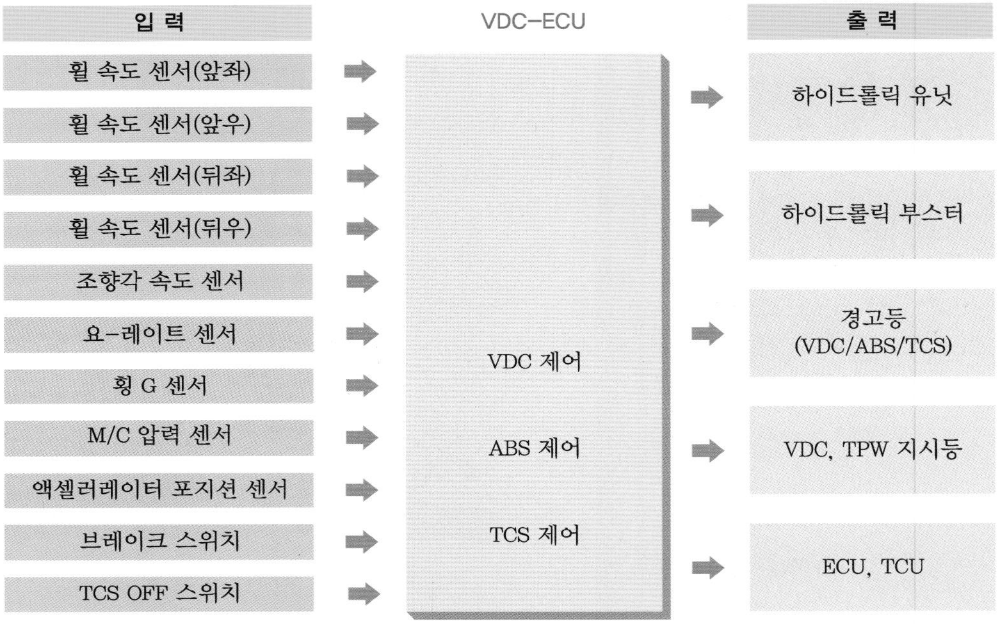

VDC 입·출력

① 입력

(가) 상시 전원 및 IG 전원 : VDC ECU에 상시 전원 공급 및 IG 상태에서의 전원 공급

(나) 휠 속도 센서(4EA) : 각 바퀴의 회전속도 및 슬립을 VDC ECU에 입력 센서

(다) 조향각 속도 센서 : 언더 오버 스티어 제어 TCS 제어 시 중요 신호 입력

(라) 요-레이트 센서 : 차량의 비틀림을 감지하는 센서 언더 오버스티어 때 정보 활용

(마) 횡(G) 센서 : 차량의 횡력(선회 주행 시)을 감지하고 TCS 제어와 VDC 제어 신호 입력

(바) MC 압력 센서(마스터 실린더 압력 센서) : 어큐뮬레이터에 저장된 고압이 배력 작용을 할 때 그때 배력되는 압력이 얼마인지 감지하고 각종 제어 시 활용

(사) APS (액셀 포지션 센서) : TCS 제어 시 주요 센서

(아) H/B(하이드롤릭 부스터) 통신선 : 하이드롤릭 부스터와 VDC ECU의 통신선

② 출력

㈎ H/UNIT : VDC ECU가 12개의 솔레노이드 작동을 위해 (-) 제어를 한다.

㈏ H/B UNIT : 하이드롤릭 부스터 유닛에 있는 두 개의 솔레노이드 제어 작동을 위해 (-) 제어를 한다.

㈐ H/B ECU : VDC가 하이드롤릭 부스터 H/B ECU 정보 수신

㈑ VDC 릴레이 : 작동을 위해 (-) 제어를 한다.

㈒ VDC ECU/TCU 통신 : VDC ECU가 자동 변속기 TCU 간 정보 공유

㈓ 경고등 : VDC, ABS, TCS 이상 시 경고등 점등

(3) 구동력 제어장치

① 구동력 제어의 종류

㈎ 엔진 회전력 제어 방식

㉮ 엔진 제어 방식 : 연료분사량 제어 또는 점화 시기 제어

㉯ 흡입공기량 제어 방식 : 메인 스로틀 밸브 또는 보조 스로틀 밸브 제어

㈏ 브레이크 제어

㈐ 동력 전달 장치 제어 방식

㈑ 통합 제어 방식

㉮ 스로틀 밸브 + 브레이크 제어 + 자동 제한 차동 장치 제어

㉯ 엔진 + 브레이크 제어

㉰ 스로틀 밸브 + 브레이크 제어

② TCS의 작동 제어 : TCS는 엔진의 여유 출력을 제어하는 시스템을 말하며, 일반적으로 슬립 제어와 트레이스 제어를 하게 됨으로써 차량이 주행 중 미끄러운 도로나 급선회 시 차량의 균형을 제어함으로써 안정성을 유지하도록 제어되는 장치이다.

참고

슬립 제어란 미끄러운 노면이나 눈길에서의 제어를 말하고, 트레이스 제어(추적 제어)는 언더 스티어링 및 오버 스티어링을 제어함을 의미한다.

③ TCS의 주요 기능

㈎ 구동 성능이 향상된다.

㉮ 미끄럼이 제어가 되어 차체의 롤링 현상이 감소한다.

㉯ 발진성, 가속성, 등판 능력이 향상된다.

㈏ 선회 앞지르기 성능 향상 : 언더 스티어링 또는 오버 스티어링 현상 감소로 성능이 향상된다.

㈐ 조향 성능이 향상 : 핸들 조작 시 구동력에 의한 사이드 포스를 우선 제어한다.

④ TCS의 작동 시기

(가) 좌우 타이어의 회전 차이가 발생할 때

(나) 타이어가 슬립되어 미끄러질 때

(다) 타이어가 펑크 났을 때 작동한다.

5-3 정속 주행 장치

정속 주행 장치는 고속도로 등의 장시간 주행에서 운전자의 피로 감소, 쾌적한 운행 및 연료의 절감(약 10 %)을 목적으로 운전자가 원하는 구간에서 알맞는 속도로 조절(seting) 해 놓으면 가속 페달을 밟지 않아도 그 속도가 계속 유지되어 주행되는 장치이다.

(1) 구조 및 기능

전동식 정속주행장치는 자동속도제어장치(auto speed control system)라고도 하며, 그 구조는 액추에이터, 차속 센서(speed sensor), 컴퓨터(ECU), 제어 스위치(control SW), 해제 스위치 등으로 구성되어 있다.

① 차속 센서 : 차속을 감지하여 컴퓨터(ECU)에 보낸다.

② 컴퓨터(ECU) : 센서 및 스위치로부터 신호를 받아 정속 주행을 위해 필요한 제어 신호를 액추에이터에 보낸다.

③ 제어 스위치 : 운전자에 의해 조작되는 제어 스위치는 전원을 공급하는 메인 스위치(main SW), 정속 주행 차속을 컴퓨터에 입력시키는 세트 스위치(set SW), 해제된 차속을 다시 복원시키는 리줌 스위치(resume SW) 및 메인 스위치의 작동을 알리는 메인 표시등으로 구성되어 있다.

④ 해제 스위치 : 정속 주행 세트 속도를 해제하는 역할

(2) 액추에이터의 구조 및 기능

액추에이터는 DC 모터, 웜 기어, 웜 휠, 유성 기어 장치, 전자석 클러치, 제한 스위치로 구성되어 있다. 정속(세트) 스위치가 OFF일 때는 작동이 취소되므로 모터의 회전과 관계 없이 내접 기어와 관계 있는 실렉터 구동축이 자유 상태가 된다.

액추에이터의 모터는 웜 기어와 웜 힐, 그리고 선 기어를 연결하며, 실렉터 구동축은 유성 기어 캐리어와 일체로 되어 있고, 링 기어와 유성 기어 캐리어는 서로 각각 작용하게 되어 있다.

(3) 정속 주행 각 스위치의 기능

① 메인 스위치와 함께 세트 스위치를 ON에 세팅할 때는 일반적으로 세트 스위치가 ON부터 OFF까지 40~145 km/h의 범위 내에서 차량 속도를 세팅할 수 있다.

② 감속(coast) : 정속 주행 중 세트 스위치를 ON에 놓고 있는 동안에 액추에이터의 DC 모터는 반대로 회전하여 감속시킨다.

③ 리줌(resume) : 정속 주행 중 차량 조작으로 정속 주행이 일시적으로 해제되었을 때 다시 정속 주행을 원하여 리줌 스위치를 ON에 넣으면 해제 전 주행 속도를 찾아 차가 정속 주행하게 된다.

④ 가속(acceleration) : 리줌 스위치를 계속 ON에 넣고 있는 동안에 작동되는 것이며 스위치를 ON에 넣고 있는 동안에 액추에이터의 모터가 당김 쪽으로 회전되어 차가 가속된다.

⑤ 해제(cancel) : 정속 주행 중 다음의 신호가 액추에이터의 전자석 클러치의 전류를 차단시키므로 정속 주행이 해제된다.

㈎ 제동등 스위치가 ON 신호일 때(브레이크 페달을 밟았을 때)

㈏ 인히비터(inhibitor) 스위치가 ON 신호일 때 : 클러치 스위치가 ON 신호일 때 (클러치 페달을 밟았을 때)

⑥ 저속 제어(low speed limit) : 차량의 속도가 40 km/h 이하로 감속 운행 시에는 해제되는 기능을 갖고 있다.

⑦ 고속 제어(hight speed limit) : 최고 속도 제어 장치에 의해 145 km/h 이상 주행 시에는 정속 주행을 할 수 없다.

참고

정속 주행 장치 자동 해제 시기

- 정속 주행하는 동안 기억된 차량 속도보다 20 km/h 정도나 그 아래일 때
- 세트(set)와 리줌(resume) 스위치를 양쪽 다 동시에 세팅시켰을 때
- 입력된 데이터(data) 속도가 제시간 안에 세트 속도에 도달하지 못할 때(1.5~2초 정도)
- 트랜지스터 출력이 잘못 전달되었을 때(회로의 단선)
- 제동등 스위치의 입력선이 잘못 연결됐거나 손상을 받았을 때
- 제동등 스위치 혹은 인히비터 스위치(P, N)에 신호가 입력될 때

차량 자세 제어 시스템의 용어 정리

1. VDC는 차량 스스로 미끄럼을 감지해 각각의 브레이크 압력과 엔진 출력을 제어하는 차체 자세 제어(vehicle dynamic control)의 약자이다. 운전자가 별도로 제동을 가하지 않더라도 차량을 미끄러짐으로부터 안전하게 보호하는 역할을 한다. 여기에는 구동 중일 때 바퀴가 미끄러지는 것을 적절히 조절하는 TCS, ABS, EBD 등이 포함된다.
2. ESP (electronic stability program)는 ABS와 TCS를 통합해 차량을 제어하는 장치다. 코너링 및 가속, 제동 시 각각의 구동륜을 제어하여 차량의 미끄러짐을 방지하는 시스템으로 운전자의 진행 방향과 차량의 방향이 불일치할 경우 차량의 진행 방향을 조정한다.
3. TCS (traction control system)는 눈길이나 빗길 등 미끄러운 노면에서 발생한 타이어 스핀이나 펑크로 인해 좌우 타이어의 회전수에 차이가 있을 경우 타이어의 공회전을 억제해 미끄러짐을 방지하는 장치이다.
4. EBD (electronic brake force distribution)는 전자식 제동력 분배 시스템으로 차량의 승차 인원이나 적재 하중, 감속에 의한 무게 이동까지 계산해 급정차 시 차가 앞으로 급격히 쏠리는 현상을 바로잡아 준다. 잠금 방지 제동 장치(anti-lock brake system)를 의미하는 특수 브레이크인 ABS와 결합되어 보통 EBD-ABS로 적용된다.

제2장 동력 전달 장치

01 무단변속기 차량의 CVT ECU에 입력되는 신호가 아닌 것은? 2012.8.26

㉮ 스로틀 포지션 센서
㉯ 브레이크 스위치
㉰ 라인 압력 센서
㉱ 킥다운 서보 스위치

02 변속기에서 싱크로 메시 기구가 작동하는 시기는? 2012.8.26

㉮ 변속기어가 물릴 때
㉯ 변속기어가 풀릴 때
㉰ 클러치 페달을 놓을 때
㉱ 클러치 페달을 밟을 때

03 종감속비를 결정하는 요소가 아닌 것은? 2013.6.2 /2010.5.9

㉮ 차량 중량
㉯ 제동 성능
㉰ 가속 성능
㉱ 엔진 출력

04 자동변속기의 스톨 시험 결과 규정 스톨 회전수보다 낮은 때의 원인은? 2008.9.7

㉮ 엔진이 규정 출력을 발휘하지 못한다.
㉯ 라인 압력이 낮다.
㉰ 리어 클러치나 엔드 클러치가 슬립한다.
㉱ 프런트 클러치가 슬립한다.

answers & explanations

01 CVT ECU로 입력되는 센서 : 오일온도 센서, 유압 센서(라인 압력 센서), 스로틀 포지션 센서, 브레이크 스위치, 회전속도 센서 등이 있다.

02 싱크로 메시(동기 물림) 기구는 수동변속기에서 기어가 물릴 때 싱크로 메시 기구를 이용하여 회전수를 동기화시켜 기어 물림이 들어가고자 하는 기어의 물림이 원활하게 작동하도록 하는 기구이다.

03 $\text{종감속비} = \dfrac{\text{링기어의 잇수}}{\text{구동피니언의 잇수}}$

종감속비는 엔진의 출력, 차량 중량, 가속 성능, 등판 능력 등에 따라 정해지며, 종감속비를 크게 하면 가속 성능과 등판 능력은 향상되나 고속 성능이 저하한다. 그리고 변속비×종감속비를 총감속비라 한다.

04 스톨 테스트(stall test) : 바퀴를 잡아주고(브레이크 제동) 엔진 최대 급가속 시 엔진 rpm을 보고 진단하는 방법

규정 스톨 rpm : 2,200~2,400 rpm

"D", "R" 위치에서 엔진의 최대 회전속도를 측정하여 엔진과 변속기의 출력 상태를 측정하는 것을 말한다.

① "D" 레인지에서 높으면 1단 작동 요소 불량
② "R" 레인지에서 높으면 후진 작동 요소 불량
③ "D" 나 "R" 레인지에서 모두 높으면 라인 압력 불량
④ "D" 나 "R" 레인지 모두 낮으면 엔진 출력 부족 및 원웨이 클러치 불량

정답 01. ㉱ 02. ㉮ 03. ㉯ 04. ㉮

05 다음 중 무단변속기의 장점과 가장 거리가 먼 것은? 2009.5.10 / 2010.3.7

㉮ 내구성이 향상된다.
㉯ 동력 성능이 향상된다.
㉰ 변속 패턴에 따라 운전하여 연비가 향상된다.
㉱ 파워트레인 통합제어의 기초가 된다.

06 동력전달장치에 사용되는 종감속 장치의 기능으로 틀린 것은? 2010.9.5

㉮ 회전 토크를 증가시켜 전달한다.
㉯ 회전속도를 감소시킨다.
㉰ 필요에 따라 동력전달 방향을 변환시킨다.
㉱ 축 방향 길이를 변화시킨다.

07 수동변속기 차량에서 주행 중 급가속하였을 때, 엔진의 회전이 상승해도 차속이 증속되지 않는다. 그 원인은? 2009.8.30

㉮ 릴리스 포크가 마모되었다.
㉯ 파일럿 베어링이 파손되었다.
㉰ 클러치 릴리스 베어링이 마모되었다.
㉱ 클러치 압력판 스프링의 장력이 감소되었다.

08 유성 기어에서 링 기어 잇수가 50, 선 기어 잇수가 20, 유성 기어 잇수가 10이다. 링 기어를 고정하고 선 기어를 구동하면 감속비는 얼마인가? 2008.9.7

㉮ 0.14 ㉯ 1.4
㉰ 2.5 ㉱ 3.5

09 자동변속기의 변속 선도에 히스테리시스(hysteresis) 작용이 있는 이유로 적당한 것은 어느 것인가? 2013.8.18

㉮ 변속점 설정 시 속도를 감속시켜 안전을 유지하기 위해서
㉯ 변속점 부근에서 주행할 경우 변속이 빈번하게 일어나 불안정함을 방지하기 위해서
㉰ 증속될 때 변속점이 일치하지 않는 것을 방지하기 위해서
㉱ 감속 시 연료의 낭비를 줄이기 위해서

answers & explanations

05 무단변속기의 장점
① 엔진의 출력(동력 성능) 활용도가 높다.
② 유단변속기에 비하여 연료소비율 및 가속 성능을 향상시킬 수 있다.
③ 자동변속기에 비해 구조가 간단하며, 무게가 가볍다.
④ 변속 시 충격이 없다.

06 축 방향의 길이 변화를 가능하게 하는 것은 추진축과 연결된 슬립 이음(slip joint)이다.

07 수동변속기 차량에서 가속 시 엔진의 rpm이 상승해도 차속이 증속되지 않는 이유는 클러치 디스크가 미끄러지고 있기 때문이다. 이것은 클러치 압력 스프링 장력 저하로 클러치 디스크가 마모되었기 때문이다.

08 캐리어 잇수 = 선기어 잇수 + 링기어 잇수
$= 20 + 50 = 70$
구동기어 잇수(Z_1)×구동기어 회전수(N_1)
= 피동기어 잇수(Z_2)×피동기어 회전수(N_2)
※ 선기어를 구동한다고 했으므로 $Z_1 = 20$,

$$N_2 = \frac{Z_1}{Z_2} \times N_1 = \frac{20}{70} = 0.2857$$

∴ 변속비(감속비) = 회전비의 역수$\left(\frac{1}{\text{회전비}}\right)$

$$= \frac{1}{0.2857} = 3.5$$

정답 05. ㉮ 06. ㉱ 07. ㉱ 08. ㉱ 09. ㉯

10 자동변속기 차량에서 토크 컨버터 내부에 있는 댐퍼 클러치의 접속 해제 영역으로 틀린 것은? 2013.3.10

㉮ 엔진의 냉각수 온도가 낮을 때
㉯ 공회전 운전 상태일 때
㉰ 토크비가 1에 가까운 고속 주행일 때
㉱ 제동 중일 때

11 종감속 기어비가 자동차의 성능에 영향을 미치는 인자가 아닌 것은? 2013.6.2

㉮ 자동차의 최고속도
㉯ 추월 가속 성능
㉰ 연료소비율 및 배출가스
㉱ 제동 능력

12 자동변속기에서 자동 변속 시점을 결정하는 가장 중요한 센서는? 2010.9.5

㉮ 엔진 스로틀 밸브 개도와 차속
㉯ 엔진 스로틀 개도와 변속 시간
㉰ 매뉴얼 밸브와 차속
㉱ 변속 모드 스위치와 변속 시간

13 4륜 구동방식(4WD)의 장점과 거리가 먼 것은? 2011.10.2

㉮ 등판 성능 및 견인력 향상
㉯ 부드러운 발진 및 가속 성능
㉰ 고속 주행 시 직진 안전성 향상
㉱ 눈길, 빗길 선회 시 제동 안정성 우수

14 엔진 회전속도 3,600 rpm, 변속(감속)비 2 : 1, 타이어 유효반경이 40 cm인 자동차의 시속이 90 km/h이다. 이 자동차의 종감속비는? 2008.9.7

㉮ 1.5 : 1 ㉯ 2 : 1
㉰ 3 : 1 ㉱ 4 : 1

15 수동변속기에서 기어 변속이 불량한 원인으로 틀린 것은? 2012.5.20

㉮ 싱크로나이저 스프링 불량
㉯ 릴리스 실린더 불량
㉰ 컨트롤 케이블의 조정 불량
㉱ 디스크 페이싱의 오염

answers & explanations

10 토크비가 1에 가까운 고속주행에서는 댐퍼 클러치가 작동한다.

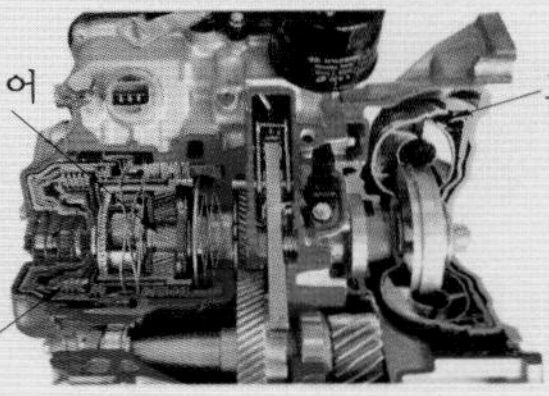

11 종감속비는 엔진의 출력(자동차의 최고 속도), 차량 중량(연료소비율 및 배출가스), 가속 성능, 등판 능력 등에 따라 정해지며, 종감속비를 크게 하면 가속 성능과 등판 능력은 향상되나 고속 성능이 저하한다.
변속비×종감속비를 총감속비라 한다.

12 자동변속기의 변속 조건
① 엔진 부하(스로틀 개도)
② 차속(펄스 제너레이터 A, B)
③ 운전자의 의지(변속 레버 위치)에 의해 이루어진다.

14 차속$(V) = \dfrac{\pi \cdot D \cdot n}{r_t \times r_f} \times \dfrac{60}{1{,}000}$ km/h

∴ 종감속비 $r_f = \dfrac{\pi \cdot D \cdot n}{r_t \times V} \times \dfrac{60}{1{,}000}$

$= \dfrac{3.14 \times 0.8 \times 3{,}600}{2 \times 90} \times \dfrac{60}{1{,}000} = 3$

※ $D = 80$ cm (유효반경이 40 cm이므로) $= 0.8$ m

15 디스크 페이싱이 오염(이물질 접촉 기름, 물)되면 클러치 접속 불량으로 미끄러진다.

정답 10. ㉰ 11. ㉱ 12. ㉮ 13. ㉱ 14. ㉰ 15. ㉱

16 수동변속기에서 변속 시 서로 다른 기어 속도를 동기화시켜 치합이 부드럽게 이루어지도록 하는 것은? 2008.5.11

가 로킹 볼 장치
나 이퀄라이저
다 앤티 롤 장치
라 싱크로 메시 기구

17 주행 중 급제동 시 차체 앞쪽이 내려가고 뒤가 들리는 현상을 방지하기 위한 제어는 어느 것인가? 2010.5.9

가 앤티 바운싱(anti bouncing) 제어
나 앤티 롤링(anti rolling) 제어
다 앤티 다이브(anti dive) 제어
라 앤티 스쿼트(anti squat) 제어

18 자동차가 주행 중 휠의 동적 불평형으로 인해 바퀴가 좌, 우로 흔들리는 현상을 무엇이라 하는가? 2011.10.2

가 시미 현상
나 휠링 현상
다 요잉 현상
라 바운싱 현상

19 클러치의 자유 간극에 관한 설명 중에서 맞는 것은? 2013.6.2

가 자유 간극이 너무 작으면 동력 차단이 제대로 이루어지지 않아 변속 소음이 일어날 수 있다.
나 유압식 클러치의 마스터 실린더 피스톤 컵이 마모되면 클러치 페달의 자유 간극은 더욱 커진다.
다 클러치의 자유 간극이 너무 크면 클러치 페이싱의 마모를 촉진시킨다.
라 페달을 밟은 후부터 릴리스 레버가 다이어프램 스프링을 밀어낼 때까지의 거리를 자유 간극이라고 한다.

answers & explanations

16 싱크로 메시(synchro mesh) 기구 : 싱크로나이저 링과 싱크로나이저 키가 주 부품이며 허브 기어와 슬리브 사이에 설치되어 변속 시 서로 다른 속도로 회전하는 기어의 속도를 동기화시켜 기어 물림(슬리브)이 부드럽게 이루어지도록 하는 장치이다.

17 차량 주행 중 급제동 시 차체 앞쪽이 내려가는 현상을 다이브(dive)라 하므로, 방지하기 위한 제어는 앤티 다이브이다.

18 동적 불평형일 때는 타이어가 좌우로 움직이는 시미 현상이 발생되고, 정적 불평형이면 타이어가 상하로 움직이는 트램핑 현상이 발생한다.

19 클러치의 자유 간극 : 유압식의 경우에는 릴리스 포크와 슬리브 실린더 로드 사이에 약 2~4 mm(페달 유격)은 약 10~30 mm 정도의 유격이 있어야 한다. 유압식 클러치의 마스터 실린더 피스톤 컵이 마모되면 클러치 페달의 자유 간극은 더욱 커진다.

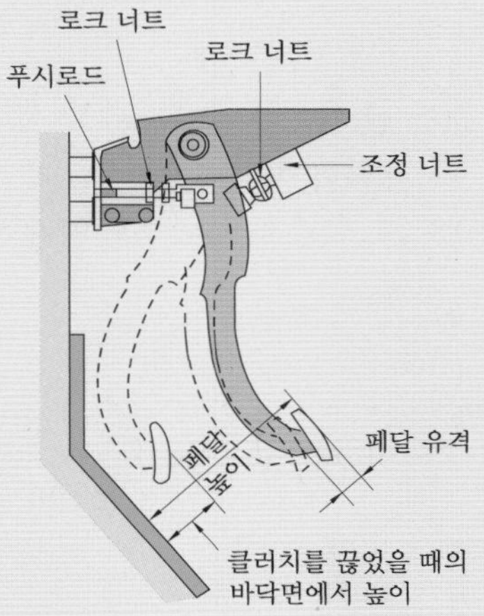

정답 16. 라 17. 다 18. 가 19. 나

20 자동차 수동변속기에 있는 단판 클러치에서 마찰면의 바깥지름이 24 cm, 안지름이 12 cm이고, 마찰계수가 0.3이다. 클러치 스프링이 9개이고, 1개의 스프링에 각각 313.6 N의 장력이 작용하고 있다면 클러치가 전달 가능한 토크는? 2012.3.4

㉮ 약 75.2 N · m　㉯ 약 152.4 N · m
㉰ 약 380.8 N · m　㉱ 약 660.6 N · m

21 변속비가 1.25 : 1, 종감속비가 4 : 1, 구동륜의 유효반경 30 cm, 엔진회전수는 2,700 rpm일 때 차속은? 2013.6.2

㉮ 약 53 km/h　㉯ 약 58 km/h
㉰ 약 61 km/h　㉱ 약 65 km/h

22 자동변속기의 변속 기어 위치(select pattern)에 대하여 올바른 것은? (단, P : 주차 위치, R : 후진 위치, D : 전진 위치, 2-1 : 저속 전진 위치) 2012.5.20

㉮ P-R-N-D-2-1　㉯ P-N-D-R-2-1
㉰ R-N-P-D-2-1　㉱ P-N-R-D-2-1

23 엔진회전수가 2,000 rpm으로 주행 중인 자동차에서 수동변속기의 감속비가 0.8이고, 차동장치 구동피니언의 잇수가 6, 링 기어의 잇수가 30일 때, 왼쪽 바퀴가 600 rpm으로 회전한다면 오른쪽 바퀴의 회전속도는? 2013.6.2

㉮ 400 rpm　㉯ 600 rpm
㉰ 1,000 rpm　㉱ 2,000 rpm

answers & explanations

20 전달회전력$(T) = \mu \cdot F \cdot r \cdot n$

여기서, μ : 마찰계수, F : 힘
r : 평균유효반경(m)
n : 마찰면의 수(단판인 경우 : 2)
→ 클러치에만 적용

① 전 스프링 힘
$F = 313.6\ \text{N} \times 9 = 2,822.4\ \text{N}$

② 반지름 $r = \dfrac{\text{외경} + \text{내경}}{4} = 9\ \text{cm}$

$T = 2,822.4\text{N} \times 0.3 \times 0.09\text{m} \times 2$
$= 152.4\text{N} \cdot \text{m}$

21 $V = \pi \times \dfrac{D}{100} \times \dfrac{N_e}{r_t \times r_f \times 60}$

여기서, N_e : 엔진의 회전수,
r_t : 변속비, r_f : 종감속비

100과 60은 cm와 분을 m와 초로 각각 단위 변환하기 위함이다.

$V = \pi \times \dfrac{60\,\text{cm}}{100} \times \dfrac{2,700}{1.25 \times 4 \times 60}$
$= 16.964\,\text{m/s}$

$16.964\,\text{m/s} = \dfrac{16.964\,\text{m}}{1\,\text{s}} \times \dfrac{3600\,\text{s}}{1\,\text{h}} \times \dfrac{1\,\text{km}}{1000\,\text{m}}$
$= 61.07\,\text{km/h}$

$\therefore\ V = 61.07\,\text{km/h}$

22 자동변속기의 변속 기어 위치는 차종에 따라 차이가 있으나 일반적으로 P-R-N-D-2-1과 유사한 방식을 택하고 있고 운전자 특성에 맞춰 수동변속 신호가 가능한 스폿 모드도 선택되고 있다.

23 변속기의 감속비 $= \dfrac{\text{엔진의 회전수}(N_e)}{\text{추진축의 회전수}(N_t)}$

$0.8 = \dfrac{2,000}{N_t}$　$\therefore N_t = 2,500$

종감속비 $= \dfrac{\text{구동피니언 회전수}}{\text{링기어의 회전수}}$
$= \dfrac{\text{링기어 잇수}}{\text{구동피니언 잇수}}$

링기어의 회전수
$= \text{구동피니언 회전수} \times \dfrac{\text{구동피니언 잇수}}{\text{링기어 잇수}}$
$= 2,500 \times \dfrac{6}{30} = 500$

링기어의 회전수
$= \dfrac{\text{왼바퀴 회전수} + \text{오른바퀴 회전수}}{2}$

$500 = \dfrac{600 + \text{오른바퀴 회전수}}{2}$

$\therefore$ 오른쪽 바퀴 회전수 $= 400\,\text{rpm}$

정답 20. ㉯　21. ㉰　22. ㉮　23. ㉮

24 유체 클러치와 토크 변환기의 설명 중 틀린 것은? 2008.9.7

㉮ 유체 클러치의 효율은 속도비 증가에 따라 직선적으로 변화되나 토크 변환기는 곡선으로 표시한다.
㉯ 토크 변환기는 스테이터가 있고 유체 클러치는 스테이터가 없다.
㉰ 토크 변환기는 자동변속기에 사용된다.
㉱ 유체 클러치에는 원웨이 클러치 및 로크업 클러치가 있다.

25 자동 차동제한장치(LSD)의 특징 설명으로 틀린 것은? 2012.3.4

㉮ 미끄러지기 쉬운 모래길이나 습지 등과 같은 노면에서 출발이 용이
㉯ 타이어의 수명을 연장
㉰ 직진 주행 시에는 좌우 바퀴의 구동력 오차로 인하여 안정된 주행
㉱ 요철 노면 주행 시 후부의 흔들림을 방지

26 전자제어 자동변속기에서 컨트롤 유닛의 제어 기능으로 틀린 것은? 2011.10.2

㉮ 거버너 제어
㉯ 변속점 제어
㉰ 댐퍼 클러치 제어
㉱ 라인압력 가변 제어

27 변속기 입력축과 물리는 카운터 기어의 잇수가 45개, 출력축 2단 기어 잇수가 29개, 입력축 기어 잇수가 32개, 출력축과 물리는 카운터 기어의 잇수가 25개이다. 이 변속기의 변속비는? 2009.5.10

㉮ 1.63 : 1
㉯ 1.99 : 1
㉰ 2.77 : 1
㉱ 3.05 : 1

answers & explanations

24 유체 클러치는 펌프(P), 터빈(T), 가이드 링으로 구성된다.

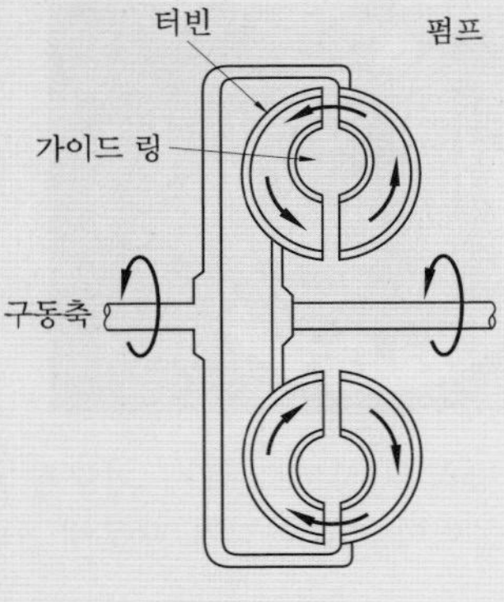

유체 커플링

25 자동 차동제한장치(LSD)의 장점
① 직진 주행 시에는 좌우 바퀴의 구동력이 같아 안정된 주행력 확보
② 발진 시 또는 커브 시 바퀴 공진을 방지할 수 있다.
③ 좌우 바퀴의 구동력 차이가 없으므로 안정된 주행 성능을 얻을 수 있다.
④ 요철 노면을 고속 주행 시 후부 흔들림을 방지할 수 있다.
⑤ 미끄러운 노면에서 발진 및 주행이 용이하다.
⑥ 타이어의 미끄러짐을 방지하므로 수명이 연장된다.

26 거버너 제어는 기계식 자동변속 시기를 결정한다.

27 변속비$(i) = \frac{\text{부축}}{\text{주축}} \times \frac{\text{주축}}{\text{부축}}$

입력축과 출력축은 주축, 카운터 기어는 부축이다.

$\therefore\ i = \frac{45}{32} \times \frac{29}{25} = 1.63$

정답 24. ㉱ 25. ㉰ 26. ㉮ 27. ㉮

28 다음 중 추진축의 바깥지름 90 mm, 안지름 80 mm, 길이가 1,000 mm인 경우 위험 회전수는? 2013.8.18

㉮ 1,150 rpm ㉯ 5,732 rpm
㉰ 14,450 rpm ㉱ 17,149 rpm

29 클러치판이 마멸되었을 경우 일어나는 현상으로 틀린 것은? 2012.5.20

㉮ 클러치가 슬립한다.
㉯ 클러치 페달의 유격이 커진다.
㉰ 가속 주행 시 클러치가 미끄러진다.
㉱ 클러치 릴리스 레버의 높이가 높아진다.

30 추진축의 주행 중 소음 발생 원인이 아닌 것은? 2011.3.20

㉮ 자재이음 베어링의 마모
㉯ 센터 베어링의 마모
㉰ 윤활 불량
㉱ 변속 선택 레버의 휨

31 FR 방식의 자동차가 주행 중 디퍼렌셜장치에서 많은 열이 발생한다면 고장 원인으로 거리가 먼 것은? 2012.8.26

㉮ 추진축의 밸런스 웨이트 이탈
㉯ 기어의 백래시 과소
㉰ 프리로드 과소
㉱ 오일양 부족

32 수동변속기에서 동기 물림(synchromesh type) 방식에 관한 설명으로 틀린 것은 다음 중 어느 것인가? 2011.6.12

㉮ 변속 조작 시 소리가 나는 단점이 있다.
㉯ 일정 부하형은 완전 동기가 되지 않아도 변속 기어가 물릴 수 있다.
㉰ 변속 조작 시 더블 클러치 조작이 필요 없다.
㉱ 관성 고정형은 완전 동기가 되지 않으면 변속 기어가 물릴 수 없다.

answers & explanations

28 $N_c = 1{,}206 \times 10^5 \times \dfrac{\sqrt{D^2+d^2}}{l^2}$

D : 추진축의 외경(mm)
d : 추진축의 내경(mm)
l : 추진축의 길이(mm)

$N_c = 1{,}206 \times 10^5 \times \dfrac{\sqrt{90^2+80^2}}{1{,}000^2} = 14{,}522$

29 클러치판이 마멸되면 릴리스 레버의 디스크가 마모된 만큼 나오게 되어 릴리스 베어링과 가까워지므로 클러치 유격은 작아지게 된다.

30 선택 레버가 휘면 변속이 어려워진다.

31 추진축의 밸런스 웨이트가 이탈되면 평형이 맞지 않아 추진축이 진동한다(디퍼렌셜장치의 열 발생과는 관계 없다).

32 동기 물림 방식은 싱크로 메시 기구를 이용하여 기어 물림이 이루어지기 때문에 소음이 없다.

정답 28. ㉰ 29. ㉯ 30. ㉱ 31. ㉮ 32. ㉮

33 자동변속기가 과열되는 원인으로 거리가 먼 것은? 2013.3.10

㉮ 자동변속기 오일쿨러 불량
㉯ 라디에이터 냉각수 부족
㉰ 엔진의 과열
㉱ 자동변속기 오일 양 과다

34 종감속 링 기어의 런 아웃(run-out)을 측정하는 데 쓰이는 측정기는? 2012.5.20

㉮ 다이얼 게이지 ㉯ 직정규
㉰ 마이크로미터 ㉱ 디크니스 게이지

35 자동차가 주행하면서 클러치가 미끄러지는 원인으로 틀린 것은? 2010.5.9

㉮ 클러치 페달의 자유간극이 많다.
㉯ 압력판 및 플라이휠 면이 손상되었다.
㉰ 마찰면의 경화 또는 오일이 부착되어 있다.
㉱ 클러치 압력 스프링이 쇠약 및 손상되었다.

36 4WD 시스템의 전기식 트랜스퍼(EST : electric shift transfer)의 스피드 센서인 펄스 제너레이터 센서에 대한 설명으로 틀린 것은? 2011.3.20

㉮ 마그네틱 센서로서 교류전압이 발생한다.
㉯ 회전속도에 비례하여 주파수가 변한다.
㉰ 컴퓨터는 주파수를 감지하여 출력축 회전속도를 검출한다.
㉱ 4L 모드 상태에서의 출력파형은 출력축 4H 모드에 비하여 시간당 주파수가 많다.

37 자동변속기에서 스톨 테스트로 확인할 수 없는 것은? 2010.5.9

㉮ 엔진의 출력 부족
㉯ 댐퍼 클러치의 미끄러짐
㉰ 전진 클러치의 미끄러짐
㉱ 후진 클러치의 미끄러짐

answers & explanations

33 자동변속기 오일 양이 과다하다고 엔진이 과열되지는 않는다.

34 종감속 링 기어의 런 아웃을 비롯하여 종감속 기어와 사이드 기어 백래시는 다이얼 게이지로 측정한다.

35 클러치 디스크 마모로 인한 자유유격 과소

36 4L 모드는 4H 모드에 비하여 속도가 느리므로 시간당 주파수가 적다.

37 스톨 테스트(stall test) : 바퀴를 잡아주고(브레이크 제동) 엔진 최대 급가속 시 엔진 rpm을 보고 진단하는 방법
규정 스톨 rpm : 2,200~2,400 rpm
"D", "R" 위치에서 엔진의 최대 회전속도를 측정하여 엔진과 변속기의 출력 상태를 측정하는 것을 말한다.
① "D" 레인지에서 높으면 1단 작동 요소 불량
② "R" 레인지에서 높으면 후진 작동 요소 불량
③ "D" 나 "R" 레인지에서 모두 높으면 라인 압력 불량
④ "D" 나 "R" 레인지 모두 낮으면 엔진 출력 부족 및 원웨이 클러치 불량

정답 33. ㉱ 34. ㉮ 35. ㉮ 36. ㉱ 37. ㉯

38 자동변속기에서 토크 컨버터의 구성 부품이 아닌 것은? 2010.5.9

[가] 터빈 [나] 스테이터
[다] 펌프 [라] 액추에이터

39 엔진의 회전력이 14.32 kgf · m이고 2,500 rpm으로 회전하고 있다. 이때 클러치에 의해 전달되는 마력은? (단, 클러치의 미끄럼은 없다.) 2008.3.2

[가] 40 PS [나] 50 PS
[다] 60 PS [라] 70 PS

40 전자제어 자동변속기에서 댐퍼 클러치의 미작동 영역이 아닌 것은? 2010.3.7

[가] 제1속 및 후진할 때
[나] 엑셀 페달을 밟고 있을 때
[다] 엔진 브레이크를 작동할 때
[라] 냉각수 온도가 특정 온도(예 50℃) 이하일 때

41 수동변속기에서 클러치의 필요성이 아닌 것은? 2009.3.1

[가] 엔진을 무부하 상태로 하기 위해서
[나] 변속기의 기어 바꿈을 원활하게 하기 위해서
[다] 관성 운전을 하기 위해서
[라] 회전 토크를 증가시키기 위해서

42 클러치 스프링에서 점검하여야 할 사항이 아닌 것은? 2011.3.20

[가] 직각도 [나] 자유길이
[다] 인장강도 [라] 스프링의 장력

43 속도비가 0.4이고, 토크비가 2인 토크 컨버터에서 펌프가 4,800 rpm으로 회전할 때, 토크 컨버터의 효율은? 2011.3.20

[가] 20 % [나] 40 %
[다] 60 % [라] 80 %

answers & explanations

38 토크 컨버터의 구성 부품 : 펌프, 터빈, 스테이터

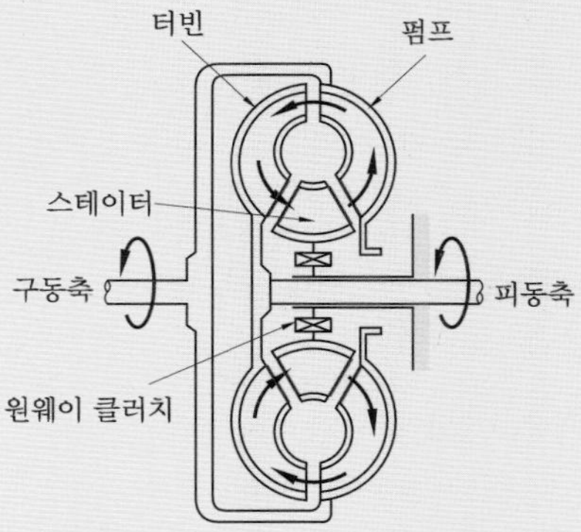

토크 컨버터

39 전달마력(BHP) $= \dfrac{2\pi \cdot T \cdot n}{75 \times 60} = \dfrac{T \cdot n}{716}$

T : 회전력, n : 회전수

$\therefore \text{BHP} = \dfrac{T \cdot n}{716} = \dfrac{14.32 \times 2{,}500}{716} = 50\,\text{PS}$

40 토크 컨버터 댐퍼 클러치 미작동 조건

① 오일 온도 60℃ 이하, 냉각수 온도 50℃ 이하일 때
② 엔진 브레이크 작동 시
③ 엔진 회전속도 800 rpm 이하일 때
④ 제1속, 후진, 급가속 시
⑤ 3속 → 2속으로 down shift 시

43 토크 컨버터의 전달효율

토크비$(t) = \dfrac{\text{터빈회전력}(T_t)}{\text{펌프회전력}(T_p)}$

속도비$(n) = \dfrac{\text{터빈회전수}(N_t)}{\text{펌프회전수}(N_p)}$

전달효율(η) = 토크비(t) × 속도비(n)
$= 2 \times 0.4 = 0.8$

∴ 80 %

정답 38. [라] 39. [나] 40. [나] 41. [라] 42. [다] 43. [라]

44 수동변속기에서 기어 변속 시 기어가 2중으로 물리는 것을 방지하는 장치는 다음 중 어느 것인가? 2011.10.2

㉮ 로킹 볼 ㉯ 인터로크 볼
㉰ 포핏 플러그 ㉱ 시프트 포크

45 차동 제한 장치(differential lock system)에 대한 설명으로 틀린 것은? 2013.3.10

㉮ 수렁을 지날 때 양쪽 바퀴에 구동력을 전달한다.
㉯ 선회 시 바깥쪽의 바퀴는 회전하게 하고 안쪽 바퀴는 회전을 하지 못하게 하는 장치이다.
㉰ 논 슬립(non-slip) 장치 또는 논 스핀(non-spin) 장치가 있다.
㉱ 미끄러운 노면에서 출발이 용이하다.

46 종감속 기어에서 링 기어의 백래시가 클 때 일어나는 현상이 아닌 것은? 2013.3.10

㉮ 회전저항 증대
㉯ 기어 마모
㉰ 토크 증대
㉱ 소음 발생

47 베벨(bevel) 기어식 종감속 / 차동장치가 장착된 자동차가 급커브를 천천히 선회하고 있을 때 차동 케이스 내의 어떤 기어들이 자전하고 있는가? 2011.3.20

㉮ 외측 차동 사이드 기어들만
㉯ 차동 피니언들만
㉰ 차동 피니언과 차동 사이드 기어 모두
㉱ 외 · 내측 차동 사이드 기어들만

answers & explanations

44 ① 인터로크 볼 : 이중으로 기어가 들어가는 것을 방지한다.
② 로킹 볼 : 기어가 들어간 위치 혹은 기어가 물린 위치에서 빠지는 것을 방지한다.

45 차동 제한 장치는 안쪽 바퀴와 바깥쪽 바퀴와의 회전차가 많이 나는 것을 제한하여 한쪽으로 동력이 인출되는 것을 제한함으로써 바퀴 동력 전달을 효율적으로 전달한다.

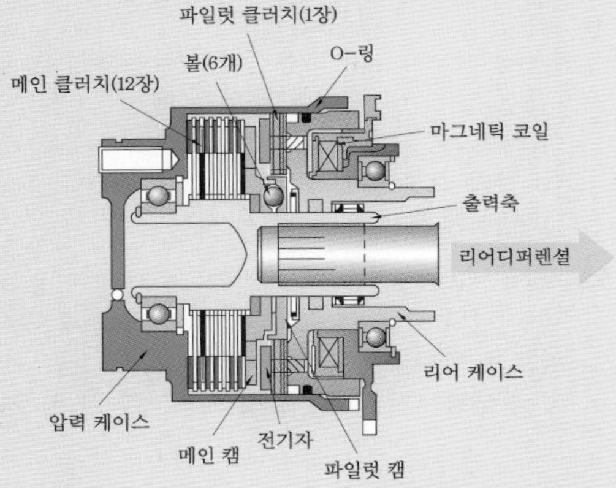

46 링 기어 백래시가 크면 급발진 시 기어의 파손도 발생된다. 링 기어와 구동 피니언 기어 백래시 측정(0.13~0.18mm)

47 차동장치는 좌우 구동바퀴의 회전저항 차이에 의해 발생하므로 커브를 돌 때 안쪽 바퀴는 바깥쪽 바퀴보다 조향이 커져 회전속도가 감소하며, 감소한 만큼 차동 피니언 기어가 돌면서 차동 사이드 기어의 회전 차이를 흡수한다.
※ 차동 기어의 원리 : 랙과 피니언의 원리로 랙과 기어의 저항(무게)에 따른 회전의 차이를 두어 바퀴 구동이 원활하게 회전하도록 한다.

정답 44. ㉯ 45. ㉯ 46. ㉰ 47. ㉰

48 엔진의 회전수 2,500 rpm에서 회전력이 40 kgf · m이다. 이때 클러치의 출력 회전수가 2,100 rpm이고 출력 회전력이 35 kgf · m라면 클러치의 전달효율(%)은? 2008.9.7

㉮ 52.2 ㉯ 73.5
㉰ 87.5 ㉱ 96.0

49 토크 컨버터에 대한 설명 중 틀린 것은 어느 것인가? 2015.5.31

㉮ 속도 비율이 1일 때 회전력 변환 비율이 가장 크다.
㉯ 스테이터가 공전을 시작할 때까지 회전력 변환 비율은 감소한다.
㉰ 클러치 점(clutch point) 이상의 속도 비율에서 회전력 변환 비율은 1이 된다.
㉱ 유체 충돌의 손실은 속도 비율이 0.6~0.7일 때 가장 작다.

50 추진축에서 공명진동이 발생하는 회전속도를 무엇이라 하는가? 2012.8.26

㉮ 최고 회전속도
㉯ 최대 응력 회전속도
㉰ 고유진동 회전속도
㉱ 위험 회전속도

51 수동변속기 차량에서 클러치가 슬립되는 원인이 아닌 것은? 2012.8.26

㉮ 클러치 페달 유격이 많다.
㉯ 클러치 페이싱 면에 기름으로 오염되었다.
㉰ 클러치 페달 유격이 너무 작다.
㉱ 다이어프램 스프링 장력이 약화되었다.

52 자동차 동력전달장치에서 오버 드라이브는 어느 것을 이용하는 것인가? 2009.8.30

㉮ 엔진의 회전속도
㉯ 엔진의 여유 출력
㉰ 차의 주행저항
㉱ 구동바퀴의 구동력

answers & explanations

48 전달효율$(\eta) = \dfrac{\text{출력축 동력}}{\text{입력축 동력}} \times 100\ \%$

동력 = 회전력 × 회전수이므로

$\therefore$ 전달효율$(\eta) = \dfrac{2{,}100 \times 35}{2{,}500 \times 40} \times 100 = 73.5\ \%$

49 토크 컨버터 속도 비율이 1일 때 회전력 변환 비율이 가장 작다.

50 휠링(whirling) : 추진축은 고속회전 시 추진축의 기하학적 중심과 질량 중심이 일치하지 않아 공명진동이 발생되어 파손될 수 있는데 이 속도를 추진축의 위험 회전속도라 한다. 축 중심선의 선회 운동을 뜻한다.

51 클러치가 미끄러지는 원인
① 클러치 페달의 자유간극이 작을 때
② 클러치판에 오일이 묻었을 때
③ 크랭크축 뒤 오일 실 마모로 오일이 누유될 때
④ 압력 스프링이 약할 때
⑤ 클러치판이 마모되었을 때

52 오버 드라이브는 엔진의 여유 출력을 이용하여 엔진의 회전속도보다 추진축의 회전속도를 빠르게 한다.
구성 부품 : 선 기어, 유성 기어, 링 기어, 캐리어

정답 48. ㉯ 49. ㉮ 50. ㉱ 51. ㉮ 52. ㉯

53 클러치의 전달효율에 관한 설명으로 틀린 것은? 2013.8.18

가 전달효율은 클러치의 출력 회전력에 비례한다.
나 전달효율은 엔진의 발생 회전력과 엔진의 회전수에 비례한다.
다 전달효율은 클러치로 들어간 동력에 반비례한다.
라 전달효율은 클러치에서 나온 동력에 비례한다.

54 수동변속기에서 입력축의 회전력이 150 kgf · m이고, 회전수가 1,000 rpm일 때 출력축에서 1,000 kgf · m의 토크를 내려면 출력축의 회전수는? 2010.9.5

가 1,670 rpm 나 1,500 rpm
다 667 rpm 라 150 rpm

55 토크 변환기의 펌프가 2,800 rpm이고 속도비가 0.6, 토크비가 4.0인 토크 변환기의 효율은? 2008.5.11

가 0.24 나 2.4
다 24 라 0.4

56 전자제어 자동변속기 차량에서 스로틀 포지션 센서의 출력이 80 % 밖에 나오지 않는다면 다음 중 어느 시스템의 작동이 불량한가? 2010.3.7

가 오버 드라이브
나 2속으로 변속 불가
다 3속에서 4속으로 변속 불가
라 킥다운

57 추진축이 기하학적 중심과 질량적 중심이 일치하지 않을 때 일어나는 현상은? 2010.5.9

가 롤링(rolling) 진동
나 요잉(yawing) 진동
다 휠링(whirling) 진동
라 피칭(pitching) 진동

58 자동변속기의 전자제어 장치 중 T.C.U에 입력되는 신호가 아닌 것은? 2009.5.10

가 스로틀 센서 신호
나 엔진 회전 신호
다 액셀러레이터 신호
라 흡입공기 온도의 신호

answers & explanations

54 입력축 회전력 × 입력축 회전수 =출력축 회전력 × 출력축 회전수

$$\therefore \text{출력축 회전수} = \frac{\text{입력축 회전력}}{\text{출력축 회전력}} \times \text{입력축 회전수}$$
$$= \frac{150}{1,000} \times 1,000$$
$$= 150\,\text{rpm}$$

55 ① $\text{토크비}(t) = \dfrac{\text{터빈 회전력}(T_t)}{\text{펌프 회전력}(T_p)}$

② $\text{속도비}(n) = \dfrac{\text{터빈 회전수}(N_t)}{\text{펌프 회전수}(N_p)}$

③ 전달효율 $\eta = t \times n$

$\therefore$ 전달효율 $\eta = 4.0 \times 0.6 = 2.4$

56 킥다운(kick down)이란 주행 중 스로틀 밸브의 개도를 급격하게 증가시키면(85 % 이상) down shift 되어 큰 구동력을 얻을 수 있는 장치로 스로틀 밸브의 출력과 관련이 있다.

58 자동변속기 TCU 입출력 신호
① 스로틀 위치 센서(TPS)
② 수온 센서(WTS)
③ 펄스 제너레이터 A&B(pulse generator A&B)
④ 가속 스위치(accelerator S/W)
⑤ 킥다운 서보 스위치
⑥ 오버 드라이브 스위치
⑦ 차속 센서
⑧ 인히비터 스위치
※ 흡기온도센서는 엔진에 입력되는 센서이다.

정답 53. 나 54. 라 55. 나 56. 라 57. 다 58. 라

59 자동변속기의 유압장치인 밸브 보디의 솔레노이드 밸브를 설명한 것으로 틀린 것은 어느 것인가? 2013.6.2

㉮ 댐퍼 클러치 솔레노이드 밸브(DCCSV)는 토크 컨버터의 댐퍼 클러치에 유압을 제어하기 위한 것이다.
㉯ 압력조절 솔레노이드 밸브(PCSV)는 변속 시 독단적으로 압력을 조절하며 반드시 독립제어에 사용되어야 한다.
㉰ 변속조절 솔레노이드 밸브(SCSV)는 변속 시에 작용하는 밸브로써 주로 마찰 요소(클러치, 브레이크)에 압력을 작용토록 한다.
㉱ PCSV와 SCSV는 변속 시 같이 작용하며 변속 시의 유압 충격을 흡수하는 기능을 담당하기도 한다.

60 마찰면의 바깥지름이 300 mm, 안지름이 150 mm인 단판 클러치가 있다. 작용하중이 800 kg일 때 클러치 압력판의 압력은 얼마인가? 2012.3.4

㉮ 0.51 kgf/cm^2 ㉯ 1.51 kgf/cm^2
㉰ 2.51 kgf/cm^2 ㉱ 3.51 kgf/cm^2

61 자동변속기 내부에서 링 기어와 캐리어가 1개씩, 지름이 다른 선 기어 2개, 길이가 다른 피니언 기어가 2개로 조합되어 있는 복합 유성 기어 형식은? 2013.8.18

㉮ 심프슨 기어 형식
㉯ 윌슨 기어 형식
㉰ 라비뇨 기어 형식
㉱ 레펠레티어 기어 형식

answers & explanations

59 PCSV(압력 조절 솔레노이드 밸브) : 오일펌프에서 발생한 유압의 최곳값을 규정하고, 각 부분으로 보내지는 유압을 그때의 주행속도와 엔진 회전속도에 알맞은 압력으로 조정하며, 엔진이 정지되었을 때 토크 컨버터에서의 오일이 역류하는 것을 방지한다.

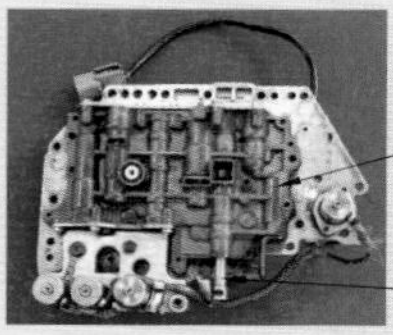

60 $\text{압력}(P) = \dfrac{\text{하중}(W)}{\text{단면적}(A)}$ $\therefore P = \dfrac{W}{A_1 - A_2}$

여기서, P : 클러치 압력판의 압력
W : 작용하중
A_1 : 마찰면의 바깥쪽 단면적
A_2 : 마찰면의 안쪽 단면적

$$\therefore P = \frac{800\,\text{kg}}{\left(\frac{\pi}{4}\times(30\,\text{cm})^2\right) - \left(\frac{\pi}{4}\times(15\,\text{cm})^2\right)} = 1.51\,\text{kgf/cm}^2$$

61 라비뇨 기어 장치는 복합 유성 기어 장치에 속하며, 유성 기어 선 기어는 2개조, 링 기어는 하나가 적용된다.

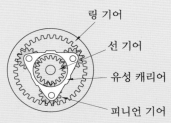

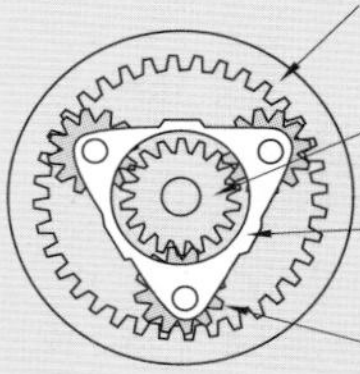

단순 유성 기어

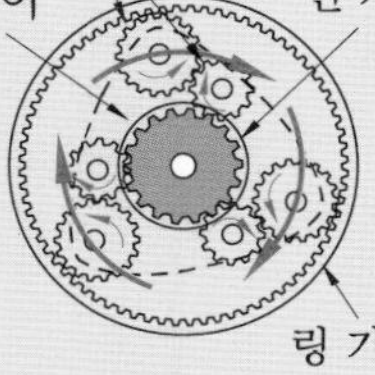

복합 유성 기어

정답 59. ㉯ 60. ㉯ 61. ㉰

62 수동변속기의 동기 치합식에서 기어의 콘부와 직접 마찰하여 기어의 회전수와 주축의 회전수를 같게 하는 부품은? 2011.6.12

㉮ 클러치 허브
㉯ 클러치 슬리브
㉰ 싱크로나이저 링
㉱ 싱크로나이저 키

63 승차용으로 적당하지 않는 무단변속기 형식은? 2011.3.20

㉮ 금속 벨트식
㉯ 금속 체인식
㉰ 트랙션 드라이브식
㉱ 유압 모터 / 펌프의 조합식

64 자동차의 마찰 클러치에서 다이어프램(diaphragm) 스프링 형식의 부품이 아닌 것은 어느 것인가? 2011.6.12

㉮ 클러치 커버
㉯ 릴리스 레버
㉰ 릴리스 베어링
㉱ 압력판

65 다음 중 FR 형식 차량의 동력 전달 경로로 맞는 것은? 2009.3.1

㉮ 변속기 → 추진축 → 종감속장치 → 바퀴
㉯ 변속기 → 액슬축 → 종감속장치 → 바퀴
㉰ 클러치 → 추진축 → 변속기 → 바퀴
㉱ 클러치 → 차동장치 → 변속기 → 바퀴

66 동력전달장치에서 종감속 기어의 조정 및 취급이 용이하고, 차동 캐리어를 차축에서 분해할 수 있도록 한 형식은? 2013.3.10

㉮ 차축 하우징
㉯ 분할형 하우징
㉰ 벤조형 하우징
㉱ 빌드업형 하우징

67 자동 차동제한장치(LSD)의 특징으로 틀린 것은? 2008.5.11

㉮ 미끄러지기 쉬운 모래길이나 습지 등과 같은 노면에서 출발이 용이
㉯ 타이어의 수명을 연장
㉰ 직진 주행 시에는 좌우 바퀴의 구동력 오차로 인하여 안정된 주행
㉱ 요철 노면 주행 시 후부의 흔들림을 방지

자동차 섀시 2 과목

answers & explanations

62 싱크로메시 기구 중 싱크로나이저(synchronizer) 링은 싱크로나이저 허브와 기어의 콘 사이에서 기어를 직접 마찰하여 회전수를 같게 하고 기어 물림 시 원활하게 작동할 수 있도록 한다.

63 유압 모터 / 펌프의 조합식은 농기계나 상업용 장비에 이용

64 릴리스 레버 : 클러치 커버는 릴리스 레버, 클러치 스프링 등이 조립되어 클러치 커버 어셈블리로 되어 있다.
다이어프램식은 핑거부=코일 스프링 릴리스 레버

65 FR(후륜 구동) 형식은 앞에 엔진 배치 뒷바퀴 구동식으로서 다음과 같이 차량의 동력 전달이 된다.
엔진(동력 발생) → 클러치(자동변속기 차량 : 토크 컨버터) → 변속기 → 추진축 → 종감속장치(차동기어장치) → 액슬축 → 바퀴

66 벤조형 하우징은 차동 기어 캐리어를 차축 하우징에서 분할할 수 있도록 한 것으로써 종감속 기어의 조정을 비롯하여 취급이 용이하다.

67 직진 주행 시에는 좌우 바퀴의 구동력(회전저항) 오차가 발생되지 않아 차동 제한장치가 작동하지 않는다.

정답 62. ㉰ 63. ㉱ 64. ㉯ 65. ㉮ 66. ㉰ 67. ㉰

68 추진축의 토션 댐퍼가 하는 일은? 2008.5.11

㉮ 완충작용
㉯ torque 전달
㉰ 회전력 상승
㉱ 전단력 감소

69 자동변속기에서 고장 코드의 기억소거를 위한 조건으로 거리가 먼 것은? 2010.3.7

㉮ 이그니션 키는 ON 상태여야 한다.
㉯ 엔진의 회전수 검출이 있어야만 한다.
㉰ 출력축 속도 센서의 단선이 없어야 한다.
㉱ 인히비터 스위치 커넥터가 연결되어져야만 한다.

70 클러치 페달을 밟았을 때 페달이 심하게 떨리는 이유가 아닌 것은? 2009.5.10

㉮ 클러치 조정 불량이 원인이다.
㉯ 클러치 디스크 페이싱의 두께 차가 있다.
㉰ 플라이 휠이 변형되었다.
㉱ 플라이 휠의 링 기어가 마모되었다.

71 다음 중 전륜 구동형(FF) 차량의 특징이 아닌 것은? 2013.3.10

㉮ 추진축이 필요하지 않으므로 구동 손실이 적다.
㉯ 조향 방향과 동일한 방향으로 구동력이 전달된다.
㉰ 후륜 구동에 비해 빙판 언덕길 주행에 유리하다.
㉱ 후륜 구동에 비해 오버 스티어링 현상이 크다.

72 전자제어 자동변속기의 댐퍼 클러치 작동에 대한 설명 중 맞는 것은? 2012.8.26

㉮ 작동은 압력조절 솔레노이드의 듀티율로 결정된다.
㉯ 급가속 시는 토크 확보를 위하여 댐퍼 클러치 작동을 유지한다.
㉰ 페일 세이프 상태에서도 댐퍼 클러치는 작동한다.
㉱ 스로틀 포지션 센서 개도와 차속의 상황에 따라 작동 비작동이 반복된다.

answers & explanations

68 토션 댐퍼(torsion damper) : 추진축의 비틀림 진동 방지기로 추진축이 동력을 전달할 때 회전충격을 완화하는 역할을 한다.

69 고장 코드 기억소거는 시동을 걸지 않고 점화 스위치 ON 상태에서도 가능하며 센서 단선이나 커넥터가 연결되어 있지 않으면 기억소거하여도 계속해서 고장 코드가 출력된다.

70 플라이 휠 링 기어는 시동 시 기동 전동기 피니언 기어와 접촉되면서 마모가 발생한다. 클러치 페달을 밟았을 때 페달이 심하게 떨린다는 것은 클러치 작동 시 나타날 수 있는 현상이다.

71 전륜 구동 차량은 앞이 무거워 선회 시 언더 스티어링 경향이 크다.
언더 스티어링 : 일정한 반지름과 속도로 선회하다가 갑자기 가속하였을 때, 후륜에 발생되는 코너링 포스가 커지면 바깥쪽 전륜이나 후륜이 안쪽 전륜보다 모멘트가 커지기 때문에 조향각을 일정하게 하여도 선회반지름이 커지는 현상이다.

72 전자제어 자동변속기 댐퍼 클러치가 작동되지 않는 조건
① 오일온도 60℃ 이하, 냉각수 온도 50℃ 이하일 때
② 3속→2속으로 down shift 시
③ 엔진 회전속도 800 rpm 이하일 때
④ 제1속, 후진, 급가속 시
⑤ 엔진 브레이크 작동 시
⑥ 페일 세이프 운전 중일 때

정답 68. ㉮ 69. ㉯ 70. ㉱ 71. ㉱ 72. ㉱

73 자동변속기에서 밸브 보디의 구성품이 아닌 것은? 2010.9.5

㉮ 스로틀 밸브 ㉯ 솔레노이드 밸브
㉰ 압력조정 밸브 ㉱ 브레이크 밸브

74 자동차 종감속장치에 주로 사용되는 기어 형식은? 2008.5.11

㉮ 하이포이드 기어 ㉯ 더블 헬리컬 기어
㉰ 스크루 기어 ㉱ 스퍼 기어

75 FR방식의 자동차가 주행 중 디퍼렌셜장치에서 많은 열이 발생한다면 고장원인으로 거리가 먼 것은? 2010.5.9

㉮ 추진축의 밸런스 웨이트 이탈
㉯ 기어의 백래시 과소
㉰ 프리로드 과소
㉱ 오일 양 부족

76 차동 제한 장치(differential lock system)에 대한 설명으로 적합하지 않은 것은 어느 것인가? 2008.3.2

㉮ 수렁을 지날 때 양쪽 바퀴에 구동력을 전달한다.
㉯ 선회 시 바깥쪽의 바퀴가 안쪽의 바퀴보다 더 많이 회전하게 된다.
㉰ 논 슬립(non-slip)장치 또는 논 스핀(non-spin)장치가 있다.
㉱ 미끄러운 노면에서 출발이 용이하다.

77 복합 유성 기어 장치에서 링 기어를 하나만 사용한 유성 기어 장치는? 2008.9.7

㉮ 2중 유성 기어 장치
㉯ 평행축 기어 방식
㉰ 라비뇨(ravigneaux) 기어 장치
㉱ 심프슨(simpson) 기어 장치

자동차 섀시
2
과목

answers & explanations

73 밸브 보디의 구성품 : 스로틀 밸브, 솔레노이드 밸브, 압력조정 밸브, 매뉴얼 밸브, 변속조절 밸브, 감압 밸브 등

74 하이포이드 기어의 특징
① 구동 피니언 중심과 링 기어 중심이 10~20% 낮게(off-set) 설치되어 있다.
② 추진축의 높이를 낮게 할 수 있어 무게 중심이 낮아지고 거주성이 향상된다.
③ 기어 이의 물림률이 크기 때문에 회전이 정숙하다.
④ 구동 피니언을 크게 할 수 있어 강도가 증가한다.

75 추진축의 밸런스 웨이트가 이탈되면 평형이 맞지 않아 추진축이 진동한다.

76 차동 제한 장치(differential lock system) : 안쪽 바퀴와 바깥쪽 바퀴와의 회전차가 많이 나는 것을 제한하는 장치이다.
① 미끄러운 노면에서 출발이 쉽다.
② 미끄럼이 방지되어 타이어 수명을 연장할 수 있다.
③ 고속으로 직진 주행을 할 때 안전성이 좋다.
④ 요철 노면을 주행할 때 뒷부분의 흔들림을 방지할 수 있다.

77 라비뇨 기어 장치는 복합 유성 기어 장치에 속하며 유성 기어 선 기어는 2개조, 링 기어는 하나가 적용된다.
유성 기어의 종류
① 단순 유성 기어 : 싱글 피니언식, 더블 피니언식
② 복합 유성 기어 : 심프슨 형식, 라비뇨 형식

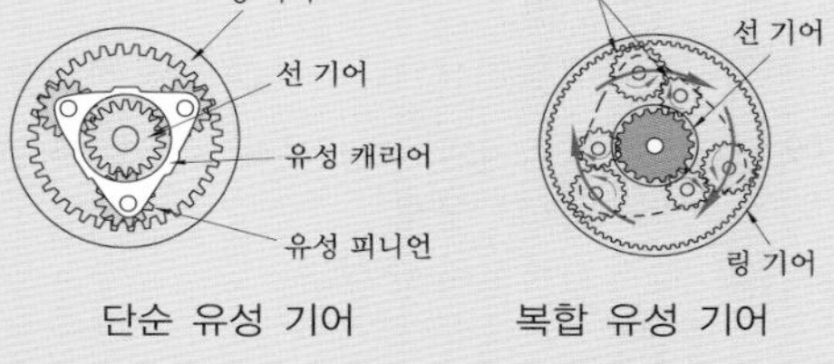

단순 유성 기어 복합 유성 기어

정답 73. ㉱ 74. ㉮ 75. ㉮ 76. ㉯ 77. ㉰

78 자동변속기에 관한 설명으로 옳은 것은 다음 중 어느 것인가? 2009.3.1

㉮ 매뉴얼 밸브가 전진 레인지에 있을 때 전진 클러치는 항상 정지된다.
㉯ 토크 변환기에서 유체의 충돌손실 속도비가 0.6~0.7일 때 토크가 가장 적다.
㉰ 유압제어 회로에 작용되는 유압은 엔진의 오일펌프에서 발생된다.
㉱ 토크 변환기의 토크 변환비는 날개가 작을수록 커진다.

79 유체 클러치와 토크 변환기의 설명 중 틀린 것은? 2011.10.2

㉮ 유체 클러치의 효율은 속도비 증가에 따라 직선적으로 변화되나, 토크 변환기는 곡선으로 표시된다.
㉯ 토크 변환기는 스테이터가 있고, 유체 클러치는 스테이터가 없다.
㉰ 토크 변환기는 자동변속기에 사용된다.
㉱ 유체 클러치에는 원웨이 클러치 및 로크업 클러치가 있다.

80 전자제어식 자동변속기에서 컴퓨터로 입력되는 요소가 아닌 것은? 2008.9.7

㉮ 차속 센서
㉯ 스로틀 포지션 센서
㉰ 유온 센서
㉱ 압력조절 솔레노이드 밸브

81 다음 중 자동변속기 차량의 점검방법으로 틀린 것은? 2013.8.18

㉮ 자동변속기의 오일양은 평탄한 노면에서 측정한다.
㉯ 인히비터 스위치 N 위치에서 점검 조정한다.
㉰ 오일 양을 측정할 때는 시동을 끄고 약 3분간 기다린 후 점검한다.
㉱ 스톨 테스트 시 회전수가 기준보다 낮으면 엔진을 점검해본다.

82 수동변속기에서 클러치 작동 중 동력을 차단하였을 경우 플라이휠과 같이 회전하는 부품은? 2011.10.2

㉮ 클러치판
㉯ 압력판
㉰ 변속기 입력축
㉱ 릴리스 포크

answers & explanations

78 ① 매뉴얼 밸브가 전진 레인지에 있으면 전진 클러치가 항상 작동하고 있다.
② 자동변속기 유압은 엔진 시동과 동시에 토크 컨버터와 체결된 자동변속기 오일펌프에서 발생한다.
③ 토크 변환비는 날개가 클수록 커진다.

79 ① 유체 클러치의 구성 부품 : 펌프, 터빈, 가이드 링으로 구성
② 토크 컨버터의 구성 부품 : 펌프, 터빈, 스테이터, 로크업 클러치

80 일반적으로 센서, 스위치는 입력 요소이고, 액추에이터인 압력 조절 솔레노이드 솔레노이드 밸브는 출력 요소이다.

81 오일 양을 측정할 때는 시동을 켜고 변속 레인지를 작동 후 점검한다.

82 클러치 커버를 중심으로 압력판은 릴리스 레버에 조립되어 있고 플라이휠에 클러치 커버가 체결되어 있다. 따라서 엔진작동 시 플라이휠의 회전은 클러치 커버 전체가 회전한다.

정답 78. ㉯ 79. ㉱ 80. ㉱ 81. ㉰ 82. ㉯

83 유성 기어 장치를 2조로 사용하고 있는 자동변속기에서 선 기어 잇수 20, 링 기어 잇수 80일 때 총 변속비는?(단, 제1유성 기어 : 링 기어 구동, 선 기어 고정, 제2유성 기어 : 링 기어 고정, 선 기어 구동) 2011.6.12

㉮ 1.25 ㉯ 5
㉰ 6.25 ㉱ 16

84 자동변속기의 오일 압력이 너무 낮은 원인으로 틀린 것은? 2014.8.17

㉮ 엔진 rpm이 높다.
㉯ 오일펌프 마모가 심하다.
㉰ 오일 필터가 막혔다.
㉱ 릴리프 밸브 스프링 장력이 약하다.

85 후륜 구동 차량의 종감속 장치에서 구동 피니언과 링 기어 중심선이 편심되어 추진축의 위치를 낮출 수 있는 것은? 2011.10.2

㉮ 베벨 기어
㉯ 스퍼 기어
㉰ 웜과 웜 기어
㉱ 하이포이드 기어

86 싱글 피니언 유성 기어 장치를 사용하는 오버 드라이브 장치에서 선 기어가 고정된 상태에서 링 기어를 회전시키면 유성 기어 캐리어는? 2012.5.20

㉮ 회전수는 링 기어보다 느리게 된다.
㉯ 링 기어와 함께 일체로 회전하게 된다.
㉰ 반대방향으로 링 기어보다 빠르게 회전하게 된다.
㉱ 캐리어는 선 기어와 링 기어 사이에 고정된다.

answers & explanations

83 캐리어 잇수 = 선 기어 잇수 + 링 기어 잇수

$$변속비 = \frac{피동기어\ 잇수}{구동기어\ 잇수}$$

제1유성 기어에서 캐리어 잇수 $= 20 + 80 = 100$

$$제1유성\ 기어의\ 변속비 = \frac{캐리어\ 잇수}{링\ 기어\ 잇수} = \frac{100}{80} = 1.25$$

$$제2유성\ 기어의\ 변속비 = \frac{캐리어\ 잇수}{선\ 기어\ 잇수} = \frac{100}{20} = 5.0$$

∴ 총 변속비 $= 1.25 \times 5.0 = 6.25$

84 자동변속기 라인의 압력이 낮은 원인
① 오일펌프 마모가 심하다.
② 오일 필터가 막혔다.
③ 릴리프 밸브 스프링이 장력이 약하다.
④ 오일 양이 규정보다 적다.

85 하이포이드 기어의 특징
① 구동 피니언 중심과 링 기어 중심이 10~20% 낮게(off-set) 설치되어 있다.
② 추진축의 높이를 낮게 할 수 있어 무게 중심이 낮아지고 거주성이 향상된다.
③ 구동 피니언을 크게 할 수 있어 강도가 증가한다.
④ 기어 이의 물림률이 크기 때문에 회전이 정숙하다.

86 선 기어를 고정하고 캐리어를 구동하면 링 기어는 증속한다. 반대로 링 기어를 구동하면 캐리어는 감속한다.

정답 83. ㉰ 84. ㉮ 85. ㉱ 86. ㉮

87 A의 잇수는 90, B의 잇수가 30일 때 A를 고정하고 암 D를 오른쪽으로 3회전할 경우 B의 회전수는? 2010.9.5

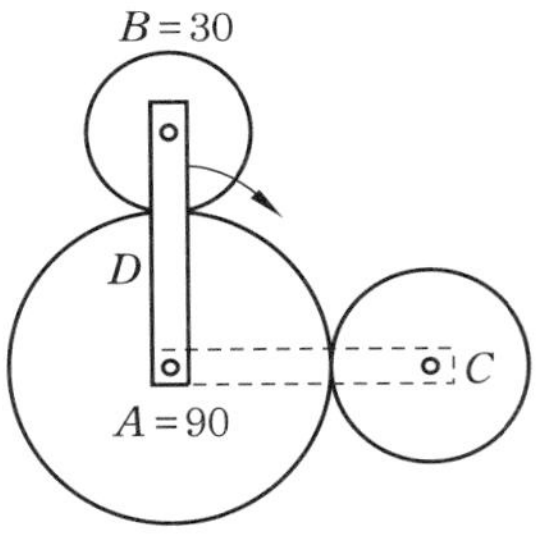

㉮ 왼쪽으로 18회전
㉯ 왼쪽으로 12회전
㉰ 오른쪽으로 18회전
㉱ 오른쪽으로 12회전

88 다음 중 무단변속기(CVT)의 구동방식이 아닌 것은? 2014.3.2

㉮ 스테이터 조합형
㉯ 벨트 드라이브식
㉰ 트랙션 드라이브식
㉱ 유압모터 / 펌프 조합형

89 자동변속기의 압력 조절 밸브(PCSV)의 듀티 제어 파형에서 니들 밸브가 작동하는 전체 구간은? 2010.5.9

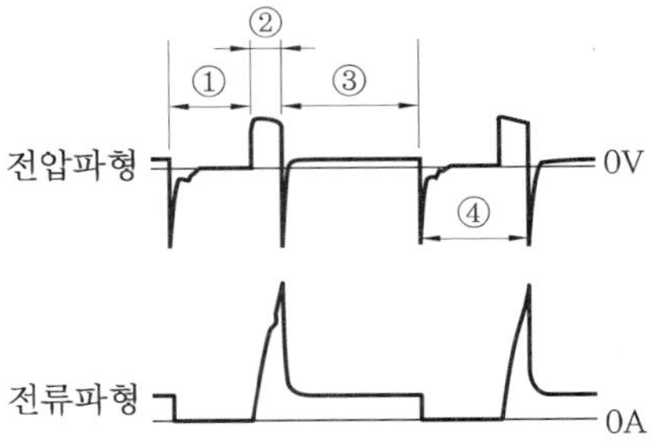

㉮ ① ㉯ ②~③
㉰ ③ ㉱ ③~④

90 싱글 피니언 유성기어 장치에서 유성기어 캐리어를 고정하고 선 기어를 구동하였을 때 링 기어 출력을 얻는 목적으로 옳은 것은 어느 것인가? 2014.5.25

㉮ 역전을 할 목적으로 활용된다.
㉯ 속도를 증속시킬 목적으로 활용된다.
㉰ 속도변화가 없도록 직결시킬 목적으로 활용된다.
㉱ 속도를 감속시킬 목적으로 활용된다.

answers & explanations

87 캐리어 잇수=선기어 잇수+링기어 잇수

기어비 : $\frac{A+B}{B}=\frac{90+30}{30}=\frac{120}{30}=4$

B의 회전수=기어비×해당 방향 회전수
=4×3=12회전

∴ B의 회전수는 우측으로 12회전 한다.

89 자동변속기 압력 조절 밸브(PCSV) 파형
① 니들 밸브 비작동 구간
② 니들 밸브 통전 시작 구간
③ 니들 밸브 작동 유지 구간
④ 니들 밸브 비작동과 작동 일부 구간

90 선 기어의 잇수(Z_s=40), 링 기어의 잇수(Z_r=80), 유성캐리어의 잇수(Z_u=120)의 비율로 기어비를 형성하며 유성캐리어를 고정하고 선 기어를 구동 후 링 기어를 출력으로 할 때

기어비=$\frac{\text{링 기어의 잇수}(80)}{\text{선 기어의 잇수}(40)}>1$이므로 후진 감속을 목적으로 하고 있다. 캐리어 고정 시 항상 기어의 방향은 역전이 이루어진다.

정답 87. ㉱ 88. ㉮ 89. ㉱ 90. ㉮

91 수동변속기에서 입력축의 회전 토크가 150 kgf·m이고, 입력 회전수가 1,000 rpm일 때 출력축에서 1,000 kgf·m의 토크를 내려면 출력축의 회전수는? 2014.5.25

㉮ 1,670 rpm
㉯ 1,500 rpm
㉰ 667 rpm
㉱ 150 rpm

92 구동력 제어장치(traction control system)에서 엔진토크 제어 방식에 해당하지 않는 것은? 2014.3.2

㉮ 주 스로틀 밸브 제어
㉯ 보조 스로틀 밸브 제어
㉰ 연료분사 제어
㉱ 가속 및 감속 제어

93 자동변속기 차량에서 출발 및 기어 변속은 정상적으로 이루어지나 고속주행 시 성능이 저하되는 원인으로 옳은 것은? 2014.3.2

㉮ 출력축 속도 센서 신호선 단선
㉯ 토크 컨버터 스테이터 고착
㉰ 매뉴얼 밸브 고착
㉱ 라인 압력 높음

94 자동변속기 학습제어에 대한 설명이다. ( ) 안에 알맞은 것을 순서대로 적은 것은?

보기

학습제어에 의해 내리막길에서 브레이크 페달을 빈번히 밟는 운전자에게는 빠르게 ( )를 하여 엔진 브레이크가 잘 듣게 한다. 또한 내리막에서 가속 페달을 잘 밟는 운전자에게는 ( )를 하기 어렵게 하여 엔진 브레이크를 억제한다.

㉮ 다운시프트, 다운시프트 2015.8.16
㉯ 업시프트, 업시프트
㉰ 다운시프트, 업시프트
㉱ 업시프트, 다운시프트

answers & explanations

91 $\dfrac{\text{출력 토크}(T_2)}{\text{입력 토크}(T_1)} = \dfrac{\text{입력 회전}(N_1)}{\text{출력 회전}(N_2)}$

$\text{토크비} = \dfrac{\text{출력 토크}}{\text{입력 토크}} = \dfrac{1000}{150} = 6.6$

$\text{출력 회전수}(N_2) = \dfrac{\text{입력 회전수}(N_1)}{\text{토크비}(T)}$

$= \dfrac{1000}{6.6} = 151.5\text{rpm}$

92 ① 흡입 공기량 제어 방식 : 주 스로틀 밸브 제어, 보조 스로틀 밸브 제어
② 엔진 제어 방식 : 연료분사량 제어, 점화시기 제어

93 토크를 변환하여 동력을 전달하는 장치로 유체 이음과 비슷하나 펌프 날개차, 터빈 날개차 이외에 정지 스테이터(stator)가 있는 것이 특징이다. 변속 기어가 필요 없게 되며 시동 시의 회전력도 크다.

94 자동변속기의 TCU는 스로틀 위치 센서(TPS), 크랭크 각 센서(CAS, 엔진 회전수 계산), 차속 센서(VSS) 등을 통해 변속 단수를 결정한다. 다운 시프트(down shift)는 고단에서 저단으로 변속되면서 속도가 줄고 토크가 증가되며, 업 시프트(up shift)는 저단에서 고단으로 변속되면서 토크가 줄고 속도가 증가된다.
※ 킥다운(kick down) : 고속도로 진입, 추월 등 운전자가 가속페달을 힘껏 밟아 급가속을 시도하여 스로틀의 열림 양이 일정량 이상으로 열릴 때(예 80% 이상 열릴 때) TCU가 다운 시프트 변속하는 것을 말한다.

정답 91. ㉱ 92. ㉱ 93. ㉯ 94. ㉮

제3장 현가 및 조향 장치

01 주행 중 차량에 노면으로부터 전달되는 충격이나 진동을 완화하여 바퀴와 노면과의 밀착을 양호하게 하고 승차감을 향상시키는 완충 기구는? 2012.5.20

[가] 코일 스프링, 겹판 스프링, 토션 바
[나] 코일 스프링, 토션 바, 타이로드
[다] 코일 스프링, 겹판 스프링, 프레임
[라] 코일 스프링, 너클 스핀들, 스태빌라이저

02 자동차의 바퀴에 캠버를 두는 이유로 가장 타당한 것은? 2009.3.1

[가] 회전했을 때 직진 방향의 직진성을 주기 위해
[나] 자동차의 하중으로 인한 앞차축의 휨을 방지하기 위해
[다] 조향바퀴에 방향성을 주기 위해
[라] 앞바퀴를 평행하게 회전시키기 위해

03 전자제어 현가장치에서 자동차가 선회할 때 원심력에 의한 차체의 흔들림을 최소로 제어하는 기능은? 2012.8.26

[가] 앤티 롤링 [나] 앤티 다이브
[다] 앤티 스쿼트 [라] 앤티 드라이브

04 자동차 앞바퀴 정렬 중 캐스터에 관한 설명은? 2012.5.20

[가] 자동차의 전륜을 위에서 보았을 때 바퀴의 앞부분이 뒷부분보다 좁은 상태를 말한다.
[나] 자동차의 전륜을 앞에서 보았을 때 바퀴의 중심선의 뒷부분이 약간 벌어져 있는 상태를 말한다.
[다] 자동차의 전륜을 옆에서 보면 킹핀의 중심선이 수직선에 대하여 어느 한쪽으로 기울어져 있는 상태를 말한다.
[라] 자동차의 전륜을 앞에서 보면 킹핀의 중심선이 수직선에 대하여 약간 안쪽으로 설치된 상태를 말한다.

answers & explanations

02 캠버를 두는 이유
① 하중을 받았을 때 앞바퀴의 아래쪽이 벌어지는 것을 방지하기 위하여
② 킹핀 경사각과 함께 조향핸들의 조작을 가볍게 하기 위하여
③ 수직 방향의 하중에 의한 앞차축의 휨을 방지하기 위하여
④ 볼록 노면 도로에 대해 수직인 효과를 주기 위하여

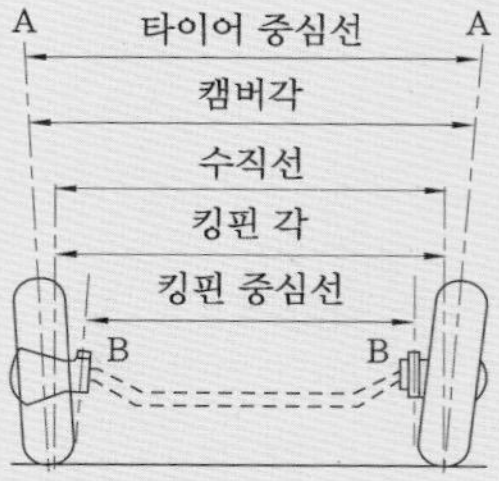

03 앤티 롤링 제어(anti-rolling control) : 선회할 때 자동차의 좌우 방향으로 작용하는 횡가속도를 G 센서로 감지하여 제어하는 것이다.

04 캐스터 : 자동차의 앞바퀴를 옆에서 보면 조향너클과 앞 차축을 고정하는 킹핀(독립 차축식에서는 위·아래 볼 이음을 연결하는 조향 축)이 수직선과 어떤 각도를 두고 설치되는데 이를 캐스터라 한다.

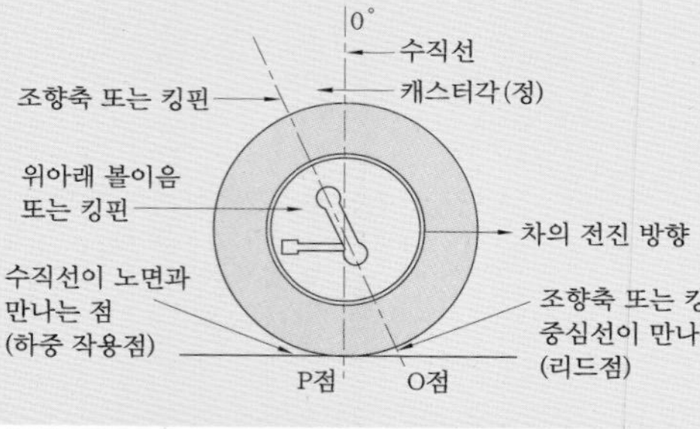

정답 01. [가] 02. [나] 03. [가] 04. [다]

05 전자제어 현가장치에서 앤티 스쿼트(anti-squat) 제어의 기준 신호로 사용되는 센서는? 2013.6.2

㉮ 프리뷰 센서
㉯ G(수직 가속도) 센서
㉰ 스로틀 포지션 센서
㉱ 브레이크 스위치 신호

06 진동을 흡수하고 진동시간은 단축시키며 스프링의 부담을 감소시키기 위한 장치는? 2009.5.10

㉮ 스태빌라이저
㉯ 공기 스프링
㉰ 쇼크 업소버
㉱ 비틀림 막대 스프링

07 일반적으로 가장 좋은 승차감을 얻을 수 있는 진동수는? 2009.3.1

㉮ 10 cycle/min 이하
㉯ 10~60 cycle/min
㉰ 60~120 cycle/min
㉱ 120~200 cycle/min

08 앞바퀴 얼라인먼트의 직접적인 역할이 아닌 것은? 2013.6.2

㉮ 조향휠의 조작을 쉽게 한다.
㉯ 조향휠에 알맞은 유격을 준다.
㉰ 타이어의 마모를 최소화한다.
㉱ 조향휠에 복원성을 준다.

09 차속 감응형 4륜 조향장치(4WS)의 조종 안정 성능에 맞지 않는 것은? 2009.8.30

㉮ 고속 직진 안정성
㉯ 차선 변경 용이성
㉰ 저속 시 회전 용이
㉱ 코너링 언밸런스

10 일반적인 파워스티어링 장치의 기본 구성 부품과 가장 거리가 먼 것은? 2010.3.7

㉮ 오일 냉각기
㉯ 오일 펌프
㉰ 파워 실린더
㉱ 컨트롤 밸브

자동차 섀시 2 과목

answers & explanations

05 앤티 스쿼트 제어(anti-squat control) : 급출발 또는 급가속을 할 때에 차체의 앞쪽은 들리고, 뒤쪽이 낮아지는 노스 업(nose-up) 현상을 제어한다.

06 쇼크 업소버(shock absorber)는 주행 시 스프링이 받는 충격에 의한 고유진동을 흡수하고 진동시간을 단축시키며 스프링의 부담을 감소시켜 승차감을 좋게 하기 위한 장치이다(종류는 단동식과 복동식이 있다).

08 앞바퀴 정렬의 역할 : 앞바퀴의 기하학적인 각도 관계를 말하며 캠버, 캐스터, 토인, 킹핀 경사각 등이 있다.
① 조향핸들의 조작을 확실하게 하고 안전성을 준다.
② 조향핸들에 복원성을 부여한다.
③ 조향핸들의 조작력을 가볍게 한다.
④ 사이드 슬립을 방지하여 타이어 마멸을 최소화한다.

09 차속 감응형 4륜 조향장치(4WS)의 조종 안정 성능
① 고속 주행 시 직진 안정성이 향상된다.
② 중고속 주행 시 차선 변경이 용이하다.
③ 쾌적한 고속 선회
④ 저속 주행 시 선회 반경을 적게 한다.
⑤ 미끄러운 도로 주행 시 미끌림을 줄일 수 있다.

10 오일 냉각기는 주로 자동변속기 오일을 보호하기 위해 차량 전면 하단에 설치되며 과열된 오일을 순환하여 냉각에 사용된다.

정답 05. ㉰ 06. ㉰ 07. ㉰ 08. ㉯ 09. ㉱ 10. ㉮

11 차륜 정렬에 관한 내용으로 틀린 것은 다음 중 어느 것인가? 2011.3.20

㉮ 킹핀 경사각이 커지면 캠버는 작아진다.
㉯ 좌 · 우 바퀴의 캠버가 다르면 핸들이 한쪽으로 쏠린다.
㉰ 앞바퀴 베어링이 마모되면 조향핸들의 유격이 커진다.
㉱ 최대 조향각도는 캐스터각으로 조정한다.

12 조향핸들을 2바퀴 돌렸을 때 피트먼 암이 90° 움직였다. 조향 기어비는? 2009.5.10

㉮ 6 : 1
㉯ 7 : 1
㉰ 8 : 1
㉱ 9 : 1

13 다음 중 전자제어 동력조향장치의 기능이 아닌 것은? 2010.9.5

㉮ 차속 감응 기능
㉯ 주차 및 저속 시 조향력 감소 기능
㉰ 롤링 억제 기능
㉱ 차량 부하 기능

14 축거 4 m, 바깥쪽 바퀴의 최대 조향각 30°, 안쪽 바퀴의 최대 조향각 32°, 킹핀 중심과 타이어 접지면 중심과의 거리는 50 mm인 자동차의 최소회전반경은? 2013.3.10

㉮ 7.54 m ㉯ 8.05 m
㉰ 10.05 m ㉱ 12.05 m

15 전자제어 동력조향장치의 오일펌프에서 공급된 오일을 로터리 밸브와 솔레노이드 밸브로 나누어 공급하는 것은? 2008.9.7

㉮ 오리피스 ㉯ 토션 밸브
㉰ 동력 피스톤 ㉱ 분류 밸브

16 공압식 전자제어 현가장치에서 저압 및 고압 스위치에 대한 설명으로 틀린 것은 어느 것인가? 2011.3.20

㉮ 고압 스위치가 ON되면 컴프레서 구동 조건에 해당된다.
㉯ 고압 스위치가 ON되면 리턴 펌프가 구동된다.
㉰ 고압 스위치는 고압 탱크에 설치된다.
㉱ 저압 스위치는 리턴 펌프를 구동하기 위한 스위치이다.

answers & explanations

11 최대 조향각도는 토(타이로드)로 조정한다.

12 조향 기어비 $= \dfrac{\text{핸들 회전각도}}{\text{피트먼 암 회전각도}}$

핸들을 2바퀴 회전하였으므로

$360° \times 2 = 720°$

$\therefore \dfrac{720°}{90°} = 8$

13 전자제어 동력조향장치(EPS)의 특징

① 유압을 이용하여 적은 힘으로 조향조작을 할 수 있다.
② 저속에서는 가볍고, 고속에서는 적절히 무겁다 (차속 감응 기능).
③ 노면의 충격을 흡수하여 조향핸들에 전달되는 것을 방지한다 (롤링 억제 기능).
④ 앞바퀴의 시미현상을 감쇠하는 효과가 있다.
⑤ 조향 조작이 경쾌하고 신속하다.

14 최소회전반경$(R) = \dfrac{L}{\sin\alpha} + r$

α : 외측바퀴 회전각도(°)
L : 축거(m)
r : 타이어 중심과 킹핀과의 거리(m)

$\therefore R = \dfrac{4}{\sin 30°} + 0.05 = \dfrac{4}{0.5} + 0.05 = 8.05\,\text{m}$

16 저압 스위치가 ON되면 리턴 펌프가 구동된다.

정답 11. ㉱ 12. ㉰ 13. ㉱ 14. ㉯ 15. ㉱ 16. ㉯

17 전자제어 현가장치(ECS) 시스템의 센서와 제어 기능의 연결이 맞지 않는 것은 어느 것인가? 2013.3.10

㉮ 앤티 피칭 제어 – 상하 가속도 센서
㉯ 앤티 바운싱 제어 – 상하 가속도 센서
㉰ 앤티 다이브 제어 – 조향각 센서
㉱ 앤티 롤링 제어 – 조향각 센서

18 파워 스티어링 장착 차량이 급커브 길에서 시동이 자주 꺼지는 현상이 발생하는 원인으로 옳은 것은? 2010.5.9

㉮ 엔진오일 부족
㉯ 파워펌프 오일압력 스위치 단선
㉰ 파워 스티어링 오일 과다
㉱ 파워 스티어링 오일 누유

19 앞바퀴에서 발생하는 코너링 포스가 뒷바퀴보다 크게 되면 나타나는 현상은? 2011.10.2

㉮ 토크 스티어링 현상
㉯ 언더 스티어링 현상
㉰ 리버스 스티어링 현상
㉱ 오버 스티어링 현상

20 현가장치에서 승차감을 위주로 고려할 때의 방법으로 설명이 틀린 것은? 2010.5.9

㉮ 스프링 아래 질량은 가벼울수록 좋다.
㉯ 스프링 상수는 낮을수록 좋다.
㉰ 스프링 위 질량은 클수록 좋다.
㉱ 스프링 아래 질량은 클수록 좋다.

21 주행 중 조향휠이 한쪽으로 치우칠 경우 예상되는 원인이 아닌 것은? 2008.9.7

㉮ 타이어 편마모
㉯ 휠 얼라인먼트에 오일 부착
㉰ 안쪽 앞 코일스프링 약화
㉱ 휠 얼라인먼트 조정 불량

자동차 섀시 2 과목

answers & explanations

17 앤티 다이브 제어는 상하 가속도 센서를 이용하여 차체의 상하 방향의 움직임을 검출한다.

18 파워 스티어링 장착 차량이 급커브 시 엔진 시동이 꺼질 수 있는 것은 파워펌프 오일압력 스위치가 작동하여 엔진 rpm을 올려주어야 하나, 파워펌프 오일압력 스위치가 단선되면 신호 불량으로 시동이 꺼질 수 있다.

19 코너링 포스(cornering force, 선회구심력, 횡항력) : 선회 시 자동차에 작용하는 원심력(바깥쪽으로 작용)과 구심력(안쪽으로 작용), 그리고 바퀴의 진행방향(각도)에 따른 슬립 각도 사이에서 각 바퀴에 작용하는 선회 구심력을 말한다.
앞바퀴에서 발생하는 코너링 포스가 크게 되면 뒷바퀴는 원심력에 의해 밀리게 되므로 조향각이 커진 오버 스티어링 현상이 나타난다.

20 스프링 아래 질량 진동
① 휠 홉(wheel hop) : 차축이 Z방향의 상하 평행운동을 하는 진동이다.
② 휠 트램프(wheel tramp) : 차축이 X축을 중심으로 하여 회전운동을 하는 진동이다.
③ 와인드 업(wind up) : 차축이 Y축을 중심으로 회전운동을 하는 진동이다.

21 조향휠이 한쪽으로 쏠리는 예상 원인
① 좌우 타이어 공기압이 불균일하다.
② 사고로 인한 좌・우 축거의 차이
③ 좌・우 브레이크 작동의 차이(캘리퍼 및 휠 실린더 작동 불량)
④ 앞차축 한쪽의 현가 스프링이 파손되었다.
⑤ 쇼크 업소버 고장으로 작동이 불량하다.
⑥ 휠 얼라인먼트의 변화에 따른 앞바퀴 정렬이 불량하다.

정답 17. ㉰ 18. ㉯ 19. ㉱ 20. ㉱ 21. ㉯

22 **다음 중 전자제어 현가장치를 작동시키는 데 관련된 센서가 아닌 것은?** 2012.8.26

㉮ 파워오일 압력 센서
㉯ 차속 센서
㉰ 차고 센서
㉱ 조향각 센서

23 **조향휠의 조작을 가볍게 하는 방법이 아닌 것은?** 2008.3.2

㉮ 조향 기어비를 크게 한다.
㉯ 타이어 공기압을 높인다.
㉰ 동력조향장치를 설치한다.
㉱ 토인을 규정보다 크게 한다.

24 **공압식 전자제어 현가장치에서 스캔 툴을 이용하여 강제 구동할 경우에 대한 설명으로 옳은 것은?** 2013.8.18

㉮ 고속 좌회전 모드로 조작하는 경우 좌측은 올리고 우측은 내리는 제어를 한다.
㉯ 급제동하는 모드로 조작하는 경우 앞축과 뒤축은 모두 hard쪽으로 제어한다.
㉰ high 모드로 조작하면 차고는 상향제어 되면서 감쇄력은 hard쪽으로 제어된다.
㉱ 차량속도가 고속 모드인 경우 앞축과 뒤축 모두 차고를 올림 제어한다.

25 **전자제어 현가장치의 기능에 대한 설명 중 틀린 것은?** 2010.3.7

㉮ 급제동할 때 노스다운을 방지할 수 있다.
㉯ 급선회할 때 원심력에 대한 차체의 기울어짐을 방지할 수 있다.
㉰ 노면으로부터의 차량 높이를 조절할 수 있다.
㉱ 변속단별 승차감을 제어할 수 있다.

26 **동력조향장치의 기능을 설명한 것 중 맞는 것은?** 2010.5.9

㉮ 기구학적 구조를 이용하여 작은 조작력으로 큰 조작력을 얻는다.
㉯ 적은 힘으로 조향 조작이 가능하다.
㉰ 바퀴로부터의 충격을 흡수하기 어렵다.
㉱ 구조가 간단하고, 고장 시 기계식으로 환원하여 안전하다.

answers & explanations

22 전자제어 현가장치의 컨트롤 유닛으로 입력되는 신호 : 차속 센서, 차고 센서, 조향핸들 각속도 센서, G 센서, 전조등 릴레이 신호, 스로틀 포지션 센서, 공기압축기 릴레이 신호, 발전기 L단자 신호, 브레이크 압력스위치 신호, 도어 스위치 신호 등이 있다.

23 조향핸들 조작을 가볍게 하는 방법
① 타이어 공기압을 높인다.
② 조향 기어비를 크게 한다.
③ 자동차의 중량을 줄인다.
④ 동력조향장치를 설치한다.
⑤ 고속으로 주행한다.

25 ㉮, ㉯, ㉰ 외
① 안정된 조향성을 준다.
② 자동차의 승차 인원(하중)이 변해도 자동차는 수평을 유지한다.
③ 고속으로 주행할 때 차체의 높이를 낮추어 공기저항을 적게 하고 승차감을 향상시킨다.

26 동력조향장치(EPS)의 특징
① 유압을 이용하여 적은 힘으로 조향 조작을 할 수 있다.
② 조향 기어비를 조작력에 관계없이 설정할 수 있다.
③ 노면의 충격을 흡수하여 조향핸들에 전달되는 것을 방지한다.
④ 앞바퀴의 시미현상을 감쇠하는 효과가 있다.
⑤ 조향 조작이 경쾌하고 신속하다.
⑥ 저속에서는 가볍고, 고속에서는 적절히 무겁다.

정답 22. ㉮ 23. ㉱ 24. ㉯ 25. ㉱ 26. ㉯

27 자동차의 고유 진동현상 중에서 현가장치의 스프링 위 무게 진동현상으로 틀린 것은? 2011.6.12

가 휠 트램프
나 바운싱
다 롤링
라 요잉

28 하중의 변화에 따라 스프링 정수를 자동적으로 조정하여 고유 진동수를 일정하게 유지할 수 있는 현가장치의 구성품은? 2008.5.11

가 코일 스프링
나 판 스프링
다 공기 스프링
라 스태빌라이저

29 조향 기어의 종류에 속하지 않는 것은? 2008.3.2

가 토르센형
나 볼 너트형
다 웜 섹터 롤러형
라 래크 피니언형

30 전자제어 동력조향장치(electronic power steering system)의 특성에 대한 설명으로 틀린 것은? 2012.3.4

가 정지 및 저속 시 조작력 경감
나 급코너 조향 시 추종성 향상
다 노면, 요철 등에 의한 충격 흡수 능력의 향상
라 중 · 고속 시 향상된 조향력 확보

31 앞바퀴 정렬 중 토인의 필요성으로 가장 거리가 먼 것은? 2012.3.4

가 조향 시에 바퀴의 복원력을 발생
나 앞바퀴 사이드 슬립과 타이어 마멸 감소
다 캠버에 의한 토아웃 방지
라 조향 링키지의 마모에 따라 토아웃이 되는 것 방지

answers & explanations

27 휠 트램프(wheel tramp) : 차축이 X축을 중심으로 하여 회전운동(스프링 아래 질량 진동이다.)
스프링 위 질량 진동
① 바운싱(상하 진동) : 차체가 Z축 방향과 평행운동
② 피칭(앞뒤 진동) : 차체가 Y축을 중심으로 하여 회전운동
③ 롤링(좌우 진동) : 차체가 X축을 중심으로 하여 회전운동
④ 요잉(차체 후부 진동) : 차체가 Z축을 중심으로 하여 회전운동

28 공기 스프링의 특징
① 하중에 관계없이 차체의 높이를 일정하게 유지한다.
② 자체에 감쇄성이 있기 때문에 작은 진동을 흡수한다.
③ 고유 진동을 낮게 할 수 있어 유연하다.
④ 공기압축기 등 부품 수가 많아져 가격이 비싸지고, 설치할 공간이 필요하다.

29 조향 기어의 종류
① 웜 섹터 롤러(worm and sector roller) 형식 : 대형 차량
② 볼 너트(ball and nut) 형식 : 중소형 차량
③ 래크 피니언(rack and pinion) 형식 : 주로 전륜 중소형 차량에 사용된다.

30 자동차가 정지되거나 저속운전 시 조향 조작력을 가볍게 하며 급코너 조향의 추종성 향상과 고속운전에서의 조향력을 향상하기 위해 둔다.

31 조향 시에 바퀴의 복원력 발생은 캐스터에 해당된다.

정답 27. 가 28. 다 29. 가 30. 다 31. 가

32 동력 조향휠의 복원성이 불량한 원인이 아닌 것은? 2009.3.1

㉮ 제어 밸브가 손상되었다.
㉯ 부의 캐스터로 되어 있다.
㉰ 동력 피스톤 로드가 과대하게 휘었다.
㉱ 조향휠이 마멸되었다.

33 조향휠을 2바퀴 돌렸을 때 피트먼 암이 80° 움직였다면 조향 기어비는? 2009.3.1

㉮ 4.5 : 1　㉯ 9 : 1
㉰ 12 : 1　㉱ 8 : 1

34 전자제어 현가장치에서 롤 제어 전용 센서로서 차체의 횡가속도와 그 방향을 검출하는 센서는? 2011.3.20

㉮ AFS(air flow sensor)
㉯ TPS(throttle position sensor)
㉰ W 센서(weight sensor)
㉱ G 센서(gravity sensor)

35 앞바퀴 정렬 중 토인의 필요성으로 가장 거리가 먼 것은? 2010.5.9

㉮ 조향 시에 바퀴의 복원력을 발생
㉯ 앞바퀴 사이드 슬립과 타이어 마멸 감소
㉰ 캠버에 의한 토아웃 방지
㉱ 조향 링키지의 마모에 따라 토아웃이 되는 것을 방지

36 자동차의 앞바퀴 윤거가 1,500 mm, 축간거리가 3,500 mm, 킹핀과 바퀴 접지면의 중심거리가 100 mm인 자동차가 우회전할 때, 왼쪽 앞바퀴의 조향각도가 32°이고 오른쪽 앞바퀴의 조향각도가 40°라면 이 자동차의 선회 시 최소회전반지름은? 2011.3.20 / 2011.6.12 / 2012.8.26

㉮ 6.7 m
㉯ 7.2 m
㉰ 7.8 m
㉱ 8.2 m

answers & explanations

32 조향휠이 마멸되면 조향핸들의 유격이 커진다.

33 $\text{조향 기어비} = \dfrac{\text{핸들 회전각도}}{\text{피트먼 암 회전각도}}$

휠을 2바퀴 돌렸다고 했으므로

$360° \times 2 = 720°$

$\therefore \dfrac{720°}{80°} = 9$

34 G 센서(gravity sensor, 중력 센서) : 자동차가 선회할 때 제어를 하기 위한 전용의 센서이며, 컴퓨터로 차체가 기울어진 방향과 기울어진 정도를 검출하여 앤티 롤 제어할 때 보정 신호로 사용한다.

35 조향 시에 바퀴의 복원력은 킹핀 경사각(대형차)에 의해 얻을 수 있다.

앞바퀴 정렬 중 토인의 필요성
① 앞바퀴를 평행하게 회전시킨다.
② 앞바퀴의 사이드 슬립(side slip)과 타이어 마멸을 방지한다.
③ 조향 링키지 마멸에 따라 토아웃(toe-out)이 되는 것을 방지한다.
④ 토인은 타이로드의 길이로 조정한다.

36 $\text{최소회전반지름 } (R) = \dfrac{L}{\sin\alpha} + r$

여기서, α : 외측바퀴 회전각도(°)
L : 축거(m)
r : 타이어 중심과 킹핀과의 거리(m)

$\therefore \text{최소회전반지름 } R = \dfrac{3.5\text{m}}{\sin 32°} + 0.1\text{m} = 6.7\text{m}$

※ $\sin 32° = 0.5299$(삼각함수표 참고)

정답 32. ㉱ 33. ㉯ 34. ㉱ 35. ㉮ 36. ㉮

37 독립식 현가장치의 특징이 아닌 것은 어느 것인가? 2013.3.10 / 2012.3.4

㉮ 승차감이 좋고, 바퀴의 시미 현상이 적다.
㉯ 스프링 정수가 적어도 된다.
㉰ 구조가 간단하고 부품수가 적다.
㉱ 윤거 및 앞바퀴 정렬 변화로 인한 타이어 마멸이 크다.

38 조향장치에서 킹핀이 마모되면 캠버는 어떻게 되는가? 2013.3.10

㉮ 캠버의 변화가 없다.
㉯ 더 정(+)의 캠버가 된다.
㉰ 더 부(−)의 캠버가 된다.
㉱ 항상 0의 캠버가 된다.

39 조향 기어의 운동전달 방식이 아닌 것은? 2008.5.11

㉮ 가역식 ㉯ 비가역식
㉰ 전부동식 ㉱ 반가역식

40 전자제어 현가장치(ECS)에 관계되는 구성 부품이 아닌 것은? 2009.8.30

㉮ 차고 센서
㉯ 중력 센서
㉰ 조향휠 각속도 센서
㉱ 수온 센서

41 전자제어식 현가장치에서 스프링 상수 및 감쇠력 제어 기능과 차고 높이 조절 기능을 하는 것은? 2010.9.5

㉮ 압축기 릴레이
㉯ 에어 액추에이터
㉰ 스트러트 유닛(쇼크 업소버)
㉱ 배기 솔레노이드 밸브

answers & explanations

37 독립 현가장치의 특징
① 구조가 복잡하고 값이나 취급 및 정비면에서 불리하다.
② 스프링 아래 질량이 적어 승차감이 우수하다.
③ 스프링 정수가 적은 스프링을 사용할 수 있다.
④ 주행 시 바퀴의 움직임에 따라 윤거나 얼라인먼트가 변화하므로 타이어 마모가 크다.
⑤ 차량의 높이를 낮게 할 수 있어 안전성이 좋다.
⑥ 바퀴가 시미를 잘 일으키지 않고 로드 홀딩이 좋다.

38 킹핀이 마모되면 킹핀이 안쪽으로 기울어져 너클이 타이어를 안쪽으로 당기게 되므로 더 부(−)의 캠버가 된다.
킹핀 경사각의 역할
① 캠버와 함께 조향핸들의 조작력을 가볍게 한다.
② 캐스터와 함께 앞바퀴에 복원성을 부여한다.

39 조향 기어의 운동전달 방식
① 가역식 : 앞바퀴 로드 조향핸들을 움직일 수 있게 된 방식
② 비가역식 : 조향핸들로 앞바퀴를 움직일 수는 있으나 그 역으로는 움직일 수 없는 방식
③ 반가역식 : 가역식과 비가역식의 중간 특성

40 수온 센서는 엔진에 적용되는 센서이다.
ECS 센서의 기능
① 차속 센서 : 자동차의 속도 검출
② 조향각 센서 : 조향휠의 회전방향 검출
③ G(중력) 센서 : 자동차의 가감속 검출
④ 차고 센서 : 자동차의 차고 검출

41 전자제어 현가장치(ECS)는 액추에이터(유닛) 쇼크 업소버의 스프링 상수 및 감쇠력을 변화시켜 차고 높이와 자세 제어를 통해 주행 안정성과 승차감을 향상시킨다.

정답 37. ㉰ 38. ㉰ 39. ㉰ 40. ㉱ 41. ㉰

42 공기식 현가장치에서 공기 스프링 내의 공기 압력을 가감시키는 장치로서 자동차의 높이를 일정하게 유지하는 것은? 2012.3.4

㉮ 레벨링 밸브
㉯ 공기 스프링
㉰ 공기 압축기
㉱ 언로드 밸브

43 조향장치의 구비 조건으로 틀린 것은 어느 것인가? 2013.6.2

㉮ 조향휠의 조작력은 저속 시에는 무겁게 하고, 고속 시에는 가볍게 한다.
㉯ 조향핸들의 회전과 바퀴 선회 차이가 크지 않게 한다.
㉰ 선회 시 저항이 적고, 선회 후 복원성이 좋게 한다.
㉱ 조작이 쉽고 방향 변환이 원활하게 한다.

44 동력조향장치의 장점으로 틀린 것은 어느 것인가? 2011.3.20

㉮ 작은 조작력으로 조향조작을 할 수 있다.
㉯ 조향 기어비를 조작력에 관계없이 선정할 수 있다.
㉰ 굴곡 있는 노면에서의 충격을 흡수하여 조향핸들에 전달되는 것을 방지할 수 있다.
㉱ 엔진의 동력에 의해 작동되므로 구조가 간단하다.

45 전동 모터식 동력조향장치의 종류가 아닌 것은? 2010.5.9

㉮ 칼럼(column) 구동방식
㉯ 인티그럴(integral) 구동방식
㉰ 피니언(pinion) 구동방식
㉱ 래크(rack) 구동방식

answers & explanations

42 공기식 현가 부품의 역할
① 레벨링 밸브 : 공기 스프링 내의 공기 압력을 조절하여 차체 높이를 일정하게 유지한다.
② 공기 압축기 : 압축 공기를 발생하여 시스템 내 압력을 유지한다.
③ 언로더 밸브 : 공기 압축기가 과다하게 작동하는 것을 방지하고, 압력을 일정하게 유지한다.
④ 공기 스프링 : 공기 압력으로 작동하며, 차체 높이를 조절하는 기능을 한다.

43 조향장치의 구비 조건
① 조향휠의 조작력은 저속 시에는 가볍게 하고, 고속 시에는 무겁게 할 것
② 조향 조작이 주행 중 충격에 영향을 받지 않을 것
③ 조작이 쉽고 방향 변환이 원활하게 행해질 것
④ 조향핸들의 회전과 바퀴 선회 차이가 크지 않게 할 것
⑤ 고속 주행에서도 조향핸들이 안정될 것
⑥ 선회 시 저항이 적고, 선회 후 복원성이 좋게 할 것

44 동력조향장치 : 파워 스티어링 오일과 파워 스티어링 펌프를 이용하여 유압력을 발생시켜 작은 힘으로도 핸들링을 할 수 있도록 만든 장치
동력조향장치의 장점
① 핸들을 돌리는데 큰 힘이 들지 않게 한다.
② 조향기어비를 자유롭게 설계할 수 있게 한다.
③ 노면 충격이 핸들에 전달되는 것을 크게 줄인다.
④ 앞바퀴의 시미현상을 감소시킨다.

45 인티그럴 구동방식은 유압식 동력조향장치가 된다.
인티그럴형(일체형) 동력조향장치의 특징
① 조향 기어 하우징에 동력 실린더와 컨트롤 밸브가 설치되어 있는 형식이다.
② 컨트롤 밸브가 조향 축에 의해 직접 작동하기 때문에 응답성이 좋다.

정답 42. ㉮ 43. ㉮ 44. ㉱ 45. ㉯

46 앞바퀴 얼라인먼트 검사를 할 때 예비점검 사항과 가장 거리가 먼 것은? 2008.5.11

㉮ 타이어의 공기압, 마모 상태, 흔들림 상태
㉯ 킹핀 마모 상태
㉰ 휠 베어링의 헐거움, 볼 이음의 마모 상태
㉱ 조향핸들 유격 및 차축 또는 프레임의 휨 상태

47 적용 목적이 같은 장치와 부품으로 연결된 것은? 2015.8.16

㉮ ABS와 노크 센서
㉯ EBD(electronic brake force distribution) 시스템과 프로포셔닝 밸브
㉰ 공기유량시스템과 요레이트 센서
㉱ 주행속도장치와 냉각수온 센서

48 전자제어 현가장치는 무엇을 변화시켜 주행 안정성과 승차감을 향상시키는가? 2010.9.5

㉮ 토인
㉯ 쇼크 업소버의 감쇠계수
㉰ 윤중
㉱ 타이어의 접지력

49 트럭의 앞차축이 뒤틀어져서 왼쪽 캐스터각이 0°, 오른쪽 캐스터각이 뒤쪽으로 5~6°가 더 클 때 주행 중 어떤 현상이 일어나겠는가? 2013.8.18

㉮ 오른쪽으로 끌리는 경향이 있다.
㉯ 왼쪽으로 끌리는 경향이 있다.
㉰ 정상적으로 조향된다.
㉱ 도로 사정에 따라 왼쪽이나 오른쪽으로 끌린다.

50 자동차를 옆에서 보았을 때 킹핀의 중심선이 노면에서 수직인 직선에 대하여 어느 한 쪽으로 기울어져 있는 상태는? 2011.6.12

㉮ 캐스터 ㉯ 캠버
㉰ 세트백 ㉱ 토인

51 전자제어 파워 스티어링 제어방식이 아닌 것은? 2013.8.18

㉮ 유량 제어식
㉯ 실린더 바이패스 제어식
㉰ 유온 반응 제어식
㉱ 밸브 특성 제어식

answers & explanations

46 킹핀은 예비점검이 아닌 앞바퀴 정렬 요소이다.
앞바퀴 얼라인먼트 검사 전 점검해야 할 사항
① 전후 및 좌우 바퀴의 흔들림을 점검한다.
② 타이어의 마모 및 공기압력을 점검한다.
③ 조향핸들 유격 및 차축 프레임 마멸을 점검한다.
④ 자동차를 공차상태로 한다.
⑤ 바닥면은 수평인 장소를 선택한다.
⑥ 휠 베어링의 헐거움, 볼 이음의 마모 상태를 점검한다.

47 전자 제동력 분배장치(EBD)
① 프로포셔닝 밸브(proportioning valve) : EBD 출시 전부터 브레이크 계통에 설치되어 있는 장치로, 급제동 시 후륜이 전륜보다 먼저 잠김으로써 차량이 스핀되는 것을 방지하기 위해 후륜 브레이크 오일의 압력을 전륜 대비 감소시키는 장치
② 로드 센싱 프로포셔닝 밸브(LSPD) : 기존의 프로포셔닝 밸브와 달리 중량의 증가에 따른 제동력 배분을 수행하는 장치

49 대형버스나 트럭은 일체차축 현가방식으로서 주행 시 캐스터각이 작은 왼쪽으로 끌린다.

50 뒤로 기울어진 것을 정(+)의 캐스터, 앞으로 기울어진 것을 부(−)의 캐스터라 한다.

정답 46. ㉯ 47. ㉯ 48. ㉯ 49. ㉯ 50. ㉮ 51. ㉰

52 다음 중 전동식 동력조향장치의 설명으로 틀린 것은? 2012.8.26

㉮ 유압식 동력조향장치에 필요한 유압유를 사용하지 않아 친환경적이다.
㉯ 유압 발생장치나 파이프 등의 부품이 없어 경량화를 할 수 있다.
㉰ 파워 스티어링 펌프의 유압을 동력원으로 사용한다.
㉱ 전동기를 운전조건에 맞추어 제어함으로써 정확한 조향력 제어가 가능하다.

53 자동차 동력조향장치의 유압회로 내 유압유의 점도가 높을 때 일어나는 현상이 아닌 것은? 2009.8.30

㉮ 회로 내 잔압이 낮아진다.
㉯ 유압 라인의 열 발생 원인이 된다.
㉰ 동력 손실이 커진다.
㉱ 관내 마찰손실이 커진다.

54 일체식 차축 현가방식의 특징으로 거리가 먼 것은? 2013.6.2

㉮ 앞바퀴에 시미 발생이 쉽다.
㉯ 선회할 때 차체의 기울기가 크다.
㉰ 승차감이 좋지 않다.
㉱ 휠 얼라인먼트의 변화가 적다.

55 조향장치에 대한 설명으로 틀린 것은 다음 중 어느 것인가? 2013.8.18

㉮ 회전반지름이 되도록 크게 하여 전복되지 않게 한다.
㉯ 조향 조작이 경쾌하고 자유로워야 한다.
㉰ 노면으로부터의 충격이나 원심력 등의 영향을 받지 않아야 한다.
㉱ 타이어 및 조향장치의 내구성이 커야 한다.

56 위시본식 독립 현가장치의 구조 및 작동에 관한 설명으로 틀린 것은? 2009.3.1

㉮ 코일 스프링과 쇼크 업소버를 조합시킨 형식이다.
㉯ 스프링 아래 부분의 중량이 크기 때문에 승차감이 좋다.
㉰ 로어와 어퍼 컨트롤 암의 길이가 같은 것이 평행사변형식이다.
㉱ SLA 형식(short/long arm type)은 장애물에 의해 바퀴가 들어올려지면 캠버가 변한다.

answers & explanations

52 전동식 동력조향장치의 특징
① 유압식에 비해 간단하고 경량화할 수 있다.
② 유압유를 사용하지 않아 친환경적이다.
③ 전동기를 운전 조건에 맞추어 제어함으로써 정확한 조향력 제어가 가능하다.
④ 차량의 연비 향상과 전기자동차에 적합하다.

53 점도가 높으면 회로 내 잔압은 높아진다.

54 일체 차축 현가방식의 특징
① 부품 수가 적어 구조가 간단하다.
② 선회할 때 차체의 기울기가 적다.
③ 스프링 밑 질량이 커 승차감이 불량하다.
④ 앞바퀴에 시미 발생이 쉽다.
⑤ 스프링 정수가 너무 적은 것은 사용하기 어렵다.
⑥ 휠 얼라인먼트의 변화가 적다.

55 회전반지름이 되도록 작게 하여 전복되지 않게 한다.

56 스프링 아래 부분의 중량이 작아 승차감이 좋다.

정답 52. ㉰ 53. ㉮ 54. ㉯ 55. ㉮ 56. ㉯

57 핸들의 위치를 중심에 놓고 앞 휠의 토값을 측정하였더니, 다음과 같은 값이 측정되었다면 맞는 것은? (단, 앞 좌측 : 토인 2 mm, 앞 우측 : 토아웃 1 mm이며 주어진 자동차의 제원값은 토인 0.5 mm이다.) 2013.3.10

㉮ 주행 중 차량은 정방향으로 주행한다.
㉯ 주행 중 차량은 좌측으로 쏠리게 된다.
㉰ 주행 중 차량은 우측으로 쏠리게 된다.
㉱ 핸들의 조작력이 무겁게 된다.

58 전자제어 구동력 조절장치(TCS)의 컴퓨터는 구동바퀴가 헛돌지 않도록 최적의 구동력을 얻기 위해 구동 슬립률이 ( )가 되도록 제어한다. 괄호 안에 알맞은 말은? 2012.5.20

㉮ 약 5~10 %
㉯ 약 15~20 %
㉰ 약 25~30 %
㉱ 약 35~40 %

59 차륜 정렬의 조향 요소에서 킹핀 경사각의 기능에 대한 설명으로 틀린 것은? 2010.9.5

㉮ 캠버에 의한 타이어 편마모 방지
㉯ 조종 안정성 확보
㉰ 스티어링의 조작력 경감
㉱ 조향 복원력 증대

60 ECS(electronic control suspension)의 역할이 아닌 것은? 2008.9.7

㉮ 도로 노면 상태에 따라 승차감을 조절한다.
㉯ 차량의 급제동 시 노스 다운(nose down)을 방지한다.
㉰ 급커브 시 원심력에 의한 차량의 기울어짐을 방지한다.
㉱ 조향휠의 복원성을 향상시키고 타이어의 마멸을 방지한다.

61 공기식 현가장치에서 벨로스형 공기 스프링 내부의 압력변화를 완화하여 스프링 작용을 유연하게 해주는 것은? 2012.5.20

㉮ 언로드 밸브
㉯ 레벨링 밸브
㉰ 서지 탱크
㉱ 공기압축기

62 공압식 전자제어 현가장치에서 컴프레서에 장착되어 차고를 낮출 때 작동하며, 공기 체임버 내의 압축 공기를 대기 중으로 방출시키는 작용을 하는 것은? 2011.10.2

㉮ 배기 솔레노이드 밸브
㉯ 압력 스위치 제어 밸브
㉰ 컴프레서 압력 변환 밸브
㉱ 에어 액추에이터 밸브

answers & explanations

57 토인 2 mm, 토아웃 1 mm이므로 합성력은 토인 1 mm이다. 차량은 정방향으로 주행한다.

59 킹핀 경사각의 기능
① 캠버와 함께 조향핸들의 조작력을 가볍게 한다.
② 캐스터와 함께 앞바퀴에 복원성을 부여한다.
③ 앞바퀴가 시미(shimmy) 현상을 일으키지 않도록 한다.
④ 사이드 슬립(side slip)과 타이어 마멸을 방지한다.

61 서지 탱크는 공기 스프링 내부의 압력변화를 완화시켜 스프링 작용을 유연하게 해주는 장치이다.

정답 57. ㉮ 58. ㉯ 59. ㉮ 60. ㉱ 61. ㉰ 62. ㉮

63 독립 현가장치에서 엔진실의 유효면적을 가장 넓게 할 수 있는 형식은? 2008.9.7

㉮ 맥퍼슨 형식
㉯ 위시본 형식
㉰ 트레일링 암 형식
㉱ 평행판 스프링 형식

64 공압식 전자제어 현가장치에서 컴프레서에 장착되어 차고를 낮출 때 작동하며, 공기 체임버 내의 압축 공기를 대기 중으로 방출시키는 작용을 하는 것은? 2011.10.2

㉮ 배기 솔레노이드 밸브
㉯ 압력 스위치 제어 밸브
㉰ 컴프레서 압력 변환 밸브
㉱ 에어 액추에이터 밸브

65 복합식 전자제어 현가장치에서 고압 스위치 역할은? 2011.10.2

㉮ 공기압이 규정값 이하이면 컴프레서를 작동시킨다.
㉯ 자세 제어 시 공기를 배출시킨다.
㉰ 쇼크 업소버 내의 공기압을 배출시킨다.
㉱ 제동 시나 출발 시 공기압을 높여준다.

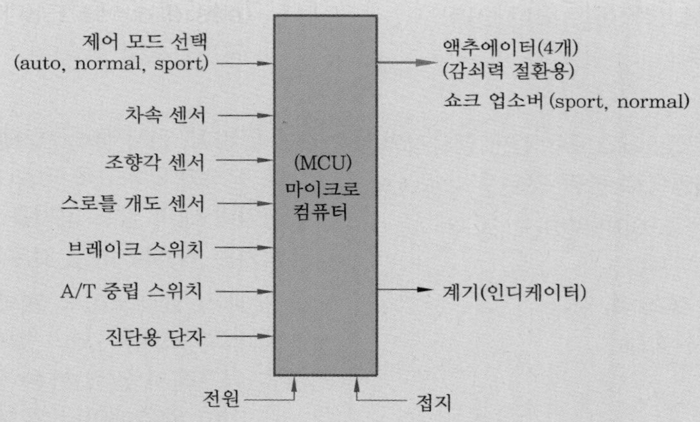

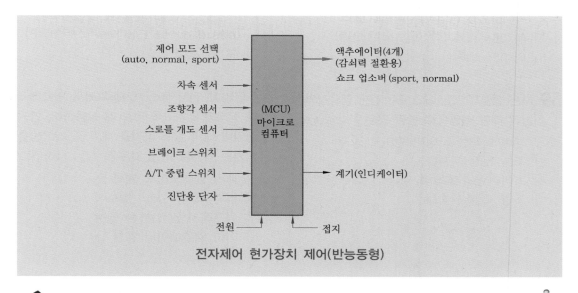

전자제어 현가장치 제어(반능동형)

answers & explanations

63 맥퍼슨 형식은 스프링을 부착한 스트럿을 세로로 설치하고, 상단을 보디에 부착하여 하단을 로어 암으로 지지 엔진실을 유효하게 쓸 수 있는 장점이 있다.

65 ECS(Electronic Control Suspension, 전자제어 현가장치) : 쇼크 업소버의 감쇠력을 제어하여 승차감을 향상시킨다.

고압스위치(high pressure switch) : 쇼크 업소버 공기 스프링에 신속하게 압축공기를 공급하기 위해서는 공기 압력이 일정값(7.7~9.5 bar) 이하로 떨어지면 고압 탱크 쪽에 설치된 고압 스위치가 작동하여 공기 압축기를 돌림으로써 공기 압력을 항상 일정하게 유지시켜 주어야 한다.

정답 63. ㉮ 64. ㉮ 65. ㉮

제4장 제동 장치

01 ABS(Anti-Lock Brake System) 시스템에 대한 두 정비사의 의견 중 옳은 것은?

> **보기**
> 정비사 KIM : 발전기 전압이 일정 전압 이하로 하강하면 ABS 경고등이 점등된다.
> 정비사 LEE : ABS 시스템 고장으로 경고등 점등 시 일반 유압 제동 시스템은 비작동한다.

㉮ 정비사 KIM만 옳다. 2015.5.31
㉯ 정비사 LEE만 옳다.
㉰ 두 정비사 모두 틀리다.
㉱ 두 정비사 모두 옳다.

02 제동 이론에서 슬립률에 대한 설명으로 틀
㉮ **제동 시 차량의 속도와 바퀴의 회전속도와의 관계를 나타내는 것이다.**
㉯ 슬립률이 0 %라면 바퀴와 노면과의 사이에 미끄럼 없이 완전하게 회전하는 상태이다.
㉰ 슬립률이 100 %라면 바퀴의 회전속도가 0으로 완전히 고착된 상태이다.
㉱ 슬립률이 0 %에서 가장 큰 마찰계수를 얻을 수 있다.

03 승용차를 제외한 기타 자동차의 주차 제동 능력 측정 시 조작력 기준으로 적합한 것은?
㉮ 발 조작식 : 60 kg 이하, 2013.3.10
손 조작식 : 40 kg 이하
㉯ 발 조작식 : 70 kg 이하,
손 조작식 : 50 kg 이하
㉰ 발 조작식 : 50 kg 이하,
손 조작식 : 30 kg 이하
㉱ 발 조작식 : 90 kg 이하,
손 조작식 : 30 kg 이하

04 디스크식 브레이크의 장점이 아닌 것은 어느 것인가? 2010.9.5
㉮ 자기 배력작용이 없어 제동력이 안정되고 한쪽만 브레이크되는 경우가 적다.
㉯ 패드 면적이 커서 낮은 유압이 필요하다.
㉰ 디스크가 대기 중에 노출되어 방열성이 우수하다.
㉱ 구조가 간단하여 정비가 용이하다.

answers & explanations

01 자동차 주행 중 발전기 전압이 일정 전압 이하로 떨어지면 ABS 경고등이 점등된다.

02 슬립률 : 제동할 때 차량의 주행속도와 바퀴의 회전속도와의 관계를 나타낸 것이다.

$$슬립률 = \frac{V - V_W}{V} \times 100$$

여기서, V : 차량속도, V_W : 차륜속도

04 디스크 브레이크의 특징
① 편제동 현상이 없다.
② 디스크가 대기 중에 노출되어 냉각 효과가 크다.
③ 방열이 잘 되어 페이드 현상이 적고, 디스크에 물이 묻어도 제동력의 회복이 빠르다.
④ 부품의 평형이 좋고 한쪽만 제동되는 일이 적다.
⑤ 자기작동이 없으므로 페달 조작력이 커야 한다.
⑥ 마찰면적이 적어 패드의 강도가 커야 하고, 패드의 마멸이 크다.
⑦ 구조가 간단하여 정비가 용이하다.
⑧ 주차브레이크가 복잡하다.

정답 01. ㉮ 02. ㉱ 03. ㉯ 04. ㉯

05 대기압이 1,035 HPa일 때 진공 배력장치에서 진공 부스터의 유효압력차는 2.85 N/cm^2, 다이어프램의 유효면적이 600 cm^2이면 진공 배력은? 2009.3.1 / 2012.5.20

가 4,500 N　　나 1,710 N
다 9,000 N　　라 2,250 N

06 제동장치 회로에 잔압을 두는 이유 중 적합하지 않은 것은? 2009.8.30

가 브레이크 작동 지연을 방지한다.
나 베이퍼로크를 방지한다.
다 휠 실린더의 인터로크를 방지한다.
라 유압회로 내 공기 유입을 방지한다.

07 전자제어 제동장치(ABS) 차량이 통상 제동상태에서 ABS가 작동 순환되는 모드는 어느 것인가? 2013.8.18

가 압력감소 모드 – 압력유지 모드 – 압력상승 모드
나 압력상승 모드 – 압력유지 모드 – 압력감소 모드
다 압력유지 모드 – 압력감소 모드 – 압력상승 모드
라 압력상승 모드 – 압력감소 모드 – 압력유지 모드

08 브레이크 드럼의 지름은 25 cm, 마찰계수가 0.28인 상태에서 브레이크 슈가 76 kgf의 힘으로 브레이크 드럼을 밀착하면 브레이크 토크는? 2010.5.9

가 8.22 kgf–m
나 1.24 kgf–m
다 2.17 kgf–m
라 2.66 kgf–m

09 ABS의 장점이라고 할 수 없는 것은 어느 것인가? 2010.3.7 / 2012.3.4

가 제동 시 차체의 안정성을 확보한다.
나 급제동 시 조향 성능 유지가 용이하다.
다 제동압력을 크게 하여 노면과의 동적 마찰효과를 얻는다.
라 제동거리의 단축 효과를 얻을 수도 있다.

10 지름 30 cm인 브레이크 드럼에 작용하는 힘이 600 N이다. 마찰계수가 0.3이라 하면 이 드럼에 작용하는 토크는? 2012.3.4

가 17 N · m　　나 27 N · m
다 32 N · m　　라 36 N · m

answers & explanations

05 진공 배력=면적×압력
∴ 진공 배력=600 cm^2×2.85 N/cm^2=1,710 N

06 잔압을 두는 목적 : 브레이크를 신속하게 작동, 베이퍼 로크를 방지, 오일 누출을 방지(공기 유입 방지)한다.

07 브레이크 토크(T) $=\mu\cdot F\cdot r$
$D=25$ cm, $r=12.5$ cm(=0.125 m)
∴ $T=0.28\times76\times0.125=2.66$ kgf · m

09 ABS의 장점
① 제동거리의 단축
② 제동 시 방향 안정성을 유지
③ 제동 시 조향성을 확보
④ 앞바퀴의 잠김으로 인한 조향능력 상실을 방지한다.
⑤ 뒷바퀴의 잠김으로 인한 차체 스핀에 의한 전복을 방지한다.

10 전달 회전력(T) $=\mu\cdot F\cdot r$
여기서, μ : 마찰계수, F : 힘(N)
r : 반지름(m)
∴ $T=600$ N×0.3×0.15 m
=27 N · m

정답 05. 나　06. 다　07. 가　08. 라　09. 다　10. 나

11 제동장치의 하이드로 마스터(hydro master)에 대한 설명에서 ( ) 안에 들어갈 내용으로 맞는 것은? 2008.9.7

보기

파워 실린더의 내압은 항상 (A)을 유지하고 작동 시에 (B)를 보내어 (C)을 미는 형식이며, 파워 피스톤 대신 (D)을 사용하는 형식도 있다.

㉮ A : 진공 B : 공기 C : 파워 피스톤 D : 막판(diaphragm)
㉯ A : 공기 B : 진공 C : 파워 피스톤 D : 막판(diaphragm)
㉰ A : 파워 피스톤 B : 공기 C : 진공 D : 막판(diaphragm)
㉱ A : 파워 피스톤 B : 공기 C : 막판(diaphragm) D : 진공

12 ABS 장착 차량에서 주행을 시작하여 차량 속도가 증가하는 도중에 펌프 모터 작동소리가 들렸다면 이 차의 상태는? 2009.3.1

㉮ 오작동이므로 불량이다.
㉯ 체크를 위한 작동으로 정상이다.
㉰ 모터의 고장을 알리는 신호이다.
㉱ 모듈레이터 커넥터의 접촉 불량이다.

13 마스터 실린더의 단면적이 10 cm^2인 자동차의 브레이크에 20 N의 힘으로 브레이크 페달을 밟았다. 휠 실린더의 단면적이 20 cm^2라고 하면 이때의 휠 실린더에 작용되는 힘은? 2012.8.26

㉮ 20 N ㉯ 30 N
㉰ 40 N ㉱ 50 N

14 적용 목적이 같은 장치와 부품으로 연결된 것은? 2011.3.20

㉮ ABS와 노크 센서
㉯ EBD(electronic brake force distribution) 시스템과 프로포셔닝 밸브
㉰ 공기유량 시스템과 요레이트 센서
㉱ 주행속도 장치와 온도 센서

15 전자제어 제동장치(ABS)에서 휠 속도 센서에 대한 내용으로 틀린 것은? 2011.10.2

㉮ 마그네틱 방식과 액티브 방식 등이 있다.
㉯ 출력 파형은 종류에 따라 아날로그 및 디지털 신호이다.
㉰ 적재하중에 따라 센서 출력값이 변한다.
㉱ 에어 갭의 변화에 따라 출력값이 변화한다.

자동차 섀시 2 과목

answers & explanations

11 진공 밸브와 공기 밸브의 작동 : 브레이크 작동 시 진공 밸브는 닫히고 공기 밸브는 열리게 된다(작동 시 엔진의 부압을 이용하므로 내리막길에서는 엔진 시동이 꺼져서는 안 된다).

12 엔진 시동 후 최초로 15 km/h에 도달할 때 모터 릴레이를 순간적으로 ON하여 펌프 모터가 ABS 자기진단으로 테스트를 실시하는 것이다.

13 압력 $P = \frac{\text{하중}(w)}{\text{단면적}(A)} = \frac{20}{10} = 2\,\text{N/cm}^2$
하중 = 압력 × 단면적 = 2 × 20 = 40 N

14 EBD 시스템과 프로포셔닝 밸브는 제동 시 하중에 따라 제동력을 분배하는 역할을 한다.

15 에어 갭은 적재하중에 따라 출력값이 변화하지는 않으며 일반적으로 브레이크 작업이나 CV 조인트 등 하체 작업 시 휠 스피드 센서 간극이 접촉되어 변화될 수 있다.

정답 11. ㉮ 12. ㉯ 13. ㉰ 14. ㉯ 15. ㉰

16 브레이크 페달을 강하게 밟을 때 후륜이 먼저 로크되지 않도록 하기 위하여 유압이 어떤 일정 압력 이상 상승하면 그 이상 후륜 측에 유압이 상승하지 않도록 제한하는 장치는? 2008.3.2

㉮ 리미팅 밸브(limiting valve)
㉯ 프로포셔닝 밸브(proportioning valve)
㉰ 이너셔 밸브(inertia valve)
㉱ EGR 밸브

17 다음 중 전자제어 제동장치(ABS)의 구성 부품이 아닌 것은? 2012.3.4

㉮ 하이드롤릭 유닛
㉯ 컨트롤 유닛
㉰ 휠 스피드 센서
㉱ 퀵 릴리스 밸브

18 브레이크 드럼의 직경이 30 cm, 드럼에 작용하는 힘이 200 kgf일 때 토크(torque)는? (단, 마찰계수는 0.2이다.) 2008.5.11

㉮ 2 kgf · m ㉯ 4 kgf · m
㉰ 6 kgf · m ㉱ 8 kgf · m

19 브레이크 오일이 비등하여 제동압력의 전달 작용이 불가능하게 되는 현상은? 2009.5.10 / 2012.3.4

㉮ 페이드 현상
㉯ 사이클링 현상
㉰ 베이퍼 로크 현상
㉱ 브레이크 로크 현상

20 다음 중 디스크 브레이크에 관한 설명으로 틀린 것은? 2012.8.26

㉮ 브레이크 페이드 현상이 드럼 브레이크보다 현저하게 높다.
㉯ 회전하는 디스크에 패드를 압착시키게 되어 있다.
㉰ 대개의 경우 자기작동 기구로 되어 있지 않다.
㉱ 캘리퍼가 설치된다.

answers & explanations

17 퀵 릴리스 밸브는 공기 브레이크의 부품이며, 브레이크 밸브와 앞 브레이크 체임버 사이에 설치되어 앞 브레이크 체임버에 공기를 신속하게 공급하여 제동력을 발생하게 하거나 배출하여 브레이크를 해제하는 역할을 한다.

18 브레이크 토크$(T)=\mu \cdot F \cdot r$
μ : 마찰계수, F : 힘
r : 반지름(15cm = 0.15m)
$\therefore T = 0.2 \times 200\text{kgf} \times 0.15\text{m} = 6\text{kgf} \cdot \text{m}$

19 베이퍼 로크(vapor lock) 현상 : 과도한 브레이크의 사용이나 라이닝의 끌림에 의한 마찰열이 브레이크 라인 내에 전달되어, 기포가 발생하여 압력이 저하되는 현상

20 디스크 브레이크의 특징
① 방열이 잘 되어 페이드 현상이 적고, 디스크에 물이 묻어도 제동력의 회복이 빠르다.
② 마스터 실린더의 유압을 캘리퍼를 통해 바퀴와 함께 회전하는 디스크를 압착시켜 제동한다.
③ 대개 자기작동이 없으므로 페달 조작력이 커야 한다.
④ 구조가 간단하여 정비가 용이하다.
⑤ 부품의 평형이 좋고 한쪽만 제동되는 일이 적다.
⑥ 마찰면적이 적어 패드의 강도가 커야 하고, 패드의 마멸이 크다.

정답 16. ㉮ 17. ㉱ 18. ㉰ 19. ㉰ 20. ㉮

21 ABS(anti lock brake system) 장치의 유압제어 모드에서 주행 중 급제동 시 고착된 바퀴의 유압제어는? 2010.5.9

㉮ 감압제어
㉯ 분압제어
㉰ 정압제어
㉱ 증압제어

22 다음 중 유압식 브레이크 계통의 설명으로 옳은 것은? 2010.9.5 / 2012.3.4

㉮ 유압 계통 내에 잔압을 두어 베이퍼 로크 현상을 방지한다.
㉯ 유압 계통 내에 공기가 혼입되면 페달의 유격이 작아진다.
㉰ 휠 실린더의 피스톤 컵을 교환한 경우에는 공기빼기 작업을 하지 않아도 된다.
㉱ 마스터 실린더의 체크밸브가 불량하면 브레이크 오일이 외부로 누유된다.

23 전자제어 제동장치에서 차량의 속도와 바퀴의 속도 비율을 얼마로 제어하는가? 2010.3.7

㉮ 0~5 %
㉯ 15~25 %
㉰ 45~50 %
㉱ 90~95 %

24 드럼 브레이크와 비교하여 디스크 브레이크의 단점이 아닌 것은? 2010.3.7

㉮ 패드를 강도가 큰 재료로 제작해야 한다.
㉯ 한쪽만 브레이크되는 경우가 많다.
㉰ 마찰면적이 없어 압착력이 커야 한다.
㉱ 자기작동 작용이 없어 제동력이 커야 한다.

answers & explanations

21 ABS 급제동 시 유압제어는 압력을 감압시킨다(바퀴가 고착되는 것을 방지하기 위함).

22 유압식 브레이크
① 유압 계통 내에 공기가 혼입되면 페달의 유격이 커진다.
② 휠 실린더의 피스톤 컵을 교환한 경우 공기빼기작업을 하여야 한다.
③ 마스터 실린더의 체크 밸브가 불량하면 잔압이 낮아진다.
잔압을 두는 이유
① 브레이크 작동 지연을 방지한다.
② 베이퍼 로크를 방지한다.
③ 회로 내에 공기가 침입하는 것을 방지한다.
④ 휠 실린더 내에서 오일이 누출되는 것을 방지한다.

23 ABS 슬립비 : 15~ 25 %

$$슬립률(S) = \frac{차체속도 - 바퀴회전속도}{차체속도} \times 100$$

24 디스크 브레이크의 특징
① 구조가 간단하다.
② 디스크가 대기 중에 노출되어 냉각효과가 크다.
③ 방열이 잘 되어 페이드 현상이 적고, 디스크에 물이 묻어도 제동력의 회복이 빠르다.
④ 부품의 평형이 좋고 한쪽만 제동되는 일이 적다.
⑤ 자기작동이 없으므로 페달 조작력이 커야 한다.
⑥ 마찰면적이 적어 패드의 강도가 커야 하고, 패드의 마멸이 크다.

정답 21. ㉮ 22. ㉮ 23. ㉯ 24. ㉯

25 차속 감응형 4륜 조향장치가 2륜 조향장치에 비해 성능을 향상시킬 수 있는 항목으로 가장 적절하지 않는 것은? 2011.3.20

㉮ 고속 직진 안정성
㉯ 차선 변경의 용이성
㉰ 최소회전반지름 단축
㉱ 코너링 포스 저감

26 ABS(anti-lock brake system)장치의 구성품이 아닌 것은? 2013.3.10

㉮ 휠 스피드 센서 ㉯ ABS 컨트롤 유닛
㉰ 하이드롤릭 유닛 ㉱ 속도 센서

27 마스터 실린더의 단면적이 10 cm^2인 자동차의 브레이크에 20 N의 힘으로 브레이크 페달을 밟았다. 휠 실린더의 단면적이 20 cm^2라고 하면 이때 휠 실린더에 작용되는 힘은? 2010.3.7

㉮ 20 N ㉯ 30 N
㉰ 40 N ㉱ 50 N

28 브레이크 작동 시 조향휠이 한쪽으로 쏠리는 원인이 아닌 것은? 2013.3.10

㉮ 브레이크 간극 조정 불량
㉯ 휠 허브 베어링의 헐거움
㉰ 마스터 실린더의 체크밸브 작동이 불량
㉱ 한 쪽 브레이크 디스크의 변형

29 유압식 브레이크에서 15 kgf의 힘을 마스터 실린더의 피스톤에 작용했을 때 휠 실린더의 피스톤에 가해지는 힘은? (단, 마스터 실린더의 피스톤 단면적은 10 cm^2, 휠 실린더의 피스톤 단면적은 20 cm^2이다.) 2009.5.10

㉮ 7.5 kgf ㉯ 20 kgf
㉰ 25 kgf ㉱ 30 kgf

30 제동력이 350 kgf이다. 이 차량의 차량 중량이 1,000 kgf이라면 제동저항계수는? (단, 노면마찰계수 등 기타 조건은 무시한다.) 2012.5.20

㉮ 0.25 ㉯ 0.35
㉰ 2.5 ㉱ 4.0

answers & explanations

26 ABS의 구성 부품
① 휠 스피드 센서 : 차륜의 회전 상태를 검출
② 전자제어 컨트롤 유닛(ECU) : 휠 스피드 센서의 신호를 받아 ABS를 제어
③ 하이드롤릭 유닛 : ECU의 신호에 따라 휠 실린더에 공급되는 유압을 제어
※ 차속 센서는 변속 패턴의 주요 정보와 자동차의 속도를 검출하여 시스템에 따른 정보를 공유한다.

27 $압력(P) = \frac{하중(w)}{단면적(A)}$
$= \frac{20\,N}{10\,cm^2} = 2\,N/cm^2$
$\therefore$ 힘 = 압력 × 단면적
$= 2\,N/cm^2 \times 20\,cm^2$
$= 40\,N$

28 브레이크 마스터 실린더는 탠덤형으로서 출구 라인이 두 개이며, 체크밸브가 불량하면 좌우 양쪽 바퀴 제동력에 동시압을 제어하기 때문에 브레이크 제동 시 조향휠이 한쪽으로 쏠리지는 않는다.

29 $압력(P) = \frac{하중(w)}{단면적(A)}$
$\therefore$ 하중 = 압력 × 단면적
마스터 실린더 압력 $= \frac{15\,kgf}{10\,cm^2} = 1.5\,kgf/cm^2$
$\therefore$ 휠 실린더에 작용하는 힘
$= 1.5\,kgf/cm^2 \times 20\,cm^2 = 30\,kgf$

30 구름저항$(R_r) = \mu_r \cdot W$
(제동력과 제동저항 계수가 구름저항과 구름저항 계수이다.)
$\therefore$ 구름저항 계수$(\mu_r) = \frac{R_r}{W} = \frac{350}{1,000} = 0.35$

정답 25. ㉱ 26. ㉱ 27. ㉰ 28. ㉰ 29. ㉱ 30. ㉯

31 드럼식 유압 브레이크 내의 휠 실린더 역할은? 2009.3.1

㉮ 브레이크 드럼 축소
㉯ 마스터 실린더 브레이크액 보충
㉰ 브레이크 슈의 확장
㉱ 바퀴 회전

32 다음 중 브레이크액이 갖추어야 할 특징이 아닌 것은? 2008.9.7

㉮ 화학적으로 안정되고 침전물이 생기지 않을 것
㉯ 온도에 대한 점도 변화가 작을 것
㉰ 비점이 낮아 베이퍼 로크를 일으키지 않을 것
㉱ 빙점이 낮고 인화점은 높을 것

33 제동안전장치 중 앤티스키드장치(antiskid system)에 사용되는 밸브가 아닌 것은?

㉮ 언로더 밸브(unloader valve) 2012.5.20
㉯ 프로포셔닝 밸브(proportioning valve)
㉰ 리미팅 밸브(limiting valve)
㉱ 이너셔 밸브(inertia valve)

34 제동장치에서 듀오 서보형 브레이크는 다음 중 어느 것인가? 2011.10.2

㉮ 전진 시 브레이크를 작동할 때만 2개의 브레이크 슈가 자기 배력 작용을 한다.
㉯ 후진 시 브레이크를 작동할 때만 1개의 브레이크 슈가 자기 배력 작용을 한다.
㉰ 전 · 후진 시 브레이크를 작동할 때 2개의 브레이크 슈가 자기 배력 작용을 한다.
㉱ 후진 시 브레이크를 작동할 때만 2개의 브레이크 슈가 자기 배력 작용을 한다.

35 ABS에서 1개의 휠 실린더에 NO(normal open) 타입의 입구 밸브(inlet solenoid valve)와 NC(normal closed) 타입의 출구 밸브(outlet solenoid valve)가 각각 1개씩 있을 때 바퀴가 고착된 경우의 감압 제어는 어느 것인가? 2010.3.7

㉮ inlet S/V : on — outlet S/V : on
㉯ inlet S/V : off — outlet S/V : on
㉰ inlet S/V : on — outlet S/V : off
㉱ inlet S/V : off — outlet S/V : off

자동차 섀시 2 과목

answers & explanations

31 마스터 실린더에서 발생된 유압을 휠 실린더가 받아 브레이크 슈를 확장하여 드럼을 제동한다. 실린더 내 두 개의 피스톤에 유압이 가해져 브레이크 슈를 확장한다.

32 브레이크액이 갖추어야 할 특징
㉮, ㉯, ㉱ 외
① 윤활성이 있을 것
② 고무 또는 금속 제품을 연화, 팽창, 부식시키지 않을 것
③ 침전물 발생이 없을 것

33 언로더 밸브는 공기식 브레이크에서 압력조정기와 함께 공기압축기가 과다하게 작동되는 것을 방지하고 공기탱크의 압력을 일정하게 유지하는 역할을 한다.

35 ABS 입 · 출구 밸브의 ON, OFF 상태

작동 모드	입구(inlet) 밸브	출구(outlet) 밸브
감압 모드	ON	ON
유지 모드	OFF	ON
증압 모드	OFF	OFF

정답 31. ㉰ 32. ㉰ 33. ㉮ 34. ㉰ 35. ㉮

36 브레이크 시스템에서 작동 기구에 의한 분류에 속하지 않는 것은? 2009.8.30

[가] 진공 배력식 [나] 공기 배력식
[다] 자기 배력식 [라] 공기식

37 브레이크 라이닝의 표면이 과열되어 마찰계수가 저하되고 브레이크 효과가 나빠지는 현상은? 2013.3.10

[가] 브레이크 페이드 현상
[나] 언더 스티어링 현상
[다] 하이드로 플레이닝 현상
[라] 캐비테이션 현상

38 공기 브레이크에서 공기압축기의 공기압력을 제어하는 것은? 2011.3.20

[가] 언로더 밸브 [나] 안전 밸브
[다] 릴레이 밸브 [라] 체크 밸브

39 브레이크 장치에서 베이퍼 로크(vapor lock)가 생길 때 일어나는 현상으로 가장 옳은 것은? 2012.3.4

[가] 브레이크 성능에는 지장이 없다.
[나] 브레이크 페달의 유격이 커진다.
[다] 브레이크액을 응고시킨다.
[라] 브레이크액이 누설된다.

40 제동 안전장치 중 프로포셔닝 밸브의 역할은 무엇인가? 2012.5.20

[가] 앞바퀴와 뒷바퀴의 제동압력을 분배하기 위하여
[나] 앞바퀴의 제동압력을 감소시키기 위하여
[다] 뒷바퀴의 제동압력을 증가시키기 위하여
[라] 무게중심을 잡기 위하여

answers & explanations

36 자기배력장치는 해당사항이 없다.
배력식 브레이크의 종류
(1) 진공식 배력장치 : 대기압과 흡기다기관의 압력차를 이용
(2) 압축공기식 배력장치 : 압축공기와 대기압의 압력차를 이용하며, 에어 마스터(air master) 또는 하이드로 에어 팩(hydro air pack)이라 한다.

37 ① 페이드(fade) : 브레이크 라이닝의 표면이 과열되어 마찰계수가 저하되고 브레이크 효과가 나빠지는 현상
② 하이드로 플레이닝(hydro planning, 수막현상) : 고속 주행 시 노면과 타이어 사이에 물이 빠지지 못하여 마찰력이 작아지는 현상
③ 베이퍼 로크(vapor lock) : 브레이크의 빈번한 사용이나 끌림 등에 의한 마찰열이 브레이크 회로에 전달되어, 브레이크 회로 내에 기포가 발생되어 압력 전달이 불가능하게 되는 현상

38 언로더 밸브 : 공기압력이 규정값(5~7 kgf/cm^2) 이상이 되면 언로더 밸브가 흡기밸브를 밀어 압축기 작동을 정지시키고, 다시 닫히면 가동되어 압력조정기와 함께 공기 압축기가 과다하게 작동되는 것을 방지하고 공기탱크의 압력을 일정하게 유지하는 역할을 한다.

39 브레이크 장치에서 베이퍼 로크 현상이 발생되면 브레이크 회로 내의 오일이 비등 · 기화하여 오일의 압력 전달 작용을 방해하는 현상으로 유압 전달 작용이 원활하지 못하게 되어 브레이크 페달의 유격이 커지며, 제동 성능이 저하된다.

40 프로포셔닝(proportioning) 밸브는 제동 시 브레이크 작용력이 증대됨에 따라 뒤쪽의 유압 증가 비율을 앞쪽보다 작게 하여 뒷바퀴의 조기 고착에 의한 조종 불안정을 방지하기 위한 밸브이다.

정답 36. [다] 37. [가] 38. [가] 39. [나] 40. [가]

41 **자동차 제동장치에서 드럼 브레이크의 드럼이 갖추어야 할 조건을 잘못 설명한 것은?**

2009.8.30

㉮ 방열성이 좋아야 한다.
㉯ 마찰계수가 낮아야 한다.
㉰ 고온에서 내마모성이 있어야 한다.
㉱ 변형에 대응할 충분한 강성이 있어야 한다.

42 **전자제어 현가장치 부품 중에서 선회 시 차체의 기울어짐 방지와 가장 관계있는 것은?**

2011.6.12

㉮ 도어 스위치
㉯ 조향휠 각속도 센서
㉰ 스톱 램프 스위치
㉱ 헤드 램프 릴레이

43 **4센서 4채널 ABS(anti-lock brake system)에서 하나의 휠 스피드 센서(wheel speed sensor)가 고장일 경우의 현상 설명으로 옳은 것은?**

2008.5.11 / 2012.5.20

㉮ 고장나지 않은 나머지 3바퀴인 ABS가 작동한다.
㉯ 고장나지 않은 바퀴 중 대각선 위치에 있는 2바퀴만 ABS가 작동한다.
㉰ 4바퀴 모두 ABS가 작동하지 않는다.
㉱ 4바퀴 모두 정상적으로 ABS가 작동한다.

44 **제동장치의 배력장치 중 하이드로 마스터에 대한 설명으로 옳은 것은?**

2010.3.7

㉮ 유압 계통의 체크 밸브는 유압 피스톤의 작동 시에 브레이크액의 역류를 막아 휠 실린더 유압을 증가시킨다.
㉯ 릴레이 밸브 브레이크 페달을 밟았을 때 진공과 대기압의 압력차에 의해 작동한다.
㉰ 유압 계통의 체크 밸브는 브레이크액이 마스터 실린더로부터 휠 실린더로 누설되는 것을 방지한다.
㉱ 진공 계통의 체크 밸브는 릴레이 밸브와 일체로 되어져 있고 운행 중 하이드로 백 내부의 진공을 유지시켜 준다.

45 **제동 안전장치 중 프레임과 리어 액슬 사이에 장착되어 적재량에 따라 후륜에 가해지는 유압을 조절하여 차량의 제동력을 최적화하는 밸브는?**

2011.10.2

㉮ ABS 밸브
㉯ G 밸브
㉰ PB 밸브
㉱ LSPV 밸브

answers & explanations

41 브레이크 제동 효과가 좋은 것은 마찰계수가 크기 때문이다.
브레이크 드럼이 갖추어야 할 조건
① 방열이 잘 될 것
② 충분한 강성과 내마멸성이 있을 것
③ 정적, 동적 평형이 잡혀 있을 것
④ 가벼울 것

42 조향휠 각속도 센서 : 차량 선회 시 차체의 기울어짐을 방지하기 위하여 주행 중 급회전 상태를 감지하여 ECU에 입력 쇼크 업소버의 감쇠력을 제어한다.

43 휠 스피드 센서는 바퀴(휠)의 회전을 검출하는 센서로 하나의 센서가 고장나도 ABS슬립률에 영향을 주게 되어 ABS가 작동되지 않는다.

45 LSPV(Load Sensing Proportioning Valve) : 차량에 적제된 적재량에 따라 변동되는 하중에 대해 프로포셔닝 밸브와 같이 제동 유압을 자동적으로 제어하여 뒷바퀴의 조기 고착에 의한 제동 시 조종 불안정을 방지하기 위한 밸브

정답 41. ㉯ 42. ㉯ 43. ㉰ 44. ㉮ 45. ㉱

46 드럼 브레이크와 비교한 디스크 브레이크의 특성에 대한 설명으로 틀린 것은 다음 중 어느 것인가? 2008.5.11

㉮ 고속에서 반복적으로 사용하여도 제동력의 변화가 적다.
㉯ 부품의 평형이 좋고 편제동되는 경우가 거의 없다.
㉰ 디스크에 물이 묻어도 제동력의 회복이 빠르다.
㉱ 디스크가 대기 중에 노출되어 방열성은 좋으나 제동 안정성이 떨어진다.

47 자동차의 제동 성능에서 제동력에 영향을 미치는 요인으로 거리가 먼 것은? 2011.6.12

㉮ 차량총중량 ㉯ 제동초속도
㉰ 여유구동력 ㉱ 미끄럼계수

48 엔진 정지 중에도 정상 작동이 가능한 제동 장치는? 2008.3.2

㉮ 기계식 주차 브레이크
㉯ 와전류 리타더 브레이크
㉰ 배력식 주 브레이크
㉱ 공기식 주 브레이크

49 다음 중 제동장치가 갖추어야 할 조건으로 틀린 것은? 2013.8.18

㉮ 최고속도와 차량의 중량에 대하여 항상 충분한 제동력을 발휘할 것
㉯ 신뢰성과 내구성이 우수할 것
㉰ 조작이 간단하고, 운전자에게 피로감을 주지 않을 것
㉱ 고속주행 상태에서 급제동 시 모든 바퀴의 제동력이 동일하게 작용할 것

50 전자제어식 제동장치(ABS)에서 펌프로부터 토출된 고압의 오일을 일시적으로 저장하고 맥동을 완화시켜주는 것은? 2010.9.5

㉮ 모듈레이터 ㉯ 솔레노이드 밸브
㉰ 어큐뮬레이터 ㉱ 프로포셔닝 밸브

51 브레이크 장치에서 전진 시와 후진 시에 모두 자기 배력작용이 발생되는 것을 올바르게 표현한 것은? 2011.3.20

㉮ 듀오 서보 브레이크
㉯ 리딩 슈 브레이크
㉰ 유닛 서보 브레이크
㉱ 디스크 브레이크

answers & explanations

46 디스크 브레이크의 특징
① 구조가 간단하다.
② 디스크가 대기 중에 노출되어 냉각 효과가 크다.
③ 방열이 잘 되어 페이드 현상이 적고, 디스크에 물이 묻어도 제동력의 회복이 빠르다.
④ 부품의 평형이 좋고 한쪽만 제동되는 일이 적다.
⑤ 자기작동이 없으므로 페달 조작력이 커야 한다.
⑥ 마찰면적이 적어 패드의 강도가 커야 하고, 패드의 마멸이 크다.

47 여유구동력은 가속 성능과 관계가 있다.

48 기계식 주차 브레이크 : 핸드 브레이크와 풋 브레이크로 사용되고 있으며, 엔진 작동과 관계없이 작동이 가능하다(주로 차량 주차 시 사용).

50 유압장치에 있어서 유압펌프로부터 고압의 기름을 저장해 놓는 장치

51 듀오 서보 브레이크는 전진 및 후진에서 모두 자기 배력작용(자기작동 작용)이 발생되는 형식이다.

정답 46. ㉱ 47. ㉰ 48. ㉮ 49. ㉱ 50. ㉰ 51. ㉮

52 **전자제어 제동장치(ABS)에서 실렉트 로(select low) 제어방식이란?** 2010.9.5

㉮ 제동시키려는 바퀴만 독립적으로 제어한다.

㉯ 속도가 늦는 바퀴는 유압을 증압하여 제어한다.

㉰ 속도가 빠른 바퀴 쪽에 가해진 유압으로 감압하여 제어한다.

㉱ 먼저 슬립되는 바퀴 쪽에 가해진 유압으로 맞추어 동시 제어한다.

53 **일반적으로 ABS(anti-lock brake system)에 장착되는 마그네틱 방식 휠 스피드 센서와 톤 휠의 간극은?** 2013.6.2

㉮ 약 3~5 mm

㉯ 약 5~6 mm

㉰ 약 0.2~1 mm

㉱ 약 0.1~0.2 mm

answers & explanations

52 실렉트 로(select low) 제어 : 브레이크 제동 시 좌우 차륜의 감속도를 비교하여 먼저 슬립하는 바퀴를 기준으로 좌우 차륜의 유압을 동시에 제어하는 방법이다.

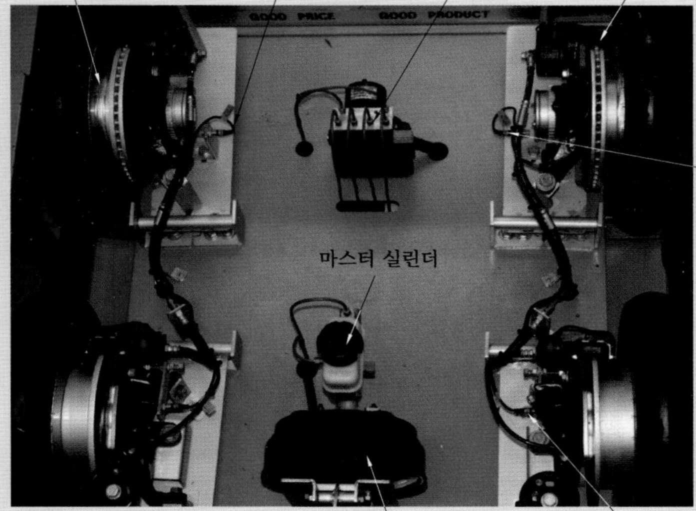

53 ABS 휠 스피드 센서 : 센서는 영구 자석, 센서 코일, 폴 피스, 톤 휠(ton wheel, 펄스 링)로 구성되어 있다.

정답 52. ㉱ 53. ㉰

54 그림에서 브레이크 페달의 유격 조정 부위로 가장 적합한 곳은? 2009.3.1

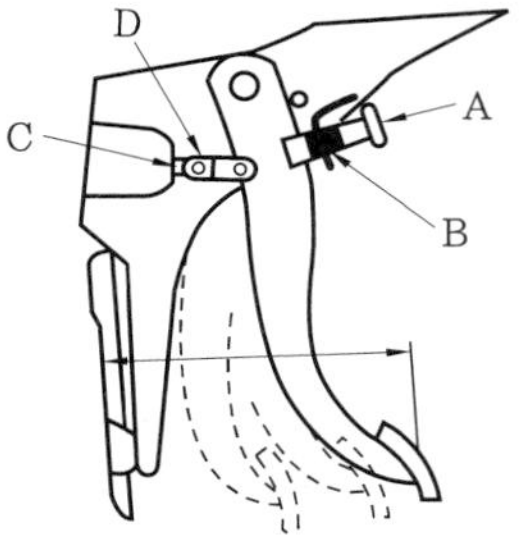

㉮ A와 B ㉯ C와 D
㉰ B와 D ㉱ B와 C

55 브레이크를 밟았을 때 브레이크 페달이나 차체가 떨리는 원인으로 거리가 먼 것은 어느 것인가? 2014.3.2

㉮ 브레이크 디스크 또는 드럼의 변형
㉯ 브레이크 패드 및 라이닝 재질 불량
㉰ 앞·뒤 바퀴 허브 유격 과다
㉱ 프로포셔닝 밸브 작동 불량

공기식 브레이크에서 브레이크 페달을 밟으면 브레이크 밸브가 열리고 릴레이 밸브를 거쳐 브레이크 체임버로 공기가 들어가 푸시로드를 밀면 캠이 브레이크 슈를 확장하여 제동을 하게 된다.

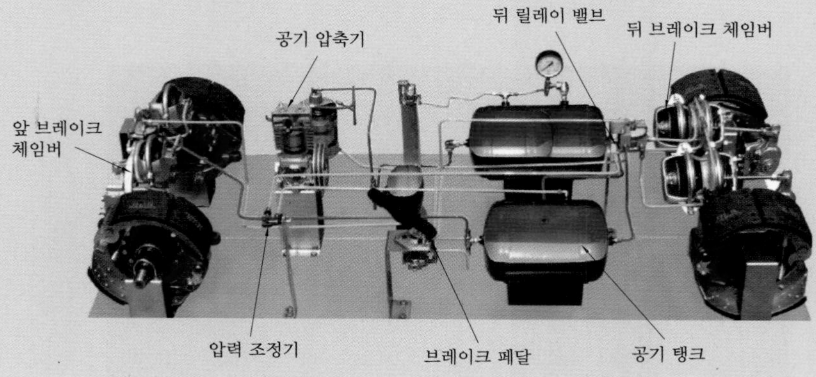

answers & explanations

54 브레이크 페달의 유격 : 브레이크 페달을 밟기 시작하여 마스터 실린더 보상 구멍을 피스톤이 막을 때까지 페달이 움직인 거리, 브레이크 페달을 밟았을 때 마스터 실린더 유압이 브레이크 라이닝을 밀어서 드럼에 닿을 때까지의 간격이다.

55 프로포셔닝 밸브 : 브레이크액의 유압을 조절하여 제동력을 분배시키는 유압 조정 밸브로, 브레이크 패드를 밟아 발생된 유압이 일정치 이상이 되면 밸브가 닫혀 휠 실린더 압력을 균등히 조정하며 전·후륜 휠 실린더 압력을 균일하게 공급하는 밸브로, 거의 모든 승용차의 뒤 브레이크에 사용되고 있다.

정답 54. ㉯ 55. ㉱

제5장 주행 및 구동 장치

01 주행 중에 급제동을 하면 차체의 앞쪽이 낮아지고, 뒤쪽이 높아지는 노스다운 현상이 발생하는데, 이것을 제어하는 것은? 2009.5.10

㉮ 앤티 다이브 제어
㉯ 앤티 스쿼트 제어
㉰ 앤티 피칭 제어
㉱ 앤티 롤링 제어

02 93.6 km/h로 직진 주행하는 자동차의 양쪽 구동륜은 지금 825min^{-1}으로 회전하고 있다. 구동륜의 동하중 반경은? (단, 구동륜의 슬립은 무시한다.) 2010.5.9

㉮ 약 56.7 mm
㉯ 약 157.5 mm
㉰ 약 301 mm
㉱ 약 317 mm

03 타이어의 반경이 65 cm이고, 엔진의 회전속도가 2,500 rpm일 때 총 감속비가 6 : 1이면 이 자동차의 주행속도는? 2011.3.20

㉮ 약 102 km/h ㉯ 약 105 km/h
㉰ 약 108 km/h ㉱ 약 112 km/h

04 자동차의 질량은 1,500 kg, 1개의 차륜당 전륜 제동력은 3,400 N, 후륜 제동력은 1,100 N일 때 제동 감속도는? 2011.6.12

㉮ 3 m/s^2 ㉯ 4 m/s^2
㉰ 5 m/s^2 ㉱ 6 m/s^2

05 차량 총중량이 2 ton인 자동차가 등판저항이 약 350 kgf으로 언덕길을 올라갈 때 언덕길의 구배는 얼마인가? 2011.10.2

㉮ 10 ㉯ 11 ㉰ 12 ㉱ 13

answers & explanations

01 다이브(dive)란 앞쪽이 낮아지는 nose down 현상으로 이를 방지하는 기능을 anti-dive라 하며, 제동 시 앞 부분이 낮아지는 것을 작게 한다.

02 차속$(V) = \dfrac{\pi DN}{60} \times 3.6$

(3.6은 m로 단위환산하기 위함)

$\therefore$ 지름$(D) = \dfrac{60 \times V}{\pi \times N \times 3.6} = \dfrac{60 \times 93.6}{3.14 \times 825 \times 3.6}$

$= 0.602\,\text{m} = 602\,\text{mm}$

$\therefore$ 반지름$(d) = 301\,\text{mm}$

03 시속$(V) = \dfrac{\pi DN}{R_t \times R_f} \times \dfrac{60}{1,000}$

($\dfrac{60}{1,000}$은 km/h로 단위환산하기 위함)

여기서, D : 타이어 직경(m)
N : 엔진회전수(rpm)
R_t : 변속비
R_f : 종감속비

$V = \dfrac{3.14 \times 1.3\,\text{m} \times 2,500\,\text{rpm}}{6} \times \dfrac{60\,\text{min}}{1\,\text{h}}$

$\times \dfrac{1\,\text{km}}{1,000\,\text{m}} = 102.05\,\text{km/h}$

04 감속력 = 질량(m) × 감속도(a)

$\therefore$ 감속도$(a) = \dfrac{감속력}{질량} = \dfrac{(3,400 + 1,100) \times 2}{1,500}$

$= 6\,\text{m/s}^2$

(×2는 좌우 바퀴 제동력이 적용된 것)

05 구배저항$(R_g) = W \cdot \sin\theta \fallingdotseq W \cdot \tan\theta = \dfrac{WG}{100}$

여기서, W : 차량총중량
θ : 경사각도
G : 구배(경사율)

$\therefore \sin\theta = \dfrac{R_g}{W} = \dfrac{350}{2,000} = 0.175$

$\therefore \theta = \sin^{-1} 0.175 = 10°$

※ 삼각함수표를 참고하여 역으로 추정한다.

정답 01. ㉮ 02. ㉰ 03. ㉮ 04. ㉱ 05. ㉮

06 승용차 타이어는 트레드 홈 깊이가 몇 mm 이하일 때 교환해야 안전한가? 2012.8.26

㉮ 2.0 mm 이하 ㉯ 1.6 mm 이하
㉰ 2.4 mm 이하 ㉱ 3.2 mm 이하

07 내부에는 고탄소강의 강선(피아노선)을 묶음으로 넣고 고무로 피복한 링 상태의 보강 부위로 타이어를 림에 견고하게 고정시키는 역할을 하는 부분은? 2008.3.2

㉮ 카커스(carcass)부 ㉯ 트레드(tread)부
㉰ 숄더(should)부 ㉱ 비드(bead)부

08 제동 시 핸들을 빼앗길 정도로 브레이크가 한쪽만 듣는다. 원인으로 틀린 것은? 2009.5.10

㉮ 양쪽 바퀴의 공기압이 다름
㉯ 허브 베어링의 풀림
㉰ 백 플레이트의 풀림
㉱ 마스터 실린더의 리턴 포트가 막힘

09 VDC(vehicle dynamic control) 장치에서 고장 발생 시 제어에 대한 설명으로 틀린 것은? 2010.5.9

㉮ 원칙적으로 ABS의 고장 시에는 VDC 제어를 금지한다.
㉯ VDC 고장 시에는 해당 시스템만 제어를 금지한다.
㉰ VDC 고장 시 솔레노이드 밸브 릴레이를 OFF시켜야 되는 경우에는 ABS의 페일 세이프에 준한다.
㉱ VDC 고장 시 자동변속기는 현재 변속단보다 다운 변속된다.

10 바퀴의 지름이 70 cm, 엔진의 회전수 3,800 rpm, 총 감속비가 5.2일 때 자동차의 주행속도는? 2008.3.2

㉮ 약 76 km/h ㉯ 약 86 km/h
㉰ 약 96 km/h ㉱ 약 106 km/h

answers & explanations

06 자동차 타이어의 요철형 무늬 깊이를 1.6 mm 이상 유지해야 안전하다.

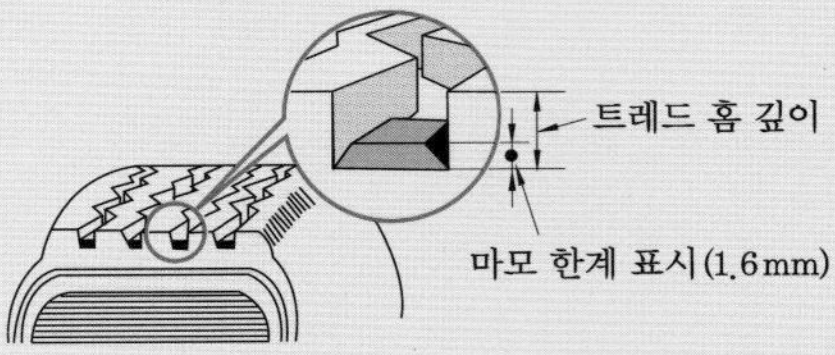

07 ① 비드(bead) : 타이어가 림에 접촉하는 부분으로 타이어가 늘어나고 빠지는 것을 방지하기 위해 몇 줄의 피아노선이 들어 있다.
② 브레이커(breaker) : 트레드와 카커스 사이에 있으며, 분리를 방지하고 노면에서의 완충작용을 한다.
③ 카커스(carcass) : 타이어의 골격을 이루는 부분으로 여러 겹의 코드층으로 되어 공기 압력을 견디고 완충작용을 한다.
④ 트레드(tread) : 노면과 직접 접촉하는 부분으로 제동력, 구력, 옆방향 미끄럼 방지, 승차감 향상 등의 역할을 한다.

08 마스터 실린더는 유압 발생 실린더로 리턴 포트가 막히면 양쪽이 모두 제동력이 풀리지 않는다.

09 VDC(vehicle dynamic control) : 자동차의 미끄러짐을 검출하여 브레이크 페달을 작동하지 않아도 자동으로 각 바퀴의 브레이크 유압과 엔진의 출력을 제어하여 주행 중의 자동차 자세를 제어하며 안정성을 확보한다.

10 차속 $(V) = \frac{\pi \cdot D \cdot n}{r_t \times r_f} \times \frac{60}{1,000}$ [km/h]
(총감속비 = 변속비 × 종감속비 $= r_t \times r_f$)
$\therefore V = \frac{3.14 \times 0.7\text{m} \times 3,800}{5.2} \times \frac{60}{1,000}$
$= 96.37$ km/h
(D : 지름, 국제 단위인 미터로 변환)
※ $\frac{60}{1000}$ 은 m/min를 km/h로 단위변환하기 위함이다.

정답 06. ㉯ 07. ㉱ 08. ㉱ 09. ㉱ 10. ㉰

11 다음 보기에서 맞는 내용은 모두 몇 개인가? 2012.8.26

보기
- ABS는 마찰계수의 회복을 위해 자동차 바퀴의 회전속도를 검출하여 바퀴가 로크되지 않도록 유압을 제어하는 것이다.
- EBD는 기계적 밸브인 P밸브를 전자적인 제어로 바꾼 것이다.
- TCS는 구동륜에서 발생하는 슬립을 억제하여 출발 시나 선회 시 원활한 주행을 유도하는 것이다.
- VDC는 주행 중 차량이 긴박한 상황에서 자세를 능동적으로 변화시키는 장치이다.

㉮ 1개 ㉯ 2개
㉰ 3개 ㉱ 4개

12 차량의 안정성 향상을 위하여 적용된 전자제어 주행 안전장치(VDC, ESP)의 구성 요소가 아닌 것은? 2013.6.2

㉮ 횡 가속도 센서 ㉯ 충돌 센서
㉰ 요-레이터 센서 ㉱ 조향각 센서

13 120 km/h의 속도로 주행 중인 자동차에서 총 감속비는 4.83, 구동륜 회전속도는 1,031 rpm, 타이어의 동하중 원주는 1,940 mm일 때 엔진의 회전속도는? (단, 슬립은 없는 것으로 본다.) 2009.3.1

㉮ 약 1,237 rpm ㉯ 약 1,959 rpm
㉰ 약 4,980 rpm ㉱ 약 2,620 rpm

14 주행속도 80 km/h의 자동차에 브레이크를 작용시켰을 때 제동거리는 약 얼마인가? (단, 차륜과 도로면의 마찰계수는 0.2이다.) 2013.3.10

㉮ 80 m ㉯ 126 m
㉰ 156 m ㉱ 160 m

15 타이어 트레드 한쪽 면만 편 마멸되는 원인에 해당되지 않는 것은? 2009.5.10

㉮ 각 바퀴에 균일한 타이어 최고압력을 주입했을 때
㉯ 휠이 런 아웃되었을 때
㉰ 허브의 너클이 런 아웃되었을 때
㉱ 베어링이 마멸되었거나 킹핀의 유격이 큰 경우

자동차 섀시 2 과목

answers & explanations

11 섀시 전자제어 안전시스템으로써 4가지 내용이 모두 맞다.

12

부품 및 센서	설치 위치
휠스피드 센서	각 바퀴
조향각 센서	조향핸들 아래
G-센서	센터 콘솔박스
요-레이트 센서	센터 콘솔박스
마스터 실린더 압력 센서	엔진룸 부스터
하이드롤릭 유닛	ABS모터와 일체
VDC 밸브 릴레이	엔진룸 릴레이박스
유압 부스터	엔진룸 왼쪽

13 액슬축 회전수 $= \frac{\text{엔진 회전수}}{\text{총감속비}}$

∴ 엔진 회전수 = 액슬축 회전수 × 총 감속비
$= 1{,}031 \times 4.83 = 4{,}979.7\,\text{rpm}$

14 제동거리$(S) = \frac{v^2}{2\mu g}$

v : 제동초속도(m/s^2)
μ : 마찰계수
g : 중력가속도$(9.8\,\text{m/s}^2)$

$v = \frac{80\,\text{km}}{1\,\text{h}} \times \frac{1\,\text{h}}{3{,}600\,\text{s}} \times \frac{1{,}000\,\text{m}}{1\,\text{km}} = 22.22\,\text{m/s}$

∴ 제동거리$(S) = \frac{(22.22)^2}{2 \times 0.2 \times 9.8} = 125.9 ≒ 126\,\text{m}$

15 타이어 압력이 과하면 가운데가 볼록하게 되어, 타이어 중앙 부분이 많이 닳는다.

정답 11. ㉱ 12. ㉯ 13. ㉰ 14. ㉯ 15. ㉮

16 총중량 1톤인 자동차가 72 km/h로 주행 중 급제동하였을 때 운동에너지가 모두 브레이크 드럼에 흡수되어 열로 되었다면, 그 열량은? (단, 노면의 마찰계수는 1이다.) 2009.3.1

㉮ 47.79 kcal
㉯ 52.30 kcal
㉰ 54.68 kcal
㉱ 60.25 kcal

17 타이어의 단면을 편평하게 하여 접지면적을 증가시킨 편평 타이어의 장점 중 아닌 것은 어느 것인가? 2012.3.4

㉮ 제동 성능과 승차감이 향상된다.
㉯ 타이어 폭이 좁아 타이어 수명이 길다.
㉰ 펑크가 났을 때 공기가 급격히 빠지지 않는다.
㉱ 보통 타이어보다 코너링 포스가 15% 정도 향상된다.

18 직경이 600 mm인 차륜이 1,500 rpm으로 회전할 때 이 차륜의 원주 속도는? 2010.9.5

㉮ 약 37.1 m/s　　㉯ 약 47.1 m/s
㉰ 약 57.1 m/s　　㉱ 약 67.1 m/s

19 고속도로에서 216 km를 주행하는 데 2시간 15분이 소요되었다. 이때 평균 주행 속도는 몇 m/s인가? 2012.8.26

㉮ 약 96　　㉯ 약 26.7
㉰ 약 100.5　　㉱ 약 7.74

20 타이어 트레드 패턴(tread pattern)의 필요성이 아닌 것은? 2009.5.10

㉮ 타이어의 열을 흡수
㉯ 트레드에 생긴 절상 등의 확대를 방지
㉰ 구동력이나 견인력의 향상
㉱ 타이어의 옆 방향에 대한 저항이 크고 조향성 향상

answers & explanations

16 운동에너지 $(E) = \frac{1}{2}mv^2$

$$72\text{km/h} = \frac{72\text{km}}{1\text{h}} \times \frac{1{,}000\text{m}}{1\text{km}} \times \frac{1\text{h}}{3{,}600\text{s}} = 20\text{m/s}$$

$$\therefore E = \frac{1}{2} \times \frac{1{,}000\text{kg}}{9.8\text{m/s}^2} \times \left(\frac{20\text{m}}{1\text{s}}\right)^2 = 20{,}408\text{kgf}\cdot\text{m}$$

$1\text{kcal} = 427\text{kgf}\cdot\text{m}$이므로

$$\frac{20{,}408}{427} = 47.79\text{kcal}$$

17 편평(광폭) 타이어의 장점 : ㉮, ㉰, ㉱ 외

① 타이어의 높이가 낮고 폭이 넓어 발진, 선회, 가속, 제동 성능이 좋다.
② 타이어 접지부가 넓어 힘이 분산되므로 내마모성이 크다.
③ 로드 홀딩이 우수하다.

18 초속$(V) = \frac{\pi DN}{60}$

$$= \frac{3.14 \times 0.6\text{m} \times 1{,}500}{60} = 47.1\text{m/s}$$

19 자동차 속도$(V) = \frac{\text{거리(m)}}{\text{시간(s)}}$

2시간 15분 = 135분 = 8,100초이고,
216 km = 216,000 m 이므로

$$\text{초속(V)} = \frac{216{,}000\text{m}}{8{,}100\text{s}} = 26.66\text{m/s} \fallingdotseq 26.7\text{m/s}$$

20 타이어 트레드 패턴의 필요성

① 타이어 내부에서 발생한 열을 방산한다.
② 트레드에 발생한 파손이나 손상 등의 확산을 방지한다.
③ 구동력이나 선회 성능을 향상시킨다.
④ 사이드 슬립(side slip)이나 전진 방향의 미끄럼을 방지한다.

정답 16. ㉮　17. ㉯　18. ㉯　19. ㉯　20. ㉮

21 주행속도가 120 km/h인 자동차에 브레이크를 작용시켰을 때 제동거리는?(단, 바퀴와 도로면의 마찰계수는 0.25이다.) 2009.5.10

㉮ 22.67 m
㉯ 226.7 m
㉰ 33.67 m
㉱ 336.7 m

22 레이디얼 타이어의 장점이 아닌 것은 다음 중 어느 것인가? 2012.5.20

㉮ 타이어 단면의 편평률을 크게 할 수 있다.
㉯ 보강대의 벨트를 사용하기 때문에 하중에 의해 트레드가 잘 변형된다.
㉰ 로드 홀딩이 우수하며 스탠딩 웨이브가 잘 일어나지 않는다.
㉱ 선회 시에도 트레드의 변형이 적어 접지면적이 감소되는 경향이 적다.

23 액슬축의 회전수가 900 rpm이고, 바퀴의 유효반지름이 300 mm일 때 자동차의 시속은 얼마인가? 2013.8.18

㉮ 약 92 km/h
㉯ 약 102 km/h
㉰ 약 112 km/h
㉱ 약 122km/h

24 총중량 7.5 ton의 차량이 36 km/h의 속도로 1/50 구배의 언덕길을 올라갈 때 1초 동안의 진행 속도(m/s)는? 2010.9.5

㉮ 8 ㉯ 10
㉰ 12 ㉱ 20

25 자동차가 300 m를 통과하는데 20 s걸렸다면 이 자동차의 속도는? 2009.5.10

㉮ 4.1 km/h ㉯ 15 km/h
㉰ 54 km/h ㉱ 108 km/h

answers & explanations

21 $제동거리(S) = \frac{v^2}{2 \cdot \mu \cdot g}$

$v = 120\,km/h = \frac{120\,km}{1\,h} \times \frac{1\,h}{3,600\,s} \times \frac{1,000\,m}{1\,km} = 33.33\,m/s$

$\therefore S = \frac{(33.33\,m/s)^2}{2 \times 0.25 \times 9.8\,m/s^2} = 226.7\,m$

22 레이디얼 타이어의 특징

① 편평비를 크게 할 수 있어 접지면적이 크다.
② 하중에 의한 변형이 적고, 수명이 길다.
③ 전동 저항이 적고, 로드 홀딩이 좋다.
④ 선회 시 사이드 슬립이 적고, 코너링 포스가 좋다.
⑤ 충격 흡수가 불량해 승차감이 나쁘다.
⑥ 저속 시 핸들이 다소 무겁다.

23 반지름이 0.3 m인 타이어가 한바퀴 회전할 때 타이어의 둘레만큼 이동한다.
즉, $2 \times \pi \times 0.3\,m = 1.885\,m$ 이동한다.
타이어가 900 rpm, 즉 1분에 900회 회전하므로 자동차가 1분 동안 가는 거리는
$1.885\,m \times 900 = 1696.5\,m$ 이다.

$\therefore 속도 = \frac{1696.5\,m}{1\,min} \times \frac{60\,min}{1\,hr} \times \frac{1\,km}{1000\,m} = 101.79\,km/h$

24 $36km/h = \frac{36\,km}{1\,h} \times \frac{1\,h}{3,600\,s} \times \frac{1,000\,m}{1\,km} = 10\,m/s$

※ 1시간(h) = 3,600초(s), 1 km = 1,000 m

25 $자동차\ 속도(V) = \frac{거리(m)}{시간(s)}$

$\therefore 시속(V) = \frac{300\,m}{20\,s} \times \frac{3,600\,s}{1\,h} \times \frac{1\,km}{1,000\,m} = 54\,km/h$

정답 21. ㉯ 22. ㉯ 23. ㉯ 24. ㉯ 25. ㉰

26 차량총중량이 3,000 kgf인 차량이 오르막길 구배 20°에서 80 km/h로 정속 주행할 때 구름저항(kgf)은? (단, 구름저항계수 0.023) 2010.5.9

㉮ 23.59 ㉯ 64.84
㉰ 69.00 ㉱ 25.12

27 구동력을 크게 하기 위해서는 축의 회전토크 T와 구동바퀴의 반지름 R을 어떻게 해야 하는가? 2012.8.26

㉮ T와 R 모두 크게 한다.
㉯ T는 크게, R은 작게 한다.
㉰ T는 작게, R은 크게 한다.
㉱ T와 R 모두 작게 한다.

28 25°의 언덕길은 약 몇 %의 구배인가? 2010.5.9

㉮ 32 % ㉯ 42 %
㉰ 57 % ㉱ 67 %

29 타이어의 회전 반지름이 0.3 m인 자동차에서 타이어의 회전수가 800 rpm으로 달릴 때 회전 토크가 15 kgf · m이라면 구동력은? 2013.8.18

㉮ 45 kgf ㉯ 50 kgf
㉰ 60 kgf ㉱ 70 kgf

30 80 km/h로 주행하던 자동차가 브레이크를 작동하기 시작해서 10초 후에 정지했다면 감속도는? 2009.3.1

㉮ 3.6 m/s^2 ㉯ 4.8 m/s^2
㉰ 2.2 m/s^2 ㉱ 6.4 m/s^2

31 중량이 2,400 kgf인 화물자동차가 80 km/h로 정속주행 중 제동을 하였더니 50 m에서 정지하였다. 이때 제동력은 차량중량의 몇 %인가? (단, 회전 부분 상당중량 7 %) 2012.5.20

㉮ 46 ㉯ 54
㉰ 62 ㉱ 71

answers & explanations

26 구름저항$(R_r) = \mu r \cdot W$

$W = 3{,}000\,\text{kgf} \times \cos 20° = 2{,}819\,\text{kgf}$ 이므로

※ $\cos 20° = 0.9397$(삼각함수표 참고)

∴ 구름저항 $= 0.023 \times 2{,}819 = 64.84\,\text{kgf}$

27 축 회전력$(T) = F \cdot r$

여기서, F : 구동력, r : 바퀴의 반지름

∴ 구동력 $F = \dfrac{T}{r}$ 이므로 회전력 T는 크게, 반지름 r은 작아야 한다.

28 구배(경사율) = 경사각 × 100 %

∴ 구배 $= \sin 25° \times 100 = 0.422 \times 100 = 42.2\,\%$

※ $\sin 25° = 0.4226$(삼각함수표 참고)

29 $F = \dfrac{T}{r} = \dfrac{\text{타이어 회전력}}{\text{타이어 반지름}}$

∴ $F = \dfrac{15\,\text{kgf·m}}{0.3\,\text{m}} = 50\,\text{kgf}$

30 가(감)속도 $= \dfrac{\text{나중속도}(v_2) - \text{처음속도}(v_1)}{\text{걸린시간}(t)}$

$= \dfrac{80\,\text{km}}{1\,\text{h}} \times \dfrac{1\,\text{h}}{3{,}600\,\text{s}} \times \dfrac{1{,}000\,\text{m}}{1\,\text{km}}$

$= 22.2\,\text{m/s}$

∴ 감속도 $= \dfrac{0 - 22.2}{10} = -2.22\,\text{m/s}$

("−"는 감속도를 의미한다.)

31 ① $S = \dfrac{V^2}{254} \times \dfrac{W + W'}{F}$

여기서, S : 정지거리(m)

V : 제동초속도(km/h)

W : 차량중량(kgf)

W' : 회전 부분 상당중량(kgf)

F : 제동력(kgf)

$F = \dfrac{V^2 \times (W + W')}{254 \times S}$

$= \dfrac{80^2 \times (2{,}400 + 2{,}400 \times 0.07)}{254 \times 50}$

$= 1{,}294\,\text{kgf}$

② $\dfrac{1{,}294\,\text{kgf}}{2{,}400\,\text{kgf}} \times 100 = 54\,\%$

정답 26. ㉯ 27. ㉯ 28. ㉯ 29. ㉯ 30. ㉰ 31. ㉯

32 트랙션 컨트롤 장치(traction control system)의 제어방법이 아닌 것은? 2008.9.7

㉮ 엔진토크 제어 ㉯ 공회전수 제어
㉰ 제동 제어 ㉱ 트레이스 제어

33 디지털식 타이어 휠 밸런스 시험기를 사용할 때 시험기에 입력해야 할 요소가 아닌 것은? 2011.6.12

㉮ 림의 폭 ㉯ 림의 직경
㉰ 림의 간격 ㉱ 림의 두께

34 전자제어 현가장치의 제어 중, 급출발 시 노즈업 현상을 방지하는 것은? 2011.6.12

㉮ 앤티 다이브 제어
㉯ 앤티 스쿼트 제어
㉰ 앤티 피칭 제어
㉱ 앤티 롤링 제어

35 공차 질량이 300 kg인 경주용 자동차가 8 m/s^{2}의 등가속도로 가속중일 때의 가속력은? 2011.3.20

㉮ 68.75 N ㉯ 68.75 kgf
㉰ 2,400 N ㉱ 2,400 kgf

36 자동차 타이어의 수명을 결정하는 요인으로 관계없는 것은? 2012.3.4

㉮ 타이어 공기압의 고 · 저에 대한 영향
㉯ 자동차 주행속도의 증가에 따른 영향
㉰ 도로의 종류와 조건에 따른 영향
㉱ 엔진의 출력 증가에 따른 영향

37 자동차 변속기에서 3속의 변속비가 1.25 : 1 이고, 종감속비가 4 : 1, 엔진 rpm이 2,700일 때 구동륜의 동하중 반경 30 cm인 이 차의 차속은? 2009.3.1

㉮ 53 km/h ㉯ 58 km/h
㉰ 61 km/h ㉱ 65 km/h

answers & explanations

32 트랙션 컨트롤 장치의 제어방법
① 엔진토크 제어 : 연료 분사량 저감 또는 cut, 점화시기 지연, 스로틀 밸브의 개폐에 의해 엔진토크를 조정
② 구동계 제어 : 클러치 제어, 2WD-4WD 제어, 차동장치 제어
③ 브레이크 제어 : 구동 타이어를 직접 제어하므로 split 노면에서 가속성이 좋고 한쪽 타이어가 빠졌을 경우 탈출이 용이하다.
④ 미끄럼 제어(slip control) : 뒷바퀴와 구동바퀴와의 비교에 의해 미끄럼 비율이 적절하도록 제어
⑤ 추적 제어 (trace control) : 급회전 시 횡가속도의 증가로 주행 성능이 떨어지므로 구동력을 제어하여 안정된 선회가 가능하도록 한다.

33 휠 밸런스 시험기 입력 요소 : 타이어와 림과의 간격 → 림의 폭 → 림의 직경 순서로 입력시킨다.

34 스쿼트(squat) : 차량을 출발시키기 위해 가속페달을 밟으면 차량의 무게 중심이 뒤쪽으로 이동되면서 차체의 앞쪽은 들어올려지고 뒤쪽은 내려간다.

35 $F = ma$
가속력 = 질량 × 가속도
$\therefore\ 300 \times 8 = 2,400\ \text{kgf} \cdot \text{m/s}^2 = 2,400\ \text{N}$

37 $\text{차속}(V) = \dfrac{\pi \cdot D \cdot n}{r_t \times r_f} \times \dfrac{60}{1,000}\ [\text{km/h}]$

$D = 30\,\text{cm} \times 2 = 60\,\text{cm} = 0.6\,\text{m}$

$$\therefore V = \frac{3.14 \times 0.6\,\text{m}}{1.25 \times 4} \times \frac{2,700}{1\,\text{min}} \times \frac{1\,\text{km}}{1,000\,\text{m}} \times \frac{60\text{min}}{1h} = 61\,\text{km/h}$$

정답 32. ㉯ 33. ㉱ 34. ㉯ 35. ㉰ 36. ㉱ 37. ㉰

38 일반적인 오토 크루즈 컨트롤 시스템(auto cruise control system)에서 정속주행 모드의 해제 조건으로 틀린 것은? (단, 특수한 경우는 제외) 2011.6.12

㉮ 주행 중 브레이크를 밟을 때
㉯ 수동변속기 차량에서 클러치를 차단할 때
㉰ 자동변속기 차량에서 인히비터 스위치가 P나 N 위치에 있을 때
㉱ 주행 중 차선 변경을 위해 조향하였을 때

39 자동차 바퀴가 정적 불평형일 때 일어나는 현상은? 2012.5.20

㉮ 트램핑(tramping)
㉯ 시미(shimmy)
㉰ 호핑(hopping)
㉱ 스탠딩 웨이브(standing wave)

40 타이어의 기본 구조 명칭으로 틀린 것은 어느 것인가? 2011.10.2

㉮ 험프(hump)
㉯ 트레드(tread)
㉰ 브레이커(breaker)
㉱ 카커스(carcass)

41 TCS(traction control system)에서 안정된 선회동작을 목적으로 한 트레이스 제어의 입력조건이 아닌 것은? 2013.3.10

㉮ 운전자의 조향휠 조작량
㉯ 움직이지 않는 바퀴의 좌 · 우측 속도 차
㉰ 앞뒤 바퀴의 슬립비
㉱ 가속 페달을 밟은 양

answers & explanations

38 정속주행 모드의 해제 조건
① 주행 중 브레이크(또는 클러치)를 밟을 때
② 주행속도가 최저 한계속도(40 km/h) 이하일 때
③ 주행속도가 처음 고정속도보다 20 km/h 이상 감소할 때
④ 자동변속기 인히비터 스위치가 P나 N 위치에 있을 때(수동변속기 차량에서 클러치를 차단할 때)

39 바퀴에 정적 불평형이 있으면 바퀴가 상하로 진동하는 트램핑이 발생하고, 동적 불평형이 있으면 바퀴가 좌우로 흔들리는 시미 현상이 발생한다.

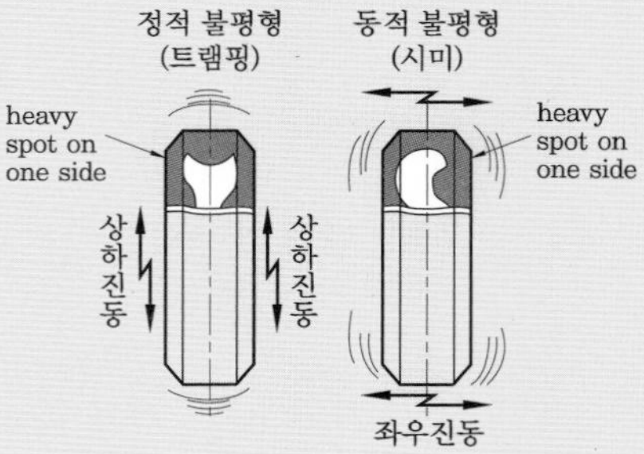

40 타이어의 기본 구조 명칭

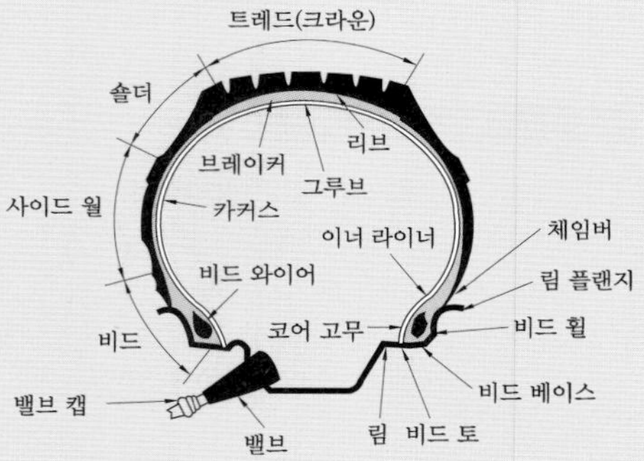

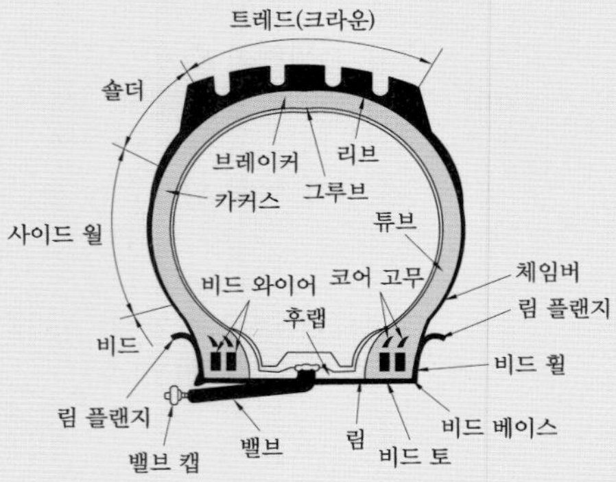

정답 38. ㉱ 39. ㉮ 40. ㉮ 41. ㉰

42 자동차의 주행속도와 바퀴의 구동력에 대해 틀리게 설명한 것은? 2013.6.2

㉮ 동일한 엔진회전수에서 변속기의 변속비가 크면 클수록 구동력은 커지며 주행속도는 줄어든다.
㉯ 동일한 엔진회전수에서 타이어의 편평비를 작게 하면 구동력은 작아진다.
㉰ 동일한 변속비와 엔진회전수에서 타이어의 직경을 크게 하면 주행속도는 높아진다.
㉱ 동일한 엔진회전수에서 변속기의 감속비를 크게 하면 주행속도는 줄어든다.

43 중량 1,800 kgf의 자동차가 120 km/h의 속도로 주행 중 0.2분 후 30 km/h로 감속하는데 필요한 감속력은? 2010.3.7

㉮ 약 382 kgf ㉯ 약 764 kgf
㉰ 약 1,775 kgf ㉱ 약 4,590 kgf

44 스탠딩 웨이브 현상을 방지할 수 있는 사항이 아닌 것은? 2013.3.10

㉮ 저속 운행을 한다.
㉯ 전동 저항을 증가시킨다.
㉰ 강성이 큰 타이어를 사용한다.
㉱ 타이어의 공기압을 높인다.

45 자동차의 제원에 의하면 타이어의 유효반경이 36 cm이었다. 타이어가 500 rpm의 속도로 회전하고 있을 때 자동차의 속도는 얼마인가? 2013.6.2

㉮ 18.84 m/s
㉯ 28.84 m/s
㉰ 38.84 m/s
㉱ 10.84 m/s

answers & explanations

42 ① 타이어 편평비 = 타이어 단면높이(H)를 단면 폭(W)으로 나누어 100을 곱한 것.
② 동일한 엔진회전수에서 타이어의 편평비를 작게 하면 구동력은 커진다.

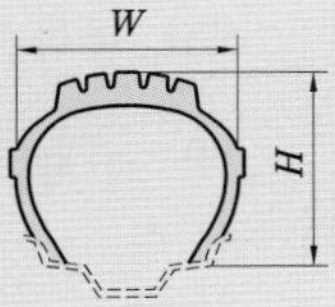

편평비 $= \frac{H}{W} \times 100$
W : 단면 폭
H : 단면 높이

43 $감속도(m/s^2) = \frac{나중\ 속도 - 처음\ 속도}{걸린\ 시간}$

$0.2분 = 0.2\,min \times \frac{60\,s}{1\,min} = 12\,s$

$30\,km/h - 120\,km/h = -90\,km/h$

$= \frac{-90\,km}{1\,h} \times \frac{1\,h}{3{,}600\,s} \times \frac{1{,}000\,m}{1\,km}$

$= \frac{-25\,m}{1\,s} = -25\,m/s$

$\therefore 감속도(m/s^2) = \frac{-25\,m/s}{12\,s} = -2.08\,m/s^2$

※ "−"는 감속을 의미

$W = m \cdot g$에서 $m = \frac{W}{g} = \frac{1{,}800}{9.8} = 183.7\,kg$

이고, 감속력 = 질량 × 감속도 이므로

$183.7 \times 2.08 = 382\,kgf$

44 스탠딩 웨이브 현상 : 자동차가 고속 주행할 때 타이어 접지부에 열이 축적되어 변형이 나타나는 현상

45 $속도(v) = \frac{거리(s)}{시간(t)}$

반지름이 0.36 m인 타이어가 한 바퀴 회전할 때 타이어의 둘레만큼 이동한다.
즉, $2 \times \pi \times 0.36\,m = 2.2619\,m$ 이동한다.
타이어가 500 rpm, 즉 1분에 500회 회전하므로 자동차가 1분 동안 가는 거리는
$2.2619\,m \times 500 = 1130.95\,m$ 이다.

$\therefore 속도 = \frac{1130.95m}{60s} = 18.84\,m/s$

정답 42. ㉯ 43. ㉮ 44. ㉯ 45. ㉮

46 무게 2 ton인 화물차량이 20° 경사길을 올라갈 때의 전 주행 저항은?(단, 구름저항계수 : 0.2) 2013.8.18

㉮ 약 560 kgf ㉯ 약 1084 kgf
㉰ 약 1560 kgf ㉱ 약 2025 kgf

47 시속 90 km/h로 달리던 자동차가 10초 후에 정지하였다. 이때 감속도는 몇 m/s^2인가? 2010.5.9

㉮ 2.5 ㉯ 5
㉰ 7.5 ㉱ 15

48 120 km/h의 속도로 주행 중인 자동차에서 총 감속비는 4.83, 구동륜 회전속도는 1,031 rpm, 타이어의 동하중 원주는 1,940 mm일 때 엔진의 회전속도는?(단, 슬립은 없는 것으로 본다.) 2011.6.12

㉮ 약 1,237 rpm ㉯ 약 1,959 rpm
㉰ 약 4,980 rpm ㉱ 약 2,620 rpm

49 자동차 중량 3,260 kgf의 자동차가 10°의 경사진 도로를 주행할 때의 전체 주행저항은 약 얼마인가?(단, 구름저항 계수는 0.023이다.) 2008.3.2

㉮ 586 kgf ㉯ 641 kgf
㉰ 712 kgf ㉱ 826 kgf

50 급격한 가속이나 제동 또는 선회 시에 타이어가 노면과의 사이에 미끄러짐이 발생하면서 나는 소음은? 2013.8.18

㉮ 럼블(rumble)음
㉯ 험(hum)음
㉰ 스퀄(squeal)음
㉱ 패턴 소음(pattern noise)

answers & explanations

46 구름저항과 등판저항만 존재

구름저항 = 차량 중량 × 구름저항계수
= 2,000 kgf × 0.2 = 400 kgf

등판저항 = 차량중량 × $\sin\theta$ (θ = 구배각도)
= 2,000 kgf × sin20°
= 684 kgf (sin20°는 삼각함수표 참고)

∴ 400 + 684 = 1084 kgf

47 $\text{감속도}(m/s^2) = \dfrac{\text{나중속도} - \text{처음속도}}{\text{걸린시간}}$

나중속도 : 0 km/h, 처음속도 : 90 km/h

∴ 0 − 90 = −90 km/h

$= \dfrac{-90\,km}{1\,h} \times \dfrac{1\,h}{3600\,s} \times \dfrac{1{,}000\,m}{1\,km}$

$= -25\,m/s$

$\therefore \text{감속도}(m/s^2) = \dfrac{-25\,m/s}{10\,s} = -2.5\,m/s^2$

※ "−"는 감속을 의미

48 엔진회전수 ÷ 총감속비 = 바퀴회전수

∴ 엔진회전수 = 바퀴회전수 × 총감속비
= 1,031 × 4.83 = 약 4,980 rpm

49 ① 구름저항 : 차량 바퀴가 평탄한 도로를 굴러갈 경우 발생하는 저항, 타이어 접지면의 변형, 오로면 요철, 미끄러짐, 바퀴 베어링 마찰 등에 의한 저항

② 등판저항 : 경사면을 올라갈 때 차 무게의 경사면에 평행하게 작용하는 힘. sin 포물선의 값에 차 무게만큼 비례한다.

자동차의 전 주행 저항

$$R = \mu_r \cdot W + \mu_a \cdot A \cdot v^2 + W \cdot \sin\theta + \frac{W + \Delta W}{g} \cdot \alpha$$

구름저항과 등판저항만 있으므로

$R = \mu_r \cdot W + W \cdot \sin\theta$
$= 0.023 \times 3{,}260 + 3{,}260 \times \sin 10°$
$= 0.023 \times 3{,}260 + 3{,}260 \times 0.1736$
(sin10°는 삼각함수표 참고)
$= 641\,kgf$

정답 46. ㉯ 47. ㉮ 48. ㉰ 49. ㉯ 50. ㉰

51 주행 중 타이어에서 나타나는 하이드로 플래닝 현상을 방지하기 위한 방법으로 틀린 것은? 2012.8.26

㉮ 승용차의 타이어는 가능한 리브 패턴을 사용할 것
㉯ 트레드 패턴은 카프 모양으로 셰이빙 가공한 것을 사용
㉰ 타이어 공기압을 규정보다 낮추고 주행 속도를 높일 것
㉱ 트레드 패턴의 마모가 규정 이상 마모된 타이어는 고속주행 시 교환할 것

52 구동륜의 타이어 치수가 비정상일 때 나타날 수 있는 형상으로 거리가 먼 것은? 2013.8.18

㉮ 연비 변화
㉯ 타이어 이상 마모
㉰ 차고 변화
㉱ 변속기 소음

53 도로 구배 30 %인 경사로를 중량 1,000 kgf인 자동차가 시속 72 km/h의 속도로 내려오고 있다. 이 자동차의 공기저항은 얼마인가? (단, 이 자동차의 전면 투영면적은 1.8 m^2, 공기저항계수 0.025 kgf · s/m^4이다.) 2008.3.2

㉮ 0.9 kgf
㉯ 90 kgf
㉰ 18 kgf
㉱ 180 kgf

54 구동력 제어장치(traction control system)에서 엔진토크 제어 방식에 해당하지 않는 것은? 2014.3.2

㉮ 주 스로틀 밸브 제어
㉯ 보조 스로틀 밸브 제어
㉰ 연료분사 제어
㉱ 가속 및 감속 제어

answers & explanations

51 하이드로 플래닝 현상의 방지 방법
① 타이어 공기압을 높인다.
② 물 배출이 용이한 리브 패턴 타이어를 사용
③ 트레드 마모가 적은 타이어를 사용
④ 카프(가로 홈)형으로 셰이빙 가공한 것을 사용
⑤ 차량의 속도를 감속한다.
하이드로 플래닝(hydro planing ; 수막현상) : 물이 고인 도로를 고속으로 주행할 때 일정 속도 이상이 되면 타이어의 트레드가 노면의 물을 완전히 밀어내지 못하고 타이어는 얇은 수막에 의해 노면으로부터 떨어져 제동력 및 조향력을 상실하는 현상이다.

52 ㉮, ㉯, ㉰ 외 차량 사이드 슬립 발생

53 공기저항 $(R_a) = \mu_a \cdot A \cdot v^2$
(μ_a : 공기저항계수, A : 투영면적)

$$속도\ v = 72\,\mathrm{km/h} = \frac{72\,\mathrm{km}}{1\,\mathrm{h}} = \frac{72\,\mathrm{km}}{1\,\mathrm{h}} \times \frac{1\,\mathrm{h}}{3600\,\mathrm{s}} \times \frac{1000\,\mathrm{m}}{1\,\mathrm{km}} = \frac{72 \times 1000(\mathrm{m})}{3600(\mathrm{s})} = 20\,\mathrm{m/s}$$

$$\therefore R_a = \frac{0.025\,\mathrm{kgf} \cdot \mathrm{s}}{\mathrm{m}^4} \times 1.8\,\mathrm{m}^2 \times \left(\frac{20\,\mathrm{m}}{\mathrm{s}}\right)^2 = 18\,\mathrm{kgf}$$

54 ① 흡입 공기량 제어 방식 : 주 스로틀 밸브 제어, 보조 스로틀 밸브 제어
② 엔진 제어 방식 : 연료분사량 제어, 점화시기 제어

정답 51. ㉰ 52. ㉱ 53. ㉰ 54. ㉱

55 어떤 자동차가 60 km/h의 속도로 평탄한 도로를 주행하고 있다. 이때 변속비가 3, 종감속비가 2이고 구동바퀴가 1회전하는데 2 m 진행할 때, 3 km 주행하는데 소요되는 시간은? 2014.3.2

㉮ 1분 ㉯ 2분
㉰ 3분 ㉱ 4분

56 그림과 같이 선회중심이 O점이라면 이 자동차의 최소회전반경은? 2014.3.2

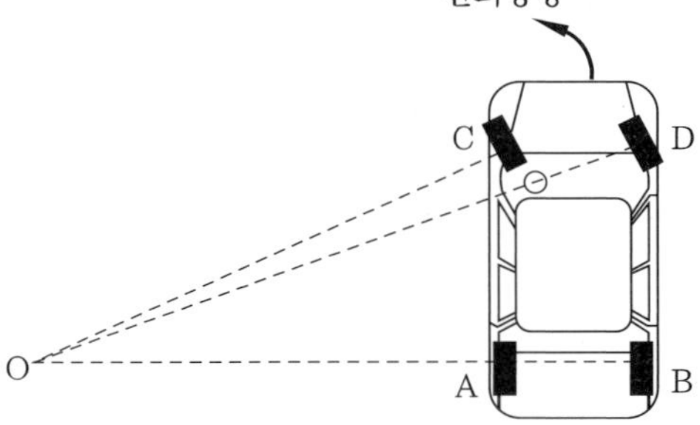

㉮ O~A ㉯ O~B
㉰ O~C ㉱ O~D

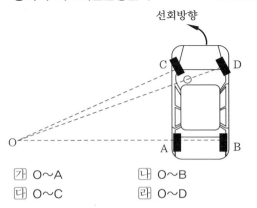

57 열에 의해 타이어의 고무나 코드가 용해 및 분리되는 현상은? 2014.3.2

㉮ 히트 세퍼레이션(heat separation) 현상
㉯ 스탠딩 웨이브(standing wave) 현상
㉰ 하이드로 플래닝(hydro planing) 현상
㉱ 이상과열(over heat) 현상

answers & explanations

55 $\dfrac{3\,\text{km}}{x[\text{h}]} = \dfrac{60\,\text{km}}{1\,\text{h}}$

$x[\text{h}] = \dfrac{3\,\text{km}}{\left(\dfrac{60\,\text{km}}{1\,\text{h}}\right)} = \dfrac{3\,\text{km/h}}{60\,\text{km}} = 0.05/\text{h}$

$\therefore 60$분 $\times 0.05 = 3$분

56 자동차의 최소회전반경은 조향핸들을 왼쪽(혹은 오른쪽)으로 최대한 꺾었을 때 바깥쪽 앞바퀴자국의 중심선을 따라 측정할 때에 12 m를 초과하여서는 아니 된다.

57 타이어는 사용 조건이 가혹할수록 발열량이 많아지며 이에 대하여 고무와 타이어 코드 간의 접착은 온도가 상승함에 따라서 약해지는 성질을 가지고 있는데 과적 하중이면 더욱 심하다. 예를 들어, 공기압과 하중이 적당하여도 여름철에 장시간 고속 주행하면 타이어 내부의 발열이 급격히 상승하여 속도가 증가할수록 온도가 올라가고 트레드 고무와 코크스 간의 항력이 적어지고 결국은 고무가 분리되는 현상을 일으키거나 심한 경우에는 고무에 녹아서 타이어가 파열되기도 한다.

정답 55. ㉰ 56. ㉱ 57. ㉮

제 3 과목

자동차 전기

1 Chapter 전기전자

1-1 전기전자 일반

(1) 전기저항(R)

도체의 저항은 그 길이에 비례하고 단면적에 반비례한다. 즉, 도선의 길이가 길면 전자가 통과해야 할 길이가 길어지기 때문에 저항이 크게 되고, 단면적이 넓으면 전자 이동이 쉬워 저항이 작아진다.

$$R = q \times \frac{l}{A} [\Omega]$$

여기서, q : 단면고유저항
A : 단면적
R : 길이 l의 저항

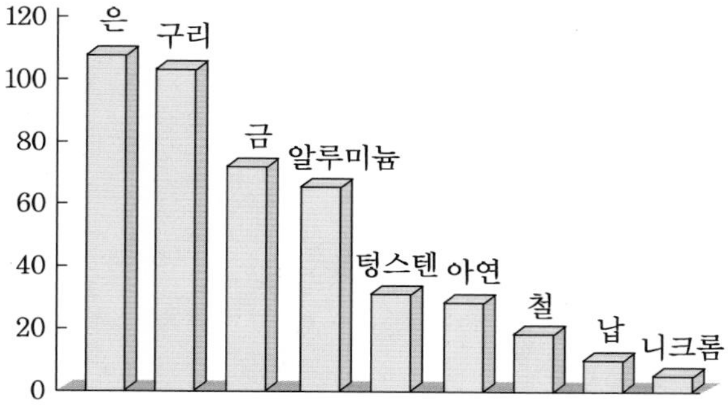

저항의 크기

① 전기저항은 크기를 나타내는 단위인 옴(Ohm)을 사용한다(1 V의 전압으로 1 A의 전류가 흐를 때의 저항을 말한다).

② 저항은 원자핵의 구조, 물질의 형상, 온도에 따라 변하며 은과 구리는 전기저항이 가장 작은 금속으로 전선을 만드는 재료로 사용된다.

③ 전자가 이동할 때 물질 내의 원자와 충돌하여 일어난다.

④ 금속은 온도 상승에 따라 저항이 증가하며, 온도가 상승하면 저항은 증가한다(탄소, 반도체, 절연물은 반대로 감소한다).

$R_2 = R_1 [1 + (T_2 - T_1) \times a_t]$

⑤ 전기저항은 그 길이에 비례하고 단면적에 반비례한다.

※1[MΩ]= 10^6[Ω], 1[kΩ]= 10^3[Ω], 1[MΩ]= 10^{-6}[Ω]

참고 물질의 저항값을 결정하는 요소

- **물질** : 낮은 압력에서도 비교적 전자의 이동이 활발한 물질일수록 저항이 작다.
- **길이** : 길이가 길어질수록 전자의 이동 통로가 길어지므로 저항이 증가한다(비례).
- **단면적** : 단면적이 커질수록 전자의 이동 통로가 커지므로 저항이 감소한다(반비례).
- **온도** : 온도가 증가할수록 내부 입자들의 운동이 활발하여 전자의 자유로운 이동을 방해하므로 저항이 증가한다.

(2) 전압

전압은 전기가 흐를 때의 압력을 말하며, 1볼트(V)는 1옴(Ω)의 도체 저항에 1 A의 전류를 흐르게 할 수 있다. 전압의 단위는 볼트(V)이다.

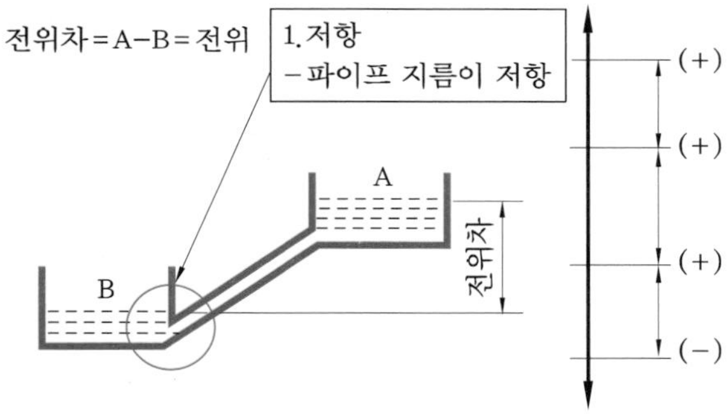

전압과 저항

(3) 전류

전류는 1초 동안에 도체를 이동하는 전자의 양으로 나타내며, 그 단위는 암페어(A)를 쓴다. 따라서 1초 동안에 1쿨롱의 전기량이 이동하면 1 A의 전류가 흐르는 것이 된다.

※ 샤를드 쿨롱(1736~1806)의 이름을 국제단위계에서는 초와 암페어의 곱인 유도 단위로 쓴다. 1쿨롱은 전류 1암페어가 1초 동안 흘렀을 때 이동한 전하의 양을 나타낸다.

참고 전류의 3대 작용

- **발열 작용** : 도체 중의 저항에 전류가 흐르면 열이 발생된다.
  예 **전구, 시거라이터, 예열 플러그**
- **화학 작용** : 전해액에 전류가 흐르면 화학 작용이 생긴다.
  예 **배터리, 전기 도금**
- **자기 작용** : 전선이나 코일에 전류가 흐르면 그 주변에는 자기 현상이 일어난다.
  예 **전동기, 발전기, 솔레노이드 밸브**

(4) 전력(P)

단위시간당 전기가 하는 일을 말한다. 전력 P는 전장품인 부하에 가해 주는 전압 E[V]와 그 부하에 흐르는 전류 I[A]의 곱으로 표시되며, 단위로는 와트(watt : W)를 사용한다.

$P = EI$ [W]

부하의 저항이 R[Ω]이면 $E = IR$

$$P = I^2 R = \frac{E^2}{R} \text{ [W]}$$

1-2 전기회로 법칙

(1) 옴의 법칙(Ohm's Law)

옴의 법칙은 전기회로 내의 전류, 전압, 저항 사이의 관계를 나타내는 매우 중요한 법칙으로 도체에 흐르는 전류(I)는 전압(E)에 정비례하고, 그 도체의 저항(R)에는 반비례한다는 법칙으로 1826년 독일의 물리학자 G.S.Ohm(옴)에 의해 정리되었다.

$I = \frac{E}{R}$, $E = IR$, $R = \frac{E}{I}$	I : 전류(A) E : 전압(V) R : 저항(Ω)

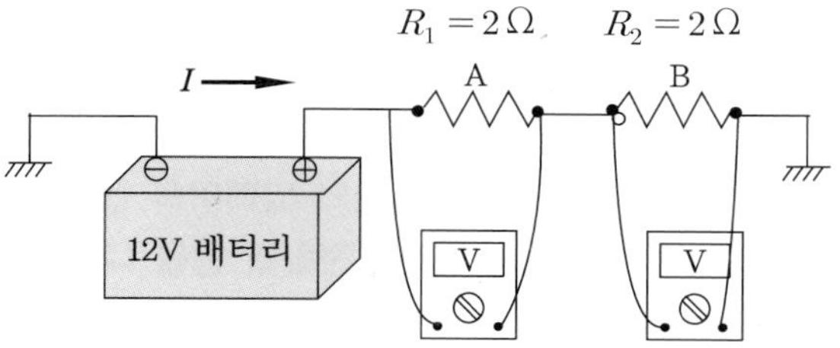

A 전압=3×2=6 V
B 전압=3×2=6 V

옴의 법칙

(2) 키르히호프의 법칙(Kirchhoff's Law)

① 제1법칙 전류의 법칙 : 회로 내의 어떤 한 점에 유입한 전류의 총합과 유출한 전류의 총합은 같다.

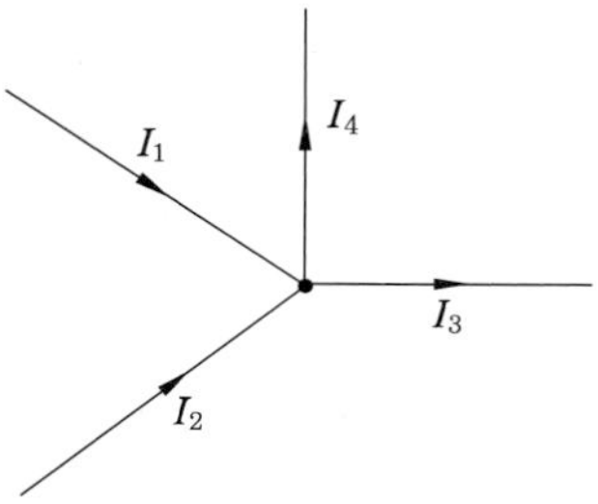

$$\sum_{i=1}^{n} I_i = 0$$

$$I_1 + I_2 - I_3 + I_4 = 0$$

키르히호프 제1법칙

② **제2법칙 전압의 법칙** : 임의의 폐회로에 있어서 기전력의 총합과 저항에 의한 전압 강하의 총합은 같다.

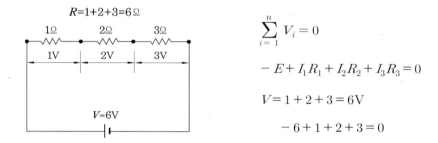

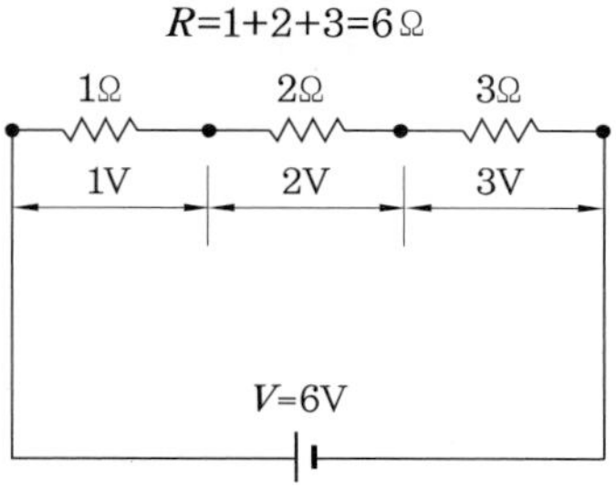

$$\sum_{i=1}^{n} V_i = 0$$

$$-E + I_1R_1 + I_2R_2 + I_3R_3 = 0$$

$$V = 1 + 2 + 3 = 6\text{V}$$

$$-6 + 1 + 2 + 3 = 0$$

키르히호프의 제2법칙

(3) 줄의 법칙(Joule'Law)

저항에 의하여 발생되는 열량은 전류의 2승과 저항을 곱한 것에 비례한다. 즉, 저항 R[Ω]의 도체에 전류 I[A]가 흐를 때 1초마다 소비되는 에너지 I^2R[W]은 모두 열이 된다. 이때의 열을 줄 열이라 한다.

① 전력 산출 공식

$$P = EI,\ P = I^2R,\ P = \frac{E^2}{R}$$ P : 전력, E : 전압, I : 전류, R : 저항

② 저항 직렬 접속

$$E = IR_1 + IR_2 = I(R_1 + R_2)$$

③ 병렬 접속

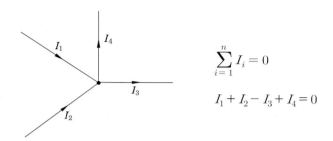

$$\frac{1}{R} = \frac{1}{R_1} + \frac{1}{R_2} + \frac{1}{R_3} + \cdots\cdots + \frac{1}{R_n}$$

참고 듀티

한 사이클(주기)에 있어 시간(1 s) 대비 발생된 전압이(ON, OFF) 차지하는 비율을 나타낸 것이다.

$$T=\frac{1}{f},\quad f=\frac{1}{T}$$

주파수 또는 Hz이며, 1 s는 1,000 ms이다(T : 1주파를 완성하는 시간, f : 주파수(Hz)).

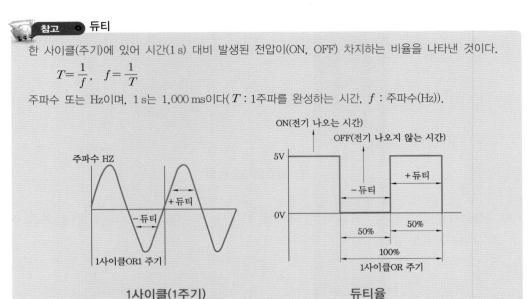

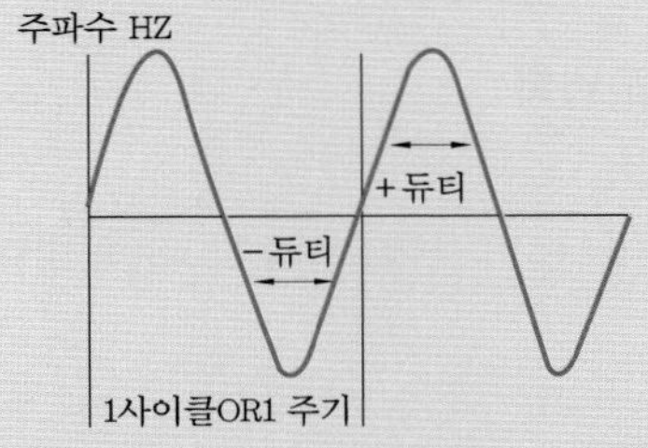

1사이클(1주기)

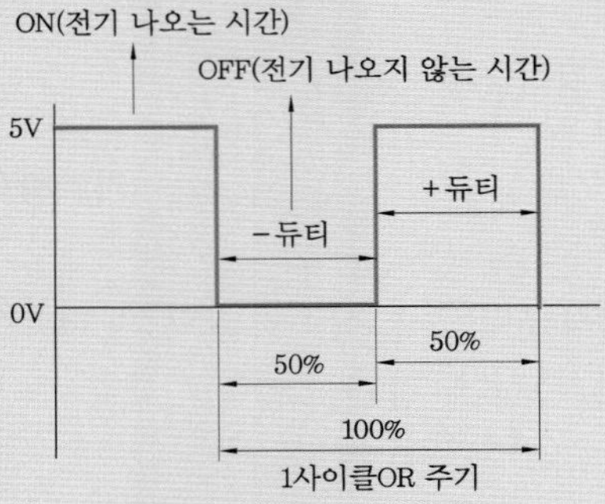

듀티율

1-3 반도체

반도체는 P형 반도체와 N형 반도체로 구성되어 있으며, 게르마늄(Ge)이나 실리콘(Si) 등은 도체와 절연체의 중간인 고유저항을 지닌 것을 말한다.

- **P(positive)형 반도체** : 실리콘의 결정(4가)에 알루미늄(Al)이나 인듐(In)과 같은 3가의 물질을 소량의 양으로 혼합하면 공유결합을 한다.
- **N(negative)형 반도체** : 실리콘에 5가의 원소인 비소(As), 안티몬(Sb), 인(P) 등의 소량의 원소를 섞으면 5가지 원자가 실리콘 원자 1개를 밀어내고 그 자리에 들어가 실리콘 원자와 공유결합을 한다.

(1) PN접합의 종류

① 무접합 : 서미스터, 광전도 셀

② 단접합 : 정류, 검파용 다이오드, 제너 다이오드

③ 2중 접합 : 전계 효과 트랜지스터, 발광 다이오드, PNP 및 NPN 트랜지스터

④ 다중 접합 : 사이리스터, 트라이액, 포토 트랜지스터

(2) 반도체의 특징

① 반도체는 광전 효과가 있다.

② 반도체에 섞여 있는 불순물의 양에 따라 저항을 매우 커지게 할 수 있다.

③ 반도체는 가열하면 저항이 작아진다.

④ 반도체는 정류 작용을 할 수 있다.
⑤ 어떤 반도체는 전류를 흘리면 빛을 내기도 한다.

(3) 여러 가지 활용 반도체

① 다이오드(diode) : P형 반도체와 N형 반도체를 접합한 것이며, 교류 전기를 직류 전기로 변환시켜 주는 정류 작용을 하고 역류를 방지한다(자동차용 교류 발전기 전압 조정과 정전압 회로에 사용).

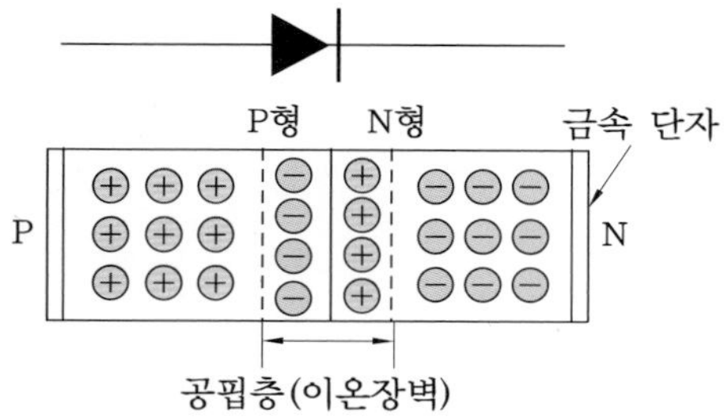

PN 접합 다이오드

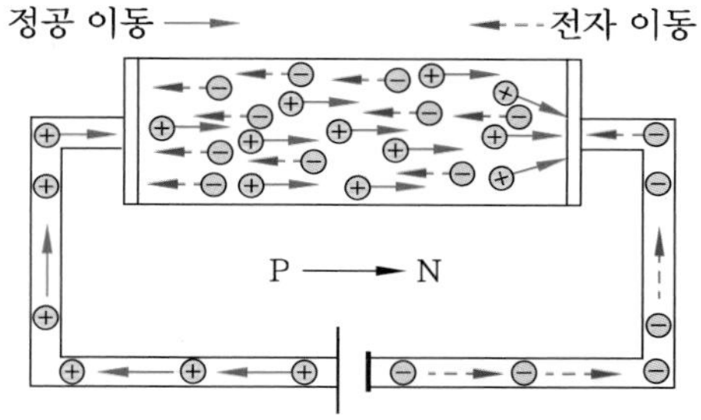

순방향 회로

② 제너 다이오드 (zener diode) : 전압이 규정 한계 전압 하에서 역방향으로 전류가 흐를 수 있도록 제작한 것이며, 또한 역방향 전압이 점차 감소하여 제너 전압 이하가 되면 역방향 전류가 흐르지 못한다(자동차용 교류 발전기의 전압 조정기 전압 검출이나 정전압 회로에서 사용).

참고 브레이크 다운 전압

제너 다이오드 작동 중 역방향 전압을 가해서 역으로 전류가 흐를 때의 전압을 말하며, 자동차 스테이터에서 발생되는 전압으로 14.8V 이상이 되었을 때 제어되는 전압을 말한다.

③ 포토다이오드(photodiode) : 접합부에 빛을 쪼이면 빛에 의해 전자가 궤도를 이탈하여 자유 전자가 되어 역방향으로 전류가 흐르게 된다(배전기 내의 크랭크각 센서와 TDC 센서, 조향각 센서 등에서 사용).

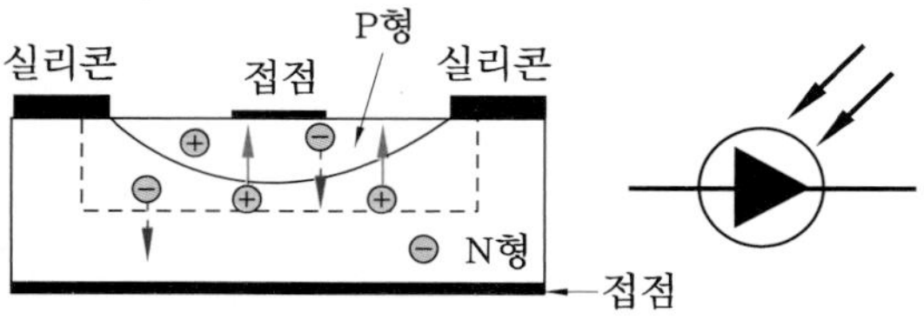

PN 접합 다이오드

참고

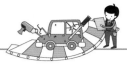

포토다이오드에 역방향 전압을 가하고, PN 접합부에 빛을 가하면 접합부에 있는 전자는 빛 에너지에 의해 가속, 공유 결합으로부터 이탈하여 자유 전자가 되며, 그 자리에 같은 수의 정공이 발생한다(빛의 양에 의해 자유 전자, 정공 활성화).

④ 발광 다이오드(LED : light emission diode) :

㈎ 순 방향으로 전류를 흐르게 하면 빛이 발생되는 다이오드이다.

㈏ 발광하는 색은 가시광선으로부터 적외선까지 다양한 빛(적, 녹, 황색 등)을 발생한다.

㈐ 낮은 전압으로 발광한다(약 2~3 V).

㈑ 적용된 사용 장치에는 각종 파일럿 램프, 크랭크각 센서, TDC 센서, 차고 센서, 조향휠 각 센서 등으로 사용한다.

참고

• 진동 충격에 강하다. • 수명이 길다. • 낮은 전압에서도 발광 점멸의 응답성이 좋다(10 mA 작동).

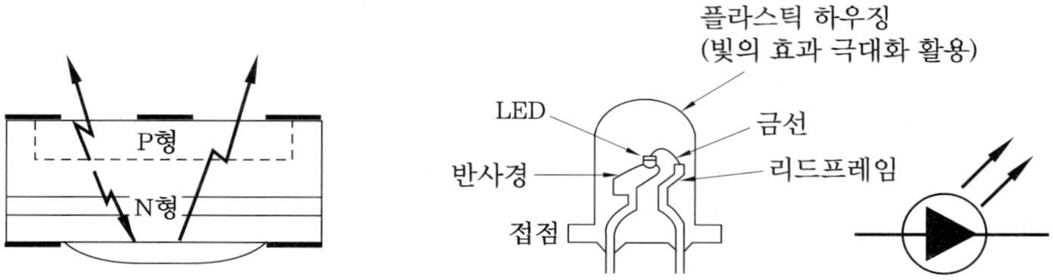

발광 다이오드

⑤ 트랜지스터(transistor) : 트랜지스터는 스위칭 작용과 증폭 작용 및 발진 작용이 있으며 단자 접합 및 구성은 다음과 같다.

㈎ PN형 : 다이오드의 N형 쪽에 P형을 덧붙인 PNP형과 P형 쪽에 N형을 덧붙인 NPN형이 있으며, 3개의 단자로 되어 있다.

㈏ 가운데를 베이스(B, Base : 제어 부분), 양단의 P형 또는 N형을 각각 이미터(E : Emitter) 및 컬렉터(C : Collector)

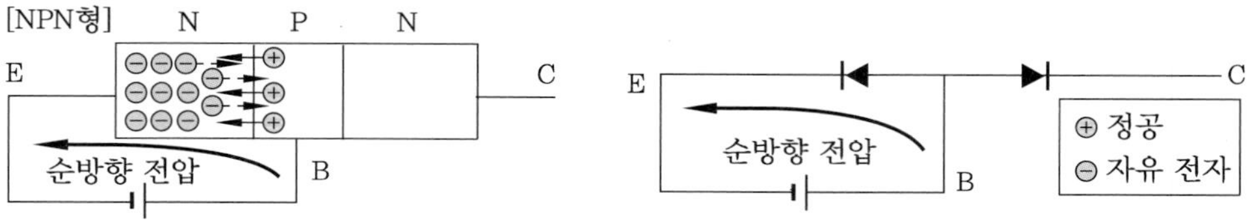

트랜지스터 작동

⑥ 포토트랜지스터(phototransistor) : 포토트랜지스터는 빛에너지를 전기에너지로 변환하는 광 센서의 일종으로, 빛의 세기에 따라 흐르는 전류가 변화하는 광기전력 효과를 이용한다. 이때의 광전류를 트랜지스터를 이용하여 증폭시킨 것이 포토트랜지스터이다.

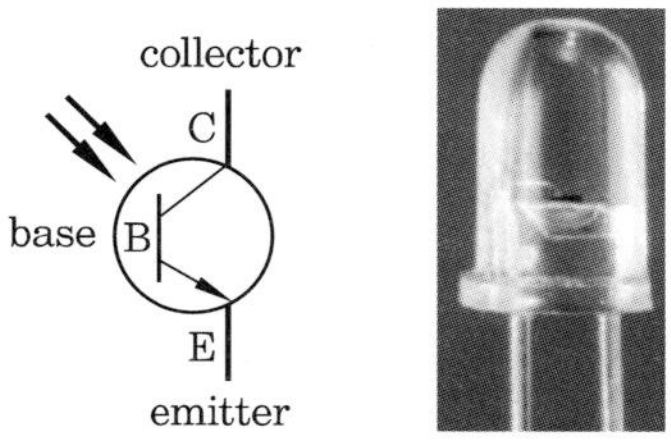

포토트랜지스터

참고 ● 포토트랜지스터의 특징

• 내구성과 신호 성능이 풍부하다. • 소형이고, 취급이 쉽다. • 광출력 전류가 매우 크다.

⑦ 사이리스터(thyrister) : 4층 구조 반도체로써 PNPN 또는 NPNP 접합으로 되어 있으며 스위칭 작용을 하며 SCR(silicon control rectifier)이라고도 한다. 단방향 3단자를 사용하게 되는데 (+)쪽을 애노드(anode), (−)쪽을 캐소드(cathode), 제어 단자를 게이트(gate)라 부른다. 사이리스터는 무접점 ON/OFF 스위치로 동작하는 반도체 소자이다.

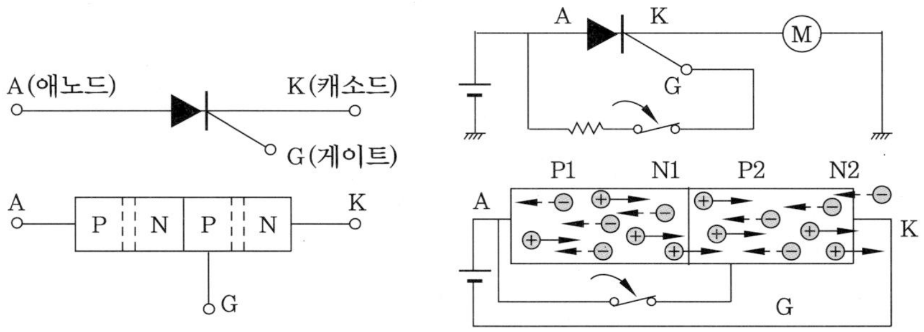

사이리스터의 구조 및 작동

⑧ 다링톤 트랜지스터(darlington transistor) : 1개의 트랜지스터로 2개분의 증폭 효과를 발휘할 수 있으므로 매우 적은 베이스 전류로 큰 전류를 조절할 수 있다(1 mA의 작은 전류로 10 A의 전류를 제어하며, 점화장치와 같은 짧은 시간에 큰 전류를 제어할 필요성이 있는 회로에 사용한다).

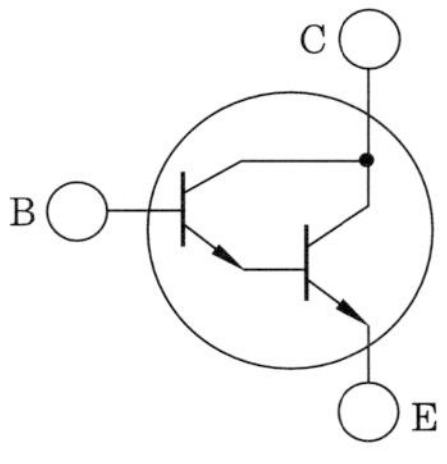

다링톤 트랜지스터

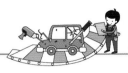

⑨ 서미스터(thermistor) : 서미스터는 니켈(Ni), 코발트(Co), 망간(Mn) 등 산화물을 적당히 혼합하여 1000℃ 이상의 고온에서 소결하여 만든다. 온도와 저항이 반비례관계인 것을 부(−)특성 서미스터라 한다. 이러한 성질을 이용하여 그 양 끝의 전압을 일정하게 하는 정전압 회로나 온도에 따르는 저항 변화를 이용한 온도 측정, 온도 보상 장치 등에 사용된다.

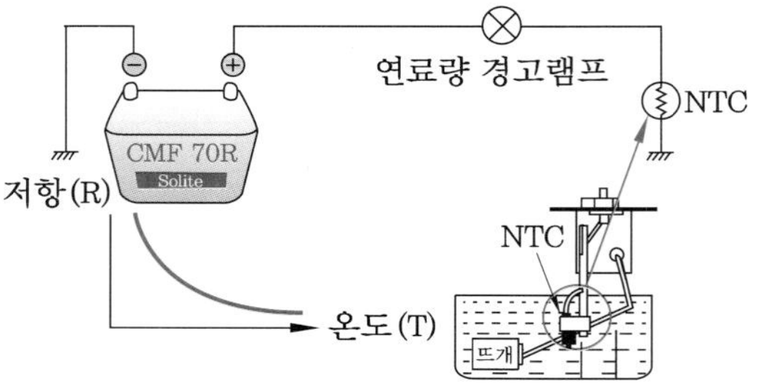

(a) 연료 경고등 점등 회로

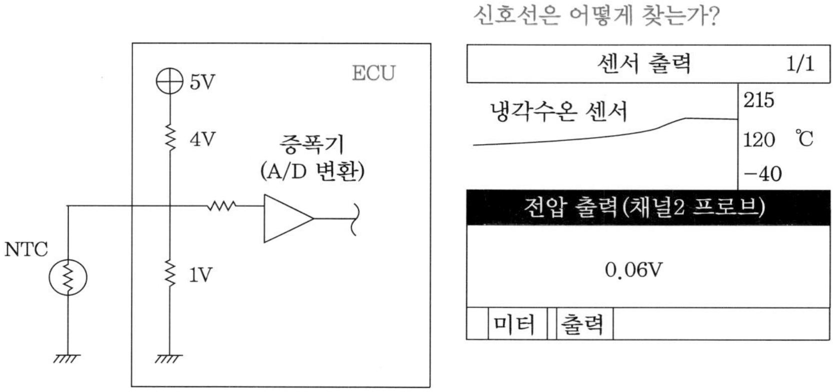

(b) 냉각수온 검출 회로

NTC 이용 회로

참고 반도체의 특징

장점
① 전류 소모량이 적어 내부 전력 손실이 적다.
② 예열시간 없이 작동된다.
③ 소형 경량화로 부피와 무게를 줄일 수 있다.
④ 기계적으로 강하고, 수명이 길다.

단점
① 온도 상승 시 부품 손상이 될 수 있다.
② 역방향으로 전압을 가했을 때의 허용한계전압이 매우 낮다.
③ 작동 정격 전압 이상 공급되면 부품이 손상되기 쉽다.

1-4 컴퓨터 논리회로 및 전기회로 기호

(1) 기본 회로

① 논리합 회로(OR 회로)

㈎ A, B 스위치 2개를 병렬로 접속한 것이다.

㈏ 입력 A, B 중에서 어느 하나라도 1이면 출력 X도 1이 된다(1 : 전원 ON, 0 : 전원 OFF).

진리표	기 호	논리식	스위치 사용 회로
A B | X 0 0 | 0 0 1 | 1 1 0 | 1 1 1 | 1	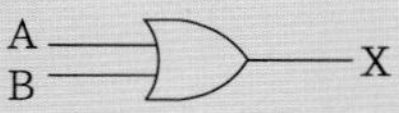	X＝A＋B	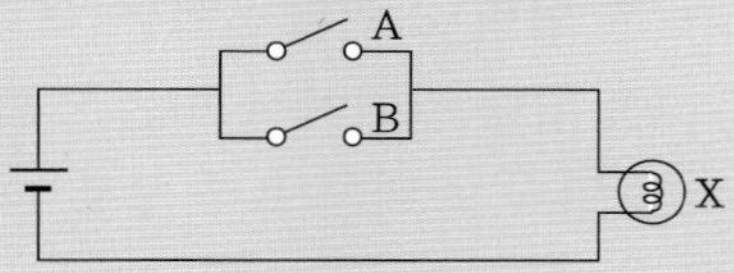

논리합 회로

② 논리적 회로(AND 회로)

㈎ A, B 스위치 2개를 직렬로 접속한 것이다.

㈏ 입력 A, B가 동시에 1이 되어야 출력 X도 1이 되며, 1개라도 0이면 출력 X는 0이 되는 회로다.

진리표	기 호	논리식	스위치 사용 회로
A B | X 0 0 | 0 0 1 | 0 1 0 | 0 1 1 | 1	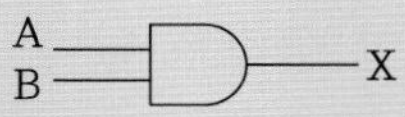	X＝A・B	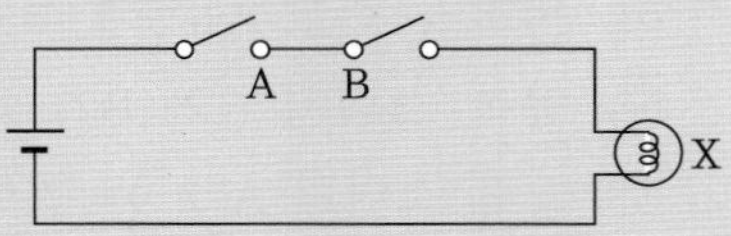

논리적 회로

③ 부정 회로(NOT 회로)

㈎ 입력 스위치 A와 출력이 병렬로 접속된 회로이다.

㈏ 입력 A가 1이면 출력 X는 0이 되고 입력 A가 0일 때 출력 X는 1이 되는 회로이다.

진리표	기 호	논리식	스위치 사용 회로
<table><tr><th>A</th><th>X</th></tr><tr><td>0 1</td><td>1 0</td></tr></table>	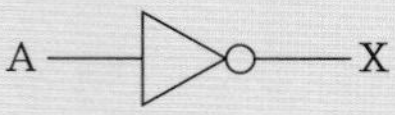	$X=\overline{A}$	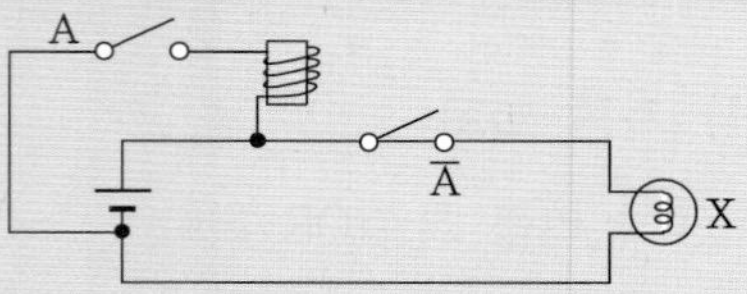

부정 회로

④ 부정 논리합 회로(NOR 회로)

㈎ 논리합 회로 뒤쪽에 부정 회로를 접속한 것이다.

㈏ 입력 스위치 A와 입력 스위치 B가 모두 OFF되어야 출력이 된다.

㈐ 입력 스위치 A 또는 입력 스위치 B 중에서 1개가 ON이 되거나, 입력 스위치 A와 입력 스위치 B가 모두 ON이 되면 출력은 없다.

게이트 이름	기 호	불함수	진리표
NOR	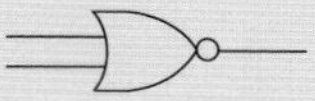	Y = (A + B)	<table><tr><th>A B</th><th>Y</th></tr><tr><td>0 0 1 0 0 1 1 1</td><td>1 0 0 0</td></tr></table>

부정 논리합 회로

⑤ 부정 논리적 회로(NAND 회로)

㈎ 논리적 회로 뒤쪽에 부정 회로를 접속한 것이다.

㈏ 입력 스위치 A와 B가 모두 ON이 되면 출력은 없다.

㈐ 입력 스위치 A 또는 입력 스위치 B 중에서 1개가 OFF되거나, 입력 스위치 A와 입력 스위치 B가 모두 OFF되면 출력된다.

게이트 이름	기 호	불함수	진리표
NAND	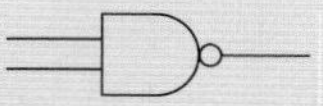	Y = (A · B)′	<table><tr><th>A B</th><th>X</th></tr><tr><td>0 0 1 0 0 1 1 1</td><td>1 1 1 0</td></tr></table>

부정 논리적 회로

(2) 전기 기호

기 호	전자 명칭	기 능
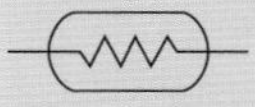	서미스터	온도 관련 센서로 사용되며 온도 변화에 따라 저항값이 변하며 온도 센서로 주로 사용된다.
	제너 다이오드	제너다이오드는 역방향으로 한계 이상의 전압이 걸리면 순간적으로 도통 한계 전압을 유지한다.
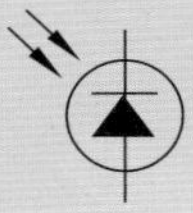	포토다이오드	빛을 받을 때 전기가 흐를 수 있으며, 슬릿 홈에 의해 일정주기로 제어되는 캠각 센서와 스티어링휠 센서에 사용된다.
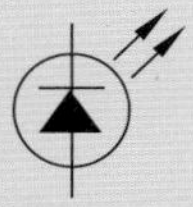	발광 다이오드	전류가 흐르게 되면 빛을 발하는 파일럿 램프 등에 사용된다.
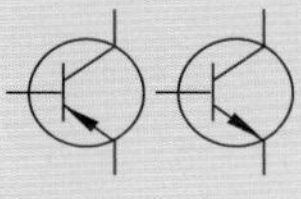	트랜지스터	트랜지스터는 PNP형과 NPN형으로 구분되며, 작용은 스위칭, 증폭, 발진 작용을 한다.
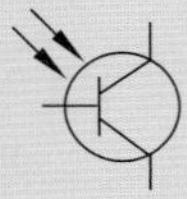	포토트랜지스터	외부로부터 빛을 받으면 전류가 흐를 수 있고, 감광 소자로서 CDS가 있다.
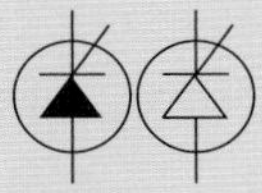	사이리스터	다이오드와 기능이 비슷하다. 캐소드에 전류를 흐르고 나서 도통되는 릴레이와 같은 기능을 한다.
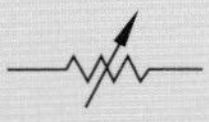	가변 저항	저항값이 가변적으로 변하는 저항이다.
	콘덴서	전기를 일시적으로 충전하였다가 작동회로에 따라 방전하여 회로작동을 형성한다.
	압전 소자	외력적인 압력(힘)을 받게 되면 전기가 발생되는 응력 게이지 등에 사용된다.
	변압기	낮은 전압을 고전압으로 발생시키는 점화 코일 역할을 한다.
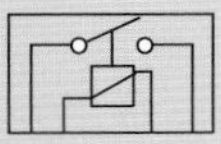	릴레이	4단자 중 코일 단자가 전류가 제어되면 스위치 두 단자의 접점이 ON되어 전기회로의 전원을 공급한다.
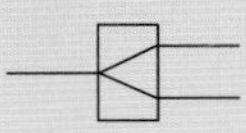	더블 마그네틱	하나의 전원이 두 개로 나뉘어져 전원 공급이 되고 스위치의 작동이 된다(마그넷 스위치).

(3) 자동차 ECU(electronic control unit) 제어 장치

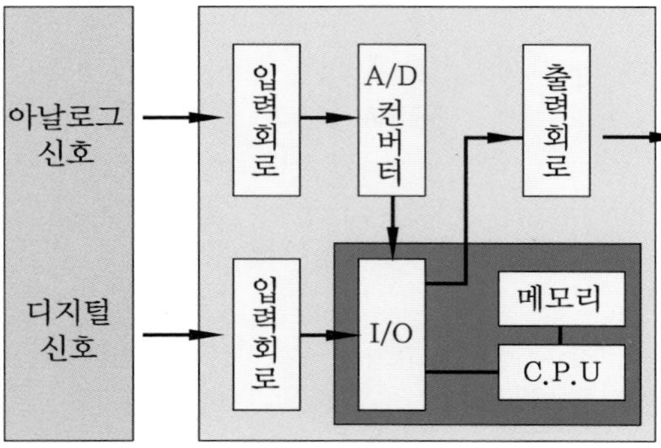

ECU 내부회로도

① RAM(Random Access Memory) : 임의의 기억 저장 장치에 기억되어 있는 데이터를 읽고 기억시킬 수 있다. 전원이 차단되면 기억된 데이터가 지워지며 시스템 작동 중 나타나는 일시적인 데이터의 기억이 저장되며 휘발성 기억 장치이다(일시 기억 장치).

② ROM(Read Only Memory) : 읽어내기 전문의 메모리이며, 한 번 기억시키면 내용을 변경시킬 수 없으며 전원이 차단되어도 기억이 지워지지 않으므로 프로그램 또는 확정 데이터의 저장에 사용된다(영구 기억 장치).

③ I/O(In Put/Out Put) : 입력과 출력을 제어하는 장치로 입·출력 포트이며, 외부 센서들의 신호를 입력하고 중앙 처리 장치(CPU)의 명령으로 액추에이터로 출력시킨다(입·출력 장치).

④ CPU(Central Precession Unit ; 중앙 처리 장치) : CPU는 데이터의 산술 연산이나 논리 연산을 처리하는 연산 부분, 기억을 일시 저장해 놓는 장소인 일시 기억 부분, 프로그램 명령, 해독하는 제어 부분으로 구성되어 있다.

참고 AD 컨버터

아날로그 신호를 디지털 신호로 변환하며 그 회로나 장치를 A/D 컨버터라고 부른다. 전압 또는 온도와 같은 연속되는 신호(아날로그 신호)를 컴퓨터로 처리하려면 디지털 신호로 변환시키게 된다.

(4) 자동차 통신 장치

① LAN 통신 장치 : LAN 통신 장치는 분산되어 있는 컴퓨터가 서로 대등한 입장에서 각각의 정보처리를 필요한 데이터를 ON-Line으로 처리하는 장치로 다양한 통신 장치와의 연결이 가능하고 확장 및 재배치가 쉬운 특징이 있다.

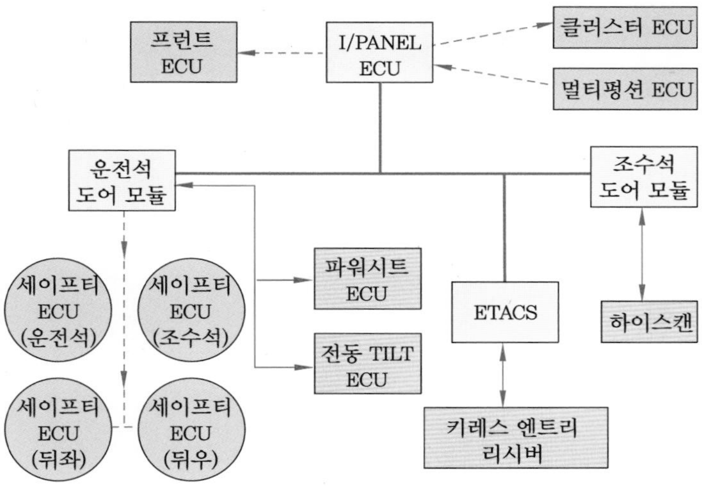

LAN 시스템 서브 모듈 구성

㈎ 배선을 경량화하고 단순화할 수 있다.

㈏ 전장 부품 설치 장소 확보가 쉽다.

㈐ 통신 장치 신뢰성을 확보한다.

㈑ 자동차 전기 장치의 정비 성능이 향상된다.

㈒ 자동차 구조 및 설계 변경에 대한 대응력이 향상된다.

② CAN 통신 장치 : CAN 통신은 ECU와의 관계에서 신속한 정보 교환 및 전달을 목적으로 설계되었다. 즉, 엔진 ECU 및 자동변속 시 TCU, 구동력 제어장치 TCS, 시스템과의 관계에서 CAN(controller area network), 버스 라인(CAN high와 CAN low)을 통하여 데이터를 다중 통신한다.

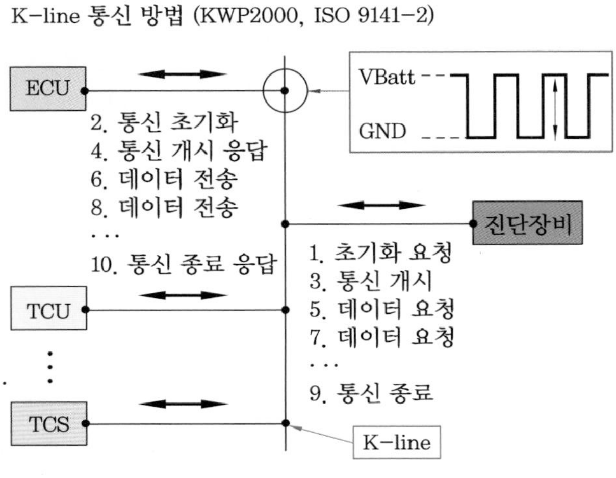

CAN 통신 장치

2 Chapter 시동, 점화 및 충전 장치

2-1 축전지

(1) 납산 축전지

① 축전지의 기능

㈎ 내연엔진 시동 시 필요한 전원을 공급한다.

㈏ 발전기 고장 시 자동차 운행에 필요한 전원을 공급한다.

㈐ 자동차 주행 상태에 따라서 발전기 출력과 전기부하를 조율한다.

축전지 외관

축전지 구조

(2) 납산 축전지 특징

납산 축전지의 장점	납산 축전지의 단점
• 화학반응이 상온에서 발생하므로 위험성이 적다.	• 에너지 밀도가 적은 편이다.
• 신뢰성이 크고, 비교적 가격이 저렴하다.	• 수명이 짧고, 충전시간이 길다.
	• 겨울철 온도 저하로 배터리 성능이 현저히 감소한다.

(3) 축전지 용량

축전지 용량은 극판의 크기, 극판의 수, 셀의 크기 및 전해액의 양(황산의 양)에 의해 결정된다. 축전지를 완충전 상태에서 방전 종지 전압(셀당 전압 1.8 V 정도)에 도달하기까지 방전하여 얻는 총 전기량, 즉 전류×시간의 합(단위는 Ah)을 축전지의 용량이라고 한다. 축전지 용량을 표시하는 방법에는 20시간율, 25암페어율, 냉간율 등이 있다.

참고 축전지 직·병렬 연결 시 전압과 용량의 변화

- **직렬 연결의 경우** : 같은 용량의 축전지 2개 이상을 (+)단자와 다른 축전지의 (−)단자에 연결하는 방식이며, 전압은 연결한 개수만큼 증가되지만 용량은 배터리 1개 기준 용량과 같다.
- **병렬 연결의 경우** : 같은 용량의 축전지 2개 이상을 (+)단자는 다른 축전지의 (+)단자에, (−)단자는 (−)단자에 접속하는 방식이며, 용량은 배터리 연결한 개수만큼 증가하지만 전압은 1개 기준 용량과 같다.

(4) 자기방전량과 설페이션 현상

① 자기방전량 : 전지에 축적되어 있던 전기가 저절로 없어지는 현상을 말하며, 충방전은 물론 개로의 상태에서도 자기방전이 이루어진다.

㈎ 온도와 자기방전과의 관계 : 전지 온도가 높을수록 자기방전량은 증가하고, 이 증가의 비율은 온도 25℃까지에는 거의 직선적으로 증가하며, 그 이상의 온도에서는 가속적으로 증가하게 된다.

㈏ 자기방전량을 구하는 방법

$$\text{자기방전량} = \frac{C_1 + C_3 - 2C_2}{T(C_1 + C)} \times 100\ \%$$

C_1 : 방치 전 만충전 용량(Ah)

C_2 : T기간(일정시간) 방치 후 충전없이 방전한 용량(Ah)

C_3 : C_2방전 후 만충전하여 방전한 용량(Ah)

② 설페이션 현상 : 축전지를 방전 상태에서 오래 방치하면서 극판 표면에 회백색으로 변한 결정체가 생기게 되며, 충전해도 본래의 과산화인 행면상으로 환원되지 않아 영구 황산납으로 굳어지는 현상을 말한다.

(5) 납산 축전지의 구조

12V 축전지의 경우에는 케이스 속에 6개의 셀(cell)이 있고, 이 셀 속에 양극판, 음극판 및 전해액이 들어 있다. 이들이 화학적 반응을 하여 셀마다 약 2.1V의 기전력을 발생시킨다. 양극판이 음극판보다 더 활성적이므로 양극판과의 화학적 평형을 고려하여 음극판을 1장 더 둔다.

① 극판 : 극판에는 양극판과 음극판이 있으며, 양극판은 과산화납(PbO_2), 음극판은 해면상납(Pb)으로 한 것이다.

② 격리판 : 격리판은 양극판과 음극판 사이에 끼워져 양쪽 극판의 단락을 방지하는 일을 하며, 구비 조건은 다음과 같다.

㈎ 비전도성일 것.

㈏ 다공성이어서 전해액의 확산이 잘 될 것.

㈐ 기계적 강도가 있고, 전해액에 부식되지 않을 것.

㈑ 극판에 좋지 못한 물질을 내뿜지 않을 것.

③ 극판군 : 몇 장의 극판을 조립하여 접속 편에 용접하여 1개의 단자(terminal post)와 일체가 되도록 한 것이다. 극판의 장수를 늘리면 극판의 대향 면적이 증가하므로, 축전지 용량이 증가하여 이용 전류가 많아진다.

④ 전해액(electroyte)

㈎ 순도가 높은 묽은 황산(H_2SO_4)을 사용한다.

㈏ 비중은 20℃에서 완전 충전되었을 때 1.260~1.280이며, 이를 표준 비중이라 한다.

㈐ 전해액은 온도가 상승하면 비중이 작아지고, 온도가 낮아지면 비중은 커진다. 전해액 비중은 온도 1℃ 변화에 대하여 0.0007이 변화한다.

$$S_{20} = S_t + 0.0007 \times (t - 20)$$

S_{20} : 표준 온도 20℃로 환산한 비중
S_t : t℃에서 실제 측정한 비중
t : 측정할 때 전해액 온도

(6) 납산 축전지의 화학작용

	양극판 전해액 음극판		양극판 전해액 음극판
방전 시	$PbO_2 + 2H_2SO_4 + Pb$ (과산화납) (묽은황산) (해면상납)	⇨	$PbSO_4 + 2H_2O + PbSO_4$ (황산납) (물) (황산납)
충전 시	$PbSO_4 + 2H_2O + PbSO_4$ (황산납) (물) (황산납)	⇨	$PbO_2 + 2H_2SO_4 + Pb$ (과산화납) (묽은황산) (해면상납)

(7) 축전지의 충전

① 정전류 충전 : 충전의 시작에서 끝까지 전류를 일정하게 하고, 충전을 실시하는 방법이다.

② 정전압 충전 : 충전의 전체 기간을 일정한 전압으로 충전하는 방법이다.

③ 단별 전류 충전 : 정전류 충전 방법의 일종이며, 충전 중의 전류를 단계적으로 감소시키는 방법이다. 충전 특성은 충전 효율이 높고 온도 상승이 완만하다.

④ 급속 충전

㈎ 급속 충전기를 사용하여 시간적 여유가 없을 때 하는 충전이며, 충전 전류는 축전지 용량의 50% 정도 한다.

㈏ 충전 특성은 짧은 시간 내에 매우 큰 전류로 충전을 실시하므로 축전지 수명을 단축시키는 요인이 된다.

(8) 기타 축전지

① 알칼리 축전지의 특징

장 점	단 점
• 과충전, 과방전 장기 방치 등 가혹한 조건에도 내구성이 좋다.	• 에너지 밀도가 낮다.
• 고율 방전 성능이 매우 우수하고, 출력 밀도가 크다.	• 전극으로 사용하는 금속의 값이 매우 고가이다.
• 수명이 매우 길고, 충전 시간이 짧다.	• 자원 공급이 어렵다.

② 연료 전지 : 에너지 형태의 변화를 위하여 발생하는 연료 전지에서의 반응은 물의 전기분해 반응의 역반응으로 외부에서 공급되는 연료(수소)와 공기 중의 산소가 반응하여 전기와 물이 생성되는 반응이다.

장 점	단 점
• 상온에서 화학반응을 하므로 위험성이 적다.	• 출력 밀도가 낮다.
• 에너지 밀도가 매우 크다.	• 수명이 매우 짧다(약 6개월~1년).
• 연료를 공급하여 연속적으로 전력을 얻을 수 있으므로 충전이 필요 없다.	• 가격이 고가이다.

③ MF 축전지(maintenance free battery) : MF 배터리는 묽은 황산 대신 젤 상태의 물질을 사용하고, 내부 전극의 합금 성분에 칼슘 성분을 첨가해 배터리액이 증발하지 않는다. 따라서 증류수를 보충해 줄 필요가 없다. 배터리 점검은 상단의 점검창의 색으로 확인하며 색이 녹색이면 정상, 검은색이면 충전 부족, 투명하면 배터리액이 부족한 상태로써 배터리 상태를 확인하며 다음과 같은 특징을 갖고 있다.

㈎ 증류수를 점검하거나 보충하지 않아도 된다.

㈏ 자기 방전 비율이 매우 낮다.

㈐ 장기간 보관이 가능하다.

㈑ 충전 말기에 전기가 물을 분해할 때 발생하는 산소와 수소 가스의 촉매를 사용하여 다시 증류수로 환원시키는 촉매 마개를 사용한다.

2-2 기동 장치(starting system)

(1) 플레밍의 왼손법칙

왼손의 엄지, 인지, 중지를 서로 직각이 되게 펴고 인지를 자력선의 방향으로, 중지를 전류의 방향에 일치시키면 도체에는 엄지의 방향으로 전자력이 작용한다는 법칙이며 기동 전동기, 전류계, 전압계 등의 원리이다.

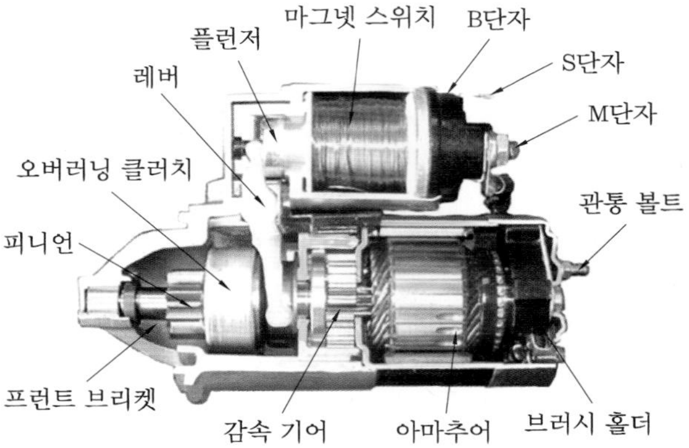

기동 전동기 구조

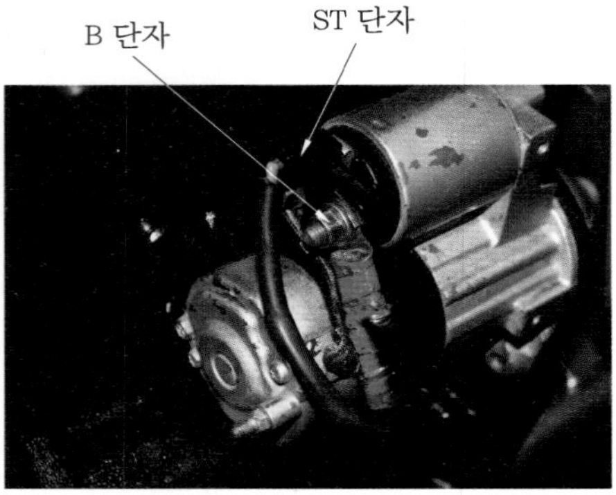

기동 전동기 단자

(2) 전동기의 종류

① 직권 전동기(기동 전동기에 적용)

(가) 부하가 걸렸을 때 회전속도는 낮으나 토크가 크고 부하가 작아지면 토크는 감소하나 회전속도는 점진적으로 빨라진다.

(나) 직권 전동기는 전기자 코일과 계자 코일이 직렬로 접속된 것이다.

(다) 직권 전동기는 짧은 시간 안에 큰 토크를 내는 장치에 맞는다.

② 분권 전동기

(가) 분권 전동기는 전기자와 계자 코일이 병렬로 접속된 것이다.

(나) 분권 전동기는 회전속도가 일정한 장점이 있으나 회전력이 작은 단점이 있다.

③ 복권 전동기

(가) 복권 전동기는 전기자 코일과 계자 코일이 직·병렬로 접속된 것이다.

(나) 복권 전동기의 특징은 회전력이 크며, 회전속도가 일정한 장점이 있으나 구조가 복잡한 단점이 있다.

(3) 기동 전동기의 구비 조건

① 시동 회전력이 클 것.

② 소형 경량이면서 출력이 클 것.

③ 전원 용량이 적어도 될 것.

④ 진동에 잘 견디며 기계적인 충격에 내구성이 있을 것.

⑤ 방진 및 방수형일 것.

(4) 기동 전동기의 구조

전동기 부분은 회전 운동을 하는 부분(전기자와 정류자)과 고정되어 있는 부분(계자 코일, 계자 철심, 브러시)으로 구성되어 있다.

① 회전 운동을 하는 부분

㈎ 전기자(armature) : 전기자는 축, 철심, 전기자 코일 등으로 구성되어 있으며, 축의 앞쪽에는 피니언의 미끄럼 운동을 위해 스플라인이 파져 있다.

㈏ 정류자(commutator) : 정류자 편을 절연체로 감싸서 원형으로 제작한 것이며, 브러시를 통하여 전류를 일정한 방향으로 전기자 코일로 흐르게 한다.

② 고정된 부분

㈎ 계철과 계자 철심(yoke & pole core) : 계철은 자력선의 통로와 기동 전동기의 틀이 되는 부분이며, 안쪽 면에는 계자 코일을 지지하여 자극이 되는 계자 철심이 고정되어 있다.

㈏ 계자 코일(field coil) : 계자 코일은 계자 철심에 감겨져 자력을 발생시키며, 큰 전류가 흐르므로 평각 구리선을 사용한다.

㈐ 브러시와 브러시 홀더(brush & brush holder) : 브러시는 정류자를 통하여 전기자 코일에 전류를 공급하며 일반적으로 3~4개가 설치된다. 스프링 장력은 0.5 ~1.0 kg/cm^{2}이다.

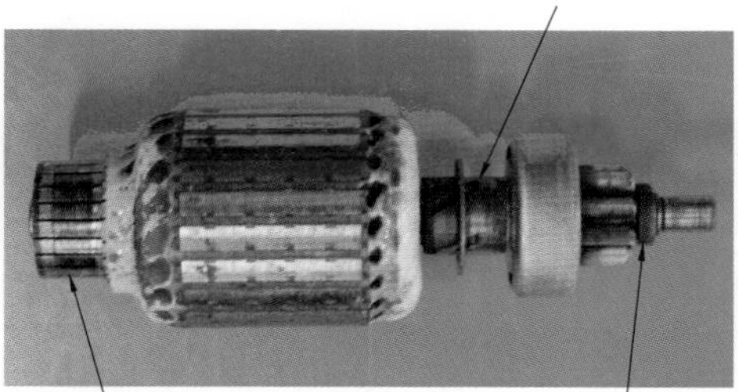

전기자

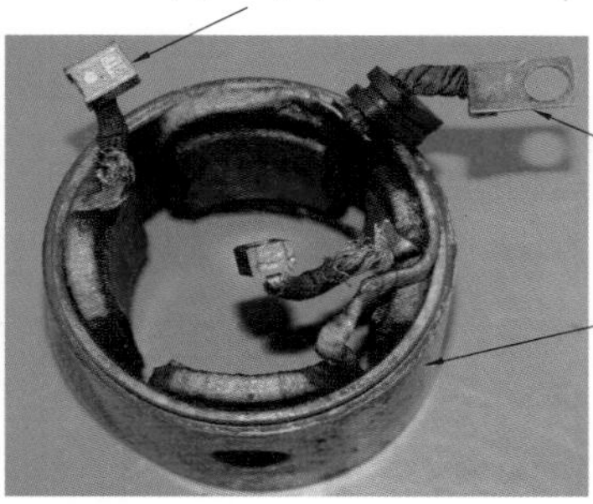

계철과 계자 코일

③ 동력 전달 기구 : 기동 전동기에서 발생한 회전력을 플라이휠의 링 기어로 전달하여 엔진을 회전시킨다. 플라이휠 링 기어와 피니언의 감속 비율은 10~15 : 1 정도이며, 피니언을 링 기어에 물리는 방식은 다음과 같다.

동력 전달 기구

㈎ 벤딕스식(bendix type)

㈏ 피니언 섭동식(sliding geartype) : 수동식, 전자식

㈐ 전기자 섭동식(armature shift type)

2-3 점화 장치(ignition system)

(1) 점화 장치의 구성 요소

① 점화 스위치(ignition switch) : 시동 스위치와 겸하고 있으며 1단 약한 전기 부하, 2단 점화 스위치(ON) 자동차 주요 전원 공급, 3단째에 시동 스위치가 작동하며 엔진 시동이 걸리게 된다(자동차 주행에 따른 장치별 전원 공급).

점화 스위치 단자

점화 스위치 커넥터

점화 스위치 전원 단자

전원 단자	사용 단자	전원 내용	해당 장치
B+	battery plus	IG/key 전원 공급 없는 (상시 전원)	비상등, 제동등, 실내등, 혼, 안개등 등
ACC	accessory	IG/key 1단 전원 공급	약한 전기 부하 오디오 및 미등
IG 1	ignition 1 (ON 단자)	IG/key 2단 전원 공급 (accessory 포함)	클러스터, 엔진 센서, 에어백, 방향지시등, 후진등 등(엔진 시동 중 전원 ON)
IG 2	ignition 2 (ON 단자)	IG/key start 시 전원 공급 off	전조등, 와이퍼, 히터, 파워 윈도 등 각종 유닛류 전원 공급
ST	start	IG/key St에 흐르는 전원	기동 전동기

② 점화 코일 : 철심을 사용하며, 자기 유도 작용에 의해 생성되는 자속이 외부로 방출되는 것을 방지하기 위해 철심을 통하여 자속이 흐르도록 한다. 개자로형 점화 코일보다 1차 코일의 저항을 감소시키고, 1차 코일을 굵게 하여 더욱 큰 자속을 형성 2차 전압을 향상시킬 수 있다.

엔진 장착 점화 코일

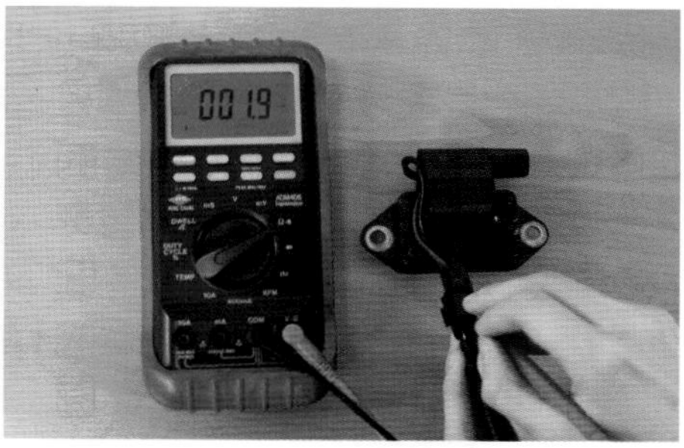

점화 코일 점검

③ 파워 트랜지스터 : 컴퓨터에서 신호를 받아 점화 코일의 1차 전류를 단속하되며 엔진 ECU에 의해 제어되는 베이스, 점화 코일(-)과 연결된 커넥터, 차체 접지되는 이미터 단자로 NPN형이다.

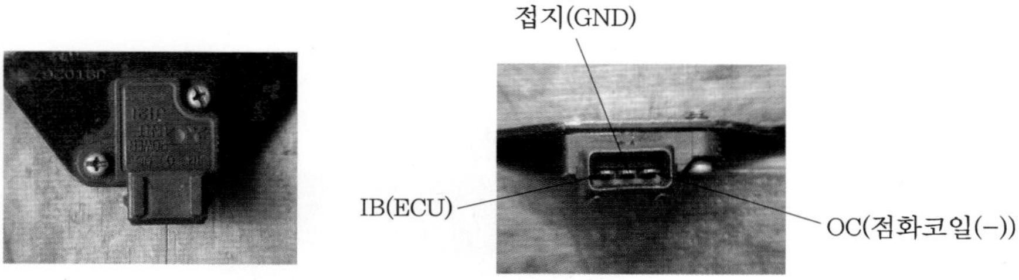

파워 트랜지스터

(2) DLI(전자 배전 점화방식 ; distributor less ignition)

① DLI 점화방식은 배전기가 없으며 점화 코일에서 직접 실린더에 발생된 고압을 동시에 배분하는 동시 점화방식과 각 실린더별 점화 코일이 설치된 독립 점화방식이 있다.

② DLI의 장점

(가) 배전기가 없어 고전압 분배 시 누전이 없다.

(나) 배전기 캡에서 발생하는 전파 잡음이 없다.

(다) ECU 점화 시기 제어로 점화 진각 폭의 제한이 없다.

(라) 고전압 출력을 감소시켜도 방전 유효에너지 감소가 없다.

(마) 내구성이 좋고 전파 방해가 없어 다른 전자제어장치에도 유리하다.

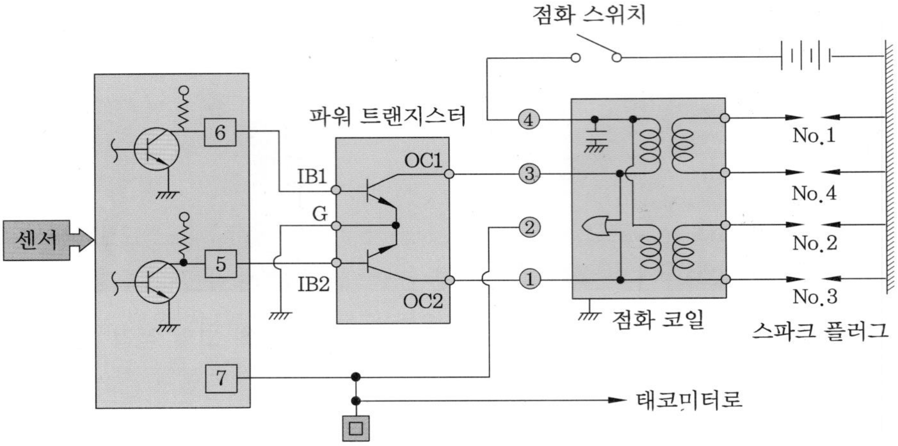

DLI 점화 장치

③ 점화 플러그 : 중심 전극과 접지 전극으로 0.8~1.1 mm 간극이 있으며 간극 조정은 와이어 게이지나 디그니스 게이지로 점검한다.

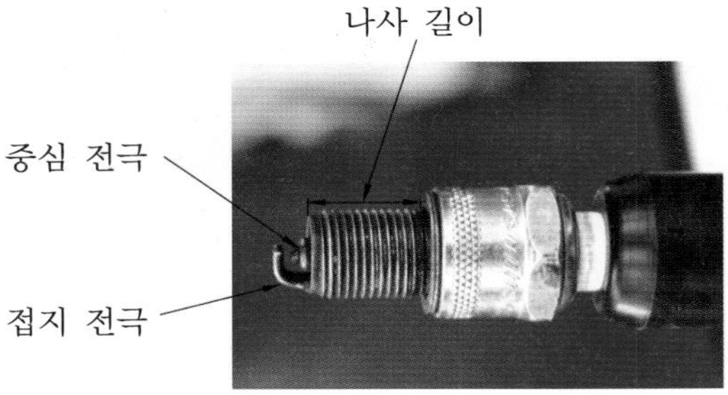

스파크 플러그

참고

1. **자기 청정 온도 :** 전극 부분의 온도가 450~600℃ 정도를 유지하도록 하는 온도이다. 전극의 온도가 800℃ 이상이면 조기 점화의 원인이 된다.
2. **열 값(열 범위) :** 점화 플러그의 열 방산 능력을 나타내는 값
   - 냉형(cool type): 길이가 길고 열 방산이 늦은 형식을 열형(hot type)이라고 한다(길이가 짧고 열 방산이 잘 되는 형식).
   - 냉형 점화 플러그는 고속 · 고압축비 엔진에 적용하고, 열형 점화 플러그는 저속 · 저압축비 엔진에서 사용한다.

(3) 점화 장치 고전압 발생과 점화 시기와의 관계

① 점화 코일의 유도 전압

고압 발생 장치인 점화 코일 유도 전압은 코일이 감긴 횟수에 비례한 전압이 발생한다.

$$E_1 \times N_2 = E_2 \times N_1$$

$$E_2 = E_1 \times \frac{N_2}{N_1}$$

여기서, E_1 : 1차 코일 전압
E_2 : 2차 코일 전압
N_1 : 1차 코일 권수
N_2 : 2차 코일 권수

② 점화 코일에 유도되는 기전력

$$E = H \times \frac{I}{t}$$

여기서, E : 유도 기전력
H : 상호 인덕턴스
I : 전류
t : 전류가 흐른 시간

③ 캠각(드웰각) : 캠각은 1차 코일이 접지되는 시간을 말한다. 즉, 캠각은 2차 전압을 발생하기 위해 1차 코일에 흐르는 전류를 단속하게 된다.

$$캠각 = \frac{캠각\ 구간}{1실린더\ 점화\ 구간} \times \frac{360}{실린더\ 수}$$ 식으로 표현하면,

$$캠각 = \frac{360}{실린더\ 수} \times 0.6(1실린더당\ 캠각\ 60\ \%)$$

(4) 점화 파형 분석

① 1차 점화 파형

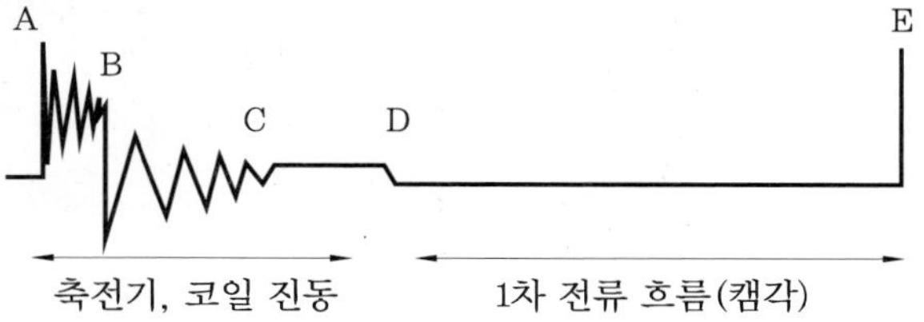

1차 점화 전압

- A-B 구간 = 점화 구간
- B-C 구간 = 점화 감쇄 구간
- D-E 구간 = 1차 코일 전류 흐름 구간(캠각 구간)
- E 구간 = 1차 전류 차단 시점(역기전력에 의한 고압 발생 구간)

② 2차 점화 파형

- A-D 구간 = 점화 발생 구간(피크 전압)
- D-E 구간 = 중간 구간으로 감쇄 구간

- E-A 구간=1차 코일 전류 흐름(캠각(드웰) 구간)

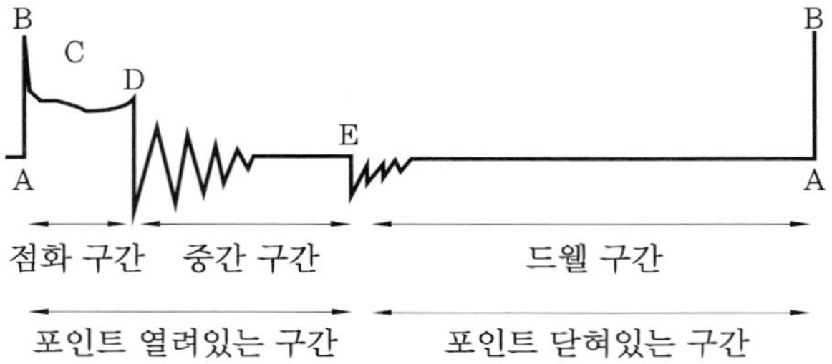

2차 점화 전압

2-4 충전 장치

자동차의 충전 장치는 반도체의 개발에 따라 직류(DC)에서 교류(AC)로 바뀌게 되었으며, 자동차의 전기는 직류(DC)를 사용하고, 충전 장치는 교류(AC) 발전기가 사용되고 있다.

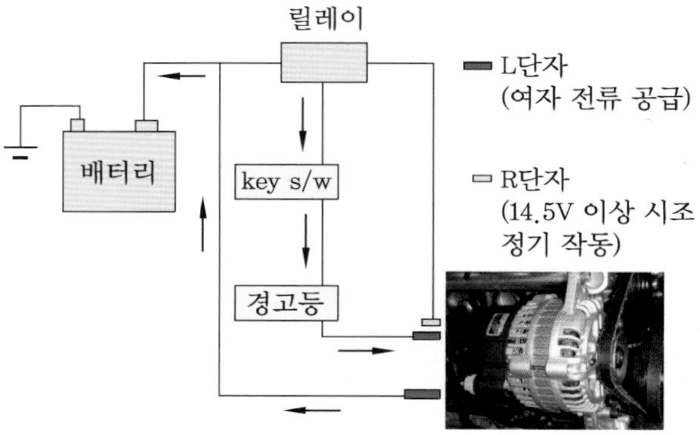

충전 회로

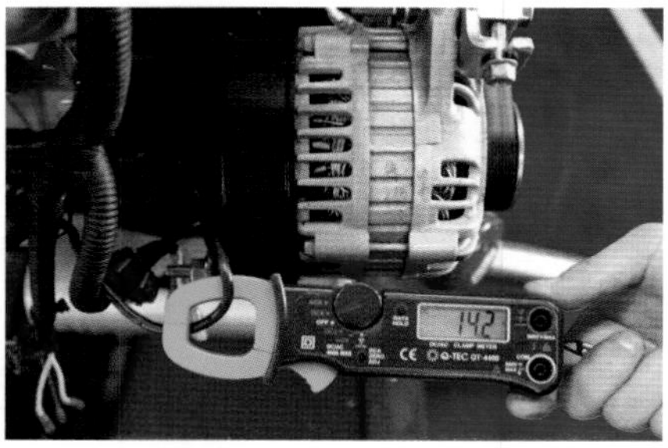

발전기 출력 전류 측정

(1) 교류 발전기(alternator)의 특징

① 소형 경량이며 저속에서도 충전이 가능하다.
② 회전 부분에 정류자가 없어 허용회전속도 한계가 높다.
③ 실리콘 다이오드로 정류하므로 전기적 용량이 크다.
④ 전압 조정기만 필요하다.
⑤ DC 발전기의 컷아웃 릴레이의 작용은 AC 발전기 다이오드가 한다.
⑥ 공회전 상태에서도 발전이 가능하다.

(2) 교류 발전기의 구조

① 스테이터(stator) : 기전력 발생

㈎ 스테이터는 3개의 코일이 감겨져 있고 여기에 3상 교류가 유기되며 스테이터 코어 철심으로 자력선의 크기를 더하고 있다.

㈏ 스테이터 코일의 결선 방법에는 Y결선(스타 결선)과 삼각 결선(델타 결선)이 있으며(Y 결선은 선간 전압이 각 상 전압의 $\sqrt{3}$ 배가 높다), 엔진 공회전 시에 충전 가능하다.

② 로터(자력선 형성) : 로터부 슬립링에 전원이 공급되면 N극과 S극이 형성되어 자화되며, 로터가 회전함에 따라 스테이터 코일의 자력선을 차단하므로 전압이 발생된다.

③ 다이오드(diode) : 정류기

㈎ 스테이터 코일에서 발생한 교류를 직류로 정류하며, 축전지에서 발전기로 전류가 역류하는 것을 방지한다.

㈏ 다이오드는 (+) 쪽에 3개, (−) 쪽에 3개씩 6개를 두며, 보조 다이오드(+)를 3개 더 두고 있다.

로터부

스테이터

다이오드

(3) 주파수와 주기

① 자극과 주파수 : 발전기 회전수와 자극과의 관계에서 만들어지는 주파수

$$f=\frac{P}{2}\times\frac{N}{60}=\frac{P\times N}{120}[\mathrm{Hz}]$$

여기서, P : 자극의 수
N : 발전기 rpm
자극수에 2를 나눈 것 → N극과 S극 2극이 자석이 되기 때문

② 주파수와 주기 : 주파수란 1s 동안 사이클 수가 몇 개인지를 나타내는 척도이며 단위는 cycle/s, 주기란 사이클을 나타내는 데 걸린 시간을 말하며, 단위는 second, 기호는 T이다.

$$f=\frac{1}{T}[\mathrm{Hz}],\ T=\frac{1}{f}[\text{초}:\mathrm{s}]$$

2-5 하이브리드 시스템

하이브리드 자동차는 서로 다른 두 종류 이상의 동력원을 효율적으로 조합하여 차량을 구동하는 것을 의미하나, 대부분의 경우는 연료를 사용하여 동력을 얻는 엔진과 전기로 구동시키는 전기 모터로 구성된 시스템을 말한다.

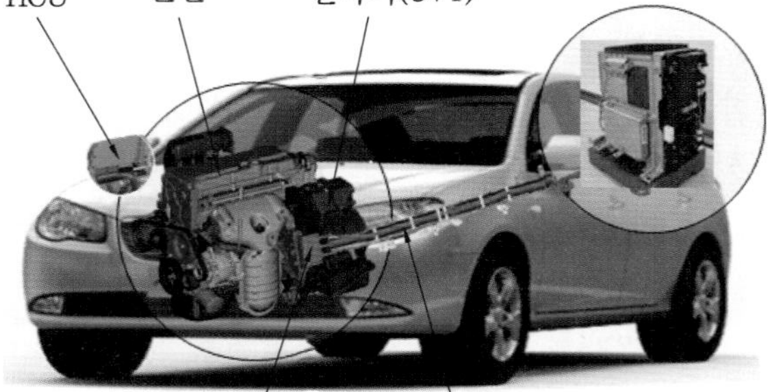

하이브리드 자동차

1 하이브리드 자동차의 장·단점

장 점	단 점
① 연료 소비율을 감소시킬 수 있고 환경 친화적이다. ② 탄화수소, 일산화탄소, 질소산화물, 이산화탄소의 배출량이 현저하게 감소된다.	① 복수의 동력을 탑재하므로 구조가 복잡하고 정비가 어렵다. ② 수리 비용이 높고, 고전압 축전지 가격이 고가이다. ③ 동력 전달 계통이 복잡하고 무겁다.

2 하이브리드 시스템의 형식

구 분	특 징				
	구조	장착성	중량	동력 성능	배기가스
직렬형	단순	불리	불리	낮음	낮음
병렬형	보통	유리	보통	높다	높음
혼합형	복잡	보통	불리	보통	낮음

(1) 직렬형

직렬형은 엔진을 가동하여 얻은 전기를 축전지에 저장하고, 차체는 순수하게 전동기의 힘만으로 구동하는 방식이다. 동력 전달 과정은 엔진 → 발전기 → 축전지 → 전동기 → 변속기 → 구동바퀴이다.

(2) 병렬형

병렬형은 엔진과 변속기가 직접 연결되어 바퀴를 구동한다. 따라서 발전기가 필요 없다. 병렬형의 동력 전달은 축전지 → 전동기 → 변속기 → 바퀴로 이어지는 전기적 구성과 엔진 → 변속기 → 바퀴의 내연엔진 구성이 변속기를 중심으로 병렬적으로 연결된다.

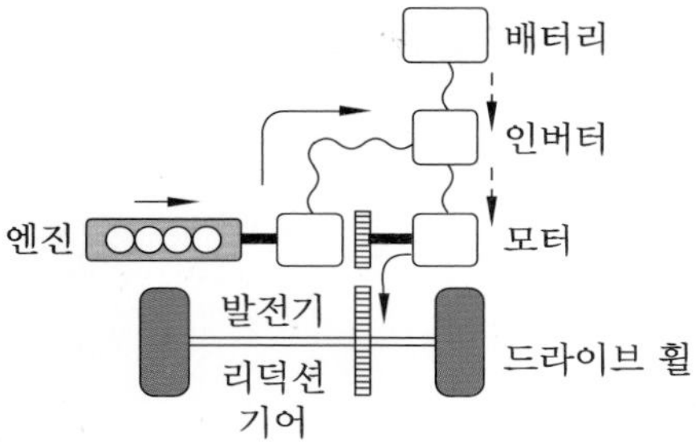

직렬형

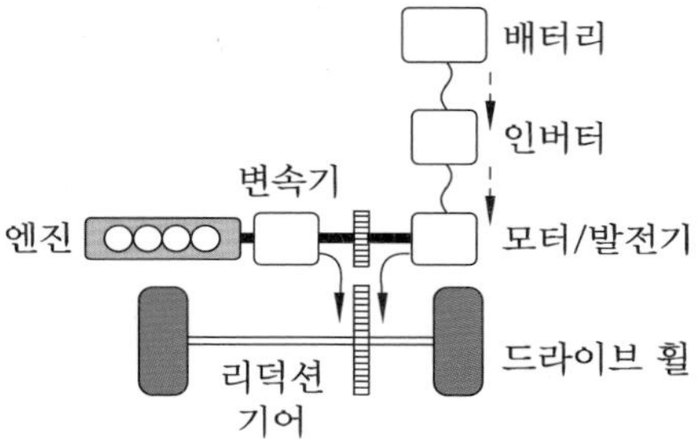

병렬형

(3) 혼합형(직병렬형)

출발할 때와 경부하 영역에서는 축전지로부터의 전력으로 전동기를 구동하여 주행하고, 통상적인 주행에서는 엔진의 직접 구동과 전동기의 구동이 함께 사용된다. 그리고 가속, 앞지르기, 등판할 때 등 큰 동력이 필요한 경우, 통상 주행에 추가하여 축전지로부터 전력을 공급하여 전동기의 구동력을 증가시킨다. 감속할 때에는 전동기를 발전기로 변환시켜 감속 에너지로 발전하여 축전지에 충전하여 재생한다.

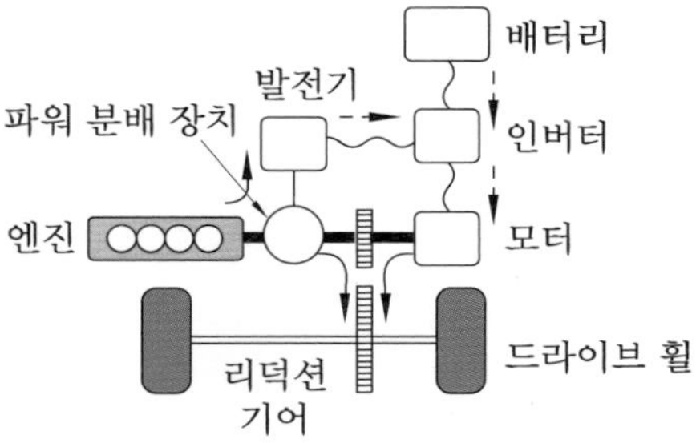

혼합형

3 하이브리드 시스템의 구성

HEV 엔진 룸

(1) 구성 부품

① 하이브리드 컨트롤 MCU : 하이브리드 시스템을 제어하는 중앙장치로 각종 작동 상태에 따른 제어 조정

② 인버터 : DC와 AC 전원을 상호 변화시켜 주며, 하이브리드 배터리로부터 출력되는 DC 전원을 AC 전원으로 변환해 MG2 모터를 가동하기 위한 전류를 공급해 준다.

하이브리드 컨트롤 MCU

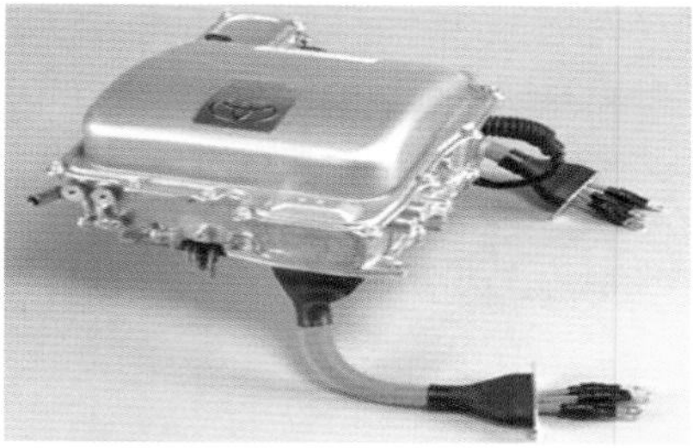

인버터

③ BMS(축전지 컨트롤 시스템) : 축전지 에너지를 입출력 제어, 축전지 성능 유지를 위한 전류, 전압, 온도, 사용 시간 등 각종 정보를 모니터링하여 HCU 또는 MCU에 송신한다.

④ 고압 전원선 : 인버터에 연결된 고압 전원선으로 DC 전원선(HV 배터리로부터 DC 전원 공급)으로 이루어져 있다. 고압 전원선은 주황색 호스로 강조되어 있다.

⑤ 고전압 축전지 : 차량 내의 하이브리드 차량 제어기, 모터 제어기 등의 통신을 통하여 에너지 입출력을 제어하며 안전제어(배터리 소손 및 폭발 등의 위험 방지)와 배

터리 냉각제어가 있다.

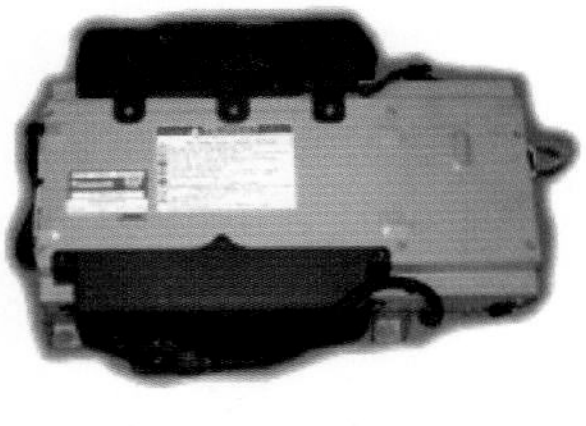

BMS

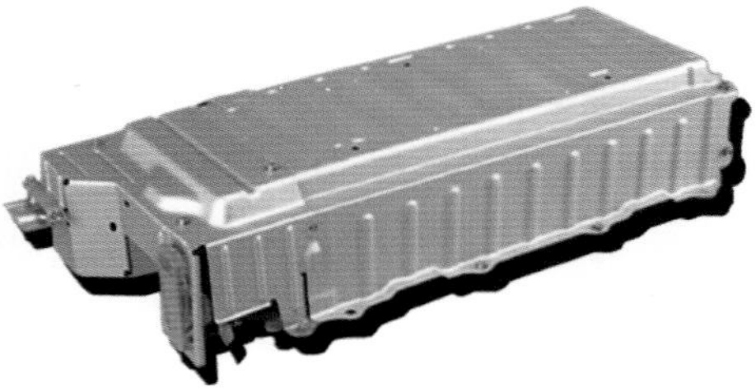

고전압 축전지

⑥ HEV 모터 : 구동 시엔 모터로 작동되며 제동 시엔 발전기가 되어 전기 에너지를 운동 에너지로 변환시켜 차량 가속 시 동력 보조하며, 차량 감속 시 운동 에너지를 전기 에너지로 변환시켜 배터리를 충전한다.

HEV 모터

(2) 하이브리드 차량 제어 시스템 기능

① 아이들 스톱 : 차량 중행 시 D단 주행 후 브레이크 정차 시 엔진 정지 브레이크 페달 OFF 혹은 가속 페달 ON 시 전기 모터를 이용하여 엔진을 재시동시킨다.

② 경사로 밀림 방지 제어 : D/R단에서 브레이크 정차 시 밀림 방지 밸브 작동을 통한 차량 밀림 방지. 브레이크 페달 OFF 시 밀림 방지 밸브 복귀(OFF) 일정 값 이상의 급경사로의 경우 아이들 스톱 진입 금지(경사각 센서 장착)

③ HEV 모터 시동 : IG key 시동 혹은 아이들 스톱 이후 HEV 모터를 이용한 시동 HEV 모터 작동 불가 시 스타터 모터 시동

④ HEV 모터 보조 : 가속 시 HEV 모터 구동을 통한 차량의 구동력을 증대시켜 주며, 모터의 동력을 보조한 만큼 엔진 에너지 사용을 줄일 수 있어 연비가 향상된다.

⑤ HEV 모터 회생 제동 : 감속 시 HEV 모터 발전을 통한 전기 에너지를 저장하며, 제동 시 모터는 발전기로 작동되어 제동 에너지를 전기 에너지로 변환하여 배터리에 저장된다.

⑥ CVT 변속비 제어 : 주행 상태에 따른 최적 변속비 제어

⑦ 연료 컷 및 분사 허가 : 시동 시 연료 분사 허가 / 감속 시 연료 컷 요구
⑧ 모터 및 배터리 보호 : 144 V 배터리 과충전 방지, 토크 제한, 보조(12 V) 배터리 과방전 방지, 과방전 시 아이들 스톱 금지
⑨ 부압 제어 : 브레이크 부스터 압력 저하 시 모터 보조를 통한 브레이크 부압 생성(부압 부족 발생 조건 : 엔진 공회전 또는 내리막 타행 주행과 에어컨 작동 및 변속 패턴 D단 주행 시)

4 구동 형식에 따른 시스템 구분

(1) 소프트 타입

엔진과 변속기 사이에 모터가 설치되며 모터가 엔진의 동력 보조 역할을 한다.

(2) 하드 타입

모터가 동력 보조 및 순수 전기차로도 작동이 가능하며, 회생 제동 효율이 우수하여 연비가 좋다. 대용량 배터리가 필요하며 대용량 모터가 설치된다.

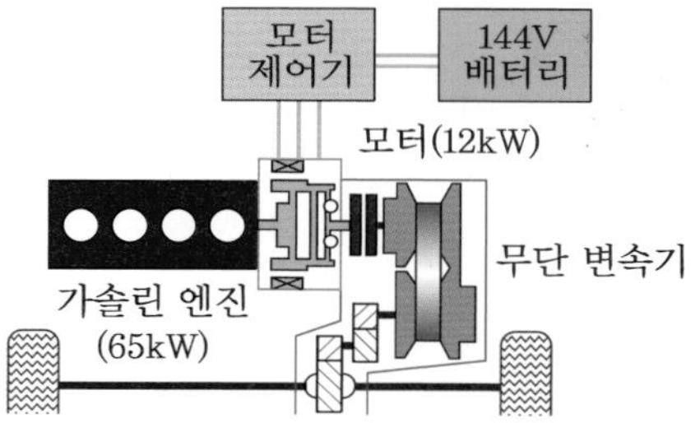

소프트 타입

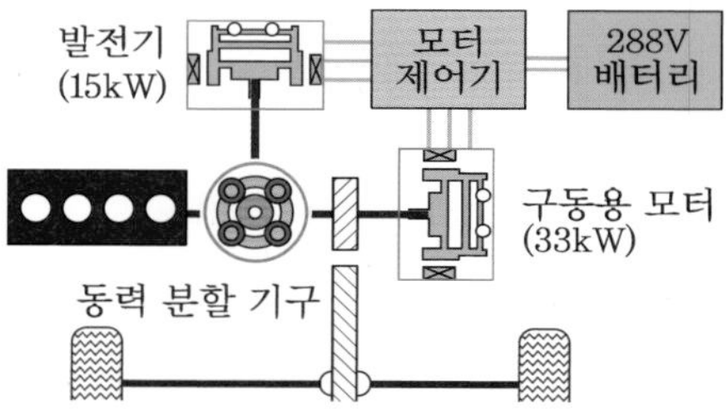

하드 타입

5 하이브리드 자동차 주행 패턴

(1) 소프트 타입 HEV

출발 시 엔진+모터로 구동하고 주행 시 엔진을 구동하여 제어한다.

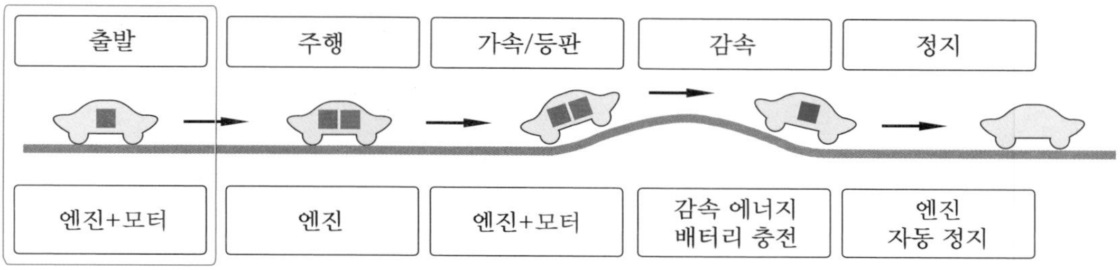

(2) 하드 타입 HEV

출발 시 모터만으로 구동하며, 가속 시 엔진+모터를 구동하여 가속력을 증대시킨다.

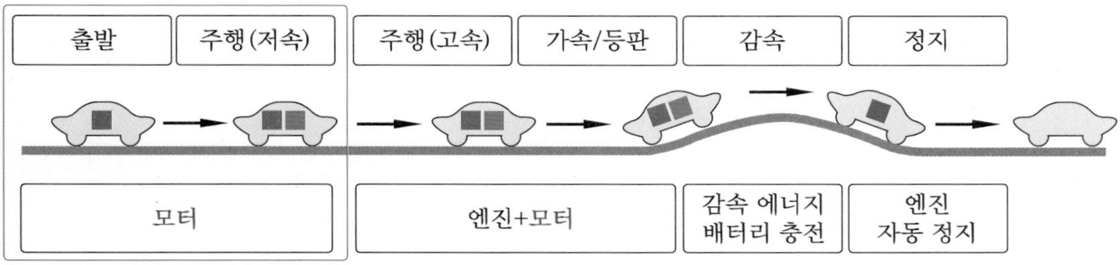

6 하이브리드 취급 시 주의 사항

(1) 고전압 점검 시 주의 사항

① 취급기술자는 고전압 시스템에 대한 검사와 서비스 교육이 선행되어야 한다.
② 모든 고전압 시스템이 취급하는 단품에는 고전압이라는 라벨이 붙어 있다.
③ 절연 장갑을 착용하고, 차량 고전압 차단을 위한 안전 스위치를 OFF해야 한다.
④ 안전 스위치를 OFF한 후 5분 경과 후 작업을 해야 한다.
⑤ 작업 시 금속성 물질은 몸에서 탈거해야 한다(시계, 반지, 금속성 필기구 등).
⑥ 고전압 케이블(오렌지 색) 금속부 작업 시 반드시 0.1 V 이하인지 확인한다.
⑦ 고전압 터미널부 체결 시 반드시 규정 토크를 준수한다.
⑧ 정비/점검 시 "주의 : 고전압 흐름. 작업 중 촉수 금지" 경고판을 통해 알릴 필요가 있다.

(2) 차량 사고 시 주의 사항

① 고전압 케이블(절연 피복이 벗겨진 상태)은 손대지 말 것.
② 차량 화재 시 ABC 소화기로 진압할 것.
③ 차량이 반쯤 침수 상태일 경우 차량의 안전 플러그 등 일체의 접근을 금지할 것.
④ 차량에 손을 댈 필요가 있을 경우, 물에서 차량을 완전히 안전한 곳에 이동 후 조치할 것.
⑤ 고전압 배터리 전해질 누수 발생 시는 피부에 접촉하지 말 것.
⑥ 리튬 이온 폴리머 배터리는 젤(gel) 타입의 전해질로 피부 접촉 시 비눗물로 깨끗이 씻는다.
⑦ 차량 파손으로 고전압 차단이 필요할 때 다음 순서로 작업 조치할 것.
(가) 차량 정지 후 P단으로 위치하고 사이드 브레이크를 작동시킬 것.

(나) IG key 제거 후 보조 배터리의 접지(-)를 탈거할 것.
(다) 절연 장갑을 착용한 후 안전 플러그를 제거할 것.
(차량 파손으로 불가능할 경우는 IG 릴레이 또는 배터리 퓨즈를 제거할 것.

7 하이브리드 용어 설명

약 어	영 문	용어 의미
HEV	Hybrid Electronic Vehicle	하이브리드 자동차
HCU	Hybrid Control Unit	하이브리드 종합 제어기
MCU	Motor Control Unit	모터 컴퓨터(인버터 : inverter)
BMS	Battery Management System	고전압 배터리 관리 시스템
LDC	Low DC-DC Converter	DC-DC 변환기
ECU	Engine Control Unit	엔진 컴퓨터
IFB	Inter Face Box	LPI 컴퓨터
TMK	Tire Mobility Kit	타이어 펑크 수리 키트
CAS	Creep Aid System	밀림 방지 시스템
CVT	Continuously Variable Transmission	무단 변속기
MDPS	Motor Driven Power Steering	전동식 모터 조향 장치
PRA	Power Relay Assembly	고전압 릴레이 어셈블리
IPM	Intergreated Package Module	통합 패키지 모듈(배터리, 인버터, LDC)
레졸버	Resolver	모터 위치 센서
안전 플러그	Safety Plug	고전압 차단 플러그
ISG	Integrated Starter Generator	스타트 & 충전 모터
FMED	Flywheel Mounted Electric Device	모터가 플라이휠에 장착
TMED	Transmission Mounted Electric Device	모터가 변속기에 장착
플러그-인	Plug-In	가정용 전기로 충전하는 HEV
NI-MH	Nickel - Metal Hydrogen	니켈-수소 배터리
LI-PB	Lithium - Polymer	리튬-이온 폴리머 배터리

3 Chapter

고전원 전기 장치

3-1 구동(고전원) 배터리

1 전기자동차의 개요

전기자동차는 자동차의 구동 에너지를 내연엔진이 아닌 전기 에너지로부터 얻는 자동차를 말한다. 자동차의 동력원인 엔진이 전기 모터로 대치되고, 변속기를 대신할 수 있는 감속기가 장착된다. 또한 고출력의 전기 모터를 구동하기 위한 고전압 배터리 및 이를 제어하기 위한 각종 보조 장치가 적용된다.

(1) 전기자동차의 특징

① 대용량 고전압 배터리를 탑재한다.
② 전기 모터를 동력원으로 사용한다.
③ 감속기를 통해 토크를 증대(변속기 없음)한다.
④ 외부 전력을 이용해 배터리를 충전한다.
⑤ 전기 사용으로 주행 시 배출가스가 없다.
⑥ 배터리 용량 한계로 주행거리가 제한적이다.

(2) 전기자동차의 분류

구 분	하이브리드(HEV)	플러그인 하이브리드 (plug-in HEV)	전기차(EV)	수소 연료 전지차 (FCEV)
구조 · 특징	엔진+모터	모터로 주행 가능	모터만으로 주행	수소/산소로 전기 발생

2 전기자동차용 배터리의 개요

전기자동차용 배터리로는 니켈 계열 배터리와 리튬 이온 계열 배터리가 적용되고 있으며, 2차 전지는 리튬계와 알칼리계, 산성계로 나뉘는데, 이 중 가장 가볍고 큰 에너지 밀도를 구현할 수 있는 리튬 이온 전지가 고전원 배터리로 주로 사용되고 있다.

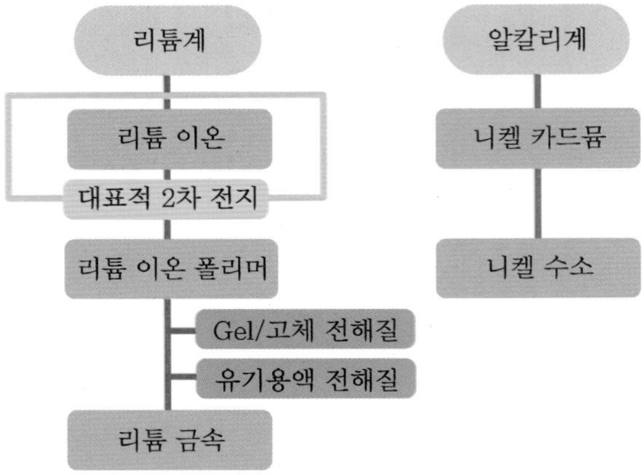

전기자동차용 배터리의 분류

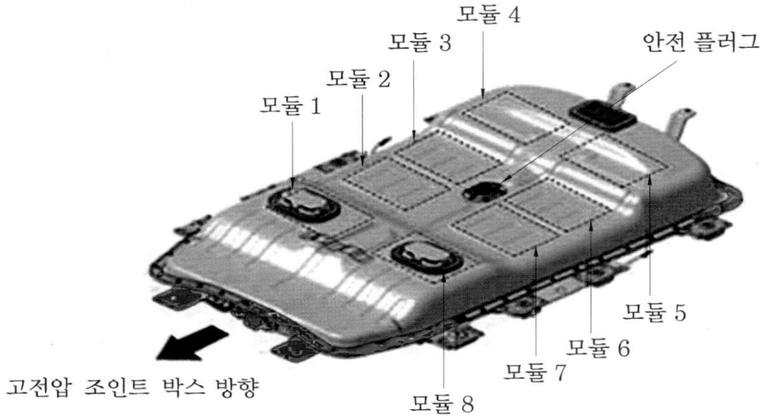

구동(고전원) 배터리

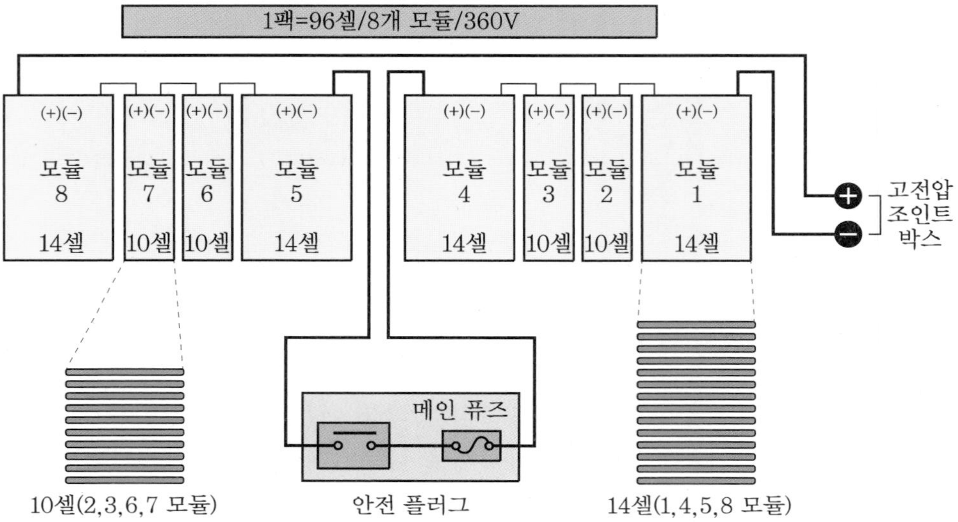

배터리 구성

참고 전기 차량 고전압 배터리 용량

① 360 V 리튬 이온 폴리머 배터리
② 최대 출력 : 방전 98 kW, 충전 98 kW
③ 공칭 에너지 : 28 kWh

(1) 배터리 관리 시스템(BMU : Battery Management Unit)

① 배터리 시스템 모니터링 : 배터리의 잔존량 SOC(state of charge : 충전 상태 백분율 %)과 고전압 배터리를 관리한다.
② 배터리 제어 및 진단 : 배터리 셀 전압을 제어하고 배터리를 냉각시켜 제어한다.
③ 릴레이(메인 릴레이, 프리차지 릴레이, 급속 충전 릴레이)를 제어한다.
④ 냉각팬을 제어하여 고전압 배터리를 냉각시킨다.

(2) 전력 차단 장치(PRA : Power Relay Assembly)

메인 릴레이, 프리차지 릴레이, 프리차지 레지스터, 배터리 전류 센서로 구성되며, 배터리 매니지먼트 시스템(BMS) ECU 제어에 의해 고전압 배터리와 인버터의 고전압 전원 회로를 제어한다.

① 고전압 릴레이(ON/OFF)를 제어한다.
② 전원 공급/차단, 전류를 측정한다.
③ 고전압 릴레이 및 고전압 커패시터를 보호(초기 충전 회로)한다.

(3) 세이프티 플러그(안전 플러그)

① 세이프티 플러그는 수동으로 고전압 배터리 연결 회로를 단선시켜 차량에 공급되는 전원을 차단한다.
② 고전압 배터리 12개 모듈은 직렬로 연결되어 하나의 배터리 팩을 구성한다. 안전 플러그는 탈거 시 고전압 배터리 내부 회로가 단선되기 때문에 안전하게 고전압 부품 정비를 할 수 있게 된다(퓨즈 내장).

(4) 냉각 시스템

① 냉각 팬 및 냉각 덕트는 실내 하단 공기를 유입하여 냉각시킨다.
② 고전압 배터리 냉각 팬은 BMS 단독으로 제어한다. VCU에서 Ready 신호를 수신한 후 배터리 온도가 상승할 경우 블로어 릴레이를 구동하고, PWM 신호를 통해 팬 속도를 제어한다. 또한 피드백(feed back) 라인을 통해 팬의 상태를 판단하여 고장 진단을 수행한다.
③ 고전압 배터리는 팬 제어를 통해 평균 30℃ 이하를 유지하며, 배터리 온도가 30℃를 초과하면 동작을 시작한다.

(5) 고전압 정션 블록

전기자동차에서는 고전압 부품의 전력을 분배하기 위한 분배 장치로 정션 블록을 사용한다. 정션 블록 내부에는 별다른 제어 장치 또는 릴레이 등이 없고 버스 바(bus bar)와 퓨즈로 구성되어 있어 파워 릴레이 어셈블리(PRA)에서 전원이 공급될 경우 자동으로 고전압이 흐르게 된다.

(6) 셀 모니터링 유닛(CMU) : 해당 모듈의 셀과 모듈 온도를 관리한다.

① 셀 밸런싱 : 각각의 셀 전압을 측정한 후 밸런싱이 필요한 경우 밸런싱 소자를 구동한다. 이때 보디 컨트롤 모듈(BMU)과의 모니터링을 통해 배터리 팩 전체의 셀 전압을 측정하고 조정하게 된다(밸런싱 릴레이 및 저항 내장).

② 셀 온도 측정 : 모듈에 장착된 온도 센서를 이용해 배터리 온도를 측정한 후 보디 컨트롤 모듈(BMU)로 모니터링한다.

(7) 프리차지 릴레이

① 메인 릴레이 구동 전, 먼저 구동되어 고전압 돌입 전류에 의한 인버터 손상을 방지한다.

② 프리차지 릴레이는 (+) 전원만 릴레이를 통해 공급하며, 공급된 전원은 (−) 메인 릴레이를 통해 고전압 배터리로 접지한다.

(8) 고전압 인터로크 회로

① 고전압 케이블의 체결 상태를 확인하기 위해 각 제어기가 감지한다.

② 전압 변화를 감지하며, 고전압 커넥터를 체결 또는 분리할 때 현재 상황을 감지한다.

참고 인터로크 회로 원리

① 제어기는 인터로크 단자에 12 V 또는 5 V 풀업(pull-up) 전원 및 접지를 인가한다.

② 커넥터가 체결되면 두 배선이 단락되어 0 V가 되고, 제어기는 정상으로 커넥터가 체결되었다고 판단한다.

③ 커넥터 탈거 시 풀업(pull-up) 전원이 유지되므로, 커넥터 미체결로 판단한다.

- 인터로크 커넥터 체결 : 0 V
- 인터로크 커넥터 탈거 : 5~12 V

④ **인터로크 회로 단선 시**

- 주행 중 단선 시 : 현재 주행 상태는 유지하나, 정차 시 전력 차단 장치(PRA)를 Off시켜 고전압을 차단한다.
- 정차 중 단선 시 : 즉시 전력 차단 장치(PRA)를 Off하여 고전압을 차단한다.

(9) 과충전 보호 시스템(OPD : Overvoltage Protection Device)

고전압 배터리가 과충전될 경우 열화에 의해 배터리 셀이 부풀어 오를 수 있는데, 이러한 현상을 감지하기 위한 기능을 말한다. 하이브리드(HEV) 차량의 경우 일반적으로 전압 보호 시스템(VPD : Voltage Protection Device)이라는 명칭이 사용되며, 전기자동차(EV) 차량의 경우 OPD라는 명칭이 쓰이고 있다.

3-2 전력 변환 시스템

(1) 전력 변환 시스템 개요

① 전력 변환 시스템
 (가) 전력의 형태를 사용하는 용도에 따라 변환시켜 주는 시스템(AC/DC ↔ DC/AC)
 (나) 전압, 전류, 주파수, 상(phase) 가운데 하나 이상을 전력 손실 없이 변환한다.

② 전력 변환 장치(EPCU : Electric Power Control Unit)
 (가) 인버터 : 직류(DC)를 교류(AC)로 변환시킨다.
 (나) 모터(전동기) : 전기 에너지를 기계 에너지로 바꾸어 주는 장치
  ※ 전기 차량(EV)의 모터 : 차량의 주행 성능을 결정하는 속도 및 토크를 직접 제어한다.

(2) 전기자동차의 전력 변환 시스템

① 탑재형 배터리 충전기(OBC : On Board Charger) : 상용전원인 교류(AC) 전압을 직류(DC) 전압으로 변환하여 고전압 배터리에 전력을 공급하는 장치

② 직류 변환 장치(LDC : Low Voltage DC-DC converter)
 (가) 직류(DC) 전원을 다른 직류(DC) 전원으로 변환시키는 장치(고전압 → 저전압)
 (나) 고전압 배터리의 전력(DC)을 저전압 배터리의 전력(DC)으로 이동시키는 장치

③ 전기자동차에서 직류 변환 장치(LDC)의 역할을 일반 자동차 발전기(alternator)와 비교한 경우 다음 표와 같다.

구 분	발전기(alternator)	LDC(Low Voltage DC-DC converter)
입 력	엔진(기계적 연결)	메인 배터리/회생(전기적 연결)
출 력	12 V 배터리/전장부하	12 V 배터리/변환
용 도	12 V 배터리 충전 및 전장부하 전원 공급	고전압 배터리의 전력(DC)을 저전압 배터리의 전력(DC)으로 변환
파워 흐름	엔진 → ALT → 12 V 부하	구동 모터/인버터 또는 메인 배터리 → LDC → 12 V 부하
특 성	• 공회전 상태가 아닌 경우 : 12 V 전원 공급 불가 • 엔진 부하 증가 및 효율에서 연비 불리	• 자동차 정지 : 12 V 전원 공급 가능 • 엔진에 관계없이 연비가 유리하다.

(3) 전기차 전력 제어 장치(EPCU : Electric Power Control Unit) 구성

① 전기(EV) 차량의 전력 제어 장치(EPCU)

㈎ 하이브리드(HEV) 차량에서는 통합 제어 모듈을 HPCU라고 부르고 통합 제어기를 HCU라고 부르지만, 전기(EV) 차량에서는 통합 제어 모듈을 EPCU라고 하며, 통합 제어기를 VCU라 한다.

㈏ 전기차 전력 제어 장치(EPCU) 내부에는 제어 보드와 파워 보드 그리고 커패시터 및 다양한 반도체 소자로 구성되어 있다.

② 커패시터(capacitor)

㈎ 고전압 전력을 안정적으로 공급하고 평활을 할 목적으로 전기차 전력 제어 장치(EPCU) 내부에 커패시터가 장착된다. 커패시터는 콘덴서라고도 부를 수 있으며, 고전압 배터리로부터 공급된 360 V의 전원이 인버터로 연결되기 전에 거치게 된다.

㈏ 전력 차단 장치(PRA) OFF 또는 안전 플러그 차단 시 고전압이 차단되지만 커패시터 내부에는 고전압 에너지가 저장되어 있어 커패시터의 에너지가 방전되기까지는 약간의 시간이 필요하다. 그래서 과거 차량에서는 커패시터의 에너지가 완전히 방전될 때까지 최대 5분~10분간 기다린 후 관련 작업을 해야만 했다. 하지만 전기 차량은 이그니션(KEY) OFF 후 1초 이내로 고전압 에너지를 방전시키도록 되어 있다. 이때 모터를 통해 방전을 유도한다.(법규 : 1초 이내 60 V 이하로 전압이 다운되어야 한다.)

(4) 탑재형 배터리 충전기(OBC : On Board Charger)

① 충전 방식 : 정전류 충전 → 정전압 충전(완충 직전에 정전압 충전으로 바뀜)

② 충전 전압 : 250~450 V(고전압 배터리 SOC에 따라 OBC에서 충전 전압 조절)

③ 충전 스탠드에서 110V 또는 220 V를 OBC로 공급하면 OBC 내부의 필터와 정류기, PFC, 컨버터 등을 통해서 최종적으로 DC 250~450 V로 충전이 이루어지며, 정전류 충전 방식을 사용한다.

④ 정전류 충전 및 정전압 충전

㈎ 정전류 충전은 전류를 고정시키고 전압을 변화시켜 가면서 충전하는 방식이다. 이때 배터리 전압이 상승하기 때문에 충전 전압과 함께 조정하며 증가시켜야 한다. 또한 충전 중에도 제어기에서는 배터리 제어 장치(BMU)와의 통신을 통해 고전압 배터리 SOC 정보와 배터리 상태를 입력받는다.

㈏ 정전압 충전은 정전류 충전과 반대로 전압을 고정시키고 전류를 가변해서 충전하는 방식을 말한다.

(5) 충전 시스템

전기차의 충전 방식은 급속, 완속, 회생 제동의 3가지 종류가 있다. 완속 충전기와 급속 충전기는 별도로 설치된 220 V나 380 V용 전원을 이용해 충전하는 방식이고, 회생 제동을 통한 충전은 감속 시에 발생하는 운동 에너지를 이용하여 구동 모터를 발전기로 사용하여 배터리를 충전하는 것을 말한다. 완속 충전 시에는 차량 내에 별도로 설치된 충전기(OBC)를 거쳐서 고전압 배터리가 충전된다.

(6) 급속 및 완속 충전

① 급속 충전 : 외부 급속 충전 스탠드에서 DC를 직접 공급하는 방식이며 전력 차단 장치(PRA) 내부에 있는 급속 충전 전용 릴레이가 작동하여 전원이 공급된다. 이때 탑재형 배터리 충전기(OBC)는 관여하지 않으며 IG3 릴레이가 작동해 충전에 필요한 제어가 작동하게 된다.

② 완속 충전

㈎ 완속 충전은 충전 스탠드에서 공급되는 AC 220 V 전원을 차량 내에 있는 탑재형 배터리 충전기(OBC)를 통해 충전하는 방식이다. 이 시기에도 IG3 릴레이가 작동해 충전에 필요한 제어가 작동하게 된다.

㈏ 충전 시간 : 약 4시간 25분 소요

㈐ 충전 용량 제한 : SOC 95 %까지 충전이 가능하다. 오디오, 비디오, 네비게이션(AVN)에는 100 %로 충전 표기)

3-3 구동 전동기

(1) 특징

구동 모터는 전기자동차에서 동력을 발생하는 부품으로, 가속과 등판 및 고속 운전에 필요한 동력을 제공한다. 이때 인버터는 구동 모터에게 동력을 전달하기 위하여 고전압 직류(DC)를 교류(AC)로 변환시킨다. 모터에서 발생한 동력은 회전자 축과 연결되어 있는 감속기와 드라이브 축에 전달되어 바퀴가 구동된다. 반면 감속 시에는 구동 모터를 발전기로 전환하여 반대로 교류(AC)를 직류(DC)로 변환시켜 고전압 배터리를 충전시키게 된다.

(2) 모터 구동 시스템

① 모터 제어기(MCU)는 차량 통합 제어 유닛(VCU)과 통신하여 주행 조건에 따라 구동 모터를 최적으로 제어한다.

② 고전압 배터리의 직류(DC)를 구동 모터 작동에 필요한 3상 교류(AC)로 전환한다. 또한 구동 모터에 공급하는 인버터 기능과 고전압 시스템 냉각을 하는 전자 워터펌프(EWP)를 제어하는 기능을 수행한다.

③ 감속 및 제동 시에는 MCU가 인버터 대신 컨버터(AC-DC Converter)의 역할을 수행하여, 모터를 발전기로 전환시킨다. 이때 에너지 회수 기능(3상 교류를 직류로 변경)을 담당하며, 고전압 배터리를 충전시킨다.

④ 시스템 정상 상태에서 상위 제어기인 차량 통합 제어 유닛(VCU)에서 구동 모터 토크 제어 신호가 전달되면, 모터 제어기(MCU)는 출력 전압과 전류를 발생시켜 구동 모터에 인가한다. 그러면 모터가 구동되며, 이때 모터 전류값을 모터 제어기(MCU)가 측정한다. 이후 전류값으로부터 토크값을 계산하여 상위 제어기인 차량 통합 제어 유닛(VCU)으로 송신한다.

(3) 모터 제어기(MCU) 및 인버터

- 모터 제어기(MCU) : EPCU 내부의 모터 제어기 명칭이며, 별도의 제어기가 아닌 제어 보드 일체형으로 구성된다.
- 인버터 : 모터의 속도와 토크 제어를 위한 전기차 전력 제어 장치(ECPU) 내부 구성품으로 게이트 보드, 파워 보드, 커패시터, 버스 바 등으로 구성되어 있다.

① 주요 구성품

㈎ 파워 보드(파워 모듈) : 고전압 전원(교류/직류)을 공급 및 차단한다.

㈏ 전류 센서 : 충전/방전 시 모터에 인가되는 전류량을 검출한다.

㈐ 제어 보드 : 연산 기능을 수행하는 메인 제어기이다.

㈑ 게이트 보드 : 파워 모듈과 제어 보드를 이어주는 연결 보드이다.

㈒ 커패시터 : 고전압 전원을 평활하여 회로의 전류의 흐름을 안정화시킨다.

㈓ 버스 바 : 대용량의 전기가 흐르는 곳에 전기적인 연결을 가능하도록 하는 막대형의 전도체이다.

㈔ 히트싱크 : 반도체에서 발생하는 열을 철판으로 흡수해서 공기 또는 냉각수를 이용해 냉각시킨다.

② 인버터 보호 기능

㈎ 과온도 보호 : 모터/인버터의 온도에 따라 최대 토크 출력 비율을 제한한다.

㈏ 구속 시 토크 제한 : 모터 구속 시, 파워 모듈 내부 온도가 허용치 이내가 되도록 토크를 자동으로 제한한다.

㈐ 배터리 전압 보호 : 배터리 충/방전 조건에 따라 최대 출력 토크를 제한한다.

(4) 구동 모터

전기자동차(EV)는 전기 모터로만 차량을 구동하므로, 차량 통합 제어 유닛(VCU)의 가장 중요한 제어가 바로 모터 구동 제어라 할 수 있다. 이를 위해서 차량 통합 제어 유닛(VCU)은 보디 컨트롤 모듈(BMU)로부터 배터리 충전 상태(SOC) 정보를 받고 운전자의 의지를 고려하여 모터 토크를 제어하게 된다.

또한 차량 통합 제어 유닛(VCU)은 모터 토크 제어와 함께 인버터의 온도를 항상 모니터링한다.

만일 냉각수온 대비 인버터 온도가 비정상적으로 상승하면 모터 토크 조절(제한) 및 토크 출력을 금지한다.

(5) 감속기

전기자동차의 감속기는 일반 차량의 변속기와 같은 역할을 하지만 여러 단이 있는 변속기와는 달리 일정한 감속비로 모터에서 입력되는 동력을 차축으로 전달하는 역할을 한다. 따라서, 변속기 대신 감속기라고 불린다.

감속기의 역할은 모터의 고회전 저토크 입력을 받아 적절한 감속비로 속도를 줄이고 그만큼 토크를 증대시키는 역할을 한다.

감속기 내부에는 파킹 기어를 포함한 여러 개의 기어가 있으며, 수동 변속기 오일이 충진된다(오일 무교환).

참고 **감속기의 기능**

구동 모터로부터 동력을 전달받아 속도는 감소시키고, 구동력은 증대시킨다.

① **감속** : 모터 회전수가 감소하고 구동력이 증대한다.
② **차동 기어** : 선회 시 좌우 바퀴 속도차에 따른 회전수 분배
③ **파킹** : 전자식 파킹 액추에이터 장착(샤프트바이와이어(SBW) 기능에 포함)

(6) 전기식 워터펌프(EWP : Electric Water Pump)

전기식 워터펌프는 전기차 시스템(구동 모터, 인버터, LDC, 충전기) 내부로 냉각수를 순환시켜 전기 장치들을 냉각시키는 장치이다. 개별 부품의 온도가 한계점을 넘으면 전기식 워터펌프(EWP) 동작을 위해 모터 제어기(MCU)에서 전기식 워터펌프(EWP)에 작동 신호를 보내고 일정 온도 이하로 떨어지면 중지 신호를 보내 전기식 워터펌프(EWP) 작동을 멈춘다.

전기식 워터펌프(EWP)는 모터 제어기(MCU)가 고장 여부를 판단할 수 있도록 CAN 신호선을 통해 정상 여부를 알려주게 된다.

① 부품 냉각 : 고전압 전력 부품(인버터, 탑재형 배터리 충전기(OBC) 및 모터) 과열 방지를 위해 전동식 워터펌프가 적용된다.
② 난방(히트펌프 시스템) : 고전압 전력 부품의 폐열을 이용해 난방 시 보조 열원으로 사용한다.

3-4 연료 전지(fuel cell)

연료 전지는 물의 전기 분해와 반대로 수소와 산소를 반응시켜 전기를 생성하는 일종의 발전기이다. 수소 자동차(FCEV : Fuel Cell Electric Vehicle)는 수소와 산소의 화학 반응을 이용한 것으로 화학 물질의 반응을 잘 활용하여 전기 에너지를 생산한다.

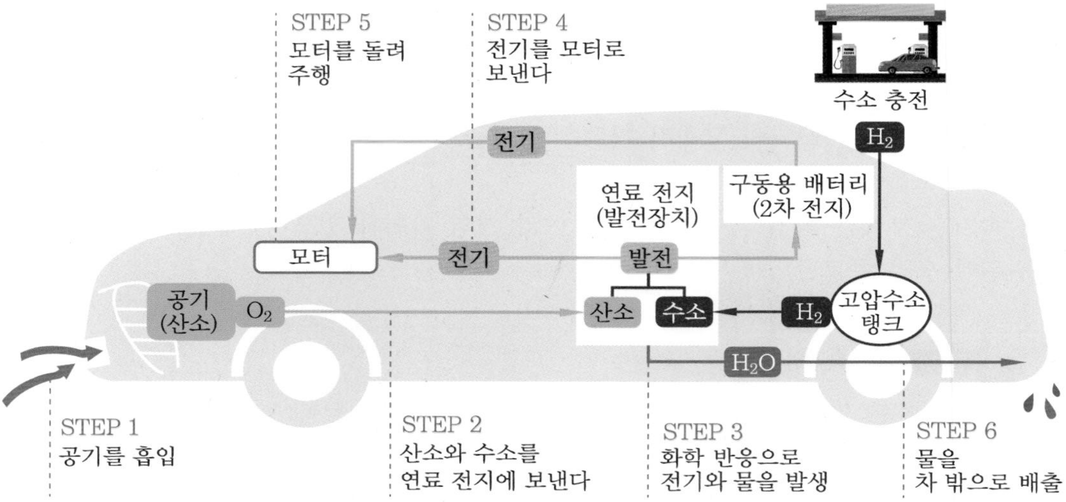

수소 자동차

(1) 연료 전지의 장점

① 단위 무게당 에너지 밀도가 2차 전지에 비해 월등히 우수하다.

② 연료의 이용 효율이 36~50 %로 내연엔진의 20 %에 비하여 매우 높다.

③ 석유 계열 이외의 연료(수소, 알코올, 천연가스)를 사용할 수 있다.

(2) 연료 전지의 원리

물을 전기 분해를 하면 양(+)극에서 산소가 생성되고 음(−)극에서 수소가 생성된다. 이것을 반대로 하여 수소를 이용해서 물을 만들면 그 과정에서 전기가 발생되는데, 이것이 수소 연료 전지의 원리이다.

먼저 백금계 촉매를 입힌 카본 분말을 막 전극 접합체 MEA(Membrane−Electrode Assembly) 앞뒤에 도포하면 화학 반응에 의해 다음과 같은 순서로 전류가 발생된다.

① 음극(연료극)에서 수소 가스를 보내면 수소는 촉매와 반응하여 수소 이온과 전자로 분해된다.

② 수소 이온은 전해질막을 통과하여 양극(공기극)으로 이동된다.

③ 전자는 외부 회로를 거치며 전류를 발생시키게 된다.

④ 양극에서 수소 이온은 전자, 산소와 결합하여 물을 생성한다.

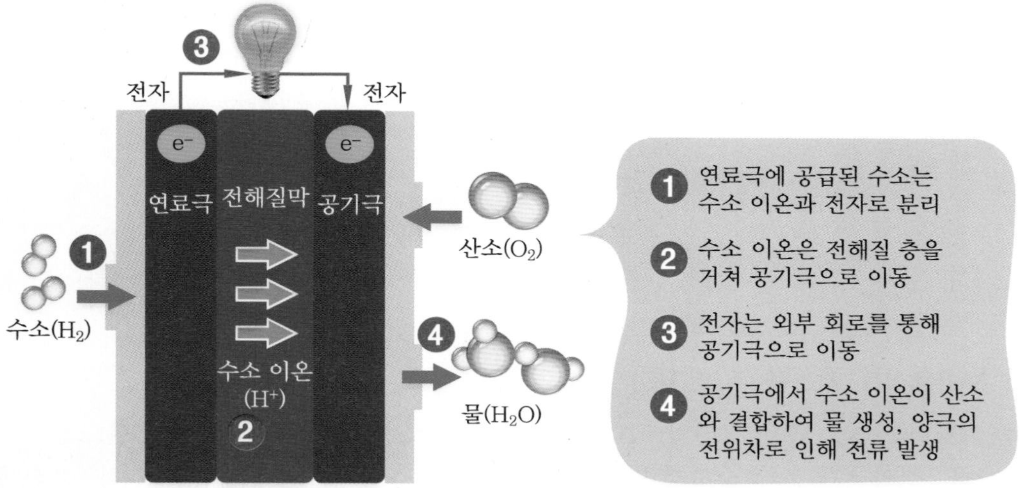

전자
전자
e⁻
e⁻
연료극
전해질막
공기극
수소(H_2)
산소(O_2)
수소 이온 (H^+)
물(H_2O)
연료극에 공급된 수소는 수소 이온과 전자로 분리
수소 이온은 전해질 층을 거쳐 공기극으로 이동
전자는 외부 회로를 통해 공기극으로 이동
공기극에서 수소 이온이 산소와 결합하여 물 생성, 양극의 전위차로 인해 전류 발생

연료 전지의 원리

3-5 고전압 위험성 인지 및 안전 장비

(1) 충전 시 주의 사항

① 젖은 손으로 충전기를 조작하지 않는다.
② 차량 충전구에 충전 커넥터를 정확히 연결하고 잠금(locking) 상태를 반드시 확인한다.
③ 충전 중에 충전 커넥터를 임의로 탈거하지 않는다.
④ 충전 케이블 피복 손상, 충전 커넥터 파손 등 안전 상태를 주기적으로 점검한다.
⑤ 우천 시 또는 정리정돈 시 충전 장치에 수분이 유입되지 않도록 주의한다.
⑥ 충전 전 안전 점검, 충전 후 주변 정리정돈을 실시한다.

(2) 고전압 시스템 작업 전 준수 사항

고전압 시스템을 작업하기 전에는 반드시 아래 사항을 실시한다.
① 항시 절연 장갑과 보안경을 착용하고, 절연 공구를 사용한다.
② 절연 장갑이 찢어졌거나 파손되었는지 확인한다.
③ 절연 장갑의 물기를 완전히 제거한 후 착용한다.
④ 금속성 물질(시계, 반지, 기타 금속성 제품 등)은 고전압 단락을 유발하여 인명과 차량을 손상시킬 수 있으므로, 작업 전에 반드시 몸에서 제거한다.

⑤ 고전압을 차단한다("고전압 차단 절차" 참조).
⑥ 고전압 차단 후, 고전압 단자 간 전압이 30 V 이하임을 확인한다.

참고 고전압 차단 절차

① 고전압 시스템을 점검하거나 정비하기 전에, 반드시 안전 플러그를 분리하여 고전압을 차단하도록 한다.
② 점화 스위치를 OFF하고, 보조 배터리(12 V)의 (−) 케이블을 분리한다.
③ 트렁크 내 고전압 배터리에서 장착 볼트를 풀고, 안전 플러그 커버를 탈거한다.
④ 잠금 후크를 들어 올린 후, 화살표 방향으로 레버를 잡아당겨 안전 플러그를 탈거한다.
→ 안전 플러그 탈거 후 인버터 내에 있는 커패시터의 방전을 위하여 반드시 5분 이상 대기한다.

(3) 하이브리드 시스템 주의 사항

하이브리드 시스템은 고전압(270 V)을 사용하므로 아래의 주의 사항을 반드시 지켜야 한다. 주의 사항을 준수하지 않고 하이브리드 시스템 취급 시 심각한 누전, 감전 등의 사고로 이어질 수 있다.

① 고전압계 와이어링 및 커넥터는 오렌지색으로 되어 있다.
② 고전압계 부품에는 "고전압 경고" 라벨이 부착되어 있다.
③ 고전압 보호 장비 착용 없이 절대 고전압 부품, 케이블, 커넥터 등을 만져서는 안 된다.
※ 경고 : 전압 시스템의 절연 저항 측정 시 반드시 고전압 메가 옴 테스터를 이용하여 절연 저항을 측정한다(1,000 V).

4 Chapter 계기 및 보안 장치

4-1 계기 및 보안 장치

(1) 계기 장치

① 경고등(충전 장치, 엔진 오일, 연료 부족, 문열림 경고등, 에어백, ABS, 안전띠 등) : 차량의 다양한 장치들의 이상 유무를 확인하고 이상 시에 점등으로 표시해 준다.
② 주행거리계 : 차량의 주행거리를 km나 마일 단위로 측정하는 장치이다.
③ 속도계 : 차량의 속도를 시간당 킬로미터나 마일 단위로 보여준다.
④ 엔진 온도 게이지 : 엔진 냉각 계통 및 정상 작동 상태를 확인할 수 있다.
⑤ 연료 게이지 : 연료 탱크 내 연료 수준을 확인한다.
⑥ 태코미터 : 엔진의 분당 회전속도를 나타낸다.

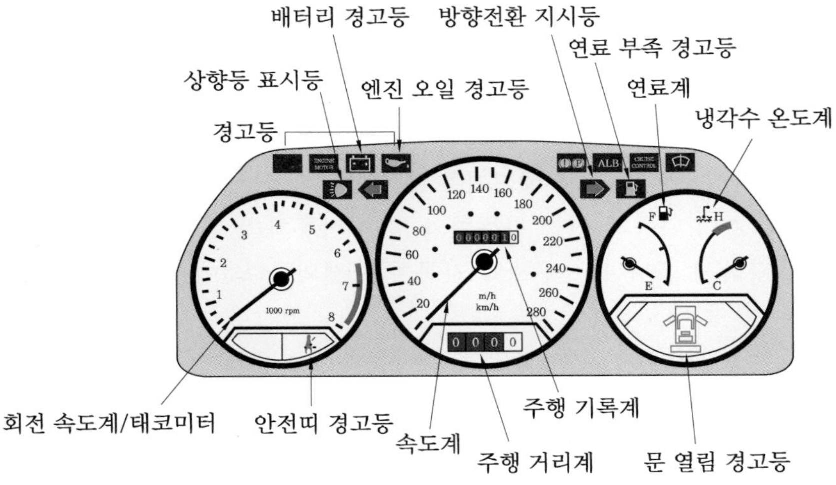

계기 장치

(2) 속도계

① 속도계 측정 조건

㈎ 자동차는 공차상태에서 운전자 1인이 승차한 상태로 한다.

㈏ 속도계 시험기 지침의 진동은 ±3 km/h 이하이어야 한다.

㈐ 타이어 공기 압력은 표준 공기 압력으로 한다.

㈑ 자동차의 바퀴는 흙 등의 이물질을 제거한 상태로 한다.

② 속도계 측정 방법

㈎ 자동차를 속도계 시험기에 정면으로 대칭이 되도록 한다.

㈏ 구동바퀴를 시험기 위에 올려놓고 구동바퀴가 롤러 위에 안정될 때까지 운전한다.

㈐ 자동차 속도를 서서히 높여 자동차의 속도계가 40 km/h에 안정되도록 한 후 속도계 시험기의 신고 버튼으로 시험기 제어부에 신호를 보내 속도계 오차를 측정한다.

㈑ 위 ㈐에서 구한 실제 속도를 이용하여 자동차 속도계 오차값이 다음 산식에서 구한 값에 적합한지를 확인한다.

㉮ 정의 오차 : $X(1+0.15)=40$ km/h

㉯ 부의 오차 : $X(1-0.1)=40$ km/h

③ 속도계 및 주행 거리계

㈎ 자동차에는 다음 각 호의 기준에 적합한 속도계 및 주행 거리계를 설치하여야 한다.

1. 속도계는 평탄한 수평 노면에서의 속도가 40 km/h(최고 속도가 40 km/h 미만인 자동차에 있어서는 그 최고 속도)인 경우 그 지시오차가 정 25 %, 부 10 % 이하일 것.
2. 주행 거리계는 통산 운행거리를 표시할 수 있는 구조일 것.

㈏ 다음 각 호의 자동차(긴급 자동차와 당해 자동차의 최고 속도가 규정에 정한 속도를 초과하지 아니하는 구조의 자동차를 제외한다.)에는 최고 속도 제한장치를 설치하여야 한다.

1. 차량총중량이 10 ton 이상인 승합자동차
2. 차량총중량이 16 ton 이상 또는 최대적재량이 8 ton 이상인 화물자동차 및 특수자동차(피견인 자동차를 연결한 경우에는 연결한 견인 자동차를 포함한다.)
3. 「고압가스안전관리법 시행령」 규정에 의한 고압가스를 운송하기 위하여 필요한 탱크를 설치한 화물자동차(피견인 자동차를 연결한 경우에는 이를 연결한 자동차를 포함한다.)

㈐ 최고 속도 제한장치는 자동차의 최고 속도가 다음 각 호의 기준을 초과하지 아니하는 구조이어야 한다.

1. 제2항 제1호의 규정에 의한 자동차 : 110 km/h
2. 제2항 제2호 및 제3호의 규정에 의한 자동차 : 90 km/h

㈑ 최고 속도 제한장치의 구조는 다음 각 호의 기준에 적합하여야 한다.

1. 최고 속도 제한장치는 제어장치 · 작동장치 · 와이어링 등 연결장치를 포함하여 봉인할 것.
2. 자동차가 정지한 상태에서 작동 여부를 확인할 수 있을 것.

(3) 보안 장치

에탁스(ETACS) : ELECTRONIC(전자), TIME(시간), ALARM(경보), CONTROL(제어), SYSTEM(장치)

자동차의 전기 장치 중 시간에 의하여 동작하는 장치 혹은 경보를 발생시켜 운전자에게 알려주는 통합 시스템이다.

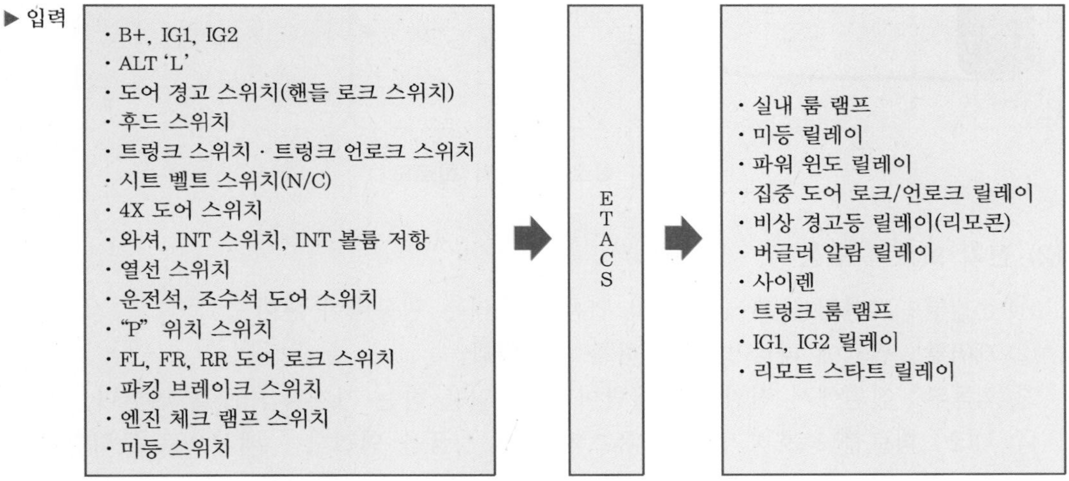

ETACS의 입력과 출력 관계

4-2 전기 회로

(1) 전기 회로의 개요

① 전기 회로 : 전기 회로란 전원 공급원 전원, 배선, 전기 부하로 구성되어 연결된 필요에 따른 전류를 공급시켜 시스템의 순환회로를 형성한다.

② 전기 회로도 : 전기 회로에 사용되는 각종 구성품을 약정된 기호를 사용하여 표현한 도면이다.

③ 자동차 전기 회로 및 장치의 구비 조건

(가) 소형 및 경량화로 제작할 것.

(나) 온도 변화에 따른 작동이 확실할 것.

(다) 외부의 충격이 강하고 내구성이 클 것.

(라) 부하 변동에 따른 전압 변동에서 확실한 작동이 이루어 질 것.

(마) 배선 저항, 접속부의 접촉 저항이 작을 것.

(바) 고압의 영향에도 잡음, 전파 방해가 없을 것.

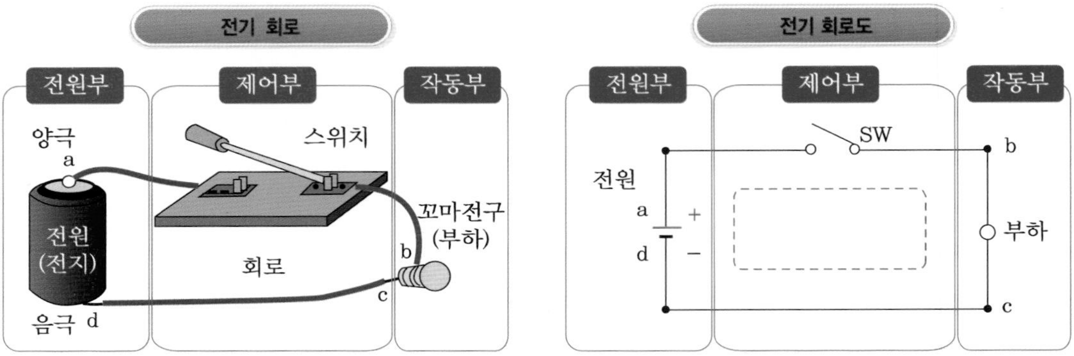

전기 회로 및 전기 회로도

(2) 전기 회로의 구성

① 전원부 : 기전력을 가지고 있어 전류를 흘리는 원동력이 된다.

② 제어부 : 필요에 따라 전기 부하를 제어한다.

③ 작동부 : 전원에서 전기를 공급받아 어떤 일을 하는 기계나 기구를 말한다.

④ 기타 : 회로를 보호하기 위한 퓨즈와 각 구성품을 연결하는 배선으로 구성한다.

참고 전기 부하

전기 회로에서 부하란 보편적으로 실제로 어떤 일을 하는 전기 부품을 말하며, 넓은 의미에서 전류의 흐름을 방해하는 모든 요소를 부하라 할 수 있다.

(3) 회로 연결의 종류

연결 방법	장 점	단 점
직렬 연결	모든 전기 기구를 통제할 때	한 곳이 단선되면 전원 차단되어 모두 작동하지 않는다.
병렬 연결	각 전기 기구를 따로 통제할 때	전선이 많이 들고, 회로 검사가 복잡하다.
직·병렬 회로	직렬, 병렬 회로를 조합한 것으로 자동차 전기 회로는 대부분 이 회로로 구성되어 있다.	

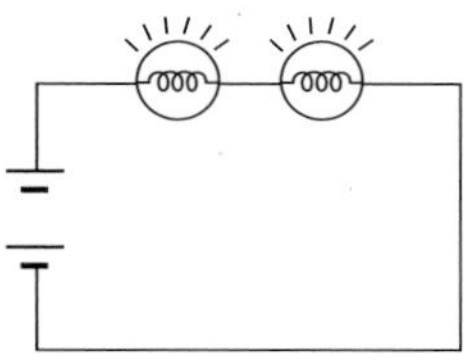

직렬 회로

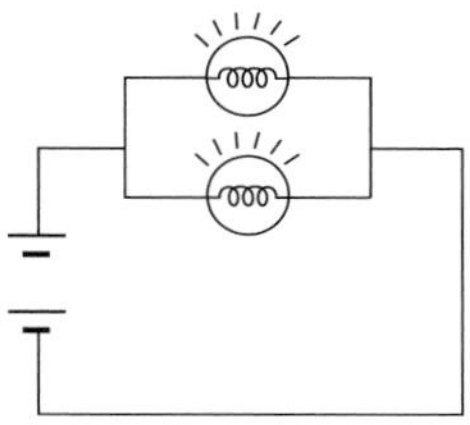

병렬 회로

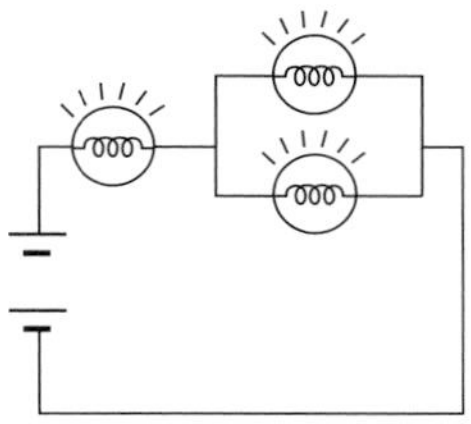

직·병렬 회로

(4) 자동차 와이어링 하네스

① 도체 : 도체는 순도 99.9% 이상의 전기용 황 인동선을 가공한 전기용 연동선이나 주석도금 연동선을 주로 사용한다.

② 배선(전선)의 컬러 : 전선은 조립 및 식별을 용이하게 하기 위해 절연체에 주 색상(베이스 컬러)과 보조 색상(서브 컬러)이 표시되며, 표시는 주 색상을 앞에 보조 색상을 뒤에 표시한다.

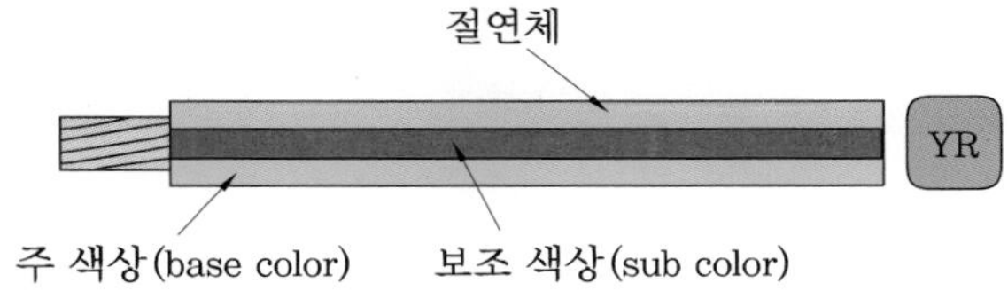

약어	B	Br	G	Gr	L	O	P	R	W	Y
컬러	검정색	갈색	녹색	회색	청색	오렌지색	분홍색	적색	흰색	노랑색

배선의 컬러

③ 차폐 이어링 : 자동차에서 발생하는 전기적인 노이즈 영향을 방지하기 위해 제작된 특수 와이어링

분 류	용 도	배선 그림
실드 와이어	센서 및 비디오 신호 등의 미세 신호 노이즈 차폐용으로 사용한다.	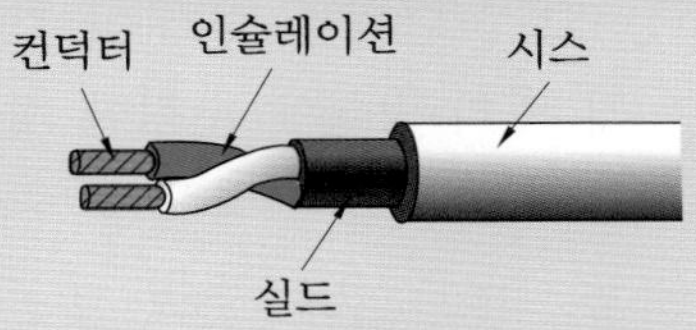
트위스트 전선	스피커 신호 등의 "+", "–" 신호 노이즈 차폐용으로 사용한다.	

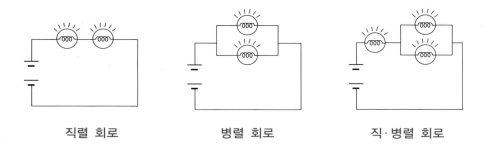

④ 회로 보호 장치

㈎ 퓨저블 링크 : 퓨저블 링크는 차량 사고나 화재 발생 시 퓨즈 이전의 부품 소손이 발생하는 것을 방지하여 회로를 보호하기 위해 적용된다. 따라서 가능하면 배터리로부터 가까운 쪽에 설치되어야 한다.

㈏ 서킷 브레이크 : 회로에 과도한 전류가 흐를 때 열에 의해 회로가 차단된 후, 시간이 경과되어 어느 정도 냉각되면 다시 작동되는 것으로 열감지 스위치라고 할 수 있다(서미스터, 바이메탈 사용).

메인 퓨즈 및 퓨즈

릴레이

⑤ 릴레이의 사용 목적

㈎ 소전류로 대전류를 제어할 수 있다.

㈏ 스위치 ON/OFF 시 아크 방전을 방지함으로써 수명 연장 및 회로 설계가 자유롭다.

4-3 등화 장치

(1) 조명 단위

① 조도 : 단위는 럭스(lux). 빛을 받는 면의 밝기를 말하며 광원으로부터 r[m] 떨어진 빛의 방향에 수직한 빛을 받는 면의 조도를 E[lux], 그 방향의 광원의 광도를 I[cd]라고 하며 조도를 구하는 식은 다음과 같다.

$$\text{조도(lux)} = \frac{\text{광도}}{\text{거리}^2} = \frac{\text{cd}}{r^2}$$

조도는 광원의 광도에 비례하고, 광원의 거리의 2승에 반비례한다.

② 광도 : 단위는 칸델라(기호는 cd)이며, 빛의 세기를 말한다. 1 cd는 광원에서 1 m 떨어진 1 m^2의 면에 1 m의 광속이 통과하였을 때의 빛의 세기이다.

③ 광속 : 단위는 루멘(lumen, 기호는 lm)이며, 광원에서 나오는 빛의 다발을 말한다.

(2) 전조등(head light)

전조등은 헤드 램프 스위치 작동으로 상향식과 하향식으로 작동되며, 전조등의 구조는 기본적으로 전구, 렌즈, 반사경으로 이루어진다. 전조등에는 실드 빔 방식(일체식)과 세미 실드 빔 방식(전구와 렌즈가 분리)이 있다.

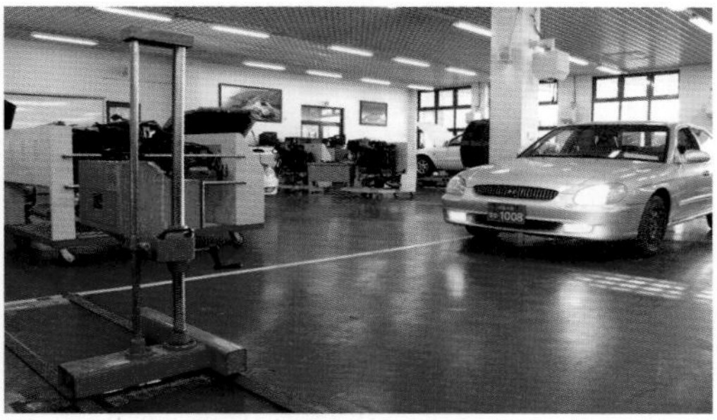

전조등 시험기(상하 광축 및 광도 측정)

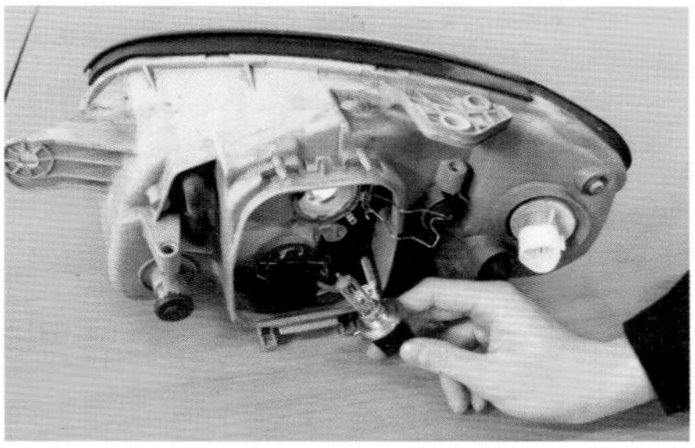

헤드라이트 전구

① 전조등 회로

㈎ 하이 빔(high beam)과 로 빔(low beam)이 각각 좌, 우로 병렬 접속되어 있으며 헤드라이트 스위치 조작으로 점등된다.

㈏ 성능을 유지하기 위한 방법은 복선 방식을 사용한다(복선 방식 : 접지 쪽에도 전선을 사용하는 방식).

㈐ 작동되는 회로 구성은 퓨즈, 릴레이, 라이트 스위치, 디머 스위치(dimmer switch)로 되어 있다.

참고

전조등을 ON하면 엔진 공회전 rpm이 증가하는 이유는 소모 전류가 증대되기 때문에 발전기 출력에 따른 엔진 출력을 높이기 위해 엔진 ECU 제어에 의해 엔진 회전수를 높이게 된다.

② 전조등 회로 고장 점검

㈎ 전조등 회로 점검

㉮ 전조등 릴레이에서 회로 진단

㉯ 릴레이 솔레노이드의 작동 단자에 접지 공급 여부를 전구 시험기를 이용하여 확인한다.

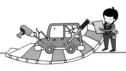

㉰ 릴레이 스위치의 전원 공급 단자에 전원 공급 여부를 전구 시험기를 이용하여 확인한다.

㉱ 릴레이 단자에 전원을 공급하여 전조등이 작동하는지 확인한다.

(나) 전조등 릴레이 단품을 점검

㉮ 전조등 릴레이 단품 점검을 실시한다.

㉯ 전조등 스위치 접점 및 접지 상태를 확인한다.

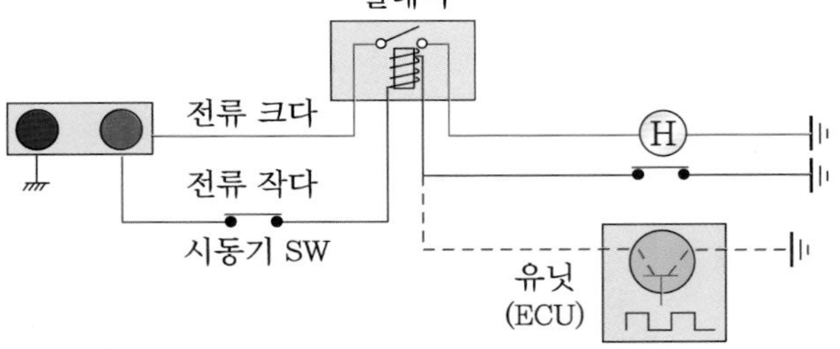

릴레이 작동 회로

③ 전조등 테스터 : 자동차(피견인 자동차를 제외한다.)의 앞면에는 다음 각 호의 기준에 적합한 전조등을 좌우에 각각 1개(4등식의 경우에는 2개를 1개로 본다)씩 설치하여야 한다.

(가) 등광색은 백색으로 할 것.

(나) 1등당 광도(최대 광도점의 광도를 말한다. 이하 같다.)는 주행 빔은 15,000칸델라(4등식 중 주행 빔과 변환 빔이 동시에 점등되는 형식은 12,000칸델라) 이상 112,500칸델라 이하이고, 변환 빔은 3,000칸델라 이상 45,000칸델라 이하일 것.

(다) 주행 빔의 비추는 방향은 자동차의 진행 방향 또는 진행하려는 방향과 같아야 하고, 전방 10 m 거리에서 주광축의 좌우측 진폭은 300 mm 이내, 상향진폭은 100 mm 이내, 하향 진폭은 등화 설치 높이의 3/10 이내일 것. 다만, 좌측 전조등의 경우 좌측 방향의 진폭은 150 mm 이내이어야 하며, 운행 자동차의 하향 진폭은 300 mm 이내로 하게 할 수 있으며, 조명 가변형 전조등은 자동차가 앞으로 움직일 때에만 작동되어야 한다.

(라) 등화의 중심점은 차량 중심선을 기준으로 좌우가 대칭이 되고, 공차상태에서 지상 500 mm이상 1,200 mm 이내가 되게 설치할 것.

(마) 주행 빔의 최고 광도의 합(자동차에 설치된 각각의 전조등에 대한 주행 빔의 최고광도의 총합을 말한다.)은 225,000칸델라 이하일 것.

(3) 방향지시등

방향지시등은 비상등과 함께 자동차 주행 상태에 따라 적용하여 사용한다. 플래셔 유닛(방향지시등 릴레이)을 이용하여 점멸함으로써 자동차의 진행 방향 및 비상 상태를 표시할 수 있다.

① 매분 60회 이상 120회 이하의 일정한 주기로 점멸하거나 광도가 증감하는 구조일 것.

② 등광색은 황색 또는 호박색으로 할 것.

③ 1등당 광도는 50칸델라 이상 1,050칸델라 이하일 것. 다만, 보조 방향지시등의 경우에는 0.3 cd 이상 300 cd 이하이어야 한다.

④ 등화의 유효 조광 면적은 다음 각 목의 기준에 적합할 것

㈎ 앞면 : 1등당 22 cm^2 이상

㈏ 뒷면 : 1등당 37.5 cm^2 이상

⑤ 차체 너비의 50 % 이상의 간격을 두고 설치할 것.

⑥ 방향지시등 및 비상경고등 전기회로 점검 정비

㈎ 방향지시등 회로를 분석한 후 배선상의 이상 유무를 점검한다.

㈏ 개회로 여부(단선)를 점검한다.

㈐ 접촉 불량으로 인한 비정상 작동 여부를 확인한다.

㈑ 단락 여부를 점검한다.

㈒ 절연 불량을 점검한다.

⑦ 축전기식 플래셔 유닛 점검

㈎ 플래셔 유닛으로 전원이 공급되고 접지되는지를 확인한다.

㈏ 좌측 신호와 우측 신호를 입력하여 좌,우측 방향지시등을 거쳐서 오게 되는 신호가 정상적으로 이루어지는가를 확인한다.

㈐ 이 모든 점검이 정상적이라면 플래셔 유닛을 교환하고 다시 확인한다.

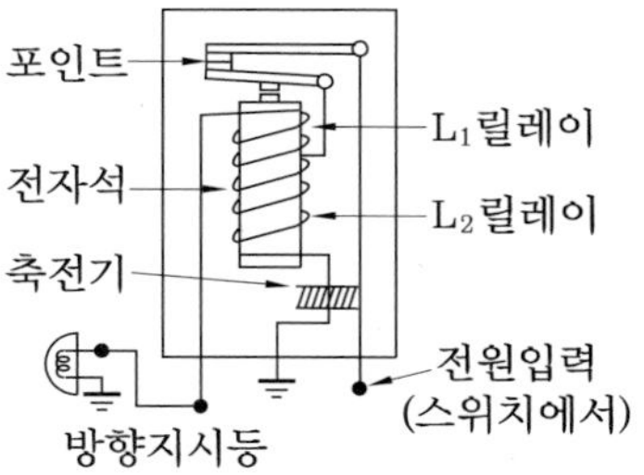

플래셔 유닛

(4) 안개등

① 자동차의 앞면에 안개등을 설치할 경우에는 다음 각 호의 기준에 적합하게 설치하여야 한다.

(가) 비추는 방향은 앞면 진행 방향을 향하도록 하고, 양쪽에 1개씩 설치할 것.

(나) 1등당 광도는 940 cd 이상 10,000 cd 이하일 것.

(다) 등광색은 백색 또는 황색으로 하고, 양쪽의 등광색을 동일하게 할 것.

(라) 등화의 중심점은 차량 중심선을 기준으로 좌우가 대칭이 되고, 공차상태에서 발광면의 가장 아래쪽이 지상 25 cm 이상이어야 하며, 발광면의 가장 위쪽이 변환빔 전조등 발광면의 가장 위쪽과 같거나 그 보다 낮게 설치할 것.

② 자동차의 뒷면에 안개등을 설치할 경우에는 다음 각 호의 기준에 적합하게 설치하여야 한다.

(가) 2개 이하로 설치할 것.

(나) 등화의 중심점은 차량 중심선을 기준으로 좌우가 대칭이 되게 설치할 것. 다만, 1개를 설치할 경우에는 차량 중심선이나 차량 중심선의 왼쪽에 설치하여야 한다.

(다) 1등당 광도는 150 cd 이상 300 cd 이하일 것.

(라) 등광색은 적색일 것.

(마) 등화의 중심점은 공차상태에서 지상 25 cm 이상 100 cm 이하의 위치에 설치할 것.

(바) 1등당 유효 조광 면적은 140 cm^2 이하일 것.

(5) 제동등

자동차의 뒷면 양쪽에는 다음 각 호의 기준에 적합한 제동등을 설치하여야 한다.

① 제동등은 운전자의 조작, 자동제어 제동에 의하여 주 제동장치가 작동된 경우에 점등되고 제동력이 해제될 때까지 작동 상태가 유지되어야 한다.

② 등광색은 적색으로 할 것.

③ 1등당 광도는 40칸델라 이상 420칸델라 이하일 것.

④ 다른 등화와 겸용하는 제동등은 제동 조작을 할 경우 그 광도가 3배 이상으로 증가할 것.

⑤ 등화의 중심선은 공차상태에서 지상 35 cm 이상 200 cm 이하의 높이로 하고 차량 중심선을 기준으로 좌우 대칭이 되도록 설치할 것.

⑥ 1등당 유효 조광 면적은 22 cm^2 이상일 것.

(6) 경음기 테스터

자동차의 경음기(사이렌 및 종을 제외한다.)는 다음 각 호의 기준에 적합하여야 한다.

① 동일한 음속으로 연속하여 소리를 내는 것일 것.

② 경적음의 크기는 일정하여야 하며, 차체 전방에서 2 m 떨어진 지상 높이 1.2

±0.058 m가 되는 지점에서 측정한 값이 다음 각 목의 기준에 적합할 것.

(가) 음의 최소 크기는 90 dB(C) 이상일 것.

(나) 음의 최대 크기는「소음 · 진동관리법」규정에 의한 자동차의 소음허용기준에 적합할 것.

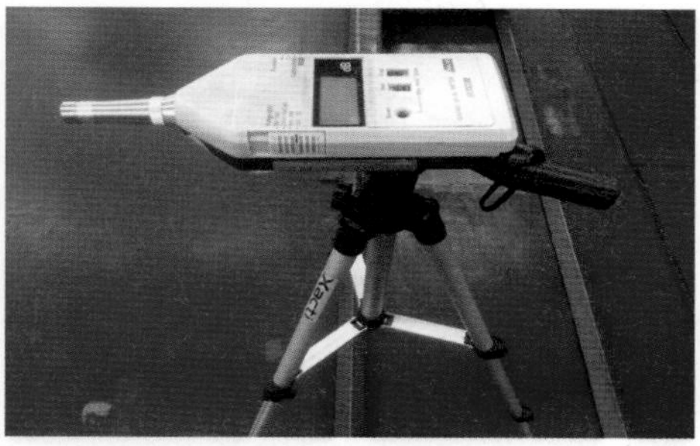

음량계 테스터기

경음기(혼)

(7) 등화 장치 고장 원인

① 배선 커넥터가 녹는 원인

(가) 전기적인 부하가 커서 과도한 전류의 흐름으로 과열된 경우

(나) 회로 내 배선이 접지와 쇼트가 된 경우

(다) 정격 용량보다 큰 퓨즈를 사용하였을 경우

② 축전지, 발전기 상태가 양호한데 전조등의 광도가 불량한 원인

(가) 전구가 불량할 때(필라멘트)

(나) 회로 내 합선으로 인해 단락이 된 경우

(다) 정격 용량보다 큰 퓨즈를 사용한 경우

③ 등화 장치 전구가 자주 끊어질 때 발생 가능한 원인

(가) 전구 자체의 결함 혹은 회로 내 결함으로 인해 과대 전류가 흐를 때

(나) 발전기 고장으로 인한 과충전

(다) 전구의 용량이 클 때

④ 방향지시등 및 비상등 점멸 상태가 느리게 작동될 때

(가) 규정 용량의 전구인지 확인한다(규정보다 큰 전구인지 확인).

(나) 플래셔 유닛 상태를 점검한다.

(다) 배선 접촉 상태 및 커넥터 접촉 상태 확인한다.

(라) 축전지 방전 상태를 확인한다.

(마) 접지 상태가 양호한지 점검한다.

⑤ 방향지시등 점멸 상태가 빠르다.
(가) 규정 용량의 전구를 사용하였는지 확인한다.
(나) 플래셔 유닛 상태를 점검한다.

⑥ 좌·우의 점멸 횟수가 다르거나 한쪽만 작동되는 경우
(가) 접지 상태가 양호한지 점검한다.
(나) 규정 용량의 전구를 사용하였는지 확인한다.
(다) 어느 한쪽의 전구가 단선되었는지 점검한다.

참고 자동차 전기장치 용어의 이해

① **부하(load)** : 전원으로부터 에너지를 공급받아 여러 가지 작용과 현상이 나타나는 것을 말하며, 넓은 의미에서는 전류의 흐름을 방해하는 모든 요소를 말한다. 전구와 같이 빛을 발생하는 것과 전동기(electric motor)와 같이 기계적 일들이 이루어지는 것을 부하라고 한다.

② **단락(short)** : 회로는 닫혀 있으나 저항이 거의 '0'이 되어 급격하게 큰 전류가 흐르는 경우로, 합선이라고도 한다. 도선의 피복이나 절연이 파괴되어 2개의 도선이 합선되면(회로가 단락되면) 저항이 감소하여 한꺼번에 다량의 전류가 흐르게 된다.

③ **단선(cut off)** : 회로가 끊어져 전류가 흐를 수 없는 상태를 말한다.

④ **접지** : 접지는 어스, 그라운드라고도 하는데 본래의 뜻은 지구를 의미한다. 자동차에서는 전위가 제로인 차체나 배터리 (−) 단자를 의미한다.

⑤ **전압강하** : 전압강하는 회로에 존재하는 저항에 의해 전압이 떨어지는 현상을 말한다. 이것은 수로에서 막힘에 의해 수압이 떨어지는 현상과 비유할 수 있다. 회로에 전류가 흐른다는 것은 전위차가 있기 때문이며, 직렬회로에서는 전류가 흐르는 저항(부하)양단에 반드시 전압강하가 발생된다.

⑥ **개회로(open circuit)** : 전기회로의 어느 한 부분(스위치)이 열려 있어 전류가 흐를 수 없는 회로를 말한다.

⑦ **폐회로(closed circuit)** : 전기회로가 완전히 닫혀있어(연결되어 있어) 전기가 흐를 수 있는 회로를 말한다.

⑧ **회로의 종류** : 회로는 직렬회로, 병렬회로, 직병렬회로가 있으며 자동차의 대부분 회로는 직병렬 회로로 구성되어 있다.

⑨ **회로보호장치** : 회로에는 각종고장 및 무리한 작동에 의한 회로나 부품의 소손을 방지하기 위해 각종 회로 보호장치를 적용하고 있다.

⑩ 퓨즈블링크는 차량 사고나 화재 발생 시 퓨즈 단 이전의 부품의 소손이 발생하는 것을 방지하여 회로를 보호하기위해 적용된다.

⑪ **써킷 브레이크 회로** : 써킷브레이크란 과부하에 의한 회로의 소손을 방지하기 위해 적용된다.

5 Chapter 안전 · 편의 장치

5-1 에어컨

(1) 공기조화 장치

실내의 필요한 공간을 온도(냉·난방 기능), 습도(제습 기능), 기류(공기 순환 기능), 공기청정도(실내 공기의 청정 기능) 등 4가지 조건에 대해 희망하는 상태로 인공적으로 조정하는 것이다.

(2) 에어컨 냉방 사이클

냉방 사이클은 냉매 가스의 상태 변화(액체와 기체)로 냉방 효과를 얻을 수 있다. 이것은 냉매가 증발 → 압축 → 응축 → 팽창의 과정으로 4가지 작용을 반복 순환함으로써 지속적인 냉방을 유지할 수 있다.

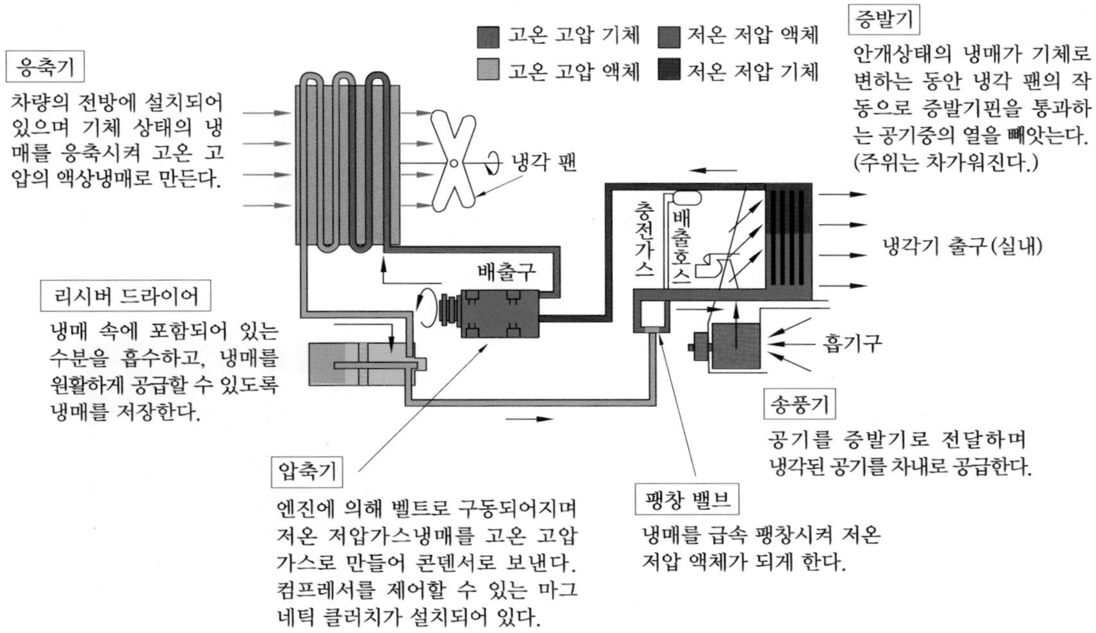

고온 고압 기체
저온 저압 액체
고온 고압 액체
저온 저압 기체
응축기
차량의 전방에 설치되어 있으며 기체 상태의 냉매를 응축시켜 고온 고압의 액상냉매로 만든다.
냉각 팬
증발기
안개상태의 냉매가 기체로 변하는 동안 냉각 팬의 작동으로 증발기핀을 통과하는 공기중의 열을 빼앗는다. (주위는 차가워진다.)
충전가스
배출호스
냉각기 출구(실내)
배출구
리시버 드라이어
냉매 속에 포함되어 있는 수분을 흡수하고, 냉매를 원활하게 공급할 수 있도록 냉매를 저장한다.
흡기구
송풍기
공기를 증발기로 전달하며 냉각된 공기를 차내로 공급한다.
압축기
엔진에 의해 벨트로 구동되어지며 저온 저압가스냉매를 고온 고압 가스로 만들어 콘덴서로 보낸다. 컴프레서를 제어할 수 있는 마그네틱 클러치가 설치되어 있다.
팽창 밸브
냉매를 급속 팽창시켜 저온 저압 액체가 되게 한다.

에어컨 냉방 사이클

(3) 주요 구성 부품

① 압축기(compressor) : 압축기는 증발기에서 저압 기체로 된 냉매를 압축하여 고압으로 응축기로 보내는 작용을 한다.

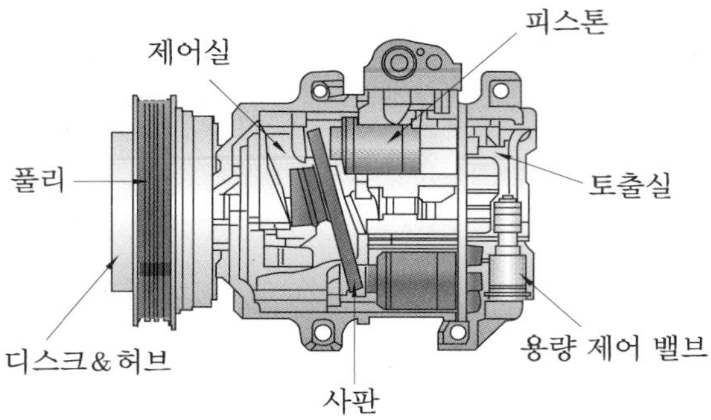

압축기

> **참고**
>
> 압축기의 작동은 **전자 클러치의 작동에 의해서 가동되며** 클러치는 냉방이 필요할 때 에어컨 스위치를 ON으로 하면 로터 풀리 내부의 클러치 코일에 전류가 흘러 전자석이 클러치판과 회전하면서 가스를 압축한다(압축기의 종류에는 크랭크식, 사판식, 베인식이 있다).

② 응축기(condenser) : 응축기는 라디에이터와 함께 차량의 전면 앞쪽에 설치되며, 압축기의 고온고압 기체 냉매를 공기 저항을 이용하여 열을 냉각시켜 액체 냉매가 되도록 열량을 버리는 역할을 한다.

※ 냉방 사이클은 카르노 사이클을 역으로 한 역카르노 사이클로 작동되어 냉매의 순환 작동이 되도록 한다.

③ 팽창밸브(expansion valve) : 냉방 장치가 정상적으로 작동하는 동안 냉매는 중간 정도의 온도와 고압의 액체 상태에서 팽창 밸브로 유입되어 오리피스 밸브를 통과하여 저온·저압이 된다.

응축기

증발기 팽창밸브

④ 증발기(evaporator) : 팽창 밸브를 통과한 냉매가 증발하기 쉬운 저압으로 되어 증발기 튜브를 통과하며, 이때 송풍기 작동으로 증발하여 기체로 된다.

※ 액체 가스가 기체로 변화되면서 주변의 온도(증발기 튜브)를 빼앗게 되어 온도가 낮아지게(차갑게) 된다. 이 효과를 증발잠열이라 한다

⑤ 건조기(receiver-dryer) : 액체 냉매를 저장하고 냉매의 수분 제거, 기포 분리 및 냉매량 점검을 한다.

⑥ 냉매(refrigerant) : 냉매란 냉동 효과를 얻기 위해 사용하는 가스이며, 냉방 시스템에 있어 냉매 가스는 냉방 성능에 지대한 영향을 끼치게 된다. 현재 냉매가스로는 환경 친화적 대체 냉매로써 R-134a를 사용한다.

건조기

참고 냉매의 구비 조건

- 화학적으로 안정되고 부식성이 없을 것.
- 인화성과 폭발성이 없을 것.
- 증발잠열이 클 것.
- 응축압력이 낮을 것.
- 인체에 무해할 것.

5-2 전자동 에어컨(auto air-con system)

(1) 전자동 에어컨 구성 부품

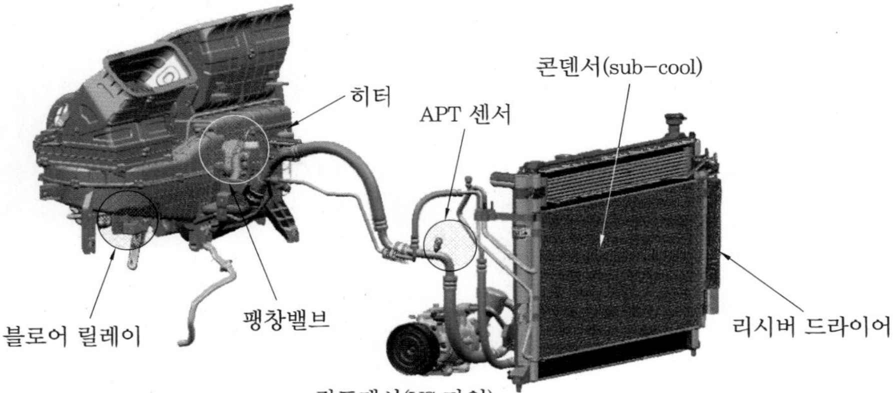

에어컨 냉방 장치 구성 부품

(2) 자동차의 열부하

자동차의 열부하에는 환기 부하, 관류 부하, 복사 부하, 승원(인원) 부하 등이 있다.

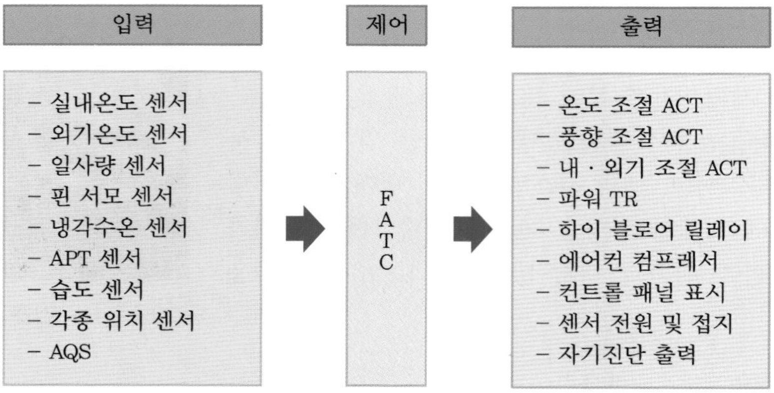

자동 에어컨 제어 시스템

(3) 전자동 에어컨 입력 요소

① 실내온도 센서 : 자동차 실내온도를 검출하여 FATC로 입력한다.
② 외기온도 센서 : 외부 공기온도를 검출하여 FATC로 입력한다.
③ 일사량 센서 : 자동차 실내로 비춰지는 햇볕의 양을 검출한다.
④ 핀 서모 센서 : 증발기 코어 핀의 온도를 검출하여 FATC로 입력한다.
⑤ 냉각수온 센서 : 히터 코어를 순환하는 냉각수 온도를 검출하여 FATC로 입력한다.
⑥ 온도조절 액추에이터 위치 센서 : 댐퍼 도어의 위치를 검출하여 FATC로 입력한다.
⑦ 습도 센서 : 자동차 실내의 상대 습도를 검출하여 FATC로 입력한다.

(4) 전자동 에어컨 출력 요소

① 온도조절 액추에이터 : 소형 직류 전동기로써 FATC에 전원 및 접지 출력을 통하여 정방향과 역방향으로 회전이 가능하다.
② 풍향조절 액추에이터 : 소형 직류 전동기이며 FATC에 전원 및 접지 출력을 통하여 작동되고 온도조절 액추에이터에 의해 적절히 혼합된 바람을 운전자가 원하는 배출구(벤트)로 송출하는 기능을 한다.
③ 내 · 외기 액추에이터 : 운전자의 조작으로 내·외기 선택 스위치 신호가 입력되거나 AQS 제어 중 AQS 센서가 검출한 외부 공기의 오염 정도 신호를 FATC가 입력받아 액추에이터의 전원 및 접지 출력을 제어한다.
④ 파워트랜지스터 : 전자동 에어컨 장치 작동 중 송풍용 전동기의 전류량을 가변시켜 배출 풍량을 제어하는 기능을 한다.

⑤ 고속 송풍기 릴레이 : 송풍용 전동기 회전속도를 최대로 하였을 때 송풍용 전동기 작동 전류를 제어한다.
⑥ 에어컨(압축기 구동 신호) 출력 : FATC 컴퓨터는 에어컨 스위치 ON 신호가 입력되거나, AUTO 모드로 작동 중 각종 입력 센서들의 정보를 기초로 압축기의 작동 여부를 판단한다. 압축기 작동 조건으로 판단되면 FATC는 12 V 전원을 출력한다.

(5) 전자동 에어컨 장치의 제어 기능

배출 온도 제어 기능, 배출 모드 제어 기능, 배출 풍량 제어 기능, 난방 시동 제어 기능, 냉방 시동 제어 기능, 일사량 보정 제어 기능, 최대 냉·난방 제어 기능, 압축기 ON/OFF 제어 기능 등이다.

> **참고** 냉난방장치 냉매 압력 검출
>
> **트리플 스위치(triple switch)** : 트리플 스위치는 기존 듀얼 압력 스위치에서 고압 스위치와 동일한 역할을 하는 middle 스위치를 포함하는 방식으로 내부에는 듀얼 스위치 기능에 middle 스위치가 있어 고압측 냉매 압력 상승 시 middle 스위치 접점이 ON되어 엔진 ECU로 작동신호가 입력되면 엔진 ECU는 라디에이터 팬 및 콘덴서 팬을 고속으로 작동시켜 냉매의 압력 상승을 방지한다.

5-3 에어백(air bag)

차량의 정면 충돌 발생 시 운전자를 보호하기 위한 안전벨트의 보조 장치이다.

(1) 시스템의 작동 원리

① 충돌 감지 센서 : 차량 충돌 시 전기적으로 충돌을 감지하여 에어백 ECU에 전달한다.
② 안전 센서(전기 기계식) : 기계적으로 충돌을 감지하는 센서이며, 충돌 감지 센서의 오작동을 감지한다.

> **참고**
>
> 에어백이 점화되기 위해서는 충돌 감지 센서와 안전 센서가 동시에 "ON"되어야 한다.

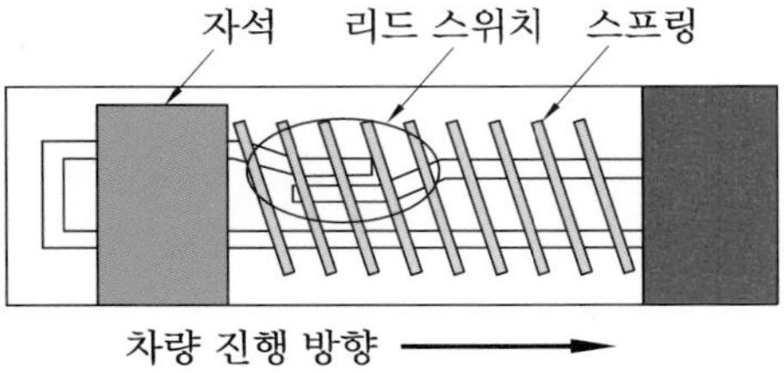

안전 센서

에어백 전개 로직

충돌 감지 센서	안전 센서	에어백 전개 여부	기 록
전개	ON	전개	충돌 기록 1회(정상 충돌 판정)
전개	OFF	비전개	고장 기록(ECU 내부 불량)

(2) 에어백의 구성 요소

① 에어백 모듈 : 에어백 점화회로에서 발생한 질소 가스에 의하여 팽창하고, 팽창 후 짧은 시간에 배출공으로 질소 가스를 배출한다.

② 인플레이터 : 차량의 충돌 시 센서로부터 전달되는 신호 전류에 의해 화약이 점화되고, 가스 발생제를 연소시켜 다량의 질소 가스를 디퓨저 스크린을 통해 에어백으로 보낸다.

③ 클럭 스프링 : 조향 휠의 스프링과 휠의 에어백과 조향 컬럼 사이에 설치되어 있다.

④ 프리텐셔너 : 안전벨트 프리텐셔너는 에어백과 연동하여 작동되며, 차량의 전방 충돌 시에 안전벨트를 순간적으로 잡아 당겨서 운전자를 시트에 단단히 고정한다.

※ 주의 : 멀티미터로 측정 금지

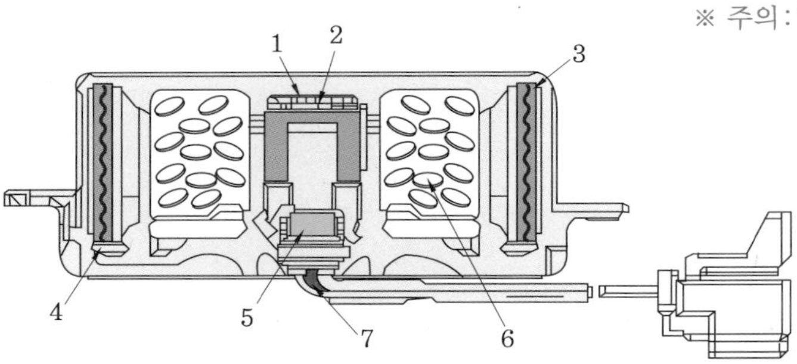

1. 점화회로
2. 점화제
3. 인플레이터 하우징
4. 필터
5. 인플레이터
6. 가스 발생제
7. 단락용 클립

에어백의 구성 요소

참고 ● 에어백 전개 후 정비 사항

- 점화된 에어백 모듈
- 에어백 ECU
- 그 외 에어백 전개로 인한 파손된 부품

출제 예상 문제

제1장 전기전자

01 다음 그림은 자기진단 출력 단자에서 전압의 변화를 시간대로 나타낸 것이다. 이 자기진단 출력이 10진법 2개 코드 방식일 때 맞는 것은? 2008.9.7

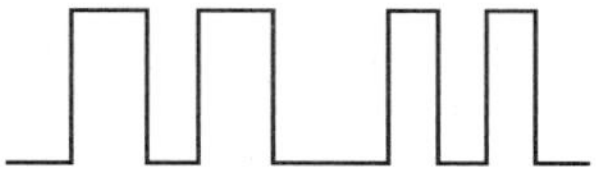

㉮ 112　　㉯ 22
㉰ 12　　㉱ 44

02 다음 회로에서 전류(A)와 소비전력(W)은? 2013.6.2

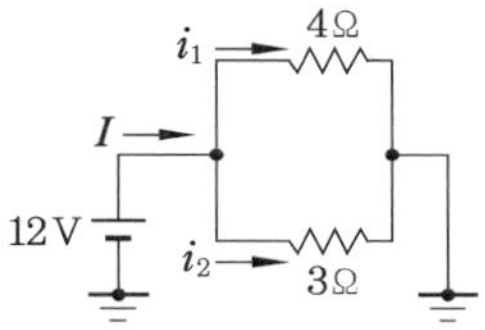

㉮ $I = 0.58$ A, $P = 5.8$ W
㉯ $I = 5.8$ A, $P = 58$ W
㉰ $I = 7$ A, $P = 84$ W
㉱ $I = 70$ A, $P = 840$ W

03 다음 회로에서 저항을 통과하여 흐르는 전류는 A, B, C 각 점에서 어떻게 나타나는가? 2010.3.7

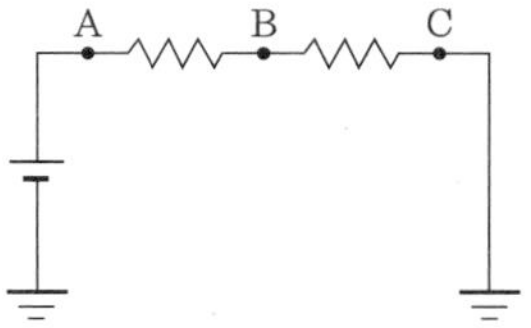

㉮ A에서 가장 전류가 크고, B, C로 갈수록 전류가 작아진다.
㉯ A, B, C의 전류가 모두 같다.
㉰ A에서 가장 전류가 작고 B, C로 갈수록 전류가 커진다.
㉱ B에서 가장 전류가 크고 A, C는 같다.

answers & explanations

01 출력 단자에서 전압 변화를 10진법으로 출력하면 ON되는 시간이 길게 출력되는 것을 10, 짧게 출력되는 것을 1로 읽는다.

02 합성저항 $\frac{1}{R} = \frac{1}{3} + \frac{1}{4} = \frac{7}{12}$

$\therefore R = \frac{12}{7}$

$I(\text{전류}) = \frac{E(\text{전압})}{R(\text{저항})}$ 이므로,

$I = \frac{12}{\frac{12}{7}} = 7\,\text{A}$

$P(\text{전력}) = V(\text{전압}) \times I(\text{전류})$
$= 12 \times 7 = 84\,\text{W}$

03 직렬 연결인 경우 전류는 어느 지점에서나 같다. 흐름이 하나의 길로 연결되어 있는 저항. 직렬 연결에서 총저항은 각각 저항의 합이 되며, 각 저항에 걸리는 전압은 달라도 흐르는 전류는 어디에서나 일정하다.

정답 01. ㉯　02. ㉰　03 ㉯

04 두 개의 영구자석 사이에 도체를 직각으로 설치하고 도체에 전류를 흘리면 도체의 한 면에는 전자가 과잉되고 다른 면에는 전자가 부족되어 도체 양면을 가로 질러 전압이 발생되는 현상을 무엇이라고 하는가? 2010.5.9

㉮ 홀 효과
㉯ 렌츠의 현상
㉰ 칼만 볼텍스
㉱ 자기유도

05 자화된 철편에서 외부 자력을 제거한 후에도 자기가 잔류하는 현상은? 2008.5.11

㉮ 자기 포화 현상
㉯ 자기 히스테리시스 현상
㉰ 자기 유도 현상
㉱ 전자 유도 현상

06 다음 중 전기저항이 제일 큰 것은? 2012.8.26

㉮ 2 MΩ
㉯ 1.5×10^6 Ω
㉰ 1,000 kΩ
㉱ 500,000 Ω

07 오실로스코프에서 듀티 시간을 점검한 결과 아래와 같은 파형이 나왔다면 주파수는? 2008.5.11

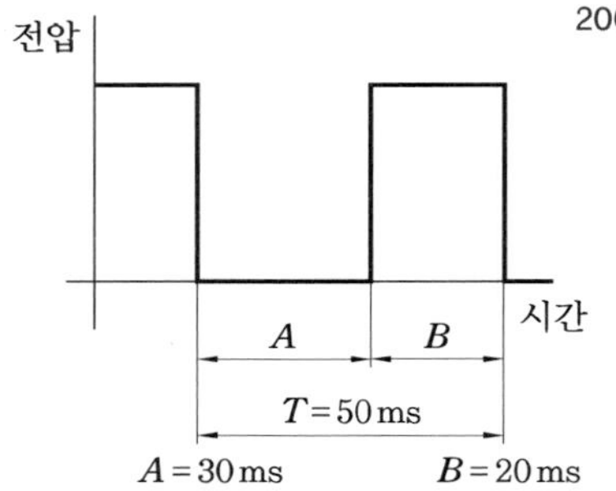

㉮ 20 Hz ㉯ 25 Hz
㉰ 30 Hz ㉱ 50 Hz

answers & explanations

04 ① 홀 효과(Hall effect) : 자계 내에 홀 효과를 발생하는 반도체를 설치하고 전류를 흘리면 플레밍의 왼손법칙에 의해 홀 전압이 발생되는 현상
② 렌츠의 법칙(Lenz's law) : 유도 기전력은 코일 내의 속도의 변화를 방해하는 방향으로 발생한다.
③ 칼만 볼텍스(Karman vortex) : 와류를 발생시키는 기둥을 공기 흐름의 중간에 설치해 두면 공기가 흐를 때 기둥 뒷부분에 공기의 소용돌이(와류)가 발생되는 현상
④ 자기유도(self induction) : 하나의 코일에 흐르는 전류를 단속하면 코일에 유도 전압이 발생되는 작용

05 ① 자기 포화 현상 : 강자성체를 자화할 때 자화력을 증가시키면 자속밀도가 증가하나 어느 정도 지나면 자속밀도가 증가하지 않는 현상
② 자기 유도 현상 : 자성체를 자기장 속에 두면 자화되는 현상
③ 전자 유도 현상 : 코일 중을 통과하는 자력선이 변화하면 코일 내에 유도 기전력이 발생하는 현상

06 전기저항 계산 표기
① 2 MΩ $=2\times10^6$Ω
② 1.5×10^6Ω
③ 1,000 kΩ $=1.0\times10^6$Ω
④ 500,000Ω $=0.5\times10^6$Ω

07 펄스 파형의 듀티 사이클이란 1cycle(ON, OFF)에서 ON되는 시간을 백분율로 나타낸 것으로 주파수 또는 1,000 ms로 표현한다.

$$주파수 f=\frac{1}{T}[Hz]$$

$$=\frac{1\times1{,}000}{50}=20\,Hz$$

정답 04. ㉮ 05. ㉯ 06. ㉮ 07. ㉮

08 어떤 일정한 전압에 달하면 역방향으로 전류가 흐를 수 있도록 하는 다이오드의 명칭은? 2011.6.12

㉮ 제너 다이오드
㉯ 발광 다이오드
㉰ 포토 다이오드
㉱ 정류 다이오드

09 다음 직렬회로에서 저항 R_1에 5 mA의 전류가 흐를 때 R_1의 저항값은? 2012.3.4

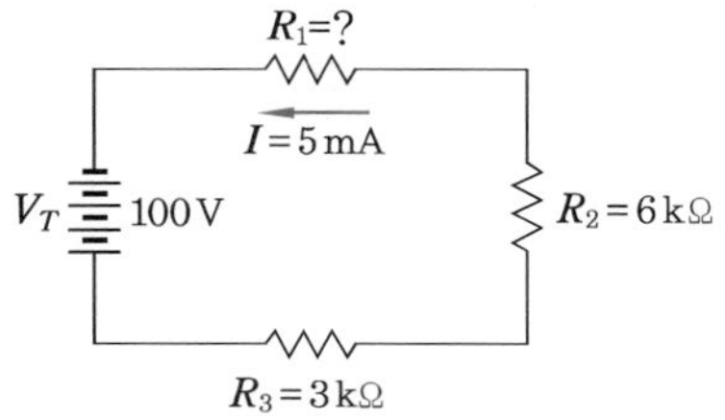

㉮ 7 kΩ　　㉯ 9 kΩ
㉰ 11 kΩ　　㉱ 13 kΩ

10 온도와 저항의 관계를 설명한 것으로 옳은 것은? 2012.5.20

㉮ 일반적인 반도체는 온도가 높아지면 저항이 작아진다.
㉯ 도체의 경우는 온도가 높아지면 저항이 작아진다.
㉰ 부특성 서미스터는 온도가 낮아지면 저항이 작아진다.
㉱ 정특성 서미스터는 온도가 높아지면 저항이 작아진다.

11 멀티미터를 전류 모드에 두고 전압을 측정하면 안 되는 이유는? 2013.6.2

㉮ 내부저항이 작아 측정값의 오차 범위가 커지기 때문이다.
㉯ 내부저항이 작아 과전류가 흘러 멀티미터가 손상될 우려가 있기 때문이다.
㉰ 내부저항이 너무 커서 실제값보다 항상 적게 나오기 때문이다.
㉱ 내부저항이 너무 커서 노이즈에 민감하고, 0점이 맞지 않기 때문이다.

자동차 전기 3 과목

answers & explanations

08 제너 다이오드
① 리콘 다이오드의 일종이며, 어떤 전압 하에서 역방향으로 전류가 통할 수 있도록 제작한 것이다.
② 역방향 전압이 점차 감소하여 제너 전압 이하가 되면 역방향 전류가 흐르지 못한다.
③ 자동차용 교류발전기의 전압조정기 전압 검출이나 정전압 회로에서 사용한다.

09 옴의 법칙 : 전류의 세기는 두 점 사이의 전위차(電位差)에 비례하고, 전기저항에 반비례하는 법칙

$$I = \frac{E}{R}$$

$$\therefore R = \frac{E}{I} = \frac{100}{0.005} = 20\ \text{k}\Omega$$

$$\therefore R_1 = R - R_2 - R_3 = 20 - 6 - 3 = 11\ \text{k}\Omega$$

10 자동차 온도와 관련된 센서는 부특성 온도 센서를 사용한다. 부(−)특성 서미스터는 온도와 저항과의 관계에 있어 온도가 상승하면 저항값은 작아지고 온도가 내려가면 저항값이 커지는 특성을 가지고 온도 센서가 작동된다. 정(+)특성 서미스터는 부특성과 반대의 특성을 가지고 작동되며 온도가 상승하면 저항도 높아지고 온도가 내려가면 저항값도 내려간다.

정답 08. ㉮ 09. ㉰ 10. ㉮ 11. ㉯

12 전자석의 특징으로 틀린 것은? 2010.9.5

㉮ 전자석은 전류의 방향을 바꾸면 자극도 반대가 된다.

㉯ 전자석의 자력은 전류가 일정할 경우 코일의 권수에 비례한다.

㉰ 전자석의 자력은 공급 전류에 비례하여 커진다.

㉱ 전자석의 자력은 영구자석의 세기에 비례하여 커진다.

13 컴퓨터의 논리회로에서 논리적(AND)에 해당되는 것은? 2010.9.5

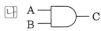

㉮ 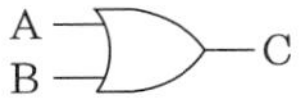

㉯ 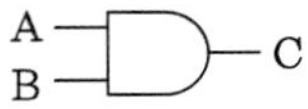

㉰ 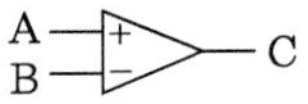

㉱ 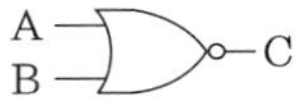

14 일정한 전압 이상이 인가되면 역방향으로도 전류가 흐르게 되는 전자 부품의 소자는 어느 것인가? 2013.6.2

㉮ 제너 다이오드 ㉯ n형 다이오드

㉰ 포토 다이오드 ㉱ 트랜지스터

15 그림의 회로에서 전압이 12 V이고, 저항 R_1 및 R_2가 각각 3 Ω이라면 A에 흐르는 전류는? 2011.10.2

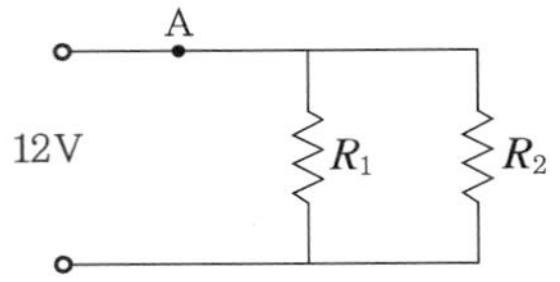

㉮ 2 A ㉯ 4 A

㉰ 6 A ㉱ 8 A

16 역방향 전류가 흘러도 파괴되지 않고 역전압이 낮아지면 전류를 차단하는 다이오드는 어느 것인가? 2013.3.10

㉮ 발광 다이오드 ㉯ 포토 다이오드

㉰ 제너 다이오드 ㉱ 검파 다이오드

17 전력 P를 잘못 표시한 것은? (단, E : 전압, I : 전류, R : 저항) 2010.9.5

㉮ $P = E \cdot I$ ㉯ $P = I^2 \cdot R$

㉰ $P = \dfrac{E^2}{R}$ ㉱ $P = \dfrac{R^2}{E}$

answers & explanations

12 전자석의 자력은 전류의 세기에 비례하여 커진다.

13 논리회로 : 입력 A와 B가 1일 때만 출력=1이 된다.

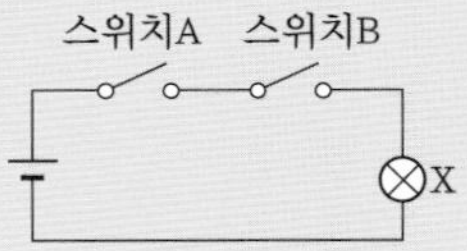

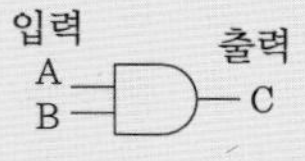

14 제너 다이오드는 실리콘 다이오드의 일종으로 제너 전압 하에서는 역방향으로도 전류를 통하게 설계된 것으로 전압조정기와 정전압 회로에 사용되고 있다.

15 합성저항$(R) = \dfrac{1}{\dfrac{1}{3}+\dfrac{1}{3}} = \dfrac{3}{2}\,\Omega$

∴ 옴의 법칙$(I) = \dfrac{E}{R} = \dfrac{12}{\dfrac{3}{2}} = 8\,\text{A}$

16 제너 다이오드(zener diode)

① 실리콘 다이오드의 일종이며, 어떤 전압 하에서 역방향으로 전류가 통할 수 있도록 제작한 것이다.

② 역방향 전압이 점차 감소하여 제너 전압 이하가 되면 역방향 전류가 흐르지 못한다.

③ 자동차용 교류발전기의 전압조정기 전압 검출이나 정전압 회로에서 사용한다.

17 전력$(P) = E \cdot I = I^2 \cdot R = \dfrac{E^2}{R}$

정답 12. ㉱ 13. ㉯ 14. ㉮ 15. ㉱ 16. ㉰ 17. ㉱

18 다음 중 분자 자석설에 대한 설명은 어느 것인가? 2009.5.10

㉮ 자석은 동종 반발, 이종 흡입의 성질이 있다.
㉯ 자속은 자극 가까운 곳의 밀도는 크고, 방향은 모두 극 쪽으로 향한다.
㉰ 자력은 자속이 투과하는 매질의 투과율 및 자계강도에 비례한다.
㉱ 강자성체는 자화되어 있지 않은 경우에도 매우 작은 분자자석으로 되어 있다.

19 정류회로에 있어서 맥동하는 출력을 평활화하기 위해서 쓰이는 부품은? 2013.3.10

㉮ 다이오드 ㉯ 콘덴서
㉰ 저항 ㉱ 트랜지스터

20 그림의 회로와 논리기호를 나타내는 것은? 2012.8.26

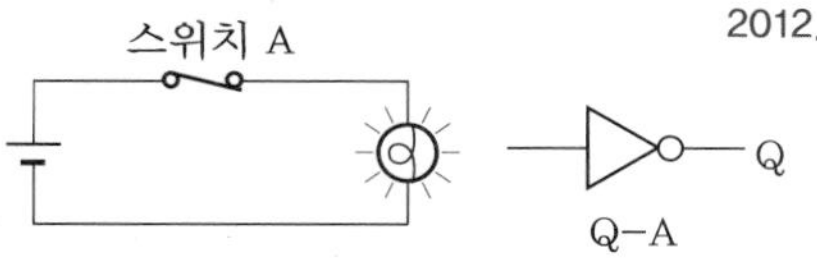

㉮ AND(논리곱) 회로
㉯ OR(논리합) 회로
㉰ NOT(논리부정) 회로
㉱ NAND(논리곱부정) 회로

21 아날로그 회로 시험기를 이용하여 NPN형 트랜지스터를 점검하는 방법으로 옳은 것은 다음 중 어느 것인가? 2009.3.1

㉮ 베이스 단자에 흑색 리드선을, 이미터 단자에 적색 리드선을 연결했을 때 도통이어야 한다.
㉯ 베이스 단자에 흑색 리드선을, TR의 보디(body)에 적색 리드선을 연결했을 때 도통이어야 한다.
㉰ 베이스 단자에 적색 리드선을, 이미터 단자에 흑색 리드선을 연결했을 때 도통이어야 한다.
㉱ 베이스 단자에 적색 리드선을, 컬렉터에 흑색 리드선을 연결했을 때 도통이어야 한다.

22 전압 12 V, 출력전류 50 A인 자동차용 발전기의 출력(용량)은? 2009.8.30

㉮ 144 W ㉯ 288 W
㉰ 450 W ㉱ 600 W

23 기전력 2.8 V, 내부저항이 0.15 Ω인 전지 33개를 직렬로 접속할 때 1 Ω의 저항에 흐르는 전류는 얼마인가? 2008.9.7

㉮ 12.1 A ㉯ 13.2 A
㉰ 15.5 A ㉱ 16.2 A

answers & explanations

20 NOT(논리부정) 회로
① 스위치 A가 ON이 되면 릴레이 코일에 전류가 흐르므로 주 접점은 전자력에 의해 OFF가 된다.
② Q단자에는 출력이 없게 되지만 스위치 A가 OFF되면 릴레이 코일에 전류가 흐르지 않기 때문에 전자력이 소멸되므로 주 접점이 ON으로 되어 Q단자에 출력된다.
③ 입력이 ON이면 출력은 OFF, 입력이 OFF이면 출력은 ON이 된다.

21 아날로그 회로 시험기는 흑색 리드선이 +를, 적색 리드선이 −를 나타낸다.

22 전력$(P)=E\cdot I$
$=12\times 50=600\,\text{W}$

23 옴의법칙$(I)=\dfrac{E}{R}$

$$\therefore\ I=\frac{2.8\times 33[\text{V}]}{(0.15\times 33)+1[\Omega]}=\frac{92.4}{5.95}=15.53\,\text{A}$$

정답 18. ㉱ 19. ㉯ 20. ㉰ 21. ㉮ 22. ㉱ 23. ㉰

24 회로에서 포토 TR에 빛이 인가될 때 점 A의 전압은? 2010.5.9

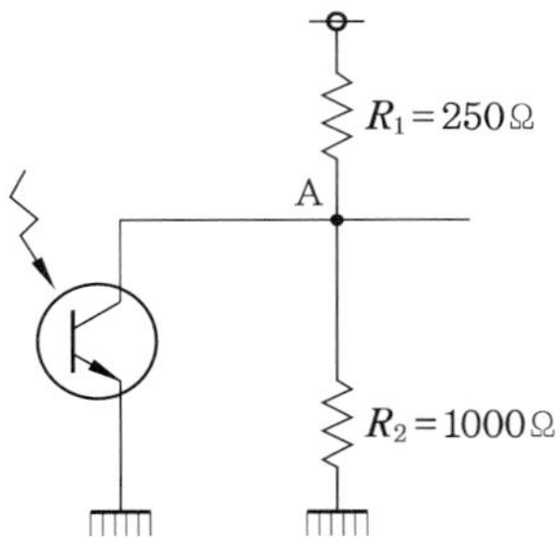

㉮ 0 V ㉯ 2.5 V
㉰ 4 V ㉱ 5 V

25 물체의 전기저항 특성에 대한 설명 중 틀린 것은? 2010.3.7

㉮ 단면적이 증가하면 저항은 감소한다.
㉯ 온도가 상승하면 전기저항이 감소하는 효과를 NTC라 한다.
㉰ 도체의 저항은 온도에 따라서 변한다.
㉱ 보통의 금속은 온도 상승에 따라 저항이 감소된다.

26 다음 중 전기저항의 설명으로 틀린 것은 어느 것인가? 2009.5.10

㉮ 전자가 이동 시 물질 내의 원자와 충돌하여 발생한다.
㉯ 원자핵의 구조, 물질의 형상, 온도에 따라 변한다.
㉰ 크기를 나타내는 단위는 옴(Ω)을 사용한다.
㉱ 도체의 저항은 그 길이에 반비례하고, 단면적에 비례한다.

27 전기회로에서 전압 강하의 설명으로 틀린 것은? 2012.5.20

㉮ 불완전한 접촉은 저항의 증가로 전장품에 인가되는 전압이 낮아진다.
㉯ 저항을 통하여 전류가 흐르면 전압 강하가 발생하지 않는다.
㉰ 전류가 크고 저항이 클수록 전압 강하도 커진다.
㉱ 회로에서 전압 강하의 총합은 회로에 공급전압과 같다.

answers & explanations

24 포토 TR에 빛이 인가되면 0 V이고, 차단되면 4 V이다.
포토 트랜지스터 : PN 접합의 2극 소자형과 NPN의 3극 소자형이 있으며, 빛이 베이스 전류 대용으로 사용되므로 전극이 없고 빛을 받아서 컬렉터 전류를 조절한다.

25 ① 보통의 금속은 온도 상승에 따라 분자의 운동이 활발하게 되어 저항이 증가한다.
② 도체의 저항은 그 길이에 비례하고 단면적에 반비례한다.
③ 금속은 온도 상승에 따라 저항이 증가하지만 탄소, 반도체, 절연체 등은 감소한다.
④ 전자가 이동할 때 물질 내의 원자와 충돌하여 일어난다.

26 도체의 전체 저항 $R = \rho \times \frac{l}{A}$
∴ 도체의 저항은 길이에 비례하고, 단면적에 반비례한다.

27 저항을 통하여 전류가 흐르면 전압 강하가 발생한다.
(1) 옴의 법칙 : 도체에 흐르는 전류(I)는 전압(E)에 정비례하고, 그 도체의 저항(R)에는 반비례한다는 법칙을 말한다.
(2) 키르히호프의 법칙
① 제1법칙 : 전류의 법칙으로 회로 내의 "어떤 한 점에 유입한 전류의 총합과 유출한 전류의 총합은 같다"
② 제2법칙 : 전압의 법칙으로 "임의의 폐회로에 있어서 기전력의 총합과 저항에 의한 전압 강하의 총합은 같다"

정답 24. ㉮ 25. ㉱ 26. ㉱ 27. ㉯

28 전자력에 대한 설명으로 틀린 것은 어느 것인가? 2009.5.10

㉮ 전자력은 자계의 세기에 비례한다.
㉯ 전자력은 자력에 의해 도체가 움직이는 힘이다.
㉰ 전자력은 도체의 길이, 전류의 크기에 비례한다.
㉱ 전자력은 자계방향과 전류의 방향이 평행일 때 가장 크다.

29 코일에 전류를 인가했을 때 즉시 자력을 형성하지 못하고 지체되면서 전류의 일부가 열로 방출되는 현상을 무엇이라고 하는가? 2011.10.2

㉮ 자기이력 현상
㉯ 자기포화 현상
㉰ 자기유도 현상
㉱ 자기과도 현상

30 반도체 소자로써 이중접합(PNP)에 적용되지 않는 것은? 2012.5.20

㉮ 사이리스터
㉯ 포토트랜지스터
㉰ 가변용량 다이오드
㉱ PNP 트랜지스터

31 ECU 내에서 아날로그 신호를 디지털 신호로 변화시키는 것은? 2009.5.10

㉮ A/D 컨버터
㉯ CPU
㉰ ECM
㉱ I/O 인터페이스

32 자화된 철편에서 외부 자력을 제거한 후에도 자기가 잔류하는 현상은? 2008.5.11

㉮ 자기 포화 현상
㉯ 자기 히스테리시스 현상
㉰ 자기 유도 현상
㉱ 전자 유도 현상

answers & explanations

28 전자력은 자계방향과 전류의 방향이 직각일 때 가장 크다.

30 반도체 소자의 접합 방식
① 이중접합 : 접합면이 2개, PNP, NPN형 트랜지스터
② 무접합 : 접합면이 없는 것. 서미스터, CdS 등
③ 단접합 : 접합면이 1개, 다이오드
④ 다중접합 : 접합면이 3개 이상, 사이리스터

31 ① CPU(central process unit) : RAM과 ROM에 의해 저장되어진 데이터를 중앙처리장치라는 CPU에서 최종 판단을 한다.
② ECM(electronic control module) : 엔진, 자동변속기, ABS 등 전자부품을 컴퓨터로 제어하는 전자제어 장치
③ I/O(input/output) interface : 입력과 출력에 실제로 작동하는 센서나 액추에이터, 스위치 등을 CPU나 그 주변의 IC들과 연결하는 역할

32 ① 자기 포화 현상 : 강자성체를 자화할 때 자화력을 증가시키면 자속밀도가 증가하나 어느 정도 지나면 자속밀도가 증가하지 않는 현상
② 자기 유도 : 자성체를 자기장 속에 두면 자화되는 현상
③ 전자 유도 현상 : 코일 중을 통과하는 자력선이 변화하면 코일 내에 유도 기전력이 발생하는 현상

정답 28. ㉱ 29. ㉮ 30. ㉮ 31. ㉮ 32. ㉯

33 반도체의 장점이 아닌 것은? 2013.3.10

㉮ 극히 소형이고 가볍다.
㉯ 내부 전력 손실이 적다.
㉰ 수명이 길다.
㉱ 온도 상승 시 특성이 좋아진다.

34 다음 중 제너 다이오드에 대한 설명으로 틀린 것은? 2012.3.4

㉮ 순방향으로 가한 일정한 전압을 제너 전압이라 한다.
㉯ 역방향으로 가해지는 전압이 어떤 값에 도달하면 급격히 전류가 흐른다.
㉰ 정전압 다이오드라고도 한다.
㉱ 발전기의 전압조정기에 사용하기도 한다.

35 발광 다이오드(LED : light emission diode)에 대한 설명으로 틀린 것은? 2014.3.2

㉮ 소비전력이 작다.
㉯ 응답속도가 빠르다.
㉰ 전류가 역방향으로 흐른다.
㉱ 백열전구에 비하여 수명이 길다.

answers & explanations

33 반도체의 특징 : ㉮, ㉯, ㉰ 외
① 온도가 상승하면 특성이 몹시 나빠진다.
② 정격값을 넘으면 파괴되기 쉽다.
③ 예열시간을 요하지 않고 바로 작동한다.

34 제너 다이오드의 특징
① 순방향으로는 전류가 흐르지 않고 역방향으로 가해지는 전압이 어떤 값에 도달하면(제너 전압) 급격히 전류가 흐른다.
② 정전압 다이오드라 하며, 발전기 전압조정기에 사용한다.
③ 역방향 전압이 점차 감소하여 제너 전압 이하가 되면 역방향 전류가 흐르지 못한다.

35 발광 다이오드(LED : light emission diode)
① 순 방향으로 전류를 흐르게 하면 빛이 발생되는 다이오드이다.
② 가시광선으로부터 적외선까지 다양한 빛을 발생한다.
③ 발광할 때는 순방향으로 10 mA 정도의 전류가 필요하며, PN형 접합면에 순방향 바이어스를 가하여 전류를 흐르게 하면 캐리어(carrier)가 지니고 있는 에너지 일부가 빛으로 변화하여 외부로 방사시킨다.
④ 특징은 소비전력이 작으며, 응답속도가 빠르고, 일반 전구에 비하여 수명이 길다.

정답 33. ㉱ 34. ㉮ 35. ㉰

제2장 시동, 점화 및 충전 장치

01 가솔린 엔진에서 기동 전동기 소모 전류가 90 A이고 축전지 전압이 12 V일 때 기동 전동기의 마력은? 2010.3.7

㉮ 약 0.75 PS ㉯ 약 1.26 PS
㉰ 약 1.47 PS ㉱ 약 1.78 PS

02 교류발전기 로터(rotor) 코일의 저항값을 측정하였더니 200 Ω이었다. 이 경우의 설명으로 옳은 것은? 2009.3.1

㉮ 로터 회로가 접지되었다.
㉯ 정상이다.
㉰ 저항 과대로 불량 코일이다.
㉱ 전기자 회로의 접지 불량이다.

03 다음 중 축전지의 과충전 현상이 발생되는 주된 원인은? 2012.8.26

㉮ 전압조정기의 작동 불량
㉯ 발전기 벨트 장력 불량 및 소손
㉰ 배터리 단자의 부식 및 조임 불량
㉱ 발전기 커넥터의 단선 및 접촉 불량

04 자동차의 직류 직권 기동 전동기를 설명한 것 중 틀린 것은? 2013.6.2

㉮ 기동 회전력이 크다.
㉯ 부하를 크게 하면 회전속도가 낮아지고 흐르는 전류는 커진다.
㉰ 회전속도 변화가 작다.
㉱ 계자 코일과 전기자 코일이 직렬로 연결되어 있다.

05 다음 중 기동 전동기의 필요 회전력에 대한 수식은? 2010.3.7

㉮ 크랭크축 회전력 $\times \dfrac{\text{링 기어 잇수}}{\text{피니언 기어 잇수}}$

㉯ 캠축 회전력 $\times \dfrac{\text{피니언 기어 잇수}}{\text{링기어 잇수}}$

㉰ 크랭크축 회전력 $\times \dfrac{\text{피니언 기어 잇수}}{\text{링기어 잇수}}$

㉱ 캠축 회전력 $\times \dfrac{\text{링기어 잇수}}{\text{피니언 기어 잇수}}$

자동차 전기 3 과목

answers & explanations

01 전력 $P[\text{W}] = E \cdot I$
$\therefore P = 12 \times 90 = 1{,}080\,\text{W} = 1.08\,\text{kW}$
$1\,\text{kW} = 1.36\,\text{PS}$ 이므로
$1.08 \times 1.36 = 1.4688\,\text{PS}$

02 교류발전기 로터 코일은 자화(전자석)가 되는 부품으로써 로터 코일 저항은 약 2~5 Ω 정도이다. 따라서 규정저항보다 높다는 것은 노후로 인한 저항 증가로 로터 코일이 불량하다고 볼 수 있다.

03 발전기 전압조정기는 제너 다이오드를 이용하여 제너 전압으로 발전 전압을 제어하나 제너 다이오드 고장으로 로터 코일(자화)공급되는 여자전류가 상승하면 출력 전압이 상승하여 전기부하에 손상을 주게 되고 축전지가 과충전된다.

05 필요 최소회전력

$= \dfrac{\text{피니언 기어 잇수}}{\text{링 기어 잇수}} \times$ 엔진회전저항

※ 엔진회전저항은 크랭크축 회전력을 의미한다.

정답 01. ㉰ 02. ㉰ 03. ㉮ 04. ㉰ 05. ㉰

06 점화 플러그에 BP6ES라고 적혀 있을 때 6의 의미는? 2010.9.5

㉮ 열가 ㉯ 개조형
㉰ 나사경 ㉱ 나사부 길이

07 어떤 직류발전기의 전기자 총 도체 수가 48, 자극 수가 2, 전지의 병렬회로 수가 2, 각 극의 자속이 0.018 Wb이다. 회전수가 1,800 rpm일 때 유기되는 전압은? (단, 전기자 저항은 무시한다.) 2008.5.11

㉮ 약 21 V ㉯ 약 23.5 V
㉰ 약 25.9 V ㉱ 약 28 V

08 자동차용 축전지의 충전에 대한 설명으로 틀린 것은? 2010.9.5 / 2012.3.4

㉮ 정전압 충전은 충전시간 동안 일정한 전압을 유지하며 충전한다.
㉯ 정전류 충전은 충전 초기 많은 전류가 흘러 축전지에 손상을 줄 수 있다.
㉰ 정전류 충전의 충전전류는 20시간율 용량의 10 %로 선정한다.
㉱ 급속 충전의 충전전류는 20시간율 용량의 50 %로 선정한다.

09 다음 그림과 같은 오실로스코프를 이용한 발전기 다이오드를 점검한 파형의 설명으로 옳은 것은? 2009.5.10

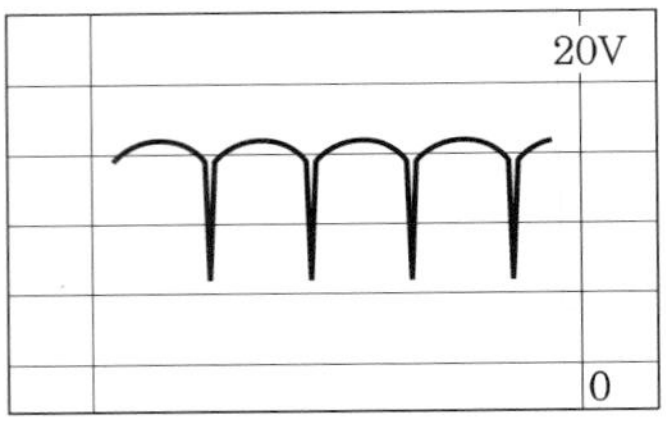

㉮ 여자 다이오드 단선 파형이다.
㉯ 여자 다이오드 단락 파형이다.
㉰ 마이너스 다이오드 단선 파형이다.
㉱ 마이너스 다이오드 단락 파형이다.

10 하이브리드 자동차에서 엔진 정지 금지 조건이 아닌 것은? 2013.8.18

㉮ 브레이크 부압이 낮은 경우
㉯ 하이브리드 모터 시스템이 고장인 경우
㉰ 엔진의 냉각수 온도가 낮은 경우
㉱ D레인지에서 차속이 발생한 경우

answers & explanations

06 열가 : 점화 플러그의 열 방산의 정도를 수치로 나타낸 것을 열가라고 하며, 수치가 높은 것을 냉형, 반대로 수치가 낮은 것을 열형이라 한다.
점화 플러그 품번
B : 나사부 직경(지름)
P : project core nose plug(자기 돌출형)
6 : 열가
E : 나사부 길이
S : standard(표준형)

07 유도전압$(E) = \dfrac{p \cdot z \cdot \phi \cdot n}{60 \cdot a}$

$$\therefore E = \frac{2 \times 48 \times 0.018 \times 1{,}800}{60 \times 2} = 25.9\,\text{V}$$

08 정전류 충전은 일정한 전류가 흐르므로 축전지에 안정적인 충전을 할 수 있다.

09 다이오드는 PN 또는 NP 접합으로 발전기에서 발생되는 교류를 정류하고 역전압이 걸리는 것을 방지한다.
문제의 파형은 마이너스 다이오드가 단선되어 일부 정류를 못해 나타나는 파형이다. 전기에 적용된다.

정답 06. ㉮ 07. ㉰ 08. ㉯ 09. ㉰ 10. ㉱

11 축전지에 사용되는 격리판의 구비조건으로 잘못 설명된 것은? 2013.6.2

㉮ 전도성일 것
㉯ 다공성으로 전해액의 확산이 양호할 것
㉰ 기계적 강도가 크고 산화부식이 적을 것
㉱ 내산성과 내진성이 양호할 것

12 직류발전기보다 교류발전기를 많이 사용하는 이유가 아닌 것은? 2010.5.9

㉮ 크기가 작고 가볍다.
㉯ 내구성이 있고, 공회전이나 저속에도 충전이 가능하다.
㉰ 출력 전류의 제어 작용을 하고, 조정기의 구조가 간단하다.
㉱ 정류자에서 불꽃 발생이 크다.

13 자동차 교류발전기에서 가장 많이 사용되는 3상 권선의 결선방법은? 2013.6.2

㉮ Y 결선
㉯ 델타 결선
㉰ 이중 결선
㉱ 독립 결선

14 전압 24 V, 출력전류 60 A인 자동차용 발전기의 출력은? 2012.5.20

㉮ 0.36 kW　㉯ 0.72 kW
㉰ 1.44 kW　㉱ 1.88 kW

15 연료전지의 장점에 해당되지 않는 것은 어느 것인가? 2010.3.7

㉮ 상온에서 화학반응을 하므로 위험성이 적다.
㉯ 에너지 밀도가 매우 크다.
㉰ 연료를 공급하여 연속적으로 전력을 얻을 수 있으므로 충전이 필요 없다.
㉱ 출력 밀도가 크다.

16 자동차의 파워 트랜지스터에 관한 내용 중 틀린 것은? 2013.3.10

㉮ 파워 TR의 베이스는 ECU와 연결되어 있다.
㉯ 파워 TR의 컬렉터는 점화 1차 코일의 (−)단자와 연결되어 있다.
㉰ 파워 TR의 이미터는 접지되어 있다.
㉱ 파워 TR은 PNP형이다.

17 점화장치에서 점화 1차 코일의 끝부분 (−) 단자에 시험기를 접속하여 측정할 수 없는 것은? 2012.8.26

㉮ 노킹의 유무
㉯ 드웰 시간
㉰ 엔진의 회전속도
㉱ TR의 베이스 단자 전원공급 시간

answers & explanations

11 ㉮ : 비전도성일 것

12 교류발전기에는 정류자가 없고 직류발전기에 적용된다.

13 Y 결선 : 3상 교류발전기의 출력 단자에 3개의 다이오드를 접속하고 중성점과 사이에 부하를 연결하면 3상 반파 정류가 이루어진다.

14 출력$(P) = E \cdot I$

$$\therefore\ P = 24 \times 60 = 1{,}440\,\text{W} = 1.44\,\text{kW}$$

16 ㉱ : 파워 TR은 NPN형이다.

17 노킹의 유무는 엔진의 노크 센서에 의해 검출되며 압전 소자를 사용하여 엔진 진동의 크기를 전기신호로 변환한다.

정답 11. ㉮　12. ㉱　13. ㉮　14. ㉰　15. ㉱　16. ㉱　17. ㉮

18 하이브리드 자동차에서 직류(DC) 전압을 다른 직류(DC) 전압으로 바꾸어 주는 장치는 무엇인가? 2013.3.10

㉮ 커패시터
㉯ DC-AC 인버터
㉰ DC-DC 컨버터
㉱ 리졸버

19 축전지의 용량에서 0°F에서 300 A의 전류로 방전하여 셀당 기전력이 1 V 전압 강하하는데 소요되는 시간으로 표시하는 것은? 2010.9.5

㉮ 20 시간율
㉯ 25 암페어율
㉰ 냉간율
㉱ 20 전압률

20 자동차용 배터리(battery)에서 방전상태로 장기간 방치하거나 극판이 공기 중에 노출되어 양(+), 음(−)의 극판이 단락되었을 때 나타나는 현상을 무엇이라 하는가? 2011.10.2

㉮ 열화 현상　㉯ 다운서징 현상
㉰ 설페이션 현상　㉱ 물 때 현상

21 12 V 60 AH인 축전지가 방전되어 정전류 충전법으로 보충전하려고 할 때, 표준 충전 전류값은? (단, 축전지 용량은 20시간율 용량이다.) 2013.3.10

㉮ 3 A
㉯ 6 A
㉰ 9 A
㉱ 12 A

22 직류 직권식 기동 전동기의 계자 코일과 전기자 코일에 흐르는 전류에 대한 설명으로 옳은 것은? 2010.5.9

㉮ 계자 코일 전류가 전기자 코일 전류보다 크다.
㉯ 전기자 코일 전류가 계자 코일 전류보다 크다.
㉰ 계자 코일 전류와 전기자 코일 전류가 같다.
㉱ 계자 코일 전류와 전기자 코일 전류가 같을 때도 있고, 다를 때도 있다.

answers & explanations

18 직류(DC) 전압을 다른 직류(DC) 전압으로 바꾸어 주는 장치를 LDC(Low DC-DC Converter)이다.

19 ① 20 시간율 : 전류로 방전하여 셀당 방전 종지전압이 1.75 V 될 때까지 20시간 방전시킬 수 있는 용량을 말한다.
② 25 암페어율 : 전류(25 A)로 방전하여 셀당 전압이 1.75 V에 이를 때까지 소요되는 시간이다.

20 설페이션(sulfation, 유화) 현상 : 극판에 백색 결정성 황산납($PbSO_4$)이 생성되는 현상으로 축전지를 오랜기간 사용하지 않을 경우 (+)와 (−)극판이 영구 황산납으로 굳어져 재충전이 되지 않는다.

21 정전류 충전의 표준 충전 전류는 축전지 용량의 10 %이며, 최대 충전 전류는 20 %, 최소 충전 전류는 5 %이다.
∴ 60 AH × 0.1 = 6 A

22 ① 직류 직권식 기동 전동기 : 계자 코일과 전기자 코일이 직렬로 연결되어 있으므로 전류는 같다.
② 직권 전동기 : 전기자 코일과 계자 코일이 직렬로 접속된 것이다. 특징은 기동 회전력이 크고, 부하가 증가하면 회전속도가 낮아지고 흐르는 전류가 커지는 장점이 있으나 회전속도 변화가 크다.

정답 18. ㉰ 19. ㉰ 20. ㉰ 21. ㉯ 22. ㉰

23 DLI (distributor less ignition) 시스템의 장점으로 틀린 것은? 2010.3.7

㉮ 점화 에너지를 크게 할 수 있다.
㉯ 고전압 에너지 손실이 적다.
㉰ 진각(advance)폭의 제한이 적다.
㉱ 스파크 플러그 수명이 길어진다.

24 교류발전기의 3상 전파 정류 회로에서, 출력전압의 조절에 사용되는 다이오드는? 2012.3.4

㉮ 제너 다이오드
㉯ 발광 다이오드
㉰ 수광 다이오드
㉱ 포토 다이오드

25 축전지의 전해액 비중은 온도 1℃의 변화에 대해 얼마나 변화하는가? 2011.6.12

㉮ 0.0005 ㉯ 0.0007
㉰ 0.0010 ㉱ 0.0015

26 엔진이 크랭킹 되지 않을 경우 자기 진단기로 점검 시 센서 데이터 항목 중 가장 중점적으로 확인해야 할 항목은?(단, 차량의 각 전원 접지 시스템은 정상이다.) 2015.8.16

㉮ 인히비터 스위치 위치 신호
㉯ rpm 신호
㉰ 에어 플로 센서 신호
㉱ 크랭크축 위치 센서 신호

27 무배전기식(DLI 타입) 점화장치의 드웰(dwell) 시간에 관한 설명으로 맞는 것은 어느 것인가? 2012.5.20

㉮ 드웰시간이 길면 점화시기가 빨라진다.
㉯ 점화시기 변화는 드웰시간과 관계없다.
㉰ 드웰시간은 파워 트랜지스터가 ON되고 있는 시간을 말한다.
㉱ 드웰 시간은 C(컬렉터) 단자에서 B(베이스) 단자로 전류가 차단된다.

answers & explanations

23 DLI 방식의 특징
① 2개 실린더에 동시에 점화 전압이 가해져 배전기가 있는 점화장치의 스파크 플러그보다 수명이 짧아진다.
② 배전기에 의한 누전이 없다.
③ 배전기가 없어 로터와 접지 간극 사이의 고압 에너지 손실이 적다.
④ 배전기 캡에서 발생하는 전파 잡음이 없다.
⑤ 점화진각 폭에 제한이 없다.
⑥ 점화 에너지를 크게 할 수 있다.
⑦ 내구성이 크므로 신뢰성이 향상된다.

24 제너 다이오드
① 실리콘 다이오드의 일종이며, 어떤 전압 하에서 역방향으로 전류가 통할 수 있도록 제작한 것이다.
② 역방향 전압이 점차 감소하여 제너 전압 이하가 되면 역방향 전류가 흐르지 못한다.
③ 자동차용 교류발전기의 전압조정기 전압 검출이나 정전압 회로에서 사용한다.

25 축전지의 전해액 비중은 온도가 1℃ 올라감에 따라 비중은 0.0007씩 낮아진다. 비중은 20℃에서 완전 충전되었을 때 1.260~1.280이며, 이를 표준 비중이라 한다.

26 자기 진단기로 점검 시 변속 선택 레버를 N에 위치하고 인히비터 스위치가 N, P의 위치에 있는지 확인한다.

27 전자점화장치(DLI)의 드웰시간(dwell time) : 파워 트랜지스터의 B(베이스) 단자에 ECU를 통하여 전원이 공급되는 시간(파워 트랜지스터가 ON되고 있는 시간)을 말한다.

정답 23. ㉱ 24. ㉮ 25. ㉯ 26. ㉮ 27. ㉰

28 하이브리드 자동차의 전기장치 정비 시 반드시 지켜야 할 내용이 아닌 것은? 2013.3.10

㉮ 절연장갑을 착용하고 작업한다.

㉯ 서비스 플러그(안전 플러그)를 제거한다.

㉰ 전원을 차단하고 일정 시간이 경과한 후 작업한다.

㉱ 하이브리드 컴퓨터의 커넥터를 분리하여야 한다.

29 축전지의 자기 방전에 대한 설명으로 틀린 것은? 2012.3.4

㉮ 자기 방전량은 전해액의 온도가 높을수록 커진다.

㉯ 자기 방전량은 전해액의 비중이 낮을수록 커진다.

㉰ 자기 방전량은 전해액 속의 불순물이 많을수록 커진다.

㉱ 자기 방전은 전해액 속의 불순물과 내부 단락에 의해 발생한다.

30 엔진 크랭킹 시 축전지 (−) 단자와 기동 전동기 하우징 사이에 전압 강하량이 0.2 V 이상일 때의 현상은? 2008.9.7

㉮ 기동 전동기 회전력이 커진다.

㉯ 기동 전동기 회전저항이 적어진다.

㉰ 기동 전동기 회전 속도가 느려진다.

㉱ 기동 전동기 회전 속도가 빨라진다.

31 교류발전기의 전압조정기에서 출력전압을 조정하는 방법은? 2010.5.9

㉮ 회전속도 변경

㉯ 코일의 권수 변경

㉰ 자속의 수 변경

㉱ 수광 다이오드를 사용

32 60 AH의 배터리가 매일 2%의 자기 방전을 할 때 이것을 보충전하기 위하여 24시간 충전을 할 때 충전기의 충전 전류는 몇 A로 조정하는가? 2010.5.9

㉮ 0.01 A ㉯ 0.03 A

㉰ 0.05 A ㉱ 0.07 A

answers & explanations

28 하이브리드 자동차 전기장치 정비 시 주의할 점

① 작업 시 시계, 반지, 목걸이 등 장신구를 제거한다.

② 서비스 플러그(안전 플러그)를 제거한다.

③ 전원을 차단하고 일정 시간이 경과 후 작업한다.

④ 절연장갑을 착용하고 작업한다.

29 자기 방전량 : 축전지의 자기 방전량은 비중이 클수록, 전압이 높을수록, 전해액의 온도가 높을수록, 불순물이 많을수록 자기방전률이 크다.

① 축전지가 전기 부하에 연결되지 않아도 방전을 일으키는 화학 작용을 말한다.

② 자기 방전은 주위 환경이나 축전지 내부 상황에 따라 다르다.

③ 자기 방전량은 축전지 실용량에 대한 백분율로 나타내는데, 보통 0.3~1.5% 정도이다.

30 엔진 크랭킹 시 축전지 (−) 단자와 기동 전동기 하우징 사이에 전압 강하량이 커질 경우 접촉저항이 커서 기동 전동기 크랭킹 회전수가 느려진다.

31 전압조정기를 통한 로터 코일로 흐르는 전류를 제어하여 자석의 세기(자속의 수)를 변화시킨다.

32 1일 방전량 $= 60\,\text{AH} \times 0.02$

$= 1.2\,\text{AH}$

$\therefore$ 충전전류 $= \dfrac{1.2\,\text{AH}}{24\,\text{h}} = 0.05\,\text{A}$

정답 28. ㉱ 29. ㉯ 30. ㉰ 31. ㉰ 32. ㉰

33 다음 중 하이브리드 자동차에서 회생제동의 시기는? 2013.3.10

㉮ 출발할 때
㉯ 정속주행할 때
㉰ 급가속할 때
㉱ 감속할 때

34 발전기에서 IC식 전압 조정기(regulator)의 제너 다이오드에 전류가 흐르는 때는? 2012.3.4

㉮ 높은 온도에서
㉯ 브레이크 작동 상태에서
㉰ 낮은 전압에서
㉱ 브레이크 다운 전압에서

35 점화시기 제어에 직접적인 영향을 주는 센서가 아닌 것은? 2012.3.4

㉮ 크랭크각 센서
㉯ 수온 센서
㉰ 노킹 센서
㉱ 압력 센서

36 점화 코일 내부의 철심을 성층으로 제작하여 넣는 이유는? 2010.5.9

㉮ 제작상의 이점
㉯ 점화 코일 외부로의 열방출 촉진
㉰ 맴돌이 전류에 의한 전력 손실 방지
㉱ 코일의 소손 방지

37 무배전기 점화(D.L.I) 시스템에서 압축 상사점으로 되어 있는 실린더를 판별하는 전자적 검출방식의 신호는? 2009.5.10

㉮ AFS 신호 ㉯ TPS 신호
㉰ No.1 TDC 신호 ㉱ MAP 신호

38 알칼리 축전지의 설명으로 틀린 것은 어느 것인가? 2010.5.9

㉮ 과충전, 과방전 등 가혹한 조건에 잘 견딘다.
㉯ 고율방전 성능이 매우 우수하다.
㉰ 출력 밀도(W/kg)가 크다.
㉱ 극판은 납과 칼슘 합금으로 구성된다.

answers & explanations

33 하이브리드 자동차에서 자동차의 감속은 회생제동 모드로서, 차량 감속 시 모터가 발전기 역할을 하여 전기 에너지를 배터리로 회수하여 충전하는 모드이다.

34 브레이크 다운 전압 : 제너 다이오드에 제너 전압보다 높은 역방향의 전압을 가하면 급격히 큰 전류가 흐르기 시작하는 전압

35 센서의 역할
① 노킹 센서 : 노킹 시 발생되는 진동을 압전 소자를 이용하여 검출하며 점화시기를 지각시킨다.
② 수온 센서 : 엔진의 온도를 감지하여 냉간 시에는 공전속도 보상, 농후한 혼합기 공급, 점화 진각 등의 역할을 하며, 엔진 고온 시에는(85~95℃) 엔진 ECU가 전동 팬을 고속으로 회전시켜 엔진이 과열되지 않도록 한다.
③ 크랭크각 센서 : 크랭크축의 위치를 판단하여 점화시기 및 연료 분사시기를 결정하는 기준 신호

36 맴돌이 전류 : 도체의 내부 안에서 만들어지는 전류로, 도전체가 아닌 일부분에 소용돌이 모양으로 닫힌 통로를 흐르는 전류로서, 도체 내부를 지나는 자기력선속의 변화로 인해서 생기는 전류를 말한다.

37 No.1 TDC 센서는 홀 센서를 이용하여 압축 상사점을 검출한다.

38 알칼리 축전지는 전해액으로 알칼리를 사용하며 양극에는 수산화니켈(Ⅲ), 음극에는 철 또는 카드뮴을 사용한다.

정답 33. ㉱ 34. ㉱ 35. ㉱ 36. ㉰ 37. ㉰ 38. ㉱

39 주행 중인 하이브리드 자동차에서 제동 시에 발생된 에너지를 회수(충전)하는 제어 모드는? 2013.6.2

㉮ 시동 모드 ㉯ 회생제동 모드
㉰ 발진 모드 ㉱ 가속 모드

40 현재 운행되는 자동차에서 점화 코일 1차 전류 단속을 파워 트랜지스터로 하는 이유는? 2008.5.11

㉮ 포인트 방식에 비해 확실하고 고속 제어가 가능하기 때문에
㉯ 고 전류에서 저 전류로 출력할 수 있기 때문에
㉰ 극성을 바꾸어 연결하여도 무방하기 때문에
㉱ 점화 진각 속도가 포인트 방식에 비하여 높기 때문에

41 교류발전기에서 정류 작용이 이루어지는 곳은? 2009.3.1 / 2013.3.10

㉮ 아마추어 ㉯ 계자 코일
㉰ 실리콘 다이오드 ㉱ 트랜지스터

42 사용 중인 축전지 전해액을 비중계로 측정하니 1.280이고, 이때 전해액의 온도가 40℃라면 표준상태(20℃)에서의 비중은 약 얼마인가? 2011.10.2

㉮ 1.234 ㉯ 1.254
㉰ 1.274 ㉱ 1.294

43 전자 점화장치(HEI : high energy ignition)의 특성으로 틀린 것은? 2012.5.20

㉮ HC 가스가 증가한다.
㉯ 고속 성능이 향상된다.
㉰ 최적의 점화시기 제어가 가능하다.
㉱ 점화 성능이 향상된다.

44 하이브리드 시스템을 제어하는 컴퓨터의 종류가 아닌 것은? 2013.6.2

㉮ 모터 컨트롤 유닛(motor control unit)
㉯ 하이드롤릭 컨트롤 유닛(hydraulic control unit)
㉰ 배터리 컨트롤 유닛(battery control unit)
㉱ 통합제어 유닛(hybrid control unit)

answers & explanations

39 회생제동 모드 : 감속 시에 모터가 발전기하여 전기에너지를 배터리로 회수한다.

40 점화 1차 전류 단속을 파워 TR로 하는 이유는 포인트 방식(접점식)에 비교해 점화 1차 회로 제어가 하고 정확하고 고속 제어가 가능하기 때문이다.

41 실리콘 다이오드 : 교류발전기의 실리콘 다이오드는 메인 다이오드 (+, −) 6개와 보조 다이오드 3개로 설치되어 있으며 발생된 교류를 정류하고(반도체 PN, NP 접합), 역류를 방지한다.

42 비중 환산공식 : $S_{20} = S_t + 0.0007(t-20)$

$\therefore S_{20} = 1.280 + 0.0007(40-20)$
$= 1.280 + 0.014 = 1.294$

43 HEI 방식의 특징
① 점화 성능이 향상된다.
② 최적의 점화시기 제어가 가능하다.
③ 저속 및 고속 성능이 향상된다.
④ 고출력 점화 코일을 사용하므로 완벽한 연소가 가능하다.
⑤ 노크 발생 시 점화시기를 지각시켜 노크 발생을 억제한다.

44 하이드롤릭 컨트롤 유닛(hydraulic control unit)은 전자제어 브레이크 시스템의 핵심 부품으로 하이브리드 시스템과는 무관하다.

정답 39. ㉯ 40. ㉮ 41. ㉰ 42. ㉱ 43. ㉮ 44. ㉯

45 IC 조정기 부착형 교류발전기에 로터 코일 저항을 측정하는 단자는? 2010.3.7

> **보기**
> IG : ignition　　F : field　　L : lamp
> B : battery　　E : earth

㉮ IG 단자와 F 단자　㉯ F 단자와 E 단자
㉰ B 단자와 L 단자　㉱ L 단자와 F 단자

46 전자제어 연료 분사장치의 점화 계통 회로와 거리가 먼 것은? 2009.3.1

㉮ 점화 코일　㉯ 파워 트랜지스터
㉰ 체크 밸브　㉱ 크랭크 앵글 센서

47 교류발전기에 대한 설명으로 틀린 것은 어느 것인가? 2010.9.5

㉮ 저속에서 충전 성능이 우수하다.
㉯ 브러시의 수명이 길다.
㉰ 실리콘 다이오드를 사용하여 정류 특성이 우수하다.
㉱ 속도 변동에 대한 적응 범위가 좁다.

48 기동 전동기에 흐르는 전류는 120 A이고 전압은 12 V일 때, 이 기동 전동기의 출력은 몇 PS인가? 2013.3.10

㉮ 0.56 PS　㉯ 1.22 PS
㉰ 1.96 PS　㉱ 18.2 PS

answers & explanations

45 발전기 로터 코일 점검은 L 단자와 F 단자 사이에서 점검할 수 있다.

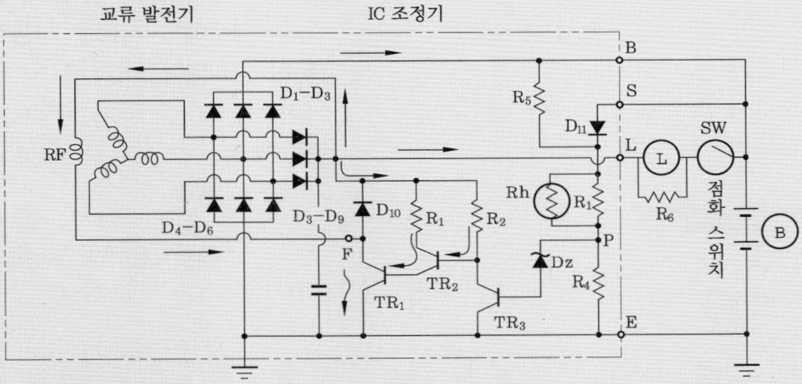

46 체크 밸브는 유압회로에서 뿐만 아니라 공기제어 계통에서 일방향으로의 유공압 제어에 사용되는 밸브이다.
자동차에 사용 예 : 브레이크 마스터 실린더, 엔진 PCV, 연료펌프 내 체크 밸브 등

47 교류발전기의 특징
① 소형 경량이다.
② 저속에서 충전 성능이 우수하다.
③ 회전수의 제한을 받지 않는다.
④ 실리콘 다이오드를 사용하여 정류 특성이 우수하다.
⑤ 브러시의 수명이 길다.

48 전력$(P) = E \cdot I$
$\therefore\ P = 12 \times 120 = 14{,}40\ \mathrm{W} = 1.44\ \mathrm{kW}$
$1\ \mathrm{kW} = 1.36\ \mathrm{PS}$
$\therefore\ P = 1.44 \times 1.36 = 1.958\ \mathrm{PS}$

정답 45. ㉱　46. ㉰　47. ㉱　48 ㉰

49 자동차용 MF 축전지의 특성 중 틀린 것은 어느 것인가? 2011.6.12

㉮ 인디케이터로 충전 상태를 확인할 수 있다.
㉯ 저온 시동 능력이 좋다.
㉰ 충전 회복이 빠르고 과충전 시 수명이 길다.
㉱ 전기저항이 낮은 격리판을 사용한다.

50 NPN형 파워 TR에서 접지되는 단자는? 2013.8.18

㉮ 캐소드 ㉯ 이미터
㉰ 베이스 ㉱ 컬렉터

51 점화장치에서 마그네틱 코어 픽업 코일과 로터가 일직선으로 정렬되어 있을 때 점화 코일의 상태를 설명한 것으로 가장 맞는 것은? 2013.3.10

㉮ 1차 전류가 흐르고 있는 드웰 구간
㉯ 1차 전류가 단속되어진 구간
㉰ 2차 전류가 흐르고 있는 구간
㉱ 2차 전류가 단속되어진 구간

52 점화 코일의 1차 코일 유도 전압이 250 V, 2차 코일의 유도 전압이 25,000 V이고, 축전지가 12 V인 1차 코일의 권수가 250회일 경우 2차 코일의 권수는 몇 회인가? 2011.6.12

㉮ 20,000 ㉯ 25,000
㉰ 30,000 ㉱ 35,000

53 배전기 방식의 점화장치에서 타이밍 라이트를 사용하여 초기 점화시기를 시험할 때 고압 픽업 클립의 설치 위치는? 2013.3.10

㉮ 1번 점화 케이블
㉯ 3번 점화 케이블
㉰ 축전지 (+)극
㉱ 배전기 이그나이터

54 버튼 엔진 시동 시스템에서 주행 중 엔진 정지 또는 시동 꺼짐에 대비하여 FOB키가 없을 경우에도 시동을 허용하기 위한 인증 타이머가 있다. 이 인증 타이머의 시간은? 2013.8.18

㉮ 10초 ㉯ 20초
㉰ 30초 ㉱ 40초

answers & explanations

49 MF 축전지의 특성
① 모든 배터리는 과충전시키면 수명이 짧아진다.
② 촉매장치가 있으므로 증류수를 보충할 필요가 없다.
③ 인디케이터(indicator)가 있어 충전상태 확인이 가능하다.
④ 자기방전 비율이 낮아 장기간 보관이 가능하다.
⑤ 전기저항이 낮은 격리판을 사용한다.
⑥ 저온 시동 능력이 좋다.

50 중앙 부분을 베이스(B, Base : 제어 부분), 양쪽의 N형을 각각 이미터(E : emitter) 및 컬렉터(C : collector)라 한다.

51 배전기에 의한 점화장치를 말하며 1차 전류가 단속되어지는 시점이다(단속이 끝남과 동시에 점화 코일 2차 전압 발생).

52 2차 코일의 유도전압$(E_2) = \frac{N_2}{N_1} \times E_1$

∴ 2차 코일의 권수$(N_2) = \frac{E_2 \times N_1}{E_1}$

$= \frac{25{,}000 \times 250}{250}$

$= 25{,}000$

53 초기 점화시기를 확인하고 정비하기 위해 타이밍라이트는 점화 순서 1번 실린더 점화 기준으로 정해지기 때문에 고압 픽업 클립의 설치 위치는 1번 점화 케이블에 연결하고 엔진 시동 후 크랭크축 풀리의 점화시기를 확인한다.

54 인증 타이머 작동 시간은 약 30초이다.

정답 49. ㉰ 50. ㉯ 51. ㉯ 52. ㉯ 53. ㉮ 54. ㉰

55 자동차용 기동 전동기의 특징을 열거한 것으로 틀린 것은? 2011.6.12

㉮ 일반적으로 직권 전동기를 사용한다.
㉯ 부하가 커지면 회전토크는 작아진다.
㉰ 상시 작동보다는 순간적으로 큰 힘을 내는 장치에 적합하다.
㉱ 부하를 크게 하면 회전속도가 작아진다.

56 납산 축전지에 대한 설명으로 옳은 것은 어느 것인가? 2008.5.11

㉮ 12V 배터리는 12개의 셀이 직렬로 연결되어 있다.
㉯ 배터리 용량은 "전압×방전시간"으로 표시되어 있다.
㉰ 같은 전압, 같은 용량의 배터리를 직렬로 연결하면 용량이 배가 된다.
㉱ 극판의 개수가 많을수록 축전지 용량이 커진다.

57 무배전기 점화장치(DLI)에서 동시점화 방식에 대한 설명으로 틀린 것은? 2012.8.26

㉮ 압축과정 실린더와 배기과정 실린더가 동시에 점화된다.
㉯ 배기되는 실린더에 점화되는 불꽃은 압축하는 실린더의 불꽃에 비해 약하다.
㉰ 두 실린더에 병렬로 연결되어 동시 점화되므로 불꽃에 차이가 나면 고장난 것이다.
㉱ 점화코일이 2개이므로 파워 트랜지스터도 2개로 구성되어 있다.

자동차 전기 3 과목

answers & explanations

56 축전지(battery)의 특징

① 12V 배터리는 6개의 셀로 구성되어 있다.
② 배터리 1셀당 전압은 2.1~2.3V이다.
③ 셀은 양극판과 음극판 및 격리판으로 구성되어 있다.
④ 음극판이 양극판의 수보다 1장 더 많다.
⑤ 극판 수가 많으면 배터리 용량이 증가한다.
⑥ 같은 전압, 같은 용량의 배터리를 직렬로 연결하면 전압이 배가 된다.
⑦ 배터리 전해액은 비중이 1.260~1.280인 묽은 황산이다.
⑧ 비중은 온도에 따라 변화하며, 전해액 온도가 올라가면 비중은 낮아진다.
⑨ 배터리 용량은 "전류×방전시간"으로 표시되어 있다.

57

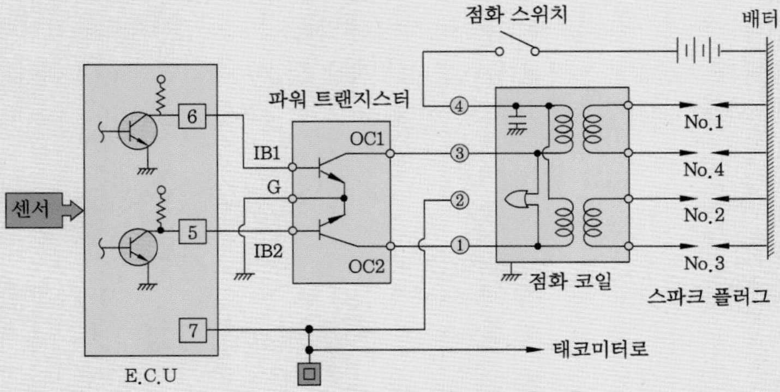

정답 55. ㉯ 56. ㉱ 57. ㉰

58 병렬형 TMED(transmission mounted electric device)방식의 하이브리드 자동차(HEV)의 주행 패턴에 대한 설명으로 틀린 것은? 2013.8.18

㉮ 엔진 OFF 시에는 EOP(electric oil pump)를 작동해 자동변속기 구동에 필요한 유압을 만든다.

㉯ 엔진 단독 구동 시에는 엔진 클러치를 연결하여 변속기에 동력을 전달한다.

㉰ EV 모드 주행 중 HEV 주행 모드로 전환할 때 엔진 동력을 연결하는 순간 쇼크가 발생할 수 있다.

㉱ HEV 주행 모드로 전환할 때 엔진 회전속도를 느리게 하여 HEV 모터 회전속도와 동기화되도록 한다.

59 점화장치에서 조명과 관련된 설명으로 틀린 것은? 2010.9.5

㉮ 일정한 방향의 빛의 세기를 광도라 한다.

㉯ 광속의 단위는 루멘(lm)이라 한다.

㉰ 광도의 단위는 칸델라(cd)라 한다.

㉱ 피조면의 밝기를 조도라 하고 단위는 데시벨이라 한다.

60 저항 플러그가 보통 점화 플러그와 다른 점은? 2009.5.10

㉮ 불꽃이 강하다.

㉯ 플러그의 열 방출이 우수하다.

㉰ 라디오의 잡음을 방지한다.

㉱ 고속 엔진에 적합하다.

61 다음 중 Y결선과 ⊿결선에 대한 설명으로 틀린 것은? 2008.5.11

㉮ Y결선의 선간 전압은 상전압의 $\sqrt{3}$ 배이다.

㉯ ⊿결선의 선간 전류는 상전류의 $\sqrt{3}$ 배이다.

㉰ 자동차용 교류발전기는 중성점의 전압을 이용할 수 있는 Y결선 방식을 많이 사용한다.

㉱ 발전기의 코일 권선수가 같으면 ⊿결선 방식이 Y결선 방식보다 높은 기전력을 얻을 수 있다.

answers & explanations

59 조도는 장소의 밝기를 말하며 단위는 럭스(Lux)를 사용한다.

60 저항 플러그 : 중심 전극 실부에 5~10 kΩ 정도의 저항체를 내장하여 방전 시 용량 방전 전류가 제한되어 전파 장해 및 각종 노이즈를 감소시킨다.

61 발전기 스테이터 코일(3상 교류 발생)은 3가닥의 코일이 120°의 위상각으로 설치되며 결선하는 방식은 주로 Y결선 방식을 많이 사용한다. Y결선의 선간 전압은 상전압의 $\sqrt{3}$ 배이므로 Y결선 방식이 ⊿결선 방식보다 높은 기전력을 얻을 수 있다.

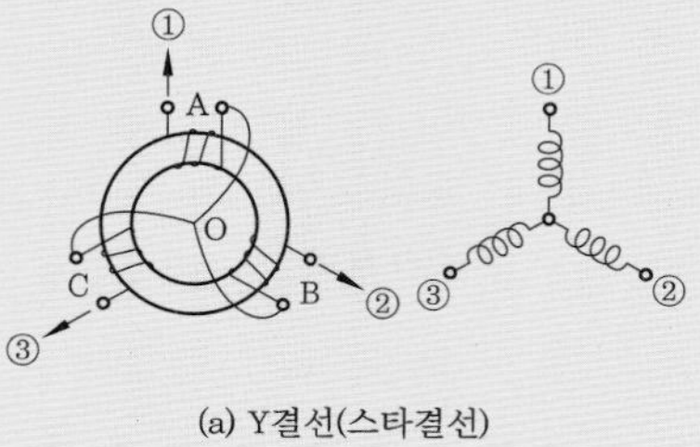

(a) Y결선(스타결선)

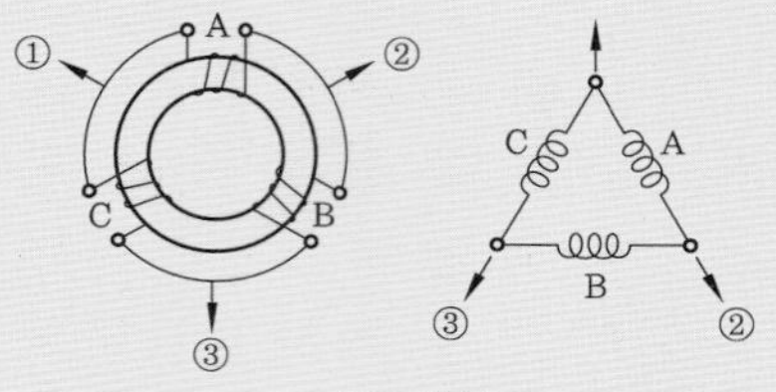

(b) ⊿결선

정답 58. ㉱ 59. ㉱ 60. ㉰ 61. ㉱

62 점화플러그의 방전전압에 직접적으로 영향을 미치는 요인이 아닌 것은? 2015.8.16

㉮ 전극의 틈새 모양, 극성
㉯ 혼합가스의 온도, 압력
㉰ 흡입 공기의 습도와 온도
㉱ 파워 트랜지스터의 위치

63 플레밍의 왼손법칙에서 엄지손가락 방향으로 회전하는 기동 전동기의 부품은 어느 것인가? 2013.3.10

㉮ 로터 ㉯ 계자 코일
㉰ 전기자 ㉱ 스테이터

64 축전지의 정전류 충전에 대한 설명으로 틀린 것은? 2012.8.26

㉮ 표준 충전전류는 축전지 용량의 10 %이다.
㉯ 최소 충전전류는 축전지 용량의 5 %이다.
㉰ 최대 충전전류는 축전지 용량의 20 %이다.
㉱ 이론 충전전류는 축전지 용량의 50 %이다.

65 엔진의 회전수가 2,400 rpm일 때 화염전파에 소요되는 시간이 1/1,000초라면 TDC 전 몇 도에서 점화하면 되는가? (단, TDC에서 최고 압력이 나타나는 것으로 한다.)

㉮ 12.4° ㉯ 13.4° 2009.8.30
㉰ 14.4° ㉱ 15.4°

66 자동차 점화장치에 사용되는 파워 트랜지스터(NPN형)에서 접지되는 단자는? 2011.3.20

㉮ 이미터
㉯ 베이스
㉰ 트랜지스터 몸체
㉱ 컬렉터

67 충전장치에서 점화스위치를 ON(IG1)했을 때 발전기 내부에서 자석이 되는 것은 어느 것인가? 2012.8.26

㉮ 로터 ㉯ 스테이터
㉰ 정류기 ㉱ 전기자

자동차 전기 3 과목

answers & explanations

62 ① 점화 전압은 전극 틈새에 비례하며 전극의 끝부분이 둥글게 되면 방전 전압이 높아진다.
② 가스 압력이 높으면 점화 압력은 높아진다.
③ 같은 압력이라도 가스 온도가 높아지면 점화 전압은 낮아진다.

63 플레밍의 왼손법칙 : 전동기가 작동하는 법칙으로, 왼손을 펴서 엄지부터 세 손가락을 서로 직각이 되게 하고 검지 손가락을 자력선(B) 방향, 가운데 손가락을 전류(I) 방향으로 맞추었을 때 왼손 엄지손가락(F)이 가리키는 방향으로 회전한다(전기자의 회전방향).

65 크랭크축 회전각도$(\alpha) = 6 \cdot N \cdot t$

$$\therefore \alpha = 6 \times 2{,}400 \times \frac{1}{1{,}000} = 14.4°$$

66 NPN형 파워 트랜지스터의 이미터 단자는 접지 단자이고, 컬렉터 단자는 점화 코일 (−)단자와 연결되며, 베이스 단자는 컴퓨터와 연결된다. ECU에서 파워 트랜지스터의 베이스 전류가 흐르면 점화 코일 1차 전류가 컬렉터에서 이미터 접지로 흐른다.

67 AC발전기 자화 : 로터는 슬립 링에 접촉된 브러시를 통하여 로터 코일에 전류가 흐르면 축방향으로 자계가 형성되어 자화되며 엔진 작동에 의해 로터가 회전 스테이터 코일에 3상 교류가 발생된다.

정답 62. ㉱ 63. ㉰ 64. ㉱ 65. ㉰ 66. ㉮ 67. ㉮

68 완전 충전된 축전지를 방전 종지 전압까지 방전하는데 20 A로 5시간 걸렸고, 이것을 다시 완전 충전하는데 10 A로 12시간 걸렸다면 이 축전지의 효율은? 2009.8.30

㉮ 약 63 %
㉯ 약 73 %
㉰ 약 83 %
㉱ 약 93 %

69 점화장치에서 파워 트랜지스터의 B(베이스) 단자와 연결된 것은? 2008.5.11

㉮ 점화코일 (−) 단자
㉯ 점화코일 (+) 단자
㉰ 접지
㉱ ECU

70 점화 플러그에 대한 설명으로 틀린 것은 어느 것인가? 2013.6.2

㉮ 열가는 점화 플러그의 열방산 정도를 수치로 나타내는 것이다.
㉯ 방열 효과가 낮은 특성의 플러그를 열형 플러그라고 한다.
㉰ 전극의 온도가 자기청정온도 이하가 되면 실화가 발생한다.
㉱ 고부하 고속회전이 많은 엔진에서는 열형 플러그를 사용하는 것이 좋다.

answers & explanations

68 $축전지\ 효율(\eta) = \dfrac{방전\ 시\ 용량}{충전\ 시\ 용량} \times 100\ \%$

$= \dfrac{20 \times 5}{10 \times 12} \times 100 = 83.3\ \%$

69 전자점화장치에서 엔진 ECU에 파워 트랜지스터의 베이스 전류가 흐르면 점화 코일 1차 전류가 컬렉터에서 이미터로 흐른다(ECU → B(베이스 단속)).

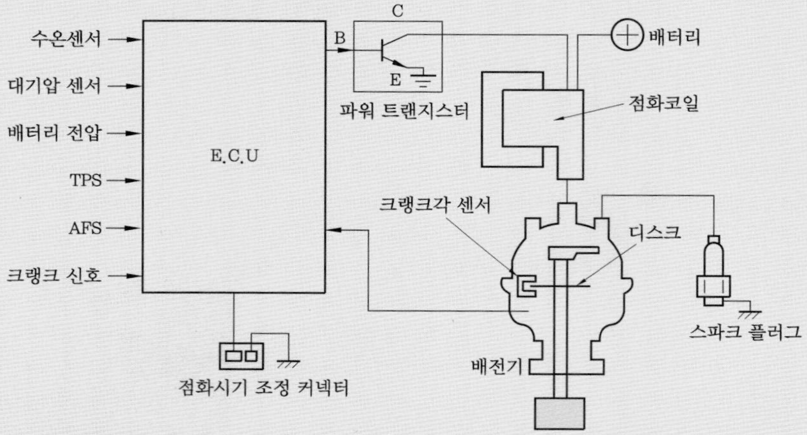

70 고부하 고속회전이 많은 엔진에서는 냉형(고열가형) 플러그를 사용하는 것이 좋다.

정답 68. ㉰ 69. ㉱ 70. ㉱

71 납산 축전지에서 설페이션(sulphation) 현상의 원인이 아닌 것은? 2011.3.20

㉮ 축전지의 과방전
㉯ 방전상태 장시간 방치
㉰ 전해액 과다
㉱ 충전 부족

72 다음 중 충전 장치 정비 시 안전에 위배되는 것은? 2013.8.18

㉮ 급속 충전기로 충전을 하기 전에 점화 스위치를 OFF하고 배터리 케이블을 분리한다.
㉯ 발전기 B 단자를 분리한 후 엔진을 고속 회전하지 않는다.
㉰ 발전기 출력 전압이나 전류를 점검할 때는 메가 옴 테스터를 활용한다.
㉱ 접지 극성에 주의한다.

73 자동차의 납산 축전지에서 방전 시 일어나는 현상으로 틀린 것은? 2012.5.20

㉮ 양극판(과산화납)은 황산납으로 변한다.
㉯ 음극판(해면상납)은 황산납으로 변한다.
㉰ 배터리의 전해액 비중은 떨어진다.
㉱ 전해액의 묽은 황산은 산화납으로 변한다.

74 비중 1.260(20℃)의 묽은 황산 1 L 속에 40 %(중량)의 황산이 포함되어 있으면 물은 몇 g 포함되어 있는가? 2012.8.26

㉮ 650 g ㉯ 712 g ㉰ 756 g ㉱ 819 g

75 점화 플러그의 구비조건 중 틀린 것은? 2013.6.2

㉮ 전기적 절연성이 좋아야 한다.
㉯ 내열성이 작아야 한다.
㉰ 열전도성이 좋아야 한다.
㉱ 기밀이 잘 유지되어야 한다.

76 점화장치에 대한 설명으로 틀린 것은 어느 것인가? 2013.8.18

㉮ 무접점식 점화장치에서 점화펄스 발생기로는 주로 홀 센서 또는 유도 센서가 사용된다.
㉯ 홀 반도체에 작용하는 자속밀도가 무시해도 좋을 만큼 낮을 때 홀 전압은 최대가 된다.
㉰ 유도 센서에서 펄스 발생용 로터와 스테이터를 형성하는 철심이 마주 볼 때의 공극은 대략 0.5 mm 정도이다.
㉱ CDI(축전기 방전식 점화장치)에서 축전기에 충전되는 에너지 수준은 충전 전압의 제곱에 비례한다.

answers & explanations

71 설페이션(sulfation, 백화, 유화) 현상 : 전해액 부족이 설페이션의 원인이 된다.
축전지를 과방전하였을 경우, 장기간 방전 상태로 방치하였을 경우, 전해액의 비중이 너무 낮을 경우, 전해액의 부족으로 극판이 노출되었을 경우, 전해액에 불순물이 혼입되었을 경우, 불충분한 충전을 반복하였을 경우 극판이 황산납 불활성 물질로 덮이는 현상을 말한다.

72 발전기 출력 전압이나 전류를 점검할 때는 전압계나 전류계 멀티테스터를 활용한다.

73 납산 축전지 방전 시 현상 : 납산 축전지가 방전할 때 축전지 내의 화학반응의 변화 상태는 전해액의 비중은 점차 낮아지며, 물로 변화한다.

74 1 L=1.260×1.000 mL=1,260 g
∴ 1,260 g×0.6=756 g
※ 40 %가 황산이므로 나머지 60 %가 물이다.

75 점화 플러그의 구비조건 : ㉮, ㉰, ㉱ 외
① 내열성이 커야 한다.
② 기계적 강도가 커야 한다.
③ 강력한 불꽃이 발생되어야 한다.
④ 오염에 잘 견딜 수 있어야 한다.

정답 71. ㉰ 72. ㉰ 73. ㉱ 74. ㉰ 75. ㉯ 76. ㉯

77 납산 축전지의 양극판에 대한 설명으로 틀린 것은? 2013.6.2

㉮ 해면상납(Pb)으로 되어 있다.
㉯ 극판은 암갈색이다.
㉰ 화학작용은 활발하다.
㉱ 다공성이며 결합력이 약하다.

78 기동 전동기의 피니언 기어 잇수가 9, 플라이휠의 링 기어 잇수가 113, 배기량 1,500 cc인 엔진의 회전 저항이 8 kgf · m일 때 기동 전동기의 최소 회전토크는? 2012.3.4

㉮ 약 0.48 kgf · m ㉯ 약 0.55 kgf · m
㉰ 약 0.38 kgf · m ㉱ 약 0.64 kgf · m

79 시정수(시상수)가 2초인 콘덴서를 충전하고자 한다. 충전 종료까지 예상되는 소요시간은? 2012.3.4

㉮ 3초 ㉯ 6초 ㉰ 8초 ㉱ 10초

80 점화 2차 파형 회로 점검에서 감쇄 진동 구간이 없을 경우 고장 원인으로 가장 적합한 것은? 2015.5.31

㉮ 점화 코일의 극성이 바뀜
㉯ 스파크 플러그의 오일 및 카본 퇴적
㉰ 점화 케이블의 절연 상태 불량
㉱ 점화 코일의 단선

81 점화 플러그의 방전 전압에 직접적으로 영향을 미치는 요인이 아닌 것은? 2012.3.4

㉮ 전극의 틈새 모양, 극성
㉯ 혼합가스의 온도, 압력
㉰ 흡입공기의 습도와 온도
㉱ 파워 트랜지스터의 위치

answers & explanations

77 양극판은 과산화납(PBO_2)으로 되어 있다.

78 필요 최소회전력(T)

$$= \frac{\text{피니언 기어 잇수(PG)}}{\text{링 기어 잇수(RG)}} \times \text{엔진회전저항}$$

$$\therefore \; T = \frac{9}{113} \times 8 = 0.64\,\text{kgf} \cdot \text{m}$$

79 시정수(τ) : 인가전압의 63.2 %가 충전될 때까지 걸리는 시간(초)으로, 이론상 무한대이나 5 τ가 경과하면 인가전압의 99.3 %까지 충전되므로 완전충전으로 본다.

$\therefore$ 1 τ=2초이므로 2×5=10 초

80

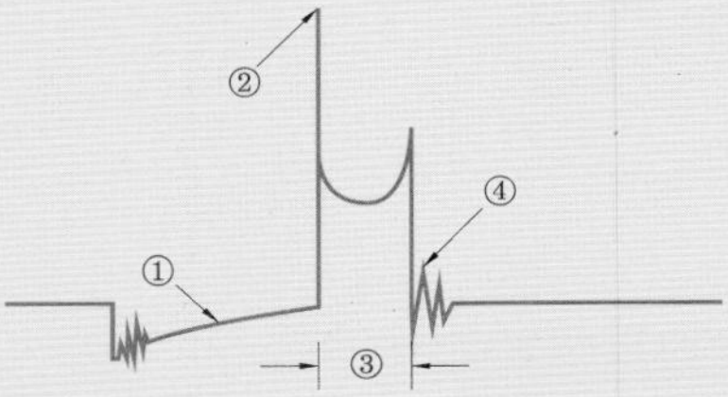

(1) ①지점 : 드웰 구간-점화 1차 회로에 전류가 흐르는 시간
(2) ②지점 : 점화 전압(서지 전압)-8 kV~18 kV
(3) ③지점 : 점화(스파크)라인-연소실 연소가 진행되는 구간 0.8 ms~2.0 ms
(4) ④지점 : 감쇄 진동 구간-코일의 잔류 에너지가 방출되는 구간(보통 3~4회가 정상)

81 방전 전압에 직접 영향을 미치는 요인
① 전극의 틈새가 크거나 극성일 때
② 혼합가스의 온도가 낮거나 압력이 높을 때
③ 흡입공기의 습도가 높거나 온도가 낮을 때

정답 77. ㉮ 78. ㉱ 79. ㉱ 80. ㉱ 81. ㉱

82 기동 전동기의 오버러닝 클러치에 대한 설명으로 틀린 것은? 2012.8.26

㉮ 엔진이 시동된 후, 엔진의 회전으로 인해 기동 전동기가 파손되는 것을 방지하는 장치이다.

㉯ 시동 후 피니언 기어와 기동 전동기 계자코일이 차단되어 기동 전동기를 보호한다.

㉰ 한쪽 방향으로만 동력을 전달하여 일방향 클러치라고도 한다.

㉱ 오버러닝 클러치의 종류는 롤러식, 스프래그식, 다판 클러치식이 있다.

83 차량에서 축전지의 기능으로 옳은 것은 어느 것인가? 2012.5.20

㉮ 각종 부하 조건에 따라 발전 전압을 조정하여 과충전을 방지한다.

㉯ 엔진의 시동 후 각종 전기장치의 전기적 부하를 전적으로 부담한다.

㉰ 주행 상태에 따른 발전기의 출력과 전기적 부하와의 불균형을 조정한다.

㉱ 축전지는 시동 후 일정 시간 방전을 지속하여 발전기의 부담을 줄여준다.

점화스위치 단자 및 내용

전원 단자	사용 단자	전원 내용	해당 장치
B+	battery plus	IG/key 전원 공급 없는(상시 전원)	비상등, 제동등, 실내등, 혼, 안개등 등
ACC	accessory	IG/key 1단 전원공급	약한 전기부하 오디오 및 미등
IG 1	ignition 1 (ON단자)	IG/key 2단 전원공급 (accessory 포함)	(엔진 시동 중 전원 ON) 클러스터, 엔진 센서, 에어백, 방향지시등, 후진등 등
IG 2	ignition 2 (ON단자)	IG/key start 시 전원공급 OFF	전조등, 와이퍼, 히터, 파워윈도 등 각종 유닛류 전원 공급
ST	start	IG/key St에 흐르는 전원	기동 전동기

answers & explanations

82 오버러닝 클러치 : 엔진이 시동 후에도 피니언이 링 기어와 맞물려 있으면 시동 모터가 파손되는데, 이를 방지하기 위해서 엔진의 회전력이 시동 모터에 전달되지 않게 하기 위한 것을 오버러닝 클러치라고 한다.

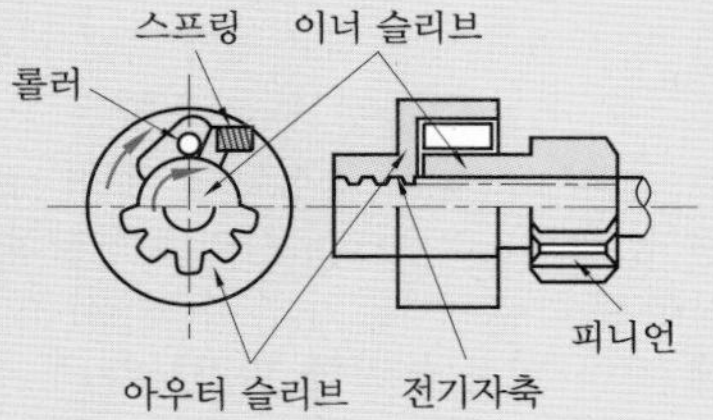

83 축전지의 기능
① 기동 장치의 전기적 부하를 부담한다.(축전지 주요 기능)
② 발전기가 고장일 경우 주행을 확보하기 위한 전원으로 작동한다.
③ 주행 상태에 따른 발전기의 출력과 부하와의 불균형을 조정한다.
※ 축전지 용량(Ah)=방전전류(A)×방전시간(h)

정답 82. ㉯ 83. ㉰

제4장 계기 및 보안 장치

01 자동차의 등화장치별 등광색이 잘못 연결된 것은? 2012.3.4

㉮ 후퇴등 - 백색 또는 황색
㉯ 자동차 뒷면의 안개등 - 백색 또는 황색
㉰ 차폭등 - 백색 · 황색 또는 호박색
㉱ 방향지시등 - 황색 또는 호박색

02 전조등 4핀 릴레이를 단품 점검하고자 할 때 적합한 시험기는? 2009.3.1

㉮ 암페어 시험기
㉯ 축전기 시험기
㉰ 회로 시험기
㉱ 전조등 시험기

03 연료탱크에 연료가 가득 차 있는데 연료경고등(NTC)이 점등될 수 있는 요인으로 맞는 것은? 2012.5.20

㉮ 경고등 접지선의 단선
㉯ 서미스터의 결함
㉰ 퓨즈의 단선
㉱ 경고등 전원선의 단락

04 방향지시등의 점멸 주기가 빨라지는 원인이 아닌 것은? 2013.8.18

㉮ 충전 전압이 높아 회로 내 전압이 높게 걸린다.
㉯ 방향지시등 회로와 후진등 회로가 단락되었다.
㉰ 플래셔 유닛의 고장이나 제원이 다르다.
㉱ 램프의 저항이 규정값보다 낮은 것을 사용하였다.

05 전조등 시험기 측정 시 관련사항으로 틀린 것은? 2008.9.7

㉮ 공차 상태에서 서서히 진입하면서 측정한다.
㉯ 타이어 공기압을 표준공기압으로 한다.
㉰ 4등식 전조등의 경우 측정하지 않는 등화는 발산하는 빛을 차단한 상태로 한다.
㉱ 엔진은 공회전 상태로 한다.

answers & explanations

01 자동차 안개등 앞면의 등광색은 백색 또는 황색으로, 자동차 뒷면의 등광색은 적색일 것

02 전조등 릴레이를 비롯한 모든 릴레이와 배선의 단선점검 및 저항 측정은 회로 시험기(멀티테스터)로 한다.

03 서미스터(thermistor) : 니켈, 구리, 망간, 아연, 마그네슘 등의 금속 산화물을 적당히 혼합하여 1,000℃ 이상에서 소결시켜 제작한 것이다.

04 충전 전압이 높게 되면 전기회로를 보호하기 위해 퓨즈가 단선된다.

05 ㉮는 사이트 슬립 테스터기 측정 시 해당된다. 전조등 시험기 측정 시 자동차는 공차 상태에서 정지시켜 놓고 측정한다. 엔진 rpm은 공회전 상태와 2,000 rpm 사이에 상향과 하향으로 작동시켜 검사기준의 등식(2등식 또는 4등식)에 따라 적합 부적합 판정한다.

정답 01. ㉯ 02. ㉰ 03. ㉯ 04. ㉯ 05. ㉮

06 등화장치에 대한 설치기준으로 틀린 것은 어느 것인가? 2012.5.20

㉮ 차폭등의 등광색은 백색, 황색, 호박색으로 하고 양쪽의 등광색을 동일하게 하여야 한다.
㉯ 번호등 바로 뒤쪽에서 광원이 직접 보이지 아니하는 구조여야 한다.
㉰ 번호등의 등록번호표 숫자 위의 조도는 어느 부분에서도 5럭스 이상이어야 한다.
㉱ 후미등의 1등당 광도는 2칸델라 이상 25칸델라 이하이어야 한다.

07 연료탱크의 연료 최소 잔량을 경고등으로 표시해 주는 센서는 어느 종류를 사용하는가? 2013.6.2

㉮ 서미스터형 ㉯ 슬라이딩 저항형
㉰ 리드 스위치형 ㉱ 초음파형

08 전조등의 광도가 35,000 cd일 경우 전방 100 m 지점에서의 조도는? 2009.5.10

㉮ 2.5 Lx ㉯ 3.5 Lx
㉰ 35 Lx ㉱ 350 Lx

09 자동차 등화장치에서 전조등의 특징이 아닌 것은? 2012.3.4

㉮ 실드 빔 전조등은 밀봉되어 있기 때문에 광도의 변화가 적다.
㉯ 실드 빔 전조등의 필라멘트가 끊어지면 전구만 교환한다.
㉰ 할로겐 전조등은 색 및 온도가 높아 밝은 백색광을 얻을 수 있다.
㉱ 세미 실드 빔 전조등의 전구는 별개로 설치한다.

10 전조등의 광도 측정 단위는? 2011.3.20

㉮ cd ㉯ W
㉰ Lux ㉱ lm

11 엔진 및 계기장치의 감지 방식이 다른 회로는? 2010.3.7

㉮ 연료계
㉯ 엔진오일 경고등
㉰ 냉각수 온도계
㉱ 연료부족 경고등

answers & explanations

06 번호등의 등록번호표 숫자 위의 조도는 어느 부분에서도 8럭스 이상이어야 한다.

08 $조도(Lx) = \frac{cd}{r^2}$

$\therefore 조도 = \frac{35,000}{100^2} = 3.5\,Lx$

09 실드 빔 전조등 : 반사경에 필라멘트를 붙이고 여기에 렌즈를 녹여 붙인 후 내부에 불활성 가스를 넣어 그 자체가 1개의 전구가 되도록 한 것이다. 이 방식의 특징은 다음과 같다.
① 대기조건에 따라 반사경이 흐려지지 않는다.
② 사용에 따르는 광도의 변화가 적다.
③ 필라멘트가 끊어지면 렌즈나 반사경에 이상이 없어도 전조등 전체를 교환하여야 한다.

10 ㉯ W : 전력의 단위
㉰ Lux : 조도의 단위
㉱ lm : 광속의 단위

11 엔진오일 경고등 : 엔진 내 윤활유가 부족하거나 유압이 낮으면 경고등이 ON된다(엔진오일 경고등은 압력식이다).
NTC 서미스터 방식 : 연료계, 냉각수 온도계, 연료부족 경고등

정답 06. ㉰ 07. ㉮ 08. ㉯ 09. ㉯ 10. ㉮ 11. ㉯

12 전자제어 트립(trip) 정보시스템에 입력되는 신호가 아닌 것은? 2012.3.4

㉮ 차속
㉯ 평균속도
㉰ 탱크 내의 연료잔량
㉱ 현재의 연료소비율

13 4등식 전조등 중 주행 빔과 변환 빔이 동시에 점등되는 형식인 경우 1등에 대하여 몇 cd이어야 하는가? 2012.8.26

㉮ 13,000 이상 75,000 cd 미만
㉯ 14,000 이상 75,000 cd 미만
㉰ 15,000 이상 112,500 cd 이하
㉱ 12,000 이상 112,500 cd 이하

14 일반적으로 종합제어장치(에탁스)에 포함된 기능이 아닌 것은? 2009.5.10

㉮ 에어백 제어 기능
㉯ 파워윈도 제어 기능
㉰ 안전띠 미착용 경보 기능
㉱ 뒷유리 열선 제어 기능

15 운행자동차의 2등식과 4등식 전조등의 주행빔 1등당 광도 기준으로 안전기준에 적합한 것은? 2012.5.20

㉮ 2등식 : 12,000칸델라 이상~112,000칸델라 이하
4등식 : 15,000칸델라 이상~112,500칸델라 이하
㉯ 2등식 : 15,000칸델라 이상~112,000칸델라 이하
4등식 : 15,000칸델라 이상~112,500칸델라 이하
㉰ 2등식 : 12,000칸델라 이상~112,500칸델라 이하
4등식 : 12,000칸델라 이상~112,000칸델라 이하
㉱ 2등식 : 15,000칸델라 이상~112,500칸델라 이하
4등식 : 12,000칸델라 이상~112,500칸델라 이하

answers & explanations

12 트립(trip) 정보시스템은 스위치 조작에 의한 시동 "ON"부터 "OFF"까지의 주행거리, 주행 가능 거리, 한계속도 연료잔량 등을 표시한다.

13 전조등의 광도
① 2등식 : 15,000 칸델라 이상 ~ 112,500 칸델라 이하
② 4등식 : 12,000 칸델라 이상 ~ 112,500 칸델라 이하
※ HID(고휘도 방전램프) : 가스 방전식 전조등이며, 제논가스와 금속화합물을 20,000 V의 고전압으로 방전시켜 빛을 발생하며, 필라멘트 방식보다 빛의 밝기가 3배 이상이며 수명은 5배 이상 길다. 전구 교환이 필요 없고, 전력 소비가 35 W 밖에 되지 않아 저연비 고효율 안정성에 효과적이다.

14 종합제어장치 : 에탁스(ETACS) 제어 기능
- 와셔 연동 와이퍼 제어
- 간헐 와이퍼 제어
- 뒷 유리 열선 타이머 제어
- 안전벨트 경고등 타이머 제어
- 감광식 룸 램프 제어
- 이그니션 키 홀 조명 제어
- 파워윈도 타이머 제어
- 배터리 세이버 제어
- 점화키 회수 제어
- 오토 도어로크 제어
- 중앙집중식 도어잠금장치 제어
- 스타팅 재작동 금지
- 점화키 OFF 후 전도어 언로크 제어
- 충돌감지 언로크 제어
- 도어 열림 경고 제어

정답 12. ㉯ 13. ㉱ 14. ㉮ 15. ㉱

16 일정 방향에 대한 빛의 세기를 의미하며, 단위로 cd(칸델라)를 사용하는 용어는? 2011.10.2

㉮ 광원 ㉯ 광속
㉰ 광도 ㉱ 조도

17 자동차 전조등 조명과 관련된 설명 중 ( ) 안에 알맞은 것은? 2010.5.9

보기
광원에서 빛의 다발이 사방으로 방사된다. 운전자의 눈은 방사된 빛의 다발 일부를 빛으로 느끼는데, 이 빛의 다발은 ( )(이)라 한다. 따라서 ( )이(가) 많이 나오는 광원은 밝다고 할 수 있다. ( )의 단위는 Lm이며, 단위시간당 통과하는 광량이다.

㉮ 광속, 광속, 광속 ㉯ 광도, 광속, 조도
㉰ 광속, 광속, 조도 ㉱ 광속, 조도, 광도

18 12 V용 24W 방향지시등 전구의 저항을 단품 측정하였더니 약 0.5~1Ω 정도가 측정되었을 경우, 전구의 상태 판단으로 가장 적합한 것은? 2009.8.30

㉮ 일반적으로는 정상이라고 판단할 수 있다.
㉯ 전구 내부에서 단락된 것이다.
㉰ 전구의 저항이 커진 것이다.
㉱ 전구의 필라멘트가 단선되었다.

19 다음 회로에서 릴레이 코일선이 단선되어 릴레이가 작동되지 않는다. 각각 e점, f점의 전압값으로 맞는 것은? 2013.8.18

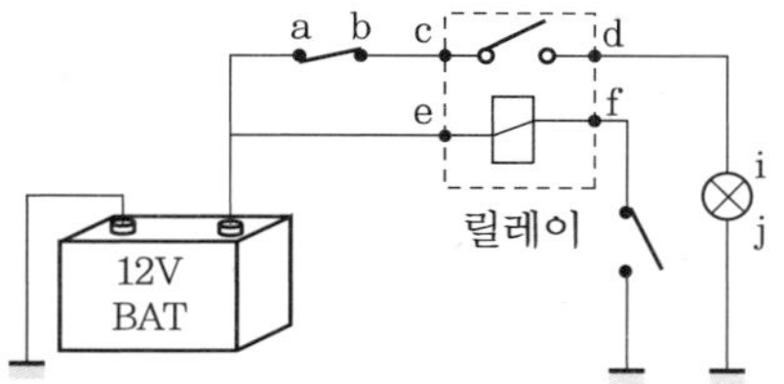

㉮ e : 12, f : 12 ㉯ e : 12, f : 0
㉰ e : 0, f : 12 ㉱ e : 0, f : 0

20 자동차 전기회로의 전압강하에 대한 설명이 아닌 것은? 2013.8.18

㉮ 저항을 통하여 전류가 흐르면 전압강하가 발생한다.
㉯ 전압강하가 커지면 전장품의 기능이 저하되므로 전선의 굵기는 알맞은 것을 사용해야 한다.
㉰ 회로에서 전압강하의 총량은 회로의 공급전압과 같다.
㉱ 전류가 적고 저항이 클수록 전압강하도 커진다.

21 후퇴등의 1등당 광도는 등화중심선 아래쪽에서 얼마인가? 2012.5.20

㉮ 50 ~ 8,000 cd ㉯ 80 ~ 6,000 cd
㉰ 50 ~ 7,000 cd ㉱ 80 ~ 5,000 cd

answers & explanations

16

표시	정의	단위와 약호
조도	장소의 밝기	럭스(lx)
광도	광원에서 어떤 방향에 대한 밝기	칸델라(cd)
광속	광원 전체의 밝기	루우멘(lm)
휘도	광원의 외관상 단위 면적당의 밝기	cd/m^3 또는 스틸브(sb)
광속 발산도	물건의 밝기 (조도, 반사율)	래럭스(elx)

18 일반적으로 저항값의 미미한 변화는 정상이라 판단할 수 있다.

19 릴레이 내부 코일 단선이므로
릴레이 코일 앞 전원 e : 12 V
릴레이 코일 뒤 전원 f : 0 V

21 후퇴등 1등당 광도는 등화중심선의 위쪽에서는 80 cd 이상 600 cd 이하이고, 아래쪽에서는 80 cd 이상 5,000 cd 이하이다.

정답 16. ㉰ 17. ㉮ 18. ㉮ 19. ㉯ 20. ㉱ 21. ㉱

22 시동 후 냉각수 온도센서(부특성 서미스터) 의 출력 전압은 수온이 올라감에 따라 어떻게 변화하는가? 2013.8.18

㉮ 변화 없다.
㉯ 크게 상, 하로 움직인다.
㉰ 계속 상승하다 일정하게 된다.
㉱ 엔진온도 상승에 따라 전압값이 감소한다.

23 자동차 각종 등화의 1등당 광도를 나타낸 것으로 틀린 것은? 2013.6.2

㉮ 전조등의 주행 빔(2등식) : 15000 ~ 112500 cd
㉯ 후퇴등(수평선 상부) : 80 ~ 600 cd
㉰ 차폭등(수평선 상부) : 4 ~ 125 cd
㉱ 후미등 : 40 ~ 420 cd

24 자동차의 자동 전조등이 갖추어야 할 조건 설명으로 틀린 것은? 2008.5.11

㉮ 야간에 전방 100 m 떨어져 있는 장애물을 확인할 수 있는 밝기를 가져야 한다.
㉯ 승차인원이나 적재 하중에 따라 광축의 변함이 없어야 한다.
㉰ 어느 정도 빛이 확산하여 주위의 상태를 파악할 수 있어야 한다.
㉱ 교행할 때 맞은 편에서 오는 차를 눈부시게 하여 운전의 방해가 되어서는 안 된다.

25 전조등이 10 cd의 광원에서 2 m 떨어진 곳에서의 밝기는 몇 Lux인가? 2013.6.2

㉮ 2.5
㉯ 5.0
㉰ 7.5
㉱ 10

26 다음은 하이브리드 자동차 계기판(cluster)에 대한 설명이다. 틀린 것은? 2013.6.2

㉮ 계기판에 'READY' 램프가 소등(OFF) 시 주행이 안 된다.
㉯ 계기판에 'READY' 램프가 점등(ON) 시 정상 주행이 가능하다.
㉰ 계기판에 'READY' 램프가 점멸(blinking) 시 비상 모드 주행이 가능하다.
㉱ EV 램프는 HEV(hybrid electric vehicle) 모터에 의한 주행 시 소등된다.

27 도난방지장치에서 리모컨을 이용하여 경계상태로 돌입하려고 하는데 잘 안 되는 경우의 점검 부위가 아닌 것은? 2013.6.2

㉮ 리모콘 자체 점검
㉯ 글로브 박스 스위치 점검
㉰ 트렁크 스위치 점검
㉱ 수신기 점검

answers & explanations

22 온도 센서(부특성 서미스터)의 출력 전압은 온도가 올라감에 따라 감소한다(온도와 저항이 반비례).

23 자동차 등화장치의 등화 강도
① 전조등의 주행 빔(2등식) : 15000~112500 cd
② 후퇴등(수평선 상부) : 80~600 cd
③ 차폭등(수평선 상부) : 4~125 cd
④ 후미등 : 150~300 cd
⑤ 제동등 : 40~420 cd

24 승차인원이나 적재 하중에 따라 차체가 내려가므로 광축의 변화가 발생된다.

25 $조도(lux) = \frac{광도}{거리^2} = \frac{cd}{r^2}$

$= \frac{10}{2^2} = 2.5$

26 ㉱ EV 램프는 HEV(hybrid electric vehicle) 모터에 의한 주행 시 점등된다.

정답 22. ㉱ 23. ㉱ 24. ㉯ 25. ㉮ 26. ㉱ 27. ㉯

28 그림과 같은 회로에서 가장 적합한 퓨즈의 용량은? 2008.5.11 / 2015.8.16

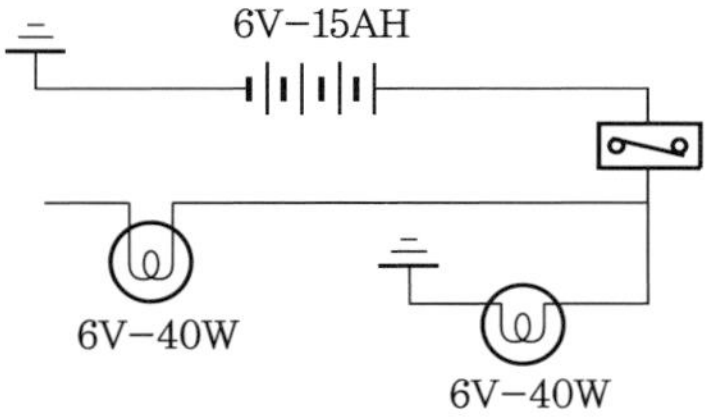

㉮ 10 A ㉯ 15 A
㉰ 25 A ㉱ 30 A

29 스마트 정션 박스(smart junction box)의 기능에 대한 설명으로 틀린 것은? 2014.3.2

㉮ fail safe lamp 제어
㉯ 에어컨 압축기 릴레이 제어
㉰ 램프 소손 방지를 위한 PWM 제어
㉱ 배터리 세이버 제어

30 등화장치에서 방향지시등의 종류에 속하지 않는 것은? 2011.10.2

㉮ 전자 열선식 ㉯ 축전기식
㉰ 기계식 ㉱ 반도체식

31 스마트 키 시스템에서 전원 분배 모듈(power distribution module)의 기능이 아닌 것은? 2014.3.2

㉮ 스마트 키 시스템 트랜스폰더 통신
㉯ 버튼 시동 관련 전원 공급 릴레이 제어
㉰ 발전기 부하 응답 제어
㉱ 엔진 시동 버튼 LED 및 조명제어

32 다음 중 트립 컴퓨터의 기능이 아닌 것은 어느 것인가? 2013.3.10

㉮ 적산 거리계 ㉯ 주행 가능 거리
㉰ 최고 속도 ㉱ 주행 시간

answers & explanations

28 $I_A = \frac{40}{6} = 6.67\text{ A}$, $I_B = \frac{40}{6} = 6.67\text{ A}$

$I_T = 6.67 + 6.67 = 13.34\text{ A}$

∴ 가장 적합한 퓨즈 용량은 13.34 A보다 큰 15 A이다.

29 smart junction box를 흔히 SJB라고 부른다. junction box의 전자화, 차량 안정성 확보, 효율적인 전원 관리, 효율적인 data 교환, 소프트웨어 안정성 확보에 기능이 있으며 각종 고장 진단 기능 및 고장 감시 기능으로 인한 차량 안정성 향상, CAN 통신 도입으로 인한 data 전송의 안정성 보장 등이 있다.

31 스마트 키 시스템에서 전원 분배 모듈(power distribution module)의 기능은 스마트 키 시스템 트랜스폰더 통신, 버튼 시동 관련 전원 공급 릴레이 제어, 엔진 시동 버튼 LED 및 조명 제어의 기능을 한다.

32 트립(trip) 정보 시스템 : 스위치 조작으로 시동 "ON"부터 "OFF"까지의 주행거리, 주행 가능 거리, 주행시간, 평균속도, 외기온도 등을 표시

〈입력 정보〉				〈출력 정보〉
− 차속 − 연료 분사량 − 연료량 − 연료량 경고등	⇒	컴 퓨 터	⇒	− 주행 평균속도 − 주행시간 − 현재연료로 주행할 수 있는 주행 가능 거리 − 주행거리

트립(trip) 컴퓨터 입·출력 요소

정답 28. ㉯ 29. ㉯ 30. ㉰ 31. ㉰ 32. ㉰

33 자동차로 인한 소음과 암소음의 측정치의 차이가 5 dB인 경우 보정치로 알맞은 값은? 2012.8.26

㉮ 1 dB ㉯ 2 dB
㉰ 3 dB ㉱ 4 dB

34 그롤러 시험기의 항목으로 틀린 것은? 2012.3.4

㉮ 전기자 코일의 단선시험
㉯ 전기자 코일의 단락시험
㉰ 전기자 코일의 접지시험
㉱ 전기자 코일의 저항시험

35 자동차 검사 시 전조등의 하향진폭(운행자동차)은 10 m 거리 기준으로 몇 cm 이내이어야 하는가? 2013.3.10

㉮ 30 ㉯ 40
㉰ 50 ㉱ 60

36 전조등의 광도가 18,000 cd인 자동차를 10 m 전방에서 측정하였을 경우의 조도는? 2013.3.10

㉮ 160 lx ㉯ 180 lx
㉰ 200 lx ㉱ 220 lx

37 자동차 전조등의 광도 및 광축을 측정(조정)할 때 유의사항 중 틀린 것은? 2012.5.20

㉮ 시동을 끈 상태에서 측정한다.
㉯ 타이어 공기압을 규정값으로 한다.
㉰ 차체의 평형 상태를 점검한다.
㉱ 축전지와 발전기를 점검한다.

38 전조등 시험기 중에서 시험기와 전조등이 1 m 거리로 측정되는 방식은? 2010.5.9

㉮ 스크린식 ㉯ 집광식
㉰ 투영식 ㉱ 조도식

answers & explanations

33 단위 : dB(A), dB(C)

자동차 소음과 암소음의 측정치 차이	3	4～5	6～9
보정치	3	2	1

35 전조등 안전기준 : 상향진폭은 10 cm 이하, 하향진폭은 등화 설치 높이의 3/10 이내(단, 운행자동차의 경우 30 cm 이내)
① 등광색은 백색
② 광도 2등식 : 15,000～112,500 cd
4등식 : 12,000～112,500 cd
③ 좌우진폭은 10 m 거리에서 좌우 30 cm 이내(단, 좌측 전조등의 경우 좌측 방향 진폭은 15 cm 이내)

36 $\text{조도} = \dfrac{\text{광도(cd)}}{r^2}$

※ r : 거리(m)

$\therefore \text{조도} = \dfrac{18,000}{10^2} = 180\ \text{lx}$

37 전조등의 광도 및 광축 측정 조건
① 엔진 시동은 엔진 공회전 상태(광도 측정 시 2,000 rpm)로 한다.
② 타이어 공기압을 표준 공기압으로 한다.
③ 자동차의 축전지는 완전충전 상태로 한다.
④ 자동차는 예비운전이 되어 있는 공차 상태에 운전자 1인이 승차한 상태에서 측정한다.
⑤ 4등식의 전조등의 경우에는 측정하지 않는 등화에서 발산하는 빛을 차단한 상태로 한다.

38 스크린식 : 전조등 시험기 중에서 시험기와 전조등이 3 m 거리로 측정되는 방식

정답 33. ㉯ 34. ㉱ 35. ㉮ 36. ㉯ 37. ㉮ 38. ㉯

39 좌측과 우측 중 방향지시등의 점멸 주기가 규정보다 어느 한쪽이 빨라지는 원인이 아닌 것은? 2010.3.7

㉮ 양쪽 전구를 규정보다 밝은 것으로 장착하였을 경우
㉯ 좌측 방향지시등 회로에 저항이 커졌을 경우
㉰ 뒤 좌측의 전구 접지선이 단선된 경우
㉱ 우측 전구를 규정보다 어두운 것으로 장착하였을 경우

40 차량의 경음기 소음을 측정한 결과 86 db 이며, 암소음이 82 db이었다면 이때의 보정치를 적용한 경음기의 소음은? 2013.8.18

㉮ 83 db ㉯ 84 db
㉰ 86 db ㉱ 88 db

41 누설전류를 측정하기 위해 12 V 배터리를 떼어내고 절연체의 저항을 측정하였더니 1 MΩ 이었다. 누설전류는? 2012.8.26

㉮ 0.006 mA ㉯ 0.008 mA
㉰ 0.010 mA ㉱ 0.012 mA

42 내부에 불활성가스가 들어 있으며, 사용에 따른 광도 변화가 없고 대기 조건에 따라 반사경이 흐려지지 않는 전조등의 형식은? 2013.3.10

㉮ 로 빔식
㉯ 하이 빔식
㉰ 실드 빔식
㉱ 세미 실드 빔식

43 비상등은 정상 작동되나 좌측 방향 지시등이 작동하지 않을 때 관련 있는 부품은? 2013.8.18

㉮ 플래셔 유닛
㉯ 비상등 스위치
㉰ 턴시그널 스위치
㉱ 턴시그널 전구

44 방향지시등 회로에서 점멸이 느리게 작동되는 원인으로 틀린 것은? 2012.3.4

㉮ 전구 용량이 규정보다 크다.
㉯ 퓨즈 또는 배선의 접촉이 불량하다.
㉰ 축전지 용량이 저하되었다.
㉱ 플래셔 유닛에 결함이 있다.

answers & explanations

39 어느 한쪽의 단선이나 전구 용량이 변화되면 양쪽에 흐르는 전류가 다르게 되어 한쪽이 빨라진다. ㉮의 경우 양쪽 전구를 규정에 맞는 것으로 교환한 것은 변화가 없다.

40 단위 : dB(A), dB(C)

자동차 소음과 암소음의 측정치 차이	3	4～5	6～9
보정치	3	2	1

41 옴의 법칙 $I=\frac{E}{R}$

I : 전류, E : 전압, R : 저항

$\therefore\ I=\frac{12}{1\times10^6}=0.000012\ \mathrm{A}$

1A = 1,000 mA이므로,

$I=0.000012\times1{,}000$

$=0.012\ \mathrm{mA}$

42 실드 빔(sealed beam)형 : 전조등은 렌즈, 반사경, 필라멘트가 일체로 된 구조이고, 내부에 불활성가스가 들어 있으며, 사용에 따른 광도 변화가 없고 대기 조건에 따라 반사경이 흐려지지 않는 등의 장점이 있다.

43 비상등은 정상 작동되나 좌측 방향 지시등이 작동하지 않을 때 턴시그널 스위치 불량이다. 방향지시등 점멸이 느리게 작동되는 원인은 전구 용량이 규정보다 작다.

44 ㉮ 전구 용량이 규정보다 작다.

정답 39. ㉮ 40. ㉯ 41. ㉱ 42. ㉰ 43. ㉰ 44. ㉮

45 12 V용 24 W 방향지시등 전구의 저항을 단품 측정하였더니 약 0.5 ~ 1 Ω 정도가 측정되었을 경우 전구의 상태 판단으로 가장 적합한 것은? 2009.8.30 / 2013.8.18

가 일반적으로는 정상이라고 판단할 수 있다.
나 전구 내부에서 단락된 것이다.
다 전구의 저항이 커진 것이다.
라 전구의 필라멘트가 단선되었다.

46 차량의 정면에 설치된 에어백에 관한 내용으로 틀린 것은? 2008.9.7

가 차량 전면에서 강한 충격력을 받으면 부풀어 오른다.
나 부풀어 오른 에어백의 팽창은 즉시 수축되면 안 된다.
다 차량의 측면, 후면 충돌 시에는 작동하지 않을 수 있다.
라 운전자의 안면부 충격을 완화시킨다.

47 기계, 기구의 정밀도 검사 기준 중 전조등 시험기의 광축 편차는 어느 범위의 허용오차 이내이어야 하는가? 2013.8.18

가 $\pm\frac{1}{3}°$ 나 $\pm\frac{1}{6}°$
다 $\pm\frac{1}{5}°$ 라 $\pm\frac{1}{4}°$

48 그림은 아날로그 회로시험기에 의한 NPN 트랜지스터의 단품 시험방법이다. 어떤 시험을 하고 있는 것인가? 2011.3.20

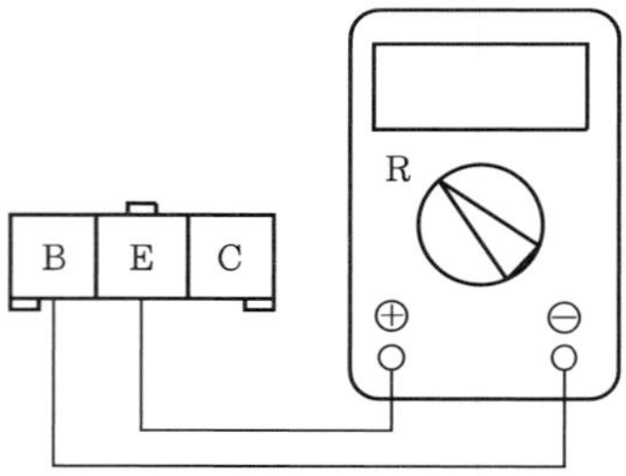

가 B단자와 E단자 간의 역방향 저항시험
나 B단자와 E단자 간의 역방향 전압시험
다 B단자와 E단자 간의 순방향 저항시험
라 B단자와 E단자 간의 순방향 전압시험

49 스크린 전조등 시험기를 사용할 때 렌즈와 전조등의 거리는 3 m로 측정하면 차량 전방 몇 m에서의 밝기에 해당하는가? 2013.6.2

가 5 m 나 10 m
다 15 m 라 20 m

50 어떤 자동차의 우측 전조등의 우측 방향 진폭이 전방 10 m에서 25 cm이었다. 전방 100 m에서는 얼마인가? 2013.6.2

가 1.0 m 나 1.5 m
다 2.0 m 라 2.5 m

answers & explanations

45 일반적으로 저항값의 미미한 변화는 정상이라 판단할 수 있다.

46 부풀어 오른 에어백의 팽창은 호흡을 방해하므로 충격을 흡수한 후 즉시 수축되어야 한다.
① 가스 방출 후 에어백 수축시간 : 105 ms
② 충돌 충격 감지시간 : 3 ms
③ 에어백 전개 : 기폭제 점화 20 ms

48 B단자와 E단자 간의 순방향 저항시험

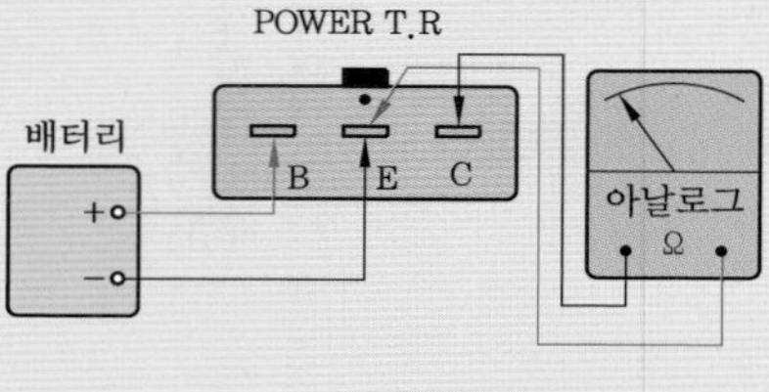

정답 45. 가 46. 나 47 나 48. 다 49. 나 50. 라

51 계기판의 방향지시등 램프 확인 결과 좌우 점멸 횟수가 다른 원인이 아닌 것은 어느 것인가? 2012.8.26

㉮ 플래셔 유닛의 접지가 단선되었다.
㉯ 전구의 용량이 서로 다르다.
㉰ 전구 하나가 단선되었다.
㉱ 플래셔 유닛과 한쪽 방향지시등 사이의 회로가 단선되었다.

52 자동차 에어컨에서 팽창 밸브(expansion valve)의 역할은? 2013.3.10

㉮ 냉매를 팽창시켜 고온 고압의 기체로 만든다.
㉯ 냉매를 급격히 팽창시켜 저온 저압의 무화 상태로 만든다.
㉰ 냉매를 압축하여 고압으로 만든다.
㉱ 팽창된 기체 상태의 냉매를 액화시킨다.

53 전조등 시험 시 준비사항으로 틀린 것은 어느 것인가? 2013.3.10

㉮ 타이어 공기압이 같도록 한다.
㉯ 집광식 시험기를 사용 시 시험기와 전조등의 간격은 3 m로 한다.
㉰ 축전지 충전 상태가 양호하도록 한다.
㉱ 바닥이 수평인 상태에서 측정한다.

54 자동차용 발전기 점검사항 및 판정에 대한 설명으로 틀린 것은? 2012.5.20

㉮ 스테이터 코일 단선 점검 시 시험기의 지침이 움직이지 않으면 코일이 단선된 것이다.
㉯ 다이오드 점검 시 순방향은 ∞ Ω쪽으로, 역방향은 0 Ω쪽으로 지침이 움직이면 정상이다.
㉰ 슬립링과 로터 축 사이의 절연 점검 시 시험기의 지침이 움직이면 도통된 것이다.
㉱ 로터 코일 단선 점검 시 시험기의 지침이 움직이지 않으면 코일이 단선된 것이다.

55 운행 자동차의 전조등 시험기 측정 시 광도 및 광축을 확인하는 방법으로 틀린 것은? 2012.3.4

㉮ 적차 상태로 서서히 진입하면서 측정한다.
㉯ 타이어 공기압을 표준공기압으로 한다.
㉰ 4등식 전조등의 경우 측정하지 않는 등화는 발산하는 빛을 차단한 상태로 한다.
㉱ 엔진은 공회전 상태로 한다.

answers & explanations

51 플래셔 유닛의 접지가 단선되면 방향지시등은 점멸되지 않는다.

53 집광식 시험기를 사용 시 시험기와 전조등의 간격은 1 m로 한다.

54 다이오드 점검 시 순방향은 0 Ω쪽으로, 역방향은 ∞ Ω쪽으로 지침이 고정되면 정상이다(한방향으로만 통전된다).

55 전조등 시험기 측정 시 공차 상태에서 운전자 1인이 승차하고 차량이 정지된 상태로 엔진 공회전 상태에서 점검(광도 측정 시 엔진 2,000 rpm)한다.

정답 51. ㉮ 52. ㉯ 53. ㉯ 54. ㉯ 55. ㉮

56 자동차 발전기의 출력신호를 측정한 결과이다. 이 발전기는 다음 중 어떤 상태인가? 2012.5.20

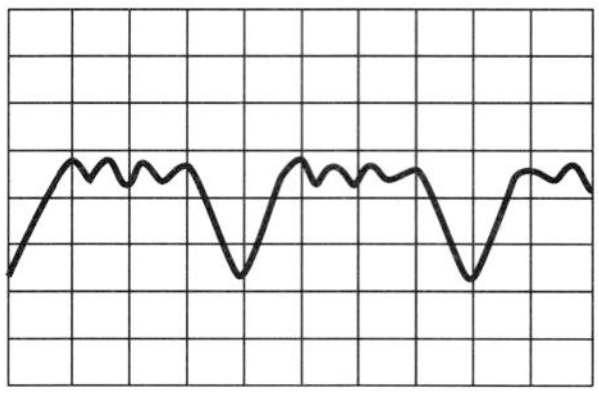

㉮ 정상 다이오드 파형
㉯ 다이오드 단선 파형
㉰ 스테이터 코일 단선 파형
㉱ 로터 코일 단락 파형

57 에어백(air bag) 작업 시 주의사항으로 잘못된 것은? 2008.5.11

㉮ 스티어링 휠 장착 시 클록 스프링의 중립을 확인할 것
㉯ 에어백 관련 정비 시 배터리 (−)단자를 떼어 놓을 것
㉰ 보디 도장 시 열처리를 요할 때는 인플레이터를 탈거할 것
㉱ 인플레이터의 저항을 멀티 테스터로 측정할 것

58 배터리측에서 암 전류(방전 전류)를 측정하는 방법으로 옳은 것은? 2013.8.18

㉮ 배터리 (+)측과 (−)측의 전류가 서로 다르기 때문에 반드시 배터리 (+)측에서만 측정하여야 한다.
㉯ 디지털 멀티미터를 사용하여 암 전류를 점검할 경우 탐침을 배터리 (+)측에서 병렬로 연결한다.
㉰ 클램프 타입 전류계를 이용할 경우 배터리 (+)측과 (−)측 배선 모두 클램프 안에 넣어야 한다.
㉱ 배터리 (+)측과 (−)측 무관하게 한 단자를 탈거하고 멀티미터를 직렬로 연결한다.

59 운행하는 자동차의 소음 측정 항목으로 맞는 것은? 2013.8.18

㉮ 배기 소음
㉯ 엔진 소음
㉰ 진동 소음
㉱ 가속 출력 소음

answers & explanations

56 다이오드

57 에어백 작업 시 주의사항
① 진단 유닛 단자 간 저항을 측정하거나 테스터 단자를 직접 단자에 접속하지 말 것
② 배터리 (−)단자를 탈거 후 30초 이상 지나서 정비할 것
③ 손상된 배선은 수리하지 말고 교환할 것
④ 보디 도장 시 열처리를 요할 때는 인플레이터를 탈거할 것
⑤ 탈거 후 에어백 모듈의 커버 면이 항상 위쪽으로 향하도록 보관할 것
⑥ 스티어링 휠 장착 시 클록 스프링의 중립을 확인할 것
⑦ 부품에 충격을 가하지 말 것

59 배기 소음 시험은 자동차의 변속 기어를 중립 위치로 확정 시 가동(아이들링) 상태에서 자동차를 원동기 최고 출력 시의 75 % 회전속도로 4초 동안 운전하여 그동안 자동차로부터 배출되는 소음 크기의 최대치를 측정한다.

정답 56. ㉯ 57. ㉱ 58. ㉱ 59. ㉮

60 자동차 전조등의 등화 중심점이 지상 1,120 mm 높이로 취부되어 있다. 전조등 주광축의 하향진폭은 전방 10 m에서 얼마 이내로 조정되어야 하는가? 2013.8.18

가 0.300 m　　나 0.321 m
다 0.336 m　　라 0.348 m

61 엔진 시험 장비를 사용하여 점화코일의 1차 파형을 점검한 결과 그림과 같다면 파워 TR가 ON되는 구간은? 2013.8.18 / 2011.6.12

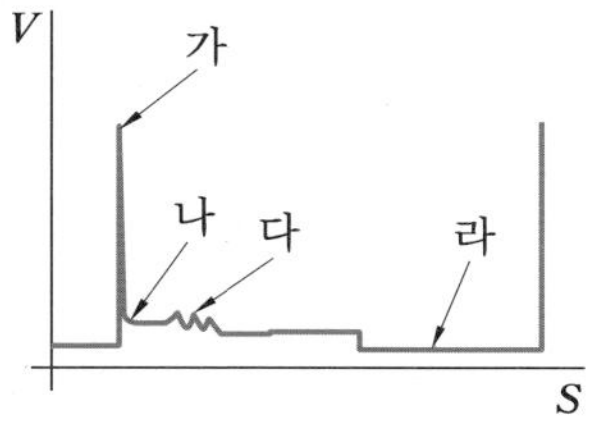

가 가　　나 나
다 다　　라 라

62 운행하는 자동차의 소음 측정 항목으로 맞는 것은? 2013.8.18

가 배기 소음　　나 엔진 소음
다 진동 소음　　라 가속출력 소음

63 차량의 경음기 소음을 측정한 결과 86 db이며, 암소음이 82 db이었다면, 이때의 보정치를 적용한 경음기의 소음은? 2013.8.18

가 83 db　　나 84 db
다 86 db　　라 88 db

64 멀티 테스터로 릴레이 점검 및 판단을 하는 방법으로 틀린 것은? 2013.8.18

가 접점 점검은 부하전류가 흐르도록 하고 멀티 테스터로 저항 측정을 해야 한다.
나 단품 점검 시 코일 저항이 규정값보다 현저히 차이나면 내부 단락 및 단선이라고 볼 수 있다.
다 부하전류가 흐를 때 양 접점 전압이 0.2 V 이하이면 정상이라 본다.
라 작동이 원활해도 멀티 테스터로 접점 전압을 측정하는 것이 중요하다.

자동차 전기 3 과목

answers & explanations

61 상하진폭 : 상 10 cm~하 전조등 높이의 $\frac{3}{10}$ cm 사이

$11200 \times \left(\frac{3}{10}\right) = 3,360 = 0.336$ m

61 1차 점화 파형
가 1차 유도 전압 : 1차측 코일로 자기 유도 전압이 형성되는 구간이다(서지 전압이 300 V ~ 400 V).
나 스파크 라인(불꽃 지속 시간) : 점화 플러그의 전극 간에 아크 방전이 이루어질 때 유도 전압이 나타난다.
다 감쇄 진동부 : 점화코일에 잔류한 에너지가 1차 코일을 통해 감쇄 소멸되는 전압이다.
라 드웰 시간(파워TR가 ON에서 OFF)

62 배기 소음 시험은 자동차의 변속기어를 중립 위치로 한 정지 가동(아이들링) 상태에서 자동차를 원동기 최고 출력 시의 75 % 회전속도로 4초 동안 운전하여 그동안 자동차로부터 배출되는 소음 크기의 최대치를 측정한다.

63 단위 : dB(A), dB(C)

자동차 소음과 암소음의 측정치 차이	3	4~5	6~9
보정치	3	2	1

64 접점 점검 부분에 저항 측정을 할 경우 전류를 흐르지 않도록 한 상태에서 저항을 측정해야 하며, 부하전류가 흐르는 상태에서 측정을 할 경우 전압이나 전류계를 이용하여 점검한다.

정답 60. 다　61. 라　62. 가　63. 나　64. 가

제5장 안전 · 편의 장치

01 다음 자동차용 컴퓨터 통신방식 중 CAN (controller are network) 통신에 대한 설명으로 틀린 것은? 2013.8.18

㉮ 일종의 자동차 전용 프로토콜이다.
㉯ 전장회로의 이상 상태를 컴퓨터를 통해 점검할 수 있다.
㉰ 차량용 통신으로 적합하나 배선 수가 현저하게 많다.
㉱ 독일의 로버트 보시사가 국제 특허를 취득한 컴퓨터 통신 방식이다.

02 윈드 실드 와이퍼가 작동하지 않을 때 고장원인이 아닌 것은? 2012.8.26

㉮ 와이퍼 블레이드 노화
㉯ 전동기 전기자 코일의 단선 또는 단락
㉰ 퓨즈 단선
㉱ 전동기 브러시 마모

03 자동온도 조절장치(FATC)의 센서 중에서 포토다이오드를 이용하여 전류로 컨트롤하는 센서는? 2009.5.10 / 2012.8.26

㉮ 일사 센서 ㉯ 내기온도 센서
㉰ 외기온도 센서 ㉱ 수온 센서

04 전자동 에어컨장치(full auto air conditioning)에서 입력되는 센서가 아닌 것은? 2013.8.18

㉮ 대기압력 센서
㉯ 실내온도 센서
㉰ 핀 서모 센서
㉱ 일사량 센서

05 냉방 사이클 내부의 압력이 규정치보다 높게 나타나는 원인으로 옳지 않은 것은? 2013.8.18

㉮ 냉매의 과충전
㉯ 컴프레서의 손상
㉰ 리시버 드라이어의 막힘
㉱ 냉각팬 작동불량

06 에어백 인플레이터(inflator)의 역할을 바르게 설명한 것은? 2010.3.7

㉮ 에어백의 작동을 위한 전기적인 충전을 하여 배터리가 없을 때에도 작동시키는 역할을 한다.
㉯ 점화장치, 질소가스 등이 내장되어 에어백이 작동할 수 있도록 점화 역할을 한다.
㉰ 충돌할 때 충격을 감지하는 역할을 한다.
㉱ 고장이 발생하였을 때 경고등을 점등한다.

answers & explanations

01 차량용 통신으로 배선 수가 적다.

02 윈드 실드 와이퍼가 작동하지 않는 원인은 전동기 전기자 코일의 단선 또는 단락, 퓨즈 단선, 전동기 브러시 마모 등이다 .

03 자동온도 조절장치(FATC)의 센서 중 일사 센서는 조사량에 따라 흐르는 전류가 증가하는 포토다이오드를 이용하여 일사량을 측정한다.

04 전자제어 컨트롤 유닛에 입력신호 : 외기 센서(ambient sensor), 냉각수온 스위치(water thermo switch), 일사 센서(sun load sensor), 내기 센서, 습도 센서, AQS 센서, 핀 서모 센서, 모드 선택 스위치 등

05 컴프레서가 손상이 되면 냉매의 압축이 높기보다 압력이 저하된다.

06 에어백 인플레이터의 역할 : 에어백 인플레이터는 점화회로, 질소가스 등이 내장되어 임팩트 센서가 충격을 감지하면 인플레이터를 점화시켜 에어백이 팽창하도록 한다.

정답 01. ㉰ 02. ㉮ 03. ㉮ 04. ㉮ 05. ㉯ 06. ㉯

07 에어백 시스템에서 화약 점화제, 가스 발생제, 필터 등을 알루미늄 용기에 넣은 것으로 에어백 모듈 하우징 내측에 조립되어 있는 것은? 2013.3.10

㉮ 인플레이터
㉯ 디퓨저 스크린
㉰ 에어백 모듈
㉱ 클록 스프링 하우징

08 에어컨 압축기에서 마그넷(magnet) 클러치의 설명으로 맞는 것은? 2010.5.9

㉮ 고정형은 회전하는 풀리가 코일과 정확히 접촉하고 있어야 한다.
㉯ 고정형은 최대한의 전자력을 얻기 위해 최소한의 에어 갭이 있어야 한다.
㉰ 회전형 클러치는 몸체의 샤프트를 중심으로 마그넷 코일이 설치되어 있다.
㉱ 고정형은 풀리 안쪽에 있는 슬립링과 접촉하는 브러시를 통해 전류를 코일에 전달하는 방법이다.

09 에어백 모듈의 취급 방법으로 잘못 설명된 것은? 2012.3.4

㉮ 탈거하거나 장착 시에는 전원을 차단한다.
㉯ 내부저항의 점검은 아날로그 시험기를 사용한다.
㉰ 전류를 직접 부품에 통하지 않도록 한다.
㉱ 백 커버는 면을 위로 하여 보관한다.

10 통합 운전석 기억장치는 운전석 시트, 아웃사이드 미러, 조향 휠, 룸미러 등의 위치를 설정하여 기억된 위치로 재생하는 편의장치다. 재생 금지 조건이 아닌 것은? 2012.8.26

㉮ 점화스위치가 OFF되어 있을 때
㉯ 변속레버가 위치 "P"에 있을 때
㉰ 차속이 일정속도(예 3 km/h 이상) 이상일 때
㉱ 시트 관련 수동 스위치의 조작이 있을 때

answers & explanations

07

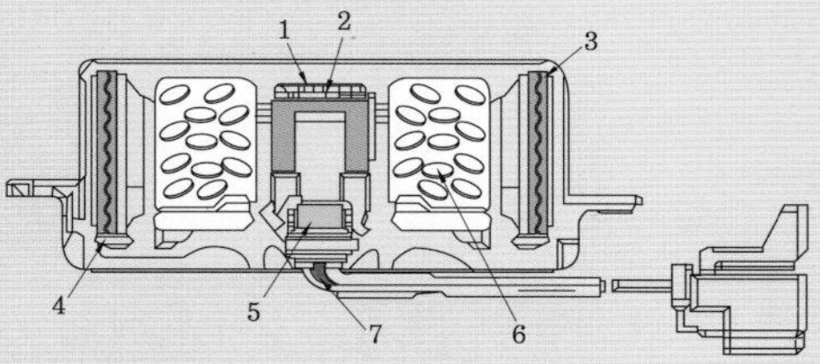

※ 주의 : 멀티미터로 측정 금지

1. 점화회로
2. 점화제
3. 인플레이터 하우징
4. 필터
5. 인플레이터
6. 가스 발생제
7. 단락용 클립

08 코일은 고정되어 있으며, 브러시가 없다.
전자 클러치(magnetic clutch) : 이 클러치는 냉방이 필요할 때 에어컨 스위치를 ON으로 하면 로터 풀리 내부의 클러치 코일에 전류가 흘러 전자석이 된다. 이에 따라 압축기축과 클러치판이 접촉하여 일체로 회전하면서 냉매가스를 압축한다.

09 아날로그 멀티 테스터기 전압이 인가되어 오폭의 위험이 있으므로 아날로그 시험기를 사용하지 않는다.

10 통합 운전석 기억장치 재생 금지 조건
① 변속레버 위치 "P" OFF 시
② IGN 2 스위치가 OFF인 경우
③ 차속이 일정 속도(예 3 km/h 이상) 이상일 때(DDM → IMS 통신)
④ 시트 관련 수동 스위치(매뉴얼 스위치)의 조작이 있을 때

정답 07. ㉮ 08. ㉯ 09. ㉯ 10. ㉯

11 에어컨 라인 압력점검에 대한 설명으로 틀린 것은? 2008.9.7

㉮ 시험기 게이지에는 저압, 고압, 충전 및 배출의 3개 호스가 있다.
㉯ 에어컨 라인 압력은 저압 및 고압이 있다.
㉰ 에어컨 라인 압력 측정 시 시험기 게이지 저압과 고압 핸들 밸브를 완전히 연다.
㉱ 엔진 시동을 걸어 에어컨 압력을 점검한다.

12 에어컨 냉매회로의 점검 시에 저압측이 높고 고압측은 현저히 낮았을 때의 결함으로 적합한 것은? 2010.9.5

㉮ 냉매회로 내 수분 혼입
㉯ 팽창 밸브가 닫힌 채 고장
㉰ 냉매회로 내 공기 혼입
㉱ 압축기 내부 결함

13 자동차 에어컨의 냉동 사이클의 4가지 작용이 아닌 것은? 2012.3.4

㉮ 증발 ㉯ 압축
㉰ 냉동 ㉱ 팽창

14 차량의 실내는 외부나 내부에서 여러 가지 열부하가 가해지는데 냉방장치의 능력에 영향을 주는 열부하와 거리가 먼 것은? 2011.6.12

㉮ 승차인원 부하
㉯ 증발 부하
㉰ 환기 부하
㉱ 복사 부하

15 자동차에 적용된 다중 통신장치인 LAN (local area network)의 특징으로 틀린 것은? 2013.6.2

㉮ 다양한 통신장치와 연결이 가능하고 확장 및 재배치가 가능하다.
㉯ LAN 통신을 함으로써 자동차용 배선이 무거워진다.
㉰ 사용 커넥터 및 접속점을 감소시킬 수 있어 통신장치의 신뢰성을 확보할 수 있다.
㉱ 기능 업그레이드를 소프트웨어로 처리하므로 설계 변경의 대응이 쉽다.

answers & explanations

11 시험기 게이지에는 저압, 고압, 충전 및 배출의 3개의 호스로 되어 있으며 에어컨 점검과 냉매가스 보충 시 엔진의 시동을 걸어 에어컨 압력(저압과 고압)을 rpm변화에 따른 압력변화를 점검하고 냉매가스가 부족 시 충전한다. 에어컨 라인 압력 측정 시 시험기 게이지 저압과 고압 핸들 밸브를 완전히 잠근다.

12 고압측의 압력이 낮다는 것은 컴프레서(압축기)에 결함이 있어 압력이 올라가지 못하는 증상으로 볼 수 있다.
냉방 사이클의 압력 상태
① 정상 압력 : 30℃
② 기준 저압 : 2.1~2.5 kg/cm^2
③ 고압 : 12~16 kg/cm^2

13 냉방 사이클의 작동 : 냉매에의 상태변화 기체에서 액체로 상태변화에 따른 반복적인 작동으로 증발잠열의 효과를 얻어낼 수 있다.
냉동 사이클은 증발 → 압축 → 응축 → 팽창 4가지 작용을 순환 반복한다.

14 열부하는 인체로부터의 승원 부하, 태양으로부터의 복사 부하, 대류에 의해서 열이 운반되는 환기 부하 등이 있다.
증발 부하 : 증발기의 출구가스 중에 액냉매가 혼입 상태에서 흡입 · 압축하는 것

15 ㉯ LAN 통신을 함으로써 자동차용 배선을 간단하게 하면서 차량의 경량화를 꾀할 수 있다.

정답 11. ㉰ 12. ㉱ 13. ㉰ 14. ㉯ 15. ㉯

16 에어컨 구성품 중 핀 서모 센서에 대한 설명으로 옳지 않은 것은? 2013.6.2

㉮ 에버포레이터 코어의 온도를 감지한다.
㉯ 부특성 서미스터로 온도에 따른 저항이 반비례하는 특성이 있다.
㉰ 냉방 중 에버포레이터가 빙결되는 것을 방지하기 위하여 장착된다.
㉱ 실내 온도와 대기온도 차이를 감지하여 에어컨 컴프레서를 제어한다.

17 에어컨 시스템에 사용되는 에어컨 릴레이에 다이오드를 부착하는 이유로 가장 적절한 것은? 2009.8.30

㉮ ECU 신호에 오류를 없애기 위해
㉯ 서지 전압에 의한 ECU 보호
㉰ 릴레이 소손을 방지하기 위해
㉱ 정밀한 제어를 위해

18 난방장치의 열교환기 중 물을 사용하지 않는 방식의 히터는? 2012.3.4

㉮ 온수식 히터
㉯ 가열 플러그식 히터
㉰ 간접형 연료 연소식 히터
㉱ PTC 히터

19 전자동 에어 컨디셔닝 시스템의 구성부품 중 응축기에서 보내온 냉매를 일시 저장하고 항상 액체 상태의 냉매를 팽창 밸브로 보내는 역할을 하는 것은? 2009.3.1

㉮ 익스팬션 밸브 ㉯ 리시버 드라이어
㉰ 콤프 ㉱ 에버포레이터

20 다음 중 자동공조장치와 관련된 구성품이 아닌 것은? 2012.8.26

㉮ 컴프레서, 습도 센서
㉯ 콘덴서, 일사량 센서
㉰ 이배퍼레이터, 실내온도 센서
㉱ 차고 센서, 냉각수온 센서

answers & explanations

16 블로어 릴레이로부터 공급받은 전원을 에어컨 릴레이로 전달하는 역할로서 에버포레이터 온도에 따라 작동한다.

17 에어컨 릴레이에 다이오드를 부착하는 이유 : 에어컨 스위치 OFF 시 에어컨 릴레이에서 발생한 서지 전압(역기전력)에 의해 ECU가 파손되는 것을 방지한다.

18 PTC(positive temperature coefficient) : 난방성능 부족을 해소하기 위한 보조 히터이며, 3개의 열선을 축전지 전압에 따라 순차적으로 작동시켜 초기 난방을 극대화한다. 히터 라디에이터 뒤쪽에 설치되어 있어 공기를 직접 가열하여 난방을 향상시킨다.

19 리시버 드라이어는 응축기(콘덴서)에서 출력된 냉매를 일시 저장하고 액화하지 못한 냉매를 액화하며 항상 액체 상태의 냉매를 팽창 밸브로 보내며 냉매 내 수분과 불순물을 걸러 준다.
냉방 사이클 : 압축기(컴프레서) → 응축기(콘덴서) → 리시버 드라이어 → 팽창 밸브 → 증발기

20 자동공조장치 관련 구성부품
① 컴프레서, 습도 센서
② 콘덴서, 일사량 센서
③ 이배퍼레이터, 실내온도 센서
④ 수온 센서, 모드 스위치,
⑤ 블로어(송풍기), 리시버 드라이어
⑥ 팽창 밸브, 외기온도 센서

정답 16. ㉱ 17. ㉯ 18. ㉱ 19. ㉯ 20. ㉱

21 유해가스 감지 센서(AQS)가 차단하는 가스가 아닌 것은? 2012.8.26

㉮ SO_2
㉯ NO_2
㉰ CO_2
㉱ CO

22 자동차의 냉방회로에 사용되는 기본 부품의 구성으로 옳은 것은? 2008.5.11

㉮ 압축기, 리시버, 히터, 증발기, 블로어 모터
㉯ 압축기, 응축기, 리시버, 팽창 밸브, 증발기
㉰ 압축기, 냉온기, 솔레노이드 밸브, 응축기, 리시버
㉱ 압축기, 응축기, 리시버, 팽창 밸브, 히터

23 차량의 종합경보장치에서 입력 요소로 거리가 먼 것은? 2011.3.20

㉮ 도어 열림
㉯ 시트 벨트 미착용
㉰ 주차 브레이크 잠김
㉱ 승객석 과부하 감지

24 전자제어 자동 에어컨 장치에서 전자제어 컨트롤 유닛에 의해 제어되지 않는 것은? 2010.3.7

㉮ 냉각수온 조절밸브
㉯ 블로어 모터
㉰ 컴프레서 클러치
㉱ 내 · 외기 절환 댐퍼 모터

25 다음 중 하이브리드 자동차에 적용된 이모빌라이저 시스템의 구성품이 아닌 것은? 2013.8.18

㉮ 스마트라(smatra)
㉯ 트랜스폰더(transponder)
㉰ 안테나 코일(antenna coil)
㉱ 스마트 키 유닛(smart key unit)

26 에어컨에서 냉매 흐름 순서를 바르게 표시한 것은? 2012.5.20

㉮ 콘덴서 → 증발기 → 팽창 밸브 → 컴프레서
㉯ 콘덴서 → 컴프레서 → 팽창 밸브 → 증발기
㉰ 콘덴서 → 팽창 밸브 → 증발기 → 컴프레서
㉱ 컴프레서 → 팽창 밸브 → 콘덴서 → 증발기

answers & explanations

21 유해가스 감지 센서(AQS) : 유해가스 지역을 지나갈 때, 운전자가 별도의 스위치 조작을 하지 않더라도 외부 공기의 유입을 자동으로 차단하는 장치이다.
CO_2는 완전연소 시 발생되는 배출가스이므로, AQS는 차단가스에 해당없다.

22 냉매의 순환 사이클(팽창 밸브 형식) : 압축기 → 응축기 → 리시버 드라이어 → 팽창 밸브 → 증발기로 순환되며 기체 상태의 가스를 액체 상태로 상태 변화를 주게 된다(증발잠열의 효과).

24 냉각수온 조절밸브(thermostat)는 냉각수의 온도에 따라 왁스 펠릿이 팽창 수축하여 개폐가 되며 작동온도는 65~85℃가 된다.

26 에어컨 냉방 사이클 : 압축기(compressor) – 응축기(condensor) – 건조기(receiver drier) – 팽창 밸브(expansion valve) – 증발기(evaporator)
※ 상태변화 : 기체 → 액체로의 상태를 변화하기 위해 압축과 응축(냉각) 과정이 필요하고 적절한 증발잠열의 효과를 얻기 위해 팽창 밸브가 필요하다.

정답 21. ㉰ 22. ㉯ 23. ㉱ 24. ㉮ 25. ㉱ 26. ㉰

27 **자동온도조절장치(ATC)의 부품과 그 제어 기능을 설명한 것으로 틀린 것은?** 2010.9.5

㉮ 실내 센서 : 저항치의 변화
㉯ 인테이크 액추에이터 : 스트로크 변화
㉰ 일사 센서 : 광전류의 변화
㉱ 에어믹스 도어 : 저항치의 변화

28 **자동차의 공조장치에서 에어컨 냉매 충전 방법으로 올바른 것은?** 2011.3.20

㉮ 양(무게) 충전법과 압력 충전법
㉯ 진공 충전법과 고압 충전법
㉰ 진공 충전법과 저압 충전법
㉱ 저압 충전법과 고압 충전법

29 **종합경보장치(total warning system)의 제어에 필요한 입력 요소가 아닌 것은?** 2012.8.26

㉮ 열선 스위치
㉯ 도어 스위치
㉰ 시트 벨트 경고등
㉱ 차속 센서

30 **온수식 히터장치의 실내온도 조절방법으로 틀린 것은?** 2012.5.20

㉮ 온도조절 액추에이터를 이용하여 열교환기를 통과하는 공기량을 조절한다.
㉯ 송풍기 모터의 회전수를 제어하여 온도를 조절한다.
㉰ 열교환기에 흐르는 냉각수량을 가감하여 온도를 조절한다.
㉱ 라디에이터 팬의 회전수를 제어하여 열교환기의 온도를 조절한다.

31 **에어백(air bag) 작업 시 주의사항으로 잘못된 것은?** 2012.8.26

㉮ 스티어링 휠 장착 시 클록 스프링의 중립을 확인할 것
㉯ 에어백 관련 정비 시 배터리 (−)단자를 떼어 놓을 것
㉰ 보디 도장 시 열처리를 요할 때는 인플레이터를 탈거할 것
㉱ 인플레이터의 저항은 아날로그 테스터기로 측정할 것

자동차 전기 3 과목

answers & explanations

27 에어믹스 도어 : 전기신호에 의한 스트로크의 변화

29 편의장치(ETACS) 제어 항목 : 열선 스위치 제어, 시트 벨트(안전띠), 도어 스위치 제어, 파워 윈도 제어, 와셔 연동 와이퍼 제어, 주차 브레이크 잠김 경보 등이 있으며, 실내등 제어, 간헐 와이퍼 제어 경고등은 출력신호이다.

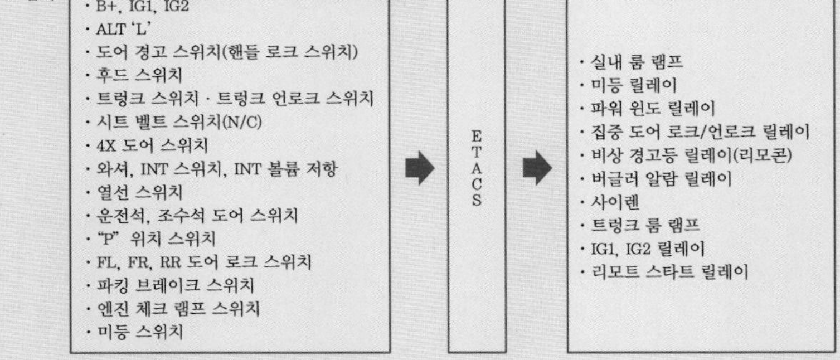

31 에어백 인플레이터는 점화의 우려가 있으므로 분해하거나 저항을 측정해서는 안 된다(아날로그 테스터는 내부저항이 작고 전압이 공급되어 인플레이터에 전원을 공급하여 점화될 수 있다).

정답 27. ㉱ 28. ㉮ 29. ㉰ 30. ㉱ 31. ㉱

32 자동차 냉방 장치의 구성부품 중에서 액화된 고온 고압의 냉매를 저온 · 저압의 냉매로 만드는 역할을 하는 것은? 2013.8.18

㉮ 압축기
㉯ 응축기
㉰ 증발기
㉱ 팽창 밸브

33 에어백 컨트롤 유닛의 진단 기능에 속하지 않는 것은? 2010.5.9

㉮ 시스템 내의 구성부품 및 배선의 단선, 단락 진단
㉯ 부품에 이상이 있을 때 경고등 점등
㉰ 전기 신호에 의한 에어백 팽창
㉱ 시스템에 이상이 있을 때 경고등 점등

34 에어백 모듈레이터의 주요 기능 중 거리가 먼 것은? 2011.3.20

㉮ 충돌 시 축전지 고장에 대비한 비상 전원 기능
㉯ 발전기 고장에 대비한 전압 상승 기능
㉰ 자기진단 기능
㉱ 충돌감지 및 충돌량 계산 기능

35 에어백 장치에서 인플레이터는 충돌 시 에어백 컨트롤 유닛으로부터 충돌 신호를 받아 에어백 팽창을 위한 가스를 발생시키는 장치이다. 에어백 모듈을 제거한 상태일 때 인플레이터의 오작동이 발생되지 않도록 단자의 연결부에 설치된 것은? 2011.10.2

㉮ 단락 바
㉯ 클램핑
㉰ 디퓨저
㉱ 클로킹

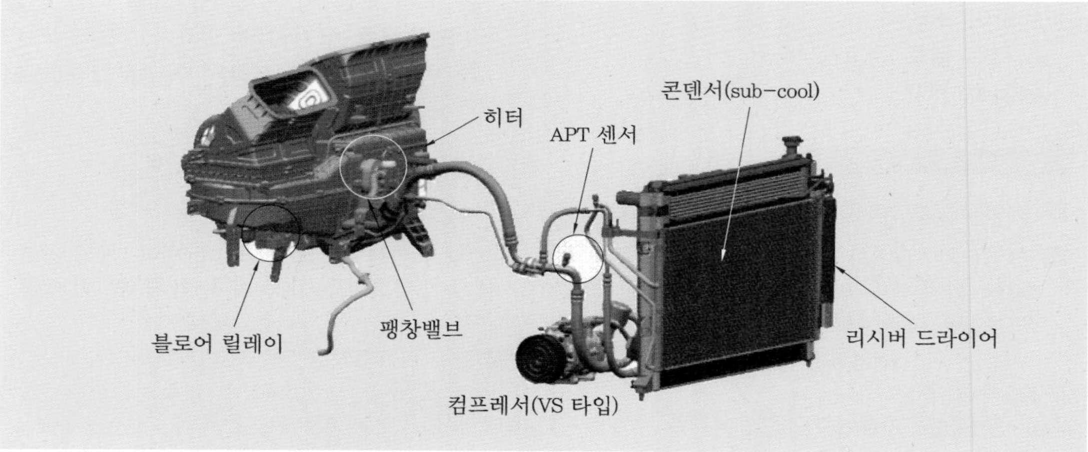

answers & explanations

32 팽창 밸브(expansion valve) : 냉방장치가 정상적으로 작동하는 동안 냉매는 중간 정도의 온도와 고압의 액체 상태에서 팽창 밸브로 유입되어 오리피스 밸브를 통과하여 저온 · 저압이 된다.

33 에어백 팽창은 에어백 작동의 마지막 단계로 진단 기능이 아닌 충격 시의 작동상태이다.

인플레이터 : 공급된 전기적 신호에 의해 가스 발생제가 연소되어 에어백을 팽창시킨다.

35 단락 바(자동 쇼트 커넥터) : 에어백 ECU 탈거 시 에어백 라인 중 high선과 low선을 단락시켜 정전기나 임펄스에 의해 인플레이터가 점화되지 않도록 하는 일종의 안전장치이다.

정답 32. ㉱ 33. ㉰ 34. ㉯ 35. ㉮

Industrial Engineer Motor Vehicles Maintenance

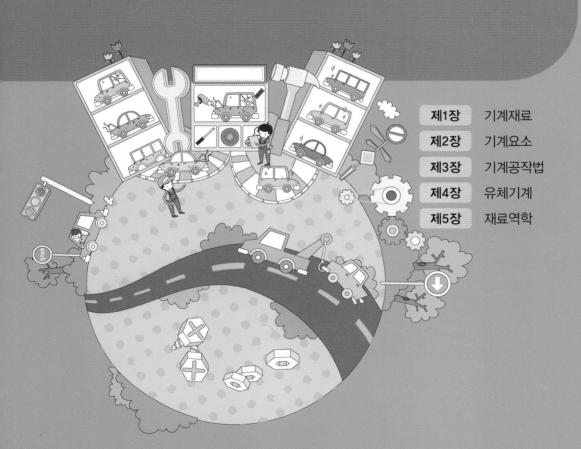

제 4 과목

일반기계공학

1 Chapter 기계재료

1-1 철과 강

1 주철

선철에 강철 스크랩과 여러 가지 원소를 첨가하여 용융 주조한 것을 주철(cast iron)이라 한다.

① 회주철 : 주철 중에서 유리된 탄소와 탄화철(Fe_3C)이 혼재하고 있는 주철이다.

② 백주철 : 백색의 탄화철(Fe_3C)이다.

③ 가단 주철 : 주철에 인성을 증가시키기 위하여 주철을 가열한 후 노(爐)속에서 천천히 냉각시켜 만든 것으로 인장강도가 높아 차량의 프레임이나 캠 및 기어용 부품 등에 적합하다.

④ 칠드 주철 : 주물의 필요한 부분만 금형에 접촉시켜 급랭한 표면에서 어느 깊이까지는 매우 단단하고 내부는 서서히 냉각되어 연하며, 강인한 성질을 갖는다.

철강의 분류

구 분	순 철	강	주 철
제조법	전기분해법으로 제조	제강로에서 제조	큐폴라에서 제조
탄소(C) 함유량	0~0.03%	0.03~1.7%	1.7~6.67%
열처리 경화성	담금질 효과가 작다.	담금질 효과가 크다.	담금질 없음
가공성 및 용접성	연하고 우량하다.	용접이 가능하다.	용접성이 불량하다.
기계적 성질	연성이 크다.	강도 및 경도가 크다.	취성이 크다

참고

- **전기분해법** : 전해질 수용액에 전극을 침투시켜 직류 전류를 흘리면 수용액 속의 이온들이 각각 반대 전하를 띤 극 쪽으로 이동해 산화 환원 반응을 일으켜 순철을 분리한다.
- **큐폴라** : 주철용 용해로이다.
  바깥쪽은 연강판(軟鋼板)으로 만든 원통형 수직로인데, 안쪽은 내화 벽돌과 내화 점토로 라이닝이 되어 있다. 노의 용량은 1시간에 용해할 수 있는 선철의 톤 수로 나타내며, 3~10중량톤의 것이 가장 많이 사용된다.

2 탄소강(탄소함유량 0.03 ~ 1.7 %)

철에 탄소(C)가 함유된 것을 탄소강 또는 강이라 한다. 탄소강에는 탄소 이외에도 규소(Si), 망간(Mn), 인(P), 황(S) 등의 원소가 포함되어 있다.

(1) 탄소강의 표준 조직

① 페라이트(ferrite) : 강자성체이며 순철에 가장 가까운 조직으로 상온에서 체심입방격자 조직이다.

② 펄라이트(pearlite) : 강도와 경도는 페라이트보다 크고 자성이 있다.

③ 시멘타이트(cementite) : 고온의 강 중에서 생성되며 경도가 높고 취성이 크며 상온에서 자성체이다.

3 합금강(특수강)

합금강이란 탄소강에 특수한 성질을 갖도록 하기 위하여 니켈, 크롬, 망간, 규소, 텅스텐, 몰리브덴, 바나듐, 코발트, 알루미늄, 티탄 등의 원소를 첨가시켜서 특수 성질을 주는 것을 말한다.

(1) 니켈강

탄소강에 니켈을 첨가하여 담금질이 잘 되게 하여 강철을 강인하게 만든 특수강으로 나중에 침탄해서 사용할 경우 탄소량이 0.2 % 이하인 것을 사용하나, 보통 구조용으로 담금질 · 뜨임처리를 해서 사용할 경우에는 탄소량을 0.3 % 정도로 하고, 5 % 이하의 니켈을 첨가해서 사용한다.

(2) 크롬강

경도가 높은 특수강으로 내마멸성이 우수하여 고급 절삭 공구의 날이나 자동차 부속품, 볼베어링 등에 사용된다.

(3) 스테인리스강

내식성이 큰 합금강이며 크롬계와 니켈크롬계로 크게 나눌 수 있다. 크롬강은 일반적으로 펄라이트강이며 담금질 경화는 불가능하다. 오스테나이트강으로 내식성이 뛰어나다(Cr 13 %인 페라이트계, Cr 18 %~8 %인 오스테나이트강이 대표적인 스테인리스강).

참고

표준 고속도강 : 0.8 %C 탄소강에 18 %W, 4 %Cr, 1 %V을 함유한 것을 표준 고속도강이라 하며, W계와 W계 대신 Mo를 함유한 Mo계가 사용된다.

4 공구강

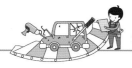

가공용 공구 제작에 사용되는 강철로 용도에 따라 탄소공구강과 합금공구강으로 나누어지며 이 밖에도 고속도강, 다이스강, 단조형용 강철 등이 있다.

① 합금공구강은 탄소공구강에 0.5~1.0 %의 크로뮴, 4~5 %의 텅스텐을 가한 절삭용과 0.07~1.3 %의 니켈에 소량의 크로뮴을 가한 톱용이 대표적이며, 역시 담금질・뜨임해서 사용한다.

② 탄소공구강은 탄소량이 0.6~1.5 %인 고탄소강으로, 황・인・비금속 개재물이 적고 담금질・뜨임해서 사용한다. 탄소량이 적은 것은 인성(靭性)이 좋고, 많은 것은 내마모성・절삭능력이 높다.

참고 경도 시험 방법

① **비커스 시험법** : 다이아몬드 사각뿔형(대면각 136°) 압입자를 사용하여 시험편을 눌러 생긴 피라미드 모양의 오목 부분의 대각선을 측정하여 표로서 경도를 구한다.

② **쇼어 시험법** : 경도 시험기 중 현장에서 사용되는 것으로 하중을 충격적으로 가하였을 때 얼마나 반발되어 튀어 올라오는가의 높이로 경도를 나타내는 것이다.

③ **로크웰 경도 시험법** : B스케일과 C스케일을 사용하여 시험면에 먼저 10 kgf의 기본 하중을 작용시키고 이것에 하중을 증가시켜 시험 하중한 후 다시 기본 하중을 만들었을 때 기본 하중과 시험 하중으로 인하여 생긴 자국의 깊이 차이로 경도를 표시한다.

④ **브리넬 시험법** : 고탄소강 강구(ball)에 일정한 하중을 걸어서 시험편의 시험면에 30초 동안 눌러 주어 이때 시험면을 눌러 생긴 오목 부분의 단면적으로 나누어 경도를 나타낸다. 가공하기 전 재료의 경도를 시험하는 데 많이 사용된다.

5 금속의 기계적 성질과 특성

(1) 금속의 기계적 성질

① 경도(hardness) : 경도란 금속 표면이 외부에서 가해지는 힘에 저항하는 것을 말한다.

② 강도(strength) : 재료에 힘을 가한 후 파괴되기까지의 최대 저항력을 말한다.

③ 크리프(creep) : 고온에서 장시간 하중을 가하면 시간이 경과함에 따라 변형이 증가되는 현상이며, 변형 한계를 크리프 한계라 한다.

④ 용융점(fusion point) : 고체가 액체로 변화하는 온도를 말하며, 용융점이 가장 높은 것은 텅스텐(W, 3,400℃)이고, 가장 낮은 것은 수은(Hg, −38.8℃)이다.

⑤ 비열(specific heat) : 어떤 금속 1 g을 1℃ 올리는 데 필요한 열량을 말한다.

⑥ 가단성(malleability) : 금속 재료를 단조, 압연, 인발 등에 의해 변형할 수 있는 성질을 말한다.

⑦ 가소성 : 금속 재료를 탄성 한도 이상의 응력을 가하면 응력을 제거하여도 변형이 원래의 상태로 되돌아오지 않고 그 형태를 유지하는 성질이다.

⑧ 비중(specific gravity) : 물질의 단위 체적의 무게와 표준 물체(4℃ 물)의 무게와의 비율을 말한다. 비중이 가장 작은 것은 리튬(Li, 0.53)이고, 가장 큰 것은 이리듐(Ir 22.5)이다.

⑨ 연성(ductility) : 금속 재료가 탄성 한계를 초과한 힘을 받고도 파괴되지 않고 가느다란 선으로 늘릴 수 있는 성질을 말한다.

⑩ 전성(malleability) : 금속 재료를 타격이나 압연 등의 작업에 의해 얇은 판으로 만들 수 있는 성질을 말한다.

⑪ 선팽창계수(coefficient of liner expansion) : 물체의 단위 길이에 대하여 온도 1℃ 높아지는 데 따라 길이가 늘어나는 양을 말한다. 선팽창계수가 큰 것은 아연(Zn) → 납(Pb) → 마그네슘(Mg) 순이다.

⑫ 열전도율(thermal conductivity) : 길이 1cm에 대하여 1℃의 온도 차이가 있을 때 1 cm^2의 단면적을 통하여 1초 사이에 전달되는 열량을 말한다. 열전도율이 좋은 순서는 은(Ag) → 구리(Cu) → 백금(Pt) → 알루미늄(Al)이다.

⑬ 인성 : 금속 재료에 휨이나 비틀림 작용을 반복하여 가할 때 이 힘에 저항하는 성질을 말한다. 즉, 끈기가 있고 질긴 성질이다.

⑭ 가공 경화(work hardening) : 금속 재료가 상온 가공에 의해 강도와 경도가 커지고 연신율이 감소하는 성질을 말한다.

⑮ 취성(brittleness) : 금속 재료가 잘 부서지고 깨지는 성질을 말한다.

(2) 금속 재료의 특성

① 전연성이 풍부하여 소성 변형이 쉽다.

② 전기와 연의 양도체이다(열전도율이 크다).

③ 수은 이외는 상온에서 고체이며, 고체 상태에서 결정 조직을 갖는다.

④ 금속 특유의 광택이 있고 불투명하다.

⑤ 강도와 경도가 비교적 높다.

참고 물리적 성질

① **용융온도** : 고체인 금속을 가열하여 액체의 온도가 될 때의 온도를 용융온도라 한다. 일반적으로 금속의 용융온도가 낮으면 금속의 제련이 쉽고 주조성이 좋으며, 용융온도가 높으면 금속은 고온에 강하다.

② **전기전도율** : 금속이 전기를 전도하는 정도를 전기전도율이라 한다. 전기전도율의 전도율 단위는 전기저항(Ω)의 역수로 표시하거나 전선의 경우는 구리와의 백분율 비를 표시하기도 한다.

1-2 비철금속 및 합금

1 구리

(1) 구리의 특성

① 전기 및 열의 전도성이 매우 우수하다.
② 아연(Zn), 주석(Sn), 니켈(Ni), 은(Ag) 등과 쉽게 합금을 만들 수 있다.
③ 아름다운 광택과 귀금속적인 성질이 우수하다.
④ 표면에 녹색의 염기성 탄산구리의 녹이 생겨 보호 피막의 역할로 내부식성이 크다.
⑤ 유연하고 전성과 연성이 커 가공이 쉽다.

(2) 구리 합금의 종류

① 황동

㈎ 황동의 특징

㉮ 황동은 구리(Cu)와 아연(Zn)의 합금이다.
㉯ 아연이 5 % 함유된 황동은 화폐, 메달 등에 사용된다.
㉰ 아연이 10 % 정도의 황동은 색이 청동과 비슷하므로 청동 대용으로도 사용된다.
㉱ 아연이 20 % 정도의 황동은 황금색의 아름다운 색을 띠게 되므로 순금의 모조품, 장식용 제품, 악기 등에 사용된다.

㈏ 황동의 종류

㉮ 7-3황동 : 구리 70 %, 아연 30 %이며 냉간 가공성이 좋다.
㉯ 6-4황동 : 구리 60 %, 아연 40 %이며 주조성, 열간 가공성이 좋다.
㉰ 톰백(tambac) : 구리 85 %, 아연 15 %인 황동이다.
㉱ 네이벌 황동 : 6-4황동에 주석 1 %를 첨가한 황동이다.

② 청동 : 청동은 구리와 주석의 합금이며, 그 종류는 다음과 같다.

㈎ 인청동 : 청동에 인을 첨가한 것이며 내부식성, 내마모성, 인성, 내피로성이 크기 때문에 베어링, 기어, 펌프 부품, 선박용 부품 등에 사용된다.
㈏ 포금 : 구리(88 %), 주석(10 %), 아연(2 %)의 합금이다. 건 메탈이라고 부른다. 절삭성, 내식성이 양호하며 인성이 풍부하여 베어링, 기계 부품에 널리 이용된다.
㈐ 납(연) 청동 : 청동에 납을 40 % 첨가한 것으로 주로 베어링 합금으로 사용된다.

2 알루미늄

(1) 알루미늄의 특징

① 두랄루민은 비강도가 연강의 약 3배 정도이다.
② 비중이 2.7로 작고, 용융점이 600℃ 정도이다.
③ 열전도성, 전기전도성이 좋다.
④ 표면에 산화막이 형성되어 있어 내식성이 우수하다.

(2) 알루미늄 합금의 종류

① 두랄루민 : 알루미늄, 구리, 마그네슘의 합금이며, 시효 경화를 일으킨다.
② 로 엑스 : 알루미늄, 규소, 니켈, 구리의 합금이며 내열성이 크고 열팽창계수가 적어 피스톤의 재료로 사용된다.
③ 실루민 : 알루미늄에 규소를 첨가시킨 것이며 주조성, 내식성, 기계적 성질이 우수하다.
④ Y합금 : 알루미늄, 구리, 마그네슘, 니켈의 합금이며 내열성이 커 피스톤, 실린더 헤드의 재료로 사용한다.

(3) 베어링 합금의 구비 조건

① 내부식성이 클 것
② 열전도성이 클 것
③ 마찰계수가 적을 것
④ 내마모성이 클 것

참고

베어링 합금 재료에는 화이트 메탈, 배빗 메탈, 켈밋 합금, 인 청동, 연 청동 등이 있다.
① 화이트 메탈(white metal)의 특징
- 주석계 화이트 메탈과 납계 화이트 메탈로 구분한다.
- 주석계 화이트 메탈을 배빗 메탈(babbit metal)이라고도 한다.
- 철도 차량용 베어링 재료로 이용된다.

② 배빗 메탈 (babbit metal)이 구리(Cu)와 주석(Sn)을 주성분으로 한 베어링용 합금 : 주석(Sn) 80~90%, 안티몬(Sb) 3~12%, 구리(Cu) 3~7%이고 납(Pb), 아연(Zn) 등이 있다.
③ 켈밋 합금 : 구리(Cu), 납(Pb)이 주성분인 합금으로 열전도율이 좋다. 고하중을 받는 베어링에 사용된다.

1-3 비금속 재료

1 합성수지

(1) 합성수지의 특징

① 가볍고 튼튼하며, 비중과 강도의 비율인 비강도가 비교적 높다.
② 전기전열성이 우수하지만 열에는 약하다.
③ 가공성이 크기 때문에 성형이 간단하여 대량 생산이 가능하다.
④ 산, 알칼리, 오일, 화학 약품에 강하다.
⑤ 투명하여 채색이 자유롭고 내구성이 크다.

2 강화 플라스틱

플라스틱은 가볍고 여러 가지 모양을 쉽게 만들 수 있다는 장점이 있는 반면에 열과 충격에 약하다는 단점을 가지고 있다. 이러한 단점을 보완하기 위하여 유리 섬유・탄소 섬유 등의 보강재를 사용한 플라스틱을 강화 플라스틱이라고 한다. 유리 섬유나 탄소 섬유를 보강재로 사용하여 일반 플라스틱보다 강도가 크고 매우 가벼우며 탄성이나 마모성이 작다.

(1) 강화 플라스틱(합성수지)의 용도

① 열경화성 플라스틱 : 열에 의해 한번 굳어진 다음에는 다시 가열해도 부드러워지지 않고 녹지도 않는다(페놀 수지, 아미노 수지, 에폭시 수지 등).
② 열가소성 플라스틱 : 열을 가할 때마다 부드럽고 유연하게 되거나 녹으며, 냉각되면 단단하게 굳어진다(폴리에틸렌 수지, 아크릴 수지, 나일론, 폴리염화비닐 수지, 폴리스티렌 수지 등).

(2) 플라스틱의 장점과 단점

장 점	단 점
① 투명하고 착색이 용이하다.	① 열팽창이 크고 변형하기가 쉽다.
② 생체에 적용되며, 기능성이 우수하다.	② 성형한 후 수축변화로 치수 변화가 생긴다.
③ 가볍고 비강도가 높고 내식성이 우수하다.	③ 강도와 경도가 낮고 크리프가 발생한다.
④ 성형성과 유연성, 절삭 가공성이 좋다.	④ 내열성이 약하다.
⑤ 전기, 절연성이 좋다.	⑤ 자외선에 의해 화학적 성질이 변한다.
⑥ 전파 투과성이 양호하며 진동소음을 흡수한다.	

1-4 표면 열처리

1 탄소강의 조직

(1) 표준 조직

① 페라이트(ferrite) : 탄소를 고용한 α고용체이며, 상온에서는 강자성체이나 768℃에서 자기변태를 일으킨다.

② 펄라이트(pearlite) : 페라이트와 시멘타이트(α고용체와 Fe_3C)의 공석정이다.

③ 시멘타이트(cementite) : 고용 한계 이상으로 탄소가 고용되면 탄소와 철이 화합하여 탄화철(Fe_3C)이 된다.

(2) 담금질 조직

① 오스테나이트(austenite) : γ철에 1.7 % 이하의 탄소를 고용(금속의 결정격자 사이에 다른 원자가 침투하는 현상)한 것이다.

② 마텐자이트(martensite) : 탄소강을 수중(水中)에서 급랭시켰을 때 금속의 중앙에 발생하는 조직이며, 경도가 매우 높다.

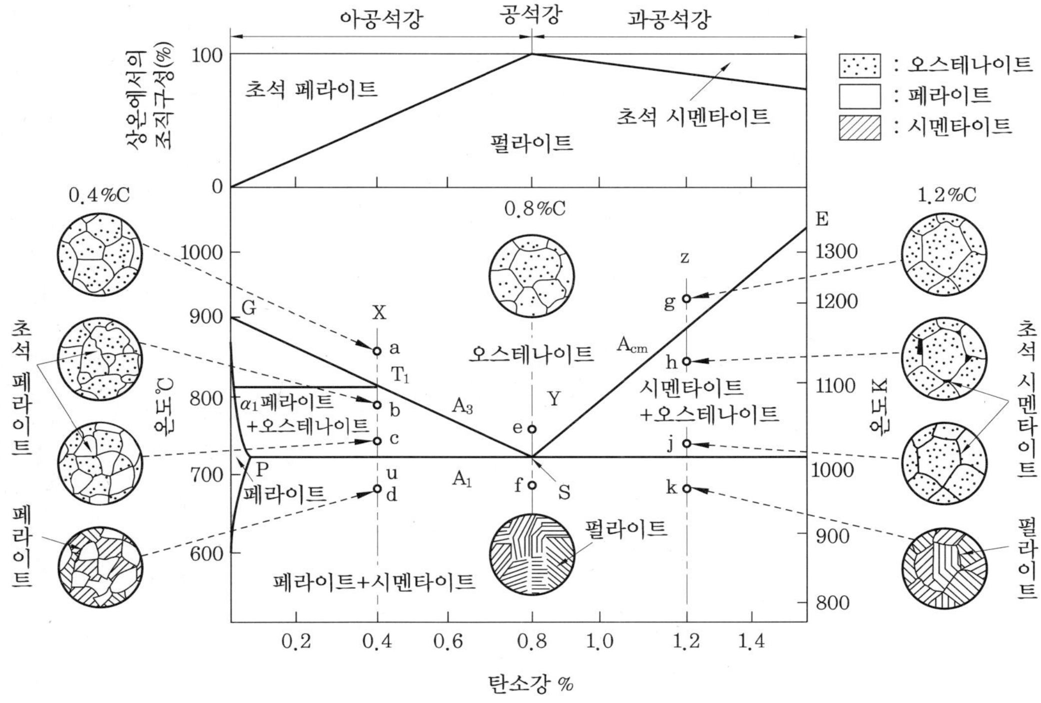

강의 담금질 조직

③ 트루스타이트(troostite) : 유중(油中)이나 온탕에서 급랭시켰을 때 금속의 중앙에 발생하며, α철과 시멘타이트가 혼재된 조직이다.
④ 소르바이트(sorbite) : 유중에서 트루스타이트보다 냉각 속도가 느릴 때 발생하는 조직이다.

2 강의 열처리 방법

(1) 담금질(quenching)

강을 A_1변태점 이상으로 가열하여 기름이나 수중(水中)에서 급랭시켜 강도와 경도를 증가시킨다(탄소강을 A_3변태점(910℃)선과 A_1변태점(723℃)선 이상의 온도로 가열한 후 일정시간 유지시켜 물이나 기름에 급랭시켜 향상된 조직을 얻을 수 있다).

(2) 뜨임(tempering)

담금질한 강에 인성을 주기 위하여 A_1변태점 이하의 적당한 온도로 가열한 후 서서히 냉각시킨다(일반적으로 100~650℃의 온도 범위로 가열한 후 서랭하며, 고온에서 행할수록 경도는 감소하고 인성은 증가된 조직을 얻을 수 있다).

(3) 불림(normalizing)

금속을 A_3 변태점 이상에서 30~60℃의 온도로 가열한 후 대기 중에서 서서히 냉각시켜 조직을 미세화하고 내부 응력을 제거한다(조직의 균일화, 결정점의 미세화, 기계적 성질 향상을 목적으로 한다).

(4) 풀림(annealing)

A_3, A_1 이상에서 20~50℃의 온도로 가열한 후 노(爐) 속에서 서서히 냉각시키는 열처리이며, 풀림의 목적은 열처리로 가공된 재료의 연화, 가공 경화된 재료의 연화, 가공 중의 내부응력 제거 등이다. 또 풀림 중 재결정 풀림은 냉간 가공한 재료를 가열하면 600℃ 정도에서 응력이 감소하며 재결정이 발생하며, 재결정은 결정입자의 크기, 가공 정도, 석출물, 순도 등에 큰 영향을 받는다(A_3(910℃)선과 A_1(723℃)선 이상의 온도로 가열한 후 일정시간 유지시킨 다음 공기 중이나 노 속에서 서서히 냉각시킨다).

(5) 서브제로(sub-zero)

0℃ 이하의 온도에서의 열처리, 고탄소강이나 고합금강은 일반적으로 실온에서 담금질한 상태로는 오스테나이트 조직이 잔류하기 때문에 다시 −80℃ 정도로 냉각하면 조직 전체가 마텐자이트로 변화된다. 이 상태에서 다시 실온으로 복귀시킨 다음 저온 뜨임을 하여 β 마텐자이트로 하기 위한 열처리이다.

3 표면 경화 방법

(1) 침탄법

저탄소강의 표면에 탄소를 침투시켜 고탄소강으로 만든 후 담금질하는 것이다.

(2) 질화법

암모니아 가스 속에 강을 넣고 장시간 가열하여 철과 질소가 작용하여 질화 철이 되게 하는 방법이다.

(3) 청화법

시안화나트륨(NaCN), 시안화칼륨(KCN) 등의 청화 물질이 철과 작용하여 금속 표면에 질소와 탄소가 동시에 침투되게 하는 방법이다.

(4) 화염 경화법

산소-아세틸렌 불꽃으로 강의 표면만 가열하여 열이 중심부에 전달하기 전에 급랭시키는 방법이다.

(5) 고주파 경화법

금속 표면에 코일을 감고 고주파 전류로 표면만 고온으로 가열 후 급랭시키는 방법이다.

참고 질화법(nitriding)

NH_3(암모니아) 가스를 이용하여 520℃에서 50~100시간 가열하면 Al, Cr, Mo 등이 질화되며, 질화가 불필요하면 Ni, Sn 도금을 한다.

침탄과 질탄의 비교

침탄법	질화법
① 경도가 작음	① 경도가 큼
② 침탄 후 열처리가 큼	② 열처리 불필요
③ 침탄 후 수정 가능함	③ 질화 후 수정 불가능
④ 단시간 표면 경화	④ 시간이 김
⑤ 변형 생김	⑤ 변형 적음
⑥ 침탄층 단단함	⑥ 질화층 여림

질화층과 시간과의 관계

시간(h)	깊이(mm)
10	0.15
20	0.30
50	0.50
80	0.60
100	0.65

2 Chapter 기계요소

2-1 결합용 기계요소

1 나사

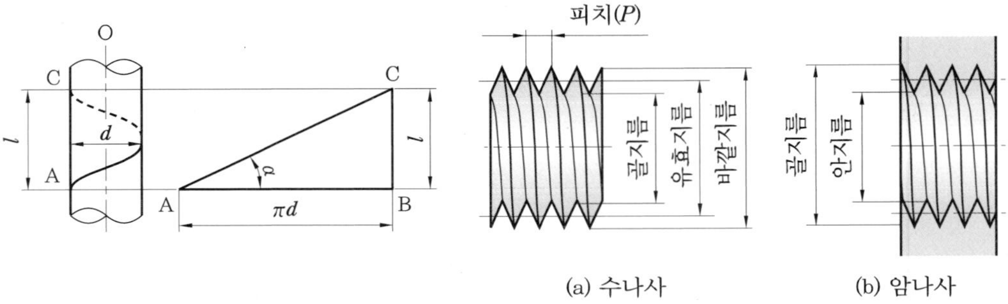

나사의 원리와 수나사 암나사

참고 나사의 리드와 피치

1. 리드(L)=줄 수(n)×피치(P)
2. 이동거리=리드(L)×회전수(R)=줄 수(n)×피치(P)×회전수(R)

(1) 나사의 종류

① 체결용 나사 : 체결용 나사는 나사산의 단면이 삼각형인 삼각나사이며, 미터나사(나사산의 각도 60°), 유니파이 나사(나사산의 각도 60°), 휘트워드 나사(나사산의 각도 55°) 등이 있다.

② 동력 전달용 나사 : 사각나사, 사다리꼴나사, 톱니나사, 둥근나사의 종류로 되어 있다.

(2) 나사의 자립 조건

마찰각(ρ)이 리드각(α)보다 커야 하는 관계, 즉 $\rho > \alpha$를 말하며 나사가 자립 상태를 유지하는 나사의 효율은 50 % 이하이어야 하며, 나사가 스스로 풀리지 않는 자립 상태의 한계는 $\rho = \alpha$이어야 한다.

2 키, 핀, 코터

(1) 키(key)

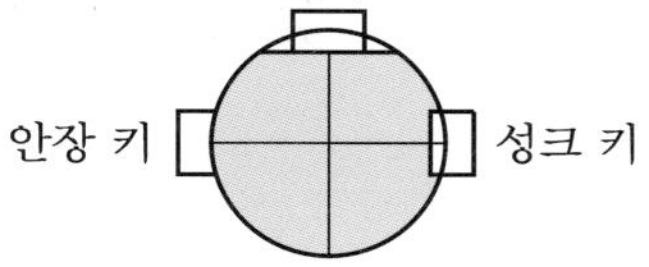

키의 종류

① 안장 키(saddle key, 새들 키) : 축에는 키 홈을 파지 않고 보스(boss)에만 키 홈을 파고, 키를 박아 마찰력에 의하여 회전력을 전달하는 것이다.

② 평키(flat key) : 키가 닿는 축을 편평하게 깎아내고 보스에 홈을 판 것이다.

③ 묻힘 키(sunk key, 성크 키) : 축과 보스에 모두 키 홈을 판 것이다.

④ 접선 키(tangential key) : 역회전이 가능하도록 하기 위해 120° 각도를 두고 2개소에 키를 둔 것이다.

⑤ 페더 키(feather key) : 회전력 전달과 동시에 보스를 축 방향으로 미끄럼시킬 필요성이 있을 때 사용한다.

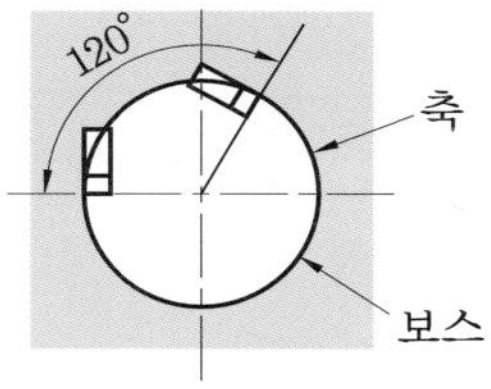

접선 키

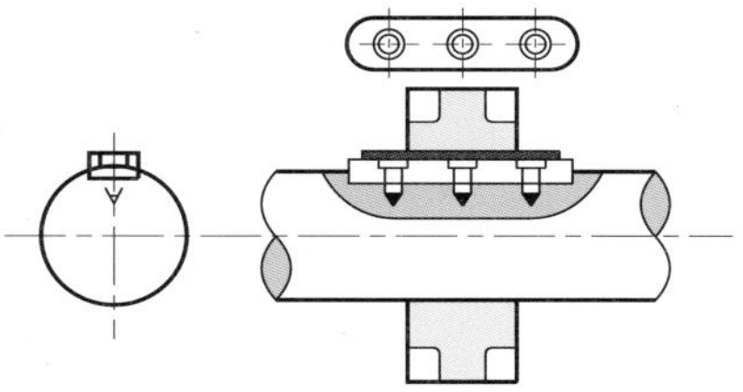

페더 키

⑥ 스플라인(spline) : 축과 보스의 원 둘레에 4~20개의 요철을 두고 회전력을 전달함과 동시에 보스를 축 방향으로 이동시키고자 할 때 사용한다.

⑦ 반달 키(woodruff key, 우드러프 키) : 축에 홈을 깊게 파서 강도가 약해지는 결점이 있으나 키와 키 홈의 가공이 쉽고 키가 자동적으로 자리를 쉽게 잡을 수 있어 테이퍼 축에서 많이 사용한다.

⑧ 세레이션(seration) : 축과 보스에 작은 삼각형의 키와 홈을 판 후 고정시키는 것이다.

⑨ 원뿔 키(cone key) : 축과 보스에 키 홈을 파지 않고 축 구멍을 테이퍼 구멍으로 하여 속이 빈 원뿔을 박아서 마찰만으로 밀착시키는 키이며, 바퀴가 편심되지 않고 축의 어느 위치에서나 설치할 수 있다.

세레이션

스플라인

(2) 핀

① 평행 핀(dowel pin) : 굵기가 고른 핀이며 기계 부품의 조립 및 고정할 때 부품의 위치를 결정하는 데 사용된다.

② 테이퍼 핀(taper pin) : 1/50의 테이퍼를 지닌 핀이며, 축에 보스를 고정시킬 때 사용된다. 작은 쪽의 지름을 호칭 지름으로 나타낸다.

③ 분할 핀(split pin) : 두 가닥을 접어서 만든 핀이며, 끼운 후 펼쳐서 풀림 방지에 사용된다.

④ 스프링 핀(spring pin) : 세로 방향으로 갈라져 있어 구멍의 크기가 정확하다.

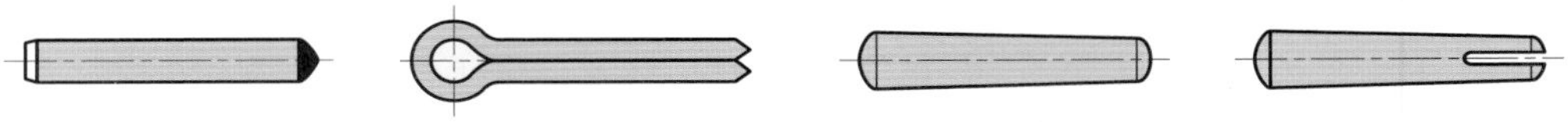

(a) 평행 핀　(b) 분할 핀　(c) 테이퍼 핀　(d) 스프링 핀

핀의 종류

(3) 코터(cotter)

코터는 축 방향으로 인장 또는 압축이 작용하는 두 축을 연결하는 것으로 주로 분해할 필요가 있을 때 사용한다.

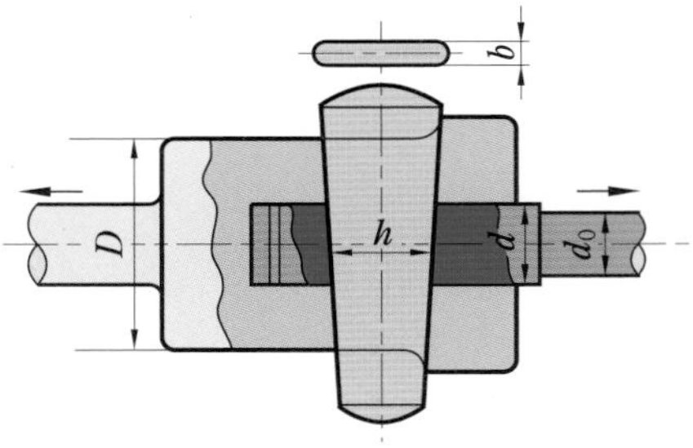

코터 이음

3 리벳(rivet)

(1) 리벳(rivet) 작업 순서

① 드릴링 : 강판이나 형강에 리벳이 들어갈 구멍을 뚫는다.

② 리밍 : 뚫린 구멍을 리머로 정밀하게 다듬는다.

③ 리베팅 : 리벳을 구멍에 넣고 양쪽에 스냅을 대고 때려서 머리 부분을 만든다.

④ 코킹(cauking) : 보일러와 같이 용기를 리벳 이음으로 제작한 후 강판의 가장자리를 끌과 같은 공구로 기밀을 유지하기 위하여 행하는 작업이다. 즉, 리베팅이 끝난 뒤에 리벳머리 주위나 강판의 가장자리를 정으로 때려 그 부분을 밀착시켜서 틈을 없애는 작업이다.

⑤ 풀러링(fullering) : 5 mm 이상의 강판 리벳이음에서 코킹 작업이 코킹과 풀러링이 끝난 후 더욱 더 기밀을 안전하게 유지하기 위하여 강판을 공구로 때려 붙이는 작업이다. 즉, 리베팅에서 기밀을 요할 때 리베팅 후 냉각 상태에서 판의 끝을 75~85° 정도로 깎아준 후 코킹 작업을 하여 판을 밀착시킨 다음 더욱 기밀을 유지하기 위해 하는 작업이다.

(2) 리벳 효율

$$\text{리벳 효율}(\eta_s) = \frac{\text{리벳 직경 전단력}}{\text{리벳 사이의 인장력} } = \frac{n\frac{\pi}{4}d^2\tau}{tp\sigma_t}$$

여기서, τ : 리벳재료의 전단강도(kgf/mm²)
n : 1피치 내의 리벳전단면 수
t : 강판두께(mm)
σ : 강판재료의 허용인장응력(kgf/mm²)

2-2 축(shaft) 관계 기계요소

1 축 및 축이음

(1) 작용하는 힘에 의한 분류

① 차축(axle) : 주로 휨을 받는 회전축 또는 정지축이다.

② 스핀들(spindle) : 주로 비틀림 작용을 받으며, 모양이나 치수가 정밀하고 변형량이 짧은 회전축이다.

③ 전동축 : 주로 비틀림과 휨을 받으며, 주축(main shaft), 선축(line shaft), 중간축(counter shaft)으로 분류된다.

(2) 축 관계 기계요소

① 실제 축(내경이 꽉 찬)인 경우

비틀림 모멘트만을 받는 축의 지름

㈎ 비틀림 모멘트(T)의 단위가 kgf · cm이고, H가 마력(PS)인 경우

- d의 단위는 cm

$$d = 71.5\sqrt[3]{\frac{H_{PS}}{\tau_a N}}\,[\text{cm}]$$

H_{PS}는 마력, τ_a는 kgf/cm^2

- d의 단위가 mm일 때

$$d = 154\sqrt[3]{\frac{H_{PS}}{\tau_a N}}\,[\text{mm}]$$

㈏ 비틀림 모멘트(T)의 단위가 kgf · cm이고, H가 마력(kW)일 경우(1 PS = 102 kgf · cm/s, 1m = 100cm)

- d의 단위는 cm

$$d = 79.2\sqrt[3]{\frac{H_{kW}}{\tau_a N}}\,[\text{cm}]$$

H_{kW}는 마력, τ_a는 kgf/cm^2

- d의 단위가 mm일 때

$$d = 170\sqrt[3]{\frac{H_{kW}}{\tau_a N}}\,[\text{mm}]$$

② 중공축(내경이 비어있는)인 경우

㈎ H가 마력(PS)인 경우

$$d_2 = 71.5\sqrt[3]{\frac{H_{PS}}{(1-x^4)\tau_a N}}\,[\text{cm}]$$

H : 동력, N : rpm, d[cm] : 축의 지름

㈏ H가 마력(kW)인 경우

$$d_2 = 79.2\sqrt[3]{\frac{H_{kW}}{(1-x^4)\tau_a N}}\,[\text{cm}]$$

③ 굽힘과 비틀림을 동시에 받는 축

㈎ 상당 비틀림 모멘트에 의한 경우

- 실제축(내경이 꽉 찬)의 경우

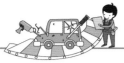

$$d = \sqrt[3]{\frac{5.1T_e}{\tau_a}}$$ T_e : 상당 비틀림 모멘트

• 중공축(내경이 비어있는)의 경우

$$d_2 = \sqrt[3]{\frac{5.1T_e}{(1-x^4)\tau_a}}$$

(나) 상당 굽힘 모멘트에 의한 경우

• 실제축(내경이 꽉 찬)의 경우

$$d = \sqrt[3]{\frac{10.2M_e}{\sigma_a}}$$ M_e : 굽힘 모멘트

• 중공축(내경이 비어있는)의 경우

$$d_2 = \sqrt[3]{\frac{5.1T}{(1-x^4)\tau_a}}$$

2 베어링(bearing)

(1) 베어링의 종류

① 하중 작용 방향에 따른 베어링의 분류

(가) 레이디얼 베어링(radial bearing) : 축에 직각 방향으로 하중을 받는 베어링이다.

(나) 스러스트 베어링(thrust bearing) : 축 방향으로 하중을 받는 베어링이다.

(다) 원뿔 베어링(conical bearing) : 축 방향과 축 직각 방향으로 하중을 동시에 받는 베어링이다.

레이디얼 볼 베어링

레이디얼 미끄럼 베어링

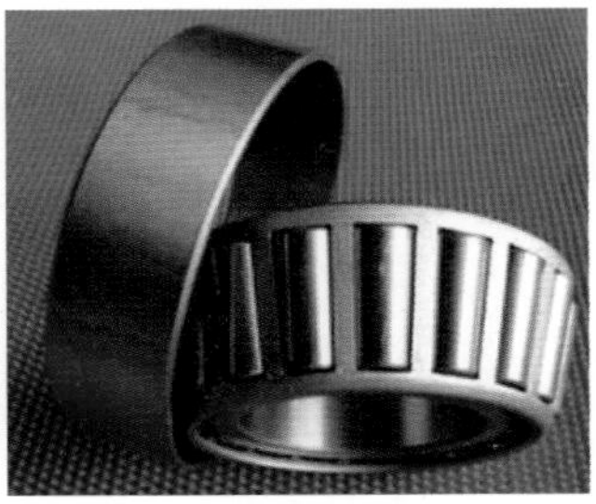

원뿔 베어링

(2) 미끄럼 베어링(슬라이딩 베어링)의 특징

① 미끄럼 베어링 장점

(가) 구조가 간단하고, 값이 싸다.

(나) 베어링 수리가 쉽다.

(다) 충격에 견디는 힘이 크다.

(라) 베어링에 작용하는 하중이 클 때 사용한다.

② 미끄럼 베어링의 단점

(가) 시동할 때 마찰저항이 크다.

(나) 급유에 주의하여야 한다.

(3) 구름 베어링(롤링 베어링)의 특징

① 구름 베어링의 장점

(가) 마찰저항이 적어 동력 손실이 적다.

(나) 급유가 편리하고 밀봉 장치의 교정이 쉽다.

(다) 베어링 저널의 길이를 짧게 할 수 있다.

(라) 과열의 위험이 적고, 기계를 소형화 할 수 있다.

(마) 축의 중심을 정확히 유지할 수 있다.

② 구름 베어링의 단점

(가) 값이 비싸고, 충격에 약하다.

(나) 축 사이가 매우 짧은 곳에서는 사용할 수 없다.

(4) 구름 베어링의 호칭 번호

형식 번호 – 치수 기호(너비와 지름 기호) – 안지름 번호 – 등급 기호

① 형식 번호(첫 번째 숫자)

1 : 복렬 자동 조심형

2,3 : 복렬 자동 조심형(큰 너비)

6 : 단열 홈형

7 : 단열 앵귤러 접촉형

N : 원통 롤러형

② 치수 기호(두 번째 숫자)

0,1 : 특별 경하중형

2 : 경하중형

3 : 중간 하중형

③ 안지름 번호(세 번째, 네 번째 숫자)

00 : 안지름 10 mm

01 : 안지름 12 mm

02 : 안지름 15 mm

03 : 안지름 17 mm

2-3 전동용 기계요소

1 기어(gear)

(1) 기어의 특징

① 동력 전달이 확실하고, 큰 동력을 전달할 수 있다.
② 축 압력이 작으며, 동력 전달 효율이 높다.
③ 회전비가 정확하고 큰 감속을 얻을 수 있다.
④ 충격음을 흡수하는 성질이 약하므로 소음과 진동이 발생된다.

(2) 기어의 종류

① 두 축이 서로 평행한 기어

(가) 스퍼 기어(spur gear) : 기어 이가 축과 평행할 때 동력 전달한다.
(나) 랙과 피니언 : 랙은 직선 운동을 하고, 피니언은 회전운동을 하는 것이며, 랙은 기어의 지름이 무한대(∞)이다.
(다) 헬리컬 기어 : 이가 축에 경사진 것이며, 여러 개의 이를 물릴 수 있어 충격, 소음, 진동이 적으며 큰 토크를 전달할 수 있으나 축이 측압을 받는 결점이 있다.
(라) 베벨 기어 : 두 축이 서로 직각으로 만날 때 회전방향을 직각으로 바꿀 때 사용된다.
(마) 웜과 웜기어 : 두 축이 서로 직각으로 만날 때 큰 감속비를 얻을 수 있다.

평 기어	랙과 피니언	헬리컬 기어	베벨 기어	웜과 웜기어

시계, 선반, 내연엔진	동력 조향 장치, 선반, 사진기 등 이송기구	공작기계 내연엔진	핸드 드릴, 자동차 구동장치	감속장치

(3) 기어의 이 크기를 표시하는 방법

① 모듈(module, M) : 피치원의 지름(D)을 잇수(Z)로 나눈 값이며, 같은 기어에서 모듈이 클수록 잇수는 적어지고, 이는 커진다. 즉, $M=\dfrac{D}{Z}$이다.

② 지름 피치(diameter pitch, D.P) : 모듈과 반대되는 것이며 피치원의 지름(지름 피치의 경우는 피치원의 지름을 inch로 나타낸다.)으로 잇수를 나눈 값이다.

③ 원주 피치(circular pitch, C.P) : 피치원 상에서 이에서 서로 인접하고 있는 이까지의 거리이다.

2 벨트(belt)

(1) 평 벨트 폭 산출 공식

$$b=\frac{T}{\sigma\eta t}$$

b : 벨트의 폭, T : 벨트 장력, t : 벨트의 두께, σ : 벨트에 생기는 응력, η : 이음 효율

(2) 평 벨트 길이 산출 공식

C : 벨트의 중심거리, D_1, D_2 : 두 풀리의 지름

① 평행 걸기의 경우 : $L \fallingdotseq 2C+\frac{\pi}{2}(D_2+D_1)+\frac{(D_2-D_1)^2}{4C}$

② 십자 걸기(엇걸기)의 경우 : $L \fallingdotseq 2C+\frac{\pi}{2}(D_2+D_1)+\frac{(D_2+D_1)^2}{4C}$

(3) V-벨트의 특징

V벨트의 크기는 단면의 크기와 전체 길이로 나타내는데 벨트의 굵기는 단면 각 부분의 치수로 나타내며, 각 부분 치수에 의해서 M, A, B, C, D, E의 6가지 형식이 있으며 M에서 E쪽으로 갈수록 크다.

① 미끄럼이 적고, 속도비가 크다.
② 고속 회전을 시킬 수 있다.
③ 장력이 작아 베어링에 가해지는 부담이 적다.
④ 운전이 정숙하고, 벨트가 풀리에서 벗겨지는 일이 없다.
⑤ 이음이 없어 전체가 균일한 강도를 지닌다.

참고

V벨트의 표준 치수

단면형	형의 종류	폭(a) (mm)	높이(b) (mm)	단면적 (mm^2)
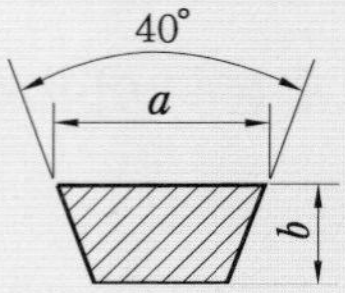	M	10.0	5.5	40.4
	A	12.5	9.0	83.0
	B	16.5	11.0	137.5
	C	22.0	14.0	236.7
	D	31.5	19.0	461.1
	E	38.0	25.5	732.3

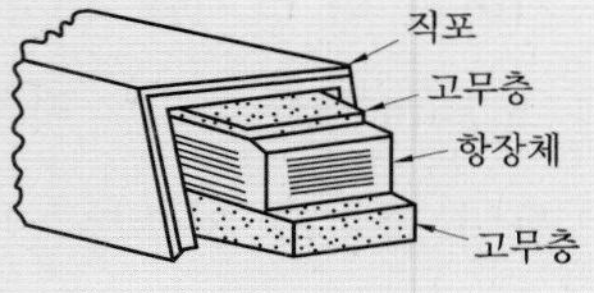

V벨트의 형상

V벨트

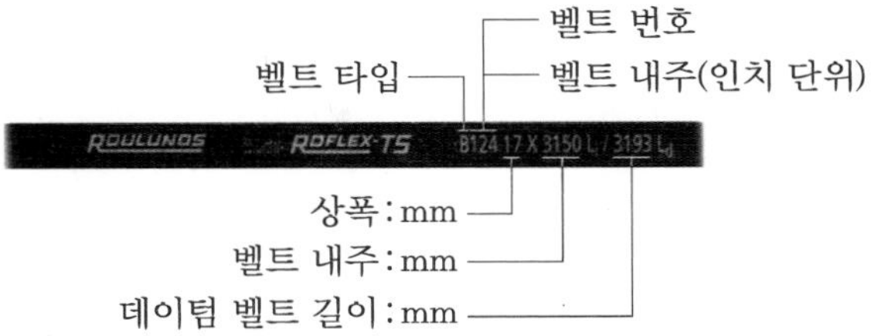

V벨트 규격

2-4 제어용 기계요소

1 스프링(spring)

(1) 스프링의 기능

스프링의 탄성이란 외부에서 물체에 힘을 가하면 부피와 모양이 바뀌었다가, 그 힘을 제거하면 본래의 모양으로 되돌아가려는 성질을 의미하며, 스프링 연결 상태에 따라 병렬 연결방법과 직렬 연결방법으로 나뉜다.

(2) 스프링의 휨과 하중

스프링에 하중을 가하면 하중에 비례하여 인장 또는 압축, 휨이 발생된다. 하중 w, 변위량 δ일 때

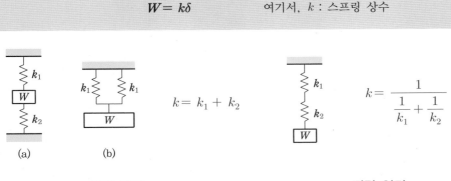

$$W = k\delta$$

여기서, k : 스프링 상수

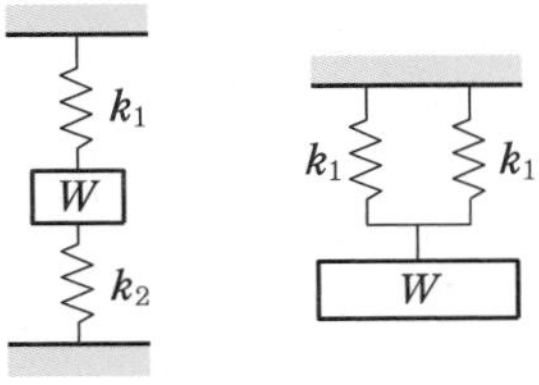

(a) (b)

$$k = k_1 + k_2$$

병렬 연결

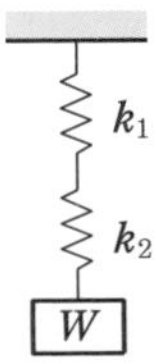

$$k = \frac{1}{\frac{1}{k_1} + \frac{1}{k_2}}$$

직렬 연결

2 브레이크

제동장치는 마찰 브레이크로 조절부와 브레이크 드럼과 브레이크 블록으로 이루어진 작동부로 되어 있다.

(1) 브레이크 토크

$$T = f \cdot \frac{D}{2} = \mu \cdot \frac{WD}{2}$$

T : 브레이크 토크
f : 브레이크 제동력
D : 브레이크 드럼의 지름
W : 브레이크 드럼과 브레이크 블록에 작용하는 힘(kgf)

(2) 브레이크 압력과 용량

① 브레이크 압력(q)

$$q = \frac{W}{A} = \frac{W}{be}$$

A : 브레이크 블록의 마찰면적(mm^2)
W : 블록을 브레이크 드럼에 밀어붙이는 힘(kgf)
b : 브레이크 블록의 가로길이(mm)
e : 세로길이(mm)

② 브레이크 용량

$$H_{PS} = \frac{f \cdot v}{75} = \frac{\mu W v}{75} = \frac{\mu q A v}{75}$$

H_{PS} : 제동마력
f : 제동력(kgf)
v : 제동속도(드럼의 원주속도, m/s)

참고 브레이크

브레이크는 기계의 운동 부분의 에너지를 흡수해서 속도를 낮게 하거나 정지시키는 장치이다. 브레이크 중에서 가장 널리 사용되고 있는 것은 마찰 브레이크로, 일반 기계, 자동차, 철도 차량 등에 사용된다.

(1) 브레이크의 분류
① 작동 부분의 구조에 따른 분류 : 블록 브레이크, 밴드 브레이크, 디스크 브레이크
② 작동력의 전달 방법에 따른 분류 : 공기 브레이크, 유압 브레이크, 전자 브레이크

(2) 브레이크 재료의 마찰 계수
주철제 및 주강제 브레이크 드럼에 대한 브레이크 재료의 조합에 따른 마찰계수는 다음과 같다.
① 주철 : 0.1~0.2 ② 황동 : 0.1~0.2 ③ 청동 : 0.1~0.2
④ 목재 : 0.1~0.35 ⑤ 가죽 : 0.23~0.3 ⑥ 석면, 직물 : 0.35~0.6

3 Chapter 기계공작법

3-1 주조

1 주조 공정

금속을 용해하기 위한 노(爐)의 여러 가지 종류와 형식이 있는 데, 주조용으로는 다음의 노가 많이 쓰인다.

(1) 주조 공정 절차

1. 주조 계획	주조 계획 설정(주조 방안, 설계 도면)
2. 원형 제작	목재 또는 금속으로 주형을 만들기 위한 모형 제작
3. 주형 제작	원형을 주물사에 묻고 다진 후 원형과 같은 모양의 공간 형성
4. 용해	원재료를 용해로에서 가열·용해하여 좋은 용융 금속 생성
5. 주입	용융 금속을 주형 속에 주입·응고
6. 주형 해체	라이저 및 주입 계통 등을 제거
7. 청정 및 후처리	모래떨이 및 끝손질
8. 열처리	열처리로에 넣고 저온에서 가열 서랭하여 주조 응력을 제거
9. 검사	완성된 주물의 결함 여부를 시험 검사하여 분리

주조 공정 절차

(2) 주조로의 종류

① 도가니로 : 흑연과 내화 점토로 만들어진 도가니 안에 원료 금속을 넣고 용해하는 노이며 열원은 코크스, 중유, 가스가 사용되며 용해금속으로는 구리합금, 경합금, 비철합금이다. 용량은 1회에 용해할 수 있는 구리의 중량으로 표시한다.
[특징] 소용량 사용(크기와 수), 가격이 비싸고 수명이 짧다, 열효율이 낮다.

② 전기로 : 전기에너지를 열에너지로 변환하여 용해 제강하는 노이며 열원은 전력을 사용하고 용해금속으로는 주강, 주철, 구리합금, 특수강, 경합금을 용해한다. 용량은 1회 용해할 수 있는 제강량으로 표시한다.
[특징] 온도조절이 용이하며 연소가스 영향이 없다.

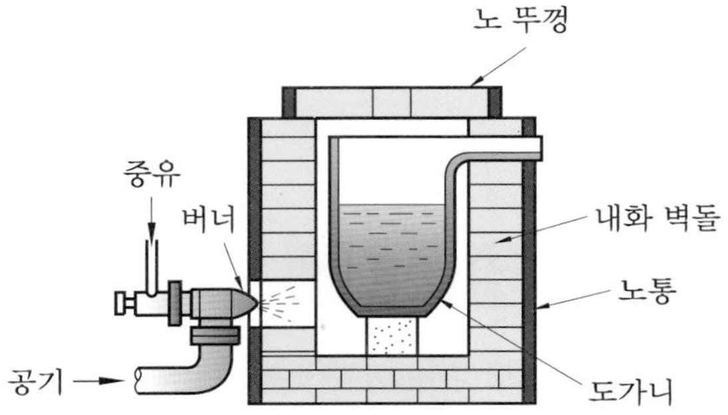

도가니로

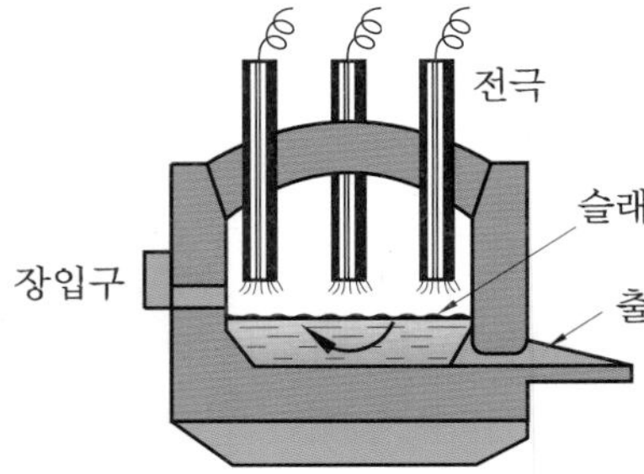

전기로

(3) 큐폴라

널리 쓰이는 원통 모양의 노이며 열원으로는 코크스를 사용하고 용해금속은 주철이다. 용량은 표준작업 시 매시간당 용해할 수 있는 쇳물의 무게이다.

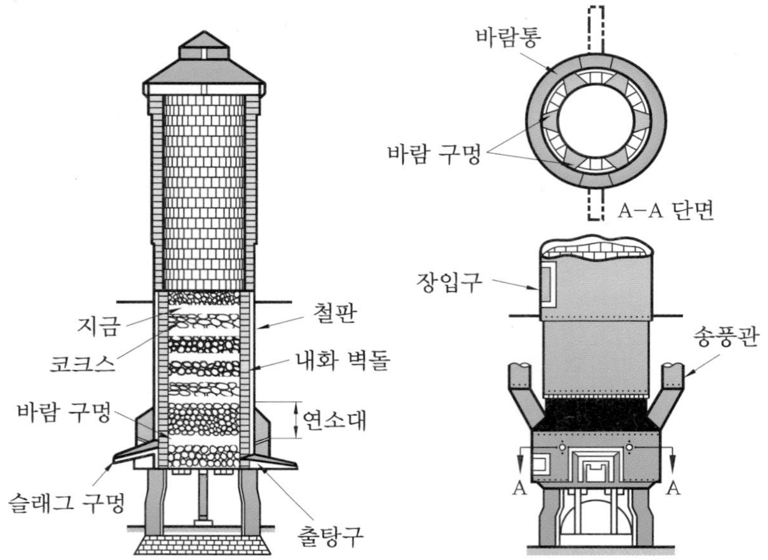

큐폴라

2 특수 주조 방법

(1) 칠드 주조

칠드 주조는 용융된 쇳물을 금형 속에 주입하면 금형에 접촉하는 부분은 급랭되어 표면은 경도가 높아지고, 내부는 서서히 냉각된 관계로 연한 주물이 되는 방법이다.

(2) 셸 몰딩법

셸 몰딩법은 높은 정밀도로 제작한 금형을 200~300℃로 가열한 후 규사와 열경화성 수지의 혼합물을 뿌려 덮으면, 원형 둘레에 약 4 mm 정도의 층이 생기며 밀착한다. 그 다음 300℃에서 3분 정도 가열하면 수지는 경화한다. 이 셸들을 맞추어 접착시켜 주형을 만들어 주조하는 방법이다.

(3) 다이캐스팅법

다이캐스팅법은 용융 금속을 강철로 만든 금속 주형에 넣어 대기 압력 이상의 압력을 가하여 표면이 매끈하고 정밀한 주물을 주조할 수 있는 주조 방법이며, 수 정밀도가 높고, 제품이 균일하게 되므로 다듬질이 전혀 필요 없고, 다량의 주조가 가능하며, 주조 속도가 빨라 대량 생산에 적합하다.

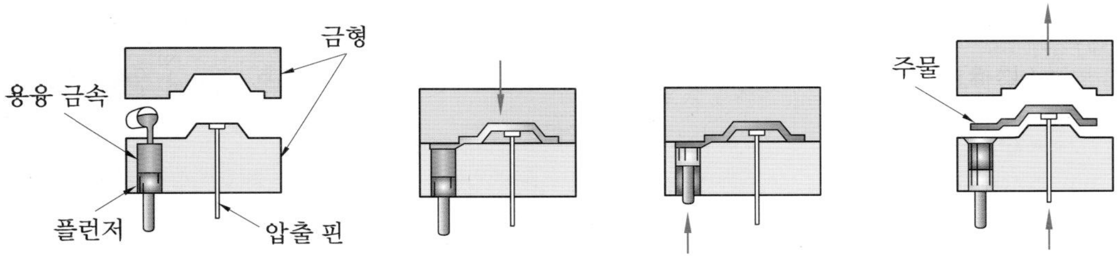

(a) 용융 금속 주입 (b) 형틀 (c) 압입 (d) 제품 분리

다이케스팅 주조법

(4) 원심 주조

원심 주조는 고속으로 회전하는 원통형의 주형 내부에 용융된 쇳물을 주입하면 원심력에 의해서 쇳물은 원통 내면에 균일하게 붙게 되며 이때 그대로 냉각시키면 중공의 주물이 되는 방법이다.

[특징] 중력 주조 : 녹은 금속의 유이방법으로 중력을 이용한다. 원심력을 이용하여 주형의 구석구석까지 쇳물을 보낸다.

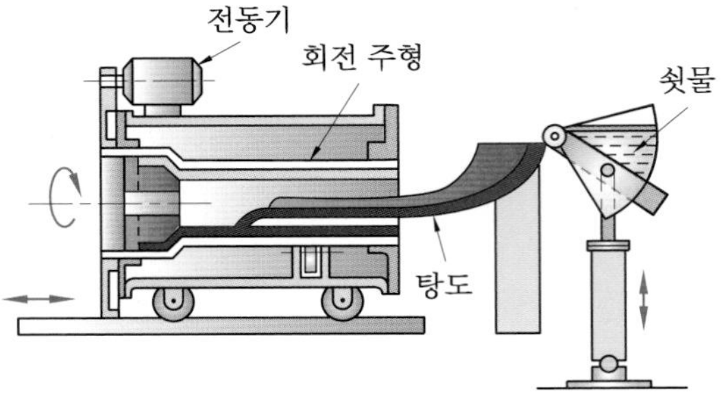

원심 주조법

(5) 인베스트먼트법

인베스트먼트법은 모형을 왁스(wax), 합성수지와 같은 용융점이 낮은 것으로 만들고 그 주위를 내화성 재료로 피복한 후 모형을 용해 유출시켜서 주형으로 하고 주탕하여 주물을 만드는 주형 방법이다.

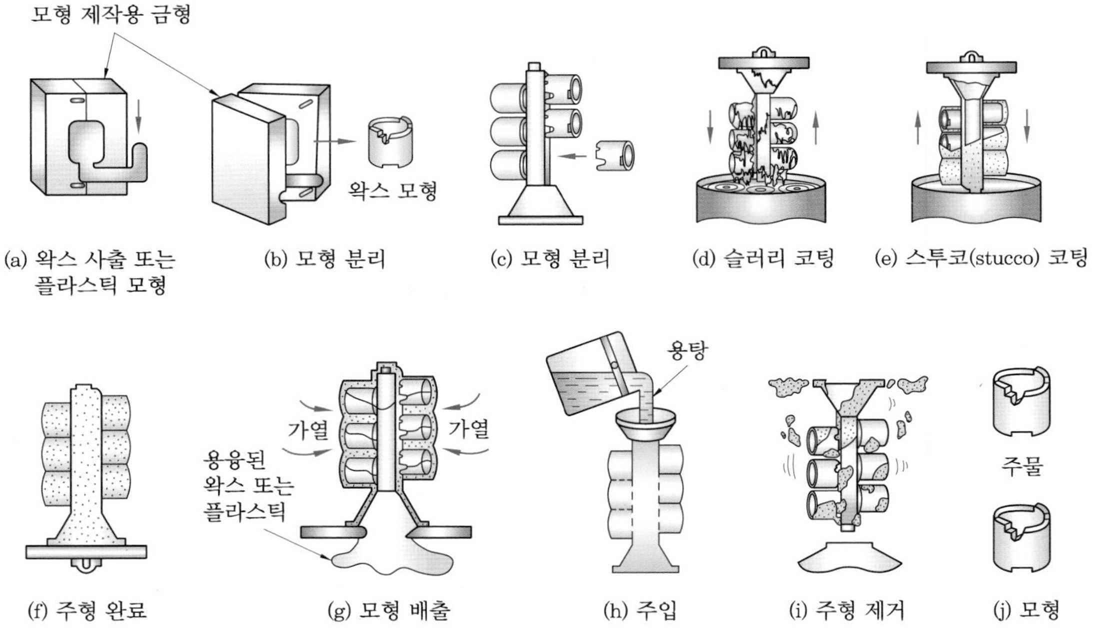

인베스트먼트 주조법

3 주형 및 조형법

(1) 덧쇳물

덧쇳물(feeder)은 주형 내에서 쇳물이 응고될 때 수축으로 쇳물의 부족을 보급하며,

수축공이 없는 치밀한 주물을 만들기 위한 것으로 덧쇳물의 위치는 주물이 두꺼운 부분이나 응고가 늦은 부분 위에 설치하며 덧쇳물의 이점은 다음과 같다.

① 주형 내의 쇳물에 압력을 준다.
② 금속이 응고할 때 체적 감소로 인한 쇳물 부족을 보충한다.
③ 주형 내의 불순물과 용재(溶滓)의 일부를 밖으로 배출한다.
④ 주형 내의 공기를 제거하며, 주입량을 알 수 있다.

(2) 수축 여유

용융된 금속이 냉각, 응고할 때 수축이 생기게 되므로 목형을 제작할 때 이 수축에 해당하는 수축 여유 값을 두어야 하는데 이 수축 여유는 주물자에 나타내게 된다. 주물자는 금속의 수축을 고려하여 그 수축량만큼 크게 만든 자를 말한다.

(3) 라운딩(rounding)

라운딩이란 금속이 응고할 때 모서리가 있으면 주조 조직의 경계가 생겨서 약해지므로 이를 피하기 위하여 모서리에 살붙임을 하여 둥글게 만드는 것이며, 그 목적은 다음과 같다.

① 주물 모서리 부분의 쇳물 유동을 좋게 하기 위함이다.
② 모서리 부분에 불순물이 석출되어서 약해지는 것을 방지한다.
③ 균열을 방지하기 위해 둔다.

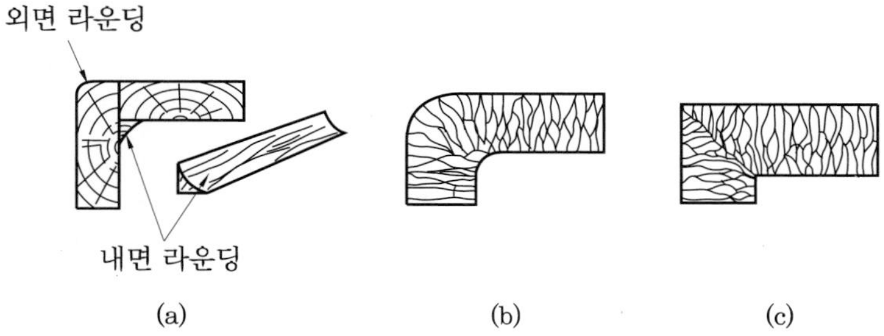

목형 제작 라운딩

(4) 목형 기울기(구배)

목형에는 수직한 면에 $\frac{1}{4}\sim1^{\circ}$ 정도의 기울기를 붙이는데 이것은 주형에서 목형을 뺄 때 주형의 파손을 방지하기 위함이다.

(5) 코어 받침대

코어 받침대는 코어의 자중, 쇳물의 압력이나 부력(浮力)으로 코어가 주형 내의 일정

위치에 있기 곤란할 때, 코어의 양단을 주형 내에 고정시키기 위해 받침대를 붙이는데, 받침대는 쇳물에 녹아버리도록 주물과 같은 재질의 금속으로 만든다.

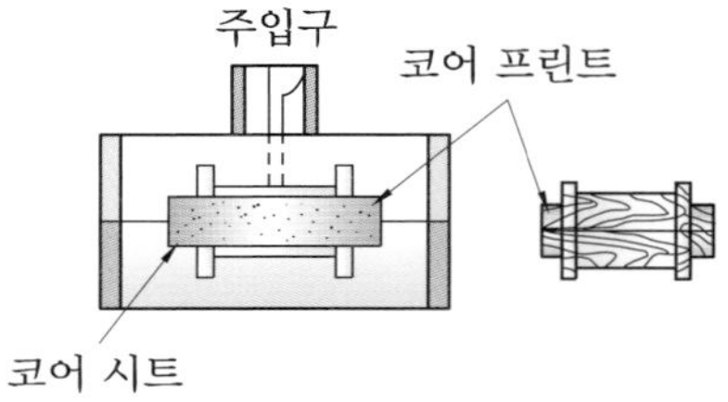

코어형

코어와 코어제작

인베스트먼트 주조의 예

3-2 측정 기기

1 길이의 직접 측정용 측정기구

(1) 버니어 캘리퍼스(vernier calipers)

버니어 캘리퍼스는 어미자의 한 눈금 미만의 작은 치수는 버니어(아들자)를 이용하여 측정할 수 있는 기구이다. 어미자 1눈금이 0.5 mm일 때, 12 mm를 25등분하여 아들자의 눈금으로 사용하는 버니어 캘리퍼스는 $0.5\text{ mm}-\frac{12}{25}=0.02\text{ mm}$까지 읽을 수 있다.

(2) 마이크로미터(micrometer)

피치가 정확한 나사의 끼워맞춤을 이용해 측정하는 기구이다. $\frac{1}{100}$ mm까지 측정할 수 있는 마이크로미터에서 나사의 피치와 심블의 눈금은 피치는 0.5 mm이고, 심블은 50등분이 되어 있다.

(3) 하이트 게이지(height gauge)

하이트 게이지는 정반의 표준을 기준으로 하여 높이를 측정하거나 금긋기를 할 때 사용한다. 베이스 위에 척 눈금 0.5 mm의 본척이 고정되어 있으며 이 본척을 따라 상하로 이동하는 슬라이더가 있다. 슬라이더에는 본척의 12 mm를 25등분한 부척 $\frac{1}{50}$이 새겨져 있다.

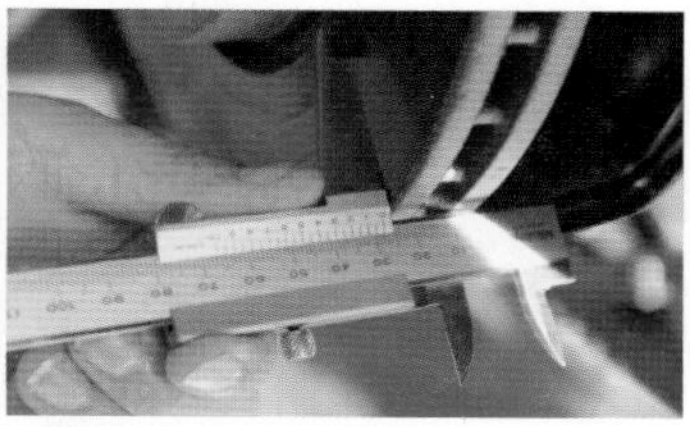

버니어 캘리퍼스

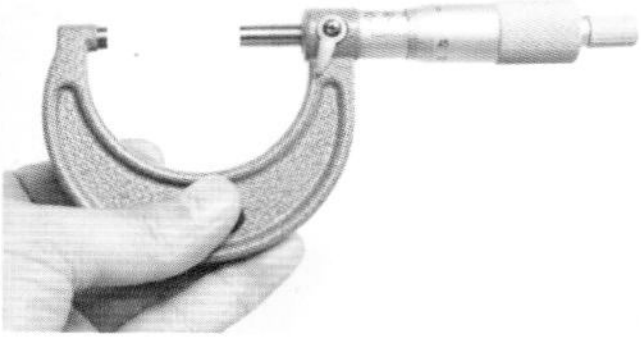

마이크로미터

다이얼 게이지

2 길이의 비교 측정용 측정기구

(1) 다이얼 게이지(dial gauge)

가공면(원통면, 평면)의 검사, 기계에 설치한 일감의 중심내기 및 축 편심의 검사 등에 사용된다. 또한 다이얼 게이지로 축의 진원도를 측정할 때 눈금 차이의 $\frac{1}{2}$이 측정값이다.

(2) 마이크로 인디케이터(micro indicator)

길이의 미세한 변화를 기계적으로 확대하는 컴퍼레이터이며, 바늘의 회전은 360° 미만, 최소 눈금은 1μ 또는 그 이하인 것을 말한다.

(3) 오토콜리미터(autocollimeter)

오토콜리미터는 망원경과 반사경을 조합하여 레버와 기어에 의하여 확대를 병용하여 측정하는 기구이다.

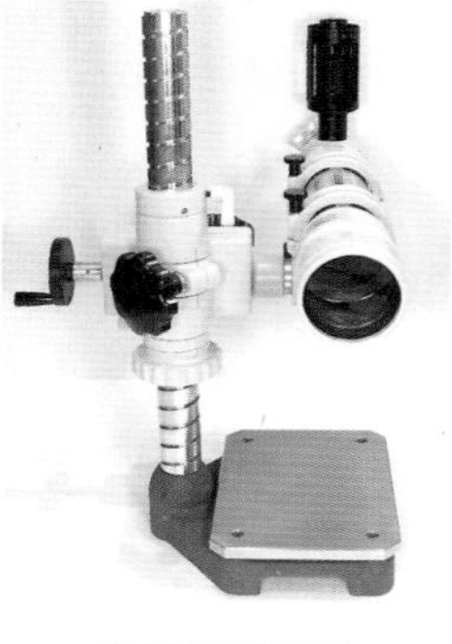

오토콜리미터

3-3 소성 가공

(1) 냉간 가공

금속 등의 결정체에 재결정이 일어나는 온도보다 상당히 낮은 온도에서 소성변형을 주는 가공이며 이에 대하여 재결정 온도보다 높은 온도에서 하는 가공을 열간 가공이라 한다. 일반적으로 사용되는 공업재료에서 냉간 가공은 열간 가공과 같은 큰 소성변형을 시키기는 어려우나, 다듬질 치수의 정밀도가 좋으므로 판・선・관재 등의 다듬질 가공에 이용된다.

(2) 열간 가공

재결정 온도 이상의 온도에서 하는 가공으로 열간 가공을 하기 위해서는 소재를 가열로에 넣고 고르게 가열한 후 가공기계로 보내게 되는데, 가공기계도 작업하기 전에 그 표면을 가열해서 사용하는 것이 보통이다.

(3) 소성 가공의 종류

소성 가공에 이용되는 성질은 가단성, 연성, 가소성, 전성 등이다.

① 인발 가공 : 인발 가공은 다이 구멍에 재료를 통과시켜서 잡아당기면 단면적이 감소되어 다이 구멍의 형상과 같은 단면의 봉, 선, 파이프 등을 만드는 가공 방법

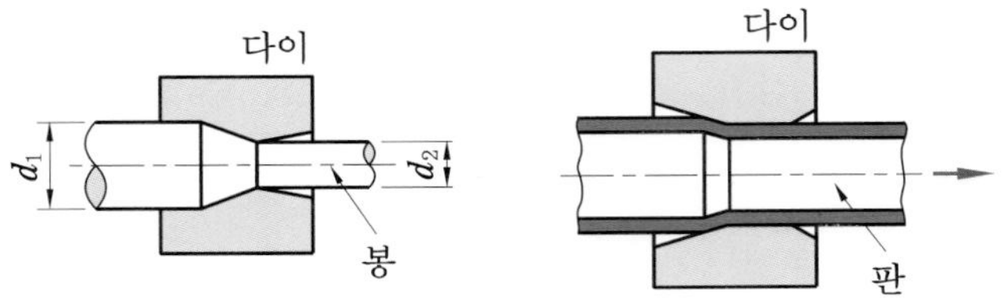

인발 가공

② 압출 가공 : 컨테이너 속에 있는 재료를 램(ram)으로 눌러 빼내는 가공이며, 봉, 선, 파이프 등을 만드는 가공 방법

③ 압연 가공 : 압연 가공은 회전하는 롤러 사이에 재료를 통과시켜 판재, 형재 등을 성형하는 가공

④ 전조 가공 : 전조 가공은 다이 또는 롤러를 사용하여 소재를 회전시켜서 부분적으로 압력을 가하여 변형시켜서 제품을 만드는 가공 방법

⑤ 단조 가공 : 단조 가공은 소재를 적당한 온도로 가열하고 힘을 가해 소요의 형상으로 변형시키며, 조직이나 성질을 개선하기 위하여 행하는 작업

⑥ 프레스 가공 : 프레스 가공은 회전에 의한 운동 에너지를 여러 가지 기구를 거쳐 직선적인 운동에너지로 변화시켜 펀치와 다이 사이에서 압축 가공

⑦ 판금 가공 : 판금 가공은 판재를 형틀에 의해서 목적하는 형상으로 변형 가공

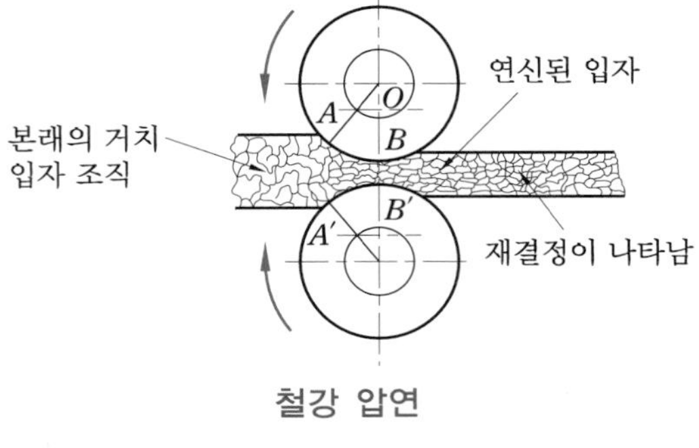

철강 압연

단조 가공

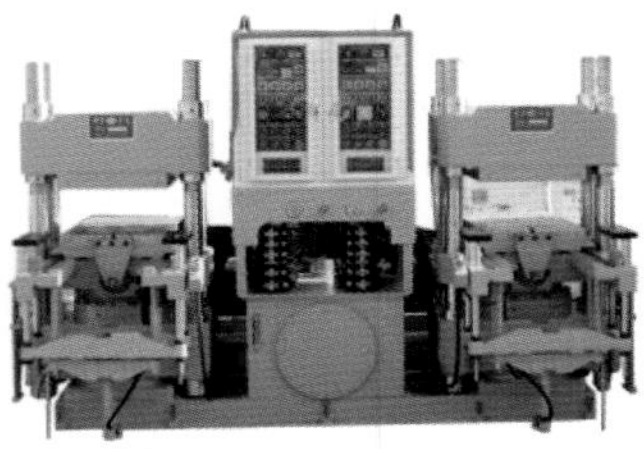

프레스 가공

(4) 재결정 온도

소성 가공을 할 때 열간 가공과 냉간 가공을 구분하는 온도를 재결정 온도라 한다. 재결정 온도는 다음과 같다.

① 재결정이 시작되는 가장 낮은 온도를 말한다.
② 결정 입자가 파괴되어 점차로 미세한 결정 입자로 된다.
③ 상온 이하의 재결정 온도를 가지는 금속도 있다.
④ 일반적으로 금속 중에서 텅스텐의 재결정 온도가 가장 높다.

참고 — 판금 작업의 종류

1. 셰이빙(shaving) : 뽑기나 구멍 뚫기를 한 제품의 가장자리에 붙어 있는 파단면 등이 편평하지 못하므로 제품의 끝을 약간 깎아 다듬질하는 작업이다.
2. 블랭킹(blanking) : 판재를 펀치와 다이를 사용하여 필요한 형상으로 뽑아내고 남는 것이 제품이 된다.
3. 트리밍(triming) : 프레스 가공이나 주조 가공 등으로 생산된 제품의 불필요한 테두리나 핀 등을 잘라내거나 따내어 제품을 깨끗이 정형하는 작업이다.
4. 펀칭(punching) : 자유 단조작업으로 구멍을 뚫는 작업으로 뽑아낸 부분이 제품이 된다.
5. 전단(shearing) : 판재를 공구와 펀치, 다이 또는 전단기를 사용하여 필요로 하는 형상으로 잘라내거나 뚫어내거나 단을 붙이는 등의 작업이다.

3-4 공작기계의 종류 및 특성

1 선반(lathe)

선반은 공작물이 회전 운동을 하고, 바이트에는 직선 이송을 주어 절삭가공을 하는 기계이며, 기어(gear) 절삭은 하지 못한다. 선반에서 가공할 수 있는 작업은 외경 절삭, 끝면 절삭, 정면 절삭, 절단, 테이퍼 절삭, 곡면 절삭, 구멍 뚫기, 보링 작업, 널링 작업, 나사 절삭 등이 있다.

(1) 선반의 구조

① 주축대 : 주축대에는 모터의 동력을 받아 회전하는 주축, 주축나사부에 가공물을 고정하는 척 또는 면판이 설치되어 있다. 가공물의 회전수가 되는 주축의 회전수는 변속 기어장치에 의하여 조정한다.
② 왕복대 : 절삭 공구를 이송시키는 장치로서 크게 새들, 절삭 공구대, 에이프런의 3부로 이루어져 있다.
③ 심압대 : 심압대는 베드 안내면을 따라 이동하여 공작물의 길이에 따라 적당한 위치에 고정된다. 소형 선반에서는 심압대를 손으로 이동시키고, 왕복대에 이송용 랙과 맞물리는 피니언 축이 있는 중형은 이것을 크랭크 핸들로 회전시켜 이송한다.

④ 베드 : 주축대, 왕복대 및 심압대를 지지하는 주철주물로 된 지지대이며 왕복대가 베드 안내면 위를 오가며 활동한다.

선반의 주요부 명칭

(2) 선반의 크기 표시

베드(bed)의 스윙과 양 센터 사이의 초대 거리로 표시하는 방법과 센터의 높이와 베드의 길이로 표시하는 방법이 있다.

(3) 선반의 테이퍼 절삭 방법

① 복식 공구대를 사용하는 방법
② 심압대를 편위시키는 방법
③ 테이퍼 절삭 장치를 사용하는 방법
④ 총형 바이트를 사용하는 방법

(4) 절삭속도

$$V=\frac{\pi DN}{1000}[\mathrm{m/min}]$$

여기서, V : 절삭속도(m/min)
D : 공작물의 지름(mm)
N : 회전속도(rpm)

(5) 절삭유의 구비 조건

① 마찰계수가 적을 것
② 유막의 내압 면적이 클 것
③ 절삭유의 표면장력이 적을 것
④ 칩의 생성 부분까지 침투가 잘될 것

2 밀링 머신

원판이나 원통의 둘레에 돌기가 많은 날을 가진 밀링 커터를 회전시켜 공작물을 이송시키면서 절삭하는 기계이며, 밀링 절삭 방법에는 밀링 커터의 회전 방향과 공작물의 이송 방향이 반대인 상향 절삭과 밀링 커터의 절삭 방향과 공작물의 이송 방향이 같은 하향 절삭이 있다.

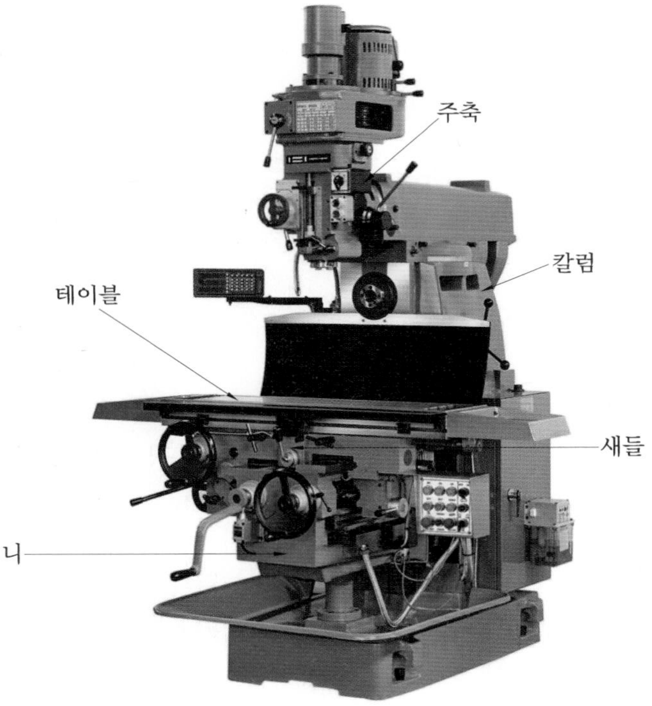

수직 밀링 머신의 각 부 명칭

(1) 밀링 머신의 구조

베이스, 새들, 컬럼, 니 등으로 구성되어 있다.

① 베이스는 기계의 물체를 받치고 있는 기본 판이다.
② 새들은 테이블 앞뒤로 움직이는 축을 말한다.
③ 컬럼은 밀링의 중추적인 센터로 중심이 될 수 있다.
④ 니는 테이블 위, 아래로 움직이는 축을 말한다.

밀링은 선반에서 가공하기 어려운 각이 형성된 부분이나 테이퍼된 부분 등 세세한 홈 등을 가공할 수 있다.

(2) 절삭칩의 생성

① 경작형 : 절삭속도가 느린 경우 칩이 경사면에 점착되어 날 끝에서 비스듬히 아래쪽을 향해서 균열이 일어나면서 절삭된다.

② 전단형 : 연성인 재료를 사용하여 저속으로 절삭할 때 날 끝의 경사된 위쪽에 칩이 일정 간격을 두고 전단이 발생되는 형태이다.

③ 유동형 : 고속으로 절삭할 때 칩이 바이트의 경사면에 따라 흐르는 것과 같이 연속적으로 발생한다.

④ 균열형 : 절삭속도가 매우 느릴 경우 순간적으로 균열이 발생되어 칩이 공작물에서 분리되는 형태이다.

(3) 밀링 커터의 분당 이송량

$$f = fz \times z \times N$$

$$V = \frac{\pi DN}{1000}$$

여기서, f : 분당이송량(m/min)
z : 커터의 날수
V : 절삭속도(m/min)
fz : 날1개당 이송(mm)
N : 회전수(rpm)
D : 지름(mm)

3 드릴링 및 연삭

(1) 드릴링 머신의 기본 작업

① 드릴링 : 드릴을 회전시키면서 이송을 주어 구멍을 뚫는 작업이다.

② 리밍 : 드릴링된 구멍의 수치를 정확히 하는 가공으로써 가공 여유는 0.4 mm를 초과하지 않는다.

③ 보링 : 뚫린 구멍이나 주조한 구멍을 확대하는 작업이다.

④ 카운터 보링 : 구멍에 나사의 납작 머리를 공작물에 묻히게 하기 위해 턱 있는 구멍을 뚫는 가공이다.

⑤ 카운터 싱킹 : 구멍에 나사의 접시머리가 들어갈 부분을 가공하는 것으로 원추형으로 확대하는 가공

⑥ 스폿페이싱 : 너트 또는 캡스크루 머리가 밀착하도록 구멍축에 직각인 평탄면을 가공한다.

⑦ 태핑 : 탭 공구를 사용하여 구멍의 내면에 나사를 내는 작업이다.

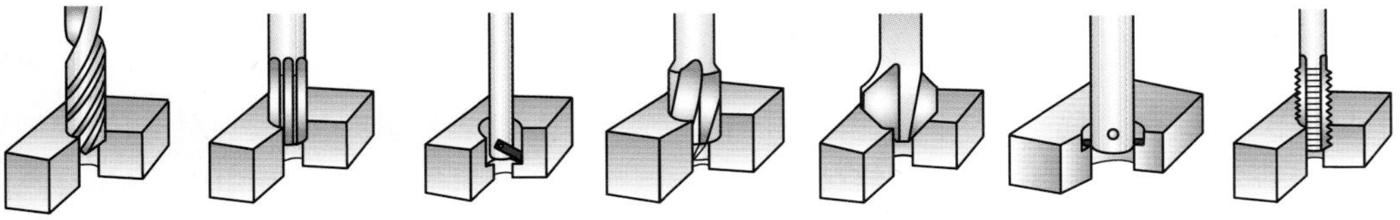

(2) 자생작용

새로운 숫돌 입자가 형성되는 작용을 말하며 숫돌 입자는 연삭 과정에서 마멸 → 파쇄 → 탈락 → 생성 과정이 되풀이되며 연삭 과정은 쇠를 깎아내는 과정으로 숫돌 내의 입자도 역시 마모가 되는데 마모된 입자는 절삭성이 떨어지므로 떨어져나가 주어야 그 밑 층에 있는 새로운 입자가 절삭성을 가지고 새로운 역할을 할 수 있게 된다.

① 글레이징 : 숫돌차의 숫돌 입자가 마모되어 숫돌면이 번들거리고 금속성의 소리를 내며 숫돌바퀴의 입자가 탈락하지 않고 마멸에 의해 납작하게 된 현상이다.

② 트루잉 : 숫돌차의 형상을 수정하는 모양 고치기 작업으로 연삭 중에 숫돌차의 입자가 떨어지고 절삭면의 형태가 처음의 것과 다르게 되었을 때, 드레서(dresser)를 이용하여 원래의 형태로 고친다.

③ 로딩 : 숫돌바퀴가 공작물에 비해 지나치게 경도가 높거나 회전 속도가 느리면 숫돌바퀴 표면에 기공이 생겨 이곳에 절삭 가루가 끼여 막히는 현상으로 연삭성이 나빠지는 현상이다.

④ 드레싱 : 숫돌 절삭 성능이 나빠진 숫돌면을 새롭게 수정하는 방법이다.

(3) 슈퍼피니싱

정밀 다듬질. 공작물의 표면에 눈이 고운 숫돌을 가벼운 압력으로 누르고, 숫돌에 진폭이 작은 진동을 주면서 공작물을 회전시켜 그 표면을 마무리하는 가공법(극히 정밀도가 높은 가공을 할 수 있다. 호닝과 비슷한 작업이나 축 방향에 미세한 진동을 주는 것이 다르다)이다.

[특징]

① 숫돌의 진동에 의해 숫돌 입자가 정부(⊕, ⊖)의 힘을 받아 숫돌 입자의 자생 작용이 좋다.

② 숫돌에 가하는 압력이 작기 때문에 발열이 적다.

③ 다듬질 면은 방향성이 없어 가공 변질층이 적다.

④ 단시간으로 좋은 가공을 할 수 있다.

(4) 브로칭

브로치라고 하는 특수한 공구를 사용하여 절삭가공을 하는 공작기계로서 다른 공작기계로는 가공하기 어려운 원형 이외의 구멍 등의 가공을 브로치를 통과시킴으로써 비교적 간단히 가공할 수 있기 때문에 자동차용 부품 · 전기 부품 등의 일반 가공용으로 널리 이용된다.

3-5 용접(welding)

1 전기 용접

아크 용접법은 열원으로 아크를 사용하는 융접법(fusion welding)이며 현재 가장 널리 이용되고 있는 접합(seam)방법이다. 구성은 아크 용접기, 1차측·2차측 배선, 자동전격 방지장치, 홀더 및 용접봉 등으로 성립되어 있다. 아크 용접기에는 직류와 교류가 있으며, 현재는 교류 아크 용접기가 많이 사용되고 있다.

(1) 아크 용접의 극성

① 정극성(DC. SP) : 모재를 (+)극에, 용접봉을 (−)극에 연결하는 방식으로 (+)극에서 발생열이 많은 관계로 용접봉의 용융 속도는 늦고 모재 쪽의 용융 속도가 빠르기 때문에 모재의 용입이 깊어 두꺼운 판재의 용접에 널리 사용된다.

② 역극성(DC. RP) : 모재에 (−)극을, 용접봉에 (+)를 연결하는 방식으로 용접봉의 용융속도가 빠르고 모재의 용입이 얕은 관계로 얇은 판, 비철금속, 주철 등의 용접에 사용된다.

③ 아크 용접의 이상 현상

용입 불량 : 모재의 용융 속도가 용접봉의 용융 속도보다 느릴 때 일어나며 저전압, 저속도일 때 발생한다.

④ 스패터(spatter) : 용접 중에 비산되는 슬래그 및 금속 입자가 모재에 부착된 용접이며 고전압, 용융 속도가 빠를 때, 아크의 길이가 길 때 일어난다.

⑤ 오버랩(over lap) : 용융된 금속이 모재와 잘 융합되지 않고 표면에 덮여 있는 상태이며 용접 전류가 낮고, 용접 속도가 늦을 때 발생한다.

⑥ 언더 컷 : 용접 경계 부분에서 생기는 흠이며, 용접 전류가 크고, 용접 속도가 빠를 때 일어난다.

(2) 전기 저항 용접

전기 저항 용접을 압접이라 부르며, 줄의 법칙을 이용한다. 종류에는 점(spot) 용접, 심(seam) 용접, 맞대기 용접, 플래시 용접 등이 있다.

① 점(스폿) 용접 : 2개의 모재를 겹쳐 전극 사이에 끼워 놓고 전류를 공급하여 접촉면이 전기 저항에 의해 발열되어 용융될 때 압력을 가하여 접합하는 용접 방법이다. 점 용접의 장점은 다음과 같다.

(가) 재료가 절약된다.

(나) 표면이 편평하고 외관이 아름답다.

(다) 변형의 발생이 적다.

(라) 구멍을 가공할 필요가 없다.

② 심(seam) 용접 : 원판상의 전극에 재료를 끼워 압력을 가하면서 전류를 통하게 하여 접합하는 용접 방법이다.

③ 프로젝션 용접 : 점 용접을 변형시킨 것으로 용접 부분의 돌기에 전류를 집중시켜 압력을 가하여 접합시키는 용접 방법이다.

④ 맞대기 용접 : 2개의 모재를 용접기에 설치하여 맞대고 전류를 통해서 접촉부를 용융시켜 접합하는 용접 방법이다.

2 가스 용접

산소와 아세틸렌 또는 산소와 수소 등을 용접 토치 선단에서 연소시켜 그 연소열을 이용하여 용접봉을 녹여서 접합하는 용접법이다.

① 산소 아세틸렌 용접

② 산소 수소 용접

③ 산소 프로판 용접

※ 가연성 가스(C_2H_2, H_2, LPG 등), 불연성 가스(CO_2)

(1) 가스 용접의 장·단점

장 점	단 점
① 전기가 필요 없다.	① 폭발 위험이 크다.
② 응용범위가 넓다.	② 용접 후 변형이 크다.
③ 열량조절이 자유롭다.	③ 열효율이 낮아 용접속도가 느리다.
④ 박판용접에 적합하다.	④ 금속이 산화 및 변화되기 쉽다.
⑤ 유해 관선의 발생률이 적다.	⑤ 가열시간이 길고 기계적 강도가 적다.

(2) 가스 용접기의 구조

① 가스 용접, 절단이 잘 되는 금속 : 연강, 순철, 주강

② 절단이 잘 되지 않는 금속 : 구리, 황동, 청동, 알루미늄, 납, 주석, 아연

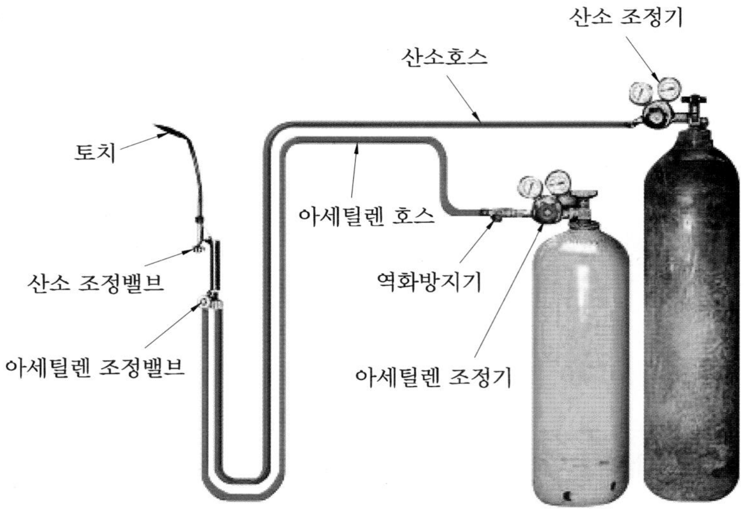

가스 용접기의 구조

(3) 산소-아세틸렌 가스 불꽃

아세틸렌 가스 1 L를 연소시키기 위해서는 1.2~1.3 L의 산소가 필요하나 산소와 아세틸렌을 1 : 1로 혼합하여 연소시키면 다음 그림과 같이 3개의 부분으로 구성된 불꽃이 생성된다.

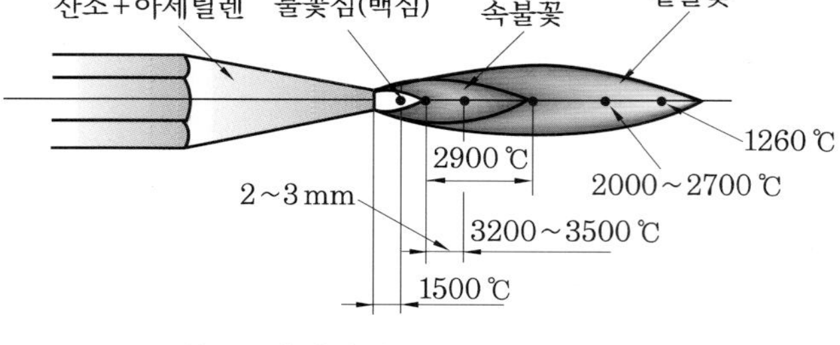

산소-아세틸렌 가스 불꽃의 구성

① 불꽃심(백심, flame core) : 불꽃심은 팁에서 나오는 혼합 가스가 연소 화합하여 일산화탄소(CO) 2분자, 수소(H_2) 1분자를 형성하는 환원성 불꽃이다.

② 속불꽃(내염, inner flame) : 불꽃심 부분에서 생성된 일산화탄소가 수소와 공기 중의 산소와 결합 연소되어 고열(3,200~3,500℃)이 발생하는 부분으로 무색에 가깝

고 약간의 환원성을 띠게 된다. 열은 이 부분에서 주로 공급되며 속불꽃으로 용접을 하면 용접부의 산화를 방지할 수 있다.

③ 겉불꽃(외염, outer flame) : 이 불꽃은 연소 가스가 다시 주위의 공기와 결합하여 완전연소되는 부분으로 불꽃의 가장자리를 이루며 2,000℃의 열을 낸다.

3 불활성 가스 아크 용접

불활성 가스 아크 용접은 아르곤(Ar), 헬륨(He) 등 고온에서도 금속과 반응하지 않는 불활성 가스의 분위기 속에서 텅스텐(TIG 용접) 또는 금속(MIG 용접) 봉을 전극으로 하여 모재와의 사이에서 아크를 발생시켜 용접하는 방법이다.

① TIG 용접 : 불활성 가스 분위기 속에서 전극으로 텅스텐 봉을 사용하는 용접이다.

② MIG 용접 : 불활성 가스 분위기 속에서 전극으로 금속 비피복 봉을 사용하는 용접이다.

4 필릿 용접

필릿 용접은 용접부가 직교하는 삼각형의 단면을 가진 용접으로, T 이음부나 겹치기 이음부의 구석 부분을 용접하는 것이다.

(1) 필릿 용접의 종류

① 연속 필릿 용접 : 용접부 길이 전체를 연속으로 용접한 것으로 강도를 많이 요할 경우에 필요하지만 변형이 크므로 주의해야 한다.

② 단속 필릿 용접 : 용접부 전체의 길이를 일정한 간격으로 띄엄띄엄 용접하는 것으로, 병렬 필릿 용접, 지그재그 필릿 용접 등이 있다.

(2) 하중에 따른 필릿 용접

① 전면 필릿 용접 : 용접선의 방향과 하중의 방향이 직교한 형상의 필릿 용접

② 측면 필릿 용접 : 용접선의 방향과 하중의 방향이 평행한 형상의 필릿 용접

③ 경사 필릿 용접 : 용접선의 방향이 하중의 방향에 대하여 경사져 있는 현상

(3) 비드의 형상

① 볼록형 필릿　　② 평면형 필릿　　③ 오목형 필릿

(4) 필릿 이음의 치수

필릿 용접의 다리 길이는 양면 필릿 용접 시에는 판 두께의 3/4(판 두께의 70~100 %)으로 하며 루트 간격은 0.8 mm 이하로 한다.

Chapter 4 유체 기계

4-1 유체 기계 기초 이론

1 유압 기초 및 일반사항

유압 기기는 유압 장치를 구성하는 요소로 유압 펌프, 유압 제어밸브, 액추에이터 및 부속 기기 등으로 구성되며, 유압 회로는 유압 기기의 배열과 유압의 전달 상태를 도면으로 나타낸 것이다.

(1) 유압 장치의 구성

다음 그림은 유압 장치의 구성도를 나타낸 것이다. 원동기로부터 공급된 유압유는 각종 밸브를 통하여 액추에이터를 동작시켜 직선 운동이나 회전 운동을 하게 한다.

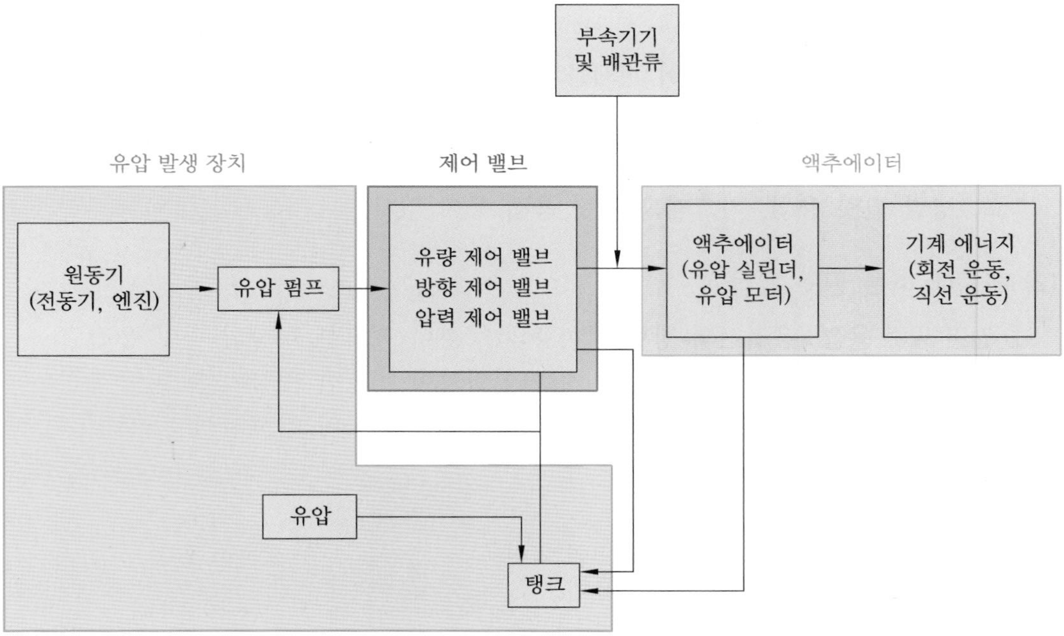

유압장치의 구성도

(2) 유압 장치의 특징

유압 장치는 유체의 압력에 의해 힘과 운동을 전달하며 매우 큰 출력을 얻을 수 있고, 힘과 속도를 정확하게 전달할 수 있는 장점을 가지고 있다. 이러한 특징 때문에 유압 장치는 조선 공업, 건설 장비, 프레스, 사출 등에 널리 사용되고 있다.

4-2 유압 장치의 구성

유압이란 유체역학에 의한 힘과 운동량을 제어하여 동력을 전달하는 것이다. 동력원은 전동기 및 엔진이고, 이 동력을 움직이고 싶은 부분에 부착되어 있는 액추에이터에 전달한다. 전달 매체는 구동기에 부착되어 있는 펌프에 의하여 흡입 토출되는 유압 작동유이다. 힘과 운동의 제어는 주로 밸브로 한다.

(1) 유압유의 구비 조건

① 점도지수가 커야 한다.
② 비압축성이어야 한다.
③ 물리적, 화학적으로 안정적이어야 한다.
④ 열을 잘 방출할 수 있어야 한다.

참고 유압 펌프를 처음 시동할 경우 작동 방법

1. 신품인 베인 펌프는 압력을 걸어 시동하고 최초 5분 정도는 간헐적으로 작동시켜 길들이는 것이 좋다.
2. 시동 전에는 회전 상태를 검사하여 플렉시블 캠링의 회전방향과 설치 위치를 정확히 해둔다.
3. 작동유는 적절한 정도로 맑고 깨끗하게 사용해야 한다

(2) 유압 장치의 구성 요소

① 유압 펌프 : 유압 펌프는 기계적 에너지를 유압 에너지로 변환시키는 기구이며 종류에는 기어 펌프, 플런저 펌프, 로터리 펌프(트로코이드 펌프), 나사(스크루) 펌프, 베인 펌프 등이 있다.

② 유압 제어 밸브

㈎ **압력 제어 밸브** : 유압 회로 내의 유압을 일정하게 유지하며, 최고 압력을 제한하여 액추에이터의 작동 순서를 제한하거나 일정한 배압을 액추에이터에 부가시키는 역할을 하는 밸브이다.

㈏ **유량 조절 밸브** : 유량 변화에 의한 압력차를 일정하게 유지하여 유량을 제어하며 자동 조절 밸브, 유량 조절 밸브는 연료 조절 밸브 등으로 응용된다.

㈐ **방향 제어 밸브** : 유압 펌프에서 송출되는 작동유의 통로를 변환하여 오일의 흐름을 규제함으로써 필요한 액추에이터에 동력을 확실하게 접속하는 역할을 한다.

③ 액추에이터(작동기) : 액추에이터는 유압 에너지를 기계적 에너지로 변환시키는 기구이며, 직선 왕복 운동을 하는 유압 실린더와 회전 운동을 하는 유압 모터가 있다.

4-3 유압 기기

(1) 유압 펌프 및 모터

- 유압 펌프
  - 기어 펌프
    - 외접기어 펌프
    - 내접기어 펌프
  - 베인 펌프
    - 정용량형 베인 펌프
    - 가변용량형 베인 펌프
      - 액셜형
      - 레이디얼형
  - 로터리 플런저(피스톤) 펌프
  - 크랭크형 플런저 펌프
  - 나사 펌프

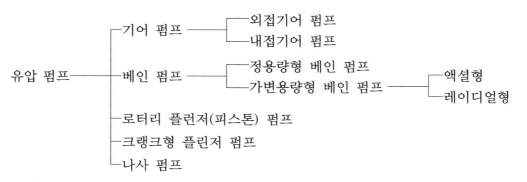

유압 펌프의 분류

(2) 용적형 펌프(피스톤 펌프)

① 터보형

(가) 원심형 : 벌류트 펌프, 터빈 펌프

(나) 사류형

(다) 축류형

② 용적형

(가) 왕복형 : 피스톤 펌프, 플런저 펌프

(나) 회전형 : 기어 펌프, 베인 펌프

③ 특수형 : 분사 펌프, 공기 양수 펌프, 수격 펌프, 점성 펌프

참고 특수 펌프의 종류

① 제트 펌프 : 수중에 제트(jet)부를 설치하고 벤투리관의 원리를 이용하여 증기 또는 물을 고속으로 노즐에서 분사시켜 압력 저하에 의한 흡인작용으로 양수하는 펌프이다. 분류 펌프, 분사 펌프라고도 한다.

② 재생 펌프 : 날개바퀴로 하는 짧은 홈이 무수히 많은 원판과 그 주위를 둘러싼 케이싱 사이의 액체에 운동을 주어 양수하는 펌프

③ 기포 펌프 : 양수관 하단의 물속으로 압축공기를 송입하여 물의 비중을 가볍게 하고, 발생되는 기포의 부력을 이용해서 양수하는 펌프로 공기 양수 펌프라고도 한다.

④ 수격 펌프 : 물의 흐름에 의한 수격현상의 운동 에너지를 이용해 액체를 높은 장소로 밀어 올리는 펌프

(3) 유압 밸브

유압 장치에 있어서 기름의 압력·유량·흐름 방향을 제어하는 밸브

① 리듀싱 밸브(reducing valve ; 감압 밸브) : 유량이나 입구 측의 유압과는 관계없이 미리 설정한 2차측 압력을 일정하게 유지하는 밸브이다.

② 시퀀스 밸브(sequence valve) : 2개 이상의 분기 회로를 가진 회로 내에서 액추에이터의 작동 순서를 제어한다.

③ 스로틀 밸브(throttle valve) : 게이트 밸브의 일종으로 원판을 회전시켜 관로를 열고 닫음으로써 유체와의 마찰에 의하여 유체의 압력을 낮추는 데 사용하는 밸브이다.

④ 언로더 밸브(unloader valve ; 무부하 밸브) : 회로 내의 유압이 규정값에 도달하면 이것을 유압 펌프로 복귀시켜 펌프를 무부하로 작동하도록 해준다.

⑤ 스톱 밸브(stop valve) : 나사를 위아래로 움직여서 여닫게 하는 접시 모양의 밸브, 액체의 흐름을 일정한 방향으로만 통하게 하고 거꾸로 흐르는 것을 자동으로 막는 구조의 밸브

⑥ 카운터 밸런스 밸브(counter balance valve) : 한 방향의 흐름은 규제된 방향에 의한 흐름이며, 반대 쪽 방향의 흐름은 자유인 밸브이다. 또한 유압 실린더 등에서 하중이 하강할 때 그 자체 중량으로 인한 자유 낙하를 방지하는 밸브이다.

⑦ 체크 밸브(check valve) : 유체가 한 방향으로만 흐르고 반대로 흐르고자 하면 밸브가 즉시 폐쇄되어 역류를 방지하도록 작동하는 밸브이다.

⑧ 셔틀 밸브(shuttle valve) : 출구는 하나지만 입구 측이 여러 개인 밸브 구조상 입구 측의 압력이 가장 높은 쪽의 유체를 출구 측으로 인도하는 형식을 갖는다.

⑨ 릴리프 밸브(relief valve) : 회로 내의 최고 압력을 낮추어 압력을 일정하게 유지하는 밸브이며, 유압 펌프와 제어 밸브 사이에 병렬로 설치되어 있다.

참고 어큐뮬레이터(축압기)

유압 장치에 있어서 유압펌 프로부터 고압의 기름을 저장해 놓는 장치

① 유압 에너지 축적용

② 고장·정전 등의 긴급 유압원

③ 맥동·충격압력의 흡수용

④ 유체의 수송, 압력의 전달

4-4 유압 회로

유압 장치에 있어서 유체의 흐름이나 기기의 작동을 설명하기 위하여 사용되는 부품과 그림 유압 기기의 외형도 및 단면도 등을 활용하고 있다. 그러나 실질적인 유압 라인 및 기기 작동과 고장진단을 확인하기 위해서는 유압 기기의 부품기호와 관련 부품들을 연결하고 약속된 기호를 표시하여 유압회로를 구성함으로써 유압작동 흐름을 이해하고 효율적인 관리가 가능하도록 한다.

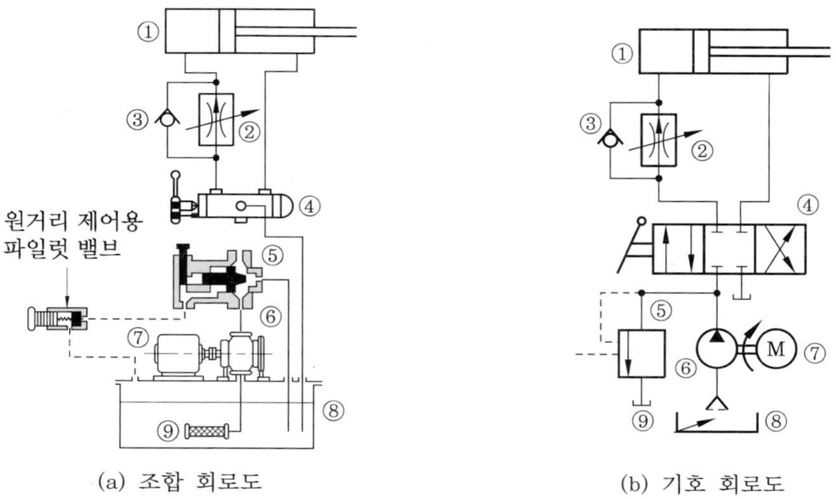

① 유압 실린더	② 유량조절 밸브	③ 역류방지 밸브
④ 슬루스 밸브	⑤ 릴리프 밸브	⑥ 유압 펌프
⑦ 모터	⑧ 오일 탱크	⑨ 여과기

유압 회로

참고

(1) 유압유의 특성
① 비압축성이고 유동성이 좋을 것.
② 윤활성이 있고 미끄럼 부분(마찰부)의 마멸 방지
③ 기밀성이 유지될 수 있는 점도를 가질 것.
④ 물리적·화학적으로 변화가 없을 것.
⑤ 부품의 변질이나 부식을 방지할 것.
⑥ 인화점이 높고 온도에 대한 점도 변화가 적을 것.
⑦ 거품이 발생되지 않을 것.

(2) 유압유의 종류
① 광유계 유압유 : 가장 많이 사용된다.
② 합성형 유압유 : 성능이 우수하나 가격이 비싸 항공기용으로 사용된다.
③ 난연성 유압유 : 수성형 유압유이다.

5 Chapter

재료역학

5-1 응력과 변형 및 안전율

1 응력의 종류

(1) 축 응력 = 수직 응력 = 법선 응력(normal stress)

수직 응력은 물체에 작용하는 응력이 단면에 직각으로 작용하는 응력으로, 가해지는 외력이 인장력일 경우 인장응력(σ_t), 압축력일 경우 압축응력(σ_c)이 발생한다.

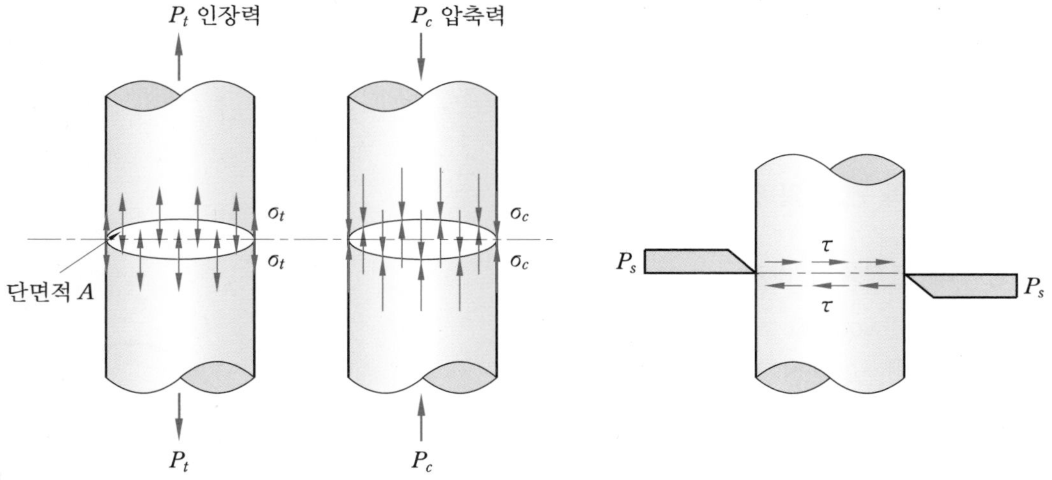

(a) 인장응력 (b) 압축응력 (c) 전단응력

① 인장응력 : 인장하중에 의한 응력

$$\sigma_t = \frac{P_t}{A}[\text{N/m}^2,\ \text{kgf/cm}^2]$$(수직응력은 단면에 항상 수직)

P_t : 인장력(= 인장하중)[N, kg/cm^2], A : 봉의 단면적(m^2, cm^2)

② 압축응력 : 압축하중에 의한 응력

$$\sigma_c = \frac{P_c}{A}[\text{N/m}^2,\ \text{kgf/cm}^2]$$

P_c : 인축력(= 인축하중)[N, kg/cm^2], A : 봉의 단면적(m^2, cm^2)

③ 전단응력(접선응력) : 전단하중에 의한 응력

$$\tau = \frac{P_S}{A}[\mathrm{N/m^2},\ \mathrm{kgf/cm^2}]$$(전단응력은 단면에 항상 평행)

τ : 전단응력, P_S : 전단하중, A : 봉의 단면적($\mathrm{m^2}$, $\mathrm{cm^2}$)

(2) 안전율

재료의 인장강도(극한강도)와 허용응력과의 비율을 안전율이라 한다.

재료의 불균일 및 응력계산 등에 대한 부정확성을 보충하고 각 부분이 충분한 안전율을 고려함으로써 안전하고 경제적인 치수 결정에 중요한 역할을 한다.

$$안전율(S) = \frac{인장강도(\sigma_u)}{허용응력(\sigma_a)} \qquad 허용응력(\sigma_a) = \frac{인장강도(\sigma_u)}{안전율(S)}$$

참고 허용응력이나 안전율을 결정할 때 고려해야 할 사항

① 재질
② 하중과 응력 계산의 정확성
③ 하중의 종류에 따른 응력의 성질
④ 부재의 형상 및 사용 장소
⑤ 공작 방법 및 정밀도
⑥ 온도, 마멸, 부식 등

2 응력과 변형 및 안전율, 탄성계수

(1) 응력과 변형률의 관계

① 사용응력(working stress, σ_w) : 사용할 수 있는 응력, 영구변형 없이 구조물을 안전하게 사용할 수 있는 응력

② 허용응력(allow stress, σ_a) : 사용응력으로 선정한 안전한 범위의 응력, 사용응력의 상한응력

③ 극한강도(최대응력, σ_u)

④ 응력의 관계 $\sigma_w \le \sigma_a = \dfrac{\sigma_u}{S}$

여기서, S : 안전율

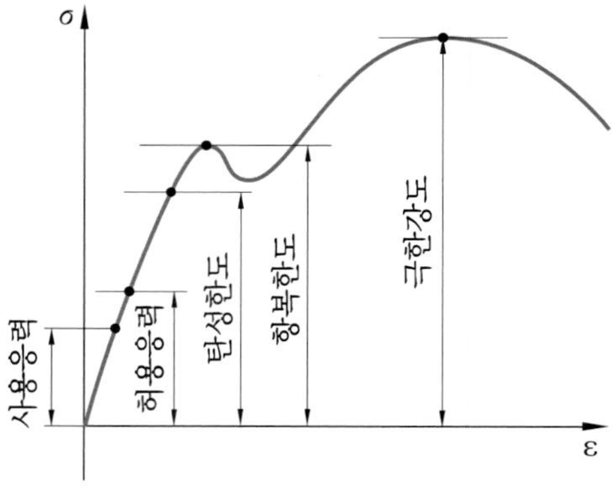

⑤ $인장강도 = \dfrac{최대하중}{최초의 단면적}$ (인장시험의 최대하중을 최초의 단면적으로 나눈 값)

3 Hook's 의 법칙(응력과 변형률의 법칙)

"재료의 응력이 비례한도에 이르면 응력(σ)과 변형률(ε)과는 정비례한다." 또는 "탄성한도 내에서 신장량(λ)은 하중(P)과 길이(l)에 비례하고, 단면적(A)에 반비례한다." 이것은 재료역학의 기초가 되는 중요 법칙으로 훅의 법칙(Hooke's law)이라 한다. 즉,

$$\sigma \propto \varepsilon (\text{응력} = \text{비례상수} \times \text{변형률})$$

또는 $$\frac{P}{A} \propto \frac{\lambda}{l} \rightarrow \lambda \propto \frac{P \cdot l}{A} \left(\text{신장량} = \text{비례상수} \times \frac{\text{하중} \times \text{길이}}{\text{단면적}} \right)$$

위 식에서 비례상수를 탄성계수라 한다.

참고 훅의 법칙(Hook's law)

고체에 힘을 가하여 변형시키는 경우, 힘이 어떤 크기를 넘지 않는 한 변형의 양은 힘의 크기에 비례한다는 법칙

(1) 세로탄성계수

수직응력 σ와 그에 따른 세로변형률 ε이 훅의 법칙에 따라 정비례 관계를 성립시키는 비례상수를 영계수(Young's modulus) 또는 세로탄성계수라 하고, E로 표시하며 단위는 [N/m^2, kgf/cm^2], 연강에 대하여 세로탄성계수 $E = 2.1 \times 10^6 \text{kgf/cm}^2 \fallingdotseq 210\,\text{GPa}$이다.

수직응력을 받는 경우

$$\boldsymbol{\sigma = E \cdot \epsilon = E \times \frac{\Delta l}{l}}, \quad \text{변형량 } \boldsymbol{\Delta l = \frac{\sigma \cdot l}{E} = \frac{F \cdot l}{A \cdot E}}$$

참고

E = 비례계수 = 종탄성계수 = 세로탄성계수 = 영계수(Young's modulds)

(2) 가로탄성계수

탄성한도 내에서 전단응력을 τ, 전단변형률을 γ라 하고, 두 값 사이의 비례상수를 G라 할 때

$$\tau = G \cdot \gamma, \quad G = \frac{\tau}{\gamma} = \frac{\frac{P}{A}}{\frac{\lambda_s}{l}} = \frac{Pl}{A\lambda_s}$$ 의 관계가 성립한다.

이 비례상수를 전단탄성계수(modulus of rigidity) 또는 가로탄성계수라 하며 G로 표시하고, 단위는 응력과 같은 N/m^2 또는 kgf/cm^2를 가지며, 그 크기는 E의 $\frac{2}{5}$ 정도이고, 연강에 대하여 가로탄성계수 $G=0.81\ kgf/cm^2 \fallingdotseq 81GPa$이다. 전단탄성계수 G는 직각을 갖는 두 면 사이에 1 rad(57.3°)의 각도 변화를 발생시키는데 필요한 전단응력 τ의 값이다.

전단응력을 받는 경우

$$\text{전단응력 } \tau = G\times\gamma = G\times\frac{\lambda_s}{l},\ \text{전단변형량 } \lambda_s = \frac{\tau\cdot l}{G} = \frac{F_S}{A}\times\frac{l}{G}$$

참고

$$G = \text{횡탄성계수} = \text{가로탄성계수} = \text{전단탄성계수}$$

(3) 신축에 따른 열응력

재료를 가열하면 팽창하고 냉각하게 되면 수축된다. 여기서 자유로이 팽창 또는 수축이 불가능하게 어떤 장치를 하면 팽창과 수축에 일정한 길이만큼 수축 또는 인장을 가한 경우와 같이 응력이 일어나게 된다. 이때 발생되는 응력을 열응력이라 한다.

$$\sigma = E_\epsilon = E_\alpha(t_2 - t_1)$$

4 푸아송의 비(Poisson's ratio)

탄성한도 내에서 재료의 축 방향으로 인장하중을 작용시키면 축 방향으로 신장을 일으키는 동시에 가로 방향으로 수축이 일어난다. 즉, 재료에는 축 신장과 더불어 가로수축을 동반하며 탄성한도 내에서는 그 비가 일정하게 유지되며, 그 축 신장과 가로 수축의 비는 푸아송의 비(Poisson's ratio) μ라 하고, 그 역수를 m이라 하면 $m = \frac{1}{\mu}$을 푸아송의 수(Poisson's number)라 한다.

$$\mu = \frac{1}{m} = \frac{\varepsilon'}{\varepsilon} = \frac{\text{가로신장률}}{\text{세로신장률}}$$

5-2 보의 응력과 처짐

1 하중(load)의 종류

① 집중하중 : 보의 어느 한 지점에 집중하여 작용하는 하중이며, 크기는 N, kgf 으로 표시한다.

② 균일 분포 하중 : 보의 단위길이에 하중이 균일하게 분포하여 작용하는 하중으로, 등분포 하중이라고도 하며, 크기는 N/m, kgf/m 이다.

③ 불균일 분포 하중 : 보의 단위길이에 하중이 불균일하게 분포하여 작용하는 하중이다.

④ 이동하중 : 차량이 교량 위를 통과할 때처럼 하중이 이동하여 작용하는 하중이다. 이 밖에도 점변분포 하중과 부등분포 하중이 있다.

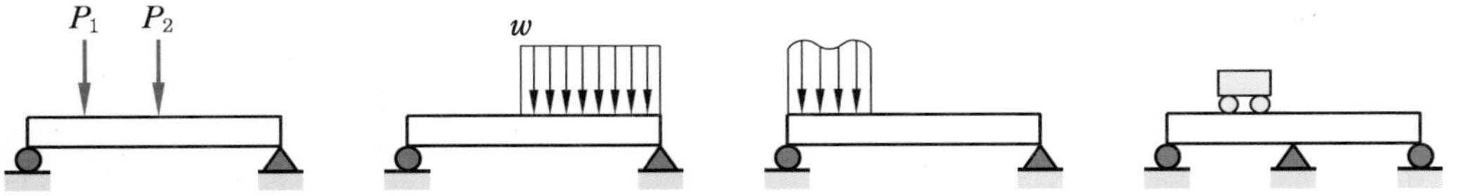

(a) 집중하중 (b) 균일 분포하중 (c) 불균일 분포하중 (d) 이동하중

2 보의 종류 및 반력

(1) 보의 종류

① 정정보

㈎ 외팔보 : 한 끝단만 고정한 보로써 고정된 단을 고정단, 다른 끝을 자유단이라 한다(반력 수 3개).

㈏ 단순보 : 양단에서 받치고 있는 보로써 양단지지보이다(반력 수 3개).

㈐ 돌출보 : 보의 한 부분이 지점 밖으로 돌출되어 지점의 바깥쪽에 하중이 걸리는 보로써 내다지보이다(반력 수 3개).

㈑ 게르버보 : 단순보와 돌출보를 조합하여 이루어진 보로써 반력은 3개 이상이지만 단순보와 돌출보의 두 부분으로 나누어 생각하면 반력은 3개이다.

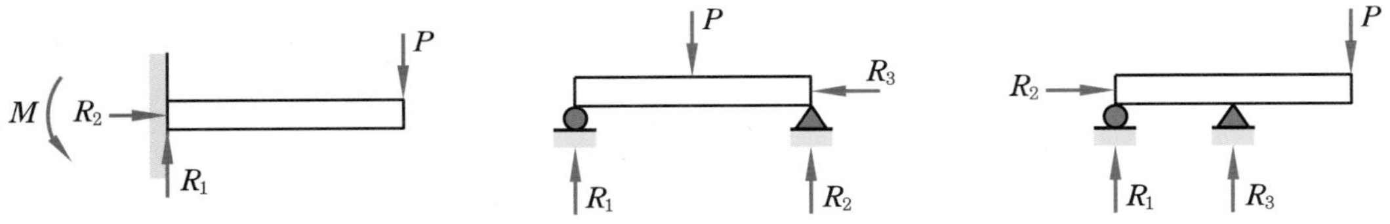

(a) 외팔보 (b) 단순보 (c) 돌출보

② 부정정보

㈎ 양단 고정보 : 양 단이 모두 고정된 보로써 보 중에서 가장 강한 보이다(반력 수 6개).

㈏ 고정 받침보 : 한 단은 고정되고, 다른 단은 받쳐져 있는 보이다(반력 수 4개).

㈐ 연속보 : 3개 이상의 지점, 즉 2개 이상의 스팬(span)을 가진 보(반력 수=지점 수+1)이다.

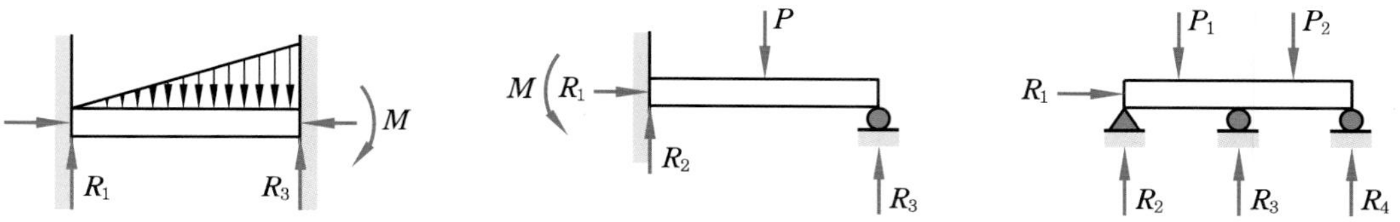

(a) 고정보　　(b) 고정 받침보　　(c) 연속보

참고

① 보에 작용하는 하중과 반력의 대수합은 영이 되어야 한다($\sum Y_i = 0$).

: 상향의 힘(+), 하향의 힘(−), 오른쪽 방향의 힘(+), 왼쪽 방향의 힘(−)

② 보의 임의의 점에 대한 굽힘 모멘트의 대수합은 영이 되어야 한다($\sum M_i = 0$).

: 시계 방향의 모멘트(+), 반시계 방향의 모멘트(−)

그림에서, 수평 방향의 하중이 없으므로 수평 반력은 영($\sum X_i = 0$)이고, 수직 방향의 힘의 합은 영($\sum Y_i = 0$)이다. 따라서 R_A(上), P_1(下), P_2(下), P_3(下), R_B(上)이므로 $R_A - P_1 - P_2 + R_B = 0$ 즉, $R_A + R_B = P_1 + P_2 + P_3$

5-3 축의 비틀림(torison of shaft)

1 원형축의 비틀림(torison of circular shaft)

다음 그림에서 보는 바와 같이 길이 l, 반지름 r인 원형 단면의 축을 일단은 고정하고 다른 한 쪽은 우력 $T = P \cdot L$을 작용시키면 비틀림이 발생하며, 축 표면 위에서 축선에 평행한 모선 AB는 비틀려져 AB'로 변형되며 축 내에서는 비틀림 응력(torison of stress)이 발생한다. 이때 가해진 우력을 비틀림 모멘트(torsional moment, twisting moment) 또는 토크(torque)라 한다. 또한 모선 AB와 AB' 사이의 각 γ를 전단각(angle of shearing), 단면의 회전각 θ를 비틀림각이라 한다.

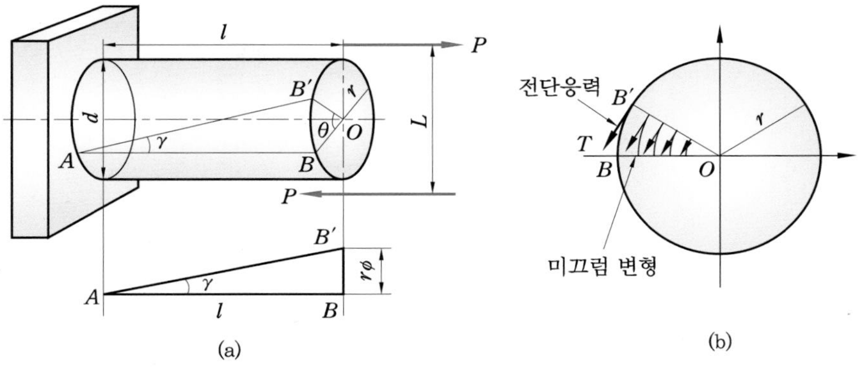

축의 비틀림과 응력 분포

$$\tan\gamma = \frac{BB}{AB} = \frac{r\theta}{l} \fallingdotseq \gamma[\text{rad}]$$

Hook's 법칙에서 $\tau = G \times r$

$$\tau = G \cdot \gamma = G \cdot \frac{r\theta}{l} \text{ 또는 } \tau = G \cdot \frac{\theta}{l} \cdot r$$

$$T = \int dT = \int \tau_\rho \cdot \rho dA = \int \tau \cdot \frac{\rho}{\gamma} \cdot \rho dA = \frac{\tau}{\gamma}\int \rho^2 dA$$

(1) 비틀림 응력(전단력이 작용)

$$\tau = \frac{GR\theta}{l}, \quad \tau = f(R)$$

$$\left(R = 0 \Rightarrow \tau = 0,\ R = R \Rightarrow \tau_{\max} = \frac{GR\theta}{l}\right)$$

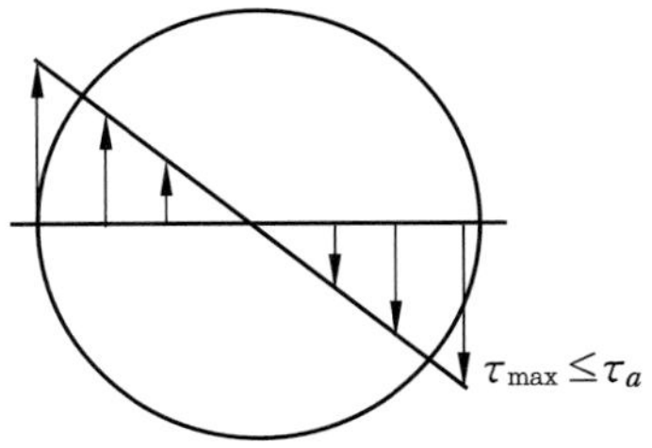

(2) 비틀림 응력과 토크의 관계

$$\gamma = \frac{\tau}{G} = \frac{R\theta}{l}$$

미소 토크 = 미소 힘 × 거리

= (응력 × 미소 단면적) × 거리

$$dT = dF \times r = (\tau_r \times dA) \times r$$

여기서, τ_r : 임의의 반지름 r에서의 전단응력

dT : 미소면적 dA에서의 토크

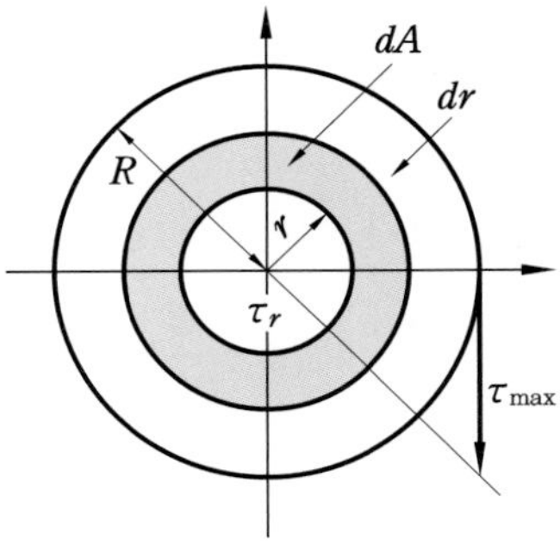

$$T=\int_A dT=\int_A \tau_r[\text{rad}]=\int \frac{r}{R}\tau_{max}\times rdA=\frac{\tau_{max}}{R}\int_A r^2dA=\tau_{max}\frac{I_p}{R}=\tau_{max}\times Z_P$$

비틀림 모멘트 $T=\tau_{max}\times Z_P$

2 비틀림각 θ[rad]

비틀림각은 축의 강성을 설계하는 값이다.

(1) 강도(strength)

재료에 부하가 걸린 경우, 재료가 파단되기까지의 변형저항을 표현하는 총칭이다.

예 인장강도, 압축강도

(2) 강성(stiffness ; rigidity)

하중에 대한 변형저항으로 특히 비틀림에 의한 저항

비틀림각 $\theta=\frac{Tl}{GI_P}$[rad]

여기서, T : 비틀림 모멘트
l : 보의 길이
G : 횡탄성계수
I_p : 극단면 2차 모멘트

3 비틀림 모멘트와 전달동력의 관계

$$\text{동력}=\frac{\text{일}}{\text{시간}}=\frac{\text{힘}\times\text{거리}}{\text{시간}}=\text{힘}\times\text{속도}\left(H=\frac{W}{t}=\frac{F\times S}{t}=F\times V\right)$$

$$H=F\times V=F\times R\times\omega=T\times\omega=T\times\frac{2\pi N}{60}$$

$$V=\omega\times R=\frac{\pi DN}{60}$$

여기서, V : 원주 속도, ω : 각속도, N : 분당회전수(rpm)

(1) 동력 H가 마력(PS)을 주어질 때 $1\text{PS}=75\,\text{kgf}\cdot\text{m/s}$

① $T=\frac{60}{2\pi}\times 75\times\frac{H_{ps}}{N}=716.2\frac{H_{ps}}{N}\,\text{kgf}\cdot\text{m}$

② $T=716.2\frac{H_{ps}}{N}[\text{kg}\cdot\text{m}]=7018.76\frac{H_{ps}}{N}[\text{J}]$

③ $T = 71620\dfrac{H_{ps}}{N}[\text{kg}\cdot\text{cm}] = 7018.76\dfrac{H_{ps}}{N}[\text{J}]$

④ $T = 716200\dfrac{H_{ps}}{N}[\text{kg}\cdot\text{mm}] = 7018.76\dfrac{H_{ps}}{N}[\text{J}]$

(2) 동력 H가 [kW]로 주어질 때 $1\text{kW} = 102\,\text{kgf}\cdot\text{m/s}$

① $T = \dfrac{60}{2\pi}\times 102\times\dfrac{H_{kW}}{N} = 974\dfrac{H_{kW}}{N}[\text{kgf}\cdot\text{m}]$

② $T = 974\dfrac{H_{kW}}{N}[\text{kg}\cdot\text{m}] = 9545.2\dfrac{H_{kW}}{N}[\text{J}]$

③ $T = 97400\dfrac{H_{kW}}{N}[\text{kg}\cdot\text{cm}] = 9545.2\dfrac{H_{kW}}{N}[\text{J}]$

④ $T = 974000\dfrac{H_{kW}}{N}[\text{kg}\cdot\text{mm}] = 9545.2\dfrac{H_{kW}}{N}[\text{J}]$

참고

- 축의 재료
  ① 탄소 성분 : C 0.1~0.4%
  ② 중하중 및 고속 회전용 : 니켈(Ni), 니켈 크롬강(Ni-Cr)
  ③ 마모에 견디는 곳 : 표면경화용
  ④ 크랭크축 : 단조강, 미하나이트 주철
- 축 설계 시 고려 사항
  ① 강도(strength) : 여러 가지 하중의 작용에 충분히 견딜 수 있는 강함의 크기
  ② 강성(stiffness) : 충분한 강도 이외에 처짐이나 비틀림의 작용에 견딜 수 있는 특성
  ③ 진동(vibration) : 회전 시 고유 진동과 강제 진동으로 인하여 공진 현상이 생길 때 축이 파괴된다. 이때 축의 회전 속도를 임계 속도라 한다.
  ④ 부식(corrosion) : 방식 처리를 하거나 또는 굵게 설계한다.
  ⑤ 온도 : 고온의 열을 받는 축은 크리프와 열팽창을 고려해야 한다.

출제 예상 문제

제1장 기계재료

01 탄소강에 첨가되어 있는 원소 중에서 탈산제로 첨가되며 강의 경도, 탄성계수, 인장력을 높여주고 전자기적 성질을 개선시키는 원소는? 2011.6.12

㉮ 망간 ㉯ 규소 ㉰ 인 ㉱ 황

02 재료의 경도시험에서 압입지름을 이용한 경도시험 방법이 아닌 것은? 2008.5.11

㉮ 마이어 경도시험 ㉯ 브리넬 경도시험
㉰ 비커스 경도시험 ㉱ 쇼어 경도시험

03 재료에 탄성한계를 넘어서 외력을 가하면 외력을 제거하여도 복원되지 않는 소성변형을 일으키는 성질로 소성 가공에 이용되는 성질은? 2008.5.11

㉮ 가소성 ㉯ 취성
㉰ 역극성 ㉱ 절삭성

04 다음 중 Fe-C의 평형상태도에서 일어나는 3개의 반응에 속하지 않는 것은? 2011.10.2

㉮ 포정반응 ㉯ 공정반응
㉰ 공석반응 ㉱ 편석반응

answers & explanations

01 탄소강에 첨가되어 있는 원소 중에서 규소(Si)는 강의 경도, 탄성계수, 인장력을 높여주고 전자기적 성질을 개선시킨다.

02 경도시험 방법

① 비커스 시험법 : 다이아몬드 사각뿔형(대면각 136°) 압입자를 사용하여 시험편을 눌러 생긴 피라미드 모양의 오목 부분의 대각선을 측정하여 표로서 경도를 구한다.

② 쇼어 시험법 : 경도 시험기 중 현장에서 사용되는 것으로 하중을 충격적으로 가하였을 때 얼마나 반발되어 튀어 올라오는가의 높이로 경도를 나타내는 것이다.

③ 로크웰 경도 시험법 : B스케일과 C스케일을 사용하여 시험면에 먼저 10 kgf의 기본 하중을 작용시키고 이것에 하중을 증가시켜 시험하중한 후 다시 기본 하중을 만들었을 때 기본 하중과 시험 하중으로 인하여 생긴 자국의 깊이 차이로 경도를 표시한다.

④ 브리넬 시험법 : 고탄소강 강구(ball)에 일정한 하중을 걸어서 시험편의 시험면에 30초 동안 눌러 주어 이때 시험면을 눌러 생긴 오목 부분의 단면적으로 나누어 경도를 나타낸다. 가공하기 전 재료의 경도를 시험하는 데 많이 사용된다.

03 ① 가소성 : 재료에 탄성한계를 넘어서 외력을 가하면 외력을 제거하여도 복원되지 않는 소성변형을 일으키는 성질

② 취성 : 물체가 외력을 받았을 때 소성변형을 일으키지 않고 쉽게 부스러지는 성질

③ 역극성 : 모재에 (−), 용접봉에 (+)를 연결하는 방식

④ 절삭성 : 재료가 절삭되기 쉬운 성질

04 ① 공석반응 : 하나의 고체에서 2개의 고체가 석출

② 포정반응 : 2금속의 합금을 용융상태로부터 냉각을 하면 정출된 고용체와 공존된 용액이 반응을 일으켜 새로운 다른 고용체를 형성하는 반응

③ 공정반응 : 2개의 금속이 용융된 액체 상태는 균일하나 응고상태에서는 각각 분리된 결정으로 정출

※ 편석은 미세편석과 거대편석이 있는데 미세편석은 천천히 냉각될 때 편석이 형성되며 Fe-C의 평행상태도에는 해당사항이 없다.

정답 01. ㉯ 02. ㉱ 03. ㉮ 04. ㉱

05 화이트 메탈(white metal)에 대한 설명 중 틀린 것은?

㉮ 주석계 화이트 메탈과 납계 화이트 메탈로 구분한다.
㉯ 주석계 화이트 메탈을 배빗 메탈(babbit metal)이라고도 한다.
㉰ 철도차량용 베어링 재료로 이용된다.
㉱ 다공질 재료에 윤활유를 흡수시켜 제조한다.

06 주조품을 제작하기 위한 모형(pattern)의 종류 중 주물 형상이 크고 소량의 주조품을 요구할 때 그 형상의 골격을 제작한 후 그 간격의 공간을 점토 등의 물질로 메꾸어 제작하는 모형은? 2013.3.10

㉮ 코어 모형
㉯ 부분 모형
㉰ 매치 플레이트 모형
㉱ 골조 모형

07 철강 재료를 순철, 강 및 주철의 3종류로 분류할 때 순철로 구분되는 재료의 탄소 함유량으로 적절한 것은? 2009.5.10

㉮ 0.3 % 이하 ㉯ 0.1 % 이하
㉰ 0.02 % 이하 ㉱ 0.2 % 이하

08 독일에서 발명된 고강도 Al합금으로, $CuAl_2$ 및 Mg_2Si 등의 석출에 의한 시효 경화성 Al 합금은? 2010.9.5

㉮ 건메탈(포금) ㉯ 다우메탈
㉰ 델타메탈 ㉱ 두랄루민

09 정련된 용강에 규소강, 망간강 또는 알루미늄 분말 등의 강한 탈산제를 충분히 첨가하여 완전히 탈산한 강은? 2010.9.5

㉮ 선철(pig iron)
㉯ 킬드(killed) 강
㉰ 림드(rimmed) 강
㉱ 세미 킬드(semi-killed) 강

일반기계공학 4 과목

answers & explanations

05 화이트 메탈(white metal)의 특징
① 주석계 화이트 메탈과 납계 화이트 메탈로 구분한다.
② 주석계 화이트 메탈을 배빗 메탈(babbit metal)이라고도 한다.
③ 철도차량용 베어링 재료로 이용된다.

06 목형의 종류
① 코어 모형 : 수도꼭지나 파이프 등 속이 빈 중공 주물 제작 시 사용
② 부분 모형 : 대형인 주물이 대칭이거나 또는 일부분이 연속적일 때
③ 매치 플레이트 모형 : 소형 주물제품을 대량 생산할 때
④ 골조 모형 : 주조 개수가 작고, 구조가 간단한 대형 주물을 제작할 때 사용

07 철강 재료의 탄소 함유량에 따른 분류
① 순철 : 0.02 %C 이하
② 강 : 0.5~1.7 %C
③ 주철 : 2.5~4.5 %C

08 두랄루민
① 강하고 가벼운 알루미늄 합금류의 상품명이다.
② 알루미늄에 구리, 마그네슘, 망간을 섞어 만들어서 가볍다.
③ 구리가 섞여 있어 내식성이 떨어지지만, 경도가 높고 기계적 성질이 우수하여 항공기나 경주용 자동차 등을 만드는 데 쓴다.

09 탄소강의 제강법에 따른 분류
① 킬드강 : 규소, 알루미늄을 탈산제로 하여 완전 탈산시킨 강이며 진정강이라고도 부른다.
② 림드강 : 평로나 전로에서 망간을 탈산제로 하여 불완전 탈산시킨 3 %C 이하의 일반 탄소강
③ 세미 킬드강 : 킬드강과 림드강의 중간에 속하며, 알루미늄을 탈산제로 사용하여 거의 탈산시킨 저탄소강

정답 05. ㉱ 06. ㉱ 07. ㉰ 08. ㉱ 09. ㉯

10 탄소강 중 규소(Si)는 선철과 탈산제로부터 잔류하게 되는데 탄소강에 미치는 영향으로 맞는 것은? 2009.8.30

㉮ 인장강도, 탄성한계, 경도를 감소시킨다.
㉯ 연신율과 충격값을 증가시킨다.
㉰ 결정립을 최대화시킨다.
㉱ 용접성을 향상시킨다.

11 다음 중 강과 비교한 알루미늄의 설명으로 틀린 것은? 2008.5.11

㉮ 비중이 작다.
㉯ 용융점이 낮다.
㉰ 유동성이 양호하고 수축률이 작다.
㉱ 표면에 산화막이 형성되어 내식성이 우수하다.

12 다음 중 천연고무에서 경질고무의 기준은 어떻게 되는가? 2013.6.2

㉮ 황(S) 성분이 약 10 % 이하의 고무
㉯ 황(S) 성분이 약 15 % 이하의 고무
㉰ 황(S) 성분이 약 30 % 이상의 고무
㉱ 황(S) 성분이 약 50 % 이상의 고무

13 다음 중 재결정 온도(℃)가 가장 낮은 금속은 어느 것인가? 2009.8.30

㉮ Fe ㉯ Ni
㉰ W ㉱ Al

14 다음 탄소강의 첨가원소 중 함유량이 증가하면 내마멸성이 커지고 담금질성을 높게 하는 효과가 있으며, 탈산제로 이용되기도 하고 황에 의하여 일어나는 적열취성을 방지할 수 있는 원소는? 2012.5.20

㉮ Cr ㉯ Mn
㉰ W ㉱ Co

15 18-4-1형이라고 하는 W계 고속도강의 표준조성은? 2008.5.11

㉮ W(18 %) – Cr(4 %) – V(1 %)
㉯ W(18 %) – V(4 %) – Cr(1 %)
㉰ W(18 %) – Cr(4 %) – Mo(1 %)
㉱ Mo(18 %) – Cr(4 %) – V(1 %)

answers & explanations

10 탄소강 중 규소는 선철과 탈산제로부터 잔류하게 되는데 이것은 결정립을 최대화시키기 위함이다.

11 알루미늄의 특징
① 두랄루민은 비강도가 연강의 약 3배 정도
② 비중이 2.7로 작고, 용융점이 600℃ 정도로 낮다.
③ 열전도성, 전기전도성이 좋다.
④ 표면에 산화막이 형성되어 있어 내식성이 우수하다.

12 천연고무에 30 % 이상의 유황을 첨가해 장시간 가열하여 만든 경화(硬化) 고무.
[성질] 전기 절연성, 내수성이 우수하다. 화학약품에 대한 저항성이 크다. 전기 절연성·내수성이 우수하다.

13 금속의 재결정 온도(낮은 순서)
W : 1,200℃ > Ni : 600℃ > Fe
Pt : 450℃ > Au, Ag, Cu : 200℃ > Al
Mg : 150℃ > Zn : 상온 > Pb
Sn : 상온 이하

14 탄소강의 첨가원소가 미치는 영향
① Mn : 강도, 경도, 인성, 내마멸성 증가
② Cr : 내식성, 내열성, 내마멸성 증가, 자경성 증가
③ W : 강도, 경도, 인장강도 증가, 내열성, 내마멸성 증가
④ Co : 강도, 경도 증가

정답 10. ㉰ 11. ㉰ 12. ㉰ 13. ㉱ 14. ㉯ 15. ㉮

16 비금속 재료 중 하나인 합성수지의 일반적인 특징에 해당되지 않는 것은? 2012.3.4

㉮ 가공성이 크고 성형이 간단하다.
㉯ 전기 전도성이 좋다.
㉰ 열에 약하다.
㉱ 투명한 것이 많고 착색이 자유롭다.

17 탄소강의 응력 변형 곡선에서 항복점을 나타내는 점은? 2009.8.30

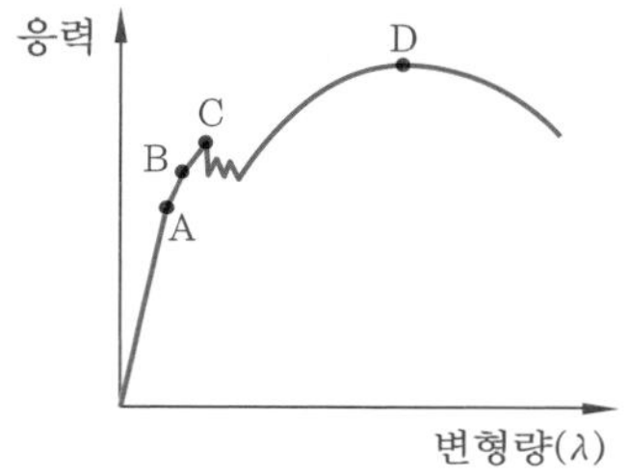

㉮ A ㉯ B
㉰ C ㉱ D

18 다음의 비철금속 중 베어링 합금재료로 부적당한 것은? 2011.6.12 / 2013.3.10

㉮ 화이트 메탈 ㉯ 서멧
㉰ 켈밋 합금 ㉱ 배빗 메탈

19 탄소강에 첨가되어 있는 원소 중에서 탈산제로 첨가되며 강의 경도, 탄성계수, 인장력을 높여주고 전자기적 성질을 개선시키는 원소는? 2011.6.12

㉮ 망간 ㉯ 규소
㉰ 인 ㉱ 황

20 비중이 2.7인 이 금속은 합금원소를 첨가하여 높은 강도, 가벼운 무게와 내부식성이 강한 합금으로 개선하여 자동차 트랜스미션 케이스, 피스톤, 엔진블록 등으로 사용되는 것은? 2010.3.7

㉮ 납 ㉯ 아연
㉰ 마그네슘 ㉱ 알루미늄

answers & explanations

16 합성수지의 특징
① 가볍고 튼튼하며, 비중과 강도의 비율인 비강도가 비교적 높다.
② 전기 절연성이 우수하지만 열에 약하다.
③ 가공성이 크기 때문에 성형이 간단하여 대량 생산이 가능하다.
④ 산, 알칼리, 오일, 화학 약품 등에 강하다.
⑤ 투명하여 채색이 자유롭고 내구성이 크다.

17 탄소강의 응력 변형률 선도
A : 비례한도
B : 탄성한도
C : 항복점
D : 극한(인장)강도

18 베어링 합금재료
① 화이트 메탈 : 납(Pb) + 아연(Zn)
② 켈밋 메탈 : 구리(Cu) + 납(Pb)
③ 배빗 메탈 : 안티몬(Sb) + 주석(Sn) + 구리(Cu)

19 탄소강 중에 함유된 성분
① 규소(Si) : 강의 경도, 탄성계수, 인장력을 높여주고 전자기적 성질을 개선시킨다.
② 인(P) : 경도와 인장강도를 증가시키고 절삭성을 향상시키며 연성을 감소시킨다.
③ 망간(Mn) : 강의 점성을 증대시키고 고온가공을 쉽게 하며 강도, 경도, 인성을 증가시켜 준다.
④ 황(S) : 가장 유해한 원소로 인장강도, 연신율, 충격값을 크게 저하시킨다.

20 알루미늄의 특징
① 두랄루민은 비강도가 연강의 약 3배 정도이다.
② 비중이 2.7로 작고, 용융점이 600℃ 정도이다.
③ 열전도성, 전기 전도성이 좋다.
④ 표면에 산화막이 형성되어 있어 내식성이 우수하다.

정답 16. ㉯ 17. ㉰ 18. ㉯ 19. ㉯ 20. ㉱

21 일반적으로 양백 또는 양은이라 부르는 동합금의 성분은? 2008.9.7

㉮ Cu+Sn+Zn ㉯ Cu+Zn
㉰ Cu+Ni+Zn ㉱ Cu+Ni

22 주철의 성질에 대한 설명으로 틀린 것은? 2011.3.20

㉮ 압축강도가 크다.
㉯ 절삭성이 우수하다.
㉰ 융점이 낮고 유동성이 양호하다.
㉱ 단련, 담금질, 뜨임이 가능하다.

23 α 황동을 냉간 가공하여 재결정온도 이하의 낮은 온도로 풀림하면 가공 상태보다 오히려 경화되는 현상이 생긴다. 이것을 무엇이라 하는가? 2011.6.12

㉮ 저온탈아연
㉯ 경년변화
㉰ 가공경화
㉱ 저온풀림경화

24 철강의 기본 조직의 Fe-C계 평형상태도에서 탄소가 약 6.67 % 함유되었을 때 나타나는 조직의 명칭은? 2011.10.2

㉮ 시멘타이트(cementite)
㉯ 오스테나이트(austenite)
㉰ 펄라이트(pearlite)
㉱ 페라이트(ferrite)

25 Al, Cu, Mg으로 구성된 합금에서 인장강도가 크고 시효경화를 일으키는 고력(고강도) 알루미늄 합금은? 2015.3.8

㉮ Y합금 ㉯ 두랄루민
㉰ 실루민 ㉱ 로우엑스

26 기어나 피스톤 등과 같이 마모작용에 강하고 동시에 충격에도 강해야 할 때 강의 표면을 경화하기 위하여 열처리하는 방법이 아닌 것은? 2010.3.7

㉮ 침탄법 ㉯ 침탄질화법
㉰ 저온소둔법 ㉱ 고주파법

answers & explanations

22 주철의 특징(탄소 함유량이 2.5~4.5%인 주조용철)
① 융점이 낮고 유동성이 좋다.
② 압축 강도는 크나 인장 강도가 부족하다.
③ 가단성, 전·연성이 적고 취성이 크다.
④ 마찰저항이 크며 값이 싸다.
⑤ 녹이 잘 생기지 않는다.
⑥ 내마모성이 크고 절삭 성능이 좋다.

24 탄소강의 표준 조직
① 페라이트(ferrite) : 강자성체이며 순철에 가장 가까운 조직으로 상온에서 체심입방격자 조직이다.
② 펄라이트(pearlite) : 강도와 경도는 페라이트보다 크고 자성이 있다.
③ 시멘타이트(cementite) : 고온의 강중에서 생성되며 경도가 높고 취성이 크며 상온에서 자성체이다(철 Fe 6.67 %).

25 시효경화 : 금속 또는 합금을 급랭 또는 냉간 가공한 후 시간에 따라 경도가 크게 되는 현상으로, 해당하는 알루미늄 합금은 두랄루민이다.

26 표면경화 열처리 : 침탄법, 질화법, 고주파 경화법, 화염 경화법, 청화법

정답 21. ㉰ 22. ㉱ 23. ㉱ 24. ㉮ 25. ㉯ 26. ㉰

27 **담금질한 강에 인성을 갖게 하기 위하여 A_1 변태점 이하의 일정 온도로 가열하는 열처리는 어느 것인가?** 2013.8.18

㉮ 풀림(annealing)
㉯ 불림(normalizing)
㉰ 뜨임(tempering)
㉱ 염욕 열처리(salt bath treatment)

28 **가공 경화된 재료를 연한 재질상태로 돌아가게 하는 열처리 방법은?** 2010.3.7

㉮ 불림(normalizing)
㉯ 풀림(annealing)
㉰ 뜨임(tempering)
㉱ 담금질(quenching)

29 **강의 열처리 방법인 풀림의 효과가 아닌 것은 어느 것인가?** 2009.5.10

㉮ 불균일한 조직이 균일화된다.
㉯ 소성 가공에 의한 잔류 응력이 제거된다.
㉰ 절삭성을 향상시키고 냉간 가공성이 개선된다.
㉱ 경도가 증가하고 탄성계수가 높아진다.

30 **주조할 때 주형에 접한 표면을 급랭시켜 표면은 시멘타이트가 되게 하고, 내부는 서서히 냉각시켜 펄라이트가 되게 한 주철은?** 2010.9.5

㉮ 백주철 ㉯ 회주철
㉰ 칠드주철 ㉱ 가단주철

answers & explanations

27, 28 열처리 방법
① 담금질 : 강을 A_1 변태점 이상으로 가열하여 기름이나 수중(水中)에서 급랭시켜 강도와 경도를 증가시킨다.
② 뜨임 : 담금질한 강에 인성을 주기 위하여 A_1 변태점 이하의 적당한 온도로 가열한 후 서서히 냉각시킨다.
③ 불림 : 금속을 A_3 변태점 이상에서 30~60℃의 온도로 가열한 후 대기 중에서 서서히 냉각시켜 조직을 미세화하고 내부 응력을 제거한다.
④ 풀림 : A_3, A_1 이상에서 20~50℃의 온도로 가열한 후 노 속에서 서서히 냉각시키는 열처리이며, 풀림의 목적은 열처리로 가공된 재료의 연화(연한재질의 성질을 유지시킴), 가공 경화된 재료의 연화, 가공 중의 내부 응력 제거 등이다. 또 풀림 중 재결정 풀림은 냉간 가공한 재료를 가열하면 600℃ 정도에서 응력이 감소하여 재결정이 발생하며, 재결정은 결정 입자의 크기, 가공정도, 석출물, 순도 등에 큰 영향을 받는다.

29 금속 재료를 적당한 온도로 가열한 다음 서서히 상온으로 냉각시키는 조작. 이 조작은 가공 또는 담금질로 인하여 경화한 재료의 내부 균열을 제거하고, 결정 입자를 미세화하여 전연성을 높인다. 강의 경도를 연하게 한다.

30 주철의 종류
① 칠드주철 : 주물의 일부 또는 전체 표면을 높은 경도 또는 내마모성으로 만들기 위해 금형에 접해서 주철용탕을 응고 및 급랭시켜 제조하는 주철 주물로, 롤러, 차축, 실린더 라이너 등에 사용한다.
② 백주철 : 흑연이 석출되고 있지 않는 주철은 파면이 희며, 백주철이라고 불린다. 탄소가 거의 시멘타이트(Fe_3C)로 되어 있기 때문에 굳고 취약하다. 기계 부품으로는 알맞지 않으며, 밀용 볼과 같은 극도로 마멸되는 것 등에 쓰인다. 성분적으로는 저규소인 경우 크롬이 함유되면 백주철이 된다.
③ 가단주철 : 저탄소 저규소의 성분 조성으로 백주철 상태로 주조된다. 보통 주철이라도 급랭된다면 백주철이 된다.
④ 회주철 : 주철을 주형에 주입할 때 벽 두께의 차이에 의해 냉각 속도가 지극히 느린 경우는 탄소가 흑연의 형태로 많이 석출되기 때문에 파단면이 회색을 띠는 주철이나 보통 사용하는 주철은 대부분 여기에 속하고 흑연의 형상, 크기, 분포 상태 등에 따라서 기계적 성질이 다르다.

정답 27. ㉰ 28. ㉯ 29. ㉱ 30. ㉰

31 담금질성(hardenability)을 개선시키고 페라이트 조직을 강화시킬 목적으로 첨가하는 합금 원소는? 2015.8.16

㉮ Cr ㉯ Mn
㉰ Mo ㉱ Ni

32 냉간 가공과 열간 가공을 구분하는 것은? 2013.3.10

㉮ 가공 경화
㉯ 변형 경화
㉰ 나선 전위
㉱ 재결정 온도

33 고온에서 소결 처리하여 만든 비금속 무기질 고체 재료, 즉 유리, 도자기, 시멘트, 내화물 등과 같은 고체 재료의 통칭인 용어는? 2008.5.11

㉮ 알런덤(alundum)
㉯ 멜라닌(melanin)
㉰ 모르타르(mortar)
㉱ 세라믹(ceramics)

34 강판 원통 내부에 내화벽돌을 쌓은 것으로서 제작이 용이하고 구조가 간단하여 일반적으로 주철을 용해시키는 데 쓰이는 대표적인 용해로는? 2013.6.2

㉮ 전기로 ㉯ 전로
㉰ 반사로 ㉱ 큐폴라

35 구리의 일반적인 성질로 맞는 것은? 2008.9.7

㉮ 열의 전도성이 나쁘다.
㉯ 전연성이 좋아 가공이 용이하다.
㉰ 화학적 저항력이 작아서 잘 부식된다.
㉱ 강도가 철강보다 강하므로 구조물 재료로 적당하다.

36 강화유리란 보통 판유리를 600℃ 정도의 가열온도로 열처리한 것인데 다음 중 강화유리의 특징으로 볼 수 없는 것은? 2014.5.25

㉮ 안전성이 높다.
㉯ 유리의 강도가 크다.
㉰ 유리파편의 결정질이 크다.
㉱ 곡선유리의 자유화가 쉽다.

answers & explanations

31 ① Cr(크롬) : 담금질성 개선, 고온에서 경도 유지 가능
② Mn(망간) : 주조성, 인성 증가
③ Mo(몰리브덴) : 경화성, 내마모성 증대
④ Ni(니켈) : 저온에서 내충격성 증가

32 재결정 온도 : 소성 변형을 일으킨 결정이 가열로 재결정을 하기 시작하는 온도이다.

33 세라믹 : 비금속 원료를 성형한 후 높은 온도에서 구워 만드는 제품으로 유리, 도자기, 시멘트 등 각종 제품의 통칭. 가볍고 열에 의한 변형이 없는 것이 장점이다.

34 큐폴라(cupola) : 주철용 용해로써 바깥쪽은 연강판으로 만든 원통형 수직로인데 안쪽은 내화벽돌과 내화점토로 라이닝이 되어 있다. 노의 용량은 1시간에 용해할 수 있는 선철의 톤 수로 나타내며, 3~10중량 톤의 것이 가장 많이 사용된다.

35 구리의 성질
① 전기, 열의 전도도가 우수하다.
② 유연하고 전연성이 좋으므로 가공이 용이하다
③ 용융점 이외는 변태점이 없다.
④ 화학적 저항력이 작아서 잘 부식된다.
⑤ 기타 금속과 합금이 용이하다.
⑥ 아름다운 광택과 귀금속적인 성질이 우수하다.

정답 31. ㉮ 32. ㉱ 33. ㉱ 34. ㉱ 35. ㉯ 36. ㉰

제2장 기계요소

01 베어링 재료에 요구되는 성질로 거리가 먼 것은? 2012.3.4

㉮ 하중 및 피로에 대한 충분한 강도를 가져야 한다.
㉯ 마찰계수가 크고 녹아 붙지 않아야 한다.
㉰ 열전도율이 크고 내마모성이 커야 한다.
㉱ 내식성이 크고 유막의 형성이 용이해야 한다.

02 구리, 주석, 흑연의 분말을 혼합하여 성형을 한 후 가열하고, 윤활제를 첨가하여 소결한 것으로 주유가 곤란한 부분의 베어링으로 사용하는 것은? 2012.3.4

㉮ 포금(gun metal)
㉯ 인청동(phosphor bronze)
㉰ 켈밋(kelmet)
㉱ 오일라이트(oilite)

03 스프링 재료가 갖추어야 할 가장 중요한 성질은? 2009.8.30

㉮ 소성 ㉯ 탄성
㉰ 가단성 ㉱ 전성

04 체인전동의 일반적인 특징을 잘못 설명한 것은? 2012.5.20

㉮ 미끄럼이 생기므로 일정한 속도비로 전동이 불가능하다.
㉯ 체인 길이를 신축(伸縮)할 수 있다.
㉰ 고속회전에는 부적당한 편이다.
㉱ 다축 전동이 용이하다.

05 외접 원통마찰차의 속도비가 2이고, 축간거리가 600 mm라면 두 마찰차의 직경은 각각 몇 mm인가? 2012.8.26

㉮ 100, 200 ㉯ 300, 600
㉰ 400, 800 ㉱ 600, 1,200

answers & explanations

01 베어링 재료에 요구되는 성질
① 마찰계수가 작고 녹아 붙지 않아야 한다.
② 하중 및 피로에 대한 충분한 강도를 가져야 한다.
③ 열전도율이 크고 내마모성, 내부식성이 커야 한다.
④ 내식성이 크고 유막의 형성이 용이해야 한다.

02 오일라이트(오일리스 베어링) : 구리, 주석, 흑연의 분말을 혼합하여 성형을 한 후 가열하고, 윤활유를 4~5 % 침투시킨 후 소결한 것으로 주유가 곤란한 부위에 사용한다.

03 훅의 법칙 : 힘이 어느 값 이하일 때 물체의 변형량은 힘의 크기에 비례한다. 즉, 힘을 많이 줄수록 변형이 많이 일어나는데, 이것을 '훅의 법칙'이라 한다.

04 체인전동의 특성
① V벨트 길이보다는 체인의 길이를 쉽게 조절할 수 있다.
② 미끄럼이 없어 속도비가 일정하다.
③ 큰 동력을 전달할 수 있으며, 전동 효율이 높다(95 % 이상).
④ 유지 및 수리가 쉽다.
⑤ 내유성, 내열성, 내습성이 크다.
⑥ 어느 정도 충격을 흡수할 수 있다.

05 축간거리$(L) = \dfrac{D_1 + D_2}{2} = 600\text{ mm}$

$\therefore\ D_1 + D_2 = 1200\text{ mm}$

$N_1 : N_2 = 2 : 1$이므로 $D_1 : D_2 = 1 : 2$이다.

$\therefore\ D_1 = 400\text{ mm},\ D_2 = 800\text{ mm}$

정답 01. ㉯ 02. ㉱ 03. ㉯ 04. ㉮ 05. ㉰

06 바깥지름 20 mm, 피치 2 mm인 3줄 나사를 $\frac{1}{2}$ 회전하였을 때, 이 나사가 축방향으로 이동한 거리는 몇 mm인가? 2012.5.20

㉮ 2 ㉯ 3 ㉰ 4 ㉱ 6

07 잇수가 60개와 23개인 헬리컬 기어의 치직각 모듈이 3, 압력각 20°, 비틀림각 30°일 때 중심거리(mm)는? 2008.5.11

㉮ 124.50 ㉯ 143.76
㉰ 150.99 ㉱ 166.00

08 속이 찬 회전축의 전달마력이 7 kW인 축에 350 rpm으로 작동한다면 축의 전달토크는 약 몇 N·m인가? 2010.3.7

㉮ 101 ㉯ 151 ㉰ 191 ㉱ 231

09 평벨트와 비교한 V벨트 전동의 특징에 대한 설명으로 틀린 것은? 2011.6.12

㉮ 미끄럼이 작다.
㉯ 운전이 정숙하다.
㉰ 끊어지면 접합이 불가능하다.
㉱ 십자걸기로도 사용이 가능하다.

10 기어의 각부 명칭 중 피치원의 둘레를 잇수로 나눈 값을 무엇이라 하는가? 2009.8.30

㉮ 원주피치
㉯ 모듈
㉰ 지름피치
㉱ 물림 길이

answers & explanations

06 나사 이동거리=피치×줄 수×회전수

$L = p \times n \times R$

$\therefore L = 3 \times 2 \times \frac{1}{2} = 3\text{ mm}$

07 $L = \frac{D_1 + D_2}{2} = \frac{M(Z_1 + Z_2)}{2 \times \cos\beta}$

L : 중심거리

$\therefore L = \frac{M(Z_1 + Z_2)}{2 \times \cos\beta} = \frac{3(60+23)}{2 \times \cos 30°}$

$= \frac{3(60+23)}{2 \times \frac{\sqrt{3}}{2}} = 143.76\text{ mm}$

M : 직각모듈, β : 비틀림각, Z : 잇수

08 전달동력$(\tau) = \frac{2\pi Tn}{102 \times 60} = \frac{T \times n}{974}$

$\therefore T = \frac{974 \times \tau}{n} = \frac{974 \times 7 \times 9.8}{350}$

$= 191\text{ N}\cdot\text{m}$

09 V벨트의 특징 : V벨트의 크기는 단면의 크기와 전체 길이로 나타내는데 벨트의 굵기는 단면 각 부분의 치수로 나타내며, 각 부분 치수에 의해서 M, A, B, C, D, E의 6가지 형식이 있다. M에서 E쪽으로 갈수록 크다.

① 미끄럼이 적고 속도비가 크다.
② 고속 회전을 시킬 수 있다.
③ 장력이 작아 베어링에 가해지는 부담이 적다.
④ 운전이 정숙하고, 벨트가 풀리에서 벗겨지는 일이 없다.
⑤ 이음이 없어 전체가 균일한 강도를 지닌다.

10 기어의 이 크기 표시 방법

① 모듈 : 피치원의 지름(D)을 잇수(Z)로 나눈 값
② 지름피치 : 잇수(Z)를 피치원의 지름(D)으로 나눈 값. 모듈의 반대
③ 원주피치 : 피치원의 둘레를 잇수로 나눈 값

정답 06. ㉯ 07. ㉯ 08. ㉰ 09. ㉱ 10. ㉮

11 스프링 장치에서 인장하중 $P=100$ N일 때, 스프링 장치의 하중 방향의 처짐량은? (단, 스프링 상수 $k_1=20$ N/cm, $k_2=10$ N/cm이다.) 2015.8.16

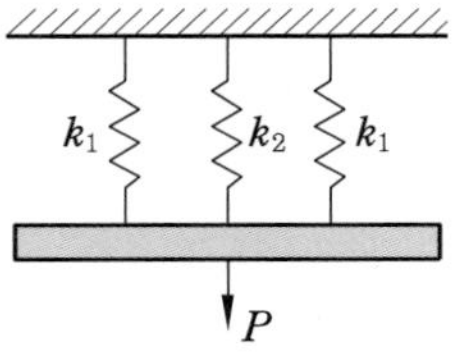

㉮ 1.67 cm
㉯ 2 cm
㉰ 2.5 cm
㉱ 20 cm

12 기계요소 중에서 축의 토크를 전달하기보다는 주로 인장력이나 압축력을 받는데 사용하는 것은? 2011.6.12

㉮ 코터
㉯ 키
㉰ 스플라인
㉱ 커플링

13 그림과 같은 기어 트레인 장치에서 A축과 B축이 만나는 기어의 잇수를 각각 Z_1, Z_2'라고 하고, B축과 C축이 만나는 기어의 잇수를 각각 Z_2, Z_3', C축과 D축이 만나는 기어의 잇수를 각각 Z_3, Z_4라고 할 때, 그 잇수가 다음 표와 같을 경우 A축의 회전수(N_1)가 1,600rpm일 때 D축의 회전수(N_4)는 몇 rpm인가? 2013.3.10

축	기어	잇수(개)	기어	잇수(개)
A축	Z_1	45	−	−
B축	Z_2	32	Z_2'	64
C축	Z_3	15	Z_3'	75
D축	Z_4	72	−	−

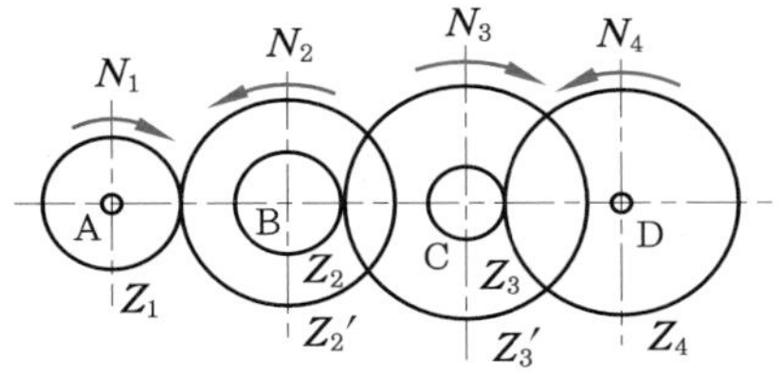

㉮ 90　㉯ 100
㉰ 110　㉱ 120

answers & explanations

11 스프링이 병렬 연결이므로
$k_t=k_1+k_2+k_1=20+10+20=50\,\text{N/cm}$
$P=k\delta \quad \therefore \ \delta=\dfrac{P}{k}=\dfrac{100}{50}=2\,\text{cm}$

12 축과 축 등을 결합시키는 데 사용하는 쐐기이며 축의 길이 방향에 직각으로 끼워서 축을 결합시킨다. 구조가 간단하고 해체하기도 쉬우며 조절이 가능하므로 두 축의 간이 연결용으로 많이 사용된다.

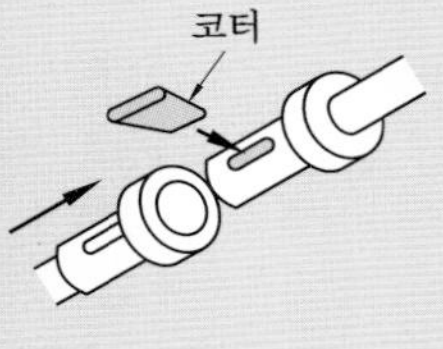

13 변속비$=\dfrac{\text{피동기어 잇수}}{\text{구동기어 잇수}}\times\dfrac{\text{피동기어 잇수}}{\text{구동기어 잇수}}$
회전비는 변속비의 역수이므로,
회전비 $i=\dfrac{\text{구동기어 잇수}}{\text{피동기어 잇수}}$
$\therefore$ 회전비 $i=\dfrac{N_4}{N_1}=\dfrac{Z_1}{Z_2'}\times\dfrac{Z_2}{Z_3'}\times\dfrac{Z_3}{Z_4}$
$\dfrac{N_4}{1,600}=\dfrac{45}{64}\times\dfrac{32}{75}\times\dfrac{15}{72}$
$\therefore N_4=100$ 회전

정답 11. ㉯　12. ㉮　13. ㉯

14 축의 허용전단응력이 3 N/mm^{2}이고, 축의 비틀림 모멘트가 3.0×10^5 N·mm일 때 축의 지름은? 2011.3.20

㉮ 63.4 mm ㉯ 72.6 mm
㉰ 79.9 mm ㉱ 83.4 mm

15 나사의 피치가 3 mm인 2줄 나사의 리드는 몇 mm인가? 2009.8.30

㉮ 3 ㉯ 4
㉰ 5 ㉱ 6

16 크랭크축의 회전수가 200 rpm, 축지름 40 mm, 저널길이 80 mm, 수직하중이 800 N일 때 발생하는 베어링 압력은 약 몇 N/mm^{2}인가? 2010.9.5

㉮ 0.10 ㉯ 0.15
㉰ 0.20 ㉱ 0.25

17 이끝원의 지름이 126 mm, 잇수가 40인 기어의 모듈은? 2011.3.20

㉮ 3 ㉯ 4
㉰ 5 ㉱ 6

18 원통 마찰차에서 원동차의 지름이 130 mm, 종동차의 지름이 400 mm이다. 이때 마찰차의 마찰계수가 0.2이고 서로 밀어붙이는 힘은 2kN일 때 최대 토크는 몇 N·m인가? 2010.5.9

㉮ 50 ㉯ 60
㉰ 80 ㉱ 120

19 두 축이 평행하고 두 축의 중심선이 약간 떨어진 경우에 각속도의 변화 없이 토크를 전달시키려고 할 때 사용하는 커플링은? 2008.9.7

㉮ 머프 커플링
㉯ 플랜지 커플링
㉰ 올덤 커플링
㉱ 유니버설 커플링

answers & explanations

14 $T=\gamma \cdot Z_p = \tau \cdot \dfrac{\pi d^3}{16}$

$\therefore d^3 = \dfrac{16T}{\pi\tau}$ T : 비틀림 모멘트

$\therefore d = \sqrt[3]{\dfrac{16T}{\pi\times\tau}} = \sqrt[3]{\dfrac{16\times3.0\times10^5\,\text{N·mm}}{3.14\times3\,\text{N/mm}^2}}$

$=79.87\,\text{mm}$

15 리드=피치×줄 수 ($L=p\times n$)

$\therefore$ 3×2=6 mm

16 $\sigma_a = \dfrac{P}{d\cdot l}$

σ_a : 허용압력, P : 수직하중, d : 저널지름
l : 저널길이

$\therefore \sigma_a = \dfrac{800\,\text{N}}{40\,\text{mm}\times80\,\text{mm}} = 0.25\,\text{N/mm}^2$

17 이끝원지름=모듈×(잇수+2)

$De = M\times(Z+2)$

$M = \dfrac{De}{Z+2} = \dfrac{126}{40+2}$

$= \dfrac{126}{42} = 3$

18 $T=\mu\cdot F\cdot Tr$

T : 토크, μ : 마찰계수, F : 힘(압력)
Tr : 종동차 지름

$\therefore T = 0.2\times2{,}000\,\text{N}\times0.2\,\text{m} = 80\,\text{N}\cdot\text{m}$

19 올덤(oldham) 커플링 : 2축이 평행을 이루면서 다소 편심되어 있는 경우 각속도를 조금도 변화시키지 않고 동력을 전달할 수 있는 이음쇠를 말한다.

정답 14. ㉰ 15. ㉱ 16. ㉱ 17. ㉮ 18. ㉰ 19. ㉰

20 미끄럼 베어링 재료가 구비하여야 할 성질이 아닌 것은? 2011.10.2

㉮ 열에 녹아 붙음이 일어나기 어려울 것
㉯ 마멸이 적고, 면압 강도가 클 것
㉰ 피로 한도가 작을 것
㉱ 내식성이 높을 것

21 기어 I이 500 rpm으로 회전을 하고 있다. 기어 잇수 $Z_A=60$, $Z_B=90$, $Z_C=30$, $Z_D=50$일 때 기어 Ⅲ의 회전수는 몇 rpm인가? 2011.10.2

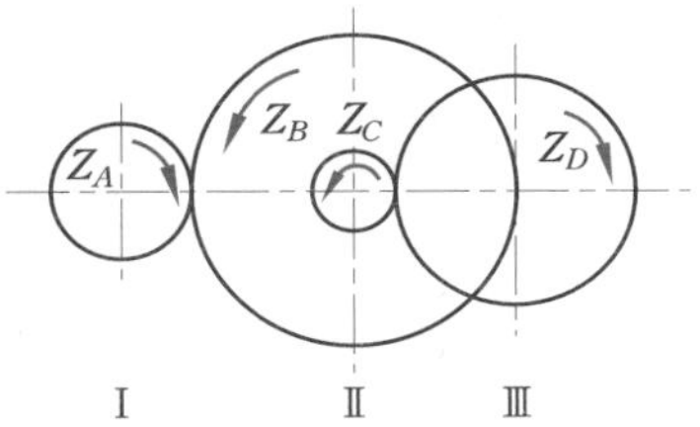

㉮ 100 ㉯ 150
㉰ 200 ㉱ 250

22 표준 스퍼 기어에서 기어의 잇수가 25개, 피치원의 지름이 75 mm일 때 모듈은 얼마인가? 2010.3.7

㉮ 3 ㉯ 9.42
㉰ 0.33 ㉱ 6

23 기어의 종류를 분류할 때 두 축의 상대위치가 평행이 아닌 것은? 2012.8.26

㉮ 스퍼 기어
㉯ 베벨 기어
㉰ 헬리컬 기어
㉱ 더블 헬리컬 기어

24 평행한 두 축 사이에 회전을 전달하는 기어는?

㉮ 원통 웜 기어
㉯ 헬리컬 기어
㉰ 직선 베벨 기어
㉱ 하이포이드 기어

answers & explanations

20 미끄럼 베어링 재료의 구비 조건
① 마멸이 적고, 면압 강도가 클 것
② 하중에 견디는 힘이 크고, 전달토크도 클 것
③ 열에 녹아 붙음이 일어나기 어려울 것
④ 내식성, 내피로성이 높을 것

21 $$\text{변속비}=\frac{\text{피동기어 잇수}}{\text{구동기어 잇수}}\times\frac{\text{피동기어 잇수}}{\text{구동기어 잇수}}$$
$$=\frac{90}{60}\times\frac{50}{30}=2.5$$
$$\therefore \frac{500}{2.5}=200\,\text{rpm}$$

22 $M=\dfrac{\text{지름}(D)}{\text{잇수}(Z)}$, M : 모듈
$$\therefore M=\frac{D}{Z}=\frac{75}{25}=3$$

23 두 축이 서로 평행한 기어의 종류에는 스퍼 기어, 내접 기어, 헬리컬 기어, 더블 헬리컬 기어, 래크와 피니언 등이 있으며, 베벨 기어는 두 축이 직각으로 교차하여 맞물려 회전한다.

24 기어의 종류
① 두 축이 서로 평행한 기어 : 스퍼 기어, 내접 기어, 헬리컬 기어, 더블 헬리컬 기어, 래크와 피니언
② 두 축이 만나지도 평행하지도 않은 기어 : 스크루 기어, 하이포이드 기어, 웜과 웜 기어
③ 두 축이 만나는 기어 : 베벨 기어

정답 20. ㉰ 21. ㉰ 22. ㉮ 23. ㉯ 24. ㉯

25 롤링 베어링의 호칭기호가 N304일 경우 그 설명으로 맞는 것은? 2012.5.20

㉮ 원통 롤러 베어링으로 내륜은 양쪽으로 턱이 있고, 외륜은 턱이 없는 구조이며, 안지름은 4 mm이다.

㉯ 원통 롤러 베어링으로 내륜은 양쪽으로 턱이 있고, 외륜은 한쪽 턱이 있는 구조이며, 안지름은 4 mm이다.

㉰ 원통 롤러 베어링으로 내륜은 양쪽으로 턱이 있고, 외륜은 턱이 없는 구조이며, 안지름은 20 mm이다.

㉱ 원통 롤러 베어링으로 내륜은 양쪽으로 턱이 있고, 외륜은 한쪽 턱이 있는 구조이며, 안지름은 20 mm이다.

26 피치 3 mm인 2줄 나사의 리드는?

㉮ 1.5 mm ㉯ 2 mm
㉰ 3 mm ㉱ 6 mm

27 코터이음(cotter joint)을 하기에 가장 적합한 곳은? 2009.5.10

㉮ 리벳 연결을 해야 할 부분
㉯ 배관 이음을 설치 할 부분
㉰ 인장이나 압축력이 축에 수직 방향으로 작용하면서 회전하는 부분
㉱ 축방향의 인장이나 압축을 받는 2개의 봉을 연결하는 것으로 분해 가능한 부분

28 다음과 같은 코일 스프링 장치에서 W는 작용하는 하중이고 스프링 상수를 k_1, k_2라 할 경우 합성 스프링 상수 k를 나타내는 식은? 2008.9.7

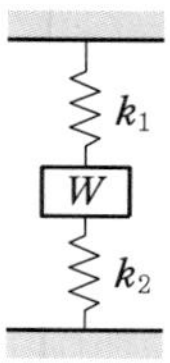

㉮ $k = \dfrac{1}{k_1 + k_2}$

㉯ $k = k_1 + k_2$

㉰ $k = \dfrac{1}{\dfrac{1}{k_1} + \dfrac{1}{k_2}}$

㉱ $k = \dfrac{k_1 + k_2}{k_1 \cdot k_2}$

answers & explanations

25 볼 베어링 호칭번호

N	3	04	
형식번호	치수기호	안지름	등급

[형식번호] 6 : 단열 홈형, N : 원통 롤러형
[치수기호] 0, 1 : 특별 경하중용
2 : 경하중용
3 : 중간 하중용
[안지름] 00 : 10 mm, 01 : 12 mm
02 : 15 mm, 03 : 17 mm
04~99 : 20~495 mm까지는 해당번호 ×5

26 리드 : 나사의 종류가 한 줄 나사인 경우 한 나사산에서 그다음 나사산까지의 거리를 나타내는 피치가 리드와 같다. 여러 줄 나사인 경우 리드는 피치와 나사 줄 수의 곱과 같다.

리드=피치 × 줄 수

$L = p \times n$

∴ 3 × 2=6 mm

27 코터란 쐐기를 의미하며 축방향의 인장이나 압축을 받는 2개의 봉을 연결하는 것으로 분해할 필요가 있을 때 사용한다.

28 합성 스프링 연결법

① 병렬 연결 $k = k_1 + k_2$

② 직렬 연결 $\dfrac{1}{k} = \dfrac{1}{k_1} + \dfrac{1}{k_2}$

정답 25. ㉰ 26. ㉱ 27. ㉱ 28. ㉯

29 나사의 접촉면 사이의 틈이나 나사면을 따라 증기나 기름 등이 누출되는 것을 방지하는데 주로 사용하는 너트는? 2010.3.7

㉮ 홈붙이 너트 ㉯ 캡 너트
㉰ 플랜지 너트 ㉱ 원형 너트

30 부품 조립작업에서 나사의 풀림방지를 위한 방법이 아닌 것은? 2011.10.2

㉮ 분할 핀에 의한 방법
㉯ 로크 너트에 의한 방법
㉰ 카운터 싱킹에 의한 방법
㉱ 스프링 와셔에 의한 방법

31 모듈이 6, 잇수가 50인 표준 스퍼 기어의 바깥지름은 몇 mm인가? 2008.9.7

㉮ 300 ㉯ 312 ㉰ 316 ㉱ 322

32 300 rpm으로 2.5 kW를 전달시키고 있는 축의 비틀림 모멘트는 약 몇 N·m인가? 2013.6.2

㉮ 46.3 ㉯ 59.6
㉰ 63.2 ㉱ 79.6

33 V벨트 전동과 비교한 체인 전동의 특징을 설명한 것으로 틀린 것은? 2010.3.7

㉮ 전동 효율이 높다.
㉯ 고속 회전에 적합하다.
㉰ 미끄럼이 없어 속도비가 일정하다.
㉱ V벨트 길이보다는 체인 길이를 쉽게 조절할 수 있다.

answers & explanations

29 한쪽 면을 막아 볼트가 관통하지 않는 모양으로 한 너트. 외관을 좋게 하거나 기밀성을 늘리기 위해 사용

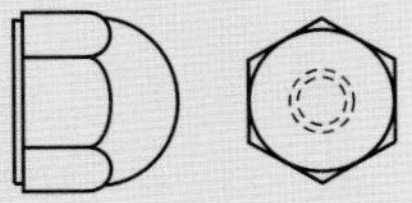

30 카운터 싱킹 : 드릴링 작업의 일종으로 접시머리 볼트나 작은 나사를 사용하는 경우 공작물에 접시 구멍, 즉 구멍 가장자리를 원뿔 모양으로 가공하는 방법

31 $M=\dfrac{D}{Z}$

$D=M\times Z=6\times 50=300\,\text{mm}$

$\therefore D_o=D+2M=300+2\times 6=312\,\text{mm}$

32 $1\,\text{kgf}=9.8\,N$

동력 $H_{kW}=\dfrac{FV}{102\times 60\times 9.8}=\dfrac{F\pi DN}{102\times 60\times 9.8}$

$=\dfrac{\left(F\dfrac{D}{2}\right)\times(2\pi N)}{102\times 60\times 9.8}$

$=\dfrac{T\times 2\pi N}{102\times 60\times 9.8}$

$\therefore\ T=\dfrac{102\times 60\times 9.8\times H_{kW}}{2\times\pi\times N}$

$=\dfrac{102\times 60\times 9.8\times 2.5}{2\times 3.14\times 300}=79.58$

$\fallingdotseq 79.6$ N·m

F : 작용 힘, V : 속도, D : 축직경, N : rpm, T : 비틀림 모멘트

33 체인 전동의 특징
① 미끄럼이 없어 속도비가 일정하다.
② 큰 동력을 전달할 수 있으며, 전동 효율(95% 이상)이 높다.
③ V벨트보다 길이를 쉽게 조절할 수 있다.
④ 유지 및 수리가 쉽다.
⑤ 내유성, 내열성, 내습성이 크다.
⑥ 어느 정도 충격을 흡수할 수 있다.
⑦ 고속회전에는 적합하지 않다.

정답 29. ㉯ 30. ㉰ 31. ㉯ 32. ㉱ 33. ㉯

34 평벨트 전동장치에서 벨트의 원주속도 $v=$ 10 m/s, 긴장측의 장력이 $T_1=150$ N, 이완측의 장력은 $T_2=30$ N일 때, 유효장력은 몇 N인가? 2009.8.30

㉮ 30 ㉯ 120
㉰ 150 ㉱ 180

35 수나사의 호칭지름은 나사의 어떤 지름을 의미하는가? 2013.3.10

㉮ 유효지름
㉯ 안지름
㉰ 골지름
㉱ 바깥지름

36 나사의 풀림방지를 위한 방법으로 거리가 먼 것은? 2013.3.10

㉮ 분할 핀을 사용하여 조립
㉯ 캡 너트를 사용
㉰ 로크 너트를 사용
㉱ 스프링 와셔를 적용

37 볼 베어링의 구조에서 전동체의 원둘레에 고르게 배치하여 전동체가 몰리지 않고 일정한 간격을 유지할 수 있게 하며, 서로 접촉을 피하고 마모와 소음을 방지하는 역할을 하는 것은? 2012.3.4

㉮ 리테이너(retainer)
㉯ 스트레이너(strainer)
㉰ 패킹(packing)
㉱ 실(seal)

38 나사(screw thread)에 대해서 기술한 것으로 틀린 것은? 2011.10.2

㉮ 미터나사에서 나사산의 각도는 60°이다.
㉯ 리드라는 것은 나사가 한 바퀴 돌 때 축 방향으로 이동한 거리이다.
㉰ 나사 외경이 같다면 피치가 달라도 유효경은 같다.
㉱ 피치라는 것은 서로 이웃하는 나사산과 나사산 사이의 축 방향 거리이다.

answers & explanations

34 유효장력이란 풀리에서 벨트로, 벨트에서 풀리로 전해지는 힘의 크기를 말한다.

$T_e=T_t-T_s$

T_e : 유효장력, T_t : 긴장측 장력,
T_s : 이완측 장력

$\therefore T_e=150-30=120\,\text{N}$

35 나사 각부의 명칭

① 호칭지름 : 수나사의 바깥지름을 나타내고, 암나사는 상대 수나사의 바깥지름으로 표시
② 안지름 : 암나사의 최소지름으로, 수나사의 골지름을 의미
③ 유효지름 : 수나사와 암나사가 접촉하고 있는 부분의 평균 지름
④ 골지름 : 수나사의 최소지름, 즉 나사의 홈 부분의 지름

36 캡 너트(cap nut) : 나사의 접촉면 사이의 틈이나 나사면을 따라 증기나 기름 등이 누출되는 것을 방지하는데 주로 사용하는 너트

37 리테이너 : 볼 베어링이나 롤러 베어링에서 볼이나 롤이 언제나 같은 간격을 유지하도록 끼워져 있는 부품을 이른다. 링처럼 생긴 모양이 많아 리테이너 링이라고 부르기도 한다.

38 나사의 외경이 같아도 피치가 작아지면 골지름이 커지므로 유효경은 커진다.

정답 34. ㉯ 35. ㉱ 36. ㉯ 37. ㉮ 38. ㉰

39 다음 감아걸기 전동장치에서 축간거리를 가장 멀리 할 수 있는 것은? 2012.3.4

㉮ 로프 전동장치
㉯ 타이밍벨트 전동장치
㉰ V-벨트 전동장치
㉱ 체인 전동장치

40 동력전달용 커플링에서 두 축의 중심선이 보통 30° 이하로 교차하고 있을 때 가장 적합한 축이음은? 2011.6.12

㉮ 고정 커플링
㉯ 올덤 커플링
㉰ 유니버설 커플링
㉱ 플렉시블 커플링

41 기본 부하 용량이 18,000 N인 볼 베어링이 베어링 하중을 2,000 N을 받고 150 rpm으로 회전할 때 이 베어링의 수명은 약 몇 시간인가? 2013.8.18

㉮ 62,000 ㉯ 71,000
㉰ 76,000 ㉱ 81,000

42 안지름이 1 m인 압력용기에 5 N/cm^{2}의 내압이 작용하고 있다. 압력용기의 뚜껑을 18개의 볼트로 체결할 경우 다음 중에서 사용 가능한 가장 작은 볼트는? (단, 볼트 지름방향의 허용인장응력은 1,000 N/cm^{2}이고 볼트에는 인장하중만 작용한다.) 2013.8.18

㉮ M14 (골지름 11.835 mm)
㉯ M22 (골지름 19.294 mm)
㉰ M27 (골지름 23.752 mm)
㉱ M36 (골지름 31.670 mm)

answers & explanations

39 감아걸기 전동장치

① 로프 전동장치 : 벨트 전동에 비해 로프의 수를 늘림으로써 큰 동력을 전할 수 있다. 벨트 전동에서는 2개의 벨트 풀리의 거리를 떼어 놓을 수가 없으나, 로프 전동의 경우에는 보통 7~30 m 떨어져서 로프 풀리를 설치한다. 전동용 로프에는 면·삼·철사제 등이 있다.

② 벨트 전동장치 : 띠 모양의 벨트의 양 끝을 연결하여 링 모양으로 만들어 사용하며, 2축의 거리가 비교적 멀고 정확한 회전이 요구되지 않는 많은 기계에 사용한다.

③ V벨트 전동장치 : 일반 평 벨트에 비해 쐐기 작용으로 마찰력이 크기 때문에 평 벨트에 비해 미끄럼이 적어 비교적 소형으로 큰 동력을 전달하는 데 사용한다.

④ 체인 전동장치 : 체인을 체인 스프로킷에 걸어 전동하는 장치이며 스프로킷에 돌기가 걸리므로 기어 전동과 비슷하다. 거리는 비교적 짧고 속도도 그다지 빠르지 않은 경우에 사용하며 미끄러지지 않으므로 속도비가 정확하고 큰 동력을 전달할 수 있다.

40 유니버설 커플링 : 두 축이 같은 평면상에 있으며, 30° 미만으로 교차하고 있을 때 사용되는 이음이며 회전 중에 작동 변화가 가능하다.

41 $L_n = \left(\dfrac{C}{P}\right)^r \times 10^6$, $L_h = \dfrac{L_n}{60 \times \text{rpm}}$

C : 기본부하 용량, P : 베어링 하중

$$L_n = \left(\frac{18000}{2000}\right)^3 \times 10^6 = 729{,}000{,}000$$

$$L_h = \frac{729{,}000{,}000}{60 \times 150} = 81{,}000$$

42 압력용기에 작용하는 힘=내압×면적

$$= 5\,\text{N/cm}^2 \times \frac{\pi \times (100\,\text{cm})^2}{4}$$
$$= 39269.9\,\text{N}$$

볼트 1개당 작용하는 힘(W)$= \dfrac{39269.9\,\text{N}}{18}$

$$= 2181.66\,\text{N}$$

인장하중만 작용하므로

$$d = \sqrt{\frac{4 \times W}{\pi \sigma_t}} = \sqrt{\frac{4 \times 2181.66\text{N}}{\pi \times 1{,}000\,\text{N/cm}^2}}$$
$$= 1.66\,\text{cm} = 16.6\,\text{mm}$$

정답 39. ㉮ 40. ㉰ 41. ㉱ 42. ㉯

43 두 축이 평행하고, 두 축의 중심선이 약간 어긋났을 경우에 각속도에 변화 없이 토크를 전달시키려고 할 때 사용하는 커플링은? 2011.3.20

㉮ 머프 커플링
㉯ 플랜지 커플링
㉰ 올덤 커플링
㉱ 유니버설 커플링

44 축에 끼운 링이 빠지는 것을 방지하기 위하여 사용하며 끝 부분을 두 갈래로 벌려 굽혀 빠지지 않도록 하는 기계요소는? 2013.3.10

㉮ 테이퍼 핀
㉯ 코터
㉰ 분할 핀
㉱ 코킹

45 다음 중 너트의 풀림 방지법이 아닌 것은? 2012.8.26

㉮ 로크 너트 사용
㉯ 분할 핀 사용
㉰ 세트 스크루 사용
㉱ 리벳 사용

46 모듈 6, 기어의 이가 22개, 97개의 한 쌍의 표준 평기어가 외접하여 물려있을 때 중심거리는 얼마인가? 2011.3.20

㉮ 132 mm
㉯ 357 mm
㉰ 450 mm
㉱ 714 mm

47 마름모꼴 단면의 코일을 암나사와 수나사 사이에 삽입하여 주철, 경금속, 플라스틱, 목재 등과 같이 강도가 불충분한 모재를 강화하거나, 마멸 등으로 나사산이 손상된 암나사 구멍을 재생하는 데 사용하는 기계요소는? 2013.6.2

㉮ 로크 너트(lock nut)
㉯ 분할 핀(split pin)
㉰ 세트 스크루(set screw)
㉱ 헬리 인서트(helicoil insert)

answers & explanations

43 올덤 커플링 : 두 축이 평행해서 약간 편심되어 있는 경우에 각속도를 변화시키지 않고 동력을 전달할 수 있는 축이음의 일종이다. 한쪽에는 돌기부를, 다른 한쪽에는 홈을 파서 조립하는 형식의 연결로, 접촉면의 마찰 저항이 크기 때문에 윤활이 필요하다.

44 분할 핀 : 너트의 풀림 방지나 축에 끼운 링이 빠지는 것을 방지하기 위하여 사용하며, 끝 부분을 두 갈래로 벌려 굽혀 빠지지 않도록 한다.

45 너트의 풀림 방지법

① 탄성 와셔를 사용
② 자동 죔 너트를 사용
③ 핀, 작은 나사(비스)를 사용
④ 철사를 사용
⑤ 로크 너트 사용
⑥ 분할 핀 사용
⑦ 세트 스크루 사용

46 $L = \dfrac{D_1 + D_2}{2} = \dfrac{M(Z_1 + Z_2)}{2 \times \cos\beta}$

$\therefore L = \dfrac{6(22+97)}{2} = 357\,\text{mm}$

(평기어일 때 $\cos\beta = 0$)

47 헬리코일 인서트(helicoil insert) : 마름모꼴 단면의 코일을 암나사와 수나사 사이에 삽입하여 주철, 경금속, 플라스틱, 목재 등과 같이 강도가 불충분한 모재를 강화하거나 마멸 등으로 나사산이 손상된 암나사 구멍을 재생하는 데 사용한다. 헬리 인서트라고도 한다.

정답 43. ㉰ 44. ㉰ 45. ㉱ 46. ㉯ 47. ㉱

48 스프링 상수가 3 N/mm인 스프링과 4.5 N/mm인 스프링을 직렬로 연결하여 스프링 저울을 만들었다. 이 스프링 저울로 어떤 무게의 물건을 측정하였더니 저울이 5 cm가 늘어났다. 이 물건의 무게는 몇 N인가? 2013.6.2

㉮ 30 ㉯ 45
㉰ 75 ㉱ 90

49 하이트 게이지의 사용상의 주의점에 관한 설명으로 틀린 것은? 2012.5.20

㉮ 측정 전에 쟁반 표면과 하이트 게이지의 베이스 밑면을 깨끗이 닦고 측정해야 한다.
㉯ 측정 전에 스크라이버 밑면을 정반 위에 닿게 하여 0점 확인을 하며, 맞지 않을 경우 0점 조정을 하는 것이 좋다.
㉰ 아베의 원리에 맞는 구조이므로 스크라이버를 정확히 수평으로 세팅하는 것이 정확도를 올릴 수 있다.
㉱ 시차를 없애기 위해서는 어미자와 버니어의 눈금이 일치하는 곳의 수평 위치에서 눈금을 읽어야 한다.

50 축간 거리가 600 mm이고, 회전수가 $N_1 =$ 200 rpm, $N_2 = 100$ rpm인 외접 원통 마찰차의 지름 D_1, D_2는 각각 몇 mm인가?

㉮ $D_1 = 400\,\text{mm}$, $D_2 = 600\,\text{mm}$
㉯ $D_1 = 400\,\text{mm}$, $D_2 = 800\,\text{mm}$
㉰ $D_1 = 600\,\text{mm}$, $D_2 = 600\,\text{mm}$
㉱ $D_1 = 800\,\text{mm}$, $D_2 = 400\,\text{mm}$

51 그림과 같은 스프링 장치에서 스프링 상수가 $k_1 = 10$ N/cm, $k_2 = 20$ N/cm일 때, 무게 W에 의하여 스프링 길이가 위쪽 스프링은 2 cm 늘어나고, 아래쪽의 스프링은 2 cm 압축되었다면 추의 무게 W는 몇 N인가?

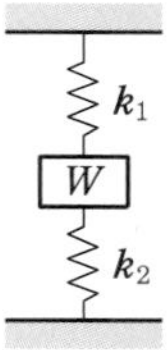

㉮ 13.3 ㉯ 33.3
㉰ 40 ㉱ 60

answers & explanations

48 직렬 스프링 상수의 합(K)

$$\frac{1}{K} = \frac{1}{K_1} + \frac{1}{K_2} = \frac{1}{3} + \frac{1}{4.5} = \frac{5}{9}$$

$$\therefore K = \frac{9}{5} = 1.8\,\text{N/mm}$$

5 cm(= 50 mm) 움직였으므로,

$$\frac{1.8\,\text{N}}{1\,\text{mm}} \times 50\,\text{mm} = 90\,\text{N}$$

49 하이트 게이지 : 공작물의 높이 측정과 스크라이빙 블록과 함께 정밀한 금긋기에 사용하는 공구이며, 사용상의 주의점은 ㉮, ㉯, ㉱항 이외에, 버니어캘리퍼스를 수직으로 사용할 수 있도록 하여 높이를 측정한다.

50 축간거리$(L) = \dfrac{D_1 + D_2}{2} = 600\,\text{mm}$

$\therefore D_1 + D_2 = 1200\,\text{mm}$

$N_1 : N_2 = 200 : 100 = 2 : 1$이므로,

$D_1 : D_2 = 1 : 2$

$\therefore D_1 = 400\,\text{mm}$, $D_2 = 800\,\text{mm}$

51 합성 스프링 연결법

병렬연결 $k = k_1 + k_2 = 10 + 20 = 30\,\text{N/cm}$

$k = \dfrac{W}{l}$에서

$W = k \times l = 30\,\text{N/cm} \times 2\,\text{cm} = 60\,\text{N}$

정답 48. ㉱ 49. ㉰ 50. ㉯ 51. ㉱

52 다이얼 게이지로 측정하는 것이 가장 적합한 것은? 2010.3.7

㉮ 캠축의 휨
㉯ 나사의 피치
㉰ 피스톤의 외경
㉱ 피스톤과 실린더의 간극

53 그림과 같은 단식 블록 브레이크에서 브레이크에 가해지는 힘 F를 나타내는 식으로 옳은 것은? (단, W는 브레이크 드럼과 브레이크 블록 사이에 작용하는 힘, μ는 마찰계수, f는 마찰력이다.) 2013.3.10

㉮ $F=\dfrac{\mu W l_2}{l_1}$
㉯ $F=\dfrac{W l_1}{l_2}$
㉰ $F=\dfrac{W l_2}{l_1}$
㉱ $F=\dfrac{\mu W l_1}{l_2}$

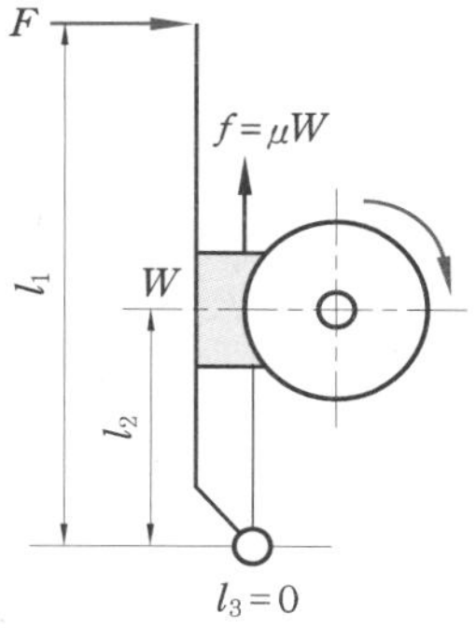

54 다음 측정치의 통계적 용어에 대한 설명으로 맞는 것은? 2012.5.20

㉮ 치우침(bias) : 참값과 모평균과의 차이
㉯ 오차(error) : 측정값과 시료평균과의 차이
㉰ 잔차(residual) : 측정값과 모평균과의 차이
㉱ 편차(deviation) : 측정값과 참값과의 차이

55 다음 중 진직도 측정에 가장 적합한 것은? 2012.5.20

㉮ 수준기 ㉯ 사인바
㉰ 한계 게이지 ㉱ 마이크로미터

56 500 rpm으로 회전하고 있는 볼 베어링에 500 kgf의 레이디얼 하중이 작용하고 있다. 이 베어링의 기본 동적 부하 용량이 3,000 kgf일 때 베어링의 정격수명은? (단, 하중계수는 1로 한다.) 2009.5.10

㉮ 6,400시간 ㉯ 7,200시간
㉰ 8,400시간 ㉱ 9,600시간

answers & explanations

52 다이얼 게이지 측정 항목 : 축의 휨, 런-아웃, 축방향 간극, 기어의 백래시

53 $l_1 \times F = l_2 \times W$

$\therefore F=\dfrac{W l_2}{l_1}$

54 측정치의 통계적 용어
① 편차 : 측정값과 모평균과의 차이
② 오차 : 참값과 측정치의 차이
③ 잔차 : 측정값과 시료평균과의 차이
④ 치우침 : 참값과 모평균과의 차이

55 측정기 용도
① 수준기 : 기포관 수준기는 단독으로 마룻바닥이나 책상 위의 수평을 알아보기 위해 사용되기도 하지만, 보통 수준기나 트랜싱 등의 기계의 일부로 사용된다. 정밀한 것은 모두 기포관 수준기로써 한 눈금은 2 mm이다. 기포의 중심을 눈금의 중심에 맞추면, 눈금 중심에 있어서의 관내면의 접선(수준기 축이라고 한다)이 수평이 된다.
② 마이크로미터 : 외경 측정용 게이지이다.
③ 한계 게이지 : 공작물의 실제 치수가 주어진 허용범위 내에 있는지 판정하는 게이지이다.
④ 사인바 : 각도 측정용 게이지이다.
진직도 : 일정한 구간, 즉 시작점과 끝나는 점의 중심을 통과하는 가상의 절대 직선에서 실제적으로 나타난 현실점과의 차이를 확인한다.

56 정격수명

$L_h=500\left(\dfrac{C}{P}\right)^3 \cdot \dfrac{33.3}{n}=\dfrac{16{,}670}{n}\cdot\left(\dfrac{C}{P}\right)^3$

$\therefore L_h=\dfrac{16{,}670}{500}\cdot\left(\dfrac{3{,}000}{500}\right)^3$
$=7{,}201$

정답 52. ㉮ 53. ㉰ 54. ㉮ 55. ㉮ 56. ㉯

57 크랭크축의 회전수가 200 rpm, 축 지름 40 mm, 저널 길이 80 mm, 수직하중이 800 N일 때 발생하는 베어링 압력은 약 몇 N/mm^2인가? 2010.9.5

㉮ 0.10 ㉯ 0.15
㉰ 0.20 ㉱ 0.25

58 감아걸기 전동장치인 V벨트에 관한 내용으로 옳지 않은 것은? 2010.9.5

㉮ 형식은 M, A, B, C, D, E의 6가지가 있다.
㉯ 크기는 단면의 크기와 전체 길이로 나타낸다.
㉰ 풀리의 호칭 지름은 피치원 지름으로 나타낸다.
㉱ 길이는 단면의 바깥을 지나는 둘레의 호칭 번호이다.

59 직선 왕복운동을 회전운동으로 변화시키는 축의 명칭은? 2009.8.30

㉮ 플렉시블 축 ㉯ 직선 축
㉰ 크랭크 축 ㉱ 중간 축

60 그림과 같이 3개의 스프링을 조합하여 연결하였을 때 조합된 스프링 상수는 몇 N/m인가? (단, 스프링 상수 k_1=20 N/mm, k_2=30 N/mm, k_3=40 N/mm이다.) 2010.5.9

㉮ 22.22
㉯ 44.44
㉰ 66.67
㉱ 266.67

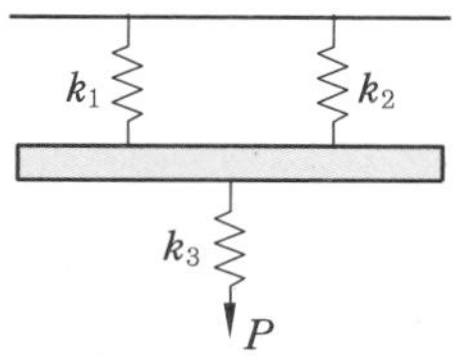

61 전동용 기계 요소인 기어(gear)에서 두 축이 만나지도 평행하지도 않는 기어가 아닌 것은? 2015.5.31

㉮ 베벨 기어(bevel gear)
㉯ 스크류 기어(screw gear)
㉰ 하이포이드 기어(hypoid gear)
㉱ 웜과 웜기어(worm and worm gear)

62 2,500 rpm으로 회전하면서 25 kW을 전달하는 전동축이 있다. 이 전동축의 비틀림 모멘트는 몇 N·m인가? 2015.5.25

㉮ 7.5 ㉯ 9.6 ㉰ 70.2 ㉱ 95.5

answers & explanations

57 $\sigma_a = \dfrac{P}{d \cdot l}$

σ_a : 허용압력, P : 수직하중,
d : 축 지름, l : 축 길이

$$\therefore \sigma_a = \frac{P}{d \cdot l} = \frac{800\,\text{N}}{40\,\text{mm} \times 80\,\text{mm}} = 0.25\,\text{N/mm}^2$$

58 길이는 단면의 중심을 지나는 둘레의 호칭번호이다.

59 ① 플렉시블 축(flexible shaft) : 각도 변화가 가능한 상태에서 동력을 전달하는 축
② 중간 축 : 축과 축 사이를 연결하여 동력을 전달하는 축

60 병렬 연결 계산

$k = k_1 + k_2 = 20 + 30 = 50\,\text{N/mm}$

$$\frac{1}{k} = \frac{1}{k_1 + k_2} + \frac{1}{k_3} = \frac{1}{50} + \frac{1}{40} = \frac{9}{200}$$

$$\therefore k = \frac{200}{9} = 22.2\,\text{N/mm}$$

61 베벨 기어 : 다른 기어나 축에 어떤 각을 두고 동력을 전달하고자 할 때 사용되는 콘 모양의 기어(coneshaped gear, 원추형 기어)

62 $H_{ku} = \dfrac{TN}{974}$

$$T = \frac{H_{ku} \times 974}{N} = \frac{25\,\text{kW} \times 974}{2500} = 9.74\,\text{kgf} \cdot \text{m}$$
$$= 9.74\,\text{kgf} \cdot \text{m} \times 9.8\,\text{m/s}^2 = 95.452\,\text{N} \cdot \text{m}$$

정답 57. ㉱ 58. ㉱ 59. ㉰ 60. ㉮ 61. ㉮ 62. ㉱

63 베어링과 축, 피스톤과 실린더 등과 같이 서로 접촉하면서 운동하는 접촉면에 마찰을 적게 하기 위해 사용되는 것으로 가장 적합한 것은? 2011.3.20

㉮ 냉매 ㉯ 절삭유
㉰ 윤활유 ㉱ 냉각수

64 볼 베어링의 호칭번호가 6008일 경우 안지름은 몇 mm인가? 2015.8.16

㉮ 8
㉯ 16
㉰ 20
㉱ 40

65 구름 베어링을 미끄럼 베어링과 비교한 특징을 설명한 것이다. 다음 중 틀린 것은? 2010.5.9

㉮ 마찰계수가 작다.
㉯ 시동저항이 크다.
㉰ 충격흡수력이 작다.
㉱ 일반적으로 소음이 크다.

66 드럼의 지름이 400 mm인 브레이크 드럼에 브레이크 블록의 미는 힘 280 N이 작용하고 있을 때 브레이크의 제동력은 얼마인가? (단, 마찰계수는 0.15이다.) 2011.6.12

㉮ 42N ㉯ 60N
㉰ 8,400N ㉱ 16,800N

67 인장시험 전의 지름이 15 mm이고, 시험 후 파단부의 지름이 13 mm일 때 단면수축률은 약 몇 %인가? 2012.8.26

㉮ 13.33 ㉯ 24.89
㉰ 36.66 ㉱ 49.78

68 코일 스프링에서 코일의 평균지름 $D=50$ mm이고, 유효 권수가 10, 소선지름이 $d=6$ mm이고, 축방향 하중 10 N이 작용할 때 비틀림에 의한 전단 응력은 약 몇 MPa인가? 2010.3.7

㉮ 1.5 ㉯ 3.0
㉰ 5.9 ㉱ 15.9

answers & explanations

64 호칭번호에서 뒤의 두 자리가 베어링 안지름을 나타낸다.
00 : 10 mm, 01 : 12 mm, 02 : 15 mm, 03 : 17 mm이고 04~99까지는 자리 숫자에 5를 곱한다.
∴ 안지름 $=8\times5=40$ mm

65 구름 베어링의 특징
① 마찰저항이 적어 동력 손실이 적다.
② 값이 고가이며 충격에 약하다.
③ 일반적으로 소음이 크다.
④ 베어링 저널의 길이를 짧게 할 수 있다.
⑤ 기동 토크가 작다.

66 제동력 $(F)=\mu\cdot W$
∴ $F=0.15\times280\,\text{N}=42\,\text{N}$

67 $\phi=\dfrac{A_0-A_1}{A_0}\times100\,\%$

여기서 ϕ : 단면수축률
A_0: 시험 전 단면적(cm^2)
A_1: 시험 후 단면적(cm^2)

$$\therefore \frac{\frac{\pi}{4}(15^2-13^2)}{\frac{\pi}{4}\times15^2}\times100=\frac{15^2-13^2}{15^2}\times100$$
$$=24.888\,\% \fallingdotseq 24.89\,\%$$

68 전단응력$(\tau)=\dfrac{8DW}{\pi d^3}$

$$\therefore \tau=\frac{8DW}{\pi d^3}=\frac{8\times50\times10}{3.14\times6^3}=5.89\,\text{MPa}$$

정답 63. ㉰ 64. ㉱ 65. ㉯ 66. ㉮ 67. ㉯ 68. ㉰

제3장 기계공작법

01 합성수지의 종류를 열가소성 수지와 열경화성 수지로 구분할 때 열가소성 수지에 해당하는 것은? 2012.5.20

㉮ 페놀 수지 ㉯ 에폭시 수지
㉰ 아크릴 수지 ㉱ 실리콘 수지

02 정밀 금속 주형에 Al합금, Cu합금, Zn합금, Mg합금 등의 용융금속을 고속, 고압으로 주입하여 주물을 얻는 방법의 주조법은? 2011.10.2

㉮ 원심주조법
㉯ 셀 몰드법
㉰ 다이캐스팅
㉱ 인베스트먼트법

03 주물에서 기공(blow hole)의 유무를 검사하기 위한 비파괴시험 방법에 속하지 않는 것은? 2011.3.20

㉮ 자기 탐상법 ㉯ 현미경 탐상법
㉰ 초음파 탐상법 ㉱ 방사선 탐상법

04 알루미늄 분말, 산화철 분말과 점화제의 혼합 반응으로 열을 발생시켜 용접하는 방법은? 2011.3.20

㉮ 테르밋 용접
㉯ 피복 아크 용접
㉰ 일렉트로 슬래그 용접
㉱ 불활성가스 아크 용접

answers & explanations

01 강화 플라스틱(합성수지)의 용도
① 열경화성 플라스틱 : 열에 의해 한번 굳어진 다음에는 다시 가열해도 부드러워지지 않고 녹지도 않는다(페놀 수지, 아미노 수지, 에폭시 수지 등)
② 열가소성 플라스틱 : 열을 가할 때마다 부드럽고 유연하게 되거나 녹으며, 냉각되면 단단하게 굳어진다(폴리에틸렌 수지, 아크릴 수지, 나일론, 폴리염화비닐 수지, 폴리스티렌 수지 등)

02 주조 방법
① 원심주조법 : 용융 금속을 주입 응고시킬 때 주형을 고속으로 회전하여 그 원심력을 이용하는 것
② 셀 몰드법 : 높은 정밀도로 제작한 금형에 규사와 열경화성 수지의 혼합물을 뿌려 덮어 경화시킨 후 이 셀들을 맞추어 접착시켜 주형을 만들어 주조
③ 인베스트먼트법 : 모형을 왁스, 합성수지와 같은 용융점이 낮은 것으로 만들고 그 주위를 내화성 재료로 피복한 후, 모형을 용해 유출시켜서 주형으로 하고 주탕하여 주물을 만드는 방법

03 비파괴 검사 방법 : 재료 또는 제품의 재질이나 형상 치수에 변화를 주지 않고, 그 재료의 건전성을 조사하는 방법. 육안검사, 누설검사, 침투검사, 초음파검사, 자기검사, 와류검사, 방사선투과검사 등이 있다.

04 용접의 종류
① 테르밋 용접 : 알루미늄 분말, 산화철 분말과 점화제의 혼합 반응으로 열(3,000℃)을 발생시켜 용접한다.
② 일렉트로 슬래그 용접 : 아크열이 아닌 와이어와 용융 슬래그 사이에 흐르는 전류의 저항열을 이용하여 용접을 하는 특수 용접이다.
③ 불활성가스 아크 용접 : 금속 또는 텅스텐을 전극으로 하여 모재 사이에서 아크를 발생시키면서 여기에 아르곤, 헬륨 등 불활성가스를 분출시켜 용접부를 보호하면서 용접을 행하는 방법
④ 피복 아크 용접 : 피복제를 입힌 용접봉과 피용접물 사이에 전류를 통하게 하면 아크를 발생시키며 이 열로 용접한다.

정답 01. ㉰ 02. ㉰ 03. ㉯ 04. ㉮

05 절삭 공구용 재료가 아닌 것은? 2012.8.26

㉮ 소결초경합금 ㉯ 인바
㉰ 주조경질합금 ㉱ 고속도강

06 주물의 결함에 속하지 않는 것은? 2012.8.26

㉮ 수축공 ㉯ 기공
㉰ 압탕 ㉱ 편석

07 가공 방법 중에서 6각 구멍붙이 볼트의 머리를 표면에 보이지 않게 묻기 위한 가공법은? 2010.5.9

㉮ 카운터 보링 ㉯ 보링
㉰ 카운터 싱킹 ㉱ 리밍

08 한꺼번에 여러 개의 구멍을 뚫거나 공정 수가 많은 구멍을 가공할 때 가장 적합한 드릴링 머신은? 2008.5.11

㉮ 탁상 드릴링 머신
㉯ 레이디얼 드릴링 머신
㉰ 다축 드릴링 머신
㉱ 직립 드릴링 머신

09 반지름 방향과 축방향의 하중이 동시에 작용할 때 가장 적당한 베어링은? 2008.9.7

㉮ 니들 베어링
㉯ 스러스트 베어링
㉰ 테이퍼 롤러 베어링
㉱ 레이디얼 볼 베어링

answers & explanations

05 인바란 피스톤에 사용하는 저팽창 불변강이다. 철 63.5 %에 니켈 36.5 %를 첨가하여 열팽창 계수가 작은 합금을 말한다. 정밀기계·광학기계의 부품, 시계의 부품과 같이 온도 변화에 의해서 치수가 변하면 오차의 원인이 되는 기계에 사용된다.

06 ① 압탕 : 주조에서 주입한 쇳물의 압력을 증가하기 위해서 쇳물을 가득 채우는 빈 곳. 응고할 때 쇳물의 수축분을 압탕의 쇳물로 보급한다. 압탕의 중량으로 쇳물의 압력을 가하고 파괴나 기공의 발생을 방지하거나 가스를 추출한다.
② 기공 : 고체 재료 속에 주로 기포가 들어감으로써 생긴 중공(中空)의 구멍
③ 편석 : 합금 원소나 불순물이 편중되어 분포되는 상태
④ 수축공 : 수축으로 인해 쇳물이 부족하게 되어 공간이 생기는 결함

07 드릴링 머신의 기본 작업
① 카운터 보링(counter boring) : 볼트의 머리를 표면에 보이지 않게 공작물에 묻히도록 턱이 있는 구멍뚫기 가공
② 보링(boring) : 구멍을 뚫거나 뚫린 구멍을 넓히는 작업
③ 리밍(reaming) : 드릴로 뚫린 구멍을 정밀하게 다듬질하는 작업
④ 카운터 싱킹(counter sinking) : 접시머리 볼트의 머리 부분이 묻히도록 원뿔 파기 가공 작업

08 드릴링 머신의 종류
① 탁상 드릴링 머신 : 12 mm 이하의 작은 구멍을 뚫거나 태핑하는, 작업대에 고정시킨 소형 드릴링 머신
② 레이디얼 드릴링 머신 : 큰 구멍을 뚫는데 사용
③ 다축 드릴링 머신 : 커터축을 2개 이상 갖춘 생산성이 높은 밀링 머신
④ 직립 드릴링 머신 : 상하 이송운동을 시켜 구멍을 뚫는 드릴링 머신

09 베어링 하중의 방향에 따른 분류
① 테이퍼 롤러 베어링 : 테이퍼가 붙은 롤러 베어링. 자동차의 각부, 공작 기계 등의 베어링에 널리 사용된다.
② 레이디얼 베어링 : 축에 직각방향으로 하중을 받는 베어링
③ 스러스트 베어링 : 축 방향으로 하중을 받는 베어링
④ 원뿔 베어링 : 축 방향, 직각 방향을 동시에 받는 베어링

정답 05. ㉯ 06. ㉰ 07. ㉮ 08. ㉰ 09. ㉰

10 주형에서 코어(core) 받침대가 사용되는 주요 이유가 아닌 것은? 2010.5.9

㉮ 코어의 자중
㉯ 주형의 자중
㉰ 쇳물의 부력
㉱ 쇳물의 압상력(押上力)

11 저항 점용접은 사용이 간편하고 용접 자동화가 용이하므로 자동차 산업현장에서 널리 이용되고 있다. 이러한 점용접의 품질을 평가하는 방법으로 거리가 먼 것은? 2013.3.10

㉮ 피로 시험 ㉯ 마멸 시험
㉰ 초음파 탐상 시험 ㉱ 인장 시험

12 자동차 부품, 전동기 부품, 가정용 공구, 기계 및 공구 등에 사용되는 다이캐스팅용 Al 합금의 요구되는 성질 중 틀린 것은? 2013.8.18

㉮ 유동성이 좋을 것
㉯ 응고수축에 대한 용탕 보급성이 좋을 것
㉰ 열간 메짐이 클 것
㉱ 금형에 정착하지 않을 것

13 대형의 가공물이나 불규칙한 가공물을 편리하게 가공할 수 있는 가장 적당한 선반은? 2010.5.9

㉮ 공구 선반(tool lathe)
㉯ 탁상 선반(bench lathe)
㉰ 보통 선반(engine lathe)
㉱ 수직 선반(vertical lathe)

14 프레스 가공에서 굽힘 작업에 속하지 않은 것은? 2013.8.18

㉮ 비딩(beading)
㉯ 플랜징(flanging)
㉰ 엠보싱(embossing)
㉱ 셰이빙(shaving)

15 용접의 종류 중 압점(pressure welding)에 해당하는 것은? 2010.5.9

㉮ 미그 용접
㉯ 스폿 용접
㉰ 레이저 용접
㉱ 원자수소 용접

일반기계공학 4 과목

answers & explanations

10 코어 받침대는 코어의 자중, 쇳물의 압력이나 부력으로 코어가 주형 내의 일정 위치에 있기 곤란한 때 고정시키기 위해 받침대를 사용

11 재료시험의 종류
① 비파괴시험 : 자기탐상법, 침투탐상법, 초음파탐상법, 방사선탐상법, 육안법, 음향법(타진법) 등
② 파괴시험 : 인장, 경도, 피로, 충격, 비틀림 시험 등

12 Al 합금의 요구되는 성질
① 유동성이 좋을 것
② 응고수축에 대한 용탕 보급성이 좋을 것
③ 열간 메짐이 작을 것
④ 금형에 정착하지 않을 것

13 수직 선반 : 큰 실린더의 주물과 같이 무게가 큰 대형의 가공물이나, 모양이 단순하지 않은 불규칙한 공작물 가공 등 취급이 곤란한 경우에 사용

14 셰이빙(shaving) : 완료된 기어를 더욱 더 정도가 높은 기어로 가공하는 방법. 황삭이 된 기어를 작은 압력으로 기어면으로부터 소량의 가공 여유를 제거한다. 기어형의 셰이빙 커터를 이용하여 공작물과 정확하게 맞물리어 가공한다.

15 전기 저항 용접(압접) : 점(spot) 용접, 심(seam) 용접, 프로젝션(projection) 용접, 맞대기(butt) 용접

정답 10. ㉯ 11. ㉯ 12. ㉰ 13. ㉱ 14. ㉱ 15. ㉯

16 두께가 같은 10 mm인 강판의 겹치기 이음의 전면 필릿 용접에서 작용하중이 5,000 N이면, 용접부의 허용응력이 6 N/mm^{2}일 때 용접부 유효길이는 약 몇 mm 이상이어야 하는가? 2010.3.7

㉮ 50 ㉯ 59
㉰ 65 ㉱ 72

17 점 용접(spot welding)의 3대 요소가 아닌 것은? 2009.5.10

㉮ 가압력
㉯ 통전시간
㉰ 전도율
㉱ 용접전류

18 피복금속 아크 용접에서 용입 불량이 나타나는 원인으로 거리가 먼 것은? 2013.8.18

㉮ 이음 설계에 결함이 있을 때
㉯ 용접 속도가 너무 느릴 때
㉰ 용접 전류가 너무 낮을 때
㉱ 용접봉 선택이 불량할 때

19 크랭크 축의 회전수가 800 rpm, 축 지름 50 mm, 저널 길이 120 mm, 수직하중이 1,200 N일 때 베어링의 허용압력은 몇 N/cm^{2}인가? 2009.5.10

㉮ 10 ㉯ 15
㉰ 20 ㉱ 25

20 선반의 부속장치로 심압대에 꽂아서 사용하는 것으로 선단이 원뿔형이고, 대형 가공물에 사용되며, 자루부는 테이퍼로 되어 있는 것은? 2010.5.9

㉮ 척(chuck)
㉯ 센터(center)
㉰ 심봉(mandrel)
㉱ 돌림판(driving plate)

21 용접봉에서 피복제의 역할이 아닌 것은? 2008.5.11

㉮ 아크를 안정시킨다.
㉯ 용착 금속의 급랭을 방지한다.
㉰ 용착 금속의 탈산·정련작용을 한다.
㉱ 용융점이 높은 무거운 슬래그를 만든다.

answers & explanations

16 $\sigma = \dfrac{0.707P}{l \times t}$

$l = \dfrac{0.707P}{\sigma \times t} = \dfrac{0.707 \times 5{,}000\,\text{N}}{6\,\text{N/mm}^2 \times 10\,\text{mm}}$

$= 58.92\,\text{mm}$

17 전도율 : 전류가 흐르기 쉬움을 나타내는 물질 고유의 값

18 용입 불량 : 모재의 용융 속도가 용접봉의 용융 속도보다 느릴 때 일어나며 저전압, 저속도일 때 발생한다.

19 허용압력$(\sigma_a) = \dfrac{P}{d \cdot l}$

$\therefore \sigma_a = \dfrac{P}{d \cdot l} = \dfrac{1{,}200\,\text{N}}{5\,\text{cm} \times 12\,\text{cm}} = 20\,\text{N/cm}^2$

20 선반 용어
① 센터 : 선단이 원뿔형(60°)이고, 자루부는 테이퍼 짐
② 척 : 공작물을 지지 및 회전시키는 요소
③ 심봉 : 중공 제품 가공 시 필요
④ 돌림판 : 주축에 고정하여 돌리개와 고정

21 용접봉에서 피복제의 역할 : ㉮, ㉯, ㉰ 외
① 용적을 미세화하여 용착효율을 높인다.
② 슬래그가 되어 용착금속의 급랭을 막아 조직을 좋게 한다.
③ 냉각을 천천히 하여 탈산작용에 도움을 준다.
④ 금속성질 개선을 위해 망간, 규소 등을 첨가한다.

정답 16. ㉯ 17. ㉰ 18. ㉯ 19. ㉰ 20. ㉯ 21. ㉱

22 평면 연삭기 숫돌의 원주 속도가 2,400 m/min이고, 연삭저항이 15 N일 때, 연삭기에 공급된 동력이 735 W이면, 이 연삭기의 효율은 약 몇 %인가? 2012.8.26

㉮ 58 % ㉯ 75 %
㉰ 82 % ㉱ 93 %

23 제관법의 공정 중심 파이프 용접법의 바른 공정은? 2012.8.26

㉮ 슬리팅(slitting) – 성형(forming) – 용접 – 사이징(sizing) – 절단 – 완성 가공
㉯ 성형(forming) – 슬리팅(slitting) – 용접 – 사이징(sizing) – 절단 – 완성 가공
㉰ 성형(forming) – 사이징(sizing) – 슬리팅(slitting) – 용접 – 절단 – 완성 가공
㉱ 성형(forming) – 용접 – 사이징(sizing) – 슬리팅(slitting) – 절단 – 완성 가공

24 스프링 백 현상은 다음 중 어느 작업 시 가장 많이 발생하는가? 2012.5.20

㉮ 용접 ㉯ 프레스
㉰ 절삭 ㉱ 열처리

25 다음 중 선반의 4개 주요 구성 부분에 속하지 않는 것은? 2010.3.7

㉮ 심압대 ㉯ 주축대
㉰ 바이트 ㉱ 왕복대

26 절삭 및 비절삭 가공 중에서 절삭가공에 속하는 것은? 2010.3.7

㉮ 주조 ㉯ 단조
㉰ 판금 ㉱ 호닝

answers & explanations

22 $H_{kw} = 15\,\text{N} \times 2{,}400\,\text{m/min}$

$= 36{,}000\,\text{N}\cdot\text{m/min}$

$= \dfrac{36{,}000\,\text{N}\cdot\text{m}}{1\,\text{min}} \times \dfrac{1\,\text{min}}{60\,s}$

$= 600\,\text{N}\cdot\text{m/s}$

$\eta = \dfrac{\text{소요동력}}{\text{공급동력}} \times 100\ \%$

$= \dfrac{600}{735} \times 100 = 81.63\ \%$

H_{kw} : 소요동력, η : 연삭기 효율

23 시임 파이프 용접법의 공정 순서
슬리팅(slitting) – 성형(forming) – 용접 – 사이징(sizing) – 절단 – 완성가공

24 스프링 백(spring back) : 소성 재료를 굽힘 가공을 할 때 재료를 굽힌 후 힘을 제거하면 판재의 탄성으로 인하여 탄성변형 부분이 원래의 상태로 복귀하여 그 굽힘 각도나 굽힘 반지름이 열려 커지는 현상. 주로 프레스나 판금 가공 작업 시 발생

25 선반의 주요 구성 부분 : 베드, 주축대, 왕복대, 심압대, 공구대 및 이송장치로 구성

26 ① 호닝 : 절삭가공의 일종으로 숫돌로 정밀하게 갈아 다듬는 작업으로 실린더 보링 후 정밀가공을 위해 작업한다.
② 판금 : 얇은 금속을 절단, 압축, 인장 등의 방법으로 소성 변형시켜 여러 모양으로 만드는 작업이다.
③ 주조 : 금속의 녹는 성질을 이용하여 녹은 금속을 주입시켜 굳혀서 만드는 방법이다
④ 단조 : 소재를 일정 온도 이상으로 가열하여 연하게 되었을 때, 해머 등으로 큰 힘을 가해 원하는 모양이나 크기로 가공하는 방법이다.

정답 22. ㉰ 23. ㉮ 24. ㉯ 25. ㉰ 26. ㉱

27 전기 저항 용접이 아닌 것은? 2008.9.7

㉮ 스폿(점) 용접 ㉯ 심 용접
㉰ 프로젝션 용접 ㉱ 테르밋 용접

28 연삭숫돌의 결함에서 숫돌 입자의 표면이나 기공에 칩(chip)이 끼어 연삭성이 나빠지는 현상은? 2011.3.20

㉮ 트루잉 ㉯ 로딩
㉰ 글레이징 ㉱ 드레싱

29 선반의 부속 장치 중 구멍이 있는 공작물에서 그 구멍을 기준으로 하여 가공할 때 사용하는 부속품은? 2011.10.2

㉮ 돌리개(dog) ㉯ 심봉(mandrel)
㉰ 방진구(work rest) ㉱ 면판(face plate)

30 다음 재료 중 소성 가공이 가장 어려운 것은 어느 것인가? 2012.3.4

㉮ 저탄소강 ㉯ 구리
㉰ 알루미늄 ㉱ 주철

31 다음 중 정확도와 정밀도에 대한 설명으로 틀린 것은? 2013.3.10

㉮ 정확도는 참값에 대한 한쪽으로 치우침이 작은 정도를 뜻한다.
㉯ 정밀도는 측정치의 흩어짐이 작은 정도를 뜻한다.
㉰ 정밀도는 표준 편차로 나타낼 수 있다.
㉱ 정확도는 계통적 오차보다는 우연오차에 의한 원인이 크다.

answers & explanations

27 알루미늄과 산화철 분말을 동일한 양으로 혼합한 혼합물인 테르밋에 점화하면, 강한 환원 작용으로 3,000℃ 정도의 고열을 발생하고, 산화알루미늄과 철이 융해된다. 이 융해철을 이용하여 접합하거나 살올림하기도 하는 용접이다.

28 연삭숫돌의 결함
① 로딩 : 숫돌바퀴가 공작물에 비해 지나치게 경도가 높거나 회전 속도가 느리면 숫돌바퀴 표면에 기공이 생겨 이 곳에 절삭 가루가 끼여 막히는 현상을 말하며, 그 결과 다듬질면에 깊은 홈이 생기고 기계가 진동하는 원인이 된다.
② 트루잉(truing) : 숫돌의 연삭면을 숫돌과 축에 대하여 평행 또는 일정한 형태로 성형시키는 수정 방법
③ 글레이징(glazing) : 숫돌 입자가 탈락하지 않고 마멸에 의해 납작하게 된 현상
④ 드레싱(dressing) : 숫돌면의 표면층을 깎아 떨어뜨려서 절삭 성능이 나빠진 숫돌면을 새롭고 날카로운 입자를 발생시켜 주는 수정 방법

29 ① 심봉 : 구멍이 있는 공작물에서 그 구멍을 기준으로 하여 가공할 때 사용하는 부속품
② 돌리개 : 돌림판에 의해 돌리개가 회전하면서 공작물을 회전시킨다.
③ 방진구 : 지름에 비해 길이가 긴 공작물 가공 시 사용하는 부속품
④ 면판 : 공작물의 모양이 고르지 않거나 생산 수량이 적을 때 공작물을 직접 면판에 볼트로 고정하거나 앵글 플레이트를 부착하여 공작물을 설치

30 소성가공이란 물체의 소성을 이용하여 변형시켜서 갖가지 모양을 만드는 가공법으로 주로 금속가공에 사용되었으나 최근에는 고분자재료에도 응용되고 있다. 금속의 소성가공은 열간가공과 냉간가공이 있다.
주철 : 취성이 크고 인장강도가 작아 고온에서 소성변형이 어렵다.

31 ① 정밀도 : 측정치의 흩어짐이 작은 정도를 뜻하며, 데이터 분포의 폭의 크기(편차)를 말한다.
② 정확도 또는 치우침 : 참값에 대한 한쪽으로 치우침이 작은 정도를 뜻하며, 데이터 분포의 평균값과 참값과의 차(평균값−참값)를 말한다.

정답 27. ㉱ 28. ㉯ 29. ㉯ 30. ㉱ 31. ㉱

32 테이퍼 구멍을 가진 다이를 통과시켜 재료를 잡아 당겨서, 가공 제품이 다이 구멍의 최소 단면 형상 치수를 갖게 하는 가공법은? 2012.8.26

㉮ 전조 가공
㉯ 절단 가공
㉰ 인발 가공
㉱ 프레스 가공

33 용융금속을 금속 주형에 고속, 고압으로 주입하여 정밀도가 높은 알루미늄합금 주물을 다량 생산하고자 할 때 가장 적합한 주조 방법은?

㉮ 칠드 주조
㉯ 원심 주조법
㉰ 다이캐스팅
㉱ 셸 주조

34 원통의 내면을 보링, 리밍, 연삭 등의 가공을 한 후에 공구를 회전 및 직선왕복 운동시켜 진원도, 진직도, 표면거칠기 등을 더욱 향상시키기 위한 가공 방법은? 2008.9.7

㉮ 래핑 ㉯ 초음파 가공
㉰ 쇼트 피닝 ㉱ 호닝

35 프레스 가공을 분류할 때 전단가공의 종류에 속하지 않는 것은? 2010.9.5

㉮ 엠보싱(embossing) ㉯ 블랭킹(blanking)
㉰ 트리밍(trimming) ㉱ 셰이빙(shaving)

36 용접부의 결함이 생기는 그 원인을 설명한 것으로 틀린 것은? 2009.8.30

㉮ 기공 : 용접봉에 습기가 있었다.
㉯ 언더컷 : 운봉속도가 불량했다.
㉰ 오버랩 : 전류가 과대했다.
㉱ 슬래그 섞임 : 슬래그 유동성이 좋았다.

일반기계공학 4 과목

answers & explanations

32 인발 가공 : 드로잉이라고도 하며 다이(die) 구멍에 재료를 통과시켜 잡아당기면 단면적이 감소되어 다이 구멍의 형상과 같은 단면의 봉(捧), 선(線), 파이프 등을 만드는 가공방법
※ 인발의 가공도는 단면감소율로 나타낸다.

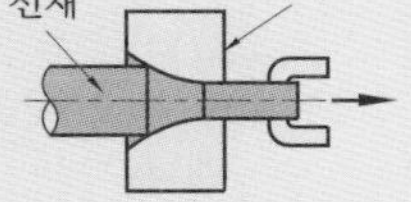

33 다이캐스팅 : 정밀하게 만들어진 금형을 사용하여 융해 금속에 압력을 가해서 주조하는 방법. 비교적 융점이 낮은 금속(알루미늄합금, 아연합금) 등의 주조에 이용된다.

34 ① 호닝(honing) : 원통의 내면을 보링, 리밍, 연삭 등의 가공을 한 후에 공구를 회전 및 직선왕복 운동시켜 진원도, 진직도, 표면거칠기 등을 다듬질하는 가공
② 래핑(lapping) : 미세한 숫돌가루를 이용하여 공작물의 표면을 매끈하게 하는 방법
③ 초음파 가공(ultrasonic machining) : 초음파 진동을 하는 방향으로 공구와 공작물 사이에 지립(砥粒)과 공작액을 넣고 지립의 공작물에 대한 충돌에 의하여 다듬질하는 방법
④ 쇼트 피닝(shot peening) : 강재의 표면에 쇼트라는 작은 철 입자를 분사하여 표면을 가공 경화하는 방법

36 용접의 이상 현상
① 오버랩 : 용융된 금속이 용입되지 않고 표면에 덮여있는 상태로, 용접전류가 낮고 용접속도가 느릴 때 발생
② 언더컷 : 용접 경계부분에 생기는 홈으로, 용접전류가 크고 용접속도가 빠를 때 발생
③ 스패터 : 용접 중에 비산되는 슬래그 및 금속 입자가 모재에 부착된 것으로 고전압, 용융속도가 빠를 때, 아크의 길이가 길 때 발생
④ 용입 불량 : 모재의 용융속도가 용접봉의 용융속도보다 느릴 때 발생하며, 저전압 저속도일 때 발생

정답 32. ㉰ 33. ㉰ 34. ㉱ 35. ㉮ 36. ㉰

37 정육면체의 외형 평면가공에 가장 적합한 공작기계는? 2008.5.11

㉮ 선반 ㉯ 드릴링 머신
㉰ 밀링 머신 ㉱ 보링 머신

38 소성 가공을 할 때 열간 가공과 냉간 가공을 구분하는 온도와 가장 관계가 있는 것은?

㉮ 재결정 온도 2011.3.20
㉯ 용융 온도
㉰ 동소변태 온도
㉱ 임계 온도

39 절삭공구 인선의 파손 중에서 공구 인선의 일부가 미세하게 탈락되는 현상을 무엇이라고 하는가?

㉮ 크레이터 마모 ㉯ 플랭크 마모
㉰ 치핑 ㉱ 구성인선

40 주형을 만드는 데 사용하는 주물사 구비 조건이 아닌 것은? 2012.3.4

㉮ 가스 및 공기가 잘 빠지지 않을 것
㉯ 반복 사용에 따른 형상 변화가 거의 없을 것
㉰ 내열성이 크고 화학적인 변화가 생기지 않을 것
㉱ 주형 제작이 용이하고 쇳물의 압력에 견딜 수 있는 강도를 갖출 것

41 지름 75 mm의 앤드 밀 커터가 매분 60회전하며 절삭할 때 절삭 속도는 약 몇 m/min인가? 2011.6.12

㉮ 14 ㉯ 20
㉰ 26 ㉱ 32

answers & explanations

37 공작기계
① 선반 : 공작물이 회전하고 절삭공구가 직선 이송 운동을 하여 절삭 가공하는 기계
② 드릴링 머신과 보링 머신 : 구멍을 뚫고 다듬는 기계
③ 밀링 머신 : 원판이나 원통 둘레에 돌기가 많은 밀링커터를 회전시켜 공작물을 절삭하는 기계

38 재결정을 일으키는 최저의 온도. 이 온도는 가열 시간, 조성(특히 순도), 변형량(가공도) 등이 요인이 되고, 이로 인하여 변화하는 것이다.

39 절삭공구 인선의(날 끝의) 파손
① 치핑(chipping) : 공구의 날 끝에 충격이 발생되어 공구 인선의 일부가 미세하게 탈락되는 현상
② 크레이터 마모(경사면의 마모) : 공작물 가공 시 경화된 칩이 공구면에 작용하여 공구 표면층의 일부가 움푹하게 파여져 절삭 도중에 공구가 떨어져 나가는 현상
③ 플랭크 마모(여유면의 마모) : 공구의 여유면이 절삭면에 평행하게 마멸되는 현상
④ 구성인선(built up edge) : 금속 재료 절삭 시 고온, 고압에 의해 칩의 일부가 날 끝에 녹아 붙거나 압착되어 절삭날과 같은 역할을 하는 것

40 주물사의 구비 조건
① 주형 제작이 용이하고 쇳물의 압력에 견딜 수 있는 강도를 갖출 것
② 통기성이 좋고, 성형성이 좋을 것
③ 내열성이 크고 화학적인 변화가 생기지 않을 것
④ 반복 사용에 따른 형상 변화가 거의 없을 것
⑤ 값이 싸고, 구입이 쉬울 것

41 절삭속도 $(V) = \dfrac{\pi \cdot D \cdot n}{1{,}000}$

$\therefore V = \dfrac{3.14 \times 75 \times 60}{1{,}000} = 14.13\,\text{m/min}$

※ 1,000은 mm를 m로 단위변환하기 위함

정답 37. ㉰ 38. ㉮ 39. ㉰ 40. ㉮ 41. ㉮

42 지름이 100 mm인 탄소강재를 선반 가공할 때 1회 가공 소요시간은 약 몇 초인가?(단, 회전수는 400 rpm이고, 이송은 0.3 mm/rev 이며 탄소강재의 길이는 50 mm이다.)

2010.3.7

가 20초 나 25초
다 30초 라 40초

43 직경 300 mm의 V벨트 풀리가 300 rpm으로 회전하고 있을 때 V벨트의 속도는 약 몇 m/s인가?

가 3.5 나 4.7
다 2.1 라 5.5

44 드릴링 머신에서 할 수 없는 작업은?

가 코킹
나 카운터 보링
다 리밍
라 카운터 싱킹

45 공작 기계의 명칭과 가공법이 바르게 연결된 것은?

2015.8.16

가 선반 – 기어 가공, 키 홈 가공
나 밀링 – 수나사 가공, 기어 가공
다 연삭기 – 평면 가공, 외경 가공
라 드릴링 머신 – 카운터 보링 가공, 기어 가공

일반기계공학 4 과목

answers & explanations

42 가공 소요시간$(T) = \dfrac{L}{n \times f}$

여기서, L : 길이(mm)
n : 회전수(rpm)
f : 이송(mm/rev)

$\therefore T = \dfrac{L}{n \times f} = \dfrac{50 \times 60}{400 \times 0.3} = 25\,\mathrm{s}$

※ 60은 rpm을 초로 바꾸기 위한 환산공식이다.

43 V벨트의 속도$(v) = \dfrac{\pi \cdot D \cdot n}{1{,}000 \times 60}$[m/s]

※ rpm = 분(min) 당 회전수

$v = 3.14 \times 300\,\mathrm{mm} \times \dfrac{300}{1\,\mathrm{min}} \times \dfrac{1\,\mathrm{m}}{1{,}000\,\mathrm{mm}} \times \dfrac{1\,\mathrm{min}}{60\,\mathrm{s}} = 4.71\,\mathrm{m/s}$

44 코킹 : 보일러, 가스 저장 용기 등과 같은 압력 용기에 사용하는 리벳 체결에 있어서 기밀을 유지하기 위해 끝이 뭉뚝한 정을 사용하여 리벳 머리, 판의 이음부, 가장자리 등을 쪼아서 틈새를 없애는 작업이다.

45 ① 선반 : 원통, 원뿔, 접시 모양 가공
② 밀링 : 평면절삭, 홈 절삭, 측면 절삭
③ 드릴링 : 드릴, 리밍, 카운터 보링, 카운터 싱킹, 스폿 페이싱

정답 42. 나 43. 나 44. 가 45. 다

제4장 유체기계

01 원통형 케이싱 안에 편심 회전자가 있고 그 회전자의 홈 속에 판 모양의 깃이 원심력 또는 스프링 장력에 의하여 벽에 밀착하면서 회전하여 액체를 압송하는 펌프는? 2011.3.20

㉮ 피스톤 펌프
㉯ 나사 펌프
㉰ 베인 펌프
㉱ 기어 펌프

02 공작물을 단면적 100 cm^2인 유압실린더로 1분에 2m의 속도로 이송시키기 위해 필요한 유량은 몇 L/min인가? 2012.3.4

㉮ 10 ㉯ 20
㉰ 30 ㉱ 4

03 실린더 피스톤의 단면적이 100 cm^2이고 로드의 단면적이 50 cm^2인 유압실린더에 분당 20L의 유압유가 공급될 때 실린더에 의한 공작물의 후진속도는 몇 m/min인가? 2011.10.2

㉮ 0.4 ㉯ 4
㉰ 40 ㉱ 4,000

04 공기압 발생장치인 압축기의 일반적인 설치 조건으로 가장 적합하지 않은 것은 어느 것인가? 2009.8.30

㉮ 습기 제거를 위해 직사광선이 있는 곳에 설치한다.
㉯ 저온, 저습 장소에 설치하여 드레인 발생을 적게 한다.
㉰ 지반이 견고한 장소에 설치하여 소음, 진동을 예방한다.
㉱ 빗물, 바람 등에 보호될 수 있도록 지붕이나 보호벽을 설치한다.

answers & explanations

01 회전 펌프의 하나로 편심 펌프라고도 한다. 원통형 케이싱 안에 편심회전자가 있고, 그 홈 속에 판상의 깃이 들어 있으며, 이 베인이 원심력 또는 스프링의 장력에 의해 벽에 밀착되어 회전하면서 액체를 압송하는 형식이다. 주로 유압 펌프용으로 사용된다.

02 $Q = A \times V$

Q : 유량, A : 단면적, V : 흐름속도(유속)

$2\,m/min = 200\,cm/min$

$\therefore 100\,cm^2 \times 200\,cm/min = 20{,}000\,cm^3/min$

$1{,}000\,cm^3 = 1\,L$

$$\therefore 20{,}000\,cm^3/min = \frac{20{,}000\,cm^3}{min} \times \frac{1\,L}{1{,}000\,cm^3} = 20\,L/min$$

03 분당 $20\,L \rightarrow 20{,}000\,cm^3/min$

로드 단면적이 $50\,cm^2$이므로

$\therefore 20{,}000 \div 50 = 400\,cm/min = 4\,m/min$

04 공기압축기 설치 조건
① 저온, 저습 장소에 설치하여 드레인 발생을 적게 한다(직사광선을 피할 것).
② 하절기에도 주위온도가 40℃ 이하가 되도록 한다(실내온도).
③ 통풍이 잘되고 깨끗한 공기가 흡입될 수 있어야 한다.
④ 빗물, 바람 등에 보호되도록 실내에 설치한다.
⑤ 지반이 견고한 장소에 설치하여 소음, 진동을 예방한다(수평일 것).
⑥ 소음이나 진동이 없을 것

정답 01. ㉰ 02. ㉯ 03. ㉯ 04. ㉮

05 다음 중 도가니로의 규격은 어떻게 표시하는가? 2011.10.2

㉮ 시간당 용해 가능한 구리의 중량
㉯ 시간당 용해 가능한 구리의 부피
㉰ 한 번에 용해 가능한 구리의 중량
㉱ 한 번에 용해 가능한 구리의 부피

06 다음 특수 펌프 중 고속 분류로서 액체 또는 기체를 수송하는 것으로 분류 펌프 또는 분사 펌프라고도 하는 것은? 2012.8.26

㉮ 재생 펌프
㉯ 기포 펌프
㉰ 수격 펌프
㉱ 제트 펌프

07 다음 유압 회로도에서 품번 ①은 무엇을 나타내는가? 2008.5.11

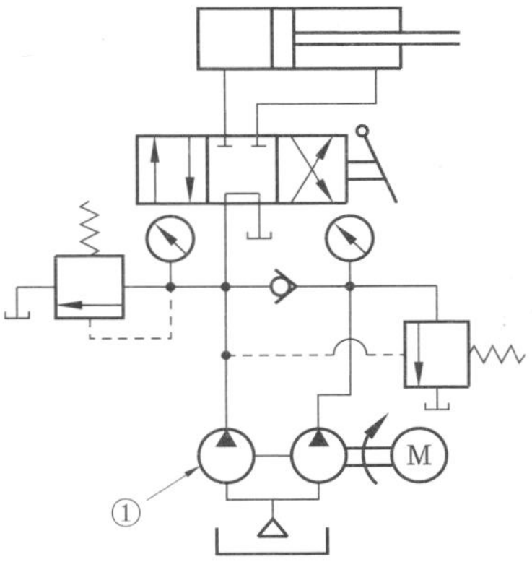

㉮ 유압 모터 ㉯ 공압 모터
㉰ 유압 펌프 ㉱ 공압 펌프

answers & explanations

05 각종 노의 용량 표시법
① 도가니로 : 1회 용해하는 구리의 중량으로 표시한다.
② 용광로 : 1일 산출한 선철의 무게를 톤(ton)으로 표시한다.
③ 용선로 : 1시간에 용해할 수 있는 선철의 톤(ton) 수로 표시한다.
④ 전로, 평로, 전기로 : 1회에 용해, 산출하는 무게를 kg 또는 톤으로 표시한다.

06 특수 펌프의 종류
① 제트 펌프 : 분류에 의하여 유체를 빨아 올려 송출하는 펌프로 보통 물 또는 증기를 분출해 양수(揚水)를 행하지만, 펌프의 효율이 낮은 것이 결점이다(분사펌프라고도 한다).
② 재생 펌프 : 날개바퀴로 하는 짧은 홈이 무수히 많은 원판과 그 주위를 둘러싼 케이싱 사이의 액체에 운동을 주어 양수하는 펌프
③ 기포 펌프 : 양수관 하단의 물속으로 압축 공기를 송입하여 물의 비중을 가볍게 하고, 발생되는 기포의 부력을 이용해서 양수하는 펌프로 공기 양수 펌프라고도 한다.
④ 수격 펌프 : 물의 흐름에 의한 수격현상의 운동 에너지를 이용해 액체를 높은 장소로 밀어 올리는 펌프

07 유압 펌프 : 모터에 의해 작동한다.

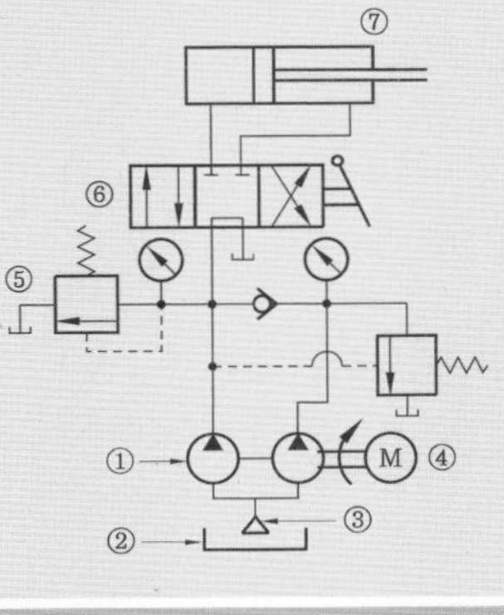

① 유압 펌프
② 오일 탱크
③ 여과기
④ 모터
⑤ 릴리프 밸브
⑥ 방향 제어 밸브 (4포트 3위치)
⑦ 유압 실린더

정답 05. ㉰ 06. ㉱ 07. ㉰

08 **펌프의 송출압력이 70 N/cm^2, 송출량은 40 L/min인 유압 펌프의 동력은 약 몇 kW인가?** 2010.5.9

㉮ 267 ㉯ 367
㉰ 467 ㉱ 567

09 **공기압 회로 중 압축공기 필터에 대한 설명으로 틀린 것은?** 2010.9.5

㉮ 필터는 공기 배출구에 설치한다.
㉯ 드레인 여과 방식으로 수동식과 자동식이 있다.
㉰ 수분·먼지가 침입하는 것을 방지하기 위해 설치한다.
㉱ 오염의 정도에 따라 필터의 엘리먼트를 선정할 필요가 있다.

10 **급수펌프의 전양정이 30 m이고 유량이 5 m^2/min, 효율은 82 %이다. 이 펌프를 구동시키는데 필요한 전동기의 동력은 약 몇 kW인가? (단, 물의 비중량 γ = 9,800 N/m^{2}이다.)**

㉮ 25 ㉯ 30
㉰ 35 ㉱ 50

11 **유압 펌프를 처음 시동할 경우 작동방법에 관한 설명으로 옳지 않은 것은?** 2013.3.10

㉮ 시동 시 펌프가 차가울 경우 뜨거운 작동유를 사용하여 펌프 온도를 상승시킨다.
㉯ 신품인 베인 펌프는 압력을 걸어 시동하고 최초 5분 정도는 간헐적으로 작동시켜 길들이는 것이 좋다.
㉰ 시동 전에는 회전상태를 검사하여 플렉시블 캠링의 회전방향과 설치 위치를 정확히 해둔다.
㉱ 작동유는 적절한 정도로 맑고 깨끗하게 사용해야 한다.

12 **벌류트 펌프(volute pump)나 디퓨저 펌프(diffuser pump)는 어떤 펌프 형식에 속하는가?** 2010.5.9

㉮ 원심 펌프 ㉯ 축류 펌프
㉰ 왕복 펌프 ㉱ 회전 펌프

13 **유압기기의 부속장치 중 유압에너지 압력에 대해 맥동 제거, 압력 보상, 충격 완화 등의 역할을 하는 것은?** 2013.8.18/2011.3.20

㉮ 스트레이너 ㉯ 패킹
㉰ 어큐뮬레이터 ㉱ 필터 엘리먼트

answers & explanations

08 동력 $(L_{kW}) = \dfrac{\gamma \cdot Q \cdot H}{102 \times 60 \times \eta}$

$= \dfrac{1{,}000 \times 40 \times 70}{102 \times 60} = 457.5$

09 ㉮ 필터는 공기 흡입구에 설치한다.

10 동력$(L_{kW}) = \dfrac{\gamma \cdot Q \cdot H}{102 \times 60 \times \eta}$

$= \dfrac{9{,}800 \times 5 \times 30}{9.8 \times 102 \times 60 \times 0.82}$

$= 29.89\,\text{kW}$

11 오일의 온도가 상승하면 열화되므로 가열해서는 안 된다.

12 터보형 펌프 : 원심형 – 벌류트 펌프, 터빈 펌프

13 어큐뮬레이터 : 유압 장치에 있어서 유압 펌프로부터 고압의 기름을 저장해 놓는 장치
① 유압 에너지 축적용
② 고장·정전 등의 긴급 유압원
③ 맥동·충격 압력의 흡수용
④ 유체의 수송, 압력의 전달

정답 08. ㉰ 09. ㉮ 10. ㉯ 11. ㉮ 12. ㉮ 13. ㉰

14 관로 내의 흐름을 급격히 정지시키면 유체 속도의 급격한 변화에 따라 유체 압력이 크게 상승하는 현상을 무엇이라 하는가? 2008.9.7

㉮ 퍼컬레이션
㉯ 캐비테이션
㉰ 수격현상
㉱ 서징현상

15 유압 모터로 어떤 물체를 300 N·m의 토크로 분당 1,000회전시키려고 한다. 이때 모터에 필요한 동력은 몇 kW인가? (단, 효율은 100 %이다.) 2012.3.4

㉮ 31.4
㉯ 41.9
㉰ 314
㉱ 419

16 유압 펌프는 크게 용적형 펌프와 비용적형 펌프로 분류할 수 있고, 또 용적형 펌프에는 회전 펌프와 피스톤 펌프로 분류할 수 있다. 이때 회전 펌프에 속하는 것은?

㉮ 터빈 펌프
㉯ 벌류트 펌프
㉰ 축류 펌프
㉱ 베인 펌프

17 수력기계에서 공동현상(cavitation)이 발생하는 근본 원인은? 2013.6.2

㉮ 특정 공간에서 유체의 저속 흐름이 원인이다.
㉯ 낮은 대기압이 원인이다.
㉰ 특정 공간에서 발생하는 고압이 원인이다.
㉱ 특정 공간에서 발생하는 저압이 원인이다.

answers & explanations

14 ① 캐비테이션(cavitation) : 물이 관속을 유동하고 있을 때 물 속의 어느 부분의 정압이 그때 물의 온도에 해당하는 증기압 이하로 되어 물이 증발을 일으키고 수중에 녹아있던 용존산소가 낮은 압력으로 인하여 기포가 발생하는 현상
② 퍼컬레이션(percolation) : 연료가 비등하여 끓어 넘쳐 운전이 원활하게 되지 못하는 현상
③ 서징(surging) 현상 : 펌프를 운전할 때 송출 압력과 송출 유량이 주기적으로 변동하여 펌프 입구 및 출구에 설치된 진공계, 압력계의 지침이 흔들리는 현상

15 $H_{kW} = \dfrac{TR}{974 \times 9.8}$

여기서, H_{kW} : 동력, T : 토크, R : 회전속도

$\therefore \dfrac{300 \times 1{,}000}{974 \times 9.8} = 31.4\,\text{kW}$

16 유압 펌프의 분류
(1) 터보형
 ① 원심형 : 벌류트 펌프, 터빈 펌프
 ② 사류형
 ③ 축류형
(2) 용적형
 ① 왕복형 : 피스톤 펌프, 플런저 펌프
 ② 회전형 : 기어 펌프, 베인 펌프
(3) 특수형 : 분사 펌프, 공기 양수 펌프, 수격 펌프, 점성 펌프

17 액체 속을 고속도로 움직이는 물체의 표면은 액압(液壓)이 저하하는데, 이를 '베르누이의 정리'라고 한다. 그렇게 되면 압력이 액체의 포화증기압보다 낮아진 범위에 증기가 발생하거나 액체 속에 녹아 있던 기체가 나와서 공동을 이룬다.

정답 14. ㉰ 15. ㉮ 16. ㉱ 17. ㉱

18 어떤 펌프가 매분 3,000회전으로 전양정 150 m에 대하여 0.3 m^3/s인 수량(水量)을 방출한다. 이것과 상사(相似)인 것으로 치수가 2배인 펌프가 매분 2,000회전이고 다른 것은 동일한 사태로 운전될 때 전양정은 약 몇 m인가? 2009.5.10

㉮ 201 ㉯ 224 ㉰ 243 ㉱ 267

19 방향 제어 밸브를 분류하는 방법이 아닌 것은? 2015.8.16

㉮ 밸브의 기능에 의한 분류
㉯ 포트의 크기에 의한 분류
㉰ 밸브의 구조에 의한 분류
㉱ 밸브의 설계 방식에 의한 분류

20 전양정(H)이 30 m이고, 급수량(Q)이 1.2 m^3/min인 펌프를 설계할 때, 펌프의 효율(η)을 0.75로 하면 펌프의 축동력은 몇 kW인가? 2012.8.26

㉮ 10.54 ㉯ 8.73
㉰ 7.84 ㉱ 5.73

21 공기탱크와 압축기 사이에 설치한 클램프 상태에 있는 회로에서 압력 저하에 따른 위험방지 목적으로 압축기 정지 시 역류 방지용 등에 사용되는 밸브는? 2010.9.5

㉮ 스톱(stop) 밸브
㉯ 체크(check) 밸브
㉰ 셔틀(shuttle) 밸브
㉱ 스로틀(throttle) 밸브

22 유압유의 점도가 너무 높을 때 발생되는 현상으로 거리가 먼 것은? 2012.5.20

㉮ 캐비테이션 발생
㉯ 장치의 관내 저항에 의한 압력 증대
㉰ 작동유의 비활성으로 응답성 저하
㉱ 내부 및 외부 누설 증대

23 용적형 펌프에 해당하는 피스톤 펌프는 어느 형식에 속하는 펌프인가? 2010.3.7

㉮ 왕복식 펌프 ㉯ 원심식 펌프
㉰ 사류 펌프 ㉱ 회전식 펌프

answers & explanations

18 상사(相似)의 법칙

$$H_2 = H_1 \cdot \left(\frac{D_2}{D_1}\right)^2 \cdot \left(\frac{N_2}{N_1}\right)^2$$

$$= 150 \times \left(\frac{2}{1}\right)^2 \times \left(\frac{2,000}{3,000}\right)^2 = 266.67 \text{ m}$$

19 방향 제어 밸브의 분류 방법
① 기능에 의한 분류 : 체크 밸브, 감압 밸브
② 크기에 의한 분류 : 볼 밸브, 벨로즈 밸브
③ 구조에 의한 분류 : 포핏 밸브, 스풀 밸브, 슬라이드 밸브

20 동력 $(L_{kW}) = \dfrac{\gamma \cdot Q \cdot H}{102 \times 60 \times \eta}$

여기서, L_{kW} : 축동력, γ : 물의 비중
Q : 유량, H : 양정, η : 효율

$$\therefore L_{kW} = \frac{1,000 \times 1.2 \times 30}{102 \times 60 \times 0.75} = 7.84 \text{kW}$$

21 유압 제어 밸브의 분류
① 방향 제어 밸브 : 체크 밸브, 감속 밸브, 스풀 밸브 등
② 압력 제어 밸브 : 안전밸브, 릴리프 밸브, 시퀀스 밸브, 언로더 밸브, 리듀싱 밸브 등
③ 유량 제어 밸브 : 스로틀 밸브, 분류 밸브 등

22 ㉱는 유압의 정도가 낮을 때 발생하기 쉽다.

23 유압 펌프의 분류
(1) 터보형
① 원심형 : 벌류트 펌프, 터빈 펌프
② 사류형
③ 축류형
(2) 용적형
① 왕복형 : 피스톤 펌프, 플런저 펌프
② 회전형 : 기어 펌프, 베인 펌프
(3) 특수형 : 분사 펌프, 공기 양수 펌프, 수격 펌프, 점성 펌프

정답 18. ㉱ 19. ㉱ 20. ㉰ 21. ㉯ 22. ㉱ 23. ㉮

24 지름 3 m인 원형 수직 수문의 상단이 수면 아래 6 m에 있을 때 물의 전압력은? 2015.8.16

㉮ 28 t ㉯ 36 t ㉰ 41 t ㉱ 53 t

25 4포트 3위치 방향전환밸브의 중간위치 형식 중 센터 바이패스형이라고도 하며 중립위치에서 펌프를 무부하시킬 수 있고 실린더를 임의의 위치에 고정시킬 수 있는 것은 어느 것인가? 2014.3.2

㉮ ABR 접속형 ㉯ 오픈 센터형
㉰ 탠덤 센터형 ㉱ 클로즈 센터형

26 원심펌프 송출유량이 0.3 m^3/min이고, 관로의 손실수두가 8 m이다. 펌프 중심에서 1.5 m 아래 있는 저수지에서 물을 흡입하여 펌프 중심에서 15 m의 높이의 탱크로 양수할 때, 펌프의 동력은 몇 kW인가?

㉮ 1 ㉯ 1.2 ㉰ 2 ㉱ 2.2

27 다음 중 압축기 뒤에 설치되어 압축공기를 저장하는 공기탱크에 관한 설명으로 옳지 않은 것은? 2014.3.2

㉮ 맥동을 방지하거나 평준화한다.
㉯ 압력용기이므로 법적 규제를 받는다.
㉰ 비상시에도 일정시간 운전을 가능하게 한다.
㉱ 다량의 공기 소비 시 급격한 압력 상승을 방지한다.

28 공기압축기에서 생산된 압축공기를 탱크에 저장하는 경우 공기탱크의 압력이 설정압력에 도달하면 압축공기를 토출하지 않는 무부하운전이 되게 하는 것은?

㉮ 언로드 밸브(unload valves)
㉯ 릴리프 밸브(relief valves)
㉰ 시퀀스 밸브(sequence valves)
㉱ 카운터 밸런스 밸브(counter balance valves)

answers & explanations

24

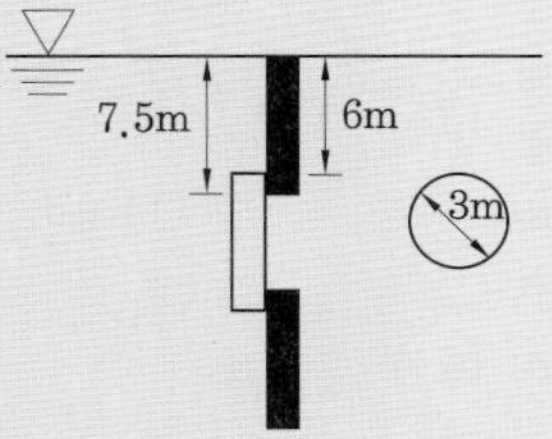

전압력이 작용되는 작용점은 $h_p = 6 + \frac{3}{2} = 7.5$ m

톤은 질량 단위이므로 중력가속도는 생략한다.

전압력 $P = \gamma h_p A \left(= \frac{kg}{m^3} \times m \times m^2 \right)$

$= 1{,}000 \times 7.5 \times \frac{\pi \times 3^2}{4} = 53{,}014\,kg$

$\therefore\ P = 53t$

25 탠덤 센터형 : PR 접속형으로 포트 P와 포트 R이 접속되고 다른 포트 A, B는 폐쇄되어 있는 형식을 말한다.

26 펌프동력$(H_{ku}) = \frac{rQH}{102 \times 60}$

$$H_{ku} = \frac{1000 \times 0.3 \times (1.5 + 8 + 15)}{102 \times 60} = 1.2\,kW$$

27 압축 공기를 담아 두는 탱크로써, 공기 압축기에서 압축된 공기를 저장하여 각 작동부에 공급하는 역할을 한다. 공기탱크에는 과잉의 압력을 방출하여 공기탱크의 안전을 유지하기 위해 안전밸브가 설치되어 있으며, 공기탱크 내의 규정 압력은 5~7 kgf/cm^2이다.

28 ① 언로드 밸브 : 일정 압력에 도달되면 펌프를 무부하가 되게 한다.
② 릴리프 밸브 : 회로 내의 압력을 규정 압력으로 유지하고 최고 압력을 제어하여 회로를 보호한다.
③ 시퀀스 밸브 : 작동순서를 제어하는 밸브이며 2개 이상의 분기회로에서 사용된다.
④ 카운터 밸런스 밸브 : 유압실린더가 자유낙하되는 것을 방지하기 위해 실린더의 배압을 유지시키는 밸브이다.

정답 24. ㉱ 25. ㉰ 26. ㉯ 27. ㉱ 28. ㉮

제5장 재료역학

01 단면적 400 mm²인 봉에 6kN의 추를 달았더니 허용인장응력에 도달하였다. 이 봉의 인장강도가 30 MPa이라면 안전율은 얼마인가? 2013.3.10

㉮ 2　㉯ 3
㉰ 4　㉱ 5

02 그림과 같은 단면을 가진 외팔보에 등분포하중이 작용할 때 보에 발생하는 최대 굽힘응력은 약 몇 N/cm²인가? 2008.9.7

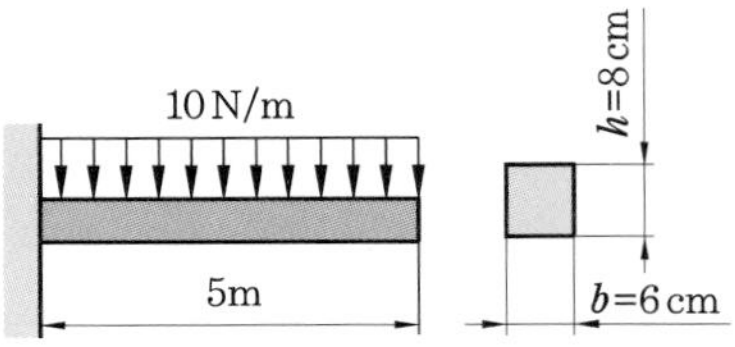

㉮ 95　㉯ 145　㉰ 195　㉱ 245

03 시편 지름이 D = 14 mm, 평행부가 60 mm, 표점거리는 50 mm, 인장하중이 P = 9,930 N일 때 인장응력 σ[N/mm²] 및 연신율 ϵ[%]은 약 얼마인가?(단, 절단 후의 표점거리 L = 64.3 mm이다.) 2009.8.30

㉮ σ = 64.5, ϵ = 28.6　㉯ σ = 64.5, ϵ = 38.6
㉰ σ = 54.5, ϵ = 38.6　㉱ σ = 54.5, ϵ = 28.6

04 재료에 탄성한계를 넘어서 외력을 가하면 외력을 제거하여도 복원되지 않는 소성변형을 일으키는 성질로 소성 가공에 이용되는 성질은? 2008.5.11

㉮ 가소성　㉯ 취성
㉰ 역극성　㉱ 절삭성

answers & explanations

01 $S = \dfrac{\text{인장강도}(\sigma_t)}{\text{허용응력}(\sigma_a)}$, S : 안전율

1 Pa = 1 N/m² 이므로
1 MPa = 10⁶ N/m² = 1 N/mm²

$$\therefore \sigma = \frac{W}{A} = \frac{6{,}000\,\text{N}}{400\,\text{mm}^2} = 15\,\text{N/mm}^2 = 15\,\text{MPa}$$

$$\therefore S = \frac{30\,\text{MPa}}{15\,\text{MPa}} = 2$$

02 최대굽힘모멘트

$$M_{\max} = \frac{w \cdot l^2}{2} = \frac{10\,\text{N/m} \times 5\,\text{m}^2}{2}$$

$$= 125\,\text{N}\cdot\text{m} = 125\,\text{N}\cdot\text{m} \times \frac{100\,\text{cm}}{1\,\text{m}}$$

$$= 12{,}500\,\text{N}\cdot\text{cm}$$

$$\sigma_b = \frac{M}{Z} = \frac{M}{\frac{1}{6}bh^2} = \frac{6M}{bh^2} = \frac{6 \times 12{,}500\,\text{N}\cdot\text{cm}}{6\,\text{cm} \times 8\,\text{cm}^2}$$

$$= 195\,\text{N/cm}^2$$

03 ① $\sigma = \dfrac{W}{A}$, $A = \dfrac{\pi}{4} \cdot D^2$

$$= \frac{\pi}{4} \times (14\,\text{mm})^2 = 153.938\,\text{mm}^2$$

$$\therefore \sigma = \frac{9{,}930\,\text{N}}{153.938\,\text{mm}^2} = 64.5\,\text{N/mm}^2$$

② $\epsilon = \dfrac{l' - l}{l}$, ϵ : 연신율

$$\epsilon = \frac{64.3 - 50\,\text{mm}}{50\,\text{mm}} \times 100 = 28.6\,\%$$

04 ① 취성 : 물체가 외력을 받았을 때 소성변형을 일으키지 않고 쉽게 부스러지는 성질
② 역극성 : 모재에 (−), 용접봉에 (+)를 연결하는 방식으로 해당사항이 없다.
③ 절삭성 : 재료가 절삭되기 쉬운 성질 (피삭제의 난이도 정도)

정답 01. ㉮　02. ㉰　03. ㉮　04. ㉮

05 시험 전의 시험편 지름이 ϕ40이었고, 시험 후의 시험편 지름이 ϕ30이었다. 이 경우의 단면수축률(%)은? 2011.10.2

㉮ 25.0 ㉯ 43.75
㉰ 65.0 ㉱ 75.25

06 도면과 같이 자유단에 집중하중을 받고 있는 외팔보의 굽힘 모멘트 선도로 가장 적합한 것은? 2008.5.11

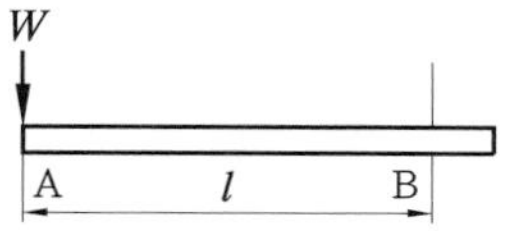

㉮ 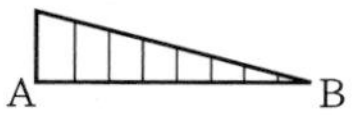

㉯ 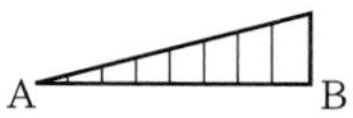

㉰ 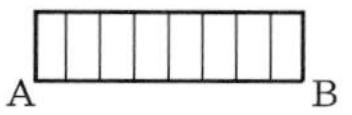

㉱ 

07 비틀림만을 받은 축에서 다른 조건은 같게 하고 축 지름을 2배로 늘리면 허용토크는 몇 배 증가하는가? 2009.5.10

㉮ 4 ㉯ 6
㉰ 8 ㉱ 10

08 길이 60 cm, 지름 2 cm의 연강 환봉을 2000 N의 힘으로 길이 방향으로 잡아당길 때 0.018 cm가 늘어난 경우 변형률(strain)은? 2013.6.2

㉮ 0.0003 ㉯ 0.003
㉰ 0.009 ㉱ 0.09

09 기계 구조물에 여러 하중이 각각 작용할 때, 일반적으로 안전율을 가장 크게 설계해야 하는 하중의 형태는? 2013.8.18

㉮ 정하중 ㉯ 반복하중
㉰ 충격하중 ㉱ 교번하중

10 축의 비틀림 강도를 고려하여 원형축에 비틀림 모멘트를 가했을 때 비틀림각(θ)을 구할 수 있다. 비틀림각(θ)에 관한 설명 중 틀린 것은? 2011.6.12

㉮ 비틀림각은 극관성 모멘트에 비례한다.
㉯ 축의 길이가 증가할수록 비틀림각은 증가한다.
㉰ 횡탄성계수가 작을수록 비틀림각은 증가한다.
㉱ 비틀림 모멘트와 비틀림각은 비례한다.

answers & explanations

05 $\phi = \dfrac{A-A'}{A} \times 100\%$

$\therefore \dfrac{40^2-30^2}{40^2} \times 100\% = 43.75\%$

06 ㉰는 외팔보의 전단력 선도이다.

07 $T = \dfrac{\pi d^3}{16} \cdot \tau$, T : 비틀림 토크

다른 조건은 모두 동일하므로

$d^3 = 2^3 = 8$배 증가

08 단위 길이(부피)당 변형

$변형률 = \dfrac{변형량}{처음길이} = \dfrac{0.018\,\text{cm}}{60\,\text{cm}} = 0.0003$

09 재료에 작용하는 외력을 하중이라고 한다. 하중은 작용하는 방향에 따라서 정하중과 동하중의 둘로 크게 나눈다. 동하중은 또, 반복하중과 교번하중(이 두 가지 하중을 활하중이라고 한다) 및 충격하중의 종류가 있다.

10 비틀림각(θ)은 극관성 모멘트(I_P)에 반비례한다.

$비틀림각(\theta) = \dfrac{Tl}{GI_P}$

공식에 의해 축의 길이(l)가 증가할수록, 횡탄성계수(G)가 작을수록 비틀림각은 증가한다. 비틀림 모멘트를 세게 할수록 비틀림각은 커지므로 비례하고, 비틀림각(θ)은 극관성 모멘트(I_P)에 반비례한다.

정답 05. ㉯ 06. ㉯ 07. ㉰ 08. ㉮ 09. ㉰ 10. ㉮

11 단면적이 25cm^{2}인 원형기둥에 10kN의 압축하중을 받을 때 기둥 내부에 생기는 압축응력은 몇 MPa인가? 2011.10.2

가 0.4 나 4
다 40 라 400

12 바깥지름이 5 cm인 단면에 3,500 N의 인장하중이 작용할 때 발생하는 인장응력은 약 몇 N/cm^{3}인가?

가 126 나 137
다 167 라 178

13 300 rpm으로 2.5 kW를 전달시키고 있는 축의 비틀림 모멘트는 약 몇 N·m인가? 2013.6.2

가 46.3 나 59.6
다 63.2 라 79.6

14 원형 단면 봉에 축 방향으로 하중이 작용할 때 발생하는 인장응력을 구하는 식으로 옳은 것은? (단, 봉 지름은 d, 인장하중은 P이다.) 2013.8.18

가 $\dfrac{2P}{\pi d^3}$ 나 $\dfrac{4P}{\pi d^3}$
다 $\dfrac{2P}{\pi d^2}$ 라 $\dfrac{4P}{\pi d^2}$

15 지름이 d인 원형 단면봉에 비틀림 토크가 작용할 때의 전단응력이 τ라고 하면, 지름이 $3d$인 동일 재질의 원형 단면봉에 동일한 비틀림 토크가 작용할 때의 전단응력은 어느 것인가? 2013.3.10

가 $\dfrac{1}{9}\tau$ 나 9τ
다 $\dfrac{1}{27}\tau$ 라 27τ

answers & explanations

11 $\sigma = \dfrac{W}{A}$

$1\text{Pa} = 1\text{N/m}^2$

$\therefore 1\text{MPa} = 10^6\text{N/m}^2 = 100\text{N/cm}^2$

$\therefore \sigma = \dfrac{W}{A} = \dfrac{10{,}000\text{N}}{25\text{cm}^2} = 400\text{N/cm}^2 = 4\text{MPa}$

12 $\sigma = \dfrac{W}{A}$ (W : 하중, A : 파괴가상면적)

$\therefore \sigma = \dfrac{W}{A} = \dfrac{3{,}500\text{N}}{\dfrac{\pi}{4} \times 5\text{cm}^2} = 178.3\text{N/cm}^2$

13 동력 $(H_{kW}) = \dfrac{2\pi Tn}{102 \times 60 \times 9.8}$

$\therefore T = \dfrac{102 \times 60 \times 9.8 \times H_{kW}}{2 \times \pi \times n}$

$= \dfrac{102 \times 60 \times 9.8 \times 2.5}{2 \times 3.14 \times 300} = 79.58$

$\fallingdotseq 79.6\text{N} \cdot \text{m}$

14 $\sigma = \dfrac{4P}{\pi d^2}$

d : 봉 지름, P : 인장하중, σ : 인장응력

고체 재료다. 구조물 등에서는 외력이 작용하면 아주 적더라도 반드시 변형이 생긴다. 이 변형에 저항해서 재료의 내부에는 저항력이 생기고, 이것이 클수록 강한 재료라고 부르며, 물체 내부에 생기는 이 힘을 내력이라고 한다. 물체 내부에 가상 단면을 생각하면, 이 면상에서의 내력은 외력과 균형 잡혀 있고, 단위면적당의 내력을 응력이라고 하고, 이 가상 단면이 서로 당겨 맞았을 때의 수직응력을 인장응력이라고 한다.

15 $T = \dfrac{\pi d^3}{16} \cdot \tau$, T : 비틀림 모멘트

$\therefore$ 전단응력$(\tau) = \dfrac{16T}{\pi d^3}$

동일한 토크가 작용하므로 전단응력은 $\dfrac{1}{27}$로 줄어든다.

정답 11. 나 12. 라 13. 라 14. 라 15. 다

16 그림과 같이 한 변이 20 cm인 정사각형에 직경 ϕ8 cm의 구멍이 뚫린 단면의 도심축에 대한 단면 2차 모멘트는 몇 cm^4인가? 2011.10.2

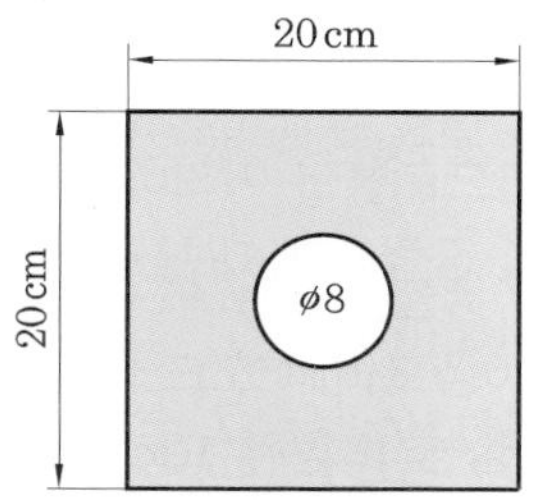

㉮ 13,132 ㉯ 14,132
㉰ 151,321 ㉱ 161,321

17 2,500 rpm으로 회전하면서 25 kW를 전달하는 전동축이 있다. 이 전동축의 비틀림 모멘트는 몇 N·m인가? 2011.10.2

㉮ 7.5 ㉯ 9.6
㉰ 70.2 ㉱ 95.5

18 안전계수와 푸아송 비를 나타낸 식으로 가장 옳게 짝지어진 것은? 2012.3.4

㉮ 안전계수$=\dfrac{\text{허용응력}}{\text{인장강도}}$

푸아송 비$=\dfrac{\text{세로변형률}}{\text{가로변형률}}$

㉯ 안전계수$=\dfrac{\text{허용응력}}{\text{인장강도}}$

푸아송 비$=\dfrac{\text{가로변형률}}{\text{세로변형률}}$

㉰ 안전계수$=\dfrac{\text{인장강도}}{\text{허용응력}}$

푸아송 비$=\dfrac{\text{세로변형률}}{\text{가로변형률}}$

㉱ 안전계수$=\dfrac{\text{인장강도}}{\text{허용응력}}$

푸아송 비$=\dfrac{\text{가로변형률}}{\text{세로변형률}}$

19 지름이 d인 원형 단면의 허용 비틀림 응력을 τ라 할 때, 이 봉이 받는 허용 비틀림 모멘트는 다음 중 어느 것인가? 2012.3.4

㉮ $\dfrac{\pi d^3}{16}\tau$ ㉯ $\dfrac{\pi d^4}{16}\tau$ ㉰ $\dfrac{\pi d^3}{32}\tau$ ㉱ $\dfrac{\pi d^4}{32}\tau$

answers & explanations

16 사각형의 단면 2차 모멘트

$I_x=\dfrac{bh^2}{12}$, I_x : 관성 모멘트

원형 단면의 단면 2차 모멘트$=\dfrac{\pi d^3}{64}$

큰 면적의 관성 모멘트에서 작은 면적의 관성 모멘트를 빼면

$\therefore\ \dfrac{bh^2}{12}-\dfrac{\pi d^3}{64}=\dfrac{20\,\text{cm}\times 20^3}{12}-\dfrac{3.14\times 8^3}{64}$

$=13{,}308\,\text{cm}^4$

17 전달동력$(H_{kW})=\dfrac{2\pi Tn}{102\times 60}$

단위가 N·m이므로

전달동력$(H_{kW})=\dfrac{2\pi Tn}{9.8\times 102\times 60}$

$\therefore\ T=\dfrac{9.8\times 102\times 60\times 25}{2\times 3.14\times 2{,}500}=95.5\text{N}\cdot\text{m}$

18 ① 안전계수 : 하중 추정 및 응력, 해석의 불확실성에 대비하여 운용 중에 기대되는 최대 하중에 대하여 과거의 경험을 근거로 하여 설계할 때 여유를 두는 하중 배수

② 푸아송 비 : 재료의 탄성 한도 이내에서 세로 방향으로 하중을 가했을 때 세로 변형 ε과 가로 변형 ϵ'와의 비율

19 축을 비틀려고 하는 모멘트, 토크(torque)라고도 한다.

$T=\dfrac{\pi d^3}{16}\tau$, T : 비틀림 모멘트

정답 16. ㉮ 17. ㉱ 18. ㉱ 19. ㉮

20 한 변의 길이가 8 cm인 정사각 단면의 봉에 온도를 20℃ 상승시켜도 길이가 늘어나지 않도록 하는 데 28,000 N이 필요하다면 이 봉의 선팽창계수는? (단, 탄성계수(E)는 2.1×10^6 N/cm^{2}이다.) 2011.6.12

가 1.14×10^{-5}℃
나 1.04×10^{-5}℃
다 1.14×10^{-6}℃
라 1.04×10^{-6}℃

21 길이 4 m인 외팔보의 자유단에 10 kN의 집중하중이 작용하고 있다. 보의 허용 굽힘 응력이 2 MPa일 때, 보의 폭(b)이 25 cm인 직사각형 단면의 높이(h)는 약 몇 cm 이상이어야 하는가? 2012.8.26

가 30 나 55
다 70 라 100

22 보 속에 발생하는 굽힘 응력의 크기에 대한 설명 중 옳은 것은? 2012.3.4 / 2013.3.10

가 굽힘 모멘트의 크기에 반비례한다.
나 굽힘 응력은 중립면에서 최댓값을 갖는다.
다 중립면으로부터 거리에 정비례한다.
라 단면의 중립축에 대한 단면 2차 모멘트에 정비례한다.

23 그림과 같이 균일분포하중을 받는 단순보에서 최대 굽힘응력은? 2010.5.9

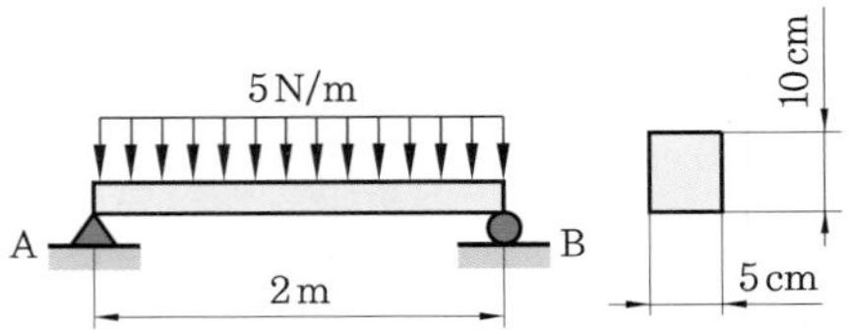

가 3 MPa 나 4 MPa
다 6 MPa 라 8 MPa

answers & explanations

20 $\sigma=\dfrac{P}{A}=E\cdot\alpha\cdot\Delta t$

$\alpha=\dfrac{P}{A\cdot E\cdot\Delta t}$

$\therefore\ \alpha=\dfrac{28,000}{8\times8\times2.1\times10^6\times20}$

$=1.04\times10^{-5}$℃

21 $M=P\cdot l,\ Z=\dfrac{bh^2}{6}$

M : 모멘트, Z : 단면계수

$\therefore\ \sigma_b=\dfrac{M}{Z}=\dfrac{M}{\frac{bh^2}{6}}=\dfrac{6M}{bh^2}=\dfrac{6Pl}{bh^2}$

$\sigma_b=2\,\text{MPa}=2\times10^6\,\text{Pa}$이므로

$h^2=\dfrac{6Pl}{b\times\sigma_b}=\dfrac{6\times10,000\times4}{0.25\times2\times10^6}=0.48\,\text{m}$

$\therefore\ h=\sqrt{0.48}=0.6928\,\text{m}=69.28\,\text{cm}$

22 굽힘 응역(bending stress) : 보에 작용하는 휨 모멘트에 의해서 보 내부에 생기는 인장 및 압축응력을 말한다.
보 중심의 굽힘 응력은 최소 (0), 멀어질수록 커지므로 중립면으로부터의 거리에 비례, 종 탄성계수와는 비례, 곡률반지름이 커질수록 작아지므로 반비례한다.

23 $\sigma_b=\dfrac{M}{Z}=\dfrac{\frac{1}{4}Pl}{\frac{1}{6}bh^2}=\dfrac{6Pl}{4bh^2}$

$=\dfrac{6\times5\,\text{N/m}\times2\,\text{m}}{4\times0.05\,\text{m}\times0.1^2\,\text{m}^2}=30,000\,\text{Pa}$

$=30\,\text{kPa}$

※ $1\,\text{N/m}^2=1\,\text{Pa}$
$1\,\text{N/mm}^2=10^6\,\text{Pa}=1\,\text{MPa}$

정답 20. 나 21. 다 22. 다 23. 가

24 그림과 같이 직사각형 단면($b \times h$)을 갖는 외팔보의 끝단부 처짐량에 대한 설명 중 맞는 것은? 2012.3.4

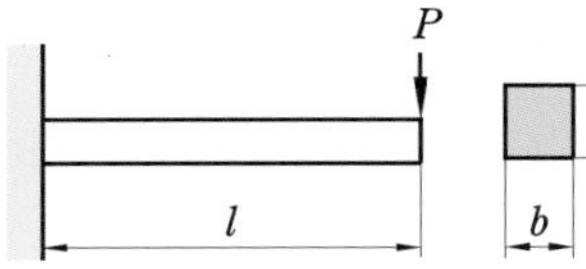

단면 현상

㉮ 처짐량은 보의 길이의 제곱(l^2)에 비례한다.

㉯ 처짐량은 보 높이의 세제곱(h^3)에 반비례한다.

㉰ 처짐량은 하중(P)에 반비례한다.

㉱ 처짐량은 보의 너비(b)에 비례한다.

25 회전수 2,000 rpm에서 최대 토크가 35 N·m로 계측된 축의 전달동력은 약 몇 kW인가? 2009.5.10

㉮ 7.3 ㉯ 10.3
㉰ 15.3 ㉱ 20.3

26 판 두께 10 mm, 인장강도 3,500 N/cm², 안전계수 4인 연강판으로 5 N/cm²의 내압을 받는 원통을 만들고자 한다. 이때 원통의 안지름은 몇 cm인가? 2008.5.11

㉮ 87.5 ㉯ 175
㉰ 350 ㉱ 700

27 100 N·m의 굽힘 모멘트를 받는 단순보가 있다. 이 단순보의 단면이 직사각형이며 폭이 20 mm, 높이가 40 mm일 때 최대 굽힘응력은 약 몇 N/mm²인가? 2009.8.30

㉮ 12.4 ㉯ 15.6
㉰ 18.8 ㉱ 20.2

28 응력과 변형률에 관련된 설명 중 올바른 것은? 2009.5.10

㉮ 탄성한계 내에서 변형률과 응력은 반비례한다.

㉯ 푸아송의 비는 세로변형률과 가로변형률의 곱으로 나타난다.

㉰ 응력은 단위 부피당 내력의 크기를 말한다.

㉱ 변형률은 응력이 작용하여 발생한 변형량과 변형 전 상태량과의 비를 말한다.

answers & explanations

24 $\delta = \dfrac{4Pl^3}{Ebh^3}$

δ : 보의 최대 처짐량

처짐량은 보 높이의 세제곱(h^3)에 반비례한다.

25 전달동력 $(H_{kW}) = \dfrac{2\pi Tn}{102 \times 60} = \dfrac{T \times n}{974}$

$\therefore H_{kW} = \dfrac{35 \times 2{,}000}{974 \times 9.8} = 7.3\,\text{kW}$

26 $\sigma = \dfrac{3{,}500}{4} = 875\,\text{N/cm}^2$

$\sigma = \dfrac{PD}{2t} \quad \therefore D = \dfrac{2\sigma t}{P} = \dfrac{2 \times 875 \times 1}{5} = 350\,\text{cm}$

27 $\sigma_b = \dfrac{6Pl}{bh^2} = \dfrac{6M}{bh^2}$

$= \dfrac{6 \times 100\,\text{N} \cdot \text{m}}{20\,\text{mm} \times (40\,\text{mm})^2} \times \dfrac{1{,}000\,\text{mm}}{1\,\text{m}}$

$= 18.75\,\text{N/mm}^2$

※ M(모멘트)$=P$(힘)$\times l$(거리)

28 변형률은 응력이 작용하여 발생한 변형량과 변형 전 상태량과의 비를 말한다.

① 푸아송의 비는 가로변형률과 세로변형률과의 비이다.

② 탄성한계 내에서 응력과 변형률은 비례한다(훅의 법칙).

③ 응력은 단위 면적당 내력의 크기(하중)를 말한다.

정답 24. ㉯ 25. ㉮ 26. ㉰ 27. ㉰ 28. ㉱

29 물체의 외부로부터 가해지는 하중을 작용 방향에 따른 분류와 작용시간에 따른 분류로 구분할 때, 다음 중 작용시간에 따른 분류에 속하는 하중은? 2013.3.10

가 충격 하중　　나 인장 하중
다 압축 하중　　라 굽힘 하중

30 다음 그림과 같이 한 변이 0.1 m인 정사각형 단면의 외팔보 끝에 5 ton의 힘이 작용할 경우 A점의 최대굽힘응력은 몇 kgf/cm^{2}인가? 2012.5.20

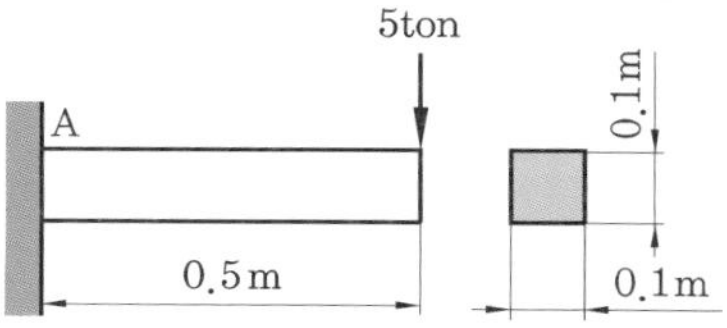

가 1,000　　나 1,200
다 1,500　　라 1,800

31 그림과 같은 외팔보에서 단면의 폭×높이 $=b\times h$일 때, 최대굽힘응력(σ_{max})을 구하는 식은? 2011.6.12

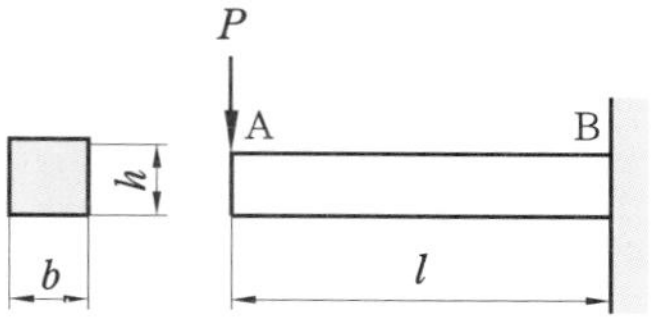

가 $\dfrac{6Pl}{bh^2}$　　나 $\dfrac{12Pl}{bh^2}$
다 $\dfrac{6Pl}{b^2h}$　　라 $\dfrac{12Pl}{b^2h}$

32 같은 전단응력이 작용하는 보에서 원형단면의 지름을 2배로 하면 전단응력(τ)은 얼마인가? 2011.3.20

가 $\dfrac{\tau}{2}$　　나 $\dfrac{\tau}{4}$
다 $\dfrac{\tau}{8}$　　라 $\dfrac{\tau}{16}$

answers & explanations

29 하중의 분류 : 물체에 작용하는 외력으로, 크게 움직이지 않는 정하중과 매우 느리게 움직여 정하중과 같은 작용을 하는 동하중으로 나눈다.

① 방향에 따른 분류 : 인장 하중, 압축 하중, 굽힘 하중
② 시간(속도)에 따른 분류 : 충격 하중, 교번 하중, 반복 하중

30 $\sigma_b=\dfrac{M}{Z}$, $Z=\dfrac{1}{6}bh^2$

M(모멘트)$=P$(하중(힘))$\times l$(거리)

$$\sigma_b=\frac{M}{\frac{1}{6}bh^2}=\frac{6M}{bh^2}=\frac{6\times P\times l}{bh^2}$$

$$=\frac{6\times 5{,}000\,\text{kg}\times 50\,\text{cm}}{10\,\text{cm}\times(10\,\text{cm})^2}$$

$$=1{,}500\,\text{kgf/cm}^2$$

31 $\sigma_b=\dfrac{M}{Z}$

$M=P\cdot l$, $Z=\dfrac{1}{6}bh^2$ 이므로

$$\sigma_b=\frac{M}{Z}=\frac{P\cdot l}{\frac{1}{6}bh^2}=\frac{6Pl}{bh^2}$$

σ_b : 굽힘응력

32 $\tau=\dfrac{W}{A}$, τ : 전단응력

∴ 지름이 2배로 늘어나면 단면적은 4배로 커지므로, 전단응력은 $\dfrac{1}{4}$로 줄어든다.

정답 29. 가　30. 다　31. 가　32. 나

33 그림과 같이 물체에 하중(W_s)을 작용시키면 단면에 수평으로 작용하는 응력(τ)을 무엇이라고 하는가? 2013.6.2

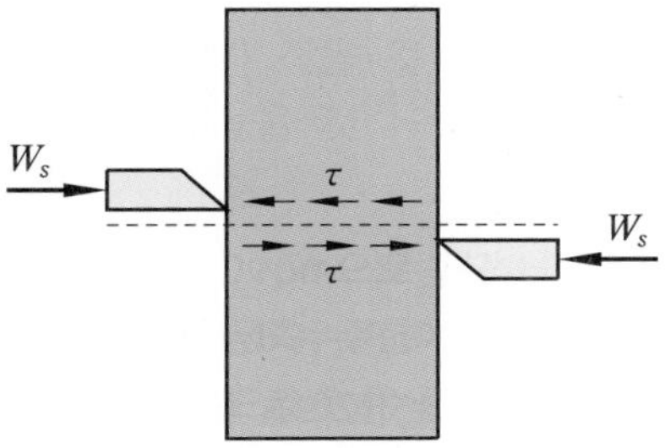

㉮ 인장 응력
㉯ 전단 응력
㉰ 압축 응력
㉱ 경사 응력

34 코일 스프링에서 코일의 평균지름 D=5 0 mm이고 유효권수가 10, 소선지름이 d=6 mm이면 축방향 하중 10 N이 작용할 때 비틀림에 의한 전단응력은 약 몇 MPa인가? 2008.5.11

㉮ 1.5 ㉯ 3.0
㉰ 5.9 ㉱ 58.9

35 그림과 같은 브레이크 드럼에 25,000 N·mm의 토크가 우회전으로 작용할 때 브레이크 레버에 가해지는 힘은?(단, α < 0, D=700 mm, a=1,700 mm, b=500 mm, c=80 mm, μ=0.2로 한다.) 2011.10.2

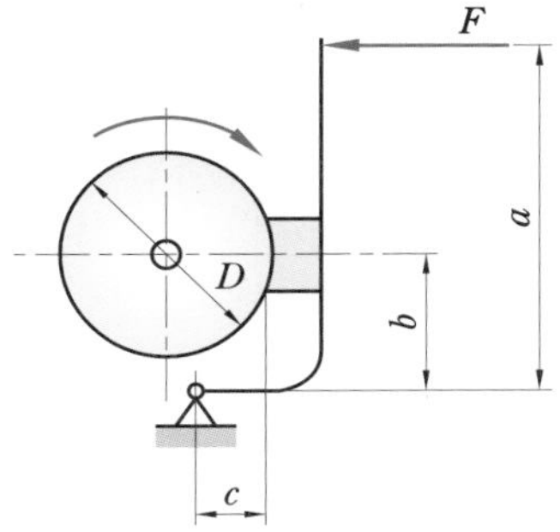

㉮ 408.5 N ㉯ 308.4 N
㉰ 208.6 N ㉱ 101.7 N

answers & explanations

33 볼트 등에 전단력이 작용할 때 생기는 응력. 이것은 단면에 따라서 접선 방향으로 발생하므로 접선응력(接線應力)이라고도 한다.

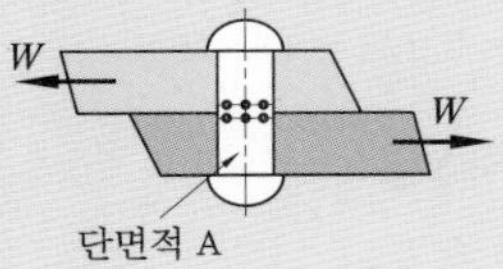

전단응력 $(\tau) = \dfrac{W}{A}$

여기서, W : 전단 하중
A : 단면적

34 $\tau = \dfrac{8DW}{\pi d^3}$, τ : 전단응력

$= \dfrac{8 \times 50 \times 10}{3.14 \times 6^3} = 5.89\,\text{MPa}$

35 $T = \mu \cdot W \cdot d$

$\therefore W = \dfrac{2T}{\mu D} = \dfrac{2 \times 25{,}000\,\text{N·mm}}{0.2 \times 700\,\text{mm}} = 357.14\,\text{N}$

$\therefore F = \dfrac{W \times (b - \mu c)}{a}$

$= \dfrac{357.14\,\text{N} \times (500 - 0.2 \times 80)\,\text{mm}}{1{,}700\,\text{mm}}$

$= 101.68\,\text{N}$

정답 33. ㉯ 34. ㉰ 35. ㉱

36 그림과 같이 로프로 고정하여 A점에 1,000 N의 무게를 매달 때 AC 로프에 생기는 응력은 약 몇 N/cm^{2}인가?(단, 로프 지름은 3 cm 이다.) 2011.3.20

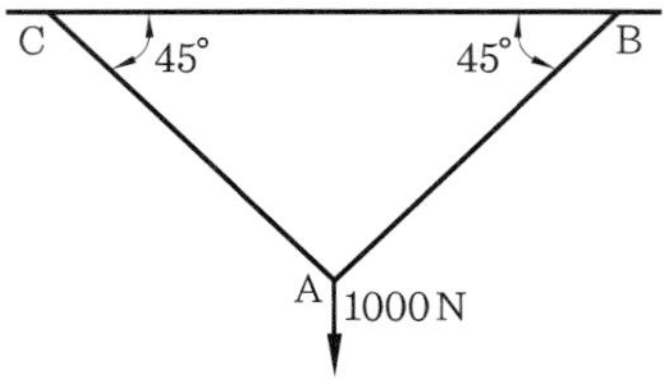

㉮ 100 ㉯ 210 ㉰ 431 ㉱ 640

37 50,000 N·cm의 굽힘 모멘트를 받는 단순보의 단면계수가 100 cm^{3}이면 이 보에 발생되는 굽힘 응력은 몇 N/cm^{2}인가? 2011.3.20

㉮ 250 ㉯ 500
㉰ 750 ㉱ 1,000

38 재료의 성질을 나타내는 세로탄성계수(영률 E)의 단위가 맞는 것은? 2010.3.7

㉮ N ㉯ N/cm^2
㉰ N·m ㉱ N/cm

39 재료의 성질 중에서 푸아송 비(Poisson's Ratio)를 바르게 표시한 것은? 2010.9.5

㉮ $\dfrac{\text{세로변형률}}{\text{가로변형률}}$ ㉯ $\dfrac{\text{가로변형률}}{\text{세로변형률}}$

㉰ $\dfrac{\text{세로변형률}}{\text{전단변형률}}$ ㉱ $\dfrac{\text{전단변형률}}{\text{세로변형률}}$

40 브레이크 드럼의 지름이 450 mm, 브레이크 드럼에 작용하는 수직방향 힘이 250 N인 경우 드럼에 작용하는 토크는 몇 N·m인가? (단, 브레이크 블록과 드럼의 마찰계수 μ는 0.3이다.) 2010.9.5

㉮ 8.43 ㉯ 12.6
㉰ 16.8 ㉱ 17.5

41 길이가 300 mm인 봉이 인장력을 받아 1.5 mm 늘어났을 때 길이 방향 변형률은? 2010.5.9

㉮ 5.0×10^{-3}
㉯ 5.0×10^{-2}
㉰ 1.33×10^{-3}
㉱ 1.33×10^{-2}

answers & explanations

36 $\sigma=\dfrac{W}{A}$, 수직하중 $W=1{,}000\cdot\cos\theta$

$$\therefore \sigma=\frac{W}{A}=\frac{1{,}000\times\cos45°}{\frac{\pi}{4}\times(3\text{cm})^2}=100\text{N/cm}^2$$

$\cos45°=\dfrac{1}{\sqrt{2}}$ (삼각함수표 참조)

37 $\sigma_b=\dfrac{M}{Z}\left(\dfrac{\text{최대굽힘모멘트}}{\text{단면계수}}\right)$, σ_b : 굽힘응력

$$\therefore \sigma_b=\frac{M}{Z}=\frac{50{,}000\text{N}\cdot\text{cm}}{100\text{cm}^3}=500\text{N/cm}^2$$

38 세로탄성 계수(영률 : E) : $\dfrac{\sigma}{\epsilon}[Pa]$

※ 변형률은 단위가 없고, 세로탄성계수의 단위는 응력(압력)의 단위인 N/cm^{2}가 된다.

39 푸아송 비(poisson's rtio, μ) : 탄성한계(μ) 내에서 가로변형률과 세로변형률과의 비

$$v=\frac{\text{가로변형률}(e_2)}{\text{세로변형률}(e_1)}=\frac{1}{m}$$

e_1 : 세로변형, e_2 : 가로변형
m : 푸아송 수, 푸아송의 역수

40 브레이크 토크$(T)=\mu\cdot F\cdot r$

$\therefore T=0.3\times250\times0.225=16.875\text{N}\cdot\text{m}$

41 $\epsilon=\dfrac{\lambda}{l}$, ϵ : 세로변형률

$$\epsilon=\frac{\lambda}{l}=\frac{\text{변형량}}{\text{원래길이}}=\frac{1.5\text{mm}}{300\text{mm}}=0.005=5.0\times10^{-3}$$

정답 36. ㉮ 37. ㉯ 38. ㉯ 39. ㉯ 40. ㉰ 41. ㉮

42 길이가 2 m이고 직경이 1 cm인 강선에 작용하는 인장하중이 1,600 kgf/cm²일 때 강선의 늘어난 길이는?(단, 탄성계수(E)=2.1×10⁶ kgf/cm²) 2010.3.7

㉮ 0.1941 cm ㉯ 1.1814 cm
㉰ 0.1579 cm ㉱ 0.1327 cm

43 그림과 같이 길이 l인 단순보의 중앙에 집중하중 W를 받는 때 최대 굽힘 모멘트($M_{\max}$ 점)는 얼마인가? 2010.3.7

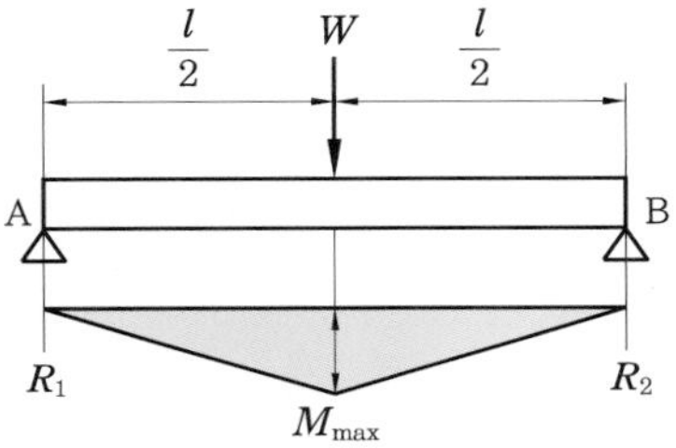

㉮ $\frac{Wl}{4}$ ㉯ $\frac{Wl}{2}$
㉰ $\frac{Wl^2}{4}$ ㉱ $\frac{Wl^2}{2}$

44 일반적으로 보를 설계할 때 주로 고려하는 응력은? 2011.10.2

㉮ 인장 응력 ㉯ 굽힘 응력
㉰ 전단 응력 ㉱ 압축 응력

45 강판의 두께 12 mm, 리벳의 지름 20 mm, 피치 50 mm의 1줄 겹치기 리벳이음에서 1피치당 하중이 12 kN일 경우 강판의 인장응력은 약 몇 N/mm²인가? 2013.8.18

㉮ 33.3 ㉯ 64.2
㉰ 75.3 ㉱ 86.1

46 그림과 같이 한 변이 10 cm인 정사각형에 지름 4 cm의 구멍이 중앙에 뚫린 단면의 도심축($X-X$축)에 대한 단면 2차 모멘트는 약 얼마인가? 2012.5.20

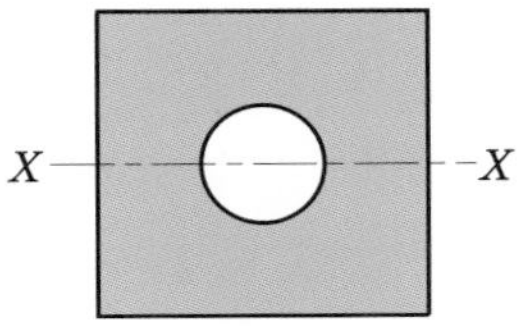

㉮ 821 cm⁴ ㉯ 921 cm⁴
㉰ 1021 cm⁴ ㉱ 1121 cm⁴

answers & explanations

42 $E=\frac{Pl}{A\lambda}$[N/cm²]이므로, E : 영률

$\lambda=\frac{Pl}{AE}$, $A=\frac{\pi}{4}(1\,\text{cm})^2=0.785\,\text{cm}^2$

$\therefore \lambda=\frac{Pl}{AE}=\frac{1,600\text{kgf/cm}^2\times 200\text{cm}}{0.785\text{cm}^2\times 2.1\times 10^6\text{kgf/cm}^2}$
$=0.1941\text{cm}$

43 $M_{\max}=\frac{Wl}{4}$, $M_{\max}$: 최대 굽힘 모멘트

단면계수 $Z=\frac{bh^2}{6}$

44 굽힘 응력 : 보 등이 굽힘 작용을 받을 때 보의 내부에 생기는 인장과 압축 응력을 말한다.

45 응력 $=\frac{P}{A}$

$12\,\text{kN}=12000\,\text{N}$

$\frac{12000\,\text{N}}{12\,\text{mm}\times(50-20)\text{mm}}=33.3\,\text{N/mm}^2$

46 사각형의 단면 2차 모멘트

관성 모멘트(I_X)$=\frac{bh^3}{12}$

원형 단면 2차 모멘트$=\frac{\pi d^4}{64}$

$M=\frac{bh^3}{12}-\frac{\pi d^4}{64}$

$=\frac{10\times 10^3}{12}-\frac{3.14\times 4^4}{64}=820.7\text{ cm}^4$

정답 42. ㉮ 43. ㉮ 44. ㉯ 45. ㉮ 46. ㉮

47 비틀림 모멘트 T와 극관성 모멘트I_P가 일정할 때 길이 l이 갖는 축의 단위 길이당 비틀림각$\left(\frac{\phi}{l}\right)$은?(단, ϕ는 길이 l의 축에 발생하는 전체 비틀림각이고, G는 축의 전단탄성계수이다.) 2010.9.5

㉮ $\frac{T^2}{GI_P}$ ㉯ $\frac{GI_P}{T}$

㉰ $\frac{T}{GI_P}$ ㉱ $\frac{GI_P}{T^2}$

48 비틀림 모멘트를 받는 원형 단면 축에 발생되는 최대전단응력에 대한 설명으로 옳은 것은? 2010.9.5

㉮ 축 지름이 증가하면 최대전단응력은 감소한다.

㉯ 단면계수가 감소하면 최대전단응력은 감소한다.

㉰ 축의 단면적이 증가하면 최대전단응력은 증가한다.

㉱ 가해지는 토크가 증가하면 최대전단응력은 감소한다.

49 중공단면축의 바깥지름이 5 mm, 안지름이 3 mm, 허용전단응력이 300 N/mm^{2}일 때 허용비틀림모멘트는 약 몇 N·mm인가? 2012.8.26

㉮ 4,291 ㉯ 5,291

㉰ 6,409 ㉱ 7,291

50 그림과 같이 보의 세 점에 집중하중이 가해지는 경우 B점에서의 반력은? 2012.5.20

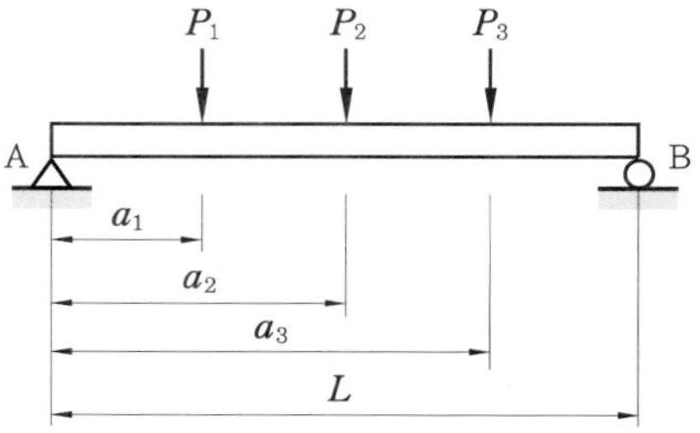

㉮ $\frac{P_1 \cdot a_1 + P_2 \cdot a_2 + P_3 \cdot a_3}{L}$

㉯ $\frac{P_1 \cdot a_1 + P_2 \cdot a_2 + P_3 \cdot a_3}{2L}$

㉰ $\frac{P_1 \cdot a_1 + 2P_2 \cdot a_2 + P_3 \cdot a_3}{L}$

㉱ $\frac{P_1 \cdot a_1 + 2P_2 \cdot a_2 + P_3 \cdot a_3}{3L}$

answers & explanations

47 비틀림 모멘트 T와 극관성 모멘트 I_P가 일정할 때

비틀림 각$(\phi) = \frac{T\ell}{GI_P}$

$\therefore\ \theta = \frac{\phi}{l} = \frac{T}{GI_P}$

48 비틀림 모멘트를 받는 원형 단면 축에 발생되는 최대전단응력$\left(\tau = \frac{16T}{\pi d^3}\right)$은 축의 지름이 증가하면 분모가 커지므로 감소한다.

49 허용전단응력$(\tau_a) = \dfrac{T}{\frac{\pi}{16} \times \frac{d_2^4 - d_1^4}{d_2}}$

τ_a : 허용전단응력

$\therefore T = \frac{\pi}{16} \times \frac{d_2^4 - d_1^4}{d_2} \times \tau_a$

$= \frac{\pi}{16} \times \frac{5^4 - 3^4}{5} \times 300 = 6408.8\,\mathrm{N \cdot mm}$

50 보의 반력 구하는 방법

① A, B 지점 중 하나를 기준으로 구한다.

② 나머지는 전체 하중에서 뺀다.

$\therefore R_A = \frac{P_1 \cdot a_1 + P_2 \cdot a_2 + P_3 \cdot a_3}{L}$

정답 47. ㉰ 48. ㉮ 49. ㉰ 50. ㉮

51 지름이 4 cm, 길이가 4 m인 봉에 6,000 kgf의 인장력을 받아서 길이가 0.20cm 늘어나고 지름이 0.0008 cm 줄어들었을 때 재료의 내부에 생기는 인장응력(σ)은 약 몇 kgf/cm^{2}인가? 2009.5.10

㉮ 42.4 ㉯ 47.7 ㉰ 424.4 ㉱ 477.5

52 그림과 같은 구조물에서 AB 부재에 작용하는 인장력은 약 몇 N인가? 2014.3.2

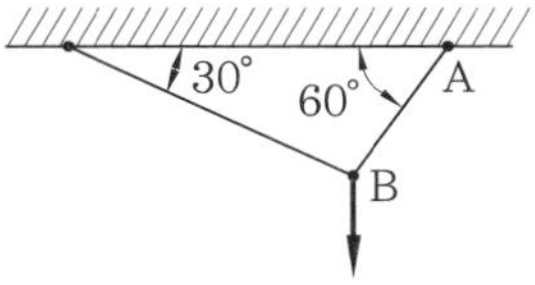

㉮ 1232
㉯ 1309
㉰ 1732
㉱ 2309

53 인장시험 전의 지름이 15 mm이고, 시험 후 파단부의 지름이 13 mm일 때 단면 수축률은 약 몇 %인가? 2012.8.26

㉮ 13.33 ㉯ 24.89 ㉰ 36.66 ㉱ 49.78

54 그림과 같은 단순보에서 R_A와 R_B의 값으로 적절한 것은? 2014.8.17

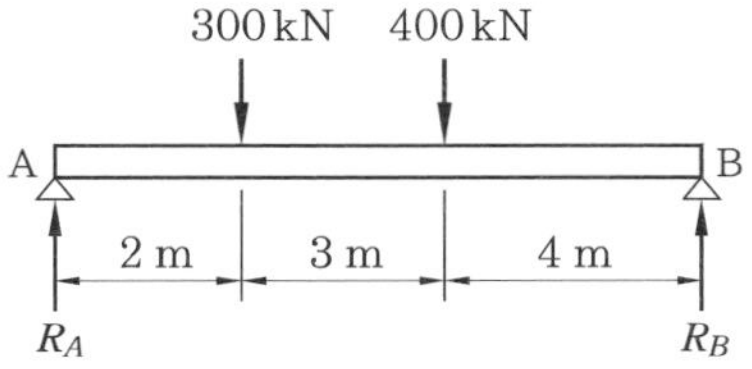

㉮ R_A =396.8 kN, R_B =303.2 kN
㉯ R_A =411.1 kN, R_B =288.9 kN
㉰ R_A =432.3 kN, R_B =267.7 kN
㉱ R_A =467.4 kN, R_B =232.6 kN

55 단면이 60 mm×35 mm인 장방형 보에 발생하는 압축응력이 5 N/mm^{2}일 경우 몇 kN의 압축력이 작용하는가? 2014.8.17

㉮ 5.75 kN ㉯ 10.5 kN
㉰ 21.0 kN ㉱ 42.0 kN

answers & explanations

51 응력(σ) $= \dfrac{W}{A}$, D=지름(4cm), W = 6,000kgf

$$A = \frac{\pi}{4}D^2 = \frac{\pi}{4}\times(4\text{cm})^2$$

$$\therefore \sigma = \frac{W}{A} = \frac{6{,}000\text{kgf}}{\frac{\pi}{4}\times(4\text{cm})^2} = 477.5\text{kgf/cm}^2$$

52 라미의 법칙

$\dfrac{F_1}{\sin\theta_1} = \dfrac{F_2}{\sin\theta_2} = \dfrac{F_3}{\sin\theta_3}$ 을 이용한다.

$\dfrac{F_b}{\sin 90°} = \dfrac{F_{AB}}{\sin 120°}$ 에서

$$\frac{F_{AB}}{\sin 120°} = \frac{2000\text{N}}{\sin 90°}$$

$$F_{AB} = \sin 120° \times \frac{2000\text{N}}{\sin 90°} = 1732\text{N}$$

53 단면 수축률$= \dfrac{A_0 - A_1}{A_0} \times 100(\%)$

여기서 A_0 : 시험 전 단면적(cm^2)

A_1 : 시험 후 단면적(cm^2)

$$\therefore \frac{\frac{\pi}{4}(15^2-13^2)}{\frac{\pi}{4}\times 15^2}\times 100 = \frac{15^2-13^2}{15^2}\times 100$$

$$= 24.888\% \fallingdotseq 24.89\%$$

54 단순보에서

$$R_B = \frac{P_1l_1 + P_2l_2 + P_3l_3}{l}$$

$$R_A = P_1 + P_2 + P_3 - R_B$$

$$R_B = \frac{300\text{kN}\times 2\text{m} + 400\text{kN}\times 5\text{m}}{2+3+4\text{m}}$$

$$= 288.9\text{kN}$$

$$R_A = 300\text{kN} + 400\text{kN} - 288.9\text{kN} = 411.1\text{kN}$$

55 압축응력(σ)$= \dfrac{P}{A}$ (P : 압축력, A : 단면적)

단면적(A)=가로×세로=60 mm×35 mm

=2100 mm^2

압축력(P)=$\sigma\times A$=5 N/mm^2×2100 mm^2

=10500 N=10.5 kN

정답 51. ㉱ 52. ㉰ 53. ㉯ 54. ㉯ 55. ㉯

부 록

과년도 출제문제

☞ 2014년 이전 출제문제는 과목별로 분류하여 각 단원의 예상문제에 수록하였습니다.

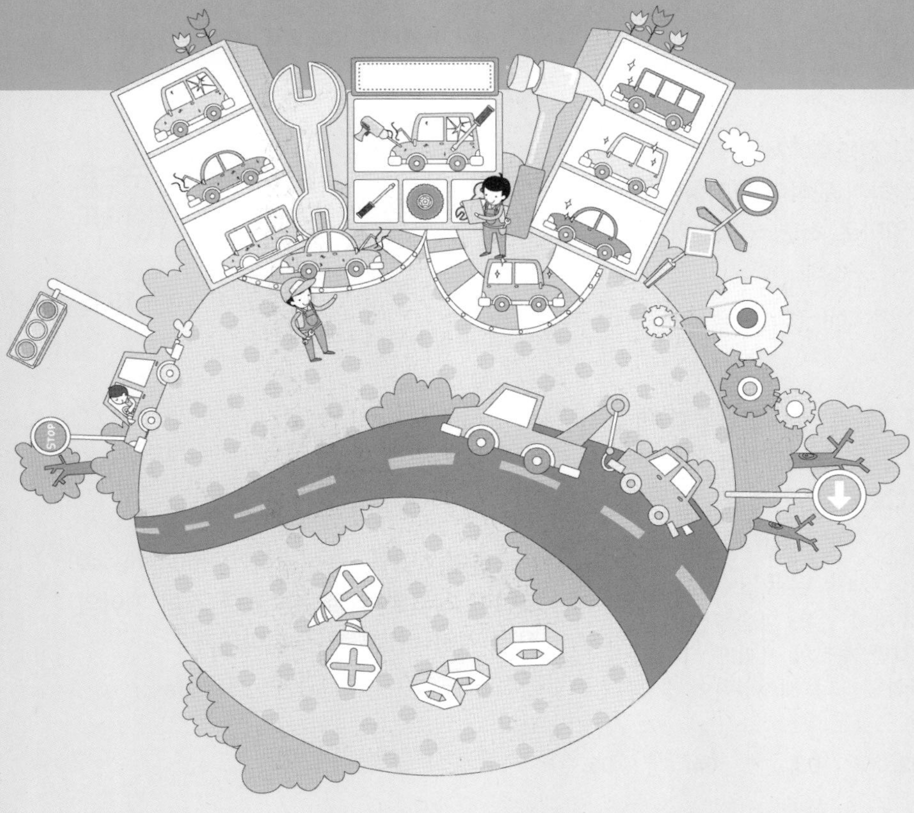

국가기술자격 필기시험문제

2014년도 3월 2일 (제1회)

자격종목	코드	시험시간	형 별	수검번호	성 명
자동차정비산업기사	2070	2시간			

제1과목 : 일반기계공학

01 M5×0.8로 표기되는 나사에 관한 설명으로 옳지 않은 것은?

㉮ 미터나사이다.
㉯ 나사의 피치는 0.8 mm이다.
㉰ 나사를 180° 회전시키면 리드는 0.4 mm이다.
㉱ 암나사 작업을 위해 지름 5mm의 드릴이 필요하다.

해설 M : 미터나사, 5 : 나사바깥지름
0.8 : 피치
리드(L)$=P$(피치)×줄 수(N)×회전수(Z)
$\therefore\ L=0.8\times1\times\left(\frac{1}{2}\right)=0.4\,\text{mm}$

02 지름 d, 길이 l인 전동축에서 비틀림각이 1°인 것을 0.25°로 하기 위하여 축지름만을 설계 변경한다면 얼마로 하면 되겠는가?

㉮ $\sqrt{2}\,d$　　㉯ $2d$
㉰ $\sqrt[3]{2}\,d$　　㉱ $\sqrt[3]{4}\,d$

03 금속재료의 가공경화로 생긴 잔류응력 제거 및 절삭성 향상 등을 개선시키는 열처리 방법으로 가장 적합한 것은?

㉮ 풀림　　㉯ 뜨임
㉰ 코팅　　㉱ 담금질

해설 ① 뜨임 : 열처리의 일종. 담금질한 강은 경도는 높아지지만 재질이 여리게 되므로 A_1 변태점 이하의 온도로 재가열하여 경도를 낮추고 점성을 높이기 위하여 하는 열처리를 말한다.
② 풀림 : 담금질 등의 열처리를 하여 경화시킨 합금을 고온에서 장시간 가열하여 실온까지 서서히 식혀 연하게 하는 처리법. 이상변화가 온도의 오르내림에 따라 일어나는 재료에서는 충분한 시간에 걸쳐 서서히 냉각시킴으로써 상태도에 나타난 만큼의 변화를 전부 완료시켜서 안정된 평형상태로 만든다. 고온 상태에서 서서히 냉각시킴으로써 확산에 의해 그때마다 각 온도에서 평형상태를 잡으면서 냉각될 수 있는 시간을 준다.
③ 담금질 : 급랭함으로써 금속이나 합금의 내부에서 일어나는 변화를 저지하여 고온에서의 안정 상태 또는 중간 상태를 저온·온실에서 유지하는 조작으로 과거에는 소입이라고도 하였다.

04 지름 20 mm의 드릴로 연강판에 구멍을 뚫을 때, 회전수가 200 rpm이면 절삭속도는 약 몇 m/min인가?

㉮ 12.6　㉯ 15.5　㉰ 17.6　㉱ 75.3

해설 절삭속도(V)
$=\dfrac{\pi\cdot D(\text{지름})\cdot N(\text{회전수})}{1{,}000}$
$\therefore\ V=\dfrac{\pi\times20\times200}{1{,}000}=12.56\,\text{m/min}$

05 모듈이 6이고, 중심거리가 300 mm, 속도비가 2 : 3인 외접하는 표준 스퍼 기어의 작은 기어 바깥지름은 얼마인가?

㉮ 240 mm　　㉯ 252 mm

정답 01. ㉱　02. ㉮　03. ㉮　04. ㉮　05. ㉯

㉰ 360 mm　　　㉱ 372 mm

해설 바깥지름(D) = 피치원지름(D_0) + $2M$(모듈)

$$\frac{N_2}{N_1}=\frac{D_1}{D_2}=\frac{2}{3},\ D_1=D_2\times\frac{2}{3}$$

$$\text{중심거리}(C)=\frac{D_1+D_2}{2}=300\text{mm}$$

$$D_1+D_2=600\text{mm},\quad \frac{2}{3}D_2+D_2=600\text{mm}$$

$$\frac{2D_2+3D_2}{3}=600\text{mm},\quad 5D_2=1{,}800\text{mm}$$

$$D_2=\frac{1{,}800}{5}=360\text{mm},\quad D_1=240\text{mm}$$

작은쪽 기어의 바깥지름(D)
=피치원지름(D_0) + 모듈$(2M)$

$$\therefore\ D=240\text{mm}+(2\times6)=252\text{mm}$$

06 직경 4 cm의 원형 단면봉에 200 kN의 인장하중이 작용할 때 봉에 발생하는 인장응력은 약 몇 N/mm^{2}인가?

㉮ 159.15　　　㉯ 169.42
㉰ 171.56　　　㉱ 181.85

해설 $$\text{인장응력}(\sigma)=\frac{\text{하중}(W)}{\text{단면적}(A)}$$

$$\sigma=\frac{200{,}000\text{N}}{0.785\times(40\text{mm})^2}\fallingdotseq159.23\text{N/mm}^2$$

07 주조할 때 주형에 접한 표면을 급랭시켜 표면은 시멘타이트가 되게 하고, 내부는 서서히 냉각시켜 펄라이트가 되게 한 주철은?

㉮ 백주철　　　㉯ 회주철
㉰ 칠드주철　　　㉱ 가단주철

해설 ① 칠드주철 : 주물의 일부 또는 전체 표면을 높은 경도 또는 내마모성으로 만들기 위해 금형에 접하여 주철용탕을 응고 및 급랭시켜서 제조하는 주철 주물이다. 롤러, 차축, 실린더 라이너 등에 사용한다.
② 백주철 : 주철 중 파단면이 백색을 띠고 있으며 탄소가 시멘타이트로 존재하는 주철이다. 단단하고 취성이 있으며 흑연이 거의 존재하지 않는다.
③ 회주철 : 주철을 주형에 주입할 때 벽 두께의 차이에 의해 냉각 속도가 지극히 느린 경우 탄소가 흑연의 형태로 많이 석출되기 때문에 파단면이 회색을 띠는 주철이다. 보통 사용하는 주철은 대부분 여기에 속하고 흑연의 형상, 크기, 분포 상태 등에 따라 기계적 성질이 다르다.
④ 가단주철 : 열처리를 해서 가단성을 늘린 주철로, 얇으면서도 단단한 주물을 만들 수 있다. 자동차의 브레이크슈, 스프링, 브래킷, 새클, 페달 등에 사용한다.

08 일명 미끄럼 키라고도 하며 회전 토크를 전달함과 동시에 보스가 축 방향으로 이동할 수 있는 키는?

㉮ 평 키　　　㉯ 새들 키
㉰ 페더 키　　　㉱ 반달 키

해설 ① 페더 키 : 미끄럼 키로, 보스가 축에 고정되어 있지 않고 보스가 축 위를 미끄러질 수 있는 구조로 된 테이퍼가 없는 키를 말한다.
② 평 키 : 축에 키 폭만큼 편평하게 깎은 자리를 만들고 보스에 홈을 만들어 사용하는 키이다. 회전 방향이 때때로 바뀌는 축에 사용하면 헐거워질 우려가 있다.
③ 새들 키 : 보스에만 홈을 내고 축에는 홈을 내지 않고 끼우게 되는 단면의 키이다. 고정력이 작아 가벼운 작업이나 일시적인 목적에 사용된다.
④ 반달 키 : 반원판형의 키로, 축 옆의 키 홈의 가공은 간단하지만 키 홈이 깊게 되는 것으로 그다지 큰 힘이 걸리지 않는 테이퍼 축에 핸들 등을 설치할 때 사용된다.

09 회로 내의 압력 상승을 제한하여 설정된 압력의 오일 공급을 하는 것은?

㉮ 릴리프 밸브　　　㉯ 방향제어 밸브

정답 06. ㉮　07. ㉰　08. ㉰　09. ㉮

㉰ 유량제어 밸브　　㉱ 유압 구동기

해설 ① 릴리프 밸브(relief valve) : 회로의 압력이 밸브의 설정값에 도달했을 때 흐름의 일부 또는 전량을 기름탱크 측으로 흘려보내어 회로 내의 압력을 설정값으로 유지하는 밸브이다.
② 유량제어 밸브(flow control valve) : 작동유의 유량을 조절하여 액추에이터의 운동속도를 규제하기 위해 사용한다. 특히 회로 내의 유압실린더 등의 속도를 제어하는 목적으로 사용되는 밸브를 속도제어 밸브라고 한다.
③ 방향제어 밸브에는 절환 밸브, 체크 밸브, 감압 밸브, 감속도 밸브, 셔틀 밸브 등이 활용된다.
④ 유압구동기 : 유압을 최종적으로 기계적 에너지로 변환시키는 장치를 말한다.

10 2개의 금속편 끝을 각각 용융점 근처까지 가열하여 양끝을 접촉시켜 압력을 가하여 접합시키는 작업은?

㉮ 단조　㉯ 압출　㉰ 압연　㉱ 압접

해설 압접 : 가압용접으로 압력을 가한 상태에서 접합이 이루어지는 용접 방법의 총칭이다. 액상의 경우를 용융 압접, 고상의 경우를 고상 압접 또는 고상 접합이라 하고, 용융압접에서는 금속의 용점까지 가열되어 접합면이 약간 용융되어 액상에 의해 완전한 금속적 밀착을 얻으므로 가압은 2차적인 수단이며 접합 원리는 용접이라 할 수 있다.

11 너비 6 cm, 높이 8 cm인 직사각형 단면에서 사용할 수 있는 최대 굽힘 모멘트의 크기는 몇 N · m인가? (단, 허용응력은 10 N/mm²이다.)

㉮ 64　㉯ 640
㉰ 6,400　㉱ 64,000

해설 굽힘응력$(\sigma) = \dfrac{\text{굽힘모멘트}(M)}{\text{단면계수}(Z)}$

굽힘모멘트(M)
$= \text{굽힘응력}(\sigma) \times \text{단면계수}(Z)$

직사각형의 단면계수$(Z) = \dfrac{bh^2}{6}$

$$M = 10\,\text{N/mm}^2 \times \left(\frac{60\,\text{mm} \times (80\,\text{mm})^2}{6}\right)$$
$$= 640{,}000\,\text{N/mm} = 640\,\text{N} \cdot \text{m}$$

12 절삭 공구용 특수강에 속하는 것은?

㉮ 강인강　㉯ 침탄강
㉰ 고속도강　㉱ 스테인리스강

해설 금속 재료를 빠른 속도로 절삭하는 공구에 사용되는 특수강이다. 표준 조성은 텅스텐 18 %, 크롬 4 %, 바나듐 1 %로 이루어져 있으며, 이것을 '18-4-1' 고속도강이라 하고 줄여서 하이스라고도 한다. 이전의 공구강은 250℃에서 무디어졌지만 이것은 500~600℃까지 무디어지지 않는다.

13 회전축의 흔들림 검사에 가장 적합한 측정기는?

㉮ 게이지 블록　㉯ 다이얼 게이지
㉰ 마이크로미터　㉱ 버니어 캘리퍼스

해설 다이얼 게이지는 다이얼 인디케이터(dial indicator)라고도 하며 측정물의 길이를 직접 측정하는 것이 아니라 길이를 비교하기 위한 것이다. 평면의 요철 공작물 부착 상태, 축 중심의 흔들림, 직각의 흔들림 등을 검사하는 데 사용한다.

14 그림과 같은 구조물에서 AB 부재에 작용하는 인장력은 약 몇 N인가?

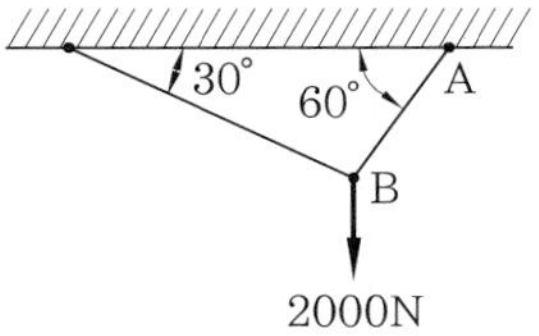

㉮ 1,232
㉯ 1,309
㉰ 1,732
㉱ 2,309

해설 라미의 법칙

$$\frac{F_1}{\sin\theta_1} = \frac{F_2}{\sin\theta_2} = \frac{F_3}{\sin\theta_3}$$

$\dfrac{F_b}{\sin 90^\circ} = \dfrac{F_{AB}}{\sin 120^\circ}$ 이므로

정답 10. ㉱　11. ㉯　12. ㉰　13. ㉯　14. ㉰

$$\frac{F_{AB}}{\sin 120°} = \frac{2{,}000\,\text{N}}{\sin 90°}$$

$$F_{AB} = \sin 120° \times \frac{2{,}000\,\text{N}}{\sin 90°} = 1{,}732\,\text{N}$$

$\frac{F_b}{\sin 90°} = \frac{F_{ab}}{\sin 120°}$ 이므로

$\frac{2{,}000\text{N}}{\sin 90°} = \frac{F_{AB}}{\sin 120°}$ 이다.

$$\therefore\ F_{AB} = \sin 120° \times \frac{2{,}000\,\text{N}}{\sin 90°} = 1{,}732\,\text{N}$$

15 **축의 비틀림 강도를 고려하여 원형축에 비틀림 모멘트를 가했을 때 비틀림각을 구할 수 있다. 비틀림각에 관한 설명으로 옳지 않은 것은?**

㉮ 비틀림 모멘트와 비틀림각은 비례한다.
㉯ 비틀림각은 극관성 모멘트에 비례한다.
㉰ 횡탄성계수가 작을수록 비틀림각은 증가한다.
㉱ 축의 길이가 증가할수록 비틀림각은 증가한다.

16 **다음 중 내열용 알루미늄 합금에 해당되지 않는 것은?**

㉮ Y합금(Y alloy)
㉯ 두랄루민(duralumin)
㉰ 로엑스(Lo-Ex)
㉱ 코비탈륨(cobitalium)

해설

	합금계	대표 합금	특징	용 도
내열용 알루미늄합금	Al-Cu-Ni계	Y-합금	대표적인 내열합금	내연 엔진의 피스톤 및 실린더
	Al-Cu-Ni계	코비탈륨	Y합금의 일종으로 Ti와 Cu를 0.2% 첨가	
	Al-Ni-Si계	로엑스	Al-Si계에 Cu, Mg, Ni을 첨가한 특수 실루민	

17 **4포트 3위치 방향전환밸브의 중간위치 형식 중 센터 바이패스형이라고도 하며 중립위치에서 펌프를 무부하시킬 수 있고 실린더를 임의의 위치에 고정시킬 수 있는 것은?**

㉮ ABR 접속형　　㉯ 오픈 센터형
㉰ 탠덤 센터형　　㉱ 클로즈 센터형

해설 탠덤 센터형 : PR 접속형으로 포트 P와 포트 R이 접속되고 다른 포트 A, B는 폐쇄되어 있는 형식을 말한다.

18 **카바이드(CaC_2)를 물에 넣으면 아세틸렌 가스와 생석회가 생성되는 다음 화학식에서 밑줄 친 부분에 들어갈 물질의 분자식으로 옳은 것은?**

$$CaC_2 + 2H_2O \rightarrow \underline{\qquad\qquad} + Ca(OH)_2$$

㉮ CO_2　　㉯ C_2H_2
㉰ CH_3OH　　㉱ $C_2(OH)_2$

해설 탄화칼슘(카바이드)과 물과의 반응식
$CaC_2 + 2H_2O \rightarrow Ca(OH)_2 + C_2H_2 + 27.8\,\text{kcal}$

19 **자동차 현가장치의 코일 스프링이 인장 또는 수축될 때 감겨있는 코일 자체에 작용하는 가장 주된 응력은?**

㉮ 충격하중에 의한 전단응력
㉯ 전단하중에 의한 전단응력
㉰ 굽힘모멘트에 의한 굽힘응력
㉱ 비틀림모멘트에 의한 전단응력

20 **다음 중 압축기 뒤에 설치되어 압축공기를 저장하는 공기탱크에 관한 설명으로 옳지 않은 것은?**

㉮ 맥동을 방지하거나 평준화한다.
㉯ 압력용기이므로 법적 규제를 받는다.
㉰ 비상시에도 일정시간 운전을 가능하게

정답 15. ㉯　16. ㉯　17. ㉰　18. ㉯　19. ㉱　20. ㉱

한다.

㉱ 다량의 공기 소비 시 급격한 압력 상승을 방지한다.

해설 압축 공기를 담아 두는 탱크로, 공기 압축기에서 압축된 공기를 저장하여 각 작동부에 공급하는 역할을 한다. 공기탱크에는 과잉 압력을 방출하여 공기탱크의 안전을 유지하기 위해 안전밸브가 설치되어 있으며, 공기탱크 내의 규정 압력은 5~7 kgf/cm^2이다.

제2과목 : 자동차 엔진

21 자동차 엔진에서 피스톤의 구비 조건으로 틀린 것은?

㉮ 무게가 가벼워야 한다.
㉯ 내마모성이 좋아야 한다.
㉰ 열의 보온성이 좋아야 한다.
㉱ 고온에서 강도가 높아야 한다.

해설 피스톤의 구비 조건
① 무게가 가벼울 것
② 고온·고압가스에 충분히 견딜 수 있을 것
③ 열전도율이 좋을 것
④ 열팽창률이 적을 것
⑤ 블로바이(blow by)가 없을 것
⑥ 피스톤 상호간의 무게 차이가 적을 것

22 LPG 엔진의 믹서에 장착된 메인 듀티 솔레노이드 밸브의 파형에서 작동 구간에 해당하는 것은?

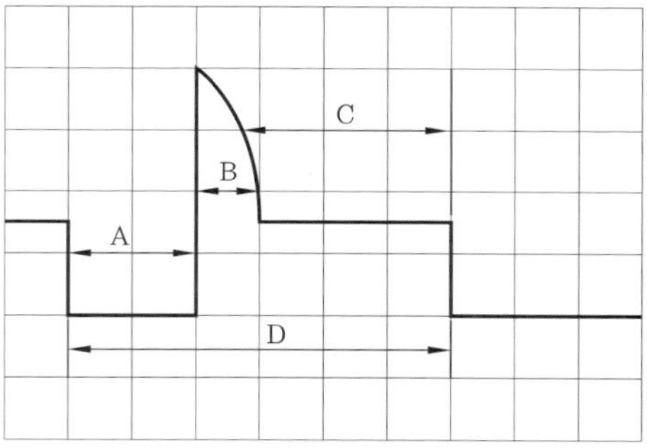

㉮ A구간 ㉯ B구간
㉰ C구간 ㉱ D구간

해설 메인 듀티 솔레노이드 밸브는 산소 센서의 농후, 희박 신호에 따라 연료를 제어할 때 (−)듀티 제어에 의해 작동되므로 (+)기본전압이 0이 되는 A구간에서만 연료를 공급하며 B구간은 전원차단 시 솔레노이드 코일에서 발생하는 서지전압 구간이고 C구간은 (−)접지가 차단되어 원 상태로 되돌아오는 구간이다. 또한 D구간은 메인 듀티 솔레노이드 밸브의 ON, OFF 전체 구간을 의미한다.

23 LPG 엔진에서 공전회전수의 안정성을 확보하기 위해 혼합된 연료를 믹서의 스로틀 바이패스 통로를 통하여 추가로 보상하는 것은?

㉮ 메인 듀티 솔레노이드 밸브
㉯ 대시포트
㉰ 공전속도 조절 밸브
㉱ 스로틀 위치 센서

해설 LPG 엔진의 믹서 부분의 부품의 종류
① 공전속도 조절 밸브 : 공전 회전수 안정성 확보를 위해 공전 시 엔진 부하에 따른 연료보정을 한다.
② 메인 듀티 솔레노이브 밸브 : 산소 센서의 농후 희박 신호를 받아 이론공연비로 운행하기 위한 연료 제어 기능을 한다.

24 자동차로 15 km의 거리를 왕복하는데 40분이 걸렸고 연료소비는 1,830 cc이었다면 왕복 시 평균속도와 연료소비율은 약 얼마인가?

㉮ 23 km/h, 12 km/l
㉯ 45 km/h, 16 km/l
㉰ 50 km/h, 20 km/l
㉱ 60 km/h, 25 km/l

해설 ① 평균속도(V)$=\dfrac{\text{주행거리(km)}}{\text{소요시간(h)}}$,

정답 21. ㉰ 22. ㉮ 23. ㉰ 24. ㉯

$$V = \frac{30\,\text{km}}{\left(\frac{40}{60}\right)\text{h}} = 45\,\text{km/h}$$

② $\text{연료소비율}(\text{km}/l) = \frac{\text{주행거리}(\text{km})}{\text{연료소비량}(l)}$

$$= \frac{30\,\text{km}}{1.83\,l} = 16.3\,\text{km}/l$$

25 **전자제어 가솔린 엔진에서 엔진의 점화시기가 지각되는 이유는?**

㉮ 노크 센서의 시그널이 입력될 경우
㉯ 크랭크각 센서의 간극이 너무 클 경우
㉰ 점화 코일에 과전압이 나타날 경우
㉱ 인젝터의 분사시기가 늦어졌을 경우

26 **전자제어 희박 연소엔진의 연비가 향상되는 설명으로 틀린 것은?**

㉮ 흡기에 강한 스월(swirl)이 형성되어 희박한 공연비에서도 연소가 가능해진다.
㉯ 기존 엔진에 비해 연소실 온도가 상대적으로 낮아 열손실이 감소된다.
㉰ 연소온도가 상승함에 따라 열해리가 발생되며 배기온도가 상승되어 연소 효율이 좋아진다.
㉱ 전 영역 산소 센서를 사용하므로 피드백제어 영역이 넓어지며 제어하는 공기과잉률이 높아진다.

27 **정비용 리프트에서 중량 13,500 N인 자동차를 3초만에 높이 1.8 m로 상승시켰을 경우 리프트의 출력은?**

㉮ 24.3 kW　　㉯ 8.1 kW
㉰ 22.5 kW　　㉱ 10.8 kW

해설 출력$(\text{Nm/s}^2) = W$

$$13{,}500\,\text{N} \times \left(\frac{1.8\,\text{m}}{3\,\text{s}}\right) = 8{,}100\,\text{N} \cdot \text{m/s}^2 = 8.1\,\text{kW}$$

28 **전자제어 가솔린 연료분사장치에 사용되지 않는 센서는?**

㉮ 스로틀 포지션 센서
㉯ 크랭크각 센서
㉰ 냉각수온 센서
㉱ 차고 센서

29 **배출가스 중 삼원촉매 장치에서 저감되는 요소가 아닌 것은?**

㉮ 질소(N_2)
㉯ 일산화탄소(CO)
㉰ 탄화수소(HC)
㉱ 질소산화물(NOx)

해설 ① 삼원촉매의 제어가스 종류 : HC, NOx, CO
② 산화촉매의 제어가스 종류 : HC, CO

30 **LPG 엔진과 비교할 때 LPI 엔진의 장점으로 틀린 것은?**

㉮ 겨울철 냉간 시동성이 향상된다.
㉯ 봄베에서 송출되는 가스압력을 증가시킬 필요가 없다.
㉰ 역화 발생이 현저히 감소된다.
㉱ 주기적인 타르 배출이 불필요하다.

해설 LPI는 봄베 속의 액체연료를 연료펌프를 이용하여 송출압력을 증가시켜야 할 필요성이 있으며 엔진의 부하상태에 따라 연료의 압력을 5단계로 제어하는 연료펌프 구동 드라이버가 필요하다. LPG에서 가스와 공기의 화학반응에 의한 타르가 발생이 되고 LPI에서는 발생되지 않는다. 따라서 LPG는 가스 상태의 연료를 공급하고 LPI는 액체 상태의 연료를 공급하는 것이 가장 특징이다.

31 **지르코니아 소자의 산소 센서 출력전압이 1 V에 가깝게 나타나면 공연비 상태는?**

㉮ 희박하다.

정답 25. ㉮　26. ㉰　27. ㉯　28. ㉱　29. ㉮　30. ㉯　31. ㉯

㉯ 농후하다.
㉰ 14.7 : 1의 공연비를 나타낸다.
㉱ 농후하다가 희박한 상태로 되는 경우이다.

해설 지르코니아 산소 센서는 피드백 출력전압이 0.4~0.6 V이고, 0.4 V 이하이면 공연비 희박, 1 V에 가까우면 농후하게 출력되는 것이다.

32 직경×행정이 78 mm×78 mm인 4행정 4기통의 엔진에서 실제 흡입된 공기량이 1120.7 cc라면 체적효율은?

㉮ 약 55 %　　㉯ 약 62 %
㉰ 약 75 %　　㉱ 약 83 %

해설 체적효율(η)

$$= \frac{\text{실제 흡입된 공기량}}{\text{이론상 행정 체적량}} \times 100$$

$$\text{행정체적}(V) = \frac{\pi}{4} \times d^2 \times l \times N$$

$$= 0.785 \times 7.8^2 \times 7.8 \times 4$$

$$= 1{,}490\,\text{cc}$$

$$\therefore\ \eta = \frac{1{,}120.7}{1{,}490} \times 100 = 75.2\,\%$$

33 가솔린 엔진에서의 노크 발생을 감지하는 방법이 아닌 것은?

㉮ 실린더 내의 압력 측정
㉯ 배기가스 중의 산소농도 측정
㉰ 실린더 블록의 진동 측정
㉱ 폭발의 연속음 측정

34 디젤 엔진의 연소실에서 간접분사식에 비해 직접분사식의 특징으로 틀린 것은?

㉮ 열손실이 적어 열효율이 높다.
㉯ 비교적 세탄가가 낮은 연료를 필요로 한다.
㉰ 피스톤이나 실린더 벽으로의 열전달이 적다.
㉱ 압축 시 방열이 적다.

35 전자제어 가솔린 엔진의 EGR (exhaust gas recirculation) 장치에 대한 설명으로 틀린 것은?

㉮ EGR은 NOx의 배출량을 감소시키기 위해 전 운전영역에서 작동된다.
㉯ EGR을 사용 시 혼합기의 착화성이 불량해지고, 엔진의 출력은 감소한다.
㉰ EGR량이 증가하면 연소의 안정도가 저하되며 연비도 악화된다.
㉱ NOx를 감소시키기 위해 연소 최고온도를 낮추는 기능을 한다.

해설 연소 최고 온도 시 발생하는 NOx의 배출량을 감소시키기 위해 배기가스의 일부를 연소실로 공급하여 연료의 착화성을 낮추게 되어 연비가 증가하지만 연소온도가 낮아 NOx를 줄일 수 있으며 EGR밸브의 작동영역은 냉각수 온도(65℃) 이상의 지속 영역과 중부하 영역에서 작동하게 된다.

36 유해 배출가스(CO, HC 등)를 측정할 경우 시료채취관은 배기관 내 몇 cm 이상 삽입하여야 하는가?

㉮ 20 cm　　㉯ 30 cm
㉰ 60 cm　　㉱ 80 cm

해설 가솔린 배출가스 측정 시 시료채취관 삽입 길이는 30 cm이며 디젤 매연 측정 시 시료채취관의 삽입 길이는 20 cm이다.

37 커먼레일 디젤 분사장치의 장점으로 틀린 것은?

㉮ 엔진의 작동상태에 따른 분사시기의 변화폭을 크게 할 수 있다.
㉯ 분사압력의 변화폭을 크게 할 수 있다.

정답 32. ㉰　33. ㉯　34. ㉯　35. ㉮　36. ㉯　37. ㉱

㉰ 엔진의 성능을 향상시킬 수 있다.
㉱ 원심력을 이용해 조속기를 제어할 수 있다.

해설 커먼레일 디젤 분사장치는 컴퓨터가 인젝터를 제어하여 연료를 분사하기 때문에 엔진의 각종 센서에서 보내오는 신호에 의해 정확한 연료분사가 가능하여 배출가스를 줄이고, 연비를 개선한 친환경 차량이기 때문에 기계식 디젤 엔진의 연료분사펌프에서 존재하는 공회전 시 연료분사량을 기계적으로 조절하는 조속기가 필요 없게 되었다.

38 엔진의 지시마력과 관련이 없는 것은?

㉮ 평균유효압력　㉯ 배기량
㉰ 엔진회전속도　㉱ 흡기온도

39 소형 전자제어 커먼레일 엔진의 연료 압력조절방식에 대한 설명 중 틀린 것은?

㉮ 출구제어방식에서 조절밸브 작동 듀티값이 높을수록 레일압력은 높다.
㉯ 커먼레일은 일종의 저장창고와 같은 어큐뮬레이터이다.
㉰ 입구제어방식은 커먼레일 끝 부분에 연료 압력조절 밸브가 장착되어 있다.
㉱ 입구제어방식에서 조절밸브 작동 듀티값이 높을수록 레일압력은 낮다.

해설 연료 압력 조절기의 제어 방식
① 출구 제어 방식-커먼레일의 출구를 제어하면 커먼레일과 리턴 파이프 사이에 설치되어 커먼레일의 압력을 제어하는 방식이다. 듀티값이 높으면 리턴 연료량이 적어 연료 압력이 높아지고 낮으면 리턴 연료량이 많아 연료 압력이 낮아진다.
② 입구 제어 방식-커먼레일의 입구를 제어하는 방식이며 저압펌프와 고압펌프 사이에 조절 밸브를 설치한다. 듀티값이 높으면 연료량이 적어 커먼레일의 압력이 낮아지고 듀티값이 낮으면 연료량이 많아 연료 압력이 높아진다.

40 배출가스 정밀검사의 ASM2525 모드 검사방법에 관한 설명으로 옳은 것은?

㉮ 25 %의 도로부하로 25 km/h의 속도로 일정하게 주행하면서 배출가스를 측정한다.
㉯ 25 %의 도로부하로 40 km/h의 속도로 일정하게 주행하면서 배출가스를 측정한다.
㉰ 25 km/h의 속도로 일정하게 주행하면서 25초 동안 배출가스를 측정한다.
㉱ 25 km/h의 속도로 일정하게 주행하면서 40초 동안 배출가스를 측정한다.

해설 ① ASM2525 모드 : 자동차 중량에 의해 자동으로 설정된 관성 중량에 따라 25%의 도로부하 상태에서 40 km/h의 정속도로 주행하면서 배출가스를 측정한다. 즉, 차대동력계 위에서 2단 또는 3단기어(자동변속기의 경우 D)로 주행하여 차대동력계의 속도가 40 km/h가 되도록 운전한다.
② 모드의 구성 : 충분히 예열된 자동차가 차대동력계 상에서 40±2 km/h의 속도를 5초간 유지하면 모드가 시작된다. 이어서 10~25초 경과 후 10초 동안 배출가스를 측정하며, 그 산술평균값을 측정값으로 한다.

제3과목 : 자동차 섀시

41 자동차의 독립현가장치 중에서 쇼크 업소버를 내장하고 있으며, 상단은 차체에 고정하고 하단은 로어 컨트롤 암으로 지지하는 형식으로, 스프링의 아래하중이 가볍고 앤티다이브 효과가 우수한 형식은?

㉮ 맥퍼슨 스트러트 현가장치
㉯ 위시본 현가장치
㉰ 트레일링 암 현가장치
㉱ 멀티 링크 현가장치

해설 ① 맥퍼슨 스트러트 현가장치 : 상단은 차체에 고정하고 하단은 로어 컨트롤 암에

정답 38. ㉱　39. ㉰　40. ㉯　41. ㉮

지지하는 형식

② 위시본 현가장치 : 위 컨트롤 암과 아래 컨트롤 암 2개가 있으며 차체와 아래 컨트롤 암 사이에 쇼크 업소버가 설치된 형식

42 **자동변속기 차량에서 변속기 오일 점검과 관련된 내용으로 거리가 먼 것은?**

㉮ 유량이 부족하면 클러치 작용이 불량하게 되어 클러치의 미끄럼이 생긴다.

㉯ 유량 점검은 엔진 정지 상태에서 실시하는 것이 보통의 방법이다.

㉰ 유량이 부족하면 펌프에 의해 공기가 흡입되어 회로 내에 기포가 생길 우려가 있다.

㉱ 오일의 색깔이 검은 색을 나타내는 것은 오염 및 과열되었기 때문이다.

해설 자동변속기 오일의 점검은 엔진 공전 상태에서 워밍업 후 변속 레버(P–L)를 2~3회 조작한 다음 N 위치에서 측정하며, 오일 양이 많거나 적을 때에는 오일 내에 기포가 발생하여 변속 시점이 불량해지며 오일의 색깔을 점검하여 검은색일 경우 오염된 것, 갈색인 경우 오일이 열화된 것, 우유색인 경우 냉각수가 유입된 것이므로 교환을 요한다.

43 **브레이크 페달이 점점 딱딱해져서 제동 성능이 저하되었다면 그 원인은?**

㉮ 브레이크액 부족

㉯ 마스터 실린더 누유

㉰ 슈 리턴 스프링 장력 변화

㉱ 하이드로 백 내부 진공누설

해설 브레이크 장치의 배력장치는 흡기다기관의 진공압력과 대기압의 압력 차이를 이용하여 배력하는 기능을 한다. 흡기다기관과 진공호스로 배력장치가 연결되어 진공력을 이용하고 있기 때문에 외부의 누설로 흡기다기관과 대기압의 압력 차이를 이용할 수 없으며 브레이크 페달이 딱딱해져서 제동 성능이 저하된다.

44 **자동차가 요철이 심한 노면을 주행할 때 좌우 구동륜의 구동토크를 균등하게 분배하는 것은?**

㉮ 현가장치

㉯ 차동장치

㉰ 4WS(wheel steering)장치

㉱ ABS(anti–lock brake system)장치

해설 반대쪽 휠이 회전하고 있을 때 어느 쪽이든 후륜에 동력을 전달하기 위해 클러치 장치를 사용하고 있는 차동 제한 장치를 말한다.

45 **전자제어 제동장치(ABS) 차량이 주행을 시작하여 저 · 중속 구간에서 제동을 하지 않았어도 모터 작동소리가 들렸다면 ABS의 상태는?**

㉮ 오작동이므로 불량이다.

㉯ 체크를 위한 작동으로 정상이다.

㉰ 모터의 고장을 알리는 신호이다.

㉱ 모듈레이터 커넥터의 접촉 불량이다.

46 **구동력 제어장치(traction control system)에서 엔진토크 제어 방식에 해당하지 않는 것은?**

㉮ 주 스로틀 밸브 제어

㉯ 보조 스로틀 밸브 제어

㉰ 연료 분사 제어

㉱ 가속 및 감속 제어

해설 ① 흡입 공기량 제어 방식 : 주 스로틀 밸브 제어, 보조 스로틀 밸브 제어

② 엔진 제어 방식 : 연료 분사량 제어, 점화 시기 제어

47 **브레이크를 밟았을 때 브레이크 페달이나 차체가 떨리는 원인으로 거리가 먼 것은?**

㉮ 브레이크 디스크 또는 드럼의 변형

㉯ 브레이크 패드 및 라이닝 재질 불량

정답 42. ㉯ 43. ㉱ 44. ㉯ 45. ㉯ 46. ㉱ 47. ㉱

㉰ 앞·뒤 바퀴 허브 유격 과다

㉱ 프로포셔닝 밸브 작동 불량

해설 프로포셔닝 밸브 : 브레이크액의 유압을 조절하여 제동력을 분배시키는 유압 조정 밸브이다. 브레이크 패드를 밟아 발생된 유압이 일정값 이상이 되면 밸브가 닫혀 휠 실린더 압력을 균등히 조정하며 전·후륜 휠 실린더 압력을 균일하게 공급하는 밸브이다. 거의 모든 승용차의 뒤 브레이크에 사용되고 있다.

48 유압식 쇼크 업소버의 구조에서 오일이 상·하 실린더로 이동하는 작은 구멍의 명칭은?

㉮ 밸브 하우징　㉯ 베이스 밸브

㉰ 오리피스　㉱ 스텝 홀

해설 쇼크 업소버는 가늘고 긴 원통에 특수한 작동유가 봉입되어 있고 밸브 오리피스의 좁은 통로를 통과할 때 유로 저항에 의해 감쇠력이 발생한다. 감쇠력은 이 통로의 형상(통로 면적, 밸브 스프링 강도)과 피스톤 속도에 비례한다.

49 사이드 슬립 시험기에서 지시값이 6이라면 1 km당 슬립량은?

㉮ 6 mm　㉯ 6 cm

㉰ 6 m　㉱ 6 km

해설 사이드슬립 테스터기는 차량 이동 구간이 답판 1 m에 대한 미끄러짐을 6 mm 단위로 표기하지만 실제 주행거리 1 km에 대하여서는 6 m가 된다.

50 어떤 자동차가 60 km/h의 속도로 평탄한 도로를 주행하고 있다. 이때 변속비가 3, 종감속비가 2이고 구동바퀴가 1회전할 때 2 m 진행한다면 3 km 주행할 때 소요되는 시간은?

㉮ 1분　㉯ 2분

㉰ 3분　㉱ 4분

해설 $\dfrac{3\,\mathrm{km}}{x[\mathrm{h}]} = \dfrac{60\,\mathrm{km}}{1\,\mathrm{h}}$

$$x[\mathrm{h}] = \dfrac{3\,\mathrm{km}}{\left(\dfrac{60\,\mathrm{km}}{1\,\mathrm{h}}\right)} = \dfrac{3\,\mathrm{km}}{60\,\mathrm{km/h}} = 0.05\mathrm{h}$$

$\therefore\ 0.05 \times 60분 = 3분$

51 수동변속기 차량에서 주행 중 변속을 하고 급가속하였을 때 엔진의 회전이 상승해도 차속이 증속되지 않는 원인은?

㉮ 릴리스 포크가 마모되었다.

㉯ 파일럿 베어링이 파손되었다.

㉰ 클러치 릴리스 베어링이 마모되었다.

㉱ 클러치 압력판 스프링의 장력이 감소되었다.

해설 클러치가 미끄러지는 원인

① 클러치 디스크의 마모

② 클러치 디스크의 페이드 현상에 의한 경화

③ 클러치 디스크의 오일 부착

④ 클러치 페달의 자유 간극이 작을 경우

⑤ 클러치 압력판 스프링의 장력 약화

52 그림과 같이 선회중심이 O점이라면 이 자동차의 최소회전반경은?

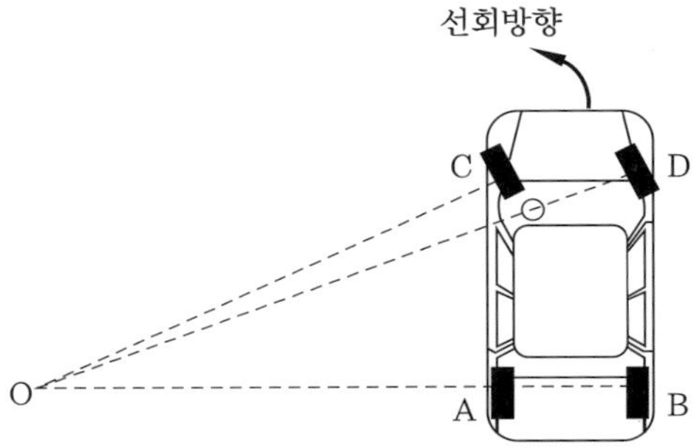

㉮ O~A　㉯ O~B

㉰ O~C　㉱ O~D

정답 48. ㉰　49. ㉰　50. ㉰　51. ㉱　52. ㉱

과년도 출제문제 부록

해설 자동차의 최소회전반경은 조향핸들을 왼쪽(혹은 오른쪽)으로 최대한 꺾었을 때 바깥쪽 앞바퀴 자국의 중심선을 따라 측정하고 12 m를 초과해서는 안 된다.

53 **열에 의해 타이어의 고무나 코드가 용해 및 분리되는 현상은?**

㉮ 히트 세퍼레이션(heat separation) 현상
㉯ 스탠딩 웨이브(standing wave) 현상
㉰ 하이드로 플래닝(hydro planing) 현상
㉱ 이상 과열(over heat) 현상

해설 타이어는 사용 조건이 가혹할수록 발열량이 많아지며, 고무와 타이어 코드 간의 접착은 온도가 상승함에 따라 약해지는 성질을 가지고 있는데 과적 하중일 때 더욱 심하다. 예를 들어, 공기압과 하중이 적당하여도 여름철에 장시간 고속 주행하면 타이어 내부의 발열이 급격히 상승하여 속도가 증가할수록 온도가 올라가고 트레드 고무와 코크스 간의 항력이 적어지며 결국은 고무가 분리되는 현상이 일어난다. 심한 경우 고무에 녹아서 타이어가 파열되기도 한다.

54 **브레이크 페달에 수평 방향으로 150 kgf의 힘을 가했을 때 피스톤의 면적이 10 cm² 라면 마스터 실린더에 형성되는 유압(kgf/cm²)은?**

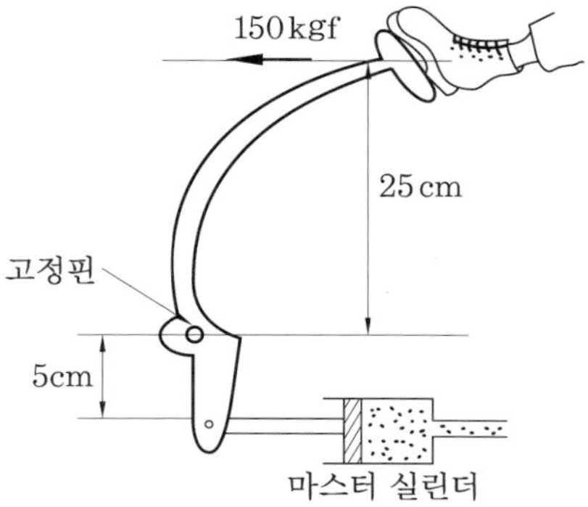

㉮ 65 ㉯ 75
㉰ 85 ㉱ 90

해설 압력$(P) = \dfrac{힘(F)}{단면적(A)}$

지렛대 원리에 의해 실린더에 가해지는 힘

$= \dfrac{B}{A} \times F = \dfrac{25}{5} \times 150 = 750\,\text{kgf}$

$\therefore\ P = \dfrac{750}{10} = 75\,\text{kgf}$

55 **자동변속기 차량에서 출발 및 기어 변속은 정상적으로 이루어지나 고속주행 시 성능이 저하되는 원인으로 옳은 것은?**

㉮ 출력축 속도 센서 신호선 단선
㉯ 토크컨버터 스테이터 고착
㉰ 매뉴얼 밸브 고착
㉱ 라인 압력 높음

해설 토크 컨버터는 토크를 변환하여 동력을 전달하는 장치로, 유체 이음과 비슷하지만 펌프 날개차, 터빈 날개차 외에 정지 스테이터(stator)가 있는 것이 특징이다. 자동차나 선박 등에 응용하면 변속 기어가 필요 없게 되며 시동 시 회전력도 크다.

56 **엔진 회전수가 2,000 rpm, 변속비가 2 : 1, 종감속비가 5 : 1인 자동차가 선회 주행을 하고 있을 때 자동차 좌측 바퀴가 10 km/h 속도로 주행한다면 우측 바퀴의 속도는? (단, 바퀴의 원둘레 : 120 cm)**

㉮ 10.2 km/h ㉯ 14.6 km/h
㉰ 18.8 km/h ㉱ 20.2 km/h

해설 바퀴의 속도(V)

$= \dfrac{\left[\begin{array}{l}60 \times N(\text{바퀴 회전속도}) \\ \times (\pi \times D(\text{바퀴 지름cm}))\end{array}\right]}{100{,}000}$

$= \dfrac{60 \times 200 \times 120}{100{,}000}$

$= 14.4\ \text{km/h}$

참고 우측 바퀴속도 $= 14.4 \times 2 - 10$
$= 18.8\ \text{km/h}$

바퀴의 회전속도(N)

$= \dfrac{엔진\text{rpm}}{총감속비} = \dfrac{2{,}000\,\text{rpm}}{(2 \times 5)} = 200\,\text{rpm}$

정답 53. ㉮ 54. ㉯ 55. ㉯ 56. ㉰

57 다음 중 무단변속기(CVT)의 구동방식이 아닌 것은?

㉮ 스테이터 조합형
㉯ 벨트 드라이브식
㉰ 트랙션 드라이브식
㉱ 유압모터 / 펌프 조합형

해설 무단변속기(CVT)의 구동 방식 : 벨트 드라이브식, 트랙션 드라이브식, 유압모터펌프 조합형

58 바퀴정렬의 토인에 대한 설명으로 옳은 것은?

㉮ 정밀한 측정을 위해서 타이어 공기압은 규정보다 10 % 정도 높여준다.
㉯ 토인은 차량의 주행 중 조향 조작력을 감소시키기 위해 둔 것이다.
㉰ 토인의 조정은 양쪽 타이로드를 같은 양 만큼 동일하게 조정해야 한다.
㉱ 토인은 앞바퀴를 정면에서 보았을 때 윗부분이 아랫부분보다 외측으로 벌어진 것을 의미한다.

해설 토인은 캠버에 의한 바퀴의 벌어짐을 방지하고, 바퀴의 편마모를 방지하기 위해 위에서 볼 때 바퀴의 앞쪽이 뒤쪽보다 좁은 상태를 말하며, 토인 불량으로 타이어가 편마모로 인한 조정이 필요할 때 좌우 타이로드의 양쪽 길이를 같은 양으로 동일하게 조정하여 수정한다(독립현가 조향장치).

59 전자제어 제동장치(ABS)의 효과에 대한 설명으로 옳은 것은?

㉮ 코너링 주행 상태에서만 작동한다.
㉯ 눈길, 빗길 등의 미끄러운 노면에서는 작동이 안 된다.
㉰ 제동 시 바퀴의 로크(lock)가 일어나지 않도록 한다.
㉱ 급제동 시 바퀴의 로크(lock)가 일어나도록 한다.

60 수동변속기 차량의 클러치 디스크에서 클러치 연결 동작 시 유연성을 보장하고 평면 압착이 가능하게 해줌으로써 동력전달을 확실하게 해주는 것은?

㉮ 페이싱 리벳 ㉯ 토션 댐퍼
㉰ 쿠션 스프링 ㉱ 피벗 링

제4과목 : 자동차 전기

61 테스트 램프를 이용한 12 V 전장회로 점검에 대한 설명으로 틀린 것은?

㉮ 60 W 전구가 장착된 테스트 램프로 (+) 전원을 이용하여 전동 냉각팬 작동 시험이 가능하다.
㉯ 다이오드가 장착된 테스트 램프는 (+) 전원을 이용하여 전동 냉각팬 작동 시험이 불가능하다.
㉰ 동일한 규격의 테스트 램프를 연결하여 6 V(배터리 전원의 1/2)를 만들 수 있다.
㉱ 60 W 전구가 장착된 테스트 램프로 (+)전원을 ECU에 인가 시 ECU가 손상되지 않는다.

해설 60W 전구가 장착된 테스트 램프로 (+) 전원을 ECU에 인가 시 과전류로 ECU가 손상된다.

62 발광 다이오드(LED : light emitting diode)에 대한 설명으로 틀린 것은?

㉮ 소비전력이 작다.
㉯ 응답속도가 빠르다.
㉰ 전류가 역방향으로 흐른다.
㉱ 백열전구에 비하여 수명이 길다.

해설 발광 다이오드(LED : light emitting diode)
① 순 방향으로 전류를 흐르게 하면 빛이 발생되는 다이오드이다.

정답 57. ㉮ 58. ㉰ 59. ㉰ 60. ㉰ 61. ㉱ 62. ㉰

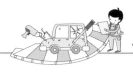

② 가시광선으로부터 적외선까지 다양한 빛을 발생한다.

③ 발광할 때는 순방향으로 10 mA 정도의 전류가 필요하며, PN형 접합면에 순방향 바이어스를 가하여 전류를 흐르게 하면 캐리어(carrier)가 지니고 있는 에너지 일부가 빛으로 변화하여 외부로 방사시킨다.

④ 특징은 소비전력이 작으며 응답속도가 빠르고 일반전구에 비해 수명이 길다.

63 **전압강하와 누전 등 배전기의 단점을 보완하기 위해 전자적으로 점화를 컨트롤하는 방식은?**

㉮ 전자배전 점화방식(DLI)
㉯ 콘덴서 방전 점화방식(condenser)
㉰ 접점식 점화모듈(module)
㉱ 포인트 이그니션(ignition)

해설 DLI의 점화방식의 특징
① 배전기에서 누적이 없다.
② 로터와 배전기 캡 전극 사이의 고전압 에너지 손실이 없다.
③ 배전기 캡에서 발생하는 전파 잡음이 없다.
④ 점화 진각 폭의 제한이 없다.
⑤ 고전압 출력을 감소시켜도 방전 유효 에너지 감소가 없다.
⑥ 내구성이 크고 전파 방해가 없어 다른 전자 제어장치에도 유리하다.

64 **축전지를 20시간 동안 2 A씩 계속 방전시켜 방전종지전압에 도달하였다면 이 축전지의 용량(Ah)은?**

㉮ 20　　㉯ 40
㉰ 60　　㉱ 80

해설 축전지 용량(Ah)=전류(A)×시간(h)
=20 A×2 h=40 Ah

65 **코일의 권수비가 그림과 같을 때 1차 코일의 전류 단속에 의해 350 V의 유도전압을 얻었다면 2차 코일에서 발생하는 전압은?(단, 코일의 직경은 동일하다.)**

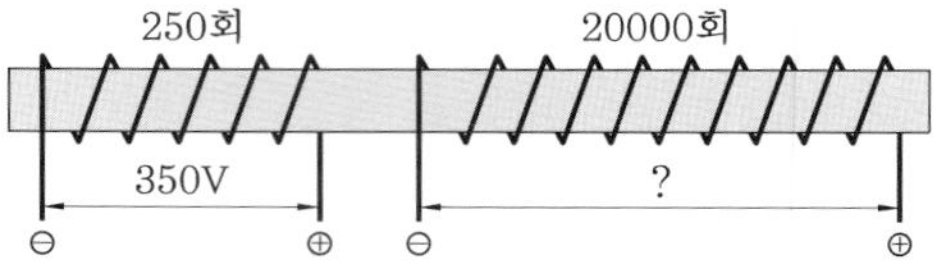

㉮ 0 V　　㉯ 2,800 V
㉰ 28,000 V　　㉱ 35,000 V

해설 점화코일의 2차 전압(E_2)

$$= E_1 \times \left(\frac{N_2}{N_1}\right)$$

$$\therefore\ E_2 = 350\,\text{V} \times \left(\frac{20{,}000}{250}\right) = 28{,}000\,\text{V}$$

66 **전자제어 디젤 차량의 P.T.C (positive temperature coefficient) 히터에 대한 설명으로 틀린 것은?**

㉮ 공기 가열식 히터이다.
㉯ 작동시간에 제한이 없는 장점이 있다.
㉰ 배터리 전압이 규정치보다 낮아지면 OFF된다.
㉱ 공전속도(약 700 rpm) 이상에서 작동된다.

해설 PTC 히터(positive temperature coefficient) : 메인 히터 코어 우측에 별도의 전기 가열 장치를 설치하여 히터 측으로 유입되는 공기의 온도를 상승시켜 차량의 난방 성능을 보완해 주기 위한 시스템으로, 초기 CRDI 엔진 탑재 모델 차량의 난방 성능에 대한 불만을 해소하기 위해 개발되었다.

67 **스마트 키 시스템에서 전원 분배 모듈(power distribution module)의 기능이 아닌 것은?**

㉮ 스마트 키 시스템 트랜스폰더 통신
㉯ 버튼 시동 관련 전원 공급 릴레이 제어
㉰ 발전기 부하 응답 제어
㉱ 엔진 시동 버튼 LED 및 조명 제어

정답 63. ㉮　64. ㉯　65. ㉰　66. ㉯　67. ㉰

해설 스마트 키 시스템에서 전원 분배 모듈(power distribution module)의 기능은 스마트 키 시스템 트랜스폰더 통신, 버튼 시동 관련 전원 공급 릴레이 제어, 엔진 시동 버튼 LED 및 조명 제어의 기능을 한다.

68 스마트 정션 박스(smart junction box)의 기능에 대한 설명으로 틀린 것은?

㉮ fail safe lamp 제어
㉯ 에어컨 압축기 릴레이 제어
㉰ 램프 소손 방지를 위한 PWM 제어
㉱ 배터리 세이버 제어

해설 smart junction box, 흔히 SJB라고 부른다. junction box의 전자화, 차량 안정성 확보, 효율적인 전원 관리, 효율적인 Data 교환, 소프트웨어 안정성 확보 기능이 있으며 각종 고장 진단 기능 및 고장 감시 기능으로 인한 차량 안정성 향상, CAN 통신 도입으로 인한 Data 전송의 안정성 보장 등의 기능이 있다.

69 점화파형에서 점화전압이 기준보다 낮게 나타나는 원인으로 틀린 것은?

㉮ 2차코일 저항 과소
㉯ 규정 이하의 점화플러그 간극
㉰ 높은 압축압력
㉱ 농후한 혼합기 공급

해설 높은 압축압력은 공기의 밀도가 높고 공기의 저항이 크므로 점화전압이 높게 나오게 된다.

70 방향지시등의 점멸 횟수를 측정한 결과 10초 동안 18회 점멸하였을 때 안전기준에 맞게 판정한 것은?

㉮ 108회/분(부적합) ㉯ 108회/분(적합)
㉰ 90회/분(적합) ㉱ 90회/분(부적합)

해설 등화장치 안전기준은 1분에 60~120회 점멸 횟수를 작동하여야 하므로 10초에 18회 점멸은 분당 108회 작동 안전기준에 적합하다.

71 교류 발전기에서 최대 출력전압이 나올 때 발전기 하우징과 축전지 (−) 터미널 간의 전압은?

㉮ 약 0~0.2 V ㉯ 약 1~3 V
㉰ 약 3~5 V ㉱ 약 12.5~14.5 V

해설 발전기의 하우징은 차체(−)이므로 배터리 (−)와의 전압측정을 하면 (−) 배선의 선간전압인 약 0~0.2 V의 전압이 측정된다.

72 주행거리 현재 연료로 주행할 수 있는 주행 가능 거리, 평균속도 및 주행 시간 등 주행에 관련된 각종 정보들을 LCD를 이용해 화면에 표시해 주는 운전자 정보 전달 장치는?

㉮ 메모리 컴퓨터 ㉯ 트립 컴퓨터
㉰ 블랙박스 ㉱ 자율 항법 장치

해설 트립 컴퓨터 : 주행 평균 속도, 주행 거리, 외부 온도 등 주행과 관련된 다양한 정보를 LCD 표시창을 통해 운전자에게 알려주는 차량 정보 시스템을 말한다.

73 그림에서 크랭크축 벨트 풀리의 회전수가 2,600 rpm일 때 발전기 벨트 풀리의 회전수는?(단, 벨트와 풀리는 미끄럼이 없고 수치는 반경이다.)

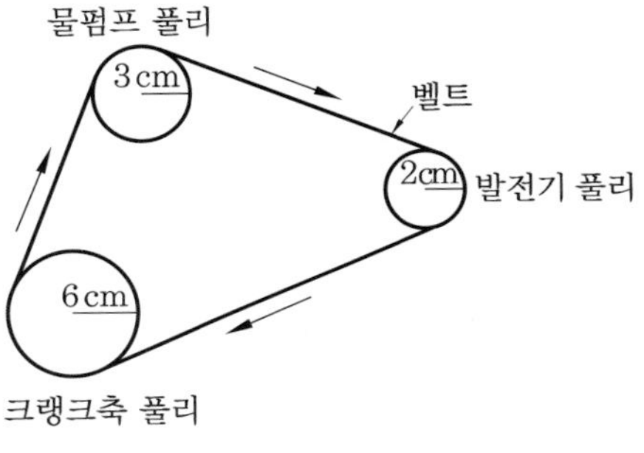

정답 68. ㉯ 69. ㉰ 70. ㉯ 71. ㉮ 72. ㉯ 73. ㉱

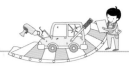

㉮ 867 rpm ㉯ 3,900 rpm
㉰ 5,200 rpm ㉱ 7,800 rpm

해설 $\dfrac{\text{크랭크축}(D_1)}{\text{발전기}(D_2)}$

$=\dfrac{\text{발전기 회전수}(N_2)}{\text{크랭크축 회전수}(N_1)}$

N_2(발전기 회전수)

$=N_1(\text{크랭크축 회전수})\times\dfrac{D_1}{D_2}$

$=2{,}600\times\dfrac{6}{2}=7{,}800\,\text{rpm}$

74 **자동차안전기준에 관한 규칙에서 전조등 주행 빔의 진폭 기준으로 옳은 것은?**

㉮ 전방 3 m 거리에서 상향 진폭은 100 mm 이내
㉯ 전방 3 m 거리에서 좌 · 우측 진폭은 300 mm 이내
㉰ 전방 10 m 거리에서 상향 진폭은 150 mm 이내
㉱ 전방 10 mm 거리에서 하향 진폭은 등화설치 높이의 10분의 3 이내

해설 ① 전조등 등폭기준
좌측 전조등 : 좌진폭 15 cm 이내, 우진폭 30 cm 이내
우측 전조등 : 좌진폭 30 cm 이내, 우진폭 30 cm 이내
② 상향진폭 10 cm 이내

$\text{전조등 하향진폭}=\text{전조등 높이}(H)\times\dfrac{3}{10}$

75 **경음기에서 구조적으로 음의 크기가 조절되는 곳은 ?**

㉮ 경음기 릴레이 접점의 간극
㉯ 경음기 스위치의 접점 저항
㉰ 경음기 회로의 콘덴서 용량
㉱ 경음기의 에어

해설 경적음의 크기는 일정하여야 하며 차체 전방에서 2 m 떨어진 지상 높이 1.2±0.058 m가 되는 지점에서 측정값이 다음 각목의 기준에 적합해야 한다.
① 음의 최소 크기는 90 dB(C) 이상일 것
② 음의 최대 크기는 「소음 · 진동관리법」 규정에 의한 자동차의 소음 허용 기준에 적합할 것

76 **고속도로에서 차량 속도가 증가되면 엔진 온도가 하강하고 실내 히터에 나오는 공기가 따뜻하지 않은 원인으로 옳은 것은?**

㉮ 엔진 냉각수 양이 적다.
㉯ 방열기 내부의 막힘이 있다.
㉰ 서모스탯이 열린 채로 고착되었다.
㉱ 히터 열교환기 내부에 기포가 혼입되었다.

해설 엔진의 온도가 상승되었어도 히터 공기가 낮은 이유는 냉각 시스템이 과랭인 경우에 해당되며, 냉각 시스템의 과랭의 원인은 워터펌프의 구동 벨트의 장력 과대나 서모스탯의 열림 고장으로 인한 것을 예측할 수 있다.

77 **아날로그 미터의 장점과 디지털 미터의 장점을 살린 전자제어 방식의 계기판은?**

㉮ 교차 코일식 계기
㉯ 바이메탈식 계기
㉰ 스텝 모터식 계기
㉱ 서미스터식 계기

해설 교차 코일 방식은 비교적 구조가 간단하고 지시각이 넓다. 또 충격, 진동에도 강해야 하며 정확성, 지시각도, 시인성이 우수하고 시스템과의 통신 제어의 장점이 있다.

78 **전조등에서 조도 부족의 원인으로 틀린 것은?**

㉮ 렌즈 안팎의 물방울 부착에 의한 굴절
㉯ 전구의 장시간 사용에 의한 열화

정답 74. ㉱ 75. ㉱ 76. ㉰ 77. ㉰ 78. ㉰

㉰ 정격 용량 초과 전구 사용
㉱ 스프링 약화에 의한 주광축의 처짐

79 **하이브리드 자동차에서 기동발전기(hybrid starter & generator)의 교환 방법으로 틀린 것은?**

㉮ 안전 스위치를 OFF하고, 5분 이상 대기한다.
㉯ HSG 교환 후 반드시 냉각수 보충과 공기빼기를 실시한다.
㉰ HSG 교환 후 진단장비를 통해 HSG 위치 센서(레졸버)를 보정한다.
㉱ 점화 스위치를 OFF하고, 보조 배터리의 (–)케이블은 분리하지 않는다.

해설 HSG(hybrid starter & generator)는 고전압 배터리의 충전 상태가 낮아지면 충전을 위해 자동으로 엔진을 기동하여 충전하는 기능을 하므로 반드시 안전 스위치를 OFF하고 5분 후 작업을 해야 하며, 교환 후에는 진단기를 통해 레졸버 조정이 필요하다. 전기(동력)장치 최대선(MAX)까지 채우고 최대선(MAX)을 초과하지 않도록 하며 교환 시에는 냉각수 보충과 공기빼기를 하여야 한다.

참고 전기(동력)장치 : 인버터, HSG, LDC

80 **하이브리드 자동차 계기판에 있는 오토스톱(auto stop)의 기능에 대한 설명으로 옳은 것은?**

㉮ 배출가스 절감
㉯ 엔진오일 온도 상승 방지
㉰ 냉각수 온도 상승 방지
㉱ 엔진 재시동성 향상

해설 하이브리드의 auto stop 기능은 연비 절감과 배기가스 저감을 위해 브레이크 작동으로 차량 정지 시 엔진 시동을 off하고, 출발 시 재시동하는 시스템이다.

정답 79. ㉱ 80. ㉮

국가기술자격 필기시험문제

2015년도 3월 8일 (제1회)

자격종목	코드	시험시간	형 별	수검번호	성 명
자동차정비산업기사	2070	2시간			

제1과목 : 일반기계공학

01 주석계 화이트 메탈에 관한 설명으로 틀린 것은?

가 베어링용 합금이다.
나 배빗 메탈이라고도 한다.
다 Sn-Sb-Cu계 합금이다.
라 고속, 고하중용 베어링으로는 사용할 수 없다.

해설 화이트 메탈 : 주석계 고속 고하중용 베어링으로 사용할 수 있다.

02 응력에 관한 설명으로 옳지 않은 것은?

가 사용응력은 허용응력보다 작은 값이어야 한다.
나 두 축 방향으로 작용하는 응력을 2축 응력이라 한다.
다 충격에 의해 생기는 응력은 정하중으로 작용하는 경우의 3배가 된다.
라 보에서 굽힘으로 인하여 발생하는 최대 인장응력은 중립축으로부터 가장 먼 거리에서 나타난다.

해설 충격에 의해 생기는 응력은 정하중으로 작용하는 경우의 2배가 된다.

03 유압 제어 밸브의 기능에 따른 분류 중 유량 제어 밸브는?

가 스로틀 밸브
나 릴리프 밸브
다 시퀀스 밸브
라 카운터 밸런스 밸브

해설 유량 제어 밸브에 해당되는 밸브는 스로틀 밸브이다.
① 릴리프 밸브 – 압력 제어
② 시퀀스 밸브 – 순서 제어
③ 카운터 밸런스 밸브 – 방향 제어 밸브

04 아크 용접에서 언더컷(under cut)은 어떤 조건일 때 가장 많이 나타나는가?

가 전류 부족, 용접속도 빠름
나 전류 부족, 용접속도 느림
다 전류 과대, 용접속도 빠름
라 전류 과대, 용접속도 느림

해설 언더컷 : 용접 경계 부분에 생기는 홈으로 용접 전류가 크고 용접속도가 빠를 때 일어나는 현상이다.

05 리벳이음을 용접이음과 비교한 설명으로 틀린 것은?

가 구조물 등에서 현장 조립할 때는 용접이음보다 쉽다.
나 경합금을 이음할 때는 용접이음보다 신뢰성이 떨어진다.
다 용접이음과 같이 강판 등을 영구적으로 접합할 때 사용한다.
라 용접이음과 달리 초기응력에 의한 잔류 변형이 생기지 않으므로 취약파괴가 일어나지 않는다.

해설 리벳이음은 경합금과 같이 용접이 곤란한 재료에는 신뢰성이 있다.

정답 01. 라 02. 다 03. 가 04. 다 05. 나

리벳이음의 장점
① 초응력에 의한 잔류 변형률이 생기지 않으므로 취약 파괴가 일어나지 않는다.
② 구조물 등에서 현지 조립할 때는 용접이음보다 쉽다.
③ 경합금과 같이 용접이 곤란한 재료에는 신뢰성이 있다.
④ 강판의 두께에 한계가 있으며 이음효율이 낮다.

리벳이음의 단점
① 영구적인 이음이 되므로 분해 시 파괴해야 한다.
② 리벳 길이 방향으로 인장응력이 생기므로 이 방향의 하중에는 약하다.
③ 기밀, 수밀의 유지가 곤란하다.
④ 리벳이음을 할 때 소음이 발생한다.

06 Al, Cu, Mg으로 구성된 합금에서 인장강도가 크고 시효경화를 일으키는 고력(고강도) 알루미늄 합금은?

㉮ Y합금 ㉯ 두랄루민
㉰ 실루민 ㉱ 로우엑스

해설 시효경화 : 금속 또는 합금을 급랭 또는 냉간 가공 후 시간에 따라 경도가 크게 되는 현상으로 이에 해당하는 알루미늄 합금은 두랄루민이다.

07 테이퍼가 있는 일종의 쐐기로써 축과 축을 결합하는 경우와 축 방향으로 작용하는 압축력이나 인장력에 대해서 풀리지 않도록 부품을 결합할 때 사용하는 기계요소는?

㉮ 핀 ㉯ 코터
㉰ 와셔 ㉱ 스플라인

해설 코터
① 축과 축 등을 결합시키는 데 사용하는 쐐기이다.
② 축의 길이 방향에 직각으로 끼워서 축을 결합시킨다.
③ 구조가 간단하고 해체하기 쉬우며 조절이 가능하므로 두 축의 간이 연결용으로 많이 사용된다.

08 측정치의 통계적 용어에 관한 설명으로 옳은 것은?

㉮ 치우침(bias) – 참값과 모평균과의 차이
㉯ 오차(error) – 측정치와 시료평균과의 차이
㉰ 편차(deviation) – 측정치와 참값과의 차이
㉱ 잔차(residual) – 측정치와 모평균과의 차이

해설 ① 오차 : 측정치와 참값의 차이
② 편차 : 수치와 대푯값의 차이
③ 잔차 : 예측값과 실측값의 차이

09 재료의 인장강도가 4,500 N/mm^{2}인 연강제의 허용응력이 375 N/mm^{2}라면 안전율은?

㉮ 10 ㉯ 11
㉰ 12 ㉱ 13

해설 안전율$=\frac{\text{인장강도}}{\text{허용응력}}=\frac{4,500}{375}=12$

10 유압유의 구비 조건이 아닌 것은?

㉮ 비압축성일 것
㉯ 적당한 점도가 있을 것
㉰ 열을 흡수, 기화할 수 있을 것
㉱ 녹이나 부식을 방지할 수 있을 것

해설 유압유의 구비 조건
① 비압축성일 것
② 적당한 점도가 있을 것
③ 열을 방출할 수 있을 것
④ 녹이나 부식을 방지할 수 있을 것

11 스프링 백 현상은 어느 작업 시 가장 많이 발생하는가?

㉮ 용접 ㉯ 절삭
㉰ 열처리 ㉱ 프레스

해설 스프링 백 현상 : 소성재 굽힘 가공 시 재료를 굽힌 후 힘을 제거할 때 탄성에 의해 원 상태로 돌아오는 현상(프레스 작업 시 발생)

정답 06. ㉯ 07. ㉯ 08. ㉮ 09. ㉰ 10. ㉰ 11. ㉱

12 전동용 평 벨트(belt) 재료의 구비 조건이 아닌 것은?

㉮ 탄성이 작을 것
㉯ 마찰계수가 클 것
㉰ 인장강도가 클 것
㉱ 열이나 기음에 강할 것

해설 평벨트의 구비 조건
① 장력에 대하여 강할 것
② 탄성이 클 것
③ 굽히기 쉬울 것
④ 마찰계수가 클 것

13 탄소강의 조직 중 경도가 가장 큰 조직은?

㉮ 페라이트　　㉯ 마텐자이트
㉰ 펄라이트　　㉱ 오스테나이트

해설 탄소강 조직의 경도 순서 : 시멘타이트 > 마텐자이트 > 트루스타이트 > 소르바이트 > 펄라이트 > 오스테나이트 > 페라이트

14 열처리의 담금질액 중 냉각속도가 가장 빠른 것은?

㉮ 물　　㉯ 기름
㉰ 비눗물　　㉱ 소금물

해설 기름 수치가 클수록 냉각속도가 빠르다.
담금질액의 냉각능력 : NaOH(2.06), NaCL (1.96), 보통 물(1)

15 드릴링 머신에서 할 수 없는 작업은?

㉮ 코킹　　㉯ 카운터 보링
㉰ 리밍　　㉱ 카운터 싱킹

해설 코킹 : 보일러, 가스 저장 용기 등과 같은 압력 용기에 사용하는 리벳 체결에 있어서, 기밀을 유지하기 위해 끝이 뭉뚝한 정을 사용하여 리벳 머리, 판의 이음부, 가장자리 등을 쪼아서 틈새를 없애는 작업이다.
드릴링 머신 기본 작업 : 드릴링, 스폿 페이싱, 카운터 싱킹, 카운터 보링, 보링, 리밍

16 프레스 전단 작업에서 판재를 펀치로 뽑기 하는 작업은?

㉮ 노칭　　㉯ 트리밍
㉰ 브로칭　　㉱ 블랭킹

해설 블랭킹 : 펀치와 다이를 이용하여 여러 가지 형태로 판금 가공을 하는 것을 말한다.

17 수면에서 5 m 높이에 설치된 펌프가 펌프로부터 높이 30 m인 곳에 매초 1 m^2의 물을 보내려면 이론상 동력은 약 몇 KW가 필요한가?

㉮ 245　　㉯ 294
㉰ 343　　㉱ 400

해설 $KW = \frac{rHQ}{102}$

$$= \frac{1{,}000 \times (30+5) \times 1}{102} = 343$$

18 외경이 내경(d_1)의 2배인 중공축과 같은 비틀림 모멘트를 전달하는 중실축의 직경은?

㉮ 1.55 d_1　　㉯ 1.96 d_1
㉰ 2.47 d_1　　㉱ 2.74 d_1

해설 $d = (\sqrt[3]{1-0.5^4}) \times 2d_1$

$= 0.979 \times 2d_1$

$= 1.96\ d_1$

19 탄소강의 응력-변형 곡선에서 항복점은?

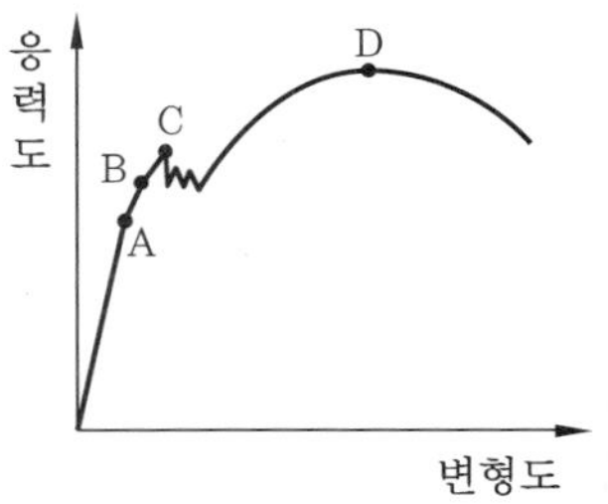

㉮ A　　㉯ B
㉰ C　　㉱ D

정답 12. ㉮　13. ㉯　14. ㉱　15. ㉮　16. ㉱　17. ㉰　18. ㉯　19. ㉰

해설 A : 비례한계
B : 탄성한계
C : 항복점
D : 극한강도

20 탄성한도 내에서 인장하중을 받는 봉에 발생하는 응력에 의한 단위 체적당 저장되는 탄성에너지가 u_1일 때 봉에 발생하는 인장응력이 2배가 되면 단위 체적당 저장되는 탄성에너지는?

㉮ $\frac{1}{4}u_1$ ㉯ $\frac{1}{2}u_1$
㉰ $2u_1$ ㉱ $4u_1$

제2과목 : 자동차 엔진

21 디젤 엔진의 기계식 연료 분사 장치 중 연료의 분사량을 조절하는 것은?

㉮ 연료 공급 펌프 ㉯ 연료 여과기
㉰ 조속기 ㉱ 타이머

해설 조속기는 디젤 엔진의 기계식 연료 분사 장치로 엔진 회전수에 따른 연료 분사량을 조절한다.

22 엔진의 공기과잉률에 대한 설명으로 맞는 것은?

㉮ 이론 혼합비와 실제 소비한 공기비가 1 : 1인 것을 말한다.
㉯ 실제 운전에서 흡입된 공기량을 이론상 완전연소에 필요한 공기량으로 나눈 값을 말한다.
㉰ 공기과잉률은 이론 공기량에 대한 연료의 중량 비를 말한다.
㉱ 연료의 중량에 대한 실제 공기량과의 비를 말한다.

해설 엔진에 공급되는 공기와 연료의 질량비를 공연비라고 하며 흡입된 공기량을 이론상 완전연소에 필요한 공기량으로 나눈 값을 공기과잉률이라 한다.

$$공기과잉률(\lambda) = \frac{실제\ 흡입된\ 공기량}{이론\ 공연비}$$

23 밸브 스프링의 서징 현상 방지 방법으로 틀린 것은?

㉮ 피치가 서로 다른 이중 스프링을 사용한다.
㉯ 부등 피치 스프링을 사용한다.
㉰ 원추형 스프링을 사용한다.
㉱ 밸브 스프링 고유 진동수를 밸브 개폐 횟수와 같게 한다.

해설 방지법 : 피치가 서로 다른 이중 스프링, 부등 피치 스프링, 원추형 스프링을 사용한다.

24 흡기 매니폴드 압력 변화를 피에조(Piezo) 소자를 이용하여 측정하는 센서는?

㉮ 차량 속도 센서
㉯ MAP 센서
㉰ 수온 센서
㉱ 크랭크 포지션 센서

해설 흡기 다기관 압력 변화(부합)를 피에조 저항형 센서(압전 소자)로 측정하여 전압 출력으로 변화시켜서 컴퓨터로 입력시키며 흡입 공기량을 간접 계측한다.

25 전자제어 가솔린엔진에서 일정 회전수 이상으로 상승할 때 엔진의 과도한 회전을 방지하기 위한 제어는?

㉮ 출력중량보정 제어
㉯ 연료차단 제어
㉰ 희박연소 제어
㉱ 가속보정 제어

정답 20. ㉱ 21. ㉰ 22. ㉯ 23. ㉱ 24. ㉯ 25. ㉯

해설 연료공급을 차단하는 이유
① 엔진 회전수가 레드존일 경우 차단한다.
② 엔진 브레이크를 사용할 경우 차단한다.
③ 엔진의 고속회전을 방지하기 위함이다.

26 엔진의 플라이휠과 관계없는 것은?

㉮ 회전력을 균일하게 한다.
㉯ 링 기어를 설치하여 엔진의 시동을 걸 수 있게 한다.
㉰ 동력을 전달한다.
㉱ 무부하 상태로 만든다.

해설 플라이휠은 회전력을 균일하게 한다. 링 기어를 설치하여 엔진을 가동할 수 있도록 하며 발생된 동력을 전달한다.

27 운행차 정기검사에서 소음도 검사 전 확인 항목의 검사 방법으로 맞는 것은?

㉮ 타이어 접지압력의 적정여부를 눈으로 확인
㉯ 소음덮개 등이 떼어지거나 훼손되었는지의 여부를 눈으로 확인
㉰ 경음기의 추가부착 여부를 눈으로 확인하거나 5초 이상 작동시켜 귀로 확인
㉱ 배엔진 및 소음기의 이음 상태를 확인하기 위해 소음계로 검사 확인

해설 소음덮개 : 출고 당시에 부착된 소음덮개가 떼어지거나 훼손되어 있지 않아야 한다.

28 가솔린 엔진에서 노크 발생을 억제시키는 방법으로 거리가 가장 먼 것은?

㉮ 옥탄가가 높은 연료를 사용한다.
㉯ 점화시기를 빠르게 한다.
㉰ 회전속도를 높인다.
㉱ 흡기온도를 저하시킨다.

해설 점화시기를 늦추거나 회전속도에 맞도록 제어한다(ECU 제어).
노킹 발생 원인
① 엔진 과부하가 걸릴 때
② 엔진 과열 점화시기가 빠를 때
③ 혼합비가 희박할 때
④ 저 옥탄가 연료를 사용했을 때

29 LPG를 사용하는 자동차의 봄베에 부착되지 않는 것은?

㉮ 충전 밸브
㉯ 송출 밸브
㉰ 안전 밸브
㉱ 메인 듀티 솔레노이드 밸브

해설 메인 듀티 솔레노이드 밸브는 믹서에 장착된다.

30 밸브의 양정이 15 mm일 때 일반적으로 밸브의 지름은 약 얼마인가?

㉮ 60 mm ㉯ 50 mm
㉰ 40 mm ㉱ 20 mm

해설 밸브의 양정$(L) = \frac{d}{4}$
∴ 밸브의 지름$(d) = L \times 4 = 15 \times 4$
$= 60\,\text{mm}$

31 엔진의 크랭크축 휨을 측정할 때 반드시 필요한 기기가 아닌 것은?

㉮ 블록 게이지 ㉯ 정반
㉰ V블록 ㉱ 다이얼 게이지

해설 길이 측정의 표준이 되는 게이지이며 공장용 게이지 중 가장 정확하다. 특수강을 정밀 가공한 것으로 길이의 기준으로 사용한다.

32 전자제어 엔진에서 흡입하는 공기량 측정 방법으로 가장 거리가 먼 것은?

㉮ 스로틀 밸브 열림각
㉯ 피스톤 직경

정답 26. ㉱ 27. ㉯ 28. ㉯ 29. ㉱ 30. ㉮ 31. ㉮ 32. ㉯

㉰ 흡기 다엔진 부압

㉱ 칼만와류 발생 주파수

해설 피스톤 직경은 실린더의 체적과 관련이 있다. 또한 배기량을 형성하며 엔진출력에 밀접한 관계가 있어 엔진 마력을 평가하는 척도가 된다.

33 액상 LPG의 압력을 낮추어 기체 상태로 변환시켜 연료를 공급하는 장치는?

㉮ 베이퍼라이저 ㉯ 믹서

㉰ 대시포트 ㉱ 봄베

해설 베이퍼라이저는 액상 LPG의 압력을 낮추어 기체 상태로 변환시켜 연료를 공급하는 장치이며 1차, 2차 감압을 통하여 액체가스를 기체로 변환시키는 장치이다.

34 전자제어 엔진에서 연료 분사 피드백에 사용하는 센서는?

㉮ 수온 센서

㉯ 스로틀 위치 센서

㉰ 에어플로어 센서

㉱ 산소 센서

해설 산소 센서의 신호는 배기가스 중의 산소 농도를 검출한 출력 전압으로 공연비를 피드백 제어하기 위해 사용되며 지르코니아 타입과 티타니아 타입이 사용된다.

35 전자제어 가솔린 엔진의 맵 센서에 대한 설명 중 거리가 가장 먼 것은?

㉮ ECU에서는 맵 센서의 신호를 이용하여 공연비를 제어한다.

㉯ 맵 센서 신호의 결과에 따라 산소 센서의 출력이 달라진다.

㉰ 맵 센서 제어 상태를 공연비 입력값을 통해 파악할 수 있다.

㉱ 맵 센서는 차량의 주행 상태에 따른 부하를 계산하는 용도로도 활용된다.

해설 맵 센서 방식 : 엔진의 부하 및 회전속도의 변화에 따라 형성되는 흡기 다엔진 압력 변화(부압)를 피에조 저항형 센서(압전 소자)로 측정하여 전압 출력으로 변화시켜서 ECU로 입력시키는 것이다. 즉 흡기 다엔진의 압력 변화에 따른 흡기 공기량을 간접 계측한다.

36 전자 제어 엔진에서 분사량은 인젝터 솔레노이드 코일의 어떤 인자에 의해 결정되는가?

㉮ 코일 권수 ㉯ 전압치

㉰ 저항치 ㉱ 통전 시간

해설 전자 제어 엔진에서 분사량은 인젝터 솔레노이드 코일의 통전 시간(ECU 접지)에 의해 결정된다.

37 디젤 노킹 방지책으로 틀린 것은?

㉮ 착화성이 좋은 연료를 사용한다.

㉯ 압축비를 높게 한다.

㉰ 실린더 냉각수 온도를 높인다.

㉱ 세탄가가 낮은 연료를 사용한다.

38 내연엔진의 열손실을 측정한 결과 냉각수에 의한 손실이 30 %이고 배기 및 복사에 의한 손실이 30 %였다. 기계 효율이 85 %라면 정미 열효율은?

㉮ 28 % ㉯ 30 %

㉰ 32 % ㉱ 34 %

해설 정미열효율=기계열효율×도시열효율
또는 정미열효율=도시열효율−마찰손실효율
도시열효율=1−(0.3+0.3)=0.4
∴ 정미열효율=0.85×0.4=0.34

39 디젤 엔진의 회전 속도가 1,800 rpm일 때 20°의 착화 지연 시간은 약 얼마인가?

정답 33. ㉮ 34. ㉱ 35. ㉰ 36. ㉱ 37. ㉱ 38. ㉱ 39. ㉱

가 2.77 ms　　나 0.10 ms
다 66.66 ms　　라 1.85 ms

해설 착화 지연 시간(t)

$$= \frac{\text{착화 지연 회전각}(^\circ)}{6 \times N}$$

$$= \frac{20}{10{,}800} = 0.00185\,\text{sec} = 1.85\,\text{ms}$$

40 **4행정 사이클 디젤 엔진의 분사 펌프 제어 래크를 전부하 상태로 하고 최대 회전수를 2,000 rpm으로 하여 분사량을 시험하였더니 1실린더 107 cc, 2실린더 115 cc, 3실린더 105 cc, 4실린더 93 cc일 때 수정할 실린더의 수정치 범위는 얼마인가?(단, 전부하 시 불균율은 4 %로 계산한다.)**

가 100.8～109.2 cc
나 100.1～100.5 cc
다 96.3～103.6 cc
라 89.7～95.8 cc

해설 평균분사량

$$= \frac{107+115+105+93}{4} = 105$$

$105 \times$ 불균율$(0.04) = 4.2$

$\therefore\ 105 \pm 4.2 = 100.8 \sim 109.2$ cc

제3과목 : 자동차 섀시

41 **사고 후에 측정한 제동 궤적은 48 m이고 사고 당시의 제동 감속도는 6 m/s^{2}이다. 사고 상황에서 제동 시 주행 속도는?**

가 144 km/h　　나 43.2 km/h
다 86.4 km/h　　라 57.6 km/h

해설 $a = -\dfrac{v_f^2 - v_i^2}{2s}$, $v_i = \sqrt{2as}$

여기서, a : 제동 감속도
v_i : 최초 속도
v_f : 나중 속도
s : 제동 거리

$$v_i = 24\,\text{m/s} = 24 \times \frac{3{,}600}{1{,}000}\,\text{km/h}$$

$$= 86.4\,\text{km/h}$$

부호가 음인 것은 감속도 방향이 속도와 반대임을 의미하며 나중 속도 0은 무시한다.

42 **브레이크 페달을 밟았을 때 소음이 나거나 떨리는 현상의 원인 중 거리가 가장 먼 것은?**

가 디스크의 불균일한 마모 및 균열
나 브레이크 패드나 라이닝의 경화
다 백 플레이트나 캘리퍼의 설치 볼트 이완
라 프로포셔닝 밸브의 작동 불량

해설 프로포셔닝 밸브는 앞뒤로 압력을 차등 분배시켜주는 역할을 할 뿐 일정 압력 이상의 유압을 제한하지 않으며 페달을 밟았을 때 소음이 나지만 떨리는 현상과는 거리가 멀다.

43 **유압식 조향장치에 비해 전동식 조향장치(MDPS)의 특징이 아닌 것은?**

가 오일을 사용하지 않아 친환경적이다.
나 부품 수가 많아 경량화가 어렵다.
다 차량속도별 정확한 조향력 제어가 가능하다.
라 연비 향상에 도움이 된다.

해설 전동식 동력 조향장치(MDPS)의 특징
① 조향 편의상 증대
② 오일을 사용하지 않으므로 오일 누유가 없는 친환경 시스템
③ 조립 부품 수가 적어 조립성이 향상
④ 조향 작동이 차량속도와 연계되어 있어 저속에서는 가볍고 고속에서는 적당히 무거움
⑤ 엔진의 부하가 감소하여 연비가 향상

44 **진동을 흡수하고 스프링의 부담을 감소시키기 위한 장치는?**

가 스태빌라이저
나 공기 스프링

정답 40. 가　41. 다　42. 라　43. 나　44. 다

㉰ 쇼크 업소버
㉱ 비틀림 막대 스프링

해설 쇼크 업소버 : 섀시 스프링으로부터의 진동을 억제하고 감쇄시키는 작용을 한다.

45 2세트의 유성 기어 장치를 연이어 접속시키되 선 기어를 1개만 사용하는 방식은?

㉮ 라비뇨식
㉯ 심프슨식
㉰ 벤딕스식
㉱ 평행축 기어 방식

해설 복합 유성 기어 장치의 종류
① 라비뇨 형식 : 서로 다른 2개의 선 기어를 1개의 유성 기어 장치에 조합한 형식으로 링 기어와 캐리어를 각각 1개씩 사용한다.
② 심프슨 형식 : 싱글 피니언 유성 기어만으로 구성되어 있으며(기본 유성 기어) 선 기어를 공용으로 사용한다.

46 듀티 30 %인 변속 솔레노이드의 주파수가 366 Hz일 때 주기는 약 얼마인가?

㉮ 1.09 ms ㉯ 2.73 ms
㉰ 10.9 ms ㉱ 27.3 ms

해설 $\text{주파수}(f) = \dfrac{1}{\text{주기}(T)}\,\text{Hz}$

$$\text{주기}(T) = \frac{1}{\text{주파수}(f)}\,\text{s} = \frac{1}{366\text{Hz}} = 0.00273\,\text{s} = 2.73\,\text{ms}$$

(1 s=1,000 ms)

47 레이디얼 타이어의 장점이 아닌 것은?

㉮ 타이어 단면의 편평율을 크게 할 수 있다.
㉯ 보강대의 벨트를 사용하기 때문에 하중에 의해 트레드가 잘 변형된다.
㉰ 로드 홀딩이 우수하며 스탠딩 웨이브가 잘 일어나지 않는다.
㉱ 선회 시에도 트레드의 변형이 적어 접지 면적이 감소되는 경향이 적다.

해설 레이디얼 타이어 : 타이어를 이루는 부분을 외형상 크게 나누어 보면 골격을 이루는 부분인 카커스(carcass)와 지면에 직접 닿는 부분인 트레드(tread), 그리고 타이어의 옆면인 사이드월(side wall)로 구성된다. 이 중 카커스는 타이어 코드와 고무로 이루어진 층인데, 여기 사용되는 타이어 코드가 바퀴 진행 방향에 수직으로 배열되어 있는 타이어를 레이디얼 타이어라고 한다.

레이디얼 타이어의 특징
① 노면과의 저항이 적어져 연료가 절약된다.
② 타이어의 수명도 늘어난다.
③ 도로와의 흡착성이 우수하여 고속주행 시 좋고 조종의 안정성이나 코너링능력, 제동능력, 승차감 등도 향상된다.
④ 도로 상태가 나쁜 곳에서는 취약하다.

48 마찰 클러치의 마찰면을 6개의 코일 스프링이 각각 450 N의 힘으로 압착하고 있다. 마찰계수가 0.35라면 마찰면의 의한 면에 작용하는 마찰력의 크기는?

㉮ 945 N ㉯ 1,285 N
㉰ 2,700 N ㉱ 7,714 N

해설 마찰력=마찰계수×1개 스프링 장력×스프링 수
$= 450\,\text{N} \times 6 \times 0.35 = 945\,\text{N}$

49 동력 조향장치가 고장일 경우 수동조작이 가능하도록 하는 장치는?

㉮ 인렛 밸브 ㉯ 안전체크 밸브
㉰ 압력 조절 밸브 ㉱ 밸브 스풀

해설 안전체크 밸브 : 동력 조향 장치가 고장일 경우 수동 조작이 가능하도록 함으로써 조향성능을 확보한다.

50 휴대용 진공 펌프 시험기로 점검할 수 있는 항목 중 가장 거리가 먼 것은?

정답 45. ㉯ 46. ㉯ 47. ㉯ 48. ㉮ 49. ㉯ 50. ㉰

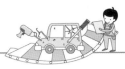

㉮ EGR 밸브
㉯ 서모 밸브 점검
㉰ 라디에이터 캡 점검
㉱ 브레이크 하이드로 백 점검

해설 휴대용 진공 펌프 시험기 검사 항목
① EGR 밸브 점검
② 서모밸브 점검
③ 브레이크 하이드로 백 점검

51 어느 승용차로 정지 상태에서부터 100 km/h까지 가속하는 데 6초 걸렸다. 이 자동차의 평균 가속도는?

㉮ 약 4.63 m/s^2　㉯ 약 16.67 m/s^2
㉰ 약 6.0 m/s^2　㉱ 약 8.34 m/s^2

해설 평균 가속도(v)

$$= \frac{\text{변위}}{\text{시간}(s)} = \frac{100\,\text{km/h}}{6\,s} = \frac{100{,}000\,\text{m}}{6\,s \times 3600\,s}$$

$= 4.63\ \text{m/s}^2$

52 노면과 직접 접촉은 하지 않고 충격에 완충작용을 하며 타이어 규격과 기타 정보가 표시된 부분은?

㉮ 카커스(carcass)부
㉯ 트레드(tread)부
㉰ 사이드 월(side wall)부
㉱ 비드(bead)부

해설 ① 트레드(tread) : 노면과 직접 접촉하는 부분으로, 카커스(carcass)와 브레이커(breaker)의 외부에 접착된 강력한 고무층이다.
② 브레이커(breaker) : 트레드와 카커스의 중간에 위치한 코드 벨트(cord belt)로, 외부로부터의 충격이나 외부의 간섭에 의한 내부 코드(cord)의 손상을 방지한다. 고속 고부하 타이어에서는 브레이커를 여러 겹 사용한다.
③ 카커스(carcass) : 타이어의 골격을 형성하는 중요한 부분으로, 전체 원주에 걸쳐서 안쪽 비드에서 바깥쪽 비드까지 연결된다. 타이어가 받는 하중을 지지하고 충격을 흡수하며 공기압을 유지시켜주는 기능을 한다.
④ 비드(bead) : 타이어를 림에 강력하게 고정시켜서 구동력, 제동력 및 횡력을 노면에 전달한다.
⑤ 튜브(tube) : 타이어 내부의 공기압을 유지시켜주는 역할을 한다. 두께가 균일하고 공기를 잘 투과시키지 않는 고무로 제조한다.
⑥ 사이드 월(side wall) : 타이어의 옆 부분으로, 카커스를 보호하고 굴신 운동을 하여 승차감을 높여 준다.

53 수동변속기의 클러치 차단 불량 원인은?

㉮ 릴리스 실린더 소손
㉯ 자유간극 과소
㉰ 클러치판 과다 마모
㉱ 스프링 장력 약화

해설 클러치 차단 불량 원인
① 클러치 페달의 유격이 클 때
② 릴리즈 베어링이 파손되었을 때
③ 클러치 디스크의 흔들림이 클 때
④ 유압 라인에 공기가 침입했을 때
⑤ 클러치 각부가 심하게 마멸되었을 때

54 아래 그림은 어떤 자동차의 뒤차축이다. 스프링 아래 질량의 고유 진동 중 X축을 중심으로 회전하는 진동은?

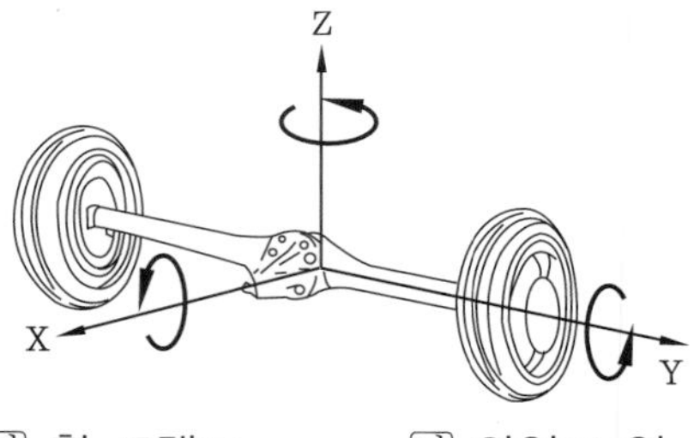

㉮ 휠 트램프　㉯ 와인드 업
㉰ 휠 홉　㉱ 롤링

해설 스프링 아래 질량 진동의 종류
① 휠 홉(wheel hop) : 뒤차축이 Z방향의 상하 평행 운동을 하는 진동

정답 51. ㉮　52. ㉰　53. ㉮　54. ㉮

② 트램프(tramp) : 뒤차축이 X축을 중심으로 회전하는 진동
③ 와인드 업(wind up) : 뒤차축이 Y축을 중심으로 회전하는 진동

55 **하이브리드 차량의 구동바퀴에서 발생하는 운동에너지를 전기적 에너지로 변환시켜 고전압 배터리로 충전하는 모드는?**

㉮ ISG(Idle Stop & Go) 모드
㉯ 회생 제동 모드
㉰ 언덕길 밀림 방지 모드
㉱ 변속기 발전 모드

해설 에너지 회생 제동 장치 : 감속할 때 전동기를 발전기로 변경시켜 자동차의 운동에너지를 전기에너지로 변환시켜 축전지를 충전한다.

56 **전자제어 제동장치에서 앞바퀴 유압 회로의 중간에 설치되어 있고 제동 시 앞바퀴에 작용되는 유압의 상승을 지연시키는 밸브는?**

㉮ 로드 센싱 프로포셔닝 밸브(load sensing proportioning valve)
㉯ P 밸브(proportioning control valve)
㉰ 미터링 밸브(metering valve)
㉱ G 밸브(gravitation valve)

해설 로드 센싱 프로포셔닝 밸브 : 자동차의 중량에 따라 앞뒤 브레이크의 유압을 변환시켜 제동력의 균형을 이루게 하는 밸브를 말한다.

57 **자동변속기에서 댐퍼 클러치가 작동되는 경우로 가장 알맞은 것은?**

㉮ 1속 후진 시
㉯ 엔진의 냉각수 온도가 50℃ 이하일 때
㉰ 4단 변속 후 스로틀 개도가 크지 않을 때
㉱ 급경사로 내리막길에서 엔진 브레이크가 작동될 때

해설 댐퍼 클러치 작동 조건
① 전진 레인지이며 2속 이상일 것(2속에서 댐퍼 클러치 작동은 유온이 125° 이상이어야 함)
② ND, NR 제어 중이 아닐 것
③ 완전직결 시 유온이 50° 이상일 것
④ 미소 슬립 시 유온이 70° 이상일 것
⑤ 페일 세이프(3단 HOLD) 상태가 아닐 것

58 **4륜 조향 장치(4 wheel steering system)의 장점으로 틀린 것은?**

㉮ 고속 직진성이 좋다.
㉯ 차선 변경이 용이하다.
㉰ 선회 시 균형이 좋다.
㉱ 최소 회전 반경이 커진다.

해설 4륜 조향장치 장점
① 차량의 직진 안정성이 향상된다.
② 차량의 선회 성능이 향상된다.
③ 눈길, 빗길, 모랫길 등 험로에서의 운전성이 확보된다.

59 **수동변속기의 마찰 클러치에 대한 설명으로 틀린 것은?**

㉮ 클러치 릴리스 베어링과 릴리스 레버 사이의 유격이 없어야 한다.
㉯ 클러치 디스크의 비틀림 코일 스프링은 회전 충격을 흡수한다.
㉰ 다이어프램 스프링식은 코일 스프링식에 비해 구조가 간단하고 단속작용이 유연하다.
㉱ 클러치 조작기구는 케이블식 외에 유압식을 사용하기도 한다.

해설 마찰 클러치
① 클러치 디스크의 비틀림 코일 스프링은 회전 충격을 흡수한다.
② 다이어프램 스프링식은 코일 스프링식에 비해 구조가 간단하고 단속 작용이 유연하다.

정답 55. ㉯ 56. ㉰ 57. ㉰ 58. ㉱ 59. ㉮

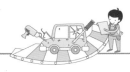

③ 클러치 조작기구는 케이블식 외에 유압식을 사용하기도 한다.

60 **브레이크 장치의 라이닝에 발생하는 페이드 현상을 방지하는 조건이 아닌 것은?**

㉮ 열팽창이 적은 재질을 사용하고, 드럼은 변형이 적은 형상으로 제작한다.
㉯ 마찰계수의 변화가 적으며 마찰계수가 작은 라이닝을 사용한다.
㉰ 드럼의 방열성을 향상시킨다.
㉱ 주제동 장치의 과도한 사용을 금한다(엔진 브레이크 사용).

해설 페이드 현상 방지 조건 : 페이드 현상을 방지하기 위해 드럼과 디스크는 열팽창에 의한 변형이 적고 방열성을 높이는 재질과 형상을 사용하며, 온도 상승에 의한 마찰 계수의 변화가 적은 라이닝과 패드를 사용해야 한다.

제4과목 : 자동차 전기

61 **다음은 다이오드를 이용한 자동차용 전구 회로이다. 옳은 것은?**

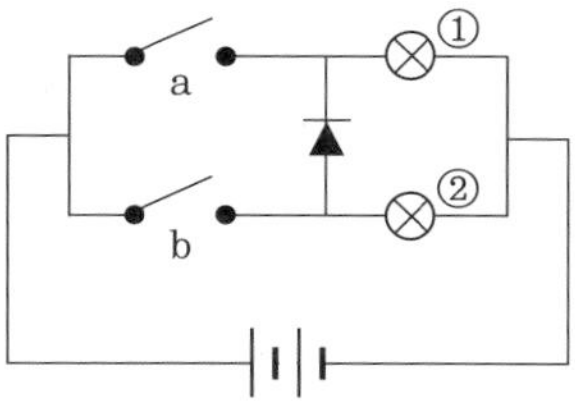

㉮ 스위치 a가 ON일 때 전구 ①, ②가 모두 점등된다.
㉯ 스위치 a가 ON일 때 전구 ①만 점등된다.
㉰ 스위치 b가 ON일 때 전구 ②만 점등된다.
㉱ 스위치 b가 ON일 때 전구 ①만 점등된다.

해설 다이오드의 특성 : 정류 작용, 역류 방지, 퓨즈 역할

62 **에어백 장치에서 승객의 안전벨트 착용 여부를 판단하는 것은?**

㉮ 승객 시트부하 센서
㉯ 충돌 센서
㉰ 버클 센서
㉱ 안전 센서

해설 안전벨트 착용 여부는 버클 센서에 의해 판단한다.

63 **점화 플러그의 열가(Heat Range)를 좌우하는 요인으로 거리가 먼 것은?**

㉮ 절연체 및 전극의 열전도율
㉯ 연소실의 형상과 체적
㉰ 화염이 접촉되는 부분의 표면적
㉱ 엔진 냉각수의 온도

해설 열가는 가절연체와 전극의 특성, 나연소실의 특성, 다화염이 접촉되는 부분의 표면적에 따라 좌우된다.

64 **자동 공조 장치(full auto air conditioning system)에 대한 설명으로 틀린 것은?**

㉮ 파워트랜지스터의 베이스 전류를 가변하여 송풍량을 제어한다.
㉯ 온도 설정에 따라 믹스 액추에이터 도어의 개방 정도를 조절한다.
㉰ 실내/실외기 센서의 신호에 따라 에어컨 시스템의 제어를 최적화한다.
㉱ 핀 서모 센서는 에어컨 라인의 빙결을 막기 위해 콘덴서에 장착되어 있다.

해설 핀 서모 센서는 부특성 서미스터로, 온도에 따른 저항이 반비례 하는 특성을 이용하여 증발기(에버포레이터) 코어의 온도를 감지함으로써 냉방 중 증발기가 빙결되는 것을 방지하기 위해 설치되어 있다.

정답 60. ㉯ 61. ㉯ 62. ㉰ 63. ㉱ 64. ㉱

65 전류의 자기작용을 자동차에 응용한 예로 알맞지 않은 것은?

㉮ 스타팅 모터의 작동
㉯ 릴레이의 작동
㉰ 시거 라이터의 작동
㉱ 솔레노이드의 작동

해설 시거 라이터는 전류의 발열 작용을 응용한 것이다.

66 자동 전조등은 외부 빛의 밝기를 감지하여 자동으로 미등 및 전조등을 점등시켜준다. 이때 필요한 센서는?

㉮ 조도 센서 ㉯ 조향각속도 센서
㉰ 초음파 센서 ㉱ 중력(G) 센서

해설 조도란 빛을 받는 면의 밝기를 말하며, 조도 센서에는 주행 전조등, 미등, 번호등 등이 연동되어 있다.

67 기동전동기의 오버러닝 클러치(overrunning clutch)에 대한 설명으로 틀린 것은?

㉮ 엔진이 시동된 후 엔진의 회전으로 인해 기동 전동기가 파손되는 것을 방지하는 장치이다.
㉯ 시동 후 피니언 기어와 기동전동기 계자 코일이 차단되어 기동전동기를 보호한다.
㉰ 한쪽 방향으로만 동력을 전달하여 일방향 클러치라고도 한다.
㉱ 오버러닝 클러치의 종류는 롤러식, 스프래그식, 다판 클러치식이 있다.

해설 오버러닝 클러치는 기동전동기의 피니언과 엔진 플라이휠 링 기어가 체결될 때 기어의 물림이 풀리는 것을 방지하는 키 역할을 하며, 엔진이 시동된 후에는 엔진의 회전으로 기동전동기가 손상되는 것을 방지한다. 종류에는 롤러 형식, 다판 클러치 형식, 스프래그 형식 등이 있다. 작동은 단지 한쪽 방향으로 토크를 전달하는 방식이므로 원웨이 클러치라고도 한다.

68 번호등 검사에서 안전 기준에 부적합한 경우는?

㉮ 차폭등과 별도로 소등할 수 없는 구조일 것
㉯ 전조등과 별도로 소등할 수 없는 구조일 것
㉰ 등광색은 황색 또는 호박색
㉱ 등록번호판 숫자 위의 조도가 8럭스 이상일 것

해설 ① 전조등, 후미등, 차폭등과 별도로 소등할 수 없는 구조이어야 한다.
② 번호등의 등광색은 백색이어야 한다.
③ 등록 번호판의 숫자 위 조도는 어느 부분에서도 8럭스 이상이어야 한다.

69 교류발전기의 전압 조정기에서 출력 전압을 조정하는 방법은?

㉮ 회전 토크 변경
㉯ 코일 권수 변경
㉰ 자속의 크기 변경
㉱ 코일의 굵기 변경

해설 교류발전기의 로터 코일에 흐르는 전류가 증가하면 자속이 증가하여 출력 전압이 높아진다. 즉 발전기의 전압 조정기는 자속의 크기를 변경하여 출력 전압을 조정한다.

70 자동차로 인한 소음과 암소음의 측정치의 차이가 5 dB인 경우 보정치로 알맞은 값은?

㉮ 1 dB ㉯ 2 dB
㉰ 3 dB ㉱ 4 dB

해설 자동차 소음과 암소음의 측정값 차이가 3 dB 이상 10 dB 미만인 경우에는 자동차로 인한 소음의 측정값으로부터 보정값을 뺀 값을 최종 측정값으로 하며, 차이가 3 dB 미만일 때는 측정값을 무효로 한다. 따라서 자동차로 인한 소음과 암소음의 측정값 차이가 5 dB인 경우 보정값은 2 dB가 된다.

정답 65. ㉰ 66. ㉮ 67. ㉯ 68. ㉰ 69. ㉰ 70. ㉯

71 트랜지스터식 점화 장치는 트랜지스터의 무슨 작용을 이용하여 2차 전압을 유기시키는가?

㉮ 스위칭 작용 ㉯ 자기 유도 작용
㉰ 충·방전 작용 ㉱ 상호 유도 작용

해설 트랜지스터의 특성 : 스위칭 작용, 증폭 작용, 발진 작용

72 윈드 실드 와이퍼가 작동하지 않을 때 고장원인이 아닌 것은?

㉮ 와이퍼 블레이드 노화
㉯ 전동기 전기자 코일의 단선 또는 단락
㉰ 퓨즈 단선
㉱ 전동기 브러시 마모

해설 윈드 실드 와이퍼가 작동하지 않는 원인은 전동기 전기자 코일의 단선, 단락, 퓨즈 단선, 전동기 브러시 마모 등이 있다.

73 14 V 배터리에 연결된 전구의 소비전력이 60 W이다. 배터리의 전압이 떨어져 12 V가 되었을 때 전구의 실제 전력은 약 몇 W인가?

㉮ 3.2 ㉯ 25.5
㉰ 39.2 ㉱ 44.1

해설 $W = V \cdot A$

$\therefore\ A = \frac{W}{V} = \frac{60}{14} = 4.29$

V와 A는 비례관계이므로,

$14\ V : 4.29A = 12\ V : \square$

$\therefore\ \square = \frac{4.29A \times 12\ V}{14\ V} = 3.67\ A$

$W = V \cdot A$

$\therefore\ W = 12\ V \times 3.67\ A = 44.1$

74 다음 중 점화 요구 전압에 대한 설명으로 틀린 것은?

㉮ 스파크 방전이 가능한 전압을 점화 요구 전압이라고 한다.
㉯ 점화 플러그의 간극이 넓을수록 점화 요구 전압은 커진다.
㉰ 압축 압력이 높을수록 점화 요구 전압은 작아진다.
㉱ 흡입 혼합기의 온도가 높을수록 점화 요구 전압은 낮아진다.

해설 실린더 압축 압력이 높아질수록 점화전압도 높아져야 한다.

75 하이브리드 자동차의 고전압 배터리 시스템 제어 특성에서 모터 구동을 위하여 고전압 배터리가 전기 에너지를 방출하는 동작 모드로 맞는 것은?

㉮ 제동 모드 ㉯ 방전 모드
㉰ 정지 모드 ㉱ 충전 모드

해설 ① 방전 모드 : 전동기 구동을 위하여 고전압 축전지가 전기에너지를 방출하는 모드이며, 전동기 작동 요구 회전에 따라 방전 전류량이 변화한다.
② 정지 모드 : 고전압 축전지의 전기에너지 입력 및 출력이 발생하지 않는 작동모드이다.
③ 충충전, 회생, 제동 모드 : 고전압 축전지가 소비한 전기 에너지를 회수 및 충전하는 작동 모드이다.

76 12 V의 배터리에 저항 5개를 직렬로 연결한 결과 24 A의 전류가 흘렀다. 동일한 배터리에 동일한 저항 6개를 직렬 연결하면 얼마의 전류가 흐르는가?

㉮ 10 A ㉯ 20 A
㉰ 30 A ㉱ 40 A

해설 ① $R = \frac{V}{I} = \frac{12\,\text{V}}{24\,\text{A}} = 0.5\ \Omega$

$\therefore$ 1개의 저항 : $0.1\ \Omega$

② 저항과 전류는 반비례 관계이다.

③ $I = \frac{V}{R} = \frac{12\text{V}}{0.6\Omega} = 20\ \text{A}$

정답 71. ㉮ 72. ㉮ 73. ㉱ 74. ㉰ 75. ㉯ 76. ㉯

77 **자동차의 안전 기준에 따라 주행 전조등 회로와 연동해서 작동하는 회로는?**

㉮ 제동등 회로　　㉯ 방향지시등 회로
㉰ 후진등 회로　　㉱ 번호등 회로

해설 전조등과 번호등은 별도로 소등할 수 없도록 연동해서 작동하여야 한다.

78 **병렬형(Parallel) TMED(Transmission Mounted Electric Device) 방식의 하이브리드 자동차(HEV)에 대한 설명으로 틀린 것은?**

㉮ 모터가 변속기에 직결되어 있다.
㉯ 모터 단독 구동이 가능하다.
㉰ 모터가 엔진과 연결되어 있다.
㉱ 주행 중 엔진 시동을 위한 HSG가 있다.

해설 모터와 엔진 사이에 클러치가 설치되어 있어 단독 구동이 가능하며, 모터는 변속기와 직결 연결되어 있다. 또한 보다 나은 EV 모드를 구현하기 위해 HSG가 장착되어 있다.

79 **공기 정화용 에어 필터에 관련된 내용으로 틀린 것은?**

㉮ 파티클 필터는 공기 중의 이물질만 제거한다.
㉯ 컴비네이션 필터는 공기 중의 이물질과 냄새를 함께 제거한다.
㉰ 필터가 막히면 블로어 모터의 소음이 감소된다.
㉱ 필터가 막히면 블로어 모터의 송풍량이 감소된다.

해설 필터가 막히면 블로어 모터에서 소음이 발생한다.

80 **직류 발전기의 전기자 총 도체 수가 48, 자극 수가 2, 전기자 병렬 회로 수가 2, 각 극의 자속이 0.018 Wb이다. 회전수가 1,800 rpm일 때 유기되는 전압은? (단, 전기자 저항은 무시한다.)**

㉮ 약 21 V　　㉯ 약 23.5 V
㉰ 약 25.9 V　　㉱ 약 28 V

해설 ① $U = K \cdot \phi \cdot N$

U : 유도전압
K : 상수
ϕ : 각 극의 유효자속(wb)
N : 전기자 회전속도(1/s)

② $K = (P \cdot Z)/a$

P : 자극 수
Z : 전기자 코일의 권수
a : 전기자 권선의 병렬 회로 수
$K = (2 \times 48)/2$
$K = 47$

③ $U = K \cdot \phi \cdot N$

$$U = \frac{48 \times 0.018 \times 1{,}800}{60} = 25.92\ \text{V}$$

정답 77. ㉱　78. ㉰　79. ㉰　80. ㉰

국가기술자격 필기시험문제

2015년도 5월 31일 (제2회)

자격종목	코드	시험시간	형 별	수검번호	성 명
자동차정비산업기사	2070	2시간			

제1과목 : 일반기계공학

01 연강 재료를 인장시험할 때 비례한도 내에서 응력(P)과 변형률(ϵ)과의 관계는 ?

㉮ $P \propto \epsilon$ ㉯ $P \propto \epsilon^2$

㉰ $P \propto \frac{1}{\epsilon}$ ㉱ $P \propto \frac{1}{\epsilon^2}$

해설 응력과 변형률의 관계는 탄성 물질이 응력을 받았을 때 일어나는 변형률의 정도를 나타낸 것이다. 체적 탄성계수(비압축률, k)는 압력에 저항하는 정도를 나타낸다. 모든 방향으로 동일한 압력이 가해질 때 응력은 압력의 변화(ΔP)이다.

02 아크 용접 작업에서 용접 결함과 가장 거리가 먼 것은?

㉮ 운봉 속도
㉯ 아크의 길이
㉰ 전류의 세기
㉱ 용접봉심선의 굵기

해설 용접 결함 원인
① 운봉 조작이 불완전하고 전류가 낮을 때
② 전류가 높을 때
③ 아크 길이가 길 때
④ 용접봉 취급이 부적당할 때
⑤ 용접 속도가 빠를 때

03 비틀림 모멘트를 받는 원형 단면 축에 발생되는 최대 전단응력은?

㉮ 축 지름이 증가하면 최대 전단응력은 감소한다.
㉯ 단면 계수가 감소하면 최대 전단응력은 감소한다.
㉰ 축의 단면적이 증가하면 최대 전단응력은 증가한다.
㉱ 가해지는 토크가 증가하면 최대 전단응력은 감소한다.

해설 축 지름이 증가하면 최대 전단응력은 감소하게 된다.

04 연삭숫돌에서 연삭이 진행됨에 따라 입자의 날 끝이 자동적으로 닳아 떨어져 커터의 바이트처럼 연삭하지 않아도 되는 현상은?

㉮ 드레싱 ㉯ 글레이징
㉰ 트리밍 ㉱ 자생 작용

해설 자생 작용 : 새로운 숫돌 입자가 형성되는 작용을 말한다. 숫돌 입자는 연삭 과정에서 마멸 → 파쇄 → 탈락 → 생성 과정이 되풀이된다.

05 지름이 4 mm인 강선이 그림과 같이 반지름이 500 mm인 원통 위에서 휘어져 있을 때 최대 굽힘 응력은 몇 kgf/cm²인가? (단, $E = 2.0 \times 10^6$ kgf/cm²이다.)

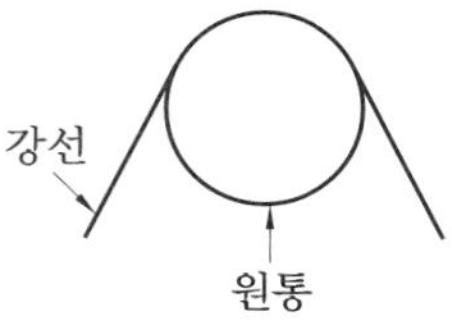

㉮ 796.8 ㉯ 1593.6
㉰ 7968 ㉱ 15936

정답 01. ㉮ 02. ㉱ 03. ㉮ 04. ㉱ 05. ㉰

해설 $\rho = R_o + \dfrac{d}{2}$

곡률반경(ρ)을 적용하면

$$M = \frac{EI}{\rho} = \frac{2EI}{2R_o + d} = \frac{2E}{2R_o + d} \times \frac{\pi d^4}{64}$$

$$= \sigma \times z = \sigma \frac{\pi d^4}{32}$$

$$\sigma = \frac{E \times I}{2R_o + d} = \frac{2 \times 10^6 \times 4}{1{,}000 + 4}$$

$$= 7{,}968 \text{ kgf/cm}^2$$

06 베인 펌프(vane pump)의 형식은?

㉮ 원심식　　㉯ 왕복식
㉰ 회전식　　㉱ 축류식

해설 베인 펌프 : 회전 펌프의 하나로 편심 펌프라고도 한다. 원통형 케이싱 안에 편심 회전자가 있고, 그 홈 속에 판상의 깃이 들어 있으며, 이 베인이 원심력 또는 스프링 장력에 의해 벽에 밀착되어 회전하면서 액체를 압송하는 형식이므로 유압 펌프용으로 주로 사용된다.

07 키가 사용되지 않은 곳은?

㉮ 기어　　㉯ 커플링
㉰ 체인　　㉱ 벨트 풀리

해설 체인에는 키가 사용되지 않는다.

08 그림과 같은 마이크로미터의 측정값은?

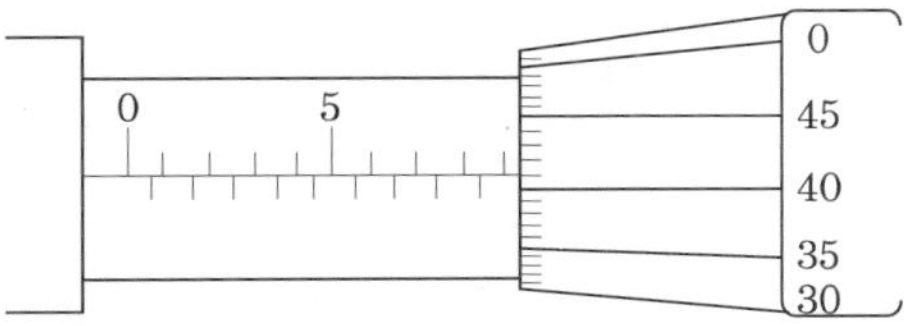

㉮ 5.41 mm　　㉯ 5.91 mm
㉰ 9.41 mm　　㉱ 9.91 mm

해설 9 mm+0.41 mm=9.41 mm

09 강의 열처리 중 담금질의 주목적은?

㉮ 균열 방지　　㉯ 재질의 경화
㉰ 인성 증가　　㉱ 잔류응력 제거

해설 강의 열처리에서 담금질의 주목적은 재료를 변태점 온도로 가열한 후 급랭하여 경화시키기 위한 열처리이다.

10 비금속 재료 중 하나인 합성수지의 일반적인 특징으로 틀린 것은?

㉮ 열에 약하다.
㉯ 전기전도성이 좋다.
㉰ 가공성이 좋고 성형이 간단하다.
㉱ 투명한 것이 많고 착색이 용이하다.

해설 합성수지는 경량으로 질량 당 강도가 크고, 전기나 열의 절연성은 좋지만 내열성이 나쁘고, 열팽창률이 크다.

11 그림과 같이 물체 A와 바닥 B의 표면에 수직하중(P) 150 N이 작용할 때 물체 A를 이동시켜 150 N의 마찰력(Q)이 발생한다면 마찰각은?

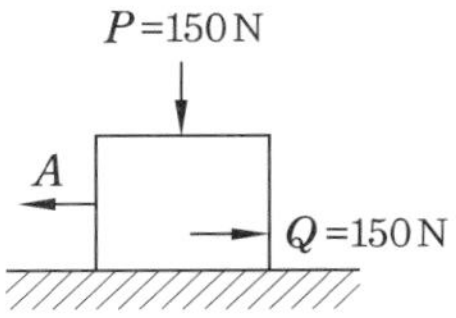

㉮ 15°　　㉯ 30°
㉰ 45°　　㉱ 90°

해설 직각으로 작용하는 반력 N과 합력 R은 N에 대하여 θ의 기울기를 이루게 된다. 이 θ를 마찰각이라 한다.

θ = 마찰각(°), $\tan(\theta) = \dfrac{P}{Q}$,

$$\theta = \arctan\left(\frac{P}{Q}\right) = 45°$$

12 벨트 풀리(belt pulley)와 같은 원형 모양의 주형 제작에 편리한 주형법은?

㉮ 혼성 주형법　　㉯ 회전 주형법
㉰ 조립 주형법　　㉱ 고르게 주형법

정답 06. ㉰　07. ㉰　08. ㉰　09. ㉯　10. ㉯　11. ㉰　12. ㉯

해설 회전 주형법 : 회전체(벨트 풀리, 단차 등) 등에 사용하는 주조법이다.

13 보의 길이 300 mm, 지름 50 mm인 원형 단면의 외팔보가 있다. 이 보에 생기는 최대 처짐을 0.2 mm 이하로 제한한다면 보의 자유단에 작용시킬 수 있는 집중하중은 최대 약 몇 N인가? (단, 세로 탄성계수(E)는 206 GPa, $\pi = 3.14$이다.)

㉮ 1,400 ㉯ 1,500
㉰ 1,600 ㉱ 1,700

해설

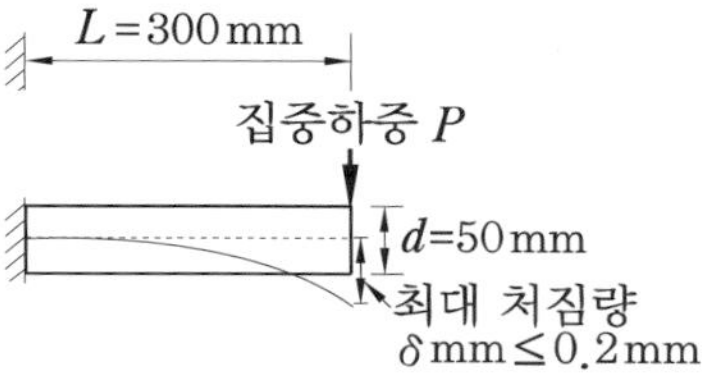

$\delta = \dfrac{PL^3}{3EI}$에서,

$P = \dfrac{3 \cdot \delta \cdot E \cdot I}{L^3}$

$= \dfrac{3 \times 0.2\text{mm} \times 206 \times 10^3 \text{N/mm}^2 \times 3.14 \times 50^4 \text{mm}^4}{64 \times 300^3 \text{mm}^3}$

$= 1403.73\text{N} \fallingdotseq 1400\text{N}$

참고 세로 탄성계수 $E = 206\ \text{GPa} = 206 \times 10^9\ \text{Pa}$
$= 206 \times 10^3\ \text{N/mm}^2$

단면 2차 모멘트 $I = \dfrac{\pi d^4}{64} = \dfrac{3.14 \times 50^4 \text{mm}^4}{64}$

14 다음 중 칠드 주철에 관한 설명으로 옳지 않은 것은?

㉮ 칠드층을 만들기 위해 Si가 많은 재료를 사용한다.
㉯ 압연용 롤러와 기차의 바퀴 등에 사용되며 내마모성이 큰 주물이다.
㉰ 백선화된 부분은 시멘타이트가 형성되어 강도가 크고 취성이 있다.
㉱ 내부는 인성이 있는 회주철로써 취약하지 않아 잘 파손되지 않는다.

해설 칠드 주철 : 주조 시 Si가 적은 용선에 Mn을 첨가하고, 용융 상태에서 금형에 주입하여 접촉 부분만이 급랭되어 백주철(Fe_3C)로 만든 것이다. 칠의 깊이는 10~25 mm이며 각종 용도의 롤러, 기차 바퀴 등에 사용한다.

15 전동용 기계요소인 기어(gear)에서 두 축이 만나지도 평행하지도 않는 기어가 아닌 것은?

㉮ 베벨 기어(bevel gear)
㉯ 스크루 기어(screw gear)
㉰ 하이포이드 기어(hypoid gear)
㉱ 웜과 웜기어(worm and worm gear)

해설 베벨 기어 : 다른 기어나 축에 어떤 각을 두고 동력을 전달하고자 할 때 사용되는 콘 모양의 기어(cone shaped gear, 원추형 기어)를 말한다.

16 길이 500 mm의 봉이 인장하중을 받아 0.5 mm만큼 늘어났을 때 인장변형률은?

㉮ 0.001 ㉯ 0.01
㉰ 100 ㉱ 1,000

해설 변형률 $= \dfrac{\text{늘어난 길이}}{\text{처음 길이}} = \dfrac{0.5}{500} = 0.001$

17 직관 내의 유체 유동에서 마찰에 의한 손실 수두와 다른 요인과의 관계를 바르게 설명한 것은?

㉮ 중력가속도에 비례한다.
㉯ 관의 지름에 반비례한다.
㉰ 관의 길이에 반비례한다.
㉱ 유속의 제곱에 반비례한다.

해설 직관 내의 유체 유동에서 마찰에 의한 손실 수도는 관의 지름에 반비례한다.

18 먼지, 모래 등이 들어가기 쉬운 곳에 가장 적합한 나사는?

㉮ 사각 나사 ㉯ 톱니 나사

정답 13. ㉮ 14. ㉮ 15. ㉮ 16. ㉮ 17. ㉯ 18. ㉰

㉰ 둥근 나사 ㉱ 사다리꼴 나사

해설 둥근 나사 : 나사산의 단면이 원호 모양으로 되어 있는 형태의 나사로, 모난 곳이 없으므로 먼지나 가루가 나사부에 끼이기 쉬운 곳에 사용된다.

19 **원심 펌프에서 케이싱(casing)을 스파이럴(spiral)로 만드는 가장 중요한 이유는?**

㉮ 손실을 적게 하기 위하여
㉯ 축추력을 방지하기 위하여
㉰ 축을 모터와 직결하기 위하여
㉱ 공동현상(cavitation)을 적게 하기 위하여

해설 원심 펌프에서 케이싱(casing)을 스파이럴(spiral)로 만드는 가장 중요한 이유는 손실을 적게 하기 위해서이다.

20 **판금 가공(sheet metal working)의 종류에 해당되지 않는 것은?**

㉮ 접합 가공 ㉯ 단조 가공
㉰ 성형 가공 ㉱ 전단 가공

해설 단조 가공은 소성 가공의 한 종류이다.

제2과목 : 자동차 엔진

21 **엔진의 윤활유 소비 증대에 가장 영향을 주는 것은?**

㉮ 새 여과기의 사용
㉯ 엔진의 장시간 운전
㉰ 실린더와 피스톤 링의 마멸
㉱ 타이밍 체인 텐셔너의 마모

해설 실린더와 피스톤 링이 마멸되면 실린더와 피스톤 링 사이에 간극이 생기므로 윤활유가 연소실로 유입되어 연소되며 소비된다.

22 **전자 제어 디젤 연료 분사 방식 중 다단 분사에 대한 설명으로 가장 적합한 것은?**

㉮ 후 분사는 소음 감소를 목적으로 한다.
㉯ 다단 분사는 연료를 분할하여 분사함으로써 연소효율이 좋아지며 PM과 NOX를 동시에 저감시킬 수 있다.
㉰ 분사 시기를 늦추면 촉매 환원 성분인 HC가 감소된다.
㉱ 후 분사 시기를 빠르게 하면 배기가스 온도가 하강한다.

해설 다단분사는 연료를 분할하여 분사함으로써 연소효율이 좋아지며 PM과 NOx를 동시에 저감시킬 수 있다.

23 **자동차 및 자동차 부품의 성능과 기준에 관한 규칙 중 자동차의 연료 탱크, 주입구 및 가스 배출구의 적합기준으로 옳지 않은 것은?**

㉮ 배엔진의 끝으로부터 20 cm 이상 떨어져 있을 것(연료탱크 제외)
㉯ 차실 안에 설치하지 않으며 연료 탱크는 차실과 벽 또는 보호판 등으로 격리되는 구조일 것
㉰ 노출된 전기 단자 및 전기 개폐기로부터 20 cm 이상 떨어져 있을 것(연료탱크 제외)
㉱ 연료 장치는 자동차의 움직임에 의해 연료가 새지 않는 구조일 것

해설 자동차의 연료 탱크 주입구 및 배엔진의 끝으로부터 30 cm 이상 떨어져 있는 것이 적합하다.

24 **전자 제어 가솔린 엔진에서 연료 압력이 높아지는 원인이 아닌 것은?**

㉮ 연료 리턴 라인의 막힘
㉯ 연료 펌프 체크 밸브의 불량
㉰ 연료 압력 조절기의 진공 불량
㉱ 연료 리턴 호스의 막힘

정답 19. ㉮ 20. ㉯ 21. ㉰ 22. ㉯ 23. ㉮ 24. ㉯

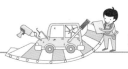

해설 연료 압력이 높아지는 원인으로는 연료 리턴 라인의 막힘 현상, 연료 압력 조절기의 진공누설, 연료 압력조절기의 고장으로 볼 수 있다.

25 전자 제어 가솔린 분사 장치의 기본 분사 시간을 결정하는 데 필요한 변수는?

가 냉각수 온도와 배터리 전압
나 흡입 공기량과 엔진 회전 속도
다 크랭크각과 스로틀 밸브의 열린 각
라 흡입 공기의 온도와 대기압

해설 전자 제어 가솔린 분사 장치의 기본 분사 시간을 결정하는 요소는 엔진 회전 속도와 흡입 공기량이다.

26 가솔린 엔진에서 인젝터의 연료 분사량에 직접적으로 관계되는 것은?

가 인젝터의 니들 밸브 유효 행정
나 인젝터의 솔레노이드 코일 차단 전류
다 인젝터의 솔레노이드 코일 통전 시간
라 인젝터의 니들 밸브 지름

해설 인젝터의 연료 분사량은 인젝터의 솔레노이드 코일 통전 시간에 의해 결정된다.

27 오토사이클의 압축비가 8.5일 경우 이론 열효율은? (단, 공기의 비열비는 1.4이다.)

가 57.5 %　　나 49.6 %
다 52.4 %　　라 54.6 %

해설 $1-\left(\frac{1}{\epsilon}\right)^{K-1}=1-\left(\frac{1}{8.5}\right)^{1.4-1}$
$=57.5\ \%$

28 총배기량이 1,254 cc이고 실린더 수가 4인 가솔린 엔진의 압축비가 6.6이다. 이 엔진의 연소실 체적은 약 몇 cc인가?

가 47.5　　나 56
다 190　　라 313.5

해설 $1+\left(\frac{\text{행정 체적}}{\text{연소실 체적}}\right)$의 값이 6.6이므로

$\frac{\text{행정 체적}}{\text{연소실 체적}}=5.6$이다.

$\frac{1,254}{4}=313.5$이므로

$\therefore\ 313.5\div5.6=55.98$

29 LPG 엔진의 연료 제어 관련 주요 구성 부품에 속하지 않는 것은?

가 베이퍼라이저
나 긴급 차단 솔레노이드 밸브
다 퍼지컨트롤 솔레노이드 밸브
라 액상 기상 솔레노이드 밸브

해설 퍼지 컨트롤 솔레노이드 밸브(가솔린 엔진) : 캐니스터(canister)에 저장되어 있던 연료 증발 가스를 ECU의 신호를 받아 다시 서지 탱크로 유입시키는 역할을 한다.

30 TPS(스로틀 포지션 센서)에 관한 사항으로 가장 거리가 먼 것은?

가 스로틀 바디의 스로틀 축과 같이 회전하는 가변저항기이다.
나 자동변속기 차량에서는 TPS 신호를 이용하여 변속단을 만드는 데 사용된다.
다 피에조 타입을 많이 사용한다.
라 TPS는 공회전 상태에서 기본값으로 조정한다.

해설 피에조 타입은 압전 소자로써 2개의 면에서 전압을 가하여 전압에 비례한 변형이 발생되도록 하거나 압전 결정에 압력이나 비틀림을 주어 전압이 발생되는 소자이다. 자동차의 MAP 센서와 KNOCK 센서에 사용된다.

31 전자제어 디젤 엔진이 주행 후 시동이 꺼지지 않는다. 가능한 원인 중 거리가 가장 먼 것은?

가 엔진 컨트롤 모듈 내부 프로그램 이상
나 엔진 오일 과다 주입

정답 25. 나　26. 다　27. 가　28. 나　29. 다　30. 다　31. 라

㉰ 터보차저 윤활 회로 고착 또는 마모
㉱ 전자식 EGR 컨트롤 밸브 열림 고착

해설 전자식 EGR 컨트롤 밸브 열림 고착으로 배기가스가 엔진으로 들어가게 되어 시동이 꺼질 수 있다.

32 전자 제어 가솔린 엔진에서 티타니아 산소 센서의 출력 전압이 약 4.3~4.7V로 높을 때 인젝터의 분사 시간은?

㉮ 길어진다.
㉯ 짧아진다.
㉰ 짧아졌다 길어진다.
㉱ 길어졌다 짧아진다.

해설 티타니아 산소 센서의 경우 2.5V 이하에서는 희박함을, 4.5V 이상에서는 연료가 농후함을 나타내어 인젝터의 분사 시간은 길어진다.

33 연료 증발가스를 활성탄에 흡착 저장 후 웜업 시 흡기 매니폴드로 보내는 부품은?

㉮ 차콜 캐니스터 ㉯ 플로트 체임버
㉰ PCV 장치 ㉱ 삼원 촉매 장치

해설 차콜 캐니스터는 엔진이 정지하고 있을 때 연료 탱크와 기화기에서 발생한 증발 가스를 흡수, 저장하는 부품을 말하며 내부에는 흡착력이 강한 활성탄으로 구성되어 있다.

34 다음은 배출가스 정밀 검사에 관한 내용이다. 정밀 검사 모드로 맞는 것을 모두 고른 것은?

a	ASM 2525 모드	b	KD 147 모드
c	Lug Down 3 모드	d	CVS－75 모드

㉮ a, b ㉯ a, b, c
㉰ a, c, d ㉱ b, c, d

해설 배출가스 정밀 검사에는 ASM 2525 모드, KD 147 모드, Lug Down 3 모드가 있다.

35 LPI 차량이 시동이 걸리지 않는다. 다음의 원인 중 거리가 가장 먼 것은?(단, 크랭킹은 가능하다.)

㉮ 연료 차단 솔레노이드 밸브 불량
㉯ key－off 시 인젝터에서 연료 누유
㉰ 연료 필터 막힘
㉱ 인히비터 스위치 불량

해설 인히비터 스위치가 불량하면 시동 시 기동전동기(St) 단자에 전원공급이 차단되어 크랭킹되지 않는다.

36 엔진의 연소 속도에 대한 설명 중 틀린 것은 어느 것인가?

㉮ 공기과잉률이 크면 클수록 연소 속도는 빨라진다.
㉯ 일반적으로 최대 출력 공연비 영역에서 연소속도가 가장 빠르다.
㉰ 흡입 공기의 온도가 높으면 연소 속도는 빨라진다.
㉱ 연소실 내의 난류의 강도가 커지면 연소 속도는 빨라진다.

해설 $\text{공기과잉률}(\lambda) = \frac{\text{실제 흡입된 공기량}}{\text{이론 공연비}}$

공기 과잉률이 크면 클수록 연소 속도가 느려진다.

37 전자제어 디젤 연료 분사 장치(common rail system)에서 예비 분사에 대한 설명 중 가장 옳은 것은?

㉮ 예비 분사는 주 분사 이후에 미연가스의 완전 연소와 후처리 장치의 재연소를 위해 이루어지는 분사이다.
㉯ 예비 분사는 인젝터의 노후화에 따른 보정 분사를 실시하여 엔진의 출력 저하 및 엔진 부조를 방지하는 분사이다.
㉰ 예비 분사는 연소실의 연소 압력 상승을 부드럽게 하여 소음과 진동을 줄여

정답 32. ㉮ 33. ㉮ 34. ㉯ 35. ㉱ 36. ㉮ 37. ㉰

준다.

㉱ 예비 분사는 디젤 엔진의 단점인 시동성을 향상시키기 위한 분사를 말한다.

해설 예비 분사는 주 분사 전에 연료를 분사하여 연소실의 연소 압력 상승을 부드럽게 함으로써 소음과 진동을 줄여주게 된다.

38 밸브의 서징(surging) 현상 방지 대책으로 틀린 것은?

㉮ 피치가 서로 다른 2중 스프링을 사용한다.

㉯ 밸브 스프링의 고유 진동수를 높인다.

㉰ 피치가 일정한 코일을 사용한다.

㉱ 원추형 스프링을 사용한다.

해설 밸브 서징 방지책

① 2중 스프링을 사용한다.

② 부등 피치 스프링을 사용한다.

③ 원뿔 스프링을 사용한다.

④ 진동수가 큰 스프링을 사용한다.

39 OBD-2 시스템 차량의 엔진 경고등 점등 관련 두 정비사의 의견 중 맞는 것은?

> **보기**
>
> 정비사 KIM : 주유 후 연료 캡을 확실히 잠그지 않으면 점등될 수 있다.
>
> 정비사 LEE : 증발가스 누설 테스트 결과 미량 누설이 감지되면 점등되지 않는다.

㉮ 정비사 KIM만 옳다.

㉯ 정비사 LEE만 옳다.

㉰ 두 정비사 모두 틀리다.

㉱ 두 정비사 모두 옳다.

해설 주유 후에 연료 캡을 확실히 잠그지 않으면 점등될 수 있다.

40 등온, 정압, 정적, 단열 과정을 $P-V$ 선도에 아래와 같이 도시하였다. 이 중에서 단열 과정의 곡선은?

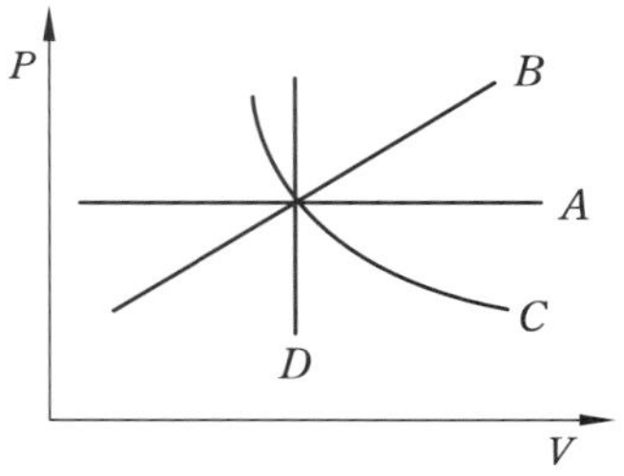

㉮ A ㉯ B

㉰ C ㉱ D

해설 A : 정압 과정, B : 등온 과정, C : 단열 과정, D : 정적 과정

제3과목 : 자동차 섀시

41 자동변속기에서 급히 가속페달을 밟았을 때 일정속도 범위 내에서 한 단 낮은 단으로 강제 변속이 되도록 하는 장치는?

㉮ 킥 다운 스위치 ㉯ 스로틀 밸브

㉰ 거버너 밸브 ㉱ 매뉴얼 밸브

해설 킥 다운 스위치는 오버 드라이브와 자동 트랜스미션에 있어서 액셀러레이터를 급히 깊게 밟았을 때 하이 레인지 상태에서 로우 레인지 상태로 전환하기 위해 회로를 개폐하는 전기 스위치이다.

42 마스터 실린더의 단면적이 10 cm^2인 자동차가 있다. 20 N의 힘으로 브레이크 페달을 밟았을 경우 휠 실린더의 단면적이 20 cm^2라고 하면 이때의 휠 실린더에 작용되는 힘은?

㉮ 20 N ㉯ 30 N

㉰ 40 N ㉱ 50 N

해설 $Bp = \dfrac{Wa}{Ma} \times \varphi$

Bp : 제동력, Wa : 휠 실린더 피스톤 단면적, Ma : 마스터 실린더 단면적,

정답 38. ㉰ 39. ㉮ 40. ㉰ 41. ㉮ 42. ㉰

φ : 휠 실린더 피스톤에 가하는 힘
휠 실린더에 가해지는 힘(φ)
$= \frac{20\,\text{cm}^2}{10\,\text{cm}^2} \times 20\,\text{N} = 40\,\text{N}$

43 **조향 장치에서 조향 휠의 유격이 커지고 소음이 발생할 수 있는 원인으로 거리가 가장 먼 것은?**

㉮ 요크 플러그의 풀림
㉯ 스티어링 기어 박스 장착 볼트의 풀림
㉰ 타이로드 엔드 조임 부분의 마모 및 풀림
㉱ 등속 조인트의 불량

해설 등속 조인트는 트랜스액슬에서 바퀴로 전달되는 동력 전달 장치로, 마모되면 선회 시 소음이 발생된다.

44 **앞차축의 구조 형식이 아닌 것은?**

㉮ 역 엘리엇형　㉯ 엘리엇형
㉰ 마아몬형　㉱ 역 마아몬형

해설 앞차축 구조 형식
① 역 엘리엇형
② 엘리엇형
③ 마아몬형

45 **변속기에서 싱크로 메시 기구가 작동하는 시기는?**

㉮ 변속 기어가 물릴 때
㉯ 변속 기어가 풀릴 때
㉰ 클러치 페달을 놓을 때
㉱ 클러치 페달을 밟을 때

해설 자동차가 중행 기어 변속할 때 감속비가 서로 다른 기어의 콘에는 원주 속도가 서로 다르기 때문에 기어의 회전 속도를 동기화 시킨 후 무리 없이 원활하게 맞물릴 수 있도록 도와주는 기구이다.

46 **선회 주행 중 뒷바퀴에 발생되는 코너링 포스가 크게 되어 회전 반경이 점점 커지는 현상은?**

㉮ 앤터 로크 현상
㉯ 트램핑 현상
㉰ 언더 스티어링 현상
㉱ 오버 스티어링 현상

해설 일정한 반지름과 속도로 선회하다가 갑자기 가속하였을 때 후륜에 발생되는 코너링 포스가 커지면 바깥쪽 전륜이나 후륜이 안쪽 전륜보다 모멘트가 커지기 때문에 조향각을 일정하게 하여도 선회 반지름이 커지는 현상이다.

47 **TCS(traction control system)의 특징과 가장 거리가 먼 것은?**

㉮ 구동 슬립(slip)률 제어
㉯ 변속 유압 제어
㉰ 트레이스(trace) 제어
㉱ 선회 안정성 향상

해설 TCS 시스템의 기능
① 구동 슬립(slip) 제어
② 트레이스(trace) 제어
③ 선회 안전성 향상

48 **토크 컨버터에 대한 설명 중 틀린 것은?**

㉮ 속도 비율이 1일 때 회전력 변환 비율이 가장 크다.
㉯ 스테이터가 공전을 시작할 때까지 회전력 변환 비율은 감소한다.
㉰ 클러치점(clutch point) 이상의 속도 비율에서 회전력 변환 비율은 1이 된다.
㉱ 유체 충돌의 손실은 속도 비율이 0.6~0.7일 때 가장 작다.

해설 토크 컨버터 속도 비율이 1일 때 회전력 변환 비율이 가장 작다.

정답 43. ㉱　44. ㉱　45. ㉮　46. ㉰　47. ㉯　48. ㉮

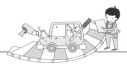

49 자동차의 구동력을 크게 하기 위해서는 구동바퀴의 회전토크 T와 반경 R을 어떻게 해야 하는가?

㉮ T와 R 모두 크게 한다.
㉯ T는 크게, R은 작게 한다.
㉰ T는 작게, R은 크게 한다.
㉱ T와 R 모두 작게 한다.

해설 자동차의 구동력을 크게 하기 위해서는 회전토크 T는 크게, 반경 R은 작게 한다.

50 동력 조향 장치의 종류 중 파워 실린더를 스티어링 기어 박스 내부에 설치한 형식은?

㉮ 링키지형 ㉯ 인티그럴형
㉰ 콤바인드형 ㉱ 세퍼레이터형

해설 인티그럴형 파워 스티어링(integral type power steering) : 동력 조향 장치 형식의 하나로, 조향 기어에 파워 실린더와 컨트롤 밸브가 조립되어 있는 것을 말한다. 조향축으로 컨트롤 밸브를 직접 움직이기 때문에 응답성이 좋고 완벽한 구조로 승용차에 많이 사용되고 있다.

51 ABS(Anti-Lock Brake System) 시스템에 대한 두 정비사의 의견 중 옳은 것은?

보기
정비사 KIM : 발전기의 전압이 일정 전압 이하로 하강하면 ABS 경고등이 점등된다.
정비사 LEE : ABS 시스템의 고장으로 경고등 점등 시 일반 유압 제동시스템은 비작동한다.

㉮ 정비사 KIM만 옳다.
㉯ 정비사 LEE만 옳다.
㉰ 두 정비사 모두 틀리다.
㉱ 두 정비사 모두 옳다.

해설 자동차 주행 중 발전기의 전압이 일정 전압 이하로 떨어지면 ABS 경고등이 점등된다.

52 싱글 피니언 유성 기어 장치를 사용하는 오버 드라이브 장치에서 선 기어가 고정된 상태에서 링 기어를 회전시키면 유성 기어 캐리어는 어떤 상태가 되는가?

㉮ 회전수는 링 기어보다 느리게 된다.
㉯ 링 기어와 함께 일체로 회전하게 된다.
㉰ 반대 방향으로 링 기어보다 빠르게 회전하게 된다.
㉱ 캐리어는 선 기어와 링 기어 사이에 고정된다.

해설 유성 기어 장치를 사용하는 오버 드라이브 장치에서 선 기어가 고정된 상태에서 링 기어를 회전시키면 회전수는 링 기어보다 느리게 된다.

53 FR 방식의 자동차가 주행 중 디퍼렌셜 장치에서 많은 열이 발생한다면 고장 원인으로 거리가 가장 먼 것은?

㉮ 추진축의 밸런스 웨이트 이탈
㉯ 기어의 백래시 과소
㉰ 프리로드 과소
㉱ 오일 양 부족

해설 무게의 불균형이 있으면 축이 회전할 때 원심력으로 회전축이 흔들리는데 이와 같은 불균형을 바로잡기 위해 휠에 부착하는 평형장치를 밸런스 웨이트라 한다. 즉 디퍼렌셜의 발열과는 관계가 없다.

54 전자 제어 서스펜션(ECS) 시스템의 제어 기능이 아닌 것은?

㉮ 앤티 피칭 제어
㉯ 앤티 다이브 제어
㉰ 차속 감응 제어
㉱ 앤티 요잉 제어

해설 전자 제어 서스펜션(ECS) 시스템의 제어 기능
① 앤티 피칭 제어

정답 49. ㉯ 50. ㉯ 51. ㉮ 52. ㉮ 53. ㉮ 54. ㉱

② 앤티 다이브 제어
③ 차속 감응 제어

55 **엔진 정지 중에도 정상 작동이 가능한 제동 장치는?**

㉮ 기계식 주차 브레이크
㉯ 와전류 리타더 브레이크
㉰ 배력식 주 브레이크
㉱ 공기식 주 브레이크

해설 기계식 주차 브레이크는 와이어 방식으로 되어 있으므로 엔진의 작동 여부와는 관계없이 작동한다.

56 **훅 조인트라고도 하며 구조가 간단하고 작동이 확실하여 큰 동력을 전달할 수 있는 자재이음의 형식은?**

㉮ 등속 조인트 ㉯ 십자형 조인트
㉰ 트러니언 조인트 ㉱ 플렉시블 조인트

해설 십자(+)축과 2개의 요크를 롤러 베어링으로 결합한 형태로, 구조가 간단하면서도 큰 동력을 전달하며 수명이 길어 가장 많이 사용되고 있다.

57 **다음 중 승용차용 타이어의 표기법으로 잘못된 것은?**

205 /	65 /	R	14
ㄱ	ㄴ	ㄷ	ㄹ

㉮ ㄱ : 단면폭(205 mm)
㉯ ㄴ : 편평비(65 %)
㉰ ㄷ : 래이디얼(R) 구조
㉱ ㄹ : 림 외경(14 mm)

해설 ㄹ은 타이어 내경 14인치를 말한다.

58 **전자 제어 현가장치의 자세 제어 중 앤티 스쿼트 제어의 주요 입력신호는?**

㉮ 조향 휠 각도 센서, 차속 센서
㉯ 스로틀 포지션 센서, 차속 센서
㉰ 브레이크 스위치, G－센서
㉱ 차고 센서, G－센서

해설 전자 제어 현가장치의 자세 제어 중 앤티 스쿼트 제어의 주요 입력 신호는 스로틀 포지션 센서, 차속 센서이다.

59 **전자 제어 제동 장치의 목적이 아닌 것은?**

㉮ 미끄러운 노면에서 전자 제어에 의해 제동 거리를 단축한다.
㉯ 앞바퀴의 잠김을 방지하여 조향 능력이 상실되는 것을 방지한다.
㉰ 후륜을 조기에 고착시켜 옆 방향 미끄러짐을 방지한다.
㉱ 제동 시 미끄러짐을 방지하여 차체의 안정성을 유지한다.

해설 전자 제어 제동 장치 목적
① 미끄러운 노면에서 전자 제어에 의해 제동 거리를 단축한다.
② 앞바퀴의 잠김을 방지하여 조향 능력이 상실되는 것을 방지한다.
③ 제동 시 미끄러짐을 방지하여 차체의 안정성을 유지한다.
④ 바퀴가 고착되지 않도록 제어하여 원하는 마찰력을 얻는다.

60 **자동차의 변속기에서 제3속의 감속비 1.5, 종감속 구동 피니언 기어의 잇수 5, 링 기어의 잇수 22, 구동바퀴의 타이어 유효반경 280 mm, 엔진 회전수 3,300 rpm으로 직진 주행하고 있다. 이 자동차의 주행 속도는? (단, 타이어의 미끄러짐은 무시한다.)**

㉮ 약 26.4 km/h ㉯ 약 52.8 km/h
㉰ 약 116.2 km/h ㉱ 약 128.4 km/h

해설 차속(V) $= \dfrac{\pi \cdot D \cdot n}{r_t \times r_f} \times \dfrac{60}{1{,}000}$ km/h

$D = 28\text{ cm} \times 2 = 56\text{ cm} = 0.56\text{ m}$

과년도 출제문제 부록

정답 55. ㉮ 56. ㉯ 57. ㉱ 58. ㉯ 59. ㉰ 60. ㉯

$$\therefore\ V=\frac{3.14\times0.56\,\text{m}}{1.5\times4.4}\times\frac{3{,}300}{1\,\text{min}}\times\frac{1\,\text{km}}{1{,}000\,\text{m}}\times\frac{60\,\text{min}}{1\,\text{h}}=52.752\ \text{km/h}$$

제4과목 : 자동차 전기

61 자동차 전조등 주광축의 하향 진폭은 전방 10 m에 있어서 등화 설치 높이의 얼마 이내이어야 안전기준에 적합한가?

㉮ 1/5　㉯ 2/5
㉰ 3/10　㉱ 1/10

해설 자동차 전조등 주광축의 하향 진폭은 전방 10 m에 있어서 등화 설치 높이의 3/10 이내이어야 한다.

62 자동차 정기검사에서 전기 장치의 검사 기준으로 맞는 것은?

㉮ 변형 · 느슨함 및 누유가 없을 것
㉯ 축전지의 접속 · 절연 및 설치 상태가 양호할 것
㉰ 전기 배선의 손상이 크지 않고 설치 상태가 적당할 것
㉱ 방향지시등, 제동등의 점등 시간이 양호할 것

해설 정기검사에서 전기 장치의 검사 기준
① 자동차의 전기배선은 모든 절연물질로 덮어씌우고, 차체에 고정시킬 것
② 차실 안의 전기단자 및 전기개폐기는 적절히 절연물질로 덮어씌울 것
③ 축전지는 자동차의 진동 또는 충격 등에 의하여 이완되거나 손상되지 아니하도록 고정시키고, 차실 안에 설치하는 축전지는 절연 물질로 덮어씌울 것

63 에어컨 라인 압력 점검에 대한 설명으로 틀린 것은?

㉮ 시험기 게이지에는 저압, 고압, 충전 및 배출의 3개의 호스가 있다.
㉯ 에어컨 라인 압력은 저압 및 고압이 있다.
㉰ 에어컨 라인 압력 측정 시 시험기 게이지 저압과 고압 핸들 밸브를 완전히 연다.
㉱ 엔진 시동을 걸어 에어컨 압력을 점검한다.

해설 에어컨 라인 압력 측정 시 시험기 게이지 저압과 고압 핸들 밸브를 완전히 잠근 후 실행한다.

64 기전력이 2.8 V, 내부 저항이 0.15 Ω인 전지 33개를 직렬로 접속할 때 1 Ω의 저항에 흐르는 전류는 약 얼마인가?

㉮ 12.1 A　㉯ 13.2 A
㉰ 15.5 A　㉱ 16.2 A

해설 $E=2.8\,\text{V}\times33\text{개}=92.4\,\text{V}$
$R(\text{합성저항})=0.15\ \Omega\times33\text{개}=4.95\ \Omega$
$V=I\cdot R$
$$\therefore\ I=\frac{V}{R}=\frac{92.4\,\text{V}}{4.95\,\Omega+1\,\Omega}=15.53\,A\fallingdotseq15.5\,A$$

65 점화 2차 파형 회로 점검에서 감쇄 진동 구간이 없을 경우 고장 원인으로 가장 적합한 것은?

㉮ 점화 코일의 극성이 바뀜
㉯ 스파크 플러그의 오일 및 카본 퇴적
㉰ 점화 케이블의 절연 상태 불량
㉱ 점화 코일의 단선

66 하이브리드 자동차에서 사용하고 있는 커패시터(capacitor)의 특징을 나열한 것이다. 틀린 것은?

㉮ 충전 시간이 짧다.

정답 61. ㉰　62. ㉯　63. ㉰　64. ㉰　65. ㉱　66. ㉯

㉯ 출력의 밀도가 낮다.
㉰ 전지와 같이 열화가 거의 없다.
㉱ 단자 전압으로 남아있는 전기량을 알 수 있다.

해설 커패시터(capacitor)의 특징
① 충전시간이 짧다.
② 출력의 밀도가 높다.
③ 전지와 같이 열화가 거의 없다.
④ 단자 전압으로 남아있는 전기량을 알 수 있다.

67 자동차 점화 1차 파형에 대한 설명으로 틀린 것은?

㉮ 점화 코일의 (−)측에 흐르는 전압의 변화 또는 파워 TR 컬렉터의 전압 변화가 점화 1차 파형이다.
㉯ 서지 전압이 높으면 화염 전파 시간이 줄어들고, 서지 전압이 낮으면 화염 전파 시간이 늘어난다.
㉰ 파워 릴레이를 통과한 전압은 점화 코일을 거쳐 파워 TR 베이스에 대기한다.
㉱ ECU에서 파워 TR 베이스에 공급되는 전류를 차단하면 점화 코일에는 서지 전압이 발생된다.

해설 파워 릴레이를 통과한 전압은 파워 TR을 거쳐 점화 1차 코일의 전류를 단속한다.

68 냉방 장치의 구조 중 다음의 설명에 해당되는 것은?

> 팽창 밸브에서 분사된 액체 냉매가 주변의 공기에서 열을 흡수하여 기체 냉매로 변환시키는 역할을 하고 공기를 이용하여 실내를 쾌적한 온도로 유지시킨다.

㉮ 리시버 드라이어 ㉯ 압축기
㉰ 증발기 ㉱ 송풍기

해설 증발기 : 액체가 증발하여 기체가 될 때 주변에서 열을 흡수하는 증발 잠열의 효과를 나타낸다.

69 자동차의 에어컨에서 냉방 효과가 저하되는 원인이 아닌 것은?

㉮ 냉매량이 규정보다 부족할 때
㉯ 압축기 작동시간이 짧을 때
㉰ 실내공기순환이 내기로 되어 있을 때
㉱ 냉매주입 시 공기가 유입되었을 때

해설 실내 공기 순환이 내기로 된 것은 에어컨 냉방 사이클 냉방효과를 유지할 수 있는 상태가 된다.

70 통합 운전석 기억 장치는 운전석 시트, 아웃사이드 미러, 조향 휠, 룸미러 등의 위치를 설정하여 기억된 위치로 재생하는 편의장치이다. 재생 금지 조건이 아닌 것은?

㉮ 점화 스위치가 OFF되어 있을 때
㉯ 변속 레버가 위치 “P”에 있을 때
㉰ 차속이 일정 속도(예 3 km/h 이상) 이상일 때
㉱ 시트 관련 수동 스위치의 조작이 있을 때

해설 재생 금지 조건
① 점화 스위치가 OFF되어 있을 때
② 차속이 일정 속도(예 3km/h 이상) 이상일 때
③ 시트 관련 수동 스위치의 조작이 있을 때

71 스테이터 코일의 접속 방식 중 하나로 각 코일의 끝을 차례로 접속하여 둥글게 하고, 각 코일의 접속점에서 하나씩 끌어낸 방식의 결선은?

㉮ 델타 결선 ㉯ Y 결선
㉰ 이중 결선 ㉱ 독립 결선

해설 삼상 교류에 있어서 변압기나 부하(전동기 등)의 접속 방법에는 스타 결선 외에 델타(삼각, Δ) 결선이 있다. 델타 결선은 각 상의 단자 전압(상전압)이 각 선간 전압과 동일하기 때문에 각 상에 흐르는 전류(상전류)는 각선 전류의 $1/\sqrt{3}$ 이 된다.

정답 67. ㉰ 68. ㉰ 69. ㉰ 70. ㉯ 71. ㉮

72 교류 발전기에서 축전지의 역류를 방지하는 컷아웃 릴레이(역류 방지기)가 없는 이유로 옳은 것은?

㉮ 다이오드가 있기 때문이다.
㉯ 트랜지스터가 있기 때문이다.
㉰ 전압 릴레이가 있기 때문이다.
㉱ 스테이터 코일이 있기 때문이다.

해설 교류 발전기 다이오드는 스테이터부에서 발생되는 교류를 정류하고 역류를 방지한다.

73 가솔린 엔진에서 기동 전동기의 소모 전류가 90 A이고 배터리 전압이 12 V일 때 기동 전동기의 마력은 약 얼마인가?

㉮ 0.75 PS ㉯ 1.26 PS
㉰ 1.47 PS ㉱ 1.78 PS

해설 $P = I \times E = 90 \times 12 = 1{,}080\ \text{W} = 1.08\ \text{kW}$
$1\ \text{PS} = 0.736\ \text{kW}$
$\therefore$ 기동 전동기의 마력 $= \dfrac{1.08}{0.736} = 1.47$

74 미등 자동 소등 제어에서 입력 요소로 틀린 것은?

㉮ 점화 스위치
㉯ 미등 스위치
㉰ 미등 릴레이
㉱ 운전석 도어 스위치

75 하이브리드 자동차의 전원 제어 시스템에 대한 두 정비사의 의견 중 옳은 것은?

보기
정비사 KIM : 인버터는 열을 발생하므로 냉각이 중요하다.
정비사 LEE : 컨버터는 고전압의 전원을 12 볼트로 변환하는 역할을 한다.

㉮ 정비사 KIM만 옳다.
㉯ 정비사 LEE만 옳다.
㉰ 두 정비사 모두 틀리다.
㉱ 두 정비사 모두 옳다.

해설 인버터는 열을 발생하므로 냉각이 필요하며 컨버터는 고전압의 전원을 12볼트로 변환하는 역할을 한다.

76 그림과 같은 회로의 작동 상태를 바르게 설명한 것은?

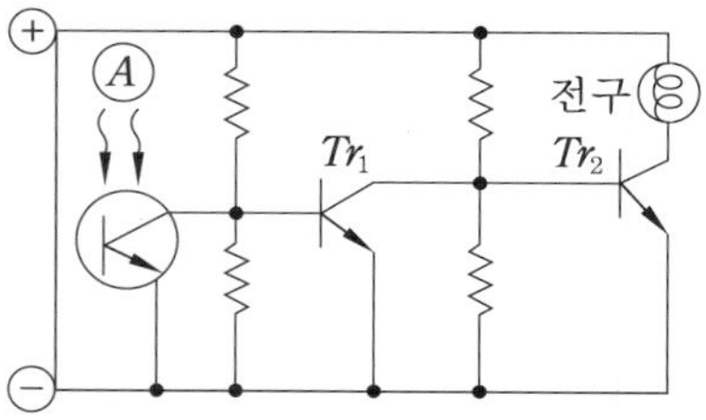

㉮ A에 열을 가하면 전구가 점등한다.
㉯ A가 어두워지면 전구가 점등한다.
㉰ A가 환해지면 전구가 점등한다.
㉱ A에 열을 가하면 전구가 소등한다.

해설 A는 포토다이오드로 반도체 다이오드의 일종으로써 광다이오드라고도 하며 빛에너지를 전기에너지로 변환한다.

77 다음 중 전조등 장치에 관련된 내용으로 맞는 것은?

㉮ 전조등을 측정할 때 전조등과 시험기의 거리는 반드시 15 m를 유지해야 한다.
㉯ 실드빔 전조등은 렌즈를 교환할 수 있는 구조로 되어 있다.
㉰ 실드빔 전조등 형식은 내부에 불활성 가스가 봉입되어 있다.
㉱ 전조등 회로는 좌우로 직렬 연결되어 있다.

78 계기판의 방향지시등 램프 확인 결과 좌우 점멸 횟수가 다른 원인이 아닌 것은?

정답 72. ㉮ 73. ㉰ 74. ㉰ 75. ㉱ 76. ㉰ 77. ㉰ 78. ㉮

㉮ 플래셔 유닛의 접지가 단선되었다.
㉯ 전구의 용량이 서로 다르다.
㉰ 전구 하나가 단선되었다.
㉱ 플래셔 유닛과 한쪽 방향지시등 사이에 회로가 단선되었다.

해설 플래셔 유닛의 접지가 단선되었을 경우 플래셔 유닛이 작동하지 않는다.

79 12 V를 사용하는 자동차의 점화 코일에 흐르는 전류가 0.01초 동안 50 A 변화하였다. 자기 인덕턴스가 0.5 H일 때 코일에 유도되는 기전력은 얼마인가?

㉮ 6 V　　㉯ 104 V
㉰ 2,500 V　　㉱ 60,000 V

해설 유도기전력(E)

$$=\text{인덕턴스}(H)\times\frac{di(\text{전류})}{dt(\text{시간})}$$

$$=0.5\times\frac{50}{0.01}=2{,}500\text{ V}$$

80 다음 직렬 회로에서 저항 R_1에 5 mA의 전류가 흐를 때 R_1의 저항값은?

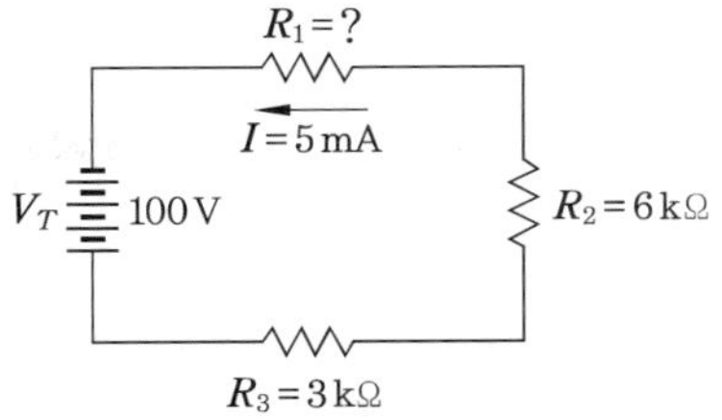

㉮ 7 kΩ　　㉯ 9 kΩ
㉰ 11 kΩ　　㉱ 13 kΩ

해설 옴의 법칙 : 전류의 세기는 두 점 사이의 전위차에 비례하고 전기저항에 반비례하는 법칙이다.

$$I=\frac{E}{R},\ R=\frac{E}{I}=\frac{100}{0.005}=20\text{ k}\Omega$$

$$\therefore\ R_1=R-R_2-R_3=20-6-3=11\text{ k}\Omega$$

정답 79. ㉰　80. ㉰

국가기술자격 필기시험문제

2015년도 8월 16일 (제3회)

자격종목	코드	시험시간	형 별	수검번호	성 명
자동차정비산업기사	2070	2시간			

제1과목 : 일반기계공학

01 테이퍼 구멍을 가진 다이에 재료를 잡아 당겨 통과시켜서 가공 제품이 다이 구멍의 최소 단면 형상 치수를 갖게 하는 가공법은?

㉮ 전조 가공　　㉯ 절단 가공
㉰ 인발 가공　　㉱ 프레스 가공

해설 ① 전조 가공 : 롤러(공구)를 회전시키며 소재에 밀어붙여 공구 모양과 같은 형상으로 소재에 각인 하는 방법으로 단조 가공이다.
② 절단 가공 : 공구로 판이나 봉 등 재료를 원하는 치수, 형상으로 절단하는 가공이다.
③ 인발 가공 : 원통의 단면을 작게 만들 때 사용한다. 다이에서 소재를 잡아 당겨서 가공한다.
④ 프레스 가공 : 금속판을 원하는 곡면으로 성형하는 가공이다. 종류로는 굽힘 가공, 드로잉 가공 등이 있다.

02 주조형 목형(원형)을 실물 치수보다 크게 만드는 가장 중요한 이유는?

㉮ 주형의 치수가 크기 때문이다.
㉯ 코어를 넣어야 하기 때문이다.
㉰ 잔형을 덧붙임 하여야 하기 때문이다.
㉱ 수축 여유와 가공 여유를 고려하기 때문이다.

해설 주물에 냉각, 수축을 고려하여 목형을 제작할 때 수축량만큼 크게 만든다.
수축 여유
① 주철 : 8.5~10 mm, 주강 : 18~21 mm
② 황동 : 10.6~18 mm, 청동 : 13~20 mm
③ 알루미늄 : 20 mm

03 아크용접 피복제(flux)의 역할로 옳지 않은 것은?

㉮ 용착 금속의 탈산 정련 작용을 한다.
㉯ 용적을 미세화하고 용착 효율을 높인다.
㉰ 용융 금속에 필요한 원소를 보충시켜 준다.
㉱ 슬래그가 되어 용융 금속을 급랭시켜 조직을 튼튼하게 한다.

해설 슬래그를 형성하여 용접부의 급랭을 방지한다.

04 스팬이 2 m인 단순보의 중앙에 1,000 kgf의 집중하중이 작용할 때 최대 휨 모멘트는 몇 kgf · m인가?

㉮ 250　　㉯ 500
㉰ 25,000　　㉱ 50,000

해설

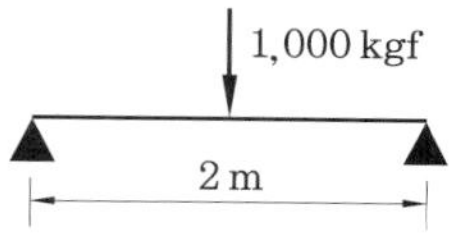

$M = \frac{PL}{4} = \frac{1{,}000 \times 2}{4}$

$= 500 \text{ kgf} \cdot \text{m}$

다른 풀이] 단순보 가운데에 집중하중이 작용하므로 반력은 집중하중의 절반(500 kgf)이고 최대 휨 모멘트는 단순보 중앙에서 나타나므로 반력에서 중앙까지의 거리는 1 m이다. 반력과 중앙까지 거리를 곱하면 최대 굽힘 모멘트가 된다.

$\therefore$ 500×1=500 kgf · m

05 비틀림 모멘트가 작용하는 원형축에 관한

정답 01. ㉰ 02. ㉱ 03. ㉱ 04. ㉯ 05. ㉱

설명으로 옳지 않은 것은?

㉮ 비틀림 응력은 반지름에 비례한다.
㉯ 비틀림 각은 원형축 길이에 비례한다.
㉰ 비틀림 응력은 극관성 모멘트에 반비례한다.
㉱ 축의 중심에서 최대 비틀림 응력이 발생된다.

해설

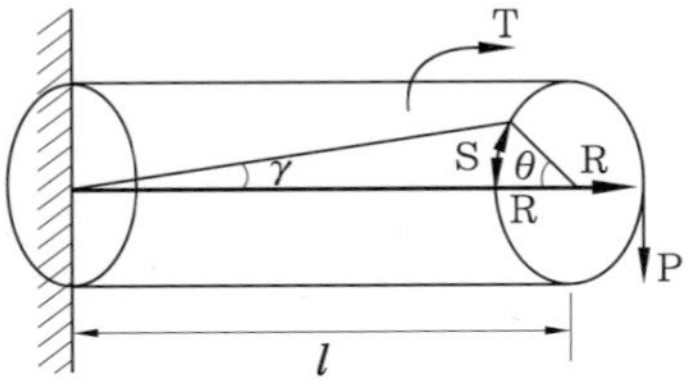

여기서, T : 비틀림 모멘트(토크) kgf · m
l : 보의 길이
γ : 전단각(rad)
θ : 비틀림각(rad)
R : 반지름
P : 접선력(또는 회전력 kgf)

$\tan\gamma = \dfrac{S}{l} = \dfrac{R \cdot \theta}{l} \fallingdotseq \gamma = \dfrac{\tau}{G}$ (훅의 법칙)

① 비틀림 응력 : $\tau = \dfrac{GR\theta}{l} \rightarrow \tau \propto R$

② 반지름각 : $\theta = \dfrac{\tau l}{GR} \rightarrow \theta \propto l$

③ $T = \tau Z_P = \tau \dfrac{I_P}{D/2} \rightarrow \tau \propto \dfrac{1}{I_P}$

④ 비틀림 응력은 거리에 비례하므로 축 중심에서 최소가 된다.

06 판 두께 10 mm, 인장강도 3,500 N/cm^2, 안전계수 4인 연강판으로 5 N/cm^{2}의 내압을 받는 원통을 만들고자 한다. 이때 원통의 안지름은 몇 cm인가?

㉮ 87.5　　㉯ 175
㉰ 350　　㉱ 700

해설 허용응력 $= \dfrac{\text{인장강도}}{\text{안전계수}}$

$\sigma = \dfrac{3{,}500}{4} = 875\ \text{N/cm}^2$

$\sigma = \dfrac{PD}{2t}$

$\therefore\ D = \dfrac{2\sigma t}{P} = \dfrac{2 \times 875 \times 1}{5} = 350\ \text{cm}$

07 담금질성(hardenability)을 개선시키고 페라이트 조직을 강화시킬 목적으로 첨가하는 합금 원소는?

㉮ Cr　　㉯ Mn
㉰ Mo　　㉱ Ni

해설 ① 크롬 : 담금질성 개선, 고온에서 경도 유지 가능
② 망간 : 주조성, 인성 증가
③ 몰리브덴 : 경화성 증대, 내마모성
④ 니켈 : 저온에서 내충격성 증가

08 고탄소강을 공구강으로 사용하는 이유로 가장 적합한 것은?

㉮ 경도를 필요로 하기 때문에
㉯ 전성을 필요로 하기 때문에
㉰ 인성을 필요로 하기 때문에
㉱ 충격에 견디어야 하기 때문에

해설 탄소량이 증가하면 연신율, 단면 수축률은 감소되지만 항복점과 경도는 증가한다.

09 두 줄 나사를 두 바퀴 돌렸더니 축 방향으로 12 mm 이동하였다면 이 나사의 피치(p)와 리드(l)는 각각 얼마인가?

㉮ $p = 3$ mm, $l = 3$ mm
㉯ $p = 6$ mm, $l = 3$ mm
㉰ $p = 3$ mm, $l = 6$ mm
㉱ $p = 6$ mm, $l = 6$ mm

해설 나사를 2바퀴 돌렸으므로

$l = \dfrac{12}{2} = 6\ \text{mm}$

$l = np$, n : 나사의 줄 수

$6 = 2p$

$\therefore\ p = 3$

정답 06. ㉰　07. ㉮　08. ㉮　09. ㉰

10 각도 측정기인 사인 바는 일정 각도 이상을 측정하면 오차가 커지는데 일반적으로 몇 ° 이하에서 사용하는가?

㉮ 30°　　㉯ 45°
㉰ 60°　　㉱ 75°

해설 사인 바는 측정면에 대하여 45° 이하 각도로 사용하고 45° 이상 사용하면 오차가 커진다.

11 Y합금의 주요 구성 성분이 아닌 것은?

㉮ 주석　　㉯ 구리
㉰ 니켈　　㉱ 알루미늄

해설 Y합금 조성 성분 : Al – Cu – Ni – Mg

12 지름 3 m인 원형 수직 수문의 상단이 수면 아래 6 m에 있을 때 물의 전압력은?

㉮ 28 ton　　㉯ 36 ton
㉰ 41 ton　　㉱ 53 ton

해설

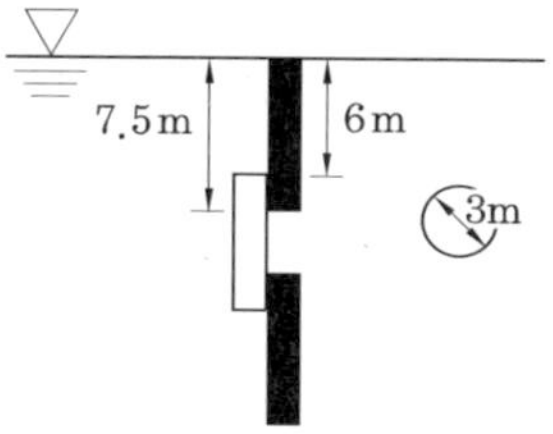

우선 전압력이 작용되는 작용점은

$h_p = 6 + \frac{3}{2} = 7.5$ m이고 톤은 질량 단위이므로 중력가속도는 생략한다.

전압력 $P = \gamma h_p A \left(= \frac{kg}{m^3} \times m \times m^2 \right)$

$= 1{,}000 \times 7.5 \times \frac{\pi \times 3^2}{4} = 53{,}014$ kg

∴ kg을 ton으로 환산하면 53 ton이다.

13 공작 기계의 명칭과 가공법이 바르게 연결된 것은?

㉮ 선반 – 기어 가공, 키 홈 가공
㉯ 밀링 – 수나사 가공, 기어 가공
㉰ 연삭기 – 평면 가공, 외경 가공
㉱ 드릴링 머신 – 카운터 보링 가공, 기어 가공

해설 ① 선반 : 원통, 원뿔, 접시 모양 가공
② 밀링 : 평면 절삭, 홈 절삭, 측면 절삭
③ 드릴링 : 드릴, 리밍, 카운터 보링, 카운터 싱킹, 스폿 페이싱

14 방향 제어 밸브를 분류하는 방법이 아닌 것은?

㉮ 밸브의 기능에 의한 분류
㉯ 포트의 크기에 의한 분류
㉰ 밸브의 구조에 의한 분류
㉱ 밸브의 설계 방식에 의한 분류

해설 방향 제어 밸브의 분류 방법
① 기능에 의한 분류 : 체크 밸브, 감압 밸브
② 크기에 의한 분류 : 볼 밸브, 벨로우즈 밸브
③ 구조에 의한 분류 : 포핏 밸브, 스풀 밸브, 슬라이드 밸브

15 언더컷을 방지하기 위하여 표준이의 래크 공구로 표준 절삭량보다 낮게 절삭하여 기준 피치선의 피치원보다 다소 바깥쪽으로 절삭한 기어는?

㉮ 스퍼 기어　　㉯ 인터널 기어
㉰ 전위 기어　　㉱ 헬리컬 기어

해설 전위 기어 : 언더컷을 방지하고자 할 때 사용되며, 기어 이 강도와 물림률을 증가시킨다.

16 스프링 장치에 인장하중 $P = 100$ N일 때 스프링 장치의 하중 방향의 처짐 양은? (단, 스프링 상수 $k_1 = 20$ N/cm이고 $k_2 = 10$ N/cm이다.)

정답 10. ㉯　11. ㉮　12. ㉱　13. ㉰　14. ㉱　15. ㉰　16. ㉯

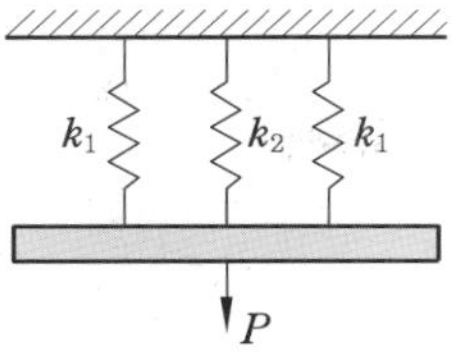

㉮ 1.67 cm　　㉯ 2 cm
㉰ 2.5 cm　　㉱ 20 cm

해설 스프링이 병렬연결이므로

$k_t = k_1 + k_2 + k_1$

$= 20 + 10 + 20 = 50$ N/cm

$P = k\delta$

$\therefore\ \delta = \frac{P}{k} = \frac{100}{50} = 2$ cm

17 구동 회전수에 의해 결정되는 토출량이 부하 압력에 관계없이 거의 일정한 용적형 펌프는?

㉮ 기어 펌프　　㉯ 터빈 펌프
㉰ 축류 펌프　　㉱ 벌류트 펌프

해설 기어에 있는 다수의 톱니들은 유체 흐름의 특별한 상승 없이 일정하게 유지되도록 한다.

18 볼 베어링의 호칭 번호가 6008일 경우 안지름은 몇 mm인가?

㉮ 8　　㉯ 16
㉰ 20　　㉱ 40

해설 호칭번호에서 뒤의 두 자리가 베어링 안지름을 나타낸다.
00=10 mm, 01=12 mm, 02=15 mm, 03=17 mm이고 04~99까지는 자리 숫자에 5를 곱한다.
∴ 안지름=8×5=40 mm

19 동력용 나사산의 전체효율을 구할 때 필요한 항목이 아닌 것은?

㉮ 리드
㉯ 수직응력
㉰ 나사산에 작용하는 하중
㉱ 나사를 돌리는 데 필요한 토크

해설

$$\eta = \frac{\text{축 방향 이동 일의 양(유효 일의 양)}}{\text{나사 회전 소요 일의 양(실제 일의 양)}}$$

20 최대인장력 2,000 N을 받을 수 있는 단면적 20 mm^2인 특수강의 안전율이 4일 때 허용 인장응력은 몇 MPa인가?

㉮ 25　　㉯ 40
㉰ 250　　㉱ 400

해설 $P = \frac{2,000}{4} = 500$ N, $\sigma = \frac{P}{A} = \frac{500}{20}$

$= 25\ N/mm^2 (= MPa)$

제2과목 : 자동차 엔진

21 가솔린 엔진에서 압축비가 12일 경우 열효율(η_o)은 약 몇 %인가? (단, 비열비(k)=1.4이다.)

㉮ 54　　㉯ 60
㉰ 63　　㉱ 65

해설 오토 사이클(가솔린 엔진)의 열효율

$\eta = 1 - \frac{1}{\epsilon^{\kappa-1}}$ (ϵ : 압축비, κ : 비열비)

$= 1 - \frac{1}{12^{1.4-1}} = 1 - \frac{1}{12^{0.4}} = 0.63 = 63\ \%$

22 가솔린 300 cc를 연소시키기 위하여 약 몇 kgf의 공기가 필요한가? (단, 혼합비는 15, 가솔린의 비중은 0.75이다.)

㉮ 1.19　　㉯ 2.42
㉰ 3.37　　㉱ 49.2

해설 300 cc=300 ml=300 g=0.3 kgf
가솔린의 비중이 0.75이므로 0.3 kgf×0.75 =0.225 kgf이다.
이론공연비가 15이므로 연료중량(kgf)은 15 : 1이고

정답 17. ㉮ 18. ㉱ 19. ㉯ 20. ㉮ 21. ㉰ 22. ㉰

공기중량(kgf) : 0.225 kgf=15 : 1이다.

∴ 공기중량(kgf)=15×0.225 kgf
=3.37 kg

23 **전자 제어 가솔린 엔진의 노크 컨트롤 시스템에 대한 설명으로 가장 알맞은 것은?**

㉮ 노크 발생 시 실린더 헤드가 고온이 되면 서모 센서로 온도를 측정하여 감지한다.

㉯ 압전소자가 실린더 블록의 고주파 진동을 전기적 신호로 바꾸어 ECU로 보낸다.

㉰ 노크라고 판정되면 점화시기를 진각시키고 노크 발생이 없어지면 지각시킨다.

㉱ 노크라고 판정되면 공연비를 희박하게 하고 노크 발생이 없어지면 농후하게 한다.

해설 노크 센서는 실린더 블록에 설치되어서 노크(실린더 벽을 두드리는 소리)를 감지하는데 압력을 받으면 전기를 발생시키는 압전 세라믹을 이용하며, ECU는 노크 센서의 출력 신호를 판정하여 점화시기를 제어한다. 노크가 발생하면 점화시기를 늦추고(지각), 노크가 없으면 점화시기를 빠르게(진각)한다.

24 **가솔린 전자 제어 엔진에서 연료 제어 시스템의 설명으로 거리가 가장 먼 것은?**

㉮ 체크 밸브는 재시동성 향상을 위한 부품이다.

㉯ 연료 펌프 설치 타입 중 탱크 내장형은 소음 억제 효과가 있다.

㉰ 연료 펌프는 점화 스위치가 IG(ON) 상태에서 계속 작동한다.

㉱ 릴리프 밸브는 연료라인 내 압력이 규정값 이상으로 상승되는 것을 방지한다.

해설 연료 펌프는 IG(key-on) 시 일정 시간 동안(보통 3초 정도) 전원 공급을 받은 후 멈추며, 시동 시(key-start) 엔진 rpm(크랭크 센서) 신호 입력 시 지속적인 전원 공급을 받아 작동한다. IG(key-on) 엔진 rpm 신호가 입력되지 않으면 연료 펌프는 작동되지 않는다. 연료 펌프의 일정한 압력을 유지하여 과도한 연료 압력으로 인한 파손과 누출을 방지하는 릴리프 밸브(relief valve)와 연료 계통 내 잔압을 유지하여 베이퍼 로크(vapor lock)과 재시동성을 향상시켜주는 체크 밸브(check valve)가 부착되어 있다.

25 **디젤 엔진에서 엔진의 회전 속도나 부하의 변동에 따라 자동으로 분사량을 조절해 주는 장치는?**

㉮ 조속기 ㉯ 딜리버리 밸브
㉰ 타이머 ㉱ 체크 밸브

해설 디젤 엔진의 연료 분사 펌프는 엔진의 크랭크축에 의하여 기계식으로 구동된다(전자 제어 CRDI 디젤 엔진이 출시되기 이전 방식).

① 조속기(governor) : 연료 분사량 조정
② 타이머(timer) : 분사 시기 조정
③ 딜리버리 밸브(delivery valve) : 연료송출, 역류 방지, 후적(after drop) 방지
④ 앵글라이히 장치(angleichen device) : 모든 회전 속도 범위에서 공연비 유지

26 **엔진에서 디지털 신호를 출력하는 센서는?**

㉮ 전자유도 방식을 이용한 크랭크축 각도 센서

㉯ 압전 세라믹을 이용한 노크 센서

㉰ 칼만 와류 방식을 이용한 공기 유량 센서

㉱ 가변저항을 이용한 스로틀 포지션 센서

해설 공기 유량 센서(air flow sensor, AFS)의 하나인 칼만와류 방식(karman vortex type)은 흡입 시 유입되는 공기에 와류를 일으키고 여기에 초음파를 발신하여 수신부에서 이 초음파 신호를 디지털 신호로 변조하여 ECU에 입력하는 방식으로 기본 분사량 결정에 중요한 신호로 활용된다.

정답 23. ㉯ 24. ㉰ 25. ㉮ 26. ㉰

27 **간극체적 60 cc, 압축비 10인 실린더의 배기량(cc)은?**

가 540 나 560
다 580 라 600

해설 $\epsilon = \frac{V_c + V_s}{V_c}$

(ϵ : 압축비, V_c : 간극체적, V_s : 행정체적)

$10 = \frac{60 + V_s}{60}$, $600 = 60 + V_s$

$\therefore\ V_s = 540\,\text{cc}$

28 **엔진의 냉각장치에 사용되는 서모스탯에 대한 설명으로 거리가 먼 것은?**

가 과열을 방지한다.
나 과냉을 통해 차내 난방효과를 낮춘다.
다 엔진의 온도를 일정하게 유지한다.
라 엔진과 라디에이터 사이에 설치되어 있다.

해설 서모스탯(thermostat, 수온조절기, 정온기) : 엔진의 워터 재킷(water jacket)과 라디에이터(radiator)로 통하는 길목(서모스탯 하우징)에서 냉각수의 흐름을 온도에 따른 수축과 팽창을 거듭하면서 통로를 열고 닫음으로써 냉각수 온도를 일정하게 유지하는 밸브이다. 에테르나 알코올을 사용하는 벨로스형(bellows type), 왁스와 합성고무를 사용하는 펠릿형(pellet type)이 있는데 주로 펠릿형을 사용한다. 서모스탯이 닫힌 채로 고장나면 냉각수가 과열되고, 열린 채로 고장나면 냉각수가 과냉된다.

29 **연속 가변 밸브 타이밍(continuously variable valve timing) 시스템의 장점이 아닌 것은?**

가 유해 배기가스 저감
나 연비 향상
다 공회전 안정화
라 밸브 강도 향상

해설 연속 가변 밸브 타이밍 장치(CVVT, VVT) : 엔진의 회전수(RPM)와 엔진의 부하(TPS) 등에 따라 ECU가 흡기 밸브 또는 배기 밸브의 개폐시기를 빠르게 진각 또는 지각시키는 장치이다. 즉 차량의 운전 상태에 따라 엔진의 밸브 타이밍을 최적화하는 장치이다. 이것은 캠축과 스프로킷의 위상 변화를 통하여 흡입 행정 시 흡기 밸브와 배기 밸브가 동시에 열리는 오버랩 구간을 조절한다. 주요 구성요소로는 CVVT 어셈블리, OCV(oil control valve), OCV Filter, OTS(oil temperature sensor, 오일 온도 센서)가 있다.

CVVT를 사용하여 얻는 효과
① 유해 배기가스 저감(NOx 저감, HC 재연소)
② 연비 향상
③ 펌핑 손실(pumping loss) 감소
④ 출력 향상
⑤ 토크 증대
⑥ 안정적인 공회전

30 **전자 제어 연료 분사 장치의 인젝터는 무엇에 의해서 연료 분사량을 조절하는가?**

가 플런저의 하강 속도
나 로커 암의 작동 속도
다 연료의 압력 조절
라 컴퓨터(ECU)의 통전 시간

해설 전자 제어식 연료 분사 장치에서 ECU는 인젝터(injector)의 작동 시간을 조절함으로써 인젝터에서 분사되는 연료량을 조절하게 된다. 그리고 인젝터의 작동 시간은 인젝터의 솔레노이드 코일에 흐르는 전기의 통전 시간(ECU 접지)에 의해 결정된다.

31 **공기과잉률(λ)에 대한 설명으로 옳지 않은 것은?**

가 연소에 필요한 이론적 공기량에 대한 공급된 공기량과의 비를 말한다.
나 엔진에 흡입된 공기의 중량을 알면 연

정답 27. 가 28. 나 29. 라 30. 라 31. 다

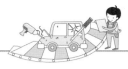

료의 양을 결정할 수 있다.
㉰ 공기과잉률이 1에 가까울수록 출력은 감소하며 검은 연기를 배출하게 된다.
㉱ 자동차 엔진에서는 전부하(최대 분사량)일 때 공기과잉률은 0.8~0.9 정도가 된다.

해설 공기과잉률(λ)

$$= \frac{\text{실제 공기량(실제공연비)}}{\text{이론 공기량(이론공연비)}}$$

이론적으로 필요한 최적의 공기량(kgf) 즉, 이론공연비(14.7 : 1)를 기준으로 실제로 들어간 공기량(kgf)과의 비(ratio)를 말하는데, 공기가 이론(기준)보다 많이 들어갈수록 공기과잉률(λ)은 커지고, 공기과잉률(λ)이 1에 가까울수록 이론적인 공기량과 같게 되므로 배기가스도 덜 나오고 엔진출력도 좋다(공회전 시 공기과잉률(λ)의 규정값은 1.0±0.1이다).

32 피스톤 클리어런스(piston clearance)가 클 때 나타나는 현상으로 거리가 가장 먼 것은?

㉮ 블로바이(blow by) 현상
㉯ 다이루션(dilution) 현상
㉰ 압축 압력 비정상 상승
㉱ 피스톤 슬랩 발생

해설 ① 피스톤 간극(piston clearance) : 피스톤의 최대 직경(스커트 부분)과 실린더 내경과의 차이, 즉 간극(틈새)이다.
② 블로바이(blow-by) : 연소 가스 또는 미연소 가스가 피스톤 간극을 통해 크랭크 케이스 쪽으로 누설되는 현상으로, 이렇게 흘러들어간 블로바이 가스는 엔진 오일을 변질시키고 크랭크 케이스의 압력을 상승시키게 되므로 PCV 밸브(positive crankcase ventilation valve)를 통해 흡기 다엔진 쪽으로 재순환시킨다.
③ 블로다운(blow-down) : 배기행정 초기 배기가스의 자체 압력에 의한 가스의 관성으로 배기 밸브를 통해 연소가스가 빠져나가려는 현상이다. 블로다운 현상을 이용하여 배기 밸브를 보다 일찍 열어 둔다.
④ 피스톤 슬랩(piston slap) : 피스톤이 상사점(TDC)에서 하사점(BDC)으로 방향을 바꿀 때 피스톤 간극이 너무 클 경우 피스톤이 실린더 벽을 치게 되는데, 주로 워밍업 이전 저온에서 발생하며 이를 방지하기 위하여 오프셋(offset, 편심) 피스톤을 쓴다.
⑤ 다이루션(dilution) : 희석 등을 통하여 어떤 물질의 농도를 묽게 만드는 것을 나타내는 말로, 자동차에서는 엔진 오일이 연료나 냉각수, 연소가스 등의 유입에 의하여 엔진 오일이 변질되어 그 점도가 저하(묽어지는) 되는 것을 말하며 딜루션이라고도 한다.

33 크랭크각 센서에 활용되고 있지 않은 검출 방식은?

㉮ 홀(hall) 방식
㉯ 전자유도(electromagnetic induction) 방식
㉰ 광전(optical) 방식
㉱ 압전(piezo) 방식

해설 압전소자(피에조 저항)는 압력을 받으면 전기를 발생시키는 반도체를 말하며, 이러한 압전소자를 이용한 센서에는 노크 센서, 맵 센서(MAP), 대기압력 센서(BPS) 등이 있다.

34 티타니아 산소 센서에 대한 설명 중 거리가 가장 먼 것은?

㉮ 센서의 원리는 전자 전도성이다.
㉯ 지르코니아 산소 센서에 비해 내구성이 크다.
㉰ 입력 전원 없이 출력 전압이 발생한다.
㉱ 지르코니아 산소 센서에 비해 가격이 비싸다.

해설 산소 센서(oxygen sensor) : ECU가 이론공연비 부근으로 피드백(feed back) 제어를 할 수 있도록 배기가스의 산소 농도에 따른 전압값을 출력하는 센서이다.
① 지르코니아 방식 : 지르코니아(zirconia)와 백금 전극 또는 알루미나(alumina)로

정답 32. ㉰ 33. ㉱ 34. ㉰

이루어진 박막적층형 타입의 센서이다. 혼합비가 희박하면 약 0 V에 가깝고, 농후하면 약 1V에 가까운 전압값을 출력하며 이상적인 피드백 출력 전압은 0.4~0.6 V로 작동한다.

② 티타니아 방식 : 세라믹 절연체에 전자 전도체인 티타니아(titania)를 설치한 것으로 티타니아 소자가 배기가스의 산소 분압 변화에 반응하여 저항값이 변화하는 특성을 이용한 것이다. 또한 센서의 성능을 향상시키기 위하여 백금(Pt), 로듐(Rh) 촉매로 구성되어 있다. 혼합비가 희박하면 0.3~0.8 V, 농후하면 4.3~4.7 V를 출력한다.

※ 산소 센서가 정상적으로 작동하기 위해서는 센서 팁 부분의 온도가 보통 370℃ 이상으로 유지되어야 하므로 듀티 제어 형식의 히터가 센서에 내장되어 있다.

35 엔진 오일의 성능 향상을 위해 첨가하는 물질이 아닌 것은?

㉮ 산화 촉진제
㉯ 청정 분산제
㉰ 응고점 강하제
㉱ 점도 지수 향상제

해설 엔진 오일의 역할

① 윤활 작용(마찰 및 마멸 감소, 감마 작용)
② 밀봉 작용(기밀 작용)
③ 열전달 작용(냉각 작용)
④ 청정 작용(세척 작용)
⑤ 완충 작용(응력 분산 작용)
⑥ 방청 작용(부식 방지 작용)
⑦ 소음 감소 작용

엔진 오일의 구비 조건

① 점도 지수(viscosity index)가 클 것(온도에 따른 점도 변화가 적을 것)
② 인화점, 착화점이 높을 것(온도가 올라가도 불이 잘 안 붙을 것)
③ 유막 형성 및 유막 유지 능력이 우수할 것
④ 응고점이 낮을 것(겨울에도 얼지 않을 것)
⑤ 기포 발생이 적을 것

※ 엔진 오일에 산화 촉진제를 사용하면 엔진 오일이 쉽게 변질되어 제 역할을 못한다.

36 자동차 엔진의 배기가스 재순환장치로 감소되는 유해배출 가스는?

㉮ CO　　㉯ HC
㉰ NOX　　㉱ CO_2

해설 배기가스재순환장치(EGR, exhaust gas recirculation)는 배기가스의 일부(약 15 %)를 흡기다엔진을 통해 연소실로 다시 보내, 연소실의 온도를 낮춰서 질소산화물(NOx)의 급격한 발생을 억제하는 장치이다.

37 LPI 시스템에서 부탄과 프로판의 조성 비율을 판단하기 위한 센서 2가지는?

㉮ 연료량 감지 센서, 온도 센서
㉯ 유온 센서, 압력 센서
㉰ 수온 센서, 유온 센서
㉱ 압력 센서, 온도 센서

해설 레귤레이터 유닛(regulator unit) : LPG의 프로판과 부탄의 조성은 온도에 따라 압력이 변화하고, 프로판과 부탄의 비점은 각각 −45℃, −0.5℃이므로 LPI 시스템에서 LPG를 액체 상태로 연료를 분사하기가 어렵다. 이러한 이유로 보다 정확한 연료 분사량을 결정하기 위하여 레귤레이터 유닛에 연료 압력 조절기(fuel pressure regulator)를 두어 연료 공급 계통의 압력을 고압력(5~15 bar)으로 유지하고, 가스 압력 센서(GPS)와 가스 온도 센서(GTS)를 부착하여 연료의 특성(조성 비율 등)을 파악함으로써 분사량과 분사 시기를 계산하는데 사용한다.

38 다음 중 2행정 디젤 엔진의 소기 방식이 아닌 것은?

㉮ 가변 벤투리 소기식
㉯ 단류 소기식
㉰ 루프 소기식
㉱ 횡단 소기식

해설 소기(scavenging) 작용 : 2행정 사이클 엔진의 성능에 중요한 영향을 미치는 것으로, 폭발행정 끝에서 피스톤이 소기 구멍을 열면 연소 가스의 자체 압력으로 잔류 배기가스를

정답 35. ㉮　36. ㉰　37. ㉱　38. ㉮

실린더 밖으로 밀어내면서 새로운 공기(혹은 혼합기)를 실린더 내부로 흡입하는 작용을 말한다. 이러한 소기 작용의 방식에는 단류식(uniflow), 루프식(loop), 횡단식(cross)이 있다.
벤투리 튜브(venturi tube) : 직관의 통로 중간 부분을 좁혀 놓고 다시 원래대로 넓혀 놓은 것으로 유체가 이 좁은 부분을 통과할 때 유속이 빨라지면서 그만큼 압력이 떨어지는데 이 부압을 이용하여 유체나 기체를 빨아올릴 수 있는 것으로 예전 전자 제어 방식 이전에 사용되던 기화기(carburetor, 카뷰레터)에 적용된 원리이다.

39 배출가스 정밀검사에서 부하 검사 방법 중 경유 사용 자동차의 엔진 회전수 측정 결과 검사 기준은?

㉮ 엔진 정격 회전수의 ±5 % 이내
㉯ 엔진 정격 회전수의 ±10 % 이내
㉰ 엔진 정격 회전수의 ±15 % 이내
㉱ 엔진 정격 회전수의 ±20 % 이내

해설 경유차(디젤 엔진)의 경우 배출가스 검사 관련 무부하 급가속 시 엔진 회전수(rpm) 규정은 엔진 정격 회전수의 ±5 % 이내이어야 한다.

40 운행하는 자동차의 소음도 검사 확인 사항에 대한 설명으로 틀린 것은?

㉮ 소음덮개의 훼손 여부를 확인한다.
㉯ 정격 소음은 원동기를 가동한 상태에서 측정한다.
㉰ 경음기의 추가 부착 여부를 확인한다.
㉱ 배출가스가 최종 배출구 전에서 유출되는지 확인한다.

해설 경음기 음량의 측정 : 자동차 엔진을 가동시키지 않은 정차 상태에서 경음기를 5초 동안 작동시켜 측정되는 최댓값을 측정한다(단, 교류식 경음기의 경우에는 엔진 회전수가 3,000±100 rpm인 상태에서 측정한다).
배기소음의 측정 : 변속기 중립 모드의 엔진 공회전 상태에서 최고 출력의 75 % 회전 속도로 가속하였을 때 4초 동안 발생되는 소음의 최댓값을 측정한다.

제3과목 : 자동차 섀시

41 속도계 시험기의 판정에 대한 정밀도 검사 기준으로 적합한 것은?

㉮ 판정 기준값의 1 km 이내
㉯ 판정 기준값의 2 km 이내
㉰ 판정 기준값의 3 km 이내
㉱ 판정 기준값의 4 km 이내

해설 속도계 시험기의 판정에 대한 정밀도 검사 기준은 판정 기준값의 1 km 이내이다.

42 토크비가 5이고 속도비가 0.5이다. 이때 펌프가 3,000 rpm으로 회전할 때 토크 효율은?

㉮ 1.5 ㉯ 2.5
㉰ 3.5 ㉱ 4.5

해설 토크(T) $= 716.2 \times \dfrac{\text{PS}}{\text{N(rpm)}}$ kgf · m

$= 974 \times \dfrac{\text{KW}}{\text{N(rpm)}}$ kgf · m

토크 T는 회전수 N과 반비례하고$\left(T \propto \dfrac{1}{N}\right)$, 속도비(변속비) 0.5는 1보다 작으므로 증속이며, 변속비는 회전수와 반비례하므로 $\dfrac{1}{0.5} = 2$이다.

∴ 토크 효율 $= \dfrac{5}{2} = 2.5$

43 자동차 주행 중 핸들이 한쪽으로 쏠리는 이유로 적합하지 않은 것은?

㉮ 좌 · 우 타이어의 공기압 불평형
㉯ 쇼크 업소버의 좌 · 우 불균형

정답 39. ㉮ 40. ㉯ 41. ㉮ 42. ㉯ 43. ㉰

㉰ 좌·우 스프링 상수가 같을 때
㉱ 뒤 차축이 차의 중심선에 대하여 직각이 아닐 때

해설 주행 중 핸들이 한쪽으로 쏠리는 원인
① 타이어 공기압력 좌우 불균형
② 쇼크 업소버의 좌우 불균형(작동 불량)
③ 휠 얼라인먼트 불량
④ 휠 밸런스 불량
⑤ 브레이크 라이닝(패드 또는 슈) 간극 조정 불량
⑥ 브레이크 휠 실린더 좌우 작동 불량
⑦ 뒤 차축이 차량의 중심선에 대하여 직각이 아닐 경우(스러스트앵글(thrust angle) 불량 : 차량의 센터라인과 스러스트라인이 이루는 각도가 90°를 이루지 못하는 경우)

44 공기 브레이크에서 공기 압축기의 공기 압력을 제어하는 것은?

㉮ 안전 밸브 ㉯ 언로드 밸브
㉰ 릴레이 밸브 ㉱ 체크 밸브

해설 공기 압축기(air compressor) : 압력 조정기(air pressure regulator)와 언로더 밸브(unloader valve)가 설치되어 있어 공기 압축기가 일정 압력값 이상으로 과도하게 작동하는 것을 방지한다.
릴레이 밸브(relay valve) : 브레이크 페달을 밟았을 때 공기탱크의 공기를 신속하게 브레이크 체임버로 송출하고, 브레이크 페달을 놓았을 때 공기를 신속하게 배출하는 역할을 한다.

45 전자 제어 현가장치의 제어 중 급출발 시 노즈업 현상을 방지하는 것은?

㉮ 앤티 다이브 제어
㉯ 앤티 스쿼트 제어
㉰ 앤티 피칭 제어
㉱ 앤티 롤링 제어

해설 노즈업(nose up) 현상 : 차량의 급출발(혹은 급가속) 시 차량의 앞쪽이 순간적으로 들어 올려지고 차량의 뒤쪽이 주저앉는 현상으로 스쿼트(squat) 현상이라고도 한다.
ECS 시스템은 스로틀 밸브 위치 센서(TPS)와 차속 센서(VSS) 등을 통해 운전자의 급출발이나 급가속을 감지하여 쇼크 업소버의 감쇠력을 제어함으로써 앤티 스쿼트 제어(anti-squat control)를 실시한다.

46 다음은 자동변속기 학습제어에 대한 설명이다. 괄호 안에 알맞은 것을 순서대로 적은 것은?

학습 제어에 의해 내리막길에서 브레이크 페달을 빈번히 밟는 운전자에 대해서는 빠르게 (　　)를 하여 엔진 브레이크가 잘 듣게 한다. 또한 내리막에서도 가속 페달을 잘 밟는 운전자에게는 (　　)를 하기 어렵게 하여 엔진 브레이크를 억제한다.

㉮ 다운시프트, 다운시프트
㉯ 업시프트, 업시프트
㉰ 다운시프트, 업시프트
㉱ 업시프트, 다운시프트

해설 자동변속기의 TCU는 스로틀 위치 센서(TPS), 크랭크각 센서(CAS, 엔진 회전수 계산), 차속 센서(VSS) 등을 통해 변속 단수를 결정한다.
① 다운시프트(downshift) : 고단에서 저단으로 변속되면서 속도가 줄고 토크가 증가되는 것
② 업시프트(upshift) : 저단에서 고단으로 변속되면서 토크가 줄고 속도가 증가되는 것
③ 킥다운(kick down) : 고속도로 진입, 추월 등 운전자가 가속 페달을 힘껏 밟아 급가속을 시도하여 스로틀의 열림 양이 일정량(예 80% 이상 열렸을 때) 이상 열렸을 때 TCU가 다운시프트 변속하는 것

47 제동장치에서 하이드로 백의 릴레이 밸브 피스톤은 무엇에 의하여 작동되는가?

㉮ 공기 압력
㉯ 흡기 다엔진의 부압
㉰ 마스터 실린더의 유압

정답 44. ㉯ 45. ㉯ 46. ㉮ 47. ㉰

㉱ 동력 피스톤

해설 브레이크 페달의 압력을 배가시켜주는 장치인 배력 장치(servo brake)는 흡기 쪽의 진공도(부압)와 대기 압력과의 차이를 이용하는 진공 배력 방식(하이드로 백, 배큐엄 부스터)과 압축 공기의 압력과 대기 압력의 차이를 이용하는 공기 배력 방식(하이드로 에어팩)이 있다. 진공 배력 방식은 다시 마스터 실린더와 배력 장치를 일체로 한 직접 조작 방식(배큐엄 부스터)과 마스터 실린더와 배력 장치를 별도로 한 원격 조작 방식(하이드로 백)으로 구분할 수 있다. 이 중 원격 조작 방식(하이드로 백)의 경우 브레이크 페달을 밟으면 마스터 실린더의 브레이크 오일이 하이드롤릭 피스톤의 체크 밸브를 거쳐 각 바퀴의 휠 실린더(혹은 캘리퍼)로 전달됨과 동시에 릴레이 밸브 피스톤에도 브레이크 오일의 유압력이 전달되어 배력 장치가 작동하게 된다.

48 자동차가 72 km/h로 주행하기 위한 엔진의 실마력은?(단, 전체 주행 저항은 75 kgf이고 동력 전달 효율은 0.8이다.)

㉮ 16 PS　　㉯ 20 PS
㉰ 25 PS　　㉱ 30 PS

해설 전체 주행 저항이 75 kgf이고 동력 전달 효율이 0.8이므로 필요한 구동력은 $\frac{75\,\text{kgf}}{0.8}$ $= 93.75\,\text{kgf}$이다.

$$72\,\text{km/h} = \frac{72 \times 1{,}000\,\text{m}}{3{,}600\,\text{s}} = 20\,\text{m/s}$$
$$= 20 \times 93.75\,\text{kgf}$$
$$= 1{,}875\,\text{kgf} \cdot \text{m/s}$$

$1\,\text{PS} = 75\,\text{kgf} \cdot \text{m/s}$

∴ 엔진의 실마력 $= 1{,}875 \div 75 = 25\,\text{PS}$

49 차량 총중량이 2 ton인 자동차가 등판 저항 약 350 kgf로 언덕길을 올라갈 때 언덕길의 구배는 약 얼마인가?

㉮ 10°　㉯ 11°　㉰ 12°　㉱ 13°

해설 등판 저항(gradient resistance, Rg) : 차량이 경사면을 등판할 때 차량의 중량에 의해 경사면에 평행하게 작용하는 분력의 성분이며 경사 각도는 구배 비율(%)로 표현하기도 한다.

등판 저항 $Rg = W \times \sin\theta\,[\text{kgf}]$
(W : 차량 중량, θ : 경사각도)

$$\therefore \text{ 경사각도 } \theta = \sin^{-1}\left(\frac{Rg}{W}\right)$$
$$= \sin^{-1}\left(\frac{350}{2{,}000}\right) \fallingdotseq 10°$$

50 전자 제어 제동 장치(ABS)의 구성 요소가 아닌 것은?

㉮ 휠 스피드 센서　　㉯ 차고 센서
㉰ 어큐뮬레이터　　㉱ 하이드롤릭 유닛

해설 전자 제어 제동 장치(ABS) : 각 바퀴의 회전 속도를 검출하여 급제동 시 어떠한 주행 조건에서도 어느 하나의 바퀴라도 고착(잠김 lock)되지 않도록 하여 급제동 시 조향 안정성 및 제동 능력 향상을 도모하는 장치

ABS의 주요 구성 요소

① ECU(ABS)
② HCU(hydraulic unit, 하이드롤릭 유닛) : 솔레노이드 밸브, 고·저압 어큐뮬레이터, 펌프, 모터 등으로 구성되어 있다.
③ 휠 스피드 센서(wheel speed sensor) : 톤 휠(tone wheel)에 의한 각 바퀴의 회전 속도를 검출하는 센서로 자기 유도 작용을 이용한 마그네틱 픽업 코일 방식과 홀 IC를 이용한 액티브 방식이 있다.

참고 차고 센서(vehicle high sensor)는 전자 제어 현가장치(ECS)에서 차량의 상·하 움직임을 검출하여 차량의 높이를 검출하는 센서로 발광 다이오드와 포토트랜지스터, 슬롯으로 구성되어 있다.

51 다음 중 무단변속기의 특징과 가장 거리가 먼 것은?

㉮ 변속단이 있어 약간의 변속 충격이 있다.
㉯ 동력 성능이 향상된다.
㉰ 변속 패턴에 따라 운전하여 연비가 향

정답 48. ㉰　49. ㉮　50. ㉯　51. ㉮

상된다.

㉣ 파워 트레인 통합 제어의 기초가 된다.

해설 무단변속기(CVT, continuously variable transmission) : 가변 풀리와 체인 등을 이용하여 연속적으로 단수를 변속시키는 차세대 변속기

① 변속충격 감소(변속 품질 우수)
② 연비 향상(연료 소비율 절감)
③ 가속성능 향상(동력 성능, 출발 성능 향상)

52 적용 목적이 같은 장치와 부품으로 연결된 것은?

㉮ ABS와 노크 센서
㉯ EBD(Electronic Brake－force Distribution) 시스템과 프로포셔닝 밸브
㉰ 공기 유량 시스템과 요레이트 센서
㉱ 주행 속도 장치와 냉각 수온 센서

해설 전자 제동력 분배 장치(EBD, electronic brake force distribution control)

① 프로포셔닝 밸브(proportioning valve) : EBD 출시 전부터 브레이크 계통에 설치되어 있는 장치로, 급제동 시 후륜이 전륜보다 먼저 잠김(고착, lock)으로써 차량이 스핀되는 것을 방지하기 위해 후륜 브레이크 오일의 압력을 전륜 대비 감소시켜 후륜이 전륜보다 먼저 잠기는 것을 방지하는 장치이다.
② 로드 센싱 프로포셔닝 밸브(LSPD, load sensing proportioning valve) : 기존의 프로포셔닝 밸브와 달리 중량의 증가에 따른 제동력 배분을 수행하는 장치
③ EBD는 기존의 ABS ECU에 논리(logic)를 추가하여 후륜 브레이크 오일의 압력 제어를 보다 이상적으로 실현하였다.

요 레이트 센서(yaw rate sensor) : 차량의 비틀림을 검출하는 센서로 차체 자세 제어 장치(EPS, electronic stability program, 또는 VDC, vehicle dynamic control)에 적용되는 센서이다.

53 선회 주행 시 앞바퀴에서 발생하는 코너링 포스가 뒷바퀴보다 크게 되면 나타나는 현상은?

㉮ 토크 스티어링 현상
㉯ 언더 스티어링 현상
㉰ 리버스 스티어링 현상
㉱ 오버 스티어링 현상

해설 언더 스티어링(under steering) : 선회 시 차량이 목표 라인보다 바깥쪽으로 밀려 나가려는 것으로, 주로 전륜 구동 차량에서 선회 시 후륜 코너링 포스가 전륜 코너링 포스보다 크게 되면서 전륜 타이어가 먼저 접지력을 잃었을 때 발생한다.

오버 스티어링(over steering) : 선회 시 차량이 목표라인보다 안쪽으로 파고 들어가는 것으로, 주로 후륜 구동 차량에서 선회 시 전륜 코너링 포스가 후륜 코너링 포스보다 크게 되면서 후륜 타이어가 먼저 접지력을 잃었을 때 발생한다.

54 곡선 주로를 주행할 때 원심력에 대항하는 타이어의 저항인 코너링 포스에 영향을 주는 요소가 아닌 것은?

㉮ 세트 백(set back)
㉯ 타이어 공기압력
㉰ 타이어의 수직 하중
㉱ 타이어 크기

해설 세트 백(set back) : 주로 큰 추돌이나 충돌로 인해 바퀴의 액슬축 중심선에서 좌우 한 개의 바퀴가 앞쪽 또는 뒤쪽으로 밀려난 상태로 차축의 평행도를 말한다. 뒤쪽으로 밀려난 상태를 (+)세트 백, 앞쪽으로 밀려난 상태를 (−)세트 백이라고 한다.

코너링 포스(cornering force) : 차량이 선회할 때 각각의 타이어 접지면에서는 원심력과 그에 상응하는 구심력, 그리고 차량 선회에 따른 타이어의 방향이 이루는 슬립각이 생기는데 이러한 힘들이 타이어의 진행 방향에 대해 직각으로 작용하려는 성질의 힘을 말한다.

55 클러치 페달을 밟았다가 천천히 놓을 때 페달이 심하게 떨리는 이유가 아닌 것은?

정답 52. ㉯ 53. ㉱ 54. ㉮ 55. ㉱

㉮ 클러치 조정 불량이 원인이다.
㉯ 클러치 디스크 페이싱의 두께 차가 있다.
㉰ 플라이휠이 변형되었다.
㉱ 플라이휠의 링 기어가 마모되었다.

해설 플라이휠(fly wheel)의 바깥 둘레에는 엔진 시동 시 기동전동기의 피니언 기어와 맞물려서 기동 전동기의 회전력을 전달받을 수 있는 링 기어가 열박음(가열하여 끼워 넣음)되어 있다. 따라서 플라이휠 링 기어의 마모는 클러치의 떨림과는 무관하다.
클러치 페달에서 가벼운 진동이나 떨림 발생 시 예상 원인
① 클러치 디스크(마찰판)의 비틀림 스프링 또는 쿠션 스프링 불량
② 클러치 디스크(마찰판)의 페이싱 불량(편마모, 변형, 파손 등)
③ 플라이휠 불량(변형, 런 아웃 과다 등)

56 **내부의 고탄소강의 강선(피아노선)을 묶음으로 넣고 고무로 피복한 링 상태의 보강 부위로 타이어를 림에 견고하게 고정시키는 역할을 하는 부분은?**

㉮ 카커스(carcass)부
㉯ 트레드(tread)부
㉰ 숄더(shoulder)부
㉱ 비드(bead)부

해설 타이어의 주요 구조
① 트레드(tread) : 고무로 된 부분이며 타이어가 노면과 접촉하는 부분으로, 구동력, 제동력, 선회력, 소음, 승차감 등에 큰 영향을 끼친다.
② 카커스(carcass) : 타이어의 골격(뼈대)을 이루는 부분으로, 체적 유지, 완충 역할을 한다. 보통 승용차에 많이 쓰이는 레이디얼(radial, 방사형) 타이어는 카커스의 코드를 단면 방향(바퀴의 회전 진행 방향과 수직인 방향)으로, 브레이커(breaker)를 원둘레 방향으로 구성한 타이어를 말한다.
③ 브레이커(breaker) : 트레드와 카커스 사이에서 트레드와 카커스의 분리를 방지하고 완충 역할을 한다.
④ 비드(bead) : 타이어가 휠의 림(rim)과 접촉하는 부분으로, 림 내부에는 원 둘레 방향으로 피아노 강선을 보강하여 비드부가 늘어나는 것과 타이어가 림에서 빠지는 것을 방지한다.
⑤ 숄더(shoulder) : 트레드와 사이드월이 만나는 경계 부분으로, 비틀림을 흡수하고 충격을 완화하며 숄더부의 이상 마모는 타이어 편마모가 진행되고 있음을 의미한다.

트레드에 기능성 패턴을 두는 이유
① 미끄럼 및 사이드슬립 방지
② 열 발산(냉각)
③ 배수(물 배출)
④ 구동력, 제동력, 선회 성능 향상

57 **자동변속기에서 자동 변속 시점을 결정하는 가장 중요한 요소는?**

㉮ 엔진 스로틀 밸브 개도와 차속
㉯ 엔진 스로틀 밸브 개도와 변속 시간
㉰ 자동변속기 매뉴얼 밸브와 차속
㉱ 변속 모드 스위치와 변속 시간

해설 자동변속기의 변속 시점 제어(shift point control)에서 중요한 두 가지 요소는 엔진의 부하량(load)과 주행속도이며, 이것은 스로틀 위치 센서(TPS)와 속도 센서(VSS)로 검출된다.

58 **전차륜 정렬에서 조향 핸들의 조작력을 경감시키고 바퀴의 직진 복원력을 주는 가장 중요한 것은?**

㉮ 토인　　㉯ 캐스터
㉰ 토아웃　　㉱ 캠버

해설 전차륜 정렬(front wheel alignment) : 앞바퀴의 기하학적인 각도 관계를 말하며 캠버, 캐스터, 토인, 킹핀(조향축의 연장선) 경사각을 말한다.
① 캠버(camber) : 차량을 앞에서 봤을 때 바퀴의 중심선과 수직선이 이루는 각도로, 보통 타이어의 윗부분이 바깥쪽으로 살짝 기울어진 정(+)의 캠버를 둔다.

정답 56. ㉱　57. ㉮　58. ㉯

- 수직 하중에 대한 앞차축의 휨과 벌어짐 방지
- 조향 핸들의 조작을 보다 가볍게 함

② 캐스터(caster) : 차량을 옆에서 봤을 때 킹핀(혹은 조향축)이 수직선과 이루는 각도로, 킹핀(조향축의 연장선)의 윗부분이 차량 뒤쪽으로 살짝 기울어진 정(+)의 캐스터를 둔다.
- 주행 시의 직진성
- 조향 핸들의 복원성(주행 중 핸들을 돌리고 난 후 다시 제자리로 돌아오려는 성질)

③ 토인(toe in) : 차량을 위에서 봤을 때 바퀴 좌·우가 앞쪽으로 모인 것을 토인(toe in, +값), 벌어진 것을 토아웃(toe out, -값)이라고 한다.
- 사이드슬립 방지
- 타이어 마멸 방지
- 회전 평행성 유지

④ 킹핀(조향축의 연장선) 경사각 : 차량을 앞에서 봤을 때 킹핀 중심선이 수직선과 이루는 각도이다.
- 조향 핸들의 조작력을 가볍게 함
- 조향 핸들의 직진 복원성을 가짐
- 시미 현상(타이어의 동적 평형이 불량할 경우 타이어 회전 시 타이어가 좌·우로 흔들리는 현상) 방지

59 병렬형 하이브리드 자동차의 특징을 설명한 것 중 거리가 먼 것은?

㉮ 모터는 동력 보조만 하므로 에너지 변환 손실이 적다.

㉯ 기존 내연엔진 차량을 구동 장치의 변경 없이 활용 가능하다.

㉰ 소프트 방식은 일반 주행 시에는 모터 구동만을 이용한다.

㉱ 하드 방식은 EV 주행 중 엔진 시동을 위해 별도의 장치가 필요하다.

해설 모터의 사용(활용, 구동) 방식에 따른 구분

① 직렬형 : 모터가 주 동력원이 되고, 내연엔진(엔진)은 발전기를 구동시키는 역할을 하는 방식으로 저속, 고속, 가속 모든 경우에 모터만을 동력원으로 사용하는 방식

② 병렬형 : 내연엔진이 주 동력원이 되고 모터가 보조 동력원이 되는 하이브리드 시스템으로, 저속에서는 모터로, 고속에서는 엔진으로, 가속 시에는 엔진과 모터를 모두 사용하는 방식

③ 직·병렬형 : 저속과 공회전 시에는 직렬형을, 고속과 가속 시에는 병렬형을 사용하는 방식

병렬형의 장점

① 기존의 내연엔진 구동 체계를 대부분 활용할 수 있다.

② 모터는 보조 동력원으로만 사용되므로 저성능 모터와 저용량 배터리로도 하이브리드 시스템 구현이 가능하며 모터의 사용에 따른 에너지 손실도 적다.

③ 전체적으로 직렬형 하이브리드 시스템에 비하여 효율이 우수한 편이다.

모터의 부착(장착) 위치에 따른 구분

① 소프트(soft) 방식 : 모터가 플라이휠 쪽에 장착되어져 있어 FMED(fly wheel mounted electric device)라고 하며 출발할 때는 엔진과 모터를, 일반적인 평지 주행에서는 엔진을, 가속 또는 등판 시에는 엔진과 모터를 사용한다.

② 하드(hard) 방식 : 모터가 변속기 쪽에 장착되어 있어 TMED(transmission mounted electric device)라고 하며 출발과 저속 시에는 모터로, 일반적인 평지 주행에서는 엔진을, 가속 또는 등판 시에는 엔진과 모터를 사용한다.

※ 보통 병렬형 하이브리드 자동차를 다시 하드와 소프트로 나누어 구분하기도 한다.

60 베벨(bevel) 기어식 종감속/차동 장치가 장착된 자동차가 급커브를 천천히 선회하고 있을 때 차동 케이스 내의 어떤 기어들이 자전하고 있는가?

㉮ 외측 차동 사이드 기어들만

㉯ 차동 피니언들만

㉰ 차동 피니언과 차동 사이드 기어 모두

정답 59. ㉰ 60. ㉰

㉱ 외 · 내측 차동 사이드 기어들만

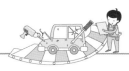

해설 차동 장치(differential system) : 래크와 피니언(rack & pinion)의 원리를 이용한 것으로, 차량이 선회할 때 양쪽(좌 · 우) 바퀴의 회전수를 서로 다르게 조절하는 기어(gear) 장치이다. 선회 시 안쪽 바퀴처럼 구름 저항을 많이 받는 바퀴가 느리게 회전하고 대신에 바깥쪽 바퀴는 그만큼 더 빠르게 회전할 수 있도록 되어 있다.

① 차량이 직진할 경우에는 좌 · 우 바퀴의 회전수가 같으므로 차동 기어의 회전 없이 사이드 기어만 회전한다.

② 차량이 선회할 경우에는 사이드 기어와 차동 기어가 모두 회전하면서 안쪽 바퀴는 느리게, 바깥쪽 바퀴는 빠르게 회전할 수 있도록 한다.

제4과목 : 자동차 전기

61 분자 자석설에 대한 설명으로 맞는 것은?

㉮ 자석은 동종 반발, 이종 흡입의 성질이 있다.

㉯ 자석은 자극 가까운 곳의 밀도는 크고, 방향은 모두 극 쪽으로 향한다.

㉰ 자력은 자속이 투과하는 매질의 투과율 및 자계강도에 비례한다.

㉱ 강자성체는 자화되어 있지 않은 경우에도 매우 작은 분자자석으로 되어 있다.

해설 영구 자석은 N, S극 방향을 가지런히 갖춘 분자 자석의 집합이다.

62 그림과 같은 회로에서 가장 적합한 퓨즈의 용량은?

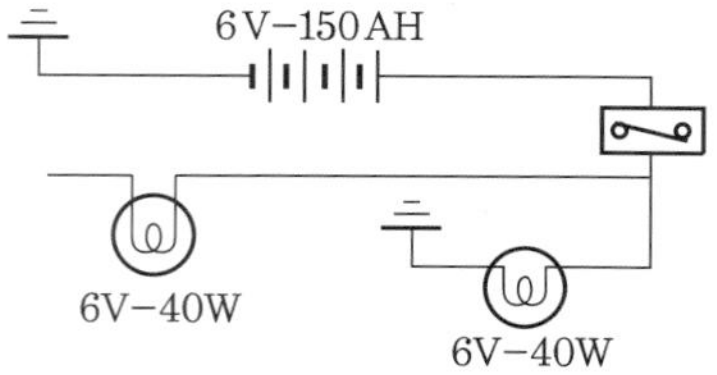

㉮ 10 A　㉯ 15 A

㉰ 25 A　㉱ 30 A

해설 회로는 병렬이고, 키르히호프 제1법칙에 따라 퓨즈는 전류 분배 후(I_A, I_B)의 총합(I_T)과 같거나 커야 한다.

$$I_A = \frac{40}{6} = 6.67\,\text{A},\ \ I_B = \frac{40}{6} = 6.67\,\text{A}$$

$$I_T = I_A + I_B = 6.67\,\text{A} + 6.67\,\text{A} = 13.34\,\text{A}$$

∴ 가장 적합한 퓨즈 용량은 13.34 A보다 큰 15 A이다.

63 멀티테스터(multitester)로 하는 릴레이 점검 및 판단 방법으로 틀린 것은?

㉮ 접점 점검은 부하 전류가 흐르도록 하고 멀티테스터로 저항 측정을 해야 한다.

㉯ 단품 점검 시 코일 저항이 규정값보다 현저히 차이가 나면 내부 단락 및 단선이라고 볼 수 있다.

㉰ 부하 전류가 흐를 때 양 접점 전압이 0.2 V 이하이면 정상이라 본다.

㉱ 작동이 원활해도 멀티테스터로 접점 전압 측정이 중요하다.

해설 접점 점검 부분에 저항 측정을 할 경우 전류를 흐르지 않도록 하고 저항을 측정한다.

64 점화플러그의 방전 전압에 직접적으로 영향을 미치는 요인이 아닌 것은?

㉮ 전극의 틈새 모양, 극성

㉯ 혼합가스의 온도, 압력

㉰ 흡입 공기의 습도와 온도

㉱ 파워 트랜지스터의 위치

해설 ① 점화 전압은 전극 틈새에 비례하며 전극 끝 부분이 둥글게 되면 방전 전압이 높아진다.

② 가스 압력이 높으면 점화 압력이 높아진다.

③ 같은 압력이라도 가스 온도가 높아지면 점화 전압은 낮아진다.

정답 61. ㉱　62. ㉯　63. ㉮　64. ㉱

65 **자동차 안전 기준에 관한 규칙상 경광등의 등광색을 적색 또는 청색으로 할 수 없는 경우는?**

㉮ 국군 및 주한 국제 연합군용 자동차 중 군 내부의 질서 유지 및 부대의 질서 있는 이동을 유도하는 데 사용되는 자동차
㉯ 수사 기관의 자동차 중 범죄 수사를 위하여 사용되는 자동차
㉰ 전파 감시 업무에 사용되는 자동차
㉱ 교도소 또는 교도 기관의 자동차 중 도주자의 체포 또는 피수용자의 호송·경비를 위하여 사용되는 자동차

해설 전파 감시 업무에 사용되는 자동차는 황색을 사용한다.

66 **엔진이 크랭킹 되지 않을 경우 자기 진단기로 점검 시 센서 데이터 항목 중 가장 중점적으로 확인해야 할 항목은? (단, 차량의 각 전원 접지 시스템은 정상이다.)**

㉮ 인히비터 스위치 위치 신호
㉯ rpm 신호
㉰ 에어 플로 센서 신호
㉱ 크랭크축 위치 센서 신호

해설 자기 진단기로 점검 시에는 변속 선택 레버를 N에 위치하고 인히비터 스위치가 N, P 위치에 있는지 확인한다.

67 **점화 계통에 사용되는 축전기에 대하여 잘못 설명한 것은?**

㉮ 1차 전류의 차단 시간을 단축하여 2차 전압을 높인다.
㉯ 접점 사이에 발생하는 불꽃을 흡수하여 접점의 소손을 방지한다.
㉰ 2차 전압의 저하를 방지하도록 단속기 접점과 직렬로 접속한다.
㉱ 접점이 닫혔을 때 축적된 전하를 방출하여 1차 전류의 회복을 빠르게 한다.

해설 배전기 점화 1차 회로 단속기로 단속기 접점과 병렬로 접속한다(배전기식 점화장치로 현재는 사용되지 않는다).

68 **기동 전동기에 흐르는 전류는 120 A이고 전압은 12 V일 때, 이 기동 전동기의 출력은 몇 PS인가?**

㉮ 0.56 ㉯ 1.22
㉰ 18.2 ㉱ 1.96

해설 1 kgf·m/s=9.80665 W, P=VI

$$\therefore \ PS = \frac{VI}{75 \times 9.8} = \frac{12 \times 120}{735} \fallingdotseq 1.96$$

69 **점화 코일의 시정수에 대한 설명으로 맞는 것은?**

㉮ 시정수가 작은 점화 코일은 1차 전류의 확립이 바르고 저속 성능이 양호하다.
㉯ 시정수는 1차 코일의 인덕턴스를 1차 코일의 권선저항으로 나눈 값이다.
㉰ 시정수는 1차 전류의 값이 최댓값 약 88.3 %에 도달할 때까지의 시간이다.
㉱ 인덕턴스를 작게 하면 권선비를 크게 해야 한다.

해설 코일이 정상 전류를 회복하는데 걸리는 시간

$$\text{시정수} = \frac{\text{코일의 인덕턴스}}{\text{코일 저항}}$$

70 **하이브리드 차량 정비 시 전원을 차단하는 과정에서 안전 플러그를 제거한 후 고전압 부품을 취급하기 전에 5~10분 이상 대기 시간을 갖는 이유 중 가장 알맞은 것은?**

㉮ 고전압 배터리 내의 셀의 안정화를 위해서
㉯ 제어 모듈 내부의 메모리 공간의 확보를 위해서
㉰ 저전압(12 V) 배터리에 서지 전압이 인가되지 않기 위해서

정답 65. ㉰ 66. ㉮ 67. ㉰ 68. ㉱ 69. ㉯ 70. ㉱

㉱ 인버터 내의 콘덴서에 충전되어 있는 고전압을 방전시키기 위해서

해설 HPCU(hybrid power control unit) 어셈블리에는 고전압 시스템이 정지된 후 방전하는 데 약 5~10분이 걸리는 커패시터(컨덴서)가 포함되어 있다.

71 **하이브리드 자동차(HEV)에 대한 설명으로 거리가 먼 것은?**

㉮ 병렬형(parallel)은 엔진과 변속기가 기계적으로 연결되어 있다.

㉯ 병렬형(parallel)은 구동용 모터 용량을 크게 할 수 있는 장점이 있다.

㉰ FMED(flywheel mounted electric device) 방식은 모터가 엔진 측에 장착되어 있다.

㉱ TMED(transmission mounted electric device)는 모터가 변속기 측에 장착되어 있다.

해설 소용량 엔진 동력과 전동기 출력으로 운전 가능하며 총 동력을 발생하기 위해 엔진과 전동기는 최대 동력 1/2만 발생하면 된다.

72 **TXV 방식의 냉동 사이클에서 팽창 밸브는 어떤 역할을 하는가?**

㉮ 고온 고압의 기체 상태의 냉매를 냉각시켜 액화시킨다.

㉯ 냉매를 팽창시켜 고온 고압의 기체로 만든다.

㉰ 냉매를 팽창시켜 저온 저압의 무화상태 냉매로 만든다.

㉱ 냉매를 팽창시켜 저온 고압의 기체로 만든다.

해설 TXV 방식의 냉동 사이클 부품 기능

① 증발기 : 저온저압 기체 상태
② 압축기 : 고온고압 기체 상태
③ 응축기 : 중온고압 액체 상태
④ 팽창 밸브 : 저온저압 습증기 상태(액체+기체)

73 **배터리 전해액의 온도가 낮아지면 일어나는 현상으로 틀린 것은?**

㉮ 용량이 저하된다.

㉯ 비중이 높아진다.

㉰ 황산과 극판 작용 물질의 화학 작용이 활발하다.

㉱ 추운 겨울철이나 한랭지에서는 전해액이 빙결될 수 있다.

해설 온도가 떨어질수록 전기 화학 반응이 어려워지고 극판의 설페이션 위험을 증가시킨다.

74 **자동 에어컨(FATC) 작동 시 바람은 배출되나 차갑지 않다. 점검해보니 컴프레서 스위치의 작동음이 들리지 않는다. 고장 원인으로 거리가 가장 먼 것은?**

㉮ 컴프레서 릴레이 불량

㉯ 트리플 스위치 불량

㉰ 블로어 모터 불량

㉱ 서머 스위치 불량

해설 자동 에어컨(FATC)의 부품 기능

① 컴프레서 릴레이 : 에어컨 마그네트 클러치를 작동시키는 전원 제어
② 트리플 스위치 : 냉매 압력을 저, 중, 고 3단계로 감지하여 컴프레서 ON/OFF 및 냉각핀 제어의 주 신호로 사용
③ 블로어 모터 : 외부 공기 송풍 기능
④ 서모 스위치 : 에바포레이터 온도에 따라 에어컨 작동 유무 결정

75 **실내온도 센서(NTC 특성) 점검 방법에 관한 설명으로 옳지 않은 것은?**

㉮ 센서 전원 5V 공급 여부

㉯ 실내온도 변화에 따른 센서 출력값 일치 여부

㉰ 에어 튜브 이탈 여부

㉱ 센서에 더운 바람을 인가했을 때 출력값이 상승되는지의 여부

정답 71. ㉯ 72. ㉰ 73. ㉰ 74. ㉰ 75. ㉱

해설 부특성 서미스터를 이용한 센서로 온도가 높아지면 저항이 작아지고 온도가 낮아지면 저항이 커지는 특성이 있다.

76 다음 중 전조등을 시험할 때 주의사항으로 틀린 것은?

가 각 타이어의 공기압은 표준일 것
나 공차 상태에서 운전자 1명이 승차할 것
다 배터리는 충전한 상태로 할 것
라 엔진은 정지 상태로 할 것

해설 액셀러레이터 페달을 밟아 엔진의 회전속도를 2,000 rpm 정도로 하여 광도계의 눈금을 읽고 기록한다.

77 기전력 2 V, 내부 저항 0.2 Ω의 전지 10개를 병렬로 접속했을 때 부하 4 Ω에 흐르는 전류는?

가 0.333 A　　나 0.498 A
다 0.664 A　　라 13.64 A

해설

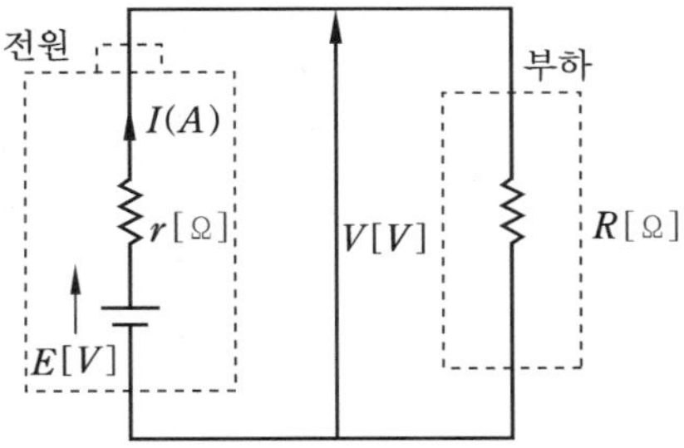

기전력 : 전류가 흐르지 않은 상태에서 전지가 나타내는 전압
내부 저항 : 전지 내부에서 전자가 이동할 때 받게 되는 저항
전지가 병렬접속이므로

$E = E_1 = E_2 = \cdots = E_9 = E_{10}$

$= 2\ V = 2\ V = \cdots = 2\ V = 2\ V$

∴ 기전력 $E = 2V$

$\frac{1}{r} = \frac{1}{r_1} + \frac{1}{r_2} + \cdots + \frac{1}{r_9} + \frac{1}{r_{10}}$

$= \frac{1}{0.2} + \frac{1}{0.2} + \cdots + \frac{1}{0.2} + \frac{1}{0.2} = \frac{10}{0.2}$

∴ 내부저항 $r = 0.02\ \Omega$

기전력=(전류×외부저항)+(전류×내부저항)

$E = V + (I \times r) = (I \times R) + (I \times r)$

$= I \times (R + r)$

$\therefore\ I = \frac{E}{R+r} = \frac{2}{4+0.02} \fallingdotseq 0.498\ \mathrm{A}$

78 자동차에서 방향지시등의 고장 현상이 발생하였다. 다음 원인에 따른 고장 중 증상이 다른 한 가지를 고르면?

가 플래셔 유닛의 접지 불량
나 램프의 필라멘트 단선
다 램프 용량에 맞지 않는 릴레이 사용
라 램프의 정격 용량이 규정보다 큰 경우

해설 플래셔 유닛이 접지 불량일 때는 방향지시등의 점멸이 느리고 다른 보기의 경우 좌, 우의 점멸 횟수가 다르거나 한쪽이 동작하지 않는다.

79 배터리의 전해액 비중은 온도 1℃의 변화에 대해 얼마나 변화하는가?

가 0.0005　　나 0.0007
다 0.0010　　라 0.0015

해설 $S_{20} = st + 0.0007(t - 20)$

S_{20} =표준온도 20℃로 환산한 비중
S_t =현재 온도의 전해액 비중
t =현재 측정한 전해액 온도

80 자동차의 외부에 바닥 조명등을 설치할 경우에 해당되는 자동차 성능과 기준에 관한 규칙의 사항 중 거리가 먼 것은?

가 자동차가 정지하고 있는 상태에서만 점등될 것
나 자동차가 주행하기 시작한 후 1분 이내에 소등될 것
다 최대 광도는 60 칸델라 이하일 것
라 등광색은 백색일 것

해설 자동차 외부에 바닥 조명등 설치 시 최대 광도는 30 칸델라 이하이어야 한다.

정답 76. 라　77. 나　78. 가　79. 나　80. 다

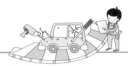

국가기술자격 필기시험문제

2016년도 3월 6일 (제1회)

자격종목	코드	시험시간	형 별	수검번호	성 명
자동차정비산업기사	2070	2시간			

제1과목 : 일반기계공학

01 유압기는 작은 힘으로 큰 힘을 얻는 장치인데 이것을 무슨 이론을 이용한 것인가?

㉮ 보일의 법칙
㉯ 베르누이 정리
㉰ 파스칼의 원리
㉱ 아르키메데스의 원리

해설 파스칼의 원리는 힘과 압력과의 관계로 $F=P$(압력)$\times A$(압력이 작용한 면적)으로 나타낼 수 있다. 따라서 밀폐된 용기 안의 일부에 압력을 가하면 가한 순간 액체 힘의 전달에 의해 압력이 용기 안에 동시에 전달된다.
① 보일의 법칙 : 일정온도에서 기체의 압력과 부피는 서로 반비례한다는 법칙이다.
② 베르누이 정리 : 유체가 흐르는 속도와 압력, 높이의 관계를 수량적으로 나타낸 원리이다.
③ 아르키메데스의 원리 : 한 물체가 어떤 액체 속에 잠길 때 흘러나온 액체의 무게와 똑같은 부력으로 떠오른다는 원리이다.

02 다음 중 축과 보스의 양쪽에 키 홈을 파며 가장 널리 사용되는 일반적인 키는 무엇인가?

㉮ 안장키 ㉯ 납작키
㉰ 둥근키 ㉱ 묻힘키

해설 안장 키 : 보스에 홈을 내고 축에는 홈을 내지 않은 곳에 끼우는 키(축에는 키 홈을 파지 않고 보스(boss)에만 키 홈을 파고 키를 박아 마찰력에 의하여 회전력을 전달한다.)
납작 키 : 평 키라고도 하며, 축에 키 폭 만큼 편평하게 깎은 자리를 만들고 보스에 홈을 만들어 사용하는 키
둥근 키 : 단면이 원형으로 된 작은 키

03 공작물을 회전시키고, 공구는 직선운동으로 공작물을 가공하는 공작기계는?

㉮ 드릴 ㉯ 밀링
㉰ 연삭 ㉱ 선반

해설 드릴 : 드릴링 머신에 끼워 공작물의 구멍을 뚫는 데 사용하는 공구
밀링 : 밀링 머신으로 밀링 커터를 사용하여 공작물을 절삭하는 가공법
연삭 : 경도가 높은 광물의 입자나 분말 또는 숫돌로 물체의 표면을 갈아 반들반들하게 만드는 일. 원통 연삭, 평면 연삭, 내면 연삭 따위가 있다.
선반 : 공작물이 회전운동을 하고, 바이트에는 직선 이송을 주어 절삭가공을 하는 기계이며, 기어(gear) 절삭은 하지 못한다. 선반에서 가공할 수 있는 작업은 외경 절삭, 끝면 절삭, 정면 절삭, 절단, 테이퍼 절삭, 곡면 절삭, 구멍 뚫기, 보링 작업, 널링 작업, 나사 절삭 등이 있다.

04 측정은 방법에 따라 직접측정, 비교측정, 간접측정, 절대측정으로 구분할 수 있는데, 다음 중 비교측정법으로 측정한 것은?

㉮ 마이크로미터 ㉯ 다이얼 게이지
㉰ 사인바 ㉱ 테보 게이지

해설 마이크로미터 : 측정하고자 하는 물체를 끼워 직접 측정한다(직접측정법).
다이얼 게이지 : 블록 게이지를 끼워 눈금판의 0을 지침에 맞춘다. 측정물을 끼워 지침의

정답 01. ㉰ 02. ㉱ 03. ㉱ 04. ㉯

흔들림을 읽어 비교 측정한다.
사인바 : 임의의 각도를 설정하거나 측정하는 데 사용하는 측정 기구이다.
테보 게이지 : 구멍 공차 한계 게이지이다.

05 **다음 중 언더컷에 대한 설명으로 옳은 것은?**

㉮ 과잉의 용융금속이 용착부 밖으로 덮인 비드의 상태를 말한다.
㉯ 용접 중에 용착 금속 내에 녹아 들어간 슬래그가 용착 금속 내에 혼입되어 있는 결함을 말한다.
㉰ 용착금속 내에 포함되어 있는 가스나 응고할 때 생긴 일산화탄소 또는 슬래그 등의 수분에서 생긴 수소들의 가스가 밖으로 방출되지 못하여 생긴 작은 공간을 말한다.
㉱ 용접전류가 과다할 경우 용융이 지나치게 되어 비드 가장자리에 홈 또는 오목한 형상이 생기는 것을 말한다.

해설 언더컷 : 용접전류가 과다할 경우 용융이 지나치게 되어 비드 가장자리에 홈 또는 오목한 형상이 생기는 것을 말한다.

06 **축에 작용하는 비틀림 모멘트를 T, 전단탄성계수를 G, 극관성 모멘트를 I_p, 길이를 l이라 할 때, 전체 비틀림 각은?**

㉮ $\dfrac{TI_p}{GI_p}$　　㉯ $\dfrac{Tl}{GI_p}$
㉰ $\dfrac{TG}{I_p l}$　　㉱ $\dfrac{Gl}{TI_p}$

해설 $\tan\gamma = \dfrac{s}{l} = \dfrac{R\theta}{l} \fallingdotseq \gamma = \dfrac{\tau}{G}$
Hook's low에서 $\tau = G\times\gamma$
$\dfrac{R\theta}{l} = \dfrac{\tau}{G} \rightarrow \theta = \dfrac{\tau l}{GR},\ \tau = \dfrac{T}{Z_P}$
$\theta = \dfrac{Tl}{Z_P GR} = \dfrac{Tl}{I_P G}$

07 **길이 300 mm인 구리봉 양단을 고정하고 20℃에서 70℃로 가열하였을 때 열응력에 의하여 발생되는 압축응력 [N/mm²]은? (단, 구리봉의 세로탄성계수는 9.2×10^3 N/mm² 선팽창계수 α는 1.6×10^{-5}/℃이다)**

㉮ 6.28　　㉯ 7.36
㉰ 8.39　　㉱ 10.2

해설 $\sigma = E\times\alpha\times\Delta T$
$= 9.2\times10^3\times1.6\times10^{-5}\times(70-20)$
$= 7.36$

08 **아공석강에서는 Ac3점에서 40~60℃ 높은 범위에서 가열하여 노내에서 서랭시키는 방법으로 주로 가공 경화된 재료를 연화시키거나 내부응력 제어 및 등을 할 수 있는 열처리 방법은?**

㉮ 불림　　㉯ 뜨임
㉰ 담금질　　㉱ 풀림

해설 풀림 : 아공석강에서는 Ac3점에서 40~60℃ 높은 범위에서 가열하여 노내에서 서랭시키는 방법으로 주로 가공 경화된 재료를 연화시키거나 내부응력을 제어한다.
불림 : 강을 단련한 후, 오스테나이트의 단상이 되는 온도범위에서 가열하여 대기 속에서 방치하여 자연냉각 시키는 방법
뜨임 : 적당한 온도로 재가열했다가 공기 속에서 냉각, 조직을 연화 안정시켜 내부 응력을 없애는 작업(담금질한 강에 인성을 주기 위하여 A1변태점 이하의 적당한 온도로 가열한 후 서서히 냉각시킨다).
담금질 : 급랭하여 금속이나 합금의 내부에서 일어나는 변화를 저지(강을 A1 변태점 이상으로 가열하여 기름이나 수중에서 급랭시키는 방법)

09 **길이가 l인 단순보의 중앙에 집중하중 P가 작용할 때 최대 처짐은 중앙에서 발생한다. 이때 처짐량 $(\delta_{\max})$을 산출하는 식으로**

옳은 것은?(단, E는 세로탄성계수, I는 단면 2차 모멘트이다.)

가 $\delta_{max} = \dfrac{Pl^3}{3EI}$　　나 $\delta_{max} = \dfrac{Pl^3}{8EI}$

다 $\delta_{max} = \dfrac{Pl^3}{48EI}$　　라 $\delta_{max} = \dfrac{Pl^3}{384EI}$

해설 $\theta_A = \theta_B = \dfrac{Pl^2}{16EI}$

$$\delta_{max} = y_{l=\frac{l}{2}} = \frac{Pl^3}{48EI}$$

10 다이 또는 롤러를 사용하여 재료를 회전시키면서 압력을 가하여 제품을 만드는 가공방법으로 나사의 가공에 적합한 것은?

가 압연가공(회전하는 롤러 사이로 재료를 통과시켜 가공하는 방법)

나 압출가공(컨테이너 속에 있는 재료를 램(ram)으로 눌러 빼내는 가공방법)

다 전조가공

라 프레스가공(소재를 압축시켜 성형하는 가공방법)

해설 압연가공 : 회전하는 롤러 사이에 재료를 통과시켜 재료의 소성변형을 이용하여 판재, 단면재를 성형하는 작업
압출가공 : 고온으로 가열 연화한 금속 재료 등을 다이스를 부착한 용기에 넣어 강한 압력을 가해서 구멍으로부터 압출하여 성형하는 가공을 말한다.
전조가공 : 소재나 공구(롤) 또는 그 양쪽을 회전시켜서 밀어붙여 공구의 모양과 같은 형상을 소재에 각인하는 공법. 회전하면서 하는 일종의 단조 가공이다.
프레스가공 : 형 또는 공구를 취부한 프레스 기계에 의해 재료를 변형 가공하는 작업을 말한다.

11 유압펌프에서 송출량이 10 L/min이고 0.5 MPa로 압력이 작용할 경우 유압펌프의 동력은 약 몇 W인가?

가 45.06　　나 66.67

다 83.33　　라 102.42

해설 동력 $L_{kW} = \dfrac{\gamma \cdot Q \cdot H}{102 \times 60 \times \eta}$

$$\therefore L_{kW} = \frac{10 \times 0.5 \times 10^6}{102 \times 60 \times 9.8} = 83.36 \text{ W}$$

12 두랄루민은 알루미늄에 무엇을 첨가한 합금인가?

가 구리, 마그네슘, 주석

나 구리, 마그네슘, 망간

다 주석, 마그네슘, 철

라 주석, 마그네슘, 아연

해설 두랄루민 : 알루미늄+구리+마그네슘+망간

13 성크키의 길이가 200 mm, 키의 측면에 발생하는 전단력이 80 kN이고, 키 폭은 높이의 1.5배라고 하면 키의 허용전단응력이 20 MPa일 경우 키 높이는 약 몇 mm 이상으로 하면 되는가?

가 13.33　　나 18.05

다 25.42　　라 30.06

해설 $\tau = \dfrac{V}{1.5hl} \le 20$

$$= \frac{80000}{1.5 \times 20 \times 200} \le h = 13.333 \text{ mm}$$

14 양단에 베어링으로 지지되어 있으며 그 중앙에 회전체 1개를 가진 원형 단면 축에 대한 위험속도의 계산에 필요한 설계인자로서 가장거리가 먼 것은?

가 축의 길이

나 전단탄성계수

다 회전체의 무게

라 축의 단면 2차 모멘트

정답 10. 다　11. 다　12. 나　13. 가　14. 나

해설 전단탄성계수(전단 휨의 비를 말한다)
위험 속도 : 회전축의 굽힘 고유 진동수와 일치하는 축의 회전 각속도. 회전축의 중심이 편심되어 있으면 원심력에 의하여 축의 휘어짐이 무한대가 되어 위험하다.

15 **매분 200회전하는 지름 300 mm의 평마찰차를 400 N으로 밀어붙이면 약 몇 kW의 동력을 전달시킬 수 있는가?(단, 접촉부 마찰계수는 0.3이다.)**

㉮ 0.268 ㉯ 0.377
㉰ 268 ㉱ 377

해설 $P=\mu\times\frac{\pi dN}{60}\times F$

$=0.3\times\frac{\pi\times 0.3\times 200}{60\times 1000}\times 400$

$=0.376\ \mathrm{kW}$

16 **유압 펌프의 종류 중 회전식이 아닌 것은?**

㉮ 피스톤 펌프 ㉯ 기어 나사
㉰ 베인 펌프 ㉱ 나사 펌프

해설 피스톤 펌프 : 왕복 펌프의 하나로 피스톤의 전후에서 흡입, 토출이 이루어지는 복동이다.
기어 펌프 : 2개의 기어를 맞물리게 하여 기어의 이와 이의 공간에 갇힌 유체를 기어의 회전에 의하여 케이싱 내면을 따라 보내게 되어 있는 펌프로, 점도가 높은 균질의 액체를 수송하는 데 적합하기 때문에 기름 펌프로 가장 널리 사용되고 있다. 배출되는 유량은 기어의 회전수에 비례한다.
베인 펌프 : 회전 펌프의 하나로 편심 펌프라고도 한다.
나사 펌프 : 케이싱 내에 1~3개의 나사 모양 회전자를 회전시키고, 유체는 그 사이에 채워서 나아가도록 되어 있는 펌프

17 **탄소강에 관한 설명으로 옳지 않은 것은?**

㉮ 탄소량이 증가하면 비중도 증가한다.
㉯ 탄소강의 탄성률은 온도가 증가함에 따라 감소한다.
㉰ 탄소강은 200~300℃에서 청열 취성(메짐)이 발생한다.
㉱ 아공석강 영역에서 탄소강이 증가하면 경도가 증가하나, 연신율은 감소한다.

해설 탄소량이 증가하면 비중은 감소하며 순수한 철의 비중은 20℃에서 7.86이다.
탄소강 : 철과 탄소의 합금으로 0.05~2.1 %의 탄소를 함유한 강을 말한다. 용도에 따라 적당한 탄소량의 것을 선택하여 사용한다. 0.9 %까지는 탄소가 증가하는 데 따라 단단해진다.

18 **드럼의 지름이 400 mm인 브레이크 드럼에 브레이크 블록을 누르는 힘 280이 작용하고 있을 때 브레이크의 제동력은 몇 N인가?(단, 마찰계수는 0.15이다)**

㉮ 42 ㉯ 60
㉰ 8400 ㉱ 1680

해설 $F=\mu P=0.15\times 280=42\ \mathrm{N}$

19 **안전율을 나타내는 식으로 옳은 것은?**

㉮ $\frac{\text{인장강도}}{\text{허용응력}}$ ㉯ $\frac{\text{사용응력}}{\text{허용응력}}$
㉰ $\frac{\text{허용응력}}{\text{인장강도}}$ ㉱ $\frac{\text{허용응력}}{\text{사용응력}}$

해설 구조물의 안전을 유지하는 정도, 즉 파괴강도를 그 허용 능력으로 나눈 값을 말한다.

$S=\frac{\text{인장강도}}{\text{허용응력}}$

20 **2개의 축이 같은 평면 내에 있으면서 그 중심선이 30° 이내의 각도로 교차하는 경우 축 이름으로 가장 적합한 것은?**

㉮ 고정 커플링 ㉯ 올덤 커플링
㉰ 플렉시블 커플링 ㉱ 유니버설 커플링

해설 고정 커플링 : 축이음의 일종으로 2축을 단

정답 15. ㉯ 16. ㉮ 17. ㉮ 18. ㉮ 19. ㉮ 20. ㉱

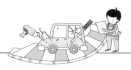

단히 고정하여 1개의 축처럼 접합하는 것 (동력 전달 중 축과 축과의 연결을 탈착할 수 없는 축이음을 말한다.)
올덤 커플링 : 두 축이 평행해서 약간 편심되어 있는 경우, 각속도를 변화시키지 않고 동력을 전달할 수 있는 축이음의 일종이다 (두 축이 평행하며, 그 거리가 비교적 짧은 경우에 이용되며 마찰저항이 커 윤활이 필요).
플렉시블 커플링 : 고무 등 탄성체를 이용한 유니버설 조인트로서, 전달 각도가 3~5도 정도로 낮은 것에 사용이 가능하다 (두 축의 중심선을 완전히 일치시키기 어려운 경우).
유니버설 커플링 : 2개의 축이 같은 평면 내에 있으면서 그 중심선이 30° 이내의 각도로 교차하는 경우의 축이음

제2과목 : 자동차 엔진

21 총배기량 1400 cc인 4행정 2000 rpm으로 회전하고 있다. 이때의 도시평균 유효압력이 10 kgf/cm²이면 도시마력은 몇 PS인가?

㉮ 약 31.1　㉯ 약 42.1
㉰ 약 52.1　㉱ 약 62.1

해설 도시마력(IHP) $= \dfrac{P \times A \times L \times N \times R}{75 \times 60}$

$= \dfrac{P \times V \times R}{75 \times 60}$

$= \dfrac{1400 \times 2000 \times 10}{75 \times 60 \times 2 \times 100} = 31.1\ \text{PS}$

여기서, P : 지시평균 유효압력(kgf/cm²),
A : 실린더 단면적(cm²),
L : 행정(m),
V : 배기량 (cm³),
N : 실린더 수,
R : 엔진회전수 (rpm), (2행정엔진 : R, 4행정엔진 : $R/2$)

22 디젤엔진에서 분사 노즐의 구비조건에 해당되지 않는 것은?

㉮ 연소실 구석구석까지 분사되게 할 것
㉯ 미세한 안개 모양으로 분사하여 쉽게 착화되게 할 것
㉰ 분사 완료시 완전히 차단하여 후적이 일어나지 않을 것
㉱ 고온, 고압의 가혹한 조건에서는 단시간 사용할 수 있을 것

해설 분사 노즐의 구비조건
① 연료를 미세한 안개 모양으로 하여 쉽게 착화하게 할 것
② 분무를 연소실 구석구석까지 미립화하여 분사되게 할 것
③ 연료의 분사 끝에서 완전히 차단하여 후적이 일어나지 않을 것
④ 고온·고압의 가혹한 조건에서 장시간 사용할 수 있을 것

23 윤활유의 유압 계통에서 유압이 저하되는 원인이 아닌 것은?

㉮ 윤활유 부족
㉯ 윤활유 공급 펌프 손상
㉰ 윤활유 누설
㉱ 윤활유 점도가 너무 높을 때

해설 ① 오일펌프 마모나 윤활계통 오일이 누출되었을 때
② 유압 조절 밸브 스프링 장력이 약해졌을 때
③ 크랭크 축 베어링의 과다 마멸로 오일 간극이 커졌을 때
④ 오일량이 규정보다 현저하게 부족할 때 윤활유 점도가 너무 높은 것과는 관련 없다.

24 가변저항의 원리를 이용한 것은?

㉮ 스로틀 포지션 센서
㉯ 노킹 센서
㉰ 산소 센서
㉱ 크랭크각 센서

해설 스로틀 포지션 센서는 스로틀 밸브의 열림 각을 감지하는 가변 저항의 원리를 이용한 것으로, 가속 페달을 밟으면 스로틀 보디의

정답 21. ㉮　22. ㉱　23. ㉱　24. ㉮

스로틀 샤프트와 함께 회전하면서 스로틀 포지션 센서의 전압이 저항의 위치에 따라 출력된다. ECU (electronic control unit)는 이 전압 변화를 근거로 하여 엔진의 공전 및 가속 상태를 판단하고 그에 따라 필요한 제어를 실행한다.

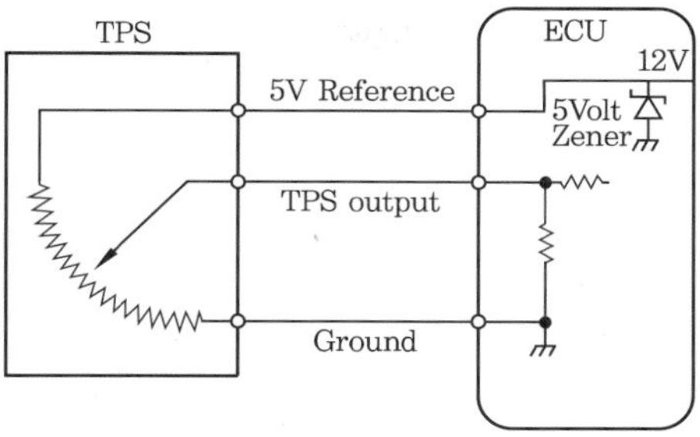

25 **휘발유 사용 자동차의 차량 중량이 1224 kg이고 총중량 2548 kg인 경우 배출가스 정밀검사 부하검사 방법인 정속모드 (ASM2525)에서 도로부하마력(PS)은?**

가 10　　나 15
다 20　　라 25

해설 부하마력(PS) $= \dfrac{\text{관성중량(kg)}}{136}$

관성중량 = 차량중량 + 136

관성중량 = 차량중량 1224 kg + 136 = 1360

부하마력 $= \dfrac{1360\text{kg}}{136} = 10$

※ 운전자 1인 150 lb + 동승자 1인 150 lb = 300 lb

300 × 0.4536(1 lb = 0.4536 kg) = 136

1) 차대동력계 부하마력은 측정 대상 자동차의 차량중량에 의하여 설정되어야 하며, 부하마력의 계산식은 다음과 같다.

부하마력(PS) $= \dfrac{\text{관성중량(kg)}}{136}$

관성중량 = 차량중량 (kg) + 136

2) 측정 대상 자동차의 차량중량이 자동차등록증 또는 전산정보처리조직에 기록되어 있지 않거나 등 차량중량을 알 수 없는 자동차의 부하마력은 다음 표 1에서 정하는 부하마력 조견표에 의하여 검사를 실시한다.

〈표 1〉 부하마력 조견표 (단위 : PS)

실린더수 / 자동차종류	3	4	5~6	8	>8
승용자동차	6.7	9.5	11.5	13.7	13.3
8인 이하 승합자동차	8.8	11.7	13.2	14.9	15.3
9인 이상 승합 및 일반 화물자동차	8.0	10.9	13.6	16.0	17.8
다목적형자동차	8.8	11.2	12.9	16.1	17.8
밴형화물자동차	9.0	11.6	14.7	16.3	17.2

※ 비고 : 경자동차는 승용자동차의 기준을 적용한다.

3) 설정된 부하마력은 40±2.0 km/h의 주행속도에서 일정하게 유지되어야 한다.

배출가스검사 : 휘발유, 가스 및 경유자동차에 따라 무부하 검사방법과 부하 검사방법으로 구분되어 검사모드가 구성

① 부하 검사

㉮ ASM2525 모드 : 차대동력계상에서 25 %의 도로부하로 40 km/h의 속도로 일정하게 주행하면서 배출가스를 측정하는 것이다.

㉯ Lug-Down3 모드 : 차대동력계상에서 자동차의 가속페달을 최대로 밟은 상태에서 최대출력의 정격회전수에서 1모드, 엔진정격회전수의 90 %에서 2모드, 엔진정격회전수의 80 %에서 3모드로 주행하면서 매연농도, 엔진회전수, 엔진최대출력을 측정한다.

② 무부하 검사

㉮ 무부하 정지가동 (ldleing) : 자동차가 정지한 상태에서 엔진을 공회전으로 가동하여 배출가스 배출량을 측정(일산화탄소, 탄화수소, 공기과잉률 : 휘발유, 가스 사용자동차 해당)한다.

㉯ 무부하 급가속 : 자동차가 정지한 상태에서 엔진을 최대회전수까지 급가속시킬 때 매연 배출량을 측정(매연 : 경유 사용 자동차 해당)하는 것이다.

26 **압력식 캡을 밀봉하고 냉각수의 팽창과 동**

일한 크기의 보조 물탱크를 설치하여 냉각수를 순환시키는 방식은?

㉮ 밀봉 압력방식 ㉯ 압력 순환방식
㉰ 자연 순환방식 ㉱ 강제 순환방식

해설 밀봉 압력식 : 라디에이터 캡을 밀봉하고 냉각수의 팽창과 맞먹는 크기의 저장탱크를 두어 냉각수가 외부로 누출되지 않게 하는 형식으로, 냉각수의 유출에 의한 손실이 작기 때문에 오랫동안 냉각수의 점검이나 보충을 하지 않아도 되는 장점이 있다. 캡을 밀봉하고 냉각수 팽창을 고려 저장탱크를 별도로 설치한 형식이다.
압력 순환방식 : 냉각 장치의 회로를 밀폐하고 냉각수가 팽창할 때의 압력으로 냉각수를 가압하여 비점을 올림으로써 비등에 의한 손실을 적게 하는 형식이다. 압력 조절은 라디에이터 캡으로 하며, 라디에이터를 작게 할 수 있고, 엔진의 열효율도 좋으며, 냉각수 보충 횟수를 줄일 수 있는 장점이 있다.

27 엔진의 윤활방식 중 윤활유가 모두 여과기를 통과하는 방식은?

㉮ 전류식 ㉯ 분류식
㉰ 중력식 ㉱ 션트식

해설 윤활유 여과방식
① 분류식 : 펌프로부터 나오는 일부 오일은 직접 윤활부로, 나머지는 여과기로 가는 방식이다.
② 전류식 : 윤활유가 모두 여과기를 통과하는 방식이다.
③ 복합식(션트식) : 오일펌프로부터 출력된 오일의 일부를 여과하는 방식이다.

28 가솔린 엔진의 유해 배출물 저감에 사용되는 차콜 캐니스터의 주기능은?

㉮ 연료 증발가스의 흡착과 저장
㉯ 질소산화물의 정화
㉰ 일산화탄소의 정화
㉱ PM(입자상 물질)의 정화

해설 캐니스터 : 엔진이 작동하지 않을 때 연료 탱크에서 증발된 가스를 활성탄에 흡착, 저장 하였다가 엔진 회전수가 상승하면 퍼지 컨트롤 솔레노이드 밸브의 오리피스를 통하여 서지탱크로 유입시킨다.

29 복합 사이클의 이론열효율은 어느 경우에 디젤 사이클의 이론열효율과 일치하는가? (단, ϵ = 압축비, p = 압력비, σ = 체절비(단절비), k = 비열비이다.)

㉮ $p=1$ ㉯ $p=2$
㉰ $\sigma=1$ ㉱ $\sigma=2$

해설 복합 사이클(Sabathe cycle) : 복합 사이클은 고속 디젤엔진의 기본 사이클이며 열량 공급이 정적과 정압 하에서 이루어진다.
복합 사이클(Sabathe cycle) 열효율

$$\eta_s = 1 - \left[\left(\frac{1}{\epsilon}\right)^{k-1} \cdot \frac{p \cdot \sigma^k - 1}{(p-1) + k \cdot p(\sigma - 1)}\right]$$

p : 폭발비(압력비)

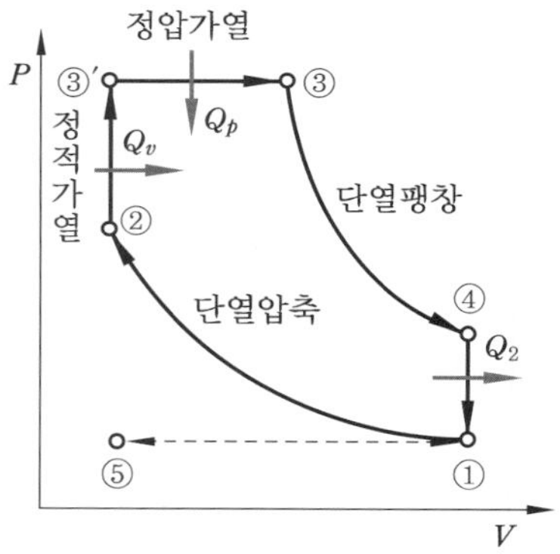

30 전자제어 가솔린 연료분사장치의 인젝터에 분사되는 연료의 양은 무엇으로 조정하는가?

㉮ 인젝터 개방시간
㉯ 연료 압력
㉰ 인젝터의 유량계수와 분구의 면적
㉱ 니들 밸브의 양정

해설 가솔린 연료분사장치의 인젝터에 분사되

정답 27. ㉮ 28. ㉮ 29. ㉮ 30. ㉮

는 연료의 양은 ECU 신호에 의해 인젝터 개방시간(ECU ON)에 따라 연료량이 제어된다.

31 **디젤엔진 후처리장치의 재생을 위한 분사는?**

㉮ 점화 분사　　㉯ 주 분사
㉰ 사후 분사　　㉱ 직접 분사

해설 ① 착화지연기간(연소준비기간 : A~B 기간)
② 화염전파기간(정적연소기간, 폭발연소기간 : B~C 기간)
③ 직접연소기간(정압연소기간, 제어연소기간 : C~D 기간)
④ 후기연소기간(후연소기간 : D~E 기간)

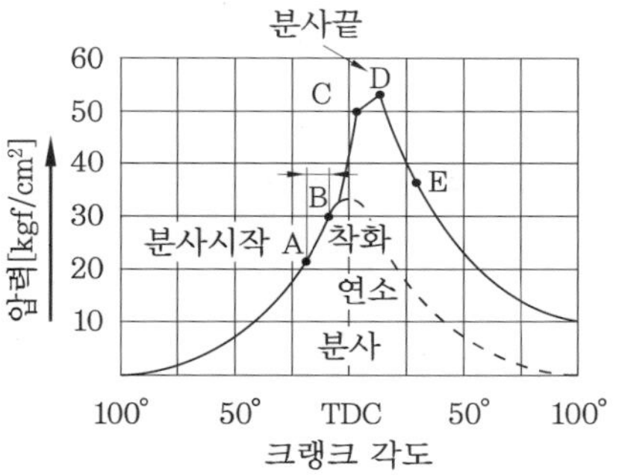

32 **디젤엔진에서 착화 지연기간이 1/1000초, 착후 최고 압력에 도달할 때까지의 시간이 1/1000초일 때, 2000 rpm으로 운전되는 엔진착화시기는?**

㉮ 상사점 전 32°　　㉯ 상사점 전 36°
㉰ 상사점 전 12°　　㉱ 상사점 전 24°

해설 엔진착화시기 $= 6 \times R \times T$

$$= 6 \times 2000 \times \frac{1}{1000}$$

$$= 12$$

33 **디젤엔진의 노킹 발생 원인이 아닌 것은?**

㉮ 착화지연기간이 너무 길 때
㉯ 세탄가가 높은 연료를 시용할 때
㉰ 압축비가 너무 낮을 때
㉱ 착화온도가 너무 높을 때

해설 디젤엔진 노크 발생 원인과 대책
① 분사 개시 때 분사량이 증가되어 착화지연기간이 너무 길 때
② 압축비가 너무 낮을 때
③ 착화온도가 너무 높을 때
④ 세탄가가 낮은 연료를 시용할 때
⑤ 압축비, 압축 압력 및 압축 온도를 높인다.
⑥ 착화성이 좋은(세탄가가 높은) 경유를 사용한다.

34 **가변용량제어 터보차저에서 저속 저부하(저유량) 조건의 작동원리를 나타낸 것은?**

㉮ 베인 유로 좁힘 → 배기가스 통과속도 증가 → 터빈 전달 에너지 증대
㉯ 베인 유로 넓힘 → 배기가스 통과속도 증가 → 터빈 전달 에너지 증대
㉰ 베인 유로 넓힘 → 배기가스 통과속도 감소 → 터빈 전달 에너지 증대
㉱ 베인 유로 좁힘 → 배기가스 통과속도 감소 → 터빈 전달 에너지 증대

해설 VGT는 저속 영역에서는 배기가스의 통로를 좁힘(벤투리 원리를 이용)으로써 배기가스의 속도를 올려 터보차저를 빠르게 회전시킴으로써 저속에서도 일반 터보차저보다 많은 공기를 흡입할 수 있으며, 저속 저부하(저유량) 조건의 작동은 베인 유로 좁힘 → 배기가스 통과속도 증가 → 터빈 전달 에너지 증대로 작동된다.

35 **전자제어 가솔린 엔진에 대한 설명으로 틀린 것은?**

㉮ 흡기온도 센서는 공기밀도 보정 시 사용된다.
㉯ 공회전속도 제어는 스텝 모터를 사용하기도 한다.
㉰ 산소센서 신호는 이론공연비 제어신호로 사용된다.

정답 31. ㉰　32. ㉰　33. ㉯　34. ㉮　35. ㉱

㉱ 점화시기는 크랭크각 센서가 점화 2차 코일의 전류로 제어한다.

36 삼원 촉매장치를 장착하는 근본적인 이유는?

㉮ HC, CO, NOx를 저감
㉯ CO_2, N_2, H_2O를 저감
㉰ HC, SOx를 저감
㉱ H_2O, SO_2, CO_2를 저감

해설 배출가스 제어장치 중 삼원촉매장치는 인체에 해롭거나 환경오염이 될 수 있는 HC, CO, NOx를 저감하기 위해 엔진 연소 후 후처리할 수 있는 방식으로 설치된다.

37 운행차 배출가스 정밀검사를 받아야 하는 자동차에 대한 설명으로 틀린 것은?

㉮ 대기환경규제 지역에 등록된 자동차는 정밀검사 대상 자동차이다.
㉯ 서울특별시에서 운행되는 승용자동차는 정밀검사 대상 자동차이다.
㉰ 피견인자동차는 정밀검사를 받아야 하는 자동차에서 제외한다.
㉱ 천연가스를 연료로 사용하는 자동차는 정밀검사를 받아야 한다.

해설 운행차 배출가스 정밀검사를 받아야 하는 자동차는 내연엔진 중 대기환경규제에 해당 되는 지역에 등록된 자동차가 주 대상이며 천연가스를 연료로 사용하는 자동차는 정밀검사와는 관련 없다.

38 자동차 엔진에 사용되는 수온센서는 주로 어떤 특성의 서미스터를 사용하는가?

㉮ 정특성　　㉯ 부특성
㉰ 양특성　　㉱ 일방향 특성

해설 흡입 다기관의 물 재킷 통로에 설치되어 냉각수 온도를 검출하며 부특성 서미스터(thermistor type)가 사용되어 출력 전압으로 엔진 ECU를 확인함으로써 엔진 상태에 따른 연료 공급량을 적절히 보정한다.

39 엔진 작동 중 실린더 내 흡입효율이 저하되는 원인이 아닌 것은?

㉮ 흡입 및 배기의 관성이 피스톤 운동을 따르지 못할 경우
㉯ 밸브 및 피스톤링의 마모로 인해 가스 누설이 발생되는 경우
㉰ 흡·배기 밸브의 개폐시기 불안정으로 단속 타이밍이 맞지 않을 경우
㉱ 흡입압력이 대기압보다 높은 경우

해설 엔진 작동 중 실린더 흡입압력이 대기압보다 높은 경우에는 흡입효율이 높아 흡입 저항이 양호하다.

40 흡입공기량을 간접 계측하는 센서 방식은?

㉮ 핫 와이어식　　㉯ 베인식
㉰ 칼만와류식　　㉱ 맵 센서식

해설 흡입공기량을 간접 계측하는 센서 방식으로 맵 센서 식이며 흡기다기관 또는 서지 탱크에서 발생되는 압력으로 공기량을 간접 계측한다. 센서 내부에는 피에조 저항에 의해 압력에 의한 저항값이 변하며 전압으로 출력된다. ㉮: 핫 와이어식, ㉯: 베인식, ㉰: 칼만와류식은 직접계측방식으로 AFS에 의해 흡입되는 센서를 직접 계측하며 칼만와류식은 디지털 방식으로 흡입공기량을 계측한다.

제3과목 : 자동차 섀시

41 전자제어 자동변속기에서 변속기 제어유닛의 입력 요소가 아닌 것은?

㉮ 입력 속도 센서　　㉯ 출력 속도 센서
㉰ 산소 센서　　㉱ 유온 센서

해설 자동변속기의 TCU에 입력되는 센서로는

정답 36. ㉮　37. ㉱　38. ㉯　39. ㉱　40. ㉱　41. ㉰

스로틀 포지션 센서, 유온 센서, 펄스 제너레이터, 차속 센서 등이 있다. 모터 위치 센서는 ISC 서보가 작동할 때 모터의 위치를 엔진 ECU로 입력시킨다. 전자제어 자동변속기에서 변속기 제어 유닛의 기능으로는 변속점 제어 기능, 댐퍼 클러치 제어 기능, 자기진단 기능 등이 있다. 산소 센서는 엔진 피드백 시스템의 주 부품으로 자동변속기와는 관계없다.

42 전륜 구동형(FF) 차량의 특징이 아닌 것은?

㉮ 추진축이 필요하지 않으므로 구동손실이 적다.
㉯ 조향방향과 동일한 방향으로 구동력이 전달된다.
㉰ 후륜 구동에 비해 빙판 언덕길 주행에 유리하다.
㉱ 후륜 구동에 비해 최소회전반경이 작다.

해설 FF는 엔진을 가로로 장착하고 있고 FR은 엔진을 세로로 장착한다. 전륜구동의 장점은 실내의 공간 활용도가 높고 후륜구동에 비해 구동축 부품이 적기 때문에 앞뒤 좌석의 공간을 넓힐 수 있으며, 눈이나 비가 올 경우 후륜에 비해 조정 안정성이 좋다. 대부분 차체의 앞쪽에서 운전이 이뤄지기 때문에 앞바퀴에 힘이 있다면 조금 더 민첩하게 대응할 수 있으며 휠 스핀이 발생하더라도 운전자가 즉각 조향해 차량을 제어할 수 있는 장점이 있다. 단점은 앞쪽에 엔진이 있고 조향장치가 함께 하기 때문에 전륜이 복잡하며 고속주행이 이뤄질 땐 뒤 방향이 가벼워지기 때문에 후륜 구동에 비해 승차감이 떨어질 수 있다. 후륜 구동에 비해 최소회전반경이 크게 된다.

43 자동차에 사용하는 휠스피드 센서의 파형을 오실로스코프로 측정하였다. 파형 정보를 통해 확인할 수 없는 것은?

㉮ 최저 전압　　㉯ 최고 전압
㉰ 평균 전압　　㉱ 평균 저항

해설 휠 스피드센서 파형 측정 방법
차량을 리프드 업 : 타이어를 탈거한 후 휠 스피드 센서 커넥터에 진단기 프로브를 설치한다. 시동 또는 on시킨 후 바퀴를 구동시켜 출력 파형을 확인한다. 파형 분석 시 (+)최댓값, (−)최솟값 그리고 P−P 전압을 확인한다. 파형이 끊김이 없고 노이즈 발생이 없어야 정상 파형이다.

44 브레이크 내의 잔압을 두는 이유가 아닌 것은?

㉮ 제동의 늦음을 방지라기 위해
㉯ 베이퍼 로크(vapor lock) 현상을 방지하기 위해
㉰ 휠 실린더 내의 오일 누설을 방지하기 위해
㉱ 브레이크 오일의 오염을 방지하기 위해

해설 잔압을 두는 목적
① 브레이크의 신속한 작동을 위해
② 브레이크 장치에 공기발생 방지
③ 베이퍼 로크를 방지한다.
④ 캘리퍼 또는 휠 실린더에서 오일이 새는 것을 확인할 수 있다.

45 ABS 장착 차량에서 인덕티브 형식 휠스피드 센서의 설명으로 틀린 것은?

㉮ 출력신호는 AC전압이다.
㉯ 일종의 자기유도센서 타입이다.
㉰ 고장 시 즉시 ABS 경고등이 점등하게 된다.
㉱ 앞바퀴는 조향 휠이므로 뒷바퀴에만 장착되어 있다.

해설 ABS 장착 차량에서 인덕티브 형식 휠스피드 센서는 3채널 또는 4채널이 주로 사용되며 전륜은 주로 4채널(4바퀴에 휠 스피드 센서 장착)이 사용되고 후륜은 3채널(앞바퀴와 후륜 구동축)이 사용된다. ABS 시스템을 구성하는 주요 부품은 휠센서, ECU, 그리고 유압 모듈레이터(솔레노이드 밸브 포함)이다.

정답 42. ㉱　43. ㉱　44. ㉱　45. ㉱

① 4-채널 시스템 : 4개의 휠센서를 사용하는데 전후, 대각선 제어 브레이크 회로에 주로 사용하며 각 차륜을 개별적으로 제어하지만, 후륜은 '개별제어' 또는 실렉트로 원리에 따라 공동으로 제어한다.
② 3-채널 시스템 : 3개 또는 4개의 휠센서를 사용하며, 대각선 브레이크 회로에 사용하며 앞바퀴들은 개별 제어하고, 뒤쪽 좌, 우 차륜은 1개의 유압 제어 유닛으로 실렉트로 원리에 따라 제어한다.
③ 개별제어(Individual Control ; IC) : 각 차륜에 가능한 최대 제동압력을 작용시킨다. 따라서 제동력은 최대가 된다. 예를 들어 노면의 어느 한쪽이 결빙된 상태일 경우에 1개의 차축에서도 각 차륜에 작용하는 제동력이 서로 크게 다르기 때문에 요-토크가 발생할 수 있다.
④ 실렉트로제어(Select-Low Control ; SLC): SLC의 경우, 1개의 차축 좌, 우 차륜들의 노면과의 마찰계수가 서로 다를 때, 마찰계수가 낮은 바퀴를 기준으로 좌/우 차륜의 제동력을 제어한다. 뒷바퀴 좌/우 차륜에 거의 동일한 제동력이 작용하기 때문에 마찰계수가 서로 다른 노면에서 제동할 경우에도 요-토크의 크기는 작다.

46 **조향기어의 종류에 해당하지 않는 것은?**

㉮ 토르센형　㉯ 볼 너트형
㉰ 웜 섹터 롤러형　㉱ 랙 피니언형

해설 조향기어의 종류에는 볼 너트형, 웜 섹터 롤러형, 랙 피니언형이 주로 사용되며 토르센형은 LSD의 종류로 조향기어와는 관계없다.

47 **검사기기를 이용하여 운행 자동차의 주 제동력을 측정하고자 한다. 다음 중 측정방법이 잘못된 것은?**

㉮ 바퀴의 흙이나 먼지, 물들의 이물질을 제거한 상태로 측정한다.
㉯ 공차상태에서 사람이 타지 않고 측정한다.
㉰ 적절히 예비운전이 되어 있는지 확인한다.
㉱ 타이어의 공기압은 표준 공기압으로 한다.

해설 제동능력 측정조건
① 자동차는 공차상태의 자동차에 운전자 1인이 승차한 상태로 한다.
② 자동차는 바퀴의 흙, 먼지, 물 등의 이물질을 제거한 상태로 한다.
③ 자동차는 적절히 예비운전이 되어 있는 상태로 한다.
④ 타이어의 공기압력은 표준 공기압력으로 한다.

48 **엔진 플라이휠과 직결되어 엔진 회전수와 동일한 속도로 회전하는 토크 컨버터의 부품은?**

㉮ 터빈 러너　㉯ 펌프 임펠러
㉰ 스테이터　㉱ 원웨이 클러치

해설 토크 컨버터의 구성
① 펌프 임펠러(impeller) : 엔진시동 시 크랭크축이 작동하면 플라이휠에 의해 구동되어 직결 회전된다.
② 터빈 (turbine): 변속기 입력축 동력 전달
③ 리액터(reactor) or 스테이터 : 오일 흐름을 바꾸고 토크 업시킨다.

49 **소형 승용차가 제동 초속도 80 km/h에서 제동을 하고자 할 때 공주시간이 0.1초일 경우 이동한 공주거리는 얼마인가?**

㉮ 약 1.22 m　㉯ 약 2.22 m
㉰ 약 3.22 m　㉱ 약 4.22 m

해설 운전자가 보행자나 정지 표시 등 위험을 시각적으로 인식하고 상황에 대처하여 특정 동작을 실행하는 데까지는 일정한 시간이 걸린다. 여기서 지각 지연 시간은 위험 상황을 시각적으로 받아들인 후 위험하다는 것을 이해하는 데 걸리는 시간이다

• 공주거리 $S_0 = \dfrac{v}{3.6} \times t$

정답 46. ㉮　47. ㉯　48. ㉯　49. ㉯

여기서, 속도 (v)는 km/h, 공주시간 t는 초이다.

단위환산 $1\,km/h = \frac{1000}{3600} = \frac{1}{3.6}\,m/s$

• 공주거리 $S_0 = \frac{80}{3.6} \times 0.1$
$= 2.22\,m$

50 **자동차의 앞바퀴 윤거가 1500 mm, 축간거리 3500 mm, 킹핀과 바퀴접지면의 중심거리가 100 mm인 자동차가 우회전할 때, 왼쪽 앞바퀴의 조향각도가 32°이고 오른쪽 앞바퀴의 조향각도가 40°라면 이 자동차의 선회 시 최소 회전 반지름은?**

㉮ 약 6.7 m ㉯ 약 7.2 m
㉰ 약 7.8 m ㉱ 약 8.2 m

해설 최소회전반경 $R = \frac{L}{\sin\alpha} + r$

여기서, L : 축거
α : 외측 바퀴의 조향각
r : 킹핀옵셋 (바퀴 접지면 중심과 킹핀 중심간의 거리)

$\therefore R = \frac{3.6}{\sin 32°} + 0.1$
= 약 6.7 m

51 **가솔린 승용차에서 주행 중 시동이 꺼졌을 때 제동력이 저하되는 이유로 가장 적절한 것은?**

㉮ 진공 배력장치 작동 불능
㉯ 베이퍼 로크 현상
㉰ 엔진 출력 상승
㉱ 하이드로 플래닝 현상

해설 가솔린 승용차에서 주행 중 시동이 꺼졌을 때 제동력이 저하되는 이유는 흡기 쪽 진공 형성이 되지 않기 때문이다. 다음은 배력장치의 기본 작동 원리이다.
배력장치의 기본 작동 원리
① 동력 피스톤 좌·우의 압력 차이가 커지면 제동력은 커진다.
② 동일한 압력조건일 때 동력 피스톤의 단면적이 커지면 제동력은 커진다.
③ 일정한 단면적을 가진 진공식 배력장치에서 흡기다기관의 압력이 높아질수록 제동력은 작아진다.
④ 일정한 동력 피스톤 단면적을 가진 공기식 배력장치에서 압축공기의 압력이 변하면 제동력이 변화된다.

52 **자동차의 바퀴가 동적 언밸런스 경우 발생할 수 있는 현상은?**

㉮ 트램핑(Tramping)
㉯ 정재파(Standing wave)
㉰ 요잉(Yawing)
㉱ 시미(Shimmy)

해설 시미(Shimmy)현상 : 바퀴가 옆으로 흔들리는 현상으로 타이어의 동적 평형(회전 중심축을 옆면으로 보았을 때 회전하고 있는 상태의 평형)이 잡혀있지 않으면 시미 현상이 발생한다 (예 : 한쪽으로 치우친 중량의 휠 경우).
시미(Shimmy)현상 발생 원인 : 주로 타이어 원주방향의 무게 균형을 말하는 휠 밸런스의 균형이 맞지 않을 경우 회전저항이 증가하며, 특히 고속에서 핸들이 떨리는 시미(Shimmy) 현상이 발생할 수 있다.

53 **공압식 전자제어 현가장치에서 저압 및 스위치에 대한 설명으로 틀린 것은?**

㉮ 고압 스위치가 ON되면 컴프레서 구동 조건에 해당된다.
㉯ 저압 스위치는 리턴 펌프를 구동하기 위한 스위치이다.
㉰ 고압 스위치가 ON되면 리턴 펌프가 구동된다.
㉱ 고압 스위치는 고압 탱크에 설치된다.

해설 ① 고압 스위치는 리저버 탱크의 고압실의 압력을 감지한다. $7.6\,kg/cm^2$ 이하에서 ON, $9.5\,kg/cm^2$ 이상에서 OFF
② 저압 스위치는 $0.7\,kg/cm^2$ 이하에서 ON,

정답 50. ㉮ 51. ㉮ 52. ㉱ 53. ㉰

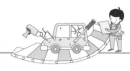

1.4 kg/cm² 이상에서 OFF (OFF와 동시에 ECS-ECU에서 리턴펌프를 구동하여 고압실로 이동)

54 **차축의 형식 중 구동 차축의 스프링 아래 질량이 커지는 것을 피하기 위해 종감속기어 차동장치를 액슬 축으로부터 분리하여 차체를 고정한 형식은?**

㉮ 3/4부동식(three quarter floating axle type)
㉯ 반부동식(half floating axle type)
㉰ 벤조식(banjo axle type)
㉱ 드 디온식(de dion axle type)

해설 종감속기어장치를 거친 동력을 바퀴로 전달하며 액슬축이 바퀴에 연결되어 있다. 동력을 바퀴에 전달하면서 차축을 지지하는 방식에는 반부동식, 3/4부동식, 전부동식 등 3가지가 있다.

55 **자동차가 주행하면서 클러치가 미끄러지는 원인으로 틀린 것은?**

㉮ 클러치 페달의 자유간극이 크다.
㉯ 압력판 및 플라이휠 면이 손상되었다.
㉰ 마찰면의 경화 또는 오일이 부착되어 있다.
㉱ 클러치 압력스프링이 쇠약 및 손상되었다.

해설 자유간극이 크면 클러치 차단이 불량하여 변속기의 기어를 변속할 때 소음이 발생하고 기어가 손상이 된다.

56 **공압식 전자제어 현가장치의 기본 구성품에 속하지 않는 것은?**

㉮ 컴프레서 ㉯ 공기저장 탱크
㉰ 컨트롤 유닛 ㉱ 동력 실린더

해설 ECS의 구성부품
① 차속 센서
② 차고 센서
③ 조향 핸들 각속도 센서
④ TPS (스로틀 위치 센서)
⑤ G센서-중력 센서
⑥ ECU 컨트롤 유닛
⑦ 컴프세서
⑧ 공기저장 탱크
※ 동력 실린더는 파워스티어링 시스템 유압 실린더이다.

57 **자동차 앞바퀴 정렬 중 캐스터에 관한 설명은?**

㉮ 자동차의 전륜을 위에서 보았을 때 바퀴의 앞부분이 뒷부분보다 좁은 상태를 말한다.
㉯ 자동차의 전륜을 앞에서 보았을 때 바퀴 중심선의 윗부분이 약간 벌어져 있는 상태를 말한다.
㉰ 자동차의 전륜을 옆에서 보면 킹핀의 중심선이 수직선에 대하여 어느 한쪽으로 기울어져 있는 상태를 말한다.
㉱ 자동차의 전륜을 앞에서 보면 킹핀의 중심선이 수직선에 대하여 약간 안쪽으로 설치된 상태를 말한다.

해설 ① 캐스터(caster) : 자동차의 앞바퀴를 옆에서 보면 조향 너클과 앞 차축을 고정하는 킹핀 (독립 차축식에는 볼 이음 축)이 수직선과 이루고 있는 각을 캐스터라 한다.
② 주행 중 조향바퀴에 방향성을 부여한다.
③ 조향하였을 때 직진 방향으로의 복원력을 준다.

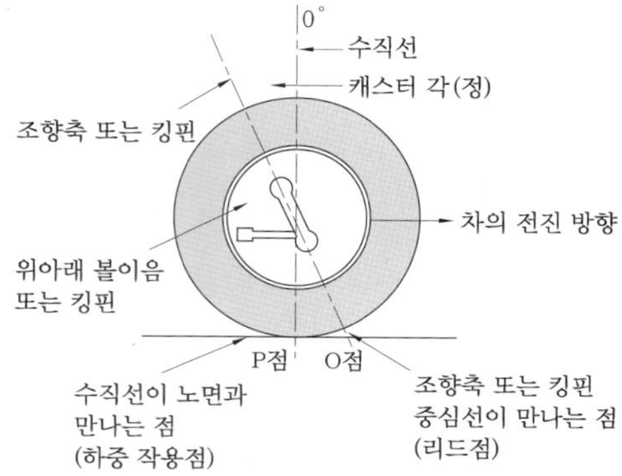

정답 54. ㉱ 55. ㉮ 56. ㉱ 57. ㉰

58 직경이 2 cm^2인 마스터 실린더 내의 피스톤 로드가 40 kgf의 힘으로 피스톤을 밀어낸다면, 직경 4 cm^2 휠실린더의 피스톤은 몇 kgf으로 브레이크슈를 작동시키는가?

㉮ 40 kgf ㉯ 60 kgf
㉰ 80 kgf ㉱ 100 kgf

해설 압력 $P = \frac{\text{하중}}{\text{단면적}}$

∴ 하중 = 압력 × 단면적

마스터 실린더 압력 $= \frac{40\text{kgf}}{2\text{cm}^2} = 20\ \text{kgf/cm}^2$

∴ 휠 실린더에 작용하는 힘
$= 20\ \text{kgf/cm}^2 \times 4\ \text{cm}^2 = 80\ \text{kgf}$

59 TPMS (Tire Pressure Monitoring System)의 설명으로 틀린 것은?

㉮ 타이어 내부의 수분량을 감지하여 TPMS 전자제어 모듈(ECU)에 전송한다.
㉯ TPMS 전자제어 모듈(ECU)은 타이어 압력센서가 전송한 데이터를 수신 받아 판단 후 경고등 제어를 한다.
㉰ 타이어 압력 센서는 각 휠의 안쪽에 장착되어 압력, 온도 등을 측정한다.
㉱ 시스템 구성품은 전자제어 모듈(ECU), 압력 센서, 클러스터 등이 있다.

60 자동변속기에서 스톨 테스트로 확인할 수 없는 것은?

㉮ 엔진의 출력 부족
㉯ 댐퍼 클러치의 미끄러짐
㉰ 전진 클러치의 미끄러짐
㉱ 후진 클러치의 미끄러짐

해설 댐퍼 클러치 : 자동 변속기의 토크 컨버터 내 터빈과 토크 컨버터 하우징의 플라이휠과 직결하여 유압에 의한 동력 손실을 방지하는 장치이다.
댐퍼 클러치가 작동되지 않는 조건
① 1속 및 후진할 때
② 엔진 브레이크가 작동될 때
③ 자동변속기 오일온도가 65℃ 이하일 때
④ 냉각수 온도가 50℃ 이하일 때
⑤ 3속에서 2속으로 다운 시프트 될 때
⑥ 엔진이 2000 rpm 이하에서 스로틀 밸브의 열림이 클 때
⑦ 엔진회전수가 800 rpm 이하일 때
⑧ 주행 중 변속할 때
⑨ 스로틀 개도가 급격하게 감소할 때
⑩ 파워 OFF 영역일 때

제4과목 : 자동차 전기

61 플레밍의 왼손법칙에서 엄지손가락 방향으로 회전하는 기동전동기의 부품은?

㉮ 로터 ㉯ 계자코일
㉰ 전기자 ㉱ 스테이터

해설 자기장 속에 있는 도선에 전류가 흐를 때 자기장의 방향과 도선에 흐르는 전류의 방향으로 도선이 받는 힘의 방향을 결정하는 규칙이다. 왼손의 검지를 자기장의 방향, 중지를 전류의 방향으로 했을 때, 엄지가 가리키는 방향이 도선이 받는 힘의 방향이 된다(전동기의 원리).

62 베터리 규격 표시 기호에서 "CCA 660A"가 뜻하는 것은?

㉮ 저온시동 전류 ㉯ 예비 용량률
㉰ 20시간 충전전류 ㉱ 25암페어율

해설 CCA (Cold Cranking Ampare)로 저온일 때의 시동성을 나타내는 배터리 용량을 말하며 일반 자동차에 사용되는 배터리의 경우 CCA값이 500~800 A 정도가 된다.

63 점화 플러그에 대한 설명으로 틀린 것은?

㉮ 열가는 점화 플러그의 열 방산 정도를 수치로 나타내는 것이다.
㉯ 방열효과가 낮은 특성의 플러그를 열형

정답 58. ㉰ 59. ㉮ 60. ㉯ 61. ㉰ 62. ㉮ 63. ㉱

플러그라라고 한다.

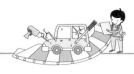

㉰ 전극의 온도가 자기청정온도 이하가 되면 싱화가 발생한다.

㉱ 고 부하 고속회전이 많은 엔진에서는 열형 플러그를 사용하는 것이 좋다.

해설 점화 플러그의 열 방산 정도를 수치로 나타낸 것으로, 보통 열가가 높은 플러그를 냉형(cold type)이라 하고, 반대로 열 방출량이 낮은 플러그를 열형(hot type)이라고 한다. 일반적으로 점화 플러그의 전극 부분의 작동 온도가 400℃ 이하이면 연소에서 생성되는 카본이 전극 부분에 부착되어 절연성을 떨어뜨려 불꽃 방전이 약하게 되고, 전극 부분의 작동 온도가 700~800℃에 이르면 조기 점화를 일으켜 출력이 떨어진다. 따라서 엔진이 운전되는 동안 전극의 온도는 450~600℃를 유지해야 한다. 이 온도를 점화 플러그의 자기청정온도라고 부른다.

64 자동차 에어컨 시스템에서 제어 모듈의 입력요소가 아닌 것은?

㉮ 차속 센서

㉯ 산소 센서

㉰ 외기온도 센서

㉱ 증발기 온도 센서

해설 전자동 에어컨 입력요소

① 실내온도 센서 : 자동차 실내온도를 검출하여 FATC로 입력한다.

② 외기온도 센서 : 외부 공기온도를 검출하여 FATC로 입력한다.

③ 일사량 센서 : 자동차 실내로 비춰지는 햇볕의 양을 검출한다.

④ 핀 서모 센서 : 증발 코어 핀의 온도를 검출하여 FATC로 입력한다.

⑤ 수온 센서 : 히터코어를 순환하는 냉각수 온도를 검출하여 FATC로 입력한다.

⑥ 온도조절 액추에이터 위치 센서 : 댐퍼 도어의 위치를 검출하여 FATC로 입력한다.

※ 산소 센서는 가솔린 전자제어 엔진 공연비제어를 위한 피드백 시스템으로 배기 또는 배기다기관에 설치된다.

65 부특성 서미스터를 적용한 냉각수 온도 센서는 수온이 올라감에 따라 저항은 어떻게 변화하는가?

㉮ 변화한다. ㉯ 일정하다.

㉰ 상승한다. ㉱ 감소한다.

해설 자동차에 온도와 관련된 센서는 주로 부특성 서미스터를 사용하며, 냉각수 온도 센서 또는 흡기 온도 센서는 수온이 올라감에 따라 저항은 작아지는 반비례 관계이다.

66 점화장치에서 파워 트랜지스터의 B(베이스) 단자와 연결된 것은?

㉮ 점화코일 (−)단자

㉯ 점화코일 (+)단자

㉰ 접지

㉱ ECU

해설 점화장치 회로에서 파워 TR B(베이스) 단자와 연결된 것은 ECU이며 ECU 제어에 의해 1차 회로 전류를 제어하므로 점화전압(고전압)을 발생시키게 된다(자기유도와 상호유도 작용).

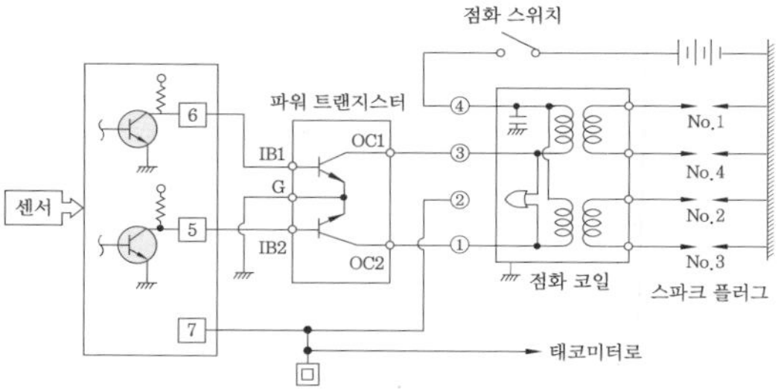

67 논리회로에 대한 설명으로 틀린 것은?

㉮ AND 회로 : 모든 입력이 "1"일 때만 출력이 "1"이 되는 회로

㉯ OR 회로 : 입력 중 최소한 어느 한쪽의 입력이 "1"이면 출력이 "1"이 되는 회로

㉰ NAND 회로 : 모든 입력이 "0"일 경우만 출력이 "0"이 되는 회로

㉱ NOR 회로 : 입력 중 최소한 어느 한쪽

정답 64. ㉯ 65. ㉱ 66. ㉱ 67. ㉰

의 입력이 "1"이면 출력이 "0"이 되는 회로

해설 부정 논리적 회로(NAND 회로)

① 논리적 회로 뒤쪽에 부정 회로를 접속한 것이다.

② 입력 스위치 A와 B가 모두 ON이 되면 출력은 없다.

③ 입력 스위치 A 또는 입력 스위치 B 중에서 1개가 OFF 되거나, 입력 스위치 A와 입력 스위치 B가 모두 OFF 되면 출력된다 (NAND 회로 : 모든 입력이 "0"일 경우만 출력이 "1"이 되는 회로).

68 **자동차 정기검사에서 매연검사방법으로 틀린 것은?**

㉮ 중립상태에서 급가속과 공회전을 3회 반복하여 엔진을 예열시킨다.

㉯ 측정기의 시료채취관을 배기관의 벽면으로부터 10 mm 이상 떨어지도록 설치한다.

㉰ 가속페달을 밟고 놓는 시간을 4초 이내로 급가속하여 시료를 채취한다.

㉱ 3회 연속 측정한 매연 농도를 평균 산출한다.

해설 측정기의 프로브를 배기관의 벽면으로부터 5 mm 이상 떨어지도록 설치하고 5 cm 정도의 깊이로 삽입한다.

69 **방향지시등의 작동조건에 관한 내용으로 틀린 것은?**

㉮ 좌측, 우측에 설치된 방향지시등은 한 개의 스위치에 의해 동시에 점멸하는 구조일 것

㉯ 1분 간 90±30회로 점멸하는 구조일 것

㉰ 방향지시등 회로와 전조등 회로는 연동하는 구조일 것

㉱ 시각적, 청각적으로 동시에 작동되는 표시장치를 설치할 것

해설 방향지시등 회로와 전조등 회로는 구분되어야 하며 연동돼서는 안된다.

70 **에어백 시스템에서 모듈을 탈거 시 각종 에어백 회로가 전원과 접지되어 에어백이 펼쳐질 수 있다. 이러한 사고를 미연에 방지하는 것은?**

㉮ 프리텐셔너 ㉯ 단락 바

㉰ 클럭 스프링 ㉱ 인플레이터

해설 단락 바 : 에어백 시스템에서 모듈을 탈거 시 각종 에어백 회로가 전원과 접지되어 에어백이 펼쳐질 수 있는 사고를 방지하기 위해 설치된 바

71 **자동 전조등에서 오토모드의 점멸 장치 회로에 사용되는 반도체 소자의 센서는?**

㉮ 피에조 센서 ㉯ 마그네틱 센서

㉰ 조도 센서 ㉱ NTC 센서

해설 조도 센서 : 광전도 소자(CdS)를 이용하여 빛의 밝기를 감지한다.

72 **회로의 임의의 접속점에서 유입하는 전류의 합과 유출하는 전류의 합은 같다고 정의하는 법칙은?**

㉮ 키르히호프의 제 1법칙

㉯ 옴의 법칙

㉰ 줄의 법칙

㉱ 뉴턴의 제 1법칙

해설 키르히호프의 제 1법칙 : 회로의 임의의 접속점에서 유입하는 전류의 합과 유출하는 전류의 합은 같다.

옴의 법칙 : 도체에 흐르는 전류는 전압에 정비례하고, 그 도체의 저항에는 반비례한다.

줄의 법칙 : 저항에 의하여 발생되는 열량은 전류의 2승과 저항을 곱한 것에 비례한다.

뉴턴의 제 1법칙 : 관성의 법칙으로 모든 물체는 외부로부터 힘이 작용하지 않는 한 정지해 있던 물체는 계속 정지 상태로 있고 움직

정답 68. ㉯ 69. ㉰ 70. ㉯ 71. ㉰ 72. ㉮

이런 물체는 계속 일직선 위를 똑같은 속도로 운동한다는 법칙

73 **자동차 CAN 통신 시스템의 특징이 아닌 것은?**

㉮ 양방향 통신이다.

㉯ 모듈간의 통신이 가능하다.

㉰ 싱글마스터 방식이다.

㉱ 데이터를 2개의 배선(CAN-HIGH, CAN-LOW)을 이용하여 전송한다.

해설 can 통신은 두 개 이상의 매체가 상호 자신이 검출한 정보를 주고받는 방식을 의미하며 이 시스템의 장점은 자동차 전 영역에 걸쳐 빠른 정보 검출과 그에 따른 신속한 반응을 하는 데 유리하다는 것이다. 각 영역을 한두 개의 cpu가 제어할 때에 비해 배선의 수를 감소시킬 수 있는 장점이 있다.

74 **하이브리드 시스템에 대한 설명 중 틀린 것은?**

㉮ 직렬형 하이브리는 소프트타입과 하드타입이 있다.

㉯ 소프트타입은 순수 EV(전기차) 주행모드가 없다.

㉰ 하드타입은 소프트타입에 비해 연비가 향상된다.

㉱ 플러그-인 타입은 외부 전원을 이용하여 배터리를 충전한다.

해설 병렬형 하이브리드에는 소프트타입과 하드타입이 있다. 직렬형에는 해당사항 없다.

75 **변환 빔 전조등의 설치 기준에서 발광면의 관측각도 범위로 잘못된 것은?**

㉮ 상측 15° 이내　　㉯ 하측 10° 이내

㉰ 외측 15° 이내　　㉱ 내측 10° 이내

해설 전조등 점등 시 주행 빔 및 변환 빔의 렌즈는 다음 각도에서 관측할 때에 차체의 다른 부분에 의하여 가리워지지 아니 할 것

구 분	관측각도			
	상측	하측	내측	외측
주행 빔 렌즈	5도	5도	5도	5도
변환 빔 렌즈	10도	10도	10도	45도

76 **자동차 에어컨 냉매의 구비조건이 아닌 것은?**

㉮ 임계온도가 높을 것

㉯ 증발잠열이 클 것

㉰ 인화성과 폭발성이 없을 것

㉱ 전기 절연성이 낮을 것

해설 냉매의 구비조건

① 비점이 적당히 낮을 것
② 냉매의 증발잠열이 클 것
③ 응축압력이 적당히 낮을 것
④ 증기의 비체적이 적을 것
⑤ 임계온도가 충분히 높을 것
⑥ 부식성이 적을 것
⑦ 안전성이 높을 것
⑧ 전기 절연성이 좋을 것
⑨ 누설 검지가 쉬울 것
⑩ 누설하였을 때 공해를 유발하지 않을 것

77 **전압 24V, 출력전류 60 A인 자동차용 발전기의 출력은?**

㉮ 0.36 kW　　㉯ 0.72 kW

㉰ 1.44 kW　　㉱ 1.88 kW

해설 전력 P = 전압 E × 전류 I

$= 24\text{ V} \times 60\text{ A}$

$= 1440\text{ W} = 1.44\text{ kW}$

78 **수관부 중앙의 집광렌즈와 상, 하, 좌, 우 4개의 광전지를 설치하고 스크린에 전조등의 모양을 비추어 광도 및 광축을 측정하는 전조등 시험기의 형식은?**

㉮ 수동형　　㉯ 자동형

㉰ 집광식　　㉱ 투영식

정답 73. ㉰　74. ㉮　75. ㉰　76. ㉱　77. ㉰　78. ㉱

해설 투영식 : 수관부 중앙의 집광렌즈와 상, 하, 좌, 우 4개의 광전지를 설치하고 스크린에 전조등의 모양을 비추어 광도 및 광축을 측정하는 전조등
집광식 : 전조등 주광속의 광도 및 각도를 시험하는 것을 말하는데, 전조등에서 1 m 거리에 렌즈 위치를 잡고 4개의 광전지상에 전조등의 상을 맺게 하여 이의 균형에 의해 광축의 위치를 구한다. 집광식과 3 m 전방에 설치한 스크린 위를 이동하는 광전지 장치에 의해서 계측하는 스크린식이 있다.

79 **자동차의 점화스위치를 작동(ON)하였으나 기동전동기의 피니언이 작동되지 않을 시, 점검항목이 아닌 것은?**

㉮ 점화 코일 ㉯ 축전지
㉰ 점화 스위치 ㉱ 배선 및 퓨즈

해설 기동장치는 엔진을 크랭킹시키는 데 그 목적이 있으므로 엔진이 정상적인 회전이 이루어진다면 기동장치 상태는 양호하며 이때 시동장치 작동상태를 점검하기 위해 점화 코일을 점검할 필요는 없다.

80 **디젤엔진에 병렬로 연결된 예열 플러그(0.2 Ω)의 합성저항은 얼마인가?(단, 엔진은 4기통이고 전원은 12 V이다.)**

㉮ 0.05 Ω ㉯ 0.10 Ω
㉰ 0.15 Ω ㉱ 0.20 Ω

해설 합성저항

$$\frac{1}{R} = \frac{1}{\frac{1}{0.2} + \frac{1}{0.2} + \frac{1}{0.2} + \frac{1}{0.2}}$$

$\therefore\ R = 0.05$

정답 79. ㉮ 80. ㉮

국가기술자격 필기시험문제

2016년도 5월 8일 (제2회)

자격종목	코드	시험시간	형 별	수검번호	성 명
자동차정비산업기사	2070	2시간			

제1과목 : 일반기계공학

01 **하이트 게이지의 사용상 주의점에 관한 설명으로 틀린 것은?**

㉮ 측정 전에 정반 표면과 하이트 게이지의 베이스 밑면을 깨끗이 닦고 측정해야 한다.

㉯ 측정 전에 스크라이버 밑면을 정반 위에 닿게 하여 0점을 확인하며, 맞지 않을 경우 0점 조정을 하는 것이 좋다.

㉰ 아베의 원리에 맞는 구조이므로 스크라이버를 정확히 수평으로 세팅하는 것이 정확도를 올릴 수 있다.

㉱ 시차를 없애기 위해서는 어미자와 버니어의 눈금이 일치하는 곳의 수평 위치에서 눈금을 읽어야 한다.

해설 하이트 게이지 사용상 주의점

① 정반 위에서 사용하므로 평면도가 좋은 정밀 정반을 선택하고 측정 전에는 정반 표면과 하이트 게이지의 베이스 밑면을 깨끗이 닦고 측정한다.

② 아베의 원리에 맞지 않는 구조이기에 스크라이버를 필요 이상으로 길게 하여 사용하지 않는다.

③ 시차를 없애기 위해서는 어미자와 버니어의 눈금이 일치하는 곳의 수평 위치에서 눈금을 읽어야 한다.

④ 금긋기 작업면은 잘 가공되어 있어야 하며 스크라이버를 사용하여 금긋기 작업을 할 때는 고정나사를 충분히 죄어야 한다.

⑤ 스크라이버는 날카롭기 때문에 조심하여 사용한다.

02 **회전수가 2000 rpm일 경우 최대 토크가 35 N · m로 계측된 축의 전달동력은 약 몇 kW인가?**

㉮ 7.3 ㉯ 10.3

㉰ 13.3 ㉱ 16.3

해설 $N = 2000\ \text{rpm}$

$T = 35\ \text{N} \cdot \text{m}$

전달동력(H_p)은 회전력(T-토크)과 각속도(ω)의 곱이므로

$$H_p\,[\text{W}] = \text{T} \times \omega = \text{T}\,[\text{N-m}] \times \frac{2\pi N}{60(\text{s})}$$

$$H_p[\text{W}] = 35 \times \frac{2\pi \times 2000}{60} = 7330.3\ \text{W}$$

(결과 값의 단위를 kW로 변환시키기 위해 10^{-3}을 곱한다.)

$\therefore\ H_p[\text{W}] = 7.3\ \text{kW}$

03 **합금강에 첨가되는 합금 원소 중 내마멸성을 중대시키고 담금질성을 높게 하는 효과가 있어 Si와 같이 탈산제로 이용되며, 특히 황에 의하여 일어나는 적열 취성을 방지하는 효과를 가진 것은?**

㉮ Cr ㉯ Ni

㉰ Mn ㉱ V

해설 망간 : 황의 피해를 제거하며, 고온 가공을 쉽게 한다. 강도, 경도, 인성을 증가하며, 고온에서 결정입자의 성장을 방해한다. 소성을 증가시키고 주조 성능을 향상시키며, 담금질 효과를 크게 한다.

니켈 : 강인성과 내식성 및 내산성을 증가시킨다.

정답 01. ㉰ 02. ㉮ 03. ㉰

크롬 : 적은 양일 때는 Ni과 거의 같은 작용을 하며, 함유량이 증가하면 내마멸성을 커지게 한다. S에 의해 일어나는 메짐을 방지하게 한다.
바나듐 : Mo과 비슷한 성질이나 경화성은 Mo보다 훨씬 더하다. Cr 또는 Cr-W과 함께 사용하여야 그 효력을 크게 발휘한다.

04 한꺼번에 여러개의 구멍을 뚫거나 공정수가 많은 구멍을 가공할 때 가장 적합한 드릴링 머신은?

㉮ 탁상 드릴링 머신
㉯ 레이디얼 드릴링 머신
㉰ 다축 드릴링 머신
㉱ 직립 드릴링 머신

해설 다축 드릴링 머신 : 많은 구멍을 동시에 뚫을 때 쓰이며, 공정이 많은 구멍의 가공에는 많은 드릴 주축을 가진 다축 드릴링 머신을 사용한다.
탁상 드릴링 머신 : 소형 드릴링 머신으로서 주로 지름이 작은 구멍의 작업에 쓰이며, 공작물을 작업대 위에 설치하여 사용한다.
레이디얼 드릴링 머신 : 비교적 큰 공작물의 구멍을 뚫을 때 쓰이며, 공작물을 테이블에 고정시켜 놓고 필요한 곳으로 주축을 이동시켜 구멍의 중심을 맞추어 사용한다.
직립 드릴링 머신 : 주축이 수직으로 되어 있고 기둥, 주축, 베이스, 테이블로 구성되어 있으며 소형 공작물의 구멍을 뚫을 때 쓰인다.

05 두 축의 중심선이 평행이고 그 편심거리가 크지 않으며 교차하지 않을 때 사용되는 축 이음은?

㉮ 유니버설 조인트
㉯ 머프 커플링
㉰ 세레이션 커플링
㉱ 올덤 커플링

해설 유니버설 조인트
① 두 축이 서로 만나거나 평행해도 그 거리가 멀 때 사용한다.
② 회전하면서 그 축의 중심선의 위치가 달라지는 것에 동력을 전달한다.
③ 원동추이 등속 회전해도 종동축은 부등속 회전한다.
올덤 커플링
① 두 축의 거리가 짧고 평행이며 중심이 어긋나 있을 때 사용한다.
② 진동과 마찰이 많아서 고속에는 부적당하며 윤활이 필요하다.

06 제품의 표면에만 내마모성을 위하여 경도를 부여하고, 제품의 내부에는 연성과 인성을 가지도록 하기 위한 가공법은?

㉮ 풀림 ㉯ 담금질
㉰ 항온 열처리 ㉱ 표면 경화법

해설 풀림 : 전성 및 연성을 높이기 위하여 강을 어느 일정한 온도까지 가열한 후 천천히 식히는 열처리 조작이다.
담금질 : 강을 강하게 하거나 경도를 높이기 위하여 어느 일정한 온도로 가열한 후 물 또는 기름 등에 담구어 급랭시키는 조작으로 A_1 변태가 저지되어 경도가 큰 마텐자이트로 된다.
표면 경화법 : 기계의 축 또는 기어 등은 충격에 대하여 강인한 성질을 가지고 있어야 하고, 베어링 부에서는 마멸에 견딜 수 있어야 하므로 표면만을 단단하게 하고 내부는 강인한 성질을 가지도록 열처리해야 하는데, 이것을 표면 경화라 한다.
항온 열처리 : 강을 Ar_1 변태점 이상으로 가열한 후 변태점 이하의 어느 일정한 온도로 유지된 항온 담금질욕 중에 넣어 일정한 시간 항온 유지 후 냉각하는 열처리이다.

07 다음 중 원형 단면 축에 작용하는 비틀림 모멘트 T와 축의 비틀림각 θ와의 관계식으로 옳은 것은? (단, G는 전단탄성계수, I_p는 극관성 모멘트, l은 축의 길이이다.)

㉮ $\theta = \dfrac{GI_p}{Tl}$ ㉯ $\theta = \dfrac{GI_p}{T^2 l^2}$

과년도 출제문제 부록

정답 04. ㉰ 05. ㉱ 06. ㉱ 07. ㉰

㉰ $\theta = \dfrac{Tl}{GI_p}$　　㉱ $\theta = \dfrac{T^2 l^2}{GI_p}$

해설 $\tan\gamma = \dfrac{s}{l} = \dfrac{R\theta}{l} \fallingdotseq \gamma = \dfrac{\tau}{G}$

Hook's low에서 $\tau = G \times \gamma$

$\dfrac{R\theta}{l} = \dfrac{\tau}{G} \rightarrow \theta = \dfrac{\tau l}{GR},\ \tau = \dfrac{T}{Z_P}$

$\theta = \dfrac{Tl}{Z_P GR} = \dfrac{Tl}{I_P G}$

08 기계 구조물에 여러 하중이 각각 적용할 때, 일반적으로 안전율을 가장 크게 설계해야 하는 하중의 형태는?

㉮ 정하중　　㉯ 반복하중
㉰ 충격하중　　㉱ 교번하중

해설 ① 반복하중 : 하중 크기와 방향에 따라 한쪽 방향으로만 계속 주기적으로 반복하는 하중
② 교번하중 : 하중의 크기와 방향에 따라 인장력하고 압축력이 두 곳 이상의 방향으로 계속 주기적으로 반복하는 하중
③ 충격하중 : 짧은 시간에 급격히 작용하는 하중으로 안전율을 크게 설계해야 한다.
④ 정하중 : 정지되어 있을 때 하중을 가하는 것

09 강판 원통 내부에 내화벽돌을 쌓은 것으로서 제작이 용이하고 구조가 간단하며 일반 주철을 용해시키는 데 쓰이는 대표적인 용해로는?

㉮ 전기로　　㉯ 도가니로
㉰ 아크로　　㉱ 큐폴라

해설 전기로 : 노 안의 온도를 높은 온도로 정확하게 유지할 수 있고 온도의 조절도 자유로우며, 연소가스의 영향을 받지 않는 등의 많은 이점이 있어 고급 주철, 주강, 구리 합금의 용해에 많이 사용된다. 전류에 의하여 발생하는 유도 작용을 응용하여 장입 금속 자체에 유도 전류를 흐르게 하여 가열 용해하는 노로서, 저주파로와 고주파로가 있다.
도가니로 : 흑연과 내화점토로 만들어진 도가니 안에 연료 금속을 넣고, 외부로부터 코크스, 중유, 가스 등의 열원을 가하여 용해하는 노로, 비싸고 수명이 짧으며, 열효율이 낮고 용해량이 도가니의 크기와 수에 따라 제한되므로 소용량의 용해에 사용된다.
큐폴라 : 주로 주철을 용해할 때 사용하며, 장입과 용해작업이 연속적으로 이루어지는 것으로 외부는 연강판으로 만들고, 내부는 내화벽돌로 쌓은 후, 내화점토를 바른다.

10 외접하는 마찰차의 지름이 각각 D_1, D_2일 때 중심거리의 계산 공식은?

㉮ $\dfrac{1}{4}(D_1 + D_2)$　　㉯ $\dfrac{1}{4}|(D_1 + D_2)|$
㉰ $\dfrac{1}{2}(D_1 + D_2)$　　㉱ $\dfrac{1}{2}|(D_1 + D_2)|$

11 인발에 영향을 미치는 요인으로 가장 거리가 먼 것은?

㉮ 윤활 방법　　㉯ 펀치의 각도
㉰ 단면 감소율　　㉱ 다이(die)의 각도

12 큰 토크를 전달하고자 할 때 사용하며 축과 보스에 여러 개의 홈을 동일 간격으로 만들어서 축과 보스를 끼워지도록 만든 기계요소는?

㉮ 스플라인　　㉯ 코터
㉰ 리벳　　㉱ 스냅링

해설 코터 : 축 방향으로 인장 또는 압축이 작용하는 두 축을 연결하는 데 사용하는 체결용 요소로서, 한쪽 기울기와 양쪽 기울기가 있으며 한쪽 기울기가 많이 사용된다.
리벳 : 형강재 등을 영구적으로 결합시키는 방법으로, 철골 구조물이나 보일러 등에 사용된다. 리벳 이음은 겹쳐진 금속판에 구멍을 뚫고, 리벳을 끼운 다음 머리를 만들어 결합시키는 이음 방법이다.

정답 08. ㉰　09. ㉱　10. ㉰　11. ㉯　12. ㉮

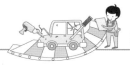

스플라인 : 큰 토크를 전달하고자 할 때 사용하며 축과 보스에 여러 개의 홈을 동일 간격으로 만들어서 축과 보스에 조립한다.

13 **다음 중 Ni-Fe계 합금에서 Ni 35~36 %, 망간 4 %정도의 합금으로 선팽창계수가 낮아 표준자, 바이메탈, 시계 추 등에 사용되는 기계 재료는?**

㉮ 인코넬(inconel)
㉯ 인바(invar)
㉰ 미하나이트(meehanite) 주철
㉱ 두랄루민(duralumin)

해설 인코넬 : Ni에 Cr, Fe를 첨가한 것으로 내식성이 우수하며, 내열용으로도 사용된다.
인바 : Ni 36 %로 길이가 불변하여 표준자, 바이메탈용으로 사용한다.
두랄루민 : 단조용 Al 합금의 대표로 주성분은 Al-Cu-Mg-Mn이며 불순물로 Si를 함유하고 있다. 고온에서 물에 급랭하여 시효 경화시켜 강인성을 얻는다.

14 **다음 중 하물을 감아올릴 때는 제동 작용은 하지 않고 클러치 작용을 하며, 내릴 때는 하물자중에 의해 제동이 걸리는 브레이크에 속하는 것은?**

㉮ 원판 브레이크
㉯ 나사 브레이크
㉰ 밴드 브레이크
㉱ 내부확장식 브레이크

해설 나사 브레이크 : 하물을 감아올릴 때는 제동 작용은 하지 않고 클러치 작용을 하며, 내릴 때는 하물자중에 의해 제동이 걸리는 브레이크이다.

15 **둥근 축에 작용하는 굽힘모멘트가 3000 N·mm이고, 축의 허용굽힘응력이 10 N/mm^{2}일 때 축의 바깥지름은 약 몇 mm 이상이어야 하는가?**

㉮ 7.4 mm ㉯ 13.2 mm
㉰ 14.5 mm ㉱ 55.3 mm

해설 원기둥 굽힘모멘트 ($M=\sigma Z_P$) 대입
굽힘모멘트 $M=3000$, 허용굽힘응력 $\sigma=10$, 극단면계수 Z

$Z_P=\dfrac{\pi d^3}{32}$ 대입을 하면,

$d=\sqrt[3]{\dfrac{3000\times 32}{\pi\times 10}}=14.511$ mm이어야 한다.

16 **아크 용접에서 모재에 (+)극, 용접봉에 (-)극을 연결하여 용접할 때의 극성은?**

㉮ 역극성 ㉯ 정극성
㉰ 음극성 ㉱ 모극성

해설 정극성 : 용접 시 아크 용접에서 모재에 (+)극, 용접봉에 (-)극을 연결하여 용접

17 **다음 키의 종류 중 축은 가공하지 않고 보스에만 키 홈을 가공하는 키는?**

㉮ 안장 키 ㉯ 묻힘 키
㉰ 미끄럼 키 ㉱ 둥근 키

해설 안장 키
① 축은 절삭하지 않고 보스에만 홈을 판다.
② 마찰력으로 고정시키며 축의 임의의 부분에 설치가 가능하다.
③ 극 경하중용으로 키에 테이퍼(1/100)가 있다.

묻힘 키
① 축과 보스에 다 같이 홈을 파는 것이 가장 많이 쓰인다.
② 키는 축심에 평행으로 끼우고 보스를 밀어 넣는다.
③ 키의 양쪽 면에 조임 여유를 붙여 상하면은 약간 간격이 있다.
④ 일명 세트 키라고도 한다.

둥근 키
① 축과 보스에 드릴로 구멍을 내어 홈을 만든다.
② 구멍에 테이퍼 핀을 끼워 넣어 축 끝에 고정시킨다.
③ 경하중에 사용되며 핸들에 널리 쓰인다.

정답 13. ㉯ 14. ㉯ 15. ㉰ 16. ㉯ 17. ㉮

18 다음 중 마찰차의 일반적인 특징에 관한 설명으로 옳지 않은 것은?

㉮ 일정한 속도비를 얻기 어렵다.
㉯ 기어 장치보다도 큰 회전력을 전달할 수 있다.
㉰ 무단변속기구로도 이용할 수 있다.
㉱ 과부하의 경우 안전장치의 역할을 할 수 있다.

해설 마찰차가 기어장치보다도 큰 회전력을 전달할 수는 없다. 마찰차는 두 개의 바퀴 면을 직접 접촉시켜 접촉면에서 발생하는 마찰력으로 동력을 전달하는 기계요소이며 두 축에 바퀴를 만들어 구름 접촉을 통해 순수한 마찰력만으로 동력을 전달한다. 마찰력을 이용하기 때문에 동력을 전달할 때 미끄럼 현상이 발생하므로 정교한 회전 운동이나 큰 동력의 전달에는 맞지 않다.

19 다음 유압 밸브 중 유량 제어 밸브에 속하는 것은?

㉮ 스로틀 밸브　㉯ 릴리프 밸브
㉰ 체크 밸브　㉱ 언로딩 밸브

해설 스로틀 밸브 : 링키지나 와이어로 가속 페달에 연결되어 있으며 엔진에 흡입되는 공기 또는 혼합기의 양을 조절하는 밸브다.
릴리프 밸브 : 연료 공급 라인의 압력을 액상으로 유지시켜 열간 시 재 시동성 개선 압력이 18~22 bar에 도달하면 연료 리턴
체크 밸브 : 한쪽 방향으로만 오일을 흐르게 하는 방향성을 가진 밸브로서, 밸브의 지름에 따라 유량을 제어한다.
언로딩 밸브 : 일정한 조건하에서 펌프를 무부하 시키기 위해 사용하는 밸브로서 계통의 압력이 규정 값에 이르면 펌프를 무부하로 유지하며, 계통의 압력이 규정 값까지 저하되면 다시 계통에 압력 유체를 공급하는 압력 제어 밸브

20 다음 유압 펌프 중 일반적으로 부품수가 적고 구조가 단순하여 가격적인 면에서 저렴한 펌프는?

㉮ 베인 펌프　㉯ 기어 펌프
㉰ 피스톤 펌프　㉱ 왕복동 펌프

해설 기어 펌프 : 2개의 기어를 맞물리게 하여 기어의 이와 이의 공간에 갇힌 유체를 기어의 회전에 의하여 케이싱 내면을 따라 보내게 되어 있는 펌프로, 점도가 높은 균질의 액체를 수송하는 데 적합하기 때문에 기름펌프로 가장 널리 사용되고 있다. 배출되는 유량은 기어의 회전수에 비례한다.
베인 펌프 : 회전 펌프의 하나로 편심 펌프라고도 한다. 원통형 케이싱 안에 편심회전자가 있고 그 홈 속에 판상의 깃이 들어 있으며, 이 베인이 원심력 또는 스프링의 장력에 의해 벽에 밀착되어 회전하면서 액체를 입송하는 형식이다. 주로 유압 펌프에 사용된다.
피스톤 펌프 : 왕복 펌프의 하나로 피스톤의 전후에서 흡입, 토출이 이루어지는 복동이다. 로드의 직경이 크며 고온 물질, 고압 폴리에틸렌의 촉매 주입 등에 사용된다.
왕복 펌프 : 피스톤은 크랭크에 의해 움직이며, 피스톤이 오른쪽으로 움직일 때 배출 밸브는 닫히고 흡입 밸브가 열려서 액체는 실린더 안으로 흡입된다. 피스톤이 왼쪽 방향으로 움직일 때 흡입 밸브는 닫히고, 배출 밸브가 열려서 실린더 안의 액체는 배출 밸브에서 바깥으로 흘러나간다.

제2과목 : 자동차 엔진

21 전자제어 엔진에서 연료 차단(fuel cut)에 대한 설명으로 틀린 것은?

㉮ 인젝터 분사신호를 정지한다.
㉯ 배출가스 저감을 위함이다.
㉰ 연비를 개선하기 위함이다.
㉱ 엔진의 고속회전을 위한 준비단계이다.

해설 연료차단(연료 컷, fuel cut) 목적 : 일반적으로 내연 엔진의 자동차는 자동차 연료의 절감과 엔진의 보호를 위하여 일정한 조건이 되면 엔진으로 공급하는 연료를 차

정답 18. ㉯　19. ㉮　20. ㉯　21. ㉱

단하게 된다.

① 감속할 때 연료 차단(연료 컷, 차단 fuel cut) : 연비의 개선과 배출가스의 저감을 위하여 엔진회전속도가 비교적 높고, 스로틀 밸브가 전부 닫혀 있는 엔진 브레이크 상태에서 소량의 공기가 흡입되는 경우에 연료 분사를 정지하여 불필요한 연료를 소모하지 않도록 한다. 연료 차단 후 엔진 회전수가 일정 값 이하로 떨어지면 연료 분사를 재개한다. 주로 내리막길에서 이른 감속 연료 차단을 한다.

② 고회전 연료 차단(연료 컷, 차단 fuel cut) : 엔진의 과속회전에 의한 손상을 방지하기 위해 엔진 회전수가 일정 값 이상으로 될 때 연료 분사를 정지한다.

22 운행차의 정밀검사에서 배출가스검사 전에 받는 관능 및 기능검사의 항목이 아닌 것은?

㉮ 타이어의 규격
㉯ 냉각수가 누설되는지 여부
㉰ 엔진, 변속기 등에 기계적인 결함이 있는지 여부
㉱ 연료증발가스 방지장치의 정상 작동 여부

해설 타이어의 규격은 운행차의 정밀검사에서 배출가스검사 전에 받는 관능 및 기능검사의 항목이 아니다.

23 다음 중 윤활유 첨가제가 아닌 것은?

㉮ 부식 방지제　　㉯ 유동점 강하제
㉰ 극압 윤활제　　㉱ 인화점 하강

해설 윤활유 첨가제
① 부식 방지제
② 유동점 강하
③ 극압 윤활제

24 회전력이 20 kgf · m이고, 실린더 내경이 72 mm, 행정이 120 mm인 6기통 엔진의 SAE 마력은 얼마인가?

㉮ 약 12.9 PS　　㉯ 약 129 PS
㉰ 약 19.3 PS　　㉱ 약 193 PS

해설 $SAE\ PS = \frac{D^2 \times N}{1613} = \frac{72^2 \times 6}{1613}$
$= 19.28\ \text{PS}$
여기서, D : 실린더 내경
N : 기통수

25 다음 그림은 스로틀 포지션 센서(TPS)의 내부 회로도이다. 스로틀 밸브가 그림에서 B와 같이 닫혀 있는 현재 상태의 출력전압은 약 몇 V인가? (단, 공회전 상태이다.)

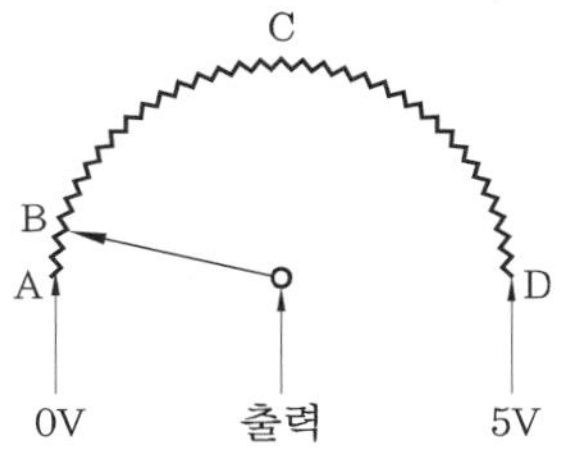

㉮ 0 V　　㉯ 약 0.5 V
㉰ 약 2.5 V　　㉱ 약 5 V

해설 스로틀 밸브가 닫혀 있는 상태에서 엔진 시동이 걸린 공회전 상태이므로 그림에서 B의 위치가 되면 출력전압은 약 0.5 V가 된다.

26 4행정 사이클, 4실린더 엔진을 65 PS로 30분간 운전시켰더니 연료가 10 L 소모되었다. 연료의 비중이 0.73, 저위발열량이 11000 kcal/kg이라고 하면 이 엔진의 열효율은 몇 %인가? (단, 1마력당 1시간당의 일량은 632.5 kcal이다.)

㉮ 약 23.6 %　　㉯ 약 24.6 %
㉰ 약 25.6 %　　㉱ 약 51.2 %

27 윤활유의 점도에 관한 설명으로 가장 거리가 먼 것은?

정답 22. ㉮　23. ㉱　24. ㉰　25. ㉯　26. ㉯　27. ㉮

㉮ 점도지수가 높을수록 온도 변화에 따른 점도 변화가 많다.
㉯ 점도는 끈적임의 정도를 나타내는 척도이다.
㉰ 압력이 상승하면 점도는 높아진다.
㉱ 온도가 높아지면 점도가 저하된다.

해설 점도지수란 온도에 따라 점도가 변화하는 정도를 나타내는 척도이다. 일반적으로 파라핀계(paraffine series) 윤활유는 온도에 의한 점도 변화가 적다.

28 **LPG가 가솔린에 비해 유해배출가스가 적게 나오는 이유는?(단, 공연비는 동일 조건일 경우)**

㉮ 탄소원자의 수가 적기 때문에
㉯ 탄소원자의 수가 많기 때문에
㉰ 수소원자의 수가 많기 때문에
㉱ 수소원자의 수가 적기 때문에

해설 LPG가 가솔린에 비해 유해배출가스가 적게 나오는 이유는 탄소원자의 수가 적기 때문이다.

29 **LPG 연료장치의 베이퍼라이저에 대한 설명 중 틀린 것은?**

㉮ 수온 스위치 : 베이퍼라이저로 순환하는 냉각수 온도를 감지한다.
㉯ 1차 감압실 : 대기압에 가깝게 감압하는 역할을 한다.
㉰ 기동 솔레노이드 밸브 : 냉간 시동 시 추가적인 연료가 필요할 때 작동한다.
㉱ 부압실 : 엔진의 시동을 정지할 때 LPG 누출을 방지한다.

해설 수온 스위치 : 베이퍼라이저로 순환하는 냉각수 온도를 감지한다.
기동 솔레노이드 밸브 : 냉간 시동 시 추가적인 연료가 필요할 때 작동한다.
부압실 : 엔진의 시동을 정지할 때 LPG 누출을 방지한다.

30 **일반적인 자동차 엔진의 흡기 밸브와 배기 밸브의 크기를 비교한 것으로 옳은 것은?**

㉮ 흡기 밸브와 배기 밸브의 크기는 동일하다.
㉯ 흡기 밸브가 더 크다.
㉰ 배기 밸브가 더 크다.
㉱ 1번과 4번 배기 밸브만 더 크다.

해설 베이퍼라이저는 봄베에서 보내진 고압의 액체 연료를 감압하는데 따라 기체 연료로 기화가 되어 엔진의 출력 및 연료 소비량을 동시에 만족하도록 조합하는 장치이다. LPG는 액체에서 기체로 될 때 주위에서 증발잠열을 빼앗아 베이퍼라이저 밸브를 동결시켜 엔진에 최적한 연료를 공급시킬 수가 없게 된다. 이것을 방지하기 위해 베이퍼라이저에 온수 통로를 설치, 엔진의 냉각수를 순환시켜 이를 방지한다.

31 **가솔린 엔진의 노크 방지법으로 틀린 것은?**

㉮ 화염전파 거리를 짧게 한다.
㉯ 화염전파 속도를 빠르게 한다.
㉰ 냉각수 및 흡기 온도를 낮춘다.
㉱ 혼합 가스에 와류를 없앤다.

해설 가솔린 엔진 노크 방지법

① 고옥탄가의 연료를 사용한다.
② 화염전파 속도를 빠르게 하거나 화염전파 거리를 단축시킨다.
③ 압축비, 혼합가스 및 냉각수 온도를 낮춘다.
④ 혼합비를 농후하게 한다.
⑤ 혼합가스에 와류를 증대시킨다.
⑥ 자연발화 온도가 높은 연료를 사용한다.
⑦ 연소실에 퇴적된 카본을 제거한다.
⑧ 점화시기를 엔진현상에 따라 적절하게 조정한다.

32 **엔진의 기계효율을 향상시키기 위한 방법으로 거리가 먼 것은?**

정답 28. ㉮ 29. ㉯ 30. ㉯ 31. ㉱ 32. ㉰

㉮ 냉각팬, 오일펌프 등을 경량화 한다.
㉯ 윤활장치를 개선하여 완전한 유막 형성이 되게 한다.
㉰ 운동부의 관성을 줄이기 위해 실린더 수를 줄인다.
㉱ 흡·배기 장치의 정밀가공을 통해 흡·배기 저항을 줄인다.

해설 기계효율 향상 방법
① 냉각팬, 오일펌프 등을 경량화 한다.
② 윤활장치를 개선하여 완전한 유막 형성이 되게 한다.
③ 흡·배기 장치의 정밀가공을 통해 흡·배기 저항을 줄인다.
※ 엔진의 기계효율을 향상시키기 위한 방법으로 실린더수를 줄이는 것은 맞지 않다.

33 **오실로스코프를 이용한 자석식 크랭크 앵글 센서의 전압 파형 분석에 대한 설명 중 틀린 것은?**

㉮ 오실로스코프의 전압은 교류(AC)로 선택하여 점검한다.
㉯ 엔진 회전이 빨라질수록 발생 전압은 높아진다.
㉰ 에어갭이 작아질수록 발생전압은 높아진다.
㉱ 전압 파형은 디지털 방식으로 표출된다.

해설 휠이 회전하면서 센서 코일의 자속이 변화하고 이로 인하여 교류전압이 유도된다. 센서 휠은 제어 시스템에 따라 돌기가 20~60개 정도로 구성되며, 일반적으로 피스톤의 상사점을 표시시하기 위해 돌기 중 1~2개를 생략한다. 이와 같이 돌기가 생략된 부분을 미싱 투스라고 한다. 엔진의 회전속도가 느릴 때는 발생전압도 작고, 주파수도 적은 전압 파형이 유도되고, 회전속도가 빠를 때는 발생전압과 주파수 모두 큰 전압 파형이 유도된다.

34 **전자제어 가솔린 엔진에서 고속운전 중 스로틀 밸브를 급격히 닫을 때 연료 분사량을 제어하는 방법은?**

㉮ 분사량 증가　　㉯ 분사량 감소
㉰ 분사 일시 중단　　㉱ 변함 없음

해설 연료 차단(연료 컷, fuel cut) : 일반적으로 내연 엔진의 자동차는 자동차 연료의 절감과 엔진의 보호를 위하여 일정한 조건이 되면 엔진으로 공급하는 연료를 차단하게 된다.

35 **실린더의 지름이 100 mm, 행정이 100 mm일 때 압축비가 17 : 1이라면 연소실 체적은?**

㉮ 약 29 cc　　㉯ 약 49 cc
㉰ 약 79 cc　　㉱ 약 109 cc

해설 $압축비(\epsilon) = 1 + \dfrac{행정체적(V_s)}{연소실체적(V_c)}$

∴ 연소실체적(V_c)

$$= \frac{V_s}{\epsilon - 1} = \frac{\frac{\pi}{4} \times (10\text{cm})^2 \times 10\text{cm}}{17 - 1}$$

$$= 49\ \text{cm}^3 = 49\ \text{cc}$$

36 **자동차 엔진에서 발생되는 유해가스 중 블로바이가스의 주성분은 무엇인가?**

㉮ CO　　㉯ HC
㉰ NOx　　㉱ SO

해설 배기가스 : 주성분은 수증기와 이산화탄소이며, 이외에 일산화탄소, 탄화수소, 질소산화물, 납산화물, 탄소 입자 등이 있다. 배기가스의 3가지 주요 유해 가스는 탄화수소(HC), 일산화탄소(CO), 질소화물(NOx)이다.

37 **가솔린 엔진에 사용되는 연료의 구비조건이 아닌 것은?**

㉮ 체적 및 무게가 적고 발열량이 클 것
㉯ 연소 후 유해 화합물을 남기지 말 것
㉰ 착화온도가 낮을 것
㉱ 옥탄가가 높을 것

정답 33. ㉱　34. ㉰　35. ㉯　36. ㉯　37. ㉰

해설 가솔린 연료의 구비조건
① 체적 및 무게가 적고 발열량이 클 것
② 연소 후 유해 화합물을 남기지 말 것
③ 옥탄가가 높을 것
④ 온도에 관계없이 유동성이 좋을 것
⑤ 연소 속도가 빠를 것

38 **전자제어 엔진에서 포텐셔미터식 스로틀 포지션 센서의 기본 구조 및 출력 특성과 가장 유사한 것은?**

㉮ 차속 센서
㉯ 크랭크 각 센서
㉰ 노킹 센서
㉱ 액셀러레이터 포지션 센서

해설 차속 센서 : 속도계 케이블 1회전에 4개의 디지털 펄스가 컴퓨터에 입력되면 이 신호를 기초로 하여 공전 속도 및 연료 분사량을 조절한다.
크랭크 각 센서 : 가솔린 분사장치에서 주로 점화시기 제어에 필요한 크랭크축의 회전각도를 점검하기 위한 센서
노킹 센서 : 실린더 블록에 설치되어 노킹이 발생될 때 진동을 검출하여 컴퓨터에 입력한 다음 점화시기를 조절한다.
액셀러레이터 포지션 센서 : 운전자가 액셀러레이터 페달을 얼마나 밟았는지 감지하여 엔진의 컴퓨터로 보내주는 센서

39 **LPI 엔진의 연료라인 압력이 봄베 압력보다 항상 높게 설정되어 있는 이유로 옳은 것은?**

㉮ 공연비 피드백 제어
㉯ 연료의 기화 방지
㉰ 공전속도 제어
㉱ 정확한 듀티 제어

40 **전자제어 연료분사장치에서 기본 분사량의 결정은 무엇으로 결정하는가?**

㉮ 냉각 수온 센서
㉯ 흡입공기량 센서
㉰ 공기온도 센서
㉱ 유온 센서

해설 냉각 수온 센서 : 전자제어 엔진에서 냉각수 온도를 검출하여 연료 분사량을 조절하고 공전속도를 온도에 따라 적정하게 유지시킨다.
흡입공기량 센서 : 전자제어 엔진의 경우 공기 흐름 센서는 실린더에 흡입되는 공기량을 전압비로 변환시켜 컴퓨터에 신호를 보내 연료의 기본 분사량을 결정하는 신호로 이용된다.
공기온도 센서 : 가솔린 엔진의 실린더에 흡입되는 공기의 온도를 검출하여 전기적 신호로 컴퓨터에 보내 흡입공기온도에 알맞은 연료 분사량 및 점화 시기 보정
유온 센서 : 상용차량에 탑재된 자동변속기 오일의 온도를 감지하여 컴퓨터에 입력시키는 역할을 하며, 이 신호를 이용하여 구동 패턴의 선택 및 토크 컨버터 클러치를 제어하는 신호로 이용

제3과목 : 자동차 섀시

41 **공주거리에 대한 설명으로 맞는 것은?**

㉮ 정지거리에서 제동거리를 뺀 거리
㉯ 제동거리에서 정지거리를 더한 거리
㉰ 정지거리에서 제동거리를 나눈 거리
㉱ 제동거리에서 정지거리를 곱한 거리

해설 정지거리 : 공주거리와 제동거리의 합으로 표시된다.
제동거리 : 실제 제동 중 자동차가 진행한 거리를 말한다. 제동거리는 주행속도와 제동감속도 또는 주행속도와 제동시간을 이용하여 구한다.
공주거리 : 운전자가 위험을 인지한 순간부터 브레이크 압력이 형성되어 실제 제동이 시작되는 시점에서부터 자동차가 감속되기 시작하는 시점까지의 시간 동안에 자동차가 진행한 거리를 말한다.

정답 38. ㉱ 39. ㉯ 40. ㉯ 41. ㉮

42 **자동차 종감속 장치에 일반적으로 사용되는 기어 형식이 아닌 것은?**

㉮ 스퍼 기어
㉯ 스크루 기어
㉰ 하이포이드 기어
㉱ 스파이럴 베벨 기어

해설 자동차 종감속 장치의 종류
① 스퍼 기어
② 스파이럴 베벨 기어
③ 하이포이드 기어 : 하이포이드 기어는 구동 피니어 기어의 중심에서 링기어 중심을 10~15 % 정도로 오프셋되어 있으며 많이 사용되는 종감속 기어가 된다.

43 **후륜구동 차량의 종감속 장치에서 구동 피니언과 링기어 중심선이 편심되어 추진축의 위치를 낮출 수 있는 것은?**

㉮ 베벨 기어
㉯ 스퍼 기어
㉰ 웜과 웜 기어
㉱ 하이포이드 기어

해설 스퍼 기어 : 평기어. 기어 이가 축에 평행하게 만들어진 것으로서 두 축이 평행한 기어
베벨 기어 : 원뿔의 표면을 따라 이를 새긴 톱니바퀴를 조합한 것으로서, 톱니가 직선인 것을 베벨 기어, 곡선인 것을 스파이럴 베벨 기어라고 부른다.
웜과 웜 기어 : 두 축이 서로 직각으로 만날 때 큰 감속비를 얻을 수 있다.
하이포이드 기어 : 기어의 물림률이 커 회전이 정숙하고 구동 피니어 기어의 중심에서 링기어중심을 10~15 %정도 오프셋되어 추진축의 높이를 낮출 수 있으며 자동차의 전고가 낮아 안정적이다.

44 **4륜 구동방식(4WD)의 특징으로 거리가 먼 것은?**

㉮ 등판 능력 및 견인력 향상
㉯ 조향 성능 및 안정성 향상
㉰ 고속 주행 시 직진 안정성 향상
㉱ 연료소비율 낮음

해설 4WD : 일반적인 자동차 추진방식인 이륜구동에 비해 추진력이 월등하므로 비포장도로와 같은 험로, 경사가 아주 급한 도로 및 노면이 미끄러운 도로를 주행할 때 성능이 뛰어나며 디퍼런셜이 하나의 축을 두 개 이상의 축으로 여러 비율로 힘을 분배하는 역할을 한다. 단 연료소비율이 일반차량보다 높으며 다음과 같은 특징을 갖는다.
① 등판 능력 및 견인력이 증대된다.
② 조향 성능이 양호하며 안정성 있는 주행을 이룰 수 있다.
③ 고속 주행 시 직진 안정성이 향상된다.

45 **차체 자세 제어 장치(VDC : vehicle dynamic control) 시스템에서 고장 발생 시 제어에 대한 설명으로 틀린 것은?**

㉮ 원칙적으로 ABS 시스템 고장 시에는 VDC 시스템 제어를 금지한다.
㉯ VDC 시스템 고장 시에는 해당 시스템만 제어를 금지한다.
㉰ VDC 시스템 고장으로 솔레노이드 밸브 릴레이를 OFF시켜야 되는 경우에는 ABS의 페일 세이프에 준한다.
㉱ VDC 시스템 고장 시 자동변속기는 현재 변속단보다 다운 변속된다.

해설 VDC는 스핀 또는 언더스티어(understeer) 등의 발생을 억제하여 이로 인한 사고를 미연에 방지할 수 있다. 이는 차량에 스핀 또는 언더 스티어 등이 발생하는 상황에 도달하면 이를 감지하여 자동적으로 내측 차륜 또는 외측 차륜에 제동을 가해 차량의 자세를 제어함으로써 이로 인한 차량의 안정된 상태를 유지하며(ABS 연계 제어), 스핀 한계 직전에 자동 감속하며(TCS 연계 제어) 이미 발생된 경우에는 각 휠 별로 제동력을 제어하여서 스핀이나 언더스티어의 발생을 미연에 방지하여 안정된 운행을 도모하였다. VDC 시스템 고장 시 자동변속기 제어와는 관련 없다.

정답 42. ㉯ 43. ㉱ 44. ㉱ 45. ㉱

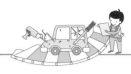

46 **유체 클러치에서 스톨 포인트에 대한 설명이 아닌 것은?**

㉮ 속도비가 "0"인 점이다.
㉯ 펌프는 회전하나 터빈이 회전하지 않는 점이다.
㉰ 스톨 포인트에서 토크비가 최대가 된다.
㉱ 스톨 포인트에서 효율이 최대가 된다.

해설 유체 클러치, 토크 컨버터를 설치한 자동차에서 터빈 러너가 회전하지 않을 때 펌프 임펠러에서 전달되는 회전력으로, 펌프 임펠러의 회전수와 터빈 러너의 회전비가 0으로 회전력이 최대인 점을 말한다. 토크 컨버터의 토크비(터빈 출력 토크/펌프 입력 토크)는 속도차가 크면 클수록 증가한다. 토크비는 속도비 = 0 즉, 터빈이 정지하고 있는 상태(스톨 포인트)에서 최대가 되고 커플링 점부터는 1이 된다.

47 **차체 자세 제어 장치(VDC : vehicle dynamic control) 장착 차량의 스티어링 각 센서에 대한 두 정비사의 의견 중 옳은 것은?**

보기
- 정비사KIM : VDC에 사용되는 스티어링 각 센서는 스티어링 각의 상대값을 읽어 들이기 때문에 관련 부품 교환 시 영점 조정이 불필요하다.
- 정비사LEE : 스티어링 각의 영점 조정은 주로 LIN 통신 라인을 통해 이루어진다.

㉮ 정비사 KIM만 옳다.
㉯ 정비사 LEE만 옳다.
㉰ 두 정비사 모두 틀리다.
㉱ 두 정비사 모두 옳다.

해설 VDC에 사용되는 스티어링 각 센서는 스티어링 각의 상대값을 읽어 들이기 때문에 관련 부품 교환 시 영점 조정이 필요하며 스티어링 각의 영점 조정은 주로 CAN 통신 라인을 통해 이루어진다.

48 **전자제어식 현가장치(ECS : electronic control suspension system)의 입력 요소가 아닌 것은?**

㉮ 냉각수온 센서
㉯ 차속 센서
㉰ 스로틀 위치 센서
㉱ 앞 · 뒤 차고 센서

해설 전자제어식 현가장치 : 일렉트로닉 기술을 서스펜션 특성의 컨트롤에 응용한 것으로 운전자의 스위치 선택으로 주행조건 및 노면 상태에 따른 쇼크 업소버의 감쇠력 변화, 자동차의 높이와 스프링의 상수 및 완충 능력이 ECS에 의해 자동으로 조절되어 최적의 승차감과 양호한 조향 안정성을 얻을 수 있다.

49 **인터널 링 기어 1개, 캐리어 1개, 직경이 서로 다른 선 기어 2개, 길이가 서로 다른 2세트의 유성 기어를 사용하는 유성 기어 장치는?**

㉮ 2중 유성 기어 장치
㉯ 평행축 기어 장치
㉰ 라비뇨(ravigneaux) 기어 장치
㉱ 심프슨(simpson) 기어 장치

해설 라비뇨 기어 장치 : 서로 다른 2개의 선 기어를 2개의 유성 기어 장치에 조합한 형식이며, 링 기어와 유성 기어 캐리어를 각각 1개씩만 사용한다.
심프슨 기어 장치 : 유성 기어만으로 구성되어 있으며, 선 기어를 공용으로 사용한다.

50 **금속분말을 소결시킨 브레이크 라이닝으로 열전도성이 크며 몇 개의 조각으로 나누어 슈에 설치된 것은?**

㉮ 위븐 라이닝
㉯ 메탈릭 라이닝
㉰ 몰드 라이닝
㉱ 세미 메탈릭 라이닝

정답 46. ㉱ 47. ㉰ 48. ㉮ 49. ㉰ 50. ㉯

해설 위븐 라이닝 : 긴 섬유의 석면을 황동, 납 및 아연선 등을 심으로 하여 실을 만들어 짠 다음, 광물성 오일과 합성수지로 가공하여 성형한 것으로서, 유연하고 마찰계수가 크다.
메탈릭 라이닝 : 드럼 브레이크 라이닝의 재료로서 석면(아스베스토)을 사용하지 않고 스틸 울 등 금속 파이버와 유리 섬유 등 석면 이외의 소재를 사용한 것을 말한다. 금속분말을 소결시킨 브레이크 라이닝으로 열전도성이 크며 몇 개의 조각으로 나누어 슈에 설치된 것이다.
몰드 라이닝 : 짧은 섬유의 석면을 아스팔트, 고무질 등 합성수지를 섞은 다음 고온·고압에서 성형한 후 다듬질한 것으로서 내열·내마모성이 우수하다.

51 **장기 주차 시 차량의 하중에 의해 타이어에 변형이 발생하고, 차량이 다시 주행하게 될 때 정상적으로 복원되지 않는 현상은?**

㉮ hysteresis 현상
㉯ heat separation 현상
㉰ run flat 현상
㉱ flat spot 현상

해설 hysteresis 현상 : 이력현상을 말한다. 탄성체는 외력을 가하면 변형하나, 이 외력을 제거하면 다시 본래의 모양으로 된다. 그러나 어느 한계 이상의 힘을 가하면 본래의 모양으로 되돌아가지 않고 변형한 그대로의 상태에 있으며, 변형의 정도도 외력의 크기에 따라 다르다.
heat separation 현상 : 타이어는 사용 조건이 가혹할수록 발열량이 많아지며 이에 대하여 고무와 타이어 코드 간의 접착은 온도가 상승함에 따라서 약해지는 성질을 가지고 있는데 과적 하중이면 더욱 심하다.
flat spot 현상 : 연속 고속 주행 등으로 타이어의 내부 온도가 높아지고 난 뒤 오랜 시간 주차하거나 며칠씩 주차장에 세워 둔 차의 타이어에 생겨나는 트레드부의 변형을 말한다. 플랫 스폿이 생긴 타이어로 달리면 보디와 핸들에 진동이 생긴다. 5~15분의 주행으로 저절로 없어지는 것이 일반적이지만, 몇 달씩 걸려 생긴 플랫 스폿은 쉽게 사라지지 않는다.

52 **현가장치에서 드가르봉식 쇼크 업소버의 설명으로 가장 거리가 먼 것은?**

㉮ 질소가스가 봉입되어 있다.
㉯ 오일실과 가스실이 분리되어 있다.
㉰ 오일에 기포가 발생하여도 충격 감쇠효과가 저하하지 않는다.
㉱ 쇼크 업소버의 작동이 정지되면 질소가스가 팽창하여 프리 피스톤의 압력을 상승시켜 오일 챔버의 오일을 감압한다.

해설 드가르봉식 쇼크 업소버 : 가스 봉입형이라고도 부른다. 드가르봉식은 오일과 가스를 사용하는 형식으로 오일실과 가스실은 분리되어 있고 가스실내에는 고압($20 \sim 30\ kg/cm^2$)의 질소가스가 봉입되어 있다.
특징
① 구조가 간단하다.
② 장기간 사용으로 인해 오일에 기포가 발생하여도 감쇠효과가 저하하지 않는다.
③ 외통이 한겹으로 되어 있으므로 방열이 양호하다.
④ 노면으로부터 심한 충격을 받았을 때 오일형식은 캐비테이션(공동현상)에 의해 감쇠력이 저하되는 경우가 있지만, 드가르봉식 형식은 봉입된 질소가스와 프리피스톤의 작용에 의해 캐비테이션을 방지할 수 있다.

53 **엔진에서 발생한 토크와 회전수가 각각 80 kgf · m, 1000 rpm, 클러치를 통과하여 변속기로 들어가는 토크와 회전수가 각각 60 kgf · m, 900 rmp일 경우 클러치의 전달효율은 약 얼마인가?**

㉮ 37.5 % ㉯ 47.5 %
㉰ 57.5 % ㉱ 67.5 %

해설 $\text{전달효율}(\eta) = \frac{\text{출력축동력}}{\text{입력축동력}} \times 100\ \%$
동력 = 회전력 × 회전수이므로

정답 51. ㉱ 52. ㉱ 53. ㉱

$\therefore$ 전달효율$(\eta) = \dfrac{900 \times 60}{1000 \times 80} \times 100 = 67.5\,\%$

54 **앞바퀴 구동 승용차에서 드라이브 샤프트는 변속기 축과 차륜 측에 각각 1개의 조인트로 연결되어 있다. 변속기 측 조인트의 명칭은?**

㉮ 더블 오프셋 조인트(double offset joint)
㉯ 버필드 조인트(birfield joint)
㉰ 유니버설 조인트(universal joint)
㉱ 플렉시블 조인트(flexible joint)

해설 더블 오프셋 조인트 : 볼형의 자재 이음에 슬립 이음을 추가한 형식으로, 6개의 볼이나 3개의 롤러가 동력 전달 작용을 하는 형식
플렉시블 조인트 : 양쪽 플랜지 사이에 경질 고무 또는 섬유제의 커플링을 끼우고 볼트로 체결한 형식이다. 윤활이 필요 없는 건식 탄성자재이음으로서, 드라이브 라인의 각도 변화가 작고, 동시에 축방향의 길이 변화도 작을 경우에 사용한다. 따라서 주로 진동과 소음을 감쇠시키는 탄성요소로서 쓰인다.
유니버설 조인트 : 두 축이 비교적 떨어진 위치에 있는 경우나 두 축의 각도(편각)가 큰 경우에 이 두 축을 연결하기 위하여 사용되는 축이음(커플링)의 일종이다. 자동차의 프로펠러 샤프트나 드라이브 샤프트 등의 연결부, 자동차의 스티어링 기구 등에 쓰인다.
버필드 조인트 : 등속 조인트의 일종으로, 전륜 구동용 드라이브 샤프트의 휠 허브 쪽에 사용되는 조인트이다. 자동차가 주행 중 요철 도로 및 조향에 의해 동력 전달 각도가 변하더라도 회전의 불균형이 없이 구동 바퀴에 전달하며, 전달 효율이 높고 진동 및 소음이 적다.

55 **브레이크 푸시로드의 작용력이 62.8 kgf이고 마스터 실린더의 내경이 2 cm일 때 브레이크 디스크에 가해지는 힘은?(단, 휠 실린더의 면적은 3 cm^2이다.)**

㉮ 약 40 kgf　　㉯ 약 60 kgf
㉰ 약 80 kgf　　㉱ 약 100 kgf

해설 압력 $P = \dfrac{\text{하중}}{\text{단면적}}$

$\therefore$ 하중 = 압력 × 단면적
마스터 실린더 압력

$= \dfrac{62.8\text{kgf}}{\frac{\pi}{4} \times 2 \times 2\text{cm}^2} \doteqdot 19.98\ \text{kgf/cm}^2$

$\therefore$ 휠 실린더에 작용하는 힘
$= 19.98\ \text{kgf/cm}^2 \times 3\ \text{cm}^2 \doteqdot 59.96\ \text{kgf}$

56 **자동변속기에서 유성 기어 장치의 3요소가 아닌 것은?**

㉮ 선 기어　　㉯ 캐리어
㉰ 링 기어　　㉱ 베벨 기어

해설 단순 유성 기어 장치는 선 기어(sun gear), 유성 기어(planetary gear), 유성 기어 캐리어(planetary gear carrier), 인터널 링 기어(internal ring gear) 및 밴드 브레이크(band brake)로 구성되어 있다.
자동변속기 유성 기어 장치의 3요소
① 선 기어
② 유성 기어 캐리어
③ 링 기어

57 **동력조향장치에서 조향 핸들을 회전시킬 때 엔진의 회전속도를 보상시키기 위하여 ECU로 입력되는 신호는?**

㉮ 인히비터 스위치
㉯ 파워스티어링 압력 스위치
㉰ 전기부하 스위치
㉱ 공전속도 제어 서보

해설 파워스티어링 압력 스위치 : 조향 핸들을 회전시켜 유압이 상승될 때 전압으로 변환하여 컴퓨터에 입력함으로써 공전속도 제어 서보를 작동시켜 엔진의 회전속도를 상승시킨다.

58 **조향축의 설치 각도와 길이를 조절할 수 있**

정답 54. ㉮　55. ㉯　56. ㉱　57. ㉯　58. ㉱

는 형식은?

㉮ 랙 기어 형식
㉯ 틸트 형식
㉰ 텔레스코핑 형식
㉱ 틸트 앤드 텔레스코핑 형식

해설 틸트 형식 : 운전자의 자세를 바르게 할 수 있도록 조향축의 설치 각도를 조정할 수 있는 형식이다.
텔레스코핑 형식 : 운전자의 자세를 바르게 할 수 있도록 조향축이 축방향으로 이동이 가능하여 길이를 조절할 수 있는 형식이다.
틸트 앤드 텔레스코핑 형식 : 운전자의 자세를 바르게 조절할 수 있도록 조향축의 설치 각도와 길이를 조절할 수 있는 형식이다.

59 ABS (Anti-lock Brake System)의 구성 부품으로 볼 수 없는 것은?

㉮ 일렉트로닉 컨트롤 유닛
㉯ 휠 스피드 센서
㉰ 하이드롤릭 유닛
㉱ 크랭크 앵글 센서

해설 ABS의 구성품 : 유압계통과 제어계통으로 구성되어 있으며, 유압계통은 마스터 백, 탠덤 마스터 실린더, 유압조절기(HCU)로 구성된다. 제어계통은 컴퓨터, 휠 스피스 센서 등으로 되어 있다. ABS 시스템을 구성하는 주요 부품은 휠센서(펄스 링 포함), ECU, 그리고 유압 모듈레이터(솔레노이드 밸브 포함)이다. ABS 시스템을 제어채널 또는 센서의 개수, 그리고 제어방식에 따라 분류하면 다음과 같다.
① 4-채널 시스템 : 4개의 휠센서를 사용하며, 전/후 또는 대각선(X형) 브레이크 회로에 주로 사용한다. 일반적으로 각 차륜을 개별적으로 제어하지만, 후륜은 '개별제어' 또는 'select-low' 원리에 따라 공동으로 제어한다.
② 3-채널 시스템 : 3개 또는 4개의 휠센서를 사용하며, 대각선(X형) 브레이크 회로에 사용한다. 앞바퀴들은 개별 제어하고, 뒤쪽 좌/우 차륜은 1개의 유압 제어 유닛으로 'select-low' 원리에 따라 제어한다.
③ 크랭크 앵글 센서 : 엔진의 크랭크축 회전 각도 또는 회전 위치를 검출하는 센서로써 크랭크 각은 엔진의 회전수를 검출하여 연료 기본 분사량과 점화시기를 결정하는 데 중요한 정보를 인출하며 크랭크축의 회전각을 직접 검출하는 인덕티브 방식과 홀 소자식, 리드 스위치식, 광학식 등이 있다.

60 조향 핸들을 2바퀴 돌렸을 때 피트먼 암이 90° 움직였다. 조향 기어비는?

㉮ 6 : 1 ㉯ 7 : 1
㉰ 8 : 1 ㉱ 9 : 1

해설 $\text{조향기어비} = \dfrac{\text{핸들 회전각도}}{\text{피트먼암 회전각도}}$

$$= \frac{720}{90} = 10 \rightarrow 8 : 1$$

제4과목 : 자동차 전기

61 마그네틱 인덕티브 방식 휠 스피드 센서의 정상 작동 여부를 가장 정확하게 판단할 수 있는 것은?

㉮ 디지털 멀티미터
㉯ 아날로그 멀티미터
㉰ 오실로스코프
㉱ LED 테스트 램프

해설 휠 스피드 센서는 마그네틱 픽업 코일 방식과 액티브 방식이 있으며, 마그네틱 픽업 코일 방식은 출력 파형이 아날로그 파형이고 액티브 방식은 출력 파형이 디지털 파형이다 (출력주파수 40~50 Hz). 휠 스피드 센서 파형이 정상일 때는 최고전압이 0.8~1.5 V를 일정하게 출력되어야 하며 0.4 V 이하 시에는 톤휠 간극이 규정보다 크거나 센서 불량이 되며 주파수가 일정하며 간격이 고르게 나타나야 정상이다.

62 연료탱크에 연료가 가득 차 있는데 연료 경고등 (NTC)이 점등될 수 있는 요인으로 옳

정답 59. ㉱ 60. ㉰ 61. ㉰ 62. ㉯

은 것은?

㉮ 퓨즈의 단선
㉯ 서미스터의 결함
㉰ 경고등 접지선의 단선
㉱ 경고등 전원선의 단선

해설 경고등 접지선이나 전원선이나 퓨즈의 단선일 경우에는 연료경고등(NTC)이 점등되지 않으며 연료유면의 서미스터의 결함 시 연료경고등(NTC)이 점등될 수 있다.

63 냉매(R-134a)의 구비조건으로 옳은 것은?

㉮ 비등점이 적당히 높을 것
㉯ 냉매의 증발 잠열이 작을 것
㉰ 응축 압력이 적당히 높을 것
㉱ 임계 온도가 충분히 높을 것

해설 냉매(R-134a)의 구비조건
① 증발압력이 적당히 높고 응축압력이 적당히 낮을 것
② 증발잠열이 크고, 냉동 능력당 냉매 순환량이 적을 것
③ 배체적이 적당히 적고 열전도율이 크며 성적계수가 클 것
④ 전기 절연재료를 침식하지 않고 유전율이 적고 전기 저항치가 클 것
⑤ 가연성 및 폭발성이 없을 것
⑥ 임계 온도가 충분히 높을 것

64 자동차 트립 컴퓨터 화면에 표시되지 않는 것은?

㉮ 평균 연비
㉯ 주행 가능 거리
㉰ 주행 시간
㉱ 배터리 충전 전류

해설 트립 컴퓨터는 주행 평균속도, 주행 거리, 외기온도 등 주행과 관련된 정보를 LCD창을 통해 운전자에게 알려주는 시스템이며 배터리 충전 전류는 표시되지 않는다.

65 자동차에서 무선시스템에 간섭을 일으키는 전자기파를 방지하기 위한 대책이 아닌 것은?

㉮ 커패시터와 같은 여과소자를 사용하여 간섭을 억제한다.
㉯ 불꽃 발생원에 배터리를 직렬로 접속하여 고주파 전류를 흡수한다.
㉰ 불꽃 발생원의 주위를 금속으로 밀봉하여 전파의 방사를 방지한다.
㉱ 점화 케이블의 심선에 고저항 케이블을 사용한다.

해설 자동차에서 무선시스템에 간섭을 일으키는 전자기파를 방지하기 위한 방법
① 콘덴서(커패시터)와 같은 여과소자를 사용하여 간섭을 억제한다.
② 점화 케이블의 심선에 고저항 케이블을 사용한다.
③ 불꽃 발생원의 주위를 금속으로 밀봉하여 전파의 방사를 방지한다.

66 자동차 계기장치의 표시사항이 아닌 것은?

㉮ 냉각수 온도
㉯ 주행 중 연료 누설
㉰ 충전 경고
㉱ 엔진 회전속도

해설 계기장치의 표시 및 경고등
① 태코미터(tachometer) : 1분당 엔진의 회전수(rpm)를 표시하여 엔진 RPM 상태를 나타낸다.
② 속도계(speedmeter) : 자동차의 시간당 주행속도를 나타낸다.
③ 적산거리계(odometer) : 차가 달린 총 거리를 km로 나타낸다.
④ 연료계(fuel gauge) : 연료탱크에 있는 연료량을 나타내며, 최근에 나오는 대부분의 차는 시동을 걸지 않아도 항상 현재의 연료량을 표시하고 있다.
⑤ 수온계(water temperature gauge) : 냉각수의 온도를 나타낸다.
⑥ 엔진오일 압력 경고등 : 오일압력이 낮으면 들어오는데, 주행 중 경고등이 켜지면 시동을 끄고 엔진오일을 점검해야 한다.

정답 63. ㉱ 64. ㉱ 65. ㉯ 66. ㉯

⑦ 안전벨트 미착용 경고등:키가 ON에 있을 때 경고등이 들어와 운전자에게 안전벨트를 매도록 알려준다.

⑧ 연료잔량 경고등 : 연료탱크에 연료가 약 7~8 L 정도 남았을 때 들어온다.

⑨ 도어열림 경고등 : 도어가 완전히 닫혀 있지 않은 경우에 경고등이 켜지고 문이 완전히 닫히면 꺼진다.

⑩ 브레이크 경고등 : 주차 브레이크가 당겨져 있거나 브레이크 오일이 부족할 때 들어온다.

⑪ 충전 경고등 : 배터리의 충전 상태에 이상이 있는 경우에 켜지는데 키가 ON일 때 들어왔다 시동이 걸리면 꺼지는 것이 정상이다.

⑫ 엔진정비 경고등 : 엔진을 제어하는 엔진 전자제어 장치가 고장나면 이 경고등이 들어오는데, 주로 배기가스 관련 부품의 고장이나 전자제어 계통이 제기능을 발휘하지 못하는 경우 켜진다.

⑬ ABS 경고등 : 옵션으로 ABS를 단 차에 있는데, 엔진 시동을 걸면 경고등이 잠시 들어왔다 꺼진다. 이것은 ABS가 정상적으로 작동하고 있음을 의미한다.

⑭ 에어백 경고등 : 에어백을 단 차에 있는 경고등으로 키가 ON일 때 경고등이 잠시 들어왔다 꺼지면 센서 등의 모든 장치가 정상적으로 작동하고 있음을 의미한다.

※ 주차 브레이크 레버를 당긴 후 키를 ON으로 해(이때 시동은 걸지 않음) 경고등이 켜지고 엔진 시동 후에 모든 경고등이 꺼지는지 확인한다. 만약 어느 하나라도 꺼지지 않거나 계속 켜져 있으면 정비가 필요한 것이다.

67 **하이브리드 자동차의 보조 배터리가 방전으로 시동 불량일 때 고장원인 또는 조치방법에 대한 설명으로 틀린 것은?**

㉮ 단시간에 방전이 되었다면 암전류 과다 발생이 원인이 될 수 있다.

㉯ 장시간 주행 후 바로 재시동 시 불량하면 LDC 불량일 가능성이 있다.

㉰ 보조 배터리가 방전이 되었어도 고전압 배터리로 시동이 가능하다.

㉱ 보조 배터리를 점프 시동하여 주행 가능하다.

해설 하이브리드 자동차는 전기모터에 의해 작동되는 자동차이며, 전기모터로 차량의 시동을 걸고 저속으로 움직인다. 또한 감속, 제동에 의해 생기는 에너지를 배터리에 충전시키며 배터리는 전기모터가 필요로 하는 에너지를 공급한다. 배터리는 보통 12.6 V 이상이 정상이며 하이브리드 고전압 배터리가 방전되면 내연엔진을 작동시켜 차량을 구동시키게 된다. 이것은 시동 배터리가 방전되면 시동 할 수 없다. 보조 배터리 전압은 12 V인데, 배터리 전압이 6.5 V 이하 또는 16 V 이상일 경우 HCU 동작이 불가하다.

68 **IC 조정기 부착형 교류발전기에서 로터 코일 저항을 측정하는 단자는?(단, IG : ignition, F : field, L : lamp, B : battery, E : earth)**

㉮ IG단자와 F단자 ㉯ F단자와 E단자
㉰ B단자와 L단자 ㉱ L단자와 F단자

해설 IC 조정기 부착형 교류발전기에서 로터 코일 저항을 측정하는 단자인 L단자와 F단자를 통해 로터 코일 저항과 브러시 상태를 점검할 수 있다.

69 **하이브리드 자동차의 전기장치 정비 시 반드시 지켜야 할 내용이 아닌 것은?**

㉮ 절연장갑을 착용하고 작업한다.

㉯ 서비스 플러그(안전 플러그)를 제거한다.

㉰ 전원을 차단하고 일정시간이 경과 후 작업한다.

㉱ 하이브리드 컴퓨터의 커넥터를 분리하여야 한다.

해설 하이브리드 자동차의 전기장치 정비 시 안전을 위해 반드시 하이브리드 컴퓨터의 커넥터를 분리할 필요는 없다. 하이브리드 자동

과년도 출제문제 부록

정답 67. ㉰ 68. ㉱ 69. ㉱

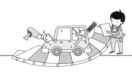

차는 고전압 배터리를 포함하고 있어서 시스템이나 차량을 잘못 건드릴 경우 심각한 누전이나 감전 등의 사고로 이어질 수 있다. 따라서 고전압 시스템 작업 전 주의해야 한다. 금속성 물질은 고전압 단락을 유발하여 인명과 차량을 손상시킬 수 있으므로 작업 전에 반드시 몸에서 제거해야 한다.

70 완전 충전 상태인 100 Ah 배터리를 20 A의 전류로 얼마동안 사용할 수 있는가?

㉮ 50분 ㉯ 100분
㉰ 150분 ㉱ 300분

해설 배터리용량 (Ah) = 전류 (A) × 시간 (h) 이므로
100 Ah = 20 × 5(300분)

71 에어컨 컨트롤 유닛의 점검 사항에 속하지 않는 것은?

㉮ 시스템 내의 구성부품 및 배선의 단선, 단락 진단
㉯ 부품에 이상이 있을 때 경고등 점등
㉰ 전기 신호에 의한 에어백 팽창 여부
㉱ 시스템에 이상이 있을 때 경고등 점등

해설 에어컨 컨트롤 유닛의 점검 사항
① 시스템 내의 구성부품 및 배선의 단선, 단락 진단
② 부품에 이상이 있을 때 경고등 점등상태 점검
③ 시스템에 이상이 있을 때 경고등 점등상태 점검
※ 전기 신호에 의한 에어백 팽창 여부는 에어컨 컨트롤 유닛의 점검 사항과 관련 없다.

72 포토 다이오드에 대한 설명으로 틀린 것은?

㉮ 응답속도가 빠르다.
㉯ 주변의 온도변화에 따라 출력 변화에 영향을 많이 받는다.
㉰ 빛이 들어오는 광량과 출력되는 전류의 직진성이 좋다.
㉱ 자동차에서는 크랭크 각 센서, 에어컨의 일사 센서 등에 사용된다.

해설 포토다이오드
① PN형을 접합한 게르마늄판에 입사광선이 없을 경우에는 N형에 정전압이 가해져 있으므로 역 방향 바이어스로 되어 전류가 흐르지 않는다.
② 입사광선을 접합부에 쪼이면 빛에 의해 전자가 궤도를 이탈하여 자유전자가 되어 역방향으로 전류가 흐르게 된다.
③ 입사광선이 강할수록 자유전자 수도 증가하여 더욱 많은 전류가 흐르며 배전기 내의 크랭크 각 센서와 TDC 센서 및 에어컨의 일사 센서 등에 사용된다(빛이 들어오는 광량과 출력되는 전류의 직진성이 좋다.).
④ 응답속도가 빠르다.

73 자동차 기동전동기 전기자 시험기로 시험할 수 없는 것은?

㉮ 코일의 단락 ㉯ 코일의 접지
㉰ 코일의 단선 ㉱ 코일의 저항

해설 자동차 기동전동기 전기자 시험기로 시험할 수 있는 항목
① 코일의 단락
② 코일의 접지
③ 코일의 단선

74 컴퓨터의 논리회로에서 논리적(AND) 회로에 해당되는 것은?

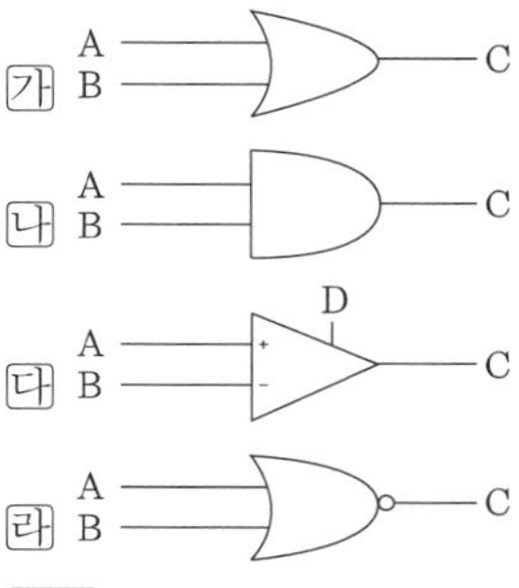

해설 ① 논리합 회로
㉮ A, B 스위치 2개를 병렬로 접속한 것

정답 70. ㉱ 71. ㉰ 72. ㉯ 73. ㉱ 74. ㉯

이다.

㉯ 입력 A, B 중에서 어느 하나라도 1이면 출력 Q도 1이 된다. 여기서 1이란 전원이 인가된 상태, 0은 전원이 인가되지 않은 상태

② 논리적 회로

㉮ A, B 스위치 2개를 직렬로 접속한 것이다.

㉯ 입력 A, B가 동시에 1이 되어야 출력 Q도 1이 되며, 1개라도 0이면 출력 Q는 0이 되는 회로

③ 부정 회로

㉮ 입력 스위치가 A와 출력이 병렬로 접속된 회로이다.

㉯ 입력 A가 1이면 출력 Q는 0이 되고 입력 A가 0일 때 출력 Q는 1이 되는 회로

④ 부정 논리합 회로

㉮ 논리합 회로 뒤쪽에 부정 회로를 접속한 것이다.

㉯ 입력 스위치 A와 입력 스위치 B가 모두 OFF되어야 출력이 된다.

㉰ 입력 스위치 A 또는 입력 스위치 B 중에서 1개가 ON이 되거나 입력 스위치 A와 입력 스위치 B가 모두 0이 되면 출력은 없다.

⑤ 부정 논리적 회로

㉮ 논리적 회로 뒤쪽에 부정 회로를 접속한 것이다.

㉯ 입력 스위치 A와 입력 스위치 B가 모두 ON이 되면 출력은 없다.

㉰ 입력 스위치 A 또는 입력 스위치 B 중에서 1개가 OFF되거나, 입력 스위치 A와 입력 스위치 B가 모두 OFF되면 출력된다.

75 **차량에서 12 V배터리를 떼어 내고 절연체의 저항을 측정하였더니 1 MΩ이었다면 누설전류는?**

가 0.006 mA　　나 0.008 mA

다 0.010 mA　　라 0.012 mA

해설 누설 전류 $I=\dfrac{V}{R}$

$I=\dfrac{V}{R}=\dfrac{12}{10^6}=0.000012\text{ A}$

$=0.012\text{ mA}$

76 **자동차 에어컨에서 고온 고압의 기체 냉매를 액화시켜 냉각시키는 역할을 하는 것은?**

가 압축기　　나 응축기

다 팽창밸브　　라 증발기

해설 압축기 : 증발기에서 저압 기체로 된 냉매를 고압으로 압축하여 응축기로 보내는 작용을 한다.

응축기 : 라디에이터 앞쪽에 설치되며, 압축기로부터 오는 고온의 기체 냉매의 열을 대기 중으로 방출시켜 액체 냉매로 변화시킨다.

팽창밸브 : 냉방장치가 정상적으로 작동하는 동안 냉매는 중간 정도의 온도와 고압의 액체 상태에서 팽창 밸브로 유입되어 오리피스 밸브를 통과하여 저온 · 저압이 된다.

증발기 : 팽창 밸브를 통과한 냉매가 증발하기 쉬운 저압으로 되어 안개 상태의 냉매가 증발기 튜브를 통과할 때 송풍기에 의해서 불어지는 공기에 의해 증발하여 기체로 된다.

77 **점화스위치를 ON (IG_1)했을 때 발전기 내부에서 자화되는 것은?**

가 로터　　나 스테이터

다 정류기　　라 전기자

해설 스테이터

① 스테이터는 독립된 3개의 코일이 감겨져 있고 여기에서 3상 교류가 유기된다.

② 스테이터 코일의 접속방법에는 Y 결선(스타결선)과 삼각 결선(델타 결선)이 있으며, Y 결선은 선간 전압이 각상 전압의 $\sqrt{3}$가 높아 엔진이 공전할 때에도 충전 가능한 전압이 유기된다.

로터

① 로터의 자극 편은 코일에 여자전류가 흐르면 N극과 S극이 형성되어 자화되며, 로터가 회전함에 따라 스테이터 코일의 자력선을 차단하므로 전압이 유지된다.

② 슬립 링 위를 브러시가 미끄럼 운동하면서 로터 코일에 여자 전류를 공급한다.

정류기

① 교류 발전기에서는 실리콘 다이오드를 정류기로 사용한다.

정답 75. 라　76. 나　77. 가

② 교류 발전기에서 다이오드의 기능은 스테이터 코일에서 발생한 교류를 직류로 정류하여, 외부로 공급하고, 또 축전지에서 발전기로 전류가 역류하는 것을 방지한다.
③ 다이오드 수는 (+)쪽에 3개, (−)쪽에 3개씩 6개를 두며, 최근에는 여자 다이오드를 3개 더 두고 있다.

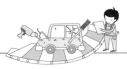

78 에어백 인플레이트(inflator)의 역할에 대한 설명으로 옳은 것은?

㉮ 에어백의 작동을 위한 전기적인 충전을 하여 배터리가 없을 때에도 작동시키는 역할을 한다.
㉯ 점화장치, 질소가스 등이 내장되어 에어백이 작동할 수 있도록 점화 역할을 한다.
㉰ 충돌할 때 충격을 감지하는 역할을 한다.
㉱ 고장이 발생하였을 때 경고등을 점등한다.

해설 에어백 인플레이트 : 부풀게 하는 것을 말하는데, 자동차에서는 타이어의 공기 주입이기를 말할 때도 있으나 일반적으로 에어백 가스 발생 장치를 말한다. 점화 장치에 의하여 가스 발생제(아질산나트륨이 일반적)를 순간적으로 연소시켜 나온 질소가스로 에어백을 부풀게 한다.

79 자기 인덕턴스가 0.7 H인 코일에 흐르는 전류가 0.01초 동안 4 A의 전류로 변화하였다면, 이때 발생하는 기전력은?

㉮ 240 V ㉯ 260 V
㉰ 280 V ㉱ 300 V

해설 $V = M \times \dfrac{\Delta I}{\Delta t}$

$= 0.7 \times \dfrac{4}{0.01} = 280\text{ V}$

80 엔진의 상태에 따른 점화 요구전압, 점화시기, 배출가스에 대한 설명 중 틀린 것은?

㉮ 질소산화물(NOx)은 점화시기를 진각함에 따라 증가한다.
㉯ 탄화수소(HC)는 점화시기를 진각함에 따라 감소한다.
㉰ 연소실의 혼합비가 희박할수록 점화요구 전압은 높아져야 한다.
㉱ 실린더 압축 압력이 높을수록 점화 요구 전압도 높아져야 한다.

해설 점화시기가 배출가스 성분 구성에 미치는 영향은 직접적이다. 단순하게 점화시기만을 진각시켰을 경우, 미연 탄화수소(HC)와 질소산화물(NOx)은 점화시기의 진각에 비례하여 거의 모든 공기비 영역(약 1.2 정도까지)에서 증가하는 것으로 보고되고 있다. 일산화탄소(CO)의 발생량은 점화시기와는 거의 무관하며, 공기비가 결정적인 요소로 알려져 있다. 그러나 다수의 요소들, 예를 들면 연료소비율과 구동능력과 같이 상반되는 요소들도 점화시기에 영향을 미치는 중요한 요소들이다. 따라서 항상 유해배출물 수준을 낮게 유지하는 점화시기만을 선택할 수는 없다.

정답 78. ㉯ 79. ㉰ 80. ㉯

국가기술자격 필기시험문제

2016년도 8월 21일 (제3회)

자격종목	코드	시험시간	형 별	수검번호	성 명
자동차정비산업기사	2070	2시간			

제1과목 : 일반기계공학

01 다음 용접부의 검사 중 비파괴검사법에 해당하는 것은?

㉮ 인장시험 ㉯ 피로시험
㉰ 크리프 시험 ㉱ 침투탐상시험

해설 크리프 시험 : 시험편을 일정한 온도로 유지하고 여기에 일정한 하중을 가하여 시간과 더불어 변화하는 변형을 측정하는 시험. 그 결과로부터 크리프 곡선 및 크리프 강도를 구한다.
피로시험 : 피로 시험기를 이용하여 재료에 반복하중(인장, 압축, 회전, 굽힘, 비틀림, 충격 등)을 가하고 파괴될 때까지의 반복 횟수를 구하는 시험. 이 시험으로부터 재료의 피로 한도를 조사하기도 하고, 소정의 반복 횟수에 견디는 응력을 구하기도 한다.
인장시험 : 재료에 인장력을 가해 기계적 성질을 조사하는 재료시험
침투탐상시험 : 표면에 흠 같은 미세한 균열 또는 구멍같은 흠집을 신속하고 쉽게 그리고 고감도로 검출하는 방법으로서 피검사체 표면의 불연속부에 침투액을 표면장력 작용으로 침투시킨 다음 표면의 침투제를 닦아내고, 현상액을 발라서 결함부에 남아있는 침투액이 표면에 나타나게 한다.

02 허용 인장응력이 100 N/mm^{2}인 아이볼트에 축 방향으로 1 t의 화물을 들어 올리는 경우, 이 볼트의 골지름은 최소 몇 mm 이상이어야 하는가?

㉮ 9.8 ㉯ 11.2
㉰ 13.4 ㉱ 16.9

해설 허용인장응력 : $\sigma = 100\ \text{N/mm}^2$, 축 방향으로 작용하는 힘을 뉴턴 단위로 맞춘다. $P = 1000\ \text{kgf} \rightarrow 9800\ \text{N}$. 축 방향 힘은 허용응력을 넘지 않아야 하므로 이를 계산 기준으로 삼는다.

$$\sigma = 100 = \frac{P}{A} = \frac{9800}{\frac{\pi D^2}{4}} = \frac{9800 \times 4}{\pi D^2}$$

$$D = \sqrt[2]{\frac{9800 \times 4}{\pi \times \sigma}} = \sqrt[2]{\frac{9800 \times 4}{\pi \times 100}}$$

$= 11.17\ \text{mm}$

$\therefore$ 11.17 mm 이상이다.

03 2줄 나사의 피치가 0.5 mm일 때, 이 나사의 리드는?

㉮ 1 mm ㉯ 1.5 mm
㉰ 0.25 mm ㉱ 0.5 mm

해설 나사의 리드와 피치
① 리드 (L) = 줄수 (n) × 피치(P)
② 이동거리 = 리드 (L) × 회전수 (R)
= 줄수 (n) × 피치(P) × 회전수 (R)

04 원형 단면축이 비틀림 모멘트를 받을 때 생기는 최대전단응력에 관한 설명으로 옳지 않은 것은?

㉮ 극단면계수에 비례한다.
㉯ 비틀림 모멘트에 비례한다.
㉰ 극관성 모멘트에 반비례한다.
㉱ 축 지름의 3제곱에 반비례한다.

해설 비틀림 모멘트를 받는 원형 단면축에 발생되는 최대전단응력$\left(\tau = \frac{16T}{\pi d^3}\right)$은 축의 지름

정답 01. ㉱ 02. ㉯ 03. ㉮ 04. ㉮

이 증가하면 분모가 커지므로 축지름과 극관성 모멘트에 반비례하고 비틀림 모멘트에 비례한다.

05 다음 중 무단 변속을 만들 수 없는 마찰차는?

가 구면마찰차 　나 원추마찰차
다 원통마찰차 　라 원판마찰차

해설 기계요소 가운데 2개의 바퀴면을 직접 접촉시켜 접촉면의 마찰력을 이용해 동력을 전달하는 동력 전달장치이다. 가장 기본적인 동력 전달장치로, 두 축에 바퀴를 만들어 구름 접촉을 통해 순수한 마찰력만으로 동력을 전달한다.
마찰차의 종류
① 원통마찰차 또는 평마찰차 : 두 축이 평행하면, 마찰차 지름에 따라 속도비가 다르다.
② 무단변속 마찰차 : 구동축의 속도를 일정하게 유지하고 종동축의 회전속도를 어떤 범위 내에서 연속적으로 자유로이 변화시킬 수 있다.
③ 원추마찰차 : 두 축이 어느 각도로 교차할 때 사용되는 마찰차
④ 홈마찰차 : 밀어붙이는 힘을 증가시키지 않고 전달 동력을 크게 할 수 있게 개량한 마찰차
⑤ 변속마찰차 : 일정 범위 내에서 속도비를 연속적으로 변화시킬 수 있다(구면마찰차, 에반스 마찰차, 원추와 원판차, 크라운 마찰차).

06 판재를 굽힘가공 시 탄성의 영향으로 굽힘각의 정밀도가 나지 않는 경우가 있다. 가장 큰 이유는?

가 가공 경화 　나 이송 굽힘
다 시효 경화 　라 스프링 백

해설 가공경화 : 일반적으로 금속은 가공하여 변형시키면 단단해지는데, 그 굳기는 변형의 정도에 따라 커지며, 어느 가공도 이상에서는 일정해진다. 이것을 가공경화라고 한다.
시효경화 : A금속과 B금속을 완전 고용상태로 한 후, 상온까지 급랭하면 그 합금은 과포화 상태가 된다. 그것을 상온 내지 적당한 온도로 방치하면 시간의 경과와 함께 그 합금의 경도, 인장강도, 탄성한도, 전기저항 등이 현저하게 높아지는 현상을 말함. 이 현상은 Al-Cu, Al-Ag, Al-Mg, Cu-Be계 합금으로 확인된다.
스프링 백 : 소성 재료의 굽힘 가공에서 재료를 굽힌 다음 압력을 제거하면 원상으로 회복되려는 탄력 작용으로 굽힘량이 감소되는 현상을 말한다.

07 다음 중 기어펌프에 속하지 않는 것은?

가 로브 펌프 　나 트로코이드 펌프
다 스크루 펌프 　라 베인 펌프

해설 로브 펌프 : 작동원리는 외접 기어 펌프와 같으나 연속적으로 접촉하여 회전하므로 소음이 적다.
트로코이드펌프 : 내접 기어 펌프와 비슷한 모양으로 안쪽 기어 로터가 전동기에 의하여 회전하면 바깥쪽 로터도 따라서 회전한다.
스크루 펌프 : 3개의 정밀한 스크루가 꼭 맞는 하우징 내에서 회전하며, 매우 조용하고, 효율적으로 유체를 배출한다.
베인 펌프 : 산업용 기름 펌프로 널리 사용되며, 구조가 간단하고 성능이 좋아 많은 양의 기름을 수송하는 데 적합하다(회전 펌프의 하나로 편심 펌프라고도 한다. 원통형 케이싱 안에 편심회전자가 있고 그 홈 속에 판상의 깃이 들어 있으며 주로 유압펌프용으로 사용).

08 버니어캘리퍼스의 어미자의 1눈금이 1 mm이고, 아들자의 눈금은 어미자의 19 mm를 20등분하였을 때 읽을 수 있는 최소 눈금은?

가 0.02 mm 　나 0.20 mm
다 0.50 mm 　라 0.05 mm

해설 19 mm를 20등분한 아들자의 한 눈금은 0.95 mm이며 어미자와 아들자의 1눈금 차는 0.05 mm (20/1)이다.

정답 05. 다 　06. 라 　07. 라 　08. 라

09 미끄럼 베어링 재료가 구비하여야 할 성질이 아닌 것은?

㉮ 열에 녹아 붙음이 잘 일어나지 않을 것
㉯ 마멸이 적고, 면답 강도가 클 것
㉰ 피로 한도가 작을 것
㉱ 내식성이 높을 것

해설 미끄럼 베어링의 구비해야 할 성질
① 열에 녹아 붙음이 잘 일어나지 않을 것
② 마멸이 적고, 면답 강도가 클 것
③ 피로강도가 클 것
④ 내식성이 높을 것
⑤ 마찰계수가 작아야 한다.

10 바닥이 넓은 축열실(蓄熱室) 반사로를 사용하여 선철을 용해, 정련하는 제강법은?

㉮ 평로 ㉯ 전기로
㉰ 전로 ㉱ 용광로

해설 전로 : 제강·제동에 사용되는 환원로로서 형식은 제강용과 제동용이 있다. 제강용은 원통의 아가리를 오그라들게 하여 옆으로 비스듬히 열어 놓은 형태이나 구리 제련용 전로는 원기둥을 옆으로 놓은 형태이다.
전기로 : 노 안의 온도를 높은 온도로 정확하게 유지할 수 있고 온도의 조절도 자유롭게 되며, 연소가스의 영향을 받지 않는 등의 많은 이점이 있어 고급 주철, 주강, 구리 합금의 용해에 많이 사용되며, 전류에 의하여 발생하는 유도작용을 응용하여 장입 금속 자체에 유도 전류를 흐르게 하여 가열 용해하는 노로서, 저주파로와 고주파로가 있다.
용광로 : 철광석으로부터 선철을 만드는데 사용되는 노로 고로라고도 한다. 발열원으로서 무엇을 사용하느냐에 따라 코크스선고로·목탄선고로·전기선고로 등으로 나누는데 세계에서 생산되는 선철의 대부분은 코크스선고로에서 생산된다. 그 구조는 내화벽돌을 쌓아 올린 원통형 본체와 부설된 열풍로로 이루어진다. 용광로 높이는 20~30 m이고, 크기, 즉 용량은 하루에 생산되는 선철의 t수로 말하는 것이 보통이다.
평로 : 반사로의 일종으로 제강에 사용한다. 얕고 넓은 방형의 내화물을 붙여 놓은 노 속에 선철이나 파쇠, 철광석, 석회석 등을 넣고, 가스 또는 중유를 연소시켜 가열하고 탄소나 불순물을 산화, 제거하여 제강한다.

11 γ-Fe에 탄소가 최대 2.11 % 고용된 γ고용체로 면심입방격자 결정구조를 가지고 있으며, A_1 변태점 이상에서 주로 존재하는 철강의 기본조직은?

㉮ 오스테나이트 ㉯ 페라이트
㉰ 펄라이트 ㉱ 시멘타이트

해설 오스테나이트 : Fe에 탄소가 최대 2.11 % 고용된 γ고용체로 면심입방격자 결정구조를 가지고 있으며, A_1변태점 이상에서 주로 존재하는 철강의 기본조직이다. 담금질을 통해 형성되는 금속조직의 종류로 탄소를 포함하고 있는 고용된 감마 γ고용체. 철은 녹는점까지의 온도 범위 내에서 3가지의 조직변화가 나타낸다.
① 0~900도 : 체심입방구조
② 900~1500도 : 면심입방구조
③ 1500~녹는점 : 체심입방구조
※ 경도가 높고 성질이 우수한 것은 면심입방구조이며 900도 아래로 내려가게 되면 체심입방구조로 변하기 때문에 오스테나이트를 얻기 어렵다. 따라서 담금질을 하게 되며 짧은 시간에 온도를 낮춰서 오스테나이트를 최대한 남기게 되며 이 담금질을 통해서 잔류되는 오스테나이트 조직이 형성된다. 몰리브덴 (Mo, Molibdenium), 니켈 (Ni, Nikel) 등 특수합금소재를 첨가하여 오스테나이트조직을 강화할 수 있다.

12 알루미늄에 관한 일반적인 설명으로 틀린 것은?

㉮ 은백색으로 비중이 2.7 정도이다.
㉯ Mg 보다도 비중이 작아서 중량 경감이 요구되는 자동차 항공기 등에 많이 사용된다.
㉰ 공기 중에 산화가 잘 되지 않아 내식성

정답 09. ㉰ 10. ㉮ 11. ㉮ 12. ㉯

이 우수하다.

㉣ Al에 Cu, Mg, Si 등의 금속을 첨가하거나 석출경화, 시효경화 및 풀림 등의 처리를 통하여 기계적 성질을 개선할 수 있다.

해설 알루미늄의 특징

① 두랄루민은 비강도가 연강의 약 3배 정도이다.
② 비중이 2.7로 작고, 용융점이 600℃ 정도이다.
③ 열전도성, 전기 전도성이 좋다.
④ 표면에 산화막이 형성되어 있어 내식성이 우수하다.

알루미늄 합금의 종류

① 두랄루민 : 알루미늄, 구리, 마그네슘의 합금이며, 시효 경화를 일으킨다.
② 로 엑스 : 알루미늄, 규소, 니켈, 구리의 합금이며 내열성이 크고 열팽창 계수가 적어 피스톤의 재료로 사용된다.
③ 실루민 : 알루미늄에 규소를 첨가시킨 것이며 주조성, 내식성, 기계적 성질이 우수하다.
④ Y합금 : 알루미늄, 구리, 마그네슘, 니켈의 합금이며 내열성이 커 피스톤, 실린더 헤드의 재료로 사용한다.

베어링 합금의 구비 조건

① 내부식성이 클 것
② 열전도성이 클 것
③ 마찰 계수가 적을 것
④ 내마모성이 클 것

13 **페놀계 수지로 페놀, 크레졸 등과 포르말린을 반응시켜 제조하는 것이며 전기절연체, 전화기 등에 사용되는 수지로 가장 적합한 것은?**

㉮ 베이클라이트 ㉯ 멜라민 수지
㉰ 카보런덤 ㉱ 실리콘 수지

해설 베이클라이트 : 페놀계 합성수지로서 베이클라이트판은 절연체로서 유명한데, 이 수지의 열경화성을 이용해서, 최근 셀형 주물의 점결제로 쓰이고 있다(전기절연체, 전화기 등에 사용되는 수지로 가장 적합).

멜라민 수지 : 멜라민과 포름알데히드로 만들어지는 열경화성 수지로서 비중 1.45~1.52이다. 내열성이 높고 전기 절연성도 크며, 경도가 높아 식기, 전기 기구, 케이스, 화장판 등에 사용되는 이외에 금속용 도료로도 사용된다.

카보런덤 : 탄화규소의 상품명. 규사와 코크스를 약 2,000℃의 전기저항로에서 강하게 가열하여 만든 아름다운 결정체. 녹는점이 높고 단단하다. 순수한 것은 녹색, 약간 불순한 것은 흑색이다. 용도는 연마재, 내화재료용으로 쓰인다.

실리콘 수지 : 실리콘의 유기유도체가 중합되어 만들어지는 열경화성 합성수지이다. 분자구조는 규소와 산소가 번갈아 있는 실록세인결합(Si−O결합)의 형태이다.

14 **비례한도 내에서 인장시험을 할 때 늘어난 길이 ΔL에 관한 공식으로 옳은 것은? (단, E는 재료의 세로탄성계수, P는 인장하중, L은 시험편의 초기 길이, A는 시험편의 초기 단면적이다.)**

㉮ $\Delta L = \dfrac{PA}{LE}$ ㉯ $\Delta L = \dfrac{LE}{PA}$

㉰ $\Delta L = \dfrac{PL}{AE}$ ㉱ $\Delta L = \dfrac{AE}{PL}$

15 **밀폐된 용기에 넣은 정지 유체의 일부에 가해지는 압력은 유체의 모든 부분에 동일한 힘으로 전달된다는 유압장치의 기초가 되는 원리 또는 법칙은?**

㉮ 뉴턴의 제1법칙
㉯ 보일 · 샤를의 법칙
㉰ 파스칼의 원리
㉱ 아르키메데스의 원리

해설 뉴턴의 제 1법칙 : 운동하는 물체에 힘이 작용하지 않으면 물체는 운동 상태를 그대로 유지하려는 성질을 가지게 되며 관성의

정답 13. ㉮ 14. ㉰ 15. ㉰

법칙이라 한다.

보일 · 샤를의 법칙 : 온도가 일정할 때 기체의 압력은 부피에 반비례한다는 보일의 법칙과 압력이 일정할 때 기체의 부피는 온도의 증가에 비례한다는 샤를의 법칙을 조합하여 만든 법칙으로 온도, 압력, 부피가 동시에 변화할 때 이들 사이의 관계를 나타낸다.

파스칼의 원리 : 밀폐된 용기에 넣은 정지 유체의 일부에 가해지는 압력은 유체의 모든 부분에 동일한 힘으로 전달된다는 유압 장치의 기초가 되는 원리

아르키메데스의 원리 : 물체를 유체에 넣었을 때 물체가 받는 부력의 크기는 물체의 부피와 같은 양의 유체에 작용하는 중력의 크기와 같다는 원리

16 유압회로에서 어큐뮬레이터(축압기)의 역할로 거리가 먼 것은?

㉮ 회로 내 충격압력의 흡수
㉯ 펌프 등에서 발생하는 맥동 제거
㉰ 유압을 일정하게 유지
㉱ 유압유의 여과 및 냉각

해설 어큐뮬레이터(축압기) : 유압장치에 있어서 유압펌프로부터 고압의 기름을 저장해 놓는 장치

사용목적과 용도
① 유압에너지 축적용
② 고장 · 정전 등의 긴급 유압원
③ 맥동 · 충격압력의 흡수용
④ 유체의 수송, 압력의 전달

17 두 개의 스프링을 그림과 같이 연결하였을 때 합성 스프링 상수 k를 구하는 식은?

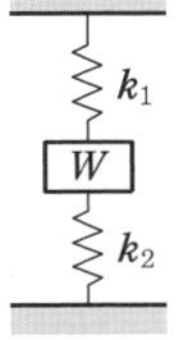

㉮ $k=k_1-k_2$ ㉯ $k=k_1+k_2$
㉰ $\frac{1}{k}=\frac{1}{k_1}-\frac{1}{k_2}$ ㉱ $\frac{1}{k}=\frac{1}{k_1}+\frac{1}{k_2}$

해설 합성 스프링 연결법
∴ 직렬연결이므로 $k=k_1+k_2$

18 비례한도 이내에서 응력과 변형률이 정비례한다는 것은 다음 중 어느 법칙인가?

㉮ 오일러의 법칙 ㉯ 변형률의 법칙
㉰ 훅의 법칙 ㉱ 모더의 법칙

해설 오일러의 법칙 : 광물의 결정면의 수와 꼭짓점의 수의 합은 모서리의 수에 2를 더한 값과 같다는 법칙을 말한다.
훅의 법칙 : 탄성한도 내에서 응력과 변형률은 비례한다는 법칙

19 그림과 같이 균일분포하중을 받는 단순보에서 최대 굽힘 응력은?

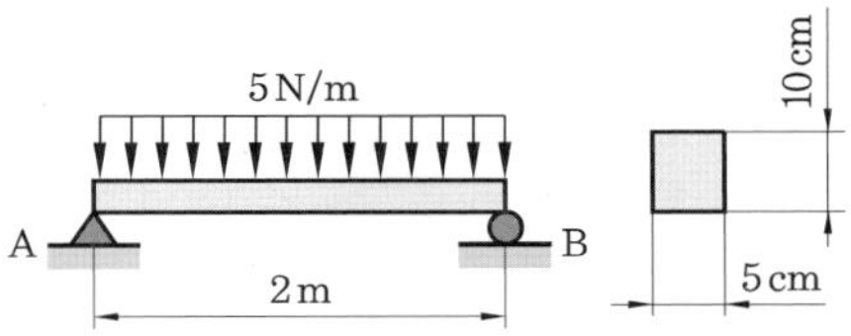

㉮ 30 kPa ㉯ 40 kPa
㉰ 60 kPa ㉱ 80 kPa

해설 응력 $\sigma_b=\frac{M}{Z}=\frac{\frac{1}{4}Pl}{\frac{1}{6}bh^2}=\frac{6Pl}{4bh^2}$

$=\frac{6\times 5\text{N/m}\times 2\text{m}}{4\times 0.05\text{m}\times 0.1^2\text{m}^2}$

$=30000\text{ Pa}=30\text{ kPa}$

($\because$ $1\text{ N/m}^2=1\text{ Pa}$, $1\text{ N/mm}^2=10^6\text{ Pa}=1\text{ MPa}$)

20 선반가공 중에 발생할 수 있는 구성인선을 방지할 수 있는 대책으로 거리가 먼 것은?

㉮ 절삭 깊이를 낮게 한다.
㉯ 경사각을 작게 한다.

정답 16. ㉱ 17. ㉯ 18. ㉰ 19. ㉮ 20. ㉯

㉰ 절삭 공구의 인선을 예리하게 한다.
㉱ 절삭 속도를 크게 한다.

제2과목 : 자동차 엔진

21 전자제어 가솔린 엔진의 연료 압력 조절기 내의 압력이 일정압력 이상일 경우 어떻게 작동하는가?

㉮ 흡기관의 압력을 낮추어 준다.
㉯ 인젝터에서 연료를 추가 분사시킨다.
㉰ 연료 펌프의 토출압력을 낮추어 연료 공급량을 줄인다.
㉱ 연료를 연료 탱크로 되돌려 보내 연료 압력을 조정한다.

해설 연료 압력 조절기는 흡입 다기관 내의 압력 변화에 대응하여 연료 분사량을 일정하게 유지하기 위해 인젝터에 걸리는 연료의 압력을 흡입 다기관 내의 압력보다 항상 2.55 kg/cm^2 높도록 조절한다. 스프링 체임버는 진공 호스로 서지 탱크에 연결하여 항상 흡입 다기관의 부압(진공)이 유지되며 연료 라인의 압력이 규정 압력보다 높게 되면 다이어프램이 밀어 올려 연료는 리턴 파이프를 지나 연료 탱크로 복귀된다(출구제어방식).

22 저위발열량이 44800 kJ/kg인 연료를 시간당 20 kg을 소비하는 엔진의 제동 출력이 90 kW이면 제동열효율은 약 얼마인가?

㉮ 28 %　　㉯ 32 %
㉰ 36 %　　㉱ 41 %

해설 제동마력의 단위가 kW이므로

$$제동열효율(\eta_b) = \frac{N_b \times 860}{B \times H_L} = \frac{860}{fb \times H_L}$$

(H_L = 저위발열량, N_b = 제동마력)

$$\therefore \ \eta_b = \frac{860 \times 90}{20 \times 10752} \times 100 = 35.99$$

(1 J = 0.24 cal)
≒36 %

23 흡배기밸브의 밸브간극을 측정하여 새로운 태핏을 장착하고자 한다. 새로운 태핏의 두께를 구하는 공식으로 올바른 것은? (단, N : 새로운 태핏의 두께, T : 분리된 태핏의 두께, A : 측정된 밸브간극, K : 밸브규정간극)

㉮ $N = T + (A - K)$
㉯ $N = A + (T + K)$
㉰ $N = T - (A - K)$
㉱ $N = A - (T \times K)$

24 CO, HC, NOx를 모두를 줄이기 위한 목적으로 사용되는 장치는?

㉮ 삼원촉매장치
㉯ 보조 흡기 밸브
㉰ 연료증발가스 제어장치
㉱ 블로바이가스 재순환 장치

해설 삼원촉매장치 : 배기가스에서 유해한 가스를 감소시키는 장치는 일산화탄소와 탄화수소를 연소시켜 처리하는 배기의 산화장치와 일산화탄소(CO), 탄화수소(HC), 질소산화물(NOx)을 촉매를 사용하여 산화환원반응에 의해 한번에 처리하는 배기 가스 후처리방식이다.

25 4행정 가솔린 엔진의 연료 분사 모드에서 동시 분사 모드에 대한 특징을 설명한 것 중 거리가 먼 것은?

㉮ 급가속 시에만 사용된다.
㉯ 1사이클에 2회씩 연료를 분사한다.
㉰ 엔진에 설치된 모든 분사 밸브가 동시에 분사한다.
㉱ 시동 시, 냉각수 온도가 일정 온도 이하일 때 사용된다.

해설 가솔린 엔진의 연료 분사 모드에서 동시

정답 21. ㉱ 22. ㉰ 23. ㉮ 24. ㉮ 25. ㉮

분사는 급가속 시와 시동 시 출력이 요구되는 시점에서 동시분사가 이루어진다.

26 보기에서 가솔린 엔진의 연료 분사량에 관련된 공식으로 맞는 것을 모두 고른 것은?

보기

ㄱ. 실제분사시간 = 기본분사시간 + 보정분사시간
ㄴ. 기본분사시간 = 흡입공기량 × 엔진회전수
ㄷ. 보정분사시간 = 기본분사시간 ÷ 보정분사계수

㉮ ㄱ ㉯ ㄴ
㉰ ㄴ, ㄷ ㉱ ㄱ, ㄴ, ㄷ

해설 실제분사시간
= 기본분사시간+보정분사시간

$$기본분사량 = \frac{흡입공기량}{엔진회전수}$$

보정분사시간 = 기본분사시간 × 보정분사계수

27 전자제어 LPI 엔진의 구성품이 아닌 것은?

㉮ 베이퍼라이저
㉯ 가스온도 센서
㉰ 연료 압력 센서
㉱ 레귤레이터 유닛

해설 베이퍼라이저 : 베이퍼라이저는 봄베에서 보내진 고압의 액체 연료를 감압하는 데 따라 기체 연료로 기화가 되어 엔진의 출력 및 연료 소비량을 동시에 만족하도록 조합하는 장치이다. LPG는 액체에서 기체로 될 때 주위에서 증발잠열을 빼앗아 베이퍼라이저 밸브를 동결시켜 엔진에 최적한 연료를 공급시킬 수가 없게 된다. 이것을 방지하기 위해 베이퍼라이저에 온수 통로를 설치, 엔진의 냉각수를 순환시켜 이를 방지한다. 전자제어 LPI 엔진의 구성품은 가스온도 센서, 연료 압력 센서, 레귤레이터 유닛이 해당되며 베이퍼라이저는 LPG 엔진의 주요 부품으로 액상가스를 감압시켜 기화시키고 압력을 조절한다.
LPI 엔진의 구성
봄베 : 구성품은 연료 펌프, 구동 드라이버, 멀티 밸브 어셈블리(연료 송출 밸브, 수동 밸브, 연료 차단 밸브, 과류 방지 밸브, 릴리프 밸브), 충진 밸브(연료 충진 밸브), 유량계(연료량 표시)

28 전자제어 디젤 엔진의 인젝터 연료분사량 편차보정 기능(IQA)에 대한 설명 중 거리가 가장 먼 것은?

㉮ 인젝터의 내구성 향상에 영향을 미친다.
㉯ 강화되는 배기가스 규제 대응에 용이하다.
㉰ 각 실린더별 분사 연료량의 편차를 줄여 엔진의 정숙성을 돕는다.
㉱ 각 실린더별 분사 연료량을 예측함으로써 최적의 분사량 제어가 가능하게 한다.

29 피스톤 링에 대한 설명으로 틀린 것은?

㉮ 피스톤의 냉각에 기여한다.
㉯ 내열성 및 내마모성이 좋아야 한다.
㉰ 높은 온도에서 탄성을 유지해야 한다.
㉱ 실린더 블록의 재질보다 경도가 높아야 한다.

해설 피스톤 링의 3가지 작용 : 피스톤 링은 피스톤과 함께 실린더 내를 상하왕복 운동하면서 실린더 벽과 밀착되어 실린더와 피스톤 사이에서 블로바이를 방지하는 기밀작용과 실린더 벽과 피스톤 사이의 엔진오일을 긁어내려 연소실로 유입되는 것을 방지하는 오일 제어 작용 및 피스톤 헤드가 받은 열을 실린더 벽으로 전달하는 냉각작용 등 3가지 작용을 한다.

30 전자제어 가솔린 분사장치의 장점에 해당되지 않는 것은?

㉮ 유해 배출가스 감소

㉯ 엔진출력의 향상
㉰ 간단한 구조
㉱ 연비 향상

31 **연료의 저위발열량을 H_l [kcal/kgf], 연료소비량을 F [kgf/h], 도시출력을 P_i [PS], 연료소비시간을 t [s]라 할 때 도시 열효율 η_i을 구하는 식은?**

㉮ $\eta_i = \dfrac{632 \times P_i}{F \times H_l}$　　㉯ $\eta_i = \dfrac{632 \times H_l}{F \times t}$

㉰ $\eta_i = \dfrac{632 \times t \times H_l}{F \times P_i}$　　㉱ $\eta_i = \dfrac{632 \times t \times P_i}{F \times H_l}$

해설 도시열효율(η_i)이란 도시출력(P_i)을 공급 연료의 열에너지(Q_1)로 나눈 값을 말한다.

$$\text{도시열효율}(\eta_i) = \frac{\text{도시일}}{\text{공급열량}} = \frac{P_i}{Q_1}$$

32 **총 배기량이 1800 cc인 4행정 엔진의 도시평균 유효압력이 16 kg/cm², 회전수가 2000 rpm일 때 도시마력(PS)은? (단 실린더 수는 1개이다.)**

㉮ 33　　㉯ 44
㉰ 54　　㉱ 64

해설 $\text{도시마력} = \dfrac{P \times V \times N \times R}{75 \times 60 \times 100}$

여기서, P : 도시평균 유효압력(kgf/cm²)
V : 배기량 (cm³)
N : 실린더수
R : 엔진회전수 (rpm)
(2행정엔진 : R, 4행정엔진 : $R/2$)

$$\text{도시마력} = \frac{16 \times 1800 \times 1 \times \left(2000 \times \frac{1}{2}\right)}{75 \times 60 \times 100} = 64\ \text{PS}$$

33 **LPG 엔진의 봄베에는 기상 밸브, 액상 밸브, 충전 밸브의 3가지 기본 밸브가 장착된다. 이 중에서 액상 밸브의 색깔은?**

㉮ 황색　　㉯ 적색
㉰ 녹색　　㉱ 청색

해설 LPG 엔진의 봄베 내 3가지 기본 밸브의 색상
① 기상 밸브-황색
② 액상 밸브-적색
③ 충전 밸브-녹색

34 **LPI 엔진에서 크랭킹은 가능하나 시동이 불가능하다. 다음 두 정비사의 의견 중 옳은 것은?**

보기
- 정비사 KIM : 연료 펌프가 불량이다.
- 정비사 LEE : 인히비터 스위치가 불량일 가능성이 높다.

㉮ 정비사 KIM이 옳다.
㉯ 정비사 LEE가 옳다.
㉰ 둘 다 옳다.
㉱ 둘 다 틀리다.

해설 크랭킹이 된다는 것은 인히비터 스위치는 이상 없이 기동전동기에 전원이 공급되어 작동되고 있는 상태이기 때문에 위 두 가지 내용으로만 볼 때 연료 펌프의 문제로 볼 수 있다.

35 **엔진 분해조립 시, 볼트를 체결하는 방법 중에서 각도법(탄성역, 소성역)에 관한 설명으로 거리가 먼 것은?**

㉮ 엔진 오일의 도포 유무를 준수할 것
㉯ 탄성역 각도법은 볼트를 재사용할 수 있으므로 체결 토크 불량 시 재작업을 수행할 것
㉰ 각도법 적용 시 최종 체결 토크를 확인하기 위하여 추가로 볼트를 회전시키지 말 것
㉱ 소성역 체결법의 적용조건을 토크법으

정답 31. ㉮ 32. ㉱ 33. ㉯ 34. ㉮ 35. ㉱

로 환산하여 적용 할 것

해설 토크 체결법 : 토크 기준치에 맞춰 토크렌치로 조이는 방법을 말한다. 볼트나 너트에 가해지는 각 마찰력의 산포(차이) 때문에 균일한 체결력(축력)을 얻을 수는 없지만 생산성 향상과 작업의 용이성 측면에서 사용 볼트 재사용 가능

탄성역 각도법 : 볼트의 탄성역 범위 내에서 일정한 각도로 조여 주는 방법을 말하며 볼트의 소성 변형이 없으므로 재사용이 가능하다.

소성역 각도법 : 볼트가 소성변화 상태에 이를 때까지 일정한 각도로 조여 주는 방법을 말한다. 볼트의 길이가 늘어나 볼트의 직경이 축소되므로 교환이 원칙이나 볼트의 길이가 기준 범위 이내라면 재사용도 가능하며 체결작업을 잘못하게 되면 볼트의 변형이 심해져 볼트가 파손될 수 있다.

※ 탄성역 소성역 체결법을 토크법으로 환산하여 체결하지 말 것. 소성역 체결은 볼트의 변형이 발생될 수 있으며 볼트가 늘어날 수 있기 때문에 재사용할 수 없다는 의미도 있다.

36 **엔진에 쓰이는 베어링의 크러시(crush)에 대한 설명으로 틀린 것은?**

㉮ 크러시가 크면 조립할 때 베어링이 안쪽 면으로 변형되어 찌그러진다.
㉯ 베어링에 공급된 오일을 베어링의 전 둘레에 순환하게 한다.
㉰ 크러시가 작으면 온도 변화에 의하여 헐겁게 되어 베어링이 유동한다.
㉱ 하우징보다 길게 제작된 베어링의 바깥 둘레와 하우징 둘레의 길이 차이를 크러시라 한다.

해설 베어링의 크러시(crush)
① 크러시가 크면 조립할 때 베어링이 안쪽 면으로 변형되어 찌그러진다.
② 크러시가 작으면 온도 변화에 의하여 헐겁게 되어 베어링이 유동한다.
③ 하우징보다 길게 제작된 베어링의 바깥 둘레와 하우징 둘레의 길이 차이를 크러시라 한다.

※ 크러시는 베어링에 공급된 오일을 베어링의 전 둘레에 순환하는 것과는 무관함.

37 **전자제어 가솔린 엔진의 흡입공기량 센서 중 흡입되는 공기 흐름에 따라 발생하는 주파수를 검출하여 유령을 계측하는 방식은?**

㉮ 칼만 와류식　㉯ 열선식
㉰ 맵 센서식　㉱ 열막식

해설 칼만 와류식 : 공기 흐름에 따라 발생하는 주파수를 검출하여 유량을 계측하는 방식(디지털 방식)

열선식 : 발열체와 공기와의 열 전달 현상을 이용하여 계측. 출력신호는 아날로그 신호. 질량 유량에 대응하는 출력을 직접 얻을 수 있다. 대용량 흡입공기량에 사용

열막식 : 열선식을 개량한 것으로 가장 우수하다. 열선식에 비해 가격이 싸고 응답성이 좋다.

38 **행정 체적 215 cm^3, 실린더 체적 245 cm^3인 엔진의 압축비는 약 얼마인가?**

㉮ 5.23　㉯ 6.82
㉰ 7.14　㉱ 8.17

해설 압축비 $\epsilon = 1 + \frac{\text{행정체적(배기량)}}{\text{연소실체적}}$ 에서

$= 1 + \frac{215}{30} = 8.16\text{ cc}$

$≒ 8.17$

39 **전자제어 엔진에서 열선식(hot wire type) 공기유량센서의 특징으로 맞는 것은?**

㉮ 맥동오차가 다소 크다.
㉯ 자기청정 기능의 열선이 있다.
㉰ 초음파 신호로 공기 부피를 감지한다.
㉱ 대기압력을 통해 공기 질량을 검출한다.

해설 열선식 공기유량센서(hot-wire air flow sensor) : 열선이 흡기 통로에 설치되어 있기 때문에 열선에 오염물질이 잘 퇴적된다.

정답 36. ㉯　37. ㉮　38. ㉱　39. ㉯

오염물질이 퇴적될 경우 측정결과에 오차가 생기게 되므로 이를 방지하기 위해서 엔진이 정지되면 열선을 약 1000℃ 정도로 가열하여 순간적으로 퇴적물을 연소, 제거시킨다. 이것을 클린 버닝(Clean burning)이라고 한다.

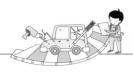

40 **동일한 배기량에서 가솔린 엔진에 비교하여 디젤 엔진이 가지고 있는 장점은?**

㉮ 시동에 소요되는 동력이 작다.
㉯ 엔진의 무게가 가볍다.
㉰ 제동열효율이 크다.
㉱ 소음진동이 적다.

해설 디젤 엔진의 장점

① 넓은 회전속도 영역에 걸쳐 회전 토크가 크다. 흡기 충전효율이 높고, 연소최고압력이 높기 때문에 저속영역에서도 회전 토크가 크다.
② 일산화탄소 (CO)와 탄화수소 (HC) 배출물이 적다.
③ 부분부하 영역에서는 제동연료소비율이 낮다.
④ 제동열효율이 높다.
⑤ 대 출력 엔진이 가능하다.
⑥ 배기가스 온도가 낮다. 오토엔진과 비교할 때, 연소최고온도가 같아도 팽창비가 크기 때문에 배기가스온도는 낮아진다.
⑦ 수명이 길다 (내구성). 리터 출력이 작고, 피스톤 평균속도가 낮으며, 전기점화장치와 같은 고장빈도가 높은 장치가 없다.
⑧ 화재 위험이 적다. 사용연료의 인화점이 높고, 전기점화장치가 생략되므로 화재 위험이 낮다.

디젤 엔진의 단점

① 중량이 무겁다. 디젤 엔진은 오토 엔진에 비해 압축비가 높기 때문에, 실린더 최대 압력이 높다. 따라서 엔진구조를 오토 엔진보다는 훨씬 튼튼하게 제작해야 하므로, 결과적으로 엔진이 무거워지게 된다.
② 작동상태가 거칠다. 디젤 엔진의 압축압력과 폭발압력은 오토 엔진에서보다 모두 높다. 따라서 작동상태가 거칠고, 진동과 소음도 크다. 이러한 현상은 특히 부하가 낮을 때, 현저하게 나타난다.

제3과목 : 자동차 섀시

41 **브레이크 페달을 강하게 밟을 때 후륜이 먼저 로크(lock) 되지 않도록 하기 위하여 유압이 일정압력으로 상승하면 그 이상 후륜 측에 유압이 가해지지 않도록 제한하는 장치는?**

㉮ 프로포셔닝 밸브　㉯ 압력 체크 밸브
㉰ 이너셔 밸브　㉱ EGR 밸브

해설 프로포셔닝 밸브 : 압력 감압 밸브. 제동할 때 바퀴의 로크를 방지하기 위해 휠 실린더에 작용하는 유압을 감압시키는 유압 제어 밸브
EGR 밸브 : 스로틀 밸브가 열리는 양에 따라 EGR 밸브를 열어 엔진의 흡기에 배기가스 일부를 재순환시켜 가능한 한 출력의 감소를 최소로 줄이면서 연소 온도를 낮춤으로써 질소산화물의 배출량을 감소시킨다.

42 **동력전달장치에서 드라이브라인의 자재이음과 슬립이음의 설명으로 옳은 것은?**

㉮ 자재이음 – 각도 및 길이 변화 대응, 슬립이음 – 소음 및 진동 대응
㉯ 자재이음 – 소음 및 진동 대응, 슬립이음 – 각도 및 길이 변화 대응
㉰ 자재이음 – 각도 변화 대응, 슬립이음 – 길이 변화 대응
㉱ 자재이음 – 길이 변화 대응, 슬립이음 – 각도 변화 대응

해설 슬립이음 : 차량 주행 중 노면의 불규칙한 도로 환경으로 추진축이 휘거나 마모되는 것을 방지하기 위해 방향으로 추진축의 길이 변화를 가능하게 한다.
자재이음 : 구동 각도 변화를 주는 장치이며, 종류에는 십자형 자재이음, 플렉시블 이음, 볼 앤드 트러니언 자재이음, 등속도 자재이음 등이 있다.

정답 40. ㉰　41. ㉮　42. ㉰

43 **평탄한 도로를 90 km/h로 달리는 승용차의 총 주행저항은 약 얼마인가?(단, 총중량 1145 kgf, 투영면적 1.6 m², 공기저항계수 0.03, 구름저항계수 0.015이다.)**

㉮ 37.18 kgf　　㉯ 47.18 kgf
㉰ 57.18 kgf　　㉱ 67.18 kgf

해설 자동차가 진행할 때에 받는 저항을 주행저항(running resistance)이라고 하는데, 구름저항, 공기저항, 등판저항, 가속저항 등이 있다.

주행저항 (R)
= 구름저항 (R_r) + 공기저항 (R_a)

① 구름저항 (R_r) = 0.015 × 1145 kg
= 17.17

② 공기저항(R_a) = 0.03 × 1.6 × $(25)^2$
= 30

주행저항 = ① + ② = 47.18 kgf

$$\text{속도 } V = 90\text{ km/h} = \frac{90\text{km}}{1\text{h}} = \frac{90\text{km}}{1\text{h}} \times \frac{1\text{h}}{3600\text{s}} \times \frac{1000\text{m}}{1\text{km}} = \frac{90 \times 1000\text{ m}}{3600\text{ s}} = 25\text{ m/s}$$

44 **차동 제한 차동장치 (LSD : Limited Slip Differential)의 특징으로 틀린 것은?**

㉮ 급선회 시 주행 안정성을 향상시킨다.
㉯ 좌, 우 바퀴에 토크를 알맞게 분배하여 직진 안정성이 향상된다.
㉰ 요철 노면에서 가속, 직진 성능이 향상되어 후부 흔들림을 방지할 수 있다.
㉱ 구동 바퀴의 미끄러짐 현상을 단속하나 타이어의 수명이 단축된다.

해설 차동제한 차동 기어 장치(LSD)의 특징
① 구동력이 증대되어 눈길 등 미끄러운 노면에서 출발이 쉽다.
② 경사진 도로에서 주 · 정차가 쉽다.
③ 코너링 주행 시 횡풍에 대한 주행 안정성을 유지할 수 있다.
④ 미끄럼이 방지되어 타이어 수명을 연장할 수 있다.
⑤ 급가속 급발진 시에도 차량 안정성이 유지된다.
⑥ 진흙이나 웅덩이에 바퀴가 빠졌을 때 탈출이 용이하다.

45 **자동차 동력전달계통의 이음 중 구동축과 회전축의 경사각이 30° 이상에서 동력 전달이 가능한 이음은?**

㉮ 버필드 이음　　㉯ 슬립 이음
㉰ 플렉시블 이음　　㉱ 십자형 자재이음

해설 버필드 이음 : 자동차가 주행 중 요철 도로 및 조향에 의해 동력 전달 각도가 변하더라도 회전의 불균형이 없이 구동 바퀴에 전달하며, 전달 효율이 높고 진동 및 소음이 적다. 이음 중 구동축과 회전축의 경사각이 30° 이상에서 동력 전달이 가능한 이음이다.

46 **수동변속기 차량에서 주행 중 기어 변속 시 충돌음이 발생하는 원인으로 거리가 먼 것은?**

㉮ 변속기 내부 베어링 불량
㉯ 싱크로나이저 링의 불량
㉰ 내부기어와 허브 불량
㉱ 클러치 유격의 과소

47 **엔진 회전수가 2000 rpm으로 주행 중인 자동차에서 수동변속기의 감속비가 0.8이고 차동장치 구동 피니언의 잇수가 6, 링기어의 잇수가 30일 때, 왼쪽바퀴가 600 rpm으로 회전한다면 오른쪽 바퀴의 회전속도는?**

㉮ 400 rpm　　㉯ 600 rpm
㉰ 1000 rpm　　㉱ 2000 rpm

해설 변속기의 감속비

$$0.8 = \frac{\text{엔진의 회전수}(N_e)}{\text{추진축의 회전수}(N_t)}$$

정답 43. ㉯　44. ㉱　45. ㉮　46. ㉱　47. ㉮

$\therefore\ 0.8 = \frac{2000}{N_t}$, $N_t = 2500$

$$종감속비 = \frac{구동\ 피니언\ 회전수}{링기어의\ 회전수}$$

$$= \frac{링기어\ 잇수}{구동\ 피니언\ 잇수}\ 이므로,$$

링기어의 회전수

$$= 구동\ 피니언\ 회전수 \times \frac{구동\ 피니언\ 잇수}{링기어\ 잇수}$$

$$= 2500 \times \frac{6}{30} = 500$$

링기어의 회전수

$$= \frac{왼바퀴\ 회전수 + 오른바퀴\ 회전수}{2}$$

$\therefore$ 오른바퀴 회전수 = 400 rmp

48 **브레이크 드럼의 지름은 25 cm, 마찰계수가 0.28인 상태에서 브레이크 슈가 76 kgf의 힘으로 브레이크 드럼을 밀착하면 브레이크 토크는 약 얼마인가?**

㉮ 1.24 kgf · m ㉯ 2.17 kgf · m
㉰ 2.66 kgf · m ㉱ 8.22 kgf · m

해설 $f = \frac{2T}{D}$

$$76\ \text{kgf} = \frac{2 \times T}{0.5 \times 0.28}$$

$$T = \frac{7\text{kgf} \times 0.25 \times 0.28}{2}$$

$T = 2.66\ \text{kgf} \cdot \text{m}$

49 **댐퍼 클러치 제어와 관련 없는 것은?**

㉮ 스로틀 포지션 센서
㉯ 펄스제너레이터-B
㉰ 오일온도 센서
㉱ 노크 센서

해설 댐퍼 클러치 : 자동변속기의 토크 컨버터 내 터빈과 토크 컨버터 하우징의 플라이휠과 직결하여 유압에 의한 동력 손실을 방지하는 장치이며 댐퍼 클러치 작동과 관련 있는 것은 다음과 같다.

① TPS의 개도
② 파워 스위치
③ 펄스제너레이터 A와 B 차속 센서에 의한 변속시점
④ 아이들 스위치의 ON
⑤ ATF의 온도가 60℃ 이상

※ 노크 센서는 엔진 작동 시 실린더 블록에 설치되어 동력 발생 시 진동을 감지하여 점화시기를 조정하는 센서로 적용된다.

50 **전동식 전자제어 동력조향장치의 설명으로 틀린 것은?**

㉮ 속도감응형 파워스티어링의 기능 구현이 가능하다.
㉯ 파워스티어링 펌프의 성능 개선으로 핸들이 가벼워진다.
㉰ 오일 누유 및 오일 교환이 필요 없는 친환경 시스템이다.
㉱ 엔진의 부하가 감소되어 연비가 향상된다.

해설 기존의 유압식 조향장치는 자동차의 저속주행 및 주차 시에 운전자가 조향핸들에 가하는 조향력을 덜어 주기 위해 유압에너지를 이용하는 방식을 사용하였다면, 전동식 전자제어 동력장치는 전기모터에 토크를 전달하는 전동식 파워스티어링 방식을 사용한다. 엔진 효율성 증가, 간단한 구조를 통한 원가절감 등의 장점이 있으며 전동식 전자제어 동력조향장치 파워스티어링 펌프의 성능을 개선한 사항이 아니고 조향장치 시스템의 한 종류이다.

51 **타이어 압력 모니터링 장치(TPMS)에 대한 설명 중 틀린 것은?**

㉮ 타이어의 내구성 향상과 안전 운행에 도움이 된다.
㉯ 휠 밸런스를 고려하여 타이어 압력 센서가 장착되어 있다.
㉰ 타이어의 압력과 온도를 감지하여 저압 시 경고등을 점등한다.
㉱ 가혹한 노면 주행이 가능하도록 타이

정답 48. ㉰ 49. ㉱ 50. ㉯ 51. ㉱

어 압력을 조절한다.

해설 타이어 압력 모니터링 장치(TPMS)는 가혹한 노면 주행이 가능하도록 타이어 압력을 조절 하기 위해 설치된 장치가 아니다.

52 ABS (Anti-lock Brake System) 경고등이 점등되는 조건이 아닌 것은?

㉮ ABS 작동 시
㉯ ABS 이상 시
㉰ 자기 진단 중
㉱ 휠 스피드 센서 불량 시

해설 ABS (Anti-lock Brake System) 시스템 : 주행하는 노면이 빙판, 빗물 등으로 어떤 악조건이 생기더라도 완전 로크(lock) 시키지 않음으로써 운전자는 핸들의 조절을 가능하게 하면서 가능한 최단거리로 차량을 정지시킬 수 있게 하는 시스템이다. 따라서 ABS 시스템의 브레이크액은 각 바퀴별로 노면의 조건에 따라 달라지므로 바퀴의 미끄러짐을 방지하여 핸들의 조향성능을 최대한 유지하면서 바퀴가 미끄러지기 직전의 상태로 각 바퀴의 제동을 ON·OFF로 제어하는 것이다. ABS시스템은 보통 브레이크와 같은 시스템의 부스터와 마스터 실린더 유압조정장치인 HCU (Hydraulic Control Unit), 바퀴의 속도를 감지하는 휠 스피드 센서 그리고 브레이크를 밟은 상태를 감지하는 페달 스위치로 구성되어 있으며 ABS 작동 시에는 경고등이 작동 되지 않는다.

53 ABS (Anti-lock Brake System), TCS (Traction Control System)에 대한 설명으로 틀린 것은?

㉮ ABS는 브레이크 작동 중 조향이 가능하다.
㉯ TCS는 주행 중 브레이크 제동 상태에서만 작동한다.
㉰ ABS는 급제동 시 타이어 로크(lock) 방지를 위해 작동한다.
㉱ TCS는 주로 노면과의 마찰력이 적을 때 작동할 수 있다.

해설 ABS는 브레이크 제동 시 모든 바퀴의 제동력을 각각 독립적으로 제어해주는 기능이라면 TCS는 출발 시 또는 주행 시 작동한다. 즉 주행 시 바퀴가 슬립되지 않도록 바퀴에 전달되는 구동력을 제어해 주는 장치이다.

54 공기식 현가장치에서 벨로스형 공기 스프링 내부의 압력 변화를 완화하여 스프링 작용을 유연하게 해주는 것은?

㉮ 언로드 밸브 ㉯ 레벨링 밸브
㉰ 서지 탱크 ㉱ 공기 압축기

해설 공기 압축기(air compressor) : 엔진에 의해 V벨트로 구동되며 압축 공기를 생산하여 저장 탱크로 보낸다.
서지 탱크(surge tank) : 공기 스프링 내부의 압력 변화를 완화하여 스프링 작용을 유연하게 해주는 것이며, 각 공기 스프링마다 설치되어 있다.
공기 스프링(air spring) : 공기 스프링에는 벨로스형(bellows type)과 다이어프램형(diaphram type)이 있으며, 공기 저장 탱크와 스프링 사이의 공기 통로를 조정하여 도로 상태와 주행속도에 가장 적합한 스프링 효과를 얻도록 한다.
레벨링 밸브(leveling valve) : 이 밸브는 공기 저장 탱크와 서지 탱크를 연결하는 파이프 도중에 설치된 것이며, 자동차의 높이가 변화하면 압축 공기를 스프링으로 공급하거나 배출시켜 자동차 높이를 일정하게 유지시킨다.

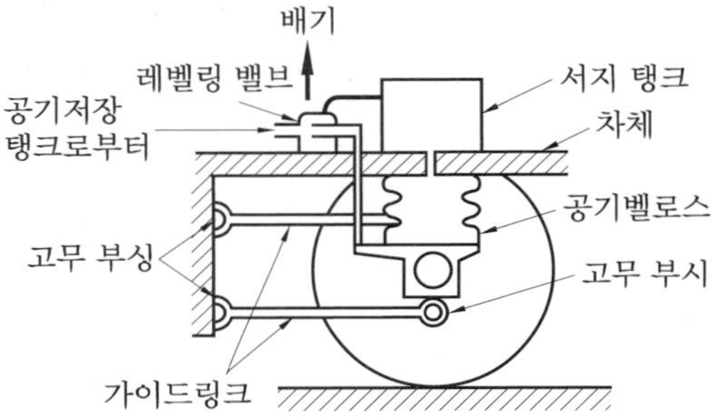

55 **오버 드라이브(over drive) 장치에 대한 설명으로 틀린 것은?**

㉮ 엔진의 여유출력을 이용하였기 때문에 엔진의 회전속도를 약 30 %정도 낮추어도 그 주행속도를 유지할 수 있다.
㉯ 자동변속기에서도 오버 드라이브가 있어 운전자의 의지(주행속도, TPS 개도량)에 따라 그 기능을 발휘하게 된다.
㉰ 속도가 증가하기 때문에 윤활유의 소비가 많고 연료 소비가 증가한다.
㉱ 엔진의 수명이 향상되고 또한 운전이 정숙하게 되어 승차감도 향상된다.

해설 오버 드라이브
① 엔진의 여유 출력을 이용하였기 때문에 엔진의 회전속도를 약 30 %정도 낮추어도 그 주행속도를 유지할 수 있다.
② 자동변속기에서도 오버 드라이브가 있어 운전자의 의지(주행속도, TPS 개도량)에 따라 그 기능을 발휘하게 된다.
③ 엔진의 수명이 향상되고 또한 운전이 정숙하게 되어 승차감도 향상된다.

56 **전자제어 현가장치(ECS)의 감쇠력 제어를 위해 입력되는 신호가 아닌 것은?**

㉮ G센서
㉯ 스로틀 포지션 센서
㉰ ECS 모드 선택 스위치
㉱ ECS 모드 표시등

해설 ECS 모드 표시등은 전자제어 현가장치(ECS)의 감쇠력 제어를 위한 입력 신호가 아니고 자체 시스템 작동을 확인하기 위한 출력 신호이다.

57 **조향장치에 대한 설명으로 틀린 것은?**

㉮ 고속 주행 시에도 조향 핸들이 안정될 것
㉯ 조작이 용이하고 방향 전환이 원활하게 이루어질 것
㉰ 회전반경을 가능한 크게 하여 전복을 방지할 것
㉱ 노면으로부터 충격이나 원심력 등의 영향을 받지 않을 것

해설 조향장치
① 고속 주행 시에도 조향 핸들이 안정될 것
② 조작이 용이하고 방향 전환이 원활하게 이루어질 것
③ 노면으로부터 충격이나 원심력 등의 영향을 받지 않을 것

58 **드럼 브레이크와 비교한 디스크 브레이크의 특성이 아닌 것은?**

㉮ 디스크에 물이 묻어도 제동력의 회복이 빠르다.
㉯ 부품의 평형이 좋고, 편제동되는 경우가 거의 없다.
㉰ 고속에서 반복적으로 사용하여도 제동력의 변화가 적다.
㉱ 디스크가 대기 중에 노출되어 방열성은 좋으나, 제동 안정성이 떨어진다.

해설 디스크 브레이크의 특성
① 디스크에 물이 묻어도 제동력의 회복이 빠르다
② 부품의 평형이 좋고, 편제동되는 경우가 거의 없다.
③ 고속에서 반복적으로 사용하여도 제동력의 변화가 적다
④ 방열성이 양호하므로, 페이드(fade) 경향성이 낮다(패드 면적이 작고, 압착력이 크기 때문에 국부적으로 고온이 되기 쉬우나 방열성이 좋기 때문에 페이드 현상이 거의 발생하지 않는다).
⑤ 주차 브레이크 구조가 복잡하다(자기작동 작용이 없고, 마찰계수의 변화가 적기 때문에 제동력 편차가 발생하지 않는다).
⑥ 패드의 마모가 빠르지만, 패드 교환이 용이하다.
⑦ 공극이 자동적으로 조정된다.
⑧ 디스크가 노출되어 있어 빗물이나 도로면 물에 접촉되면 순간 제동력이 저하된다.
⑨ 자기청소작용이 양호하다(원심력에 의해).

정답 55. ㉰ 56. ㉱ 57. ㉰ 58. ㉱

59 전자제어 파워스티어링 제어방식이 아닌 것은?

㉮ 유량 제어식
㉯ 유압 반력 제어식
㉰ 유온 반응 제어식
㉱ 실린더 바이패스 제어식

해설 전자제어 파워스티어링 제어방식으로 3가지 종류가 있다.
① 유량 제어식
② 유압 반력 제어식
③ 실린더 바이패스 제어식

60 타이어의 각부 구조 명칭을 설명한 것으로 틀린 것은?

㉮ 트래드 : 타이어가 노면과 접촉하는 부분의 고무층을 말한다.
㉯ 사이드 월 : 타이어의 옆 부분으로 트래드와 비드 간의 고무층을 말한다.
㉰ 카커스 : 휠의 림 부분에 접촉하는 부분으로 내부에 피아노선이 원둘레 방향으로 있다.
㉱ 브레이커 : 트레드와 카커스를 접합부로 트레드와 카커스가 떨어지는 것을 방지하고 노면에서의 충격을 완화한다.

해설 카커스(carcass) : 타이어의 골격으로 코드 양면에 고무를 피복한 것을 맞대어 성형한 부분으로 충격에 따라 변형되어 충격 완화 작용을 한다.
비드(bead) : 스틸와이어에 고무를 피복한 사각 또는 육각형 형태의 피아노선이 비드 부분의 늘어남을 방지하고 타이어가 림에서 빠지지 않도록 한다.

제4과목 : 자동차 전기

61 기동전동기의 전기자 코일에 항상 일정한 방향으로 전류가 흐르도록 하는 것은?

㉮ 슬립링　　㉯ 정류자
㉰ 변압기　　㉱ 로터

해설 기동 전동기의 구조
① 전기자 : 전기자는 자계와의 상대 회전운동에 의해 유도기전력을 발생하는 권선을 가진 부분으로 전기자 철심과 전기자코일(전기자 권선), 정류자로 구성되어 있다.
② 정류자 : 정류자 편을 절연체로 감싸서 원형으로 제작한 것이며, 브러시를 통하여 전류를 일정한 방향으로 전기자 코일로 흐르게 한다.
③ 계철과 계자 철심 : 계철은 자력선의 통로와 기동 전동기의 틀이 되는 부분이며, 안쪽 면에는 계자 코일을 지지하여 자극이 되는 계자 철심이 고정되어 있다.
④ 계자 코일 : 계자 코일은 계자 철심에 감겨져 자력을 발생시키며, 큰 전류가 흐르므로 평각 구리선을 사용한다.
⑤ 브러시와 브러시 홀더 : 브러시는 정류자를 통하여 전기자 코일에 전류를 공급하며 일반적으로 3~4개가 설치된다.

62 에어백 시스템의 부품 중 고장 시 경고등이 점등되지 않는 것은?

㉮ 에어백 모듈　　㉯ 충돌 감지 센서
㉰ 클록 스프링　　㉱ 디퓨져 스크린

해설 디퓨저 스크린은 경고등 점등 항목이 아니며 연소에 의해 급격히 발생한 질소가스가 디퓨저 스크린을 통과, 에어백 안으로 유입되면 디퓨저 스크린은 연소가스의 이물질을 제거하고 가스온도의 냉각, 가스발생음을 저감하는 역할도 한다.
에어백의 구성 요소
에어백 모듈 : 에어백 점화회로에서 발생한 질소 가스에 의하여 팽창하고, 팽창 후 짧은 시간에 배출공으로 질소 가스를 배출한다.
① 인플레이터 : 차량의 충돌 시 센서로부터 전달되는 신호 전류에 의해 화약이 점화되고, 가스 발생제를 연소시켜 다량의 질소 가스를 디퓨저 스크린을 통해 에어백으로 보낸다.
② 클록 스프링 : 조향 휠의 스프링과 휠의 에

정답 59. ㉰　60. ㉰　61. ㉯　62. ㉱

어백과 조향 칼럼 사이에 설치되어 있다.

③ 프리텐셔너 : 안전벨트 프리텐셔너는 에어백과 연동하여 작동되며, 차량의 전방 충돌 시에 안전벨트를 순간적으로 잡아 당겨서 운전자를 시트에 단단히 고정한다.

④ 시스템의 작동 원리

• 충돌 감지 센서 : 차량 충돌 시 전기적으로 충돌을 감지하여 에어백 ECU에 전달한다.

⑤ 안전 센서 : 기계적으로 충돌을 감지하는 센서이며, 충돌 감지 센서의 오작동을 감지한다.

63 **전조등 검사 시 좌측 전조등 주광축의 좌·우측 진폭은?**

㉮ 좌 30 cm 이내, 우 30 cm 이내
㉯ 좌 15 cm 이내, 우 15 cm 이내
㉰ 좌 15 cm 이내, 우 30 cm 이내
㉱ 좌 30 cm 이내, 우 15 cm 이내

해설 주행빔의 비추는 방향은 자동차의 진행 방향과 같아야 하며 전방 10 m거리에서 주광축의 좌우측 진폭은 30 cm이내, 상향 진폭은 10 cm 이내, 하향 진폭은 전조등 높이의 $\frac{3}{10}$ 이내일 것(단, 좌측 전조등의 경우 좌측 진폭은 15 cm 이내로 한다.)

64 **전조등 자동제어 시스템이 갖추어야 할 조건으로 틀린 것은?**

㉮ 차고 높이에 따라 전조등 높이를 제어한다.
㉯ 어느 정도 빛이 확산하여 주위의 상태를 파악할 수 있어야 한다.
㉰ 승차인원이나 적재 하중에 따라 전조등의 조사방향을 좌우로 제어한다.
㉱ 교행할 때 맞은 편에서 오는 차를 누부시게 하여 운전에 방해가 되어서는 안 된다.

해설 전조등 자동제어 시스템은 승차인원이나 적재 하중에 따라 전조등의 조사방향을 상하로 제어한다.

65 **이모빌라이저 시스템에 대한 설명으로 틀린 것은?**

㉮ 자동차의 도난을 방지할 수 있다.
㉯ 키 등록(이모빌라이저 등록)을 해야만 시동을 걸 수 있다.
㉰ 차량에 등록된 인증키가 아니어도 점화 및 연료에 공급은 된다.
㉱ 차량에 입력된 암호와 트랜스폰더에 입력된 암호가 일치해야 한다.

해설 이모빌라이저 : 도난 방지 시스템의 하나로 암호가 다른 경우 시동을 걸 수 없다. 열쇠에 내장된 암호와 키 박스에 연결된 전자 유닛의 정보가 일치하는 경우에만 시동을 걸 수 있다. 경보기 장착 시 해당 부품을 이식해야 한다.

66 **다음 회로에서 2개의 저항을 통과하여 흐르는 전류는 A, B, C 각 점에서 어떻게 나타나는가?**

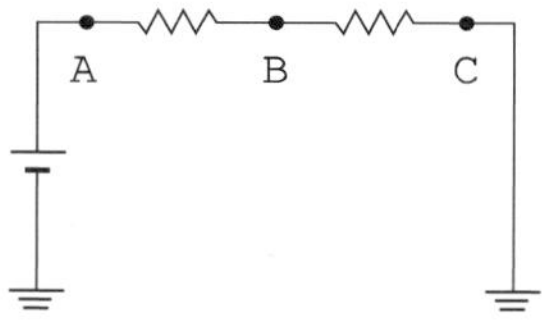

㉮ A, B, C점의 전류는 모두 같다.
㉯ B에서 가장 전류가 크고 A, C는 같다.
㉰ A에서 가장 전류가 작고 B, C로 갈수록 전류가 커진다.
㉱ A에서 가장 전류가 크고 B, C로 갈수록 전류가 작아진다.

해설 직렬연결인 경우 전류는 어느 지점에서나 같다. 흐름이 하나의 길로 연결되어 있는 저항. 직렬연결에서 총 저항은 각각 저항의 합이 되며, 각 저항에 걸리는 전압은 달라도 흐르는 전류는 어디에서나 일정하다.

67 **병렬형(parallel) TMED (Transmission Mounted Electric Device) 방식의 하이브리

정답 63. ㉰ 64. ㉰ 65. ㉰ 66. ㉮ 67. ㉱

드 자동차의 HSG (Hybrid Starter Generator에 대한 설명 중 틀린 것은?

㉮ 엔진 시동 기능과 발전 기능을 수행한다.
㉯ 감속 시 발생되는 운동에너지를 전기에너지로 전환하여 배터리를 충전한다.
㉰ EV 모드에서 HEV (Hybrid Electric Vehicle) 모드로 전환 시 엔진을 시동한다.
㉱ 소프트 랜딩(Soft Landing) 제어로 시동 ON 시 엔진 진동을 최소화하기 위해 엔진 회전수를 제어한다.

해설 하이브리드 자동차의 HSG (Hybrid Starter Generator)는 내연엔진의 시동모터와 발전기의 기능을 수행하며 다음과 같은 기능을 한다.
① 엔진 정지 시 진동을 완화시켜 주는 기능으로 소프트 랜딩을 수행한다 (안정적인 시동 OFF 로 인한 진동을 완화시킨다.)
② 차량 주행 중 필요에 따라 엔진의 시동을 부드럽게 걸어주는 소프트 스타팅 기능을 수행한다.
③ 배터리의 충전량이 저하되었을 때 엔진의 구동력을 받아 발전하여 배터리를 충전시킨다.
④ 엔진을 구동축과 연결시켜 주는 클러치 결합 시 엔진측 회전수를 구동측에 속도와 같게 상승시켜주는 기능을 수행한다.

68 점화 플러그 종류 중 저항 플러그의 가장 큰 특징은?

㉮ 불꽃이 강하다.
㉯ 고속 엔진에 적합하다.
㉰ 라디오의 잡음을 방지한다.
㉱ 플러그의 열 방출이 우수하다.

해설 저항 플러그 : 중심전극 실부에 5~10 kΩ 정도의 저항체를 내장하여 방전 시 용량 방전 전류가 제한되어 전파 장해 및 각종 노이즈를 감소시킨다.

69 도난방지장치에서 리모컨으로 로크(lock) 버튼을 눌렀을 때 문은 잠기지만 경계상태로 진입하지 못하는 현상이 발생한다면 그 원인으로 가장 거리가 먼 것은 무엇인가?

㉮ 후드 스위치 불량
㉯ 트렁크 스위치 불량
㉰ 파워윈도 스위치 불량
㉱ 운전석 도어 스위치 불량

해설 도난방지장치에서 리모컨으로 로크 (lock) 버튼을 눌렀을 때 문은 잠기지만 경계상태로 진입하지 못하는 현상이 발생하는 현상과 파워윈도 스위치 불량과는 관계 없다.

70 운행 자동차의 전조등 시험기 측정 시 광도 및 광축을 확인하는 방법으로 틀린 것은?

㉮ 타이어 공기압을 표준공기압으로 한다.
㉯ 광축 측정 시 엔진 공회전 상태로 한다.
㉰ 적차 상태로 서서히 진입하면서 측정한다.
㉱ 4등식 전조등의 경우 측정하지 않는 등화는 발산하는 빛을 차단한 상태로 한다.

해설 전조등 시험준비
① 수평기를 보고 시험기 수평이 되어 있는지 확인한다.
② 차량을 시험기와 직각으로 마주보게 시험기와 전조등이 3 m되는 거리에서 정지시킨다 (집광식은 1 m에서 측정해야 한다. 3 m 투영식 기준).
③ 타이어 공기압을 규정압력으로 하고 측정한다.
④ 4등식 전조등의 경우 측정하지 않는 등화는 발산하는 빛을 차단한 상태로 한다.
※ 공차 상태로 서서히 진입 후 시험기 종류에 따라 집광식은 1 m에서, 투영식은 3 m 거리에서 측정한다.

71 2개의 코일 간의 상호 인덕턴스가 0.8 H일 때 한 쪽 코일의 전류가 0.01초 간에 4 A에서 1 A로 동일하게 변화하면 다른 쪽 코일에는 얼마의 기전력이 유도 되는가?

㉮ 100 V　　㉯ 240 V

정답 68. ㉰ 69. ㉰ 70. ㉰ 71. ㉯

㉰ 300 V ㉱ 320 V

해설 코일의 상호유도기전력

$V = M \times \frac{\Delta I}{\Delta t}$

여기서, M : 상호유도인덕턴스, 단위는 헨리 (H)

① 코이의 전류가 4 A일 때

$0.8 \times \frac{4}{0.01} = 320\text{ V}$

② 코일의 전류가 1 A일 때

$0.8 \times \frac{1}{0.01} = 80\text{ V}$

∴ 상호유도기전력은 240 V이다.

72 자동차 검사에서 전기장치의 검사 기준 및 방법에 해당되지 않는 것은?

㉮ 전기배선의 손상 여부를 확인한다.
㉯ 배터리의 설치상태를 확인한다.
㉰ 배터리의 접속 · 절연상태를 확인한다.
㉱ 전기선의 허용 전류량을 측정한다.

해설 자동차 검사에서 전기장치의 검사 기준 및 방법에서는 전기선의 허용 전류량을 측정하지 않으며, 전기회로 내 전압 강하 및 전류량을 측정하는 경우는 시스템 내 부품의 단락이나 접지 단선으로 인한 고장부위를 찾기 위해 점검정비한다.

73 전자력에 대한 설명으로 틀린 것은?

㉮ 전자력은 자계의 세기에 비례한다.
㉯ 전자력은 도체의 길이, 전류의 크기에 비례한다.
㉰ 전자력은 자계방향과 전류의 방향이 평행일 때 가장 크다.
㉱ 전류가 흐르는 도체 주위에 자극을 놓았을 때 발생하는 힘이다.

해설 플레밍의 법칙 : 자기장 상태에 있는 도체를 자속과 직각인 방향으로 움직여 회전시키면서 자속을 끊으면 전자유도현상에 의하여 유도기전력이 발생하여 도체에 전류가 흐르게 된다.

74 12 V 50 AH 배터리에서 100 A의 전류로 방전하여 비중 1.220으로 저하될 때까지의 소요시간은?

㉮ 5분 ㉯ 10분
㉰ 20분 ㉱ 30분

해설 $50\text{ Ah} = 100\text{ A} \times h$

$h = \frac{50}{100} = 0.5$시간 (30분)

75 배터리 용량 시험 시 주의사항으로 가장 거리가 먼 것은?

㉮ 기름 묻은 손으로 테스터 조작은 피한다.
㉯ 시험은 약 10~15초 이내에 하도록 한다.
㉰ 전해액이 옷이나 피부에 묻지 않도록 한다.
㉱ 부하 전류는 축전지 용량의 5배 이상으로 저장하지 않는다.

해설 부하 전류는 축전지 용량의 3배 이상으로 저장하지 않는다.

76 증폭률을 크게 하기 위해 트랜지스터 1개의 출력 신호가 다른 트랜지스터 베이스의 입력 신호로 사용되는 반도체 소자는 무엇인가?

㉮ 다링톤 트랜지스터
㉯ 포토 트랜지스터
㉰ 사이리스터
㉱ FET

해설 다링톤 트랜지스터 : 증폭률을 크게 하기 위해 트랜지스터 1개의 출력 신호가 다른 트랜지스터 베이스의 입력신호로 사용되는 반도체 소자

포토 트랜지스터 : PN 접합을 베이스-이미터 접합에 이용한 트랜지스터로, 포토다이오드와 마찬가지로 빛에너지를 전기에너지로 변환한다.

사이리스터 : 가장 잘 알려진 4층 반도체 소자가 사이리스터이다. 흔히 이를 실리콘 제어 정류기라고도 한다. 4개의 전극을 가진 4극 사이리스터에서는 제어전극이 2개이다.

정답 72. ㉱ 73. ㉰ 74. ㉱ 75. ㉱ 76. ㉮

이 형식의 사이리스터에서는 P-게이트는 양(+), N-게이트는 음(-)의 제어 펄스로 선택적으로 제어할 수 있다.
FET (전산 효과 트랜지스터) : 접합형과 MOS형이 있다. 일반적인 트랜지스터는 전류의 변화에 따라서 음의 증폭이 이루어지는데 반해 FET에서는 게이트의 전압 변화로 음이 증폭되며, 입력저항이 매우 크기 때문에 신호원의 임피던스가 높고 출력 전류가 적은 경우에도 증폭을 할 수 있다.

77 점화장치에서 점화 1차 회로의 전류를 차단하는 스위치 역할을 하는 것은?

㉮ 점화 코일　　㉯ 점화 플러그
㉰ 파워 TR　　㉱ 다이오드

해설 전자제어 점화장치 1차 회로 전류를 제어하는 것은 파워 TR 작동에 의해 제어되며, 파워 TR 베이스 전류를 제어하는 것은 ECU에 의해 제어된다.

78 15000 cd의 광원으로부터 10 m 떨어진 위치에서 조도(Lx)는?

㉮ 150　　㉯ 500
㉰ 1000　　㉱ 1500

해설 조도(럭스 = Lx) : 빛이 비춰지는 단위 면적의 밝기로서 1 m^2의 면적 위에 1루멘의 광속이 균일하게 조사되고 있을 때가 1럭스다. 예를 들어 100 W 백열전구 바로 아래 1 m 떨어진 곳에서는 대략 100럭스지만 거리를 2배로 벌리면 4분의 1인 25럭스로 저하되며 럭스는 라이트로 조사할 때 광선이 물체에 닿아 반사되는 밝기라고 할 수 있다.

$$\text{조도 (lux)} = \frac{\text{광도}}{\text{거리}^2} = \frac{cd}{r^2}$$

$$= \frac{15000}{10^2} = 150\ \text{Lx}$$

79 계기판의 유압 경고등 회로에 대한 설명으로 틀린 것은?

㉮ 시동 후 유압 스위치 접점은 ON 된다.
㉯ 점화 스위치 ON 시 유압 경고등이 점등된다.
㉰ 시동 후 경고등이 점등되면 오일 양 점검이 필요하다.
㉱ 압력 스위치는 오일 펌프로부터 유압에 따라 ON/OFF된다.

해설 유압경고등은 엔진 시동 전 ON 상태에서는 점등되었다가 시동 후 ON 상태에서는 경고등은 OFF 되어야 한다. 그 이유는 엔진 시동 후에는 엔진 오일이 유압 라인의 유압 스위치를 OFF 시켜서 경고등 역할을 하기 때문이다.

80 에어컨 시스템에서 저압측 냉매 압력이 규정보다 낮은 경우의 원인으로 가장 적절한 것은?

㉮ 팽창 밸브가 막힘
㉯ 콘덴서 냉각이 약함
㉰ 냉매량이 너무 많음
㉱ 에어컨 시스템 내에 공기 혼입

해설 에어컨 시스템에서 저압측 냉매 압력이 규정보다 낮은 경우의 원인으로 팽창 밸브가 막히게 되면 증발기로의 냉매 공급이 불량하여 증발잠열의 효율이 떨어져 냉방능력이 저하 된다. 에어컨 충전기(또는 매니폴드 게이지)를 이용하여 점검하며 규정값을 참고하여 점검한다.
규정(정비한계)값 : 저압 (1.5~2 kgf/cm^2/아이들), 고압 (14~18kgf/cm^2/아이들)

정답 77. ㉰　78. ㉮　79. ㉮　80. ㉮

국가기술자격 필기시험문제

2017년도 3월 5일 (제1회)

자격종목	코드	시험시간	형 별	수검번호	성 명
자동차정비산업기사	2070	2시간			

제1과목 : 일반기계공학

01 그림의 단식블록 브레이크에서 브레이크에 가해지는 힘(F)은? (단, W는 브레이크 드럼과 브레이크 블록 사이에 작용하는 힘, μ는 마찰계수, f는 마찰력이다.)

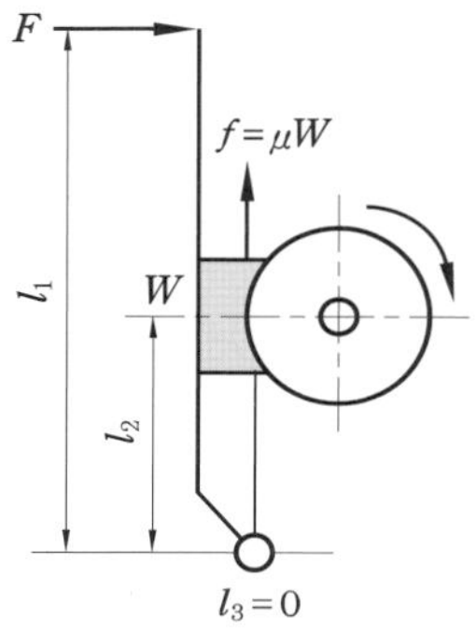

㉮ $F=\dfrac{\mu W l_2}{l_1}$　　㉯ $F=\dfrac{W l_1}{l_2}$

㉰ $F=\dfrac{W l_2}{l_1}$　　㉱ $F=\dfrac{\mu W l_1}{l_2}$

해설 $l_1 \times F = l_2 \times W$

$\therefore\ F=\dfrac{W l_2}{l_1}$

02 압출가공에 관한 설명으로 틀린 것은?

㉮ 속이 빈 용기의 생산에는 충격압출이 적합하다.

㉯ 납 파이프나 건전지 케이스의 생산에 적합하다.

㉰ 단면의 형태가 다양한 직선과 곡선 제품의 생산이 가능하다.

㉱ 압출에 의한 표면결함은 소재온도와 가공속도를 늦춤으로써 방지할 수 있다.

해설 압출가공 : 다이스를 부착한 용기에 고온으로 가열 연화한 금속 재료 등을 넣고 강한 압력을 가해서 구멍으로부터 압출하여 성형하는 가공을 말한다. 봉이나 파이프 등을 만드는 가공 방법이다.

03 그림과 같은 외팔보에 2 kN의 집중하중이 작용할 때 지지점 A에서의 굽힘응력은 약 몇 MPa인가? (단, 길이 50 cm, 8.5 cm×8.5 cm)

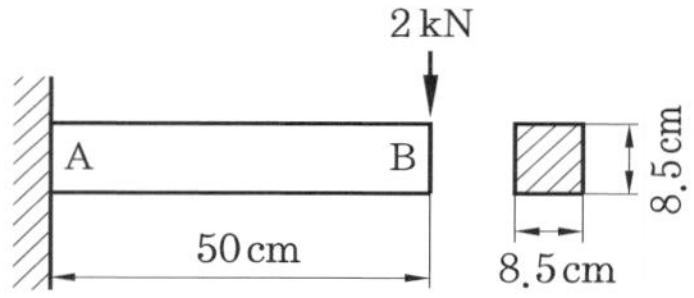

㉮ 2.44　　㉯ 4.88

㉰ 9.77　　㉱ 19.54

해설 굽힘응력(σ_b) $=\dfrac{M}{Z}$, $Z=\dfrac{1}{6}bh^2$,

$M=P\cdot l$ (모멘트 = 힘 × 거리)

$$\sigma_b=\frac{M}{\frac{1}{6}bh^2}=\frac{6M}{bh^2}=\frac{6\times P\times l}{bh^2}$$

$$=\frac{6\times 2000\,\mathrm{N}\times 50\,\mathrm{cm}}{8.5\,\mathrm{cm}\times(8.5\,\mathrm{cm})^2}$$

$$=\frac{600000}{614.125}\,\mathrm{N/cm^2}$$

$$≒ 976.9\,\mathrm{N/cm^2}$$

($1\,\mathrm{kg}=9.8\,\mathrm{N}\rightarrow 1\,\mathrm{N}=\dfrac{1}{9.8}\,\mathrm{kgf}=0.102\,\mathrm{kgf}$ 이므로 976.9 N을 kgf로 변환)

$=(0.102\times 976.9)\,\mathrm{kgf/cm^2}$

$=99.6438\,\mathrm{kgf/cm^2}$

($1\,\mathrm{MPa}=10.197\,\mathrm{kgf/cm^2}$이므로

정답 01. ㉰　02. ㉰　03. ㉰

$1\,kgf/cm^2 = \dfrac{1}{10.197}\,MPa)$

$= \dfrac{99.6438}{10.197}\,MPa \fallingdotseq 9.77\,MPa$

04 압력제어밸브가 아닌 것은?

㉮ 교축밸브 ㉯ 감압밸브
㉰ 릴리프밸브 ㉱ 무부하밸브

해설 교축밸브 : 통로의 단면적을 변화시켜 감압과 유량(가스량) 조절을 하는 밸브이다. 자동차 연료장치의 벤투리 및 에어컨 냉방사이클에 사용하며, 시스템 내 가스의 양을 가감시켜 출력량을 조절할 때 주로 사용되는 밸브이다(압력을 내려 팽창되도록 한다).

05 저널과 베어링이 직접 미끄럼에 의해 접촉을 하는 베어링은?

㉮ 슬라이딩 베어링 ㉯ 롤러 베어링
㉰ 니들 베어링 ㉱ 볼 베어링

해설 베어링이 저널부 표면의 전부 또는 일부를 둘러싼 것과 같이 되어 있으며, 베어링과 저널의 접촉면 사이에 윤활유가 있는 베어링을 말한다. 미끄럼 베어링은 면과 면이 접촉하기 때문에 축이 회전할 때 마찰저항이 구름 베어링보다 크지만 하중을 지지하는 능력은 일반적으로 크다.

06 다음의 특징을 갖는 금속은?

- 비중이 4.5 정도이다.
- 단조 및 열간가공이 가능하다.
- 스테인리스강과 비슷한 내식성이 있다.

㉮ 니켈(Ni) ㉯ 구리(Cu)
㉰ 아연(Zn) ㉱ 티탄(Ti)

해설 티탄(Ti : titanium) : 단조 및 열간가공이 가능하며, 가볍고(비중 4.50) 스테인리스강과 비슷한 내식성이 있다. 티탄합금은 강하고 안정하여 항공기나 선박의 재료로 쓰이며 순수한 금속은 화학반응장치의 내장으로, TiO_2는 백색안료로서 도료에 쓰인다.

07 비틀림 모멘트(T)와 휨 모멘트(M)를 동시에 받는 재료의 상당 비틀림 모멘트(T_e)는 어느 것인가?

㉮ $M\sqrt{1+(T/M)^2}$
㉯ $T\sqrt{1+(T/M)^2}$
㉰ $\sqrt{M^2+2T^2}$
㉱ $\sqrt{(M+T)^2}$

해설 비틀림 모멘트(T)와 휨 모멘트(M)를 동시에 받는 재료의 상당 비틀림 모멘트(T_e)는

$T_e = \sqrt{(M^2+T^2)} = M\sqrt{[(M^2+T^2)/M^2]}$

$= M\sqrt{[1+(T/M)^2]}$ 이다.

08 유압의 특성에 대한 설명으로 틀린 것은?

㉮ 과부하에 대한 안전장치가 필요하다.
㉯ 작은 힘으로 큰 출력을 얻을 수 있다.
㉰ 열 발생에 대한 냉각장치가 필요 없다.
㉱ 힘과 속도를 자유롭게 변속시킬 수 있다.

해설 장점
① 소형의 장치로 큰 출력을 낼 수 있다.
② 힘과 속도 조정이 쉽고 정확한 위치제어가 가능하다.
③ 진동이 적다.
④ 최대부하 상태에서도 출발 가능하다.
⑤ 원격조작이 가능하다.

단점
① 오일의 열화현상으로 주기적인 교환이 필요하다.
② 오일의 온도변화에 따라 작동유가 온도의 영향을 받기 쉬워 냉각장치가 필요하다.
③ 과부하 방지를 위해 안전장치가 필요하다.
④ 배관 및 접속부에서 누출 우려가 있으며 복잡하다.
⑤ 공동현상(cavitation) 발생 가능성이 있다.

09 속이 빈 모양의 목형을 주형 내부에서 지지할 수 있도록 목형에 덧붙여 만든 돌출부는?

㉮ 라운딩(rounding)
㉯ 코어 프린트(core print)

정답 04. ㉮ 05. ㉮ 06. ㉱ 07. ㉮ 08. ㉰ 09. ㉯

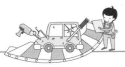

㉰ 목형 기울기(draft taper)
㉱ 보정 여유(compensation allowance)

해설 코어 프린트(core print) : 코어를 주형 속에서 지지하기 위해 마련된 돌출부로, 실제로는 주물이 되지 않는 부분이다. 코어 프린트가 한쪽만 있는 것을 편 프린트, 양쪽 다 있는 것을 양 프린트라고 한다. 코어에 코어 프린트가 필요한 이유는 코어가 빈주물을 만들 때 매우 가혹한 상태에 처하기 때문에 높은 내식성, 높은 강도, 양호한 통기성과 내화성, 충분한 가축성(collapsibility)을 필요로 한다.

10 **다음 중 기어의 언더컷이 발생하는 원인으로 옳은 것은?**

㉮ 잇수가 많을 때
㉯ 이 끝이 둥글 때
㉰ 잇수비가 아주 클 때
㉱ 이 끝 높이가 낮을 때

해설 언더컷이란 기어에서 치차가 서로 물려서 회전될 때 피니언의 잇수가 너무 적어(잇수비가 클 때) 상대쪽 기어의 이끝이 피니언의 이뿌리 부분과 접촉하여 피니언 기어의 이뿌리 부분이 깎이는 현상을 말한다.

11 **회주철의 일반적인 탄소 함량은?**

㉮ 2~4 %　　㉯ 1~1.5 %
㉰ 1.5~2 %　　㉱ 3.0~3.6 %

해설 일반적으로는 4 % 정도의 탄소를 함유할 때 회주철이라고 한다. 주로 3~5 %이면 회주철로 분류가 되고, 2~6.5 %까지도 회주철로 분류되는 경우가 있다.

12 **인장시험에 나타난 각 점 중 훅의 법칙(Hooke's law)이 적용되는 범위는?**

㉮ 비례한도　　㉯ 극한강도
㉰ 파단점　　㉱ 항복점

해설 훅의 법칙 : 고체에 힘을 가하여 변형시키는 경우, 힘이 어떤 크기를 넘지 않는 한 변형의 양은 힘의 크기에 비례한다는 법칙이다. 훅의 법칙이 성립되는 힘의 한계를 비례한계, 이 한계 내에서의 힘과 변형량과의 비를 그 변형에 대한 탄성률이라 한다.

13 **강의 표면에 알루미늄(Al)을 침투시켜 내식성을 증가시키는 침투법은?**

㉮ 크로마이징(chromizing)
㉯ 칼로라이징(calorizing)
㉰ 보론나이징(boronizing)
㉱ 실리콘나이징(siliconizing)

해설 칼로라이징 : 확산침투도금법의 일종이며 철, 구리 또는 황동의 표면을 알루미늄으로 피복시키는 방법으로, 금속을 분말 모양의 알루미늄과 같은 양의 알루미늄 혼합물로 엷게 만들어 800~1000℃로 일정 시간 가열한다. 이때 염화암모늄을 조금 첨가하면 도금 피막이 생성되며, 이와 같이 하여 생긴 금속의 표면은 순 알루미늄으로서, 그 밑은 Al과 금속의 합금으로 고온 산화에 견디며 내식성(내스케일성)을 증가시킨다.

14 **2개의 너트를 사용하여 충분히 죈 후 안쪽의 너트를 풀어 너트의 풀림을 방지하는 방법은?**

㉮ 2줄 나사에 의한 방법
㉯ 로크 너트에 의한 방법
㉰ 멈춤 나사에 의한 방법
㉱ 자동 죔 너트에 의한 방법

15 **충격응력에 대한 설명으로 옳은 것은?**

㉮ 체적에 비례한다.
㉯ 재료의 탄성계수에 반비례한다.
㉰ 운동에너지를 증가시킴으로써 응력이 감소한다.
㉱ 단면적이나 길이를 증가시킴으로써 응력이 감소한다.

해설 충격응력이란 충격하중에 의하여 재료 내에 일어나는 최대의 응력발생을 말한다. 충격

정답 10. ㉰　11. ㉱　12. ㉮　13. ㉯　14. ㉯　15. ㉱

응력은 재료의 단면적이나 길이를 증가시킴으로써 응력을 감소시킨다.

16 용접봉 피복제의 역할이 아닌 것은?

㉮ 아크를 안정시킨다.
㉯ 용착 금속의 급랭을 방지한다.
㉰ 용착 금속의 탈산 · 정련작용을 한다.
㉱ 용융점이 높은 슬래그를 많이 만든다.

해설 용접봉 피복제의 역할
① 아크의 안정화를 도모한다.
② 가스발생(냄새발생 용인)으로 산화를 방지한다.
③ 용착금속의 탈산과 정련작용을 한다.
④ 슬래그 생성 및 박리성을 증대한다.
⑤ 서랭으로 취성을 방지한다.
⑥ 용접능률을 향상시킨다.
⑦ 전기 절연성을 부여한다.
⑧ 비드 모양을 좋게 한다.
⑨ 용적을 미세화하여 용착효율을 향상시킨다.

17 원심 펌프에서 송출압력이 0.2 N/mm², 흡입 진공 압력이 0.05 N/mm², 압력계와 진공계 사이의 높이차가 600 mm일 때, 펌프의 전양정(m)은?(단, 흡입관과 송출관의 지름이 같다.)

㉮ 16.5 ㉯ 15.9
㉰ 30.6 ㉱ 36.3

해설 $H=\dfrac{P_d-P_s}{\gamma}+\dfrac{v_d^2-v_s^2}{2g}+y$

$=\dfrac{20400\,\text{kgf/m}^2-5100\,\text{kgf/m}^2}{1000\,\text{kgf/m}^3}+0.6\text{ m}$

(흡입관과 송출관의 지름이 같으므로 속도는 같다. → $v_d-v_s=0$)

$=15.3\text{ m}+0.6\text{ m}=15.9\text{ m}$

18 비교 측정의 표준이 되는 게이지는?

㉮ 한계 게이지 ㉯ 센터 게이지
㉰ 게이지 블록 ㉱ 마이크로미터

해설 게이지 블록 : 길이 측정의 기본이 되며 정도가 가장 높고 표준이 되는 것으로, 공장 등에서 길이의 기준으로 사용되는 단도기이다. 길이 정도가 매우 높아($0.01\,\mu$m) 비교 측정 또는 각종 측정기의 교정용으로 사용한다. 서로 밀착하는 성질을 가지고 있으며, 몇 개를 조합하여 많은 치수의 기준을 얻을 수 있다.

19 선반작업에서 공작물의 지름 D(mm), 1분간의 회전수 N(r/min)일 때, 절삭속도 V(m/min)는?

㉮ $V=\pi DN$ ㉯ $V=\dfrac{\pi DN}{1000}$
㉰ $V=\dfrac{\pi D}{1000N}$ ㉱ $V=\dfrac{\pi N}{1000D}$

해설 선반이란 공작물이 회전을 하고 바이트의 이송에 의해 절삭이 이루어지므로, 절삭속도는 공작물의 지름과 회전수에 의해 결정된다.

20 하중 30 kN을 지지하는 훅 볼트의 미터나사 크기로 적절한 것은?(단, 나사 재질의 허용응력은 60 MPa이고 나사의 골지름(d_1)은 '$d_1=0.8\times$바깥지름'이다.)

㉮ M20 ㉯ M24
㉰ M28 ㉱ M32

해설 $d=\sqrt{\dfrac{2W}{\sigma_a}}$ (σ_a : 응력, W : 하중)

$=\sqrt{\dfrac{6120\,\text{kgf}}{\left(\dfrac{611.826\,\text{kgf}}{\text{cm}^2}\right)}}$

$=\sqrt{\dfrac{6120\,\text{kgf}}{611.826\,\text{kgf}}\text{cm}^2}$

$=3.16\text{ cm}=31.6\text{ mm}\fallingdotseq 32\text{ mm}$

($1\text{ N}=0.102\text{ kgf}$이므로 60000 N
$=(60000\times0.102)\text{kgf}=6120\text{ kgf}$,
$1\text{ MPa}=10.197\text{ kgf/cm}^2$이므로 60 MPa
$=60\times10.197\text{ kgf/cm}^2$
$=611.826\text{ kgf/cm}^2$)

정답 16. ㉱ 17. ㉯ 18. ㉰ 19. ㉯ 20. ㉱

제2과목 : 자동차 엔진

21 전자제어 연료분사장치에서 인젝터 분사시간에 대한 설명으로 틀린 것은?

㉮ 급감속할 경우에 연료분사가 차단되기도 한다.
㉯ 배터리 전압이 낮으면 무효 분사시간이 길어진다.
㉰ 급가속할 경우에 순간적으로 분사시간이 길어진다.
㉱ 지르코니아 산소 센서의 전압이 높으면 분사시간이 길어진다.

해설 인젝터 분사시간

① 급감속할 경우 연료분사가 차단되기도 한다. 전자제어 엔진은 높은 rpm에서 가속페달을 놓으면 연료 컷(fuel cut)이 되어 연료분사가 일정 구간에서 차단된다.
② 배터리 전압이 낮으면 무효 분사시간이 길어진다.
③ 급가속할 경우 순간적으로 분사시간이 길어진다. 차종에 따라 APS나 TPS의 신호를 받아 ECU는 인젝터에 통전시간을 길게 하므로 분사시간이 길어진다.
④ 지르코니아 산소 센서의 전압이 높으면 분사시간이 짧아진다(산소 센서 출력 전압 0.1~1 V). 산소 센서의 기전력이 높다는 것은 배기가스 중 산소가 적은 상태로 공기 중의 산소와 배기가스 중의 산소 농도의 차가 크다고 할 수 있다.

22 실린더 압축압력시험에 대한 설명으로 틀린 것은?

㉮ 압축압력시험은 엔진을 크랭킹하면서 측정한다.
㉯ 습식시험은 실린더에 엔진오일을 넣은 후 측정한다.
㉰ 건식시험에서 실린더 압축압력이 규정값보다 낮게 측정되면 습식시험을 실시한다.
㉱ 습식시험 결과 압축압력의 변화가 없으면 실린더 벽 및 피스톤 링의 마멸로 판정할 수 있다.

해설 압축압력시험 : 압축압력시험은 엔진의 성능시험으로, 압축압력 저하로 인한 엔진 출력이 현저하게 저하되었을 때 엔진 분해시기를 확인하고 결정하기 위한 것이다. 최초 측정 건식시험이라 하며, 건식측정압력 불량 시 습식시험을 실시한다.

결과 분석

① 정상 압축압력 : 압축압력이 규정값의 90 % 이상이고 각 실린더 간 차이가 10 % 이내일 때, 압축압력이 11 kg/cm^2 이하일 때
② 규정값 이상인 경우 : 압축압력이 규정값의 10 % 이상이면 실린더 헤드를 분해한 후 연소실 카본을 제거한다.
③ 밸브 불량인 경우 : 압축압력이 규정값보다 낮으면 습식시험을 하여도 압축압력이 상승하지 않는다.
④ 실린더 벽 및 피스톤 링의 마멸인 경우 : 계속되는 압축행정에서 조금씩 상승하며 습식시험에서 뚜렷하게 압축압력이 상승한다.
⑤ 헤드 개스킷 불량 및 실린더 헤드 변형인 경우 : 인접한 실린더의 압축압력이 비슷하게 낮으며 습식시험을 하여도 압력이 상승하지 않는다.

23 내연엔진의 열역학적 사이클에 대한 설명으로 틀린 것은?

㉮ 정적사이클을 오토사이클이라고도 한다.
㉯ 정압사이클을 디젤사이클이라고도 한다.
㉰ 복합사이클을 사바테사이클이라고도 한다.
㉱ 오토, 디젤, 사바테사이클 이외의 사이클은 자동차용 엔진에 적용하지 못한다.

24 디젤 엔진의 연료분사량을 측정하였더니 최대 분사량이 25 cc, 최소 분사량이 23 cc, 평균 분사량이 24 cc이다. 분사량의 (+)불균율은?

정답 21. ㉱ 22. ㉱ 23. ㉱ 24. ㉯

㉮ 약 2.1 %　　㉯ 약 4.2 %
㉰ 약 8.3 %　　㉱ 약 8.7 %

해설 모든 분사량을 더한 후 실린더 수로 나누면 평균 분사량이 된다. 최대 (+) 불균율은 최대 분사량에서 평균 분사량을 뺀 후, 그 값을 평균 분사량으로 나누어 100을 곱한 값이 (+)불균율이다(규정값은 −3~3 %).

(+)불균율(%)

$$= \frac{\text{최대 분사량} - \text{평균 분사량}}{\text{평균 분사량}} \times 100$$

$$= \frac{25-24}{24} \times 100 \fallingdotseq 4.16\,\%$$

25 총 배기량이 160 cc인 4행정 엔진에서 회전수가 1800 rpm, 도시평균 유효압력이 87 kgf/cm^2일 때 축마력이 22 PS인 엔진의 기계효율은 약 몇 %인가?

㉮ 75　　㉯ 79
㉰ 84　　㉱ 89

해설 기계효율(η_m)

$$= \frac{BHP(\text{제동마력})}{IHP(\text{지시마력})} \times 100$$

$$= \frac{22}{27.84} \times 100 \fallingdotseq 79$$

※ 도시마력 $= \dfrac{P \cdot V \cdot R}{75 \times 60}$

$$= \frac{87 \times 160 \times \dfrac{1800}{2}}{75 \times 60 \times 100} = 27.84$$

여기서, P : 도시평균 유효압력(kgf/cm^2)
V : 배기량(cm^3)
R : 엔진 회전수(rpm)
(2행정엔진 : R, 4행정엔진 : $R/2$)

26 수랭식 엔진과 비교한 공랭식 엔진의 장점으로 틀린 것은?

㉮ 구조가 간단하다.
㉯ 냉각수 누수 염려가 없다.
㉰ 단위 출력당 중량이 무겁다.
㉱ 정상 작동온도에 도달하는 데 소요되는 시간이 짧다.

해설 수랭식 엔진과 비교한 공랭식 엔진의 장점은 단위 출력당 중량이 가볍다는 것이다.

27 밸브 스프링의 공진현상을 방지하는 방법으로 틀린 것은?

㉮ 2중 스프링을 사용한다.
㉯ 원뿔형 스프링을 사용한다.
㉰ 부등 피치 스프링을 사용한다.
㉱ 밸브 스프링의 고유 진동수를 높인다.

28 검사 유효기간이 1년인 정밀검사 대상 자동차가 아닌 것은?

㉮ 차령이 2년 경과된 사업용 승합자동차
㉯ 차령이 2년 경과된 사업용 승용자동차
㉰ 차령이 3년 경과된 비사업용 승합자동차
㉱ 차령이 4년 경과된 비사업용 승용자동차

29 냉각수온도 센서의 역할로 틀린 것은?

㉮ 기본 연료분사량 결정
㉯ 냉각수온도 계측
㉰ 연료분사량 보정
㉱ 점화시기 보정

해설 전자제어 엔진의 기본 연료분사량 $\dfrac{\text{흡입 공기량}(AFS)}{\text{엔진 회전수}(CAS)}$으로 주요 데이터로 형성한다. 냉각수온도 센서는 냉각수온도 계측, 연료분사량, 점화시기를 보정한다.

30 디젤 엔진에서 착화지연의 원인으로 틀린 것은?

㉮ 높은 세탄가
㉯ 압축압력 부족
㉰ 분사노즐의 후적
㉱ 지나치게 빠른 분사시기

해설 착화지연 기간 : 연소실에 연료가 분사되어 연소를 일으킬 때까지 걸리는 연소 준비기간으로, 연료의 입자가 압축열을 받아 증기

정답 25. ㉯　26. ㉰　27. 모두 정답　28. ㉱　29. ㉮　30. ㉮

로 변화되어 자기 착화를 일으킬 때까지 걸리는 시간은 1/1000~4/1000초이다.

착화지연의 원인

① 압축압력의 저하로 인하여 연소상태가 불량일 때
② 흡기, 냉각수온도, 연소실온도가 낮을 때
③ 분무상태, 분사노즐 불량으로 후적이 발생할 때
④ 분사시기가 규정보다 지나치게 빠를 때
⑤ 연료의 착화성이 낮을 때
⑥ 흡입 공기량 상태에서 와류 발생이 불량일 때

31 **전자제어 디젤 엔진의 제어모듈(ECU)로 입력되는 요소가 아닌 것은?**

㉮ 가속페달의 개도 ㉯ 엔진 회전속도
㉰ 연료분사량 ㉱ 흡기온도

해설 커먼레일 디젤 엔진 입·출력 요소 : 연료분사량(인젝터)은 핵심적인 ECU 제어 액추에이터이다.

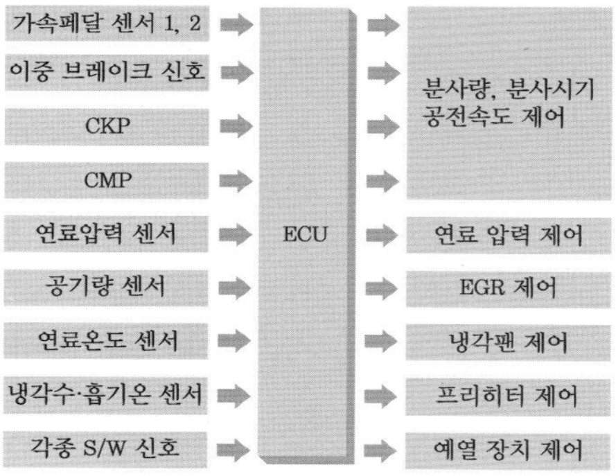

32 **전자제어 가솔린 엔진에서 패스트 아이들 기능에 대한 설명으로 옳은 것은?**

㉮ 정차 시 시동 꺼짐 방지
㉯ 연료계통 내 빙결 방지
㉰ 냉간 시 웜업시간 단축
㉱ 급감속 시 연료 비등 활성

해설 전자제어 가솔린 엔진 패스트 아이들 기능은 공회전상태의 rpm을 상승시켜 냉간 시 웜업시간을 단축시키는 기능과 공회전상태에서 엔진출력 부족을 보완하기 위하여 적용된다. 에어컨 ON, 전조등 ON, 파워스티어링 작동 시 아이들 업 시킨다.

33 **자동차용 부동액으로 사용되고 있는 에틸렌글리콜의 특징으로 틀린 것은?**

㉮ 팽창계수가 작다.
㉯ 비중은 약 1.11이다.
㉰ 도료를 침식하지 않는다.
㉱ 비등점은 약 197℃이다.

해설 자동차 냉각장치에서 냉각수가 동결되는 것을 방지하기 위하여 부동액을 사용한다. 에틸렌글리콜, 메탄올, 글리세린이 사용되며, 특히 에틸렌글리콜(ethylene glycol)은 냄새가 없고 증발하지 않으며 도료를 침식하지도 않는다. 또한 비점이 높기 때문에 부식방지제를 넣은 것이면 여름에도 사용할 수 있으며, 약 −30℃까지 얼지 않는다. 하지만 팽창계수가 큰 결점이 있다.

34 **전자제어 엔진에서 지르코니아 방식 후방 산소 센서와 전방 산소 센서의 출력파형이 동일하게 출력된다면 예상되는 고장 부위는?**

㉮ 정상 ㉯ 촉매 컨버터
㉰ 후방 산소 센서 ㉱ 전방 산소 센서

해설 가솔린 차량에는 보통 2개의 산소 센서가 장착되어 있는데, 촉매장치 전단에 위치한 전방 산소 센서와 후단에 위치한 후방 산소 센서로 구분한다. 전방 산소 센서는 정밀한 연료량 제어를 위한 데이터를 ECU에 제공하고, 후방 산소 센서는 부가적인 제어 및 촉매장치의 성능 모니터링을 위한 데이터를 ECU에 제공한다. 엔진의 작동 사이클 중 배기행정(exhaust stroke) 단계에서 고온 고압의 배기가스가 배기밸브를 통해 실린더 외부로 배출된다. 이 가스는 배기 매니폴드와 전방 산소 센서를 지나 촉매장치로 들어가는데, 전·후방 산소 센서의 출력파형이 동일하게 출력된다면 촉매 컨버터기능이 떨어져 정화효율이 저하된다고 볼 수 있다.

정답 31. ㉰ 32. ㉰ 33. ㉮ 34. ㉯

35 **디젤 엔진의 노크 방지법으로 옳은 것은?**

㉮ 착화지연기간이 짧은 연료를 사용한다.
㉯ 분사 초기에 연료분사량을 증가시킨다.
㉰ 흡기온도를 낮춘다.
㉱ 압축비를 낮춘다.

해설 디젤 엔진의 노크 방지법 : 디젤은 공기만 있는 연소실에 연료를 분사하므로 연료가 분사되는 즉시 연소가 된다. 인젝터에서 연료가 분사되는 데는 어느 정도 시간이 필요하며, 처음에 인젝터가 열릴 때는 분사량이 적지만 인젝터가 많이 열릴수록 분사량이 많아지다가 다시 인젝터가 닫힐 때는 분사량이 줄어든다. 따라서 가솔린은 착화지연이 길수록 노킹 발생을 억제시키고 디젤은 착화지연이 짧을수록 노크를 방지하게 된다.

36 **LPG 엔진에서 주행 중 사고로 인해 봄베 내의 연료가 급격히 방출되는 것을 방지하는 밸브는?**

㉮ 체크밸브
㉯ 과류방지밸브
㉰ 액 · 기상 솔레노이드밸브
㉱ 긴급차단 솔레노이드밸브

해설 LPG 과류방지밸브는 과류방지밸브의 체크 플레이트 작동 후에도 LPG의 흐름이 완전히 정지되는 것은 아니다. 체크 플레이트에는 균압공(노즐)이 있어 그곳을 통하여 LPG가 서서히 흘러 나가게 되고, 체크 플레이트의 내측과 외측의 압력이 같아지면 스프링의 힘에 의하여 체크 플레이트가 개구부에서 떨어져 평상시 상태로 돌아온다.

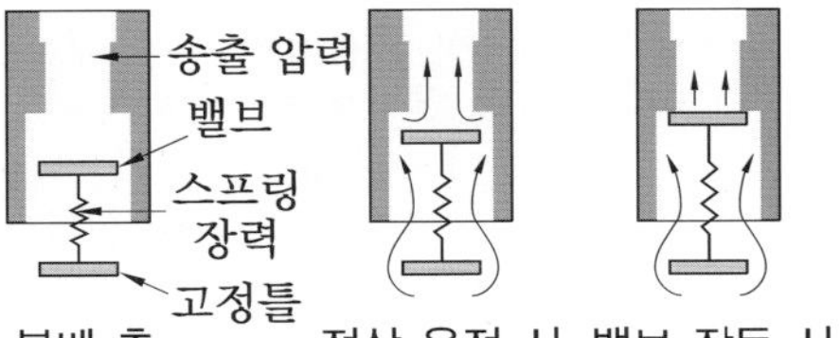

봄베 측 정상 운전 시 밸브 작동 시

37 **점화 순서가 1-3-4-2인 엔진에서 2번 실린더가 배기행정이면 1번 실린더의 행정으로 옳은 것은?**

㉮ 흡입 ㉯ 압축
㉰ 폭발 ㉱ 배기

해설 점화순서가 1-3-4-2인 엔진에서 2번 실린더가 배기행정일 때 1번 실린더는 폭발행정이 적용된다.

38 **실린더 안지름이 80 mm, 행정이 78 mm인 엔진의 회전속도가 2500 rpm일 때 4사이클 4실린더 엔진의 SAE마력은 약 몇 PS인가?**

㉮ 9.7 ㉯ 10.2
㉰ 14.1 ㉱ 15.9

해설 공칭마력(SAE : society of auto motive engineers, 과세마력) : 자동차의 과세를 결정하는 표준마력 실린더 지름과 실린더 수를 알면 계산할 수 있으며, SAE마력 또는 RAC마력이라고도 부른다.

$$\text{SAE마력} = \frac{D^2(\text{mm}) \times N}{1613}$$

$$= \frac{(80)^2 \times 4}{1613} \fallingdotseq 15.9$$

여기서, D : 실린더 지름, N : 실린더 수

39 **최적의 점화시기를 의미하는 MBT(Minimum spark advance for Best Torque)에 대한 설명으로 옳은 것은?**

㉮ BTDC 약 10°~15° 부근에서 최대 폭발 압력이 발생되는 점화시기
㉯ ATDC 약 10°~15° 부근에서 최대 폭발 압력이 발생되는 점화시기
㉰ BBDC 약 10°~15° 부근에서 최대 폭발 압력이 발생되는 점화시기
㉱ ABDC 약 10°~15° 부근에서 최대 폭발 압력이 발생되는 점화시기

해설 MBT : 엔진의 점화시기는 ECU에서 제어하는 시간(순간)에 점화신호가 되어도 지연이

정답 35. ㉮ 36. ㉯ 37. ㉰ 38. ㉱ 39. ㉯

발생된다. 물리적인 지연(피스톤 작동상태 및 밸브 작동타이밍), 전기적인 지연(점화회로 제어에서 스파크플러그까지의 전달과정)으로 최대의 토크가 발생되도록 최적의 점화시기 제어영역을 점화시기로 표현한 것을 말한다.

40 **운행차 발생가스 정밀검사 무부하검사방법에서 경유자동차 매연 측정방법에 대한 설명으로 틀린 것은?**

㉮ 광투과식 매연 측정기 시료 채취관을 배기관 벽면으로부터 5 mm 이상 떨어지도록 설치하고 20 cm 정도의 깊이로 삽입한다.

㉯ 배출가스 측정값에 영향을 주거나 측정에 장애를 줄 수 있는 에어컨, 서리 제거장치 등 부속장치를 작동하여서는 아니 된다.

㉰ 가속페달을 밟을 때부터 놓을 때까지의 소요시간은 4초 이내로 하고, 이 시간 내에 매연농도를 측정한다.

㉱ 예열이 충분하지 아니한 경우에는 엔진을 충분히 예열시킨 후 매연 농도를 측정하여야 한다.

해설 광투과식 매연 측정기 시료 채취관을 배기관 벽면으로부터 5 mm 이상 떨어지도록 설치하고 5 cm 정도의 깊이로 삽입한다.

제3과목 : 자동차 섀시

41 **브레이크 라이닝 표면이 과열되어 마찰계수가 저하되고 브레이크 효과가 나빠지는 현상은?**

㉮ 페이드　　㉯ 캐비테이션

㉰ 언더 스티어링　　㉱ 하이드로 플래닝

해설 ① 페이드(fade) : 브레이크 라이닝의 표면이 과열되어 마찰계수가 떨어져 브레이크 성능이 저하되는 현상

② 하이드로 플래닝(hydro planning, 수막현상) : 고속 주행 시 노면과 타이어 사이에 물이 빠지지 못하여 마찰력이 작아지는 현상

③ 베이퍼 로크(vapor lock) : 브레이크의 빈번한 사용이나 끌림 등에 의한 마찰열이 브레이크 회로에 전달되어, 브레이크 회로 내에 기포가 생기고 압력전달이 불가능하게 되는 현상

④ 캐비테이션(cavitation) : 유체의 속도 변화에 의한 압력 변화로 인하여 유체 내에 공동이 생기는 현상

42 **자동차 제동성능에 영향을 주는 요소가 아닌 것은?**

㉮ 여유동력

㉯ 제동 초속도

㉰ 차량 총중량

㉱ 타이어의 미끄럼비

해설 자동차 제동성능에 영향을 주는 요소는 제동 초속도, 차량 총중량, 타이어 미끄럼비 등이며 여유동력은 동력 인출장치에 적용되는 시스템이다.

43 **무단변속기(CVT)의 특징으로 틀린 것은?**

㉮ 가속성능을 향상시킬 수 있다.

㉯ 연료소비율을 향상시킬 수 있다.

㉰ 변속에 의한 충격을 감소시킬 수 있다.

㉱ 일반 자동변속기 대비 연비가 저하된다.

해설 무단변속기는 CVT(continuously variable transaxle)라고도 하며 연속적으로 변속을 수행하는 변속기이다.

무단변속기(CVT)의 특징

① A/T 대비 연비가 우수하다.

② 가속성능이 우수하다.

③ 연료소비율을 향상시킬 수 있다.

44 **전자제어 제동장치인 EBD(Electronic Brake force Distribution) 시스템의 효과로 틀린 것은?**

정답 40. ㉮　41. ㉮　42. ㉮　43. ㉱　44. ㉮

㉮ 적재용량 및 승차인원에 관계없이 일정하게 유압을 제어한다.
㉯ 뒷바퀴의 제동력을 향상시켜 제동거리가 짧아진다.
㉰ 프로포셔닝 밸브를 사용하지 않아도 된다.
㉱ 브레이크 페달을 밟는 힘이 감소된다.

해설 EBD는 일반적인 ABS 기능에 승차 및 적재 등에 따른 무게중심의 이동에 의하여 한쪽으로 쏠리는 제동력을 4바퀴에 균형 있게 분배하여, 부드럽고 안정된 제동을 유도하는 장치이다.

45 **자동변속기 토크컨버터에서 스테이터의 일방향 클러치가 양방향으로 회전하는 결함이 발생했을 때 차량에 미치는 현상은?**

㉮ 출발이 어렵다.
㉯ 전진이 불가능하다.
㉰ 후진이 불가능하다.
㉱ 고속 주행이 불가능하다.

해설 자동변속기 토크컨버터 내 일방향 클러치는 펌프와 터빈 사이에 설치되어 유체의 흐름을 터빈으로 변환시켜 펌프의 효율성을 증대시키는 기능을 한다. 80~90 %에서는 회전되지 않고 고정된 위치에서 유체의 흐름을 전달하나 클러치 포인트 터빈의 회전수가 펌프 회전과 근접한 회전이 되면 스테이터는 유체 흐름에 유연성을 주기 위해 회전하게 된다. 이 시점을 클러치 포인트라고 하며, 스테이터 일방향 클러치가 고장이 나서 양방향 회전이 된다면 차량 출발이 어렵게 된다.

46 **토크컨버터의 펌프 회전수가 2800 rpm, 속도비가 0.6, 토크비가 4일 때 효율은?**

㉮ 0.24 ㉯ 2.4
㉰ 0.34 ㉱ 3.4

해설 토크비 $= \dfrac{T_o}{T_i}$, 속도비 $= \dfrac{N_o}{N_i}$

∴ 전달효율 = 토크비 × 속도비
= 4 × 0.6 = 2.4

47 **브레이크장치의 프로포셔닝 밸브에 대한 설명으로 옳은 것은?**

㉮ 바퀴의 회전속도에 따라 제동시간을 조절한다.
㉯ 바깥 바퀴의 제동력을 높여서 코너링 포스를 줄인다.
㉰ 급제동 시 앞바퀴보다 뒷바퀴가 먼저 제동되는 것을 방지한다.
㉱ 선회 시 조향 안정성 확보를 위해 앞바퀴의 제동력을 높여준다.

해설 브레이크액의 유압을 조절하여 제동력을 분배시키는 유압 조정밸브로, 브레이크 패드를 밟아 발생된 유압이 일정값 이상이 되면 밸브가 닫혀 휠 실린더 압력을 균등히 조정하며, 전·후륜 휠 실린더 압력을 균일하게 공급하는 밸브이다. 거의 모든 승용차의 뒤 브레이크에 사용되고 있다.

48 **릴리스 레버 대신 원판의 스프링을 이용하고, 레버 높이를 조정할 필요가 없는 클러치 커버의 종류는?**

㉮ 오번 형 ㉯ 이너 레버 형
㉰ 다이어프램 형 ㉱ 아우터 레버 형

해설 다이어프램 클러치는 클러치 레버와 클러치 스프링작용을 겸하며, 코일 스프링과 비교하여 다음과 같은 특징이 있다.
① 각 부품이 원형으로 되어 있어 회전 평형이 좋고 압력판에 작용하는 압력이 균일하다.
② 고속회전 시 원심력에 의한 스프링 감소가 적다.
③ 클러치 페이싱이 어느 정도 마모가 되어도 압력판을 미는 힘의 변화가 적다.
④ 클러치 페달을 밟는 힘이 적게 든다.

49 **6속 DCT(Double Clutch Transmission)에 대한 설명으로 옳은 것은?**

㉮ 클러치 페달이 없다.
㉯ 변속기 제어모듈이 없다.
㉰ 동력을 단속하는 클러치가 1개이다.

정답 45. ㉮ 46. ㉯ 47. ㉰ 48. ㉰ 49. ㉮

㉱ 변속을 위한 클러치 액추에이터가 1개이다.

해설 DCT는 더블 크러치 트랜스미션의 약자로서 홀수기어(1,3,5)를 담당하는 클러치와 짝수기어(2,4,6)를 담당하는 2개의 클러치를 적용하여, 하나의 클러치가 변속단수를 바꾸면 나머지 클러치가 곧바로 다음 변속단에 기어를 변속함으로써 변속 시 소음이 적고, 신속한 변속이 가능하며 변속 충격이 작다는 장점이 있다. 효율적인 연비, 스포티한 주행감 등 수동변속기의 장점과 운전 편의성 등 자동변속기의 장점을 동시에 실현할 수 있는 변속기이다. 차량 내부에 장착된 변속기는 수동변속기이지만 운전할 때는 자동변속기와 똑같이 운전하는 것으로, 자동변속기 레버가 있고 클러치 페달이 없는 것이 특징이다.

50 적재 차량의 앞축중이 1500 kg, 차량 총중량이 3200 kg, 타이어 허용하중이 850 kg인 앞 타이어의 부하율은 약 몇 %인가? (단, 앞 타이어 2개, 뒤 타이어 2개, 접지폭 13 cm)

㉮ 78　　㉯ 81
㉰ 88　　㉱ 91

해설 타이어 부하율은 허용하중에 대한 타이어의 하중 부담 비율을 나타낸 것으로, 어떤 크기의 타이어가 설계상 부담할 수 있는 하중은 공기의 압력에 의하여 결정된다.
타이어 부하율

$$= \frac{\text{적재 시 앞축중(또는 뒤축중)}}{\text{타이어 허용하중} \times \text{타이어 수}} \times 100$$

$$= \frac{1500\,\text{kg}}{850\,\text{kg} \times 2} \times 100 \fallingdotseq 88.23$$

51 전자제어 동력조향장치에 대한 설명으로 틀린 것은?

㉮ 동력조향장치에는 조향기어가 필요 없다.
㉯ 공전과 저속에서 조향핸들 조작력이 작다.
㉰ 솔레노이드밸브를 통해 오일탱크로 복귀되는 오일량을 제어한다.
㉱ 중속 이상에서는 차량속도에 감응하여 조향핸들 조작력을 변화시킨다.

해설 EPS(electronic power steering) : 기존의 유압식 조향장치는 자동차의 저속주행 및 주차 시 운전자가 조향핸들에 가하는 조향력을 가볍게 하기 위하여 유압을 사용하였다. EPS는 차량의 주행속도를 감지하여 동력 실린더로 유입되거나 by pass되는 오일의 양을 적절히 조절함으로써 저속주행 시는 일정하게 가벼워지고, 고속 주행 시는 답력을 무겁게 하며 핸들이 가벼워짐으로써 주행 안정성을 유지할 수 있다.

52 지름이 40 mm인 마스터 실린더에 20 N의 힘이 작용했을 때 지름이 60 mm인 휠 실린더에 가해지는 제동력은 약 몇 N인가?

㉮ 30　　㉯ 45
㉰ 60　　㉱ 75

해설 $P = \dfrac{F_1}{A_1} = \dfrac{F_2}{A_2}$

$$= \frac{20}{0.758 \times 40^2} = \frac{F_2}{0.785 \times 60^2}$$

$$F_2 = \frac{20}{0.785 \times 40^2} \times 0.785 \times 60^2 = 45$$

여기서, F_1 : 마스터 실린더 내의 작용압력
F_2 : 휠 실린더에 가해지는 제동력
A_1 : 마스터 실린더의 지름
A_2 : 휠 실린더의 지름

53 전자제어 제동장치(ABS)에서 페일 세이프(fail safe) 상태가 되면 나타나는 현상은?

㉮ 모듈레이터 모터가 작동된다.
㉯ 모듈레이터 솔레노이드 밸브로 전원을 공급한다.
㉰ ABS 기능이 작동되지 않아서 주차 브레이크가 자동으로 작동된다.
㉱ ABS 기능이 작동되지 않아도 평상시(일반) 브레이크는 작동된다.

해설 전자제어 제동장치(ABS) 작동 중 페일

정답 50. ㉰　51. ㉮　52. ㉯　53. ㉱

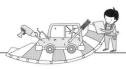

상태가 되면 ABS 기능이 작동되지 않아도 일반브레이크는 작동된다. 페일 세이프는 ABS 시스템이나 구성부품이 고장이나 조작 오류가 생겼을 경우 최소한의 장치가 구동될 수 있어 브레이크 제동장치의 기능을 유지할 수 있도록 한 안전장치이다.

54 **차량주행 중 발생하는 수막현상(하이드로 플래닝)의 방지책으로 틀린 것은?**

㉮ 주행속도를 높게 한다.
㉯ 타이어 공기압을 높게 한다.
㉰ 리브 패턴 타이어를 사용한다.
㉱ 트레드 마모가 적은 타이어를 사용한다.

해설 하이드로 플래닝 방지법
① 주행속도를 낮게 한다.
② 타이어 공기압을 높게 한다.
③ 리브 패턴 타이어를 사용한다.
④ 트레드 마모가 적은 타이어를 사용한다. (타이어 마모 규정값 이내일 것)
⑤ 주행 중 가속페달에서 발을 떼고 핸들이 회전되는 방향으로 저항하며 핸들을 잡아준다.

55 **자동차의 휠 얼라인먼트에서 캠버의 역할은 어느 것인가?**

㉮ 제동 효과 상승
㉯ 조향 바퀴에 동일한 회전수 유도
㉰ 하중으로 인한 앞차축의 휨 방지
㉱ 주행 중 조향 바퀴에 방향성 부여

해설 캠버의 역할
① 하중으로 인한 앞차축의 휨을 방지한다.
② 조향핸들의 조작을 가볍게 한다.
③ 하중을 받았을 때 앞바퀴의 아래쪽(부의 캠버)이 벌어지는 것을 방지한다.
④ 볼록 노면에서 앞바퀴를 수직이 되게 할 수 있다.

56 **차체의 롤링을 방지하기 위한 현가부품으로 옳은 것은?**

㉮ 로어 암　　㉯ 컨트롤 암
㉰ 쇽업소버　　㉱ 스태빌라이저

해설 ① 스태빌라이저 : 좌우 차체의 기울기를 감소시키는 역할을 한다.
② 쇽업소버(shock absorber) : 노면에서 발생한 스프링의 진동을 흡수하여 승차감을 향상시키며, 단동식과 복동식이 있다.
③ 토션바 스프링(torsion bar spring) : 바를 비틀었을 때 탄성에 의하여 본래의 위치로 복원하려는 특성을 이용한 스프링 강이다.

57 **앞바퀴 얼라인먼트 검사를 할 때 예비점검 사항이 아닌 것은?**

㉮ 타이어 상태
㉯ 차축 휨 상태
㉰ 킹핀 마모 상태
㉱ 조향핸들 유격 상태

해설 휠 얼라이먼트 점검 시 예비점검 사항
① 타이어 마모 상태
② 차축이나 링크의 휨 상태
③ 조향핸들의 유격 상태
④ 바퀴의 허브 베어링 흔들림 상태
⑤ 타이어 공기압 상태
⑥ 차량의 좌・우 기울기
⑦ 차량을 공차상태에서 점검할 것
※ 킹핀 마모 상태는 휠 얼라이먼트 점검 시 주요 점검 사항이다.

58 **엔진의 동력을 주행 이외의 용도에 사용할 수 있도록 하는 동력인출장치(power take off)로 틀린 것은?**

㉮ 윈치 구동장치
㉯ 차동 기어장치
㉰ 소방차 물펌프 구동장치
㉱ 덤프트럭 유압펌프 구동장치

해설 동력인출장치(윈치, 소방차 물펌프, 덤프트럭 유압펌프 구동장치 등)는 엔진의 동력을 차량의 보조적인 시스템으로 활용하기 위하여 이용하는 장치이다. 차동기어장치는 주행 구동바퀴의 좌・우 회전을 조율하며 안정된 주행이 될 수 있도록 작동되는 구동장치이다.

정답 54. ㉮　55. ㉰　56. ㉱　57. ㉰　58. ㉯

59 전자제어 현가장치 제어모듈의 입 · 출력 요소가 아닌 것은?

[가] 차속 센서 [나] 조향각 센서
[다] 휠 스피드 센서 [라] 가속페달 스위치

해설 전자제어 현가장치 제어모듈 입 · 출력 장치

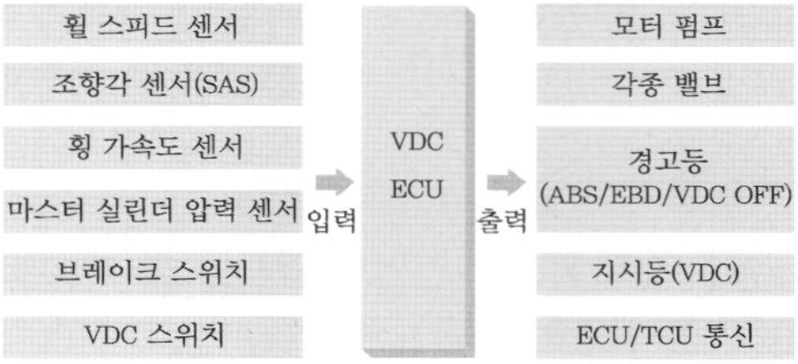

60 차량 주행 시 조향핸들이 한쪽으로 쏠리는 원인으로 틀린 것은?

[가] 조향핸들의 축 방향 유격이 크다.
[나] 좌 · 우 타이어의 공기 압력이 서로 다르다.
[다] 앞차축 한쪽의 현가 스프링이 절손되었다.
[라] 뒤차축이 차의 중심선에 대하여 직각이 아니다.

해설 차량 주행 시 조향핸들이 한쪽으로 쏠리는 원인
① 좌 · 우 타이어 공기압이 불량할 때
② 앞차축 한쪽 스프링이 부러지거나 휘었을 때
③ 뒤차축이 차의 중심선에서 직각이 아닐 때
④ 앞 바퀴 정렬이 불량일 때
⑤ 프레임이 비틀렸을 때
⑥ 스핀들이 휘었을 때
⑦ 타이어의 크기가 규격에 맞지 않을 때
⑧ 스태빌라이저가 휘어져 있거나 고정 링크가 마모되었을 때

제4과목 : 자동차 전기

61 배터리 세이버 기능에서 입력신호로 틀린 것은?

[가] 미등 스위치
[나] 와이퍼 스위치
[다] 운전석 도어 스위치
[라] 키 인(key in) 스위치

해설 배터리 세이버 기능은 미등 ON 상태로 장시간 주차하거나 차량에서 하차하였을 때 센서가 이를 감지하여 자동으로 전원을 차단하는 기능으로, 시동을 OFF한 후 운전석 도어를 열면 그 즉시 미등이 자동으로 소등되는 기능이다. 운전자가 시동을 끈 후 등을 켠 채로 방치할 경우 일정 시간 이후 램프를 소등하여 방전을 방지하는 기능으로, 시계나 오디오 등 지속적인 전기가 공급되어야 하는 장치에는 적용되지 않는다. 스마트 키는 세이버 기능과 무관하게 동작하며 와이퍼 스위치는 이 장치와 관련이 없다.

62 자동차 검사기준 및 방법에서 전조등 검사에 관한 사항으로 틀린 것은?

[가] 전조등의 변환빔을 측정하여야 한다.
[나] 공차상태에서 운전자 1인이 승차하여 검사를 시행한다.
[다] 전조등 시험기로 전조등의 광도와 주광축의 진폭을 측정한다.
[라] 긴급 자동차 등 부득이한 사유가 있는 경우에는 적차상태에서 검사를 시행할 수 있다.

63 자동차 전자제어모듈 통신방식 중 고속 CAN 통신에 대한 설명으로 틀린 것은?

[가] 진단장비로 통신라인의 상태를 점검할 수 있다.
[나] 차량용 통신으로 적합하나 배선 수가 현저하게 많아진다.
[다] 제어모듈 간의 정보를 데이터 형태로 전송할 수 있다.
[라] 종단 저항값으로 통신라인의 이상 유무를 판단할 수 있다.

정답 59. [다] 60. [가] 61. [나] 62. [가] 63. [나]

해설 CAN(controller are network) 통신
① 일종의 자동차 전용 프로토콜이다.
② 전장회로의 이상상태를 컴퓨터를 통하여 점검할 수 있다.
③ 차량용 통신으로 배선 수가 현저하게 적다.
④ 독일의 로버트 보쉬사가 국제특허를 취득한 컴퓨터 통신방식이다.
⑤ 진단장비로 통신라인의 상태를 점검할 수 있다.
⑥ 제어모듈 간의 정보를 데이터 형태로 전송할 수 있다.
⑦ 종단 저항값으로 통신라인의 이상 유무를 판단할 수 있다.

64 다음 회로에서 전류(A)와 소비 전력(W)은?

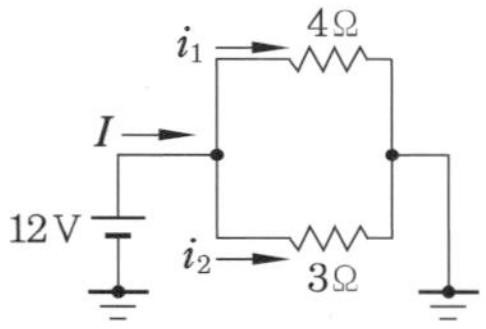

가 $I = 0.58$ A, $P = 5.8$ W
나 $I = 5.8$ A, $P = 58$ W
다 $I = 7$ A, $P = 84$ W
라 $I = 70$ A, $P = 840$ W

해설 합성저항 R

$$\frac{1}{R} = \frac{1}{3} + \frac{1}{4} = \frac{7}{12}$$

$$\therefore R = \frac{12}{7}$$

$$I(\text{전류}) = \frac{E(\text{전압})}{R(\text{저항})}$$ 이므로,

$$I = \frac{12}{\frac{12}{7}} = 7\text{ A}$$

$$\therefore P(\text{전력}) = V(\text{전압}) \times I(\text{전류}) = 12 \times 7 = 84\text{ W}$$

65 리모컨으로 도어 잠금 시 도어는 모두 잠기나 경계진입모드가 되지 않는다면 고장 원인은?

가 리모컨 수신기 불량
나 트렁크 및 후드의 열림 스위치 불량
다 도어 록 · 언록 액추에이터 내부 모터 불량
라 제어모듈과 수신기 사이의 통신선 접촉 불량

해설 리모컨 도어 잠금 시 경계모드가 되지 않을 때(도어 잠김 상태) 트렁크 및 후드의 열림 스위치가 불량하면 도어 록 스위치가 작동되어 잠기나 경계진입모드가 되지 않는다.
도어 잠금 : 모든 도어(테일게이트 포함)가 닫히고 1개 이상의 도어가 잠금 해제된 상태에서 앞좌석 도어의 바깥 손잡이에 있는 도어 잠금/해제 버튼을 누르면 모든 도어(테일게이트 포함)가 잠기면서 비상 경고등과 경보음이 1회 작동한다.
도어 잠금이 되지 않는 경우
① 스마트 키를 실내에 둔 상태에서 도어를 잠그고자 할 때
② 시동 버튼 「ACC」 이상의 상태에서 도어를 잠그고자 할 때
③ 1개 이상의 도어(테일게이트 제외)가 열린 상태에서 도어를 잠그고자 할 때

66 12 V 60 AH 배터리가 방전이 되어 정전류 충전법으로 보충전하려 할 때 표준충전 전류값은? (단, 배터리는 20시간율 용량이다.)

가 3 A
나 6 A
다 9 A
라 12 A

해설 정전류 충전의 표준충전 전류는 축전지 용량의 10 %이며, 최대 충전전류는 20 %, 최소 충전전류는 5 %이다.
축전지의 용량
= 방전종지까지의 시간(h) × 방전전류(A)
= 60 h × 0.1 = 6 h
∴ 60 × 0.1 = 6 A

67 광전소자 레인 센서가 적용된 와이퍼장치에 대한 설명으로 틀린 것은?

가 발광다이오드로부터 초음파를 방출한다.

정답 64. 다 65. 나 66. 나 67. 가

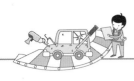

㉯ 레인 센서를 통하여 빗물의 양을 감지한다.
㉰ 발광다이오드와 포토다이오드로 구성된다.
㉱ 빗물의 양에 따라 알맞은 속도로 와이퍼 모터를 제어한다.

해설 레인 센서 유닛은 적외선 LED와 포토다이오드로 구성된 광센서 방식이다. 와이퍼 스위치를 자동(Auto)으로 설정하면 적외선 LED가 앞유리에 초음파가 아닌 적외선을 조사한다.

68 방향지시등의 이상현상에 대한 설명으로 틀린 것은?

㉮ 하나의 램프 단선 시 점멸 주기가 달라질 수 있다.
㉯ 회로의 저항이 클 때 점멸 주기가 달라질 수 있다.
㉰ 방향지시등 스위치 불량 시 점멸 주기가 달라질 수 있다.
㉱ 방향지시등 릴레이(플래셔 유닛) 불량 시 모든 방향지시등 작동이 불량하다.

해설 방향지시등 고장현상 : 좌·우의 점멸 횟수가 다르거나 한쪽만 작동한다.
방향지시등 고장 시 점검 사항
① 규정 용량의 전구를 사용하였는지 확인
② 접지 상태가 양호한지 점검
③ 어느 한쪽의 전구가 단선인지 점검
※ 방향지시등 스위치가 불량하면 방향지시등이 작동되지 않는다.

69 점화장치의 파워 트랜지스터 불량 시 발생하는 고장현상이 아닌 것은?

㉮ 주행 중 엔진이 정지한다.
㉯ 공전 시 엔진이 정지한다.
㉰ 엔진 크랭킹이 되지 않는다.
㉱ 점화 불량으로 시동이 안 걸린다.

해설 ㉮, ㉯, ㉱는 점화장치 불량 시 고장현상의 원인이 될 수 있으나 ㉰는 시동장치 불량으로 크랭킹이 되지 않는 원인이다.

70 자동차 및 자동차부품의 성능과 기준에 관한 규칙에서 자동차 전기장치의 안전기준으로 틀린 것은?

㉮ 차실 안의 전기 단자 및 전기 개폐기는 적절히 절연물질로 덮어 씌워야 한다.
㉯ 자동차의 전기배선은 모두 절연물질로 덮어 씌우고, 차체에 고정시켜야 한다.
㉰ 차실 안에 설치하는 축전지는 여유공간 부족 시 절연물질로 덮지 않아도 무관하다.
㉱ 축전지는 자동차의 진동 또는 충격 등에 의하여 이완되거나 손상되지 않도록 고정시켜야 한다.

71 자동차의 전자동 에어컨장치에 적용된 센서 중 부특성 저항방식이 아닌 것은?

㉮ 일사량 센서 ㉯ 내기온도 센서
㉰ 외기온도 센서 ㉱ 증발기온도 센서

해설 일사량 센서는 차 안 중앙 크래시 패드 상단에 설치되며, 조명 스위치(Auto) 작동 위치에 놓으면 외부의 조도를 감지하여 조명이 자동으로 ON 또는 OFF 된다. 또한 냉방 시 전자동 조절(Auto)버튼을 ON 시켜 일사량을 감지하고 자동으로 실내온도를 조절한다.

72 반도체의 장점이 아닌 것은?

㉮ 수명이 길다.
㉯ 소형이고 가볍다.
㉰ 내부 전력 손실이 적다.
㉱ 온도 상승 시 특성이 좋아진다.

해설 반도체는 온도 상승 시 특성이 저하되는 단점이 있다.

정답 68. ㉰ 69. ㉰ 70. ㉰ 71. ㉮ 72. ㉱

73 **자동차에 사용되는 에어컨 리시버 드라이어의 기능으로 틀린 것은?**

㉮ 액체 냉매 저장
㉯ 냉매 압축 송출
㉰ 냉매의 수분 제거
㉱ 냉매의 기포 분리

해설 리시버 드라이어(receiver-dryer)는 액체 냉매를 저장하고 냉매의 수분 제거, 기포 분리 및 냉매의 양을 점검한다.

74 **차량 전기 배선의 색 표기 방법으로 틀린 것은?**

㉮ Y-노랑　　㉯ B-갈색
㉰ W-흰색　　㉱ R-빨강

해설 B : 검정, Br : 갈색, L : 청색
와이어링 컬러 : 전선은 조립 및 식별을 용이하게 하기 위하여 절연체에 베이스 컬러(바탕색)와 서브 컬러(줄무늬)로 표시한다.

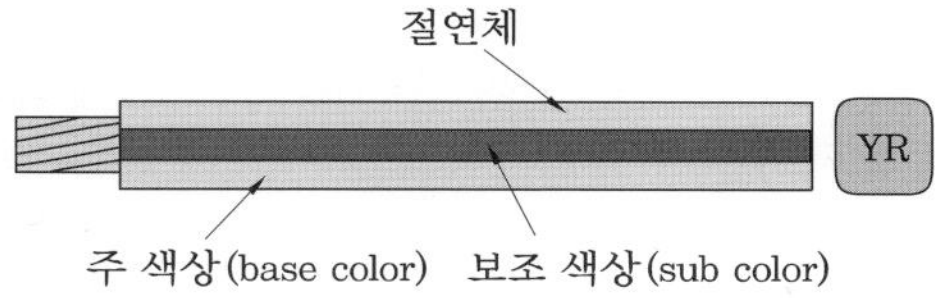

75 **크랭킹(크랭크축은 회전)은 가능하나 엔진이 시동되지 않는 원인으로 틀린 것은?**

㉮ 점화장치 불량
㉯ 알터네이터 불량
㉰ 메인 릴레이 불량
㉱ 연료펌프 작동 불량

해설 ㉮, ㉰, ㉱는 크랭킹이 가능하나 시동되지 않는 원인이며, ㉯는 충전장치의 고장으로 시동장치와는 관련이 없다. 충전장치는 시동 후 발전기에서 자동차의 출력전원이 차량 전기 부하를 담당하게 된다.

76 **기동전동기의 전기자 코일과 전기자 철심이 단락되지 않도록 사용하는 절연체가 아닌 것은?**

㉮ 운모　　㉯ 종이
㉰ 알루미늄　　㉱ 합성수지

해설 기동전동기의 전기자 코일과 전기자 철심이 단락되지 않도록 사용하는 절연체는 운모 합성수지, 에나멜, 종이 등이 있으며, 알루미늄 재질은 도체로서 기동전동기의 전기자부 및 계자(요크)에 절연체로 부적합하다.

77 **점화플러그의 구비조건으로 틀린 것은?**

㉮ 내열성이 작아야 한다.
㉯ 열전도성이 좋아야 한다.
㉰ 기밀이 잘 유지되어야 한다.
㉱ 전기적 절연성이 좋아야 한다.

해설 점화플러그의 구비조건
① 높은 전압에 견딜 수 있는 절연성이 좋아야 한다.
② 내열성이 커야 한다(1500~2000℃ 정도의 연소온도에 견딜 수 있다).
③ 열전도성이 좋아야 한다.
④ 점화압력과 진동에 견딜 수 있도록 기계적 강도가 커야 한다.
⑤ 연소 시 고온 고압 기밀이 잘 유지되어야 한다.
⑥ 내구성이 좋아야 한다.
⑦ 전압이 강하고 아크 발생이 되어야 한다.
⑧ 희박한 혼합기에서 착화성이 좋아야 한다.

78 **충전 불량으로 입고된 차량의 점검 항목으로 틀린 것은?**

㉮ 벨트 장력
㉯ 충전 전류
㉰ 메인 퓨즈블링크 상태
㉱ 엔진 구동 시 배터리 비중

해설 충전장치의 불량 원인
① 배터리 체결 불량
② 메인 퓨즈블링크의 단선
③ 발전기 구동 벨트 장력이 느슨함
④ 발전기 퓨즈의 탈거 및 단선
⑤ 발전기 B단자의 연결 불량

정답 73. ㉯　74. ㉯　75. ㉯　76. ㉰　77. ㉮　78. ㉱

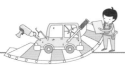

⑥ 발전기 회로연결 커넥터 분리
※ 엔진 시동 중이나 시동 시에는 배터리 비중을 점검하지 않는다.

79 점화장치에서 드웰시간이란?

㉮ 파워TR 베이스 전원이 인가되어 있는 시간
㉯ 점화2차 코일에 전류가 인가되어 있는 시간
㉰ 파워TR이 OFF에서 ON이 될 때까지의 시간
㉱ 스파크플러그에서 불꽃방전이 이루어지는 시간

해설 캠각(드웰각) : 캠각은 1차코일이 접지되는 시간으로, 2차전압 발생을 위하여 1차코일에 흐르는 전류를 단속하게 된다. 파워TR 베이스 전원이 인가되어 있는 시간, 즉 ON 상태를 말한다.

$$캠각 = \frac{360°}{실린더\ 수} \times 0.6(1실린더당\ 60\ \%)$$

80 하드 타입 하이브리드 구동모터의 주요 기능으로 틀린 것은?

㉮ 출발 시 전기모드 주행
㉯ 가속 시 구동력 증대
㉰ 감속 시 배터리 충전
㉱ 변속 시 동력 차단

해설 순수 EV(전기 구동)모드가 있으면 하드 타입으로, 엔진 시동 없이 모터의 회전력만으로 주행하는 전기차 모드의 주행이 가능한 상태이다. 소프트 타입은 전기차 주행이 불가능하여 출발 시 모터와 엔진을 모두 사용하고, 부하가 적은 정속 주행 시에는 엔진 출력으로 주행한다. 고부하 주행(가속이나 등판) 시에는 엔진의 회전력이 HEV 모터 회전력으로 보조가 되며, 브레이크 작동 시에는 회생 제동 브레이크 시스템을 사용하여 바퀴의 구동력이 HEV 모터로 전달되어, 발전기에 전기에너지로 전환되면서 고전압 배터리를 충전한다. 정차 시에는 엔진이 자동 정지되어 연비의 효율성을 높이게 되는데, 이 기능을 오토 스톱이라 한다.

정답 79. ㉮ 80. ㉱

국가기술자격 필기시험문제

2017년도 5월 7일 (제2회)

자격종목	코드	시험시간	형 별	수검번호	성 명
자동차정비산업기사	2070	2시간			

제1과목 : 일반기계공학

01 축이음에서 두 축의 중심이 약간 어긋나 있거나 축 중심선을 맞추기 곤란할 때, 이를 보완하기 위하여 사용하는 축이음은?

㉮ 머프 커플링 ㉯ 셀러 커플링
㉰ 플렉시블 커플링 ㉱ 마찰 원통 커플링

해설 자재이음은 변속기와 종감속기어 사이에서 구동각도의 변화를 주는 장치로, 십자형 자재이음, 플렉시블이음, 볼 앤드 트러니언 자재이음, 등속도 자재이음 등이 있다. 플렉시블 자재이음은 3가닥의 가죽이나 경질고무로 만든 커플링을 끼우고 볼트로 조인 것으로, 경사 각도가 3~5°이며 축 중심선을 맞추기 난감할 때, 이를 보완하기 위하여 사용하는 축이음이다.

① 부등속 자재이음 : 플렉시블 자재이음, 십자형 자재이음(훅 조인트)
② 등속 자재이음 : 이중 십자형 자재이음, 트리포드 조인트, 더블 오프셋 조인트, 구형 자재이음

02 측정기 내의 기포를 이용하여 측정면의 미소한 경사를 측정하는 것은?

㉮ 수준기
㉯ 사인 바
㉰ 콤비네이션 세트
㉱ 오토 콜리메이터

해설 ① 기포관수준기 : 봉형수준기라고도 하며, 단독으로 마룻바닥이나 책상 위의 수평을 알아보기 위해 사용되기도 하지만, 보통 수준의나 트랜싯 등의 기계의 일부로 사용된다.
② 사인 바 : 사인함수를 이용하여 임의의 각도를 설정하거나 측정하는 데 사용하는 기구이다.
③ 콤비네이션 세트 : 일반적인 기계공구 세트를 말하며 이 문제와 관련이 없다.
④ 오토 콜리메이터 : 오토 콜리메이션을 이용하여 각의 변화나 진동 등을 측정하는 기계로, 오토 콜리메이션 망원경이라고도 한다. 오토 콜리메이션이란 거울 등의 평면 법선 방향을 광학적으로 구하는 방법을 말한다.

03 Ni–Cu계 합금 중 내식성 및 내열성이 우수하므로 화학기계, 광산기계, 증기 터빈의 날개 등에 주로 이용되는 합금은?

㉮ 켈밋 ㉯ 포금
㉰ 모넬 메탈 ㉱ 델타 메탈

해설 모넬 메탈 : Ni–Cu 합금으로 내식성이 크고, 인장강도가 연강에 비해 낮지 않으므로 봉, 선, 단조물, 터빈 블레이드, 밸브 및 밸브 시트, 화학 공업용 용기 등으로 많이 사용된다. 모넬 메탈에 Al 3~3.5 %를 첨가한 것을 K모넬이라 하며, 미국 A. Monel이 1906년경에 연구를 시작하여 실용화한 것으로, 그의 이름을 따라 명명되었다.

04 2500 rpm으로 회전하면서 25 kW를 전달하는 전동축의 비틀림 모멘트는 약 몇 N · m인가?

㉮ 7.5 ㉯ 9.6
㉰ 70.2 ㉱ 95.5

해설 전달동력 $H_{kw} = \dfrac{2\pi \times N \times T}{102 \times 60 \times 100}$

N : 회전수, T : 비틀림 모멘트(kgf · cm)

정답 01. ㉰ 02. ㉮ 03. ㉰ 04. ㉱

$$25 = \frac{2\pi \times 2500 \times T}{102 \times 60 \times 100}$$

$$\therefore\ T = \frac{25 \times 102 \times 60 \times 100}{2\pi \times 2500}$$

$$≒ 974.52\ \text{kgf}\cdot\text{cm}$$

$$= 974.52 \times 9.8\ \text{N} \times 0.01\ \text{m}$$

$$≒ 95.5\ \text{N}\cdot\text{m}$$

$(1\ \text{kgf} = 9.8\ \text{N},\ 1\ \text{cm} = 0.01\ \text{m})$

05 다이캐스팅을 이용한 제품 생산의 설명으로 틀린 것은?

가 단면이 얇은 주물의 주조가 가능하다.
나 균일한 제품의 연속 주조가 불가능하다.
다 마그네슘, 알루미늄 합금의 대량 생산용으로 적합하다.
라 정밀도가 좋아서 제품의 표면이 양호하고 후가공이 적다.

해설 다이캐스팅(die casting) : 주조법의 하나로, 필요한 주조형상에 완전히 일치하도록 정확하게 기계가공된 강제의 금형에 용해금속을 주입하여 금형과 똑같은 주물을 얻는 정밀주조법이다. 치수가 정확하여 다듬질할 필요가 거의 없는 장점 외에도 기계적 성질이 우수하고 대량생산이 가능하다는 특징이 있다. 호환되는 금속으로는 아연, 알루미늄, 주석, 구리, 마그네슘 등의 합금이 있으며, 다이캐스트 주조기를 사용하여 공기압, 수압, 유압 등을 주입하여 냉각 및 응고시킨다. 제품으로는 자동차부품이 가장 많으며 전기기기, 광학기기, 차량, 방직기, 건축, 계측기 부품 등이 이 방법으로 생산되고 있다.

06 브레이크 드럼에 500 N · m의 토크가 작용하고 있을 때 축을 정지시키는 데 필요한 접선방향 제동력은 몇 N인가? (단, 브레이크 드럼의 지름은 500 mm이다.)

가 3000 나 2500
다 2000 라 1500

해설 $T = f\frac{D}{2} = \mu\frac{WD}{2}$ (브레이크 토크)

$f = \mu \times W$ (μ : 마찰계수, W : 힘)

$$\therefore\ f = \frac{2T}{D} = \frac{2 \times 500000\ \text{N}\cdot\text{mm}}{500\ \text{mm}}$$

$$= 2000\ \text{N}$$

(1 m = 1000 mm이므로 단위변환하면 500 N · m = 500000 N · mm)

07 스폿(spot) 용접에 대한 설명으로 옳은 것은?

가 가압력이 필요 없다.
나 가스 용접의 일종이다.
다 알루미늄 용접이 불가능하다.
라 로봇을 이용한 자동화가 용이하다.

해설 금속을 겹쳐서 전극 끝에 물리고 국부적으로 가열하여 동시에 전극으로 가압하면서 하는 저항 용접으로서, 점 용접으로 알루미늄 용접이 가능하다. 2개의 모재를 겹쳐 놓고 대전류를 흐르게 하면 접촉저항열에 의하여 용융될 때 압력을 가하여 접합하는 용접으로, 자동차, 항공기에 많이 사용되고 있다. 스폿 용접은 두께 6 mm 이하의 판재 용접에 적합하며 0.4~3.2 mm가 가장 능률적이다.

08 외팔보의 자유단에 집중하중 W가 작용할 때 작용하는 하중의 전단력 선도는?

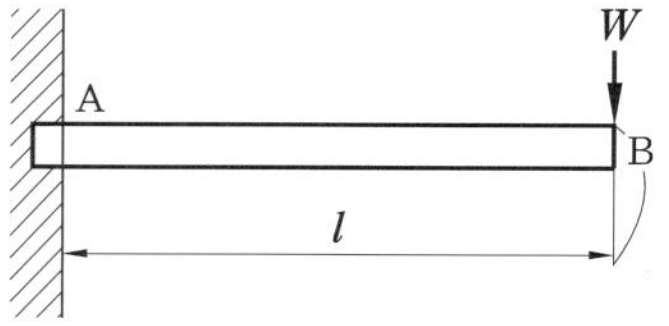

가
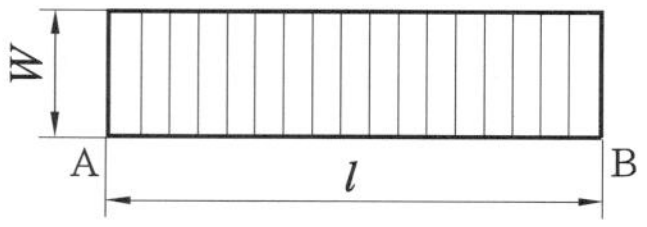

나
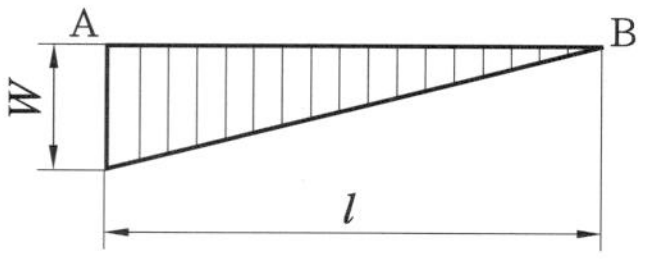

다
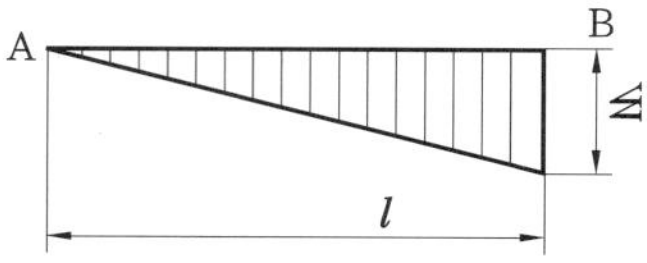

정답 05. 나 06. 다 07. 라 08. 가

라 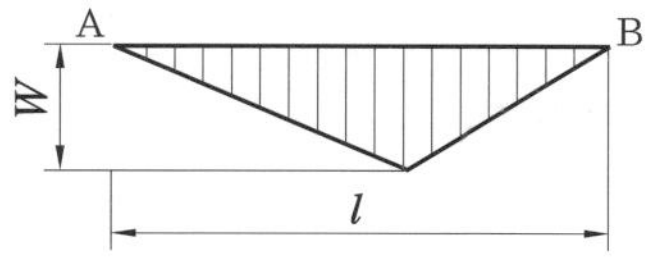

해설 외팔보 자유단에 집중하중 분포 시 전단력(SFD)과 굽힘(BMD) 모멘트 선도

$x=0$일 때 $M=P\times 0=0$

$x=l$일 때 $M=P\times l=Pl$

$\therefore\ M_{\max(x=l)}=Pl$

09 배관 및 밸브에서 급격한 서지압력을 방지하기 위해 설치하는 것은?

가 디퓨저　　나 엑셀레이터
다 액추에이터　　라 어큐뮬레이터

해설 어큐뮬레이이터 : 유압장치에 있어서 유압펌프로부터 고압의 기름을 저장해 놓는 장치로, 자동변속기 밸브 보디 유압제어용과 냉방시스템 내 가스압력 조율에 사용된다.
사용목적과 용도
① 유압라인의 유압에너지 축적용
② 유압시스템 고장·정전 등의 긴급 유압원 공급
③ 유압회로 내 맥동, 충격압력의 흡수용

10 펌프의 송출압력이 90 N/cm^2, 송출량이 60 L/min인 유압펌프의 펌프동력은 약 몇 W인가?

가 700　　나 800
다 900　　라 1000

해설 $L_W(kW)=\dfrac{P\times Q}{102\times 60}$

(P : kgf/m^2, Q : m^3/min일 경우)

$P=90\ \text{N/cm}^2=(90\times 0.102)\ \text{kgf}/(0.01)^2\ \text{m}^2$
$(1\ \text{kgf}=0.102\ \text{N},\ 1\ \text{cm}=0.01\ \text{m})$
$=9.18\ \text{kgf}/0.0001\ \text{m}^2=91800\ \text{kgf/m}^2$

$Q=60\ \text{L/min}=(60\times 0.001)\ \text{m}^3/\text{min}$
$=0.06\ \text{m}^3/\text{min}\ (1\ \text{L}=0.001\ \text{m}^3)$

$\therefore\ L_W=\dfrac{91800\times 0.06}{102\times 60}=0.9\ \text{kW}$
$=900\ \text{W}$

11 재료의 성질을 나타내는 세로탄성계수(E)의 단위는?

가 N　　나 N/m^2
다 N·m　　라 N/m

해설 Hook's의 법칙(응력과 변형률의 법칙) : 고체에 힘을 가하여 변형시키는 경우 힘이 어떤 크기를 넘지 않는 한 변형량이 힘의 크기에 비례한다는 법칙(N/m^2, kgf/cm^2)

• 수직응력을 받는 경우

$\sigma=E\cdot\epsilon=E\times\dfrac{\Delta l}{l}$,

변형량 $\Delta l=\dfrac{\sigma\cdot l}{E}=\dfrac{F\cdot l}{A\cdot E}$

E : 비례계수, 종탄성계수, 세로탄성계수, 영계수(Young's modulds)

12 패킹재료의 구비조건이 아닌 것은?

가 내열성이 높아야 한다.
나 부식성이 높아야 한다.
다 내구성이 높아야 한다.
라 유연성이 높아야 한다.

해설 패킹재료의 구비조건
① 상대 금속을 부식시키지 않을 것
② 유체에 대하여 화학적으로 안정된 재질일 것
③ 유체가 침투 누설되지 않도록 기밀이 유지될 것
④ 마찰에 의한 마모가 적고 또한 마찰계수가 적을 것
⑤ 가소성, 장기간 탄성을 갖고 경화(유연성)되지 않을 것
⑥ 과대한 열에 손상이 되지 않는 내열성이 높을 것

13 표준 스퍼기어에서 이의 크기를 결정하는 기준 항목이 아닌 것은?

가 모듈　　나 지름 피치
다 원주 피치　　라 피치원 지름

해설 스퍼기어 크기의 기준 : 원주 피치, 모듈, 지름 피치

정답 09. 라　10. 다　11. 나　12. 나　13. 라

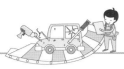

14 선반에서 베드(bed)의 구비조건이 아닌 것은?

㉮ 마모성이 클 것
㉯ 직진도가 높을 것
㉰ 가공 정밀도가 높을 것
㉱ 강성 및 방진성이 있을 것

해설 선반 베드의 구비조건
① 조립이 용이할 것
② 가공 정밀도가 높을 것
③ 직진도가 높을 것(운동이 원활하고 윤활이 확실할 것)
④ 강성 및 방진성이 있을 것
⑤ 안전성이 있을 것
⑥ 마멸에 대하여 조절이 가능할 것

15 50 kN의 물체를 4개의 아이볼트로 들어 올릴 때 볼트의 최소 골지름은 약 몇 mm인가?(단, 볼트 재료의 허용인장응력은 62 MPa이다.)

㉮ 10.02 ㉯ 12.02
㉰ 14.02 ㉱ 16.02

해설 $W=\sigma\times A=\dfrac{\pi d_1^2\sigma}{4}$

A : 면적$\left(=\dfrac{\pi}{4}d_1^2\right)$, d_1 : 골지름

d : 바깥지름, σ : 인장응력

(여기서, 4개의 아이볼트로 들어 올리므로 하중은 50/4 = 12.5 kN이 된다.)

$P=12.5\,\text{kN}=12500\,\text{N}=(12500\times0.102)\,\text{kgf}$
$=1275\,\text{kgf}\ (1\,\text{N}=0.102\,\text{kgf})$

$\sigma=62\,\text{MPa}=(0.10197\times62)\,\text{kgf/mm}^2$
$=6.32214\,\text{kgf/mm}^2$
$(1\,\text{MPa}=10.197\,\text{kgf/cm}^2=0.10197\,\text{kgf/mm}^2)$

$d_1^2=\dfrac{4P}{\pi\sigma}$ 이므로 $d_1=\sqrt{\dfrac{4P}{\pi\sigma}}$

$\therefore\ d_1=\sqrt{\dfrac{4\times1275\,\text{kgf}}{\pi\times6.32214\,\text{kgf/mm}^2}}$
$\fallingdotseq16.02\,\text{mm}$

16 금형가공법 중 재료를 펀칭하고 남은 것이 제품이 되는 가공은?

㉮ 전단 ㉯ 셰이빙
㉰ 트리밍 ㉱ 블랭킹

해설 ① 블랭킹(blanking) : 소재로부터 정해진 형상을 펀치와 다이(die)를 사용하여 절단하고, 그것을 제품으로 판금 가공하는 것
② 트리밍(trimming) : 성형된 제품의 불규칙한 가장자리 부위를 절단하는 작업
③ 셰이빙(shaving) : 완성된 기어를 더욱 정밀도가 높은 기어로 가공하는 방법

17 일반적으로 나사면에 증기, 기름 등의 이물질이 들어가는 것을 방지하는 너트는?

㉮ 캡 너트 ㉯ 육각 너트
㉰ 와셔붙이 너트 ㉱ 스프링판 너트

해설 ① 캡 너트 : 누설 방지의 필요가 있을 때 사용하는 특수한 모양의 너트
② 육각 너트 : 6각형으로 된 너트로, 고정하는 데 쓰이며 가장 보편적으로 쓰이는 너트
③ 와셔붙이 너트 : 너트의 바닥면을 넓게 하여 원형의 테를 만든 너트로, 볼트 구멍이 클 때나 접촉 압력이 커서 바람직하지 않을 경우에 사용되는 와셔 겸용의 너트
④ 스프링판 너트 : 주로 판재를 가공하여 제조하며 모재의 두께가 얇아 나사산을 만들기 어려운 제품을 체결할 목적으로 사용되는 제품

18 유압펌프의 용적효율이 70 %, 압력효율이 80 %, 기계효율이 90 %일 때 전체 효율은 약 몇 %인가?

㉮ 50 ㉯ 60
㉰ 70 ㉱ 80

해설 펌프의 전효율(η)

$$\eta=\frac{L_w}{L}=\frac{\gamma HQ}{L}$$
$$=\frac{Q}{Q+Q_l}\times\frac{\gamma H_{th}(Q+Q_l)}{L}\times\frac{H}{H_{th}}$$
$$=\eta_m\times\eta_h\times\eta_v$$

(기계효율×수력효율×용적효율)

$\therefore\ \eta=0.9\times0.8\times0.7\fallingdotseq0.5\rightarrow50\,\%$

정답 14. ㉮ 15. ㉱ 16. ㉱ 17. ㉮ 18. ㉮

19 **강을 담금질 과정에서 급랭시켰을 때 나타나는 침상조직으로 담금질 조직 중 가장 경도가 큰 조직은?**

㉮ 펄라이트 ㉯ 소르바이트
㉰ 트루스타이트 ㉱ 마텐자이트

해설 담금질 조직

① 오스테나이트(austenite) : γ철에 1.7 % 이하의 탄소를 고용(금속의 결정격자 사이에 다른 원자가 침투하는 현상)한 것이다.
② 마텐자이트(martensite) : 탄소강을 수중(水中)에서 급랭시켰을 때 금속의 중앙에 발생하는 조직이며, 경도가 매우 높다.
③ 트루스타이트(troostite) : 유중이나 온탕에서 급랭시켰을 때 금속의 중앙에 발생하며, α철과 시멘타이트가 혼재된 조직이다.
④ 소르바이트(sorbite) : 유중에서 트루스타이트보다 냉각 속도가 느릴 때 발생하는 조직이다.

20 **40℃에서 연강봉 양쪽 끝을 고정한 후, 연강봉의 온도가 0℃가 되었을 때 연강봉에 발생하는 열응력은 약 몇 N/cm^{2}인가? (단, 연강봉의 선팽창계수는 $\alpha = 11.3 \times 10^{-6}$/℃, 탄성계수는 $E = 2.1 \times 10^6$ N/cm^{2}이다.)**

㉮ 215 ㉯ 252
㉰ 804 ㉱ 949

해설 열응력 $\sigma = E\varepsilon = E\alpha\Delta t$
(탄성계수×선팽창계수×온도변화량)

$\therefore \sigma = (2.1 \times 10^6) \times (11.3 \times 10^{-6}) \times 40$
$= 949.2$

제2과목 : 자동차 엔진

21 **전자제어 가솔린 엔진의 지르코니아 산소센서에서 약 0.1 V 정도로 출력값이 고정되어 발생되는 원인으로 틀린 것은?**

㉮ 인젝터의 막힘
㉯ 연료 압력의 과대
㉰ 연료 공급량 부족
㉱ 흡입공기의 과다유입

해설 지르코니아 산소 센서의 출력전압 발생 범위는 0.1~1 V이다. 전압 발생이 높으면 혼합비가 농후한 것이며, 0.1 V 정도로 낮은 전압이 출력되면 희박한 혼합비 상태라 할 수 있다.

22 **자동차 배기가스 중에서 질소산화물을 산소, 질소로 환원시켜 주는 배기장치는?**

㉮ 블로바이가스 제어장치
㉯ 배기가스 재순환장치
㉰ 증발가스 제어장치
㉱ 삼원촉매장치

해설 삼원촉매장치 : 촉매 컨버터의 구조는 벌집 모양의 단면을 가진 원통형 담체(honeycomb substrate)의 표면에 백금(Pt), 필라듐(Pd), 로듐(Rh)의 혼합물을 균일한 두께로 설치한다. CO나 HC를 산화시키는 작용 외에 질소산화물(NOx)로부터 산소를 분리하고 무해한 질소(N_2)나 산소(O_2)로 변화시키는 환원작용을 첨가한 촉매를 말한다.

23 **운행차 배출가스 검사에 사용되는 매연측정기에 대한 설명으로 틀린 것은?**

㉮ 측정기는 형식승인된 기기로서 최근 1년 이내에 정도검사를 필한 것이어야 한다.
㉯ 안정된 전원에 연결하고 충분히 예열하여 안정화시킨 후 조작한다.
㉰ 채취부 및 연결호스 내에 축적되어 있는 매연은 제거하여야 한다.
㉱ 자동차 엔진이 가동된 상태에서 영점 조정을 하여야 한다.

해설 운행 자동차 배출가스 검사에 사용되는 매연을 점검하기 위해 매연측정전 매연테스터기 자체온도를 목표(설정)온도까지 도달하게 하여 0점 조정한 후 점검 자동차를 시동하여 웜업 된 상태에서 매연을 측정한다.

정답 19. ㉱ 20. ㉱ 21. ㉯ 22. ㉱ 23. ㉱

24 가솔린 연료 200 cc를 완전 연소시키기 위한 공기량은 약 몇 kg인가?(단, 공기와 연료의 혼합비는 15 : 1, 가솔린의 비중은 0.73이다.)

㉮ 2.19　　㉯ 5.19
㉰ 8.19　　㉱ 11.19

해설 연소에 맞는 공기량
= 가솔린의 체적×비중×혼합비
= 0.2×0.73×15
= 2.19 kg

25 엔진의 흡·배기밸브의 간극이 작을 때 일어나는 현상으로 틀린 것은?

㉮ 블로바이로 인해 엔진 출력이 증가한다.
㉯ 흡입밸브의 간극이 작으면 역화가 일어난다.
㉰ 배기밸브의 간극이 작으면 후화가 일어난다.
㉱ 일찍 열리고 늦게 닫혀 밸브 열림 기간이 길어진다.

해설 밸브간극의 필요성을 보면 연소 시 흡·배기 열에 의한 엔진 출력을 최적화하기 위해 흡·배기밸브의 간극을 규정간극으로 설정한다. ㉯, ㉰, ㉱는 밸브간극이 작을 때 일어날 수 있는 내용이며, ㉮는 반대 현상으로 밸브 닫힘이 불량하여 압축가스가 누유되어 엔진 출력이 저하된다.

26 연료소비율이 200 g/PS · h인 가솔린엔진의 제동 열효율은 약 몇 %인가?(단, 가솔린의 저위 발열량은 10200 kcal/kg이다.)

㉮ 11　　㉯ 21
㉰ 31　　㉱ 41

해설 η_b(제동 열효율)

$$= \frac{632.3}{\text{연료소비율} \times \text{저위 발열량}}$$

$$= \frac{632.3}{0.2 \times 10200} \times 100 \fallingdotseq 31\ \%$$

(200 g/PS · h를 0.2 kg/PS · h로 단위변환)

27 가솔린 엔진의 연료압력이 규정값보다 낮게 측정되는 원인으로 틀린 것은?

㉮ 연료펌프 불량
㉯ 연료필터 막힘
㉰ 연료공급 파이프 누설
㉱ 연료압력 조절기 진공호스 누설

해설 가솔린 엔진의 연료압력이 규정값보다 낮게 측정되는 원인으로는 연료펌프의 성능저하, 연료필터의 막힘, 연료라인 내 누유 등이 있다. 연료압력 조절기 진공호스가 노후로 인하여 빠지거나 외부공기(대기압)로 노출되어 누유되면 연료압력 조절기 내 스프링이 리턴 구멍을 막게 되어 연료압력이 규정값보다 높아진다.

28 구멍형 노즐을 사용하는 디젤 엔진에서 분사노즐의 구비조건으로 틀린 것은?

㉮ 후적이 일어나지 않을 것
㉯ 낮은 연료압력에서는 분사를 차단할 것
㉰ 연소실의 구석까지 분무할 수 있을 것
㉱ 연료를 미세한 안개 모양으로 분무할 것

해설 구멍형 분사노즐 구비조건
① 무화(안개화)가 잘 되고 입자가 균일하며 착화가 잘 될 것
② 분무가 잘되고 부하에 따라 필요한 양을 분사할 것
③ 연료의 분사 끝에서 완전히 차단하여 후적이 일어나지 않을 것
④ 고온, 고압의 가혹한 조건에서 장시간 사용할 수 있을 것
⑤ 분사의 시작과 끝이 확실할 것

29 가솔린 연료와 비교한 LPG 연료의 특징으로 틀린 것은?

㉮ 옥탄가가 높다.
㉯ 노킹 발생이 많다.
㉰ 프로판과 부탄이 주성분이다.
㉱ 배기가스의 일산화탄소 함유량이 적다.

정답 24. ㉮　25. ㉮　26. ㉰　27. ㉱　28. ㉯　29. ㉯

해설 ① 옥탄가가 높다(프로판 : 111.4, 노말부탄 : 94.0, 이소부탄 : 102.1, 고급휘발유 : 96.0, 보통휘발유 : 92.5).
② LPG(liquefied petroleum gas) : 액화석유가스로 부탄과 프로판이 주성분이다.
③ 착화성이 좋아 노킹 발생이 적다(가스 상태로 연소되므로 간단하게 착화, 소화할 수 있다).
④ 연소성이 좋다(공기와 균일하게 혼합되므로 완전 연소가 가능하다).
⑤ 균일한 연소가 가능하다(불꽃 조절이 용이하며, 균일한 연소상태를 얻을 수 있다).
⑥ 가스가 청결하다(유황함유량이 매우 적고 완전 연소하므로 친환경적이다).
※ LPG는 기화하면 공기보다 무겁고 액화하면 물보다 가볍다.

30 **전자제어 연료분사장치에서 인젝터 분사시간에 대한 설명으로 틀린 것은?**

㉮ 급가속 시 순간적으로 분사시간이 길어진다.
㉯ 급감속 시 순간적으로 분사가 차단되기도 한다.
㉰ 배터리 전압이 낮으면 무효 분사기간이 짧아진다.
㉱ 지르코니아 산소 센서의 전압이 높으면 분사시간이 짧아진다.

해설 ① 급가속할 경우 순간적으로 분사시간이 길어진다.
② 급감속할 경우 연료분사가 차단되기도 한다.
③ 배터리 전압이 낮으면 무효 분사시간이 길어진다.
④ 지르코니아 산소 센서의 전압이 높으면 분사시간이 짧아진다.

31 **전자제어 엔진에서 혼합기의 농후, 희박상태를 감지하여 연료분사량을 보정하는 센서는?**

㉮ 냉각수온 센서 ㉯ 흡기온도 센서
㉰ 대기압 센서 ㉱ 산소 센서

해설 산소 센서는 배기가스 중 함유된 산소의 양을 측정하여 그 출력전압을 컴퓨터(ECU)로 전달하는 역할을 하며, 엔진 ECU는 산소 센서의 신호를 받아 인젝터의 시간을 제어하여 항상 이론공연비(14.7 : 1)에 가깝도록 자동 조정함으로써 삼원촉매장치의 정화효율을 높여준다. 즉 이론공연비를 중심으로 피드백 작동을 하게 된다. 산소 센서가 활성화되면(정상 작동온도 350~450℃) 기전력이 발생되어 전압을 0.1~0.9 V 정도로, 약 1 V를 만들어낸다. 산소 센서의 종류로는 지르코니아와 티타니아형이 있지만 대부분 지르코니아 방식을 많이 쓴다.

32 **가솔린 엔진의 공연비 및 연소실에 대한 설명으로 옳은 것은?**

㉮ 연료를 완전 연소시키기 위한 공기와 연료의 이론공연비는 14.7 : 1이다.
㉯ 연소실의 형상은 혼합기의 유동에 영향을 미치지 않는다.
㉰ 연소실의 형상은 연소에 영향을 미치지 않는다.
㉱ 공연비는 연료와 공기의 체적비이다.

해설 ㉮ 공기와 연료의 혼합 중량비를 공기연료비라 하는데, 공기가 완전 연소하기 위하여 이론상 과부족이 없는 공기와 연료의 비율을 이론 공기 연료비라고 한다. 통상적으로 옥탄가의 이론공연비를 14.7 : 1로 나타내고 있다. 이 이론공연비 부근에서 촉매변환장치가 최상의 정화 효과를 낼 수 있다.
㉯, ㉰ 연소실의 형상은 혼합기의 유동에 지대한 영향을 끼치게 되며 효율적인 엔진 출력을 향상시키고 이상연소 발생을 줄이기 위하여 연소실의 형상과 함께 스월과 텀블의 와류 발생이 활성화되도록 연구 개발하고 있다.
㉱ 공연비는 연료 kg 당 공기의 부피 m^3를 표시하는 경우로 공기와 연료의 중량비이다.

정답 30. ㉰ 31. ㉱ 32. ㉮

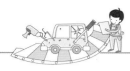

33 **주행 중 엔진이 과열되는 원인으로 틀린 것은?**

가 냉각수 부족
나 라디에이터 캡 불량
다 워터펌프 작동 불량
라 서모스탯이 열린 상태에서 고착

해설 주행 중 엔진이 과열되는 원인
① 냉각수 부족
② 라디에이터 캡 불량
③ 전동 워터펌프 작동 불량
④ 서모스탯(수온조절기) 닫힘 고장
⑤ 라디에이터 코어 막힘

34 **전자제어 가솔린 엔진의 공연비 제어와 관련된 센서가 아닌 것은?**

가 흡입 공기량 센서
나 냉각수온도 센서
다 일사량 센서
라 산소 센서

해설 일사량 센서는 차 안 중앙 크래시 패드 상단에 설치된다. 냉방 시 전자동조절(Auto) 버튼을 ON시켜 일사량을 감지하고 자동으로 실내온도를 조절해 준다. 일사량 센서는 오토에어컨 입력 센서로 자동차 실내에 비치는 햇빛의 양을 검출한다. 실내온도 상승 시 냉매의 양을 자동으로 증가시키는데, 햇빛의 조사량에 따라 자동차의 실내온도가 상승하면 냉방시스템 냉매의 양을 증가시켜 블로어 모터의 회전을 제어하는 입력 신호로 실내온도를 설정온도에 맞게 자동조절한다. 전자제어 엔진 공연비와는 관련이 없다.

35 **전자제어 가솔린 엔진의 연료압력 조절기가 일정한 연료압력 유지를 위해 사용하는 압력으로 옳은 것은?**

가 대기압
나 연료분사압력
다 연료의 리턴압력
라 흡기다기관의 부압

해설 연료압력 조절기는 출구제어방식과 입구제어방식으로 제어되며 출제된 문제는 출구제어방식의 일반적인 연료압력조절기에 대한 문제이다. 따라서 연료제어방식이 흡기다엔진압력, 즉 엔진 rpm 부압에 따라 연료압력이 조절되어 공회전에서부터 가속상태까지 엔진 부하에 대응하는 연료압력을 제어할 수 있다.

36 **운행차 배출가스 검사방법에서 휘발유, 가스 자동차 검사에 관한 설명으로 틀린 것은?**

가 무부하검사방법과 부하검사방법이 있다.
나 무부하검사방법으로 이산화탄소, 탄화수소 및 질소산화물을 측정한다.
다 무부하검사방법에는 저속공회전 검사모드와 고속공회전 검사모드가 있다.
라 고속공회전 검사모드는 승용자동차와 차량 총중량 3.5톤 미만의 소형자동차에 한하여 적용한다.

해설 배기가스 검사방법에서 휘발유, 가스자동차 검사 시 주요검사는 CO(일산화탄소), HC(탄화수소), NOx(질소산화물)을 핵심적으로 점검한다.

37 **실린더 안지름이 80 mm, 행정이 78 mm인 4사이클 4실린더 엔진의 회전수가 2500 rpm일 때 SAE마력은 약 몇 PS인가?**

가 15.9　　나 20.9
다 25.9　　라 30.9

해설 공칭마력(SAE : society of auto motive engineers, 과세마력) : 자동차의 과세를 결정하는 표준마력 실린더 지름과 실린더 수를 알면 계산할 수 있으며, SAE마력 또는 RAC 마력이라고도 부른다.

$$\text{SAE마력} = \frac{D^2(\text{mm}) \times N}{1613}$$

$$= \frac{(80)^2 \times 4}{1613} \fallingdotseq 15.9$$

(D : 실린더 지름, N : 실린더 수)

정답 33. 라　34. 다　35. 라　36. 나　37. 가

38 엔진 윤활유에 캐비테이션이 발생할 때 나타나는 현상으로 틀린 것은?

㉮ 진동 감소
㉯ 소음 증가
㉰ 윤활 불안정
㉱ 불규칙한 펌프 토출압력

해설 캐비테이션(cavitation) : 유체의 속도 변화에 의한 압력 변화로 인해 유체 내에 공동이 생기는 현상으로, 공동현상이라고도 한다. 유체 속에서 압력이 낮은 곳이 발생하면 물속에 포함되어 있는 기체가 분리하여 유체가 없는 빈 곳이 생기는데, 이와 같은 현상을 말한다. 캐비테이션이 발생하면 성능이 저하되고 소음과 진동이 발생하며 유압펌프의 수명이 단축되고 고장의 원인이 발생한다.

39 전자제어 LPI 차량 구성품이 아닌 것은?

㉮ 연료차단 솔레노이드밸브
㉯ 연료펌프 드라이버
㉰ 과류방지밸브
㉱ 믹서

해설 믹서는 LPG 시스템에서 공기와 가스(연료)를 혼합하여 흡기다기관으로 공급시켜 주는 부품으로, LPI 시스템에는 해당사항이 없다.

40 전자제어 엔진에서 크랭크각 센서의 역할에 대한 설명으로 틀린 것은?

㉮ 운전자의 가속의지를 판단한다.
㉯ 엔진 회전수(rpm)를 검출한다.
㉰ 크랭크축의 위치를 감지한다.
㉱ 기본 점화시기를 결정한다.

해설 크랭크각 센서는 전자제어 엔진에서 연료분사량에 주요분사량(기본분사량)을 결정하는 주요 센서로서 엔진의 rpm, 기본점화시기, 크랭크축의 위치를 감지하며, 운전자의 가속과 감속상태를 확인하고 인지하는 것은 APS(엑셀포지션 센서) 또는 TPS(스로틀 포지션 센서)에 의한 감지를 통해 엔진 ECU가 정보를 확인한다.

제3과목 : 자동차 섀시

41 독립 현가방식의 현가장치 장점으로 틀린 것은?

㉮ 바퀴의 시미(shimmy)현상이 작다.
㉯ 스프링 정수가 작은 것을 사용할 수 있다.
㉰ 스프링 아래 질량이 작아서 승차감이 좋다.
㉱ 부품 수가 적고 구조가 간단하다.

해설 독립 현가방식의 특징
① 스프링 정수가 작은 것을 사용할 수 있다.
② 바퀴의 시미현상이 일어나지 않으며 타이어와 노면의 로드 홀딩(road holding)이 우수하다.
③ 조인트 연결이 많아 구조가 복잡하게 되고 유격이 발생하여 얼라인먼트 정렬이 틀려지기 쉽다.
④ 스프링 아래 질량이 가벼워 승차감이 좋다.
⑤ 주행 시 바퀴의 상·하 운동에 따라 윤거(tread)나 타이어 마멸이 크다.
⑥ 스프링 아래 질량이 가벼워 접지성(로드 홀딩)이 우수하다.

42 조향장치에서 킹핀이 마모되면 캠버는 어떻게 되는가?

㉮ 캠버의 변화가 없다.
㉯ 항상 0의 캠버가 된다.
㉰ 더욱 정(+)의 캠버가 된다.
㉱ 더욱 부(−)의 캠버가 된다.

해설 킹핀 경사각 : 자동차를 앞에서 보면 독립 차축식에서의 위·아래 볼 이음(또는 일체 차축식의 킹핀)의 중심선이 노면에 수직인 직선과 만드는 각을 말한다.
킹핀이 마모될 경우
① 캠버와 함께 조향핸들의 조작력을 가볍게 한다.
② 캐스터와 함께 앞바퀴에 복원성을 부여한다.
③ 앞바퀴가 시미(shimmy)현상을 일으키지 않도록 한다.
④ 캠버는 더욱 부(−)의 캠버가 된다.

정답 38. ㉮ 39. ㉱ 40. ㉮ 41. ㉱ 42. ㉱

43 구동력이 108 kgf인 자동차가 100 km/h로 주행하기 위한 엔진의 소요마력은 몇 PS인가?

㉮ 20　　㉯ 40
㉰ 80　　㉱ 100

해설 소요마력(PS) = 구동력×차량속도

$$\therefore\ N_r = \frac{R \cdot V}{75 \times 3.6} = \frac{108 \times 100}{75 \times 3.6} = 40\ \text{PS}$$

44 자동차의 축거가 2.6 m, 전륜 바깥쪽 바퀴의 조향각이 30°, 킹핀과 타이어 중심과의 거리가 30 cm일 때 최소회전반경은 약 몇 m인가?

㉮ 4.5　　㉯ 5.0
㉰ 5.5　　㉱ 6.0

해설 최소회전반경 $(R) = \frac{L}{\sin\alpha} + r$

여기서, α : 외측바퀴의 회전각도(°)
L : 축거(m)
r : 타이어 중심과 킹핀과의 거리(m)

$$\therefore\ R = \frac{2.6\,\text{m}}{\sin 30°} + 0.3\,\text{m} = 5.5\,\text{m}$$

$(\sin 30° = 0.5)$

45 센터 디퍼렌셜 기어장치가 없는 4WD 차량에서 4륜 구동상태로 선회 시 브레이크가 걸리는 듯한 현상은?

㉮ 타이트 코너 브레이킹 현상
㉯ 코너링 언더 스티어 현상
㉰ 코너링 요 모멘트 현상
㉱ 코너링 포스 현상

해설 타이트 코너 브레이킹 현상 : 타이트 코너를 선회할 때 앞바퀴와 뒷바퀴의 회전 반지름이 달라서 브레이크가 걸린 듯이 뻑뻑해지는 현상을 말한다. 2WD/4WD로 전환할 수 있는 4WD 차량(파트타임 4WD)의 경우, 4WD로 포장길의 작은 커브를 저속으로 회전할 때(차고에 넣을 때), 이를 타이어의 슬립으로 커버할 수 없게 되면 이와 같은 현상이 생긴다. 이때 2WD로 전환하면 해소된다.

46 튜브가 없는 타이어(tubeless tire)에 대한 설명으로 틀린 것은?

㉮ 튜브 조립이 없어 작업성이 좋다.
㉯ 튜브 대신 타이어 안쪽 내벽에 고무막이 있다.
㉰ 날카로운 금속에 찔리면 공기가 급격히 유출된다.
㉱ 타이어 속의 공기가 림과 직접 접촉하여 열 발산이 잘된다.

해설 튜브가 없는 타이어는 날카로운 금속이 타이어에 박힐 때 타이어의 내면에 합성고무 또는 천연고무의 얇은 층이 붙여져 있고, 트레드 내면에 펑크 방지용 연질고무가 붙여져 있어, 그 틈새로 공기가 빠져나가지 않도록 한다.

47 전자제어 현가장치에서 자동차가 선회할 때 차체의 기울어진 정도를 검출하는 데 사용되는 센서는?

㉮ G 센서
㉯ 차속 센서
㉰ 뒤 압력 센서
㉱ 스로틀 포지션 센서

해설 G 센서 : roll 제어 전용 센서로 차량선회 시 차량이 기울어진 쪽으로 G 센서 내부의 철심이 이동하면서 유도되는 전압이 변하게 된다. 컴퓨터는 유도되는 전압의 변화하는 양을 감지하여 차체의 기울어진 방향과 기울어진 양을 검출하고 앤티 롤(anti-roll) 제어 시 보정신호로 사용한다.

48 스탠딩 웨이브 현상의 방지대책으로 옳은 것은?

㉮ 고속으로 주행한다.
㉯ 전동저항을 증가시킨다.
㉰ 강성이 큰 타이어를 사용한다.
㉱ 타이어 공기압을 표준보다 15~25 % 정도 낮춘다.

정답 43. ㉯　44. ㉰　45. ㉮　46. ㉰　47. ㉮　48. ㉰

해설 스탠딩 웨이브 현상 : 타이어 공기압이 낮은 상태에서 자동차가 고속으로 달릴 때 일정속도 이상이 되면 타이어 접지부의 바로 뒷부분이 부풀어 물결처럼 주름이 접히는 현상을 말한다. 자동차가 고속으로 주행하여 타이어의 회전속도가 빨라지면 접지부에서 받은 타이어의 변형(주름)이 다음 접지 시점까지도 복원되지 않고 타이어 접지부의 뒤쪽에 물결 웨이브가 발생한다.

스탠딩 웨이브 현상 방지책

① 타이어 공기압을 규정보다 15~25 % 정도 높인다.
② 레이디얼 타이어를 사용한다.
③ 강성이 큰 타이어를 사용한다.
④ 자동차 주행 시 속도를 낮춘다.

49 자동차가 주행할 때 발생하는 저항 중 자동차의 전면 투영면적과 관계있는 저항은?

㉮ 구름저항 ㉯ 구배저항
㉰ 공기저항 ㉱ 마찰저항

해설 공기저항 : 자동차가 주행할 때 공기에 의하여 받는 저항을 말한다. 차체 앞부분에서의 압력과 뒷부분에서 생기는 부압과의 압력차로 발생하는 압력저항, 자동차 표면에 흐르는 공기와의 마찰저항, 엔진 냉각이나 차체 내부의 환기 등 차체에 대한 공기의 출입에 따르는 환기저항, 그리고 자동차가 고속 주행할 때 양력의 차로 발생하는 유도저항 등이 있다. 공기 저항은 중량과 관련이 없으며 단면적과 속도의 제곱에 비례한다.

50 공기 브레이크의 장점에 대한 설명으로 틀린 것은?

㉮ 차량 중량에 제한을 받지 않는다.
㉯ 베이퍼 로크 현상이 발생하지 않는다.
㉰ 공기 압축기 구동으로 엔진 출력이 향상된다.
㉱ 공기가 조금 누출되어도 제동성능이 현저하게 저하되지 않는다.

해설 공기 브레이크 : 압축공기가 공기탱크에 저장되어 압력 조정기와 언로더밸브를 통해 제어계통으로 전달되면 제동 시 브레이크 페달을 밟았을 때 공기탱크의 압축공기가 릴레이밸브를 거쳐 브레이크 체임버로 유입되면 슬래그 조정기에서 캠을 회전시켜 브레이크 슈가 확장되면서 제동을 한다.

공기 브레이크의 특징

① 차량 중량이 아무리 커도 사용할 수 있다.
② 일부 공기가 누출되어도 제동 성능이 크게 저하되지 않는다.
③ 베이퍼 로크 현상이 발생되지 않는다.
④ 유압 브레이크 제동력은 페달 밟는 힘에 비례하나 공기 브레이크는 페달 밟는 양에 따라 조절된다.
⑤ 트레일러를 견인하는 경우 연결이 간편하고 원격 조종을 할 수 있다.
⑥ 압축공기의 압력을 높이면 더 큰 제동력을 얻을 수 있다.
⑦ 구조가 복잡하고 값이 비싸다.

51 ABS 컨트롤 유닛(제어모듈)에 대한 설명으로 틀린 것은?

㉮ 휠의 감속 · 가속을 계산한다.
㉯ 각 바퀴의 속도를 비교 · 분석한다.
㉰ 미끄러짐 비를 계산하여 ABS 작동 여부를 결정한다.
㉱ 컨트롤 유닛이 작동하지 않으면 브레이크가 전혀 작동하지 않는다.

해설 ABS는 앞바퀴를 각각 독립적으로 제어하고 뒷바퀴는 셀렉터 로(selector low : 먼저 미끄럼을 일으키는 바퀴를 기준으로 하여 유압을 조절하는 방식)로 조절하는 4센서 3채널 시스템을 주로 사용한다. ABS 제어계통은 컴퓨터(ECU)를 중심으로 휠 스피드 센서 등으로 되어 있으며, ABS 시스템에 이상이 감지되면 ABS ECU는 페일 세이프 기능을 작동시켜 일반 브레이크로 브레이크의 성능을 유지한다.

52 운행차의 정기검사에서 배기소음 및 경적소음을 측정하는 장소선정 기준으로 틀린

것은?

㉮ 주위 암소음의 크기는 자동차로 인한 소음의 크기보다 가능한 10 dB 이하이어야 한다.

㉯ 가능한 주위로부터 음의 반사와 흡수 및 암소음에 영향을 받지 않는 밀폐된 장소를 선정한다.

㉰ 마이크로폰 설치 위치의 높이에서 측정한 풍속이 10 m/s 이상일 때에는 측정을 삼가해야 한다.

㉱ 마이크로폰 설치 중심으로부터 반경 3 m 이내에는 돌출 장애물이 없는 아스팔트 또는 콘크리트 등으로 평탄하게 포장되어 있어야 한다.

해설 경적은 밀폐된 장소에서 측정하게 되면 공간 울림으로 정확한 소음을 측정할 수 없다. 특히 배기음 측정 시 엔진 시동상태로 유해가스가 발생하여 인체에 유해하다.

53 **변속비 2, 종감속장치의 피니언 잇수 12개, 링기어 잇수 36개일 때 구동차축에 전달되는 토크는? (단, 1500 rpm에서 엔진의 토크는 20 kgf · m이다.)**

㉮ 40 kgf · m　　㉯ 60 kgf · m

㉰ 120 kgf · m　　㉱ 240 kgf · m

해설 전달토크(T)

= 엔진토크 × 변속비 × 종감속비

$= 20 \text{ kgf} \cdot \text{m} \times 2 \times \frac{36}{12}$

$= 120 \text{ kgf} \cdot \text{m}$

54 **자동차의 최고속도를 증대시킬 수 있는 방법으로 옳은 것은?**

㉮ 총 감속비를 작게 한다.

㉯ 자동차의 중량을 높인다.

㉰ 구동바퀴의 유효반경을 작게 한다.

㉱ 구름저항 및 공기저항을 크게 한다.

해설 속도와 연비의 효율을 증대시키기 위해서는 자동차의 중량을 낮춰야 하며, 구동바퀴의 유효반경을 크게, 구름저항 및 공기저항을 작게 해야 한다.

55 **주행속도가 일정값에 도달하면 토크컨버터의 펌프와 터빈을 기계적으로 직결시켜 미끄러짐에 의한 손실을 최소화하는 장치는?**

㉮ 프런트 클러치　　㉯ 리어 클러치

㉰ 엔드 클러치　　㉱ 댐퍼 클러치

해설 댐퍼 클러치 : 유체슬립에 의한 동력손실을 방지하기 위하여 자동변속기의 토크컨버터 내부의 터빈(자동변속기 입력축)을 플라이휠과 직결시키는 부품으로, 유압에 의한 동력 손실(유체 슬립율 2~3 %)을 최소화함으로써 수동변속기 마찰 클러치의 연결과 같은 직결의 의미로 작동되는 장치이다.

56 **하이드로백은 무엇을 이용하여 브레이크 배력작용을 하는가?**

㉮ 대기압과 흡기다기관 압력의 차

㉯ 대기압과 압축공기의 차

㉰ 배기가스 압력 이용

㉱ 공기압축기 이용

해설 배력식 브레이크의 특징

① 공기식은 공기압축기의 압력과 대기압의 압력차를 이용한 것이다.

② 진공식은 흡기다기관의 진공과 대기압의 압력차를 이용한 것이다.

③ 흡기다기관의 진공과 대기압과의 차는 약 0.7 kgf/cm^2이다.

④ 마스터 백(master vac)은 배력장치가 브레이크 페달과 마스터 실린더 사이에 설치된 형식이고, 하이드로 백(hydro vac)은 마스터 실린더와 휠 실린더 사이에 설치된 형식이다.

57 **브레이크 파이프라인에 잔압을 두는 이유로 틀린 것은?**

㉮ 베이퍼 로크를 방지한다.

정답 53. ㉰　54. ㉮　55. ㉱　56. ㉮　57. ㉰

㉯ 브레이크의 작동 지연을 방지한다.
㉰ 피스톤이 제자리로 복귀하도록 도와준다.
㉱ 휠 실린더에서 브레이크액이 누출되는 것을 방지한다.

해설 브레이크 파이프 내 잔압을 두는 이유
① 브레이크 작동 지연을 방지한다.
② 베이퍼 로크 현상을 방지한다.
③ 회로 내에 공기가 침입하는 것을 방지한다.
④ 휠 실린더 내에서 오일이 누출되는 것을 방지한다.

58 무단변속기(CVT)에 대한 설명으로 틀린 것은?

㉮ 연비를 향상시킬 수 있다.
㉯ 가속성능을 향상시킬 수 있다.
㉰ 동력성능이 우수하나 변속 충격이 크다.
㉱ 변속 중에 동력전달이 중단되지 않는다.

해설 무단변속기의 장점
① 변속 시 충격이 없다.
② 변속 중에 동력전달이 중단되지 않는다.
③ 유단변속기에 비해 연료 소비율 및 가속 성능을 향상시킬 수 있다.
④ 자동변속기에 비해 구조가 간단하며 무게가 가볍다.

59 드라이브라인의 구성품으로 변속기 주축 뒤쪽의 스플라인을 통해 설치되며 뒤차축의 상하 운동에 따라 추진축의 길이 변화를 가능하게 하는 것은?

㉮ 토션 댐퍼　　㉯ 센터 베어링
㉰ 슬립 조인트　　㉱ 유니버셜 조인트

해설 슬립 조인트는 후륜차량에서 뒤차축으로 동력을 전달하는 추진축에 유니버셜과 같이 설치되며, 동력이 앞에서 뒤차축으로 축에 무리가 가해지지 않도록 축 길이가 일정한 변화가 가능하게 설치하는 부품이다. 유니버셜 조인트는 앞·뒤차축의 각도변화에 대응하기 위해 일정한 각을 유지하도록 십자축 자재이음을 두게 된다.

60 차속감응형 전자제어 유압방식 조향장치에서 제어 모듈의 입력 요소로 틀린 것은?

㉮ 차속 센서
㉯ 조향각 센서
㉰ 냉각수온 센서
㉱ 스로틀 포지션 센서

해설 냉각수온 센서는 차속감응형 전자제어 유압방식 조향장치에서 제어모듈 입력 요소와 관련이 없다.
유압방식과 비교한 전동방식의 특징
① 전동방식은 유압방식에 필요한 오일을 사용하지 않으므로 환경 친화적이다.
② 유압발생장치나 유압파이프 등이 없으므로 부품 수가 감소하여 조립성능 향상 및 경량화를 꾀할 수 있다.
③ 경량화로 인한 연료 소비율을 향상시킬 수 있다.
④ 전동기를 운전조건에 맞추어 제어하므로 자동차 속도별 정확한 조향조작력 제어가 가능하고, 고속 주행의 안전성이 향상되어 조향성능이 향상된다.

제4과목 : 자동차 전기

61 납산 배터리가 방전할 때 배터리 내부 상태의 변화로 틀린 것은?

㉮ 양극판은 과산화납에서 황산납으로 된다.
㉯ 음극판은 해면상납에서 황산납으로 된다.
㉰ 배터리 내부 저항이 증가한다.
㉱ 전해액의 비중이 증가한다.

62 자동차의 안전기준에서 방향지시등에 관한 사항으로 틀린 것은?

㉮ 등광색은 백색이어야만 한다.
㉯ 다른 등화장치와 독립적으로 작동되는

정답 58. ㉰ 59. ㉰ 60. ㉰ 61. ㉱ 62. ㉮

구조이어야 한다.

㉰ 자동차 앞면 · 뒷면 및 옆면 좌 · 우에 각각 1개를 설치해야 한다.

㉱ 승용자동차와 차량 총중량 3.5톤 이하인 화물자동차 및 특수자동차를 제외한 자동차에는 2개의 뒷면 방향지시등을 추가로 설치할 수 있다.

해설 방향지시등

① 등광색은 황색 또는 호박색, 광도는 50~1050 cd 이하일 것

② 매분 60~120회 이하의 점멸 횟수를 가져야 할 것

③ 설치위치는 35~200 cm 이하인 다른 등화장치와 독립적으로 작동되는 구조일 것

④ 승용자동차와 차량 총중량 3.5톤 이하인 화물자동차 및 특수자동차를 제외한 자동차에는 2개의 뒷면 방향지시등을 추가로 설치할 수 있다.

63 14 V 배터리에 연결된 전구의 소비전력이 60 W이다. 배터리의 전압이 떨어져 12 V가 되었을 때 전구의 실제 전력은 약 몇 W인가?

㉮ 3.2 ㉯ 25.5
㉰ 39.2 ㉱ 44.1

해설 $P = VI$이고 $I = \frac{V}{R}$(옴의 법칙)이므로

$$P = \frac{V^2}{R},\ R = \frac{V^2}{P} = \frac{14^2}{60} ≒ 3.267$$

$$\therefore\ P = \frac{V^2}{R} = \frac{12^2}{3.267} = 44.07 ≒ 44.1\ \text{W}$$

(전압이 강하되어도 저항은 같으므로 저항을 구한 후 $P = VI$와 옴의 법칙을 이용하여 전력을 산출한다.)

64 하이브리드 자동차의 동력제어장치에서 모터의 회전속도와 회전력을 자유롭게 제어할 수 있도록 직류를 교류로 변환하는 장치는?

㉮ 컨버터 ㉯ 레졸버
㉰ 인버터 ㉱ 커패시터

해설 컨버터는 고전압의 직류를 저전압의 직류로, 즉 일반 배터리를 충전하기 위한 LDC 장치이고, 인버터는 고전압의 직류를 3상 교류로 전환하여 모터, HSG를 제어하기 위해 사용하는 장치이다.

레졸버의 원리

① 레졸버 입력에 일정한 크기, 일정한 주파수의 전압을 인가한다.

② 레졸버는 회전자의 위치에 따라 변압비가 변화하는 변압기로 생각할 수 있다.

③ 2개의 출력으로는 각각 회전자 위치에 대한 사인함수와 코사인함수로 진폭 변조된 신호가 출력된다.

65 주행 중 계기판 내부의 엔진 회전수를 나타내는 태코미터의 작동불량 발생 시 점검요소로 틀린 것은?

㉮ CAN 통신

㉯ 계기판 내부의 태코미터

㉰ BCM(body control module)

㉱ CKP(crankshaft position sensor)

해설 BCM(body control module) : 차량에는 다양한 시스템 ECU가 있으며 와이퍼, 에어백, 파워윈도, 파워시트, 키, 램프 등 각 장치와 연결되어 있는 ECU는 이러한 장치들을 제어하는 역할을 한다. 이와 같이 자동차의 다양한 장치에 적용된 ECU들을 통합하여 하나의 중앙제어장치로 통합 제어하는 차체제어 모듈장치이다. CAN 통신, 계기판 내부의 태코미터, CKP(크랭크각 센서)가 태코미터와 관련 있는 센서와 제어요소이다.

66 고속 CAN High, Low 두 단자를 자기진단 커넥터에서 측정 시 종단 저항값은? (단, CAN 시스템은 정상인 상태이다.)

㉮ 60 Ω ㉯ 80 Ω
㉰ 100 Ω ㉱ 120 Ω

해설 CAN 통신(controller area network)이 정상일 경우 High, Low 두 단자를 자기진단 커넥터에서 측정 시 종단 저항값은 약 60 Ω이다.

정답 63. ㉱ 64. ㉰ 65. ㉰ 66. ㉮

67 자동차의 안전기준에서 전기장치에 관한 사항으로 틀린 것은?

㉮ 축전지가 진동 또는 충격 등에 의해 손상되지 않도록 고정시킬 것
㉯ 전기배선 중 배터리에 가까운 선만 절연물질로 덮어씌울 것
㉰ 차실 내부의 전기단자는 적절히 절연물질로 덮어씌울 것
㉱ 차실 안에 설치하는 축전지는 절연물질로 덮어씌울 것

68 하이브리드 자동차에서 저전압(12 V) 배터리가 장착된 이유로 틀린 것은?

㉮ 오디오 작동
㉯ 등화장치 작동
㉰ 내비게이션 작동
㉱ 하이브리드 모터 작동

해설 하이브리드 전기모터는 고전압배터리에 의해 구동된다. 고전압배터리는 100 V 이상 시스템으로 충전하는 plug-in 방식 또는 주행하는 동안 내연엔진으로 발전기를 구동하여 충전하는 방식을 사용하며, 전기모터는 교류발전기의 역할을 한다. 하이브리드에서의 저전압 배터리는 일반 배터리 12 V용으로, 일반적인 전장품의 구동용으로 사용한다(등화장치, 오디오, 내비게이션 작동 등).

69 12 V 전압을 인가하여 0.00003 C의 전기량이 충전되었다면 콘덴서의 정전용량은?

㉮ 2.0 μF　　㉯ 2.5 μF
㉰ 3.0 μF　　㉱ 3.5 μF

해설 콘덴서 정전용량(Q) = CV
(Q : 전하량, C : 정전용량, V : 전압)

$$\therefore\ C=\frac{Q}{V}=\frac{0.00003}{12}=0.0000025=2.5\,\mu\text{F}$$

70 냉방장치의 구성품으로 압축기로부터 들어온 고온 · 고압의 기체 냉매를 냉각시켜 액체로 변화시키는 장치는?

㉮ 증발기　　㉯ 응축기
㉰ 건조기　　㉱ 팽창밸브

해설 응축기(condenser) : 라디에이터와 함께 차량의 앞쪽에 설치되며, 공기저항을 이용하여 압축기의 고온 · 고압 기체 냉매를 냉각시켜 액체 냉매가 되도록 열량을 버리는 역할을 한다.
※ 냉방사이클은 카르노사이클을 역으로 한 역카르노사이클로 작동되어 냉매의 순환 작동이 되도록 한다.

71 시동 후 피니언기어와 전기자 축에 동력 전달을 차단하여 기동전동기를 보호하는 부품은?

㉮ 풀 인 코일　　㉯ 브러시 홀더
㉰ 홀드 인 코일　　㉱ 오버러닝 클러치

해설 오버러닝 클러치 : 엔진이 시동 후에도 피니언이 링기어와 맞물려 있으면 시동모터가 손상되는데, 이를 방지하기 위해 엔진의 회전력이 시동모터에 전달되지 않도록 하기 위한 부품이다.

72 자동차 에어컨 시스템에서 응축기가 오염되어 대기 중으로 열을 방출하지 못하게 되었을 경우 저압과 고압의 압력은?

㉮ 저압과 고압 모두 낮다.
㉯ 저압과 고압 모두 높다.
㉰ 저압은 높고 고압은 낮다.
㉱ 저압은 낮고 고압은 높다.

해설 자동차 에어컨 응축기(콘덴서)가 막히거나 공기를 통한 냉각이 불량하면 냉매가스의 응축 불량으로 저압라인과 고압라인이 모두 높다.

73 가솔린 엔진의 DLI(distributor less ignition) 점화방식의 특징으로 틀린 것은?

㉮ 드웰시간의 변화가 없다.
㉯ 배전기가 없으므로 누전이 적다.

정답 67. ㉯　68. ㉱　69. ㉯　70. ㉯　71. ㉱　72. ㉯　73. ㉮

㉰ 부품 개수가 줄어 고장 요소가 적다.
㉱ 전파방해가 적어 다른 전자제어 장치에 거의 영향을 주지 않는다.

해설 DLI 점화방식의 특징
① 탑재성 자유도 향상
② 점화에너지 누전 저감
③ 점화 진각범위에 제한이 없음
④ 부품 수를 줄일 수 있어 고장 요소가 적음
⑤ 전파 소음의 저감

74 **에어컨 압축기의 종류 중 가변용량 압축기에 대한 설명으로 옳은 것은?**

㉮ 냉방 부하에 따라 냉매 토출량을 조절한다.
㉯ 냉방 부하에 관계없이 일정량의 냉매를 토출한다.
㉰ 냉방 부하가 작을 때만 냉매 토출량을 많게 한다.
㉱ 냉방 부하가 클 때만 작동하여 냉매 토출량을 적게 한다.

해설 압축기(compressor) : 증발기에서 저압 기체로 된 냉매를 압축하여 고압으로 응축기에 보내는 작용을 한다. 압축기는 전자 클러치의 작동에 의해 가동되며, 클러치는 냉방이 필요할 때 에어컨 스위치를 ON으로 하면 로터 풀리 내부의 클러치 코일에 전류가 흘러 전자석이 클러치판과 회전하면서 가스를 압축한다. 즉 가변용량 압축기는 냉방 부하에 따라 냉매 토출량을 조절한다.

75 **전기회로의 점검방법으로 틀린 것은?**

㉮ 전류 측정 시 회로와 병렬로 연결한다.
㉯ 회로가 접촉 불량일 경우 전압강하를 점검한다.
㉰ 회로의 단선 시 회로의 저항 측정을 통하여 점검할 수 있다.
㉱ 제어모듈 회로 점검 시 디지털 멀티미터를 사용하여 점검할 수 있다.

해설 전기회로 점검 시 전류는 직렬로 연결하여 점검한다.

76 **평균전압 220 V의 교류전원에 대한 설명으로 틀린 것은?**

㉮ MAX-P 전압은 약 220 V이다.
㉯ P-P 전압은 $200 \times 2\sqrt{2}$ V가 된다.
㉰ 1사이클 중 (+)듀티는 50 %가 된다.
㉱ 디지털 멀티미터에는 평균전압이 표시된다.

해설 평균전압 220 V의 최댓값
$= 220\sqrt{2}\,\text{V} \fallingdotseq 311\,\text{V}$

77 **전자제어 엔진에서 크랭킹은 가능하나 시동이 되지 않을 경우 점검요소로 틀린 것은?**

㉮ 연료펌프 작동　㉯ 엔진 고장코드
㉰ 인히비터 스위치　㉱ 점화플러그 불꽃

해설 엔진 작동 중 크랭킹이 된다는 것은 시동계통(배터리, 기동전동기, 인히비터 스위치)에 이상이 없는 것으로 볼 수 있으며, 이때는 인히비터 스위치를 점검하지 않아도 된다. 크랭킹이 되므로 점화계통과 연료계통을 점검하거나 전자제어 시스템을 점검한다.

78 **도난방지장치가 장착된 자동차에서 도난경계상태로 진입하기 위한 조건이 아닌 것은?**

㉮ 후드가 닫혀 있을 것
㉯ 트렁크가 닫혀 있을 것
㉰ 모든 도어가 닫혀 있을 것
㉱ 모든 전기장치가 꺼져 있을 것

해설 다음 조건이 하나라도 만족하지 않으면 도난 경계상태로 진입하지 않는다.
① 후드 스위치가 닫혀 있을 것
② 트렁크 스위치가 닫혀 있을 것
③ 각 도어 스위치가 모두 닫혀 있을 것
④ 각 도어 잠금 스위치가 잠겨 있을 것

정답 74. ㉮　75. ㉮　76. ㉮　77. ㉰　78. ㉱

79 **점화플러그에 대한 설명으로 틀린 것은?**

㉮ 열형 점화플러그는 열방출량이 높다.

㉯ 조기 점화를 방지하기 위하여 적절한 열가를 가지고 있다.

㉰ 점화플러그의 간극이 기준값보다 크면 실화가 발생할 수 있다.

㉱ 점화플러그의 간극이 기준값보다 작으면 불꽃이 약해질 수 있다.

해설 점화플러그의 열가(heat range) : 점화플러그는 높은 온도가 발생되는 연소실에 직접 설치되므로 연소실의 온도를 헤드에 전달하여 냉각을 한다. 점화플러그의 열 전달율을 열가라 하며, 열가는 중심전극을 둘러싼 절연체(인슐레이터)와 점화플러그 보디 접촉면의 크기 또는 가스실의 크기에 따라 다르다. 보통 열가가 높은 플러그를 냉형이라 하고 반대로 열 방산량이 낮은 플러그를 열형이라 한다. 열형은 전극부의 열이 발산되기 힘들고 연소되기 쉬운 형식의 플러그를 말하는데, 시내에서 저속주행과 저속회전 운전이 많은 차량에 적합한 플러그이다.

80 **점화플러그 간극이 규정보다 넓을 때 방전구간에 대한 설명으로 옳은 것은?**

㉮ 점화전압이 높아지고 점화시간은 길어진다.

㉯ 점화전압이 높아지고 점화시간은 짧아진다.

㉰ 점화전압이 낮아지고 점화시간은 길어진다.

㉱ 점화전압이 낮아지고 점화시간은 짧아진다.

해설 점화플러그 간극이 규정보다 넓을 때 방전구간은 점화전압이 높아지고 점화시간은 짧아진다.

점화전압의 결정인자	점화전압	
	높게 출력	낮게 출력
전극 간극	크다.	작다.
혼합비	희박	농후
압축	높다.	낮다.
전극 온도	낮다.	높다.
점화 시기	늦다.	빠르다.
전극 모양	둥글다.	날카롭다.

정답 79. ㉮ 80. ㉯

국가기술자격 필기시험문제

2017년도 8월 28일 (제3회)

자격종목	코드	시험시간	형 별	수검번호	성 명
자동차정비산업기사	2070	2시간			

제1과목 : 일반기계공학

01 길이가 l인 양단 단순 지지보에 균일 분포하중 W가 작용할 때 최대 처짐량은? (단, 굽힘 강성 계수는 EI이다.)

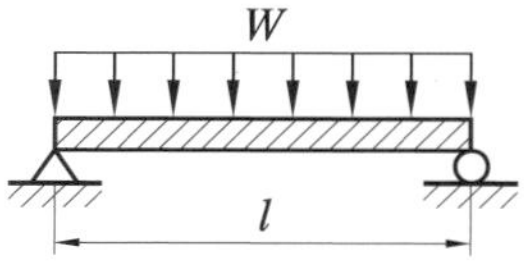

㉮ $\dfrac{5Wl^4}{384EI}$　㉯ $\dfrac{Wl^3}{48EI}$

㉰ $\dfrac{Wl^4}{8EI}$　㉱ $\dfrac{Wl}{3EI}$

해설 $\delta_{max} = \dfrac{5Wl^4}{384EI}$

δ_{max} : 최대 처짐량, W : 하중, l : 전체길이,
E : Young's modulus(영률),
I : 단면 2차 모멘트

02 아크 용접에서 언더컷(under cut)의 발생원인과 방지책이 아닌 것은?

㉮ 전류가 너무 낮을 때 발생한다.
㉯ 용접속도를 늦추어 방지한다.
㉰ 아크 길이가 너무 길 때 발생한다.
㉱ 적정한 용접봉을 선택하여 방지한다.

해설 언더컷 : 용접변 끝을 따라 모재가 많이 녹아 오목해지고 용착 금속이 채워지지 않은 상태를 말한다.
언더컷 발생원인
① 용접전류가 과다하거나 과열될 때
② 아크가 너무 길 때
언더컷 발생 방지책
① 용접속도를 늦춘다.
② 와이어 송급속도를 일정하게 조절한다.

03 회로 내의 최고 압력을 설정하고 압력의 상승을 제한하는 밸브는?

㉮ 릴리프밸브　㉯ 유압구동밸브
㉰ 방향제어밸브　㉱ 유량제어밸브

해설 ① 릴리프밸브(relief valve) : 회로의 압력이 밸브의 설정값에 도달하였을 때 흐름의 일부 또는 전량을 연료탱크에 바이패스로 보내어 회로 내의 압력을 설정값으로 유지하는 밸브이다.
② 유압구동밸브 : 엔진 오일의 압력을 이용하여 온도 변화에 관계없이 밸브 간극이 항상 제로(0)가 되도록 하여 밸브 개폐 시기가 정확하게 유지되도록 하는 밸브이다.
③ 방향제어밸브 : 유압관로의 흐름에 의하여 생기는 유압력과 스프링 반발력에 의하여 성립되는 크래킹압력에 의하여 1방향류만을 허용하고 역방향의 흐름을 완전히 저지하는 밸브이다.
④ 유량제어밸브 : 유압회로 내의 유량을 조절하여 액추에이터의 운동속도를 조절하는 밸브이다.

04 축의 지름이 d, 축 재료에 작용하는 전단응력이 τ일 때 비틀림 모멘트(T)는?

㉮ $T = \dfrac{\pi}{32}d^3\tau$　㉯ $T = \dfrac{\pi}{32}d^2\tau$

㉰ $T = \dfrac{\pi}{16}d\tau$　㉱ $T = \dfrac{\pi}{16}d^3\tau$

정답 01. ㉮　02. ㉮　03. ㉮　04. ㉱

해설 $T = \tau \cdot Z_P$이고 $Z_P = \frac{\pi d^3}{16}$이므로

$$T = \tau \cdot Z_P = \tau \cdot \frac{\pi d^3}{16} = \frac{\pi}{16} d^3 \tau$$

05 **베어링 합금인 켈밋(kelmet) 메탈의 설명으로 옳은 것은?**

㉮ 구리에 철을 30~40 % 첨가한 것이다.
㉯ 구리에 납을 30~40 % 첨가한 것이다.
㉰ 구리에 인을 30~40 % 첨가한 것이다.
㉱ 구리에 주석을 30~40 % 첨가한 것이다.

해설 켈밋 메탈 : 미끄럼 베어링에서 축에 삽입되는 통형의 부품으로, 일반적으로 이등분으로 갈라진 형태이며 통형으로 된 것을 부시(bush)라고 한다. 자동차용 엔진에는 배빗메탈, 켈밋 메탈, 알루미늄 메탈 등이 사용되고 있으며 주 성분은 구리에 납이 30~40 % 첨가되어 있다.

06 **나사 절삭 시 바이트의 각도 위치를 교정하는 게이지는?**

㉮ 피치 게이지　　㉯ 틈새 게이지
㉰ 센터 게이지　　㉱ 플러그 게이지

해설 센터 게이지 : 선반으로 나사를 절삭할 때 나사 절삭 바이트의 날끝 각을 조사하거나 바이트를 바르게 부착하는 데 사용하는 게이지이며, 공작품의 중심 위치를 검사하는 게이지이다.

07 **측정된 버니어 캘리퍼스의 측정값은 몇 mm인가? (단, 아들자의 최소눈금은 1/50 mm이다.)**

㉮ 5.01　　㉯ 5.05
㉰ 5.10　　㉱ 5.15

해설 보이는 주축(어미자) 위 눈금은 5 mm, 아래 눈금은 1/50이므로 일치점은 아래(아들자) 1과 일치되는 눈금이 1이 되고 측정값은 5.10 mm가 된다.

08 **3줄 나사에서 피치가 1.5 mm라면 2회전시킬 때의 이동량은 몇 mm인가?**

㉮ 3　　㉯ 6
㉰ 9　　㉱ 12

해설 $L = P \times n \times R$

L : 나사 이동거리, P : 피치

n : 줄 수, R : 회전수

$\therefore L = 1.5 \times 3 \times 2 = 9$ mm

09 **터보형 원심식 펌프의 한 종류로서 회전자의 바깥둘레에 안내깃이 없는 펌프는?**

㉮ 플런저 펌프　　㉯ 볼류트 펌프
㉰ 베인 펌프　　㉱ 터빈 펌프

해설 용적형 펌프의 분류(터보형)

① 원심형 : 볼류트 펌프, 터빈 펌프
② 사류형
③ 축류형

※ 볼류트 펌프는 구조가 간단한 펌프로 스크루와 프로펠러로 되어 있다.

10 **내마모성과 경도를 동시에 요구하는 탄소강의 경우 가장 적합한 탄소함유량은 몇 % 인가?**

㉮ 0.05~0.1　　㉯ 0.2~0.3
㉰ 0.35~0.45　　㉱ 0.65~1.2

해설 탄소 함유량에 따른 분류

① 가공성만 요구하는 경우 : 0.05~0.3 %
② 가공성과 강인성을 요구하는 경우 : 0.3~0.45 %
③ 가공성과 내마모성을 동시에 요구하는 경우 : 0.45~0.65 %
④ 내마모성과 경도를 동시에 요구하는 경우 : 0.65~1.2 %

정답 05. ㉯　06. ㉰　07. ㉰　08. ㉰　09. ㉯　10. ㉱

11 특정한 온도영역에서 이전의 입자들을 대신하여 변형이 없는 입자가 새롭게 형성되는 현상은?

㉮ 전위　　㉯ 회복
㉰ 슬립　　㉱ 재결정

해설 ① 전위 : 전기장 내에서 단위전하가 갖는 위치에너지이다. 전기장 내의 두 점 사이의 전위의 차를 전위차 또는 전압이라 한다.
② 슬립 : 전동기의 회전자는 고정자를 만드는 회전자계에 끌려 회전한다. 고정자의 회전자계와 같은 회전자가 회전된다고 하면 회전자에 전류가 흐를 수 있도록 연결시켜 주는 기능을 한다.

12 유압펌프의 전효율(η_ϵ)을 구하는 식으로 옳은 것은?

㉮ $\dfrac{\text{축동력}}{\text{유체동력}}$

㉯ $\dfrac{\text{펌프동력}}{\text{축동력}}$

㉰ $\dfrac{\text{전압동력}}{\text{축동력} \times \text{용적효율}}$

㉱ $\dfrac{\text{정압동력}}{\text{전압동력}}$

해설 유압펌프의 전효율(η_ϵ) $= \dfrac{\text{펌프동력}}{\text{축동력}}$
= 기계효율×수력효율×체적효율

13 감속비가 $Z_1 : Z_2 = 1 : 4$, 모듈(M)이 4, 피니언 잇수(Z)가 40개인 스퍼기어의 중심거리는 몇 mm인가?

㉮ 200　　㉯ 300
㉰ 400　　㉱ 500

해설 중심거리(L) $= \dfrac{m(Z_1 + Z_2)}{2}$
(m : 모듈, Z : 잇수)
감속비가 $Z_1 : Z_2 = 1 : 4$이고 $Z_1 = 40$이므로 $Z_2 = 160$

$\therefore\ L = \dfrac{4(40+160)}{2} = 400\text{ mm}$

14 다음 중 주물의 결함에 속하지 않는 것은?

㉮ 수축공　　㉯ 기공
㉰ 편석　　㉱ 압탕

해설 ① 수축공 : 용융금속이 주형 내에서 응고할 때 주형에 접촉하는 부분부터 굳어지면서 내부에 이르게 된다. 최후에 응고된 부분에는 수축으로 인하여 쇳물이 부족하게 되어 중공 부분이 생기게 되는데, 이것을 파이프(pipe)라고도 한다.
② 기공 : 용융금속 중 가스가 외부에 배출되지 못하고 주물 내부에 남아 있을 때 생기는 것이다.
③ 편석 : 불순물이 집중하여 석출되거나 가벼운 부분이 위에 뜨고 무거운 부분이 아래에 가라 앉아 굳어져 처음 생긴 결정과 나중에 생긴 결정의 배합이 달라질 때(가스의 집중현상) 발생한다.

15 키(key)가 전달할 수 있는 토크(T)의 크기를 큰 것부터 작은 순서로 나열한 것은?

㉮ 성크키>스플라인>새들키>평키
㉯ 스플라인>성크키>평키>새들키
㉰ 평키>새들키>성크키>스플라인
㉱ 새들키>성크키>스플라인>평키

16 비틀림을 받는 축의 비틀림을 작게 하는 방법으로 옳은 것은?

㉮ 가로탄성계수의 값과 축의 지름을 크게 한다.
㉯ 가로탄성계수의 값과 축의 지름을 작게 한다.
㉰ 가로탄성계수의 값은 작게, 축의 지름은 크게 한다.
㉱ 가로탄성계수의 값은 크게, 축의 지름은 작게 한다.

정답 11. ㉱　12. ㉯　13. ㉰　14. ㉱　15. ㉯　16. ㉮

해설 비틀림을 받는 축의 비틀림을 작게 하기 위하여 가로탄성계수의 값과 축의 지름을 크게 한다.

17 **축 길이 150 mm, 지름 5 mm의 축이 850 N·mm의 토크를 받을 때, 축에서 발생되는 비틀림각은 몇 °인가?(단, 축 재료의 횡탄성계수는 8.3×10^5 N/mm^{2}이다.)**

가 0.05 나 0.14
다 1.40 라 2.55

해설 비틀림각$(\alpha)=\dfrac{Tl}{GI_P}$

(T : 토크, l : 길이, G : 황탄성계수, I_P : 극관성 모멘트$\left(=\dfrac{\pi d^4}{32}\right)$)

비틀림각 α(radian)를 θ(degree)로 환산

비틀림각$(\theta)=\dfrac{180}{\pi}\times\dfrac{Tl}{GI_P}$

$\therefore\ \theta=\dfrac{180}{\pi}\times\dfrac{850\times150}{(8.3\times10^5)\times\dfrac{\pi\times5^4}{32}}\fallingdotseq0.14$

18 **길이가 2 m이고 지름이 1 cm인 강선에 작용하는 인장하중이 1600 N일 때, 늘어난 강선의 길이는 약 몇 mm인가?(단, 탄성계수(E)=210 kPa이다.)**

가 0.194 나 0.181
다 0.158 라 0.133

해설 $\delta=\dfrac{Wl}{AE}$

(A : 단면적, E : 비례상수, W : 인장하중, l : 길이)

19 **다음 중 화학적 표면경화법이 아닌 것은?**

가 침탄법 나 질화법
다 하드페이싱 라 침탄질화법

해설 표면경화 방법

① 침탄법 : 저탄소강의 표면에 탄소를 침투시켜 탄소강으로 만든 후 담금질하는 방법이다.
② 질화법 : 암모니아 가스 속에 강을 넣고 장시간 가열하여 철과 질소의 작용으로 질화철이 되게 하는 방법이다.
③ 청화법 : 시안화나트륨(NaCN), 시안화칼륨(KCN) 등의 청화 물질이 철과 작용하여 금속 표면에 질소와 탄소가 동시에 침투되게 하는 방법이다.
④ 화염경화법 : 산소-아세틸렌 불꽃으로 강의 표면만 가열하여 열이 중심부에 전달하기 전에 급랭시키는 방법이다.
⑤ 고주파경화법 : 금속 표면에 코일을 감고 고주파 전류로 표면만 고온으로 가열한 후 급랭시키는 방법이다.

※ 금속 재료의 표면을 마모나 부식으로부터 방지하기 위하여 표면에 각종 합금층을 만드는 것을 페이싱(facing)이라하며, 특히 기계적 마멸을 방지하기 위하여 하는 것을 하드페이싱이라 한다.

20 **스프링에 작용하는 하중이 P, 스프링 상수 k, 변형량이 δ일 때 스프링의 관계식으로 옳은 것은?**

가 $P=\dfrac{1}{2}k\delta$ 나 $P=\dfrac{k}{\delta}$
다 $P=k\delta$ 라 $P=k\delta^2$

해설 스프링에 하중을 가하면 하중에 비례하여 인장 또는 압축, 휨이 발생한다. 하중을 P, 변형량을 δ라 하면 $P=k\delta$이 된다.

제2과목 : 자동차 엔진

21 **윤활유 소비증대의 원인으로 가장 거리가 먼 것은?**

가 엔진 연소실 내에서의 연소
나 엔진 열에 의한 증발로 외부 방출
다 베어링과 핀 저널 마멸에 의한 간극 증대
라 크랭크케이스 또는 크랭크축 실에서 누유

정답 17. 나 18. 가 19. 다 20. 다 21. 다

해설 윤활유 소비증대의 원인으로 ㉰는 관련이 없으며 베어링과 핀 저널 마멸에 의해 간극 과대 시 오일 유압이 저하된다.

22 [보기]는 어떤 사이클을 나타내는 것인가?

보기
단열압축 → 정압급열 → 단열팽창 → 정적방열

㉮ 카르노사이클　　㉯ 정압사이클
㉰ 브레이튼사이클　　㉱ 복합사이클

해설 정압사이클은 저속 디젤 엔진의 본 사이클이며 열 공급이 정압하에서 이루어진다.

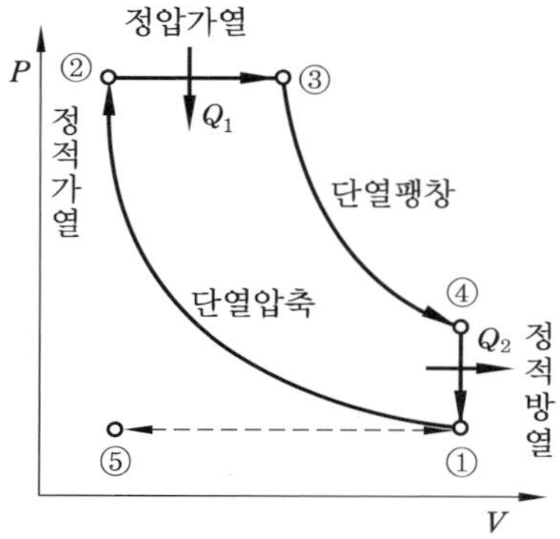

정압사이클의 열효율

$$\eta_d = 1 - \left[\left(\frac{1}{\epsilon}\right)^{k-1} \cdot \frac{\sigma^k - 1}{k(\sigma - 1)}\right]$$

(σ : 단절비(정압 팽창비))

카르노사이클 : 2개의 등온변화와 2개의 단열변화를 가상하고, 기체를 등온팽창→단열팽창→등온압축→단열압축의 순서로 변화시켜 처음의 상태로 복귀시키는 열역학사이클로, 냉동사이클은 역카르노사이클을 적용한 것이다.

23 운행 자동차 배기소음 측정 시 마이크로폰 설치 위치에 대한 설명으로 틀린 것은?

㉮ 지상으로부터의 최소 높이는 0.5 m 이상이어야 한다.
㉯ 지상으로부터의 높이는 배기관 중심 높이에서 ±0.05 m인 위치에 설치한다.
㉰ 자동차의 배기관이 2개 이상일 경우에는 인도 측과 가까운 쪽 배기관에 대하여 설치한다.
㉱ 자동차의 배기관 끝으로부터 배기관 중심선에 45°±10°의 각을 이루는 연장선 방향으로 0.5 m 떨어진 지점에 설치한다.

해설 운행 자동차 배기소음 측정 시 마이크로폰 설치 위치는 자동차의 배기관 끝으로부터 배기관 중심선에 45°±10°의 각(차체의 외부면으로부터 먼 쪽 방향)을 이루는 연장선 방향으로 0.5 m 떨어진 지점이어야 하며, 동시에 지상으로부터의 높이는 배기관 중심 높이에서 ±0.05 m인 위치에 마이크로폰을 설치한다.

※ 지상으로부터의 최소 높이는 0.2 m 이상이어야 한다.

24 엔진의 실제 운전에서 혼합비가 17.8 : 1일 때 공기과잉률(λ)은? (단, 이론혼합비는 14.8 : 1이다.)

㉮ 약 0.83　　㉯ 약 1.20
㉰ 약 1.98　　㉱ 약 3.00

해설 엔진에 공급되는 공기와 연료의 질량비를 공연비라 하며, 실제 운전에서 흡입된 공기량을 이론상 완전 연소에 필요한 공기량으로 나눈 값을 공기과잉률이라 한다.

공기과잉률(λ)

$$= \frac{\text{실제 흡입된 공기량}}{\text{이론공연비}} = \frac{17.8}{14.8} \fallingdotseq 1.20$$

공기과잉률(λ)이 1에 가깝거나 크게 되면 CO, HC가 증가되고 1보다 작게 되면 공연비가 농후한 상태로 NOx가 증가된다.

25 디젤 엔진의 회전수가 2500 rpm이고 회전력이 28 kgf · m일 때 제동출력은 약 몇 PS인가?

㉮ 98　　㉯ 108
㉰ 118　　㉱ 128

정답 22. ㉯　23. ㉮　24. ㉯　25. ㉮

해설 제동마력$(BHP)=\frac{2\pi Tn}{75\times60}=\frac{T\cdot n}{716}$

$$BHP=\frac{28\times2500}{716}=97.76\fallingdotseq 98\text{PS}$$

26 운행차 배출가스 정기검사에서 매연검사 방법으로 틀린 것은?

㉮ 3회 연속 측정한 매연농도를 산술 평균하여 소수점 이하는 버린 값을 최종 측정치로 한다.
㉯ 3회 연속 측정한 매연농도의 최대치와 최소치의 차가 10 %를 초과한 경우 최대 10회까지 추가 측정한다.
㉰ 측정기의 시료 채취관을 배기관의 벽면으로부터 5 mm 이상 떨어지도록 설치하고 5 cm 이상의 깊이로 삽입한다.
㉱ 시료 채취를 위한 급가속 시 가속페달을 밟을 때부터 놓을 때까지 소요시간은 4초 이내로 한다.

해설 3회 연속 측정한 매연농도의 최대치와 최소치의 차가 5 %를 초과한 경우 2회를 다시 측정하여 총 5회 중 최대치와 최소치를 제외한 나머지 3회의 측정치로 산술 평균한다.

27 디젤 엔진에서 직접분사실식과 비교하였을 때의 예연소실식의 장점으로 옳은 것은?

㉮ 열효율이 높다.
㉯ 냉각 손실이 적다.
㉰ 실린더 헤드의 구조가 간단하다.
㉱ 사용 연료의 변화에 민감하지 않다.

해설 고속 디젤 엔진에 사용되는 연소실 부속 예비 연소실에는 주연소실과 부연소실이 있으며, 연료가 예연소실에 분사되고 그 일부가 연소하여 연료와 함께 주연소실로 분사되어 여기서 완전 연소된다. 자동차용 디젤 엔진 등에 널리 사용되고 있다.
예연소실식의 장점
① 연소의 분사압력이 낮아도 되므로 연료장치의 고장이 적고 사용수명이 연장된다.
② 사용연료의 변화에 둔감하며 다종연료, 좋지 않은 연료의 사용이 가능하다.
③ 다른 연소실의 종류보다 운전상태가 정숙하며 디젤 노크를 일으키기 어렵다.
④ 엔진의 유연성이 있으며 제작이 용이하다.

28 엔진 효율(engine efficiency)을 설명한 것으로 옳은 것은?

㉮ 엔진이 소비한 연료량과 발생된 출력의 비율
㉯ 엔진의 흡입 공기질량과 행정체적에 상당하는 대기질량과의 비율
㉰ 엔진에 공급된 총 열량 중에서 일로 변환된 열량이 차지하는 비율
㉱ 엔진의 동력행정에서 발생된 압력이 피스톤에 행한 일과 출력압력과의 비율

29 전자제어 연료분사식 가솔린엔진에서 연료펌프와 딜리버리 파이프 사이에 설치되는 연료댐퍼의 기능으로 옳은 것은?

㉮ 감속 시 연료차단
㉯ 연료라인의 맥동 저감
㉰ 연료라인의 릴리프 기능
㉱ 분배 파이프 내 압력 유지

해설 펌프 작동에 의하여 연료펌프와 연료필터 사이에서 발생되는 연료라인 내에서 일어나는 압력 파동을 균일하게 하기 위한 장치이다.

30 엔진의 윤활유가 갖추어야 할 조건으로 틀린 것은?

㉮ 비중이 적당할 것
㉯ 인화점이 낮을 것
㉰ 카본 생성이 적을 것
㉱ 열과 산에 대하여 안정성이 있을 것

해설 윤활유의 구비조건
① 강인한 유막을 형성하고 응고점이 낮을 것

정답 26. ㉯ 27. ㉱ 28. ㉰ 29. ㉯ 30. ㉯

② 카본 생성의 저항력이 크고 기포 발생이 적을 것
③ 점도지수가 커 온도와 점도와의 관계가 적당할 것
④ 인화점 및 자연 발화점이 높을 것
⑤ 비중과 점도가 적당할 것

31 **가솔린 엔진에서 블로바이가스의 발생원인으로 옳은 것은?**

㉮ 엔진 부조
㉯ 실린더와 피스톤 링의 마멸
㉰ 실린더 헤드 개스킷의 조립 불량
㉱ 흡기밸브의 밸브 시트면 접촉 불량

해설 실린더 내부 피스톤이 왕복운동을 할 때 실린더의 기밀을 유지하기 위해 피스톤 링의 기능으로 기밀을 유지하게 되지만 엔진 부하, 실린더 윤활 불량, 연소열 등의 인자로 인하여 실린더 또는 피스톤 링의 마모로 피스톤간극(실린더간극)이 커져 블로바이가스가 오일팬으로 누유된다.

32 **전자제어 엔진의 MAP 센서에 대한 설명으로 옳은 것은?**

㉮ 흡기다기관의 절대압력을 측정한다.
㉯ 고도에 따르는 공기의 밀도를 계측한다.
㉰ 대기에서 흡입되는 공기 내의 수분 함유량을 측정한다.
㉱ 스로틀밸브의 개도에 따른 점화각도를 검출한다.

해설 맵 센서는 반도체식 압력(피에조저항) 센서의 한 종류로, 전자제어 엔진의 흡기다기관 흡입압력을 압력에 따른 저항값의 변화를 가지고 흡입되는 공기의 유량을 간접적으로 계측한다.

33 **고도가 높은 지역에서 대기압 센서를 통한 연료량 제어방법으로 옳은 것은?**

㉮ 기본분사량을 증량
㉯ 기본분사량을 감량
㉰ 연료보정량을 증량
㉱ 연료보정량을 감량

해설 대기압 센서는 에어플로 센서(AFS)에 부착되어 대기압을 측정하고 전압으로 변환한 신호를 컴퓨터로 보낸다. 엔진 ECU는 이 신호를 이용하여 차의 고도를 계산하고 적정한 공연비가 되도록 연료분사량과 점화시기를 조정한다. 대기압 센서는 스트레인 게이지의 저항값이 압력에 비례하여 변화하는 것을 이용하여 압력을 전압으로 변환시키는 반도체 피에조(piezo)저항형 센서이다.

34 **엔진 ECU(제어모듈)로 입력되는 신호가 아닌 것은?**

㉮ 차속 센서
㉯ 인히비터 스위치
㉰ 스로틀 위치 센서
㉱ 아이들 스피드 액추에이터

해설 전자제어 연료분사장치 제어

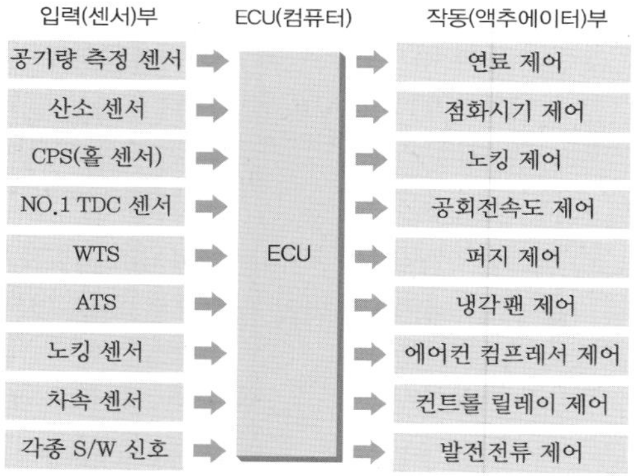

※ 아이들 스피드 액추에이터는 공회전속도 제어장치로 작동부에 해당된다.

35 **공기유량 센서 중 흡입 통로에 발열체를 설치하여 통과하는 공기의 양에 따라 발열체의 온도변화를 이용하는 방식은?**

㉮ 베인식 ㉯ 열선식
㉰ 맵 센서식 ㉱ 칼만와류식

해설 열선식 공기질량 계량기 : 흡기엔진에 유

정답 31. ㉯ 32. ㉮ 33. ㉱ 34. ㉱ 35. ㉯

입된 공기의 질량을 측정하는 것으로 밀도, 압력(고도) 및 온도에는 영향을 받지 않으며, 공기가 통과하는 부분이 항상 100℃를 유지한다. 공기에 의해 열이 냉각되므로 열을 유지하기 위해 소비하는 전류값으로 흡기질량값을 측정한다. 열선이 절손되어 있을 경우 비상 운전이 가능하다.

36 출력 50 kW의 엔진을 1분간 운전했을 때 제동 출력이 전부 열로 바뀐다면 몇 kJ인가?

㉮ 2500　　㉯ 3000
㉰ 3500　　㉱ 4000

해설 joule은 시간과 관계없이 한 일이고 watt는 1초에 1 joule의 일을 한 것이다.
50 kW = 50000 W, 1분 = 60초
∴ 50000 W×60 s = 3000000 J = 3000 kJ

37 디젤 엔진의 분사펌프 부품 중 연료의 역류를 방지하고 노즐의 후적을 방지하는 것은?

㉮ 태핏　　㉯ 조속기
㉰ 셧다운밸브　　㉱ 딜리버리밸브

해설 딜리버리밸브는 인젝션펌프(플런저) 내 연료를 분사하고 압력을 유지하기 위한 부품이다. 분사노즐에 압력을 압송하고 연료의 역류를 방지한다.

38 엔진 오일의 열화방지법으로 틀린 것은?

㉮ 이물질 혼입을 방지한다.
㉯ 교환한 오일은 침전시킨 후 사용한다.
㉰ 유황성분이 적은 윤활유를 사용한다.
㉱ 산화 안정성이 좋은 윤활유를 사용한다.

해설 엔진 오일은 엔진의 수명을 연장시키고 출력을 증강시키는 작용을 하는 자동차의 주요한 소모품이다. 보통은 주행거리 5000 km를 기준으로 교환하는데 교환시기를 놓치면 치명적인 결함이 발생할 수 있다. 오일의 주요기능에는 윤활작용, 밀봉작용, 냉각작용, 세척작용, 응력분산작용, 방청작용이 있다.

39 흡 · 배기밸브의 냉각효과를 증대하기 위해 밸브 스템 중공에 채우는 물질로 옳은 것은?

㉮ 리튬　　㉯ 나트륨
㉰ 알루미늄　　㉱ 바륨

해설 밸브 스템을 중공으로 하고 열전도성이 좋은 금속 나트륨을 중공 체적의 40~60 % 정도 봉입하여, 엔진 작동 중 밸브 헤드의 열을 받아서 금속 나트륨이 액체가 될 때 밸브 헤드의 열을 100℃ 정도 저하시킬 수 있다. 나트륨의 융점은 97.5℃이며 비점은 882.9 ℃이다.

40 디젤 엔진의 노크 방지책으로 틀린 것은?

㉮ 압축비를 높게 한다.
㉯ 착화지연기간을 길게 한다.
㉰ 흡입공기의 온도를 높게 한다.
㉱ 연료의 착화성을 좋게 한다.

해설 디젤 엔진 노크 방지책
① 엔진의 온도와 회전속도를 높인다.
② 압축비, 압축압력 및 압축온도를 높인다.
③ 착화성이 좋은(세탄가가 높은) 경유를 사용한다.
④ 분사개시 때 분사량을 감소시켜 착화지연을 짧게 한다.
⑤ 흡입공기에 와류가 일어나도록 한다.
⑥ 분사시기를 알맞게 조정한다.

제3과목 : 자동차 섀시

41 제동 시 슬립률(λ)을 구하는 공식으로 옳은 것은? (단, 자동차의 주행속도는 V, 바퀴의 회전 속도는 V_w이다.)

㉮ $\lambda = \frac{V - V_w}{V} \times 100\,(\%)$

㉯ $\lambda = \frac{V}{V - V_w} \times 100\,(\%)$

㉰ $\lambda = \frac{V_w - V}{V_w} \times 100\,(\%)$

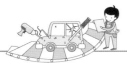

㉱ $\lambda = \frac{V_w}{V_w - V} \times 100\,(\%)$

해설 슬립률 : 자동차의 슬립률은 ABS에서 사용한다. 슬립률이 20 % 이상이 되면 브레이크 LOCK을 해제한다.

42 브레이크 페달의 지렛대비가 그림과 같을 때 페달을 100 kgf의 힘으로 밟았다. 이때 푸시로드에 작용하는 힘은?

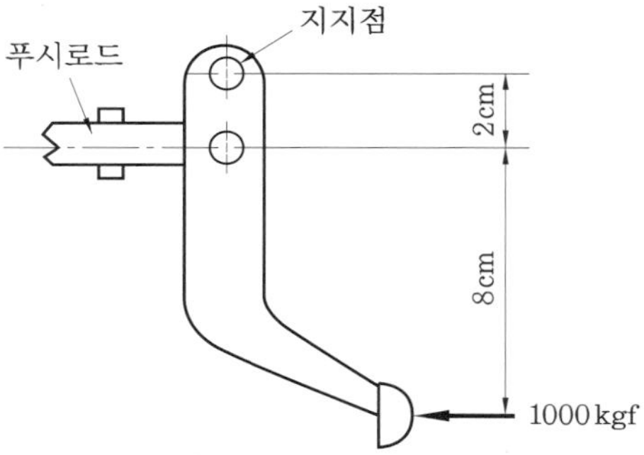

㉮ 200 kgf ㉯ 400 kgf
㉰ 500 kgf ㉱ 600 kgf

해설 브레이크 페달의 지렛대비는
(8+2) : 2이므로 5 : 1이다.
푸시로드(마스터 실린더 피스톤)에 작용하는 힘 = 페달 밟는 힘×지렛대
= 100 kgf×5 = 500 kgf

43 조향장치의 구비조건이 아닌 것은?

㉮ 고속 주행 시 조향핸들이 안정될 것
㉯ 조향핸들의 회전과 구동바퀴 선회차가 크지 않을 것
㉰ 저속 주행 시 조향핸들 조작을 위해 큰 힘이 요구될 것
㉱ 주행 중 받은 충격에 조향 조작이 영향을 받지 않을 것

해설 조향장치의 구비조건
① 고속 주행 시 조향핸들이 흔들리지 않고 안정될 것
② 조향핸들의 회전과 구동바퀴 선회차가 크지 않을 것
② 저속 주행 시 조향핸들 조작이 작은 힘으로 조작되도록 할 것
③ 선회 시 회전반경이 작더라도 좁은 곳에서도 방향 전환이 가능할 것
④ 조향 조작이 주행 중의 충격으로부터 영향을 받지 않을 것
⑤ 진행 방향을 바꿀 때 차체 각 부에 무리한 힘이 작용되지 않을 것

44 자동변속기와 비교 시 수동변속기의 특징이 아닌 것은?

㉮ 고장률이 높다.
㉯ 소형이며 경량이다.
㉰ 보수비용이 저렴하다.
㉱ 기계적인 동력전달로 연비가 우수하다.

해설 수동변속기는 구조가 간단하고 경량이므로 연비의 효율이 좋고 고장이 적으며 보수비용이 저렴하다. 또한 기계적인 동력전달로 연비가 우수하므로 자동변속기의 유체클러치보다 전달효율이 좋다.

45 수동변속기의 클러치 역할을 하는 자동변속기의 부품은?

㉮ 밸브 보디 ㉯ 토크컨버터
㉰ 엔드 클러치 ㉱ 댐퍼 클러치

해설 자동변속기의 토크컨버터는 유체클러치의 원리를 기본으로 한 토크 업이 발생하도록 펌프, 터빈, 스테이터 3요소의 구성으로 엔진과 자동변속기 사이에서의 동력전달의 클러치 역할을 한다. 댐퍼 클러치가 터빈에 장착되어 유체의 손실로 인한 슬립을 방지하도록 클러치로 작용시킨다.

46 선회 시 차체의 기울어짐 방지와 관계된 전자제어 현가장치의 입력 요소는?

㉮ 도어 스위치 신호
㉯ 헤드램프 동작 신호
㉰ 스톱 램프 스위치 신호
㉱ 조향휠 각속도 센서 신호

정답 42. ㉰ 43. ㉰ 44. ㉮ 45. ㉯ 46. ㉱

해설 조향휠 각속도 센서 : 스티어링휠 하단부에 장착되어 있으며 핸들의 조향속도, 조향 방향 및 조향각을 검출하는 역할을 한다. 이것은 운전자의 조향조건에 따라 요레이트 & 횡가속도 센서의 신호로 실제 차량의 자세를 알 수 있다.

47 ABS 시스템과 슬립(미끄럼) 현상에 관한 설명으로 틀린 것은?

㉮ 슬립(미끄럼) 양을 백분율(%)로 표시한 것을 슬립률이라 한다.
㉯ 슬립률은 주행속도가 늦거나 제동 토크가 작을수록 커진다.
㉰ 주행속도와 바퀴 회전속도에 차이가 발생하는 것을 슬립현상이라 한다.
㉱ 제동 시 슬립현상이 발생할 때 제동력이 최대가 될 수 있도록 ABS 시스템이 제동압력을 제어한다.

해설 ① 슬립 양을 백분율(%)로 표시한다.
② 주행속도와 바퀴 회전속도에 차이가 발생하는 것을 슬립현상이라 한다.
③ 제동 시 슬립현상이 발생할 때 제동력이 최대가 될 수 있도록 ABS 시스템이 제동압력을 제어한다.
④ 타이어 구동력 또는 제동력이 작동하면 차체속도와 타이어 외부속도가 일치하지 않게 되며, 노면과 타이어 사이에 슬립이 발생하고, 이 슬립에 의하여 차가 가속되거나 감속된다.

48 유압식 전자제어 동력조향장치 중에서 실린더 바이패스 제어 방식의 기본 구성부품으로 틀린 것은?

㉮ 유압펌프
㉯ 동력실린더
㉰ 프로포셔닝밸브
㉱ 유량제어 솔레노이드밸브

해설 유압식 동력조향장치 바이패스 제어 방식의 구성부품에는 오일펌프, 동력실린더, 유량제어 솔레노이드밸브가 있다. 프로포셔닝밸브는 브레이크 패드를 밟아 발생된 유압이 일정값 이상이 되면 밸브가 닫혀 휠 실린더 압력을 균등히 조정하고 전·후륜 휠 실린더의 압력을 균일하게 공급하는 밸브를 말한다.

49 자동차 검사기준 및 방법에서 제동장치의 제동력 검사기준으로 틀린 것은?

㉮ 모든 축의 제동력의 합이 공차중량의 50 % 이상일 것
㉯ 주차 제동력의 합은 차량 중량의 30 % 이상일 것
㉰ 동일 차축의 좌·우 차바퀴 제동력의 차이는 해당 축중의 8 % 이내일 것
㉱ 각 축의 제동력은 해당 축중의 50 %(뒤 축의 제동력은 해당 축중의 20 %) 이상일 것

해설 자동차관리법 시행규칙(별표15) : 제동장치의 제동력 검사기준
① 모든 축의 제동력의 합이 공차중량의 50 % 이상일 것
② 주차 제동력의 합은 차량 중량의 20 % 이상일 것
③ 동일 차축의 좌·우바퀴 제동력의 차는 해당 축중의 8 % 이내일 것
④ 각 축의 제동력은 해당 축중의 50 %(뒤축의 제동력은 해당 축중의 20 %) 이상일 것

50 차동기어장치의 역할로 옳은 것은?

㉮ 주행속도를 높이는 역할
㉯ 엔진의 토크를 증가시키는 역할
㉰ 주행 시 구동력을 증가시키는 역할
㉱ 선회 시 좌·우 구동바퀴의 회전속도를 다르게 하는 역할

해설 차동기어장치(differential gear system) : 자동차 선회 시 좌·우 바퀴의 회전차가 발생하게 되며 도로 노면의 여러 가지 상황에 맞는 회전이 필요하고, 좌 또는 우 선회 시 바깥쪽 바퀴가 안쪽 바퀴보다 더 많이 회전하

정답 47. ㉯ 48. ㉰ 49. ㉯ 50. ㉱

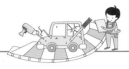

여야 한다. 차동기어장치는 노면의 저항을 적게 받는 구동바퀴 쪽으로 동력이 더 많이 전달될 수 있도록 되어 있다(랙과 피니언의 원리를 이용).

51 다음 중 독립 현가장치에 대한 설명으로 옳은 것은?

㉮ 강도가 크고 구조가 간단하다.
㉯ 타이어와 노면의 접지성이 우수하다.
㉰ 스프링 아래 무게가 커서 승차감이 좋다.
㉱ 앞바퀴에 시미(shimmy)가 일어나기 쉽다.

해설 독립 현가방식의 특징
① 스프링 아래 질량이 가벼워 승차감이 좋다.
② 조향 바퀴의 시미현상이 일어나지 않으며 타이어와 노면의 로드 홀딩(road holding)이 우수하다.
③ 차의 높이를 낮출 수 있어 안정성이 향상된다.
④ 조인트 연결이 많아 구조가 복잡하게 되고 유격이 발생하여 얼라인먼트 정렬이 틀려지기 쉽다.
⑤ 주행 시 바퀴의 상·하 운동에 따라 윤거(tread)나 타이어 마멸이 크다.
⑥ 스프링 정수가 작은 것을 사용할 수 있다.

52 4WD 시스템의 전기식 트랜스퍼(electric shift transfer)의 스피드 센서인 펄스 제네레이터 센서에 대한 설명으로 틀린 것은?

㉮ 회전속도에 비례하여 주파수가 변한다.
㉯ 마그네틱 센서 방식일 경우 교류전압이 발생한다.
㉰ 제어모듈은 주파수를 감지하여 출력축 회전속도를 검출한다.
㉱ 4L 모드 상태에서의 출력파형은 4H 모드에 비하여 시간당 주파수가 많다.

해설 4L 모드 상태에서의 출력파형은 4H 모드에 비하여 시간당 주파수가 적다.

53 차량 주행 중 조향핸들이 한쪽으로 쏠리는 원인으로 틀린 것은?

㉮ 한쪽 타이어의 편마모
㉯ 휠 얼라인먼트 조정 불량
㉰ 좌·우 타이어 공기압 불일치
㉱ 동력 조향장치 오일펌프 불량

해설 조향핸들이 한쪽으로 쏠리는 원인
① 좌·우 타이어 공기압력이 불균일하다.
② 휠 얼라인먼트의 정렬상태가 불량하다.
③ 좌·우 한쪽 쇽업소버 작동이 불량일 때
④ 앞차축의 한쪽 현가장치가 파손되었을 때
⑤ 브레이크 라이닝간극이 맞지 않을 때
⑥ 한쪽 타이어의 편마모가 발생되었을 때
※ 동력 조향장치의 오일펌프 불량은 유압 발생 불량으로 동력 조향장치가 작동되지 않아 핸들이 무겁게 된다.

54 입·출력 속도비 0.4, 토크비 2인 토크컨버터에서 펌프 토크가 8 kgf·m일 때 터빈 토크는?

㉮ 2 kgf·m　　㉯ 4 kgf·m
㉰ 8 kgf·m　　㉱ 16 kgf·m

해설 토크 비 $= \dfrac{\text{터빈축 토크}}{\text{펌프축 토크}}$

토크비 : 2, 입·출력 속도비 : 0.4,
펌프 토크 : 8 kgf·m이므로

$2 = \dfrac{x}{8}$ $\therefore x = 16$

55 전자제어 브레이크장치의 구성품 중 휠 스피드 센서의 기능으로 옳은 것은?

㉮ 휠의 회전속도를 감지
㉯ 하이드로닉 유닛을 제어
㉰ 휠 실린더의 유압을 제어
㉱ 페일 세이프 기능을 수행

해설 휠 스피드 센서 : ABS 차량에서 휠 스피드 센서는 각 바퀴마다 설치되어 있으며 바퀴의 회전속도를 톤 휠과 센서의 자력선 변화로 감지하여 ABS ECU로 입력시킨다.

56 엔진 회전수 3000 rpm에서 엔진 토크가 12

정답 51. ㉯　52. ㉱　53. ㉱　54. ㉱　55. ㉮　56. ㉱

kgf · m일 때 차륜의 구동력은 몇 kgf인가? (단, 종감속비 8, 동력 전달효율 90 %, 차륜의 회전 반지름 30 cm이다.)

㉮ 32 ㉯ 96
㉰ 135 ㉱ 288

해설 전달효율 $= \dfrac{\text{출력 토크}}{\text{입력 토크}}$

$= \dfrac{\text{구동력} \times \text{타이어 반지름}}{\text{엔진 토크} \times \text{종감속비}}$

$0.9 = \dfrac{\text{구동력} \times 0.3}{12 \times 8}$

$\therefore$ 구동력 $= \dfrac{0.9 \times 12 \times 8}{0.3} = 288\,\text{kgf}$

57 동기물림식 수동변속기에서 기어 변속 시 소음이 발생하는 원인이 아닌 것은?

㉮ 클러치 디스크 변형
㉯ 싱크로메시 기구 마멸
㉰ 싱크로나이저 링의 마모
㉱ 클러치 디스크 토션 스프링장력 감쇠

해설 ㉮, ㉯, ㉰는 동기물림식 기어변속 시 소음이 발생하는 원인이 되며, ㉱는 클러치 디스크 접속 시 진동 발생과 떨림의 원인이 된다.

58 자동변속기의 토크컨버터에서 터빈과 연결되는 것은?

㉮ 조향너클 ㉯ 스태빌라이저
㉰ 변속기 입력축 ㉱ 엔진 플라이휠

해설 자동변속기 펌프는 엔진 플라이휠과 토크컨버터 하우징으로 압입(용접)되어 있다. 터빈은 변속기 입력축에, 스테이터는 컨버터 하우징 축에 연결되고, 댐버 클러치는 작동 시 토크컨버터 하우징에, 비작동 시 터빈에 연결된다.

59 자동차 제동 시 정지거리로 옳은 것은?

㉮ 반응시간＋제동시간
㉯ 반응시간＋공주거리
㉰ 공주거리＋제동거리
㉱ 미끄럼 양＋제동시간

해설 운전자가 제동 조작을 한 순간부터 정지할 때까지 주행한 거리로, 공주거리＋제동거리를 말한다. 공주거리는 운전자가 진로상 이상을 발견하고 가속페달에서 발을 떼었을 때부터 브레이크 페달을 밟아 제동작용에 의해 감속이 개시될 때까지 자동차가 주행한 거리이며, 제동거리는 브레이크가 작용하여 감속하여 정지할 때까지 주행한 거리이다.

60 무단변속기(CVT)에 대한 설명으로 틀린 것은?

㉮ 가속성능을 향상시킬 수 있다.
㉯ 변속단에 의한 엔진의 토크변화가 없다.
㉰ 변속비가 연속적으로 이루어지지 않는다.
㉱ 최적의 연료소비 곡선에 근접해서 운행한다.

해설 무단변속기의 장점

① 엔진이 최고 효율이 좋은 영역에서 운전되어지므로 연비가 향상된다. → 30 % 이상
② 가속성능을 향상시킬 수 있다
③ 부품 수가 적어 제작이 간단하며 기존 변속기 대비 가격 경쟁력이 있다.
④ 변속비가 연속적으로 이루어진다.
⑤ 최적의 연료소비 곡선에 근접해서 운행한다.

제4과목 : 자동차 전기

61 광속에 대한 설명으로 옳은 것은?

㉮ 빛의 세기로서 단위는 칸델라이다.
㉯ 빛의 밝기의 정도로서 단위는 룩스이다.
㉰ 광원에서 방사되는 빛의 다발로서 단위는 루멘이다.
㉱ 광속은 광원의 광도에 비례하고 광원으로부터 거리의 제곱에 반비례한다.

정답 57. ㉱ 58. ㉰ 59. ㉰ 60. ㉰ 61. ㉰

해설 광속은 광원에서 방사되는 빛의 다발로 단위 시간당 전파되는 가시광선의 양을 사람 눈의 감도에 따른 방사속으로 나타낸 값으로, 단위는 루멘(lm)이다. SI에서는 루멘이 기본 단위인 칸델라에서 유도된다.

62 점화플러그의 구비조건으로 틀린 것은?

㉮ 내열 성능이 클 것
㉯ 열전도 성능이 없을 것
㉰ 기밀 유지 성능이 클 것
㉱ 자기 청정온도를 유지할 것

해설 점화플러그의 구비조건
① 급격한 온도변화에도 잘 견뎌야 한다. (2000℃)
② 고온 고압에서 기밀을 유지해야 한다.
③ 고전압(20000~30000 V)에 대해 충분히 절연성이 좋아야 한다.
④ 사용조건의 변화에 따라 과열, 오손, 소손 등에 견뎌야 한다.
⑤ 자기 청정온도를 유지해야 한다.
⑥ 기계적 강도(45기압 이상)가 커야 한다.
⑦ 열전도성이 좋아야 한다.

63 주행 중 배터리 충전 불량의 원인으로 틀린 것은?

㉮ 발전기 B단자가 접촉이 불량하다.
㉯ 발전기 구동벨트의 장력이 강하다.
㉰ 발전기 내부 브러시가 마모되어 슬립링에 접촉이 불량하다.
㉱ 발전기 내부 불량으로 충전 전압이 배터리 전압보다 낮게 나온다.

해설 ㉮, ㉰, ㉱는 주행 중 배터리 불량의 원인이 된다. 발전기 구동벨트의 장력이 규정장력보다 크게 되면 발전기 베어링이 손상될 수 있으며, 구동벨트가 느슨할 경우 주행 중 배터리 충전 불량의 원인이 될 수 있다.

64 다음 병렬회로의 합성저항은 몇 Ω인가?

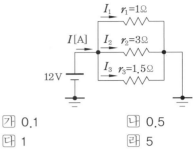

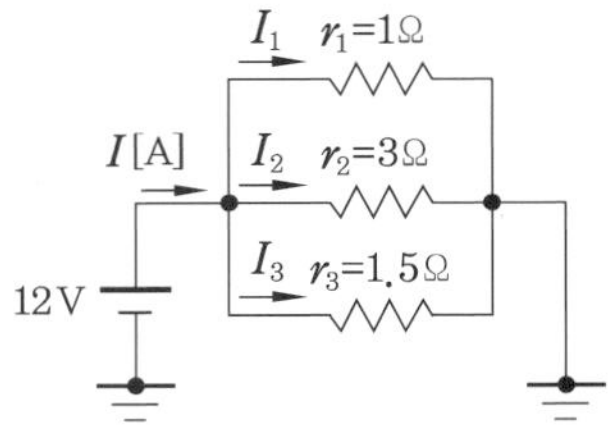

㉮ 0.1　　㉯ 0.5
㉰ 1　　㉱ 5

해설 합성저항 R

$$\frac{1}{R}=\frac{1}{1}+\frac{1}{3}+\frac{1}{1.5}=\frac{3}{1.5}=2$$

$$\therefore\ R=\frac{1}{2}=0.5$$

65 병렬형 하드타입 하이브리드 자동차에 대한 설명으로 옳은 것은?

㉮ 배터리 충전은 엔진이 구동시키는 발전기로만 가능하다.
㉯ 구동모터가 플라이휠에 장착되고 변속기 앞에 엔진 클러치가 있다.
㉰ 엔진과 변속기 사이에 구동모터가 있는데 모터만으로는 주행이 불가능하다.
㉱ 구동모터는 엔진의 동력보조 뿐만 아니라 순수 전기모터로도 주행이 가능하다.

해설 하드방식 병렬형(parallel type)에서 TMED (transmission mounted electric device) 방식 : 주행조건에 따라 엔진과 모터가 상황에 따른 동력원을 변화할 수 있는 방식이므로 다양한 동력 전달이 가능하다. 모터가 변속기에 장착되어 직결되며 전기차 주행이 가능한 방식으로, HEV(full hybrid electronic vehicle)타입 또는 하드타입 HEV 시스템이라고 한다. 모터가 엔진과 별도로 되어 있어 주행 중 엔진 시동을 위한 기동발전기(HSG : hybrid starter generator)가 장착된다.

66 충전장치 점검 및 정비 방법으로 틀린 것은?

㉮ 배터리 터미널의 극성에 주의한다.
㉯ 엔진 구동 중에는 벨트장력을 점검하지 않는다.

정답 62. ㉯　63. ㉯　64. ㉯　65. ㉱　66. ㉱

㉰ 발전기 B단자를 분리한 후 엔진을 고속회전시키지 않는다.

㉱ 발전기 출력전압이나 전류를 점검할 때는 절연저항 테스터를 활용한다.

해설 발전기 출력전압이나 전류를 점검할 때는 절연저항 테스터가 아니라 전류계를 활용하여 출력전류와 출력전압을 측정한다.

67 그림은 어떤 부품의 파형 형태인가?

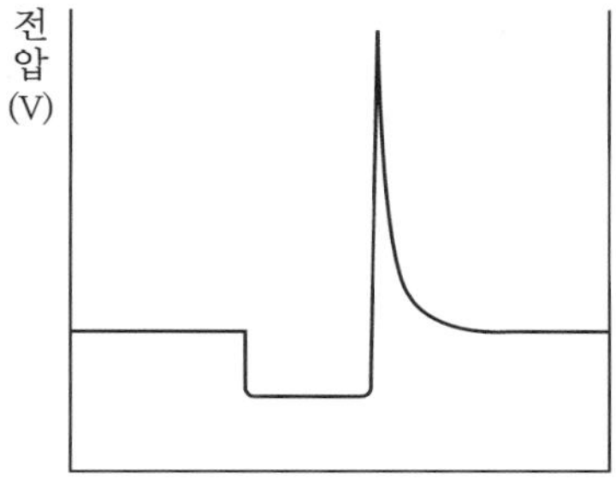

㉮ 인젝터 ㉯ 산소 센서

㉰ 휠 스피드 센서 ㉱ 크랭크각 센서

해설 인젝터 파형 불량 시 : 서지전압은 일반적으로 60~80 V가 규정전압이다. 서지전압이 낮아져 불량으로 판정되면 인젝터 배선 또는 ECU 배선의 접촉 불량으로 전압이 낮게 출력된다고 볼 수 있다.

68 가솔린 엔진의 점화시기 제어에 대한 설명으로 옳은 것은?

㉮ 가속 시 지각시킨다.

㉯ 감속 시 진각시킨다.

㉰ 노킹 발생 시 진각시킨다.

㉱ 냉각수온도가 높으면 지각시킨다.

해설 점화시기는 ECU가 각종 입력 센서 신호 및 운전자의 의지로 엔진 출력 및 배출가스가 최적으로 될 수 있도록 점화코일을 제어하는 시간을 말한다. 압축행정 혼합기가 연소되기 위한 스파크플러그는 불꽃 2/1000를 제어하여야 하며, 그렇게 함으로써 화염전파 시간에 의해 혼합기가 연소된다.

전자제어 차량의 점화시기 제어

① 엔진 회전수가 빠르면 지각시키고 느리면 진각시킨다.

② 산소 센서 파형이 농후이면 지각시키고 희박이면 진각시킨다.

③ 노후된 엔진일수록 진각하여 제어한다.

69 퓨즈와 릴레이를 대체하며 단선, 단락에 따른 전류값을 감지함으로써 필요시 회로를 차단하는 것은?

㉮ BCM(body control module)

㉯ CAN(controller area network)

㉰ LIN(local interconnect network)

㉱ IPS(intelligent power switching device)

해설 릴레이는 그 크기만으로도 부피를 많이 차지하므로 어느 정도 허용범위 내에서 IPS (intelligent power switching device)라는 전자 소자를 이용한다. 릴레이 회로를 구성하기 위해서는 퓨즈, 배선, 릴레이, 부하, 스위치 등의 회로가 구성되어야 하지만 IPS를 사용하면 스위치, 배선, 부하로 구성할 수 있다. 퓨즈와 릴레이를 줄일 수 있어 회로 구성을 적게 할 수 있으며, 진단기기를 이용한 점검과 고장진단의 필요에 따라 프로그램 변경 등이 용이하므로 신기술 시스템이라 할 수 있다.

70 하이브리드 자동차의 고전압 배터리 충·방전 과정에서 전압 편차가 생긴 셀을 동일 전압으로 제어하는 것은?

㉮ 충전상태 제어

㉯ 셀 밸런싱 제어

㉰ 파워 제한 제어

㉱ 고전압 릴레이 제어

해설 하이브리드 자동차의 고전압 배터리의 충·방전 과정에서 전압 편차가 생긴 셀을 동일 전압으로 제어하는 것을 셀 밸런싱 제어라고 한다.

정답 67. ㉮ 68. ㉱ 69. ㉱ 70. ㉯

71 전자제어 에어컨에서 자동차의 실내 및 외부의 온도 검출에 사용되는 것은?

가 서미스터　　나 포텐셔미터
다 다이오드　　라 솔레노이드

해설 자동차에 사용되는 온도관련 센서에는 대부분 부(−)특성 서미스터를 사용한다. 이것은 온도가 상승하면 저항이 내려가고 온도가 내려가면 저항이 증가하는 특성이 있다. 온도에 의해 현저하게 전기저항값이 변화하는 반도체를 사용한 저항체로, 이것을 이용하여 온도계 외에 여러 가지 제어기를 만들 수 있다. 원료는 크롬, 코발트, 망간, 니켈, 티탄 등의 산화물을 혼합하여 소결한 것을 사용한다.

72 점화코일의 시험 항목으로 틀린 것은?

가 압력시험
나 출력시험
다 절연저항시험
라 1, 2차코일 저항시험

해설 점화코일 시험항목으로 출력시험, 절연저항시험, 1, 2차코일 저항시험이 있으며, 압력시험은 해당사항이 없다.

73 단면적 0.002 cm^2, 길이 10 m인 니켈–크롬선의 전기저항은 몇 Ω인가? (단, 니켈–크롬선의 고유저항은 110 μΩ · cm이다.)

가 45　　나 50
다 55　　라 60

해설 단면적 $A = 0.002\ cm^2$
길이 $l = 10\ m = 1000\ cm$
고유저항 $\rho = 110\ \mu\Omega \cdot cm$
$= 110 \times 10^{-6}\ \Omega \cdot cm$
$\therefore\ R = \rho \times \dfrac{l}{A}$
$= 110 \times 10^{-6} \times \dfrac{1000}{0.002} = 55\ \Omega$

74 자동차 제어모듈 내부의 마이크로컴퓨터에서 프로그램 및 데이터를 계산하고 처리하는 장치는?

가 RAM　　나 ROM
다 CPU　　라 I/O

해설 ① CPU(central precession unit : 중앙처리장치) : 데이터의 산술 연산이나 논리 연산을 처리하는 연산 부분, 기억을 일시 저장해 놓는 장소인 일시 기억 부분, 프로그램 명령을 해독하는 제어 부분으로 구성되어 있다.
② RAM(random access memory : 임의의 기억저장장치에 기억되어 있는 데이터를 읽고 기억시킬 수 있다. 전원이 차단되면 기억된 데이터가 지워지고 시스템 작동 중 나타나는 일시적인 데이터의 기억이 저장되며 휘발성 기억장치이다(일시 기억장치).
③ ROM(read only memory : 읽어내기 전문의 메모리로, 한번 기억시키면 내용을 변경시킬 수 없으며 전원이 차단되어도 기억이 지워지지 않으므로 프로그램 또는 확정 데이터 저장에 사용된다(영구 기억장치).
④ I/O(input/output : 입력과 출력을 제어하는 장치로 입 · 출력포트이며, 입 · 출력 포트는 외부 센서들의 신호를 입력하고 중앙처리장치(CPU)의 명령을 받아 액추에이터로 출력시킨다(입 · 출력장치).

75 공기정화용 에어필터에 관련된 내용으로 틀린 것은?

가 공기 중의 이물질만 제거 가능한 형식이 있다.
나 필터가 막히면 블로어 모터의 소음이 감소된다.
다 필터가 막히면 블로어 모터의 송풍량이 감소된다.
라 공기 중의 이물질과 냄새를 함께 제거 가능한 형식이 있다.

해설 냉난방 장치의 에어필터가 막히면 흡입 저항에 의한 블로어 모터 소음이 증대된다.

76 기동전동기의 전류소모시험 결과 배터리의 전압이 12 V일 때 120 A를 소모하였다면

정답 71. 가　72. 가　73. 다　74. 다　75. 나　76. 가

출력은 약 몇 PS인가?

㉮ 1.96 ㉯ 2.96
㉰ 3.96 ㉱ 4.96

해설 기동전동기의 전류소모시험 결과 배터리 전압이 12 V일 때 120 A를 소모하였다면 12 V×120 A = 1440 W가 된다.
PS로 단위변환을 하면 1 PS = 736 W이므로 $1440 \times \frac{1}{736}$ PS ≒ 1.96 PS가 된다.

77 납산 배터리의 방전종지전압에 대한 설명으로 옳은 것은?

㉮ 셀당 방전종지전압은 0.75 V이다.
㉯ 방전종지전압을 설페이션이라 한다.
㉰ 방전종지전압은 시간당 평균 방전량이다.
㉱ 방전종지전압을 넘어 방전을 지속하면 충전 시 회복능력이 떨어진다.

해설 방전종지전압 : 전지의 방전을 중지하는 전압으로, 방전말기전압이라고도 한다. 셀당 전압이 1.75 V일 때 6개의 셀로 구성된 배터리의 경우 방전종지전압은 10.5 V가 된다. 이 전압 이하로 다운시켜 배터리를 사용하면 배터리 성능이 저하되고, 심한 경우 설페이션 현상으로 배터리 수명에 영향을 주게 된다.

78 전자동 에어컨 시스템의 입력 요소로 틀린 것은?

㉮ 습도 센서 ㉯ 차고 센서
㉰ 일사량 센서 ㉱ 실내온도 센서

해설 차고 센서 : 전자제어 현가장치에서 아래(low) 컨트롤 암과 센서 보디에 레버와 로드로 연결되어 자동차의 앞뒤에 각각 1개씩 설치하면 레버의 회전량이 센서에 전달되어 자동차의 높이 변화에 따른 차축과 보디의 위치를 감지하는 센서에 이른다. 앞에 설치되어 있는 차고 센서에는 4개의 광단속기가 설치되고, 뒤에 설치되어 있는 차고 센서에는 광단속기 3개가 설치되어 있다.

79 HID(high intensity discharge) 전조등에 대한 설명으로 틀린 것은?

㉮ 밸러스트가 있어야 된다.
㉯ 필라멘트가 있어야 된다.
㉰ 제논과 같은 불활성가스가 봉입된 고휘도 램프이다.
㉱ 고전압을 인가하여 방전을 일으켜 빛을 발생시킨다.

해설 HID : 고광도 가스방전식이라는 뜻으로 각종 가스방전에 의한 발광원리를 이용한 램프(수은램프, 나트륨램프, 메탈 헬라이드램프 등)이다. 제논과 같은 불활성가스가 봉입된 고위도램프이며 고전압을 인가하여 방전을 일으켜 빛을 발생시킨다.

80 가솔린 자동차 점화전압의 크기에 대한 설명으로 틀린 것은?

㉮ 압축압력이 크면 높아진다.
㉯ 점화플러그 간극이 크면 높아진다.
㉰ 연소실 내에 혼합비가 희박하면 낮아진다.
㉱ 점화플러그 중심전극이 날카로우면 낮아진다.

해설 가솔린 엔진의 점화장치에서 압축압력이 높아지면 점화전압도 높아지고, 점화플러그의 간극이 0.8~1.1 mm 정도이나 규정보다 클 때 점화전압이 크게 된다. 또한 연소실 내 혼합가스가 희박할 때 점화전압이 높아진다.

정답 77. ㉱ 78. ㉯ 79. ㉯ 80. ㉰

국가기술자격 필기시험문제

2018년도 3월 4일 (제1회)

자격종목	코드	시험시간	형 별	수검번호	성 명
자동차정비산업기사	2070	2시간			

제1과목 : 일반기계공학

01 기계 구조용으로 많이 사용되는 KS 재료 기호 SM35C의 설명으로 가장 적합한 것은?

㉮ 최저 인장 강도 35 kgf/mm^2인 기계 구조용 탄소강
㉯ 최저 인장 강도 35 kgf/cm^2인 기계 구조용 탄소강
㉰ 탄소 함유량이 약 35 % 정도인 기계 구조용 탄소강
㉱ 탄소 함유량이 약 0.35 % 정도인 기계 구조용 탄소강

해설 SM○○C는 기계 구조용 탄소강을 KS 규격으로 표현한 것으로 SM35C에서 35는 탄소 C의 함유량을 표시한 것이다. SM35C는 0.32~0.38 %의 탄소 함유량이며 SM45C는 0.42~0.48 %의 탄소 함유량이다.

02 다음 중 소성 가공 방법이 아닌 것은?

㉮ 롤링(rolling)
㉯ 호닝(honing)
㉰ 벌징(bulging)
㉱ 드로잉(drawing)

해설 ㉮, ㉰, ㉱는 소성 가공이며 호닝은 숫돌 다듬질의 일종으로, 혼(hone)이라는 숫돌을 장치한 공구를 사용하여 원통의 내면을 고속 정밀 연마하는 공작법이다. 자동차나 항공기 엔진의 실린더 정밀 다듬질 등에 이용된다.

03 용접 이음부에 입상의 용제를 공급하고, 이 용제 속에서 전극과 모재 사이에 아크를 발생시켜 연속적으로 용접하는 방법은?

㉮ TIG 용접
㉯ MIG 용접
㉰ 서브머지드 아크 용접
㉱ 이산화탄소 아크 용접

해설 서브머지드 아크 용접은 용접 이음의 표면에 쌓아 올린 미세한 입상의 플럭스 속에 비피복 전극 와이어를 집어 넣고, 모재와의 사이에 생기는 아크열로 용접하는 방법을 말한다. 이 방법의 이점은 큰 전류를 사용함으로써 능률이 커지며 용접 금속의 품질이 좋아지는 것이다. 주로 조선, 강관 제조, 압력용기, 저장탱크 등의 비교적 긴 아래보기 용접선으로 되어 있는 연속 용접이 가능한 판재의 용접에 적합하다.

04 다음 중 비중이 2.7이며 내부식성, 강도, 연성이 좋은 합금 원소는?

㉮ 알루미늄
㉯ 아연
㉰ 니켈
㉱ 납

해설 알루미늄은 비중이 2.7로 가볍고, 신전성이 양호하며, 내식성이 뛰어난 특징을 갖고 있다. 또 여러 가지 원소와 조합하여 다수의 합금을 만들 수 있기 때문에 매우 유용한 금속이다. 최근, 발전이 현저한 알루미늄 합금으로는 고력 알루미늄 합금, 내열 알루미늄 합금 등이 있다. 고력 알루미늄 합금은 인장강도가 강한 열처리형 합금으로, 판이나 관으로 만든 경우 인장강도가 40 kgf/mm^2 이상인 것을 말한다.

정답 01. ㉱ 02. ㉯ 03. ㉰ 04. ㉮

05 재료의 인장강도 σ_u = 7200 MPa, 허용 응력 σ_a = 900 MPa일 때, 안전율(S)은?

㉮ 4 ㉯ 6
㉰ 8 ㉱ 10

해설 $\text{안전율}(S) = \dfrac{\text{인장강도}(\sigma_t)}{\text{허용응력}(\sigma_a)} = \dfrac{7200\text{MPa}}{900\text{MPa}} = 8$

06 금긋기용 공구 중 가공물의 중심을 잡거나 가공물을 이동시켜 평행선을 그을 때 사용되는 공구는?

㉮ 서피스 게이지 ㉯ 스크레이퍼
㉰ 리머 ㉱ 펀치

해설 서피스 게이지 : 정반 위에서 금긋기, 중심내기 등에 이용하는 금긋기 공구이다.

07 롤러 체인 전동의 특징으로 틀린 것은?

㉮ 유지 보수가 용이하다.
㉯ 고속 회전에 부적당하다.
㉰ 진동과 소음이 발생하기 쉽다.
㉱ 일정한 속도비로 전동이 불가능하다.

해설 ① 롤러 체인 : 회전 시 소음 발생이 심해 고속 회전에 부적합하고, 자전거 등에 흔히 사용되며 유지 보수가 용이하다.
② 사일런트 체인 : 롤러 체인보다 소음과 진동이 적고, 회전력을 정확하게 전달할 수 있으므로 고속 회전에 적당하다.

08 M5×0.8로 표기되는 나사에 관한 설명으로 옳지 않은 것은?

㉮ 미터 나사이다.
㉯ 나사의 피치는 0.8 mm이다.
㉰ 암나사는 지름 5 mm의 드릴로 가공한다.
㉱ 나사를 180° 회전시키면 축방향으로 0.4 mm 이동한다.

해설 M : 미터나사, 5 : 나사바깥지름
0.8 : 피치
리드(L)=P(피치)×줄 수(N)×회전수(Z)
$\therefore L = 0.8 \times 1 \times \left(\dfrac{1}{2}\right) = 0.4\text{mm}$

09 정육면체의 외형 평면 가공에 가장 적합한 공작기계는?

㉮ 밀링 머신 ㉯ 태핑 머신
㉰ 선반 ㉱ 슬로터

해설 ① 밀링 머신 : 원판이나 원통의 둘레에 돌기가 많은 날을 가진 밀링 커터를 회전시켜 공작물을 이송시키면서 절삭하는 기계이며 밀링 절삭 방법에는 밀링 커터의 회전 방향과 공작물의 이송 방향이 반대인 상향 절삭과 밀링 커터의 절삭 방향과 공작물의 이송 방향이 같은 하향 절삭이 있다.
② 선반 : 공작물이 회전 운동을 하고, 바이트에는 직선 이송을 주어 절삭 가공을 하는 기계이며, 기어(gear) 절삭은 하지 못한다. 선반에서 가공할 수 있는 작업은 외경 절삭, 끝면 절삭, 정면 절삭, 절단, 테이퍼 절삭, 곡면 절삭, 구멍 뚫기, 보링 작업, 널링 작업, 나사 절삭 등이 있다.

10 성능이 같은 2대의 펌프를 직렬로 연결하는 경우 양정과 유량의 관계는?

㉮ 유량 및 양정 모두 변함없다.
㉯ 유량 및 양정 모두 2배로 된다.
㉰ 유량은 변화가 없고 양정이 2배로 된다.
㉱ 양정은 변화가 없고 유량이 2배로 된다.

해설 펌프를 병렬로 연결하면 양정은 동일하고 유량은 2배가 되며, 직렬로 연결하면 유량은 동일하고 양정은 2배가 된다.(펌프의 병렬 연결 시 유량은 2배가 되고, 압력은 같다. 직렬 연결 시 유량은 같고, 압력은 2배가 된다.)

11 보의 중간 지점($L/2$)에서의 처짐값은? (단, 여기서 EI는 굽힘강성이다.)

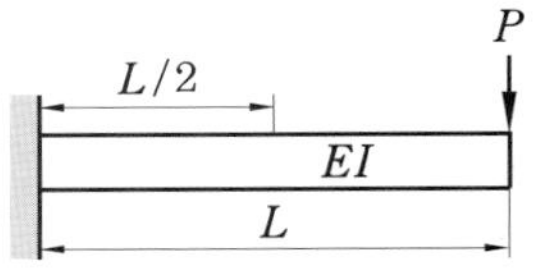

정답 05. ㉰ 06. ㉮ 07. ㉱ 08. ㉰ 09. ㉮ 10. ㉰ 11. ㉯

[가] $\frac{7}{96}\frac{PL^3}{EI}$ [나] $\frac{5}{48}\frac{PL^3}{EI}$

[다] $\frac{7}{24}\frac{PL^3}{EI}$ [라] $\frac{3}{8}\frac{PL^3}{EI}$

12 **동일한 크기의 전단응력이 작용하는 볼트 A와 볼트 B가 있다. A 볼트에 작용하는 전단하중이 B 볼트에 작용하는 전단하중의 4배라고 하면, A볼트의 지름은 B 볼트의 몇 배인가?**

[가] 0.5 [나] 2

[다] 4 [라] 8

해설 전단응력 : 전단하중에 의한 응력(전단응력은 단면에 항상 평행)

$\tau = \frac{P}{A}$

여기서, τ : 전단응력

P : 전단하중

A : 단면적

$\tau_A = \frac{P_A}{\frac{\pi}{4}d_A^2}$, $\tau_B = \frac{P_B}{\frac{\pi}{4}d_B^2}$

$\tau_A = \tau_B$이므로 $\frac{P_A}{d_A^2} = \frac{P_B}{d_B^2}$

$P_A = 4P_B$에서 $\frac{4P_B}{d_A^2} = \frac{P_B}{d_B^2}$, $4d_B^2 = d_A^2$

$\therefore\ d_A = 2d_B$

13 **유체에너지를 기계적 에너지로 변환시키는 장치는?**

[가] 여과기 [나] 액추에이터

[다] 컨트롤 밸브 [라] 압력 제어 밸브

14 **10 m/s의 속도로 흐르는 물의 속도수두는 약 몇 m인가? (단, 중력가속도는 9.8 m/s²이다.)**

[가] 2.8 [나] 3.2

[다] 3.8 [라] 5.1

해설 물의 속도수두 $H_v = \frac{V^2}{2g}$ [m]

여기서, V : 물의 속도(m/s)

g : 중력가속도

$H_v = \frac{10^2}{2\times9.8} = 5.1\ \text{m}$

15 **동력 H[W]를 구하는 식으로 옳은 것은? (단, T는 회전 토크(N · m), N는 회전수(rpm)이다.)**

[가] $H = \frac{T}{2\pi N}$ [나] $H = \frac{T\times60}{2\pi N}$

[다] $H = T\times2\pi N$ [라] $H = T\times\frac{2\pi N}{60}$

16 **다음 중 주물사의 시험 항목이 아닌 것은?**

[가] 입도 [나] 유분도

[다] 점토분 [라] 통기도

해설 주물사(moulding sand) : 주형을 만드는 데 사용되는 주형 재료로 점결제, 배합모래, 점토분, 고운모래 통기도 등이 주물사의 시험 항목이다.

17 **지름 4 cm의 원형 단면봉에 200 kN의 인장하중이 작용할 때 봉에 발생하는 인장응력은 약 몇 N/mm²인가?**

[가] 159.15 [나] 169.42

[다] 179.56 [라] 189.85

해설 인장응력$(\sigma) = \frac{\text{하중}(W)}{\text{단면적}(A)}$

$= \frac{200{,}000\text{N}}{\frac{\pi}{4}\times(40\text{mm})^2} = 159.15\ \text{N/mm}^2$

18 **베어링에 오일 실(oil seal)을 사용하는 목적은?**

[가] 열 발산을 높이기 위하여

[나] 축 하중을 지지하기 위하여

[다] 유막이 끊어지지 않도록 하기 위하여

정답 12. [나] 13. [나] 14. [라] 15. [라] 16. [나] 17. [가] 18. [라]

㉣ 기름이 새는 것과 먼지 등의 침입을 막기 위하여

해설 오일 실(oil seal)은 합성 고무나 금속 링 스프링 등을 조합한 링 형상의 밀봉장치로 외부로부터 먼지가 들어가지 않도록 하며, 동시에 윤활유가 새지 않도록 한다.

19 자동차 현가장치 중 코일 스프링의 코일 자체에 작용하는 가장 큰 응력은?

㉮ 열에 의한 열응력
㉯ 스프링 자중에 의한 응력
㉰ 굽힘 모멘트에 의한 굽힘응력
㉣ 비틀림 모멘트에 의한 전단응력

20 다음 중 패킹 재료의 구비 조건으로 가장 적절하지 않은 것은?

㉮ 강인하고 내구력이 클 것
㉯ 사용 온도 범위가 넓을 것
㉰ 유연하고 탄력성이 있을 것
㉣ 내열 및 화학적 변화가 클 것

해설 패킹 재료의 구비 조건
① 유체에 대하여 화학적으로 안정될 것
② 강인하고 내구력이 클 것
③ 사용 온도 범위가 넓을 것
④ 유연하고 탄력성이 있을 것
⑤ 마찰에 의한 마모가 적고 또한 마찰계수가 작을 것
⑥ 가소성, 장기간 탄성을 갖고 경화하지 않을 것

제2과목 : 자동차 엔진

21 엔진의 지시마력이 105 PS, 마찰마력이 21 PS일 때 기계효율은 약 몇 %인가?

㉮ 70　　㉯ 80
㉰ 84　　㉣ 90

해설 $\text{기계효율}(\eta) = \dfrac{\text{제동마력(BHP)}}{\text{지시마력(IHP)}} \times 100$

제동마력(84) = 지시마력(105) − 마찰마력(21)

$\therefore \text{기계효율}(\eta) = \dfrac{84}{105} \times 100 = 80\,\%$

22 실린더 내에 흡입되는 흡기량이 감소하는 이유가 아닌 것은?

㉮ 배기가스의 배압을 이용하는 과급기를 설치하였을 때
㉯ 흡입 및 배기 밸브의 개폐 시기 조정이 불량할 때
㉰ 흡입 및 배기의 관성이 피스톤 운동을 따르지 못할 때
㉣ 피스톤 링, 밸브 등의 마모에 의하여 가스 누설이 발생할 때

해설 과급기를 사용할 경우 흡기계통에 공기를 압축하여 인터쿨러에 냉각되고 공기 밀도가 높아져 엔진 출력을 증가시킨다.

23 지르코니아 방식의 산소 센서에 대한 설명으로 틀린 것은?

㉮ 지르코니아 소자는 백금으로 코팅되어 있다.
㉯ 배기가스 중의 산소 농도에 따라 출력 전압이 변화한다.
㉰ 산소 센서의 출력 전압은 연료분사량 보정 제어에 사용된다.
㉣ 산소 센서의 온도가 100℃ 정도가 되어야 정상적으로 작동하기 시작한다.

해설 지르코니아 산소 센서가 정상 활성화되기 위해서는 산소 센서 온도가 300~600℃가 되어야 피드백 작동된다.

24 가솔린 엔진에서 공기과잉률(λ)에 대한 설명으로 틀린 것은?

㉮ λ값이 1일 때가 이론 혼합비 상태이다.
㉯ λ값이 1보다 크면 공기 과잉 상태이고, 1보다 작으면 공기 부족 상태이다.
㉰ λ값이 1에 가까울 때 질소산화물(NOx)

정답 19. ㉣　20. ㉣　21. ㉯　22. ㉮　23. ㉣　24. ㉰

의 발생량이 최소가 된다.

㉱ 엔진에 공급된 연료를 완전 연소시키는 데 필요한 이론공기량과 실제로 흡입한 공기량과의 비이다.

해설 엔진에 공급되는 공기와 연료의 질량비를 공연비라고 하며, 실제 운전에서 흡입된 공기량을 이론상 완전연소에 필요한 공기량으로 나눈 값을 공기과잉률이라 한다.

$$\text{공기과잉률}(\lambda) = \frac{\text{실제 흡입된 공기량}}{\text{이론공연비}}$$

공기과잉률(λ)이 1에 가깝거나 크게 되면 CO, HC가 증가되고 1보다 작게 되면 공연비가 농후한 상태로 NOx가 증가된다.

25 전자제어 디젤 연료 분사 장치에서 예비 분사에 대한 설명으로 옳은 것은?

㉮ 예비 분사는 디젤 엔진의 시동성을 향상시키기 위한 분사를 말한다.

㉯ 예비 분사는 연소실의 연소 압력 상승을 부드럽게 하여 소음과 진동을 줄여준다.

㉰ 예비 분사는 주 분사 이후에 미연가스의 완전 연소와 후처리 장치의 재연소를 위해 이루어지는 분사이다.

㉱ 예비 분사는 인젝터의 노후화에 따른 보정 분사를 실시하여 엔진의 출력 저하 및 엔진 부조를 방지하는 분사이다.

해설 디젤 커먼레일 전자제어 장치 분사는 예비 분사(파일럿 분사)와 주 분사로 진행되며, 예비 분사는 주 분사가 이루어지기 전 연소실의 연소 압력 상승을 부드럽게 하여 소음과 진동을 줄여준다.

26 CNG(compressed natural gas) 엔진에서 가스의 역류를 방지하기 위한 장치는?

㉮ 체크 밸브

㉯ 에어 조절기

㉰ 저압 연료 차단 밸브

㉱ 고압 연료 차단 밸브

해설 CNG 엔진에서 가스의 역류를 방지하기 위해 연료 라인 출구에 체크 밸브가 설치되며, CNG 연료 라인은 연료 탱크, 고압 연료 차단 밸브, 가스 압력 조절기, 인젝터, 연료량 조절 밸브, 인터쿨러 믹서로 구성되어 있다.

27 엔진에서 디지털 신호를 출력하는 센서는?

㉮ 압전 세라믹을 이용한 노크 센서

㉯ 가변저항을 이용한 스로틀 포지션 센서

㉰ 칼만 와류 방식을 이용한 공기 유량 센서

㉱ 전자 유도 방식을 이용한 크랭크축 각도 센서

해설 노크 센서, 스로틀 포지션 센서, 크랭크각 센서(자기 유도 방식)은 아날로그 신호를 출력하는 센서이며, 흡입 공기량 센서(칼만 와류식), 크랭크각 센서(옵티컬 방식), 캠각 센서(옵티컬 방식)은 디지털 신호를 출력하는 센서이다.

28 총 배기량이 2,000 cc인 4행정 사이클 엔진이 2,000 rpm으로 회전할 때, 회전력이 15 kgf · m라면 제동평균유효압력은 약 몇 kgf/cm^{2}인가?

㉮ 7.8　　㉯ 8.5

㉰ 9.4　　㉱ 10.2

해설 제동마력(N_b)

$$= \frac{TR}{716} = \frac{15 \times 2{,}000}{716} = 41.89\ \text{PS}$$

$$41.89 = \frac{P_{mb} \times 2{,}000 \times \left(\frac{2{,}000}{2}\right)}{75 \times 60 \times 100}$$

제동평균유효압력(P_{mb})

$$= \frac{41.89 \times 75 \times 60 \times 100}{2{,}000 \times 1{,}000}$$

$$= 9.42\ \text{kgf/cm}^2$$

29 다음은 운행차 정기 검사의 배기 소음도 측

정을 위한 검사 방법에 대한 설명이다. ( ) 안에 알맞은 것은?

> 자동차의 변속장치를 중립 위치로 하고 정지가동 상태에서 원동기의 최고 출력 시의 75 % 회전속도로 ( )초 동안 운전하여 최대 소음도를 측정한다.

㉮ 3 ㉯ 4
㉰ 5 ㉱ 6

해설 ① 배기소음 측정방법 : 소음진동관리법 시행규칙 별표 13의2
② 배기소음 허용기준 : 소음진동관리법 시행규칙 별표 11 참조
자동차의 변속장치를 중립 위치로 하고 정지가동 상태에서 원동기의 최고 출력 시의 75 % 회전속도로 4초 동안 운전하여 최대 소음도를 측정한다. 다만 회전속도계를 사용하지 아니하고 배기 소음을 측정할 때에는 정지가동 상태에서 원동기 최고 회전속도로 배기 소음을 측정하고, 이 경우 중량자동차는 5 dB, 중량자동차 외의 자동차는 7 dB를 측정치에서 뺀 값을 최종 측정치로 하며, 승용자동차 중 원동기가 차체 중간 또는 뒤쪽에 장착된 자동차는 8 dB을 측정치에서 뺀 값을 최종 측정치로 한다.

30 전자제어 엔진에서 분사량은 인젝터 솔레노이드 코일의 어떤 인자에 의해 결정되는가?

㉮ 전압치 ㉯ 저항치
㉰ 통전시간 ㉱ 코일권수

해설 전자제어 엔진에서 분사량은 인젝터 솔레노이드의 작동시간, 즉 엔진 ECU 통전시간에 의해 결정된다.

31 전자제어 연료 분사 장치에서 연료 분사량 제어에 대한 설명 중 틀린 것은?

㉮ 기본 분사량은 흡입 공기량과 엔진 회전수에 의해 결정된다.
㉯ 기본 분사시간은 흡입 공기량과 엔진 회전수를 곱한 값이다.
㉰ 스로틀 밸브의 개도 변화율이 크면 클수록 비동기 분사시간은 길어진다.
㉱ 비동기 분사는 급가속 시 엔진의 회전수에 관계없이 순차 모드에 추가로 분사하여 가속 응답성을 향상시킨다.

해설 전자제어 연료 분사 장치에서 최종 분사량 = 기본 분사량 + 각종 보조 증량이며,
기본 분사량(시간) $= \dfrac{\text{흡입 공기량}}{\text{엔진 회전수}}$ 으로 제어된다.

32 다음 중 엔진 플라이 휠의 기능과 관계없는 것은?

㉮ 엔진의 동력을 전달한다.
㉯ 엔진을 무부하 상태로 만든다.
㉰ 엔진의 회전력을 균일하게 한다.
㉱ 링기어를 설치하여 엔진의 시동을 걸 수 있게 한다.

해설 변속기가 중립일 때, 엔진 시동이 작동되는 공회전 상태에서 클러치 페달을 밟았을 때 엔진 무부하 상태를 유지한다.

33 디젤 노크에 대한 설명으로 가장 적합한 것은?

㉮ 착화 지연 기간이 길어지면 발생한다.
㉯ 노크 예방을 위해 냉각수 온도를 낮춘다.
㉰ 고온 고압의 연소실에서 주로 발생한다.
㉱ 노크가 발생되면 엔진 회전수를 낮추면 된다.

해설 디젤 엔진 노크 방지 방법
① 착화성이 좋은(세탄가가 높은) 경유를 사용한다.
② 압축비, 압축 압력 및 압축 온도를 높인다.
③ 엔진의 온도와 회전속도를 높인다.
④ 분사 개시 때 분사량을 감소시켜 착화 지연을 짧게 한다.

34 다음 중 제동 열효율에 대한 설명으로 틀린 것은?

정답 30. ㉰ 31. ㉯ 32. ㉯ 33. ㉮ 34. ㉯

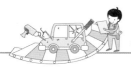

㉮ 정미 열효율이라고도 한다.
㉯ 작동가스가 피스톤에 한 일이다.
㉰ 지시 열효율에 기계효율을 곱한 값이다.
㉱ 제동 일로 변환된 열량과 총 공급된 열량의 비이다.

해설 다음 중 엔진의 크랭크축(출력축)에서 실제로 얻어지는 제동일(W_e)은 지시일(W_i)에서 운동 부분의 마찰일과 밸브 기구나 펌프, 기타 보조장치의 구동에 소요되는 일을 뺀 것이다. 출력축에서 측정한 출력을 제동출력 또는 간단히 축출력이라고 하며, 제동일에 대한 열효율을 제동 열효율이라 한다.

35 엔진에서 윤활유 소비 증대에 영향을 주는 원인으로 가장 적절한 것은?

㉮ 신품 여과기의 사용
㉯ 실린더 내벽의 마멸
㉰ 플라이 휠 링기어 마모
㉱ 타이밍 체인 텐셔너의 마모

해설 윤활유 소비 증대의 원인
① 엔진 실린더 마모 또는 밸브 스템 실 마모에 의해 연소실 내에서 연소된다.
② 엔진 열에 의한 증발
③ 크랭크축과 오일 리테이너에서 누설된다.

36 연료 필터에서 오버플로 밸브의 역할이 아닌 것은?

㉮ 필터 각부의 보호 작용
㉯ 운전 중에 공기빼기 작용
㉰ 분사 펌프의 압력 상승 작용
㉱ 연료 공급 펌프의 소음 발생 방지

해설 오버플로 밸브는 분사 펌프의 압력 상승을 방지한다.

37 엔진의 실린더 지름이 55 mm, 피스톤 행정이 50 mm, 압축비가 7.4라면 연소실 체적은 약 몇 cm^3인가?

㉮ 9.6 ㉯ 12.6
㉰ 15.6 ㉱ 18.6

해설 행정체적$(V_s) = \dfrac{\pi \times D^2}{4} \times L$

$$= \frac{\pi \times 5.5^2}{4} \times 5.0 = 118.79$$

$$\epsilon = \frac{V_c + V_s}{V_c} \text{ 또는 } 1 + \frac{V_s}{V_c}$$

여기서, ϵ : 압축비
V_c : 연소실 체적
V_s : 행정 체적(배기량)

$$\therefore\ V_c = \frac{V_s}{\epsilon - 1} = \frac{118.79}{7.4 - 1} = 18.56$$

38 운행차의 배출가스 정기검사의 배출가스 및 공기과잉률(λ) 검사에서 측정기의 최종 측정치를 읽는 방법에 대한 설명으로 틀린 것은? (단, 저속 공회전 검사 모드이다.)

㉮ 측정치가 불안정할 경우에는 5초간의 평균치로 읽는다.
㉯ 공기과잉률은 소수점 셋째 자리에서 0.001 단위로 읽는다.
㉰ 탄화수소는 소수점 첫째 자리 이하는 버리고 1 ppm 단위로 읽는다.
㉱ 일산화탄소는 소수점 둘째 자리 이하는 버리고 0.1 % 단위로 읽는다.

해설 공기과잉률$(\lambda) = \dfrac{\text{실제 흡입된 공기량}}{\text{이론 공연비}}$

λ는 $1 \pm 0.1(0.9 \sim 1.1)$의 범위가 정상이며, 소수점 첫째 자리까지 읽는다.

39 다음 중 산소 센서를 설치하는 목적으로 옳은 것은?

㉮ 연료 펌프의 작동을 위해서
㉯ 정확한 공연비 제어를 위해서
㉰ 컨트롤 릴레이를 제어하기 위해서
㉱ 인젝터의 작동을 정확히 조절하기 위해서

해설 산소 센서는 이론 공연비 제어(피드백 제어)를 위한 배기가스 내 산소의 농도를 측정하여 배기가스 정화 효율을 높인다.

정답 35. ㉯ 36. ㉰ 37. ㉱ 38. ㉯ 39. ㉯

40 액상 LPG의 압력을 낮추어 기체 상태로 변환시킨 후 엔진에 연료를 공급하는 장치는 무엇인가?

㉮ 믹서　　㉯ 봄베
㉰ 대시 포트　　㉱ 베이퍼라이저

해설 LPG 연료 계통
① 봄베는 LPG를 충전하기 위한 고압 용기이며 기상 밸브, 액상 밸브, 충전 밸브 등 3가지 기본 밸브와 체적 표시계, 액면 표시계, 용적 표시계 등의 지시장치가 부착되어 있다.
② 과류 방지 밸브는 봄베 안쪽에 배출 밸브와 일체로 설치되어 있으며 파이프의 연결부(피팅) 등이 파손되어 LPG가 비정상적으로 배출되면 체크 판이 시트 부분에 밀착되어 LPG 배출을 차단한다.
③ 베이퍼라이저(vaporizer : 감압기화장치, 증발기) : 봄베로부터 여과기와 솔레노이드 밸브를 거쳐 공급된 액체 LPG를 기화시켜 줌과 동시에 적당한 압력으로 낮추어 준다.
④ 가스 믹서(LPG mixer) : 베이퍼라이저에서 기화된 LPG를 공기와 혼합하여 연소에 가장 적합한 혼합기를 연소실에 공급한다.

제3과목 : 자동차 섀시

41 우측 앞 타이어의 바깥쪽이 심하게 마모되었을 때의 조치 방법으로 옳은 것은?

㉮ 토 인으로 수정한다.
㉯ 앞 · 뒤 현가 스프링을 교환한다.
㉰ 우측 차륜의 캠버를 부(−)의 방향으로 조절한다.
㉱ 우측 차륜의 캐스터를 정(+)의 방향으로 조절한다.

해설 캠버(camber) : 차량을 앞에서 봤을 때 바퀴의 중심선과 수직선이 이루는 각도로, 우측 앞 타이어의 바깥쪽이 심하게 마모되었을 때 우측 바퀴를 부(−)의 방향으로 조절한다.

42 공압식 전자제어 현가 장치에서 컴프레서에 장착되어 차고를 낮출 때 작동하며, 공기 체임버 내의 압축 공기를 대기 중으로 방출시키는 작용을 하는 것은?

㉮ 에어 액추에이터 밸브
㉯ 배기 솔레노이드 밸브
㉰ 압력 스위치 제어 밸브
㉱ 컴프레셔 압력 변환 밸브

해설 공압식 전자제어 현가 장치의 컴프레서(공기) 제어 기능 : 공기 저장 탱크 내의 압력이 기준값 이하로 내려가면 컴프레서를 작동시켜 저장 탱크 내 공기 압력을 기준값으로 유지시킨다. 차고를 낮출 때 배기 솔레노이드 밸브에 의해 공기 체임버 내의 압축 공기를 대기 중으로 방출시킨다.

43 조향 장치가 기본적으로 갖추어야 할 조건이 아닌 것은?

㉮ 선회 시 좌 · 우 차륜의 조향각이 달라야 한다.
㉯ 조향 장치의 기계적 강성이 충분하여야 한다.
㉰ 노면의 충격을 감쇄시켜 조향 핸들에 가능한 적게 전달되어야 한다.
㉱ 선회 주행 시 조향 핸들에서 손을 떼도 선회 방향성이 유지되어야 한다.

해설 조향 장치의 기본적 구비 조건
① 조향 장치의 기계적 강성이 충분할 것
② 조작이 쉽고, 방향 변환이 원활하게 행해질 것
③ 선회 시 좌 · 우 조향각이 달라야 한다.
④ 주행 중 노면에서의 충격으로부터 영향을 적게 받을 것
⑤ 고속 주행 시에도 조향 핸들이 흔들리지 않고 안정된 운행이 될 것

44 유압식 브레이크의 마스터 실린더 단면적이 4 cm^2이고, 마스터 실린더 내 푸시로드에 작용하는 힘이 80 kgf라면, 단면적이 3

정답 40. ㉱　41. ㉰　42. ㉯　43. ㉱　44. ㉯

cm^{2}인 휠 실린더의 피스톤에서 발생하는 힘은 몇 kgf인가?

가 40　　나 60
다 80　　라 120

해설 $P = \dfrac{F_1}{A_1} = \dfrac{F_2}{A_2}$

$$\frac{80\,\text{kgf}}{4\,\text{cm}^2} = \frac{F_2}{3\,\text{cm}^2}$$

$$F_2 = 3\,\text{cm}^2 \times \frac{80\,\text{kgf}}{4\,\text{cm}^2} = 60\,\text{kgf}$$

45 자동차 바퀴가 정적 불평형일 때 일어나는 현상은?

가 시미 현상
나 롤링 현상
다 트램핑 현상
라 스탠딩 웨이브 현상

해설 ① 트램핑 현상 : 바퀴를 자유롭게 회전할 수 있도록 하여 가볍게 회전시킬 때 바퀴의 중량이 불균형이 있으면 무거운 부분이 아래쪽에 정지하게 되는 정적 평형 불량으로 주행 시 바퀴가 상하로 튀는 현상
② 시미 현상 : 바퀴의 정적 언밸런스는 세로 방향(상하)의 진동이 발생하는데 비하여 동적 언밸런스는 가로(좌우대칭) 방향의 진동 발생으로 주행 시 바퀴가 좌우로 떨리는 현상

46 전자제어 현가 장치와 관련된 센서가 아닌 것은?

가 차속 센서
나 조향각 센서
다 스로틀 개도 센서
라 파워오일압력 센서

해설 전자제어 현가 장치(ECS)의 구성 부품
① 차속 센서
② 차고 센서
③ 조향 핸들 각속도 센서
④ 스로틀 위치 센서(TPS)
⑤ G센서-중력 센서
⑥ ECS ECU

※ 파워오일압력 센서는 유압 조향 장치에 적용되는 센서이다.

47 자동변속기의 6포지션형 변속 레버 위치(select pattern)를 올바르게 나열한 것은? (단, D : 전진 위치, N : 중립 위치, R : 후진 위치, 2, 1 : 저속 전진 위치, P : 주차 위치)

가 P–R–N–D–2–1
나 P–N–R–D–2–1
다 R–N–D–P–2–1
라 R–N–P–D–2–1

48 일반적으로 브레이크 드럼의 재료로 사용되는 것은?

가 연강　　나 청동
다 주철　　라 켈밋 합금

해설 브레이크 드럼의 주 재료는 주철로 마모 시 드럼을 교체한다.

49 자동차의 변속기에서 제3속의 감속비 1.5, 종감속 구동 피니언 기어의 잇수 5, 링기어의 잇수 22, 구동바퀴의 타이어 유효반경 280 mm, 엔진 회전수 3,300 rpm으로 직진 주행하고 있다. 이때 자동차의 주행 속도는 약 몇 km/h인가? (단, 타이어의 미끄러짐은 무시한다.)

가 26.4　　나 52.8
다 116.2　　라 128.4

해설 차속$(V) = \dfrac{\pi \cdot D \cdot n}{r_t \times r_f} \times \dfrac{60}{1{,}000}$ km/h

$D = 28\text{ cm} \times 2 = 56\text{ cm} = 0.56\text{ m}$

$$\therefore\ V = \frac{3.14 \times 0.56\,\text{m}}{1.5 \times 4.4} \times \frac{3{,}300}{1\,\text{min}} \times \frac{1\,\text{km}}{1{,}000\,\text{m}} \times \frac{60\,\text{min}}{1\,\text{h}} = 52.752\text{ km/h}$$

50 타이어에 195/70R 13 82S라고 적혀 있다면 S는 무엇을 의미하는가?

정답 45. 다　46. 라　47. 가　48. 다　49. 나　50. 다

㉮ 편평 타이어
㉯ 타이어의 전폭
㉰ 허용 최고 속도
㉱ 스틸 레이디얼 타이어

해설 195/70R 13 82S에서 195 : 단면폭, 70 : 편평비, R : 레이디얼 타이어, 13 : 림직경, 82 : 하중지수, S : 속도 등급을 의미한다.

51 제동 초속도가 105 km/h, 차륜과 노면의 마찰계수가 0.4인 차량의 제동거리는 약 몇 m인가?

㉮ 91.5 ㉯ 100.5
㉰ 108.5 ㉱ 120.5

해설 제동거리$(S_1) = \dfrac{v^2}{2\mu g}$ (단위 : m)

여기서, v : 차량 속도(m/s)
μ : 노면의 마찰계수
g : 중력가속도(9.8 m/s^2)

$$\therefore\ S_1 = \frac{\left(\frac{105}{3.6}\right)^2}{2 \times 0.4 \times 9.8} = 108.5\ \text{m}$$

52 선회 시 차체가 조향 각도에 비해 지나치게 많이 돌아가는 것을 말하며, 뒷바퀴에 원심력이 작용하는 현상은?

㉮ 하이드로 플래닝
㉯ 오버 스티어링
㉰ 드라이브 휠 스핀
㉱ 코너링 포스

해설 언더 스티어링과 오버 스티어링 : 그림에서 주행 속도가 증가함에 따라서 필요한 조향 각도가 증가되는 것을 언더 스티어링(under steering)이라 하며, 조향 각도가 감소되는 것을 오버 스티어링(over steering)이라고 한다. 또한 언더 스티어링과 오버 스티어링의 중간 정도의 조향 각도, 즉 속도의 증가에 따라 처음에는 조향 각도가 증가하고 어느 속도에 도달하면 감소되는 리버스 스티어링(reverse steering)이 있다.

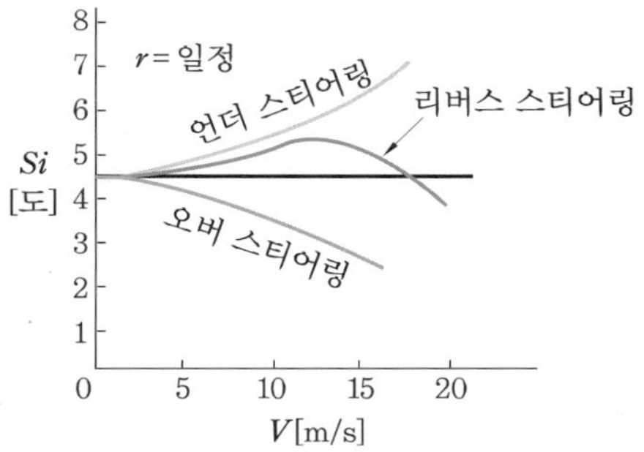

53 변속기에서 싱크로 메시 기구가 작동하는 시기는?

㉮ 변속 기어가 물릴 때
㉯ 변속 기어가 풀릴 때
㉰ 클러치 페달을 놓을 때
㉱ 클러치 페달을 밟을 때

해설 싱크로 메시 기구는 기어 변속 시 싱크로나이저 링의 안쪽 부분에서 마찰력이 작용하여 주축과 부축의 속도를 동기화시켜 변속이 부드럽고 원활하게 이루어지도록 한다. 싱크로메시 기구는 싱크로나이저 허브, 싱크로나이저 슬리브, 싱크로나이저 링, 싱크로나이저 키로 구성된다.

54 차량의 여유 구동력을 크게 하기 위한 방법이 아닌 것은?

㉮ 주행저항을 적게 한다.
㉯ 총 감속비를 크게 한다.
㉰ 엔진 회전력을 크게 한다.
㉱ 구동바퀴의 유효반지름을 크게 한다.

해설 차량의 여유 구동력을 크게 하려면 구동바퀴 유효반지름을 작게 한다.

55 타이어가 편마모되는 원인이 아닌 것은?

㉮ 쇼크 업소버가 불량하다.
㉯ 앞바퀴 정렬이 불량하다.
㉰ 타이어의 공기압이 낮다.
㉱ 자동차의 중량이 증가하였다.

정답 51. ㉰ 52. ㉯ 53. ㉮ 54. ㉱ 55. ㉱

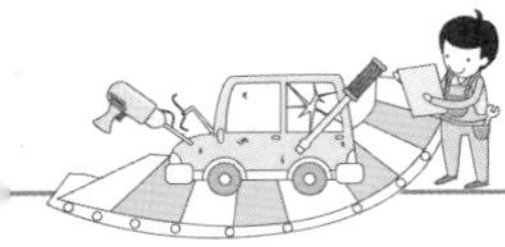

해설 차량 중량이 증가하면 타이어 전체의 마모가 촉진된다.

56 차륜 정렬에서 캐스터에 대한 설명으로 틀린 것은?

가 캐스터에 의해 바퀴가 추종성을 가지게 된다.
나 선회 시 차체운동에 의한 바퀴 복원력이 발생한다.
다 수직 방향의 하중에 의해 조향륜이 아래로 벌어지는 것을 방지한다.
라 바퀴를 차축에 설치하는 킹핀이 바퀴의 수직선과 이루는 각도를 말한다.

해설 캐스터(caster) : 자동차의 앞바퀴를 옆에서 보면 조향 너클과 앞 차축을 고정하는 킹핀(독립 차축식에는 볼 이음 축)이 수직선과 이루고 있는 각
① 주행 중 조향바퀴에 방향성을 부여한다.
② 조향하였을 때 직진 방향으로의 복원력을 준다.
※ 수직 방향의 하중에 의해 조향륜이 아래로 벌어지는 것을 방지하기 위해 두는 각도는 캠버각이다.

57 ABS 장치에서 펌프로부터 토출된 고압의 오일을 일시적으로 저장하고 맥동을 완화시켜주는 구성품은?

가 어큐뮬레이터 나 솔레노이드 밸브
다 모듈레이터 라 프로포셔닝 밸브

해설 어큐뮬레이터 : 유압회로에서 가해지는 유압의 충격을 완화시키며 맥동적인 유압을 저장한다.

58 전자제어 제동 장치(ABS)의 구성 요소가 아닌 것은?

가 휠 스피드 센서 나 차고 센서
다 하이드로릭 유닛 라 어큐뮬레이터

해설 차고 센서는 전자제어 현가 장치(ECS)에서 전·후, 좌·우 차량의 높이를 계측하는 센서이다.

59 자동차의 동력 전달 계통에 사용되는 클러치의 종류가 아닌 것은?

가 마찰 클러치 나 유체 클러치
다 전자 클러치 라 슬립 클러치

해설 자동차의 동력 전달 계통에 사용되는 클러치의 종류는 다음과 같다.
① 마찰 클러치
(가) 건식 클러치(단판식, 복식, 다판식)
(나) 습식 클러치
(다) 원추 클러치
② 자동 클러치
(가) 유체 클러치
(나) 토크 컨버터
(다) 전자식 클러치

60 동력 전달 장치인 추진축이 기하학적인 중심과 질량 중심이 일치하지 않을 때 일어나는 진동은?

가 요잉 나 피칭
다 롤링 라 휠링

해설 휠링 : 추진축에서 기하학적 중심과 질량적 중심이 일치되지 않을 때 굽음, 진동을 일으키는 것을 말한다.

제4과목 : 자동차 전기

61 교류 발전기에서 유도 전압이 발생되는 구성품은?

가 로터 나 회전자
다 계자코일 라 스테이터

해설 교류 발전기에서 유도 전압이 발생되는 부품은 스테이터(고정자)이며, 자계(기전력)가 형성되는 부품은 로터(회전자)이다.

62 공기 조화 장치에서 저압과 고압 스위치로 구성되어 있으며, 리시버 드라이어에 주로 장

정답 56. 다 57. 가 58. 나 59. 라 60. 라 61. 라 62. 가

착되어 있는데 컴프레서의 과열을 방지하는 역할을 하는 스위치는?

㉮ 듀얼 압력 스위치
㉯ 콘덴서 압력 스위치
㉰ 어큐뮬레이터 스위치
㉱ 리시버 드라이어 스위치

해설 듀얼 압력 스위치의 기능

① 저압 보호 기능 : 냉방 사이클 내에 냉매가 없거나 외기 온도가 0℃ 이하인 경우, 스위치를 OFF시켜 압축기의 전원을 차단하여 작동을 정지시킨다.

② 고압 보호 기능 : 고압측 압력을 감지하여 압력이 규정치 이상으로 상승하면 스위치를 OFF시켜 압축기의 전원을 차단하여 이상 고압으로부터 에어컨 시스템을 보호한다.

63 일반적인 오실로스코프에 대한 설명으로 옳은 것은?

㉮ X축은 전압을 표시한다.
㉯ Y축은 시간을 표시한다.
㉰ 멀티미터의 데이터보다 값이 정밀한다.
㉱ 전압, 온도, 습도 등을 기본으로 표시한다.

해설 멀티테스터와 오실로스코프는 사용하는 용도에 차이가 있으나 시스템을 고장 진단할 때, 회로 내 전체 흐름을 점검할 때는 오실로스코프를 활용할 수 있으며, X축은 시간을, Y축은 전압을 표시한다.

64 점화 코일에 관한 설명으로 틀린 것은?

㉮ 점화 플러그에 불꽃 방전을 일으킬 수 있는 높은 전압을 발생한다.
㉯ 점화 코일의 입력측이 1차 코일이고, 출력측이 2차 코일이다.
㉰ 1차 코일에 전류 차단 시 플레밍의 왼손 법칙에 의해 전압이 상승된다.
㉱ 2차 코일에서는 상호 유도 작용으로 2차 코일의 권수비에 비례하여 높은 전압이 발생한다.

해설 점화 1차 코일에 흐르는 전류를 차단하면 렌츠의 법칙에 의해 고전압이 발생된다. 1차 코일의 자기 유도 작용, 2차 코일의 상호 유도 작용에 의해 자동차 전원 12 V에서 20,000~30,000 V의 고압이 발생된다.

65 오토 라이트(auto light) 제어 회로의 구성 부품으로 가장 거리가 먼 것은?

㉮ 압력 센서
㉯ 조도 감지 센서
㉰ 오토 라이트 스위치
㉱ 램프 제어용 퓨즈 및 릴레이

해설 오토 라이트 시스템은 점등 위치와 주위 밝기의 변화를 감지하는 조도 센서의 입력 신호를 받아 미등 또는 전조등을 자동으로 점등 또는 소등시켜 주는 매우 편리한 시스템이다.

① 입력부 : 라이트 스위치는 수동 위치와 auto 위치를 선택할 수 있도록 되어 있으며, auto light 시스템은 auto 위치에서만 주위의 밝기에 따라 전조등과 미등을 자동으로 점등 또는 소등시킨다. 수동 위치에서는 운전자가 직접 라이트를 작동시켜야 한다. 조도 센서는 빛의 밝기를 감지하는 센서로 자동차의 앞 유리 중간 밑 부분에 장착된다.

② 제어부 : 제어 컴퓨터는 라이트 스위치와 조도 센서의 입력 값에 의해 전조등 및 미등의 점등과 소등 여부를 결정하여 신호를 보낸다.

③ 출력부 : 출력부는 자동차의 전조등과 미등으로 구성되며, 제어 컴퓨터의 명령을 받아 점등 및 소등이 된다.

66 전자동 에어컨 시스템에서 제어 모듈의 출력 요소로 틀린 것은?

㉮ 블로어 모터
㉯ 냉각수 밸브
㉰ 내 · 외기 도어 액추에이터
㉱ 에어믹스 도어 액추에이터

정답 63. ㉰ 64. ㉰ 65. ㉮ 66. ㉯

해설 전자동 에어컨 시스템

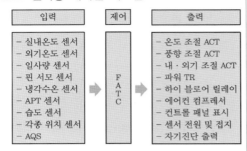

입력	제어	출력
– 실내온도 센서 – 외기온도 센서 – 일사량 센서 – 핀 서모 센서 – 냉각수온 센서 – APT 센서 – 습도 센서 – 각종 위치 센서 – AQS	FATC	– 온도 조절 ACT – 풍향 조절 ACT – 내 · 외기 조절 ACT – 파워 TR – 하이 블로어 릴레이 – 에어컨 컴프레서 – 컨트롤 패널 표시 – 센서 전원 및 접지 – 자기진단 출력

※ 냉각수 밸브는 전자동 에어컨 시스템과 관련이 없다.

67 에어백 장치에서 승객의 안전벨트 착용 여부를 판단하는 것은?

㉮ 시트 부하 스위치 ㉯ 충돌 센서
㉰ 버클 스위치 ㉱ 안전 센서

68 다이오드를 이용한 자동차용 전구 회로에 대한 설명 중 옳은 것은?

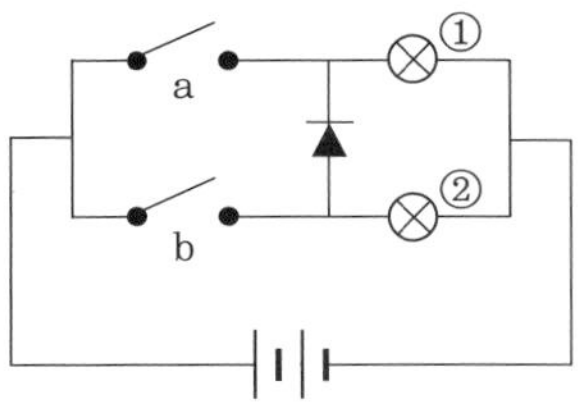

㉮ 스위치 b가 ON일 때 전구 ②만 점등된다.
㉯ 스위치 b가 ON일 때 전구 ①만 점등된다.
㉰ 스위치 a가 ON일 때 전구 ①만 점등된다.
㉱ 스위치 a가 ON일 때 전구 ①과 전구 ② 모두 점등된다.

69 회로가 그림과 같이 연결되었을 때 멀티미터가 지시하는 전류 값은 몇 A인가?

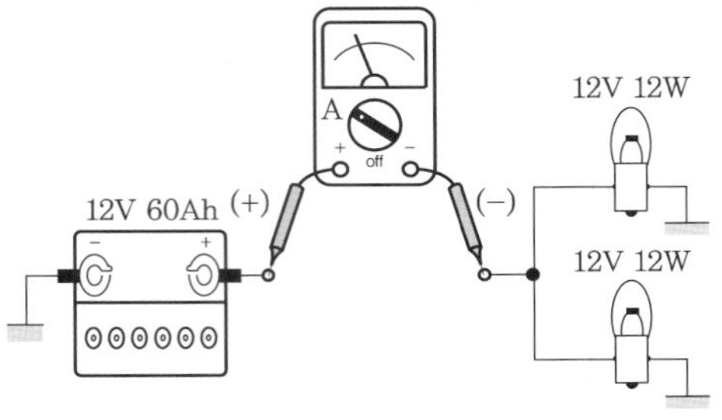

㉮ 1 ㉯ 2
㉰ 4 ㉱ 12

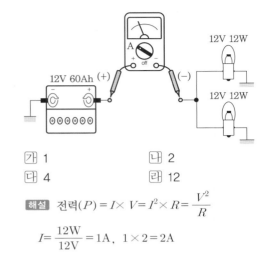

해설 전력$(P) = I \times V = I^2 \times R = \frac{V^2}{R}$

$I = \frac{12W}{12V} = 1A, \ 1 \times 2 = 2A$

70 점화 파형에 대한 설명으로 틀린 것은?

㉮ 압축압력이 높을수록 점화 요구 전압이 높아진다.
㉯ 점화 플러그의 간극이 클수록 점화 요구 전압이 높아진다.
㉰ 점화 플러그의 간극이 좁을수록 불꽃 방전 시간이 길어진다.
㉱ 점화 1차 코일에 흐르는 전류가 클수록 자기 유도 전압이 낮아진다.

해설 점화 1차 코일에 흐르는 전류가 클수록 자기 유도 전압의 크기는 커진다.

71 직권식 기동 전동기의 전기자 코일과 계자 코일의 연결 방식은?

㉮ 직렬로 연결되었다.
㉯ 병렬로 연결되었다.
㉰ 직 · 병렬 혼합 연결되었다.
㉱ 델타 방식으로 연결되었다.

해설 직권식 기동 전동기의 전기자 코일과 계자코일은 직렬로 연결되었다.

72 서로 다른 종류의 두 도체(또는 반도체)의 접점에서 전류가 흐를 때 접점에서 줄열

정답 67. ㉰ 68. ㉰ 69. ㉯ 70. ㉱ 71. ㉮ 72. ㉱

(Joule's heat) 외에 발열 또는 흡열이 일어나는 현상은?

㉮ 홀 효과 ㉯ 피에조 효과
㉰ 자게 효과 ㉱ 펠티에 효과

해설 펠티에 효과 : 서로 다른 종류의 도체(금속 또는 반도체)를 접합하여 전류를 흐르게 할 때 접합부에 줄열(Joule's heat) 외에 발열 또는 흡열이 일어나는 현상으로 전류가 운반하는 열량이 물질에 따라 다르기 때문이다.

73 하이브리드 자동차에서 모터의 회전자와 고정자의 위치를 감지하는 것은?

㉮ 레졸버
㉯ 인버터
㉰ 경사각 센서
㉱ 저전압 직류 변환장치

해설 레졸버의 원리
① 레졸버 입력에 일정한 크기, 일정한 주파수의 전압을 인가한다.
② 레졸버는 회전자의 위치에 따라 변압비가 변화하는 변압기로 생각할 수 있다.
③ 2개의 출력으로는 각각 회전자 위치에 대한 사인함수와 코사인함수로 진폭 변조된 신호가 출력된다.

74 가솔린 엔진에서 크랭크축의 회전수와 점화 시기의 관계에 대한 설명으로 옳은 것은?

㉮ 회전수와 점화 시기는 무관하다.
㉯ 회전수의 증가와 더불어 점화 시기는 진각된다.
㉰ 회전수의 감소와 더불어 점화 시기는 진각 후 지각된다.
㉱ 회전수의 증가와 더불어 점화 시기는 지각 후 진각된다.

75 하이브리드 차량에서 감속 시 전기 모터를 발전기로 전환하여 차량의 운동 에너지를 전기 에너지로 변환시켜 배터리로 회수하는 시스템은?

㉮ 회생 제동 시스템
㉯ 파워 릴레이 시스템
㉰ 아이들링 스톱 시스템
㉱ 고전압 배터리 시스템

해설 에너지 회생 제동 장치 : 감속할 때 모터를 발전기로 변경시켜 자동차의 운동 에너지를 전기 에너지로 변환시켜 축전지를 충전시킨다. 하이브리드 자동차에서는 회생 제동 장치를 사용하여 에너지 손실을 최소화하므로 이로 인한 연료 소비율 절감 효과는 매우 크다. 회생 제동 장치는 주행 상태에서 발생하는 감속 에너지를 모터로 회수하는 형식과 모터를 적극적으로 제동 기능에 포함시키는 형식이 있다.

76 배터리 극판의 영구 황산납(유화, 설페이션) 현상의 원인으로 틀린 것은?

㉮ 전해액의 비중이 너무 낮다.
㉯ 전해액이 부족하여 극판이 노출되었다.
㉰ 배터리의 극판이 충분하게 충전되었다.
㉱ 배터리를 방전된 상태로 장기간 방치하였다.

해설 설페이션 현상 : 축전지를 방전 상태에서 오래 방치하면 극판 표면에 회백색으로 변한 결정체가 생기게 되며 충전해도 본래의 과산화납이 해면상납으로 환원되지 않아 영구 황산납으로 굳어지는 현상을 말한다.

77 보기가 설명하고 있는 법칙으로 옳은 것은 어느 것인가?

보기
유도 기전력의 방향은 코일 내 자속의 변화를 방해하는 방향으로 발생한다.

㉮ 렌츠의 법칙
㉯ 자기 유도 법칙
㉰ 플레밍의 왼손 법칙
㉱ 플레밍의 오른손 법칙

정답 73. ㉮ 74. ㉯ 75. ㉮ 76. ㉰ 77. ㉮

78 자동차 정기 검사의 등화장치 검사 기준에서 (　　)에 알맞은 것은?

주광축의 진폭은 10 m 위치에서 다음 수치 이내일 것 (단위 : cm)

전조등 \ 진폭	상	하	좌	우
좌측	10	30	(　)	30
우측	10	30	30	30

㉮ 10　　㉯ 15
㉰ 20　　㉱ 25

해설 주행빔의 비추는 방향은 자동차의 진행 방향과 같아야 하며 전방 10 m거리에서 주광축의 좌우측 진폭은 30 cm이내, 상향 진폭은 10 cm 이내, 하향 진폭은 전조등 높이의 $\frac{3}{10}$ 이내일 것(단, 좌측 전조등의 경우 좌측 진폭은 15 cm 이내로 한다.)

79 점화 순서가 1-5-3-6-2-4인 직렬 6기통 엔진에서 2번 실린더가 흡입 초 행정일 경우 1번 실린더의 상태는?

㉮ 흡입 말　　㉯ 동력 초
㉰ 동력 말　　㉱ 배기 중

해설 행정은 오른쪽으로, 점화 순서는 시계반대방향으로 표기하고 주어진 기준 행정을 중심으로 문제 실린더 행정을 찾는다.
점화 순서 1-5-3-6-2-4(2번 실린더 흡입 초)

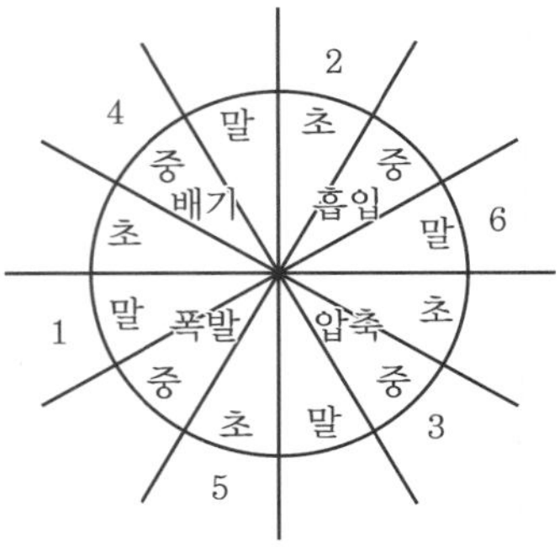

1번 실린더 상태 : 폭발(동력 말)

80 제동등과 후미등에 관한 설명으로 틀린 것은?

㉮ 제동등과 후미등은 직렬로 연결되어 있다.
㉯ LED 방식의 제동등은 점등속도가 빠르다.
㉰ 제동등은 브레이크 스위치에 의해 점등된다.
㉱ 퓨즈 단선 시 전체 후미등이 점등되지 않는다.

해설 제동등과 후미등은 병렬로 연결되어 있으며 더블등으로 작동된다. 미등 스위치가 on되면 미등이 작동되고 여기에 브레이크를 밟게 되면 밝기가 더해져 제동 상태 확인이 가능하다.

정답 78. ㉯　79. ㉰　80. ㉮

국가기술자격 필기시험문제

2018년도 4월 28일 (제2회)

자격종목	코드	시험시간	형 별	수검번호	성 명
자동차정비산업기사	2070	2시간			

제1과목 : 일반기계공학

01 지름 42 mm, 표점거리 200 mm의 연강제 둥근 막대를 인장 시험한 결과, 표점거리가 250 mm로 되었다면 연신율은 얼마인가?

㉮ 20 %　㉯ 25 %
㉰ 35 %　㉱ 40 %

해설 연신율(%)

$$= \frac{\text{파단 후 표점거리} - \text{표점거리}}{\text{표점거리}} \times 100\,\%$$

$$= \frac{250 - 200}{200} \times 100\,\% = 25\,\%$$

02 두 축의 중심선이 어느 정도 어긋났거나 경사졌을 때 사용하며 결합 부분에 합성 고무, 가죽, 스프링 등의 탄성 재료를 사용하여 회전력을 전달하는 것은?

㉮ 플렉시블 커플링(flexible coupling)
㉯ 클램프 커플링(clamp coupling)
㉰ 플랜지 커플링(flange coupling)
㉱ 머프 커플링(muff coupling)

해설 플렉시블 커플링 : 두 축의 축선을 정확히 일치시키기 어려울 때나 진동·충격을 완화할 경우에 사용하는 축이음으로 고무·가죽·스프링 등의 탄성이 풍부한 재료를 중간에 넣어 사용한다. 동력은 체결 볼트(coupling bolt)의 전단력에 의해 전달되며, 편심, 편각이 어느 정도 허용되는 축 이음이다.

03 유압 제어 밸브를 기능상 크게 3가지로 분류할 때 여기에 속하지 않는 것은?

㉮ 압력 제어 밸브　㉯ 온도 제어 밸브
㉰ 유량 제어 밸브　㉱ 방향 제어 밸브

해설 유압 제어 밸브를 기능적으로 분류하면, 기본적으로 작동유 흐름의 방향을 제어하는 방향 제어 밸브, 과부하의 방지 및 유압 기기의 보호를 위하여 최고 출력을 규제하고 유압 회로 내의 필요 압력으로 유지하는 압력 제어 밸브, 유로의 단면적을 변화시켜 유량을 제어하고 액추에이터의 속도와 회전수를 변화시키는 유량 제어 밸브로 분류된다.

04 자동차, 내연엔진, 항공기, 펌프 등의 구성 부품의 접합부 및 접촉면의 기밀을 유지하고 유체가 새는 것을 방지하기 위해 사용하는 패킹 재료로서 적합하지 않은 것은?

㉮ 가죽　㉯ 고무
㉰ 네오프렌　㉱ 세라믹

해설 세라믹은 비금속 또는 무기질 재료를 높은 온도에서 가공, 성형하여 만든 제품으로 주로 도자기류에 많이 사용된다. 종류에는 천연의 원료를 사용한 세라믹, 정제 가공한 파인 세라믹이 있다. 세라믹은 패킹 재료에 부적합하므로 사용되지 않는다.

05 모듈이 8, 잇수가 45개인 표준 평기어의 피치원 지름은 몇 mm인가?

㉮ 180　㉯ 260
㉰ 360　㉱ 440

해설 $\text{모듈}(M) = \frac{\text{지름}(D)}{\text{잇수}(Z)}$

$$\therefore\ 8 = \frac{D}{45},\quad D = 8 \times 45 = 360$$

정답 01. ㉯　02. ㉮　03. ㉯　04. ㉱　05. ㉰

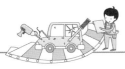

06 다음 중 일반적으로 벨트 풀리(belt pulley)와 같은 원형 모양의 주형 제작에 편리한 주형법은?

㉮ 혼성 주형법 ㉯ 회전 주형법
㉰ 조립 주형법 ㉱ 고르게 주형법

해설 주형 제작법
① 바닥 주형법 : 상형이 없는 주형, 가장 간단하며 거친 주물 제작에 사용한다.
② 조립 주형법 : 제작이 비교적 쉽고 가장 많이 사용한다.
③ 혼성 주형법 : 대형 주물에 사용되며, 하주형은 모래바닥을 이용하며 상주형은 주형 제작에 사용한다.
④ 회전 주형법 : 회전목마를 이용한 주형 제작법으로 원형 모양의 주형 제작에 용이하다.

07 용접 이음부에 입상의 용제를 공급하고, 이 용제 속에서 전극과 모재 사이에 아크를 발생시켜 연속적으로 용접하는 방법은?

㉮ TIG 용접
㉯ MIG 용접
㉰ 테르밋 용접
㉱ 서브머지드 아크 용접

해설 ① TIG 용접 : 불활성 가스 분위기 속에서 전극으로 텅스텐 봉을 사용하는 용접이다.
② MIG 용접 : 불활성 가스 분위기 속에서 전극으로 금속 비피복 봉을 사용하는 용접이다.
③ 서브머지드 아크 용접 : 용접 이음의 표면에 쌓아 올린 미세한 입상의 플럭스 속에 비피복 전극 와이어를 집어 넣고 전극과 모재와의 사이에 생기는 아크 열을 발생시켜 연속적으로 용접하는 방법으로 잠호 용접이라고도 한다.
④ 테르밋 용접 : 테르밋 반응을 이용하여 금속 따위를 용접하는 방법이다.

08 재료의 인장강도가 4000 MPa, 안전율이 10이라면 허용응력은 몇 MPa인가?

㉮ 200 ㉯ 300
㉰ 400 ㉱ 500

해설 $\text{안전율} = \dfrac{\text{인장강도}}{\text{허용응력}}$

$$10 = \frac{4000\,\text{MPa}}{\text{허용응력}}$$

$$\therefore\ \text{허용응력} = \frac{4000}{10} = 400\,\text{MPa}$$

09 다음 중 가장 일반적으로 사용하면서 묻힘 키라고도 하며 축과 보스 양쪽에 키 홈을 파는 키는?

㉮ 성크 키 ㉯ 반달 키
㉰ 접선 키 ㉱ 미끄럼 키

해설 ① 성크 키(sunk key, 묻힘 키) : 축과 보스에 모두 키 홈을 판 것이다.
② 반달 키 : 축 옆의 키 홈의 가공은 간단하지만 키 홈이 깊게 되는 것으로 그다지 큰 힘이 걸리지 않는 테이퍼 축에 핸들 등을 설치하는 데 사용된다.
③ 접선 키 : 플라이 휠(fly-wheel)과 같이 무거운 물건이나 급격한 속도 변화가 있는 부분의 체결에 사용된다. 같은 용도의 키로 케네디 키가 있다.
④ 미끄럼 키 : 보스가 축 방향으로도 미끄럼 운동을 할 수 있는 키로 테이퍼가 없는 키이다.

10 그림과 같은 단순보에서 R_A와 R_B의 값으로 적절한 것은?

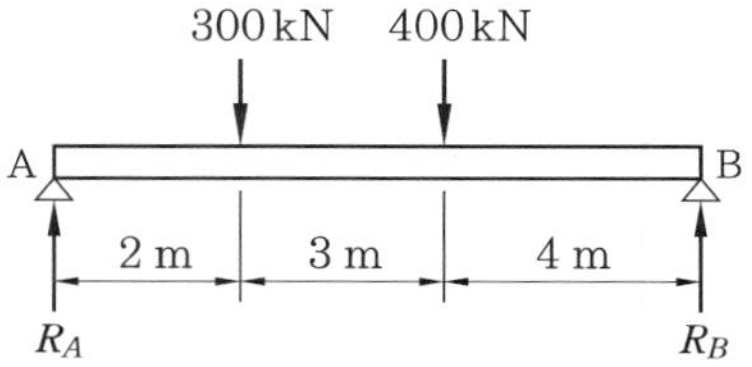

㉮ $R_A = 396.8$ kN, $R_B = 303.2$ kN
㉯ $R_A = 411.1$ kN, $R_B = 288.9$ kN
㉰ $R_A = 432.3$ kN, $R_B = 267.7$ kN
㉱ $R_A = 467.4$ kN, $R_B = 232.6$ kN

해설 단순보에서 R_A, R_B를 구하는 공식

$$R_B = \frac{P_1 l_1 + P_2 l_2 + P_3 l_3}{l}$$

$$R_A = P_1 + P_2 + P_3 - R_B$$

$$R_B = \frac{300\,\text{kN} \times 2\,\text{m} + 400\,\text{kN} \times 5\,\text{m}}{2+3+4\,\text{m}}$$

$$= 288.9\,\text{kN}$$

$$R_A = 300\,\text{kN} + 400\,\text{kN} - 288.9\,\text{kN} = 411.1\,\text{kN}$$

11 **나사산의 각도는 60도이고 인치계 나사이며, 보통 나사와 가는 나사가 있다. 미국, 영국, 캐나다 등 세 나라의 협정 나사로서 ABC 나사라고도 하는 것은?**

㉮ 관용 나사 ㉯ 톱니 나사
㉰ 사다리꼴 나사 ㉱ 유니파이 나사

해설 유니파이 나사 : 일반적으로 체결용으로 사용되며 유니파이 보통 나사(UNC)와 유니파이 가는 나사(UNF)로 분류된다. 유니파이 가는 나사는 유니파이 보통 나사보다 피치가 작으므로 나사산의 높이도 낮아서 두께가 얇은 부품과 체결하는 데 적절하며, 리드각이 작기 때문에 쉽게 풀리지 않는다. ABC 나사라고도 하고 나사산이 삼각형인 삼각 나사로, 나사산의 각도는 미터 나사와 같은 60°로 되어 있지만, 인치 나사로 ISO에 규격화되어 있는 나사이다.

12. **다음 중 암나사를 수기가공으로 작업을 할 때 사용되는 공구는?**

㉮ 탭 ㉯ 리머
㉰ 다이스 ㉱ 스크레이퍼

해설 ① 탭 : 드릴로 구멍을 뚫어 놓고, 그 구멍에 탭을 꽂아 넣고 돌리면, 끝의 절삭날이 있는 부분으로 절삭하고 절삭날이 필요한 크기의 암나사를 절삭한다. 손으로 돌리는 것을 수동 회전 탭이라고 하며, 선반에 장치해서 기계로 돌리는 것도 있다. 이 밖에 파이프 탭, 마스터 탭 등이 있다.
② 리머 : 리벳, 볼트로 재료를 연결하는 경우, 구멍의 겹침 정밀도를 좋게 하기 위해 각 재료에는 지름이 작은 구멍을 미리 뚫어 두고, 재료를 겹친 후 소정의 지름으로 확공하고 이 확공 또는 정공에 이용하기 위해 끝에 테이퍼를 붙인 드릴을 말한다.

13 **다음 중 베인 펌프(vane pump)의 형식으로 가장 적절한 것은?**

㉮ 원심식 ㉯ 왕복식
㉰ 회전식 ㉱ 축류식

해설 펌프의 분류
① 터보형
(가) 원심형(벌류트 펌프, 터빈 펌프)
(나) 사류형
(다) 축류형
② 용적형
(가) 왕복형 : 피스톤 펌프, 플런저 펌프
(나) 회전형 : 기어 펌프, 베인 펌프

14 **비틀림을 받는 원형 단면 축의 극관성 모멘트는? (단, d는 원형 단면의 지름이다.)**

㉮ $\frac{\pi d^3}{16}$ ㉯ $\frac{\pi d^3}{32}$
㉰ $\frac{\pi d^4}{16}$ ㉱ $\frac{\pi d^4}{32}$

해설 극관성 모멘트 : 비틀림에 저항하는 성질을 나타낸 값

원형 단면 : $I_P = \frac{\pi \cdot d^4}{32}$

직사각형 단면 : $I_P = b^2 + h^2$

15 **관로의 도중에 단면적이 좁은 목(throat)을 설치하여 이 부분에서 발생하는 압력차를 측정하여 유량을 구분하는 것은?**

㉮ 초크 ㉯ 위어
㉰ 오리피스 ㉱ 벤투리미터

해설 ① 벤투리미터 : 관수로의 유량을 구하는 장치로 관수로의 일부에 단면을 변화시킨 관을 부착하고, 여기를 통과하는 물의 수압 변화로부터 유량을 구한다.
② 위어 : 물의 흐름을 측정하거나 제어하는 장치로 물에 의한 침식에서 강우량의 특

정답 11. ㉱ 12. ㉮ 13. ㉰ 14. ㉱ 15. ㉱

성을 파악하기 위하여 포장 또는 유역의 말단에 설치하여 계량한다.

16 일명 드로잉(drawing)이라고도 하며 소재를 다이 구멍에 통과시켜 봉재, 선재, 관재 등을 가공하는 방법은?

㉮ 단조　　㉯ 압연
㉰ 인발　　㉱ 전단

해설 드로잉 : 선재나 가는 관을 만들기 위한 금속의 변형 가공법으로 인발이라고도 하며, 정해진 굵기의 소선재를 다이(die)라는 틀을 통해서 끌어내어 다이에 뚫려 있는 구멍 형상의 선재로 출력하는 작업이다. 드로잉 재료로서 가장 일반적인 것은 강선과 구리선이다.

17 선반 작업용 부속장치 중 가늘고 긴 공작물을 가공할 때, 발생하는 미세한 떨림을 방지하기 위하여 사용하는 것은?

㉮ 방진구　　㉯ 돌림판
㉰ 돌리개　　㉱ 연동척

해설 방진구 : 공작물의 처짐 또는 휨을 방지해 주는 장치로 가동 시 발생하는 미세한 떨림을 방지하기 위해 사용하며, 고정식과 이동식 두 가지 종류가 있다.

18 탄소강에 함유되어 있는 원소 중 연신율을 감소시키지 않고 강도를 증가시키며, 고온에서 소성을 증가시켜 주조성을 좋게 하는 원소는?

㉮ 망간(Mn)　　㉯ 규소(Si)
㉰ 인(P)　　㉱ 황(S)

해설 망간(Mn) : 강도와 고온 가공성 증가, 주조성과 담금질 효과 증대, 연신율의 감소 억제

19 다음 중 마그네슘의 일반적인 성질로 가장 거리가 먼 것은?

㉮ 고온에서 발화하기 쉽다.
㉯ 상온에서 압연과 단조가 쉽다.
㉰ 비중은 1.74이다.
㉱ 대기 중에서 내식성이 양호하나 물이나 바닷물에 침식되기 쉽다.

해설 마그네슘은 은백색의 가벼운 금속이며, 녹는점은 650℃, 끓는점은 1090℃로 알칼리 토금속 중에서 가장 낮다. 밀도는 1.738 g/cm^{3}로 알루미늄의 3분의 2, 타이타늄의 3분의 1, 철의 4분의 1에 해당한다. 결정 구조는 육방 밀집 구조이며, 연성과 전성이 있어 얇은 박 또는 철사 등으로 뽑을 수 있다.

20 코일 스프링에서 코일의 평균지름이 50 mm, 유효권수가 10, 소선지름이 6 mm, 축방향의 하중이 10 N 작용할 때 비틀림에 의한 전단응력은 약 몇 MPa인가?

㉮ 1.5　　㉯ 3.0
㉰ 5.9　　㉱ 11.8

해설 $\tau = \dfrac{8PD}{\pi d^3} = \dfrac{8 \times 10\text{N} \times 50\text{mm}}{\pi \times (6\text{mm})^3}$

$= \dfrac{5.89\text{N}}{\text{mm}^2} \fallingdotseq 5.9\text{MPa}$

제2과목 : 자동차 엔진

21 엔진의 도시 평균유효압력에 대한 설명으로 옳은 것은?

㉮ 이론 PV 선도로부터 구한 평균유효압력
㉯ 엔진의 기계적 손실로부터 구한 평균유효압력
㉰ 엔진의 실제 지압선도로부터 구한 평균유효압력
㉱ 엔진의 크랭크축 출력으로부터 계산한 평균유효압력

해설 도시 평균유효압력 : 피스톤 엔진에 있어서 피스톤에 가해지는 압력은 피스톤의 위치에 따라 다른 것으로 팽창의 전행정에 걸쳐

정답 16. ㉰　17. ㉮　18. ㉮　19. ㉯　20. ㉰　21. ㉰

평균한 값을 고려하여 그 중 유효하게 작용하는 압력이다.
※ 라는 제동 평균유효압력을 의미한다.

22 전자제어 디젤 연료 분사 방식 중 다단분사의 종류에 해당하지 않는 것은?

가 주분사 나 예비분사
다 사후분사 라 예열분사

해설 다단분사 : 지나친 압력 상승을 막고 연소 압력을 고르게 유지하기 위한 분사로 1사이클에 최대 5번 분사할 수 있다.
① 사전분사 : 파일럿분사와 프리분사는 피스톤이 상사점을 향하는 과정에서 미리 소량의 연소를 분사시킨다.
(가) 파일럿분사 : 피스톤이 상승하는 과정 초기에 소량을 연소시킴으로써 압력과 온도를 미리 올려놓아서 주분사에서의 갑작스런 압력 상승을 줄여준다.
(나) 프리분사 : 주분사 이전에 착화에 필요한 불씨를 미리 만들어 놓음으로써 주분사에서의 점화 지연을 방지하여 연소가 갑작스럽게 일어나는 것을 방지한다.
② 주분사 : 엔진 동력을 얻는 분사로 이상적인 주분사는 연소 압력이 고르고 길게 유지된다.
③ 사후분사(애프터분사, 포스트분사) : 배기가스 저감을 위한 분사로 주분사에서 연소되지 않고 남은 숯검댕을 감소시키기 위해 한 번 더 태우는 것이며, 포스트분사는 DPF를 작동시키기 위해 연료를 흘려보내는 분사이다.

23 디젤 엔진의 기계식 연료 분사 장치에서 연료의 분사량을 조절하는 것은?

가 컷 오프 밸브
나 조속기
다 연료여과기
라 타이머

해설 조속기(governor) : 엔진의 회전속도나 부하의 변동에 따라서 자동적으로 제어 래크를 움직여 분사량을 가감하는 장치

24 자동차 정기검사의 소음도 측정에서 운행 자동차의 소음허용기준 중 ( )에 알맞은 것은? (단, 2006년 1월 1일 이후에 제작되는 자동차)

자동차 종류 \ 소음 항목	배기소음 (dB(A))	경적소음 (dB(C))
경자동차	( ) 이하	110 이하

가 100 나 105
다 110 라 115

해설 자동차의 소음허용기준은 제작자동차와 운행자동차를 구분하여, 제작기준에 맞추어 생산해야 할 뿐만 아니라 출고 이후에는 운전자가 운행기준에 맞추어 정비를 하도록 규정하고 있다. 2000년 1월 1일 이후에 제작되는 자동차의 운행소음 기준은 배기소음 100 dB(A) 이하, 경적소음 110 dB(C) 이하이다.

25 자동차 디젤 엔진의 분사 펌프에서 분사 초기에는 분사 시기를 변경시키고 분사 말기는 분사 시기를 일정하게 하는 리드 형식은 어느 것인가?

가 역 리드 나 양 리드
다 정 리드 라 각 리드

해설 ① 정 리드형(normal lead type) : 분사 개시 때의 분사 시기가 일정하고, 분사 말기가 변화하는 리드
② 역 리드형(revers lead type) : 분사 초기(시작)에 플런저 배럴 및 플런저 분사 시기가 변화하고 분사 말기가 일정한 리드
③ 양 리드형(combination lead type) : 분사 초와 말의 분사 시기 변화를 주게 된다.

26 캐니스터에서 포집한 연료 증발 가스를 흡기 다기관으로 보내주는 장치는?

가 PCV 나 EGR
다 PCSV 라 서모 밸브

해설 증발 가스는 연료 계통에서 연료가 증발하여 대기 중으로 방출되는 가스이며 주성분은 탄화수소(HC)이다. 연료 계통에서 발생한

정답 22. 라 23. 나 24. 가 25. 가 26. 다

증발 가스(탄화수소)는 캐니스터에 포집된 후 PCSV(purge control solenoid valve)의 조절에 의하여 흡기다기관을 통하여 연소실로 보내져 연소된다.

27 **전자제어 가솔린 엔진에 사용되는 센서 중 흡기온도 센서에 대한 내용으로 틀린 것은?**

㉮ 흡기온도가 낮을수록 공연비는 증가된다.

㉯ 온도에 따라 저항값이 변화되는 NTC형 서미스터를 주로 사용한다.

㉰ 엔진 시동과 직접 관련되며 흡입공기량과 함께 기본 분사량을 결정한다.

㉱ 온도에 따라 달라지는 흡입 공기 밀도 차이를 보정하여 최적의 공연비가 되도록 한다.

해설 ㉰항은 AFS(흡입공기량 센서)에 대한 설명이다.

28 **전자제어 가솔린 분사 장치의 흡입공기량 센서 중에서 흡입하는 공기의 질량에 비례하여 전압을 출력하는 방식은?**

㉮ 핫 필름식 ㉯ 칼만 와류식

㉰ 맵 센서식 ㉱ 베인식

29 **운행차 정밀 검사의 관능 및 기능 검사에서 배출가스 재순환장치의 정상적 작동 상태를 확인하는 검사 방법으로 틀린 것은?**

㉮ 정화용 촉매의 정상 부착 여부 확인

㉯ 재순환 밸브의 수정 또는 파손 여부를 확인

㉰ 진공호스 및 라인 설치 여부, 호스 폐쇄 여부 확인

㉱ 진공 밸브 등 부속장치의 유·무, 우회로 설치 및 변경 여부를 확인

30 **엔진에서 밸브 스템의 구비 조건이 아닌 것은?**

㉮ 관성력이 증대되지 않도록 가벼워야 한다.

㉯ 열전달 면적을 크게 하기 위하여 지름을 크게 한다.

㉰ 스템과 헤드의 연결부는 응력집중을 방지하도록 곡률 반경이 작아야 한다.

㉱ 밸브 스템의 윤활이 불충분하기 때문에 마멸을 고려하여 경도가 커야 한다.

해설 밸브 스템과 헤드의 연결부는 응력집중을 방지하도록 곡률 반경이 커야 한다.

31 **LPG를 사용하는 자동차의 봄베에 부착되지 않는 것은?**

㉮ 충전 밸브

㉯ 송출 밸브

㉰ 안전 밸브

㉱ 메인 듀티 솔레노이드 밸브

해설 메인 듀티 솔레노이드 밸브는 LPG 차량의 혼합비를 조정하는 솔레노이드 밸브로 듀티값이 약 50%로 조절되며 흡기관 스로틀 보디에 장착된다.

32 **LPG 엔진의 특징에 대한 설명으로 옳은 것은?**

㉮ 연료 관 내에 베이퍼 로크가 발생하기 쉽다.

㉯ 연료의 증발잠열로 인해 겨울철 시동성이 좋지 않다.

㉰ 옥탄가가 낮은 연료를 사용하여 노크가 빈번히 발생한다.

㉱ 연소가 불안정하여 다른 엔진에 비해 대기 오염물질을 많이 발생한다.

해설 LPG 엔진의 특징

① 기화하기 쉬워 연소가 균일하다.

② 가스 상태이므로 증기폐쇄가 일어나지 않는다.

③ 대기 오염이 적고 위생적이다.

정답 27. ㉰ 28. ㉮ 29. ㉮ 30. ㉰ 31. ㉱ 32. ㉯

④ 연소 효율이 좋고 엔진이 정숙하다.
⑤ 오일의 오염이 적어 엔진 수명이 길다.
⑥ 옥탄가가 높고 노킹이 적어 점화 시기를 앞당길 수 있다.
⑦ 연소실에 카본 부착이 없어 점화 플러그 수명이 길어진다.

33 전자제어 엔진에서 연료의 기본 분사량 결정 요소는?

㉮ 배기 산소 농도
㉯ 대기압
㉰ 흡입 공기량
㉱ 배기량

해설 전자제어 엔진의 기본 분사량

$$= \frac{\text{흡입 공기량(AFS)}}{\text{엔진 회전수(CAS)}}$$

34 엔진이 압축행정일 때 연소실 내의 열과 내부에너지의 변화의 관계로 옳은 것은? (단, 연소실 내부 벽면 온도가 일정하고, 혼합가스가 이상기체이다.)

㉮ 열 = 방열, 내부에너지 = 증가
㉯ 열 = 흡열, 내부에너지 = 불변
㉰ 열 = 흡열, 내부에너지 = 증가
㉱ 열 = 방열, 내부에너지 = 불변

35 배기량 400 cc, 연소실 체적 50 cc인 가솔린 엔진이 3,000 rpm일 때, 축토크가 8.95 kgf · m이라면 축출력은 약 몇 PS인가?

㉮ 15.5 ㉯ 35.1
㉰ 37.5 ㉱ 38.1

해설 제동마력(BHP)

$$= \frac{8.95 \times 3{,}000}{716} = 37.5\,\text{PS}$$

36 전자제어 엔진의 연료 분사 장치 특징에 대한 설명으로 가장 적절한 것은?

㉮ 연료 과다 분사로 연료 소비가 크다.
㉯ 진단장비 이용으로 고장 수리가 용이하지 않다.
㉰ 연료 분사 처리속도가 빨라서 가속 응답성이 좋아진다.
㉱ 연료 분사 장치 단품의 제조 원가가 저렴하여 엔진 가격이 저렴하다.

해설 전자제어 연료 분사 장치는 엔진의 출력 증대, 유해가스 감소, 연료 소비율 저감 및 신속한 응답성을 만족시키기 위해 각종 센서로부터 정보를 받아 엔진의 운전 상태에 따라 연료 분사량을 ECU(electronic control unit)로 제어하여 인젝터를 통하여 연료를 분사시키는 방식이다.

37 엔진의 오일 여과기 및 오일 팬에 쌓이는 이물질이 아닌 것은?

㉮ 오일의 열화 및 노화로 발생한 산화물
㉯ 토크 컨버터의 열화로 인한 퇴적물(슬러지)
㉰ 엔진 섭동 부분의 마모로 발생한 금속 분말
㉱ 연료 및 윤활유의 불완전 연소로 생긴 카본

해설 토크 컨버터는 자동 변속기 해당 부품으로 엔진 오일과 관련이 없다.

38 연료 장치에서 연료가 고온 상태일 때 체적 팽창을 일으켜 연료 공급이 과다해지는 현상은?

㉮ 베이퍼 로크 현상 ㉯ 퍼컬레이션 현상
㉰ 캐비테이션 현상 ㉱ 스텀블 현상

해설 ① 퍼컬레이션 현상 : 가솔린 증기가 발생하여 이것이 연소실로 유입되어 혼합기가 농후해지는 현상
② 베이퍼 로크 현상 : 브레이크를 지나치게 사용하면 차륜 부분의 마찰열 때문에 휠실린더나 브레이크 파이프 속의 오일이 기화되고, 브레이크 회로 내에 공기가 유입된 것처럼 기포가 형성될 때 브레이크를 밟아

정답 33. ㉰ 34. ㉱ 35. ㉰ 36. ㉰ 37. ㉯ 38. ㉯

도 스펀지를 밟듯이 푹푹 꺼지며, 브레이크가 작동되지 않는 현상

③ 캐비테이션 현상 : 압력이 증기압보다 낮아지면 액체가 기화하거나 또는 녹아 있던 공기 등이 기포로 되기 때문에 공동이 발생하는 현상

④ 스텀블 현상 : 가속 페달을 밟아 차량의 속도를 증가시킬 때 일시적으로 발생하는 출력 저하나 진동(주로 공기 과잉 공급에 의한 혼합기가 희박할 때 발생)

39 가솔린 엔진에서 노크 발생을 억제하기 위한 방법으로 틀린 것은?

㉮ 연소실벽 온도를 낮춘다.

㉯ 압축비, 흡기온도를 낮춘다.

㉰ 자연발화온도가 낮은 연료를 사용한다.

㉱ 연소실 내 공기와 연료의 혼합을 원활하게 한다.

해설 노킹 방지 방법

① 고옥탄가의 연료(내폭성이 큰 연료)를 사용한다.

② 화염전파 속도를 빠르게 하거나 화염전파 거리를 단축시킨다.

③ 압축비, 혼합가스 및 냉각수 온도를 낮춘다.

④ 혼합비를 농후하게 한다.

⑤ 혼합가스에 와류를 증대시킨다.

⑥ 자연발화온도가 높은 연료를 사용한다.

⑦ 연소실에 퇴적된 카본을 제거한다.

⑧ 점화 시기를 엔진 현상에 따라 적절하게 조정한다.

40 피스톤의 단면적 40 cm^2, 행정 10 cm, 연소실 체적 50 cm^{3}인 엔진의 압축비는 얼마인가?

㉮ 3 : 1　　㉯ 9 : 1

㉰ 12 : 1　　㉱ 18 : 1

해설 $\epsilon = \frac{V_c + V_s}{V_c}$ 또는 $1 + \frac{V_s}{V_c}$

여기서, ϵ : 압축비

V_c : 연소실 체적

V_s : 행정 체적(배기량)

$\therefore \epsilon = \frac{50 + 400}{50} = 9$

제3과목 : 자동차 섀시

41 중량이 2000 kgf인 자동차가 20°의 경사로를 등반 시 구배(등판) 저항은 약 몇 kgf인가?

㉮ 522　　㉯ 584

㉰ 622　　㉱ 684

해설 $R_g = W \times \sin\theta$

$= 2000 \times \sin 20° = 684\,\text{kgf}$

42 무단 변속기(CVT)를 제어하는 유압 제어 구성 부품에 해당하지 않는 것은?

㉮ 오일 펌프

㉯ 유압 제어 밸브

㉰ 레귤레이터 밸브

㉱ 싱크로메시 기구

해설 싱크로메시 기구는 수동 변속기 기어 물림에서 기어의 콘 부분과 허브 기어를 싱크로나이저 링과 슬리브에 의해 동기화시키기 위한 기구이다.

43 축거를 L[m], 최소회전반지름을 R[m], 킹핀과 바퀴 접지면과의 거리를 r[m]이라 할 때 조향각 α를 구하는 식은?

㉮ $\sin\alpha = \frac{L}{R-r}$　　㉯ $\sin\alpha = \frac{L-r}{R}$

㉰ $\sin\alpha = \frac{R-r}{L}$　　㉱ $\sin\alpha = \frac{L-R}{r}$

해설 $R = \frac{L}{\sin\alpha} + r$

$\therefore \sin\alpha = \frac{L}{R-r}$

44 TCS(traction control system)가 제어하

정답 39. ㉰　40. ㉯　41. ㉱　42. ㉱　43. ㉮　44. ㉮

는 항목에 해당하는 것은?

㉮ 슬립 제어
㉯ 킥 업 제어
㉰ 킥 다운 제어
㉱ 히스테리시스 제어

해설 TCS(traction control system) : 눈길, 빗길 등 미끄러지기 쉬운 노면에서 차량을 출발하거나 가속할 때 과잉의 구동력이 발생하여 타이어가 공회전하지 않도록 차량의 구동력을 제어하는 시스템으로 노면과 타이어 사이의 접지 마찰력에 따라 엔진 토크를 자동으로 조정하여 주행 안전성을 증대시킨다.

45 TCS(traction control system)에서 트레이스 제어를 위해 컴퓨터(TCU)로 입력되는 항목이 아닌 것은?

㉮ 차고 센서
㉯ 휠 스피드 센서
㉰ 조향 각속도 센서
㉱ 액셀러레이터 페달 위치 센서

해설 TCS는 바퀴가 미끄러지지 않고 차량 자세를 제어하는 시스템으로 제어 항목은 다음과 같다.

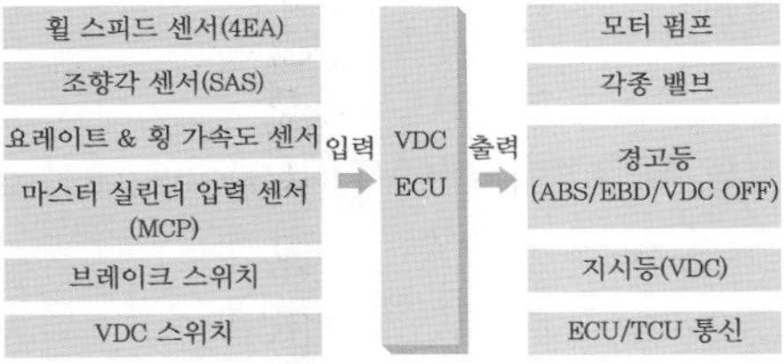

※ 차고 센서는 전자제어 현가 장치로 ECS 입력 센서이다.

46 선회 주행 시 앞바퀴에서 발생하는 코너링 포스가 뒷바퀴보다 크게 되면 나타나는 현상은?

㉮ 토크 스티어링 현상
㉯ 언더 스티어링 현상
㉰ 오버 스티어링 현상
㉱ 리버스 스티어링 현상

해설 언더 스티어링과 오버 스티어링 : 주행 속도가 증가함에 따라서 필요한 조향 각도가 증가되는 것을 언더 스티어링(under steering)이라 하며, 조향 각도가 감소되는 것을 오버 스티어링(over steering)이라고 한다.

47 사이드 슬립 테스터로 측정한 결과 왼쪽 바퀴가 안쪽으로 6 mm, 오른쪽 바퀴가 바깥쪽으로 8 mm 움직였다면 전체 미끄럼량은 얼마인가?

㉮ in 1 mm　　㉯ out 1 mm
㉰ in 7 mm　　㉱ out 7 mm

해설 8 mm−6 mm = 2 mm 타이로드 양쪽 바퀴 조정은 각각 1 mm이다.

48 클러치 페달을 밟았다가 천천히 놓을 때 페달이 심하게 떨리는 이유가 아닌 것은?

㉮ 플라이 휠이 변형되었다.
㉯ 클러치 압력판이 변형되었다.
㉰ 플라이 휠의 링 기어가 마모되었다.
㉱ 클러치 디스크 페이싱의 두께차가 있다.

해설 플라이 휠의 링 기어는 엔진 기동 시 기동전동기 피니언 기어와 체결되어 구동되는 기어로 클러치 작동과는 관련 없다.

49 2세트의 유성 기어 장치를 연이어 접속시키고 일체식 선 기어를 공용으로 사용하는 방식은?

㉮ 라비뇨식
㉯ 심프슨식
㉰ 벤딕스식
㉱ 평행축 기어 방식

해설 복합 유성 기어 장치의 종류
① 라비뇨 형식(Ravigneaux type) : 서로 다른 2개의 선 기어를 1개의 유성 기어 장치에 조합한 형식이며, 링 기어와 유성 기어 캐리어를 각각 1개씩만 사용한다.

정답 45. ㉮　46. ㉰　47. ㉯　48. ㉰　49. ㉯

② 심프슨 형식(Simpson type)
㈎ 싱글 피니언(single pinion) 유성 기어만으로 구성되어 있으며, 선 기어를 공용으로 사용한다.
㈏ 프런트 유성 기어 캐리어에는 출력축 기어, 공전 기어, 링 기어가 조립되어 이 3개의 기어가 일체로 회전한다.

50 저속 시미(shimmy) 현상이 일어나는 원인으로 틀린 것은?

㉮ 앞 스프링이 절손되었다.
㉯ 조향 핸들의 유격이 작다.
㉰ 로어암의 볼조인트가 마모되었다.
㉱ 타이로드 엔드의 볼조인트가 마모되었다.

51 병렬형 하이브리드 자동차의 특징 설명으로 틀린 것은?

㉮ 모터는 동력 보조만 하므로 에너지 변환 손실이 적다.
㉯ 기존 내연엔진 차량을 구동장치의 변경 없이 활용 가능하다.
㉰ 소프트 방식은 일반 주행 시에는 모터 구동만을 이용한다.
㉱ 하드 방식은 EV 주행 중 엔진 시동을 위해 별도의 장치가 필요하다.

해설 하이브리드 자동차 주행 패턴
① 소프트 타입 HEV : 출발 시 엔진+모터로 구동하고 주행 시 엔진을 구동하여 제어한다.
② 하드 타입 HEV : 출발 시 모터만으로 구동하며 가속 시 엔진+모터를 구동하여 가속력을 증대시킨다.

52 드럼식 브레이크와 비교한 디스크식 브레이크의 특징이 아닌 것은?

㉮ 자기 작동 작용이 발생하지 않는다.
㉯ 냉각 성능이 작아 제동 성능이 향상된다.
㉰ 마찰 면적이 적어 패드의 압착력이 커야 한다.
㉱ 주행 시 반복 사용하여도 제동력 변화가 적다.

해설 디스크식 브레이크는 디스크가 대기 중에 노출되어 냉각 효과가 크다.

53 전자제어 현가장치의 기능에 대한 설명 중 틀린 것은?

㉮ 급제동 시 노즈다운을 방지할 수 있다.
㉯ 변속단에 따라 변속비를 제어할 수 있다.
㉰ 노면으로부터의 차량 높이를 조절할 수 있다.
㉱ 급선회 시 원심력에 의한 차체의 기울어짐을 방지할 수 있다.

해설 ㉮, ㉯, ㉰ 외
① 안정된 조향성을 준다.
② 자동차의 승차 인원(하중)이 변해도 자동차는 수평을 유지한다.
③ 고속으로 주행할 때 차체의 높이를 낮추어 공기저항을 적게 하고 승차감을 향상시킨다.

54 무단 변속기(CVT)의 특징에 대한 설명으로 틀린 것은?

㉮ 토크 컨버터가 없다.
㉯ 가속 성능이 우수하다.
㉰ A/T 대비 연비가 우수하다.
㉱ 변속단이 없어서 변속 충격이 거의 없다.

해설 무단 변속기는 벨트 및 풀리, 유성 기어 장치, 유압 제어 장치, 토크 컨버터 및 ECU로 구성된다.

55 다음 그림은 자동차의 뒤차축이다. 스프링 아래 질량의 진동 중에서 X축을 중심으로 회전하는 진동은?

정답 50. ㉯ 51. ㉰ 52. ㉯ 53. ㉯ 54. ㉮ 55. ㉮

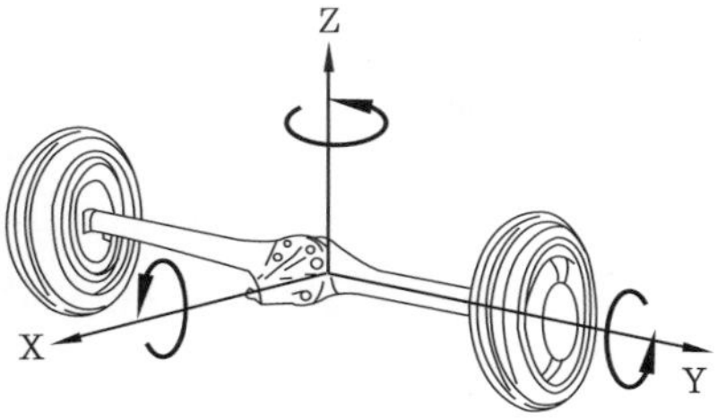

㉮ 휠 트램프 ㉯ 휠 홉
㉰ 와인드 업 ㉱ 롤링

해설 스프링 아래 진동
① 휠 홉(wheel hop) : 차축(axle shaft)이 Z 방향의 상하 평행 운동을 하는 진동
② 휠 트램프(wheel tramp) : 차축이 X축을 중심으로 하여 회전 운동을 하는 진동
③ 와인드 업(wind up) : 차체가 Y축을 중심으로 하여 회전 운동을 하는 진동

56 공기 브레이크의 특징으로 틀린 것은?

㉮ 베이퍼 로크가 발생되지 않는다.
㉯ 유압으로 제동력을 조절한다.
㉰ 엔진의 출력이 일부 사용된다.
㉱ 압축 공기의 압력을 높이면 더 큰 제동력을 얻을 수 있다.

해설 유압 브레이크 제동력은 페달 밟는 힘에 비례하나 공기 브레이크는 페달 밟는 양에 따라 제동력이 조절된다.

57 ABS(anti-lock brake system)에 대한 두 정비사의 의견 중 옳은 것은?

보기

정비사 KIM : 발전기의 전압이 일정 전압 이하로 하강하면 ABS 경고등이 점등된다.
정비사 LEE : ABS 시스템의 고장으로 경고등 점등 시 일반 유압 제동 시스템은 작동할 수 없다.

㉮ 정비사 KIM만 옳다.
㉯ 정비사 LEE만 옳다.
㉰ 두 정비사 모두 옳다.
㉱ 두 정비사 모두 틀리다.

해설 ABS 시스템 고장 시 일반 유압 제동 시스템은 작동 가능하다.

58 엔진의 축출력은 5,000 rpm에서 75 kW이고, 구동륜에서 측정한 구동출력이 64 kW이면 동력 전달 장치의 총 효율은 약 몇 %인가?

㉮ 15.3 ㉯ 58.8
㉰ 85.3 ㉱ 117.8

해설 $\text{전달효율}(\eta) = \frac{\text{출력}}{\text{입력}} \times 100$

$= \frac{64\text{kW}}{75\text{kW}} \times 100 = 85.3\,\%$

59 다음은 종감속 기어에서 종감속비를 구하는 공식이다. ( ) 안에 알맞은 것은?

$\text{종감속비} = \frac{(\quad)\text{의 잇수}}{\text{구동 피니언의 잇수}}$

㉮ 링 기어 ㉯ 스크루 기어
㉰ 스퍼 기어 ㉱ 래크 기어

해설 $\text{종감속비} = \frac{\text{링 기어의 잇수}}{\text{구동 피니언의 잇수}}$

60 휴대용 진공 펌프 시험기로 점검할 수 있는 항목과 관계없는 것은?

㉮ 서모 밸브 점검
㉯ EGR 밸브 점검
㉰ 라디에이터 캡 점검
㉱ 브레이크 하이드로 백 점검

해설 라디에이터 캡은 라디에이터 캡 전용 시험기로 점검한다.

제4과목 : 자동차 전기

61 다음 중 에어백 시스템을 설명한 것으로

정답 56. ㉯ 57. ㉮ 58. ㉰ 59. ㉮ 60. ㉰ 61. ㉱

옳은 것은?

㉮ 충돌이 생기면 무조건 전개되어야 한다.
㉯ 프리텐셔너는 운전석 에어백이 전개된 후에 작동한다.
㉰ 에어백 경고등이 계기판에 들어와도 조수석 에어백은 작동된다.
㉱ 에어백이 전개되려면 충돌 감지 센서의 신호가 입력되어야 한다.

해설 에어백 작동
① 충돌 감지 센서 : 차량 충돌 시 전기적으로 충돌을 감지하여 에어백 ECU에 전달한다.
② 안전 센서(전기기계식) : 기계적으로 충돌을 감지하는 센서이며 충돌 감지 센서의 오작동을 감지한다.
※ 에어백이 점화되기 위해서는 충돌 감지 센서와 안전 센서가 동시에 "ON" 되어야 한다.

62 **기동 전동기의 풀인(pull-in) 시험을 시행할 때 필요한 단자의 연결로 옳은 것은?**

㉮ 배터리(+)는 ST 단자에 배터리(−)는 M 단자에 연결한다.
㉯ 배터리(+)는 ST 단자에 배터리(−)는 B 단자에 연결한다.
㉰ 배터리(+)는 B 단자에 배터리(−)는 M 단자에 연결한다.
㉱ 배터리(+)는 B 단자에 배터리(−)는 ST 단자에 연결한다.

해설 기동 전동기의 흡인(풀인) 시험 : 배터리(+)는 ST 단자에 배터리(−)는 M 단자에 연결하여 풀인 코일에 전류가 흘러 자력에 의한 플런저가 흡입되는 상태를 확인한다.

63 **기전력이 2 V이고 0.2 Ω의 저항 5개가 병렬로 접속되었을 때 각 저항에 흐르는 전류는 몇 A인가?**

㉮ 10 ㉯ 20
㉰ 30 ㉱ 40

해설 병렬 연결 시 각 저항에 걸리는 전압은 기전력과 동일하므로 각 저항에 흐르는

$$\text{전류}(I) = \frac{\text{전압}(V)}{\text{저항}(R)} = \frac{2}{0.2} = 10\ \text{A}$$

64 **다음은 자동차 정기 검사의 등화장치 검사 기준에서 전조등의 광도 측정 기준이다. (   ) 안에 알맞은 것은?**

> 광도(최고속도가 매시 (   )km 이하인 자동차를 제외한다)는 다음 기준에 적합할 것
> (1) 2등식 : 15,000 cd 이상
> (2) 4등식 : 12,000 cd 이상

㉮ 25 ㉯ 35
㉰ 45 ㉱ 60

65 **0.2 μF와 0.3 μF의 축전기를 병렬로 하여 12 V의 전압을 가하면 축전기에 저장되는 전하량은?**

㉮ 1.2 μC ㉯ 6 μC
㉰ 7.2 μC ㉱ 14.4 μC

해설 축전기의 병렬 연결 시 전체 전하량(Q) $= (C_1 + C_2)V = (0.2 + 0.3) \times 12 = 6\mu C$

66 **점화 플러그의 방전 전압에 영향을 미치는 요인이 아닌 것은?**

㉮ 전극의 틈새 모양, 극성
㉯ 혼합가스의 온도, 압력
㉰ 흡입공기의 습도와 온도
㉱ 파워 트랜지스터의 위치

해설 점화 플러그의 방전 전압에 영향을 미치는 요인

점화 전압의 결정 인자	점화 전압	
	높게 출력	낮게 출력
전극 간극	크다	작다
혼합비	희박	농후
압축	높다	낮다
전극 온도	낮다	높다
점화 시기	늦다	빠르다
전극 모양	둥글다	날카롭다

정답 62. ㉮ 63. ㉮ 64. ㉮ 65. ㉯ 66. ㉱

67 다음 그림과 같은 회로에서 전구의 용량이 정상일 때 전원 내부로 흐르는 전류는 몇 A인가?

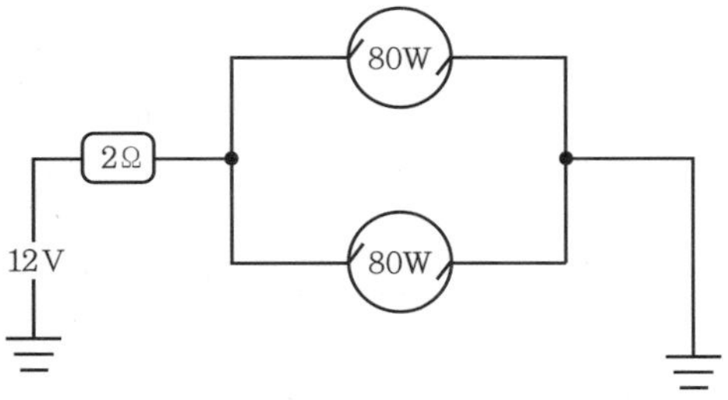

㉮ 2.14　　㉯ 4.13
㉰ 6.65　　㉱ 13.32

해설 $P=E\times I$, $80\text{ W}=12\times I$

$\therefore I=\frac{80}{12}=6.66\text{ A}$

전구 저항$(R)=\frac{E}{I}=\frac{12}{6.66}=1.8\ \Omega$

전체 저항$(R_T)=2+\frac{1}{\frac{1}{1.8}+\frac{1}{1.8}}=2.9\ \Omega$

전체 전류$(I_T)=\frac{E_T}{R_T}=\frac{12}{2.9}=4.13\text{ A}$

68 다음은 자동차 정기검사의 계기장치 검사 기준이다. (　) 안의 내용으로 알맞은 것은?

속도계의 지시오차는 정(㉠)%, 부(㉡)% 이내일 것

㉮ ㉠ 15 ㉡ 5　　㉯ ㉠ 15 ㉡ 10
㉰ ㉠ 25 ㉡ 5　　㉱ ㉠ 25 ㉡ 10

해설 속도계의 지시오차는 정25 %, 부10 % 이내일 것

69 다음 중 자계와 자력선에 대한 설명으로 틀린 것은?

㉮ 자계란 자력선이 존재하는 영역이다.
㉯ 자속은 자력선 다발을 의미하며 단위로는 Wb/m^2를 사용한다.
㉰ 자계강도는 단위자기량을 가지는 물체에 작용하는 자기력의 크기를 나타낸다.
㉱ 자기유도는 자석이 아닌 물체가 자계 내에서 자기력의 영향을 받아 자석을 띠는 현상을 말한다.

해설 자속은 자기력선속을 줄인 말로, 자기력선의 다발을 일컫는 말이다. 자기장이 있는 공간에서 어떤 면적을 지나가는 자기력선의 총수에 비례하여 이것의 밀도와 수직인 면의 넓이를 곱한 양이다. 보통 ϕ(파이)로 표시하며, 단위는 자극의 자기장 단위인 Wb(웨버)를 사용한다.

70 MF(maintenance free) 배터리의 특징에 대한 설명으로 틀린 것은?

㉮ 자기 방전률이 높다.
㉯ 전해액의 증발량이 감소되었다.
㉰ 무보수(무정비) 배터리라고도 한다.
㉱ 산소와 수소 가스를 증류수로 환원시킬 수 있는 촉매 마개를 사용한다.

해설 MF 축전지(maintenance free battery)의 특징
① 증류수를 점검하거나 보충하지 않아도 된다.
② 자기 방전 비율이 매우 낮다.
③ 장기간 보관이 가능하다.
④ 충전 말기에 전기가 물을 분해할 때 발생하는 산소와 수소 가스의 촉매를 사용하여 다시 증류수로 환원시키는 촉매 마개를 사용한다.

71 전자제어 점화 장치의 작동 순서로 옳은 것은?

㉮ 각종 센서 → ECU → 파워 트랜지스터 → 점화 코일
㉯ ECU → 각종 센서 → 파워 트랜지스터 → 점화 코일
㉰ 파워 트랜지스터 → 각종 센서 → ECU → 점화 코일
㉱ 각종 센서 → 파워 트랜지스터 → ECU → 점화 코일

정답 67. ㉯　68. ㉱　69. ㉯　70. ㉮　71. ㉮

해설 전자제어 점화 장치의 작동 순서 : 입력(크랭크각 센서, 캠각 센서 등) → ECU → 파워 트랜지스터 → 점화 1차 회로 → 접지

72 점화 2차 파형에서 감쇠 진동 구간이 없을 경우 고장 원인으로 옳은 것은?

가 점화 코일 불량
나 점화 코일의 극성 불량
다 점화 케이블의 절연 상태 불량
라 스파크 플러그의 에어 갭 불량

해설 점화 코일 불량 시 점화 2차 파형에서 ③ 지점과 같이 감쇠 진동 구간이 없다.

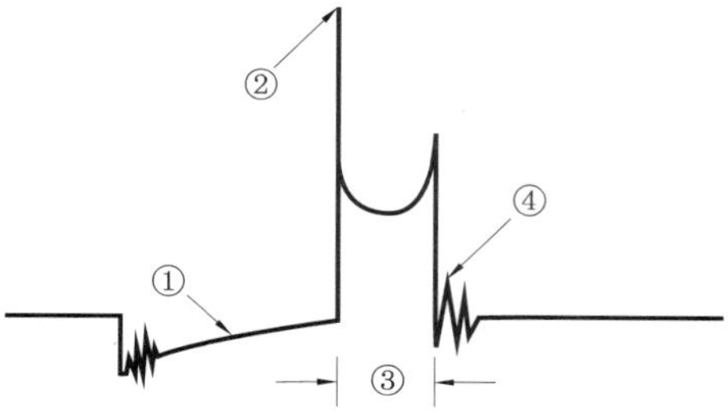

(1) ① 지점 : 드웰 구간-점화 1차 회로에 전류가 흐르는 시간
(2) ② 지점 : 점화 전압(서지 전압)-8~18 kV
(3) ③ 지점 : 점화(스파크) 라인-연소실 연소가 진행되는 구간 0.8~2.0 ms
(4) ④ 지점 : 감쇠 진동 구간-코일 잔류 에너지가 방출되는 구간(보통 3~4회가 정상)

73 릴레이 내부에 다이오드 또는 저항이 장착된 목적으로 옳은 것은?

가 역방향 전류 차단으로 릴레이 접점 보호
나 역방향 전류 차단으로 릴레이 코일 보호
다 릴레이 접속 시 발생하는 스파크로부터 전장품 보호
라 릴레이 차단 시 코일에서 발생하는 서지 전압으로부터 제어 모듈 보호

해설 릴레이 내부에 장착된 다이오드 또는 저항은 릴레이 차단 시 코일에서 발생하는 서지 전압으로부터 제어 모듈을 보호하기 위한 것으로 에어컨 릴레이에서 사용된다.

74 교류 발전기 불량 시 점검해야 할 항목으로 틀린 것은?

가 다이오드 불량 점검
나 로터 코일 절연 점검
다 홀드인 코일 단선 점검
라 스테이터 코일 단선 점검

해설 홀드인 코일 단선 시험은 기동 전동기 솔레노이드 스위치 점검으로 유지력 시험이며, 풀인 코일(흡인력 시험)과 함께 점검한다.

75 자동차의 에어컨 중 냉방 효과가 저하되는 원인으로 틀린 것은?

가 압축기 작동 시간이 짧을 때
나 냉매량이 규정보다 부족할 때
다 냉매 주입 시 공기가 유입되었을 때
라 실내 공기 순환이 내기로 되어 있을 때

해설 실내 공기 순환이 내기로 되어 있을 때 에어컨 냉방 사이클 냉방 효과를 유지할 수 있는 상태가 된다.

76 자동차의 전조등에 사용되는 전조등 전구에 대한 설명 중 ( ) 안에 알맞은 것은?

( ) 전구는 전구 안에 ( ) 화합물과 불활성가스가 함께 봉입되어 있으며, 백열전구에 비해 필라멘트와 전구의 온도가 높고 광효율이 좋다.

가 네온　　나 할로겐
다 필라멘트　　라 LED

77 배터리의 과충전 현상이 발생되는 주된 원인은?

가 배터리 단자의 부식
나 전압 조정기의 작동 불량

정답 72. 가　73. 라　74. 다　75. 라　76. 나　77. 나

㉰ 발전기 구동 벨트 장력의 느슨함
㉱ 발전기 커넥터의 단선 및 접촉 불량

해설 발전기 전압 조정기는 제너 다이오드를 이용하여 제너 전압으로 발전 전압을 제어하나 제너 다이오드 고장으로 로터 코일(자화)에 공급되는 여자전류가 상승하면 출력 전압이 상승하여 전기부하에 손상을 주게 되고 축전지가 과충전된다.

78 **차량으로부터 탈거된 에어백 모듈이 외부 전원으로 인해 폭발(전개)되는 것을 방지하는 구성품은?**

㉮ 클럭 스프링　　㉯ 단락 바
㉰ 방폭 콘덴서　　㉱ 인플레이터

해설 에어백 배선은 황색 튜브에 싸여 있어 다른 장치의 배선과 구분된다. 또한 운전석, 조수석, 측면 에어백 및 안전띠 프리텐셔너의 커넥터 내부에는 단락 바가 들어 있어 커넥터가 분리되었을 때 점화 회로를 단락시켜 에어백 모듈을 정비할 때 우발적인 작동을 방지할 수 있다.

79 **자동차에 적용된 이모빌라이저 시스템의 구성품이 아닌 것은?**

㉮ 외부 수신기
㉯ 안테나 코일
㉰ 트랜스폰더 키
㉱ 이모빌라이저 컨트롤 유닛

해설 자동차 이모빌라이저 시스템은 키와 차량이 무선으로 통신되는 암호 코드가 일치하는 경우에만 시동이 걸리도록 한 도난 방지 시스템으로 구성품은 다음과 같다.

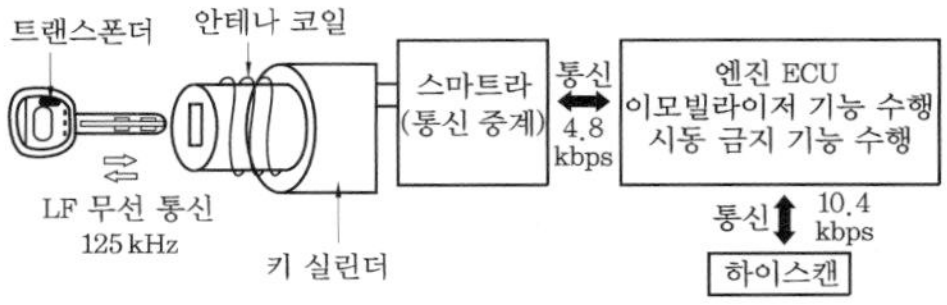

80 **배터리 전해액의 온도(1℃) 변화에 따른 비중의 변화량은 얼마인가? (단, 표준온도는 20℃이다.)**

㉮ 0.0003　　㉯ 0.0005
㉰ 0.0007　　㉱ 0.0009

해설 $S_{20} = S_t + 0.0007 \times (t - 20)$

S_{20}은 표준온도(20℃)에서의 비중이고, S_t는 t[℃]에서 실제로 측정한 비중이다. t는 실제로 측정할 때의 온도를 의미하며, 0.0007은 전해액 온도 1℃ 변화에 따른 비중의 변화량이다.

정답 78. ㉯　79. ㉮　80. ㉰

국가기술자격 필기시험문제

2018년도 8월 19일 (제3회)

자격종목	코드	시험시간	형 별	수검번호	성 명
자동차정비산업기사	2070	2시간			

제1과목 : 일반기계공학

01 밀폐된 용기의 정지 유체에 가해진 압력이 모든 방향으로 균일하게 전달되는 원리는 무엇인가?

가 벤투리의 원리

나 파스칼의 원리

다 베르누이의 원리

라 토리첼리의 원리

해설 파스칼의 원리 : 밀폐된 용기 안에 담겨 있는 유체의 일부분에 주어진 압력은 그 세기에는 변함 없이 같은 크기로 액체의 각 부분에 동시에 전달된다는 원리, 즉 좁은 면적에서는 작은 힘을 가하더라도 전달되는 다른 쪽의 단면적을 넓히면 큰 힘으로 작용할 수 있음을 알 수 있다. 이러한 원리는 자동차에 사용하는 유압식 브레이크, 자동차 정비공장의 유압식 리프트 등이 있다.

02 토크를 전달함과 동시에 보스를 축 방향으로 이동시킬 때 사용하는 키(key)는?

가 평 키　　나 안장 키

다 페더 키　　라 접선 키

해설 키의 종류

① 페더 키(feather key) : 회전력 전달과 동시에 보스를 축 방향으로 미끄럼시킬 필요성이 있을 때 사용한다.
② 안장 키(saddle key, 새들 키) : 축에는 키 홈을 파지 않고 보스(boss)에만 키 홈을 파고 키를 박아 마찰력에 의하여 회전력을 전달한다.
③ 평 키(flat key) : 키가 닿는 축을 편평하게 깎아내고 보스에 홈을 판 것이다.
④ 묻힘 키(sunk key, 성크 키) : 축과 보스에 모두 키 홈을 판 것이다.
⑤ 접선 키(tangential key) : 역회전이 가능하도록 하기 위해 120° 각도를 두고 2개소에 키를 둔 것이다.

03 다음 중 일반적인 플라스틱의 성질과 가장 거리가 먼 것은?

가 전기 절연성이 좋다.

나 단단하나 열에는 약하다.

다 무겁고 기계적 강도가 크다.

라 가공 및 성형성이 용이하다.

해설 플라스틱은 가볍고 여러 가지 모양을 쉽게 만들 수 있다는 장점이 있는 반면에 열과 충격에 약하다는 단점을 가지고 있다. 이러한 단점을 보완하기 위하여 유리 섬유·탄소 섬유 등의 보강재를 사용한 플라스틱을 강화 플라스틱이라고 한다. 유리 섬유나 탄소 섬유를 보강재로 사용하여 일반 플라스틱보다 강도가 크고 매우 가벼우며 탄성이나 마모성이 작다.

04 그림과 같이 길이가 l인 보에 집중 하중 P가 작용할 때, 최대 굽힘 모멘트는?

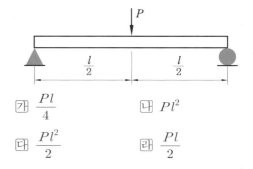

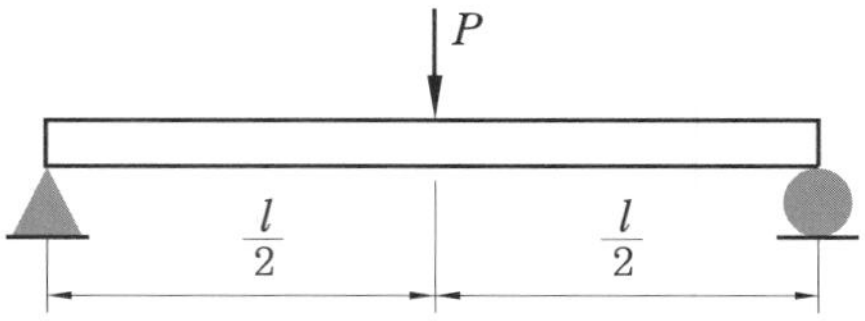

가 $\frac{Pl}{4}$　　나 Pl^2

다 $\frac{Pl^2}{2}$　　라 $\frac{Pl}{2}$

정답 01. 나　02. 다　03. 다　04. 가

해설 단순보 중앙에 집중 하중 P가 작용할 때 최대 굽힘 모멘트 $M_{max}=\frac{Pl}{4}$

여기서, P : 집중 하중, l : 재료 길이

05 주조할 때 주형에 접한 표면을 급랭시켜 표면은 시멘타이트가 되게 하고, 내부는 서서히 냉각시켜 펄라이트가 되게 한 주철은?

가 백주철 나 회주철
다 칠드주철 라 가단주철

해설 선철에 강철 스크랩과 여러 가지 원소를 첨가하여 용융 주조한 것을 주철(cast iron)이라 한다.

① 회주철 : 주철 중에서 유리된 탄소와 탄화철(Fe_3C)이 혼재하고 있는 주철
② 백주철 : 백색의 탄화철(Fe_3C)
③ 가단 주철 : 주철에 인성을 증가시키기 위하여 주철을 가열한 후 노(爐) 속에서 천천히 냉각시켜 만든 것으로 인장강도가 높아 차량의 프레임이나 캠 및 기어용 부품 등에 적합하다.
④ 칠드 주철 : 주물의 필요한 부분만 금형에 접촉시켜 급랭한 표면에서 어느 깊이까지는 매우 단단하고 내부는 서서히 냉각되어 연하며, 강인한 성질을 갖는다.

06 다음 중 플렉시블 커플링의 특징으로 가장 거리가 먼 것은?

가 약간의 굽힘은 허용한다.
나 어느 정도의 진동에 견딜 수 있다.
다 축 중심이 일치하지 않을 때 사용한다.
라 마찰력으로 동력을 전달할 때 사용한다.

해설 플렉시블 커플링 : 두 축의 축선을 정확히 일치시키기 어려울 때나 진동·충격을 완화할 경우에 사용하는 축이음으로 고무·가죽·스프링 등의 탄성이 풍부한 재료를 중간에 넣어 사용하며 동력 전달은 체결 볼트(coupling bolt)의 전단력에 의하여 행해진다. 고무 등 탄성체를 이용한 유니버설 조인트로서, 전달 각도가 3~5° 정도로 낮은 것에 사용이 가능하다. 비틀림 진동을 흡수하는 작용을 하지만, 바깥지름에 비해서 전달 토크가 작은 것이 결점이다.

07 다음 중 원의 중심 위치를 표시하는 데 사용하는 공구로 적절한 것은?

가 톱 나 줄
다 리머 라 펀치

08 6개가 합성된 겹판 스프링으로 각각의 폭 50 mm, 두께 9 mm, 스프링의 길이 600 mm, 하중이 70 N이면 최대응력은 약 몇 MPa인가?

가 13.25 나 10.37
다 7.89 라 5.75

해설 고정단 겹판 스프링 응력 $=\frac{6WL}{nbh^2}$

여기서, W : 하중
L : 스프링 길이
n : 판의 수
b : 판의 폭
h : 판의 높이(두께)

고정단 겹판 스프링 응력 $=\frac{6\times70\times600}{6\times50\times9^2}$
$=10.37\ \text{MPa}$

09 스폿 용접(spot welding)의 3대 요소가 아닌 것은?

가 가압력 나 열전도율
다 용접전류 라 통전시간

해설 용접 조건 중 가압력, 전류, 통전시간은 용접 현상에 큰 영향을 미치는 3대 요소로서 가압력이 너무 크면 판재 사이의 접촉 면적이 확대되어 전류 밀도가 감소하므로 용융부의 형성이 곤란하고, 반대의 경우에는 용융금속이 과잉으로 형성되어 주변으로 용융물이 비산한다. 통전전류와 통전시간도 유사한 원리로 너깃의 형성과 크기에 영향을 미치므로 가압력, 전류, 통전시간이 균형을 갖도록 제어하는 것이 중요하다.

정답 05. 다 06. 라 07. 라 08. 나 09. 나

10 유압 밸브 중 방향 제어 밸브로 옳은 것은?

㉮ 감압 밸브 ㉯ 체크 밸브
㉰ 릴리프 밸브 ㉱ 언로딩 밸브

해설 체크 밸브(check valve) : 유체의 흐름을 일정 방향으로 한정함으로써 역방향의 흐름을 저지할 목적으로 사용된다.

11 전동축에 전달하고자 하는 동력(H)을 2배로 증가시키면 이 축에 작용하는 비틀림 모멘트(T)의 크기는? (단, 회전수는 일정하다.)

㉮ T ㉯ $\frac{1}{2}T$
㉰ $2T$ ㉱ $4T$

해설 전달동력 $H = T \times \frac{2\pi N}{60}$

여기서, T : 비틀림 모멘트, N : 회전수
N이 일정할 때 전달동력(H)과 비틀림 모멘트(T)는 비례하므로 H를 2배로 증가시키면 T도 2배로 증가한다.

12 다음 중 와셔의 사용 용도가 아닌 것은?

㉮ 내압력이 낮은 고무면일 때 사용
㉯ 너트에 맞지 않는 볼트일 때 사용
㉰ 볼트 구멍이 볼트의 호칭용 규격보다 클 때 사용
㉱ 너트와 볼트의 머리 접촉면이 고르지 않을 때 사용

해설 와셔 : 볼트 구멍이 지나치게 크거나, 체결부와의 표면이 평탄하지 않을 때 체결 효과를 좋게 하기 위하여, 너트의 헐거움을 방지하기 위하여 이용된다.

① 평와셔는 볼트 머리에 가해지는 힘을 분산시키려는 데에 활용되며, 암나사와 물리지 않고 구멍을 관통하여 너트로 체결하는 경우에는 구멍에 머리가 빠지지 않게 하는 데 사용된다.
② 스프링 와셔는 스프링의 힘으로 암나사와 수나사 사이에 마찰력을 키워 자동차처럼 움직이는 기계에서 나사가 저절로 풀리지 않도록 하는 데 사용된다.

13 마찰판의 수가 4인 다판 클러치에서 접촉면의 안지름 50 mm, 바깥지름 90 mm, 스러스트 하중 600 N을 작용시킬 때, 토크는 몇 kN · mm인가? (단, 마찰계수는 $\mu = 0.3$이다.)

㉮ 25.2 ㉯ 252
㉰ 2520 ㉱ 25200

해설 평균지름(D_m)

$$= \frac{D_1 + D_2}{2} = \frac{50 + 90}{2} = 70$$

$$T = \frac{D_m}{2} \times PZ\mu$$

여기서, T : 토크(N · mm)
P : 하중(N)
Z : 마찰판 수
μ : 마찰계수

$$\therefore T = \frac{70}{2} \times 600 \times 4 \times 0.3 = 25200 \text{ N} \cdot \text{mm} = 25.2 \text{ kN} \cdot \text{mm}$$

14 비틀림이 발생하는 원형 단면봉의 지름을 2배로 증가시킬 때 비틀림 각은 어떻게 되는가?

㉮ $\frac{1}{2}\theta$ ㉯ $\frac{1}{4}\theta$
㉰ $\frac{1}{8}\theta$ ㉱ $\frac{1}{16}\theta$

15 구조물의 AB 부재에 작용하는 인장력은 약 몇 N인가?

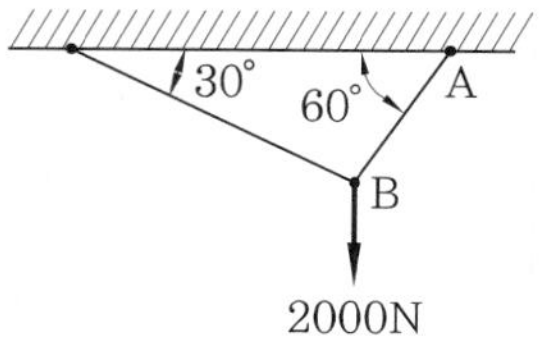

㉮ 1,232 ㉯ 1,309
㉰ 1,732 ㉱ 2,309

해설 라미의 법칙

정답 10. ㉯ 11. ㉰ 12. ㉯ 13. ㉮ 14. ㉱ 15. ㉰

$\frac{F_1}{\sin\theta_1} = \frac{F_2}{\sin\theta_2} = \frac{F_3}{\sin\theta_3}$ 을 이용한다.

$\frac{F_b}{\sin 90°} = \frac{F_{AB}}{\sin 120°}$ 에서

$\frac{F_{AB}}{\sin 120°} = \frac{2{,}000\text{N}}{\sin 90°}$

$\therefore\ F_{AB} = \sin 120° \times \frac{2{,}000\text{N}}{\sin 90°} = 1{,}732\text{ N}$

16 주형 주물사의 구비 조건으로 옳지 않은 것은?

㉮ 주물 표면에서 이탈이 용이할 것
㉯ 가스 및 공기가 잘 빠지지 않을 것
㉰ 내열성이 크고 화학적인 변화가 없을 것
㉱ 반복 사용에 따른 형상 변화가 거의 없을 것

해설 주물사의 구비 조건
① 주물 표면에서 이탈이 용이할 것
② 내열성이 크고 화학적인 변화가 없을 것
③ 반복 사용에 따른 형상 변화가 거의 없을 것
④ 통기성이 좋아 가스 및 공기가 잘 빠질 것
⑤ 값이 싸고 구입이 쉬울 것
⑥ 적당한 강도가 있어 쉽게 파손되지 않을 것
⑦ 주형 제작이 쉬울 것

17 연삭 숫돌의 구성 3요소가 아닌 것은?

㉮ 조직 ㉯ 입자
㉰ 기공 ㉱ 결합제

해설 연삭 숫돌 바퀴의 3요소 : 숫돌 입자, 결합제, 기공
① 연삭 숫돌 바퀴의 5대 성능 요소 : 숫돌 입자, 입도, 결합도, 조직, 결합제
② 연삭 숫돌 바퀴의 기호 표시의 예 : WA 60 K m V에서 WA는 입자(백색 알루미나), 60은 입도(중간 것), K는 결합도(연한 것), m은 조직(중간 것), V는 결합제(비트리파이드)를 의미한다.

18 원통형 케이싱 안에 편심 회전자가 있고 그 회전자의 홈 속에 판 모양의 깃이 원심력 또는 스프링 장력에 의하여 벽에 밀착되면서 회전하여 액체를 압송하는 펌프는?

㉮ 베인 펌프 ㉯ 기어 펌프
㉰ 나사 펌프 ㉱ 피스톤 펌프

해설 베인 펌프 : 회전 펌프의 하나로 편심 펌프라고도 한다. 원통형 케이싱 안에 편심 회전자가 있고 그 홈 속에 판상의 깃이 들어 있으며, 이 베인이 원심력 또는 스프링의 장력에 의해 벽에 밀착되어 회전하면서 액체를 압송하는 형식이다. 주로 유압 펌프용으로 사용된다.

19 비철합금의 설명으로 틀린 것은?

㉮ 7 : 3 황동은 연신율이 크고 인장강도가 높다.
㉯ 6 : 4 황동은 가공이 쉽고, 볼트, 너트, 밸브 등에 사용된다.
㉰ 델타 메탈은 해수 등에 대한 내식성이 우수하다.
㉱ 네이벌 황동은 6 : 4 황동에 1 %의 Mn을 첨가한 것이다.

해설 네이벌 황동은 6 : 4 황동에 주석 1 %를 첨가한 것으로 Cu 62 %, Zn 37 %, Sn 1 %로 구성된다. Sn의 함유로 내식성과 강도가 증가되어, 기어, 플랜지, 볼트, 축 등에 사용한다(인장강도 35~45 kg/mm^2, 연신율 30~50 %).

20 탄소강의 열간 가공과 냉간 가공을 구분하는 온도는?

㉮ 연성 온도 ㉯ 취성 온도
㉰ 재결정 온도 ㉱ A_1 변태 온도

해설 재결정 온도 : 재결정하는 데 필요한 온도로 통상 압연 등으로 소성 가공을 한 후 한 시간의 풀림(annealing)으로 재결정이 완료되는 온도를 말한다.
A_1 변태 온도 : 강의 공석 변태점으로 강과 주철에만 존재하는 것이며, 그 온도는 약 726℃로서 탄소 함유량에는 관계없다.

정답 16. ㉯ 17. ㉮ 18. ㉮ 19. ㉱ 20. ㉰

제2과목 : 자동차 엔진

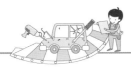

21 **전자제어 디젤 엔진의 연료 분사 장치에서 예비(파일럿) 분사가 중단될 수 있는 경우로 틀린 것은?**

㉮ 연료 분사량이 너무 작은 경우
㉯ 연료 압력이 최소압보다 높을 경우
㉰ 규정된 엔진 회전수를 초과하였을 경우
㉱ 예비(파일럿) 분사가 주 분사를 너무 앞지르는 경우

해설 파일럿 분사가 중단될 수 있는 조건
① 연료압이 최솟값(100 bar) 이하인 경우
② 파일럿 분사가 주 분사를 너무 앞지르는 경우
③ 주 분사 연료량이 불충분한 경우
④ 엔진회전수 3,200 rpm 이상인 경우
⑤ 분사량이 너무 작은 경우
⑥ 엔진 가동 중단에 오류가 발생한 경우

22 **전자제어 가솔린 엔진에서 인젝터의 연료 분사량을 결정하는 주요 인자로 옳은 것은?**

㉮ 분사 각도
㉯ 솔레노이드 코일수
㉰ 연료 펌프 복귀 전류
㉱ 니들 밸브의 열림 시간

해설 인젝터의 연료 분사량은 니들 밸브의 개방 시간(ECU 접지)에 비례한다.

23 **다음 중 엔진 오일을 점검하는 방법으로 틀린 것은?**

㉮ 엔진 정지 상태에서 오일량을 점검한다.
㉯ 오일의 변색과 수분의 유입 여부를 점검한다.
㉰ 엔진 오일의 색상과 점도가 불량한 경우 보충한다.
㉱ 오일량 게이지 F와 L 사이에 위치하는지 확인한다.

24 **전자제어 가솔린 엔진에서 (−)duty 제어 타입의 액추에이터 작동 사이클 중 (−)duty가 40 %일 경우의 설명으로 옳은 것은?**

㉮ 전류 통전시간 비율이 40 %이다.
㉯ 전압 비통전시간 비율이 40 %이다.
㉰ 한 사이클 중 분사시간의 비율이 60 %이다.
㉱ 한 사이클 중 작동하는 시간의 비율이 60 %이다.

해설 듀티 : 한 사이클(주기) 에 있어 시간(1 s) 대비 발생된 전압이(ON, OFF) 차지하는 비율을 나타낸 것이다.

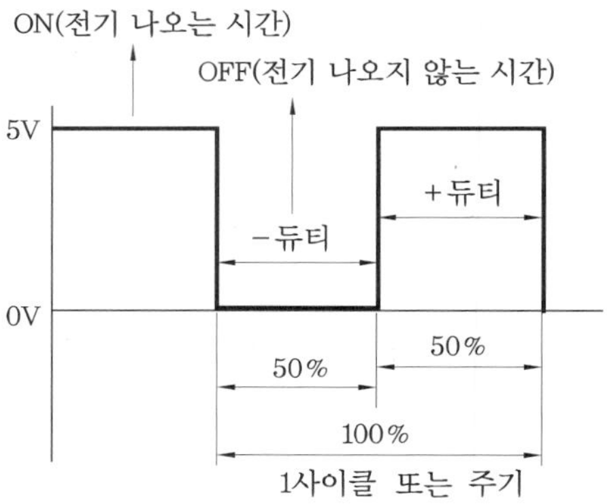

25 **엔진의 밸브 스프링이 진동을 일으켜 밸브 개폐 시기가 불량해지는 현상은?**

㉮ 스텀블 ㉯ 서징
㉰ 스털링 ㉱ 스트레치

해설 서징 : 캠의 회전에 의해 밸브를 작동시키면 밸브 스프링이 압축되는데 엔진의 일정 속도 영역 이상에서는 밸브 스프링 전체가 일정하게 압축되지 않고 흡배기 밸브가 이상 진동하여 출력이 떨어지는 현상이다. 엔진이 고속으로 회전할 때 밸브의 작동횟수와 캠의 작동과는 상관없이 밸브 스프링의 작동이 엔진 진동으로 인해 밸브 작동이 불규칙하게 단속되는 현상이다.

26 **가솔린 전자제어 연료 분사 장치에서 ECU로 입력되는 요소가 아닌 것은?**

정답 21. ㉯ 22. ㉱ 23. ㉰ 24. ㉮ 25. ㉯ 26. ㉮

㉮ 연료 분사 신호
㉯ 대기 압력 신호
㉰ 냉각수 온도 신호
㉱ 흡입 공기 온도 신호

해설 연료 분사 신호는 ECU에 의한 인젝터 제어 시간으로 연료 분사량을 제어하는 출력 요소이다.

27 수랭식 엔진의 과열 원인으로 틀린 것은?

㉮ 라디에이터 코어가 30 % 막힌 경우
㉯ 워터펌프 구동벨트의 장력이 큰 경우
㉰ 수온조절기가 닫힌 상태로 고장 난 경우
㉱ 워터재킷 내에 스케일이 많이 있는 경우

해설 워터펌프의 구동벨트의 장력이 큰 경우 발전기 베어링이 마모되며, 구동벨트의 장력이 느슨하거나 절단될 때 엔진 과열의 원인이 된다.

28 전자제어 가솔린 엔진에서 인젝터 연료 분사 압력을 항상 일정하게 조절하는 다이어프램 방식의 연료 압력 조절기 작동과 직접적인 관련이 있는 것은?

㉮ 바퀴의 회전속도
㉯ 흡입 매니폴드의 압력
㉰ 실린더 내의 압축 압력
㉱ 배기가스 중의 산소 농도

해설 연료 압력 조절기 작동에 직접 영향을 미치는 요소는 스로틀 밸브의 열림량으로 흡입되는 공기량(압력)에 따라 연료 압력에 영향을 주게 된다.

29 가솔린 엔진의 연소실 체적이 행정 체적의 20 %일 때 압축비는 얼마인가?

㉮ 6 : 1 ㉯ 7 : 1
㉰ 8 : 1 ㉱ 9 : 1

해설 $\epsilon = 1 + \dfrac{V_s}{V_c}$

여기서, ϵ : 압축비
V_c : 연소실 체적
V_s : 행정 체적(배기량)

$$\epsilon = 1 + \frac{V_s}{0.2\,V_s} = 1 + 5 = 6 \rightarrow 6 : 1$$

30 운행차 정기검사에서 가솔린 승용자동차의 배출가스검사 결과 CO 측정값이 2.2 %로 나온 경우, 검사 결과에 대한 판정으로 옳은 것은? (단, 2007년 11월에 제작된 차량이며, 무부하 검사방법으로 측정하였다.)

㉮ 허용기준인 1.0 %를 초과하였으므로 부적합
㉯ 허용기준인 1.5 %를 초과하였으므로 부적합
㉰ 허용기준인 2.5 % 이하이므로 적합
㉱ 허용기준인 3.2 % 이하이므로 적합

31 전자제어 가솔린 엔진에 대한 설명으로 틀린 것은?

㉮ 흡기 온도 센서는 공기 밀도 보정 시 사용된다.
㉯ 공회전 속도 제어에 스텝 모터를 사용하기도 한다.
㉰ 산소 센서의 신호는 이론공연비 제어에 사용된다.
㉱ 점화 시기는 크랭크각 센서가 점화 2차 코일의 저항으로 제어한다.

해설 크랭크각 센서 회전수 신호(크랭크축 회전각도)에 의해 엔진 ECU가 파워 TR 베이스 전류를 제어하여 점화 시기를 제어한다.

32 엔진의 부하 및 회전속도의 변화에 따라 형성되는 흡입 다기관의 압력 변화를 측정하여 흡입 공기량을 계측하는 센서는?

㉮ MAP 센서
㉯ 베인식 센서
㉰ 핫 와이어식 센서
㉱ 칼만 와류식 센서

해설 맵 센서는 흡기 다기관의 압력에 따라 내

정답 27. ㉯ 28. ㉯ 29. ㉮ 30. ㉮ 31. ㉱ 32. ㉮

부 피에조 저항의 변화에 따라 전압이 출력되며 이것으로 흡입되는 공기량을 간접적으로 계측한다(간접 계측 방식).

33 **LPG 자동차 봄베의 액상 연료 최대 충전량은 내용적의 몇 %를 넘지 않아야 하는가?**

㉮ 75 %　　㉯ 80 %
㉰ 85 %　　㉱ 90 %

해설 LPG 자동차 봄베는 충전 시 봄베 용량의 80~85 %를 충전하며 내부 가스의 압력 변화를 고려하여 10~15 %를 비워두고 충전한다.

34 **점화 1차 전압 파형으로 확인할 수 없는 사항은?**

㉮ 드웰 시간
㉯ 방전 전류
㉰ 점화 코일 공급 전압
㉱ 점화 플러그 방전 시간

해설 점화 1차 파형 점검 부위는 다음과 같다.

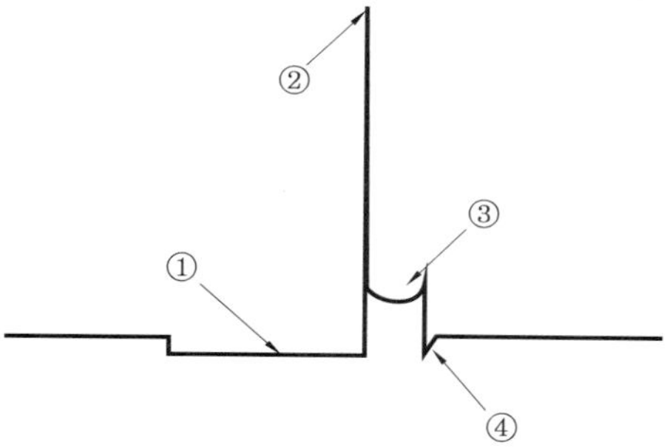

(1) ① 지점 : 드웰 구간-점화 1차 회로에 전류가 흐르는 시간 지점
3 V 이하~TR OFF 전압(드웰 끝 부분)
(2) ② 지점 : 점화 전압(서지 전압)
-300~400 V
(3) ③ 지점 : 점화(스파크) 라인-연소실 연소가 진행되는 구간(0.8~2.0 ms)
(4) ④ 지점 : 감쇠 진동 구간으로 3~4회의 진동이 발생됨
(5) 배터리 전압 발전기에서 발생되는 전압 : 13.2~14.7 V

35 **4행정 사이클 자동차 엔진의 열역학적 사이클 분류로 틀린 것은?**

㉮ 클러크 사이클　　㉯ 디젤 사이클
㉰ 사바테 사이클　　㉱ 오토 사이클

해설 4행정 사이클 자동차 엔진의 열역학적 사이클은 오토 사이클, 사바테 사이클, 디젤 사이클로 분류된다. 클러크 사이클은 2행정 사이클에 해당된다.

36 **무부하 검사 방법으로 휘발유 사용 운행 자동차의 배출가스 검사 시 측정 전에 확인해야 하는 자동차의 상태로 틀린 것은?**

㉮ 냉·난방 장치를 정지시킨다.
㉯ 변속기를 중립 위치에 놓는다.
㉰ 원동기를 정지시켜 충분히 냉각한다.
㉱ 측정에 장애를 줄 수 있는 부속 장치들의 가동을 정지한다.

37 **엔진의 연소실 체적이 행정 체적의 20 %일 때 오토 사이클의 열효율은 약 몇 %인가? (단, 비열비 $k = 1.4$)**

㉮ 51.2　　㉯ 56.4
㉰ 60.3　　㉱ 65.9

해설 $\eta_o = 1 - \left(\frac{1}{\epsilon}\right)^{k-1}$

여기서, η_o : 오토 사이클의 이론 열효율
ϵ : 압축비
k : 비열비

$\epsilon = 1 + \frac{V_s}{V_c} = 1 + \frac{V_s}{0.2\,V_s} = 6$

$\therefore\ \eta_o = 1 - \left(\frac{1}{6}\right)^{1.4-1} = 0.5116 \fallingdotseq 51.2\,\%$

38 **산소 센서의 피드백 작용이 이루어지고 있는 운전 조건으로 옳은 것은?**

㉮ 시동 시
㉯ 연료 차단 시
㉰ 급 감속 시
㉱ 통상 운전 시

정답 33. ㉰　34. ㉯　35. ㉮　36. ㉰　37. ㉮　38. ㉱

해설 엔진이 충분히 웜업된 상태에서 산소 센서가 300~400℃의 온도가 되었을 때 전자제어 엔진 폐회로가 되며, 피드백 작용으로 제어된다.

39 엔진의 회전수가 4000 rpm이고, 연소 지연 시간이 1/600초일 때 연소 지연 시간 동안 크랭크축의 회전각도로 옳은 것은?

가 28°　　나 37°
다 40°　　라 46°

해설 연소 지연 시 회전각(θ)

$$= 360 \times \frac{N}{60} \times t$$

$$= 360 \times \frac{4000}{60} \times \frac{1}{600} = 40°$$

40 차량에서 발생되는 배출가스 중 지구 온난화에 가장 큰 영향을 미치는 것은?

가 H_2　　나 CO_2
다 O_2　　라 HC

해설 자동차 배출가스 중 지구 온난화에 가장 큰 영향을 미치는 것은 CO_2(이산화탄소)이다.

제3과목 : 자동차 섀시

41 유체 클러치와 토크 컨버터에 대한 설명 중 틀린 것은?

가 토크 컨버터에는 스테이터가 있다.
나 토크 컨버터는 토크를 증가시킬 수 있다.
다 유체 클러치는 펌프, 터빈, 가이드링으로 구성되어 있다.
라 가이드링은 유체 클러치 내부의 압력을 증가시키는 역할을 한다.

해설 토크 컨버터(torque converter)

① 크랭크축에 연결되는 펌프, 변속기 입력축과 연결된 터빈, 그리고 오일의 흐름 방향을 변환시켜 회전력을 증대시키는 스테이터가 하우징 내에 조립되어 있다.
② 펌프와 터빈의 날개(vane) 형상은 유체 클러치는 평판으로 각각 중심에서 방사선 상으로 설치되어 있으나 토크 컨버터는 3차원적인 각도로 완만하게 휘어져 있어 그 형상이 복잡하다.
③ 토크 변환기 효율 = 속도비 × 토크비
※ 가이드링은 펌프와 터빈에 입출력되는 유체를 원활하게 흐를 수 있도록 안내하는 기능을 한다.

42 레이디얼 타이어의 특징에 대한 설명으로 틀린 것은?

가 하중에 의한 트레드 변형이 큰 편이다.
나 타이어 단면의 편평율을 크게 할 수 있다.
다 로드 홀딩이 우수하며 스탠딩 웨이브가 잘 일어나지 않는다.
라 선회 시에 트레드의 변형이 적어 접지면적이 감소되는 경향이 적다.

해설 레이디얼 타이어의 특징

① 편평비를 크게 할 수 있어 접지면적이 크다.
② 하중에 의한 변형이 적고, 수명이 길다.
③ 전동 저항이 적고, 로드 홀딩이 좋다.
④ 선회 시 사이드 슬립이 적고, 코너링 포스가 좋다.
⑤ 충격 흡수가 불량해 승차감이 나쁘다.
⑥ 저속 시 핸들이 다소 무겁다.

43 6속 더블 클러치 변속기(DCT)의 주요 구성품이 아닌 것은?

가 토크 컨버터
나 더블 클러치
다 기어 액추에이터
라 클러치 액추에이터

해설 토크 컨버터는 자동 변속기, 무단 변속기에서 토크업과 유체 클러치에 적용되며 DTC(더블 클러치)에는 해당되지 않는다.

44 브레이크액의 구비 조건이 아닌 것은?

정답 39. 다　40. 나　41. 라　42. 가　43. 가　44. 가

㉮ 압축성일 것
㉯ 비등점이 높을 것
㉰ 온도에 의한 변화가 적을 것
㉱ 고온에서의 안정성이 높을 것

해설 브레이크액은 비압축성 액체로 압축되지 않는다. 따라서 압력을 받으면 받는 순간 압력을 각 부위에 전달하는 특성이 있어 특히 브레이크 작동 시 공간 내 액체가 채워져야 힘을 전달할 수 있다.

45 동력 조향 장치에서 3가지 주요부의 구성으로 옳은 것은?

㉮ 작동부–오일 펌프, 동력부–동력 실린더, 제어부–제어밸브
㉯ 작동부–제어 밸브, 동력부–오일 펌프, 제어부–동력 실린더
㉰ 작동부–동력 실린더, 동력부–제어 밸브, 제어부–오일 펌프
㉱ 작동부–동력 실린더, 동력부–오일 펌프, 제어부–제어 밸브

해설 동력 조향 장치는 작동부, 제어부 동력부의 3 주요부와 유량 조절 밸브 및 유압 제어 밸브와 안전 체크 밸브 등으로 구성되어 있다.

46 차량의 주행 성능 및 안정성을 높이기 위한 방법에 관한 설명 중 틀린 것은?

㉮ 유선형 차체 형상으로 공기저항을 줄인다.
㉯ 고속 주행 시 언더 스티어링 차량이 유리하다.
㉰ 액티브 요잉 제어장치로 안정성을 높일 수 있다.
㉱ 리어 스포일러를 부착하여 횡력의 영향을 줄인다.

해설 리어 스포일러는 주행방향(종력)의 안정성에 영향을 준다.

47 조향 장치에 관한 설명으로 틀린 것은?

㉮ 방향 전환을 원활하게 한다.
㉯ 선회 후 복원성을 좋게 한다.
㉰ 조향 핸들의 회전과 바퀴의 선회 차이가 크지 않아야 한다.
㉱ 조향 핸들의 조작력을 저속에서는 무겁게, 고속에서는 가볍게 한다.

해설 조향 장치의 조향 핸들의 조작력은 자동차 주행 상태에 따른 안정성을 유지하기 위해 저속에서는 가볍게, 고속에서는 무겁게 한다.

48 ABS 장치에서 펌프로부터 발생된 유압을 일시적으로 저장하고 맥동을 안정시켜 주는 부품은?

㉮ 모듈레이터　　㉯ 아웃–렛 밸브
㉰ 어큐뮬레이터　　㉱ 솔레노이드 밸브

해설 어큐뮬레이터 : 일시적으로 적은 양의 가압 유압액을 저장하여 압력 변동을 최소화하고 라인의 소음을 줄이며 신뢰할 수 있도록 성능을 안정화시킨다.

49 엔진이 2,000 rpm일 때 발생한 토크 60 kgf · m가 클러치를 거쳐, 변속기로 입력된 회전수와 토크가 1900 rpm, 56 kgf · m이다. 이때 클러치의 전달 효율은 약 몇 %인가?

㉮ 47.28　　㉯ 62.34
㉰ 88.67　　㉱ 93.84

해설 전달 효율$(\eta) = \dfrac{\text{출력 축동력}}{\text{입력 축동력}} \times 100\,\%$

동력 = 회전력 × 회전수이므로

$$\therefore \text{전달 효율}(\eta) = \frac{1900 \times 56}{2000 \times 60} \times 100 = 88.67\,\%$$

50 종감속 장치에서 구동 피니언의 잇수가 8, 링 기어의 잇수가 40이다. 추진축이 1,200 rpm일 때 왼쪽 바퀴가 180 rpm으로 회전하고 있다. 이때 오른쪽 바퀴의 회전수는 몇

정답 45. ㉱　46. ㉱　47. ㉱　48. ㉰　49. ㉰　50. ㉯

rpm인가?

㉮ 200 ㉯ 300
㉰ 600 ㉱ 800

해설 종감속비 $= \dfrac{\text{구동 피니언 회전수}}{\text{링 기어의 회전수}}$

$= \dfrac{\text{링 기어 잇수}}{\text{구동 피니언 잇수}}$ 이므로,

링 기어 회전수

$= \text{추진축 회전수} \times \dfrac{\text{구동 피니언 잇수}}{\text{링 기어 잇수}}$

$= 1{,}200 \times \dfrac{8}{40} = 240$

링 기어 회전수

$= \dfrac{\text{왼바퀴 회전수} + \text{오른바퀴 회전수}}{2}$

$= \dfrac{180 + \text{오른바퀴 회전수}}{2} = 240$

∴ 오른바퀴 회전수 $= 300\text{ rpm}$

51 **수동 변속기에서 기어 변속이 불량한 원인이 아닌 것은?**

㉮ 릴리스 실린더가 파손된 경우
㉯ 컨트롤 케이블이 단선된 경우
㉰ 싱크로나이저 링의 내부가 마모된 경우
㉱ 싱크로나이저 슬리브와 링의 회전속도가 동일한 경우

해설 싱크로나이저 링과 슬리브의 회전속도가 동일한 경우는 싱크로메시 기구의 작동에 의해 동기화되어 정상 작동되는 상태이다.

52 **구동륜 제어 장치(TCS)에 대한 설명으로 틀린 것은?**

㉮ 차체 높이 제어를 위한 성능 유지
㉯ 눈길, 빙판길에서 미끄러짐을 방지
㉰ 커브 길 선회 시 주행 안정성 유지
㉱ 노면과 차륜간의 마찰 상태에 따라 엔진 출력 제어

해설 TCS(traction control system) : 눈길, 빗길 등 미끄러지기 쉬운 노면에서 차량을 출발하거나 가속할 때 과잉의 구동력이 발생하여 타이어가 공회전하지 않도록 차량의 구동력을 제어하는 시스템으로 노면과 타이어 사이의 접지 마찰력에 따라 엔진 토크를 자동으로 조정하여 주행 안전성을 증대시킨다.
※ 차의 높이 제어는 전자제어 현가 장치의 제어에 해당된다.

53 **4륜 조향 장치(4 wheel steering system)의 장점으로 틀린 것은?**

㉮ 선회 안정성이 좋다.
㉯ 최소 회전 반경이 크다.
㉰ 견인력(휠 구동력)이 크다.
㉱ 미끄러운 노면에서의 주행 안정성이 좋다.

해설 4WS(four wheel steering system)은 일반 자동차가 앞바퀴만으로 조향하는 데 비하여 뒷바퀴도 조향하여 운동 성능을 한층 높이려고 하는 목적으로 개발된 것이다. 최소 회전 반경과는 관련이 없으며, 최소 회전 반경에 영향을 줄 수 있는 것은 축거의 변화이다.

54 **자동 변속기에서 급히 가속 페달을 밟았을 때, 일정 속도 범위 내에서 한 단 낮은 단으로 강제 변속이 되도록 하는 것은?**

㉮ 킥 업 ㉯ 킥 다운
㉰ 업 시프트 ㉱ 리프트 풋 업

해설 ① 킥 업(kick up) : 킥 다운시켜 큰 구동력을 얻은 상태에서 스로틀 밸브의 개도량을 그대로 계속 유지하면 트랜스퍼 드라이브 기어의 회전수가 증가되면서 업 시프트(up shift)되어 속도가 증가하는 현상
② 킥 다운(kick down) : 자동 변속기 차량이 일정한 속도로 주행하고 있을 때나 추월 등으로 급가속을 하고 싶을 때 오버드라이버를 풀기 위해 가속 페달을 힘껏 밟고 기어를 한 단 밑으로 내리는 것
③ 리프트 풋 업 : 스로틀 밸브 열림 상태가 큰 상태에서 갑자기 스로틀 밸브를 닫게 되면 변속 패턴이 증속 패턴을 넘어 고속 기어로 변속되는 것

정답 51. ㉱ 52. ㉮ 53. ㉯ 54. ㉯

55 전자제어 현가 장치(ECS)의 감쇠력 제어 모드에 해당되지 않는 것은?

㉮ Hard　　㉯ Soft

㉰ Super Soft　　㉱ Height Control

해설 하이트 조절(Height Control) : 자동차 차고로 설정된 높이로 유지하는 차고 조정 장치이며 유압이나 공기 압력을 이용해 차고의 높낮이를 조정한다. 일반 포장 도로에서는 공기 저항이 작고 조종 안정성을 향상시키기 위해 차고를 낮추며 비포장 도로에서는 차고를 높인다. 또한 차고를 일정하게 유지해 헤드램프의 조사 위치를 안정시키는 목적으로도 사용된다.

56 96 km/h로 주행 중인 자동차의 제동을 위한 공주시간이 0.3초일 때 공주거리는 몇 m인가?

㉮ 2　　㉯ 4

㉰ 8　　㉱ 12

해설 공주거리$(S_o) = \dfrac{v}{3.6} \times t$(단위 : m)

여기서, t는 초(s)를 나타내며, 주행속도(v)가 km/h이므로 단위 환산을 위해 1 km/h $= \dfrac{1000\text{m}}{3600\text{s}} = \dfrac{1}{3.6}$ m/s를 적용한다. 즉, S_o가 m로 계산되도록 3.6으로 나눈다.

$\therefore\ S_o = \dfrac{9.6}{3.6} \times 0.3 = 8\ \text{m}$

57 휠 얼라인먼트를 점검하여 바르게 유지해야 하는 이유로 틀린 것은?

㉮ 직진성의 개선

㉯ 축간 거리의 감소

㉰ 사이드 슬립의 방지

㉱ 타이어 이상 마모의 최소화

해설 휠 얼라인먼트 점검에서 축간 거리(축거)는 해당 사항이 없으며, 자동차 제작(설계) 시 주어지는 제원으로 인위적으로 조정하여 맞출 수 없다.

58 전동식 동력 조향 장치의 자기진단이 안 될 경우 점검사항으로 틀린 것은?

㉮ CAN 통신 파형 점검

㉯ 컨트롤 유닛 측 배터리 전원 측정

㉰ 컨트롤 유닛 측 배터리 접지 여부 점검

㉱ KEY ON 상태에서 CAN 종단저항 측정

해설 전동식 조향 장치(MDPS)는 유압 대신 전기로 스티어링 휠을 제어한다. 주행 조건에 따라 운전자가 최적의 조향 성능을 확보할 수 있게 도와주며, 인공지능 역할을 하는 전자제어 시스템과 운전자의 미세한 핸들 조작도 감지할 수 있는 최첨단 광학식 센서를 통해 주행 안정성을 향상시키는 것이 특징이다. 이 시스템은 기존 유압식 조향 시스템과 비교할 때 고급 중대형 자동차에서나 적용되던 첨단 시스템인 속도감응형보다 성능이 뛰어나고 중량도 경감되었으며 오일 펌프를 사용하지 않아 환경 오염이 발생되지 않는다. CAN 종단저항 측정 시 점화 스위치는 OFF 상태에서 점검하도록 한다.

59 자동 변속기 차량의 실렉트 레버 조작 시 브레이크 페달을 밟아야만 레버 위치를 변경할 수 있도록 제한하는 구성품으로 나열된 것은?

㉮ 파킹 리버스 블록 밸브, 시프트 로크 케이블

㉯ 시프트 로크 케이블, 시프트 로크 솔레노이드 밸브

㉰ 시프트 로크 솔레노이드 밸브, 스타트 로크 아웃 스위치

㉱ 스타트 로크 아웃 스위치, 파킹 리버스 블록 밸브

60 브레이크 회로 내의 오일이 비등·기화하여 제동압력의 전달 작용을 방해하는 현상은 어느 것인가?

㉮ 페이드 현상

정답 55. ㉱　56. ㉰　57. ㉯　58. ㉱　59. ㉯　60. ㉰

㉯ 사이클링 현상
㉰ 베이퍼 로크 현상
㉱ 브레이크 로크 현상

해설 베이퍼 로크(vapor lock) 현상 : 과도한 브레이크의 사용이나 라이닝의 끌림에 의한 마찰열이 브레이크 라인 내에 전달되어, 기포가 발생하여 압력이 저하되는 현상

제4과목 : 자동차 전기

61 주행 중인 하이브리드 자동차에서 제동 및 감속 시 충전 불량 현상이 발생하였을 때 점검이 필요한 곳은?

㉮ 회생 제동 장치 ㉯ LDC 제어 장치
㉰ 발진 제어 장치 ㉱ 12 V용 충전 장치

해설 전기 자동차나 플러그인 하이브리드와 같은 전기 차량의 회생 제동 작동은 다음과 같다.
① 가속 페달(레버)을 뗀 경우(단독 작용)
② 브레이크 페달(레버)을 조작한 경우(동시 작용)

62 다음 중 발광 다이오드에 대한 설명으로 틀린 것은?

㉮ 응답속도가 느리다.
㉯ 백열전구에 비해 수명이 길다.
㉰ 전기적 에너지를 빛으로 변환시킨다.
㉱ 자동차의 차속 센서, 차고 센서 등에 적용되어 있다.

해설 발광 다이오드(LED : light emission diode)
① 순 방향으로 전류를 흐르게 하면 빛이 발생되는 다이오드이며 응답속도가 빠르다.
② 발광하는 색은 가시광선으로부터 적외선까지 다양한 빛(적, 녹, 황색 등)을 발생한다.
③ 낮은 전압으로 발광되며(약 2~3 V), 백열전구에 비해 수명이 길다
④ 각종 파일럿 램프, 크랭크각 센서, TDC 센서, 차고 센서, 조향휠 각 센서 등으로 사용한다.

63 그림과 같은 회로에서 스위치가 OFF되어 있는 상태로 커넥터가 단선되었다. 이 회로를 테스트 램프로 점검하였을 때 테스트 램프의 점등 상태로 옳은 것은?

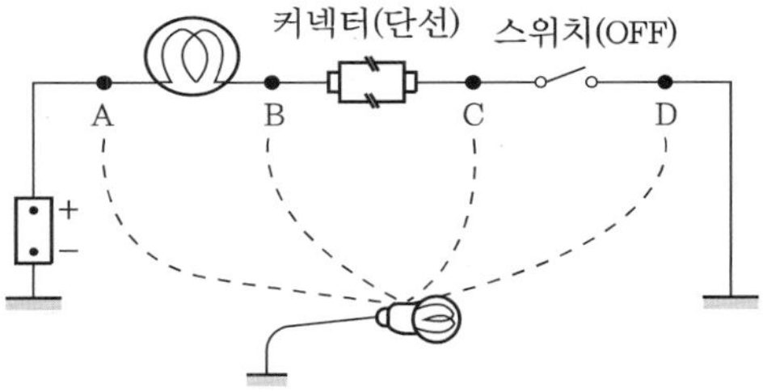

㉮ A : OFF, B : OFF, C : OFF, D : OFF
㉯ A : ON, B : OFF, C : OFF, D : OFF
㉰ A : ON, B : ON, C : OFF, D : OFF
㉱ A : ON, B : ON, C : ON, D : OFF

64 기동 전동기에 흐르는 전류가 160 A이고, 전압이 12 V일 때 기동 전동기의 출력은 약 몇 PS인가?

㉮ 1.3 ㉯ 2.6
㉰ 3.9 ㉱ 5.2

해설 $P = I \times E = 160 \times 12 = 1,920$ W
1 PS = 736 W이므로
$1,920 \div 736 = 2.6$ PS

65 단위로 cd(칸델라)를 사용하는 것은?

㉮ 광원 ㉯ 광속
㉰ 광도 ㉱ 조도

해설 조명의 단위

표시	정의	단위와 약호
조도	장소의 밝기	럭스(lx)
광도	광원에서 어떤 방향에 대한 밝기	칸델라(cd)
광속	광원 전체의 밝기	루멘(lm)

정답 61. ㉮ 62. ㉮ 63. ㉰ 64. ㉯ 65. ㉰

66 **물체의 전기저항 특성에 대한 설명 중 틀린 것은?**

㉮ 단면적이 증가하면 저항은 감소한다.
㉯ 도체의 저항은 온도에 따라서 변한다.
㉰ 보통의 금속은 온도 상승에 따라 저항이 감소된다.
㉱ 온도가 상승하면 전기저항이 감소하는 소자를 부특성 서미스터(NTC)라 한다.

해설 금속은 온도 상승에 따라 저항이 증가된다.

67 **하이브리드 차량 정비 시 고전압 차단을 위해 안전 플러그(세이프티 플러그)를 제거한 후 고전압 부품을 취급하기 전 일정 시간 이상 대기 시간을 갖는 이유로 가장 적절한 것은?**

㉮ 고전압 배터리 내의 셀의 안정화
㉯ 제어 모듈 내부의 메모리 공간의 확보
㉰ 저전압(12 V) 배터리에 서지 전압 차단
㉱ 인버터 내 콘덴서에 충전되어 있는 고전압 방전

해설 HPCU(hybrid power control unit) 어셈블리에는 고전압 시스템이 정지된 후 방전하는 데 약 5~10분이 걸리는 커패시터(컨덴서)가 포함되어 있다.

68 **점화 장치에서 파워 TR(트랜지스터)의 B(베이스) 전류가 단속될 때 점화 코일에서는 어떤 현상이 발생하는가?**

㉮ 1차 코일에 전류가 단속된다.
㉯ 2차 코일에 전류가 단속된다.
㉰ 2차 코일에 역기전력이 형성된다.
㉱ 1차 코일에 상호 유도 작용이 발생한다.

해설 점화 장치 파워 TR의 B(베이스) 전류가 단속될 때 점화 1차 코일이 단속된다. 따라서 1차 코일의 자기 유도 작용과 2차 코일의 상호 유도 작용에 의해 1, 2차 전압이 발생된다.

69 **하이브리드 자동차의 고전압 배터리 관리 시스템에서 셀 밸런싱 제어의 목적은?**

㉮ 배터리의 적정 온도 유지
㉯ 상황별 입출력 에너지 제한
㉰ 배터리 수명 및 에너지 효율 증대
㉱ 고전압 계통 고장에 의한 안전사고 예방

해설 배터리 셀의 손상이나 수명 단축을 방지하기 위해서는 일정한 SoC 범위 이내로 유지해야 한다. 그러나 적정한 SoC의 최소 또는 최대 값은 애플리케이션에 따라 달라진다. 예를 들어, 배터리 사용 시간을 중요하게 요구하는 애플리케이션의 경우에는 모든 셀을 20 % 최소 SoC에서부터 100 % 최대 SoC(최대로 충전된 상태) 범위로 동작할 수 있다. 반면 배터리 수명을 되도록 길게 해야 하는 애플리케이션에서는 SoC 범위를 30 % 최소에서부터 70 % 최대로 제한할 수 있다. 전기차와 전기 저장 시스템은 통상적으로 이런 SoC 한계를 사용한다.

70 **4행정 사이클 가솔린 엔진에서 점화 후 최고 압력에 도달할 때까지 1/400초가 소요된다. 2,100 rpm으로 운전될 때의 점화 시기는? (단, 최고 폭발압력에 도달하는 시기는 ATDC 10°이다.)**

㉮ BTDC 19.5° ㉯ BTDC 21.5°
㉰ BTDC 23.5° ㉱ BTDC 25.5°

해설 연소 지연 시 회전각(θ)

$$= 360 \times \frac{N}{60} \times t$$

$$= 360 \times \frac{2100}{60} \times \frac{1}{400} = 31.5°$$

최고 폭발압력에 도달하는 시기는 ATDC 10°이므로 ∴ 21.5°

71 **자동 전조등에서 외부 빛의 밝기를 감지하여 자동으로 미등 및 전조등을 점등시키기 위해 적용된 센서는?**

㉮ 조도 센서
㉯ 초음파 센서
㉰ 중력(G) 센서
㉱ 조향 각속도 센서

정답 66. ㉰ 67. ㉱ 68. ㉮ 69. ㉰ 70. ㉯ 71. ㉮

해설 조도 센서(photo resistor)는 주변의 밝기를 측정하는 센서이며 광에너지(빛)를 받으면 내부에 움직이는 전자가 발생하여 전도율이 변하는 광전 효과를 가지는 소자를 사용한다. 황화카드뮴(CdS)을 소자로 사용한 경우, CdS 센서라고 하는데, CdS 센서는 작고 저렴하기 때문에 가장 보편적으로 사용된다. 어두워지면 자동으로 켜지는 가로등, 자동차의 헤드라이트, 밝기에 따라 변하는 휴대폰 화면 액정 등 실생활에서도 쉽게 찾아 볼 수 있다.

72 보디 컨트롤 모듈(BCM)에서 타이머 제어를 하지 않는 것은?

㉮ 파워 윈도　　㉯ 후진등
㉰ 감광 룸 램프　　㉱ 뒤 유리 열선

해설 편의장치(BCM)에서 출력부에는 안전 운행에 필요한 경고등, 차임벨, 도어 록 액추에이터나 파워 윈도 모터를 제어하기 위한 릴레이(relay) 등이 있다. 제어부는 입력 신호를 매칭(matching)하기 위한 인터패스 회로와 MCU, 출력부를 구동하기 위한 드라이브 회로로 구성된다. 입력부는 주로 스위치 회로의 신호를 입력으로 사용하고 있어 인터패스 회로로 구성되며, 출력부는 주로 각종 경고등 및 릴레이를 구동하는 신호를 출력으로 사용하고 있어 저전류 구동에 적합한 파워 TR이나 다링톤 TR 어레이(darlington TR array)를 사용하고 있다.

73 논리 회로 중 NOR 회로에 대한 설명으로 틀린 것은?

㉮ 논리합 회로에 부정 회로를 연결한 것이다.
㉯ 입력 A와 입력 B가 모두 0이면 출력이 1이다.
㉰ 입력 A와 입력 B가 모두 1이면 출력이 0이다.
㉱ 입력 A 또는 입력 B 중에서 1개가 1이면 출력이 1이다.

해설 NOR 회로 : OR 회로에 NOT 회로를 더한 것으로 출력 신호가 OR의 1의 보수가 되는 회로

① 논리 기호 :
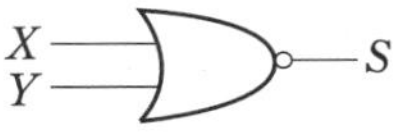

② 논리식 : $S = \overline{X + Y} = \overline{X} \cdot \overline{Y}$

③ 진리표 :

X	Y	S
0	0	1
0	1	0
1	0	0
1	1	0

74 전류의 3대 작용으로 옳은 것은?

㉮ 발열 작용, 화학 작용, 자기 작용
㉯ 물리 작용, 화학 작용, 자기 작용
㉰ 저장 작용, 유도 작용, 자기 작용
㉱ 발열 작용, 유도 작용, 증폭 작용

해설 전류의 3대 작용
① 발열 작용 : 도체 중의 저항에 전류가 흐르면 열이 발생된다. 예 전구, 시거라이터, 예열 플러그
② 화학 작용 : 전해액에 전류가 흐르면 화학 작용이 생긴다. 예 배터리, 전기 도금
③ 자기 작용 : 전선이나 코일에 전류가 흐르면 그 주변에는 자기 현상이 일어난다. 예 전동기, 발전기, 솔레노이드 밸브

75 발전기 B단자의 접촉 불량 및 배선 저항 과다로 발생할 수 있는 현상은?

㉮ 엔진 과열
㉯ 충전 시 소음
㉰ B단자 배선 발열
㉱ 과충전으로 인한 배터리 손상

해설 배선 접속부에 저항이 발생하면 전류가 흐를 때 열이 발생될 수 있다. 따라서 발전기 B단자 접속 불량 시 저항 과다로 배선에 열이 발생될 수 있다.

76 자동차에 직류 발전기보다 교류 발전기를 많이 사용하는 이유로 틀린 것은?

㉮ 크기가 작고 가볍다.

정답 72. ㉯ 73. ㉱ 74. ㉮ 75. ㉰ 76. ㉯

[나] 정류자에서 불꽃 발생이 크다.
[다] 내구성이 뛰어나고 공회전이나 저속에도 충전이 가능하다.
[라] 출력 전류의 제어 작용을 하고 조정기 구조가 간단하다.

해설 교류 발전기(alternator)의 특징
① 소형 경량이며 저속에서도 충전이 가능하다.
② 회전 부분에 정류자가 없어 허용 회전속도 한계가 높다.
③ 실리콘 다이오드로 정류하므로 전기적 용량이 크다.
④ 전압 조정기만 필요하다.
⑤ DC 발전기의 컷아웃 릴레이의 작용은 AC 발전기 다이오드가 한다.
⑥ 공회전 상태에서도 발전이 가능하다.
※ AC 발전기는 슬립링을 사용하며 브러시 접속부의 접속이 원활하게 되어 불꽃 발생이 적다.

77 다음 중 조수석 전방 미등은 작동되나 후방만 작동되지 않는 경우의 고장 원인으로 옳은 것은?

[가] 미등 퓨즈 단선
[나] 후방 미등 전구 단선
[다] 미등 스위치 접촉 불량
[라] 미등 릴레이 코일 단선

78 자동차 정기 검사에서 전조등 광도 측정 기준이다. (　) 안에 알맞은 것은?

주광축의 진폭은 10 m 위치에서 다음 수치 이내일 것 (단위 : cm)

구분	상	하	좌	우
좌측	10	30	15	30
우측	10	30	( )	30

[가] 10　　[나] 15
[다] 30　　[라] 45

해설 주행빔의 비추는 방향은 자동차의 진행 방향과 같아야 하며 전방 10 m거리에서 주광축의 좌우측 진폭은 30 cm이내, 상향 진폭은 10 cm 이내, 하향 진폭은 전조등 높이의 $\frac{3}{10}$ 이내일 것(단, 좌측 전조등의 경우 좌측 진폭은 15 cm 이내로 한다.)

79 자동차 전자제어 에어컨 시스템에서 제어 모듈의 입력 요소가 아닌 것은?

[가] 산소 센서
[나] 외기 온도 센서
[다] 일사량 센서
[라] 증발기 온도 센서

해설 산소 센서는 엔진 입력 센서로 배기가스 중 산소 농도를 검출하여 혼합비를 제어한다. 엔진 ECU가 이론공연비로 제어되도록 정화 효율을 높이는데 희박, 농후 상태를 검출한다.

80 점화 플러그에 대한 설명으로 틀린 것은?

[가] 열형 플러그는 열방산이 나쁘며 온도가 상승하기 쉽다.
[나] 열가는 점화 플러그의 열방산 정도를 수치로 나타내는 것이다.
[다] 고부하 및 고속 회전의 엔진은 열형 플러그를 사용하는 것이 좋다.
[라] 전극 부분의 작동온도가 자기청정온도보다 낮을 때 실화가 발생할 수 있다.

해설 점화 플러그는 열형과 냉형 점화 플러그가 있으며 고부하 및 고속 회전의 엔진은 냉형 플러그를 사용한다.

정답 77. [나]　78. [다]　79. [가]　80. [다]

국가기술자격 필기시험문제

2019년도 3월 3일 (제1회)

자격종목	코드	시험시간	형 별	수검번호	성 명
자동차정비산업기사	2070	2시간			

제1과목 : 일반기계공학

01 언더컷에 대한 설명으로 옳은 것은?

㉮ 아크 길이가 짧을 때 생긴다.
㉯ 용접 전류가 너무 작을 때 생긴다.
㉰ 운봉 속도가 너무 느릴 때 생긴다.
㉱ 용접 시 경계 부분에 오목하게 생기는 홈을 말한다.

해설 언더컷은 용접 시 경계 부분에 오목하게 생기는 홈을 의미하며 아크 길이가 길 때, 용접 전류가 과다할 때, 운봉 속도가 빠를 때 발생한다.

02 유체기계의 펌프에서 터보형에 속하지 않는 것은?

㉮ 왕복식　　㉯ 원심식
㉰ 사류식　　㉱ 축류식

해설 유체기계의 펌프의 종류를 용적형과 비용적형 펌프로 구분해 볼 때
① 용적형 펌프 : 왕복식(피스톤, 다이어프램), 회전식(베인식, 스크루식, 루츠 블로어)
② 비용적형 펌프 : 터보형(원심식, 축류식, 사류식)

03 밴드 브레이크 제동장치에서 밴드의 최소 두께 t[mm]를 구하는 식은? (단, 밴드의 허용 인장응력은 σ[N/mm²], 밴드의 폭은 b[mm], 밴드의 최대 긴장측 장력은 F_1[N]이다.)

㉮ $t=\dfrac{\sigma \cdot b}{F_1}$　　㉯ $t=\dfrac{F_1}{\sigma \cdot b}$

㉰ $t=\dfrac{\sigma}{b \cdot F_1}$　　㉱ $t=\dfrac{b \cdot F_1}{\sigma}$

해설 허용인장응력$(\sigma)=\dfrac{W}{A}=\dfrac{F_1}{bt}$

$t=\dfrac{F_1}{\sigma b}$

여기서, σ : 밴드의 허용응력
A : 단면적$(=bt)$
W : 하중
b : 밴드의 폭
t : 밴드의 두께

04 유압 펌프 중 피스톤 펌프에 대한 설명으로 옳지 않은 것은?

㉮ 베인 펌프라고도 한다.
㉯ 누설이 작아 체적 효율이 좋다.
㉰ 피스톤의 왕복 운동을 이용하여 유압 작동유를 흡입하고 토출한다.
㉱ 작은 크기로 토출 압력을 높게 할 수 있고 토출량을 크게 할 수 있다.

해설 베인 펌프는 피스톤 펌프가 아니며, 날개가 깃이 형성된 날개 치차 펌프이다.

05 재료의 인장강도가 3,200 N/mm²인 재료를 안전율 4로 설계할 때 허용응력은 약 몇 N/mm²인가?

㉮ 400　　㉯ 600
㉰ 800　　㉱ 1600

해설 $\therefore$ 허용응력$(\sigma_a)=\dfrac{\text{인장강도}(\sigma_u)}{\text{안전율}(S)}$

$=\dfrac{3{,}200\,\mathrm{N/mm^2}}{4}=800\,\mathrm{N/mm^2}$

정답 01. ㉱ 02. ㉮ 03. ㉯ 04. ㉮ 05. ㉰

06 원판클러치에서 마찰면의 마모가 균일하다고 가정할 때 바깥지름 300 mm, 안지름 250 mm, 클러치를 미는 힘 500 N, 마찰계수가 0.2라고 할 경우 클러치의 전달토크는 몇 N · mm인가?

㉮ 11,390 ㉯ 13,750
㉰ 17,530 ㉱ 18,275

해설 $T=\mu\times f\times r$

$$=0.2\times 500\times \frac{250+300}{4}$$

$$=13{,}750\ \mathrm{N\cdot mm}$$

여기서, μ : 마찰계수
f : 클러치 스프링 장력
r : 클러치판의 유효반지름
$\left(=\dfrac{D_i(\text{안지름})+D_o(\text{바깥지름})}{4}\right)$

07 그림과 같이 판, 원통 또는 원통 용기의 끝부분에 원형단면의 테두리를 만드는 가공법은?

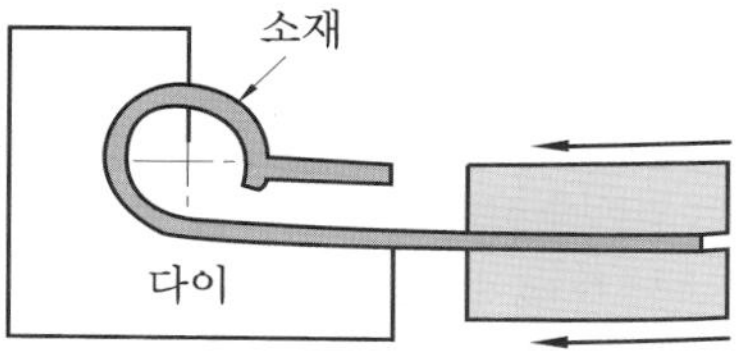

㉮ 버링(burring) ㉯ 비딩(beading)
㉰ 컬링(curling) ㉱ 시밍(seaming)

해설 ① 버링 가공 : 재료판에 미리 뚫어 놓은 구멍을 넓히기 위해 구멍 가장자리를 원통 모양으로 프레스 펀치로 넓히는 가공
② 비딩 가공 : 엠보싱과 마찬가지로 제품의 강성을 증가시키기 위한 것으로 편편한 판금 또는 성형된 판금에 줄 모양의 돌기를 넣는 가공법
③ 컬링(전단) 가공 : 판이나 용기의 가장자리부에 원형 단면의 테두리를 만드는 가공
④ 시밍(굽힘) 가공 : 2장의 판재의 단부를 굽히면서 겹쳐 눌러서 접합하는 가공

08 숫돌이나 연삭입자를 사용하지 않는 것은?

㉮ 호닝 ㉯ 래핑
㉰ 브로칭 ㉱ 슈퍼피니싱

해설 ① 호닝 : 절삭가공의 일종으로 숫돌로 정밀하게 갈아 다듬는 작업이며, 실린더 보링 후 정밀가공을 위해 작업한다.
② 래핑(lapping) : 미세한 숫돌가루를 이용하여 공작물의 표면을 매끈하게 하는 방법
③ 슈퍼피니싱 : 정밀 다듬질, 공작물의 표면에 눈이 고운 숫돌을 가벼운 압력으로 누르고, 숫돌에 진폭이 작은 진동을 주면서 공작물을 회전시켜 그 표면을 마무리하는 가공법

09 유압기계에 사용하는 작동유가 갖추어야 할 특성으로 틀린 것은?

㉮ 윤활성 ㉯ 유동성
㉰ 기화성 ㉱ 내산성

해설 유압작동유의 구비 조건
① 윤활성, 유동성, 내산성
② 강인한 유막을 형성할 수 있을 것
③ 인화점 · 발화점이 높을 것
④ 물리적 · 화학적 변화가 적고 안정적일 것
⑤ 유압유는 기화 기능이 좋아서는 안 되며, 공기에서 신속하게 분리할 수 있어야 한다.

10 그림과 같은 기어열에서 각 기어의 잇수가 $Z_1=40$, $Z_2=20$, $Z_3=40$일 때 O_1 기어를 시계방향으로 1회전시켰다면 O_3 기어는 어느 방향으로 몇 회전하는가?

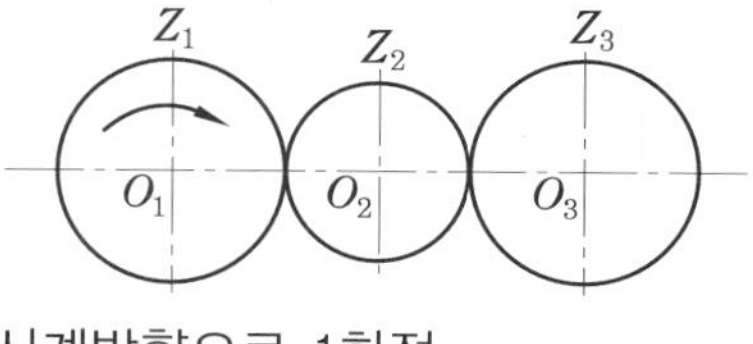

㉮ 시계방향으로 1회전
㉯ 시계방향으로 2회전
㉰ 시계반대방향으로 1회전
㉱ 시계반대방향으로 2회전

해설 기어의 잇수비 $Z_1 : Z_2 : Z_3 = 40 : 20 : 40 = 2 : 1 : 2$이므로, O_1 기어가 시계방향으로 1회전할 때 O_3 기어도 시계방향으로 1회전하게 된다.

정답 06. ㉯ 07. ㉰ 08. ㉰ 09. ㉰ 10. ㉮

11 다음 중 손다듬질 작업에서 일반적으로 쓰지 않는 측정기는?

㉮ 암페어미터　　㉯ 마이크로미터
㉰ 하이트 게이지　　㉱ 버니어 캘리퍼스

해설 마이크로미터, 하이트 게이지, 버니어 캘리퍼스는 손다듬질 작업에 사용되는 정밀 측정기이며 암페어미터는 전류 측정기이다.

12 비중이 1.74이고 실용 금속 중 가장 가벼우나 고온에서는 발화하는 성질을 가진 금속은?

㉮ Cu　　㉯ Ni
㉰ Al　　㉱ Mg

해설 Mg의 특성

① 비중이 1.74이며 Al 합금의 $\frac{2}{3}$, Fe의 $\frac{1}{4}$로 실용 금속 중 가장 가볍다.
② 진동을 흡수하여 소음을 감소시키고, 기계장치의 수명을 늘릴 수 있다.
③ 결정구조상 변형이 잘 안 되며, 100℃에서 장시간 가열해도 변화가 없다.
④ 전자파의 차폐성이 좋다.

13 제품이 대형이고 제작수량이 적은 경우 제품 형태의 중요 부분만을 골격으로 만들어 사용하는 목형은?

㉮ 골격형　　㉯ 긁기형
㉰ 회전형　　㉱ 코어형

해설 주형을 성형할 때 사용하는 목재형으로, 입체형과 판형이 있다. 입체형은 제품과 동일한 모양이고, 판형은 회전시켜 주형을 만든다. 제품이 대형이고 제작수량이 적은 경우 골격형을 사용한다.

14 공구강의 한 종류로 텅스텐(W) 85~95 %, 코발트(Co) 5~6 %의 소결 합금이며, 상품명은 비디아, 탕갈로이, 카볼로이 등으로 불리는 것은?

㉮ 스텔라이트　　㉯ 고속도강
㉰ 초경합금　　㉱ 다이아몬드

해설 초경합금 : 공구 등에 사용되는 초경질 합금으로 금속의 탄화물 분말을 소성해서 만든 경도가 대단히 높은 합금이다. 텅스텐(W) 85~95 %, 코발트(Co) 5~6 %의 소결 합금으로 조직 합금은 대단히 굳고 내마모성이 우수하므로 금속 제품을 자르거나 깎는 커터(절단기), 다이스 등에 사용된다.

15 그림과 같은 탄소강의 응력(σ)–변형률(ε) 선도에서 각 점에 대한 내용으로 적절하지 않은 것은?

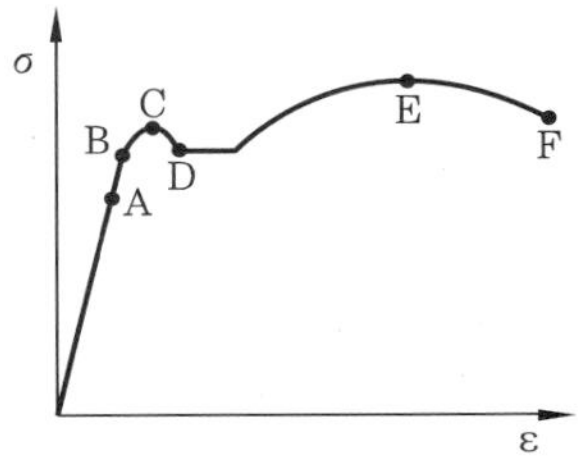

㉮ A : 비례한도　　㉯ B : 탄성한도
㉰ E : 극한강도　　㉱ F : 항복점

해설 탄소강의 응력–변형률 선도
A : 비례한도, B : 탄성한도, C : 상항복점, D : 하항복점, E : 극한강도, F : 파괴응력

16 미끄럼키와 같이 회전토크를 전달시키는 동시에 축방향의 이동도 할 수 있는 것은?

㉮ 묻힘 키　　㉯ 스플라인
㉰ 반달 키　　㉱ 안장 키

해설 스플라인은 회전토크를 전달하면서 축방향으로 이동이 가능하도록 설계되어 있다.

17 철강의 표면 경화법 중 강재를 가열하여 그 표면에 Al을 고온에서 확산 침투시켜 표면을 경화하는 것은?

㉮ 실리코나이징(siliconizing)
㉯ 크로마이징(chromizing)

정답 11. ㉮　12. ㉱　13. ㉮　14. ㉰　15. ㉱　16. ㉯　17. ㉱

다 세라다이징(sheradizing)

라 칼로라이징(calorizing)

해설 칼로라이징은 철, 구리 또는 황동의 표면을 알루미늄으로 피복시키는 방법으로 금속 기물에 분말 모양의 Al을 침투시켜 고온 800~1,000℃로 몇 시간 가열하여 경화시킨다. 이와 같이 하여 생긴 금속 표면은 순알루미늄으로서 그 밑은 Al과 금속의 합금으로 되어 있다. 이 피막은 500℃ 정도까지 내열 및 내식성이 있다.

18 **체결용 요소인 나사의 풀림 방지용으로 사용되지 않는 것은?**

가 이중 너트　　나 캡 나사

다 분할 핀　　라 스프링 와셔

해설 캡 나사는 한쪽 면을 막아 볼트가 관통하지 않는 모양으로 한 너트로 외관을 좋게 하거나 기밀성을 늘리기 위해 사용된다.

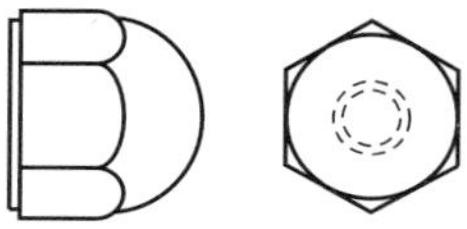

19 **중앙에 집중하중 W를 받는 양단지지 단순보에서 최대 처짐을 나타내는 식은? (단, E= 세로탄성계수, I= 단면 2차 모멘트, l= 보의 길이이다.)**

가 $\dfrac{Wl^2}{48EI}$　　나 $\dfrac{Wl^3}{48EI}$

다 $\dfrac{Wl^3}{24EI}$　　라 $\dfrac{Wl^4}{48EI}$

해설 길이 l인 단순보의 중앙에 집중하중 W를 받을 때 최대 굽힘모멘트(M_{max} 점)

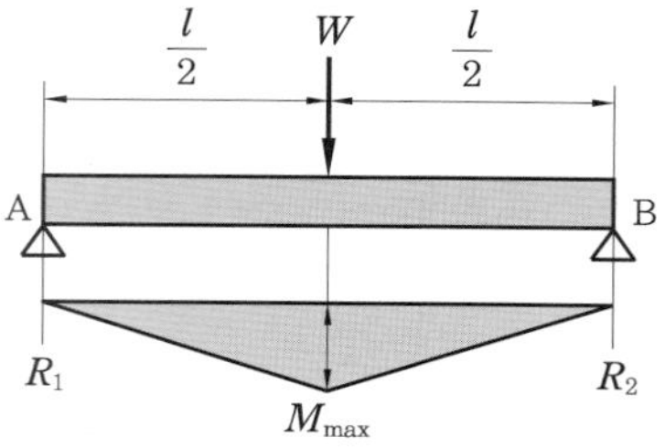

$$M_{max} = \frac{Wl}{4}$$

단면계수 $Z = \dfrac{bh^2}{6}$

20 **강재 원형봉을 토션 바(torsion bar)로 사용하고자 할 때 원형봉에 발생하는 최대 전단응력에 대한 설명으로 틀린 것은?**

가 최대 전단응력은 비틀림 각에 비례한다.

나 최대 전단응력은 원형봉의 길이에 반비례한다.

다 최대 전단응력은 전단탄성계수에 반비례한다.

라 최대 전단응력은 원형봉 반지름에 비례한다.

해설 최대 전단응력은 전단탄성계수에 비례한다.

제2과목 : 자동차 엔진

21 **엔진의 기계효율을 구하는 공식은?**

가 $\dfrac{\text{마찰마력}}{\text{제동마력}} \times 100\,\%$

나 $\dfrac{\text{도시마력}}{\text{이론마력}} \times 100\,\%$

다 $\dfrac{\text{제동마력}}{\text{도시마력}} \times 100\,\%$

라 $\dfrac{\text{마찰마력}}{\text{도시마력}} \times 100\,\%$

해설 엔진 내(실린더)에서 발생된 지시마력 중 마찰을 비롯한 기타 손실을 제외하고 제동마력으로 발생된 동력으로 몇 %가 실제 일로 이용되는지를 알려주는 값이 기계효율이다.

기계효율(η_m) $= \dfrac{\text{BHP}}{\text{IHP}} \times 100\,\%$

여기서, BHP : 제동마력(정미마력)
　　　IHP : 도시마력(지시마력)

정답 18. 나　19. 나　20. 다　21. 다

22 디젤 사이클의 $P-V$ 선도에 대한 설명으로 틀린 것은?

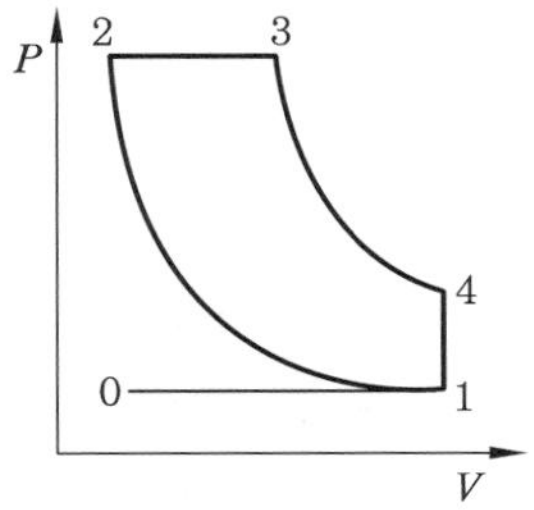

㉮ 1→2 : 단열 압축과정
㉯ 2→3 : 정적 팽창과정
㉰ 3→4 : 단열 팽창과정
㉱ 4→1 : 정적 방열과정

해설 정압 사이클(Diesel cycle) : 저속 디젤 엔진의 본 사이클이며, 열의 공급이 정압하에서 이루어진다.
0→1 : 흡입행정
1→2 : 압축행정
2→3 : 정압연소
3→4 : 동력행정
4→1 : 배기 밸브 열림
1→0 : 배기행정

23 엔진의 윤활장치 구성부품이 아닌 것은?

㉮ 오일 펌프　㉯ 유압 스위치
㉰ 릴리프 밸브　㉱ 킥다운 스위치

해설 ① 펌프 스트레이너(pump strainer) : 오일 팬 섬프 내의 오일을 펌프로 유도해주는 것이며, 오일 속에 포함된 비교적 큰 불순물을 여과하는 스크린이 있다.
② 오일 펌프(oil pump) : 오일 펌프의 능력은 송유량과 송유압력으로 표시하며 그 종류에는 기어식, 로터리식, 플런저식, 베인식 등이 있다.
③ 오일 여과기(oli filter) : 엔진 오일을 여과하는 방법에는 전류식, 분류식, 샨트식 등이 있다.
④ 유압 조절 밸브(oil pressure relief valve) : 윤활 회로 내를 순환하는 유압이 과도하게 상승하는 것을 방지한다.

24 옥탄가에 대한 설명으로 옳은 것은?

㉮ 탄화수소의 종류에 따라 옥탄가가 변화한다.
㉯ 옥탄가 90 이하의 가솔린은 4 에틸납을 혼합한다.
㉰ 옥탄가의 수치가 높은 연료일수록 노크를 일으키기 쉽다.
㉱ 노크를 일으키지 않는 기준연료를 이소옥탄으로 하고 그 옥탄가를 0으로 한다.

해설 옥탄가(octan number)란 가솔린의 앤티 노크성(내폭성 : anti knocking property)을 표시하는 수치이다. 즉, 옥탄가 80의 가솔린이란 이소옥탄 80 %, 노멀헵탄 20 %로 이루어진 앤티노크성(내폭성)을 지닌 가솔린이란 뜻이다.

25 운행차 배출가스 정기검사의 매연 검사 방법에 관한 설명에서 (　)에 알맞은 것은 어느 것인가?

측정기의 시료채취관을 배기관의 벽면으로부터 5 mm 이상 떨어지도록 설치하고 (　)cm 정도의 깊이로 삽입한다.

㉮ 5　㉯ 10
㉰ 15　㉱ 30

해설 운행자동차 배출가스 정기검사의 매연 검사 방법 시 엔진이 정상온도로 유지된 상태에서 측정기의 시료채취관은 벽면으로부터 5 mm 이상 떨어지도록 설치하고 5 cm 정도의 깊이로 삽입하여 측정한다.

26 전자제어 엔진에서 흡입되는 공기량 측정 방법으로 가장 거리가 먼 것은?

㉮ 피스톤 직경
㉯ 흡기 다기관 부압
㉰ 핫 와이어 전류량
㉱ 칼만 와류 발생 주파수

해설 전자제어 엔진 흡입 공기량 측정과 피스

정답 22. ㉯　23. ㉱　24. ㉮　25. ㉮　26. ㉮

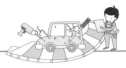

톤 직경과는 관련이 없고 피스톤 직경은 실린더 내경과 함께 엔진 배기량, 행정체적과 관련이 있다.

27 **산소 센서 내측의 고체 전해질로 사용되는 것은?**

㉮ 은 ㉯ 구리
㉰ 코발트 ㉱ 지르코니아

해설 지르코니아 산소 센서는 지르코니아 양면을 백금으로 코팅하여 각각의 면은 전극을 형성하고 있다. 이러한 전극의 양면을 대기와 배기가스에 접촉하도록 하면 산소 농도차에 의해 전력이 발생된다.

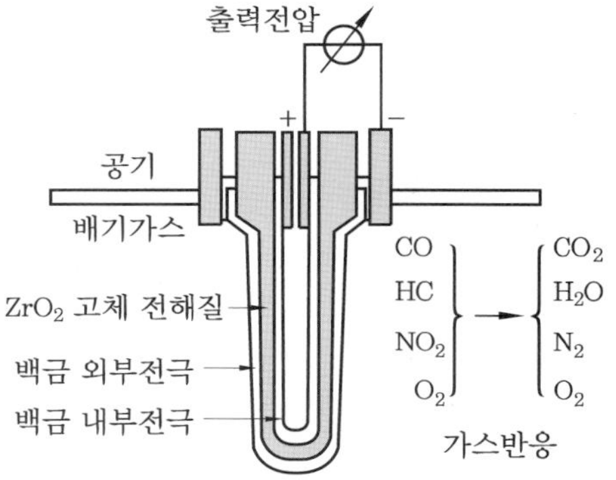

28 **전자제어 가솔린 엔진에서 연료 분사량 제어를 위한 기본 입력신호가 아닌 것은?**

㉮ 냉각수온 센서 ㉯ MAP 센서
㉰ 크랭크각 센서 ㉱ 공기유량 센서

해설 전자제어 엔진에서 기본 분사량과 관련된 주요 센서는 흡입공기량 계측 센서와 엔진의 회전수 신호 센서이다.

$$\text{기본 분사량} = \frac{\text{흡입 공기량(AFS)}}{\text{엔진 회전수(CAS)}}$$

29 **윤활유의 유압 계통에서 유압이 저하되는 원인으로 틀린 것은?**

㉮ 윤활유 누설
㉯ 윤활유 부족
㉰ 윤활유 공급 펌프 손상
㉱ 윤활유 점도가 너무 높을 때

해설 윤활유 점도는 유압이 저하되는 것과 관련이 없으며, 세이볼트 점도계 장비에 의해 측정된다.

30 **전자제어 가솔린 엔진(MPI)에서 급가속 시 연료를 분사하는 방법으로 옳은 것은?**

㉮ 동기분사 ㉯ 순차분사
㉰ 간헐분사 ㉱ 비동기분사

해설 자동차가 주행 중 급가속을 할 경우 일반적으로 가속 보정을 통하여 급가속에 필요한 추가적인 연료를 공급한다. 그런데 일반적인 가속 보정에 의한 증량 보정은 동기분사이다. 동기분사에 의한 증량 보정으로도 충족될 수 없는 급가속 소요 연료량을 비동기분사를 통하여 추가적으로 공급한다.

31 **커먼레일 디젤 엔진에서 연료 압력 조절 밸브의 장착 위치는? (단, 입구 제어 방식)**

㉮ 고압 펌프와 인젝터 사이
㉯ 저압 펌프와 인젝터 사이
㉰ 저압 펌프와 고압 펌프 사이
㉱ 연료 필터와 저압 펌프 사이

해설 커먼레일 디젤 엔진 입구 제어 방식에서 연료 압력 조절 밸브는 저압 펌프와 고압 펌프 사이에 장착되며, 출구 제어 방식인 경우 커먼레일에 장착되어 연료 압력을 제어한다.

32 **가솔린 엔진에 사용되는 연료의 구비 조건이 아닌 것은?**

㉮ 옥탄가가 높을 것
㉯ 착화온도가 낮을 것
㉰ 체적 및 무게가 적고 발열량이 클 것
㉱ 연소 후 유해 화합물을 남기지 말 것

해설 가솔린은 탄소(C)와 수소(H)의 유기화합물의 혼합체이며, 구비 조건으로 착화온도가 높아야 연소의 효율성을 높일 수 있다.

정답 27. ㉱ 28. ㉮ 29. ㉱ 30. ㉱ 31. ㉰ 32. ㉯

① 체적 및 무게가 적고 발열량이 클 것
② 연소 후 유해 화합물을 남기지 말 것
③ 옥탄가가 높을 것
④ 온도에 관계없이 유동성이 좋을 것
⑤ 연소 속도가 빠를 것

33 **전자제어 가솔린 엔진(MPI)에서 동기분사가 이루어지는 시기는 언제인가?**

㉮ 흡입행정 말　　㉯ 압축행정 말
㉰ 폭발행정 말　　㉱ 배기행정 말

해설 전자제어 가솔린 엔진에서 동기분사는 배기행정 말에 이루어진다.

34 **라디에이터 캡의 작용에 대한 설명으로 틀린 것은?**

㉮ 라디에이터 내의 냉각수 비등점을 높여준다.
㉯ 라디에이터 내의 압력이 낮을 때 압력 밸브가 열린다.
㉰ 냉각장치의 압력이 규정값 이상이 되면 수증기가 배출되게 한다.
㉱ 냉각수가 냉각되면 보조 물탱크의 냉각수가 라디에이터로 들어가게 한다.

해설 라디에이터 캡(radiator cap) : 압력식 냉각수의 비점(112℃)을 높이기 위해 사용하며 냉각의 범위를 넓게 한다. 냉각장치 내 압력을 0.3～0.7 kg/cm^2로 올리며, 라디에이터 내 압력이 높을 때 압력 밸브가 열린다.

35. **디젤 엔진 후처리장치의 재생을 위한 연료 분사는?**

㉮ 주 분사　　㉯ 점화 분사
㉰ 사후 분사　　㉱ 직접 분사

해설 디젤 커먼레일 분사 제어장치는 다음과 같이 3단계로 나누어진다.
① 사전 분사(파일럿 분사, 프리 분사)
㈎ 파일럿 분사 : 피스톤이 상승하는 과정 초기에 소량을 연소시킴으로써 압력과 온도를 사전에 높여 주 분사에서의 갑작스런 압력 상승을 조정하게 된다.
㈏ 프리 분사 : 주 분사 이전에 착화에 필요한 불씨를 미리 만들어 놓음으로써 주 분사에서의 점화 지연을 방지하여 연소가 갑작스럽게 발생되는 것을 방지하게 된다.
② 주 분사 : 엔진 동력을 발생하는 분사로 이상적인 주 분사는 연소 압력이 고르고 길게 유지된다.
③ 사후 분사(애프터 분사, 포스트 분사) : 배기가스 저감을 위한 분사이며, 애프터 분사는 주 분사에서 연소되지 않고 남은 숯검댕을 감소시키기 위해 한 번 더 태우는 것이고, 포스트 분사는 DPF를 작동시키기 위해 연료를 흘려보내는 분사이다.

36 **자동차 엔진에서 인터쿨러 장치의 작동에 대한 설명으로 옳은 것은?**

㉮ 차량의 속도 변화
㉯ 흡입공기의 와류 형성
㉰ 배기가스의 압력 변화
㉱ 온도 변화에 따른 공기의 밀도 변화

해설 터보차저(터보)는 공기를 엔진에 강제로 넣어주는 장치이다. 공기를 강제로 주입하면 공기 자체의 마찰에 의해서 열이 올라가고 이 열은 공기를 팽창시키는 역할을 하여 흡기 효율을 떨어뜨리므로 압축된 공기를 냉각시켜 주는 역할을 하는 것을 필요로 하는데, 이러한 장치를 인터쿨러라고 한다. 터보 인터쿨러 엔진을 사용할 경우 일반 엔진에 비해 출력이 30% 가까이 향상되어 탁월한 동력 성능을 발휘하고, 저속에서도 동일 출력을 내며, 엔진 수명이 오래가는 장점이 있다.

37 **배출가스 중 질소산화물을 저감시키기 위해 사용하는 장치가 아닌 것은?**

㉮ 매연 필터(DPF)
㉯ 삼원 촉매 장치(TWC)
㉰ 선택적 환원 촉매(SCR)
㉱ 배기가스 재순환 장치(EGR)

정답 33. ㉱　34. ㉯　35. ㉰　36. ㉱　37. ㉮

해설 DPF(Diesel particulate filter trap)는 매연 여과장치로 디젤 엔진의 배기가스 중 발생하는 입자상물질(PM)을 촉매 필터에 포집한 후 일정한 조건에서 PM의 발화온도인 550℃ 이상으로 배기가스의 온도를 높여서 제거한다. 디젤 엔진에서 배출하는 배기가스 성분 중 soot(그을음)을 저감시켜 주는 장치이며, soot은 일종의 카본이 포함된 매연 또는 검댕을 의미한다.

38 6기통 4행정 사이클 엔진이 10 kgf · m의 토크로 1,000 rpm으로 회전할 때 축출력은 약 몇 kW인가?

가 9.2　　나 10.3
다 13.9　　라 20

해설 축마력 $= \dfrac{2\pi \times T \times R}{75 \times 60} = \dfrac{T \times R}{716}$

$\therefore$ 축출력 $= \dfrac{10 \times 1000}{716} = 13.966\ \text{PS}$

$1\ \text{kW} = 1.3596\ \text{PS}$

$1\ \text{PS} = \dfrac{1}{1.3596}\ \text{kW} ≒ 0.7355\ \text{kW}$

$13.966 \times 0.7355 = 10.27 ≒ 10.3\ \text{kW}$

39 실린더 내경 80 mm, 행정 90 mm인 4행정 사이클 엔진이 2000 rpm으로 운전할 때 피스톤의 평균속도는 몇 m/s인가? (단, 실린더는 4개이다.)

가 6　　나 7
다 8　　라 9

해설 피스톤 속도(v)

$= 2 \times L[\text{mm}] \times \dfrac{\text{회전수}(N)}{60\text{s}}$

$= \dfrac{L[\text{mm}] \times N}{30\text{s}} = \dfrac{L \times N}{30}[\text{mm/s}]$

$\therefore\ v = \dfrac{90 \times 2{,}000}{30} = 6{,}000\ \text{mm/s}$

(문제에서 속도의 단위가 m/s이므로 단위 변환 필요)

$6{,}000\ \text{mm/s} = 6\ \text{m/s}$

40 연료 10.4 kg을 연소시키는 데 152 kg의 공기를 소비하였다면 공기와 연료의 비는? (단, 공기의 밀도는 1.29 kg/m^{3}이다.)

가 공기(14.6 kg) : 연료(1 kg)
나 공기(14.6 m^3) : 연료(1 m^3)
다 공기(12.6 kg) : 연료(1 kg)
라 공기(12.6 m^3) : 연료(1 m^3)

해설 공기와 연료의 비 = 혼합비(연료 1 kg당 공기의 중량)

혼합비 $= \dfrac{G_A}{G_F} = \dfrac{152\ \text{kg}}{10.4\ \text{kg}} = 14.6$

제3과목 : 자동차 섀시

41 차륜 정렬 시 사전 점검사항과 가장 거리가 먼 것은?

가 계측기를 설치한다.
나 운전자의 상황 설명이나 고충을 청취한다.
다 조향 핸들의 위치가 바른지의 여부를 확인한다.
라 허브 베어링 및 액슬 베어링의 유격을 점검한다.

해설 자동차 얼라인먼트를 실시하기 전에 점검해야 할 사항은 다음과 같다.
① 전후 및 좌우 바퀴의 흔들림(허브 베어링 및 액슬축 유격)을 점검한다.
② 타이어의 마모 및 공기압력을 점검한다.
③ 조향 핸들의 위치와 링키지 설치 상태, 마멸을 점검한다.
④ 자동차를 공차 상태로 한다.
⑤ 차량 상태를 운전자로부터 확인한다.
⑥ 섀시 스프링은 안정적인 상태로 한다.

42 선회 시 안쪽 차륜과 바깥쪽 차륜의 조향각 차이를 무엇이라 하는가?

가 애커먼 각

정답 38. 나　39. 가　40. 가　41. 가　42. 가

㉯ 토인 각
㉰ 최소회전반경
㉱ 타이어 슬립각

해설 애커먼 장토식 원리 : 조향 각도를 최대로 하고 선회할 때 선회하는 안쪽 바퀴의 조향각이 바깥쪽 바퀴의 조향각보다 크게 되며, 뒤차축 연장선상의 한 점 O를 중심으로 동심원을 그리면서 선회하여 사이드슬립을 방지하고 조향 핸들 조작에 따른 저항을 감소시킬 수 있는 방식이다.

43 **수동 변속기의 마찰클러치에 대한 설명으로 틀린 것은?**

㉮ 클러치 조작기구는 케이블식 외에 유압식을 사용하기도 한다.
㉯ 클러치 디스크의 비틀림 코일 스프링은 회전 충격을 흡수한다.
㉰ 클러치 릴리스 베어링과 릴리스 레버 사이의 유격은 없어야 한다.
㉱ 다이어프램 스프링식은 코일 스프링식에 비해 구조가 간단하고 단속작용이 유연하다.

해설 페달을 밟은 후부터 릴리스 베어링이 다이어프램 스프링(또는 릴리스 레버)에 닿을 때까지 페달이 이동한 거리를 자유 간극(유격)이라고 하는데, 20~30 mm 정도로 두며 자유 간극 조정은 클러치 링키지에서 하고, 클러치가 미끄러지면 페달 자유 간극부터 점검 조정해야 한다.

44 **자동차가 주행 시 발생하는 저항 중 타이어 접지부의 변형에 의한 저항은?**

㉮ 구름저항 ㉯ 공기저항
㉰ 등판저항 ㉱ 가속저항

해설 구름저항은 바퀴가 노면 위를 굴러갈 때 발생되는 것이며, 구름저항이 발생하는 원인에는 도로와 타이어의 변형, 도로 위의 요철과의 충격, 타이어 미끄럼 등이 있다.

45 **주행 중 차량에 노면으로부터 전달되는 충격이나 진동을 완화하여 바퀴와 노면과의 밀착을 양호하게 하고 승차감을 향상시키는 완충기구로 짝지어진 것은?**

㉮ 코일 스프링, 토션 바, 타이 로드
㉯ 코일 스프링, 겹판 스프링, 토션 바
㉰ 코일 스프링, 겹판 스프링, 프레임
㉱ 코일 스프링, 너클 스핀들, 스태빌라이저

46 **평탄한 도로를 90 km/h로 달리는 승용차의 총주행저항은 약 몇 kgf인가? (단, 공기저항계수 0.03, 총중량 1,145 kgf, 투영면적 1.6 m², 구름저항계수 0.015)**

㉮ 37.18 ㉯ 47.18
㉰ 57.18 ㉱ 67.18

해설 주행저항 = 구름저항 + 공기저항
구름저항(R_r) = $\mu_r \times W$
여기서, μ_r : 구름저항계수
W : 차량 총중량
공기저항(R_a) = $\mu_a \times A \times V^2$
여기서, μ_a : 공기저항계수
A : 차량투영면적
V : 차량속도(m/s)
∴ 주행저항 = $\mu_r \times W + \mu_a \times A \times V^2$
$= 0.015 \times 1{,}145\ \text{kgf} + 0.03 \times 1.6\ \text{m}^2 \times (25\ \text{m/s})^2$
$= 47.175 \fallingdotseq 47.18\ \text{kgf}$
($V = 90\ \text{km/h} = 25\ \text{m/s}$)

47 **자동 변속기에서 변속 레버를 조작할 때 밸브 보디의 유압회로를 변환시켜 라인 압력을 공급하거나 배출시키는 밸브로 옳은 것은?**

㉮ 매뉴얼 밸브 ㉯ 리듀싱 밸브
㉰ 변속 제어 밸브 ㉱ 레귤레이터 밸브

정답 43. ㉰ 44. ㉮ 45. ㉯ 46. ㉯ 47. ㉮

해설 자동 변속기 주 밸브(매뉴얼 밸브)는 변속 패턴을 운전자가 선택하여 유압회로를 변경시켜 주며, 라인 압력을 형성하여 변속 조건을 유지시켜 준다.

48 **자동 변속기에서 변속 시점을 결정하는 가장 중요한 요소는?**

㉮ 매뉴얼 밸브와 차속
㉯ 엔진 스로틀 밸브 개도와 차속
㉰ 변속 모드 스위치와 변속시간
㉱ 엔진 스로틀 밸브 개도와 변속시간

해설 자동 변속기 변속 조건의 주요소는 엔진 TPS와 차속에 의해 결정된다.

49 **브레이크 작동 시 조향 휠이 한쪽으로 쏠리는 원인이 아닌 것은?**

㉮ 브레이크 간극 조정 불량
㉯ 휠 허브 베어링의 헐거움
㉰ 한쪽 브레이크 디스크의 변형
㉱ 마스터 실린더의 체크 밸브 작동이 불량

해설 마스터 실린더의 체크 밸브가 불량이면 브레이크 잔압이 유지되지 않아 제동 시 제동력이 늦어지게 된다.

50 **ABS와 TCS(traction control system)에 대한 설명으로 틀린 것은?**

㉮ TCS는 구동륜이 슬립하는 현상을 방지한다.
㉯ ABS는 주행 중 제동 시 타이어의 로크(lock)를 방지한다.
㉰ ABS는 제동 시 조향 안정성 확보를 위한 시스템이다.
㉱ TCS는 급제동 시 제동력 제어를 통해 차량 스핀 현상을 방지한다.

해설 ESP(전자제어 종합자세제어 장치)에 의해 급제동 시 차량의 스핀 현상을 방지한다.

51 **추진축의 회전 시 발생되는 휠링(whirling)에 대한 설명으로 옳은 것은?**

㉮ 기하학적 중심과 질량적 중심이 일치하지 않을 때 일어나는 현상
㉯ 일정한 조향각으로 선회하며 속도를 높일 때 선회반경이 작아지는 현상
㉰ 물체가 원운동을 하고 있을 때 그 원의 중심에서 멀어지려고 하는 현상
㉱ 선회하거나 횡풍을 받을 때 중심을 통과하는 차체의 전후 방향축 둘레의 회전운동 현상

해설 휠링은 추진축의 비틀림 진동 또는 굽음 진동을 말한다. 추진축은 진동이 발생되면 자재 이음의 파손과 소음을 발생한다.

52 **다음 승용차용 타이어의 표기에 대한 설명이 틀린 것은?**

205 / 65 / R 14

㉮ 205 : 단면폭 205 mm
㉯ 65 : 편평비 65 %
㉰ R : 레이디얼 타이어
㉱ 14 : 림 외경 14 mm

해설 14는 림의 폭(mm)을 의미한다.

53 **다음 중 캐스터에 대한 설명으로 틀린 것은 어느 것인가?**

㉮ 앞바퀴에 방향성을 준다.
㉯ 캐스터 효과란 추종성과 복원성을 말한다.
㉰ (+) 캐스터가 크면 직진성이 향상되지 않는다.
㉱ (+) 캐스터는 선회할 때 차체의 높이가 선회하는 바깥쪽보다 안쪽이 높아지게 된다.

해설 캐스터 : 자동차의 앞바퀴를 옆에서 보면 조향 너클과 앞 차축을 고정하는 킹핀(독립 차축식에서는 위·아래 볼 이음을 연결

정답 48. ㉯ 49. ㉱ 50. ㉱ 51. ㉮ 52. ㉱ 53. ㉰

하는 조향 축)이 수직선과 어떤 각도를 두고 설치되는데, 이를 캐스터라 한다.
① 주행 중 조향바퀴에 방향성을 부여하며 (+) 캐스터일 때 직진성이 향상된다.
② 조향하였을 때 직진 방향으로의 복원력을 준다.

54 조향장치에서 조향휠의 유격이 커지고 소음이 발생할 수 있는 원인과 가장 거리가 먼 것은?

㉮ 요크 플러그의 풀림
㉯ 등속 조인트의 불량
㉰ 스티어링 기어박스 장착 볼트의 풀림
㉱ 타이로드 엔드 조임 부분의 마모 및 풀림

해설 등속 조인트가 불량하면 차량 선회 시에 선회 방향에 따라 소음이 발생한다.

55 제동장치에서 발생되는 베이퍼 로크 현상을 방지하기 위한 방법이 아닌 것은?

㉮ 벤틸레이티드 디스크를 적용한다.
㉯ 브레이크 회로 내에 잔압을 유지한다.
㉰ 라이닝의 마찰 표면에 윤활제를 도포한다.
㉱ 비등점이 높은 브레이크 오일을 사용한다.

해설 베이퍼 로크(vapor lock) : 브레이크 회로 내의 오일이 비등·기화하여 오일의 압력 전달 작용을 방해하는 현상이며, 그 원인은 다음과 같다.
① 긴 내리막길에서 과도한 풋 브레이크를 사용할 때
② 브레이크 드럼과 라이닝의 끌림에 의한 가열
③ 마스터 실린더, 브레이크슈 리턴 스프링 쇠손에 의한 잔압 저하
④ 브레이크 오일 변질에 의한 비점의 저하 및 불량한 오일을 사용할 때

56 휠 얼라인먼트의 요소 중 토인의 필요성과 가장 거리가 먼 것은?

㉮ 앞바퀴를 차량 중심선상으로 평행하게 회전시킨다.
㉯ 조향 후 직전 방향으로 되돌아오는 복원력을 준다.
㉰ 조향 링키지의 마멸에 의해 토아웃이 되는 것을 방지한다.
㉱ 바퀴가 옆 방향으로 미끄러지는 것과 타이어 마멸을 방지한다.

해설 자동차 앞바퀴를 위에서 내려다보면 바퀴 중심선 사이의 거리가 앞쪽이 뒤쪽보다 약간 작게 되어 있는데, 이것을 토인이라고 하며 일반적으로 2~6 mm 정도이다.
① 앞바퀴를 평행하게 회전시킨다.
② 앞바퀴의 사이드슬립(side slip)과 타이어 마멸을 방지한다.
③ 조향 링키지의 마멸에 따라 토아웃(toe-out)이 되는 것을 방지한다.
④ 토인은 타이로드의 길이로 조정한다.
※ 바퀴에 복원력을 유지할 수 있도록 두는 각도는 캐스터에 해당된다.

57 무단 변속기(CVT)의 제어 밸브 기능 중 라인압력을 주행 조건에 맞도록 적절한 압력으로 조정하는 밸브로 옳은 것은?

㉮ 변속 제어 밸브
㉯ 레귤레이터 밸브
㉰ 클러치 압력 제어 밸브
㉱ 댐퍼 클러치 제어 밸브

해설 무단 변속기(CVT : continously variable transmission) : 주행 중 연속적인 변속비를 얻을 수 있고 가변할 수 있는 변속기를 말하며 압력 조절 밸브(레귤레이터 밸브)에 의해 라인압력을 조절하게 된다.

58 자동차의 엔진 토크 14 kgf·m, 총감속비 3.0, 전달 효율 0.9, 구동바퀴의 유효반

정답 54. ㉯ 55. ㉰ 56. ㉯ 57. ㉯ 58. ㉰

경 0.3 m일 때 구동력은 몇 kgf인가?

[가] 68　　[나] 116
[다] 126　　[라] 228

해설 전달 효율

$$= \frac{\text{구동력}(F) \times \text{타이어 반경}(r)}{\text{엔진 토크}(T) \times \text{총감속비}}$$

$\therefore$ 구동력(F)

$$= \frac{\text{엔진 토크}(T) \times \text{총감속비} \times \text{전달 효율}}{\text{타이어 반경}(r)}$$

$$= \frac{14 \times 3 \times 0.9}{0.3} = 126$$

59 전자제어 현가장치(ECS)의 제어 기능이 아닌 것은?

[가] 앤티 피칭 제어
[나] 앤티 다이브 제어
[다] 차속 감응 제어
[라] 감속 제어

해설 감속 제어는 ABS의 제어 기능이다.

60 자동차 수동 변속기의 단판 클러치 마찰면의 외경이 22 cm, 내경이 14 cm, 마찰계수 0.3, 클러치 스프링 9개, 1개의 스프링에 각각 300 N의 장력이 작용한다면 클러치가 전달 가능한 토크는 몇 N·m인가? (단, 안전계수는 무시한다.)

[가] 74.8　　[나] 145.8
[다] 210.4　　[라] 281.2

해설 $T = \mu \times f \times r$

$$= 0.3 \times 300 \times 9 \times \frac{140 + 220}{2}$$

$$= 145800\ \text{N} \cdot \text{mm} = 145.8\ \text{N} \cdot \text{m}$$

(클러치 스프링이 9개이므로 클러치 장력에 9배를 해줘야한다.)

여기서, μ : 마찰계수

f : 클러치 스프링 장력

r : 단판 클러치판의 유효반지름

$$\left(= \frac{D_i(\text{안지름}) + D_o(\text{바깥지름})}{2}\right)$$

제4과목 : 자동차 전기

61 리튬 이온 배터리와 비교한 리튬 폴리머 배터리의 장점이 아닌 것은?

[가] 폭발 가능성 적어 안전성이 좋다.
[나] 패키지 설계에서 기계적 강성이 좋다.
[다] 발열 특성이 우수하여 내구 수명이 좋다.
[라] 대용량 설계가 유리하여 기술 확장성이 좋다.

해설 ① 리튬 이온 전지 : 주재료로 양극에 리튬 산화 물질, 음극에 탄소를 사용하고, 전해액은 휘발유보다 잘 타는 유기성 물질로 성능이 우수하며 주로 휴대기기에 들어가는 배터리로 주로 사용된다. 자기 방전, 메모리 효과가 거의 없으며, 용량, 기전압, 온도 특성이 아주 우수하다. 단점으로는 전해액이 유기성 물질이라 폭발 위험성이 있다.

② 리튬 이온 폴리머 전지 : 리튬 이온 전지의 폭발 위험성이 있는 전해질을 고체 상태의 전해질(폴리머)로 변경한 전지이며, 액체 전해질(리튬 이온 전지)에 비해 이온 전도율, 온도 특성, 수명이 떨어진다는 단점이 있으나 안전하고, 작고 원하는 형태로 만들 수 있다는 장점이 있다. 휘어지거나 얇거나 하는 형태로 만들어 휴대폰, 노트북 등의 휴대기기에 사용할 수 있어 차세대 배터리로 주목받고 있다.

62 자동차용 냉방장치에서 냉매 사이클의 순서로 옳은 것은?

[가] 증발기 → 압축기 → 응축기 → 팽창 밸브
[나] 증발기 → 응축기 → 팽창 밸브 → 압축기
[다] 응축기 → 압축기 → 팽창 밸브 → 증발기
[라] 응축기 → 증발기 → 압축기 → 팽창 밸브

해설 에어컨 냉방 사이클 : 냉매 가스의 상태(액체와 기체) 변화로 냉방 효과를 얻을 수 있다. 이것은 냉매가 증발 → 압축 → 응축 → 팽창의 과정으로 4가지 작용을 반복 순환함으로써 지속적인 냉방을 유지할 수 있다.

정답 59. [라]　60. [나]　61. [나]　62. [가]

63 **교류 발전기에서 정류 작용이 이루어지는 소자로 옳은 것은?**

㉮ 계자 코일　　㉯ 트랜지스터
㉰ 다이오드　　㉱ 아마추어

해설 실리콘 다이오드 : 교류를 정류하고 역류를 방지한다(PN, NP 접합).

64 **자동차 에어컨(FATC) 작동 시 바람은 배출되나 차갑지 않고, 컴프레서 동작음이 들리지 않는다. 다음 중 고장 원인과 가장 거리가 먼 것은?**

㉮ 블로 모터 불량
㉯ 핀 서모 센서 불량
㉰ 트리플 스위치 불량
㉱ 컴프레서 릴레이 불량

해설 자동차의 열부하에는 환기 부하, 관류 부하, 복사 부하, 승원(인원) 부하 등이 있다.

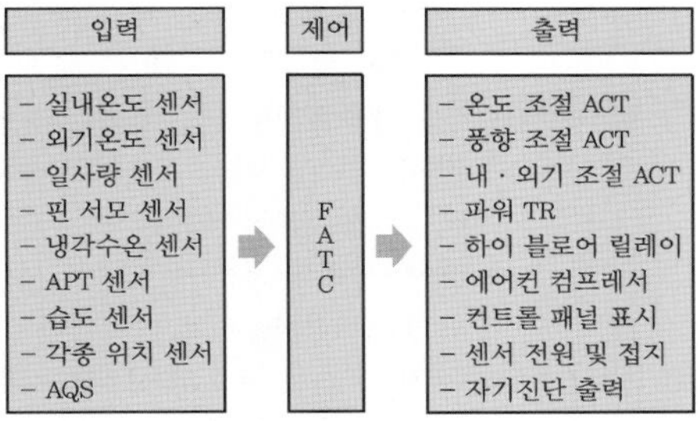

※ 블로 모터는 풍량을 조절하는 모터로 이미 에어컨 작동 시 바람이 송출되므로 해당 사항이 없다.

65 **직류 직권식 기동 전동기의 계자 코일과 전기자 코일에 흐르는 전류에 대한 설명으로 옳은 것은?**

㉮ 계자 코일 전류와 전기자 코일 전류가 같다.
㉯ 계자 코일 전류가 전기자 코일 전류보다 크다.
㉰ 전기자 코일 전류가 계자 코일 전류보다 크다.
㉱ 계자 코일 전류와 전기자 코일 전류가 같을 때도 있고, 다를 때도 있다.

해설 직류 직권 전동기
① 전기자 코일과 계자 코일이 직렬로 접속된 것이다.
② 기동 회전력이 크고, 부하가 증가하면 회전속도가 낮아지고 흐르는 전류가 커지는 장점이 있으나 회전속도 변화가 크다.

66 **자동차 정기검사 시 전조등의 전방 10 m 위치에서 좌 · 우측 주광축의 하향 진폭은 몇 cm 이내이어야 하는가?**

㉮ 10　　㉯ 15
㉰ 20　　㉱ 30

해설 전방 10 m 거리에서 좌 · 우측 주광축의 하향 진폭은 30 cm 이내, 상향 진폭은 10 cm 이내, 하향 진폭은 등화 설치 높이의 3/10 이내일 것. 다만, 좌측 전조등의 경우 좌측 방향의 진폭은 15 cm 이내이어야 하고, 운행 자동차의 하향 진폭은 30 cm 이내로 하게 할 수 있으며, 조명 가변형 전조등은 자동차가 앞으로 움직일 때에만 작동되어야 한다.

67 **전자배전 점화장치(DLI)의 구성 부품으로 틀린 것은?**

㉮ 배전기
㉯ 점화 플러그
㉰ 파워 TR
㉱ 점화 코일

해설 전자배전 점화장치(DLI)의 구성 부품으로는 점화 코일, 점화 플러그, 고압 케이블, ECU(파워 TR), 점화 스위치 등이 있다.

68 **라이트를 벽에 비추어 보면 차량의 광축을 중심으로 좌측 라이트는 수평으로, 우측 라이트는 약 15도 정도의 상향 기울기를 가지게 된다. 이를 무엇이라 하는가?**

정답 63. ㉰　64. ㉮　65. ㉮　66. ㉱　67. ㉮　68. ㉮

[가] 컷 오프 라인
[나] 실드 빔 라인
[다] 루미네슨스 라인
[라] 주광축 경계 라인

해설 컷 오프 라인 : 전조등의 경계를 나타내는 것을 말한다. 컷 오프 라인이 부실하다는 것은 전조등 빛이 일부는 날아가고 일부만 앞을 비추고 있다는 의미이다.

69 리모컨으로 로크(lock) 버튼을 눌렀을 때 문은 잠기지만 경계 상태로 진입하지 못하는 현상이 발생하는 원인과 가장 거리가 먼 것은 어느 것인가?

[가] 후드 스위치 불량
[나] 트렁크 스위치 불량
[다] 파워 윈도 스위치 불량
[라] 운전석 도어 스위치 불량

70 자동차 에어백 구성품 중 인플레이터 역할에 대한 설명으로 옳은 것은?

[가] 충돌 시 충격을 감지한다.
[나] 에어백 시스템 고장 발생 시 감지하여 경고등을 점등한다.
[다] 질소가스, 점화회로 등이 내장되어 에어백이 작동될 수 있도록 점화장치 역할을 한다.
[라] 에어백 작동을 위한 전기적인 충전을 하여 배터리 전원이 차단되어도 에어백을 전개시킨다.

해설 인플레이터 : 차량의 충돌 시 센서로부터 전달되는 신호 전류에 의해 화약이 점화되고, 가스 발생제를 연소시켜 다량의 질소가스를 디퓨저 스크린을 통해 에어백으로 보낸다.

71 하이브리드 자동차는 감속 시 전기에너지를 고전압 배터리로 회수(충전)한다. 이러한 발전기 역할을 하는 부품은?

[가] AC 발전기
[나] 스타팅 모터
[다] 하이브리드 모터
[라] 모터 컨트롤 유닛

해설 구동 모터는 전기 자동차에서 동력을 발생하는 부품으로, 가속과 등판 및 고속 운전에 필요한 동력을 제공한다. 이때 인버터는 구동 모터에 동력을 전달하기 위하여 고전압 직류(DC)를 교류(AC)로 변환시킨다. 모터에서 발생한 동력은 회전자 축과 연결되어 있는 감속기와 드라이브 축에 전달되어 바퀴가 구동된다. 반면 감속 시에는 구동 모터를 발전기로 전환하여 반대로 교류(AC)를 직류(DC)로 변환시켜 고전압 배터리를 충전시키게 된다.

72 다음 직렬 회로에서 저항 R_1에 5 mA의 전류가 흐를 때 R_1의 저항값은?

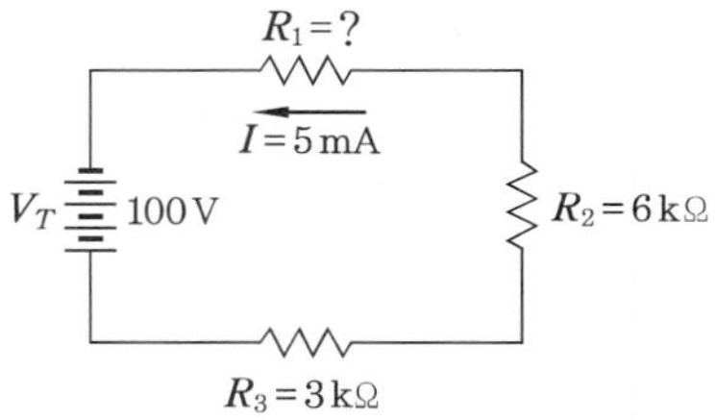

[가] 7 kΩ　　[나] 9 kΩ
[다] 11 kΩ　　[라] 13 kΩ

해설 $V = I \times R_s$이므로 $R_s = \frac{V}{I}$

회로에서 저항이 여러 개이므로 합성 저항을 구한 후 식에 적용해야 한다.

$R_s = R_1 + R_2 + R_3$(직렬 회로 합성저항)

$= R_1 + 6\text{k} + 3\text{k} = R_1 + 9\text{k}$

$\therefore R_s = \frac{V}{I} = \frac{100}{5\text{m}} = 20\text{k}$

$R_1 + 9\text{k} = 20\text{k}$

$R_1 = 20\text{k} - 9\text{k} = 11\text{k}$

73 12 V를 사용하는 자동차의 점화 코일에 흐르는 전류가 0.01초 동안에 50 A 변화하

정답 69. [다] 70. [다] 71. [다] 72. [다] 73. [다]

였다. 자기 인덕턴스가 0.5 H일 때 코일에 유도되는 기전력은 몇 V인가?

㉮ 6　　㉯ 104
㉰ 2,500　　㉱ 60,000

해설 V(자기 유도 기전력)$= L \times \dfrac{\Delta I}{\Delta t}$

여기서, ΔI : 변화 전류
Δt : 변화 시간
L : 자기 인덕턴스

$\therefore\ V = 0.5 \times \dfrac{50}{0.01} = 2{,}500\,\text{V}$

74 다음 회로에서 전압계 V_1과 V_2를 연결하여 스위치를 「ON」, 「OFF」하면서 측정한 결과로 옳은 것은? (단, 접촉저항은 없음)

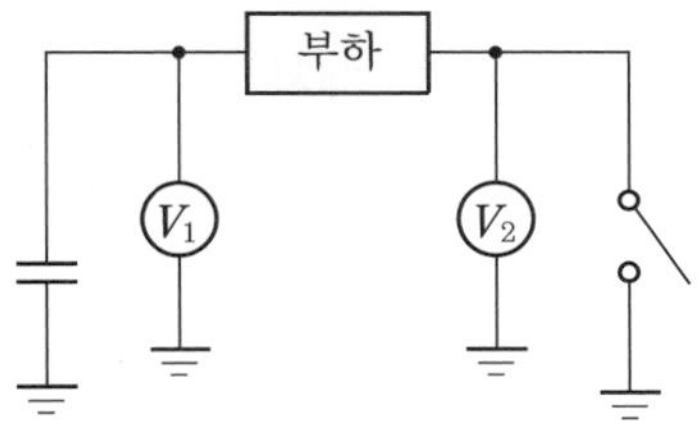

㉮ ON : V_1 − 12 V, V_2 − 12 V
OFF : V_1 − 12 V, V_2 − 12 V
㉯ ON : V_1 − 12 V, V_2 − 12 V
OFF : V_1 − 0 V, V_2 − 12 V
㉰ ON : V_1 − 12 V, V_2 − 0 V
OFF : V_1 − 12 V, V_2 − 12 V
㉱ ON : V_1 − 12 V, V_2 − 0 V
OFF : V_1 − 0 V, V_2 − 0 V

해설 ① SW ON : 회로가 단락되어 부하에 전압이 걸리게 되므로 부하 다음 전압인 V_2는 0 V이다.
② SW OFF : 회로가 개방되어 부하에 전압이 걸리지 않고 접지가지의 모든 회로에 12 V가 걸리게 된다.

75 다음 중 반도체의 장점으로 틀린 것은 어느 것인가?

㉮ 수명이 길다.
㉯ 매우 소형이고 가볍다.
㉰ 일정 시간 예열이 필요하다.
㉱ 내부 전력 손실이 매우 적다.

해설 반도체의 특징
① 반도체는 광전 효과가 있다.
② 반도체에 섞여 있는 불순물의 양에 따라 저항을 매우 커지게 할 수 있다.
③ 반도체는 가열하면 저항이 작아진다.
④ 반도체는 정류 작용을 할 수 있다.
⑤ 어떤 반도체는 전류를 흘리면 빛을 내기도 한다.
※ 반도체는 작동 시 예열을 필요로 하지 않는다.

76 운행자동차 정기검사에서 등화장치 점검 시 광도 및 광축을 측정하는 방법으로 틀린 것은?

㉮ 타이어 공기압을 표준공기압으로 한다.
㉯ 광축 측정 시 엔진 공회전 상태로 한다.
㉰ 적차 상태로 서서히 진입하면서 측정한다.
㉱ 4등식 전조등의 경우 측정하지 않는 등화는 발산하는 빛을 차단한 상태로 한다.

해설 전조등 점검 시 공차 상태 및 전조등 정지 상태에서 측정한다.

77 가솔린 엔진에서 기동 전동기의 소모 전류가 90 A이고, 배터리 전압이 12 V일 때 기동 전동기의 마력은 약 몇 PS인가?

㉮ 0.75　　㉯ 1.26
㉰ 1.47　　㉱ 1.78

해설 $P = V \times I = 12 \times 90 = 1080\,\text{W}$
$= 1.080\,\text{kW}$
$1\,\text{kW} = 1.3596\,\text{PS}$
$\therefore\ 1.080\,\text{kW} = 1.3596\,\text{PS} \times 1.080$
$= 1.468\,\text{PS} \fallingdotseq 1.47\,\text{PS}$

정답 74. ㉰　75. ㉰　76. ㉰　77. ㉰

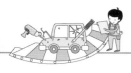

78 **발전기 구조에서 기전력 발생 요소에 대한 설명으로 틀린 것은?**

㉮ 자극의 수가 많은 경우 자력은 크다.
㉯ 코일의 권수가 적을수록 자력은 커진다.
㉰ 로터 코일의 회전이 빠를수록 기전력은 많이 발생한다.
㉱ 로터 코일에 흐르는 전류가 클수록 기전력이 커진다.

해설 로터의 자극 편은 코일에 여자 전류가 흐르면 N극과 S극이 형성되어 자화된다. 로터가 회전함에 따라 스테이터 코일의 자력선을 차단하므로 전압이 유기되며 자극수가 많으면 자력은 크다.

79 **1개의 코일로 2개 실린더를 점화하는 시스템의 특징에 대한 설명으로 틀린 것은?**

㉮ 동시 점화 방식이라 한다.
㉯ 배전기 캡 내로부터 발생하는 전파 잡음이 없다.
㉰ 배전기로 고전압을 배전하지 않기 때문에 누전이 발생하지 않는다.
㉱ 배전기 캡이 없어 로터와 세그먼트(고압단자) 사이의 전압에너지 손실이 크다.

해설 점화 방식이 DLI(무배전기) 식으로 ㉱는 해당사항이 없다.

80 **자동차의 회로 부품 중에서 일반적으로 "ACC 회로"에 포함된 것은?**

㉮ 카 오디오
㉯ 히터
㉰ 와이퍼 모터
㉱ 전조등

해설 점화 스위치 전원 단자

전원 단자	해당 장치
B+	비상등, 제동등, 실내등, 혼, 안개등 등
ACC	약한 전기 부하 오디오 및 미등
IG 1	클러스터, 엔진 센서, 에어백, 방향지시등, 후진등 등(엔진 시동 중 전원 ON)
IG 2	전조등, 와이퍼, 히터, 파워 윈도 등 각종 유닛류 전원 공급
ST	기동 전동기

정답 78. ㉯ 79. ㉱ 80. ㉮

국가기술자격 필기시험문제

2019년도 4월 27일 (제2회)

자격종목	코드	시험시간	형 별	수검번호	성 명
자동차정비산업기사	2070	2시간			

제1과목 : 일반기계공학

01 펌프의 캐비테이션 방지책으로 틀린 것은?

가 펌프의 설치 위치를 높인다.
나 회전수를 낮추어 흡입 비교 회전도를 낮게 한다.
다 단흡입 펌프 대신 양흡입 펌프를 사용한다.
라 펌프의 흡입관 손실을 작게 한다.

해설 캐비테이션 발생 원인
① 펌프와 흡수면 사이의 수직거리가 부적당하게 길 때
② 펌프에 유입되는 물의 과속으로 인하여 유량이 증가할 때
③ 관 속을 유동하고 있는 물속의 어느 부분이 고온도일수록 포화증기압에 비례해서 상승할 때

캐비테이션 방지책
① 펌프의 설치 높이를 낮추어 흡입양정을 짧게 한다.
② 배관을 완만하고 짧게 한다.
③ 압축 펌프를 사용하고, 회전차를 수중에 완전히 잠기게 한다.
④ 펌프의 회전수를 낮추어 흡입 비교 회전도를 적게 한다.
⑤ 마찰저항이 적은 흡입관을 사용한다.
⑥ 양흡입 펌프를 사용한다.
⑦ 두 대 이상의 펌프를 사용한다.

02 알루미늄 분말, 산화철 분말과 점화제의 혼합반응으로 열을 발생시켜 용접하는 방법은?

가 테르밋 용접
나 피복 아크 용접
다 일렉트로 슬래그 용접
라 불활성 가스 아크 용접

03 그림과 같이 자유단에 집중하중을 받고 있는 외팔보의 굽힘 모멘트 선도로 가장 적합한 것은?

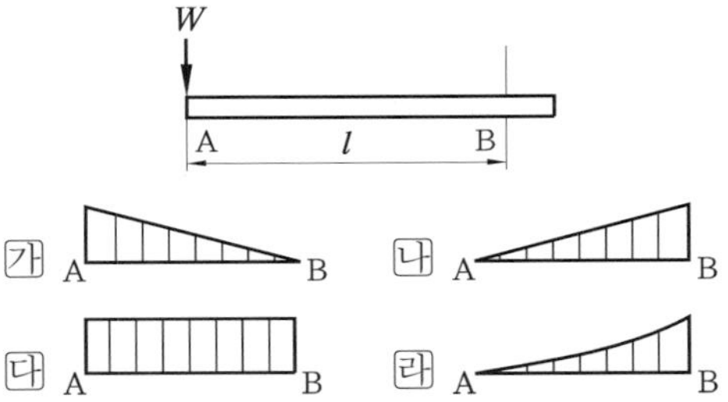

해설 자유단에 집중하중을 받고 있는 외팔보의 굽힘 모멘트 선도는 나항이며, 다항은 외팔보의 전단력을 나타낸 그림이다.

04 다음 중 구멍용 한계 게이지에 포함되지 않는 것은?

가 C형 스냅 게이지
나 원통형 플러그 게이지
다 봉 게이지
라 판 플러그 게이지

해설 원통형 플러그 게이지, 봉 게이지, 판 플러그 게이지 등은 구멍용 한계 게이지이며, C형 스냅 게이지는 축 또는 외측(두께) 검사 게이지이다.

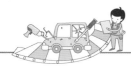

05 다음 중 새들 키라고도 하며 축에는 키 홈이 없고, 축의 원호에 접할 수 있도록 하며 보스에만 키 홈을 파는 것은?

㉮ 안장 키 ㉯ 접선 키
㉰ 평 키 ㉱ 반달 키

06 속이 찬 회전축의 전달 마력이 7 kW이고 회전수가 350 rpm일 때 축의 전달 토크는 약 몇 N·m인가?

㉮ 101 ㉯ 151
㉰ 191 ㉱ 231

해설 각속도$(\omega) = \frac{2\pi n}{60} = \frac{3.14 \times 350}{30} = 36.6$

전달 마력과 전달 토크의 관계식을 사용한다.

마력$(H) = \omega T$에서, 토크$(T) = \frac{H}{\omega}$이며

$\therefore$ 토크$(T) = \frac{H}{\omega} = \frac{7000}{36.6} = 191$ N·m

07 강과 주철은 어떤 원소의 함유량에 의해 구분하는가?

㉮ C ㉯ Mn
㉰ Ni ㉱ S

해설 탄소(C) 함유량 2.0 %를 전후로 하여 강과 주철이 구분된다. 강은 탄소 함유량이 2 % 이하, 주철은 탄소 함유량이 2.0~6.67 % 정도이다.

08 용기 내의 압력을 대기압력 이하의 저압으로 유지하기 위해 대기압력 쪽으로 기체를 배출하는 장치는?

㉮ 공기 압축기 ㉯ 진공 펌프
㉰ 송풍기 ㉱ 축압기

해설 진공 펌프는 펌프의 방식을 사용해 내부 공기를 빨아들여 외부로 배출해 진공 상태로 만드는 기구이다. 용기 내의 압력을 대기압력 이하의 저압으로 유지하기 위해 대기압력 쪽으로 기체를 배출한다.

09 연성재료의 절삭가공 시 발생하는 칩의 형태로 절삭저항이 가장 적고, 매끈한 가공면을 얻을 수 있는 칩의 형태는?

㉮ 전단형 ㉯ 유동형
㉰ 균열형 ㉱ 열단형

해설 유동형 칩은 연성재료의 고속절삭에서 나타나며, 공구의 경사면을 따라 연속적으로 전단 스트레인을 발생하여 연속 칩을 발생시키는 것으로서 공구선단부의 칩은 전단응력을 받고, 항상 상부에 연속된 미끄럼이 생기므로 진동이 작고 가공면이 매끈하다.

10 도가니로의 규격은 어떻게 표시하는가?

㉮ 시간당 용해 가능한 구리의 중량
㉯ 시간당 용해 가능한 구리의 부피
㉰ 한 번에 용해 가능한 구리의 중량
㉱ 한 번에 용해 가능한 구리의 부피

해설 도가니로의 규격은 한 번에 용해 가능한 구리의 중량으로 표시한다.

11 평 벨트와 비교하여 V 벨트의 전동 특성에 해당하지 않는 것은?

㉮ 미끄럼이 작다.
㉯ 운전이 정숙하다.
㉰ 평 벨트와 같이 벗겨지는 일이 없다.
㉱ 지름이 작은 풀리에는 사용이 어렵다.

해설 ① 평 벨트 : 절단면이 납작한 모양이며 두 축 사이의 거리가 멀 때 사용한다.
② V 벨트 : 큰 속도비로 운전이 가능하고, 작은 인장력으로 큰 회전력을 전달하며, 마찰력이 크고, 미끄럼이 작아 조용하다. 벨트가 벗겨질 염려가 적고, 지름이 작은 풀리에도 사용이 가능하다.

12 원형 단면의 축에 발생한 비틀림에 대한 설명으로 옳지 않은 것은? (단, 재질은 동일하다.)

정답 05. ㉮ 06. ㉰ 07. ㉮ 08. ㉯ 09. ㉯ 10. ㉰ 11. ㉱ 12. ㉰

㉮ 비틀림각이 클수록 전단 변형률은 크다.
㉯ 축의 지름이 클수록 전단 변형률은 크다.
㉰ 축의 길이가 길수록 전단 변형률은 크다.
㉱ 축의 지름이 클수록 전단 응력은 크다.

해설 축의 길이가 길수록 전단 변형률은 작다.

13 다음 중 체결용으로 가장 많이 쓰이는 나사는?

㉮ 사각 나사 ㉯ 삼각 나사
㉰ 톱니 나사 ㉱ 사다리꼴 나사

해설 삼각 나사는 일반적으로 체결용 또는 결합용으로 많이 사용한다.

14 판 두께 10 mm, 인장강도 3,500 N/cm^2, 안전계수 4인 연강판으로 5 N/cm^{2}의 내압을 받는 원통을 만들고자 한다. 이때 원통의 안지름은 몇 cm인가?

㉮ 87.5 ㉯ 175
㉰ 350 ㉱ 700

해설 압력용기의 최소 두께$(t)=\dfrac{pDS}{2\sigma\eta}+C$

여기서, p : 최고 압력, D : 안지름
S : 안전계수, σ : 재료 인장강도
η : 용접부 이음 효율
C : 부식 여유

$\eta=1$, $C=0$이므로

$10\text{ mm}=1\text{ cm}=\dfrac{5\times D\times 4}{2\times 3{,}500\times 1}$에서

$$D=\frac{1\times 2\times 3{,}500\times 1}{5\times 4}=350\text{ cm}$$

15 기어나 피스톤 핀 등과 같이 마모 작용에 강하고 동시에 충격에도 강해야 할 때, 강의 표면을 경화하기 위하여 열처리하는 방법이 아닌 것은?

㉮ 침탄법 ㉯ 고주파법
㉰ 침탄질화법 ㉱ 저온풀림법

해설 저온풀림법을 실시하면 경화시키는 것이 아니라 재료의 표면과 내부를 오히려 연화시키게 된다.

16 Al, Cu, Mg으로 구성된 합금에서 인장강도가 크고 시효경화를 일으키는 고력(고강도) 알루미늄 합금은?

㉮ Y 합금 ㉯ 실루민
㉰ 로엑스 ㉱ 두랄루민

해설 두랄루민 : 알루미늄(Al), 구리(Cu), 마그네슘(Mg)의 합금이며, 인장강도가 크고 시효경화를 일으키는 고강도 알루미늄 합금이다.

17 그림의 유압장치에서 A부분 실린더 단면적이 200 cm^2, B부분 실린더 단면적이 50 cm^{2}일 때 F_2에 작용하는 힘이 1,000 N이면 F_1에는 몇 N의 힘이 작용하는가?

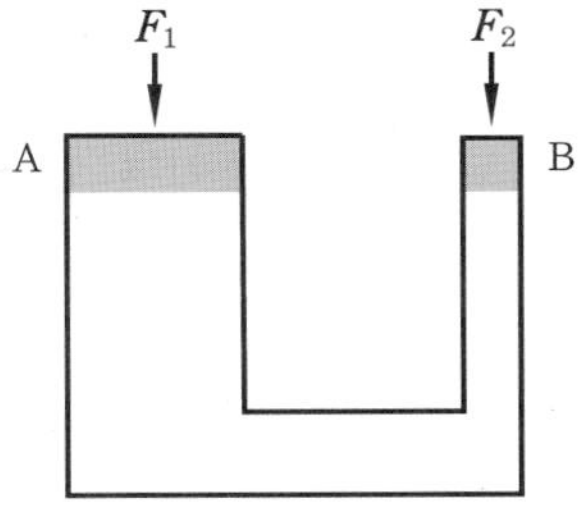

㉮ 3,000 ㉯ 4,000
㉰ 5,000 ㉱ 6,000

해설 $P=\dfrac{F_1}{A_1}=\dfrac{F_2}{A_2}$

$$F_1=F_2\times\frac{A_1}{A_2}=1{,}000\times\frac{200}{50}=4{,}000\text{ N}$$

18 푸아송의 비로 옳은 것은?

㉮ $\dfrac{\text{세로 변형률}}{\text{가로 변형률}}$ ㉯ $\dfrac{\text{부피 변형률}}{\text{세로 변형률}}$
㉰ $\dfrac{\text{세로 변형률}}{\text{부피 변형률}}$ ㉱ $\dfrac{\text{가로 변형률}}{\text{세로 변형률}}$

해설 푸아송 비(ν)는 재료가 인장력의 작용에

정답 13. ㉯ 14. ㉰ 15. ㉱ 16. ㉱ 17. ㉯ 18. ㉱

따라 그 방향으로 늘어날 때 가로 방향 변형률과 세로 방향 변형률 사이의 비율을 나타낸다.

$$\text{푸아송의 비}(\nu) = \frac{\text{가로 변형률}(\varepsilon')}{\text{세로 변형률}(\varepsilon)}$$

19 다음 중 인발에 영향을 미치는 요인이 아닌 것은?

가 윤활 방법　　나 단면 감소율
다 펀치의 각도　　라 다이(die)의 각도

해설 인발에 영향을 미치는 요인 : 윤활, 온도, 인발 재료, 인발 속도, 인발력, 단면 감소율, 마찰력, 다이(die)의 각도

20 그림과 같은 코일 스프링 장치에서 작용하는 하중을 W, 스프링 상수를 K_1, K_2라 할 경우, 합성 스프링 상수를 바르게 표현한 것은?

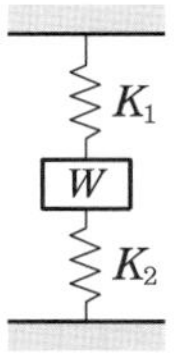

가 $K_1 + K_2$　　나 $\dfrac{1}{K_1 + K_2}$
다 $\dfrac{K_1 K_2}{K_1 + K_2}$　　라 $\dfrac{K_1 + K_2}{K_1 K_2}$

해설 스프링이 병렬로 연결된 경우의 합성 스프링 상수는 각 스프링의 스프링 상수를 합하면 된다.
$K = K_1 + K_2$

제2과목 : 자동차 엔진

21 출력이 $A = 120$ PS, $B = 90$ kW, $C = 110$ HP인 3개의 엔진을 출력이 큰 순서대로 나열한 것은?

가 B > C > A　　나 A > C > B
다 C > A > B　　라 B > A > C

해설 마력(PS)을 기준으로 환산을 하게 되면

$1\text{ PS} = 0.735\text{ kW} \rightarrow 1\text{ kW} = \dfrac{1}{0.735}\text{ PS} = 1.360\text{ PS}$

$1\text{ PS} = 0.986\text{ HP} \rightarrow 1\text{ HP} = \dfrac{1}{0.986}\text{ PS} = 1.014\text{ PS}$

$A = 120$ PS
$B = 90\text{ kW} = 90 \times 1.360\text{ PS} = 122.4\text{ PS}$
$C = 110\text{ HP} = 110 \times 1.014\text{ PS} = 111.54\text{ PS}$
엔진 출력 순서는 B>A>C가 된다.

22 전자제어 가솔린 엔진에서 고속 운전 중 스로틀 밸브를 급격히 닫을 때 연료 분사량을 제어하는 방법은?

가 변함 없음　　나 분사량 증가
다 분사량 감소　　라 분사 일시 중단

해설 퓨얼 컷(fuel cut) : 스로틀 밸브가 닫힘과 동시에 주 연료 공급을 멈추고 흡기 다기관 압력이 상승하여 자연 공급이 중지될 때까지 연료 HC에 의한 촉매의 온도 상승을 막기 위한 장치이다.(퓨얼 컷으로 연료를 차단하고 관성을 이용해 자동차를 주행하는 구간을 말한다.)

23 점화 파형에서 파워 TR(트랜지스터)의 통전시간을 의미하는 것은?

가 전원전압　　나 피크(peak) 전압
다 드웰(dwell)시간　　라 점화시간

해설 드웰시간은 캠각을 의미하며 점화 1차 회로가 흐르는 시간이다. 또한 점화 시기와의 관계를 나타내며 엔진 ECU에 의해 제어된다.

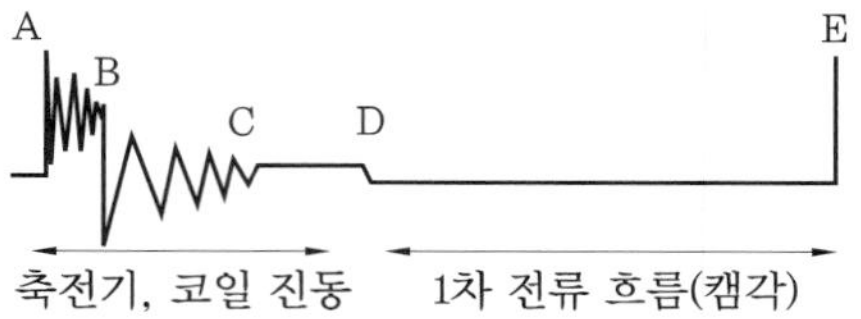

정답 19. 다　20. 가　21. 라　22. 라　23. 다

① A–B 구간 : 점화 구간
② B–C 구간 : 점화 감쇄 구간
③ D–E 구간 : 1차 코일 전류 흐름 구간(캠각 구간)
④ E 구간 : 1차 전류 차단 시점(역기전력에 의한 고압 발생 구간)

24 **자동차에 사용되는 센서 중 원리가 다른 것은?**

㉮ 맵(MAP) 센서
㉯ 노크 센서
㉰ 가속 페달 센서
㉱ 연료 탱크 압력 센서

해설 맵 센서, 노크 센서, 연료 탱크 압력 센서는 피에조 저항을 사용한 센서이며 압력의 변화에 따라 저항이 변하여 출력 데이터, 즉 전압이 계측되는 센서이다. 가속 페달 센서는 가변 저항으로 운전자의 가속 페달 작동에 의해 저항값이 센서 출력으로 된다.

25 **다음 중 라디에이터 캡의 점검 방법으로 틀린 것은?**

㉮ 압력이 하강하는 경우 캡을 교환한다.
㉯ 0.95～1.25 kgf/cm^2 정도로 압력을 가한다.
㉰ 압력 유지 후 약 10～20초 사이에 압력이 상승하면 정상이다.
㉱ 라디에이터 캡을 분리한 뒤 실 부분에 냉각수를 도포하고 압력 테스터를 설치한다.

해설 라디에이터 압력식 캡 시험은 측정 시 압력 유지 후 약 10초 동안 규정값을 유지해야 한다.

26 **디젤 엔진의 배출가스 특성에 대한 설명으로 틀린 것은?**

㉮ NOx 저감 대책으로 연소 온도를 높인다.
㉯ 가솔린 기관에 비해 CO, HC 배출량이 적다.
㉰ 입자상물질(PM)을 저감하기 위해 필터(DPF)를 사용한다.
㉱ NOx 배출을 줄이기 위해 배기가스 재순환 장치를 사용한다.

해설 디젤 엔진 배출가스 성분으로 질소산화물(NOx), 탄화수소(HC), 입자상물질(PM), 그리고 매연이 있다. 디젤 엔진 배출가스 저감에서는 NOx와 PM의 저감이 가장 중요하다. 그러나 이 두 가지 성분은 서로 상반된 관계에 있기 때문에 어려움이 있다. 일반적으로 NOx 저감에는 예혼합 연소량 감소 등에 의한 연소 온도의 저감, PM 저감에는 연소의 고온화나 연소 후기 공기 도입에 의한 재연소 촉진이 유효하다. 따라서 NOx를 저감하는 대책 방안으로 연소 온도를 낮추도록 해야 한다.

27 **LPG를 사용하는 자동차에서 봄베의 설명으로 틀린 것은?**

㉮ 용기의 도색은 회색으로 한다.
㉯ 안전 밸브에 주 밸브를 설치할 수는 없다.
㉰ 안전 밸브는 충전 밸브와 일체로 조립된다.
㉱ 안전 밸브에서 분출된 가스는 대기 중으로 방출되는 구조이다.

해설 봄베는 LPG 기관의 연료 탱크이며 충전 밸브, 송출 밸브(액·기상), 안전 밸브, 액면 표시 장치가 설치되어 있으며, 안전 밸브에 주 밸브를 설치할 수 있다.

28 **도시마력(지시마력, indicated horse power) 계산에 필요한 항목으로 틀린 것은?**

㉮ 총 배기량
㉯ 엔진 회전수
㉰ 크랭크축 중량
㉱ 도시 평균 유효 압력

정답 24. ㉰ 25. ㉰ 26. ㉮ 27. ㉯ 28. ㉰

해설 지시마력(IHP) $= \dfrac{P \cdot A \cdot L \cdot R \cdot N}{75 \times 60}$

여기서, P : 지시평균 유효압력(kgf/cm^2)
A : 실린더 단면적(cm^2)
L : 행정(m)
N : 실린더수
R : 엔진 회전수(rpm)
(2행정엔진 : R, 4행정엔진 : $\dfrac{R}{2}$)

※ 크랭크축 중량은 지시마력과 관련이 없다.

29 다음 설명에 해당하는 커먼레일 인젝터는?

> 운전 전영역에서 분사된 연료량을 측정하여 이것을 데이터베이스화한 것으로, 생산 계통에서 데이터베이스 정보를 ECU에 저장하여 인젝터별 분사시간 보정 및 실린더 간 연료분사량의 오차를 감소시킬 수 있도록 문자와 숫자로 구성된 7자리 코드를 사용한다.

가 일반 인젝터　　나 IQA 인젝터
다 클래스 인젝터　　라 그레이드 인젝터

해설 IQA(injector quantity adaptation)
① 코드 : 매트릭스 정보를 7자리 영문 및 숫자로 인젝터 상단에 표시하며 인젝터 간 연료분사량 편차를 보정한다.
② 특징 : 인젝터의 기계적 특성치를 ECU에 개별적으로 입력하는 방식으로 ECU는 입력된 각각의 인젝터 정보에 맞는 최적화 맵으로 정밀 제어가 가능하다. IQA 인젝터 고유 번호를 진단기(스캐너)를 이용하여 ECU에 입력 후 교환한다. IQA는 그레이드화 인젝터 이후 C(클래스화) 이후에 연료분사량의 정밀도를 높여 준 인젝터이다.

30 전자제어 MPI 가솔린 엔진과 비교한 GDI 엔진의 특징에 대한 설명으로 틀린 것은?

가 내부 냉각 효과를 이용하여 출력이 증가된다.
나 층상 급기 모드를 통해 EGR 비율을 많이 높일 수 있다.
다 연료 분사 압력이 높고, 연료 소비율이 향상된다.
라 층상 급기 모드 연소에 의하여 NOx 배출이 현저히 감소한다.

해설 GDI 엔진(gasoline direct injection engine)은 가솔린을 실린더에 직접 분사하는 것이 특징이다. 고성능 연료분사기를 통해 실린더에 직접 연료를 분사시켜 즉각 공기와 혼합시키기 때문에 연료 분사 시점을 폭발행정과 정확히 일치시킬 수 있다. 연료를 직접 실린더에 분사한다는 점에서 디젤 엔진과 같은 개념이다. 높은 압축비로 인해 질소산화물(NOx) 배기가스 배출이 많다.

31 디젤 엔진에서 단실식 연료 분사 방식을 사용하는 연소실의 형식은?

가 와류실식　　나 공기실식
다 예연소실식　　라 직접분사실식

해설 직접분사실식은 복실식 연소실식보다 시동성이 좋으므로 상온에서는 보조장치 없이 시동이 용이하며 한랭지에서 착화가 곤란한 경우에는 부실식의 예열장치로 할 수 있는 구조로 되어 있다. 또 연소실의 표면적이 작아 열손실이 적어 열효율이 높고 연료소비율이 적다. 반면에 연소압력이 높아 회전 중 소음이나 진동이 큰 결점이 있다.

32 4행정 가솔린 엔진이 1분당 2500 rpm에서 9.23 kgf · m의 회전토크일 때 축마력은 약 몇 PS인가?

가 28.1　　나 32.2
다 35.3　　라 37.5

해설 제동마력(BHP) $= \dfrac{2\pi T \cdot R}{75 \cdot 60} = \dfrac{T \cdot R}{716}$

$\therefore \text{BHP} = \dfrac{TR}{716} = \dfrac{9.23 \times 2500}{716} = 32.2\ \text{PS}$

33 다음 그림은 스로틀 포지션 센서(TPS)의

정답 29. 나　30. 라　31. 라　32. 나　33. 나

내부 회로도이다. 스로틀 밸브가 그림에서 B와 같이 닫혀 있는 현재 상태의 출력 전압은 약 몇 V인가?(단, 공회전 상태이다.)

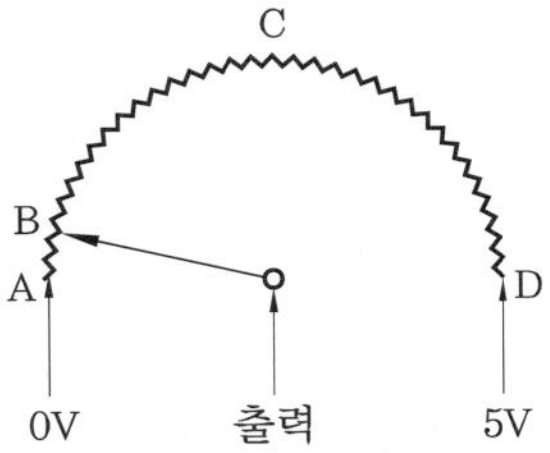

㉮ 0 V ㉯ 약 0.5 V
㉰ 약 2.5 V ㉱ 약 5 V

해설 스로틀 포지션 센서(TPS)는 공급 전압 5 V일 때 공회전 시 출력 시그널 전압은 낮게 0.5 V가 되며 가속 시에는 4.5~5 V 시그널 전압이 출력된다.

34 전자제어 엔진에서 연료 차단(fuel cut)에 대한 설명으로 틀린 것은?

㉮ 배출가스 저감을 위함이다.
㉯ 연비를 개선하기 위함이다.
㉰ 인젝터 분사 신호를 정지한다.
㉱ 엔진의 고속회전을 위한 준비 단계이다.

해설 차량의 연료 차단(fuel cut) 기능은 주행 중 브레이크 및 액셀러레이터 페달을 밟지 않은 상태(가속 페달 닫힘)에서 엔진 회전수가 약 1600 rpm 이상일 때 작동된다(연비 개선 및 배출가스 저감).
① 속도 센서 신호 입력 주행 시
② 액셀러레이터 페달을 밟지 않을 때(가속 페달 닫힘 상태)
③ 변속 위치가 주행 위치일 때

35 윤활유의 주요 기능이 아닌 것은?

㉮ 방청 작용
㉯ 산화 작용
㉰ 밀봉 작용
㉱ 응력 분산 작용

해설 윤활유의 주요 기능
① 마찰 감소 작용(감마 작용)
② 밀봉 작용(기밀 작용)
③ 냉각 작용
④ 세척 작용
⑤ 응력 분산 작용
⑥ 방청 작용

36 엔진 크랭크축의 휨을 측정할 때 필요한 기기가 아닌 것은?

㉮ 블록 게이지 ㉯ 정반
㉰ 다이얼 게이지 ㉱ V 블록

해설 블록 게이지는 블록 선형 측정을 위한 기본적인 게이지이며, 길이 측정의 표준이 되는 게이지이다.

37 배출가스 측정 시 HC(탄화수소)의 농도 단위인 ppm을 설명한 것으로 적당한 것은 어느 것인가?

㉮ 백분의 1을 나타내는 농도 단위
㉯ 천분의 1을 나타내는 농도 단위
㉰ 만분의 1을 나타내는 농도 단위
㉱ 백만분의 1을 나타내는 농도 단위

해설 1 ppm(part per million)은 $10^{-6} = \frac{1}{1,000,000}$로 백만분의 1을 나타낸다. 1 %는 10,000 ppm의 농도가 된다.

38 다음 중 피스톤의 재질로서 가장 거리가 먼 것은?

㉮ Y-합금
㉯ 특수 주철
㉰ 켈밋 합금
㉱ 로엑스(Lo-Ex) 합금

해설 피스톤의 재질
① Y 합금(구리계)
② 로엑스(Lo-Ex) 합금(규소계)
③ 특수 주철 : 코비탈륨(cobitalium)
※ 켈밋 합금 : 구리(Cu), 납(Pb)이 주성분인 합금으로 열전도율이 좋으며, 고하중을 받는 베어링에 사용된다.

정답 34. ㉱ 35. ㉯ 36. ㉮ 37. ㉱ 38. ㉰

39 **4실린더 4행정 사이클 엔진을 65 PS로 30분간 운전시켰더니 연료가 10 L 소모되었다. 연료의 비중이 0.73, 저위발열량이 11,000 kcal/kg이라면 이 엔진의 열효율은 몇 %인가?(단, 1마력당 일량은 632.5 kcal/h이다.)**

㉮ 23.6 ㉯ 24.6
㉰ 25.6 ㉱ 51.2

해설 연료소비량 $= 20 \times 0.73 = 14.6$ kgf/h

제동마력 = 65 PS

$$연료소비율 = \frac{연료소비량}{제동마력} = \frac{14.6}{65} = 0.224$$

제동열효율(η)

$$= \frac{632.5}{저위발열량 \times 제동연료소비율}$$

$$= \frac{632.5}{11000 \times 0.224} \times 100 = 25.6\ \%$$

40 **전자제어 가솔린 분사장치(MPI)에서 폐회로 공연비 제어를 목적으로 사용하는 센서는?**

㉮ 노크 센서 ㉯ 산소 센서
㉰ 차압 센서 ㉱ EGR 위치 센서

해설 전자제어 가솔린 분사장치에서 공연비 제어를 목적으로 산소 센서를 사용하며, 산소 센서가 정상 작동 상태일 때를 폐회로 제어, 작동되지 않는 상태를 개회로 제어라 한다.

제3과목 : 자동차 섀시

41 **제동장치에서 공기 브레이크의 구성 요소가 아닌 것은?**

㉮ 언로더 밸브
㉯ 릴레이 밸브
㉰ 브레이크 체임버
㉱ 하이드로 에어백

해설 공기 브레이크 제동 계통

① 브레이크 밸브(brake valve) : 페달을 밟으면 위쪽에 있는 플런저가 메인 스프링을 누르고 배출 밸브를 닫은 후 공급 밸브를 연다.

② 퀵 릴리스 밸브(quick release valve) : 페달을 밟으면 브레이크 밸브로부터 압축공기가 공기 입구를 통하여 작동되면 밸브가 열려 앞 브레이크 체임버로 통하는 양쪽 구멍을 연다.

③ 릴레이 밸브(relay valve) : 페달을 밟아 브레이크 밸브로부터 공기 압력이 작동하면 다이어프램이 아래쪽으로 내려가 배출 밸브를 닫고 공급 밸브를 열어 공기 탱크 내의 공기를 직접 뒤 브레이크 체임버로 보내어 제동시킨다. 또 페달을 놓으면 공기를 배출시켜 신속하게 제동을 푼다.

④ 브레이크 체임버(brake chamber) : 페달을 밟아 브레이크 밸브에서 조절된 압축공기가 체임버 내로 유입되면 다이어프램은 스프링을 누르고 이동한다.

※ 배력식 브레이크(servo brake) : 유압 브레이크에서 제동력을 증대시키기 위해 엔진 흡입 행정에서 발생하는 진공(부압)과 대기 압력 차이를 이용하는 진공 배력식(하이드로 백), 압축공기의 압력과 대기압 차이를 이용하는 공기 배력식(하이드로 에어백)이 있다.

42 **클러치의 구비 조건에 대한 설명으로 틀린 것은?**

㉮ 단속 작용이 확실해야 한다.
㉯ 회전 부분의 평형이 좋아야 한다.
㉰ 과열되지 않도록 냉각이 잘 되어야 한다.
㉱ 전달 효율이 높도록 회전관성이 커야 한다.

해설 클러치 구비 조건

① 단속 작용이 신속하고 확실할 것
② 회전 부분의 밸런스가 좋고 회전관성이 작을 것
③ 일단 접속되면 미끄럼 없이 동력을 확실히 전달할 것

정답 39. ㉰ 40. ㉯ 41. ㉱ 42. ㉱

④ 방열이 잘 되고 과열되지 않을 것
⑤ 동력 전달 시에는 미끄러지면서 서서히 전달될 것
⑥ 구조가 간단하고 취급이 용이하며, 고장이 적을 것

43 **자동차 타이어의 수명에 영향을 미치는 요인과 가장 거리가 먼 것은?**

㉮ 엔진의 출력
㉯ 주행 노면의 상태
㉰ 타이어와 노면 온도
㉱ 주행 시 타이어 적정 공기압 유무

44 **하이드로 플래닝에 관한 설명으로 옳은 것은?**

㉮ 저속으로 주행할 때 하이드로 플래닝이 쉽게 발생한다.
㉯ 트레이드가 과하게 마모된 타이어에서는 하이드로 플래닝이 쉽게 발생한다.
㉰ 하이드로 플래닝이 발생할 때 조향은 불안정하지만 효율적인 제동은 가능하다.
㉱ 타이어의 공기압이 감소할 때 접촉영역이 증가하여 하이드로 플래닝이 방지된다.

해설 하이드로 플래닝(수막 현상) : 물이 고인 도로를 고속으로 주행할 때 타이어의 트레드가 노면의 물을 완전히 밀어내지 못하고 타이어는 얇은 수막에 의해 노면으로부터 떨어져 제동력 및 조향력을 상실하는 현상으로 방지 방법은 다음과 같다.
① 타이어 공기 압력을 높이고(10~20 %), 주행속도를 낮춘다.
② 타이어 트레드 홈 깊이가 깊은 리브 패턴의 타이어를 사용한다.
③ 타이어 트레드 마모가 적은 타이어를 사용한다.
④ 트레드 패턴을 카프형으로 셰이빙 가공한 것을 사용한다.

45 **자동 변속기에 사용되고 있는 오일(ATF)의 기능이 아닌 것은?**

㉮ 충격을 흡수한다.
㉯ 동력을 발생시킨다.
㉰ 작동 유압을 전달한다.
㉱ 윤활 및 냉각 작용을 한다.

해설 동력 발생은 자동 변속기 오일의 기능과 관련이 없으며, 자동 변속기 오일(ATF)은 유압유로 충격을 흡수하며 윤활 및 냉각 작용을 한다.

46 **자동차 정속주행(크루즈 컨트롤) 장치에 적용되어 있는 스위치와 가장 거리가 먼 것은 어느 것인가?**

㉮ 세트(set) 스위치
㉯ 리드(read) 스위치
㉰ 해제(cancel) 스위치
㉱ 리줌(resume) 스위치

해설 ① 리드 스위치 : 자석을 접근시키면 2개의 리드 조각을 통하여 자기회로가 되어 2개의 리드는 끌어당겨져 접점을 닫는다.
② 제어 스위치 : 운전자에 의해 조작되는 제어 스위치는 전원을 공급하는 메인 스위치(main SW), 정속주행 차속을 컴퓨터에 입력시키는 세트 스위치(set SW), 해제된 차속을 다시 복원시키는 리줌 스위치(resume SW) 및 메인 스위치의 작동을 알리는 메인 표시 등으로 구성되어 있다.
③ 해제 스위치 : 정속주행 세트 속도를 해제하는 역할

47 **정지 상태의 자동차가 출발하여 100 m에 도달했을 때의 속도가 60 km/h이다. 이 자동차의 가속도는 약 m/s^2인가?**

㉮ 1.4 ㉯ 5.6
㉰ 6.0 ㉱ 8.7

해설 등가속도의 운동 공식

$$S=\frac{v^2-v_0^2}{2a}$$

과년도 출제문제 부록

정답 43. ㉮ 44. ㉯ 45. ㉯ 46. ㉯ 47. ㉮

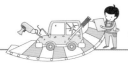

여기서, S : 이동거리
v : 나중속도
v_0 : 처음속도
a : 가속도

$$2a \times S = v^2 - v_0^2$$

$$a = \frac{v^2 - v_0^2}{2S}$$

$$60\,\text{km/h} = \frac{60{,}000\,\text{m}}{3{,}600\,\text{s}}$$

$$a = \frac{v^2 - 0^2}{2 \times 100} = \frac{\left(\frac{60{,}000\,\text{m}}{3{,}600\,\text{s}}\right)^2}{2 \times 100\,\text{m}} = 1.388 \fallingdotseq 1.4$$

48 **자동차의 축간거리가 2.5 m, 킹핀의 연장선과 캠퍼의 연장선이 지면 위에서 만나는 거리가 30 cm인 자동차를 좌측으로 회전하였을 때 바깥쪽 바퀴의 조향각도가 30°라면 최소회전반경은 약 몇 m인가?**

㉮ 4.3　　㉯ 5.3
㉰ 6.2　　㉱ 7.2

해설 최소회전반경$(R) = \frac{L}{\sin\alpha} + r$

여기서, $\sin\alpha$: 외측바퀴 회전각도(°)
L : 축거(m)
r : 타이어 중심과 킹핀과의 거리(m)

$$R = \frac{2.5\,\text{m}}{\sin 30°} + 0.3\,\text{m} = 5.3\,\text{m}$$

※ $\sin 30° = 0.5$(삼각함수표 참고)

49 **자동차 정기검사에서 조향장치의 검사 기준 및 방법으로 틀린 것은?**

㉮ 조향 계통의 변형, 느슨함 및 누유가 없어야 한다.
㉯ 조향바퀴 옆 미끄럼양은 1 m 주행에 5 mm 이내이어야 한다.
㉰ 기어박스, 로드암, 파워실린더, 너클 등의 설치 상태 및 누유 여부를 확인한다.
㉱ 조향핸들을 고정한 채 사이드슬립 측정기의 답판 위로 직진하여 측정한다.

해설 사이드슬립은 조향핸들을 놓은 상태에서 답판 위로 직진하여 측정한다.

50 **자동차 검사를 위한 기준 및 방법으로 틀린 것은?**

㉮ 자동차의 검사항목 중 제원측정은 공차상태에서 시행한다.
㉯ 긴급자동차는 승차인원 없는 공차상태에서만 검사를 시행해야 한다.
㉰ 제원측정 이외의 검사항목은 공차상태에서 운전자 1인이 승차하여 측정한다.
㉱ 자동차 검사기준 및 방법에 따라 검사기기, 관능 또는 서류 확인 등을 시행한다.

해설 긴급자동차라 할지라도 운전자 1인이 승차하여 검사를 시행하도록 한다.

51 **듀얼 클러치 변속기(DCT)에 대한 설명으로 틀린 것은?**

㉮ 연료소비율이 좋다.
㉯ 가속력이 뛰어나다.
㉰ 동력 손실이 적은 편이다.
㉱ 변속단이 없으므로 변속충격이 없다.

해설 듀얼 클러치 변속기(DCT)는 수동 변속기의 효율성과 자동 변속기의 편리성을 모두 갖춘 변속 시스템으로 운행 중에 운전자가 조작할 필요가 없다는 점에서 자동 변속기와 같지만 기본 원리는 수동 변속기를 기반으로 하고 있다. 두 개의 클러치를 이용해 변속을 빠르게 하는 게 특징이다. 1·3·5단은 A클러치에 연결되어 있고, 2·4·6단은 B클러치에 연결되는 방식이다. 클러치가 하나일 경우에는 3단 기어를 넣고 있으면 3단에만 물려 있지만, 듀얼 클러치는 위아래인 2단과 4단도 대기 상태로 물려 있다. 따라서 3단에서 2단이나 4단으로 변속할 때 변속 패턴을 바로 이어받아 보다 매끄럽게 변속할 수 있고 성능과 연비를 향상시킬 수 있다.

정답 48. ㉯　49. ㉱　50. ㉯　51. ㉱

52 차체 자세제어장치(VDC, ESP)에서 선회 주행 시 자동차의 비틀림을 검출하는 센서는 어느 것인가?

㉮ 차속 센서
㉯ 휠 스피드 센서
㉰ 요 레이트 센서
㉱ 조향핸들 각속도 센서

해설 ESP란 Electronic Stability Program의 약어로 ABS(anti-lock brake system)와 TCS(traction control system)를 통합 제어해 차량의 안정을 꾀하는 장치이다(VDC). 요 레이트 센서는 차량의 회전률을 감지하며, 차량 조향에 따라 회전하는 각도를 측정하게 된다. 차량에 한 개가 장착되기도 하나 위치별 5군데 장착하는 경우도 있다.

53 차체 자세제어장치(VDC, ESC)에 관한 설명으로 틀린 것은?

㉮ 요 레이트 센서, G 센서 등이 적용되어 있다.
㉯ ABS 제어, TCS 제어 등의 기능이 포함되어 있다.
㉰ 자동차의 주행 자세를 제어하여 안전성을 확보한다.
㉱ 뒷바퀴가 원심력에 의해 바깥쪽으로 미끄러질 때 오버 스티어링으로 제어를 한다.

해설 조향각 센서와의 조합으로 차량의 오버스티어와 언더스티어 발생에 따른 제어도 가능하며, 뒷바퀴가 원심력에 의해 바깥쪽으로 미끄러질 때 언더 스티어링으로 제어를 한다.

54 사이드 슬립 점검 시 왼쪽 바퀴가 안쪽으로 8 mm, 오른쪽 바퀴가 바깥쪽으로 4 mm 슬립되는 것으로 측정되었다면 전체 미끄럼 값 및 방향은?

㉮ 안쪽으로 2 mm 미끄러진다.
㉯ 안쪽으로 4 mm 미끄러진다.
㉰ 바깥쪽으로 2 mm 미끄러진다.
㉱ 바깥쪽으로 4 mm 미끄러진다.

해설 $\text{슬립량} = \dfrac{\text{좌슬립량} + \text{우슬립량}}{2}$

$$= \frac{8 + (-4)}{2} = 2\text{ mm}$$

안쪽으로 슬립하는 양을 (+), 바깥쪽으로 슬립하는 양을 (−)로 한다. 따라서 안쪽으로 2 mm 슬립이 발생한다.

55 동력전달장치에 사용되는 종감속장치의 기능으로 틀린 것은?

㉮ 회전 속도를 감소시킨다.
㉯ 축 방향 길이를 변화시킨다.
㉰ 동력 전달 방향을 변환시킨다.
㉱ 구동 토크를 증가시켜 전달한다.

해설 추진축 슬립조인트는 앞뒤 바퀴 동력 전달에 따른 장해물이 발생되어 축의 길이 변화가 필요할 때 축 방향 길이를 변화시킨다.

56 디스크 브레이크의 특징에 대한 설명으로 틀린 것은?

㉮ 마찰면적이 작아 패드의 압착력이 커야 한다.
㉯ 반복적으로 사용하여도 제동력의 변화가 적다.
㉰ 디스크가 대기 중에 노출되어 냉각 성능이 좋다.
㉱ 자기 작동 작용으로 인해 페달 조작력이 작아도 제동 효과가 좋다.

해설 디스크 브레이크의 특징
① 자기 작동이 없으므로 페달 조작력이 커야 한다.
② 마찰면적이 작아 패드의 강도가 커야 하며, 패드의 마멸이 크다.
③ 반복적으로 사용하여도 제동력의 변화가 적어 한쪽만 제동되는 일이 적다.
④ 디스크가 대기 중에 노출되어 방열이 잘 되어 냉각 효과가 좋다.

정답 52. ㉰ 53. ㉱ 54. ㉮ 55. ㉯ 56. ㉱

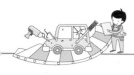

57 **토크 컨버터의 클러치 점(clutch point)에 대한 설명과 관계없는 것은?**

㉮ 토크 증대가 최대인 상태이다.
㉯ 오일이 스테이터 후면에 부딪친다.
㉰ 일방향 클러치가 회전하기 시작한다.
㉱ 클러치 점 이상에서 토크 컨버터는 유체 클러치로 작동한다.

해설 클러치 점(clutch point) : 토크 컨버터에서 컨버터 레인지에서 커플링 레인지로 교체되는 점을 말한다. 컨버터 레인지로 토크비를 증가시켜 차량의 발진을 용이하게 하고, 차량의 속도가 올랐을 때 커플링 레인지가 되며, 동력도 효율성 있게 약 1 : 1로 전달된다.

58 **자동차 ABS에서 제어 모듈(ECU)의 신호를 받아 밸브와 모터가 작동되면서 유압의 증가, 감소, 유지 등을 제어하는 것은?**

㉮ 마스터 실린더 ㉯ 딜리버리 밸브
㉰ 프로포셔닝 밸브 ㉱ 하이드롤릭 유닛

해설 하이드롤릭 유닛 : 유압장치는 ECU의 제어신호에 의해서 바퀴의 각 실린더로 가는 유압을 조절하여 바퀴의 회전 상태를 제동할 수 있도록 제어하고, 하이드롤릭 유닛 내 솔레노이드 밸브는 컨트롤 유닛에 의하여 제어되며 컨트롤 피스톤을 작동시킨다.

59 **전자제어 현가장치에서 자동차가 선회할 때 원심력에 의한 차체의 흔들림을 최소로 제어하는 기능은?**

㉮ 앤티 롤 제어
㉯ 앤티 다이브 제어
㉰ 앤티 스쿼트 제어
㉱ 앤티 드라이브 제어

해설 ① 앤티 롤 제어 : 자동차에서 선회할 때에는 원심력에 의하여 중심 이동이 발생하여 바깥쪽 바퀴 쪽은 목표 자동차 높이보다 낮아지고 안쪽 바퀴는 높아진다. 이에 따라 바깥쪽 바퀴의 스트럿의 압력은 높이고 안쪽 바퀴의 압력은 낮추어 원심력에 의해서 차체가 롤링하려고 하는 힘을 억제한다.
② 앤티 다이브 제어 : 주행 중에 급제동을 하면 차체의 앞쪽은 낮아지고, 뒤쪽이 높아지는 노스다운 현상을 제어한다.
③ 앤티 스쿼트 제어 : 급출발 또는 급가속할 때에 차체의 앞쪽은 들리고, 뒤쪽이 낮아지는 노스업 현상을 제어한다.

60 **ABS 시스템의 구성품이 아닌 것은?**

㉮ 차고 센서
㉯ 휠 스피드 센서
㉰ 하이드롤릭 유닛
㉱ ABS 컨트롤 유닛

해설 차고 센서 : 전자제어 현가장치에서 아래(low) 컨트롤 암과 센서 보디에 레버와 로드로 연결되어 자동차의 앞뒤에 각각 1개씩 설치, 레버의 회전량이 센서에 전달되어 자동차의 높이 변화에 따른 차축과 보디의 위치를 감지하는 센서이다. 앞에 설치되어 있는 차고 센서에는 4개의 광단속기가 설치되고, 뒤에 설치되어 있는 차고 센서에는 광단속기 3개가 설치되어 있다.

제4과목 : 자동차 전기

61 **다음 중 자동 공조장치에 대한 설명으로 틀린 것은?**

㉮ 파워 트랜지스터의 베이스 전류를 가변하여 송풍량을 제어한다.
㉯ 온도 설정에 따라 믹스 액추에이터 도어의 개방 정도를 조절한다.
㉰ 실내 및 외기온도 센서 신호에 따라 에어컨 시스템의 제어를 최적화한다.
㉱ 핀서모 센서는 에어컨 라인의 빙결을 막기 위해 콘덴서에 장착되어 있다.

정답 57. ㉮ 58. ㉱ 59. ㉮ 60. ㉮ 61. ㉱

해설 핀서모 센서는 부특성 서미스터로, 온도에 따른 증발기 코어의 온도를 감지함으로써 냉방 중 증발기가 빙결되는 것을 방지하기 위해 설치되어 있다.

62 5A의 일정한 전류로 방전되어 20시간이 지났을 때 방전종지전압에 이르는 배터리의 용량은?

㉮ 60 Ah ㉯ 80 Ah
㉰ 100 Ah ㉱ 120 Ah

해설 배터리 용량(Ah) = 전류(A) × 시간(h)
∴ 5 A × 20 h = 100 Ah

63 기동 전동기의 피니언 기어 잇수가 9, 플라이 휠의 링 기어 잇수가 113, 배기량 1,500 cc인 엔진의 회전 저항이 8 kgf · m일 때 기동 전동기의 최소회전토크는 약 몇 kgf · m인가?

㉮ 0.38 ㉯ 0.48
㉰ 0.55 ㉱ 0.64

해설 최소회전토크

$$= \frac{\text{피니언 기어 잇수}}{\text{링 기어 잇수}} \times \text{엔진 회전 저항}$$

$$= \frac{9}{113} \times 8 = 0.64 \text{ kgf} \cdot \text{m}$$

64 자동차용 납산 배터리의 구성 요소로 틀린 것은?

㉮ 양극판 ㉯ 격리판
㉰ 코어 플러그 ㉱ 벤트 플러그

해설 코어 플러그는 엔진 냉각 장치에서 냉각수가 동파되면 부피가 늘어나 체적이 증가되어 실린더 블록이 균열되는 것을 방지하기 위해 엔진실린더 블록의 중간 또는 실린더헤드 중간 물재킷부에 설치된다. 이것은 물때 제거나 주물 제작 시 용이하게 하기 위한 목적도 된다.

65 에어컨 자동온도조절장치(FATC)에서 제어 모듈의 출력 요소로 틀린 것은?

㉮ 블로어 모터
㉯ 에어컨 릴레이
㉰ 엔진 회전수 보상
㉱ 믹스 도어 액추에이터

해설 공회전 또는 에어컨 작동과 전조등 ON 상태 및 파워스티어링 작동 시 엔진 rpm 보상이 이루어진다.

66 그림과 같이 캔(CAN) 통신회로가 접지 단락되었을 때 고장진단 커넥터에서 6번과 14번 단자의 저항을 측정하면 몇 Ω인가?

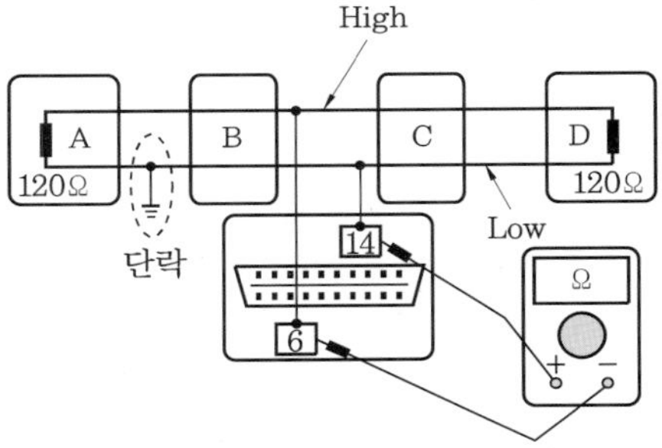

㉮ 0 ㉯ 60
㉰ 100 ㉱ 120

해설 그림과 같은 회로에 단락이 생기면 양단 저항이 접지되어 병렬 저항이 발생하므로

$$\text{합성 저항}(R) = \frac{1}{\frac{1}{R_1} + \frac{1}{R_2}}$$

$$= \frac{1}{\frac{1}{120} + \frac{1}{120}} = 60\ \Omega \text{이 된다.}$$

67 BMS(battery management system)에서 제어하는 항목과 제어 내용에 대한 설명으로 틀린 것은?

㉮ 고장 진단 : 배터리 시스템 고장 진단
㉯ 컨트롤 릴레이 제어 : 배터리 과열 시 컨트롤 릴레이 차단

정답 62. ㉰ 63. ㉱ 64. ㉰ 65. ㉰ 66. ㉯ 67. ㉯

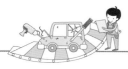

다 셀 밸런싱 : 전압 편차가 생긴 셀을 동일한 전압으로 매칭
라 SoC(state of charge) 관리 : 배터리의 전압, 전류, 온도를 측정하여 적정 SoC 영역 관리

해설 컨트롤 릴레이 제어 : 엔진 연료전기회로 제어 릴레이로써 연료펌프 및 인젝터 공급전원, 엔진 ECU 공급전원을 제어한다.
BMS(축전지 컨트롤 시스템) : 축전지 에너지의 입출력 제어, 축전지 성능 유지를 위한 전류, 전압, 온도, 사용시간 등 각종 정보를 모니터링하여 HCU 또는 MCU에 송신한다.

68 12 V 5 W 번호판 등이 사용되는 승용차량에 24 V 3 W가 잘못 장착되었을 때, 전류값과 밝기의 변화는 어떻게 되는가?

가 0.125 A, 밝아진다.
나 0.125 A, 어두워진다.
다 0.0625 A, 밝아진다.
라 0.0625 A, 어두워진다.

해설 ① 24 V/3 W일 때
$P = V \times I$이므로 공급전류를 구하면
$I = \frac{P}{V} = \frac{3}{24} = \frac{1}{8}\text{A} = 0.125\text{A}$가 된다.
이때 저항 $R = \frac{V}{I} = \frac{24}{\frac{1}{8}} = 192\ \Omega$이 된다.
② 12 V/5 W일 때
$R = 192\ \Omega$을 사용하면
$I = \frac{V}{R} = \frac{12}{192} = \frac{1}{16}\text{A} = 0.0625\text{A}$가 된다.

69 자동차 정기검사에서 전기장치의 검사기준 및 방법에 해당되지 않는 것은 어느 것인가?

가 축전지의 설치 상태를 확인한다.
나 전기배선의 손상 여부를 확인한다.
다 전기선의 허용 전류량을 측정한다.
라 축전지의 접속 · 절연 상태를 확인한다.

해설 자동차 정기검사에서 전기장치의 검사 기준 및 방법에 전기선의 허용 전류량은 해당사항이 없으며, 설계사항으로 전기 부하에 따른 전류량이 설정된다.

70 납산 배터리 양(+)극판에 대한 설명으로 틀린 것은?

가 음극판보다 1장 더 많다.
나 방전 시 황산납으로 변환된다.
다 충전 후 갈색의 과산화납으로 변환된다.
라 충전 시 전자를 방출하면서 이산화납으로 변환된다.

해설 납산 축전지의 화학 작용 : 양극판이 음극판보다 더 활성적이므로 양극판과의 화학적 평형을 고려하여 음극판을 1장 더 둔다.

71 LAN(local area network) 통신장치의 특징이 아닌 것은?

가 전장부품의 설치장소 확보가 용이하다.
나 설계변경에 대하여 변경하기 어렵다.
다 배선의 경량화가 가능하다.
라 장치의 신뢰성 및 정비성을 향상시킬 수 있다.

해설 LAN 통신장치는 다중 통신장치로써 다양한 통신장치와 연결이 가능하고 확장 및 재배치가 가능하다.

72 다음 중 점화 플러그의 열가(heat range)를 좌우하는 요인으로 거리가 먼 것은 어느 것인가?

가 엔진 냉각수의 온도
나 연소실의 형상과 체적
다 절연체 및 전극의 열전도율
라 화염이 접촉되는 부분의 표면적

해설 엔진 냉각수의 온도는 점화 플러그의 열가와 관계가 없으며, 열가는 숫자(예 : 2~10)로 표시한다. 열가 번호가 높으면 열형 플러그,

정답 68. 라 69. 다 70. 가 71. 나 72. 가

낮으면 냉형 플러그, 그리고 중간 열가에 해당하면 중형 플러그(medium plug)라 한다.

73 **에어백 시스템에서 화약 점화제, 가스 발생제, 필터 등을 알루미늄 용기에 넣은 것으로, 에어백 모듈 하우징 안쪽에 조립되어 있는 것은?**

㉮ 인플레이터
㉯ 에어백 모듈
㉰ 디퓨저 스크린
㉱ 클럭 스프링 하우징

해설 ① 인플레이터 : 차량의 충돌 시 센서로부터 전달되는 신호 전류에 의해 화약이 점화되고, 가스 발생제를 연소시켜 다량의 질소가스를 디퓨저 스크린을 통해 에어백으로 보낸다.
② 에어백 모듈 : 에어백 점화회로에서 발생한 질소가스에 의하여 팽창하고 팽창 후 짧은 시간에 배출공으로 질소가스를 배출한다.
③ 클럭 스프링 : 조향 휠의 스프링과 휠의 에어백과 조향 컬럼 사이에 설치되어 있다.

74 **방향지시등의 점멸 속도가 빠르다. 그 원인에 대한 설명으로 틀린 것은?**

㉮ 플래셔 유닛이 불량이다.
㉯ 비상등 스위치가 단선되었다.
㉰ 전방 우측 방향지시등이 단선되었다.
㉱ 후방 우측 방향지시등이 단선되었다.

해설 비상등 스위치가 단선된 것과 방향지시등 점멸 작동 횟수와는 관련이 없으며, 방향지시등 점멸 횟수가 빨라지는 원인은 좌·우 전·후방 등이 단선인 경우와 접지 불량, 플래셔 유닛 불량 등이다.

75 **점화장치 고장 시 발생될 수 있는 현상으로 틀린 것은?**

㉮ 노킹 현상이 발생할 수 있다.
㉯ 공회전 속도가 상승할 수 있다.
㉰ 배기가스가 과다 발생할 수 있다.
㉱ 출력 및 연비에 영향을 미칠 수 있다.

해설 점화장치의 고장 시 엔진 시동이 걸리지 않거나 엔진 공회전 속도가 규정보다 낮게 출력된다.

76 **리튬-이온 축전지의 일반적인 특징에 대한 설명으로 틀린 것은?**

㉮ 셀당 전압이 낮다.
㉯ 높은 출력밀도를 가진다.
㉰ 과충전 및 과방전에 민감하다.
㉱ 열 관리 및 전압 관리가 필요하다.

해설 리튬-이온 배터리는 고전압 배터리로 다음과 같은 제원으로 구성되며 셀당 전압이 높다.
① 고전압 배터리 : DC 250~350 V
② 보통 1셀 = 3.75 V(요즘은 리튬-이온 폴리머(LiPB) 배터리를 사용한다.)
1모듈 = 8셀(30 V)(리튬-이온 폴리머(LiPB)는 전해액이 고체(젤)라서 안전하고 성능이 우수하다.)
1모듈은 8셀로 구성되어 있으므로, 9모듈은 8×9 = 72셀이며, 1셀은 3.75 V이므로 72셀은 72×3.75 V = 270 V이다.

77 **자동차 정기검사에서 4등식 전조등의 광도 검사 기준으로 맞는 것은?**

㉮ 11,500칸델라 이상
㉯ 12,000칸델라 이상
㉰ 15,000칸델라 이상
㉱ 112,500칸델라 이상

해설 전조등은 하이 빔(high beam)과 로 빔(low beam)이 각각 좌·우로 병렬 접속되어 있으며 헤드라이트 스위치 조작으로 점등된다.(4등식은 12,000 cd, 2등식은 15,000 cd의 광도 검사 기준을 맞춘다.)

78 **점화장치에서 드웰시간에 대한 설명으로 옳은 것은?**

정답 73. ㉮ 74. ㉯ 75. ㉯ 76. ㉮ 77. ㉯ 78. ㉮

가 점화 1차 코일에 전류가 흐르는 시간
나 점화 2차 코일에 전류가 흐르는 시간
다 점화 1차 코일에 아크가 방전되는 시간
라 점화 2차 코일에 아크가 방전되는 시간

해설 캠각(드웰각) : 캠각은 1차 코일이 접지되는 시간을 말한다. 즉 캠각은 2차 전압을 발생하기 위해 점화 1차 코일에 흐르는 전류 제어 시간으로 ECU 접지 구간을 의미한다.

79 다음에 설명하고 있는 법칙은?

회로에 유입되는 전류의 총합과 회로를 빠져나가는 전류의 총합이 같다.

가 옴의 법칙
나 줄의 법칙
다 키르히호프의 제1법칙
라 키르히호프의 제2법칙

해설 키르히호프의 제1법칙(전류의 법칙) : 회로 내의 "어떤 한 점에 유입한 전류의 총합과 유출한 전류의 총합은 같다."

80 기동 전동기의 오버러닝 클러치에 대한 설명으로 옳은 것은?

가 작동 원리는 플레밍의 왼손 법칙을 따른다.
나 실리콘 다이오드에 의해 정류된 전류로 구동된다.
다 변속기로 전달되는 동력을 차단하는 역할도 한다.
라 시동 직후, 엔진 회전에 의한 기동 전동기의 파손을 방지한다.

해설 오버러닝 클러치 : 엔진이 시동 후에도 피니언이 링 기어와 맞물려 있으면 시동 모터가 파손되는데, 이를 방지하기 위해서 엔진의 회전력이 시동 모터에 전달되지 않게 하기 위한 것

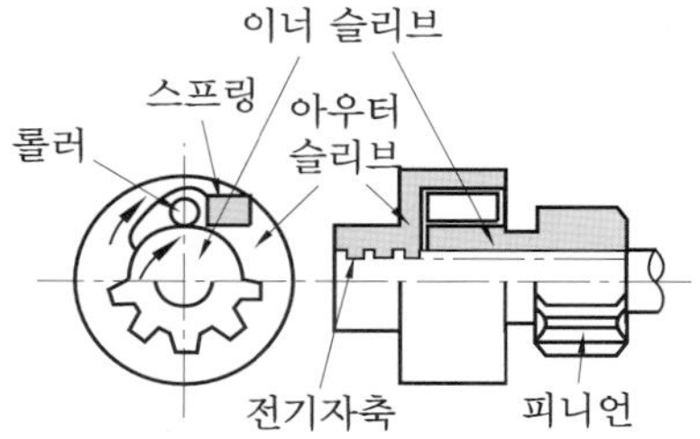

국가기술자격 필기시험문제

2019년도 8월 4일 (제3회)

자격종목	코드	시험시간	형 별	수검번호	성 명
자동차정비산업기사	2070	2시간			

제1과목 : 일반기계공학

01 다음 중 금긋기에 적당하고 0점 조정이 불가능한 하이트 게이지는?

㉮ HM형 하이트 게이지
㉯ HB형 하이트 게이지
㉰ HT형 하이트 게이지
㉱ 다이얼 하이트 게이지

해설 ① HT형 하이트 게이지 : 표준형으로 가장 많이 사용되고 있으며, 어미자가 이동 가능하다.
② HM형 하이트 게이지 : 견고하여 금긋기 작업에 적당하고 슬라이더가 홈 형이며, 영점 조정이 불가능하다.
③ HB형 하이트 게이지 : 버니어가 슬라이더에 나사로 고정되어 있어 버니어의 영점 조정이 가능하며, 현재 거의 사용되고 있지 않다.

02 허용굽힘응력 60 N/mm^{2}인 단순지지보가 1×10^6 N · mm의 최대 굽힘모멘트를 받을 때 필요한 단면계수의 최솟값은 몇 mm^3 인가?

㉮ 1,667 ㉯ 16,667
㉰ 17,660 ㉱ 26,667

해설 $M = \sigma \cdot Z$

여기서, M : 굽힘모멘트
σ : 허용굽힘응력
Z : 단면계수

$$\therefore Z = \frac{M}{\sigma} = \frac{1 \times 10^6 \text{N} \cdot \text{mm}}{60 \text{N} \cdot \text{mm}^2}$$
$$= 16,666.666 \text{ mm}^3 \fallingdotseq 16,667 \text{ mm}^3$$

03 열응력에 대한 설명으로 옳지 않은 것은?

㉮ 재료의 온도차에 비례한다.
㉯ 재료의 단면적에 비례한다.
㉰ 재료의 세로탄성계수에 비례한다.
㉱ 재료의 선팽창계수에 비례한다.

해설 ① 열응력은 온도변화와 선팽창계수의 곱에 비례한다.
② 열응력은 재료의 단면적에 반비례한다.
③ 열응력은 재료의 온도차에 비례한다.
④ 열응력은 세로탄성계수에 비례한다.

04 축과 보스에 모두 키 홈을 판 것으로 고정된 상태로 사용되는 키(key)는?

㉮ 코터 ㉯ 원뿔 키
㉰ 묻힘 키 ㉱ 안장 키

해설 ① 코터 : 축 방향으로 인장 또는 압축이 작용하는 두 축을 연결하는 것으로 주로 분해할 필요가 있을 때 사용한다.
② 원뿔 키(cone key) : 축과 보스에 키 홈을 파지 않고 축 구멍을 테이퍼 구멍으로 하여 속이 빈 원뿔을 박아서 마찰만으로 밀착시키는 키이며, 바퀴가 편심되지 않고 축의 어느 위치에서나 설치할 수 있다.
③ 묻힘 키(sunk key, 성크 키) : 축과 보스에 모두 키 홈을 판 것이다.
④ 안장 키(saddle key, 새들 키) : 축에는 키 홈을 파지 않고 보스(boss)에만 키 홈을 파고, 키를 박아 마찰력에 의하여 회전력을 전달하는 것이다.

05 일정한 방향의 회전으로 발생한 원심력에 의해 자동으로 작동되는 브레이크는?

㉮ 캠 브레이크 ㉯ 블록 브레이크

정답 01. ㉮ 02. ㉯ 03. ㉯ 04. ㉰ 05. ㉮

㉰ 내확 브레이크 ㉱ 원판 브레이크

해설 ① 캠 브레이크 : 일정한 방향의 회전으로 발생한 원심력에 의해 자동으로 작동되는 브레이크
② 블록 브레이크 : 회전축에 고정된 브레이크 드럼에 브레이크 블록을 접촉시킬 때 생기는 마찰력으로 제동한다.

06 기어 전동에서 원동축과 종동축이 서로 평행하지 않은 경우에 사용되는 기어는?

㉮ 스퍼 기어 ㉯ 내접 기어
㉰ 헬리컬 기어 ㉱ 하이포이드 기어

해설 하이포이드 기어 : 축이 서로 교차하지 않아 설치공간을 줄이고 설계상 유연성을 높일 수 있다. 또 대부분의 각도 및 속도에서 샤프트와 샤프트 사이의 동력을 전달할 수 있다. 일반적으로 원통형(실린더) 기어 및 웜 기어보다 효율성이 높다.

07 탄소강을 담금질했을 때 나타나는 다음 조직 중 경도가 가장 낮은 것은?

㉮ 오스테나이트 ㉯ 트루스타이트
㉰ 마텐자이트 ㉱ 소르바이트

해설 탄소강 조직의 경도 순서 : 시멘타이트 > 마텐자이트 > 트루스타이트 > 소르바이트 > 펄라이트 > 오스테나이트 > 페라이트

08 축열실과 반사로를 사용하여 장입물을 용해정련하는 방법으로 우수한 강을 얻을 수 있고 다량생산에 적합한 용해로는?

㉮ 전로 ㉯ 평로
㉰ 전기로 ㉱ 도가니로

해설 평로(open hearth furnace)는 1회에 다량의 용강을 얻는 노로 대형은 50~500 ton, 중형은 10~25 ton, 소형은 3~5 ton 정도로서 공급되는 가스와 공기를 예열하는 축열실과 원료를 용해하는 반사로실이 있다.

09 판금 가공(sheet metal working)의 종류에 해당되지 않는 것은?

㉮ 접합 가공 ㉯ 단조 가공
㉰ 성형 가공 ㉱ 전단 가공

해설 단조 가공은 일반적으로 다이에 고정시켜 망치로 때리거나 압력을 가하는 등의 고압을 이용해 잉곳이나 판형의 금속을 성형하는 과정이다. 재료는 용이성을 위해 단조 전에 가열하는 과정을 거친다. 그러나 과정 전반에 고체가 존재한다. 주방용 칼이나 여타 칼은 단조를 통해 만드는 가장 대표적인 제품이다.

10 외부로부터 윤활유 또는 윤활제의 공급 없이 특수한 조건에서도 사용 가능한 베어링은?

㉮ 블루메탈 베어링
㉯ 화이트메탈 베어링
㉰ 오일리스 베어링
㉱ 주석베어링메탈 베어링

해설 오일리스 베어링 : 고온, 저온, 부식성 분위기, 이물질 유입, 충격하중 및 진동, 구조상 급유 불능 지점 등 급유가 어렵거나 바람직스럽지 못한 곳, 또는 급유를 하여도 효과가 없는 곳에 무급유화를 실현하여 기계의 성능 향상과 급유인력 및 비용의 절감, 생산성 향상 등을 도모할 수 있는 베어링이다.

11 2개의 입구와 1개의 공통 출구를 가지고, 출구는 입구 압력의 작용에 의하여 입구의 한쪽 방향에 자동적으로 접속되는 밸브는?

㉮ 리밋 밸브 ㉯ 셔틀 밸브
㉰ 2압 밸브 ㉱ 급속배기 밸브

해설 셔틀 밸브는 2개의 입구와 1개의 출구를 가진 밸브로 체크 밸브 2개를 조합시킨 것과 같은 구조이기 때문에 양 체크 밸브(double check valve)라고 부르기도 한다.

12 공작물을 단면적 100 cm^2인 유압실린더

정답 06. ㉱ 07. ㉮ 08. ㉯ 09. ㉯ 10. ㉰ 11. ㉯ 12. ㉯

로 1분에 2 m의 속도로 이송시키기 위해 필요한 유량은 몇 L/min인가?

㉮ 10　　㉯ 20
㉰ 30　　㉱ 40

해설 $Q=A\cdot V$
A(수직 단면적) $=100\ cm^2=0.01\ m^2$
V(유속) $=2\ m/min$
∴ $Q=0.01\ m^2\times 2\ m/min=0.02\ m^3/min$
문제에서의 유량의 단위는 L/min이므로 단위 변환을 해준다.
$1\ L=0.001\ m^3 \rightarrow 0.02\ m^3=20\ L$
∴ $Q=0.02\ m^3/min=20\ L/min$

13 보의 지지방법에 따른 분류 중 부정정보의 종류인 것은?

㉮ 단순지지보　　㉯ 외팔보
㉰ 내다지보　　㉱ 양단고정보

해설 ① 양단고정보 : 양끝을 모두 고정한 보이며, 가장 튼튼하다.
② 고정받침보 : 한쪽 끝은 고정이 되고, 다른 쪽 끝은 받쳐져 있는 보이다.
③ 연속보 : 3개 이상의 지점, 즉 2개 이상의 스팬을 가진 보이다.

14 피복 아크 용접봉의 구비 조건이 아닌 것은?

㉮ 슬래그 제거가 쉬울 것
㉯ 용착금속의 성질이 우수할 것
㉰ 용접 시 유해가스가 발생하지 않을 것
㉱ 심선보다 피복제가 약간 빨리 녹을 것

해설 피복 아크 용접봉의 구비 조건
① 슬래그 제거가 쉬울 것
② 용착금속의 성질이 우수 할 것
③ 용접 시 유해가스가 발생하지 않을 것
④ 심선보다 피복제가 약간 늦게 녹을 것

15 FRP라고도 하며 우수한 경량성 재료로 폴리에스테르와 에폭시 수지가 기지재료인 복합재료는?

㉮ 섬유 강화 금속
㉯ 섬유 강화 콘크리트
㉰ 섬유 강화 세라믹
㉱ 섬유 강화 플라스틱

해설 섬유 강화 플라스틱(fiber reinforced plastics, FRP)은 유리 섬유 등의 섬유를 플라스틱 안에 넣어 강도를 향상시킨 복합재료이다. FRP는 기지수지, 강화섬유 및 부자재로 구성된다.

16 유압회로에서 액추에이터를 작동시키지 않는 시간에는 펌프에서 송출되어 온 작동유체를 저압으로 탱크에 복귀시키는 회로는 어느 것인가?

㉮ 감압 회로
㉯ 동기 회로
㉰ 무부하 회로
㉱ 미터 인 회로

해설 무부하 회로는 유압의 영향을 받지 않는 상태의 회로를 말하며, 언로딩 밸브에 의해 유압유를 탱크로 보내게 된다.

17 다음 중 삼각 나사에 대한 일반적인 설명으로 옳은 것은?

㉮ 동력 전달용으로 적합하다.
㉯ 나사 효율이 좋다.
㉰ 마찰계수가 크다.
㉱ 자립(self lock) 작용이 없다.

해설 삼각 나사 : 나사 단면이 삼각형인 대표적인 결합 나사로 물체와 물체 사이를 결합시키는 데 사용되며 마찰계수가 크다. 미터 계열 나사는 나사산의 각도가 60도이며 인치 계열은 55도(휘트워스), 60도(유니파이)로 나뉘어 있다.

18 작은 입자의 숫돌로 작은 압력으로 일감을

정답 13. ㉱　14. ㉱　15. ㉱　16. ㉰　17. ㉰　18. ㉮

누르면서 가공물에 이송을 주고, 동시에 숫돌에 진동을 주어 단시간에 원통의 내면이나 외면 및 평면을 다듬질 가공하는 것은?

㉮ 슈퍼피니싱　　㉯ 브로칭
㉰ 호닝　　㉱ 래핑

해설 슈퍼피니싱(supper finishing) : 가공물 표면에 미세하고 비교적 연한 숫돌을 비교적 낮은 압력으로 접촉시키면서 진동을 주는 고정밀 가공으로, 치수 변화를 주는 가공이라기보다 고정도의 표면을 얻는 것이 주목적이며, 다듬질면이 평활하고 방향성이 없다. 일반적으로 슈퍼피니싱을 하는 일감은 전가공에서 연삭, 리밍, 정밀 선삭, 정밀 보일 등의 정밀 다듬질한 것을 사용한다.

19 푸아송 비(Poisson's ratio)에 대한 설명으로 옳은 것은?

㉮ 종변형률과 횡변형률의 곱이다.
㉯ 수직응력과 종탄성계수를 곱한 값이다.
㉰ 횡변형률을 종변형률로 나눈 값이다.
㉱ 전단응력과 횡탄성계수의 곱이다.

해설 탄성한도 내에서 재료의 축 방향으로 인장하중을 작용시키면 축 방향으로 신장을 일으키는 동시에 가로 방향으로 수축이 일어난다. 즉, 재료에는 축 신장과 더불어 가로 수축을 동반하며 탄성한도 내에서는 그 비가 일정하게 유지되는데, 그 축 신장과 가로 수축의 비를 푸아송의 비(Poisson's ratio) μ라 하고, 그 역수를 m이라 하면 $m = \frac{1}{\mu}$을 푸아송의 수(Poisson's number)라 한다.

20 다음 중 내식용 알루미늄 합금에 속하지 않는 것은?

㉮ Al-Mn계의 알민
㉯ Al-Mg-Si계의 알드리
㉰ Al-Mg계의 하이드로날륨
㉱ Al-Cu-Ni-Mg계의 Y 합금

해설 주조용(주물용) Al 합금
① 내식용 알루미늄
(가) 하이드로날륨 : Al+Mg
(나) 알민 : Al+Mn－기능 탱크에 사용
(다) 알드리 : Al+Mg+Si
(라) 알클래드 : 두랄루민+Al 피복한것
② 내열용 알루미늄 합금 : 자동차 내연기관(엔진, 피스톤 등에 사용)
(가) Y－합금 : Al+Cu+Ni+Mg
(나) Lo－Ex 합금 : Y+Si(규소)
(다) 코비탈륨 : Y+Ti+Cu

제2과목 : 자동차 엔진

21 라디에이터 캡 시험기로 점검할 수 없는 것은?

㉮ 라디에이터 캡의 불량
㉯ 라디에이터 코어 막힘 정도
㉰ 라디에이터 코어 손상으로 인한 누수
㉱ 냉각수 호스 및 파이프와 연결부에서의 누수

해설 라디에이터 캡 시험기는 기밀 여부를 점검하여 누수를 점검하는 시험기이다.(0.83~1.1 kgf/cm^{2}를 10~15초간 기밀 유지)

22 다음은 운행차 정기검사에서 배기소음 측정을 위한 검사 방법에 대한 설명이다. ( ) 안에 알맞은 것은?

> 자동차의 변속장치를 중립 위치로 하고 정지 가동 상태에서 원동기의 최고 출력 시의 75 % 회전속도로 ( )초 동안 운전하여 최대 소음도를 측정한다.

㉮ 3　　㉯ 4
㉰ 6　　㉱ 6

해설 자동차의 변속장치를 중립 위치로 하고 정지 가동 상태에서 원동기의 최고 출력 시의 75 % 회전속도로 4초 동안 운전하여 최대 소음도를 측정한다. 다만, 원동기 회전속도계를 사용하지 아니하고 배기소음을 측정할 때

정답 19. ㉰　20. ㉱　21. ㉯　22. ㉯

에는 정지 가동 상태에서 원동기 최고 회전속도로 배기소음을 측정한다. 이 경우 중량자동차는 5 dB, 중량자동차 외의 자동차는 7 dB을 측정치에서 뺀 값을 최종 측정치로 하며, 승용자동차 중 원동기가 차체 중간 또는 뒤쪽에 장착된 자동차는 8 dB을 측정치에서 뺀 값을 최종 측정치로 한다.

23 **전자제어 엔진에서 수온 센서 단선으로 컴퓨터(ECU)에 정상적인 냉각수온값이 입력되지 않으면 어떻게 연료가 분사되는가?**

㉮ 연료 분사를 중단
㉯ 흡기 온도를 기준으로 분사
㉰ 엔진 오일 온도를 기준으로 분사
㉱ ECU에 의한 페일 세이프 값을 근거로 분사

해설 자동차 전자제어 시스템에서 센서 고장이나 회로 이상이 발생할 때 시스템이 안전하게 작동할 수 있도록 한다. 수온 센서 고장 시 엔진 ECU에 수온 센서 입력 신호 발생이 안 될 때 센서 시그널이 비정상적인 것을 감지하며 고장 시 기준값으로 엔진 작동을 운영한다. 수온 센서가 고장 나면 ECU는 수온 센서가 정상 상태에서 ECU 내 기준 맵 형태로 작동하게 된다.

24 **엔진의 냉각장치에 사용되는 서모스탯에 대한 설명으로 거리가 먼 것은?**

㉮ 과열을 방지한다.
㉯ 엔진의 온도를 일정하게 유지한다.
㉰ 과랭을 통해 차내 난방 효과를 낮춘다.
㉱ 냉각수 통로를 개폐하여 온도를 조절한다.

해설 수온조절기(thermostat) : 냉각수 통로를 개폐하여 냉각수 온도를 알맞게 조절한다. 65℃에서 열리기 시작하여 85℃에서 완전히 열린다. 종류에는 벨로스형과 펠릿형이 있으며, 벨로스형은 에테르나 알코올이 벨로스 내에 봉입되어 휘발성이 크고 팽창력이 작다. 또한, 펠릿형은 왁스와 합성고무(스프링과 같이 작용하며, 왁스가 팽창하면 합성고무를 수축시킨다. 이때 실린더가 스프링을 누르고 밸브가 열린다.)를 사용하며 내구성이 우수하고 압력에 의한 영향이 적다.

25 **디젤 엔진에서 냉간 시 시동성 향상을 위해 예열장치를 두어 흡기를 예열하는 방식 중 가열 플랜지 방법을 주로 사용하는 연소실 형식은?**

㉮ 직접분사식 ㉯ 와류실식
㉰ 예연소실식 ㉱ 공기실식

해설 ① 직접분사식 : 실린더 헤드와 피스톤 헤드에 형성된 연소실에 직접 연료를 분사하는 방식으로 예열 방식은 흡기 중 가열 플랜지 방식으로 예열한다.
② 간접분사식 : 엔진 연소실을 주연소실식과 부연소실식으로 만들어 공기의 유동성을 활성화하여 연소한다.
③ 예연소실식 : 주연소실 위에 예연소실을 두어 여기에 연료를 분사하여 일부가 연소하여 주연소실로 분출된다.
④ 와류실식 : 실린더 헤드에 와류실을 두고 압축행정 중에 한 와류가 발생하도록 한 형식이며, 예연소실식이 부분적 연소를 한다면 와류식은 연소실 안에서 완전 연소한다.
⑤ 공기실식 : 압축행정 말에서 연료 분사가 개시되며 분사된 연료와 공기는 혼합된 상태로 공기실로 들어가 자기착화하며 주연소실로 밀려들어가 와류를 일으켜 정숙한 연소를 하게 된다.

26 **배기가스 후처리 장치(DPF)의 필터에 포집된 PM을 연소시키기 위한 연료 분사 방법으로 옳은 것은?**

㉮ 주 분사 ㉯ 점화 분사
㉰ 사후 분사 ㉱ 파일럿 분사

해설 디젤 커먼레일 분사제어 장치는 다음과 같이 3단계로 나누어진다.
사전 분사(파일럿 분사, 프리 분사) : 피스톤

정답 23. ㉱ 24. ㉰ 25. ㉮ 26. ㉰

이 상사점 인근에서 미리 소량의 연소를 분사한다.

① 파일럿 분사 : 피스톤이 상승하는 과정 초기에 소량을 연소시킴으로써 압력과 온도를 사전에 높여 주 분사에서의 갑작스런 압력 상승을 조정하게 된다.

② 프리 분사 : 주 분사 이전에 착화에 필요한 불씨를 미리 만들어 놓음으로써 주 분사에서의 점화 지연을 방지하여 연소가 갑작스럽게 발생되는 것을 방지하게 된다.

주분사 : 엔진 동력을 발생하는 분사로 이상적인 주 분사는 연소압력이 고르고 길게 유지된다.

사후 분사(애프터 분사, 포스트 분사) : 배기가스 저감을 위한 분사이며 애프터 분사는 주 분사에서 연소되지 않고 남은 숯검댕을 감소시키기 위해 한 번 더 태우는 것이고, 포스트 분사는 DPF를 작동시키기 위해 연료를 흘려보내는 분사이다.

27 다음 중 가솔린 엔진의 연료 구비 조건으로 틀린 것은?

㉮ 발열량이 클 것
㉯ 옥탄가가 높을 것
㉰ 연소속도가 빠를 것
㉱ 온도와 유동성이 비례할 것

해설 가솔린 엔진 연료의 구비 조건

① 발열량이 크고, 불붙는 온도(인화점)가 적당할 것
② 인체에 무해하고, 취급이 용이할 것
③ 발열량이 크고, 연소 후 탄소 등 유해 화합물을 남기지 말 것
④ 온도에 관계없이 유동성이 좋을 것
⑤ 연소속도가 빠르고 자기 발화온도는 높을 것
⑥ 인화 및 폭발의 위험이 적고 가격이 저렴할 것
⑦ 옥탄가가 높을 것

28 실린더 헤드의 변형 점검 시 사용되는 측정 도구는?

㉮ 보어 게이지
㉯ 마이크로미터
㉰ 간극 게이지
㉱ 텔레스코핑 게이지

해설 실린더 헤드 변형도는 디그니스 게이지와 곧은 자로 측정한다. 실린더 헤드 변형 한계값은 0.02 mm이며, 수정 시 실린더 헤드 개스킷도 새것으로 교체한다.

29 전자제어 연료분사장치에서 차량의 가·감속 판단에 사용되는 센서는?

㉮ 스로틀 포지션 센서
㉯ 수온 센서
㉰ 노크 센서
㉱ 산소 센서

해설 스로틀 포지션 센서 : 운전자가 가속페달을 밟으면 페달에 연결된 액셀러레이터 케이블에 의해 스로틀 밸브 축이 회전되고 이 정보가 ECU에 입력되며 ECU는 이 정보에 의한 연료 분사 제어로 차량의 가속과 감속상태를 확인하고 판단한다.

30 가솔린 엔진에서 인젝터의 연료 분사량 제어와 직접적으로 관계있는 것은?

㉮ 인젝터의 니들 밸브 지름
㉯ 인젝터의 니들 밸브 유효 행정
㉰ 인젝터의 솔레노이드 코일 통전 시간
㉱ 인젝터의 솔레노이드 코일 차단 전류 크기

해설 가솔린 엔진에서 인젝터 연료 분사량은 엔진 ECU의 직접적인 제어 신호에 의해 영향을 받게 된다. 이것은 인젝터 솔레노이드 코일을 통전하는 시간으로 ECU에서 인젝터 접지선을 제어하는 시간이 된다.

31 단행정 엔진의 특징에 대한 설명으로 틀린 것은?

정답 27. ㉱ 28. ㉰ 29. ㉮ 30. ㉰ 31. ㉮

㉮ 직렬형 엔진인 경우 엔진의 길이가 짧아진다.
㉯ 직렬형 엔진인 경우 엔진의 높이를 낮게 할 수 있다.
㉰ 피스톤의 평균속도를 올리지 않고 회전속도를 높일 수 있다.
㉱ 흡·배기 밸브의 지름을 크게 할 수 있어 흡입효율을 높일 수 있다.

해설 단행정 엔진(over square engine)은 실린더 안지름(D)이 피스톤 행정(L)보다 큰 형식, 즉 $L/D<1.0$이며 다음과 같은 특징이 있다. 따라서 직렬형 엔진인 경우 엔진의 길이가 길어진다.

단행정 엔진의 장점

① 피스톤 평균 속도를 올리지 않고도 회전 속도를 높일 수 있으므로 단위 실린더 체적당 출력을 크게 할 수 있다.
② 흡기, 배기 밸브의 지름을 크게 할 수 있어 체적 효율을 높일 수 있다.
③ 직렬형에서는 엔진의 높이가 낮아지고, V형에서는 엔진의 폭이 좁아진다.

단행정 엔진의 단점

① 피스톤이 과열되기 쉽다.
② 폭발 압력이 커 엔진 베어링의 폭이 넓어야 한다.
③ 회전속도가 증가하면 관성력의 불평형으로 회전 부분의 진동이 커진다.
④ 실린더 안지름이 커 엔진의 길이가 길어진다.

32 압축상사점에서 연소실 체적(V_c)은 0.1 L이고 압력(P_c)은 30 bar이다. 체적이 1.1 L로 증가하면 압력은 약 몇 bar가 되는가? (단, 동작유체는 이상기체이며 등온과정이다.)

㉮ 2.73 ㉯ 3.3
㉰ 27.3 ㉱ 33

해설 등온과정이므로 $\frac{P_2}{P_1}=\frac{V_1}{V_2}$

$$\frac{P_2}{30}=\frac{0.1}{1.1}$$

$$\therefore\ P_2=\frac{0.1}{1.1}\times 30=2.73\text{ bar}$$

33 운행차 정기검사에서 자동차 배기소음 허용기준으로 옳은 것은? (단, 2006년 1월 1일 이후 제작되어 운행하고 있는 소형 승용자동차이다.)

㉮ 95 dB 이하 ㉯ 100 dB 이하
㉰ 110 dB 이하 ㉱ 112 dB 이하

해설 운행차 정기검사 배기소음 허용기준(2006년 1월 1일 이후)은 다음과 같다. 자동차 배기소음은 배기구에서 45도 각도로 50 cm 거리에서 측정한다. 기준값은 100 dB(데시벨) 이하이다.

34 엔진이 과열되는 원인이 아닌 것은?

㉮ 워터펌프 작동 불량
㉯ 라디에이터의 코어 손상
㉰ 워터재킷 내 스케일 과다
㉱ 수온조절기가 열린 상태로 고장

해설 엔진의 과열 원인

① 구동벨트의 장력이 작거나 파손되었다.
② 수온조절기가 닫힌 채 고장이 났다.
③ 라디에이터 코어가 20 % 이상 막혔다.
④ 물재킷 내에 스케일이 많이 쌓여 있다.
⑤ 라디에이터 코어가 파손되었거나 오손되었다.
⑥ 냉각 팬이 파손되었다.
⑦ 물펌프의 작동이 불량하거나 라디에이터 호스가 파손되었다.
⑧ 수온조절기가 열리는 온도가 너무 높다.

35 가솔린 300 cc를 연소시키기 위해 필요한 공기는 약 몇 kg인가? (단, 혼합비는 15 : 1이고 가솔린의 비중은 0.75이다.)

㉮ 1.19 ㉯ 2.42

정답 32. ㉮ 33. ㉯ 34. ㉱ 35. ㉰

㉰ 3.38　　　　㉱ 4.92

해설 비중＝0.75, 체적이 0.3 L이므로

가솔린 양＝비중×체적

＝0.75×0.3 L＝0.225 kgf

∴ 연소에 필요한 공기량＝0.225×15

＝3.375 kgf

36 실린더의 라이너에 대한 설명으로 틀린 것은?

㉮ 도금하기가 쉽다.

㉯ 건식과 습식이 있다.

㉰ 라이너가 마모되면 보링 작업을 해야 한다.

㉱ 특수 주철을 사용하여 원심 주조할 수 있다.

해설 실린더 라이너식(cylinder liner type) : 실린더 블록과 실린더를 별도로 제작한 후 실린더 블록에 끼우는 형식이며, 보통 주철의 실린더 블록에 특수 주철의 라이너를 끼우는 경우와 알루미늄 합금 실린더 블록에 주철로 만든 라이너를 끼우는 형식이 있다. 라이너 종류에는 습식과 건식이 있다. 일체식 실린더는 실린더 블록과 같은 재질로 실린더를 일체로 제작한 형식이며, 실린더 벽이 마멸되면 보링(boring)을 하여야 하는 형식이다.

37 오토사이클의 압축비가 8.5일 경우 이론 열효율은 약 몇 %인가?(단, 공기의 비열비는 1.4이다.)

㉮ 49.6　　　　㉯ 52.4

㉰ 54.6　　　　㉱ 57.5

해설 $\eta = 1 - \frac{1}{\epsilon^{k-1}}$

여기서, ϵ : 압축비

k : 비열비

$$\therefore \eta = 1 - \frac{1}{8.5^{1.4-1}} = 1 - \frac{1}{8.5^{0.4}}$$

$=0.57515 = 57.5\%$

38 DOHC 엔진의 특징이 아닌 것은?

㉮ 구조가 간단하다.

㉯ 연소 효율이 좋다.

㉰ 최고회전속도를 높일 수 있다.

㉱ 흡입 효율의 향상으로 응답성이 좋다.

해설 DOHC 엔진은 흡기밸브와 배기밸브에 캠축이 2개 있는 엔진으로서 각각의 단위시간마다 더 많은 공기를 흡입하려고 엔진의 허용 최고 회전수와 흡입 회전율을 크게 하여 출력을 높인 것이 특징이다. 구조가 복잡하고 배기량에 따른 연료 소비량이 많으며 소음이 큰 것이 단점이다.

39 GDI 엔진에 대한 설명으로 틀린 것은?

㉮ 흡입 과정에서 공기의 온도를 높인다.

㉯ 엔진 운전 조건에 따라 레일압력이 변동된다.

㉰ 고부하 운전 영역에서 흡입공기 밀도가 높아진다.

㉱ 분사 시간은 흡입공기량의 정보에 의해 보정된다.

해설 GDI 엔진은 가솔린을 실린더에 직접 분사한다는 것이 특징이다. 고성능 연료분사기를 통해 실린더에 직접 연료를 분사시켜 즉각 공기와 혼합시키기 때문에 연료 분사 시점을 폭발행정과 정확히 일치시킬 수 있다. 연료를 직접 실린더에 분사한다는 점에서 디젤엔진과 같은 개념이다.

40 전자제어 엔진에서 연료 분사 피드백에 사용되는 센서는?

㉮ 수온 센서

㉯ 스로틀 포지션 센서

㉰ 산소 센서

㉱ 에어 플로 센서

해설 산소 센서의 피드백(feed back) 제어

① 피드백 제어에 필요한 주요 부품은 산소(O_2) 센서, ECU, 인젝터로 이루어진다.

정답 36. ㉰　37. ㉱　38. ㉮　39. ㉮　40. ㉰

② O_2 센서의 기전력이 커지면 공연비가 농후하다고 판정하여 인젝터 분사 시간이 짧아지고, 기전력이 작아지면 공연비가 희박하다고 판정하여 인젝터 분사 시간이 길어진다.
③ O_2 센서의 기전력은 배기가스 중의 산소 농도가 증가(공연비 희박)하면 감소하고, 산소 농도가 감소(공연비 농후)하면 증가한다.
④ 피드백 제어는 산소 센서의 출력전압에 따라 이론 공연비(14.7 : 1)가 되도록 인젝터 분사 시간을 제어하여 분사량을 조절한다.
⑤ CO, HC, NOx 등의 배기가스를 저감한다.

제3과목 : 자동차 섀시

41 클러치의 차단 불량 원인으로 틀린 것은?

㉮ 클러치 페달 자유 간극 과소
㉯ 클러치 유압계통에 공기 유입
㉰ 릴리스 포크의 소손 또는 파손
㉱ 릴리스 베어링의 소손 또는 파손

해설 클러치의 차단 불량 원인
① 클러치 페달의 자유 간극이 크다.
② 릴리스 베어링이 손상되었거나 파손되었다.
③ 클러치 디스크의 흔들림(run out)이 크다.
④ 유압 라인에 공기가 침입하였다.
⑤ 클러치 각부가 심하게 마멸되었다.

42 전륜 6속 자동 변속기 전자제어 장치에서 변속기 컨트롤 모듈(TCM)의 입력신호로 틀린 것은?

㉮ 공기량 센서
㉯ 오일 온도 센서
㉰ 입력축 속도 센서
㉱ 인히비터 스위치 신호

해설 ① 입력축 속도 센서(펄스 제너레이터 A) : 자기 유도형 발전기로 변속 시 유압 제어의 목적으로 입력축 회전수를 검출한다.
② 출력축 속도 센서(펄스 제너레이터 B) : 자동차 주행 속도에 따른 드라이브 기어의 출력축 회전수를 검출하여 TCU에 입력한다.
③ 인히비터 스위치 : 변속 레버를 P(주차) 또는 N(중립) 레인지 위치에서만 엔진 시동 제어하며, 주행 상태에 따른 운전자의 주행 정보를 TCU 입력 정보로 활용한다. R(후진) 레인지 작동 시 후진등(back up lamp) 점등 전원을 공급한다.
④ 수온 센서(WTS) : 댐퍼 클러치 작동 정보로 엔진 냉각수 온도가 50℃ 이상 시 신호를 TCU로 입력시킨다.
⑤ 가속 스위치(accelerator S/W) : 가속 페달 작동 상태 정보를 확인하기 위함이며 페달을 밟으면 OFF, 놓으면 ON으로 되어 주행 속도 7 km/h 이하에서 스로틀 밸브가 완전히 닫혔을 때 크리프량이 적은 제2단으로 이어 주기 위한 스위치이다.
⑥ 차속 센서 : 자동차 주행 상태를 TCU에 정보를 주기 위한 센서로 계기 속도계에 설치되어 있으며 변속기 구동 기어의 회전(주행 속도)을 펄스 신호로 검출한다.
⑦ 유온 센서(ATS) : 오일의 온도를 검출하여 TCU에 입력신호이며 변속 시점에 영향을 준다.

43 조향 핸들을 2바퀴 돌렸을 때 피트먼 암이 90° 움직였다면 조향 기어비는?

㉮ 1 : 6　　㉯ 1 : 7
㉰ 8 : 1　　㉱ 9 : 1

해설 $\text{조향 기어비} = \dfrac{\text{조향 핸들이 움직인 각}}{\text{피트먼 암이 움직인 각}}$

$= \dfrac{720°}{90°} = 8 : 1$

44 자동 변속기에서 유성 기어장치의 3요소가 아닌 것은?

㉮ 선 기어　　㉯ 캐리어
㉰ 링 기어　　㉱ 베벨 기어

해설 자동 변속기는 토크 컨버터, 유성 기어 장치, 유압 제어장치로 구성되며, 유성 기

정답 41. ㉮ 42. ㉮ 43. ㉰ 44. ㉱

어장치는 선 기어, 링 기어, 유성 기어, 캐리어로 구성된다.

45 **자동차 앞바퀴 정렬 중 "캐스터"에 관한 설명으로 옳은 것은?**

㉮ 자동차의 전륜을 위에서 보았을 때 바퀴의 앞부분이 뒷부분보다 좁은 상태를 말한다.

㉯ 자동차의 전륜을 앞에서 보았을 때 바퀴 중심선의 윗부분이 약간 벌어져 있는 상태를 말한다.

㉰ 자동차의 전륜을 옆에서 보면 킹핀의 중심선이 수직선에 대하여 어느 한쪽으로 기울어져 있는 상태를 말한다.

㉱ 자동차의 전륜을 앞에서 보면 킹핀의 중심선이 수직선에 대하여 약간 안쪽으로 설치된 상태를 말한다.

해설 ① 캐스터 : 자동차의 앞바퀴를 옆에서 보면 조향너클과 앞 차축을 고정하는 킹핀(독립 차축식에서는 위·아래 볼 이음을 연결하는 조향 축)이 수직선과 이루고 있는 각
② 주행 중 조향바퀴에 방향성을 부여한다.
③ 조향하였을 때 직진 방향으로의 복원력을 준다.

46 **로크 업(lock-up) 클러치가 작동할 때 동력 전달 순서로 옳은 것은?**

㉮ 엔진 → 드라이브 플레이트 → 컨버터 케이스 → 펌프 임펠러 → 로크 업 클러치 → 터빈 러너 허브 → 입력 샤프트

㉯ 엔진 → 드라이브 플레이트 → 터빈 러너 → 터빈 러너 허브 → 로크 업 클러치 → 입력 샤프트

㉰ 엔진 → 드라이브 플레이트 → 컨버터 케이스 → 로크 업 클러치 → 터빈 러너 허브 → 입력 샤프트

㉱ 엔진 → 드라이브 플레이트 → 터빈 러너 → 펌프 임펠러 → 일 방향 클러치 → 입력 샤프트

해설 로크 업(댐퍼) 클러치(lock-up clutch or damper clutch)가 작동할 때 동력 전달은 엔진 → 플라이 휠(컨버터 하우징) → 로크 업 클러치 → 터빈 러너 → 입력축으로 이루어진다.

댐퍼 클러치 : 자동 변속기의 토크 컨버터 내 터빈과 토크 컨버터 하우징의 플라이 휠과 직결하여 유압에 의한 동력 손실을 방지하기 위한 클러치로 작동 시 터빈과 토크 컨버터 하우징이 직결된다.

47 **총중량 1톤인 자동차가 72 km/h로 주행 중 급제동하였을 때 운동에너지가 모두 브레이크 드럼에 흡수되어 열이 되었다. 흡수된 열량(kcal)은 얼마인가? (단, 노면의 마찰계수는 1이다.)**

㉮ 47.79 ㉯ 52.30
㉰ 54.68 ㉱ 60.25

해설 운동에너지$(E) = \frac{1}{2}mv^2$

$$72\text{km/h} = \frac{72\,\text{km}}{1\,\text{h}} \times \frac{1{,}000\,\text{m}}{1\,\text{km}} \times \frac{1\,\text{h}}{3{,}600\,\text{s}} = 20\,\text{m/s}$$

$$\therefore E = \frac{1}{2} \times \frac{1{,}000\,\text{kg}}{9.8\,\text{m/s}^2} \times \left(\frac{20\,\text{m}}{1\,\text{s}}\right)^2 = 20{,}408\,\text{kgf} \cdot \text{m}$$

$1\,\text{kcal} = 427\,\text{kgf} \cdot \text{m}$ 이므로

$$\frac{20{,}408}{427} = 47.79\,\text{kcal}$$

48 **수동 변속기의 클러치에서 디스크의 마모가 너무 빠르게 발생하는 경우로 틀린 것은?**

㉮ 지나친 반클러치의 사용

㉯ 디스크 페이싱의 재질 불량

㉰ 다이어프램 스프링의 장력이 과도할 때

정답 45. ㉰ 46. ㉰ 47. ㉮ 48. ㉰

㉱ 디스크 교환 시 페이싱 단면적이 규정보다 작은 제품을 사용하였을 경우

해설 수동 변속기 클러치에서 디스크 마모는 클러치 작동이 미끄러지면서 이루어질 때 가장 크다. 다이어프램 스프링의 장력이 과도할 때는 급격한 클러치 디스크의 밀착으로 엔진 시동이 꺼질 수 있으며 충격으로 주변 부품의 마모를 손상시킨다.

49 유압식과 비교한 전동식 동력조향장치(MDPS)의 장점으로 틀린 것은?

㉮ 부품수가 적다.
㉯ 연비가 향상된다.
㉰ 구조가 단순하다.
㉱ 조향 휠 조작력이 증가한다.

해설 전동식 동력조향장치(MDPS)의 특징

장점
① 연료소비율이 향상된다.
② 에너지 소비가 적으며, 구조가 간단하다.
③ 엔진의 가동이 정지된 때에도 조향 조작력 증대가 가능하다.
④ 조향 특성 튜닝이 쉽다.
⑤ 엔진 룸 레이아웃 설정 및 모듈화가 쉽다.
⑥ 유압 제어장치가 없어 환경 친화적이다.

단점
① 전동기의 작동 소음이 크고, 설치 자유도가 적다.
② 유압 방식에 비하여 조향 핸들의 복원력이 낮다.
③ 조향 조작력의 한계 때문에 중·대형자동차에는 사용이 불가능하다.
④ 조향 성능을 향상시키고 관성력이 낮은 전동기의 개발이 필요하다.

50 전자제어 제동장치(ABS)의 유압제어 모드에서 주행 중 급제동 시 고착된 바퀴의 유압제어는?

㉮ 감압제어　　㉯ 정압제어
㉰ 분압제어　　㉱ 증압제어

해설 뒷바퀴가 앞바퀴보다 먼저 고착되기 직전에 ABS ECU는 고착되려는 바퀴 쪽의 NO(Normal Open) 솔레노이드 밸브를 ON(닫음)으로 하여 고착되려는 바퀴의 제동 유압을 유지시켜 고착을 방지한다(이를 유지 모드라 함). 그리고 앞바퀴에 비하여 뒷바퀴의 제동력이 감소하여 바퀴가 회전하면 다시 NO 솔레노이드 밸브를 OFF(열림)하여 마스터 실린더에서 가해진 제동 유압을 다시 캘리퍼로 공급한다(이를 증압 모드라 함). 이때 모터 펌프는 작동하지 않는다.

51 전자제어 제동장치(ABS)에서 하이드롤릭 유닛의 내부 구성 부품으로 틀린 것은 어느 것인가?

㉮ 어큐뮬레이터
㉯ 인렛 미터링 밸브
㉰ 상시 열림 솔레노이드 밸브
㉱ 상시 닫힘 솔레노이드 밸브

해설 하이드롤릭 유닛(모듈레이터) : 하이드롤릭 유닛은 동력 공급원과 밸브 블록(valve block)으로 구성되어 있다. ABS가 작동할 때 ECU에서의 신호에 의해 리턴 펌프를 작동시켜 휠 실린더에 가해지는 유압을 증압, 유지, 감압 등으로 제어한다.
① 솔레노이드 밸브 : ABS가 작동할 때 ECU에 의해 ON 또는 OFF되어 휠 실린더로의 유압을 증압, 유지, 감압시키는 기능을 한다.
② 리턴 펌프(return pump) : 하이드롤릭 유닛 중앙에 설치되어 있으며, 전기 신호로 구동되는 전동기가 편심으로 된 풀리를 회전시켜 증압할 때 추가로 유압을 공급하는 기능 및 감압할 때 휠 실린더의 유압을 복귀시켜 어큐뮬레이터(accumulator) 및 댐퍼 체임버(damper chamber)에 보내어 저장하도록 하는 기능을 한다.
③ 어큐뮬레이터 : 어큐뮬레이터 및 댐퍼 체임버는 하이드롤릭 유닛의 아래 부분에 설치되어 있다. 어큐뮬레이터는 ABS 작동 중 감압 사이클일 때 휠 실린더로부터 복귀된 오일을 일시적으로 저장하는 장치이며, 브레이크 오일의 파동이나 진동을 흡수하는 일도 한다.

정답 49. ㉱　50. ㉮　51. ㉯

※ 인렛 미터링 밸브는 연료펌프로 공급되는 연료의 양을 조절하는 것으로 ECU에 의해 제어된다.

52 **브레이크 페달을 강하게 밟을 때 후륜이 먼저 로크(lock) 되지 않도록 하기 위하여 유압이 일정 압력으로 상승하면 그 이상 후륜 측에 유압이 가해지지 않도록 제한하는 장치는?**

가 프로포셔닝 밸브 나 압력 체크 밸브

다 이너셔 밸브 라 EGR 밸브

해설 프로포셔닝 밸브(proportioning valve) : 브레이크액의 유압을 조절하여 제동력을 분배시키는 유압 조정 밸브로 브레이크 페달을 밟아 발생된 유압이 일정값 이상이 되면 밸브가 닫혀 휠 실린더 압력을 균등히 조정한다. 전후륜 휠 실린더 압력을 균일하게 공급하는 밸브로 거의 모든 승용차의 뒤 브레이크에 사용되고 있다.

53 **동기물림식 수동 변속기의 주요 구성품이 아닌 것은?**

가 도그 클러치 나 클러치 허브

다 클러치 슬리브 라 싱크로나이저 링

해설 동기물림식 수동 변속기는 클러치 허브, 슬리브, 싱크로나이저 링, 키로 구성되며 도그 클러치는 서로 맞물리는 조(jaw)를 가진 플랜지(flange)의 한쪽을 원동축으로 고정하고 다른 방향은 축 방향으로 이동할 수 있도록 한 클러치이다.

동기물림식 변속기(synchromesh type)의 특징

① 변속 조작할 때 소리가 나지 않는다.

② 일정 부하형은 동기 되지 않으면 변속 기어가 물리지 않는다.

③ 변속 조작할 때 더블 클러치 조작이 필요 없다.

④ 관성 고정형은 자동차에 가장 많이 사용된다.

54 **TCS(traction control system)의 제어 장치에 관련이 없는 센서는?**

가 냉각 수온 센서

나 아이들 신호

다 후차륜 속도 센서

라 가속 페달 포지션 센서

해설 냉각 수온 센서는 TCS 제어장치와 관련 없는 센서이며 TCS 작동에 관련된 센서와 제어방식은 다음과 같다.

① 슬립 제어(slip control) : 뒤 휠 스피드 센서에서 얻어지는 차체의 속도와 앞 휠 스피드 센서에서 얻어지는 구동 바퀴와의 비교에 의해 슬립비가 적정하도록 엔진의 출력 및 구동 바퀴의 유압을 제어한다.

② 트레이스 제어(trace control) : 운전자의 조향 핸들 조작량과 가속 페달 밟는 양 및 이때의 비구동 바퀴의 좌우측 속도 차이를 검출하여 구동력을 제어하여 안정된 선회가 가능하도록 한다.

55 **브레이크 슈의 길이와 폭이 85 mm×35 mm, 브레이크 슈를 미는 힘이 50 kgf일 때 브레이크 압력은 약 몇 kgf/cm^{2}인가?**

가 1.68 나 4.57

다 16.8 라 45.7

해설 $압력(P) = \frac{힘(F)}{면적(A)}$

$A = 85\ \text{mm} \times 35\ \text{mm}$

$= 2,975\ \text{mm}^2 = 29.75\ \text{cm}^2$

$(1\ \text{mm}^2 = 0.01\ \text{cm}^2)$

$F = 50\ \text{kgf}$

$\therefore\ P = \frac{50\,\text{kgf}}{29.75\,\text{cm}^2} = 1.68\ \text{kgf/cm}^2$

56 **전자제어 현가장치(ECS)에 대한 입력 신호에 해당되지 않는 것은?**

가 도어 스위치

나 조향 휠 각도

정답 52. 가 53. 가 54. 가 55. 가 56. 라

㉰ 차속 센서
㉱ 파워 윈도 스위치

해설 파워 윈도 스위치는 ECS 시스템과 관련이 없으며 ECS 입력 신호는 다음과 같다.
① 차속 센서 : ECU는 차속 신호에 의해 차고, 스프링 정수 및 쇼크 업소버 감쇠력 조절에 이용한다.
② 차고 센서 : 자동차 높이 변화에 따른 보디(body : 차체)와 차축의 위치를 검출하여 컴퓨터로 입력한다.
③ 조향 핸들 각속도 센서 : 조향 핸들의 조작 정도를 검출하며 2개의 광단속기와 1개의 디스크로 구성된다.
④ 스로틀 위치 센서(TPS) : 엔진의 급가속 및 감속 상태를 검출하여 컴퓨터로 보내면 컴퓨터는 스프링의 정수 및 감쇠력 제어에 사용한다.
⑤ G(gravity) 센서-중력 센서 : 차체의 바운싱에 대한 정보를 컴퓨터로 입력시키는 일을 하며, 피에조 저항형 센서를 사용한다.

57 **금속 분말을 소결시킨 브레이크 라이닝으로 열전도성이 크며 몇 개의 조각으로 나누어 슈에 설치된 것은?**

㉮ 몰드 라이닝
㉯ 위븐 라이닝
㉰ 메탈릭 라이닝
㉱ 세미 메탈릭 라이닝

해설 ① 메탈릭 브레이크 라이닝(metallic brake lining) : 드럼 브레이크 라이닝의 재료로서 석면(아스베스토)을 사용하지 않고 금속 분말 스틸 울 등 금속 파이버와 유리 섬유 등 석면 이외의 소재를 사용한 것을 말한다.
② 위빙 라이닝(weaving lining) : 장 섬유의 석면을 황동, 납, 아연선 등을 심으로 하여 실을 만들어 짠 다음, 광물성 오일과 합성수지로 가공하여 성형한 것으로서 유연하고 마찰계수가 크다.
③ 몰드 라이닝(mould lining) : 몰드는 형판, 틀에 넣어 만든 것, 금형의 뜻이다. 몰드 라이닝은 단 섬유의 석면을 합성수지, 고무 등과의 결합제와 섞은 다음 고온·고압에서 성형한 후 다듬질한 것으로 내열·내마모성이 우수하다.

58 **유체 클러치의 스톨 포인트에 대한 설명으로 틀린 것은?**

㉮ 속도비가 “0”일 때를 의미한다.
㉯ 스톨 포인트에서 효율이 최대가 된다.
㉰ 스톨 포인트에서 토크비가 최대가 된다.
㉱ 펌프는 회전하나 터빈이 회전하지 않는 상태이다.

해설 유체 클러치, 토크 컨버터를 설치한 자동차에서, 터빈 러너가 회전하지 않을 때 펌프 임펠러에서 전달되는 회전력으로, 펌프 임펠러의 회전수와 터빈 러너의 회전비가 0으로 회전력이 최대인 점을 말한다. 드래그 토크(drag torque)라고도 한다.

59 **자동차의 바퀴가 동적 불균형 상태일 경우 발생할 수 있는 현상은?**

㉮ 시미　　㉯ 요잉
㉰ 트램핑　　㉱ 스탠딩 웨이브

해설 ① 시미 : 자동차 앞바퀴의 심한 진동을 의미하며 타이어의 언밸런스, 균일성 불량이 원인이고, 서스펜션, 스티어링 시스템이 공진하는 현상에 있다.
② 요잉 : 자동차 앞에서 보았을 때 좌우 진동 또는 좌우축이 상하로 움직이는 진동으로 Z축을 중심으로 하여 회전 운동을 하는 고유 진동을 말한다.
③ 트램핑 : 세로축과 일직선인 회전축을 중심으로 왕복 회전 운동을 하는 것을 말한다. 주로 일체 차축 현가장치에서 타이어가 상하로 진동하는 것을 이른다.
④ 스탠딩 웨이브 : 타이어 접지 면에서의 찌그러짐이 생기게 되는 현상으로 스탠딩 웨이브의 방지 방법은 타이어 공기 압력을 표준보다 15~20 % 높여 주거나 강성이 큰 타이어를 사용하면 된다.

정답 57. ㉰ 58. ㉯ 59. ㉮

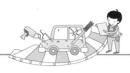

60 **브레이크 내의 잔압을 두는 이유로 틀린 것은?**

㉮ 제동의 늦음을 방지하기 위해
㉯ 베이퍼 로크 현상을 방지하기 위해
㉰ 브레이크 오일의 오염을 방지하기 위해
㉱ 휠 실린더 내의 오일 누설을 방지하기 위해

해설 브레이크 유압회로에 잔압을 두는 이유
① 브레이크 작동 지연을 방지한다.
② 베이퍼 로크를 방지한다.
③ 유압 회로 내의 공기 유입을 방지한다.
④ 휠 실린더에서 오일 누출을 방지한다.

제4과목 : 자동차 전기

61 **주행 중인 하이브리드 자동차에서 제동 시에 발생된 에너지를 회수(충전)하는 모드는 어느 것인가?**

㉮ 가속 모드 ㉯ 발진 모드
㉰ 시동 모드 ㉱ 회생제동 모드

해설 회생제동은 제동 시 발생하는 운동 에너지를 전기 에너지로 변환하여 배터리를 재충전시키는 기술을 말한다. 감속과 동시에 배터리를 재충전시키기 때문에 자동차의 연비는 약 40 % 정도 향상된다. 또한 자주 감속을 하는 도심에서는 그 효과가 더 증대된다. 회생제동을 사용하면 유압 마찰 제동량을 줄일 수 있다.

62 **다이오드 종류 중 역방향으로 일정 이상의 전압을 가하면 전류가 급격히 흐르는 특성을 가지고 회로 보호 및 전압 조정용으로 사용되는 다이오드는?**

㉮ 스위치 다이오드 ㉯ 정류 다이오드
㉰ 제너 다이오드 ㉱ 트리오 다이오드

해설 정방향에서는 일반 다이오드와 동일한 특성을 보이지만 역방향으로 전압을 걸면 일반 다이오드보다 낮은 특정 전압(항복 전압 또는 제너 전압)에서 역방향 전류가 흐르는 소자이다. 일반 다이오드는 역방향으로 전압을 걸어도 거의 전류가 흐르지 않기 때문에 정류(rectifier) 및 검파 등을 위해 사용된다. 하지만 PN 접합 다이오드에 불순물이 많이 첨가되면 제너 전압 또는 항복 전압이라고 하는 일정 전압을 초과하는 경우 항복(breakdown) 현상이 발생하게 되고 급격하게 역방향 전류가 흐르게 된다.

63 **두 개의 영구자석 사이에 도체를 직각으로 설치하고 도체에 전류를 흘리면 도체의 한 면에는 전자가 과잉되고 다른 면에는 전자가 부족해 도체 양면을 가로 질러 전압이 발생되는 현상을 무엇이라고 하는가?**

㉮ 홀 효과 ㉯ 렌츠의 현상
㉰ 칼만 볼텍스 ㉱ 자기유도

해설 홀 효과는 전류의 직각방향으로 자계를 가했을 때 전류와 자계에 직각인 방향으로 기전력이 발생하는 현상으로 홀 효과 센서는 자기장에 반응할 경우, 소량의 전압을 발생시킨다. 또한 이 소량의 전압은 패키지에 내장된 트랜지스터에서 증폭되어 마이크로 컨트롤러에서 센싱을 하게 된다. 홀 센서에 자석이 가까이 있지 않을 때, 내부 NPN 트랜지스터의 컬렉터와 접지 사이에는 큰 저항이 있으며, 자석이 가까이 접근하면 센서가 활성화 되어 저항값이 줄어들고, 콜렉터가 접지된다. 즉, 자석이 스위치 역할을 하게 된다.

64 **할로겐 전구를 백열전구와 비교했을 때 작동 특성이 아닌 것은?**

㉮ 필라멘트 코일과 전구의 온도가 아주 높다.
㉯ 전구 내부에 봉입된 가스압력이 약 40 bar까지 높다.
㉰ 유리구 내의 가스로는 불소, 염소, 브롬 등을 봉입한다.

정답 60. ㉰ 61. ㉱ 62. ㉰ 63. ㉮ 64. ㉱

㉱ 필라멘트의 가열 온도가 높기 때문에 광효율이 낮다.

해설 할로겐 전구는 백열등에 비해 더 밝고 환한 빛을 내며 비교적 작고 가벼워 유리구 안에 불소, 염소, 브롬 등 할로겐 원소를 넣어 만들었으므로 텅스텐 필라멘트의 증발을 막아서 수명이 길다. 전력 소모가 적은 장점이 있으며, 자연적인 빛처럼 색을 선명하게 보이게 하는 특성이 있다. 주로 자동차 헤드라이트에 사용되며 기존의 백열전구보다 더 밝은 빛을 내고 오래 지속되지만, 열을 더 많이 발산하는 전구이다.

65 그림과 같은 회로에서 스위치가 OFF되어 있는 상태로 커넥터가 단선되었다. 테스트 램프를 사용하여 점검하였을 경우 테스트 램프 점등 상태로 옳은 것은?

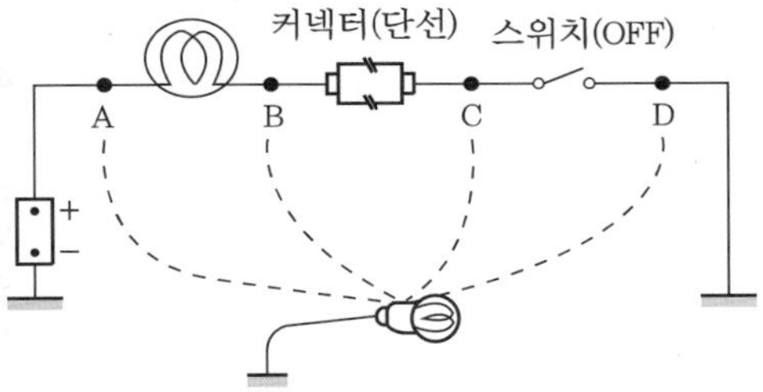

㉮ A : OFF, B : OFF, C : OFF, D : OFF
㉯ A : ON, B : OFF, C : OFF, D : OFF
㉰ A : ON, B : ON, C : OFF, D : OFF
㉱ A : ON, B : ON, C : ON, D : OFF

해설 A와 B지점은 전원이 전구로 회로가 형성되어 ON 되며 C와 D지점은 커넥터와 스위치 OFF 된 상태로 테스트 램프는 OFF 된 상태가 된다.

66 20시간율 45 Ah, 12 V의 완전 충전된 배터리를 20시간율의 전류로 방전시키기 위해 몇 와트(W)가 필요한가?

㉮ 21 W ㉯ 25 W
㉰ 27 W ㉱ 30 W

해설 $P = V \times I = 12\,\text{V} \times 45\,\text{A} = 540\,\text{W}$

$$\therefore \frac{540\,\text{W}}{20} = 27\,\text{W}$$

67 자동차의 오토라이트 장치에 사용되는 광전도 셀에 대한 설명 중 틀린 것은?

㉮ 빛이 약할 경우 저항값이 증가한다.
㉯ 빛이 강할 경우 저항값이 감소한다.
㉰ 황화카드뮴을 주성분으로 한 소자이다.
㉱ 광전소자의 저항값은 빛의 조사량에 비례한다.

해설 광전도 셀(photoconductive cell)은 빛 에너지를 전기 에너지로 변환하는 광전변환기의 일종으로 황화카드뮴을 주성분으로 한다. 황화납과 같이 빛을 받으면 전도성이 높아지는 반도체 물질을 이용하여 빛을 검출하고 그 강도를 측정한다. 빛이 약할 경우 저항값이 증가하고 빛이 강할 경우 저항값이 감소한다. 비교적 고저항으로 전압 변화가 크게 증폭하기 쉬우며 저항값은 빛의 조사량에 반비례한다.

68 에어컨 구성 부품 중 응축기에서 들어온 냉매를 저장하여 액체 상태의 냉매를 팽창 밸브로 보내는 역할을 하는 것은?

㉮ 온도 조절기 ㉯ 증발기
㉰ 리시버 드라이어 ㉱ 압축기

해설 건조기(receiver dryer)의 기능
① 액체 냉매 저장
② 냉매 수분 제거
③ 압력 조정
④ 냉매량 점검
⑤ 기포 분리

69 자동차 에어컨 시스템에서 고온 · 고압의 기체 냉매를 냉각 및 액화시키는 역할을 하는 것은?

㉮ 압축기 ㉯ 응축기

정답 65. ㉰ 66. ㉰ 67. ㉱ 68. ㉰ 69. ㉯

㉰ 팽창 밸브　　　　㉱ 증발기

해설 ① 응축기(condenser) : 라디에이터 앞쪽에 설치되며, 압축기로부터 오는 고온의 기체 냉매의 열을 대기 중으로 방출시켜 액체 냉매로 변화시킨다.

② 압축기(compressor) : 증발기(evaporator)에서 저압 기체로 된 냉매를 고압으로 압축하여 응축기로 보내는 작용을 한다. 압축기의 종류에는 크랭크식, 사판식, 베인식 등이 있다.

③ 증발기(evaporator) : 팽창 밸브를 통과한 냉매가 증발하기 쉬운 저압으로 되어 안개 상태의 냉매가 증발기 튜브를 통과할 때 송풍기에 의해서 불어지는 공기에 의해 증발하여 기체로 된다.

70 전압 24 V, 출력전류 60 A인 자동차용 발전기의 출력은?

㉮ 0.36 kW　　　　㉯ 0.72 kW

㉰ 1.44 kW　　　　㉱ 1.88 kW

해설 $P = V \times I$

$= 24\,\text{V} \times 60\,\text{A} = 1{,}440\,\text{W} = 1.44\,\text{kW}$

71 점화 플러그의 착화성을 향상시키는 방법으로 틀린 것은?

㉮ 점화 플러그의 소염 작용을 크게 한다.

㉯ 점화 플러그의 간극을 넓게 한다.

㉰ 중심 전극을 가늘게 한다.

㉱ 접지 전극에 U자의 홈을 설치한다.

해설 점화 플러그는 점화 코일에서 유도되는 전류로 고전압을 발생시켜 압축된 혼합기에 점화하게 되는데, 전극, 절연체 및 셀이 주요 부분이며 전극은 접지 전극과 중심 전극으로 구성되어 있다. 규정 간극으로 차종에 따라 다소 차이가 있으나 일반적으로 0.7~0.8 mm의 간극이 주어진다. 점화 플러그의 착화성을 향상시키기 위한 방법으로 점화 플러그 간극을 규정 간극으로 맞추어 주며 중심 전극은 가늘게 하고 접지 전극에는 U자의 홈을 설치한다. 소염이란 화염이 확산되지 못하도록 방해하는 것을 의미하며, 점화 플러그 소염 작용은 작아야 고전압을 발생시킬 수 있다.

72 다음 중 유압계의 형식으로 틀린 것은?

㉮ 서모스탯 바이메탈식

㉯ 밸런싱 코일 타입

㉰ 바이메탈식

㉱ 부든 튜브식

해설 유압계의 형식에는 밸런싱 코일식, 바이메탈식, 부든 튜브식, 유압경고등식이 있다. 밸런싱 코일식은 게이지부와 유닛부로 구성되어 있으며, 바이메탈식은 열팽창이 다른 두 가지 금속을 맞붙여 한 끝을 고정하고 다른 끝을 가열하면 열선에 흐르는 전류 흐름이 달라지는 것을 이용한 형식이다. 서모스탯 바이메탈식은 연료계에서 사용되는 유량계 종류이다.

73 에어컨 냉매(R-134a)의 구비 조건으로 옳은 것은?

㉮ 비등점이 적당히 높을 것

㉯ 냉매의 증발잠열이 작을 것

㉰ 응축압력이 적당히 높을 것

㉱ 임계온도가 충분히 높을 것

해설 냉매의 구비 조건

① 임계온도가 충분히 높을 것

② 화학적으로 안정되고 부식성이 없을 것

③ 인화성과 폭발성이 없을 것

④ 증발잠열이 클 것

⑤ 응축압력이 낮을 것

⑥ 인체에 무해할 것

74 하이브리드 고전압장치 중 프리차저 릴레이 및 프리차저 저항의 기능 아닌 것은?

㉮ 메인 릴레이 보호

㉯ 타 고전압 부품 보호

㉰ 메인 퓨즈, 버스 바, 와이어 하네스 보호

㉱ 배터리 관리 시스템 입력 노이즈 저감

정답 70. ㉰　71. ㉮　72. ㉮　73. ㉱　74. ㉱

해설 프리차저 릴레이 및 프리차저 저항의 기능은 다음과 같다.
① 메인 릴레이 구동 전, 먼저 구동되어 고전압 돌입 전류에 의한 인버터 손상을 방지한다.
② 프리차저 릴레이는 (+) 전원만 릴레이를 통해 공급하며, 공급된 전원은 (−) 메인 릴레이를 통해 고전압 배터리로 접지한다.

75 다음 중 기본 점화 시기에 영향을 미치는 요소는?

㉮ 산소 센서
㉯ 모터 포지션 센서
㉰ 공기 유량 센서
㉱ 오일 온도 센서

해설 기본 점화 시기에 영향을 미치는 센서로는 공기 유량 센서 및 크랭크각 센서, 1 TDC 센서가 있다.

76 에어백 시스템에서 모듈 탈거 시 각종 에어백 점화 회로가 외부 전원과 단락되어 에어백이 전개될 수 있다. 이러한 사고를 방지하는 안전장치는?

㉮ 단락 바　　㉯ 프리텐셔너
㉰ 클럭 스프링　　㉱ 인플레이터

해설 에어백의 구성 요소
① 에어백 모듈 : 에어백 점화회로에서 발생한 질소 가스에 의하여 팽창하고, 팽창 후 짧은 시간에 배출공으로 질소가스를 배출한다.
② 인플레이터 : 차량의 충돌 시 센서로부터 전달되는 신호 전류에 의해 화약이 점화되고, 가스 발생제를 연소시켜 다량의 질소 가스를 디퓨저 스크린을 통해 에어백으로 보낸다.
③ 클럭 스프링 : 조향 휠의 스프링과 휠의 에어백과 조향 컬럼 사이에 설치되어 있다.
④ 프리텐셔너 : 안전벨트 프리텐셔너는 에어백과 연동하여 작동되며, 차량의 전방 충돌 시에 안전벨트를 순간적으로 잡아 당겨서 운전자를 시트에 단단히 고정한다.
⑤ 단락 바 : 차량으로부터 탈거된 에어백 모듈이 외부 전원 및 정전기에 의해 점화되는 것을 방지하기 위해 배선을 붙여 놓는(접지) 원리로 설치되며 일반적으로 에어백 커넥터와 점화장치가 있는 곳에 장착된다.

77 전자제어식 가솔린 엔진의 점화 시기 제어에 대한 설명으로 옳은 것은?

㉮ 점화 시기와 노킹 발생은 무관하다.
㉯ 연소에 의한 최대 연소압력 발생점은 하사점과 일치하도록 제어한다.
㉰ 연소에 의한 최대 연소압력 발생점이 상사점 직후에 있도록 제어한다
㉱ 연소에 의한 최대 연소압력 발생점이 상사점 직전에 있도록 제어한다.

78 전조등 장치에 관한 설명으로 옳은 것은?

㉮ 전조등 회로는 좌우로 직렬 연결되어 있다.
㉯ 실드 빔 전조등은 렌즈를 교환할 수 있는 구조로 되어 있다.
㉰ 실드 빔 전조등 형식은 내부에 불활성 가스가 봉입되어 있다.
㉱ 전조등을 측정할 때 전조등과 시험기의 거리는 반드시 10 m를 유지해야 한다.

해설 실드 빔 방식(sealed beam type)
① 반사경, 렌즈 및 필라멘트가 일체로 제작된 것이다.
② 반사경에 필라멘트를 붙이고 여기에 렌즈를 녹여 붙인 후 내부에 불활성 가스를 넣어 그 자체가 1개의 전구가 되도록 한 것이다.
③ 실드 빔 방식의 특징
- 대기의 조건에 따라 반사경이 흐려지지 않는다.
- 사용에 따른 광도의 변화가 적다.
- 필라멘트가 끊어지면 렌즈나 반사경에 이상이 없어도 전조등 전체를 교환하여야 한다.

정답 75. ㉰ 76. ㉮ 77. ㉰ 78. ㉰

79 자동차 기동전동기 종류에서 전기자 코일과 계자 코일의 접속 방법으로 틀린 것은 어느 것인가?

㉮ 직권 전동기
㉯ 복권 전동기
㉰ 분권 전동기
㉱ 파권 전동기

해설 접속 방법에 따른 전동기의 종류
① 직권 전동기 : 전기자 코일과 계자 코일이 직렬로 접속된 것
② 분권 전동기 : 전기자 코일과 계자 코일이 병렬로 접속된 것
③ 복권 전동기 : 전기자 코일과 계자 코일이 직 · 병렬로 접속된 것

80 다음 중 자동차 축전지의 기능으로 옳지 않은 것은?

㉮ 시동장치의 전기적 부하를 담당한다.
㉯ 발전기가 고장일 때 주행을 확보하기 위한 전원으로 작동한다.
㉰ 주행상태에 따른 발전기의 출력과 부하와의 불균형을 조정한다.
㉱ 전류의 화학작용을 이용한 장치이며, 양극판, 음극판 및 전해액이 가지는 화학적 에너지를 기계적 에너지로 변환하는 기구이다.

해설 축전지의 기능
① 기동장치의 전기적 부하를 부담한다(축전지 주요 기능).
② 발전기가 고장일 경우 주행을 확보하기 위한 전원으로 작동한다.
③ 주행 상태에 따른 발전기의 출력과 부하와의 불균형을 조정한다.

정답 79. ㉱ 80. ㉱

국가기술자격 필기시험문제

2020년도 6월 21일 (제1, 2회)

자격종목	코드	시험시간	형 별	수검번호	성 명
자동차정비산업기사	2070	2시간			

제1과목 : 일반기계공학

01 두랄루민의 주요 성분 원소로 옳은 것은?

㉮ 알루미늄-구리-니켈-철
㉯ 알루미늄-니켈-규소-망간
㉰ 알루미늄-마그네슘-아연-주석
㉱ 알루미늄-구리-마그네슘-망간

해설 두랄루민은 구리 4 %, 마그네슘 0.5 % 외 1~2종의 원소를 알루미늄에 첨가한 합금으로 알루미늄, 구리, 마그네슘, 망간으로 구성되어 있다. 고온 급랭시키면 강도가 커지게 되는데, 이 현상을 시효 경화라고 한다.

02 압력 제어 밸브의 종류가 아닌 것은?

㉮ 시퀀스 밸브 ㉯ 감압 밸브
㉰ 릴리프 밸브 ㉱ 스풀 밸브

해설 압력 제어 밸브의 종류에는 시퀀스 밸브, 감압 밸브, 릴리프 밸브, 카운터 밸런스 밸브, 언로더 밸브 등이 있다. 스풀 밸브는 케이싱의 중심에 원통의 안내 장치를 가지며 밸브 본체가 축방향으로 이동한다. 안내 면에는 입출력 포트가 열려져 있기 때문에 스풀이 움직일 수 있도록 유로의 절환이 가능하다.

03 Fe-C 평형 상태도에서 공정점의 탄소 함유량은 몇 %인가?

㉮ 0.86 ㉯ 1.7
㉰ 4.3 ㉱ 6.67

해설 공정 반응 : 4.3 %C의 조성을 갖는 액상이 1,148℃의 일정한 온도에서 2.08 %C의 조성을 갖는 오스테나이트와 6.67 %C의 시멘타이트로 변화하는 반응

04 양끝을 고정한 연강봉이 온도 20℃에서 가열되어 40℃가 되었다면 재료 내부에 발생하는 열응력은 몇 N/cm^{2}인가? (단, 세로 탄성계수는 2,100,000 N/cm^2, 선팽창계수는 0.000012/℃이다.)

㉮ 50.4 ㉯ 504
㉰ 544 ㉱ 5444

해설 열응력 $\delta = E\alpha(t' - t)$ [N/cm^2]

여기서, E : 재료의 세로탄성계수
α : 재료의 선팽창계수
t : 처음 온도
t' : 나중 온도

$\therefore \ \delta = 2,100,000 \times 0.000012 \times 20$
$= 504$ N/cm^2

05 다음 중 무기 재료의 특징으로 틀린 것은 어느 것인가?

㉮ 취성 파괴의 특성을 가진다.
㉯ 전기 절연체이며 열전도율이 낮다.
㉰ 일반적으로 밀도와 선팽창계수가 크다.
㉱ 강도와 경도가 크고 내열성과 내식성이 높다.

해설 무기 재료의 특징
① 융점이 높고 실온 및 고온에서 변형 저항이 크다.
② 강도와 경도가 크고 내열성, 내식성이 높다.
③ 밀도와 선팽창계수가 작다.
④ 자유전자가 없으므로 전기 절연체이다.
⑤ 열전도율이 낮다.
⑥ 유리처럼 빛을 투과하는 것이 많다.
⑦ 취성 파괴의 특성이 있다.

정답 01. ㉱ 02. ㉱ 03. ㉰ 04. ㉯ 05. ㉰

06 다음 중 지름 10 mm인 원형 단면에서 가장 큰 값은?

㉮ 단면적　　㉯ 극관성 모멘트
㉰ 단면계수　　㉱ 단면 2차 모멘트

해설 ① $A=\frac{\pi d^2}{4}=\frac{\pi\times10^2}{4}=25\pi\,\mathrm{mm}^2$

② $I_P=I_x+I_y=2I_x=2\times\frac{\pi d^4}{64}=\frac{\pi\times10^4}{32}$
$=312.5\pi\,\mathrm{mm}^4$

③ $Z=\frac{I}{e}=\frac{\frac{\pi d^4}{64}}{\frac{d}{2}}=\frac{\pi d^3}{32}=\frac{\pi\times10^3}{32}$
$=31.25\pi\,\mathrm{mm}^3$

④ $I=\frac{\pi d^4}{64}=\frac{\pi\times10^4}{64}=156.25\pi\,\mathrm{mm}^4$

07 비틀림 모멘트(T)와 굽힘 모멘트(M)를 동시에 받는 재료의 상당 비틀림 모멘트(T_e)를 나타내는 식은?

㉮ $M\sqrt{1+\left(\frac{T}{M}\right)^2}$

㉯ $T\sqrt{1+\left(\frac{T}{M}\right)^2}$

㉰ $\sqrt{M^2+2T^2}$

㉱ $\frac{1}{2}\left(M+\sqrt{M^2+T^2}\right)$

08 피복 아크 용접봉에서 피복제 역할이 아닌 것은?

㉮ 용융 금속을 보호한다.
㉯ 아크를 안정되게 한다.
㉰ 아크의 세기를 조절한다.
㉱ 용착 금속에 필요한 합금 원소를 첨가한다.

해설 용접봉 피복제 역할
① 아크의 발생을 용이하게 하며 아크를 안정시킨다.
② 피복제를 연소시켜 가스를 발생, 대기와 차단시켜 용융 금속을 보호한다.
③ 용융 금속의 탈산 정련 작용을 한다.
④ 용융 금속의 응고와 냉각 속도를 느리게 한다.
⑤ 슬래그 박리성을 좋게 하고 파형이 고운 비드를 만든다.
⑥ 용융 금속의 유동성을 좋게 한다.

09 작동유의 점도와 관계없이 유량을 조정할 수 있는 밸브는?

㉮ 셔틀 밸브　　㉯ 체크 밸브
㉰ 교축 밸브　　㉱ 릴리프 밸브

해설 관내의 유체가 급격하게 좁아진 통로를 통과하고, 외부에 대해 구동하지 않으며 라인 내 압력을 낮추어 팽창하는 현상을 교축이라고 한다. 이때 통로의 단면적에 변화를 주어 감압과 유량을 조절하는 밸브를 교축 밸브라고 한다. 교축 밸브는 작동유의 점도와 관계없이 유량을 조정할 수 있다.

10 너트의 종류 중 한쪽 끝부분이 관통되지 않아 나사면을 따라 증기나 기름 등의 누출을 방지하기 위해 주로 사용되는 너트는?

㉮ 캡 너트　　㉯ 나비 너트
㉰ 홈붙이 너트　　㉱ 원형 너트

해설 캡 너트는 볼트가 관통하지 않도록 한쪽 끝이 막혀 있는 너트(원기둥의 표면에 나선 모양의 수나사인 볼트에 끼울 수 있도록 안쪽에 나선 모양의 홈이 나 있는 것)를 말하며 모자 너트라고 한다.

11 축열식 반사로를 사용하여 선철을 용해, 정련하는 제강법은?

㉮ 평로　　㉯ 전기로
㉰ 전로　　㉱ 도가니로

해설 평로는 축열식 반사로를 이용하여 선철을 용해 정련하는 방법으로 선철과 고철의 혼합물을 용해하여 탄소 및 기타 불순물을 연소시켜 강으로 만든다. 파쇠나 부피가 큰 재료를 그대로 용해할 수 있고 값이 싼 고철을 이용하며 크기는 1회 용해 할 수 있는 최대량으

정답 06. ㉯　07. ㉮　08. ㉰　09. ㉰　10. ㉮　11. ㉮

로 표시한다. 전기로는 전기에너지를 열원으로 하는 저항식, 유도식, 아크식 전기로를 이용하여 양질의 강을 제조하는 방법이다.

12 **미끄럼 베어링과 비교한 구름 베어링의 특징이 아닌 것은?**

㉮ 기동 토크가 작다.
㉯ 충격 흡수력이 우수하다.
㉰ 폭은 작으나 지름이 크게 된다.
㉱ 표준형 양산품으로 호환성이 높다.

해설 미끄럼 베어링과 비교한 구름 베어링의 특징
① 기동 토크가 작다(기동 마찰이 작고, 동마찰과의 차이도 더욱 작다).
② 베어링의 주변 구조를 간략하게 할 수 있고 보수, 점검이 용이하다.
③ 일반적으로 경방향 하중과 축방향 하중을 동시에 받을 수 있다.
④ 고온도, 저온도에서의 사용이 비교적 용이 하다.
⑤ 폭은 작으나 지름이 크게 된다.
⑥ 표준화, 규격화가 이루어져 있어 호환성이 있다.
⑦ 감쇠력이 작아 충격 흡수력이 작다.

13 **다음 중 타동 분할 장치를 갖고 있는 밀링 머신 부속품은?**

㉮ 분할대　　㉯ 회전 테이블
㉰ 슬로팅 장치　　㉱ 밀링 바이스

해설 밀링 머신의 부속장치
① 아버(arbor) : 커터를 설치하는 장치
② 바이스(vise) : 공작물을 테이블에 설치하기 위한 장치로, 테이블 T홈에 공작물 높이의 1/2 이상 물림
③ 분할대(indexing head) : 원주 및 각도 분할 시 사용, 주축대와 심압대 한 쌍으로 테이블 위에 설치
④ 회전 테이블(circular table) : 가공물에 회전 운동이 필요할 때 사용
⑤ 슬로팅(slotting) 장치 : 주축의 회전운동을 공구대의 직선 왕복운동으로 변화시켜 직선운동 절삭가공을 할 수 있는 부속장치이다.
⑥ 래크(rack) : 만능 밀링 머신에서 컬럼 면에 고정하여 각종 피치의 래크를 가공할 수 있도록 하는 변환 기어이다.

14 **내경 600 mm의 파이프를 통하여 물이 3 m/s의 속도로 흐를 때 유량은 약 몇 m^3/s인가?**

㉮ 0.85　　㉯ 1.7
㉰ 3.4　　㉱ 6.8

해설 $Q = AV = \frac{\pi}{4} d^2 \times V$

$= \frac{\pi}{4} \times 0.6^2 \times 3 = 0.848 \fallingdotseq 0.85\ m^3/s$

15 **속도가 4 m/s로 전동하고 있는 벨트의 인장측 장력이 1,250 N, 이완측 장력이 515 N일 때, 전달동력(kW)은 약 얼마인가?**

㉮ 2.94　　㉯ 28.82
㉰ 34.61　　㉱ 69.22

해설 전달동력 $H = FV = (1{,}250 - 515) \times 4$
$= 2{,}940\ W = 2.94\ kW$

16 **다음 중 스프링 백 현상과 가장 관련 있는 작업은?**

㉮ 용접　　㉯ 절삭
㉰ 열처리　　㉱ 프레스

해설 스프링 백 : 소성 재료의 굽힘 가공에서 재료를 굽힌 다음 압력을 제거하면 원상으로 회복되려는 탄력 작용으로 굽힘량이 감소되는 현상(프레스 작업과 관련)

17 **다음 중 변형률(strain)의 종류가 아닌 것은?**

㉮ 세로 변형률　　㉯ 가로 변형률
㉰ 전단 변형률　　㉱ 비틀림 변형률

해설 외력에 의해 물체 내부에 생긴 내력의 발생에 따라 물체에 생긴 변형량과 원래 길이에

정답 12. ㉯ 13. ㉮ 14. ㉮ 15. ㉮ 16. ㉱ 17. ㉱

대한 비율을 변형률이라 하며, 단위길이당의 변형량으로 표시된다. 변형률은 세로(종) 변형률, 전단 변형률, 가로(횡) 변형률, 체적 변형률의 4종류가 있다.

18 **측정치의 통계적 용어에 관한 설명으로 옳은 것은?**

㉮ 치우침(bias)–참값과 모평균과의 차이
㉯ 오차(error)–측정치와 시료평균과의 차이
㉰ 편차(deviation)–측정치와 참값과의 차이
㉱ 잔차(residual)–측정치와 모평균과의 차이

해설 • 치우침 : 참값과 모평균과의 차이
• 오차 : 측정치와 참값과의 차이
• 편차 : 측정치와 모평균과의 차이
• 잔차 : 측정치와 시료평균과의 차이

19 **한쪽 또는 양쪽에 기울기를 갖는 평판 모양의 쐐기로서 인장력이나 압축력을 받는 2개의 축을 연결하는 데 주로 사용되는 결합용 기계요소는?**

㉮ 키 ㉯ 핀
㉰ 코터 ㉱ 나사

해설 • 키 : 축에 핸들, 벨트 풀리, 기어, 플라이휠 등의 회전체를 고정하는 데 쓰이며, 축 재료보다 단단한 재료를 사용한다.
• 핀 : 키의 대용으로 쓰이며 핸들을 축에 고정할 때나 부품을 설치, 분해 조립하는 경우에 사용되는 반영구적인 결합이다.
• 코터 : 축방향의 인장 또는 압축이 작용하는 두 축을 연결하는 것으로 두 축을 분해할 필요가 있는 곳에 사용하는 결합용 기계요소이다.

20 **테이퍼 구멍을 가진 다이에 재료를 잡아당겨서 가공 제품이 다이 구멍의 최소 단면 형상 치수를 갖게 하는 가공법은?**

㉮ 전조 가공 ㉯ 절단 가공
㉰ 인발 가공 ㉱ 프레스 가공

해설 인발 가공 또는 드로잉(drawing)은 테이퍼 구멍을 가진 다이에 재료를 통과시켜 다이 구멍의 최소 단면 치수로 가공하는 방법으로서 외력에는 인장력이 작용되나 다이 벽면과 재료 사이에는 압축력이 작용하게 된다. 인발 가공법은 가공 재료의 단면 형상, 치수 및 인발기계의 구조와 다이의 종류 등에 따라 여러 가지 분류 방법이 있다.

제2과목 : 자동차 엔진

21 **배출가스 정밀검사의 기준 및 방법, 검사항목 등 필요한 사항은 무엇으로 정하는가?**

㉮ 대통령령 ㉯ 환경부령
㉰ 행정안전부령 ㉱ 국토교통부령

해설 배출가스 정밀검사의 기준 및 방법, 검사항목 등은 운행차 배출가스 검사 시행요령 등에 관한 규정으로 환경부령으로 정한다.
※ 도로교통법 시행규칙 : 행정안전부령

22 **베이퍼라이저 1차실 압력 측정에 대한 설명으로 틀린 것은?**

㉮ 1차실 압력은 약 0.3 kgf/cm^2 정도이다.
㉯ 압력 측정 시에는 반드시 시동을 끈다.
㉰ 압력 조정 스크루를 돌려 압력을 조정한다.
㉱ 압력 게이지를 설치하여 압력이 규정치가 되는지 측정한다.

해설 베이퍼라이저 1차실 압력은 엔진이 시동된 상태에서 측정하고 규정압력으로 조정되는지 확인한다.

23 **가솔린 연료 분사장치에서 공기량 계측센서 형식 중 직접 계측 방식으로 틀린 것은 어느 것인가?**

㉮ 베인식 ㉯ MAP 센서식
㉰ 칼만 와류식 ㉱ 핫 와이어식

정답 18. ㉮ 19. ㉰ 20. ㉰ 21. ㉯ 22. ㉯ 23. ㉯

해설 베인식, 칼만 와류식, 핫 와이어식, 핫 필름식은 직접 계측 방식에 해당되며, 맵 센서식은 간접 계측 방식으로 피에조 저항이 내장되어 압력 변화에 따라 저항값이 변화되어 시그널 전압이 출력된다.

24 동력행정 말기에 배기 밸브를 미리 열어 연소압력을 이용하여 배기가스를 조기에 배출시켜 충전 효율을 좋게 하는 현상은?

㉮ 블로 바이(blow by)
㉯ 블로 다운(blow down)
㉰ 블로 아웃(blow out)
㉱ 블로 백(blow back)

해설 블로 다운이란 폭발행정 말기에 배기 밸브를 개방하면 피스톤은 계속 하강함에도 불구하고 연소가스가 자체의 압력으로 인하여 스스로 배출되는 현상을 말한다.

25 가변 밸브 타이밍 시스템에 대한 설명으로 틀린 것은?

㉮ 공전 시 밸브 오버랩을 최소화하여 연소 안정화를 이룬다.
㉯ 펌핑 손실을 줄여 연료 소비율을 향상시킨다.
㉰ 공전 시 흡입 관성 효과를 향상시키기 위해 밸브 오버랩을 크게 한다.
㉱ 중부하 영역에서 밸브 오버랩을 크게 하여 연소실 내의 배기가스 재순환 양을 높인다.

해설 밸브 오버랩은 흡기 밸브와 배기 밸브가 동시에 열려 있는 기간이다. 이 기간이 크면 고속인 경우에 흡기의 관성으로 배기를 밀어냄으로써 흡입 효율을 향상시킬 수 있으나 저속, 특히 공전 시에는 배기가스가 흡입 쪽으로 역류되는 현상이 발생하여 잔류가스의 양이 증가된다.

26 자동차 연료의 특성 중 연소 시 발생한 H_2O가 기체일 때의 발열량은?

㉮ 저발열량 ㉯ 중발열량
㉰ 고발열량 ㉱ 노크 발열량

해설 고위발열량은 연료의 연소 결과 발생하는 연소가스 중의 수증기의 응축에 의한 잠열을 포함하여 측정된 발열량이며 총발열량이라고도 한다. 저위발열량은 고위발열량에서 연소가스 중에 함유된 수증기의 잠열(증발하면서 가져가는 열에너지)을 뺀 것을 말한다.

27 흡·배기 밸브의 냉각 효과를 증대하기 위해 밸브 스템 중공에 채우는 물질로 옳은 것은?

㉮ 리튬 ㉯ 바륨
㉰ 알루미늄 ㉱ 나트륨

해설 밸브 스템을 중공으로 하고 열전도성이 좋은 금속 나트륨을 중공 체적의 40~60 % 정도 봉입하여, 엔진 작동 중 밸브 헤드의 열을 받아서 금속 나트륨이 액체가 될 때 밸브 헤드의 열을 100℃ 정도 저하시킬 수 있다. 나트륨의 융점은 97.5℃이며 비점은 882.9℃이다.

28 고온 327℃, 저온 27℃의 온도 범위에서 작동되는 카르노 사이클의 열효율은 몇 %인가?

㉮ 30 ㉯ 40
㉰ 50 ㉱ 60

해설 카르노 기관은 이상기체를 사용하는 가상의 이상적인 기관이며 외부로 손실되는 열이 없기 때문에 실제로 존재하는 열기관들에 비해서 열효율이 높다. 카르노 기관의 열효율이 1, 즉 100 %가 되기 위해서는 고온부의 온도인 T_2의 온도가 무한대로 상승하거나 저온부의 온도인 T_1의 온도가 0에 가까워져야 한다. 그러나 고온부와 저온부의 온도가 그렇게 될 수 없으므로 카르노 기관의 열효율은 1이 될 수 없다.

카르노 기관 열효율(η_c)

$$=1-\frac{T_2}{T_1}=1-\frac{273+27}{273+327}=0.5(50\ \%)$$

정답 24. ㉯ 25. ㉰ 26. ㉮ 27. ㉱ 28. ㉰

29 LPI 엔진에서 사용하는 가스 온도 센서(GTS)의 소자로 옳은 것은?

㉮ 서미스터　　㉯ 다이오드
㉰ 트랜지스터　　㉱ 사이리스터

해설 전자 제어 엔진의 온도 관련 센서의 소자는 부특성 서미스터를 사용한다.

30 다음 중 가변 흡입 장치에 대한 설명으로 틀린 것은?

㉮ 고속 시 매니폴드의 길이를 길게 조절한다.
㉯ 흡입 효율을 향상시켜 엔진 출력을 증가시킨다.
㉰ 엔진 회전속도에 따라 매니폴드의 길이를 조절한다.
㉱ 저속 시 흡입 관성의 효과를 향상시켜 회전력을 증대한다.

해설 가변 흡기 장치 : 엔진 회전수 및 엔진 부하 조건에 따라 매니폴드 길이를 저속에서는 길게, 고속에서는 짧게 함으로써 흡입 공기 흐름을 전 영역에서 최적화하여 저속 및 고속 구간 엔진 출력을 극대화시키는 시스템

31 디젤 엔진의 직접 분사실식의 장점으로 옳은 것은?

㉮ 노크의 발생이 쉽다.
㉯ 사용 연료의 변화에 둔감하다.
㉰ 실린더 헤드의 구조가 간단하다.
㉱ 타 형식과 비교하여 엔진의 유연성이 있다.

해설 직접 분사실식의 장점
① 연소실 체적에 대한 표면적이 작기 때문에 냉각손실이 적다.
② 시동성이 좋아 예열 플러그가 불필요하다.
③ 연소실이 간단하고 열효율이 높다.
④ 실린더 헤드의 구조가 간단하므로 열 변형이 적다.
⑤ 연료 소비율이 작다.

32 CNG(compressed natural gas) 엔진에서 스로틀 압력 센서의 기능으로 옳은 것은?

㉮ 대기 압력을 검출하는 센서
㉯ 스로틀의 위치를 감지하는 센서
㉰ 흡기 다기관의 압력을 검출하는 센서
㉱ 배기 다기관 내의 압력을 측정하는 센서

33 공회전 속도 조절장치(ISA)에서 열림(open) 측파형을 측정한 결과 ON 시간이 1 ms이고, OFF 시간이 3 ms일 때, 열림 듀티값은 몇 %인가?

㉮ 25　　㉯ 35
㉰ 50　　㉱ 60

해설 듀티 사이클이란 펄스 작동(on)과 정지(off)가 주기적 신호로 출력되는 장치에서 주기에 대한 작동(on)과 정지(off) 시간의 비를 나타낸 것으로 듀티 사이클 값을 구하면 다음과 같다.

$$\text{듀티 사이클} = \frac{t_{on}}{t_{on}+t_{off}} = \frac{1}{1+3} = 0.25\,(25\,\%)$$

듀티 사이클에서 ON 시간은 시그널 하이(HIGH)일 때를 의미하고, 반대로 OFF 시간은 시그널 로(LOW)일 때를 의미한다.

34 내연기관의 열역학적 사이클에 대한 설명으로 틀린 것은?

㉮ 정적 사이클을 오토 사이클이라고도 한다.
㉯ 정압 사이클을 디젤 사이클이라고도 한다.
㉰ 복합 사이클을 사바테 사이클이라고도 한다.
㉱ 오토, 디젤, 사바테 사이클 이외의 사이클은 자동차용 엔진에 적용하지 못한다.

해설 자동차용 엔진에 적용하는 사이클에는 오토, 디젤, 사바테 사이클 외에 카르노, 앳킨슨, 르누아르 사이클 등이 있다.

정답 29. ㉮ 30. ㉮ 31. ㉰ 32. ㉰, ㉱ 33. ㉮ 34. ㉱

35 **전자 제어 모듈 내부에서 각종 고정 데이터나 차량 제원 등을 장기적으로 저장하는 것은?**

㉮ IFB(inter face box)
㉯ ROM(read only memory)
㉰ RAM(random access memory)
㉱ TTL(transistor transistor logic)

해설 ① 메모리(memory)는 데이터를 기록하거나 읽기 위한 저장 공간이며, 크게 램(RAM)과 롬(ROM)으로 분류할 수 있다.
② 롬(ROM)은 전원이 끊어져도 기록된 데이터들이 소멸되지 않는 비휘발성 메모리로 롬(ROM)에 데이터를 반영구적으로 저장한 후 이를 지속적으로 사용한다.
③ 램(RAM)은 전원이 끊어지면 기억되어 있는 데이터들이 소멸되는 휘발성 메모리를 말한다.

36 **4행정 사이클 기관의 총배기량 1,000 cc, 축마력 50 PS, 회전수 3,000 rpm일 때 제동평균 유효압력은 몇 kgf/cm^2인가?**

㉮ 11 ㉯ 15
㉰ 17 ㉱ 18

해설 제동마력(BPS) $= \dfrac{W_b}{75} = \dfrac{P_{mb} V_S NZ}{75 \times 60 \times 100}$

$$50\ \text{PS} = \frac{P_{mb} \times 1{,}000 \times \left(\dfrac{3{,}000}{2}\right)}{75 \times 60 \times 100}$$

$$P_{mb} = \frac{50 \times 2 \times 75 \times 60 \times 100}{1{,}000 \times 3{,}000}$$

$$= 15\ \text{kgf/cm}^2$$

37 **다음 중 최적의 점화시기를 의미하는 MBT(minimum spark advance for best torque)에 대한 설명으로 가장 적절한 것은?**

㉮ BTDC 약 10°∼15° 부근에서 최대폭발압력이 발생되는 점화시기
㉯ ATDC 약 10°∼15° 부근에서 최대폭발압력이 발생되는 점화시기
㉰ BBDC 약 10°∼15° 부근에서 최대폭발압력이 발생되는 점화시기
㉱ ABDC 약 10°∼15° 부근에서 최대폭발압력이 발생되는 점화시기

해설 MBT : 엔진의 점화시기는 ECU에서 제어하는 시간(순간)에 점화신호가 되어도 지연이 발생된다. 물리적인 지연(피스톤 작동상태 및 밸브 작동타이밍), 전기적인 지연(점화회로 제어에서 스파크플러그까지의 전달과정)으로 최대의 토크가 발생되도록 최적의 점화시기 제어영역을 점화시기로 표현한 것을 말한다.

38 **전자 제어 가솔린 엔진에서 티타니아 산소센서의 경우 전원은 어디에서 공급되는가?**

㉮ ECU ㉯ 축전지
㉰ 컨트롤 릴레이 ㉱ 파워 TR

해설 티타니아 산소 센서는 이론 공연비 부근에서 변화되는 저항값을 0~5V 전압으로 분해하고 산소량 변화에 따른 반응이 빠르기 때문에 지르코니아 타입 산소 센서보다 응답성이 뛰어나며 ECU에서 전원이 공급된다. 티타니아 소자는 일정한 온도 이상에서 자신의 주위에 산소가 많으면 자체의 저항값이 커지고 산소가 없으면 저항값이 작아지는 일종의 가변저항체이다.

39 **전자 제어 가솔린 연료 분사장치에서 흡입 공기량과 엔진 회전수의 입력으로만 결정되는 분사량으로 옳은 것은?**

㉮ 기본 분사량
㉯ 엔진 시동 분사량
㉰ 연료 차단 분사량
㉱ 부분 부하 운전 분사량

해설 기본 분사량은 엔진이 정상 운전할 때 이상적인 혼합비를 형성할 수 있도록 연료를 분사하는 양이다. 이 양을 기준으로 하여 엔진의 운전 조건이 변화하면 혼합비가 변화하므로 연료량을 증량 분사한다. 연료의 기본 분사량은 흡입 공기량 센서(AFS)와 크

정답 35. ㉯ 36. ㉯ 37. ㉯ 38. ㉮ 39. ㉮

랭크각 센서(CAS)에 의해 결정된다.

$$기본\ 분사량 = \frac{흡입되는\ 공기량(AFS)}{엔진\ 회전수(CAS)}$$

40 **디젤 엔진에서 최대분사량이 40 cc, 최소 분사량이 32 cc일 때 각 실린더의 평균 분사량이 34 cc라면 (+)불균율은 몇 %인가?**

㉮ 5.9　　㉯ 17.6
㉰ 20.2　　㉱ 23.5

해설 불균율은 분사 펌프 시험기로 측정하는데, 일반적으로 전부하 상태에서 ±3 %이며, 무부하 상태에서는 10~15 % 정도이다. 제어 피니언과 제어 슬리브의 관계 위치를 변경시켜 분사량을 조정한다.

(+)불균율

$$= \frac{최대분사량 - 평균분사량}{평균분사량} \times 100$$

$$= \frac{40-34}{34} \times 100 = 17.6\ \%$$

제3과목 : 자동차 섀시

41 **휠 얼라인먼트의 주요 요소가 아닌 것은?**

㉮ 캠버　　㉯ 캠 오프셋
㉰ 셋백　　㉱ 캐스터

해설 휠 얼라인먼트는 바퀴의 기하학적인 각도 관계를 말하며 주요 요소는 캠버, 캐스터, 토인, 킹핀 경사각, 셋백 등이 있다.

42 **ECS 제어에 필요한 센서와 그 역할로 틀린 것은?**

㉮ G 센서 : 차체의 각속도를 검출
㉯ 차속 센서 : 차량의 주행에 따른 차량 속도를 검출
㉰ 차고 센서 : 차량의 거동에 따른 차체 높이를 검출
㉱ 조향 휠 각도 센서 : 조향 휠의 현재 조향 방향과 각도를 검출

해설 G 센서(gravity sensor, 중력 센서) : 자동차가 선회할 때 제어를 하기 위한 전용의 센서이며, 컴퓨터로 차체가 기울어진 방향과 기울어진 정도를 검출하여 앤티 롤 제어할 때 보정 신호로 사용한다.

43 **최고 출력이 90 PS로 운전되는 기관에서 기계효율이 0.9인 변속장치를 통하여 전달된다면 추진축에서 발생되는 회전수와 회전력은 약 얼마인가? (단, 엔진 회전수는 5,000 rpm, 변속비는 2.5이다.)**

㉮ 회전수 : 2,456 rpm, 회전력 : 32 kgf · m
㉯ 회전수 : 2,456 rpm, 회전력 : 29 kgf · m
㉰ 회전수 : 2,000 rpm, 회전력 : 29 kgf · m
㉱ 회전수 : 2,000 rpm, 회전력 : 32 kgf · m

해설 ① 추진축 회전수

$$변속비 = \frac{N_e(엔진\ 회전수)}{N_t(추진축\ 회전수)}$$

$$2.5 = \frac{5{,}000}{N_f},\ N_t = \frac{5{,}000}{2.5} = 2{,}000\ \text{rpm}$$

② 추진축 회전력(토크)

BHP(제동마력)

$= \text{IHP}(도시마력) \times \eta(기계효율)$

$= 90\ \text{PS} \times 0.9 = 81\ \text{PS}$

$$\text{BHP} = \frac{T \times R}{716},\ 81\ \text{PS} = \frac{T \times 2{,}000}{716}$$

$$T = \frac{716 \times 81}{2{,}000} = 29\ \text{kgf} \cdot \text{m}$$

44 **브레이크 파이프 라인에 잔압을 두는 이유로 틀린 것은?**

㉮ 베이퍼 로크를 방지한다.
㉯ 브레이크의 작동 지연을 방지한다.
㉰ 피스톤이 제자리로 복귀하도록 도와준다.
㉱ 휠 실린더에서 브레이크액이 누출되는 것을 방지한다.

해설 잔압을 두는 목적
① 브레이크의 신속한 작동을 위해
② 브레이크 장치에 공기 발생 방지

정답 40. ㉯　41. ㉯　42. ㉮　43. ㉰　44. ㉰

③ 베이퍼 로크를 방지한다.
④ 캘리퍼 또는 휠 실린더에서 오일이 새는 것을 확인할 수 있다.

45 무단변속기(CVT)의 장점으로 틀린 것은?

㉮ 변속 충격이 적다.
㉯ 가속 성능이 우수하다.
㉰ 연료소비량이 증가한다.
㉱ 연료소비율이 향상된다.

해설 무단변속기의 장점
① 연비(연료소비율)를 향상시켜 준다.
② 기어가 변속될 때 차량이 잠시 가속을 멈추었다가 다시 급격히 움직이는 변속 충격 현상을 없애 주어 차량이 부드럽게 주행될 수 있도록 해준다.
③ 비용이 적게 들 뿐만이 아니라, 고장률이 매우 낮다.
④ 가속 성능이 우수하다.
⑤ 수리 비용이 적게 소요된다.
⑥ 자동변속기보다 변속기 오일 교체 회수가 적다.

46 노면과 직접 접촉은 하지 않고 충격에 완충 작용을 하며 타이어 규격과 기타 정보가 표시된 부분은?

㉮ 비드 ㉯ 트레드
㉰ 카커스 ㉱ 사이드 월

해설 사이드 월은 주행 시 가장 변형이 크게 발생되는 부분으로 표면에 타이어 제조사, 타이어 크기, 편평률, 속도, 기호 등의 정보가 표시되어 있다.
타이어의 구조
① 트레드 : 노면과 접촉하는 부분으로 차량의 제동, 구동력을 지면에 전달한다.
② 보디 플라이 : 타이어 내부의 코드층으로 하중을 지지하고 충격에 견디며 주행 중 굴신운동에 대한 내피로성이 강해야 한다.
③ 벨트 : 트레드와 카커스 사이에 위치하고 있으며 스틸 와이어로 구성되고 외부의 충격을 완화시키는 것은 물론 트레드 접지면을 넓게 유지하여 주행 안정성을 좋게 한다.
④ 사이드 월 : 숄더 아래부분부터 비드 사이의 고무층을 말하며 내부의 카커스를 보호하는 역할을 한다.
⑤ 비드 : 스틸 와이어에 고무를 피복한 사각 또는 육각형 형태의 피아노선이 비드 부분의 늘어남을 방지하고 타이어가 림에서 빠지지 않도록 한다.
⑥ 카커스 : 타이어의 골격으로 코드 양면에 고무를 피복한 것을 맞대어 성형한 부분으로 충격에 따라 변형되어 충격 완화 작용을 한다.

47 제동 시 뒷바퀴의 로크(lock)로 인한 스핀을 방지하기 위해 사용되는 것은?

㉮ 딜레이 밸브 ㉯ 어큐뮬레이터
㉰ 바이패스 밸브 ㉱ 프로포셔닝 밸브

해설 프로포셔닝 밸브는 뒷브레이크로 가는 유압을 조정하도록 설계되었으며, 마스터 실린더에서의 유압이 규정 이하로 프로포셔닝 밸브에 작동하는 상태에서 플런저는 스프링의 장력에 의해서 위쪽으로 밀려가므로 실과 플런저는 분리되어 마스터 실린더에서 공급되는 유압은 뒷바퀴의 휠 실린더로 전달된다. 제동 시 뒷바퀴의 로크로 인한 스핀을 방지한다.

48 엔진 회전수가 2,000 rpm으로 주행 중인 자동차에서 수동변속기의 감속비가 0.8이고, 차동장치 구동피니언의 잇수가 6, 링기어의 잇수가 30일 때, 왼쪽 바퀴가 600 rpm으로 회전한다면 오른쪽 바퀴는 몇 rpm인가?

㉮ 400 ㉯ 600
㉰ 1,000 ㉱ 2,000

해설 변속기의 감속비

$$= \frac{\text{엔진의 회전수}(N_e)}{\text{추진축의 회전수}(N_t)}$$

$$0.8 = \frac{2{,}000}{N_t}, \quad N_t = 2{,}500$$

$$\text{종감속비} = \frac{\text{구동피니언 회전수}}{\text{링기어의 회전수}}$$

정답 45. ㉰ 46. ㉱ 47. ㉱ 48. ㉮

$= \dfrac{\text{링기어 잇수}}{\text{구동피니언 잇수}}$ 이므로

링기어의 회전수

$= \text{구동피니언 회전수} \times \dfrac{\text{구동피니언 잇수}}{\text{링기어 잇수}}$

$= 2{,}500 \times \dfrac{6}{30} = 500$

링기어의 회전수

$= \dfrac{\text{왼바퀴 회전수} + \text{오른바퀴 회전수}}{2}$

$500 = \dfrac{600 + \text{오른바퀴 회전수}}{2}$

∴ 오른바퀴 회전수 = 400 rpm

49 **후륜 구동 차량의 종감속장치에서 구동피니언과 링기어 중심선이 편심되어 추진축의 위치를 낮출 수 있는 것은?**

㉮ 베벨 기어 ㉯ 스퍼 기어
㉰ 웜과 웜 기어 ㉱ 하이포이드 기어

해설 하이포이드 기어의 장점
① 기어의 편심(10~20 %)으로 인해 추진축 높이를 낮출 수 있어 자동차의 중심이 낮아진다.
② 자동차 차체의 중심이 낮아지므로 안전성과 거주성이 좋아진다.
③ 기어 물림률이 커 강도를 높일 수 있으며 회전이 정숙하다.

하이포이드 기어의 단점
① 기어가 폭 방향으로 슬립 접촉을 하므로 압력이 커 극압 윤활유를 사용하여야 한다.
② 가공 시 제작이 어렵다.

50 **전동식 동력 조향장치(MDPS)의 장점으로 틀린 것은?**

㉮ 전동모터 구동 시 큰 전류가 흐른다.
㉯ 엔진의 출력 향상과 연비를 절감할 수 있다.
㉰ 오일 펌프 유압을 이용하지 않아 연결 호스가 필요 없다.
㉱ 시스템 고장 시 경고등을 점등 또는 점멸시켜 운전자에게 알려준다.

해설 전동식 동력 조향장치(MDPS : motor-driven power steering) : 스티어링 휠에 연결된 센서를 통해 감지된 신호가 차량의 속도 등을 고려하여 알맞게 모터를 작동시킴으로써 차량의 방향 전환 능력을 보조하는 장치이다. 기존 유압식 파워 스티어링에 비해 성능이 뛰어나고 부품수 감소 및 경량화를 통한 연비 개선의 효과가 뛰어나다. MDPS의 조작을 위해서는 안정적인 전원 공급이 필수적이다. 이 장치는 기존의 유압식 조향장치와 비교할 때 고급 중대형 차량에서나 적용된 첨단 장치인 속도감응형보다 성능이 뛰어나며 모터 · 센서 · 전자제어장치(ECU) · 감속 기어로 이루어져 있다. 기존의 유압식 조향장치는 오일 펌프와 엔진이 항상 벨트로 연결되어 작동하기 때문에 연료 소모율이 많았지만 전동식 조향장치는 벨트 대신 자동차의 발전기로부터 전기를 공급받아 필요시에만 모터를 작동하기 때문에 엔진의 연료 소모가 줄어드는 효과가 있다.

51 **공기식 제동장치의 특성으로 틀린 것은?**

㉮ 베이퍼 로크가 발생하지 않는다.
㉯ 차량 중량에 제한을 받지 않는다.
㉰ 공기가 누출되어도 제동 성능이 현저히 저하되지 않는다.
㉱ 브레이크 페달을 밟는 양에 따라서 제동력이 감소되므로 조작하기 쉽다.

해설 공기 브레이크의 특징
① 차량 중량에 제한을 받지 않는다.
② 공기가 다소 누출되어도 제동 성능이 현저하게 저하되지 않는다.
③ 베이퍼 로크의 발생 염려가 없다.
④ 페달 밟는 양에 따라 제동력이 조절된다(유압식은 제동력이 페달 밟는 힘에 비례한다).

52 **자동차에 사용하는 휠 스피드 센서의 파형을 오실로스코프로 측정하였다. 파형의 정보를 통해 확인할 수 없는 것은?**

정답 49. ㉱ 50. ㉮ 51. ㉱ 52. ㉯

㉮ 최저 전압　　㉯ 평균 저항
㉰ 최고 전압　　㉱ 평균 전압

해설 휠 스피드 센서는 마그넷과 코일로 구성되어 있고 톤휠에 0.2~1.0 mm 정도의 작은 간극으로 유지되어 장착된다. 이 센서는 전자 유도 작용을 이용한 것이며 영구 자석에서 발생하는 자속이 톤휠의 회전에 의해 코일에 교류 전압이 발생한다. 교류 전압은 톤휠의 회전수에 비례하여 주파수가 변하며 이 주파수에 의해 4륜 각각의 차륜 속도를 검출한다. 휠 스피드 센서 파형으로 최저 전압, 최고 전압, 평균 전압, 파형의 균일한 출력 등을 확인할 수 있다.

53 대부분의 자동차에서 2회로 유압 브레이크를 사용하는 주된 이유는?

㉮ 안전상의 이유 때문에
㉯ 더블 브레이크 효과를 얻을 수 있기 때문에
㉰ 리턴 회로를 통해 브레이크가 빠르게 풀리게 할 수 있기 때문에
㉱ 드럼 브레이크와 디스크 브레이크를 함께 사용할 수 있기 때문에

해설 자동차는 안전상의 이유 때문에 2회로 브레이크를 사용한다. 각 차륜에 2개의 브레이크 회로가 독립적으로 갖추어져 있다.

54 현재 실용화된 무단변속기에 사용되는 벨트 종류 중 가장 널리 사용되는 것은?

㉮ 고무 벨트　　㉯ 금속 벨트
㉰ 금속 체인　　㉱ 가변 체인

해설 무단변속기는 기본적으로 고무 벨트, 금속 벨트, 금속 체인을 이용하여 주어진 변속 패턴에 따라 최상 변속비와 최소 변속비 사이를 연속적으로 무한대의 단으로 변속시킴으로써 엔진의 동력을 최대한 이용하여 우수한 동력 성능과 연비의 향상을 얻을 수 있는 운전이 가능하다. 무단변속기 벨트 중 가장 널리 사용되는 것은 금속 벨트이다.

55 선회 시 자동차의 조향 특성 중 전륜 구동보다는 후륜 구동 차량에 주로 나타나는 현상으로 옳은 것은?

㉮ 오버 스티어　　㉯ 언더 스티어
㉰ 토크 스티어　　㉱ 뉴트럴 스티어

해설 오버 스티어 : 자동차가 코너를 회전할 때 핸들을 돌린 것보다 차량이 더 많이 회전하여 안쪽으로 회전하는 현상으로 코너 진입 시 뒷바퀴에 가해지는 원심력이 타이어의 접지력보다 크게 될 경우 뒷바퀴 타이어가 접지력을 잃으며 발생하게 된다.
언더 스티어 : 자동차가 코너를 회전할 때 핸들을 돌린 것보다 차량이 작게 회전하여 바깥쪽으로 밀려나가는 현상으로 빠른 속도로 코너에 진입 시 앞바퀴 타이어가 접지력을 잃어 발생하게 된다.

56 중량 1,350 kgf의 자동차의 구름저항계수가 0.02이면 구름저항은 몇 kgf인가? (단, 공기저항은 무시하고, 회전 상당부분 중량은 0으로 한다.)

㉮ 13.5　　㉯ 27
㉰ 54　　㉱ 67.5

해설 구름저항$(R_r) = \mu_r W$
여기서, μ_r : 구름저항계수
W : 차량 총중량
$\therefore\ R_r = 0.02 \times 1{,}350 = 27$ kgf

57 자동변속기 컨트롤 유닛과 연결된 각 센서의 설명으로 틀린 것은?

㉮ VSS(vehicle speed sensor)–차속 검출
㉯ MAF(mass airflow sensor)–엔진 회전속도 검출
㉰ TPS(throttle position sensor)–스로틀 밸브 개도 검출
㉱ OTS(oil temperature sensor)–오일 온도 검출

정답 53. ㉮　54. ㉯　55. ㉮　56. ㉯　57. ㉯

해설 MAF : 흡입 공기량 계측 센서로 TCU 제어와 관련이 없다.

58 CAN 통신이 적용된 전동식 동력 조향장치(MDPS)에서 EPS 경고등이 점등(점멸)될 수 있는 조건으로 틀린 것은?

㉮ 자기 진단 시
㉯ 토크 센서 불량
㉰ 컨트롤 모듈측 전원 공급 불량
㉱ 핸들 위치가 정위치에서 ±2° 틀어짐

해설 ㉮, ㉯, ㉰는 전동식 동력 조향장치(MDPS)에서 EPS 경고등의 점등 조건이 될 수 있으나 ㉱는 조정이 필요한 경우로 해당 사항이 안 된다.

59 수동변속기의 클러치 차단 불량 원인은?

㉮ 자유 간극 과소
㉯ 릴리스 실린더 소손
㉰ 클러치판 과다 마모
㉱ 쿠션 스프링 장력 약화

해설 클러치 차단 불량 원인
① 클러치 페달의 자유 간극이 클 때
② 릴리스 베어링이 손상되었거나 파손되었을 때
③ 클러치 디스크의 흔들림(run out)이 클 때
④ 유압 라인에 공기가 침입했을 때
⑤ 클러치 각부가 심하게 마멸되었을 때

60 전자 제어 에어 서스펜션의 기본 구성품으로 틀린 것은?

㉮ 공기 압축기 ㉯ 컨트롤 유닛
㉰ 마스터 실린더 ㉱ 공기 저장 탱크

해설 ECS 공기 현가장치의 구성 부품
① 차속 센서
② 차고 센서
③ 조향 핸들 각속도 센서
④ TPS(스로틀 위치센서)
⑤ 중력(G) 센서
⑥ ECS ECU

이외에 공기 스프링, 레벨링 밸브(leveling valve), 공기 저장 탱크, 공기 압축기 등으로 구성되어 있다.

제4과목 : 자동차 전기

61 용량이 90 Ah인 배터리는 3 A의 전류로 몇 시간 동안 방전시킬 수 있는가?

㉮ 15 ㉯ 30
㉰ 45 ㉱ 60

해설 배터리 용량(Ah) = 전류(A) × 시간(h)
90 Ah = 3A × 시간(h)
∴ 시간 = 30 h

62 다음 중 점화 1차 파형에 대한 설명으로 옳은 것은?

㉮ 최고 점화 전압은 15~20 kV의 전압이 발생한다.
㉯ 드웰 구간은 점화 1차 전류가 통전되는 구간이다.
㉰ 드웰 구간이 짧을수록 1차 점화 전압이 높게 발생한다.
㉱ 스파크 소멸 후 감쇄 진동 구간이 나타나면 점화 1차 코일의 단선이다.

해설 점화 1차 파형 점검 부위는 다음과 같다.

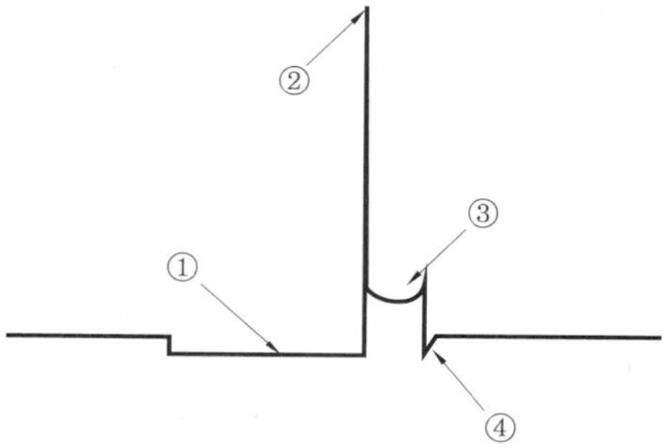

(1) ① 지점 : 드웰 구간-점화 1차 회로에 전류가 흐르는 시간 지점
3 V 이하~TR OFF 전압(드웰 끝 부분)
(2) ② 지점 : 점화 전압(서지 전압)
-300~400 V

정답 58. ㉱ 59. ㉯ 60. ㉰ 61. ㉯ 62. ㉯

(3) ③ 지점 : 점화(스파크) 라인-연소실 연소가 진행되는 구간(0.8~2.0 ms)
(4) ④ 지점 : 감쇠 진동 구간으로 3~4회의 진동이 발생됨
(5) 배터리 전압 발전기에서 발생되는 전압 : 13.2~14.7 V

63 **전자 제어 구동력 조절장치(TCS)의 컴퓨터는 구동바퀴가 헛돌지 않도록 최적의 구동력을 얻기 위해 구동 슬립률이 몇 %가 되도록 제어하는가?**

[가] 약 5~10 %　　[나] 약 15~20 %
[다] 약 25~30 %　　[라] 약 35~40 %

해설 TCS의 주요 기능 : 구동 성능, 선회 및 앞지르기 성능, 조향 안전성이 향상된다.
슬립률(S)
$$=\frac{\text{구동바퀴 회전속도}-\text{주행속도}}{\text{구동바퀴 회전속도}}\times 100$$
으로 15~20 % 정도에서 구동력이 최대가 되며, 그 이상 슬립률이 증가하면 저하한다.

64 **그림과 같은 논리(logic) 게이트 회로에서 출력상태로 옳은 것은?**

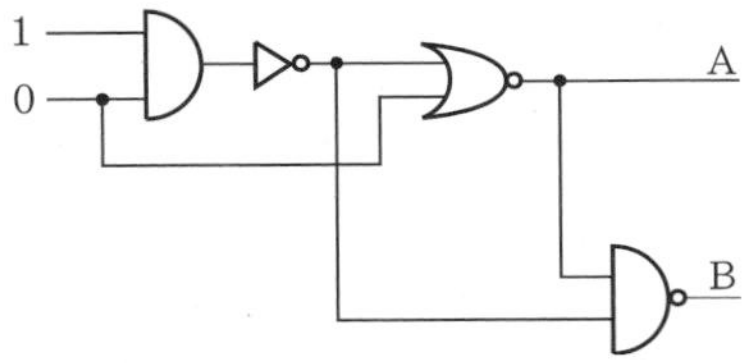

[가] A = 0, B = 0　　[나] A = 1, B = 1
[다] A = 1, B = 0　　[라] A = 0, B = 1

해설 문제의 그림은 논리적(AND), 부정(NOT), 부정 논리합(NOR), 부정 논리적(NAND)으로 구성된 논리 게이트 회로이다. 각 회로의 진리표에 따라 출력상태는 A = 0, B = 1이 된다.

65 **저항의 도체에 전류가 흐를 때 주행 중에 소비되는 에너지는 전부 열로 되고, 이때의 열을 줄열(H)이라고 한다. 이 줄열(H)을 구하는 공식으로 틀린 것은? (단, E는 전압, I는 전류, R은 저항, t는 시간이다.)**

[가] $H=0.24EIt$　　[나] $H=0.24IE^2t$
[다] $H=0.24\dfrac{E^2}{R}t$　　[라] $H=0.24I^2Rt$

해설 줄의 법칙(Joule's law) : 전열기에 전압을 가하여 전류를 흘리면 열이 발생하는데, 이것을 전류의 발열 작용이라 한다. 이러한 현상은 전열기 내에 있는 전열선이라 불리는 비교적 큰 저항을 가지고 있는 도선에 전류가 흐를 때 열이 발생하기 때문이다. I[A]의 전류가 저항이 R[Ω]인 도체를 t[s] 동안 흐를 때 그 도체에 발생하는 열에너지 $H=I^2Rt$[J]이며 이를 열량으로 환산하면 1 cal = 4.186 J이므로 $H=\dfrac{1}{4.186}I^2Rt=0.24I^2Rt$[cal]이다.
옴의 법칙 $E=IR$을 적용하면 $H=0.24EIt$, $H=0.24\dfrac{E^2}{R}t$의 식이 유도된다.

66 **병렬형 하드 타입의 하이브리드 자동차에서 HEV 모터에 의한 엔진 시동 금지 조건인 경우, 엔진의 시동은 무엇으로 하는가?**

[가] HFV 모터
[나] 블로어 모터
[다] 기동 발전기(HSG)
[라] 모터 컨트롤 유닛(MCU)

해설 병렬형 하드 타입은 주행 모드가 소프트 타입과 동일하나 처음 출발과 저속 주행 시 엔진을 사용하지 않고 모터로만 주행을 한다. 전기 자동차로 주행 중 엔진 시동을 위해 별도의 스타터 장치 HSG(hybrid starter generator)가 장착되어 있다. HSG는 엔진 시동 기능 및 약간의 충전 기능을 가지고 있다.

67 **냉방장치의 구성품으로 압축기로부터 들어온 고온 · 고압의 기체 냉매를 냉각시켜 액체로 변화시키는 장치는?**

[가] 증발기　　[나] 응축기

정답 63. [나]　64. [라]　65. [나]　66. [다]　67. [나]

㉰ 건조기　　　　　　㉱ 팽창 밸브

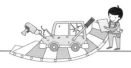

해설 에어컨 냉방 사이클 : 냉매의 증발→압축→응축→팽창의 과정으로 4가지 작용을 반복 순환함으로써 지속적인 냉방을 유지할 수 있다.

응축기(condenser) : 라디에이터와 함께 차량의 전면 앞쪽에 설치되며, 압축기의 고온·고압 기체 냉매를 공기 저항을 이용하여 열을 냉각시켜 액체 냉매가 되도록 열량을 버리는 역할을 한다.

68 **할로겐 전조등에 비하여 고휘도 방전(HID) 전조등의 특징으로 틀린 것은?**

㉮ 광도가 향상된다.
㉯ 전력소비가 크다.
㉰ 조사거리가 향상된다.
㉱ 전구의 수명이 향상된다.

해설 HID 램프의 기본 원리는 형광 램프와 동일하며, 발광관 내의 방전에 의해 빛을 발산한다. 그러나 형광 램프에 비해 발광관 내에 첨가된 화합물의 내부 압력(밀도)과 온도가 높기 때문에 다량의 가시광선이 발생한다.

HID 램프의 특징

① 방출된 빛은 반사경에 의해 조사가 되기 때문에 광도가 뛰어나고 조사거리가 길어진다.
② 램프의 수명이 길다.
③ 점등이 빠르다.
④ 전력소모가 적다.

※ 기존 할로겐 램프의 경우 55 W의 전력을 소모하는데 반해, HID 램프는 이보다 40 % 나 적은 35 W의 전력으로 안정된 작동을 시킬 수 있어 발전기의 부하를 그만큼 줄일 수 있다.

69 **다음 중 배터리 용량 시험 시 주의 사항으로 가장 거리가 먼 것은?**

㉮ 기름 묻은 손으로 테스터 조작은 피한다.
㉯ 시험은 약 10~15초 이내에 하도록 한다.
㉰ 전해액이 옷이나 피부에 묻지 않도록 한다.
㉱ 부하 전류는 축전지 용량의 5배 이상으로 조정하지 않는다.

해설 부하 전류는 축전지 용량의 3배 이상으로 조정하지 않는다.

70 **점화 순서가 1-5-3-6-2-4인 직렬 6기통 가솔린 엔진에서 점화장치가 1코일 2실린더(DLI)일 경우 1번 실린더와 동시에 불꽃이 발생되는 실린더는?**

㉮ 3번　　　　㉯ 4번
㉰ 5번　　　　㉱ 6번

해설 1번 실린더와 동시에 점화 불꽃이 발생되는 실린더는 6번 실린더이며 2번과 5번 실린더, 3번과 4번 실린더가 동시에 작동된다.

71 **빛과 조명에 관한 단위와 용어의 설명으로 틀린 것은?**

㉮ 광속(luminous flux)이란 빛의 근원, 즉 광원으로부터 공간으로 발산되는 빛의 다발을 말하는데, 단위는 루멘(lm : lumen)을 사용한다.
㉯ 광밀도(luminance)란 어느 한 방향의 단위 입체각에 대한 광속의 방향을 말하며, 단위는 칸델라(cd : candela)이다.
㉰ 조도(illuminance)란 피조면에 입사되는 광속을 피조면 단면적으로 나눈 값으로서, 단위는 럭스(lx)이다.
㉱ 광효율(luminous efficiency)이란 방사된 광속과 사용된 전기 에너지의 비로서, 100 W 전구의 광속이 1,380 lm이라면 광효율은 1,380 lm/100 W = 13.8 lm/W가 된다.

해설 광도 : 광원에서 어느 방향으로 나오는 빛의 세기를 나타내는 양으로 광원으로부터 한 방향으로 방출되는 광속을 말하며, 단위는 칸델라(cd)이다.

정답 68. ㉯　69. ㉱　70. ㉱　71. ㉯

광밀도 : 우리 눈이 광원 또는 피조면을 보고 느끼는 밝기 감각의 척도이다. 광도가 높거나 또는 광원으로부터 방사되는 광속이 좁은 면적에 집중되면 광밀도는 높아진다.

72 하드 타입의 하이브리드 차량이 주행 중 감속 및 제동할 경우 차량의 운동 에너지를 전기 에너지로 변환하여 고전압 배터리를 충전하는 것은?

㉮ 가속제동　　㉯ 감속제동
㉰ 재생제동　　㉱ 회생제동

해설 회생제동 : 차량 속도가 줄어들 때 모터의 운동 에너지를 전기 에너지로 변환하여 고전압 배터리를 충전하는 기능이다. 속도가 줄어들 때 전기 모터가 역회전하려는 속성을 이용하여 제동력을 발생시키며 전기 에너지를 생성한다.

73 기동 전동기의 작동 원리는?

㉮ 렌츠의 법칙
㉯ 앙페르 법칙
㉰ 플레밍의 왼손 법칙
㉱ 플레밍의 오른손 법칙

해설 플레밍의 왼손 법칙 : 왼손을 펴서 엄지부터 세 손가락을 서로 직각이 되게 하고 검지를 자력선(B) 방향, 중지를 전류(I) 방향으로 맞추었을 때 엄지가 가르키는 방향으로 전자력(F)이 작용한다. 전동기의 원리를 설명하는 법칙으로 전기자의 회전 방향을 알 수 있다.

74 윈드 실드 와이퍼가 작동하지 않는 원인으로 틀린 것은?

㉮ 퓨즈 단선
㉯ 전동기 브러시 마모
㉰ 와이퍼 블레이드 노화
㉱ 전동기 전기자 코일의 단선

해설 와이퍼 블레이드 노화는 와이퍼 모터 작동과 관련이 없으며 와이퍼의 모터 작동은 퓨즈 단선, 전동기 브러시 마모, 전기자 코일 단선 외 와이퍼 스위치 고장 및 에탁스 불량 등과 관련 있다.

75 계기판의 유압 경고등 회로에 대한 설명으로 틀린 것은?

㉮ 시동 후 유압 스위치 접점은 ON된다.
㉯ 점화 스위치 ON 시 유압 경고등이 점등된다.
㉰ 시동 후 경고등이 점등되면 오일 양 점검이 필요하다.
㉱ 압력 스위치는 유압에 따라 ON/OFF 된다.

해설 유압 경고등은 엔진 시동 전 ON 상태에서는 점등되었다가 시동 후 ON 상태에서는 경고등은 OFF되어야 한다. 그 이유는 엔진 시동 후에는 엔진 오일이 유압 라인의 유압 스위치를 OFF시켜서 경고등 역할을 하기 때문이다.

76 점화 2차 파형의 점화 전압에 대한 설명으로 틀린 것은?

㉮ 혼합기가 희박할수록 점화 전압이 높아진다.
㉯ 실린더 간 점화 전압의 차이는 약 10 kV 이내이어야 한다.
㉰ 점화 플러그 간극이 넓으면 점화 전압이 높아진다.
㉱ 점화 전압의 크기는 점화 2차 회로의 저항과 비례한다.

해설 점화 2차 파형

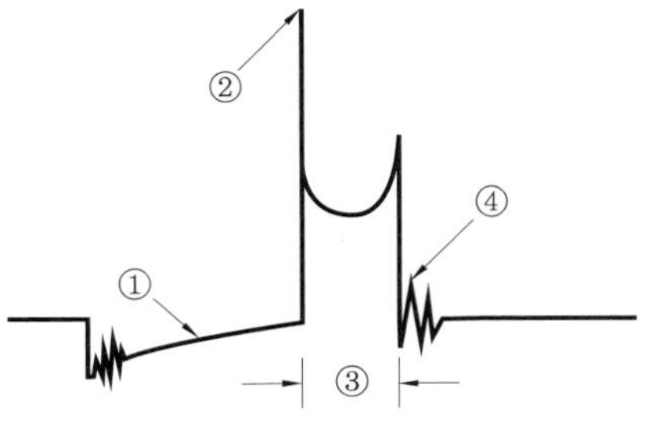

정답 72. ㉱ 73. ㉰ 74. ㉰ 75. ㉮ 76. ㉯

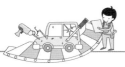

(1) ① 지점 : 드웰 구간-점화 1차 회로에 전류가 흐르는 시간
(2) ② 지점 : 점화 전압(서지 전압)-8~18 kV
(3) ③ 지점 : 점화(스파크) 라인-연소실 연소가 진행되는 구간 0.8~2.0 ms
(4) ④ 지점 : 감쇠 진동 구간-코일 잔류 에너지가 방출되는 구간(보통 3~4회가 정상)

77 **디지털 오실로스코프에 대한 설명으로 틀린 것은?**

㉮ AC 전압과 DC 전압 모두 측정이 가능하다.
㉯ X축에서는 시간, Y축에서는 전압을 표시한다.
㉰ 빠르게 변화하는 신호를 판독이 편하도록 트리거링 할 수 있다.
㉱ UNI(unipolar) 모드에서 Y축은 (+), (−)영역을 대칭으로 표시한다.

해설 유니폴라(unipolar, 단극성) 신호는 펄스의 마크를 전압 $+V$[V], 펄스의 무(스페이스)를 전압 0 V에 대응시켰을 때, 마크 $+V$[V]의 전압치가 되는 펄스 구성을 말한다. 바이폴라(bipolar, 양극성) 신호는 마크를 전압 $+V$[V]와 $-V$[V], 스페이스를 전압 0 V에 대응시켜 마크가 생길 때마다 전압 $+V$, $-V$를 교대로 변환하는 펄스 구성을 말한다.

78 **점화코일에 대한 설명으로 틀린 것은?**

㉮ 1차 코일보다 2차 코일의 권수가 많다.
㉯ 1차 코일의 저항이 2차 코일의 저항보다 작다.
㉰ 1차 코일의 배선 굵기가 2차 코일보다 가늘다.
㉱ 1차 코일에서 발생되는 전압보다 2차 코일에서 발생되는 전압이 높다.

해설 1차 코일의 배선 굵기가 2차 코일보다 굵다. 이것은 1차 코일의 저항을 감소시켜 큰 자속을 형성할 수 있어 2차 전압을 향상시킬 수 있다.

79 **에어컨 시스템이 정상 작동 중일 때 냉매의 온도가 가장 높은 곳은?**

㉮ 압축기와 응축기 사이
㉯ 응축기와 팽창밸브 사이
㉰ 팽창밸브와 증발기 사이
㉱ 증발기와 압축기 사이

해설 에어컨 냉방 사이클 : 냉방 사이클은 냉매가스의 상태 변화(액체와 기체)로 냉방 효과를 얻을 수 있다. 에어컨 작동 시 냉매의 온도가 가장 높을 때는 압축기에서 토출되어 응축기로 이어지는 과정이다.

80 **지름 2 mm, 길이 100 cm인 구리선의 저항은 얼마인가?(단, 구리선의 고유저항은 1.69 μΩ · m이다.)**

㉮ 약 0.54 Ω
㉯ 약 0.72 Ω
㉰ 약 0.9 Ω
㉱ 약 2.8 Ω

해설 저항$(R) = \rho \times \frac{l}{A}$

여기서, ρ : 단면 고유저항(Ω · m)
l : 길이(m)
A : 단면적(m^2)

$$\therefore\ R = 1.69 \times 10^{-6} \times \frac{1}{\frac{\pi}{4} \times (2 \times 10^{-3})^2}$$

$$= 0.5379 \fallingdotseq 0.54\ \Omega$$

정답 77. ㉱ 78. ㉰ 79. ㉮ 80. ㉮

국가기술자격 필기시험문제

2020년도 8월 23일 (제3회)

자격종목	코드	시험시간	형 별	수검번호	성 명
자동차정비산업기사	2070	2시간			

제1과목 : 일반기계공학

01 주철의 특징으로 틀린 것은?

㉮ 주조성이 양호하다.
㉯ 기계가공이 어렵다.
㉰ 내마멸성이 우수하다.
㉱ 압축강도가 크다.

해설 주철의 특징
① 주조성이 우수하고 복잡한 부품의 성형이 가능하다.
② 내마모성이 우수하고 알칼리나 물에 대한 내식성(부식)이 우수하다.
③ 압축강도가 인장강도에 비하여 3~4배 정도 좋다.
④ 가격이 저렴하며 잘 녹슬지 않고 칠(도색)이 좋다.
⑤ 절삭가공이 쉽고 마찰저항이 우수하다.
⑥ 인장강도, 휨강도가 작고 충격에 대해 약하며 단조, 담금질, 뜨임이 불가능하다.

02 마찰차의 종류가 아닌 것은?

㉮ 원통 마찰차
㉯ 에반스식 마찰차
㉰ 트리플식 마찰차
㉱ 원뿔 마찰차

해설 마찰차의 종류
① 원통(평) 마찰차 : 두 축이 서로 평행할 때 사용하는 가장 일반적인 형태의 마찰차
② 원판 마찰차 : 직각으로 만나는 두 축 사이에서 원판과 롤러가 접촉해 힘을 전달한다.
③ 에반스식 마찰차 : 2개의 원추 마찰차 사이에 링을 끼워 사용하며 링에 접촉하는 부분이 지름의 변화가 되어 무단 변속을 할 수 있는 마찰차
④ 원뿔 마찰차 : 두축이 서로 교차하는 데 사용되며 원뿔형의 바퀴를 서로 밀어 붙여서 양 바퀴 접촉면의 마찰력으로 동력을 전달한다.

03 외부로부터 힘을 받지 않아도 물체가 진동을 일으키는 것은?

㉮ 고유 진동　　㉯ 공진
㉰ 좌굴　　㉱ 극관성 모멘트

해설 물체의 진동에 있어서 외력을 작용시키지 않아도 진동이 계속되는 현상을 고유 진동이라고 하며 외력이 물체의 고유 진동수와 같은 진동수를 가지고 주기적으로 작용하는 경우 시간이 흐르면서 진폭이 크게 증가하는 현상을 공명(공진)이라 한다.

04 단동 피스톤 펌프에서 실린더 직경 20 cm, 행정 20 cm, 회전수 80 rpm, 체적효율 90 %이면 토출유량(m^3/min)은?

㉮ 0.261　　㉯ 0.271
㉰ 0.452　　㉱ 0.502

해설 토출유량 Q

$$= V \times \text{rpm} \times \eta$$

$$= \frac{\pi}{4} \times 0.2^2 \times 0.2 \times 80 \times 0.9$$

$$= 0.452 \text{ m}^3/\text{min}$$

05 비틀림 모멘트 T[kgf · cm], 회전수 N[rpm], 전달마력 H[kW]일 때 비틀림 모멘트를 구하는 식은?

정답 01. ㉯ 02. ㉰ 03. ㉮ 04. ㉰ 05. ㉱

㉮ $T=974\times\frac{H}{N}$

㉯ $T=716.2\times\frac{H}{N}$

㉰ $T=716200\times\frac{H}{N}$

㉱ $T=97400\times\frac{H}{N}$

06 줄(file) 작업에서 줄눈의 크기에 의한 분류가 아닌 것은?

㉮ 중목 ㉯ 단목

㉰ 세목 ㉱ 황목

해설 줄눈의 거칠기에 따른 크기 분류 : 황목, 중목, 세목, 유목의 4종류가 있는데 이것은 같은 치수의 줄에 대한 비교로서 10 mm 사이의 줄눈 수로 정해진다.

07 재료가 반복하중을 받는 경우 안전율을 구하는 식은?

㉮ $\frac{\text{허용응력}}{\text{크리프한도}}$ ㉯ $\frac{\text{피로한도}}{\text{허용응력}}$

㉰ $\frac{\text{허용응력}}{\text{최대응력}}$ ㉱ $\frac{\text{최대응력}}{\text{허용응력}}$

해설 안전율(safety ratio)이란 어떤 기계에 적용하는 재료의 설계상 허용응력을 정하기 위한 계수로서 허용응력을 정하는 기준은 재료의 인장강도, 항복점, 피로강도, 크리프(creep)강도 등인데 이런 재료의 강도들을 기준강도(응력)라 하고, 이 기준강도와 허용력과의 비율을 안전율이라 한다.

안전율 $S=\frac{\text{기준강도}(\sigma)}{\text{허용응력}(\delta)}$

① 정하중이 작용하는 연강과 같은 연성재료는 항복점을 기준강도라 한다.

② 정하중이 작용하는 주철과 같은 취성재료는 극한강도를 기준강도로 한다.

③ 반복하중이 작용하면 피로한도를 기준강도로 한다.

④ 고온에서 정하중이 작용할 때에는 크리프한도를 기준강도로 한다.

⑤ 좌굴이 예상되는 긴 기둥에서는 좌굴응력을 기준강도로 한다.

08 축 방향의 압축력이나 인장력을 받을 때 사용하거나 2개의 축을 연결하는 것은?

㉮ 키(key) ㉯ 코터(cotter)

㉰ 핀(pin) ㉱ 리벳(rivet)

해설 코터는 축과 축 등을 결합시키는 데 사용하는 쐐기로 축의 길이 방향에 직각으로 끼워서 축을 결합시킨다. 구조가 간단하고 해체하기도 쉬우며 조절이 가능하므로 두 축의 간이 연결용으로 많이 사용된다.

09 원심 펌프에서 양정이 20 m, 송출량은 3 m³/min일 때, 축동력 1000 kW를 필요로 하는 펌프의 효율(%)은? (단, 유체의 비중량은 920 N/m³이다.)

㉮ 65 ㉯ 75

㉰ 82 ㉱ 92

해설 축동력 $H=\frac{\gamma h Q}{\eta}$

여기서, γ : 유체의 비중량

h : 펌프의 양정

Q : 송출량

$1000=\frac{920\times 20\times 3}{\eta\times 60}$

$\therefore\ \eta=0.92(92\ \%)$

10 금속의 소성가공에서 열간가공과 냉간가공을 구분하는 기준은?

㉮ 변태 온도 ㉯ 재결정 온도

㉰ 불림 온도 ㉱ 담금질 온도

해설 가공 경화된 금속을 가열하게 되면 내부응력이 제거되어 회복이 된다. 지속적으로 가열이 진행되면 내부응력이 없어지는 새로운 결정핵이 생기게 되어 새로운 결정체로 변하게 되는데 이것을 재결정이라 하며, 재결정이 일어나기 시작하는 온도를 재결정 온도라 한다. 재결정 온도는 냉간가공과 열간가공을 구분하는 기준이 된다.

정답 06. ㉯ 07. ㉯ 08. ㉯ 09. ㉱ 10. ㉯

11 **재료 단면에 대한 단면 2차 모멘트를 I, 단면 1차 모멘트를 Q, 전단력을 F, 폭을 B라 할 때 임의의 위치에서의 수평전단응력을 구하는 식은?**

㉮ $\tau = \frac{Q}{B \times I}$　　㉯ $\tau = \frac{F}{B \times I}$

㉰ $\tau = \frac{F \times Q}{B \times I}$　　㉱ $\tau = \frac{B \times F}{Q \times I}$

해설 보는 일반적으로 하중을 받으면 각 단면에 굽힘 모멘트 M과 전단력 F를 동시에 일으킨다. 하중을 받아 구부러지면 보는 횡단면에 전단력이 일어나므로 단면에 따라 전단응력이 일어난다. 재료의 단면에서 폭을 B, 전단력을 F, 단면 1차 모멘트를 Q, 단면 2차 모멘트를 I라 할 때, 수평전단응력$(\tau) = \frac{FQ}{BI}$

12 **주물 형상이 크고 소량의 주조품을 요구할 때 사용하며 중요 부분의 골격만을 만드는 목형은?**

㉮ 코어형　　㉯ 부분형

㉰ 매치 플레이트형　　㉱ 골격형

해설 골격형은 주물이 크고 단순한 경우 뼈대를 이용해 만든 목형으로 대형 파이프나 하수도관이 해당된다.

13 **식물 탄닌-태닝 처리한 가죽에 대한 설명으로 틀린 것은?**

㉮ 부드러운 가죽을 얻을 수 있다.

㉯ 단단하고 쉽게 펴지지 않는다.

㉰ 색상은 주로 다갈색이다.

㉱ 공업용으로 많이 이용된다.

해설 베지터블 가죽(vegetable tanned leather)이란 식물에서 채취한 천연 탄닌으로 40일~100일 이상 천천히 무두질한 가죽이다. 나무 껍질을 원료로 가죽을 만드는 전통 방식으로, 가죽면의 손상이 최소화되며, 인체에 유해한 물질을 방출하지 않는다. 처음에 좀 뻣뻣하며 완전히 유연해지기 위해 시간이 필요하다.

14 **비중 약 2.7에 가볍고 전연성이 우수하며 전기 및 열의 양도체로 내식성이 우수한 것은?**

㉮ 구리　　㉯ 망간

㉰ 니켈　　㉱ 알루미늄

해설 알루미늄은 비중이 2.7로 가볍고, 용융점이 660℃로 낮아 주조성이 우수하며 열, 전기 양도체로 전연성이 크다. 주로 드로잉, 다이캐스팅, 자동차구조용, 전기 재료 등에 활용된다.

15 **어느 위치에서나 유입 질량과 유출 질량이 같으므로 일정한 관내에 축적된 질량은 유속에 관계없이 일정하다는 원리는?**

㉮ 연속의 원리

㉯ 파스칼의 원리

㉰ 베르누이의 원리

㉱ 아르키메데스의 원리

해설 ① 연속의 원리 : 물이 흐르는 관에 굵고 가는 곳이 있더라도 각 단면을 일정 시간에 흐르는 유량은 일정하다($Q = AV$).

② 파스칼의 원리 : 밀폐된 용기 속에 있는 유체(비압축성)의 일부분에 압력을 가하면, 그 압력이 유체 내의 모든 곳에 같은 크기로 전달된다$\left(\frac{F_1}{A_1} = \frac{F_2}{A_2}\right)$.

③ 베르누이의 원리 : 기체나 액체의 흐르는 속도가 증가하면 그 부분의 압력이 낮아지고, 유속이 감소하면 압력이 높아진다.

16 **체결용 기계요소인 코터의 전단응력을 구하는 식은? (단, W : 인장하중(kgf), b : 코터의 너비(mm), h : 코터의 높이(mm), d : 코터의 직경(mm)이다.)**

㉮ $\frac{3W}{2bh}$　　㉯ $\frac{W}{2bh}$

㉰ $\frac{3W}{2bd}$　　㉱ $\frac{W}{2bd}$

정답 11. ㉰　12. ㉱　13. ㉮　14. ㉱　15. ㉮　16. ㉯

해설 코터의 전단응력

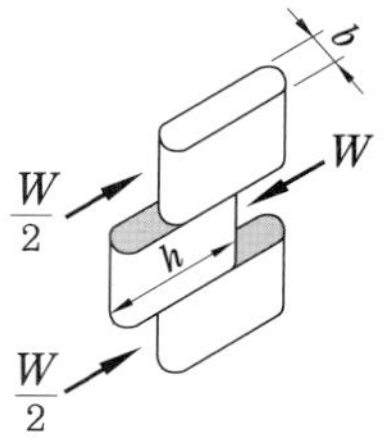

$W = 2bh\tau$

17 양단 지지 겹판 스프링에서 처짐을 구하는 식은? (단, W : 하중, n : 판수, h : 판 두께, b : 판의 폭, E : 세로탄성계수, l : 스팬이다.)

㉮ $\dfrac{3Wl}{2nbh^2}$　　㉯ $\dfrac{3Wl^3}{2nbh^3E}$

㉰ $\dfrac{3Wl^3}{8nbh^3E}$　　㉱ $\dfrac{3Wl}{8nbh^2E}$

18 다음 중 축의 강도를 가장 약화시키는 키(key)는?

㉮ 성크 키　　㉯ 새들 키

㉰ 플랫 키　　㉱ 원뿔 키

해설 성크 키 : 묻힘 키라고도 하며 축과 보스의 양쪽에 키 홈을 만들어 그 틈에 넣어서 보스를 축에 고정하는 것으로 가장 널리 이용된다.

19 선반 작업 시 지름 60 mm의 환봉을 절삭하는 데 필요한 회전수(rpm)는? (단, 절삭속도는 50 m/min이다.)

㉮ 1065　　㉯ 830

㉰ 530　　㉱ 265

해설 절삭속도 $V = \dfrac{\pi dn}{1{,}000}$ [m/min]

여기서, d : 공작물 지름(mm)

n : 회전수(rpm)

$\therefore\ n = \dfrac{1{,}000\,V}{\pi d} = \dfrac{1{,}000 \times 50}{\pi \times 60} = 265.3\ \text{rpm}$

20 피복 아크 용접에서 용입 불량의 원인으로 틀린 것은?

㉮ 용접 속도가 느릴 때

㉯ 용접 전류가 약할 때

㉰ 용접봉 선택이 불량할 때

㉱ 이음 설계에 결함이 있을 때

해설 피복 아크 용접에서 용입 불량의 원인

① 이음 설계의 결함

② 용접 속도가 빠를 때

③ 용접 전류가 낮을 때

④ 용접봉 선택 불량

용입 불량의 대책

① 루트 간격, 루트 표면의 치수를 조절한다.

② 용접 속도를 줄이고, 슬래그가 선행하지 않도록 한다.

③ 슬래그의 피포성을 해치지 않는 범위까지 전류를 높인다.

④ 적당한 봉경 및 용입이 좋은 종류를 선택한다.

제2과목 : 자동차 엔진

21 디젤 엔진에서 경유의 착화성과 관련하여 세탄 60 cc, α-메틸나프탈렌 40 cc를 혼합하면 세탄가(%)는?

㉮ 70　　㉯ 60

㉰ 50　　㉱ 40

해설 $\text{세탄가} = \dfrac{\text{세탄}}{\text{세탄} + \alpha\,\text{메틸나프탈렌}} \times 100$

$= \dfrac{60}{60 + 40} \times 100 = 60\ \%$

22 다음 중 엔진이 과랭되었을 때의 영향이 아닌 것은?

㉮ 연료의 응결로 연소가 불량

㉯ 연료가 쉽게 기화하지 못함

㉰ 조기 점화 또는 노크가 발생

정답 17. ㉰ 18. ㉮ 19. ㉱ 20. ㉮ 21. ㉯ 22. ㉰

㉱ 엔진 오일의 점도가 높아져 시동할 때 회전 저항이 커짐

해설 엔진이 과랭되었을 때의 영향
① 연료의 응결로 인해 연소가 불량해지며, 카본이 실린더 벽에 쌓인다.
② 연료와 공기의 혼합이 불량해진다.
③ 연료소비율이 증가한다.
④ 엔진 오일에 연료가 희석되므로 베어링의 마모가 촉진된다.
⑤ 엔진 오일의 점도가 높아져 엔진 기동 시 회전 저항이 증가한다.
엔진이 과열되었을 때의 영향
① 금속이 빨리 산화하고, 냉각수의 순환이 불량해진다.
② 각 작동 부분의 소결 및 각 부품의 변형 원인이 된다.
③ 윤활 불충분으로 인하여 각 부품이 손상된다.
④ 조기 점화 및 노킹이 발생된다.
⑤ 엔진의 출력이 저하된다.

23 **디젤 엔진에서 착화지연기간이 1/1,000초, 착화 후 최고 압력에 도달할 때까지의 시간이 1/1,000초일 때, 2,000 rpm으로 운전되는 엔진의 착화시기는?(단, 최고 폭발압력은 상사점 후 12°이다.)**

㉮ 상사점 전 32° ㉯ 상사점 전 36°
㉰ 상사점 전 12° ㉱ 상사점 전 24°

해설 착화시기의 회전각$(\theta) = 360° \times \frac{N}{60} \times t$
360° : 크랭크축 1회전
N : 엔진 회전수
t : 최고 압력에 도달할 때까지의 시간
$\therefore \theta = 6 \times 2{,}000 \times \frac{1}{1{,}000} = 12°$(상사점 전)

24 **전자 제어 가솔린 엔진에서 기본적인 연료분사시기와 점화시기를 결정하는 주요 센서는?**

㉮ 크랭크축 위치 센서(crankshaft position sensor)
㉯ 냉각 수온 센서(water temperature sensor)
㉰ 공전 스위치 센서(idle switch sensor)
㉱ 산소 센서(O_2 sensor)

해설 크랭크각 센서는 엔진의 기본 분사량과 연료분사시기 및 점화시기에 영향을 주는 주요 센서이며, 종류에는 옵티컬식, 마그네틱 픽업식, 홀센서 방식이 있다.
$$\text{기본 분사량} = \frac{\text{흡입되는 공기량(AFS)}}{\text{엔진의 회전수(CAS)}}$$

25 **운행차 배출가스 정기검사 및 정밀검사의 검사항목으로 틀린 것은?**

㉮ 휘발유 자동차 운행차 배출가스 정기검사 : 일산화탄소, 탄화수소, 공기과잉률
㉯ 휘발유 자동차 운행차 배출가스 정밀검사 : 일산화탄소, 탄화수소, 질소산화물
㉰ 경유 자동차 운행차 배출가스 정기검사 : 매연
㉱ 경유 자동차 운행차 배출가스 정밀검사 : 매연, 엔진최대출력검사, 공기과잉률

해설 경유 자동차 운행차 배출가스 정밀검사 항목으로 질소산화물(NO_x)이 적용된다.

26 **일반적으로 자동차용 크랭크축 재질로 사용하지 않는 것은?**

㉮ 마그네슘-구리강
㉯ 크롬-몰리브덴강
㉰ 니켈-크롬강
㉱ 고탄소강

해설 크랭크축은 니켈-크롬강, 크롬-몰리브덴강, 고탄소강 등으로 단조하여 제작한다.

27 **밸브 오버랩에 대한 설명으로 틀린 것은?**

㉮ 흡·배기 밸브가 동시에 열려 있는 상태이다.
㉯ 공회전 운전 영역에서는 밸브 오버랩

정답 23. ㉰ 24. ㉮ 25. ㉱ 26. ㉮ 27. ㉱

을 최소화한다.

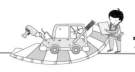

㉰ 밸브 오버랩을 통한 내부 EGR 제어가 가능하다.

㉱ 밸브 오버랩은 상사점과 하사점 부근에서 발생한다.

해설 밸브 오버랩(valve overlap) : 밸브 타이밍에 의하여 배기 밸브가 열려 연소가스가 배기될 때 혼합기의 흡입을 위한 흡입 밸브도 동시에 열리는 시간을 의미하며 흡입 행정 시 흡입체적의 효율이 증대되고 배기 행정 시 배기효율의 증대 및 연소실 냉각 효과가 있다(흡기초 배기말 행정).

28 다음 중 냉각계통의 수온조절기에 대한 설명으로 틀린 것은?

㉮ 펠릿형은 냉각수 온도가 60℃ 이하에서 최대로 열려 냉각수 순환을 잘되게 한다.

㉯ 수온조절기는 엔진의 온도를 알맞게 유지한다.

㉰ 펠릿형은 왁스와 합성고무를 봉입한 형식이다.

㉱ 수온조절기는 벨로스형과 펠릿형이 있다.

해설 수온조절기(thermostat) : 냉각수 통로를 개폐하여 냉각수 온도를 알맞게 조절한다. 65℃에서 열리기 시작하여 85℃에서 완전 열린다. 종류에는 벨로스형과 펠릿형이 있으며, 벨로스형은 에테르나 알코올이 벨로스 내에 봉입되어 휘발성이 크고 팽창력이 작다. 또한, 펠릿형은 왁스와 합성고무(스프링과 같이 작용하며, 왁스가 팽창하면 합성고무를 수축시킨다. 이때 실린더가 스프링을 누르고 밸브가 열린다.)를 사용하며 내구성이 우수하고 압력에 의한 영향이 적다.

29 커먼레일 디젤엔진의 솔레노이드 인젝터 열림(분사 개시)에 대한 설명으로 틀린 것은?

㉮ 솔레노이드 코일에 전류를 지속적으로 가한 상태이다.

㉯ 공급된 연료는 계속 인젝터 내부로 유입된다.

㉰ 노즐 니들을 위에서 누르는 압력은 점차 낮아진다.

㉱ 인젝터 아랫부분의 제어 플런저가 내려가면서 분사가 개시된다.

해설 커먼레일 디젤 인젝터는 고압의 연료를 분사하는 부품으로 실린더 헤드 중앙에 직립으로 장착되며 초기 작동 전압과 전류는 80 V, 20 A이다. 인젝터 제어 플런저가 내려가면 분사가 닫힘의 상태가 된다.

30 LPG 연료의 장점에 대한 설명으로 틀린 것은?

㉮ 대기 오염이 적고 위생적이다.

㉯ 노킹이 일어나지 않아 엔진이 정숙하다.

㉰ 퍼컬레이션으로 인해 연소 효율이 증가한다.

㉱ 엔진 오일을 더럽히지 않으며 엔진의 수명이 길다.

해설 LPG의 특성

① 대기압 상태에서는 기체이고 공기보다 무거우며 무색, 무취이다.
② 폭발의 위험이 있고 장치의 부식이나 대기 오염이 적다.
③ 연료의 저장은 액체 상태로 한다.
④ LPG 엔진 오일, 점화플러그의 수명이 길고 퍼컬레이션이나 베이퍼 로크 현상이 없다.
⑤ 옥탄가가 높아 LPG 엔진에서 노크가 잘 일어나지 않는다.
⑥ LPG 엔진에서 겨울철 시동이 곤란하고 가솔린에 비해 출력이 떨어진다.
⑦ 연소실 및 점화플러그의 퇴적물이 적어 엔진 수명이 길다.

31 전자 제어 연료분사장치에서 제어 방식에 의한 분류 중 흡기압력 검출 방식을 의미하

정답 28. ㉮ 29. ㉱ 30. ㉰ 31. ㉰

는 것은?

㉮ K-jetronic

㉯ L-jetronic

㉰ D-jetronic

㉱ mono-Jetronic

해설 D-jetronic : 흡입부압감지식 전자 제어 연료분사장치로서 보쉬(bosch) 사의 특허에 의한 가솔린 엔진용 연료 분사 시스템의 한 형식이다. 압력 센서를 사용하여 흡입관 압력과 엔진 회전수로 흡입공기를 산출하는 속도 밀도(speed density) 방식이다.

32 내연기관의 열손실을 측정한 결과 냉각수에 의한 손실이 30 %, 배기 및 복사에 의한 손실이 30 %였다. 기계효율이 85 %라면 정미열효율(%)은?

㉮ 28 ㉯ 30

㉰ 32 ㉱ 34

해설 100 %=도시열효율+배기 및 복사에 의한 손실+냉각에 의한 손실

도시열효율=100-(배기 및 복사에 의한 손실+냉각에 의한 손실)=100-(30+30)=40 %

$$기계효율=\frac{정미열효율}{도시열효율}\times 100$$

$$85\% = \frac{정미열효율}{40}\times 100$$

∴ 정미열효율=34 %

33 전자 제어 가솔린 엔진에서 흡입 공기량 계측 방식으로 틀린 것은?

㉮ 베인식 ㉯ 열막식

㉰ 칼만 와류식 ㉱ 피드백 제어식

해설 피드백 시스템 : 배기가스를 산소 센서를 이용하여 측정, 혼합기의 농도를 엔진 ECU에서 확인하여 연료량을 제어하는 방식을 의미하며, 직접 계측 방식과 간접 계측 방식으로 구분된다.

34 다음 중 전자 제어 엔진에서 스로틀 포지션 센서와 기본 구조 및 출력 특성이 가장 유사한 것은?

㉮ 크랭크각 센서

㉯ 모터 포지션 센서

㉰ 액셀러레이터 포지션 센서

㉱ 흡입 다기관 절대 압력 센서

해설 액셀러레이터 포지션 센서(APS)는 스로틀 포지션 센서와 기본 구조 및 출력 특성이 가장 유사한 것으로 가속페달을 밟지 않은 상태 0 %에서 풀가속 시 100 %로 출력된다. APS는 2개의 센서로 이루어져 있으며 센서 고장 시 페일 세이프 모드가 적용된다.

35 기관의 점화 순서가 1-6-2-5-8-3-7-4인 8기통 기관에서 5번 기통이 압축 초에 있을 때 8번 기통은 무슨 행정과 가장 가까운가?

㉮ 폭발 초 ㉯ 흡입 중

㉰ 배기 말 ㉱ 압축 중

해설 8기통 점화 순서(1-6-2-5-8-3-7-4)

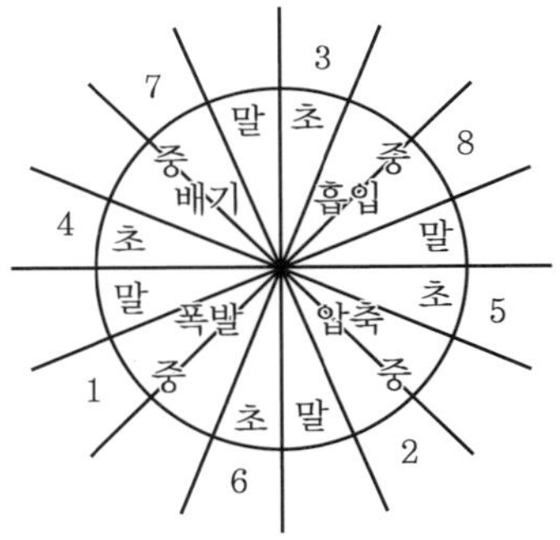

36 자동차관리법상 저속전기자동차의 최고속도(km/h) 기준은?(단, 차량 총중량이 1,361 kg을 초과하지 않는다.)

㉮ 20 ㉯ 40

㉰ 60 ㉱ 80

해설 자동차관리법 시행규칙 제57조의 2(저속전기자동차의 기준) : 법 제35조의 2에서 "국토교통부령으로 정하는 최고속도 및 차

량중량 이하의 자동차"란 최고속도가 매시 60킬로미터를 초과하지 않고, 차량 총중량이 1,361킬로그램을 초과하지 않는 전기자동차(이하 "저속전기자동차"라 한다)를 말한다(개정 2013. 3.23).

37 연료 여과기의 오버플로 밸브의 역할로 틀린 것은?

㉮ 공급 펌프의 소음 발생을 억제한다.
㉯ 운전 중 연료에 공기를 투입한다.
㉰ 분사 펌프의 엘리먼트 각 부분을 보호한다.
㉱ 공급 펌프와 분사 펌프 내의 연료 균형을 유지한다.

해설 오버플로 밸브의 기능
① 필터 각부의 보호 작용
② 공급 펌프의 소음 발생 억제
③ 공기 빼기, 여과 성능 향상
④ 공급 펌프와 분사 펌프실 내의 연료 균형 유지

38 윤활장치에서 오일 여과기의 여과 방식이 아닌 것은?

㉮ 비산식　㉯ 전류식
㉰ 분류식　㉱ 샨트식

해설 오일 여과 방식
① 전류식 : 오일 펌프에 의해 압송된 윤활유가 모두 여과기를 통과한 다음에 각 윤활부로 공급되는 방식
② 분류식 : 오일 펌프에 의해 압송된 윤활유 중 대부분은 곧바로 윤활부에 공급되고, 나머지(약 5~10 %)가 여과기를 거쳐 다시 오일 팬(pan)으로 복귀하는 방식
③ 복합식(샨트식) : 오일 회로 내에 전류식과 분류식을 조합한 형식으로 윤활유의 여과 정도가 아주 높고 여과가 빠르게 이루어진다.

39 가솔린 연료 200 cc를 완전 연소시키기 위한 공기량(kg)은 약 얼마인가? (단, 공기와 연료의 혼합비는 15 : 1, 가솔린의 비중은 0.73이다.)

㉮ 2.19　㉯ 5.19
㉰ 8.19　㉱ 11.19

해설 가솔린의 비중이 0.73이므로
비중량 = 0.73×10^3 kg/m^3 = 0.73 kg/L
가솔린의 양 = 비중량 × 체적
= 0.73 kg/L × 0.2 L = 0.146 kg
가솔린을 완전 연소시키기 위한 공기량
= 가솔린의 양 × 혼합비
= 0.146 kg × 15 = 2.19 kg

40 전자 제어 가솔린 엔진에서 연료분사장치의 특징으로 틀린 것은?

㉮ 응답성 향상
㉯ 냉간 시동성 저하
㉰ 연료소비율 향상
㉱ 유해 배출가스 감소

해설 전자 제어 가솔린 엔진의 연료분사장치는 유해 배출가스 저감, 연료소비율 향상, 응답성 향상, 냉간 시동성 향상의 장점이 있다.

제3과목 : 자동차 섀시

41 제동 시 슬립률(λ)을 구하는 공식은? (단, 자동차의 주행속도는 V, 바퀴의 회전속도는 V_w이다.)

㉮ $\lambda = \dfrac{V - V_w}{V} \times 100\ \%$

㉯ $\lambda = \dfrac{V}{V - V_w} \times 100\ \%$

㉰ $\lambda = \dfrac{V_w - V}{V_w} \times 100\ \%$

㉱ $\lambda = \dfrac{V_w}{V_w - V} \times 100\ \%$

정답 37. ㉯　38. ㉮　39. ㉮　40. ㉯　41. ㉮

해설 ABS 슬립비는 15~25 %이고, ABS 슬립률이 20 % 이상이면 브레이크 로크(lock)를 해제한다.
슬립률(S)

$$= \frac{\text{주행속도} - \text{바퀴 회전속도}}{\text{주행속도}} \times 100$$

42 **브레이크 장치의 프로포셔닝 밸브에 대한 설명으로 옳은 것은?**

㉮ 바퀴의 회전속도에 따라 제동시간을 조절한다.
㉯ 바깥 바퀴의 제동력을 높여서 코너링 포스를 줄인다.
㉰ 급제동 시 앞바퀴보다 뒷바퀴가 먼저 제동되는 것을 방지한다.
㉱ 선회 시 조향 안정성 확보를 위해 앞바퀴의 제동력을 높여준다.

해설 프로포셔닝(proportioning) 밸브 : 제동 시 브레이크 작용력이 증대됨에 따라 뒤쪽의 유압 증가 비율을 앞쪽보다 작게 하여 뒷바퀴의 조기 고착에 의한 조종 불안정을 방지하기 위한 밸브

43 **ABS 컨트롤 유닛(제어 모듈)에 대한 설명으로 틀린 것은?**

㉮ 휠의 회전속도 및 가·감속을 계산한다.
㉯ 각 바퀴의 속도를 비교·분석한다.
㉰ 미끄럼 비를 계산하여 ABS 작동 여부를 결정한다.
㉱ 컨트롤 유닛이 작동하지 않으면 브레이크가 전혀 작동하지 않는다.

해설 ABS 컨트롤 유닛이 작동하지 않아도 브레이크는 수동 유압으로 작동된다.

44 **클러치의 구성 부품 중 릴리스 베어링(release bearing)의 종류에 해당하지 않는 것은?**

㉮ 카본형　　㉯ 볼 베어링형
㉰ 니들 베어링형　　㉱ 앵귤러 접촉형

해설 클러치 릴리스 베어링 : 칼라에 스러스트 볼 베어링이 들어 있는 케이스가 압입되어 있으며, 그리스로 윤활된다. 베어링의 종류에는 앵귤러 접촉형 베어링, 볼 베어링, 카본형 베어링 등이 있다.

45 **오버 드라이브(over drive) 장치에 대한 설명으로 틀린 것은?**

㉮ 엔진의 수명이 향상되고 운전이 정숙하게 되어 승차감도 향상된다.
㉯ 속도가 증가하기 때문에 윤활유의 소비가 많고 연료 소비가 증가한다.
㉰ 엔진의 여유출력을 이용하였기 때문에 엔진의 회전속도를 약 30 % 정도 낮추어도 그 주행속도를 유지할 수 있다.
㉱ 자동변속기에서도 오버 드라이브가 있어 운전자의 의지(주행속도, TPS 개도량)에 따라 그 기능을 발휘하게 된다.

해설 오버 드라이브란 자동차에 설치된 자동 증속 장치를 말한다. 자동차는 내연기관을 동력으로 사용하므로, 변속기를 통해서 엔진의 회전수를 낮추고 있다. 따라서 저속에서 고속까지 주행 조건에 맞추어서 운전자는 계속 변속 조작을 해야 한다. 복잡한 시가지에서 저속·출발·정지를 반복할 때는 충분히 엔진의 회전수를 낮출 수가 있지만, 교외나 고속도로에서 연속적으로 고속 운전을 할 때에는 엔진의 회전수보다 반대로 추진축(프로펠러 샤프트)의 회전수를 많게 해야 한다. 따라서 톱기어(직결)보다 고능률과 고속도를 자동적으로 내는 장치, 즉 증속용 부변속기를 사용한다. 이것을 오버 드라이브라고 하며, 특히 톱기어의 상단에만 사용하는 것을 오버 톱이라고 한다. 연료의 소비와 소음을 줄이며, 수명을 길게 한다.

46 **기관의 최대토크 20 kgf·m, 변속기의 제1변속비 3.5, 종감속비 5.2, 구동바퀴의 유**

정답 42. ㉰　43. ㉱　44. ㉰　45. ㉯　46. ㉮

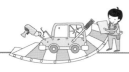

효반지름이 0.35 m일 때 자동차의 구동력(kgf)은? (단, 엔진과 구동바퀴 사이의 동력 전달 효율은 0.45이다.)

가 468　　나 368

다 328　　라 268

해설 전달 효율$(\eta) = \dfrac{\text{출력 토크}}{\text{입력 토크}} \times 100$

$= \dfrac{\text{구동력} \times \text{타이어 반지름}}{\text{엔진 토크} \times \text{총감속비}} \times 100$

$45 = \dfrac{\text{구동력} \times 0.35}{20 \times 3.5 \times 5.2} \times 100$

$\therefore \text{구동력} = \dfrac{45 \times 20 \times 3.5 \times 5.2}{0.35 \times 100} = 468 \text{ kgf}$

47 자동차 제동장치가 갖추어야 할 조건으로 틀린 것은?

가 최고속도와 차량의 중량에 대하여 항상 충분히 제동력을 발휘할 것

나 신뢰성과 내구성이 우수할 것

다 조작이 간단하고 운전자에게 피로감을 주지 않을 것

라 고속 주행 상태에서 급제동 시 모든 바퀴에 제동력이 동일하게 작용할 것

해설 제동장치의 구비 조건

① 브레이크가 작동되지 않을 때 바퀴 회전에 방해되지 않을 것

② 자동차의 최고속도와 차량의 중량에 대해 충분히 제동력을 발휘할 것

③ 제동 조작이 간단하고 운전자의 피로가 적을 것

④ 점검 및 조정이 용이할 것

⑤ 신뢰성과 내구성이 우수할 것

48 전동식 동력 조향장치의 입력 요소 중 조향 핸들의 조작력 제어를 위한 신호가 아닌 것은?

가 토크 센서 신호

나 차속 센서 신호

다 G 센서 신호

라 조향각 센서 신호

해설 G 센서는 자동차 ECS에 적용되는 롤(roll) 제어용 센서이며, 자동차가 선회할 때 G 센서 내부의 철심이 자동차가 기울어진 쪽으로 이동하면서 유도되는 전압이 변화한다. 컴퓨터는 유도되는 전압의 변화량을 감지하여 차체의 기울어진 방향과 기울어진 양을 검출하여 앤티 롤(anti roll)을 제어할 때 보정 신호로 사용한다.

49 다음 중 구동륜의 동적 휠 밸런스가 맞지 않을 경우 나타나는 현상은?

가 피칭 현상　　나 시미 현상

다 캐치 업 현상　　라 링클링 현상

해설
- 피칭 : 차의 옆에서 보았을 때 전후 진동 또는 전후축이 상하로 움직이는 진동으로, Y축을 중심으로 회전 운동을 하는 진동이라고도 말한다.
- 시미 : 자동차가 주행 중 휠의 동적 불평형으로 인해 바퀴가 좌, 우로 흔들리는 현상
- 링클링 : 압축에 견디는 막재(膜材)가 거시적인 압축 변형을 받아서 주름이 생기는 현상을 말한다.

50 다음 중 댐퍼 클러치 제어와 가장 관련이 없는 것은?

가 스로틀 포지션 센서

나 에어컨 릴레이 스위치

다 오일 온도 센서

라 노크 센서

해설 노크 센서는 압전 소자이며 실린더 내의 노크를 감지할 수 있는 위치, 즉 실린더와 실린더 사이의 외벽에 설치된다.

댐퍼 클러치 제어 관련 센서들의 기능

① 오일 온도(유온) 센서 : 댐퍼 클러치 비작동 영역 판정을 위해 자동 변속기 오일(ATF) 온도를 검출한다.

② 스로틀 포지션 센서(TPS) : 댐퍼 클러치 비작동 영역 판정을 위해 스로틀 밸브의 열림량을 검출한다.

정답 47. 라　48. 다　49. 나　50. 라

③ 에어컨(A/C) 릴레이 스위치(S/W) : 댐퍼 클러치 작동 영역 판정을 위해 에어컨 릴레이의 ON, OFF를 검출한다.

④ 점화 신호 : 스로틀 밸브 열림량 보정과 댐퍼 클러치 작동 영역 판정을 위해 엔진 회전속도를 검출한다.

⑤ 펄스 제너레이터-B : 댐퍼 클러치 작동 영역 판정을 위해 변속 패턴 정보와 함께 트랜스퍼 피동 기어 회전속도를 검출한다.

⑥ 가속 페달 스위치 : 댐퍼 클러치 비작동 영역을 판정하기 위해 가속 페달 스위치의 ON, OFF를 검출한다.

51 **전자 제어 동력 조향장치에서 다음 주행 조건 중 운전자에 의한 조향 휠의 조작력이 가장 작은 것은?**

㉮ 40 km/h 주행 시
㉯ 80 km/h 주행 시
㉰ 120 km/h 주행 시
㉱ 160 km/h 주행 시

해설 자동차의 조향장치는 주차 시나 저속 주행 시에는 조향 휠의 조작력이 가벼운 것이 좋으나 고속 주행 시에는 조향 휠이 가벼우면 자동차가 약간의 요동에도 자동차의 조향이 민감하게 영향을 주어 고속 주행성을 떨어뜨리게 하는 문제점이 있다. 그래서 저속에서는 가볍고 고속으로 올라가면서 무거워지는 조향장치를 개발하여 장착하고 있다.

52 **무단변속기(CVT)의 구동 풀리와 피동 풀리에 대한 설명으로 옳은 것은?**

㉮ 구동 풀리 반지름이 크고 피동 풀리의 반지름이 작을 경우 증속된다.
㉯ 구동 풀리 반지름이 작고 피동 풀리의 반지름이 클 경우 증속된다.
㉰ 구동 풀리 반지름이 크고 피동 풀리의 반지름이 작을 경우 역전 감속된다.
㉱ 구동 풀리 반지름이 작고 피동 풀리의 반지름이 클 경우 역전 증속된다.

해설 무단변속기(CVT)는 변속 단계가 연속적으로 이루어지는 시스템으로 엔진 출력에 맞춰 변속이 부드럽게 이루어지므로 변속 시 발생하는 동력의 손실을 줄일 수 있다. 구동 풀리 반지름이 크고 피동 풀리의 반지름이 작을 경우 증속된다.

53 **전동식 동력 조향장치(motor driven power steering) 시스템에서 정차 중 핸들 무거움 현상의 발생 원인이 아닌 것은?**

㉮ MDPS CAN 통신선의 단선
㉯ MDPS 컨트롤 유닛측의 통신 불량
㉰ MDPS 타이어 공기압 과다주입
㉱ MDPS 컨트롤 유닛측 배터리 전원 공급 불량

해설 타이어에 공기압력을 과다주입하면 바퀴의 접지면적이 작게 되므로 조향 핸들 조작력이 가볍게 된다.

54 **엔진의 토크가 14.32 kgf · m이고, 2,500 rpm으로 회전하고 있다. 이때 클러치에 의해 전달되는 마력(PS)은? (단, 클러치의 미끄럼은 없는 것으로 가정한다.)**

㉮ 40　㉯ 50
㉰ 60　㉱ 70

해설 전달마력(BHP) $= \dfrac{2\pi \cdot T \cdot n}{75 \times 60} = \dfrac{T \cdot n}{716}$

여기서, T : 회전력, n : 회전수

$\therefore \text{BHP} = \dfrac{T \cdot n}{716} = \dfrac{14.32 \times 2{,}500}{716} = 50\text{ PS}$

55 **전자 제어 현가장치에 대한 설명으로 틀린 것은?**

㉮ 조향각 센서는 조향 휠의 조향 각도를 감지하여 제어 모듈에 신호를 보낸다.
㉯ 일반적으로 차량의 주행 상태를 감지하기 위해서는 최소 3점의 G 센서가 필요하며 차량의 상 · 하 움직임을 판단한다.
㉰ 차속 센서는 차량의 주행속도를 감지하

정답 51. ㉮　52. ㉮　53. ㉰　54. ㉯　55. ㉱

며 앤티 다이브, 앤티 롤, 고속 안정성 등을 제어할 때 입력신호로 사용된다.

[라] 스로틀 포지션 센서는 가속 페달의 위치를 감지하여 고속 안정성을 제어할 때 입력신호로 사용된다.

해설 스로틀 포지션 센서는 스로틀 밸브의 개방 각도를 감지하는 가변 저항을 말하는데, 기화기 또는 스로틀 보디의 스로틀 샤프트와 함께 회전함에 따라 스로틀 포지션 센서의 출력 전압이 변하며, ECU(electronic control unit)는 이 전압 변화를 기초로 하여 엔진의 가속 상태를 판단하고 그에 따라 필요한 제어를 실행한다.

56 센터 디퍼렌셜 기어장치가 없는 4WD 차량에서 4륜 구동 상태로 선회 시 브레이크가 걸리는 듯한 현상은?

[가] 타이트 코너 브레이킹
[나] 코너링 언더 스티어
[다] 코너링 요 모멘트
[라] 코너링 포스

해설 타이트 코너 브레이킹 : 타이트 코너를 선회할 때 앞바퀴와 뒷바퀴의 회전 반지름이 달라서 브레이크가 걸린 듯이 뻑뻑해지는 현상

57 전자 제어 현가장치에서 앤티 스쿼트(anti-squat) 제어의 기준신호로 사용되는 것은?

[가] G 센서 신호
[나] 프리뷰 센서 신호
[다] 스로틀 포지션 센서 신호
[라] 브레이크 스위치 신호

해설 스로틀 위치 센서는 운전자가 가속 페달을 밟는 양을 검출하여 ECU로 입력시킨다. ECS ECU는 이 신호를 기준으로 운전자의 가감속 의지를 판단하여 앤티 스쿼트를 제어한다. 앤티 스쿼트 제어는 급출발 또는 급가속 시에 차체의 앞쪽은 들리고 뒤쪽은 낮아지는 노스 업 현상을 제어한다.

58 자동차를 옆에서 보았을 때 킹핀의 중심선이 노면에 수직인 직선에 대하여 어느 한 쪽으로 기울어져 있는 상태는?

[가] 캐스터 [나] 캠버
[다] 셋백 [라] 토인

해설 자동차 앞바퀴를 옆에서 보면 앞바퀴를 차축에 설치하는 킹핀(또는 조향축)이 수직선과 어떤 각도를 두고 설치되어 있는데, 이를 캐스터라고 하며 주행 중 앞바퀴의 방향성을 주고 선회하였을 때 다시 돌아오려는 복원력을 발생시킨다.

59 구동력이 108 kgf인 자동차가 100 km/h로 주행하기 위한 엔진의 소요마력(PS)은?

[가] 20 [나] 40
[다] 80 [라] 100

해설 소요마력(PS) = 구동력 × 차량속도

$$\therefore\ N_r = \frac{R \cdot V}{75 \times 3.6} = \frac{108 \times 100}{75 \times 3.6} = 40\ \text{PS}$$

60 공기 브레이크의 주요 구성 부품이 아닌 것은?

[가] 브레이크 밸브 [나] 레벨링 밸브
[다] 릴레이 밸브 [라] 언로더 밸브

해설 공기 브레이크는 브레이크 밸브, 릴레이 밸브, 언로더 밸브, 공기 압축 탱크, 압축기, 브레이크 체임버, 퀵 릴리스 밸브 등으로 이루어져 있으며 레벨링 밸브는 공기 현가장치 부품으로 하중의 변화에 따라 공기 스프링 안의 압력을 적절히 조정하는 작용을 한다.

제4과목 : 자동차 전기

61 자동차 냉방 시스템에서 CCOT(clutch cycling orifice tube) 형식의 오리피스 튜브와 동일한 역할을 수행하는 TXV(thermal expansion valve) 형식의 구성 부품은?

정답 56. [가] 57. [다] 58. [가] 59. [나] 60. [나] 61. [나]

㉮ 컨덴서
㉯ 팽창 밸브
㉰ 핀센서
㉱ 리시버 드라이어

해설 ① TXV 형식 : 최근 국내 대부분의 승용 차량에 적용된 냉방 사이클로서 기본 사이클은 압축기→응축기→리시버 드라이어→팽창 밸브→증발기→압축기로 구성되어 있다.
② CCOT 형식 : 기본 사이클은 압축기→응축기→오리피스 튜브→증발기→어큐뮬레이터→압축기로 구성되어 있다. 팽창 밸브 역할을 오리피스 튜브에서 하는 것이 특징이며, 냉매가 튜브관을 지나면서 압력이 급격히 저하되고 냉각된다.

62 차량에서 12 V 배터리를 탈거한 후 절연체의 저항을 측정하였더니 1 MΩ이라면 누설전류(mA)는?

㉮ 0.006　　㉯ 0.008
㉰ 0.010　　㉱ 0.012

해설 $I=\frac{E}{R}$

여기서, I : 전류, E : 전압, R : 저항

$\therefore\ I=\frac{12}{1\times10^6}=0.000012\text{ A}$

$1\text{A}=1{,}000\text{ mA}$이므로

$I=0.000012\times1{,}000=0.012\text{ mA}$

63 자동차에서 저항 플러그 및 고압 케이블을 사용하는 가장 적합한 이유는?

㉮ 배기가스 저감
㉯ 잡음 발생 방지
㉰ 연소 효율 증대
㉱ 강력한 불꽃 발생

해설 점화 플러그의 불꽃 방전 시 강력한 잡음 전파의 발생으로 라디오, 텔레비전 등 무선 기기에 대한 통신 장해를 방지하기 위하여 중심 전극 중간에 약 5 kΩ 정도의 저항이 들어 있다. 이러한 점화 플러그를 특히 저항 플러그라 한다. 전파 잡음 규제에 따라 현재는 저항 플러그가 주로 사용된다.

64 하이브리드 자동차에서 고전압 배터리관리 시스템(BMS)의 주요 제어 기능으로 틀린 것은?

㉮ 모터 제어　　㉯ 출력 제한
㉰ 냉각 제어　　㉱ SOC 제어

해설 배터리 관리 시스템(BMS)은 고전압 배터리의 전류, 전압, 온도 등의 여러 가지 요소를 측정하여 배터리의 충전, 방전 상태와 잔여량을 제어하는 것으로, 전기자동차 및 하이브리드 자동차 내 제어 시스템과 통신하며 출력 제한, 냉각 제어, SOC 제어, 릴레이 제어, 셀 밸런싱, 진단 기능을 수행한다. 모터는 MCU에 의해 제어된다.

65 점화 플러그에 대한 설명으로 옳은 것은?

㉮ 에어 갭(간극)이 규정보다 클수록 불꽃 방전 시간이 짧아진다.
㉯ 에어 갭(간극)이 규정보다 작을수록 불꽃 방전 전압이 높아진다.
㉰ 전극의 온도가 낮을수록 조기 점화 현상이 발생된다.
㉱ 전극의 온도가 높을수록 카본 퇴적 현상이 발생된다.

해설 점화 플러그 간극이 규정보다 넓을 때 방전 구간의 점화 전압이 높아지고 점화 시간은 짧아진다.

66 메모리 효과가 발생하는 배터리는?

㉮ 납산 배터리
㉯ 니켈 배터리
㉰ 리튬-이온 배터리
㉱ 리튬-폴리머 배터리

해설 메모리 효과는 특정 이차 전지, 즉 반복 충·방전 할 수 있는 전지에서 얕은 충·방전을 반복하면 전지 사용 시의 용량이나 특정 영역의 작동 전압이 저하하는 현상을 말

정답 62. ㉱ 63. ㉯ 64. ㉮ 65. ㉮ 66. ㉯

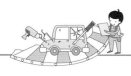

한다. 메모리 효과는 충·방전을 반복할 때 나타나는 현상이기 때문에 일차 전지 및 연료 전지에서는 일어나지 않고, 이차 전지에서 발생한다. 특히 이차 전지 중에서도 니켈-카드뮴 전지, 니켈-수소 전지에서 일어나기 쉽고 납 축전지와 리튬 이온 전지는 거의 일어나지 않는다.

67 **경음기 소음 측정 시 암소음 보정을 하지 않아도 되는 경우는?**

㉮ 경음기 소음 : 84 dB, 암소음 : 75 dB
㉯ 경음기 소음 : 90 dB, 암소음 : 85 dB
㉰ 경음기 소음 : 100 dB, 암소음 : 92 dB
㉱ 경음기 소음 : 100 dB, 암소음 : 85 dB

해설 자동차 소음과 암소음의 측정치의 차이가 3 dB 이상 10 dB 미만인 경우에는 자동차로 인한 소음의 측정치로부터 아래의 보정치를 뺀 값을 최종 측정치로 하고, 차이가 3 dB 미만이거나 10 dB 이상이면 암소음의 영향이 없는 것으로 간주하고 보정하지 않아도 된다.

단위 : dB(A), dB(C)

자동차 소음과 암소음의 측정치 차이	3	4 ~ 5	6 ~ 9
보정치	3	2	1

68 **어린이 운송용 승합자동차에 설치되어 있는 적색 표시등과 황색 표시등의 작동 조건에 대한 설명으로 옳은 것은?**

㉮ 정지하려고 할 때는 적색 표시등이 점멸
㉯ 출발하려고 할 때는 적색 표시등이 점멸
㉰ 정차 후 승강구가 열릴 때는 적색 표시등이 점멸
㉱ 출발하려고 할 때는 적색 및 황색 표시등이 동시에 점등

해설 자동차 및 자동차부품의 성능과 기준에 관한 규칙 제48조 4항 : 도로에 정지하려고 하거나 출발하려고 하는 때에는 다음 각 항목의 기준에 적합할 것

① 도로에 정지하려는 때에는 황색 표시등 또는 호박색 표시등이 점멸되도록 운전자가 조작할 수 있어야 할 것
② ①의 점멸 이후 어린이의 승하차를 위한 승강구가 열릴 때에는 자동으로 적색 표시등이 점멸될 것
③ 출발하기 위하여 승강구가 닫혔을 때에는 다시 자동으로 황색 표시등 또는 호박색 표시등이 점멸될 것
④ ③의 점멸 시 적색 표시등과 황색 표시등 또는 호박색 표시등이 동시에 점멸되지 아니할 것

69 **기동 전동기 작동 시 소모 전류가 규정치보다 낮은 이유는?**

㉮ 압축압력 증가
㉯ 엔진 회전저항 증대
㉰ 점도가 높은 엔진 오일 사용
㉱ 정류자와 브러시 접촉저항이 큼

해설 기동 전동기의 정류자와 브러시 접촉저항이 크면 전류가 낮게 측정될수 있다.

70 **다음 중 충전장치의 고장 진단 방법으로 틀린 것은?**

㉮ 발전기 B단자의 저항을 점검한다.
㉯ 배터리 (+)단자의 접촉 상태를 점검한다.
㉰ 배터리 (−)단자의 접촉 상태를 점검한다.
㉱ 발전기 몸체와 차체의 접촉 상태를 점검한다.

해설 충전장치의 고장 진단 방법으로 B단자의 출력전압, 출력배선 전압 강하, 출력전류를 점검하며, B단자 저항은 점검하지 않는다.

71 **방향지시등을 작동시켰을 때 앞 우측 방향지시등은 정상적인 점멸을 하는데, 뒤 좌측 방향지시등은 점멸속도가 빨라졌다면 고장 원인으로 볼 수 있는 것은?**

㉮ 비상등 스위치 불량
㉯ 방향지시등 스위치 불량
㉰ 앞 우측 방향지시등 단선

정답 67. ㉱ 68. ㉰ 69. ㉱ 70. ㉮ 71. ㉱

㉱ 앞 좌측 방향지시등 단선

해설 방향지시등 작동 시 점멸속도가 빨라진다면 해당 방향(좌측 또는 우측)의 전구 단선 및 접지 불량이 그 원인이 된다.

72 트랜지스터식 점화장치에서 파워 트랜지스터에 대한 설명으로 틀린 것은?

㉮ 점화장치의 파워 트랜지스터는 주로 PNP형 트랜지스터를 사용한다.
㉯ 점화 1차 코일의 (−)단자는 파워 트랜지스터의 컬렉터(C) 단자에 연결된다.
㉰ 베이스(B) 단자는 ECU로부터 신호를 받아 점화코일의 스위칭 작용을 한다.
㉱ 이미터(E) 단자는 파워 트랜지스터의 접지 단으로 코일의 전류가 접지로 흐르게 한다.

해설 트랜지스터식 점화장치에서 파워 트랜지스터는 주로 NPN형 트랜지스터를 사용한다.

73 단면적 0.002 cm², 길이 10 m인 니켈-크롬선의 전기저항(Ω)은?(단, 니켈-크롬선의 고유저항은 110 μΩ · cm이다.)

㉮ 45　　㉯ 50
㉰ 55　　㉱ 60

해설 단면적 $A=0.002\ \text{cm}^2$

길이 $l=10\ \text{m}=1000\ \text{cm}$

고유저항 $\rho=110\ \mu\Omega=110\times10^{-6}\Omega\cdot\text{cm}$

$\therefore R=\rho\times\frac{l}{A}$

$=110\times10^{-6}\times\frac{1000}{0.002}=55\ \Omega$

74 다음 회로에서 스위치를 ON하였으나 전구가 점등되지 않아 테스트 램프(LED)를 사용하여 점검한 결과 i점과 j점이 모두 점등되었을 때 고장 원인으로 옳은 것은?

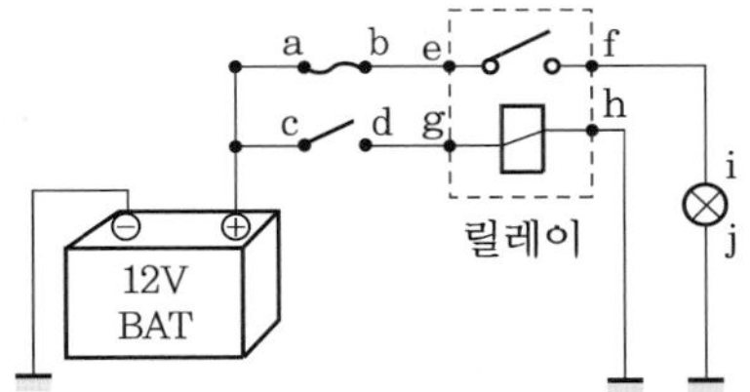

㉮ 퓨즈 단선
㉯ 릴레이 고장
㉰ h와 접지선 단선
㉱ j와 접지선 단선

해설 j와 접지선이 단선된 경우 테스트 램프를 사용하여 점검 시 I점과 j점 모두 점등된다.

75 광도가 25,000 cd의 전조등으로부터 5 m 떨어진 위치에서의 조도(lx)은?

㉮ 100　　㉯ 500
㉰ 1,000　　㉱ 5,000

해설 조도 $=\frac{\text{광도(cd)}}{r^2}$

여기서, r : 거리(m)

$\therefore$ 조도 $=\frac{25{,}000}{5^2}=1000\ \text{lx}$

76 전기회로의 점검 방법으로 틀린 것은?

㉮ 전류 측정 시 회로와 병렬로 연결한다.
㉯ 회로가 접속 불량일 경우 전압 강하를 점검한다.
㉰ 회로의 단선 시 회로의 저항 측정을 통해서 점검할 수 있다.
㉱ 제어모듈 회로 점검 시 디지털 멀티미터를 사용해서 점검할 수 있다.

해설 전기회로의 전류 측정 시 회로와 직렬로 연결한다.

77 냉 · 난방장치에서 블로어 모터 및 레지스터에 대한 설명으로 옳은 것은?

정답 72. ㉮ 73. ㉰ 74. ㉱ 75. ㉰ 76. ㉮ 77. ㉯

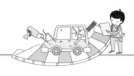

㉮ 최고 속도에서 모터와 레지스터는 병렬 연결된다.
㉯ 블로어 모터 회전속도는 레지스터의 저항값에 반비례한다.
㉰ 블로어 모터 레지스터는 라디에이터 팬 앞쪽에 장착되어 있다.
㉱ 블로어 모터가 최고 속도로 작동하면 블로어 모터 퓨즈가 단선될 수도 있다.

해설 레지스터(resistor) : 자동차용 히터 또는 블로어 유닛에 장착되어 블로어 모터의 회전수를 조절하는 데 사용한다. 몇 개의 저항으로 회로를 구성하며, 각 저항을 적절히 조합하여 각 속도 단별 저항을 형성한다.

78 점화장치의 파워 트랜지스터 불량 시 발생하는 고장 현상이 아닌 것은?

㉮ 주행 중 엔진이 정지한다.
㉯ 공전 시 엔진이 정지한다.
㉰ 엔진 크랭킹이 되지 않는다.
㉱ 점화 불량으로 시동이 안 걸린다.

해설 엔진 크랭킹이 되지 않는 현상은 점화장치의 문제가 아니라 시동장치의 문제로 시동회로를 점검해야 하며 점화계통과 관련 없다.

79 자동차 PIC 시스템의 주요 기능으로 가장 거리가 먼 것은?

㉮ 스마트키 인증에 의한 도어 로크
㉯ 스마트키 인증에 의한 엔진 정지
㉰ 스마트키 인증에 의한 도어 언로크
㉱ 스마트키 인증에 의한 트렁크 언로크

해설 PIC(personal identification card) 시스템은 리모컨 또는 별도의 열쇠를 사용하지 않고 시계 등을 넣는 조그만 주머니라는 뜻을 가진 포브(이하 FOB라 함)의 휴대만으로 차량의 문 열림, 잠금 기능 수행 및 엔진 시동 등이 가능하도록 한 개인 인증 카드 시스템이다. PIC 시스템에서 FOB의 기능은 다음과 같다.

① 수동적인 동작 : FOB 확인(challenge) 요구 신호를 PIC ECU로부터 수신하면 자동적으로 응답 신호를 송신한다.
② 3가지 기능의 푸시 버튼(로크/언로크/트렁크)
③ 비상시 도어 개폐용 기계적인 키
④ 배터리 불량이나 통신 장애 시 사용하는 자동응답장치(transponder)

80 반도체 접합 중 이중 접합의 적용으로 틀린 것은?

㉮ 서미스터
㉯ 발광 다이오드
㉰ PNP 트랜지스터
㉱ NPN 트랜지스터

해설 반도체 접합

① 무접합 : 서미스터, 광전도 셀(CdS)
② 단접합 : 다이오드, 제너 다이오드, 단일접합 또는 단일접점 트랜지스터
③ 이중 접합 : PNP 트랜지스터, NPN 트랜지스터, 가변용량 다이오드, 발광 다이오드, 전계효과 트랜지스터
④ 다중 접합 : 사이리스터, 포토 트랜지스터, 트라이액

정답 78. ㉰ 79. ㉯ 80. ㉮

生生한 자동차정비산업기사 필기

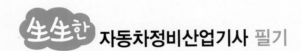

2015년 1월 10일 1판 1쇄
2018년 1월 10일 1판 4쇄
2021년 1월 20일 2판 3쇄

저자 : 임춘무
펴낸이 : 이정일

펴낸곳 : 도서출판 **일진사**
www.iljinsa.com

(우)04317 서울시 용산구 효창원로 64길 6
대표전화 : 704-1616, 팩스 : 715-3536
등록번호 : 제1979-000009호(1979.4.2)

값 30,000원

ISBN : 978-89-429-1579-8